Mathematik

Gymnasiale Oberstufe
Nordrhein-Westfalen
Qualifikationsphase
Leistungskurs

Herausgegeben von
Dr. Anton Bigalke   Dr. Norbert Köhler

Erarbeitet von
Dr. Anton Bigalke
Dr. Norbert Köhler
Dr. Gabriele Ledworuski
Dr. Horst Kuschnerow

unter Mitarbeit der Verlagsredaktion
und Beratung von
Prof. Dr. Andreas Büchter, Dortmund
Gerhard Lowinski, Ratingen
Dr. Christian Wahle, Meschede

Cornelsen

Redaktion: Dr. Jürgen Wolff, Felix Arndt
Layout: Klein und Halm Grafikdesign, Berlin
Bildrecherche: Dieter Ruhmke

Grafik: Dr. Anton Bigalke, Waldmichelbach; Christian Böhning, Berlin
Illustration: Detlev Schüler †, Berlin; Gudrun Lenz, Berlin
Umschlaggestaltung: Klein und Halm Grafikdesign, Hans Herschelmann, Berlin
Technische Umsetzung: CMS – Cross Media Solutions GmbH, Würzburg

www.cornelsen.de

Die Webseiten Dritter, deren Internetadressen in diesem Lehrwerk angegeben sind,
wurden vor Drucklegung sorgfältig geprüft. Der Verlag übernimmt keine Gewähr für
die Aktualität und den Inhalt dieser Seiten oder solcher, die mit ihnen verlinkt sind.

1. Auflage, 3. Druck 2021

Alle Drucke dieser Auflage sind inhaltlich unverändert
und können im Unterricht nebeneinander verwendet werden.

Druck und Bindung: Livonia Print, Riga

ISBN 978-3-06-041914-2

Inhalt

Vorwort

Kernlehrplan

In diesem Buch wird der Kernlehrplan für den Leistungskurs Mathematik der Qualifikationsphase (Sekundarstufe II, Gymnasium/Gesamtschule) des Landes Nordrhein-Westfalen konsequent umgesetzt. Der modulare Aufbau des Buches und der einzelnen Kapitel ermöglichen dem Lehrer individuelle Schwerpunktsetzungen. Die Schüler können sich aufgrund des beispielbezogenen und selbsterklärenden Konzeptes problemlos orientieren und zielgerichtet vorbereiten.

Druckformat

Das Buch besitzt ein weitgehend zweispaltiges Druckformat, was die Übersichtlichkeit deutlich erhöht und die Lesbarkeit erleichtert.
Lehrtexte und Lösungsstrukturen sind auf der linken Seitenhälfte angeordnet, während Beweisdetails, Rechnungen und Skizzen in der Regel rechts platziert sind.

Beispiele

Wichtige Methoden und Begriffe werden auf der Basis anwendungsnaher, vollständig durchgerechneter Beispiele eingeführt, die das Verständnis des klar strukturierten Lehrtextes unterstützen. Diese Beispiele können auf vielfältige Weise als Grundlage des Unterrichtsgesprächs eingesetzt werden. Im Folgenden werden einige Möglichkeiten skizziert:

• Die Aufgabenstellung eines Beispiels wird problemorientiert vorgetragen. Die Lösung wird im Unterrichtsgespräch oder in Stillarbeit entwickelt, wobei die Schülerbücher geschlossen bleiben. Im Anschluss kann die erarbeitete Lösung mit der im Buch dargestellten Lösung verglichen werden.

• Die Schüler lesen ein Beispiel und die zugehörige Musterlösung. Anschließend bearbeiten sie eine an das Beispiel anschließende Übung in Einzel- oder Partnerarbeit. Diese Vorgehensweise ist auch für Hausaufgaben gut geeignet.

• Ein Schüler wird beauftragt, ein Beispiel zu Hause durchzuarbeiten und als Kurzreferat zur Einführung eines neuen Begriffs oder Rechenverfahrens im Unterricht vorzutragen.

Übungen

Im Anschluss an die durchgerechneten Beispiele werden exakt passende Übungen angeboten.

• Diese Übungsaufgaben können mit Vorrang in Stillarbeitsphasen als Kontrolle eingesetzt werden. Dabei können die Schüler sich am vorangegangenen Unterrichtsgespräch orientieren.

• Eine weitere Möglichkeit: Die Schüler erhalten den Auftrag, eine Übung zu lösen, wobei sie mit dem Lehrbuch arbeiten sollen, indem sie sich am Lehrtext oder an den Musterlösungen der Beispiele orientieren, die vor der Übung angeordnet sind.

• Weitere Übungsaufgaben auf zusammenfassenden Übungsseiten finden sich am Ende der meisten Abschnitte. Sie sind für Hausaufgaben, Wiederholungen und Vertiefungen geeignet. Rot markierte Übungen haben einen erhöhten Schwierigkeitsgrad.

• In erheblichem Umfang sind die Formate des Zentralabiturs berücksichtigt, vor allem auch solche mit einfachen Anwendungsbezügen und mit Modellierungen. Allerdings muss man sich die ohnehin knappe Zeit gut einteilen, da Anwendungsaufgaben zeitaufwendig sind.

Überblick, Test, mathematische Streifzüge

An jedem Kapitelende sind in einem Überblick die wichtigsten mathematischen Regeln, Formeln und Verfahren des Kapitels in knapper Form zusammengefasst. Auf der letzten Kapitelseite findet man einen Test zum Standardstoff, der auch zur Selbstkontrolle dienen kann. Die Lösungen findet man im Buch auf den Seiten 638–651. Fast alle Kapitel enthalten einen mathematischen Streifzug, der besonders interessierten Schülern interessante Vertiefungsmöglichkeiten bietet.

Verwendung des GTR

Der GTR ist ein zusätzliches, zeitsparendes und reichweitevergrößerndes Hilfsmittel, welches die wichtigen manuellen Techniken ergänzen aber nicht ersetzen kann. Es gibt an den passenden Stellen GTR-Passagen, in denen die technische Verwendung für zwei gebräuchliche Rechnermodelle konkret erläutert wird. Am Ende des Buches gibt es zwei kleine Kurse zu den beiden dargestellten Rechnermodellen. Die meisten Aufgabenstellungen im Buch sind so flexibel ausgelegt, dass sie sowohl manuell als auch mit GTR bewältigt werden können. An passenden Stellen wird mit dem Symbol GTR angedeutet, das hier die Anwendung des Rechners empfohlen wird oder notwendig ist. Entsprechend wird durch das Symbol GTR angezeigt, dass hier eine hilfsmittelfreie Bearbeitung empfohlen wird.

Gesamtkonzeption und Kapitelhinweise

Das Buch ist so angelegt, dass unter Beachtung der Intentionen des Lehrplans die Anforderungen der Abiturprüfung abgesichert werden. Dabei sollen die Schüler die drei klassischen Tragpfeiler der Mathematik, die Differential- und Integralrechnung, die analytische Geometrie und die Stochastik in der für die Mathematik typischen klaren Fachsystematik kennenlernen.

I. Eigenschaften von Funktionen

Der ersten beiden Abschnitte fassen wiederholend die Inhalte Steigung und erste Ableitung sowie Ableitungsregeln aus der Einführungsphase zusammen. In der Folge werden die Kriterien für Extrema und Wendepunkte entwickelt und im Rahmen von vollständigen Kurvenuntersuchungen angewandt. Vertieft wird durch die exemplarische Untersuchung von Kurvenscharen und von realen Prozesse, wobei hier aus Zeitgründen eine exemplarische Auswahl getroffen werden muss. Die Polynome bilden die zugrunde liegende Funktionsklasse. An geeigneten Stellen werden als Vertiefungsmöglichkeit aber auch einfache nicht ganzrationale Funktionen angeboten.

II. Anwendungen der Differentialrechnung

In diesem Kapitel gibt es zwei Abschnitte über Extremalprobleme mit Nebenbedingungen (Minmaxprobleme) und über die Rekonstruktion von Funktionen (Steckbriefaufgaben), wobei auch der Modellierungsaspekt angemessen berücksichtigt wird. Hier sind zahlreiche Aufgabenstellungen und Übungsmöglichkeiten angeboten, so dass die Möglichkeit besteht, durch eine begrenzte Auswahl eigene Schwerpunkte zu setzen und einen individuellen Kurs zusammenzustellen.

III. Grundlagen der Integralrechnung

Als einführendes Beispiel zur Integralrechnung wird die Rekonstruktion einer Funktion aus ihren Änderungsraten verwendet. Es ist aber auch möglich, in Umkehrung der Differentialrechnung direkt mit dem Begriff der Stammfunktion zu starten und dann das bestimmte Integral zu behandeln. Bestandsrekonstruktionen erfolgen dann später am Ende von Kapitel IV, wenn die Schüler mit den Grundlagen der Integralrechnung vertraut sind. Das Kapitel schließt mit einem Abschnitt zu Flächeninhalts- und Integralfunktionen.

IV. Anwendungen der Integralrechnung

In diesem Kapitel wird zunächst der Zusammenhang zwischen bestimmtem Integral und Flächeninhalt herausgearbeitet. Dabei werden systematisch Flächen unter Funktionsgraphen, Flächen zwischen Funktionsgraphen und Bestandsrekonstruktionen sowie uneigentliche Integrale und Rotationskörper behandelt. Hier wird aus Gründen der Flexibilität sehr viel Material – vor allem auch im Anwendungsbereich – angeboten. Aus Zeitgründen ist eine exemplarische Auswahl erforderlich. Dabei kann auch eine Anpassung an die noch fortschreitenden Entwicklungen im Bereich der Abiturprüfung erfolgen.

V. Exponentielle Prozesse

Der erste Abschnitt stellt eine kurze Wiederholung von Kenntnissen aus der Einführungsphase zum Thema Exponentialfunktionen dar. Eine systematische Behandlung ist nicht erforderlich. Im zweiten Abschnitt wird die Euler'sche Exponentialfunktion e^x entwickelt. Dabei wird auch die Logarithmusfunktion $\ln x$ angesprochen, die man zum Lösen einfacher Exponentialgleichungen benötigt. Dann werden Produkt- und Kettenregel eingeführt, die benötigt werden, um besonders abiturrelevante Funktionstypen bearbeiten zu können, welche sich aus Exponentialfunktionen, Polynomen und weitere Funktionen durch Produktbildung und Verkettung zusammensetzen lassen, wie z. B. $(x^2 - 2x)e^{-0,5x}$. In den letzen beiden Abschnitten werden die Modelle des unbegrenzten und des begrenzten Wachstums und Zerfalls vorgestellt.

VI. Untersuchung zusammengesetzter Funktionen

Nun werden die Methoden der Differential- und Integralrechnung gebündelt. Am Kapitelende sollte es möglich sein, abiturnahe Analysisaufgaben aus Kapitel XVII zu bearbeiten.

Im ersten Abschnitt „Zusammensetzung von Funktionen" werden die vorgesehenen Arten der Zusammensetzung (Summen, Produkte und Verkettungen mit linearer innerer Funktion) erklärt. Als Funktionsmaterial kommen Polynome und Exponentialfunktionen in Frage, stark eingeschränkt auch trigonometrische Funktionen. Im Anschluss werden die bekannten Differentiations und Integrationstechniken auf zusammengesetzte Funktionen übertragen und in einer Tabelle konzentriert zusammengestellt.

Nach diesem zeitsparenden Überblick werden im zweiten Abschnitt „Kurvendiskussionen" die Techniken im Rahmen von Funktionsuntersuchungen verknüpft und in einfachen Anwendungssituationen eingesetzt. Die wichtigsten Techniken und Verfahren werden durch schlagwortartige Überschriften gekennzeichnet. Dies erhöht die Zeiteffizienz und die Langzeitabrufbarkeit.

Im dritten Abschnitt „Modellierungen" hat der Lehrer die Möglichkeit, aus einem vielfältigen Angebot eine enge, zeitlich zu bewältigende Auswahl zusammenstellen zu können. Drei Aspekte werden angesprochen: Das geometrisch geprägte Modellieren von Randkurven, das dynamisch ausgerichtete Modellieren von Prozessen und die Bestandsrekonstruktionen. Im vierten Abschnitt werden weitere zusammengesetzte Funktionen untersucht.

Der letzte Abschnitt „Exkurs: Anwendung" handelt von der Kettenlinie sowie der Glockenkurve und ist zur Vertiefung für interessierte Schüler gedacht. Das Gleiche gilt für den Streifzug zur Radiokarbonmethode.

VII. Lineare Gleichungssysteme

Dieses Kapitel bildet den Auftakt zur analytischen Geometrie. In diesem Gebiet treten lineare Gleichungssysteme (LGS) am laufenden Band auf. Sie müssen systematisch zunächst ganz sicher *manuell* gelöst werden können, bevor später der GTR eingesetzt wird.

Im ersten Abschnitt „Grundlagen" werden Begriffe und Schreibweisen geklärt. Man kann ihn auch überspringen. Im zweiten Abschnitt „ Das Lösungsverfahren von Gauß" werden die bei den Grundideen von Gauß (Dreieckssystem, Rückwärtseinsetzung) vermittelt.

Im dritten Abschnitt geht es um „Lösbarkeitsuntersuchungen" sowie unter- und überbestimmte Gleichungssysteme. Das kann man kurz halten, da Lösbarkeitsfragen später mit dem GTR automatisiert werden können. Im vierten Abschnitt wird die GTR-Verwendung intensiv angesprochen. Beide Rechner verfügen über eine *direkte Eingabemethode*, die zunächst behandelt wird, und welche die Schüler favorisieren dürften. Sie reicht auch für die meisten Praxisfälle aus.

Darüber hinaus gibt es noch eine zweite Methode, die auf der Verwendung von Matrizen basiert. Dafür braucht man etwas theoretischen Unterbau (Koeffizientenmatrix, erweiterte Koeffizienten-matrix, Diagonalform der erweiterten Koeffizientenmatrix), um die Arbeitsweise des GTR ver-stehen zu können. Man gibt das lineare Gleichungssystem in Matrizenform ein. Die Lösung erfolgt dann mit dem Rref-Befehl, über den beide Rechner verfügen.

VIII. Geraden

Grundkenntnisse aus der Einführungsphase (Vektoren, Addition und Vervielfachung von Vekto-ren, Kollinearirät) werden vorausgesetzt.

Im ersten Abschnitt „Geraden im Raum" werden die vektorielle Parametergleichung und die Zweipunktegleichung einer Geraden eingeführt. Dabei sollte man besonderen Wert legen auf die Vermittlung der anschaulichen Bedeutung des Geradenparameters, mit dessen Hilfe man sich auf der Geraden orientieren und auch Teile einer Geraden wie z.B. eine Strecke beschreiben kann.

Der zweite Abschnitt „Lagebeziehungen" stellt das Zentrum des Kapitels dar. Es geht um die Lagebeziehungen Punkt/Gerade, Punkt/Strecke und Gerade/Gerade.

Die Lagebeziehungsuntersuchungen sollten zuerst sicher manuell ausgeführt werden können, bevor auf die zeitsparende Untersuchung mit dem GTR übergegangen wird.

Als Anwendungen werden Aufgabenstellungen mit geometrischen Körpern sowie Flugbahnauf-gaben angeboten, auch mit Geschwindigkeitsaspekten.

Geradenscharen bieten die Möglichkeit, den Einfluss von Parametern zu studieren.

Spurpunkte von Geraden, Schattenbildungen und Spiegelungen stellen wichtige Anwendungen dar. Zusammengesetzten Aufgaben ermöglichen das Kombinieren der erlernten Verfahren.

IX. Das Skalarprodukt

Im ersten Abschnitt „Das Skalarprodukt" werden die Kosinusform und die Koordinatenform des Skalarproduktes eingeführt. Beide müssen manuell beherrscht werden. Der Einsatz des GTR lohnt nicht, da die Eingabe länger dauert als die manuelle Berechnung.

Mit dem Skalarprodukt können folgende Berechnungen durchgeführt werden:

Winkel zwischen Vektoren, Winkel zwischen Geraden und Flächeninhalte von Dreiecken und Parallelogrammen bzw. sogar von beliebigen, geradlinig begrenzten ebenen Gebilden.

Zum Pflichtprogramm gehört auch das Orthogonalitätskriterium für Vektoren und die Bestim-mung von Normalenvektoren.

Abschließend wird das Vektorprodukt behandelt. Zu den Anwendungen des Vektorprodukts ge-hören die vereinfachte Bestimmung von Dreiecksflächen und des Volumens einer Dreieckspyra-mide. Dies kann durch Mehrfachanwendung auf komplexere Pyramiden ausgeweitet werden.

X. Ebenen

Im ersten Abschnitt „Ebenengleichungen" werden alle drei Arten von Ebenengleichungen entwickelt. Die vielen Vorteile der Koordinatenform werden ebenso herausgestellt wie die zusätzlichen Orientierungsmöglichkeiten, welche sich nur bei Verwendung der Parameterform ergeben.

Auch hier sollte wie bei den Geraden die Bedeutung der beiden Ebenenparameter veranschaulicht werden. Durch sie wird im Zusammenspiel mit den beiden Richtungsvektoren ein auf der Ebene liegendes Koordinatensystem definiert. Mithilfe der Parameter kann man feststellen, in welchem Bereich der Ebene man sich gerade bewegt.

Den Kapitelschwerpunkt bildet der zweite Abschnitt über „Lagebeziehungen".

Punkt/Ebene, Gerade/Ebene, Punkt/Dreieck sowie Gerade/Dreieck und Ebene/Ebene stehen auf dem Programm.

Hierzu gibt es eine große Auswahl an Aufgaben in Anwendungszusammenhängen, wobei es um Konstellationen in geometrischen Figuren und Körpern, aber auch um Sichtlinien, Flugbahnen und Bohrtunnel geht. Derartige Fragestellungen sind ausgesprochen abiturrelevant.

Auch Ebenenscharen werden angesprochen und sind im Leistungskurs ein wichtiges Thema. Zusammengesetzte Aufgaben bieten variable Übungsmöglichkeiten. Auf 3-D-Programme zur Veranschaulichung der Objekte wird hingewiesen.

XI. Winkel, Abstände und Objekte

In diesem Kapitel werden in kompakter Form im ersten Abschnitt Winkelprobleme (Gerade/Gerade, Gerade/Ebene und Ebene/Ebene) behandelt.

Im zweiten Abschnitt werden alle Abstandsprobleme im Raum angesprochen (Punkt/Ebene, Ebene/Ebene, Gerade/Ebene, Punkt/Gerade, Gerade/Gerade bei Parallelität und bei Windschiefheit) behandelt. Neben den Abstandsformeln werden meistens auch operative Verfahren behandelt, die das Verständnis erhöhen und die Berechnung der Lotfußpunkte gestatten.

Im dritten Abschnitt geht es dann um besonders wichtige Aufgabentypen, nämlich um die Untersuchung geometrischer Objekte im Raum (Quader, Pyramiden etc.) und um die Untersuchung von Bewegungen im Raum (Flugbahnen, Ballschüsse etc.), wobei alle vorher erlernten Methoden im Zusammenspiel zum Einsatz kommen.

XII. Grundbegriffe der Wahrscheinlichkeitsrechnung

Dies ist ein reines Wiederholungskapitel und nur zum Nachschlagen und Rekapitulieren gedacht, nicht aber zur systematischen Behandlung. Inhalt: Mehrstufige Zufallsversuche, Baumdiagramme, Abzählverfahrern, geordnete/ungeordnete Stichproben, Lottomodell, bedingte Wahrscheinlichkeiten, Unabhängigkeit und Vierfeldertafel, alles in knapper Form.

XIII. Zufallsgrößen

In diesem Kapitel geht es um Zufallsgrößen und deren Wahrscheinlichkeitsverteilung. Der Erwartungswert und die Standardabweichung als typische Kenngrößen einer Verteilung werden angesprochen und in Anwendungsaufgaben und Spielen angewandt. Bei Zeitmangel kann man in diesem Kapitel sparen und die Begrifffe im Rahmen des Folgekapitels begleitend einführen.

XIV. Binomialverteilung und Normalverteilung

Dieses Kapitel ist das zentrale Kapitel der Stochastik in diesem Kurs. Am Beispiel der Binomialverteilung wird die Arbeitsweise der beurteilenden Statistik exemplarisch verdeutlicht. Nach der Einführungs des Begriff s der Bernoulli-Kette wird die Formel von Bernoulli entwickelt und manuell angewandt. Die Eigenschaften der Binomialverteilung werden behandelt (Diagramme, Kenngrößen, Erwartungswert und Standardabweichung). Die Sigmaregeln werden angewandt.

In den Anwendungen spielt die kumulierte Binomialverteilung die größte Rolle. Die erforderlichen Berechnungen wurden traditionell mit statistischen Tabellen vorgenommen, nun aber mit dem GTR direkt durchgeführt. Das Thema schließt mit abiturnahen Komplexaufgaben.

Dann wird die Normalverteilung in zwei Stufen mit einem neuen Konzept behandelt, denn die übliche Approximation der Binomialverteilung fällt weitgehend weg wegen des GTR.

In Stufe 1 wird der in der Mathematik so bedeutsame *Standardisierungsprozess* behandelt, der zur genialen Tabelle der Standardnormalverteilung von de Moivre und Gauß führt und Vorbild für viele ähnliche Standadisierungsprozesse ist. Er gehört zur mathematischen Allgemeinbildung. Die praktische Anwendung der Tabelle ist in diesem Kurs wegen des GTR nicht erforderlich.

In Stufe 2 werden stetige, normalverteilte Zufallsgrößen behandelt. Dieser Teil ist praktisch sehr wichtig und enthält die abiturrelevanten Fragestellungen. Auf eine besonders übersichtliche und klare Gliederung wurde großer Wert gelegt.

XV. Das Testen von Hypothesen

Das Kapitel beginnt mit dem Alternativtest. Er ist am einfachsten zu verstehen und gestattet die problemlose Einführung der Begriffe und Schreibweisen beim Testen.

Dann werden ein- und zweiseitiger Signifikanztest behandelt, wobei Fragen nach Fehlergrößen und Signifikanzniveau, aber auch nach kritischer Zahl und Entscheidungsregel vorkommen.

XVI. Stochastische Prozesse

Im ersten Abschnitt werden nur diejenigen Begriffe und Matrizenoperationen eingeführt, welche für stochastische Prozesse unbedingt benötigt werden (Begriff der Matrix, Schreibweisen, Addition, Multiplikation, Potenzierung). Die Rechnungen werden sowohl manuell als auch mit dem GTR demonstriert.

Im zweiten Abschnitt werden *Prozesse mit stochastischen Übergangsmatrizen* behandelt. Solche Problematiken sind auch im Abitur denkbar. Der GTR-Einsatz ist hoch.

Abschließend werden zur Vertiefung *Prozesse mit absorbierenden Zuständen* behandelt, die oft bei Spielen oder in der Populationsdynamik angewandt werden.

XVII. Abiturvorbereitende komplexe Aufgaben

Sortiert nach Fachgebieten werden zunächst elementare Aufgaben, die hilfsmittelfrei gelöst werden, und jeweils im Anschluss komplexe Aufgaben, bei denen Hilfsmittel wie der GTR zumindest partiell zugelassen sind , zusammengestellt. Diese Aufgaben bereiten noch einmal unmittelbar auf die schriftliche Abiturprüfung vor. Sie sind für die eigene, häusliche Vorbereitung der Schüler gedacht, da sie für den Unterricht in ihrer Gesamtheit zu zeitintensiv wären.

Nähere Erläuterungen hierzu findet man auf der Startseite 576 des Kapitels.

XVIII. GTR-Anwendungen

In diesem Kapitel werden zum Nachschlagen die Lösungen relevanter Aufgabenstellungen mit dem GTR angeboten. Die Bedienschritte für die beiden Rechnertypen sind detailliert aufgelistet.

I. Eigenschaften von Funktionen

Einführung

Viele technische und wirtschaftliche Prozesse können durch mathematische Funktionen beschrieben werden. Dabei spielen drei charakteristische Eigenschaften der Funktion eine wichtige Rolle: Das Vorzeichenverhalten, das Steigungsverhalten und das Krümmungsverhalten.

▶ **Beispiel: Stückgewinn bei der Motorradproduktion**
Der Stückgewinn G bei der Produktion von Motorrädern eines Herstellers kann als Funktion der täglich produzierten Stückzahl erfasst werden. Die Graphik zeigt den Zusammenhang. Beschreiben und interpretieren Sie die dargestellte Stückgewinnfunktion.

Lösung:
Vorzeichenverhalten: Zunächst verläuft G im negativen Bereich. Die Produktion verursacht Verluste. Vermutlich ist die Produktion zu gering ausgelastet, so dass die Grundkosten die Einnahmen aufzehren. Im Punkt $N(100|0)$ ändert sich das Vorzeichenverhalten.
G wird positiv. Der Stückgewinn erreicht nun die Gewinnzone.

Steigungsverhalten: Der Stückgewinn G steigt nun kontinuierlich an, bis er im Hochpunkt H ein Maximum erreicht. Nun sind die Maschinen optimal ausgelastet. Anschließend fällt der Stückgewinn wieder. Die Produktionsmaschinen könnten nun überlastet sein und Wartungskosten verursachen und die Personalkosten könnten durch Überstunden steigen, wodurch der Stückgewinn zunehmend geschmälert wird.

Krümmungsverhalten: Zunächst verläuft der Graph von G ansteigend und linksgekrümmt. Der Stückgewinn wächst also immer schneller. Im Wendepunkt W_1 ist der Anstieg am steilsten. Hier wächst der Stückgewinn $G(x)$ maximal, wenn man die Stückzahl x steigert. Danach steigt G mit Rechtskrümmung weiter bis zum Hochpunkt H. In diesem Bereich verlangsamt sich das Wachstum des Stückgewinns bis auf null. Nach dem Hochpunkt geht es mit Rechtskrümmung weiter bis zum zweiten Wendepunkt W_2, wobei der Stückgewinn immer schneller fällt. Im Wendepunkt W_2 kommt es zur Trendwende. Es erfolgt der Übergang zur Linkskrümmung, d. h., die Stückge-
▶ winne fallen nun zunehmend langsamer.

Fazit:
Im Folgenden werden wir uns vertieft mit dem Steigungsverhalten und dem Krümmungsverhalten beschäftigen sowie mit den Punkten, in denen das Steigungs- bzw. das Krümmungsverhalten wechselt, den Extrempunkten und den Wendepunkten. Man kann Steigung und Krümmung einer Funktion mit den Ableitungen der Funktion erfassen, was wir nun ausarbeiten.

1. Steigung und erste Ableitung

Das Steigungsverhalten einer Funktion, in der Fachsprache als *Monotonieverhalten* bezeichnet, prägt den Kurvenverlauf besonders. Man unterscheidet zwei Arten des Steigens und Fallens.

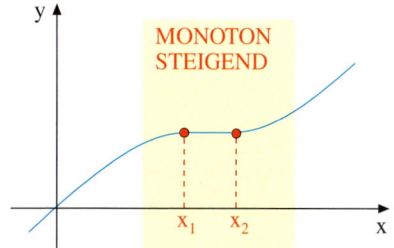

Definition I.1: Strenge Monotonie
Gilt für zwei beliebige Stellen x_1 und x_2 des Intervalls I mit $x_1 < x_2$ stets $f(x_1) < f(x_2)$, so wird die Funktion f als *streng monoton steigend* auf dem Intervall I bezeichnet.

Gilt für zwei beliebige Stellen x_1 und x_2 des Intervalls I mit $x_1 < x_2$ stets $f(x_1) > f(x_2)$, so wird die Funktion f als *streng monoton fallend* auf dem Intervall I bezeichnet.

Definition I.2: Monotonie
Gilt für zwei beliebige Stellen x_1 und x_2 des Intervalls I mit $x_1 < x_2$ stets $f(x_1) \leq f(x_2)$, so wird die Funktion f als *monoton steigend* auf dem Intervall I bezeichnet.

Gilt für zwei beliebige Stellen x_1 und x_2 des Intervalls I mit $x_1 < x_2$ stets $f(x_1) \geq f(x_2)$, so wird die Funktion f als *monoton fallend* auf dem Intervall I bezeichnet.

Mithilfe dieser Definitionen lassen sich Monotonieuntersuchungen nur schwer direkt vornehmen. Man verwendet daher meistens das graphische Verfahren des folgenden Beispiels oder das so genannte Monotoniekriterium, welches auf der folgenden Seite steht.

▶ **Beispiel: Graphische Monotonieuntersuchung**
Untersuchen Sie das Monotonieverhalten von $f(x) = x^2 - 2x$ und $g(x) = x^2(x - 3)$.

Lösung:
Wir zeichnen den Graphen (Tabelle oder GTR) und lesen die Monotoniebereiche direkt ab.

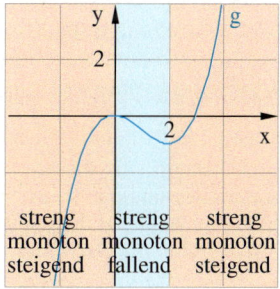

Exakte Monotonieuntersuchungen können besonders leicht an differenzierbaren Funktionen mithilfe der Ableitung durchgeführt werden, wie im Folgenden dargestellt.

▶ **Beispiel: Monotoniebereiche einer Funktion**
Wie lauten die Bereiche monotonen Steigens und Fallens für die Funktion $f(x) = \frac{1}{2}x^2 - x$?

Lösung:
Die Funktion besitzt die Ableitung
$f'(x) = x - 1$.

f' hat bei $x = 1$ eine Nullstelle mit Vorzeichenwechsel von Minus nach Plus.

Für $x < 1$ ist $f'(x) < 0$: f fällt dort streng monoton.
Für $x > 1$ ist $f'(x) > 0$: f steigt dort streng
▶ monoton.

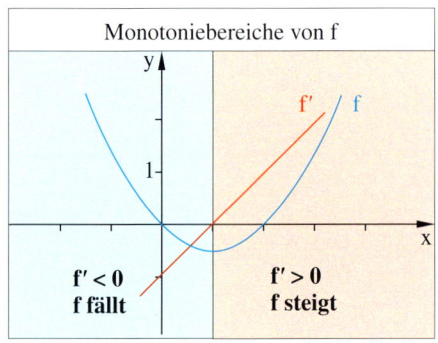

Die genauen Zusammenhänge zwischen Monotonie und Ableitung stellen wir im folgenden anschaulich klaren Monotoniekriterium zusammen. Der Beweis dieses hinreichenden Kriteriums für Monotonie ist allerdings recht theoretisch, sodass wir hier auf ihn verzichten.

Das Monotoniekriterium

Die Funktion f sei auf dem Intervall I differenzierbar. Dann gelten folgende Aussagen:
Ist **f'(x) > 0** für alle $x \in I$, so ist **f(x) streng monoton steigend** auf I.
Ist **f'(x) < 0** für alle $x \in I$, so ist **f(x) streng monoton fallend** auf I.
Ist **f'(x) ≥ 0** für alle $x \in I$, so ist **f(x) monoton steigend** auf I.
Ist **f'(x) ≤ 0** für alle $x \in I$, so ist **f(x) monoton fallend** auf I.

▶ **Beispiel:** Untersuchen Sie die Funktion $f(x) = \frac{1}{3}x^3 - x^2 + 4$ mithilfe des Monotoniekriteriums auf strenge Monotonie.

Lösung:
$f(x) = \frac{1}{3}x^3 - x^2 + 4$ besitzt die Ableitung
$f'(x) = x^2 - 2x$.
f' hat Nullstellen bei $x = 0$ und $x = 2$.
Für $x < 0$ ist $f'(x) > 0$, also ist f nach dem Monotoniekriterium in diesem Bereich streng monoton steigend.
Für $0 < x < 2$ ist $f'(x) < 0$. f ist dort streng monoton fallend.
Für $x > 2$ ist $f'(x) > 0$. f ist dort also streng
▶ monoton steigend.

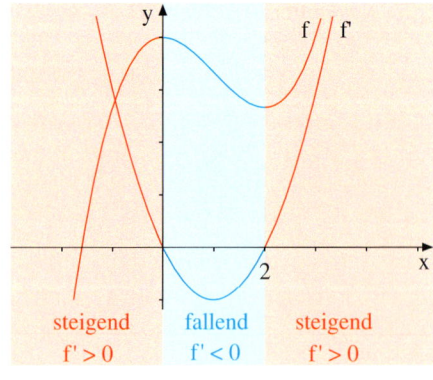

Übungen

1. Entscheiden Sie für jeden der abgebildeten Graphen, welche der folgenden Monotonieeigenschaften auf dem farbig gekennzeichneten, offenen Intervall vorliegt.
A: streng monotones Fallen/Steigen,   B: monotones Fallen/Steigen,   C: keine Monotonie

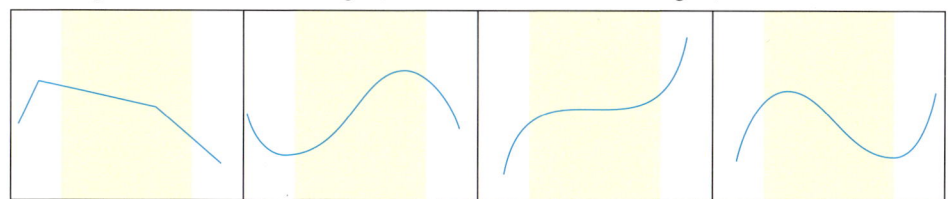

2. Betrachten Sie den abgebildeten Graphen von f im Intervall $[-5; 5]$. Untersuchen Sie, ob die folgenden Aussagen richtig oder falsch sind.

a) $f'(x) > 0$ für $x < -3$.

b) $f'(x) < 0$ für $[-1; 3]$.

c) $f'(x)$ ist für $-3 < x < 2$ negativ.

d) Für $x > 3$ ist f streng monoton steigend.

e) $f'(2) = 0$

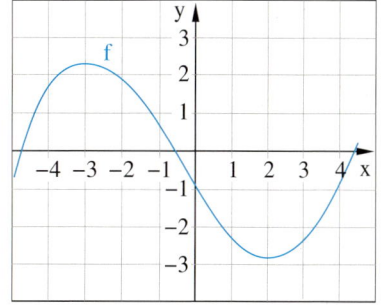

3. Zeichnen Sie den Graphen von f mit dem GTR und geben Sie die Monotoniebereiche von f angenähert an.

a) $f(x) = x^2 - 4x - 3$ b) $f(x) = -x^2 + 6x$ c) $f(x) = \frac{1}{x-1}$

d) $f(x) = \frac{1}{3}x^3 - 2x^2 + 2$ e) $f(x) = \frac{1}{3}x^3 - \frac{7}{2}x^2 + 8x$ f) $f(x) = \frac{1}{8}x^4 - x^2$

4. Untersuchen Sie rechnerisch mithilfe der ersten Ableitung f', wo die Funktion f streng monoton fällt bzw. streng monoton steigt.

a) $f(x) = x^2 - 5x + 1$ b) $f(x) = \frac{1}{9}x^3 - 3x$ c) $f(x) = \frac{1}{4}x^4 - 2x^2$

d) $f(x) = x + \frac{4}{x}$ e) $f(x) = x^2 - 2a^2x$ f) $f(x) = \frac{1}{2}x^4 - a^2x^2$

5. Die Abbildungen zeigen den Graphen der Ableitungsfunktion f'. Skizzieren Sie den Verlauf des Graphen einer passenden Funktion f, die durch den Ursprung gehen soll.

2. Ableitungsregeln und höhere Ableitungen

Im Folgenden wiederholen wir anhand einer kurzen Zusammenstellung die Ableitungsregeln für
Funktionen, welche bereits in der Einführungsphase eingeführt wurden.

Allgemeine Ableitungsregeln:	Beispiele zu den Regeln:
Summenregel Die Ableitung einer Summe kann summandenweise gebildet werden. $(f(x) + g(x))' = f'(x) + g'(x)$	$(x^2 + x^3)' = 2x + 3x^2$ Summenregel (und Potenzregel)
Faktorregel Ein konstanter Faktor bleibt beim Differenzieren erhalten. $(a \cdot f(x))' = a \cdot f'(x)$	$(2 \cdot x^3)' = 2 \cdot 3x^2 = 6x^2$ Faktorregel (und Potenzregel)
Konstantenregel Eine additive Konstante fällt beim Differenzieren weg. $(c)' = 0$	$(x^2 + 4)' = 2x + 0 = 2x$ Konstantenregel (und Potenzregel)

Spezielle Ableitungsregeln:	Beispiele zu den Regeln:
Potenzregel Für jede natürliche Zahl n gilt: $(x^n)' = n \cdot x^{n-1}$	$(x^4)' = 4x^3$ Potenzregel
Wurzelregel Für $x > 0$ gilt: $(\sqrt{x})' = \dfrac{1}{2\sqrt{x}}$	$(6\sqrt{x})' = 6 \cdot \dfrac{1}{2\sqrt{x}} = \dfrac{3}{\sqrt{x}}$ Wurzelregel
Reziprokenregel Für $x \neq 0$ gilt: $\left(\dfrac{1}{x}\right)' = -\dfrac{1}{x^2}$	$\left(\dfrac{2}{x}\right)' = 2 \cdot \left(-\dfrac{1}{x^2}\right) = -\dfrac{2}{x^2}$ Reziprokenregel
Verallgemeinerte Potenzregel Für jede rationale Zahl r gilt: $(x^r)' = r \cdot x^{r-1}$ $(r \neq 0)$	$(\sqrt[3]{x})' = \left(x^{\frac{1}{3}}\right)' = \dfrac{1}{3}x^{-\frac{2}{3}} = \dfrac{1}{3 \cdot \sqrt[3]{x^2}}$ $\left(\dfrac{1}{x^2}\right)' = (x^{-2})' = -2x^{-3} = -\dfrac{2}{x^3}$
Sinusregel, Kosinusregel $(\sin x)' = \cos x$ $(\cos x)' = -\sin x$	$(2\sin x + 3)' = 2\cos x$ Sinusregel

Bisher trat nur die Ableitung f′ einer Funktion auf, welche anschaulich als Kurvensteigung interpretiert wird. Nun kommen weitere Ableitungen höherer Ordnung hinzu.

Die *Ableitungsfunktion f′* wird kurz als erste Ableitung oder als Ableitung von f bezeichnet.
Differenziert man die Ableitung f′, so erhält man die *zweite Ableitung f″* von f.
Die Sprechweisen lauten:
f′: f-Strich; f″: f-zwei-Strich.
Für die dritte Ableitung schreibt man: f‴.
Ab der vierten Ableitung verwendet man zur Darstellung keine hochgestellten Striche mehr, sondern hochgestellte eingeklammerte Ziffern: $f^{(4)}$, $f^{(5)}$, usw.

Beispiel:

$f(x) = x^6 + 2x^4$

$f'(x) = 6x^5 + 8x^3$ (1. Ableitung)

$f''(x) = 30x^4 + 24x^2$ (2. Ableitung)

$f'''(x) = 120x^3 + 48x$ (3. Ableitung)

$f^{(4)}(x) = 360x^2 + 48$ (4. Ableitung)

$f^{(5)}(x) = 720x$ (5. Ableitung)

▶ **Beispiel: Höhere Ableitungen**
Berechnen Sie die dritte Ableitung von $f(x) = x^4 - 8x^3 + x$ sowie die zweite Ableitung von $g(x) = \frac{1}{5}x^5 - ax^4$.

Rechnung:

$f(x) = x^4 - 8x^3 + x$

$f'(x) = 4x^3 - 24x^2 + 1$

$f''(x) = 12x^2 - 48x$

$f'''(x) = 24x - 48$

Lösung:
Unter Verwendung der Ableitungsregeln berechnen wir der Reihe nach f′, f″ und f‴.
Resultat: $f'''(x) = 24x - 48$.
▶ Analog erhalten wir: $g''(x) = 4x^3 - 12ax^2$.

$g(x) = \frac{1}{5}x^5 - ax^4$

$g'(x) = x^4 - 4ax^3$

$g''(x) = 4x^3 - 12ax^2$

Übung 1
Berechnen Sie die höhere Ableitung.
a) $f(x) = x^4 + x^2$
   $f''(x) = ?$
b) $f(x) = x^n + 2x^3$
   $f''(x) = ?$
c) $f(x) = 0{,}25(x^4 - x)$
   $f^{(4)}(x) = ?$
d) $f(x) = \sin x$
   $f'''(x) = ?$

Übung 2
Geben Sie eine Funktion f an, die die gegebene höhere Ableitung besitzt.
a) $f''(x) = x^2$
b) $f'''(x) = 6$
c) $f''(x) = 6ax + 2$
d) $f^{(4)}(x) = 1$
e) $f'''(x) = x^2 + 1$
f) $f''(x) = 6$
g) $f''(x) = \sin x$
h) $f''(x) = x^{-3}$

Übung 3
a) Welchen Wert hat die zweite Ableitung von $f(x) = x^2 - \frac{1}{6}x^3$ an der Stelle $x = -1$?

b) Welchen Wert hat die dritte Ableitung von $f(x) = x^2 - \frac{1}{6}x^3$ an der Stelle $x = -1$?

c) An welcher Stelle hat die dritte Ableitung von $f(x) = -x^3 + 0{,}25x^4$ den Wert 3?

d) Zeigen Sie, dass die zweite Ableitung von $f(x) = \frac{1}{12}x^4 + \frac{1}{6}x^3 + \frac{1}{2}x^2$ keine Nullstellen hat.

e) Welche Ableitungen von $f(x) = \sin x$ stimmen mit f exakt überein ?

f) Zeigen Sie mit der verallgemeinerten Potenzregel, dass $f(x) = \frac{1}{x}$ die dritte Ableitung $f'''(x) = -\frac{6}{x^4}$ besitzt.

3. Krümmung und zweite Ableitung

Ein weiteres wichtiges Merkmal eines Funktionsgraphen ist sein Krümmungsverhalten. Bewegt man sich auf dem unten abgebildeten Graphen in Richtung der positiven x-Achse, so durchfährt man zunächst eine Rechtskurve, dann eine Linkskurve. Denjenigen Punkt, in dem sich die Krümmungsart ändert, nennt man *Wendepunkt*.

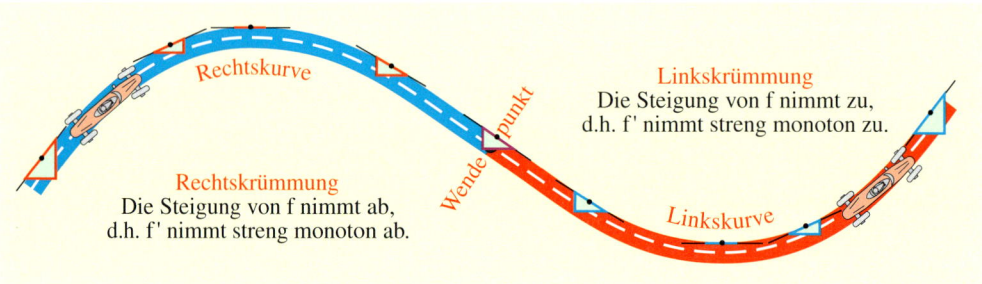

Der Abbildung kann man entnehmen, dass die Steigung von f, also f′, im Bereich der Rechtskrümmung abnimmt, beim Wendepunkt minimal ist und im Bereich der Linkskrümmung zunimmt. Diese Beobachtungen führen zur der exakten Definition des Krümmungsbegriffs.

Definition I.3: Die Funktion f sei auf dem Intervall I differenzierbar.

f heißt *rechtsgekrümmt* auf I	f heißt *linksgekrümmt* auf I
genau dann, wenn	genau dann, wenn
f′ auf I streng monoton fällt.	f′ auf I streng monoton steigt.

▶ **Beispiel:** Untersuchen Sie das Krümmungsverhalten von $f(x) = \frac{1}{6}x^3 - \frac{1}{2}x^2 + 3$. Skizzieren Sie dazu die Graphen von f, f′ und f″ in einem gemeinsamen Koordinatensystem. Welcher Zusammenhang besteht zwischen Krümmungsverhalten und zweiter Ableitung?

Lösung:
Man erkennt, dass für x < 1 die zweite Ableitung f″(x) = x − 1 negativ ist.
Daher ist nach dem Monotoniekriterium die erste Ableitung f′ in diesem Bereich streng monoton fallend.
Nach Definition I.3 folgt daraus eine Rechtskrümmung von f für x < 1.
Analog ergibt sich, dass f für x > 1 linksgekrümmt ist.
Die zweite Ableitung bestimmt also das
▶ Krümmungsverhalten einer Funktion.

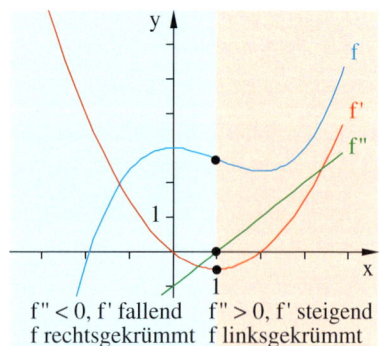

f″ < 0, f′ fallend   f″ > 0, f′ steigend
f rechtsgekrümmt   f linksgekrümmt

Die auf dem Monotoniekriterium beruhende Überlegung aus dem vorhergehenden Beispiel liefert das folgende hinreichende Kriterium für das Krümmungsverhalten von Funktionen.

Das Krümmungskriterium

Die Funktion f sei auf dem Intervall I zweimal differenzierbar. Dann gilt:

Gilt **f''(x) < 0** für alle $x \in I$,
so ist f auf I **rechtsgekrümmt**.

Gilt **f''(x) > 0** für alle $x \in I$,
so ist f auf I **linksgekrümmt**.

Die Art der Krümmung einer Funktion f wird also durch das Vorzeichen der zweiten Ableitung f'' bestimmt. Wir zeigen nun, wie man das Kriterium rechnerisch anwendet.

▶ **Beispiel:** Untersuchen Sie das Krümmungsverhalten der Funktion $f(x) = -\frac{1}{12}x^3 + \frac{1}{2}x^2$ rechnerisch. Kontrollieren Sie Ihr Resultat anschließend durch Skizzen von f und f''.

Lösung:
Wir suchen zunächst die Nullstellen der zweiten Ableitung $f''(x) = -\frac{1}{2}x + 1$.
Es gibt nur eine einzige, die bei x = 2 liegt. Dort wechselt das Vorzeichen von f'' von Plus nach Minus.
Folglich verläuft der Graph von f für x < 2 linksgekrümmt und anschließend für x > 2 rechtsgekrümmt.
Im Punkt $W\left(2 \mid \frac{4}{3}\right)$ wechselt die Krümmungsart von f. W ist der Wendepunkt des Graphen von f.
▶ Die Zeichnung bestätigt diese Resultate.

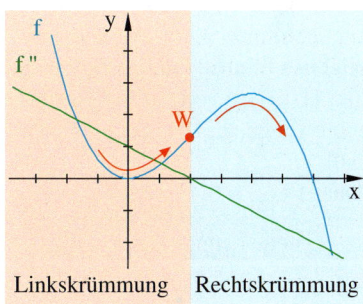

Linkskrümmung   Rechtskrümmung

Übung 1

Wo ändert sich das *Steigungsverhalten* von f? Gibt es einen Punkt, in dem sich das *Krümmungsverhalten* von f ändert?

a) $f(x) = x^2 - 4x$ b) $f(x) = \frac{1}{6}x^3 - 2x$ c) $f(x) = -\frac{1}{6}x^3 + \frac{3}{4}x^2$

Übung 2

Bestimmen Sie wie im letzten Beispiel rechnerisch das *Krümmungsverhalten* von f. Geben Sie an, in welchen Punkten sich das Krümmungsverhalten ändert.

a) $f(x) = x^3 + 3x^2 + 2$ b) $f(x) = \frac{1}{2}x^3 - \frac{3}{2}x$ c) $f(x) = 1 - x^2$ d) $f(x) = \frac{1}{8}x^4 - \frac{1}{4}x^3$

4. Extrempunkte

A. Hinführung

Kennt man charakteristische Punkte einer Funktion wie ihre Nullstellen, den Schnittpunkt mit der y-Achse und ihre Extrempunkte, so ist es relativ einfach, den Graphen zu skizzieren. Im Folgenden zeigen wir, wie Hoch- und Tiefpunkte systematisch und exakt ermittelt werden.

▶ **Beispiel: Hochpunkt**

Ein Fluss verläuft durch ein Steppenge-
biet. Dabei durchfließt er ein undurch-
dringliches Waldstück.
Sein Verlauf wird grob durch die Funktion
$f(x) = \frac{1}{3}x^3 - 2x^2 + 3x + 1$ erfasst.
Welches ist der nördlichste Punkt innerhalb des Waldstücks, der auf dem Wasser-
weg erreicht werden kann.

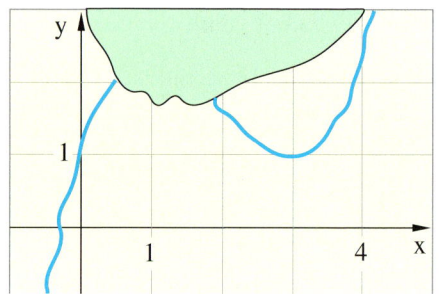

Lösung:
Der nördlichste Punkt im Wald ist der
Hochpunkt $H(x_E | y_E)$ von f. f hat dort eine
waagerechte Tangente. Die Steigung ist also dort null.
Es gilt daher $f'(x_E) = 0$.

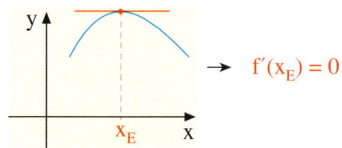

$\rightarrow \quad f'(x_E) = 0$

Wegen $f'(x) = x^2 - 4x + 3$ führt dies auf
die Gleichung $x^2 - 4x + 3 = 0$, die nach
nebenstehender Rechnung die beiden
Lösungen $x = 1$ und $x = 3$ besitzt. Das sind
die einzigen Stellen mit waagerechten
Tangenten. Betrachten wir die verbliebenen
Reste des Graphen, so kommen wir zu
dem Schluss, dass der nördlichste Punkt im
Wald bei $x = 1$ liegt: $H\left(1 | \frac{7}{3}\right)$.

Berechnung der Ableitung:

$$f(x) = \frac{1}{3}x^3 - 2x^2 + 3x + 1$$
$$f'(x) = x^2 - 4x + 3$$

Berechnung der Stellen mit $f'(x) = 0$:

$$f'(x) = 0$$
$$x^2 - 4x + 3 = 0$$
$$x = 2 \pm \sqrt{1}$$
$$x_1 = 1 \quad x_2 = 3$$

Die zweite Stelle mit waagerechter Tangente bei $x = 3$ muss dann der x-Wert
des in der Zeichnung ebenfalls zu erken-
nenden Tiefpunkts sein: $T(3|1)$.

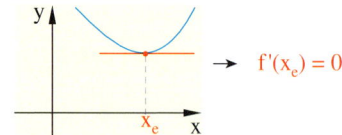

$\rightarrow \quad f'(x_e) = 0$

◀

Das Beispiel zeigt, dass man lokale Hoch- und Tiefpunkte mithilfe der ersten Ableitung berechnen kann, da diese Punkte ein besonderes Kennzeichen haben, nämlich eine waagerechte Tangente bzw. die Steigung 0 ($f'(x) = 0$).

B. Notwendiges Kriterium für lokale Extrema

Nach der anschaulichen Hinführung werden wir nun die Begriffe mathematisch präzisieren.

Definition I.4: Lokale Extremalpunkte

Ein Graphenpunkt $H(x_H|f(x_H))$ heißt *Hochpunkt* von f, wenn es eine Umgebung U von x_H gibt, sodass für alle $x \in U$ gilt: $f(x) \leq f(x_H)$.

Ein Graphenpunkt $T(x_T|f(x_T))$ heißt *Tiefpunkt* von f, wenn es eine Umgebung U von x_T gibt, sodass für alle $x \in U$ gilt: $f(x) \geq f(x_T)$.

Ein lokaler Hochpunkt ist also ein Graphenpunkt, in dessen unmittelbarer Nachbarschaft es nur tiefer liegende Graphenpunkte gibt. Der Funktionswert im Hochpunkt wird als *lokales Maximum* der Funktion bezeichnet. Analoges gilt für Tiefpunkte.

In einem Hoch- bzw. in einem Tiefpunkt einer *differenzierbaren* Funktion verläuft die Tangente an den Funktionsgraphen waagerecht. Die Steigung der Funktion dort ist daher notwendigerweise null. Diese Tatsache wird als notwendige Bedingung für Extrema bezeichnet.

Notwendige Bedingung für lokale Extrema

Die Funktion f sei an der Stelle x_E differenzierbar. Dann gilt:
Wenn bei x_E ein lokales Extremum von f liegt, dann ist $f'(x_E) = 0$.

Die Punkte mit $f'(x) = 0$ sind die einzigen Kandidaten für lokale Hoch- und Tiefpunkte. Manchmal werden sie auch als *potentielle Extrema* bezeichnet.

Übung 1

Untersuchen Sie, ob die Funktion f Stellen mit waagerechten Tangenten besitzt, d.h. potentielle Extrempunkte. Prüfen Sie durch Zeichnen des Graphen, ob es sich tatsächlich um Extrempunkte handelt.

a) $f(x) = x^2 - 4x + 2$
b) $f(x) = (x - 2)^2 + x$
c) $f(x) = x^3 + 3x$

Übung 2

Die Funktion f hat zwei Stellen mit waagerechten Tangenten. Erläutern Sie den Unterschied. Wie verhält sich das Vorzeichen der Ableitung f' beim Passieren dieser Stellen?

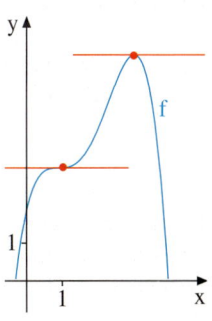

Liegt ein Punkt mit waagerechter Tangente vor, d. h. $f'(x) = 0$, so kann mithilfe der Krümmung in diesem Punkt, also mithilfe der zweiten Ableitung, festgestellt werden, ob es sich um ein Maximum, ein Minimum oder einen Sattelpunkt handelt. Im Hochpunkt verläuft f stets rechtsgekrümmt, im Tiefpunkt linksgekrümmt und im Sattelpunkt kommt es zu einem Krümmungswechsel, wie das die folgenden Bilder erkennen lassen.

| waagerechte Tangente UND Rechtskrümmung ⇓ Hochpunkt | waagerechte Tangente UND Linkskrümmung ⇓ Tiefpunkt | waagerechte Tangente UND Krümmungswechsel ⇓ Sattelpunkt |

Da man die Krümmungsart mithilfe des Vorzeichens von f'' feststellen kann, erhalten wir folgendes Ergebnis, das sehr oft gebraucht wird.

Hinreichendes Kriterium für lokale Extrema (f''-Kriterium)

Die Funktion f sei in einer Umgebung von x zweimal differenzierbar. Dann gilt:

Gilt $f'(x_E) = 0$ und $f''(x_E) < 0$, so liegt an der Stelle x_E ein **lokales Maximum** von f.
Gilt $f'(x_E) = 0$ und $f''(x_E) > 0$, so liegt an der Stelle x_E ein **lokales Minimum** von f.
Gilt $f'(x_E) = 0$ und wechselt in x_E die Krümmungsart, so liegt dort ein **Sattelpunkt**.

Das folgende Beispiel zeigt, wie notwendiges und hinreichendes Kriterium im Verbund zur Berechnung der Extremalpunkte von Funktionen eingesetzt werden können.

▶ **Beispiel:** Untersuchen Sie die Funktion $f(x) = \frac{1}{3}x^3 + \frac{1}{2}x^2$ auf Extrema.

Lösung:
Mit dem notwendigen Kriterium $f'(x) = 0$ bestimmen wir die Stellen mit waagerechten Tangenten. Es sind $x = -1$ und $x = 0$.

Diese untersuchen wir weiter mit Hilfe des hinreichenden f''-Kriteriums:

Bei $x = -1$ gilt $f''(-1) = -1 < 0$. Hier ist f also rechtsgekrümmt. Es liegt ein Maximum vor.

Bei $x = 0$ gilt $f''(0) = 1 > 0$. Daher ist f hier
▶ linksgekrümmt. Es liegt ein Minimum vor.

1. Ableitungen
$f'(x) = x^2 + x$ $f''(x) = 2x + 1$

2. Notwendiges Kriterium $f'(x) = 0$
$f'(x) = 0$
$x^2 + x = 0$
$x = -1$ und $x = 0$

3. Überprüfungs mittels f''-Kriterium
$x = -1$: $f''(-1) = -1 < 0 \Rightarrow$ Maximum
$x = 0$: $f''(0)$ $= 1$ $> 0 \Rightarrow$ Minimum

Hochpunkt $H\left(-1 \middle| \frac{1}{6}\right)$, Tiefpunkt $T(0|0)$

Das hinreichende f''-Kriterium für Extrema ist manchmal in seiner Anwendbarkeit begrenzt. Dann sind Zusatzuntersuchungen erforderlich, um eine Entscheidung zu erhalten.

> **Beispiel:** Untersuchen Sie $f(x) = x^3$ und $g(x) = x^4$ auf Extrema.

Lösung für $f(x) = x^3$:

1. Ableitungen:

$f''(x) = 3x^2$ $f''(x) = 6x$

2. Notwendige Bedingung:

$f'(x) = 0$
$3x^2 = 0$
$x = 0$

3. Überprüfungs mittels f''-Kriterium:

$x = 0$: $f''(0) = 0 \Rightarrow$ keine Entscheidung
Das f''-Kriterium versagt also hier.

Wir zeichnen daher den Graphen von f:

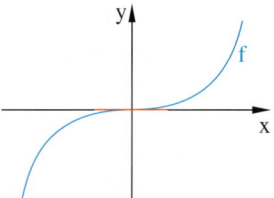

Es zeigt sich, dass bei $x = 0$ weder ein Maximum noch ein Minimum liegt, sondern ein sog. Sattelpunkt, d. h. ein Wendepunkt
> mit waagerechter Tangente.

Lösung für $g(x) = x^4$:

1. Ableitungen:

$g'(x) = 4x^3$ $g''(x) = 12x^2$

2. Notwendige Bedingung:

$g'(x) = 0$
$4x^3 = 0$
$x = 0$

3. Überprüfungs mittels f''-Kriterium:

$x = 0$: $g''(0) = 0 \Rightarrow$ keine Entscheidung
Das f''-Kriterium versagt auch hier.

Zeichnung des Graphen von g:

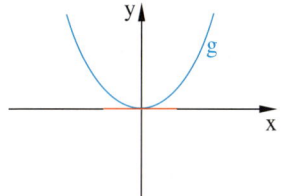

Eine Zeichnung des Graphen von g zeigt jedoch, dass bei $x = 0$ tatsächlich ein Extremum von g liegt, nämlich ein Minimum.

Im Folgenden lernen wir ein zweites hinreichendes Kriterium kennen – das sog. *Vorzeichenwechselkriterium für Extrema*. Dieses kann eingesetzt werden, wenn das f''-Kriterium für Extrema wie im obigen Beispiel versagt. Es ist allerdings etwas umständlicher zu handhaben.

Hinreichendes Kriterium für lokale Extrema (Vorzeichenwechsel-Kriterium)

f sei in einer Umgebung von x_E zweimal differenzierbar und es gelte $f'(x_E) = 0$.

Wenn dann die Ableitung f' an der Stelle x_E
einen **Vorzeichenwechsel** hat von **+ nach −**, so liegt bei x_E ein **lokales Maximum** von f,
einen **Vorzeichenwechsel** hat von **− nach +**, so liegt bei x_E ein **lokales Minimum** von f.

Wenn die Ableitung f' bei x_E **keinen Vorzeichenwechsel** hat, so liegt bei x_E **kein Extremum** von f. Für jede ganzrationale Funktion f liegt in diesem Fall bei x_E ein **Sattelpunkt** von f.

Wir demonstrieren die Funktionsweise des schon aus der Einführungsphase bekannten Vorzeichenwechsel-Kriteriums am letzten Beispiel, das mittels f″-Kriterium nicht direkt lösbar war.

▶ **Beispiel:** Untersuchen Sie $f(x) = x^3$ und $g(x) = x^4$ mit dem Vorzeichenwechselkriterium auf lokale Extrema.

Lösung für $f(x) = x^3$:
1. Ableitung von f:
$f'(x) = 3x^2$

2. Notwendige Bedingung:
$f'(x) = 3x^2 = 0$
$\quad x = 0$

3. Überprüfung mit dem VZW-Kriterium:
Wir prüfen, ob f′ bei x = 0 einen Vorzeichenwechsel hat, indem wir Teststellen bei x = −1 und bei x = 1 verwenden.

$f'(-1) = +3 > 0$
$f'(+1) = +3 > 0$

f′ wechselt bei x = 0 das Vorzeichen nicht. Es bleibt positiv. f steigt also vorher und nachher. Daher hat f bei x = 0 kein lokales
▶ Extremum, sondern einen Sattelpunkt.

Lösung für $g(x) = x^4$:
1. Ableitung von g:
$g'(x) = 4x^3$

2. Notwendige Bedingung:
$g'(x) = 4x^3 = 0$
$\quad x = 0$

3. Überprüfung mit dem VZW-Kriterium:
Wir prüfen, ob g′ bei x = 0 einen Vorzeichenwechsel hat, indem wir Teststellen bei x = −1 und bei x = 1 verwenden.

$g'(-1) = -4 < 0$
$g'(+1) = +4 > 0$

g′ wechselt bei x = 0 das Vorzeichen von Minus auf Plus. g wechselt also von Fallen auf Steigen. g hat daher bei x = 0 ein lokales Minimum.

Insgesamt ergibt sich also folgende Handlungsanweisung zur Extremstellenbestimmung:

Zunächst wird mit der notwendigen Bedingung für Extrema f′(x) = 0 berechnet, an welchen Stellen waagerechte Tangenten vorliegen, also potentielle Extremstellen. Dann überprüft man diese Stellen mit dem hinreichenden f″-Kriterium. Wenn dieses versagt, überprüft man die Stellen mit dem Vorzeichenwechselkriterium, das stets eine Aussage liefert.

Übung 3
Untersuchen Sie die Funktion f auf lokale Extremstellen.
Verwenden Sie als hinreichende Bedingung das f″-Kriterium.
a) $f(x) = \frac{1}{4}x^2 - x + 1$
b) $f(x) = x^3 - 3x^2$
c) $f(x) = \frac{1}{3}ax^3 - a^3x, a > 0$
d) $f(x) = \sin x, 0 \le x \le 2\pi$

Übung 4
Untersuchen Sie die Funktion f auf lokale Extremstellen.
Verwenden Sie als hinreichende Bedingung das Vorzeichenwechsel-Kriterium.
a) $f(x) = x - \frac{1}{4}x^4$
b) $f(x) = ax^2 - 4a^2x, a > 0$
c) $f(x) = 4\sqrt{x} - x, x \ge 0$
d) $f(x) = x + \frac{4}{x}$

Im folgenden Beispiel kommen Extrempunkte und Sattelpunkte vor. Beide hinreichende Kriterien für Extrema müssen eingesetzt werden, um diese nachzuweisen.

▶ **Beispiel: Kurve mit Sattelpunkt**
Untersuchen Sie die Funktion $f(x) = -\frac{1}{20}x^4 + \frac{4}{15}x^3$ auf Extrema und zeichnen Sie den Graphen der Funktion für $-2 \le x \le 6$.

Lösung:
Die notwendige Bedingung für Extrema $f'(x) = 0$ liefert zwei potentielle Extrema bei $x = 0$ und $x = 4$.

Wir überprüfen diese Stellen mithilfe der hinreichenden Kriterien.

Die Untersuchung der Stelle $x = 4$ erfolgt problemlos mit dem f''-Kriterium:
Wegen $f''(4) < 0$ liegt dort ein Maximum.
$H\left(4\middle|\frac{64}{15}\right)$ ist also ein Hochpunkt.

An der Stelle $x = 0$ ist wegen $f''(0) = 0$ eine Entscheidung mit dem f''-Kriterium nicht ohne weiteres möglich.

Wir wenden daher das Vorzeichenwechsel-Kriterium für Extrema an und überprüfen das Vorzeichen von f' sowohl links als auch rechts von der kritischen Stelle $x = 0$.

Dazu wählen wir eine Teststelle $x = -1$ links von $x = 0$ und eine weitere Teststelle $x = +1$ rechts von $x = 0$.

An den beiden gewählten Teststellen $x = -1$ und $x = 1$ ist f' jeweils positiv.

Daher besitzt f' bei $x = 0$ keinen Vorzeichen-wechsel. Es liegt daher ein Sattelpunkt vor,
▶ der monoton wachsend durchlaufen wird.

1. Ableitungen

$f'(x) = -\frac{1}{5}x^3 + \frac{4}{5}x^2$

$f''(x) = -\frac{3}{5}x^2 + \frac{8}{5}x$

2. Notwendige Bedingung für Extrema:

$f'(x) = -\frac{1}{5}x^3 + \frac{4}{5}x^2 = 0$

$-\frac{1}{5}x^2(x - 4) = 0$

$x = 0 \text{ oder } x = 4$

3. Hinreichende Bedingung für Extrema:

x = 4: $f''(4) = -\frac{16}{5} < 0 \Rightarrow$ Maximum

x = 0: Vorzeichen von f' links von $x = 0$
Teststelle $x = -1$: $f'(-1) = 1 > 0$

Vorzeichen von f' rechts von $x = 0$
Teststelle $x = +1$: $f'(1) = \frac{3}{5} > 0$

$\Rightarrow$ kein Vorzeichenwechsel bei $x = 0$
$\Rightarrow$ Sattelpunkt $S(0|0)$

4. Graph:

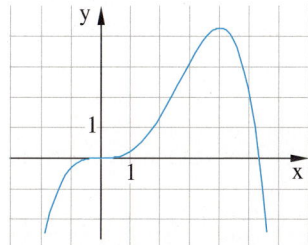

Übung 5

Untersuchen Sie die Funktion f auf lokale Extrempunkte. Skizzieren Sie dann den Graphen von f.

a) $f(x) = -\frac{1}{3}x^3 - x^2 + 3x$ b) $f(x) = -\frac{1}{4}x^4 - 2x^2 + 2$ c) $f(x) = 3 - \frac{1}{3}x^3$

5. Wendepunkte

In einem lokalen Extrempunkt von f ändert sich das Steigungsverhalten von Steigen auf Fallen oder umgekehrt.
Der Extrempunkt selbst ist ein Punkt „oh-ne" Steigung, d. h. ein Punkt mit einer waa-gerechten Tangente, in dem $f'(x) = 0$ gilt.

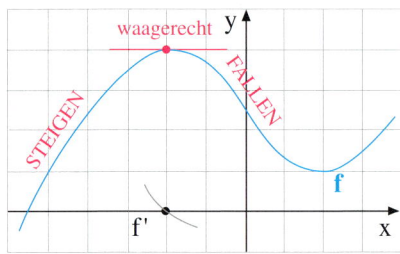

Analog hierzu ändert sich in einem lokalen *Wendepunkt* von f das Krümmungsverhal-ten der Kurve von Rechts- auf Linkskrüm-mung oder umgekehrt.
Der Wendepunkt selbst ist ein Punkt „ohne" Krümmung, d. h., dort verläuft der Graph punktuell gerade. Es gilt also $f''(x) = 0$.

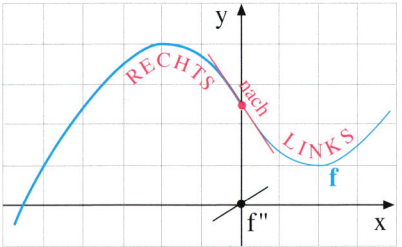

Zwei unterschiedliche Betrachtungsperspektiven für Wendepunkte

Stellt man sich die rechts abgebildete Kurve als Straße vor, die aus der Vogelperspektive betrachtet wird, so würde ein darauf von West nach Ost fahrendes Fahrrad zunächst einen Lenkereinschlag nach links und später einen Lenkereinschlag nach rechts aufweisen. Genau dazwischen durchquert das Fahrrad einen Punkt, in dem sein Lenker exakt gerade sein muss. Das ist der Wendepunkt.
Im Wendepunkt ändert sich das *Krümmungsverhalten der Kurve.*

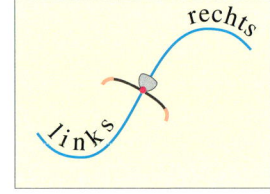

Stellt man sich die Kurve als Ausschnitt aus einer Berg- und Talbahn vor, so ist der Wendepunkt ein Punkt mit einer extremalen Steigung, im Bild rechts mit einer lokal maximalen Steigung.
Wäre umgekehrt zum Bild erst ein Berg und dann ein Tal zu durch-fahren, so wäre der Wendepunkt ein Punkt minimaler Steigung.
Ein Wendepunkt ist also auch ein *Extremum der Steigung f'*.

Aus dem letzten Grund ergibt sich, dass die Wendestellen der notwendigen Bedingung für lokale Extremstellen der ersten Ableitung f' unterliegen , d. h. es gilt $f''(x) = 0$.

Notwendige Bedingung für Wendepunkte

Die Funktion f sei mindestens zweimal differenzierbar. Dann gilt:
Wenn bei x_W eine Wendestelle von f liegt, dann ist $f''(x_W) = 0$.

Es gibt zwei Arten von lokalen Extrema einer Kurve f, lokale Maxima und lokale Minima.
Bei den Wendepunkten gibt es ebenfalls zwei Arten, *Links-Rechts-Wendepunkte*, die ein Maximum der Ableitung f′ darstellen, und *Rechts-Links-Wendepunkte*, die ein Minimum von f′ darstellen. Allerdings gibt es insgesamt vier „Wendesituationen", da jede der beiden Wendepunktarten in zwei verschiedenen Konfigurationen auftritt.

Links-Rechts-Wendepunkt:

⇓

lokales Maximum von f′

Rechts-Links-Wendepunkt:

⇓

lokales Minimum von f′

Wendepunkte von f zu suchen bedeutet also nichts anderes, als die Extremwerte von f′ zu suchen.
Wir erhalten daher Wendepunktkriterien für f, indem wir die Extremwertkriterien auf die Funktion f′ anwenden.
Das notwendige Kriterium für Wendepunkte (f″(x) = 0) haben wir oben schon formuliert.
Ein hinreichendes Kriterium gewinnen wir, indem wir das hinreichende Kriterium von Seite 22 auf die Funktion f′ anwenden.

Hinreichendes Kriterium für Wendepunkte (f‴-Kriterium)

Die Funktion f sei in einer Umgebung von x_W dreimal differenzierbar.

Gilt **f″(x_W) = 0 und f‴(x_W) ≠ 0**, so liegt an der Stelle x_W ein Wendepunkt von f.

Genauer: f‴(x_W) < 0 ⇒ Links-Rechts-Wendepunkt
f‴(x_W) > 0 ⇒ Rechts-Links-Wendepunkt

▶ **Beispiel: Wendepunkt**
Gesucht ist der Wendepunkt von $f(x) = \frac{1}{2}x^3 - \frac{3}{2}x^2$.

Lösung.
Wir berechnen zunächst der Reihe nach die benötigten Ableitungen f′, f″ und f‴ der gegebenen Polynomfunktion f.

1. Ableitungen

$f'(x) = \frac{3}{2}x^2 - 3x$

$f''(x) = 3x - 3$

$f'''(x) = 3$

Nun bestimmen wir mit der notwendigen Bedingung die Lage des potentiellen Wendepunktes. Er liegt bei x = 1 und y = −1.

Anschließend überprüfen wir diese Stelle mit dem hinreichenden f'''-Kriterium.

Es gilt f'''(1) = 3 > 0. Daher liegt tatsächlich eine Wendepunkt vor.
Es handelt sich um einen Rechts-Links-Wendepunkt bei W (1|−1).

Der Graph von f, den wir mit einer Wertetabelle oder mit dem GTR zeichnen, bestätigt dieses rechnerische Ergebnis.

2. Notw. Bedingung für Wendepunkte
$f''(x) = 0$
$3x - 3 = 0$
$x = 1, y = -1$

3. Überprüfung von x = 1 mittels f'''
$f'''(1) = 3 > 0 \Rightarrow$ R-L-Wendepunkt

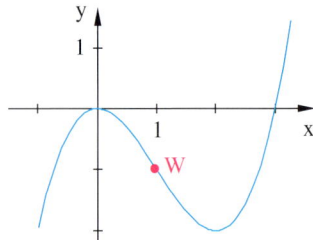

Übung 1
Untersuchen Sie die folgenden Funktionen auf das Vorliegen von Wendepunkten.
Skizzieren Sie den Graphen von f.
a) $f(x) = x^3 - 3x^2$
b) $f(x) = \frac{1}{30}x^4 - \frac{4}{5}x^2$
c) $f(x) = \sin x + 1, \quad 0 \le x \le 2\pi$

Übung 2
Die Einwohnerzahl von Sim City wird durch $e(t) = 0,04t^3 - 0,12t^2 + 0,2t + 0,3$ beschrieben (t: Zeit seit 2000 in Jahrzehnten, e(t): Einwohnerzahl in Tausend).
a) Zeigen Sie, dass die Einwohnerzahl im Zeitraum $0 \le t \le 6$ stets ansteigt.
b) Wann ist der Anstieg der Einwohnerzahl am schwächsten?

Manchmal versagt das hinreichende f'''-Kriterium, nämlich dann, wenn sich bei der Überprüfung einer potentiellen Wendestelle x der Wert f'''(x) = 0 ergibt. Dann ist mit dem f'''-Kriterium keine Aussage möglich. In solchen Fällen kann man als Alternative das folgende hinreichende Vorzeichenwechselkriterium für Wendepunkte verwenden.

Hinreichendes Kriterium für Wendepunkte (Vorzeichenwechsel-Kriterium)

f sei in einer Umgebung von x_W zweimal differenzierbar und es gelte **$f''(x_W) = 0$**.

Wenn dann die zweite Ableitung f'' an der Stelle x_W einen **Vorzeichenwechsel** hat, so liegt dort eine Wendestelle.

Genauer: **Vorzeichenwechsel** von + nach − ⇒ **Links-Rechts-Wendepunkt**
Vorzeichenwechsel von − nach + ⇒ **Rechts-Links-Wendepunkt**

Beispielsweise hat die Funktion $f(x) = x^5$ wegen $f''(x) = 20x^3$ nur bei x = 0 einen potentiellen Wendepunkt. Da aber $f'''(x) = 60x^2$ dort ebenfalls 0 ist, ist keine Aussage möglich.
Mit den Vorzeichenwechselkriterium und den Teststellen x = −1 und x = +1 kann aber ein Vorzeichenwechsel von f'' an der Stelle x = 0 von Minus nach Plus festgestellt werden, so dass dort ein Rechts-Links-Wendepunkt liegt.

Nun untersuchen wir Wendepunkte im Anwendungszusammenhang. Dabei ist der Aspekt des *Wendepunktes als Punkt mit maximaler oder minimaler Steigung* besonders wichtig.

▶ **Beispiel: Verschuldung einer Stadt**
Der Haushalt einer Stadt ist nicht ausgeglichen.
Die Schulden zum Jahresende können durch die
Funktion $f(t) = \frac{1}{100}(-t^3 + 12t^2 + 60t + 200)$ erfasst
werden. t: Zeit in Jahren seit 2010, f: Schuldenstand
in Mio. €.
a) Erstellen Sie eine Schuldentabelle der Jahre 2010 bis 2022.
b) In welchem Jahr sind die Schulden maximal?
c) Zu welchem Zeitpunkt ist der Schuldenantieg maximal?

Lösung zu a:

t in Jahren	0	2	4	6	8	10	12
f(t) in Mio. €	2	3,60	5,68	7,76	9,36	10	9,20

Lösung zu b:
Gesucht ist nun der lokale Hochpunkt der Schuldenfunktion f. Dessen Lage wird mit dem notwendigen Bedingung für Extrema $f'(t) = 0$ bestimmt. Er liegt bei $H(10|10)$. Die Schulden überschreiten also 10 Mio. Euro nicht.
Das Maximum wird durch Überprüfung mit dem hinreichenden f''-Kriterium bestätigt.

Hochpunkt von f: Maximale Schulden
$f'(t) = 0$
$\frac{1}{100}(-3t^2 + 24t + 60) = 0$
$t^2 - 8t - 20 = 0$
$t = 4 \pm 6$
$t = -2$ (irrelevant)
$t = 10$ $f(10) = 10$

Überprüfung mittels f''
$f''(10) = -0,36 < 0 \Rightarrow$ Maximum

Lösung zu c:
Der stärkste Schuldenanstieg wird erreicht, wenn die Steigung der Schuldenfunktion maximal ist. Das ist bei ihrer Wendestelle der Fall. Deren Lage bestimmen wir mit der notwendigen Bedingung für Wendestellen $f''(t) = 0$. Sie liegt bei $x = 4$.
Am Ende des vierten Jahres steigen die Schulden also besonders rasant. Die Anstiegsgeschwindigkeit beträgt zu diesem
▶ Zeitpunkt $f'(4) = 1,08$ Mio. €/Jahr.

Wendestelle von f: Maximaler Anstieg
$f''(t) = 0$
$\frac{1}{100}(-6t + 24) =$
$-6t + 24 = 0$
$t = 4$ $f(4) = 5,68$ Mio.
            $f'(4) = 1,08$ Mio./Jahr

Überprüfung mittels f'''
$f'''(4) = -0,06 < 0 \Rightarrow$ L-R-Wp

Übung 3 **Hochwasser**
Der Wasserstand im Fluss während eines Unwetters kann durch $f(t) = -\frac{1}{9}t^3 + \frac{2}{3}t^2 + 3$ beschrieben werden (t: Zeit in Std. f: Wasserstand in m). Legen Sie eine Wertetabelle an. Skizzieren Sie den Graphen von f. Nach wie vielen Minuten wird der maximale Wasserstand erreicht? Wie hoch ist er? Wann steigt das Wasser am schnellsten? Wie schnell steigt es zu diesem Zeitpunkt? Wann wird der Wasserstand, der zu Beobachtungsbeginn vorlag, wieder erreicht?

Übungen

4. Nachweis besonderer Punkte
Untersuchen Sie, ob an der Stelle x ein Hoch-, Tief-, Wende- oder Sattelpunkt vorliegt.

a) $f(x) = x^2$ b) $f(x) = x^3$ c) $f(x) = x^4$
   $x = 0$ $x = 0$ $x = 0$

d) $f(x) = 2x^3 - 6x^2$ e) $f(x) = 12x - x^3$ f) $f(x) = \frac{1}{12}x^4 - 2x^2$
   $x = 1, x = 2$ $x = 0, x = \pm 2$ $x = 0, x = 2, x = \pm\sqrt{12}$

 5. Extrema
Bestimmen Sie die Extrema von f. Verwenden Sie den GTR.

a) $f(x) = \frac{1}{4}x + \frac{1}{x}$, $x \neq 0$ b) $f(x) = \sqrt{x} - \frac{1}{6}x$, $x \geq 0$ c) $f(x) = \frac{4}{x} + \sqrt{x}$, $x \geq 0$

6. Funktion f und Ableitung f′
Jede der folgenden Abbildungen zeigt die Graphen einer Funktion f und ihrer Ableitung f′.
Begründen Sie, welcher Graph zu f bzw. f′ gehört.

   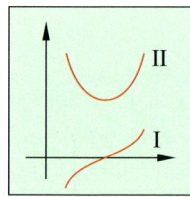

7. Rekonstruktion einer Funktion
Skizzieren Sie den Graphen einer Funktion f, welche die dargestellten Ableitungen f′ und f″ besitzt. Der Graph von f soll durch den Ursprung gehen. Beginnen Sie mit der Skizze dort.

 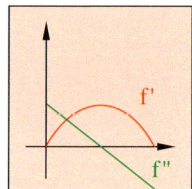

8. Rationale Funktionen
a) Untersuchen Sie die Funktionen $f(x) = \frac{1}{4}x + \frac{1}{x}$, $x \neq 0$ und $g(x) = x^4 - 2x^2$ auf Nullstellen, Extrema und Wendepunkte. Skizzieren Sie die Graphen von f und g.
b) Zeigen Sie: Jede Polynomfunktion dritten Grades der Form $f(x) = ax^3 + bx^2 + cx + d$, $a \neq 0$, besitzt einen Wendepunkt.

9. Motorroller
Die Verkaufszahlen eines neuen Rollermodells in den ersten Wochen nach der Markteinführung werden durch die Funktion $r(t) = 15t^2 - t^3$ modelliert.
t: Zeit in Wochen; r(t): Anzahl der zur Zeit t pro Woche produzierten Roller

a) Zu welchem Zeitpunkt erreicht der Absatz der Roller ein Maximum?
b) Wann steigen die Absatzzahlen am stärksten?
c) Welche mittlere Absatzsteigerung pro Woche wurde in den ersten 10 Wochen erzielt?

6. Kurvendiskussionen

Bei einer Kurvendiskussion werden charakteristische Eigenschaften der gegebenen Funktion untersucht. In der folgenden Tabelle sind die Standarduntersuchungen aufgelistet.

1. Symmetrie	Der Term $f(-x)$ wird berechnet und mit $f(x)$ bzw. $-f(x)$ verglichen:
	$f(-x) = +f(x) \quad \Rightarrow \quad$ **Achsensymmetrie zur y-Achse**
	$f(-x) = -f(x) \quad \Rightarrow \quad$ **Punktsymmetrie zum Ursprung**

2. Nullstellen
 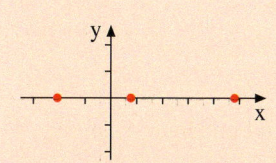
	Die Gleichung $f(x) = 0$ wird nach x aufgelöst. Ihre Lösungen sind die Nullstellen der Funktion f.
	
	 Lösungsmethoden: p-q-Formel
	                         Faktorisierung, ggf. Polynom-
	                         division
	                         GTR-Anwendung

3. Lokale Extremalpunkte 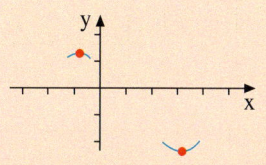	Die notwendige Bedingung $f'(x) = 0$ wird nach x aufgelöst. Die Lösungen x_E werden mit hinreichenden Kriterien getestet. *f''-Kriterium* $f''(x_E) < 0 \quad \Rightarrow \quad$ **Maximum** $f''(x_E) > 0 \quad \Rightarrow \quad$ **Minimum** $f''(x_E) = 0 \quad \Rightarrow \quad$ **keine Aussage** *Vorzeichenwechsel-Kriterium* **Vorzeichenwechsel von f' bei x_E: +/− $\Rightarrow$ Maximum** **Vorzeichenwechsel von f' bei x_E: −/+ $\Rightarrow$ Minimum**
4. Wendepunkte 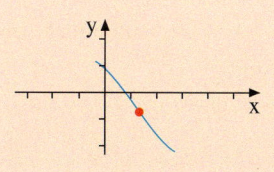	Die notwendige Bedingung $f''(x) = 0$ wird nach x aufgelöst. Die Lösungen x_W werden mit hinreichenden Kriterien getestet. *f'''-Kriterium* $f'''(x_W) < 0 \quad \Rightarrow \quad$ **Wendepunkt (L-R)** $f'''(x_W) > 0 \quad \Rightarrow \quad$ **Wendepunkt (R-L)** $f'''(x_W) = 0 \quad \Rightarrow \quad$ **keine Aussage** *Vorzeichenwechsel-Kriterium* **Vorzeichenwechsel von f'' bei x_W: +/− $\Rightarrow$ L-R-Wp** **Vorzeichenwechsel von f'' bei x_W: −/+ $\Rightarrow$ R-L-Wp**
5. Graph 	Das Koordinatenkreuz wird gezeichnet und beschriftet. In manchen Fällen erhalten die Achsen unterschiedliche Maßstäbe. Die charakteristischen Punkte aus 2. bis 4. werden eingezeichnet. Falls erforderlich, wird eine zusätzliche Wertetabelle erstellt. Der Graph wird auf dieser Grundlage skizziert.

A. Ganzrationale Funktionen

▶ **Beispiel: Kugelstoßen**

Die Bahnkurve eines Kugelstoßes wird durch $h(x) = -0,04\,x^2 + 0,7\,x + 2,25$ beschrieben (x: Weite in m, h: Höhe in m). Untersuchen Sie den Kurvenverlauf und stellen Sie die maximale Stoßweite und die maximale Steighöhe fest. In welcher Höhe und unter welchem Winkel wurde die Kugel abgestoßen?

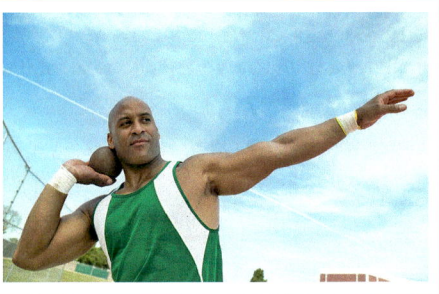

Lösung:
Wir berechnen zunächst die Nullstellen von h mithilfe der p-q-Formel. Sie liegen bei 20,27 m und −2,77 m. Die Stoßweite beträgt also 20,27 m.

Nullstellen:
$h(x) = 0,04x^2 + 0,7\,x + 2,25 = 0$
$x^2 - 17,5\,x - 56,25 = 0$
$x = 8,75\,x \pm \sqrt{76,56 + 56,25}$
$x \approx 8,75 \pm 11,52$
$x \approx 20,27 \quad$ bzw. $x \approx -2,77$

Nun bestimmen wir die ersten beiden Ableitungen von h: $h'(x) = -0,08\,x + 0,7$ und $h''(x) = -0,08$. Die notwendige Bedingung für lokale Extrema $h'(x) = 0$ liefert uns einen Extrempunkt $H(8,75\,|\,5,31)$. Durch Überprüfung mit der zweiten Ableitung bestätigen wir, dass dies ein Hochpunkt ist. Die maximale Steighöhe beträgt 5,31 m.

Extremum:
$h'(x) = -0,08\,x + 0,7 = 0 \quad$ (notw. Bed.)
$0,08x = 0,7$
$x = 8,75 \quad y \approx 5,31$
Überprüfung mittels f'':
$f''(8,75) = -0,08$
$f''(8,75) = -0,08 < 0 \Rightarrow$ Maximum

Abgestoßen wurde die Kugel in der Höhe $h(0) = 2,25$ m.
Der Abstoßwinkel α ist der Steigungswinkel beim Abwurf, also bei $x = 0$. Dieser ergibt sich aus der Formel $\tan\alpha = h'(0)$, d. h. $\tan\alpha = 0,7$.
▶ Hieraus folgt $\alpha = \arctan 0,7 \approx 35°$.

Abwurfhöhe und Abwurfwinkel:
$h(0) = 2,25$

$\tan\alpha = h'(0)$
$\tan\alpha = 0,7$
$\alpha = \arctan 0,7 \approx 35°$

Übung 1

Eine Silvesterrakete wird senkrecht nach oben abgeschossen. Die erreichte Flughöhe in Metern nach t Sekunden wird durch die Funktion $h(t) = -5t^2 + 80\,t$ erfasst.
a) Wann erreicht die Rakete ihren höchsten Punkt? Welche Höhe hat sie dann erreicht?
b) Wie schnell ist sie beim Start bzw. auf halber Gipfelhöhe?

Übung 2

Untersuchen Sie die Funktion f auf lokale Extremstellen. Verwenden Sie als hinreichende Bedingung das f''-Kriterium, sofern dies anwendbar ist.
a) $f(x) = 2\,x - \frac{1}{6}x^3$
b) $f(x) = \frac{2}{3}x - 3\sqrt{x}$
c) $f(x) = 3\,a^2x^3 - \frac{1}{5}x^5, \quad a > 0$

Das folgende Beispiel bezieht sich auf ein Polynom dritten Grades. Außerdem wird die Kurvendiskussion durch Zusatzuntersuchungen (Symmetrie, Schnittwinkel) erweitert.

► **Beispiel: Polynomfunktion dritten Grades**
Diskutieren Sie die Funktion $f(x) = \frac{1}{3}x^3 - 3x$ und zeichnen Sie den Graphen von f für $-3{,}5 \leq x \leq 3{,}5$. Ist f achsensymmetrisch zur y-Achse oder punktsymmetrisch zum Ursprung? Unter welchem Winkel schneidet der Graph die x-Achse im Ursprung?

Lösung:

1. Ableitungen

$f(x) = \frac{1}{3}x^3 - 3x$

$f'(x) = x^2 - 3$

$f''(x) = 2x$

$f'''(x) = 2$

2. Nullstellen

$f(x) = 0$

$\frac{1}{3}x^3 - 3x = 0$

$x\left(\frac{1}{3}x^2 - 3\right) = 0$

$x = 0$ bzw. $\frac{1}{3}x^2 - 3 = 0$

$x = 0$ bzw. $x = 3, x = -3$

3. Extrema

$f'(x) = 0$

$x^2 - 3 = 0$

$x = \sqrt{3}, y = -2\sqrt{3}$

$x = -\sqrt{3}, y = 2\sqrt{3}$

$f''(\sqrt{3}) = 2\sqrt{3} > 0 \Rightarrow$ Minimum

$f''(-\sqrt{3}) = -2\sqrt{3} < 0 \Rightarrow$ Maximum

Tiefpunkt $T(\sqrt{3}\,|-2\sqrt{3}) = T(1{,}73\,|-3{,}46)$

Hochpunkt $H(-\sqrt{3}\,|2\sqrt{3}) = H(-1{,}73\,|3{,}46)$

4. Wendepunkte

$f''(x) = 0$

$2x = 0 \Rightarrow x = 0, y = 0$

$f'''(0) = 2 > 0 \Rightarrow \begin{cases} W(0|0) \text{ ist ein Rechts-} \\ \text{Links-Wendepunkt} \end{cases}$

5. Graph

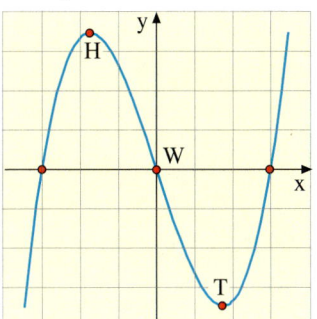

6. Symmetrie

Die Symmetrieuntersuchung besteht aus einem Vergleich von $f(-x)$ mit $f(x)$.

$f(x) = \frac{1}{3}x^3 - 3x$

$f(-x) = \frac{1}{3}(-x)^3 - 3(-x) = -\frac{1}{3}x^3 + 3x$

Man erkennt, dass $f(-x) = -f(x)$ gilt. Dies bedeutet Punktsymmetrie zum Ursprung.

7. Schnittwinkel mit der x-Achse

Die x-Achse wird im Ursprung geschnitten. Dort ist die Steigung $f'(0) = -3$.

Also gilt $\tan\alpha = -3$.

Daraus folgt $\alpha \approx -71{,}57°$.

Übung 3
Untersuchen Sie die quadratische Funktion $f(x) = -\frac{1}{2}x^2 + 3x - \frac{5}{2}$ (Symmetrie, Nullstellen, Extrema, Wendepunkte, Graph für $-1 \leq x \leq 8$).

Übung 4
Untersuchen Sie die Funktion $f(x) = \frac{1}{4}x^4 - x^2$. Zeichnen Sie ihren Graphen für $-2{,}5 \leq x \leq 2{,}5$. Unter welchem Winkel schneidet f die Gerade $x = 3$? Ist f symmetrisch zur y-Achse oder zum Ursprung? Wie groß ist die mittlere Steigung von f zwischen linkem Minimum und Hochpunkt?

▶ **Beispiel: Vulkanausbruch**
Beim Ausbruch eines Vulkans wird durch Messungen festgestellt, dass die Auswurfleistung durch die Funktion $a(t) = 12,5 \cdot (6t^2 - t^3)$ erfasst werden kann.
t: Zeit in min seit Beginn; a(t): Auswurfleistung zur Zeit t in Tonnen/min.
Untersuchen Sie die Funktion a. Zeichnen Sie die Graphen von a und a' für $0 \le t \le 6$. Interpretieren Sie die Ergebnisse unter Bezug auf den realen Prozess.

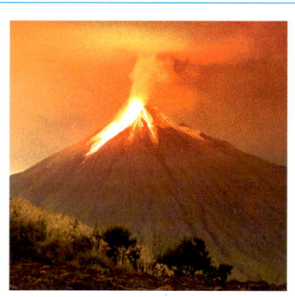

Lösung:
Nullstellen:
$$a(t) = 12,5 \cdot (6t^2 - t^3) = 0$$
$$12,5t^2 \cdot (6 - t) = 0$$
$$t = 0, t = 6$$

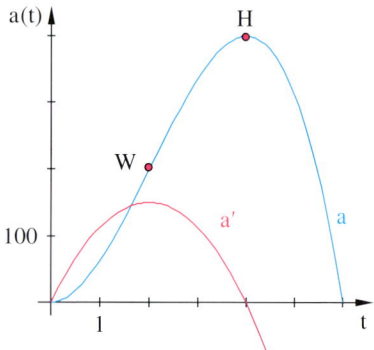

Extrema:
$$a'(t) = 12,5 \cdot (12t - 3t^2) = 0$$
$$37,5t \cdot (4 - t) = 0$$
$$t = 0, a(0) = 0 \quad \text{Minimum}$$
$$t = 4, a(4) = 400 \quad \text{Maximum}$$

Punkte mit maximaler Steigung:
Der Punkt W der Funktion a mit dem steilsten Anstieg liegt ca. bei t = 2. Dort hat a' ein Maximum. Dessen Lage können wir bestimmen, indem wir die Ableitung von a', d. h. a'', gleich null setzen.
Wir erhalten den Punkt W (2|200).

Maximum von a':
$$a''(t) = 12,5 \cdot (12 - 6t) = 0$$
$$75 \cdot (2 - t) = 0$$
$$t = 2, a(2) = 200$$
$$W(2|200)$$

Interpretation:
Die Auswurfleistung a(t) des Vulkans steigt nach langsamem Beginn zunehmend schneller an. Im Wendepunkt W, d. h. nach nur zwei Minuten, ist die Zunahmerate a' am größten. Danach sinkt die Zunahmerate wieder. Die Auswurfleistung steigt nun also langsamer und hat nach vier Minuten ihr Maximum erreicht. Danach bricht der Ausbruch schnell zusammen. Die Zunahmerate a'
▶ wird negativ. Nach 6 Minuten ist der Ausbruch zu Ende.

Übung 5
In einem afrikanischen Land kommt es zum Ausbruch von Ebola. Die ersten Monate legen nahe, dass die Anzahl der Erkrankten durch $e(t) = -\frac{1}{400}t^2 (t - 48)$ erfasst werden kann (t: Zeit in Monaten, e(t): Erkrankte in Tausend).
Nach welcher Zeit hat die Anzahl e der Kranken ein Maximum erreicht? Wann steigt e am schnellsten? Wie groß ist die Erkrankungsrate zu diesem Zeitpunkt? Wann ist mit dem Erlöschen der Epidemie zu rechnen? Zeichnen Sie e.

Übungen

6. Kurvenuntersuchung ohne GTR

Untersuchen Sie die Funktion f auf Nullstellen, Extrema und Wendepunkte.

a) $f(x) = \frac{1}{2}x^3 - \frac{3}{2}x^2$ b) $f(x) = -\frac{1}{2}x^3 + \frac{1}{8}x$ c) $f(x) = \frac{1}{2}x^4 + x^3$

7. Funktionsuntersuchung

Gegeben ist die Funktion $f(x) = \frac{1}{20}x^5 - \frac{2}{3}x^3 + 3x$.

a) Bestätigen Sie, dass die Funktion an der Stelle $x = \sqrt{2}$ ein Maximum annimmt.
b) An welchen Stellen nimmt f ein Minimum an?
c) Geben Sie ohne weitere Rechnung alle vier Extremstellen von f an.
d) Ermitteln Sie die Wendepunkte von f.

8. Funktionsuntersuchung mit dem GTR

Ermitteln Sie die Nullstellen, Extrempunkte und Wendepunkte von f.

a) $f(x) = \frac{1}{5}(x + 2)^2(x - 1)$ b) $f(x) = -\frac{1}{10}x^5 + 2x^4 - x^3 + 1$ c) $f(x) = x^4 - x^3 + x^2 - x$

9. Sattelpunkte

a) Zeigen Sie, dass $f(x) = x - \sin x$, $0 \le x \le 2\pi$, nur in den Randpunkten waagerechte Tangenten hat.
b) Zeigen Sie, dass die Wendepunkte von f entweder die Steigung 0 besitzen und folglich Sattelpunkte sind oder die Steigung 2 besitzen.

10. Höhenmesser

Der Höhenmesser zeigt gemäß der Funktion $h(t) = 0,6t^3 - 9t^2 + 400$ die Flughöhe eines Heißluftballons während einer 15-minütigen Flugphase an (t in min, h in m), $0 \le t \le 15$.

a) Wie hoch fliegt der Ballon 3 Minuten nach Beginn der Messung?
b) Wann erreicht der Ballon seine geringste Flughöhe?
c) Zu welchem Zeitpunkt verringert sich die Flughöhe am stärksten? Wann steigt sie am stärksten an? Wie groß ist die Änderung zu diesen Zeitpunkten, gemessen in m/s?

11. Kosten und Gewinn

Der Hersteller gibt die Produktionskosten bei der Herstellung einer innovativen Uhr an für $0 \le x \le 800$ mit
$K(x) = 0,001x^3 - 0,9x^2 + 150x + 72\,000$
(x: Anzahl der produzierten Uhren pro Tag, $0 \le x \le 1\,000$;
K(x): Produktionskosten pro Tag).

a) Zeichnen Sie den Graphen der Funktion K.
b) Wie hoch sind die Kosten für eine Uhr bei einer Produktion von 500 Uhren pro Tag?
c) Untersuchen Sie die Funktion K auf Extrema.
d) Bestimmen Sie den Wendepunkt von K.
e) Der Verkaufspreis der Uhr wird auf 150 Euro festgelegt. Die mittleren täglichen Einnahmen der Firma betragen somit $E(x) = 150x$. Ermitteln Sie graphisch, ab welcher Tagesstückzahl x der Hersteller einen Gewinn erwirtschaftet.
f) Bei welcher Tagesstückzahl x ist der Gewinn am größten?

12. Funktionsuntersuchung

Gegeben ist die Funktion $f(x) = (x^2 + 3) \cdot (x^2 - 1)$.

a) Begründen Sie, dass der Graph der Funktion f symmetrisch zur y-Achse ist.

b) Bestimmen Sie die Nullstellen von f.

c) In welchen Bereichen ist die Funktion monoton wachsend bzw. monoton fallend?

d) Bestimmen Sie die Gleichung der Tangente an den Graphen von f bei x = 1.

e) Eine quadratische Parabel $p(x) = a x^2 + c$ hat ihren Scheitelpunkt in $S(0|-4)$ und besitzt die gleichen Nullstellen wie die Funktion f. Wie lautet die Funktionsgleichung von p?

13. Ski-Cross-Parcours

Das Höhenprofil des ersten Abschnitts eines Ski-Cross-Parcours wird durch die ganzrationale Funktion $f(x) = -\frac{1}{100}x^3 + \frac{3}{4}x$ $(-10 \le x \le 0)$ beschrieben (1 LE = 10 m).

a) Ermitteln Sie den Höhenunterschied zwischen dem Punkt $A(-10|y)$ und dem tiefsten Punkt B des ersten Abschnitts.

b) Wie groß ist das durchschnittliche Gefälle zwischen den Punkten A und B?

c) Wie groß ist der Winkel α, unter dem der Fahrer im Ursprung fährt?

d) Das Profil wird auf dem zweiten Abschnittt $0 \le x \le 10$ fortgesetzt durch die Funktion $g(x) = \frac{3}{400}x^3 - \frac{3}{20}x^2 + \frac{3}{4}x.$ Zeigen Sie, dass f und g ohne Knick ineinander übergehen und dass g im Punkt $C(10|0)$ in die Waagerechte übergeht.

e) Wo ist die Steigung von g maximal?

f) Ermitteln Sie den Wendepunkt von g.

g) Beschreiben Sie das Krümmungsverhalten der gesamten Bahn.

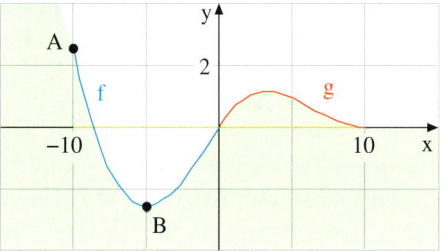

14. Funktionsuntersuchung

Gegeben sei die Funktion $f(x) = \frac{1}{8}(x^4 - 8x^2 - 9)$.

a) Zeigen Sie, dass f zwei Nullstellen bei x = 3 und x = −3 hat.

b) Untersuchen Sie f auf Extrema.

c) Errechnen Sie die Lage der beiden Wendepunkte von f.

d) Zeichnen Sie den Graphen von f für $-3,5 \le x \le 3,5$.

e) Wie groß ist die Steigung von f in den beiden Nullstellen?

f) An welcher Stelle des Intervalls $[-2; 2]$ hat f die größte Steigung?

15. Quadratische und kubische Polynome

a) Zeigen Sie, dass jedes Polynom dritten Grades genau einen Wendepunkt hat.

b) Zeigen Sie, dass jedes Polynom zweiten Grades genau ein Extremum hat.

c) Begründen Sie, dass jedes Polynom dritten Grades mindestens eine Nullstelle hat.

d) Kann eine Funktion dritten Grades keinen, einen oder zwei Extremwerte besitzen?

B. Tangenten und Normalen

Kurvenuntersuchungen enthalten oft Tangenten- und Normalenprobleme. Tangenten und Normalen besitzen im Berührpunkt P den gleichen Funktionswert wie die Kurve. Die Tangente t hat dort die gleiche Steigung wie f. Die Normale, die in P senkrecht auf f steht, hat dort die negativ reziproke Steigung wie f.
Wir erhalten also:

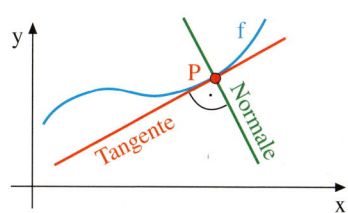

Tangentenbedingung	Normalenbedingung
Ansatz: $t(x) = mx + n$	Ansatz: $q(x) = mx + n$
I. $m = f'(x_0)$	I. $m = -\dfrac{1}{f'(x_0)}$, $f'(x_0) \neq 0$
II. $mx_0 + n = f(x_0)$	II. $mx_0 + n = f(x_0)$

▶ **Beispiel: Tangentengleichung**

Die Funktion $f(x) = -\frac{1}{8}x^2 + x$ beschreibt das Randprofil einer Sanddüne am Nordseestrand. Für eine neue Treppe soll eine Aufschüttung angelegt werden, die tangential im Punkt $P(2|1,5)$ enden soll. Wie lautet die Tangentengleichung?

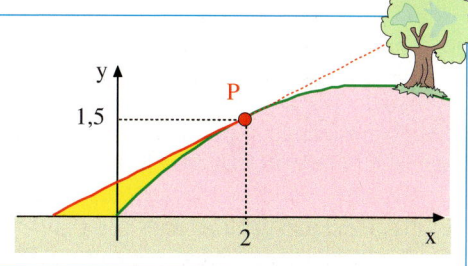

Lösung:
Die Ableitung von f ist $f'(x) = -\frac{1}{4}x + 1$.
Für die Tangentengleichung verwenden wir den Ansatz $y(x) = mx + n$.
Es gilt $m = f'(2) = 0,5$. Dies führt zum Zwischenergebnis $y(x) = 0,5x + n$.
Im Übergangspunkt P stimmen die Funktionswerte von f und von y überein. Es gilt also $f(2) = y(2)$, d.h. $1,5 = 1 + n$ bzw. $n = 0,5$.
▶ Resultat: $y(x) = 0,5x + 0,5$.

Ableitung von f:
$$f'(x) = -\tfrac{1}{4}x + 1$$

Gleichung der Tangente in P:
$$y(x) = mx + n \qquad \text{(Ansatz)}$$
$$m = f'(2) \Rightarrow m = 0,5$$
$$\Rightarrow y(x) = 0,5x + n \qquad \text{(Zwischenergebnis)}$$
$$y(2) = f(2)$$
$$1 + n = 1,5 \Rightarrow n = 0,5$$
$$\Rightarrow y(x) = 0,5x + 0,5 \qquad \text{(Endergebnis)}$$

Übung 16 Fortsetzung des Beispiels
a) Ermitteln Sie den Schnittpunkt Q der im Beispiel berechneten Tangente mit der x-Achse.
b) Bestimmen Sie nun die Länge der im Beispiel beschriebenen Treppe.

Übung 17 Normale
Gegeben ist die Funktion $f(x) = \frac{1}{2}x^2 - 2$. g sei die Tangente von f an der Stelle $x = 2$ und h sei die Normale von f an der Stelle $x = -2$.
a) Bestimmen Sie die Gleichungen von g und h. Zeichnen Sie f, g und h im Koordinatensystem.
b) Welchen Flächeninhalt hat das Dreieck, das von g und h und der x-Achse berandet wird?

Man kann die *Gleichungen von Tangente und Normale* in einem Kurvenpunkt auch durch jeweils eine allgemeine Formel darstellen, in die man nur noch einzusetzen braucht. Das spart gegenüber der eher „manuellen" Berechnung mit dem Ansatz $y(x) = mx + n$ Zeit. Die manuellen Ansätze fördern jedoch das Verständnis und die Rechenfertigkeiten stärker.

Eine Gerade durch den Punkt $P(x_0|y_0)$ hat bekanntlich ganz allgemein die Gleichung

$$y(x) = m(x - x_0) + y_0.$$

Setzen wir nun im Fall der Tangente hier $m = f'(x_0)$ und $y_0 = f(x_0)$ ein, so erhalten wir die rechts aufgeführte allgemeine Tangentengleichung.

Gleichung der Tangente
Die Gleichung der Tangente an den Graphen von f im Punkt $P(x_0|f(x_0))$ lautet:

$$\mathbf{y(x) = f'(x_0)\,(x - x_0) + f(x_0)}$$

Setzen wir analog im Fall der Normalen $m = -\frac{1}{f'(x_0)}$ und $y_0 = f(x_0)$ ein, so erhalten wir die rechts aufgeführte allgemeine Normalengleichung.

Gleichung der Normalen
Die Gleichung der Normalen an den Graphen von f im Punkt $P(x_0|f(x_0))$. lautet:

$$\mathbf{y(x) = -\frac{1}{f'(x_0)} \cdot (x - x_0) + f(x_0)}$$

▶ **Beispiel: Gleichungen von Tangente und Normale**
Gegeben ist die Funktion $f(x) = x^2 - x$
sowie der Punkt $P(1|0)$. Wie lautet

a) die Gleichung der Tangente von f in P?
b) die Gleichung der Normalen von f in P?

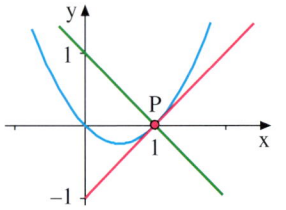

Lösung zu a:

Ableitung von f:
$f'(x) = 2x - 1$

Gleichung der Tangente:
$y(x) = f'(x_0) \cdot (x - x_0) + f(x_0)$
$\quad\quad = f'(1) \cdot (x - 1) + f(1)$
$\quad\quad = 1 \cdot (x - 1) + 0$
$\quad\quad = x - 1$

Lösung zu b:

Ableitung von f:
$f'(x) = 2x - 1$

Gleichung der Normalen:
$y(x) = -\frac{1}{f'(x_0)} \cdot (x - x_0) + f(x_0)$
$\quad\quad = -\frac{1}{f'(1)} \cdot (x - 1) + f(1)$
$\quad\quad = -\frac{1}{1} \cdot (x - 1) + 0$
$\quad\quad = -x + 1$

Übung 18
Gegeben sind die Funktion $f(x) = 1 - x^2$ sowie die Punkte $P(1|0)$ und $Q(-1|0)$.
Wie lautet die Gleichung
a) der Tangente von f in P?
b) der Normalen von f in Q?

Übung 19
$y = 4x + 2$ ist Tangente der Funktion $f(x) = ax^3 + bx^2$ bei $x = 1$.
a) Wie lautet die Gleichung der Normalen von f bei $x = 1$?
b) Bestimmen Sie die Gleichung von f.

Bestimmung von Tangente und Normale mit dem GTR

▶ **Beispiel: Tangente und Normale mit dem GTR**
Zeichnen Sie die Graphen und bestimmen Sie die Gleichungen der Tangente und der Normalen
an den Graphen der Funktion $f(x) = -\frac{1}{8}x^2 + x$ im Punkt $P(2|1{,}5)$ mit dem GTR.

CASIO Lösung:
Im SETUP muss die Option Derivative auf
On gesetzt sein. Dann zeichnet man den
Graphen von f.
Mit der Auswahl Sketch > Tangent wird die
Tangente an der Stelle $x = 0$ dargestellt.
Man kann nun mit den Cursortasten ande-
re Stellen auswählen oder nach Wahl der
x,Θ,T-Taste direkt den x-Wert 2 eingeben,
wonach die Zeichnung der Tangente und
die Ausgabe der Tangentengleichung
$y(x) = 0{,}5\,x + 0{,}5$ erfolgt.

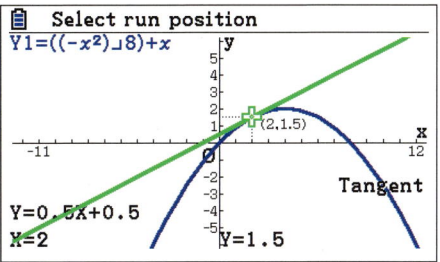

Die Bestimmung der Normalen erfolgt analog durch die Auswahl Sketch > Norm.
Man erhält für den x-Wert 2 das nebenstehende Bild und die Normalengleichung
$y(x) = -2\,x + 5{,}5$.

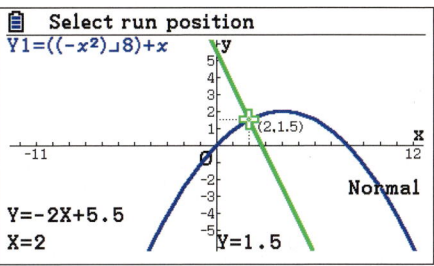

TI Lösung:
Auf einer Notes-Seite werden zunächst die Funktionen f, a, t und n definiert. Anschließend werden die Graphen der Funktion f, der Tangente t und der Normalen n dargestellt.

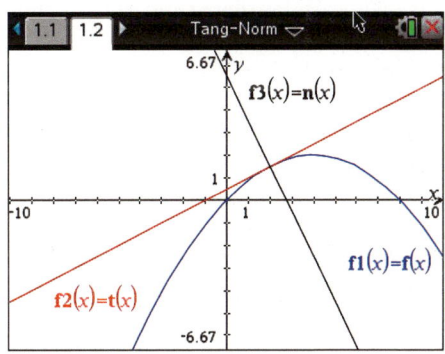

Übung 20 Tangenten und Normalen mit dem GTR
Zeichnen Sie f sowie die Tangente und die Normale an f in x_0. Bestimmen Sie die Gleichungen.
a) $f(x) = x^2$, $x_0 = 1$ b) $f(x) = x - 0{,}5\,x^2$, $x_0 = 2$ c) $f(x) = 0{,}5\,x^3 - x$, $x_0 = 0$
d) $f(x) = x - 0{,}5\,x^2$, $x_0 = 3$ e) $f(x) = 0{,}1\,x^2$, $x_0 = 4$ f) $f(x) = x^2 - 4\,x$, $x_0 = 0$
g) $f(x) = x^3 - x^2$, $x_0 = 2$ h) $f(x) = x - 0{,}5\,x^2$, $x_0 = 1$ i) $f(x) = 2 - 0{,}25\,x^2$, $x_0 = -1$

Beispiel: Minigolf

Bei einer Minigolfbahn verläuft der Rand eines Hindernisses zwischen den Punkten $P(-1 | f(-1))$ und Q wie die Funktion $f(x) = \frac{1}{4}x^3 - \frac{3}{4}x^2 + 5$.

Q ist dabei der Wendepunkt von f $(1\,\text{LE} = 1\,\text{m})$.

Wo liegt der Hochpunkt der Bahn? Wie müssen der Abschlagspunkt $A\,(a | 0)$ und der Einlochpunkt $L\,(b | 0)$ festgelegt werden, damit die beste Chance besteht, die Bahn zu bewältigen?

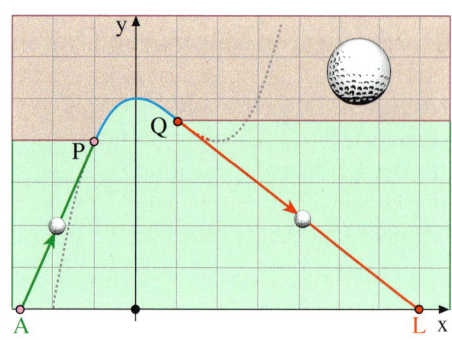

TI Lösung:

Nach Eingabe von $f(x) = \frac{1}{4}x^3 - \frac{3}{4}x^2 + 5$ und der manuell bestimmten Ableitungsfunktion $f'(x) = \frac{3}{4}x^2 - \frac{3}{2}x$ wird der y-Wert des Punktes P durch Berechnung von $f(-1) = 4$ bestimmt. Resultat: $P(-1 | 4)$.

Dann wird der Graph von f gezeichnet.

Nun kann zunächst der Hochpunkt bestimmt werden. Er liegt bei $H(0 | 5)$. (Menu > Graph analysieren > Maximum).

Die beste Chance, die Bahn zu bewältigen, ergibt sich, wenn der Ball exakt auf der Tangente von f im Punkt P geschlagen wird.

Also wird die Tangente t_1 im Punkt P eingegeben, wobei die Tangentenformel verwendet wird: $t_1(x) = f'(-1) \cdot (x+1) + f(-1)$.

Nach Einzeichnung der Tangente t_1 wird deren Nullstelle $A(-2,78 | 0)$ ermittelt. Dies ist der optimale Abschlagpunkt (Menu > Graph analysieren > Nullstelle).

Für die Bestimmung des Einlochpunktes L benötigen wir den Wendepunkt Q. Er wird durch Nullsetzen von $f''(x) = \frac{3}{4}x - \frac{3}{2}$ manuell ermittelt und liegt bei $Q\,(1 | 4,5)$.

Nun wird die Gleichung der Tangente t_Q im Wendepunkt Q eingegeben und gezeichnet: $t_Q(x) = f'(1) \cdot (x - 1) + f(1)$.

Deren Nullstelle $x = 7$ wird bestimmt und liefert den optimalen Einlochpunkt $L(7 | 0)$.

CASIO Lösung: (analog)

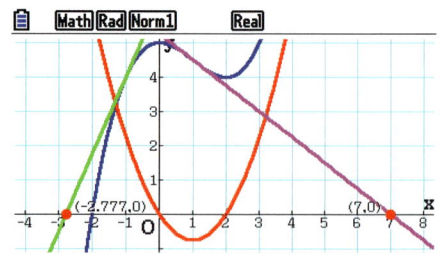

C. Nicht-ganzrationale Funktionen

Wir untersuchen nun einige Funktionen, die Wurzelterme oder Bruchterme enthalten.

> **Beispiel: Eine zusammengesetzte Funktion**
> Diskutieren Sie die Funktion $f(x) = x + 5 - 4\sqrt{x}$ (Nullstellen, Extrema, Wendepunkte).
> Zeichnen Sie den Graphen für $0 \leq x \leq 8$.

Lösung:

1. Ableitungen

Die Ableitungen können mit der Wurzelregel oder der allgemeinen Potenzregel gebildet werden, wie rechts dargestellt.

2. Nullstellen

Die Gleichung $f(x) = 0$ enthält eine Wurzel, die durch Umformen isoliert wird und dann durch Quadrieren wegfällt. Es ergibt sich eine quadratische Gleichung, auf welche die p-q-Formel angewandt wird. Es zeigt sich: f hat keine Nullstellen.

3. Extrema

Die notwendige Bedingung für Extrema lautet $f'(x) = 0$. Diese führt auf $x = 4$.
Wegen $f''(4) = \frac{1}{8} > 0$ liegt dort ein Tiefpunkt $T(4\,|\,1)$.

4. Wendepunkte

f hat keine Wendepunkte, da die zweite Ableitung konstant positiv ist. Der Graph von f ist also beständig linksgekrümmt.

5. Graph

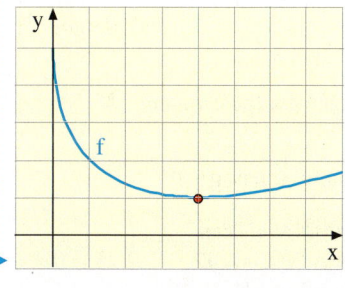

Ableitungen:

$$f(x) = x + 5 - 4\sqrt{x} = x + 5 - 4 \cdot x^{\frac{1}{2}}$$

$$f'(x) = 1 - 2 \cdot x^{-\frac{1}{2}} = 1 - \frac{2}{\sqrt{x}}$$

$$f''(x) = x^{-\frac{3}{2}} = \frac{1}{\sqrt{x^3}}, \; f'''(x) = -\frac{3}{2}x^{-\frac{5}{2}} = -\frac{3}{2\sqrt{x^5}}$$

Nullstellen:

$$f(x) = 0$$
$$x + 5 - 4\sqrt{x} = 0$$
$$x + 5 = 4\sqrt{x}$$
$$(x + 5)^2 = 16\,x$$
$$x^2 - 6x + 25 = 0$$
$$x = 3 \pm \sqrt{-16}$$

$\Rightarrow$ Es gibt keine Nullstellen.

Extrema:

$$f'(x) = 0$$
$$1 - \frac{2}{\sqrt{x}} = 0$$
$$\sqrt{x} - 2 = 0$$
$$x = 4, \, y = 1$$

$f''(4) = \frac{1}{8} > 0 \Rightarrow$ Minimum

Wendepunkte:

$f''(x) = \frac{1}{\sqrt{x^3}} > 0$

$\Rightarrow$ Es gibt keine Wendepunkte.
   f ist linksgekrümmt.

Übung 21 Kurvendiskussionen

Untersuchen Sie die Funktion f auf Nullstellen, Extrema und Wendepunkte. Zeichnen Sie den Graphen von f im angegebenen Bereich.

a) $f(x) = 2\sqrt{x} - x, \, 0 \leq x \leq 9$

b) $f(x) = x + \frac{2}{\sqrt{x}}, \, 0 \leq x \leq 4$

► **Beispiel: Damm im Moor**

Die Skizze zeigt ein Seeufer. Zwischen Ufer und Straße liegt ein Sumpf, der mit einem Knüppeldamm überbrückt werden soll. Er beginnt an der Straße und trifft senkrecht auf die Stelle der Uferlinie, an welcher diese ihre Krümmung wechselt. Wie lang ist dieser Damm?

Die Uferlinie kann durch die Funktion $f(x) = \sqrt{x} + \frac{1}{x}$ erfasst werden (1 LE = 1 km).

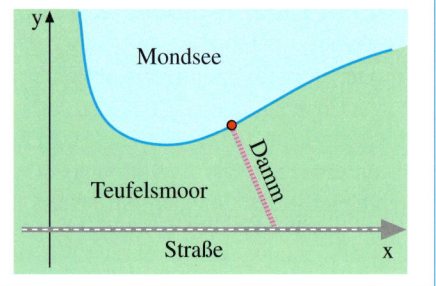

Lösung:

Wir suchen den Wendepunkt der Uferlinie f. Wir benötigen daher f″. Um die Ableitungen vereinfacht bilden zu können, stellen wir die Terme $\sqrt{x}$ und $\frac{1}{x}$ als Potenzen $x^{0,5}$ und x^{-1} dar und wenden die allgemeine Potenzregel $(x^r)' = r \cdot x^{r-1}$ an.

Die notwendige Bedingung f″(x) = 0 lässt sich durch Multiplikation mit $4x^3$ stark vereinfachen und anschließend lösen. Wir erhalten einen Wendepunkt bei $W\left(4\middle|\frac{9}{4}\right)$. Auf die Überprüfung mithilfe der zweiten Ableitung verzichten wir.

Als nächstes benötigen wir die Gleichung des Knüppeldamms. Da er senkrecht zur Uferlinie in deren Wendepunkt steht, stellt er die Wendenormale q dar.

Wir nehmen den Ansatz $q(x) = mx + n$. Die beiden Normalenbedingungen I und II führen auf ein Gleichungssystem mit den Variablen m und n. Die Lösung sind und $m = -\frac{16}{3}$ und $n = \frac{283}{12}$.

Nun berechnen wir den Schnittpunkt von q mit der Straße, d.h. der x-Achse. Er liegt bei N(4,42|0). Die Länge des Knüppeldamms ist gleich dem Abstand der Punkte W und N, den wir mit der Abstandsformel

► berechnen. Er beträgt ca. 2,3 km.

Ableitungen:

$$f(x) = \sqrt{x} + \frac{1}{x} = x^{0,5} + x^{-1}$$

$$f'(x) = \frac{1}{2}x^{-0,5} - x^{-2}$$

$$f''(x) = -\frac{1}{4}x^{-1,5} + 2x^{-3}$$

$$f'''(x) = \frac{3}{8}x^{-2,5} - 6x^{-4}$$

Wendepunkt:

f″(x) = 0 (notw. Bed.)

$$-\frac{1}{4}x^{-1,5} + 2x^{-3} = 0 \qquad |\cdot 4x^3$$
$$-x^{1,5} + 8 = 0$$
$$x^{1,5} = 8 \qquad | \text{ hoch } \frac{2}{3}$$
$$x = 8^{\frac{2}{3}} = \sqrt[3]{8^2}$$
$$x = 4, \ y = f(4) = \frac{9}{4}$$

Wendenormale:

Ansatz: q(x) = mx + n

I: $m = -\frac{1}{f'(4)} \qquad \Rightarrow$ I: $m = -\frac{16}{3}$

II: $q(4) = f(4) \qquad \Rightarrow$ II: $4m + n = \frac{9}{4}$

I in II: $-\frac{64}{3} + n = \frac{9}{4} \Rightarrow n = \frac{283}{12}$

$\Rightarrow q(x) = -\frac{16}{3}x + \frac{283}{12}$

Nullstelle der Wendenormalen:

$q(x) = 0, \ -\frac{16}{3}x + \frac{283}{12} = 0$

$x = \frac{283}{64} \approx 4,42 \ \Rightarrow N(4,42|0)$

Abstand von W und N:

$d = d(W;N) \approx \sqrt{(4-4,42)^2 + (2,25-0)^2}$
$\approx \sqrt{5,24} \approx 2,29$

Übung 22 Damm im Moor (Erweiterung)

a) Jemand behauptet, dass man durch eine günstigere Verbindung der Uferlinie mit der Straße 20% des benötigten Materials einsparen könne. Überprüfen Sie diese Behauptung.

b) Zeichnen Sie den Graphen von $f(x) = \sqrt{x} + \frac{1}{x}$ für $0 < x \leq 8$ exakt.

▶ **Beispiel: Einfache rationale Funktion**
Gegeben ist die Funktion $f(x) = \frac{1}{4}x^2 + \frac{4}{x}$. Untersuchen Sie die Funktion f und zeichnen Sie den Graphen für $-4 \le x \le 4$. Welchen Steigungswinkel hat die Kurvennormale q an der Stelle $x = -2$? Wie lautet ihre Gleichung?

Lösung:
Wir stellen die Lösung aus Platzgründen in einer kurzen, rein formelhaften Weise ohne wesentlichen Begleittext dar. Der Leser sollte den Begleittext zur Übung hinzufügen.

1. Ableitungen:

$f(x) = \frac{1}{4}x^2 + \frac{4}{x}$

$f'(x) = \frac{1}{2}x - \frac{4}{x^2}$

$f''(x) = \frac{1}{2} + \frac{8}{x^3}$

$f'''(x) = -\frac{24}{x^4}$

3. Extrema:

$f'(x) = 0$

$\frac{1}{2}x - \frac{4}{x^2} = 0 \quad | \cdot 2x^2$

$x^3 - 8 = 0 \Rightarrow x = 2, \; y = 3$

$f''(2) = \frac{3}{2} > 0 \Rightarrow$ Minimum

Tiefpunkt $T(2|3)$

2. Nullstellen:

$f(x) = 0$

$\frac{1}{4}x^2 + \frac{4}{x} = 0 \quad | \cdot 4x$

$x^3 + 16 = 0$

$x = -\sqrt[3]{16} \approx -2{,}52$

4. Wendepunkte:

$f''(x) = 0$

$\frac{1}{2} + \frac{8}{x^3} = 0 \quad | \cdot 2x^3$

$x^3 + 16 = 0$

$x = -\sqrt[3]{16} \approx -2{,}52, \; y = 0$

$f'''\left(-\sqrt[3]{16}\right) = -\frac{24}{\left(-\sqrt[3]{16}\right)^4} < 0 \Rightarrow$ LR-WP

6. Die Kurvennormale bei x = -2:
Die Steigung von f an der Stelle $x = -2$ beträgt $f'(-2) = -2$.
Die Normale hat die zur Kurvensteigung negativ reziproke Steigung, d.h. $m = \frac{1}{2}$.
Der zugehörige Steigungswinkel lautet $\gamma = \arctan\left(\frac{1}{2}\right) \approx 26{,}57°$.
Für die Gleichung der Normalen können wir den Ansatz $q(x) = \frac{1}{2}x + n$ wählen.
Da sie durch den Punkt $P(-2|-1)$ geht, folgt $-1 + n = -1$, d.h. $n = 0$. Also gilt
▶ $q(x) = \frac{1}{2}x$.

5. Wertetabelle und Graph:

x	y
-4	3
-3	0,92
-2	-1
-1	-3,75
0	/
1	4,25
2	3
3	3,58
4	5

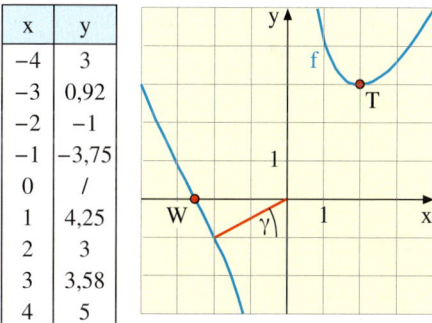

Übung 23
Untersuchen Sie die Funktion $f(x) = x + \frac{4}{x^2}$. Zeichnen Sie den Graphen von f für $-4 \le x \le 4$. Wo schneidet die Winkelhalbierende des zweiten und vierten Quadranten $y = -x$ den Graphen von f? Wie groß ist der Schnittwinkel?

Übung 24
Gegeben ist die Funktion $f(x) = x + \frac{1}{x}$. Führen Sie eine Kurvendiskussion durch. Zeichnen Sie den Graphen von f für $-3 \le x \le 3$. Zeigen Sie, dass der Graph von f eine Symmetrie aufweist.

Übungen

Hinweis: Verwenden Sie zum Differenzieren ggf. die allgemeine Potenzregel.

25. Gegeben ist die Funktion $f(x) = x - \frac{1}{x}$, $x > 0$.
   a) Untersuchen Sie f auf Extrema.
   b) Zeichnen Sie den Graphen von f für $0 < x \le 5$.
   c) Bestimmen Sie die Gleichung der Tangente von f, die durch den Punkt $P(0|-1)$ geht.
      Kontrollergebnis: $t(x) = \frac{5}{4}x - 1$
   d) Welchen Schnittwinkel hat diese Tangente mit der y-Achse?

26. Gegeben ist die Funktion $f(x) = 2\sqrt{x} - x$.
   a) Bestimmen Sie die Definitionsmenge von f.
   b) Bestimmen Sie die Nullstellen sowie das einzige Extremum von f.
      Zeigen Sie, dass f keine Wendepunkte besitzt.
   c) Welchen Schnittwinkel bildet der Graph von f mit der y-Achse?
   d) Zeichnen Sie den Graphen von f für $0 \le x \le 9$.
   e) Legen Sie vom Punkt $P(0|2)$ zeichnerisch eine Tangente an f.
      Bestimmen Sie die Tangentengleichung anschließend rechnerisch.

27. Gegeben ist die Funktion $f(x) = \frac{1}{x^2} - \frac{2}{x}$.
   a) Bestimmen Sie die Definitionsmenge von f.
   b) Untersuchen Sie f auf Nullstellen, Extrema und Wendepunkte.
   c) Zeichnen Sie den Graphen von f für $0 < x \le 6$.
   d) Wie lautet die Gleichung der Wendetangente?

28) Gegeben ist die Funktion $f(x) = \sqrt{x}(x - 3)$, $x \ge 0$.
   a) Untersuchen Sie f auf Nullstellen und Extrema.
      Zeigen Sie, dass f keine Wendepunkte besitzt.
   b) Zeigen Sie, dass der Graph von f die x-Achse unter genau 60° schneidet.
   c) Zeichnen Sie den Graphen von f für $0 \le x \le 4$.
   d) An welcher Stelle hat f die Steigung $m = 4$?
      Hinweis: Substituieren Sie $\sqrt{x} = u$.

29. Die Zahl der Abonnenten eines neuen Magazins wird durch
die Funktion A erfasst:

$$A(t) = \begin{cases} 5t, & 0 \le t \le 1 \\ \sqrt{t} + \frac{4}{t}, & 1 < t \le 16 \end{cases} \quad \begin{array}{l} t: \text{Zeit in Wochen} \\ A: \text{Anzahl in Tausend} \end{array}$$

   a) Skizzieren und interpretieren Sie den Graphen von A.
   b) Wann erreicht die Abozahl einen Tiefstand?
   c) Zu welchem Zeitpunkt fällt die Abozahl am stärksten?
   d) Welche mittlere Zuwachsrate wird in der Woche nach dem
      Tiefstand erreicht?
   e) Wann steigt die Abozahl um 100 Abos/Woche an?
      Lösen Sie die Aufgabe näherungsweise.

7. Einfache Kurvenscharen

Die Funktionsgleichung $f_a(x) = x^2 - ax$ $(a \in \mathbb{R})$ beschreibt nicht eine einzige Funktion, sondern gleich eine ganze *Kurvenschar*, denn für jeden Wert von a erhält man eine andere Funktion. a heißt *Scharparameter* der Kurvenschar f_a.

> ▶ **Beispiel: Parabelschar**
> Führen Sie eine Kurvendiskussion der Kurvenschar $f_a(x) = x^2 - ax$ $(a \in \mathbb{R})$ durch. Berechnen Sie die Lage der Nullstellen und Extrema von f_a in Abhängigkeit vom Scharparameter a. Skizzieren Sie die Graphen der speziellen Scharfunktionen f_1, f_3 und $f_{-1,5}$.

Lösung:
Ableitungen:
$f_a(x) = x^2 - ax$
$f_a'(x) = 2x - a$
$f_a''(x) = 2$

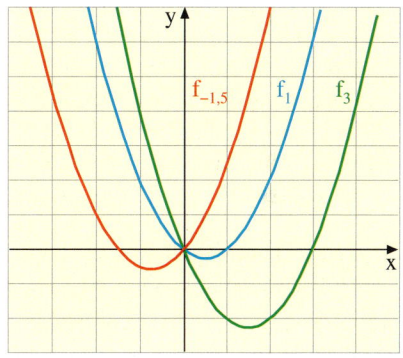

Nullstellen:
$f_a(x) = x^2 - ax = x(x - a) = 0$
$\Rightarrow x = 0$ und $x = a$

Extrema:
$f_a'(x) = 2x - a = 0 \Rightarrow x = \frac{a}{2}$
$f_a''\left(\frac{a}{2}\right) = 2 > 0 \Rightarrow$ Minimum
▶ Tiefpunkt: $T\left(\frac{a}{2}\middle|-\frac{a^2}{4}\right)$

Häufig steht man vor der Aufgabe, aus einer Kurvenschar diejenige Kurve auszusortieren, die eine bestimmte, vorgegebene Eigenschaft hat.

> ▶ **Beispiel: Parameter gesucht**
> a) Welche Kurve der Schar $f_a(x) = x^2 - ax$ hat an der Stelle $x = 3$ die Steigung 1?
> b) Gibt es eine Kurve der Schar f_a, die genau eine Nullstelle besitzt?

Lösung zu a:
Eine Kurve der Schar f_a hat an der Stelle $x = 3$ die Steigung 1, wenn $f_a'(3) = 1$ gilt. Daraus folgt:
$f_a'(3) = 6 - a = 1 \Rightarrow a = 5$.
▶ $f_5(x) = x^2 - 5x$ ist die gesuchte Funktion.

Lösung zu b:
Im obigen Beispiel wurde bereits gezeigt, dass die Nullstellen bei $x = 0$ und $x = a$ liegen. Für $a = 0$ gibt es also nur genau eine Nullstelle. Folglich besitzt die Funktion $f_0(x) = x^2$ genau eine Nullstelle.

Übung 1
Gegeben sei die Kurvenschar $f_a(x) = x^2 - 2ax + 1$ $(a \in \mathbb{R}, a > 0)$.
a) Führen Sie eine Kurvendiskussion von f_a durch.
b) Skizzieren Sie die Graphen für $a = 1$, $a = 1,5$ und $a = 0,5$.
c) Welche Kurve der Schar f_a hat an der Stelle $x = 4$ die Steigung 1?
d) Welche Kurven der Schar f_a haben keine Nullstellen bzw. genau eine Nullstelle?

▶ **Beispiel: Schar kubischer Funktionen**

Gegeben sei die Kurvenschar $f_a(x) = x^3 - 3\,a\,x^2$ $(a \in \mathbb{R}, a > 0)$.

Führen Sie eine Kurvendiskussion der Kurvenschar f_a durch (Nullstellen, Extrema und Wendepunkte). Skizzieren Sie die Graphen für $a = 1$, $a = 0{,}6$ und $a = 1{,}2$.

Lösung:

Ableitungen:

$f_a(x) = x^3 - 3\,a\,x^2 = x^2 \cdot (x - 3\,a)$
$f_a'(x) = 3\,x^2 - 6\,a\,x = 3\,x \cdot (x - 2\,a)$
$f_a''(x) = 6\,x - 6\,a = 6 \cdot (x - a)$
$f_a'''(x) = 6$

Nullstellen:

$f_a(x) = x^3 - 3\,a\,x^2 = x^2 \cdot (x - 3\,a) = 0$
$\Rightarrow x = 0$ und $x = 3\,a$

Extrema:

$f_a'(x) = 3\,x^2 - 6\,a\,x = 3\,x \cdot (x - 2\,a) = 0$
$\Rightarrow x = 0$ ⎱ Hochpunkt, denn
$\quad y = 0$ ⎰ $f_a''(0) = -6\,a < 0$;
$\Rightarrow x = 2\,a$ ⎱ Tiefpunkt, denn
$\quad y = -4\,a^3$ ⎰ $f_a''(2\,a) = 6\,a > 0$

Wendepunkte:

$f_a''(x) = 6\,x - 6\,a = 6(x - a) = 0$
$\Rightarrow x = a$ ⎱ Wendepunkt, denn
▶ $\quad y = -2\,a^3$ ⎰ $f_a'''(a) = 6 \neq 0$

▶ **Beispiel: Wendetangente**

Welche Kurve der Schar $f_a(x) = x^3 - 3\,a\,x^2$ $(a \in \mathbb{R}, a > 0)$ besitzt eine Wendetangente, die durch den Punkt $P(0|8)$ geht?

Lösung:

Im obigen Beispiel wurde bereits gezeigt, dass $W(a|-2\,a^3)$ Wendepunkt von f_a ist. Dort liegt die Steigung $f_a'(a) = -3\,a^2$ vor.

Für die Wendetangente t kann daher der Ansatz $t(x) = -3\,a^2\,x + n$ verwendet werden.

Setzen wir hier die Wendepunktkoordinaten ein, so erhalten wir $-3\,a^3 + n = -2\,a^3$, d.h. $n = a^3$.

Die Gleichung der Wendetangente von f_a lautet daher $t(x) = -3\,a^2\,x + a^3$.

▶ Die Forderung $t(0) = 8$ führt auf $a^3 = 8$, d.h. $a = 2$. Also ist $f_2(x) = x^3 - 6\,x^2$ die gesuchte Kurve.

Übung 2

Führen Sie eine Kurvendiskussion der Kurvenschar f_a durch. Skizzieren Sie die zu den angegebenen Parametern gehörigen Graphen.

a) $f_a(x) = x^3 - a\,x,\ a > 0$
   Skizze: $a = 3$, $a = 1$, $a = 6$

b) $f_a(x) = -x^3 + 2\,a\,x^2,\ a > 0$
   $a = 1$, $a = 0{,}5$, $a = 1{,}5$

c) $f_a(x) = x^4 - a\,x^2,\ a > 0$
   $a = 2$, $a = 4$

Ortskurven

Im folgenden Beispiel geht es um die *Ortskurve* der Extrema einer Kurvenschar. Das ist diejenige Kurve, auf der alle lokalen Extrema der Schar liegen.

> ▶ **Beispiel: Ortskurve**
> Die Funktionenschar $f_a(x) = -\frac{1}{4}x^2 + ax$ ($a > 0$) soll untersucht werden. Zeichnen Sie die Graphen für $a = 1$, $a = 2$ und $a = 3$ in das gleiche Koordinatensystem. Bestimmen Sie außerdem diejenige Kurve y, auf der alle Hochpunkte von f_a liegen, und zeichnen Sie deren Graphen ein.

Lösung:
1. Nullstellen:
$f_a(x) = -\frac{1}{4}x^2 + ax = 0$
$-\frac{1}{4}x \cdot (x - 4a) = 0$
$x = 0$ oder $x = 4a$

2. Extrema:
$f'_a(x) = -\frac{1}{2}x + a = 0$
$x = 2a$
$y = a^2$
$f''_a(a) = -\frac{1}{2} < 0 \Rightarrow$ Hochpunkt $H(2a \mid a^2)$

3. Wendepunkte:
$f''_a(x) = -\frac{1}{2} \neq 0$
$\Rightarrow$ keine Wendepunkte

4. Ortskurve der Hochpunkte:
Der Hochpunkt hat die beiden Koordinaten $x = 2a$ und $y = a^2$.
Wir lösen die Gleichung für die x-Koordinate nach a auf, d.h. $a = \frac{x}{2}$. Wir setzen dieses Zwischenergebnis in die Gleichung für die y-Koordinate ein:
$y = a^2 = \left(-\frac{x}{2}\right)^2 = \frac{1}{4}x^2$
Das Endergebnis $y = \frac{1}{4}x^2$ stellt die gesuchte Ortskurve der Hochpunkte dar.
▶ In der Graphik ist sie grün dargestellt.

Koordinaten des Hochpunktes:
x-Koordinate: $x = 2a$
y-Koordinate: $y = a^2$

Auflösen der x-Koordinate nach a:
$x = 2a \Rightarrow a = \frac{x}{2}$

Einsetzen in die y-Koordinate:
$y = a^2 \Rightarrow y = \left(\frac{x}{2}\right)^2 \Rightarrow y = \frac{1}{4}x^2$

Gleichung der Ortskurve:
$y = \frac{1}{4}x^2$

> **Rezept zur Bestimmung der Ortskurve eines Extrempunktes**
> 1. Bestimmen Sie die beiden Koordinaten des Extrempunktes in Abhängigkeit von a.
> 2. Lösen Sie die Gleichung für die x-Koordinate nach dem Parameter a auf.
> 3. Setzen Sie den so gewonnenen Term für a in die Gleichung für die y-Koordinate ein.

Übung 3 Ortskurve
Untersuchen Sie Schar $f_a(x) = ax^2 - x$ ($a > 0$) auf Nullstellen und Extrema. Skizzieren Sie f_1, f_2 und f_3. Bestimmen und zeichnen Sie die Ortskurve der Extrema.

Übung 4 Ortskurve
Untersuchen Sie $f_a(x) = \frac{1}{2}x^4 - ax^2$ ($a > 0$).
Zeichnen Sie f_1, f_2 und f_3. Bestimmen Sie die Ortskurven der Extrema und Wendepunkte und zeichnen Sie diese ein.

Übungen

5. Parabelschar

Gegeben ist die Funktionenschar $f_a(x) = x^2 - (a + 1)x$.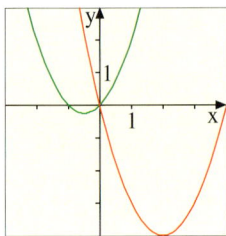
a) Untersuchen Sie die Schar für $a \in \mathbb{R}$ auf Nullstellen und Extrema.
b) Skizzieren Sie die Graphen von f_1 und f_2 für $-1 \leq x \leq 4$.
c) Welcher Graph der Schar f_a hat ein Extremum bei $x = 2$?
d) Für welchen Wert von a hat f_a genau eine Nullstelle?
e) Zeigen Sie, dass alle Extrema von f_a auf der Parabel $y = -x^2$ liegen.
f) Welche Graphen zeigt die Abbildung?

6. Kubische Schar

Gegeben ist die Funktionenschar $f_a(x) = x - a^2 x^3$, $a > 0$.
a) Führen Sie eine Kurvendiskussion von f_a durch (Symmetrie, Nullstellen, Extrempunkte, Wendepunkte).
b) Zeichnen Sie die Graphen von $f_{\frac{1}{3}}$, $f_{\frac{1}{2}}$ und f_1 in ein Koordinatensystem.
c) Zeigen Sie: Alle Graphen der Schar haben einen gemeinsamen Punkt P.
d) Auf welcher Kurve liegen alle Hochpunkte der Funktionenschar?

7. Kubische Schar

Gegeben ist die Funktionenschar $f_a(x) = x^3 - 3a^2 x + 2a^3$.
a) Untersuchen Sie f_a auf Extrema und Wendepunkte.
b) Zeigen Sie, dass $x = -2a$ eine Nullstelle von f_a ist.
c) Skizzieren Sie die Graphen von f_1 und f_{-1}.
d) Zeigen Sie, dass alle Graphen der Schar die x-Achse berühren.
e) Zeigen Sie, dass f_a und f_{-a} symmetrisch zueinander sind.

8. Nicht-ganzrationale Schar

Gegeben ist die Funktionenschar $f(x) = x - 2a + \frac{a}{x}$.
a) Für welche a existieren zwei, eine bzw. keine Nullstellen?
b) Untersuchen Sie f_a auf Extrema.
c) Skizzieren Sie die Graphen von f_1 und f_{-1}.
d) Zeigen Sie, dass keine Scharfunktion einen Wendepunkt hat.
e) Zeichnen Sie den Graphen von f_2.
f) Unter welchen Winkeln schneidet der Graph von f_2 die x-Achse?

9. Motorrad-Stunt

Auf dem Parkhausdach stehen 6 Autos von jeweils 5 m Länge und 2 m Höhe. Ein Stuntman beschleunigt über die Rampe auf die Geschwindigkeit v (in m/s) und versucht, die Autos zu überspringen. Seine Flugbahn lautet $y_v(x) = \frac{1}{2}x - \frac{5}{v^2}x^2$.
a) Welche Geschwindigkeit v muss er erreichen, um eine Maximalhöhe von 5 m zu erzielen?
b) Wie groß ist dann die Sprungweite?
c) Kann er so die Autos überspringen?
d) Wie groß ist der Absprungwinkel?

10. Golf

Ein Golfspieler steht im Ursprung des Koordinatensystems und wird einen Ball schlagen, der im Punkt $P(x_0, 0)$ vor ihm liegt. Sein Ziel ist es, den Ball über die Sandfläche zu schlagen, die sich in einer Entfernung von 5 bis 21 m vom Spieler erstreckt.
Die Flugbahn des Golfballes wird durch $f_a(x) = -\frac{1}{a}(x^2 - (a + 2)x + (a + 1))$, $a > 0$ beschrieben, wobei a von der Geschwindigkeit abhängt, mit welcher der Ball getroffen wird (1 LE = 1 m).

a) Zeigen Sie, dass der Abschlagpunkt P die Abszisse $x_0 = 1$ hat.

b) Sei $a = 8$. An welcher Stelle landet der Ball in diesem Fall? Welche maximale Höhe erreicht er im Flug? Wie groß ist der Abschlagwinkel?

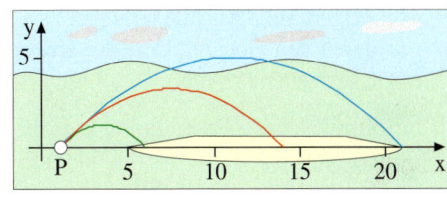

c) Zeigen Sie, dass die Schar f_a den Hochpunkt $H\left(\frac{a+2}{2}, \frac{a}{4}\right)$ besitzt.

d) Zeigen Sie, dass der Ball für jedes a unter einem Winkel von 45° abgeschlagen wird.

e) Zeigen Sie, dass die Funktion f_a die Nullstellen $x = 1$ und $x = a + 1$ besitzt.

f) Für welches a erreicht der Ball exakt das Ende des Sandbunkers?

11. Aktie

Eine Aktie hat einen Wert von 50 $. Ihr möglicher Kursverlauf wird beschrieben durch die Funktion $f_a(t) = -0{,}01\,a\,t^3 + 0{,}3\,a\,t^2 + 50$, $a \in \mathbb{R}$. t: Zeit in Monaten, f: Wert in $.

a) Untersuchen Sie den Kursverlauf für $a = 2$. Welcher maximale Kurs wird erreicht? Zu welchem Zeitpunkt setzt eine Trendwende ein? Mit welcher Geschwindigkeit (in $/Monat) steigt der Kurs zur Zeit der Trendwende?

b) Welcher ganzzahlige Wert von a entspricht der grünen Kurve? Begründen Sie stichhaltig.

c) Der Fall $a = -1$ entspricht dem roten Kursverlauf. Wann hat sich der Kurs halbiert? Lösen Sie dies angenähert.

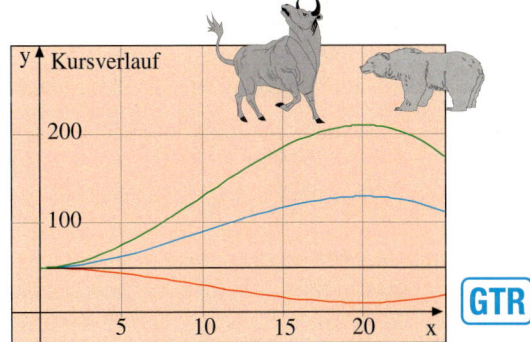

GTR

12. Wellenmaschine

Eine Wellenmaschine erzeugt Wellen der Form $f_a(x) = -\frac{1}{a^2}x^3 + \frac{1}{a}x^2$ (s. Abb.).

a) Wie lang und hoch ist die Welle $a = 15$? Skizzieren Sie den Graphen.

b) Welche Wellen sind dargestellt?

c) Wo ist die Welle $a = 15$ an ihrem linken Hang am steilsten?

d) Für welches a erhält man eine 4 m hohe Welle?

13. Gegeben sei die Funktionenschar
$f_a(x) = 2\,ax^3 + (2 - 4a)\,x$, $a \in \mathbb{R}$, $a \neq 0$.

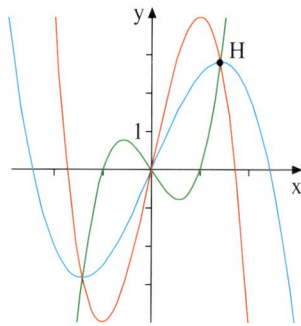

a) Führen Sie für $a = -0{,}25$ eine Kurvendiskussion durch (Nullstellen, Extrema, Wendepunkte) und skizzieren Sie anschließend den Graphen von $f_{-0{,}25}$ für $-3 \leq x \leq 3$.

b) Zeigen Sie, dass alle Graphen zu f_a durch den Hochpunkt H der Kurve $f_{-0{,}25}$ gehen (s. Abb.).

c) Für welches a hat f_a im Punkt H die Steigung 6?

d) Für welches $a \in \mathbb{R}$ hat f_a keine lokalen Extrema?

e) Für welches a hat die Wendenormale von f_a die Steigung 0,5?

14. Gegeben sei die Funktionenschar
$f_a(x) = \frac{1}{12a}x^3 - x^2 + 3\,ax$, $a \in \mathbb{R}$, $a > 0$.

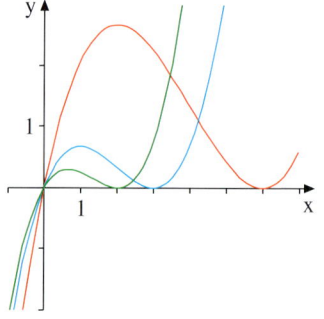

a) Untersuchen Sie die Schar auf Nullstellen und Extrema.

b) Der Punkt $P(z \,|\, f_1(z))$ bildet mit dem Ursprung und dem Punkt $Q(z \,|\, 0)$ ein achsenparalleles Dreieck $(0 \leq z \leq 6)$.
Bestimmen Sie die Koordinaten von P so, dass das Dreieck maximalen Inhalt hat.

c) Die Tangente durch $W\left(4a \,\middle|\, \frac{4}{3}a^2\right)$ schließt mit den Koordinatenachsen ein Dreieck ein. Für welches a hat das Dreieck den Inhalt 384?

15. Gegeben sei die Funktionenschar
$f_a(x) = x^3 + (3 - 3a)\,x^2 - 12\,ax$, $a \in \mathbb{R}$, $a > 0$.

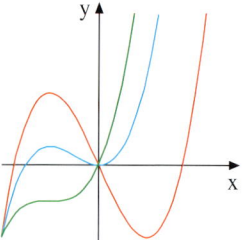

a) Zeigen Sie, dass f_a den Hochpunkt $H(-2 \,|\, 4 + 12\,a)$ besitzt.

b) Zeigen Sie, dass f_a den Wendepunkt $W(a - 1 \,|\, -2a^3 - 6a^2 + 6a + 2)$ besitzt.

c) Bestimmen Sie die Gleichung der Wendetangente von f_1.

d) Für welches $a \in \mathbb{R}$ besitzt f_a einen Sattelpunkt, d.h. einen Wendepunkt mit waagerechter Tangente? Geben Sie ihn an.

16. Olympiafackel

Für die Olympischen Spiele soll eine große metallische Fackel konstruiert werden.

Sie soll 7,5 m hoch sein. Oben beträgt ihre Breite 8 m, unten nur 2 m.

Die Profilkurve der symmetrischen Fackel kann durch eine Funktion der Gestalt $f(x) = a - \frac{b}{x^2}$ beschrieben werden.

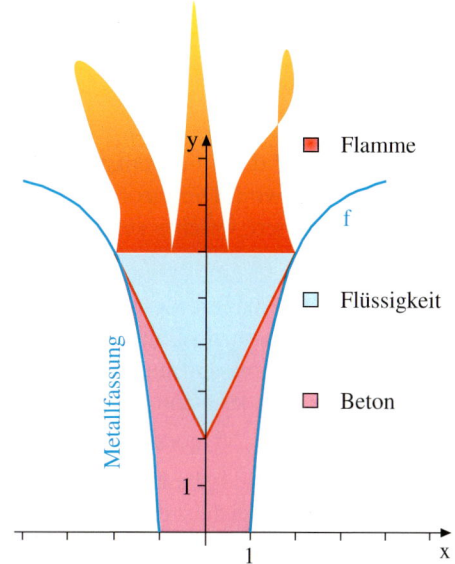

a) Bestimmen Sie die Parameter a und b. Kontrollergebnis: a = 8, b = 8

b) In welcher Höhe über dem Erdboden beträgt die Neigung der Innenwand exakt 45°?

c) Der Hohlraum im Innern der Fackel ist – wie abgebildet – in seinem unteren Bereich kegelförmig ausgebildet.

Die Mantellinien des Kegels schließen tangential an das äußere Randprofil der Fackel an.
Der Kegel ist an seiner Basis 4 m breit.
Wie lauten die Gleichungen der beiden Mantellinien?
Welches Volumen hat der Kegel?

d) Wie steil fällt die Innenwand der Fackel an ihrem äußeren oberen Rand?
Wie groß ist die maximale Steilheit der Innenwand?

17. Erdhügel

Abgebildet ist die Profilkurve $f(x) = a \cdot \sqrt{x}$ eines 18 m hohen Hanges.

a) Bestimmen Sie a.

b) Wie steil ist der Hügel am oberen Ende?
Wo ist die Steigung des Hügels gleich $\frac{3}{10}$?

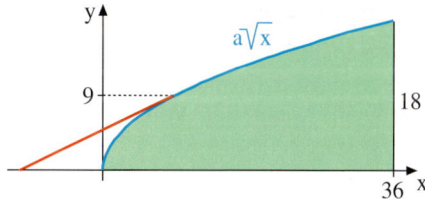

c) Eine tangential auf dem Hügel in 9 m Höhe endende Rampe wird geplant.
Bestimmen Sie:
(1) die Steigung der Rampe,
(2) die Gleichung der Rampe,
(3) die Länge der Rampe.

8. Funktionsuntersuchungen bei realen Prozessen

Reale Problemstellungen technischer und wirtschaftlicher Art können in vielen Fällen durch Funktionen erfasst werden. Man spricht dann von einer mathematischen Modellierung. Die Modellfunktion wird dabei mathematisch-theoretisch untersucht, wobei auch die Differentialrechnung eingesetzt wird. Die theoretischen Ergebnisse werden schließlich auf das reale Problem zurücktransformiert, welches auf diese Weise gelöst werden kann.

▶ **Beispiel: Das Entleeren einer Regentonne**
Eine 100 cm hohe und 60 cm breite Regentonne wird durch eine Ablassöffnung entleert. Die Höhe h des Wasserstandes kann durch die Funktion

$h(t) = \frac{1}{16}t^2 - 5t + 100$ modelliert werden (t ist die

Zeit in Minuten und h die Höhe in cm).
a) In welchem Bereich ist die Modellierung sinnvoll?
b) Nach welcher Zeit steht das Wasser nur noch 50 cm hoch, wann ist es ganz abgelaufen?

Lösung zu a:
Der Graph von h zeigt, dass die Modellierung nur für den Zeitraum $0 \le t \le 40$ sinnvoll ist, denn danach würde der Wasserstand entgegen der Realität wieder steigen.

Lösung zu b:
Man kann dem Graphen ziemlich genau entnehmen, dass die Tonne nach 40 Minuten leergelaufen ist. Nur ungenau ist zu entnehmen, wann der Wasserstand auf 50 cm gesunken ist.

Daher führen wir für diese Fragestellung eine Rechnung durch. Diese ist rechts dargestellt und liefert das Ergebnis: 11,7 Minuten.
Hierbei tritt die Scheinlösung t = 68,3 auf, die aber nicht im sinnvollen Bereich der
▶ Modellfunktion liegt.

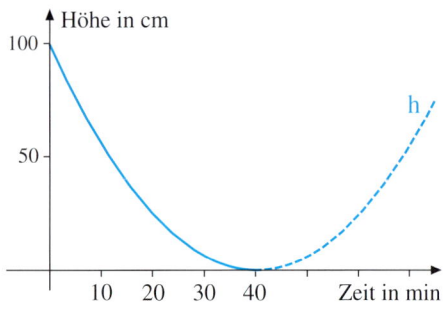

$$h(t) = 50 \text{ (Ansatz)}$$
$$\frac{1}{16}t^2 - 5t + 100 = 50$$
$$t^2 - 80t + 800 = 0$$
$$t = 40 \pm \sqrt{800}$$
$$t \approx 11{,}72 \text{ min}$$
$$t \approx 68{,}28 \text{ min (Scheinlsg.)}$$

Übung 1
a) Wie hoch ist der Wasserstand in der Regentonne aus dem obigen Beispiel 10 Minuten nach Ablaufbeginn?
b) Wie viel Wasser läuft in den ersten 10 Minuten ab, wie viel in den letzten 10 Minuten?
c) Wie lange muss das Wasser bei voller Tonne laufen, um einen 10-Liter-Eimer zu füllen?

Wir führen das Beispiel des Ablaufprozesses einer Regentonne fort, indem wir nun Fragen aufnehmen, welche die Differentialrechnung ansprechen, z.B. Änderungsraten.

> **Beispiel: Änderungsraten beim Entleeren einer Regentonne**
> Untersucht werden soll die Geschwindigkeit, mit der sich der Wasserstand in der Regentonne
> ändert, d.h. die momentane Änderungsrate der Wasserstandshöhe $h(t) = \frac{1}{16}t^2 - 5t + 100$.
> a) Welche Funktion beschreibt die momentane Änderungsrate der Wasserstandshöhe h? Interpretieren Sie den Funktionsgraphen dieser Funktion.
> b) Wie schnell ändert sich der Wasserstand zur Zeit t = 0 bzw. zur Zeit t = 10?

Lösung zu a:
Die momentane Änderungsrate der Funktion h kann mit der Ableitungsfunktion
$h'(t) = \frac{1}{8}t - 5$ berechnet werden. Sie wird in der Einheit cm/min gemessen und gibt die *Geschwindigkeit* wieder, mit welcher sich der Wasserstand ändert.
Die Werte von h' sind im betrachteten Bereich negativ. Das bedeutet: Der Wasserstand h sinkt. Der absolute Zahlenwert von h' wird allerdings mit fortschreitender Zeit kleiner, der Wasserstand sinkt also immer langsamer.

Lösung zu b:
Momentane Änderungsrate zur Zeit t = 0:

$$h'(0) = -5\,\text{cm/min}$$

Ganz zu Beginn des Ablaufprozesses erniedrigt sich der Wasserstand mit einer Geschwindigkeit von 5 cm pro Minute.

Momentane Änderungsrate zur Zeit t = 10:

$$h'(10) = -3,75\,\text{cm/min}$$

Der Wasserstand sinkt nun mit einer geringeren Rate, da der Wasserdruck auf die Ablassöffnung schon nachgelassen hat.

Übung 2

Der abgebildete Wasserbehälter wird mit Wasser gefüllt. Der Wasserstand steigt nach der Formel
$h(t) = 20 \cdot t^{\frac{1}{3}}$ (t: Zeit in min, h: Wasserstandshöhe in cm; zur Kontrolle: $h'(t) = \frac{20}{3} \cdot t^{-\frac{2}{3}}$).

a) Wie hoch steht das Wasser 10 Minuten nach Füllbeginn?
b) Wann ist der Behälter voll?
c) Wie schnell steigt der Wasserstand 10 Minuten nach Füllbeginn?
d) Wann steigt das Wasser mit einer Geschwindigkeit von 1 cm/min?
e) Wie groß ist die mittlere Steiggeschwindigkeit des Wasserstands bezogen auf den gesamten Füllvorgang?

▶ **Beispiel: Umsatzfunktion, Kostenfunktion und Gewinnfunktion**
Ein Unternehmen produziert Bohrhämmer, die zu einem Stückpreis von 120 € verkauft werden.
x sei die Stückzahl der pro Tag hergestellten Maschinen. Der Tagesumsatz wird durch die
Funktion $U(x) = 120x$ erfasst. Die täglichen Kosten können durch die Funktion $K(x)$ angenähert beschrieben werden:
$K(x) = 0{,}0001\,x^3 - 0{,}15\,x^2 + 105\,x + 15\,000$ $(0 \le x \le 1800)$.
a) Skizzieren Sie die Graphen der Kosten-, der Umsatz- und der Gewinnfunktion in einem
   gemeinsamen Koordinatensystem für $0 \le x \le 1800$.
b) In welchem Stückzahlbereich werden Gewinne gemacht? Für welche tägliche Stückzahl x
   wird der Gewinn maximal? Wie groß ist der maximale Gewinn?

Lösung zu a:
Umsatzfunktion und Kostenfunktion sind
gegeben. Der Gewinn ist die Differenz von
Umsatz und Kosten. Daher ist die Gewinnfunktion $G(x) = U(x) - K(x)$, d. h.:

$$G(x) = -0{,}0001\,x^3 + 0{,}15\,x^2 + 15\,x - 15\,000$$

Wir skizzieren die Graphen mit Hilfe einer
Wertetabelle mit der Schrittweite 200.

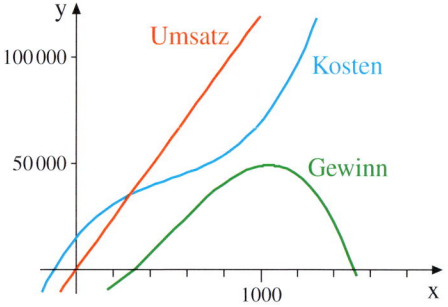

Lösung zu b:
Der Gewinnbereich:
Gewinn wird in dem Bereich gemacht, in
welchem die Umsatzfunktion U über der
Kostenfunktion K liegt bzw. in welchem die
Gewinnfunktion G positiv ist.
Durch Ablesen aus dem Graphen erhalten
▶ wir den Gewinnbereich $300 \le x \le 1500$.

Der maximale Gewinn:
Der Gewinn wird für ca. 1050 Stück maximal. Er beträgt dann ca. 50 000 €.
Die Rechnung hierzu lautet:
$G'(x) = -0{,}0003\,x^2 + 0{,}3\,x + 15 = 0$
$x^2 - 1000\,x - 50\,000 = 0$
$x \approx 1047{,}72$ (bzw. $x \approx -47{,}72$)

Übung 3
Eine Abteilung produziert Fernseher. Die Kosten können durch die Funktion
$K(x) = 0{,}01\,x^3 - 1{,}8\,x^2 + 165\,x$ beschrieben werden, wobei x die tägliche Stückzahl ist. Die Maximalkapazität beträgt 160 Geräte pro Tag. Verkauft wird das Produkt für 120 € pro Gerät.
a) Gesucht ist die Gleichung der Gewinn-
   funktion G.
b) Zeichnen Sie mithilfe einer Wertetabelle
   den Graphen von G ($0 \le x \le 160$, Schrittweite 20).
c) Wie viele Geräte müssen produziert werden, um einen Gewinn zu erzielen?
d) Welches Produktionsniveau maximiert
   den Gewinn?
e) Wie groß müsste der Verkaufspreis sein,
   damit bei Vollauslastung kein Verlust
   entsteht?

Übungen

4. Feinstaub

Die Feinstaubmessungen in zwei Städten ergaben an einem Sommertag eine Staubbelastung, welche durch die Funktionen f und g beschrieben wird.
(t: Zeit in Stunden seit 6 Uhr morgens, f(t), g(t): Staublast in $\mu g/m^3$).

a) Erläutern Sie an den Graphen den Belastungsverlauf in beiden Städten.

b) Wie hoch ist die Feinstaubbelastung um 10 Uhr bzw. um 17 Uhr?

c) Prüfen Sie, ob die zulässige Obergrenze von $50\,\mu g/m^3$ am betrachteten Tag überschritten wurde.

d) Zu welchen Zeitpunkten nahm die Feinstaubbelastung in den Städten am stärksten zu?

Stadt 1: $f(t) = 0,01(0,25t^4 - 10t^3 + 100t^2) + 20$
Stadt 2: $g(t) = 0,01(0,25t^4 - 11t^3 + 125t^2) + 10$

5. Verkehrsstau

Wegen einer Brückensanierung kommt es im Berufsverkehr ab 7 Uhr morgens (t = 0) regelmäßig zu einem Stau.
Die Änderungsrate der Länge des Staus wird durch die ganzrationale Funktion $f(t) = \frac{1}{4}(t^3 - 9t^2 + 18t)$ beschrieben.
(t in Stunden, f(t) in km/h).

a) Zeichnen Sie den Graphen von f mithilfe einer Wertetabelle ($0 \leq t \leq 6$).

b) Berechnen Sie die Nullstellen von f und erläutern Sie, welche Bedeutung positive bzw. negative Funktionswerte von f haben.

c) Bestimmen Sie die Zeitpunkte, an denen die Staulänge am stärksten zu- bzw. abnimmt.

d) Weisen Sie nach, dass $F(t) = \frac{1}{16}t^4 - \frac{3}{4}t^3 + \frac{9}{4}t^2$ ($0 \leq t \leq 6$) die Länge des Staus zum Zeitpunkt t beschreibt. Hinweis: Zu zeigen ist, dass $F'(t) = f(t)$ gilt.

e) Wie stark wächst die Staulänge zwischen 8 Uhr und 9 Uhr? Zu welchem Zeitpunkt ist die Staulänge maximal? Wie lang ist der Stau dann? Wann hat sich der Stau aufgelöst?

6. Druckabfall

Aufgrund eines technischen Fehlers schwankt der Druck p in der Pilotenkanzel nach der angegebenen Formel.
t: Zeit in min, p: Druck in mbar.

$p(t) = 40t^3 - 180t^2 + 1000, \quad 0 \leq t \leq 4,5$

a) Zeichnen Sie den Graphen von f.

b) Wann ist der Druck am niedrigsten?

c) Wann fällt der Druck am schnellsten?

d) Liegt der Druck länger als eine Minute unter 750 mbar?

Wir untersuchen nun eine physikalische Bewegungsaufgabe. Diese wird durch Weg und Geschwindigkeit beschrieben, die beide von der Zeit abhängig sind. Da die Geschwindigkeit v die zeitliche Änderungsrate des Weges darstellt, ist die Geschwindigkeit-Zeit-Funktion $v(t)$ eines Bewegungsprozesses die Ableitung der Weg-Zeit-Funktion $s(t)$. Für die Lösung von Bewegungsaufgaben benötigt man daher die rechts aufgeführten Formeln:

Die mittlere Geschwindigkeit im Zeitintervall [a; b]:

$$\overline{v} = \frac{\Delta s}{\Delta x} = \frac{s(b) - s(a)}{b - a}$$

Die Momentangeschwindigkeit zum Zeitpunkt t_0:

$$v(t_0) = s'(t_0) = \lim_{t \to t_0} \frac{s(t) - s(t_0)}{t - t_0}$$

► **Beispiel: Der senkrechte Wurf**

Ein Pfeil wird mit einer Anfangsgeschwindigkeit $v_0 = 30\,\frac{m}{s}$ senkrecht abgeschossen. Unter dem Einfluss der Schwerkraft lässt sich die Flughöhe des Pfeils durch die Weg-Zeit-Funktion $s(t) = 30t - 5t^2$ beschreiben. Die Körpergröße des Schützen kann vernachlässigt werden.

a) Zeichnen Sie die Weg-Zeit-Funktion s und die Geschwindigkeit-Zeit-Funktion v.
b) Wie hoch ist der Pfeil nach einer Flugzeit von 4 s? Fällt er oder steigt er?
c) Wann hat er seine maximale Flughöhe erreicht? Wie groß ist diese?
d) Nach welcher Zeit und mit welcher Geschwindigkeit schlägt der Pfeil auf dem Boden auf?

Lösung:
a) Die Funktion $s(t) = 30t - 5t^2$ hat die Ableitung $v(t) = s'(t) = 30 - 10t$.
   Rechts sind beide Funktionen graphisch dargestellt.
   Man erkennt, dass die Flughöhe s zunächst ansteigt, dann ein Maximum erreicht und schließlich auf 0 fällt. Die Geschwindigkeit ist zunächst positiv, fällt dann und wird negativ.
   Das Modell ist nur gültig für $0 \le t \le 6$.

b) Höhe und Geschwindigkeit nach 4 s:
   $s(4) = 40\,m$, $v(4) = -10\,m/s$
   Am negativen Vorzeichen der Geschwindigkeit erkennt man, dass der Pfeil fällt.

c) Maximale Flughöhe:
   $v(t) = s'(t) = 0 \Rightarrow 30 - 10t = 0 \Rightarrow t = 3\,s$
   $s(3) = 45\,m$
   Nach 3 s Flugzeit ist die Maximalhöhe von
► 45 m erreicht.

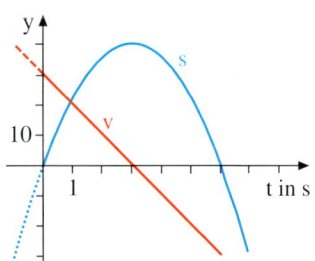

d) Aufschlag am Boden:
   $s(t) = 0 \quad \Rightarrow 30t - 5t^2 = 0$
   $\quad\quad\quad\quad \Rightarrow t = 0$ bzw. $t = 6$
   Nach 6 s schlägt der Pfeil auf dem Boden auf.

   $v(6) = -30\,m/s$
   Die Aufschlaggeschwindigkeit beträgt $-30\,m/s$.

Übungen

7. Komet

Die Raumsonde Rosetta hat sich in einer Simulation dem Kometen 67P/Tschurjumow-Gerasimenko bis auf 11 000 m genähert, als eine letzte Zündung der Bremstriebwerke einsetzt. Der Abstand s zum Kometen wird durch die Funktion

$$s(t) = 0{,}12\,t^2 - 72\,t + 11\,000$$

beschrieben (t: Sekunden; s(t): Meter).

a) Skizzieren Sie den Graphen von s für $0 \le t \le 600$. Legen Sie hierzu eine Wertetabelle an mit der Schrittweite 50.

b) Bestimmen Sie die Gleichung der Funktion v(t) für die Geschwindigkeit der Sonde.

c) Welche Geschwindigkeit hatte die Sonde zu Beginn des Bremsmanövers?

d) Wie groß sind Geschwindigkeit und Abstand nach vier Minuten?

e) Die Bremstriebwerke sollen im Augenblick der größten Annäherung abgestellt werden. Wann ist dies der Fall? Wie hoch steht die Sonde dann über dem Kometen?

8. Fahrradproduktion

Ein Hersteller produziert Fahrräder, welche zu einem Stückpreis von 120 € verkauft werden. Die täglichen Kosten können durch die Funktion $K(x) = 0{,}02\,x^3 - 3\,x^2 + 172\,x + 2400$ beschrieben werden, wobei x die Anzahl der täglich produzierten Fahrräder ist. Pro Tag können maximal 130 Fahrräder hergestellt werden.

a) Die Funktion U(x) beschreibt den täglichen Umsatz, die Funktion G(x) beschreibt den täglichen Gewinn. Stellen Sie die Gleichungen der Umsatz- und Gewinnfunktion auf.

b) Skizzieren Sie den Graphen von G(x) mithilfe einer Wertetabelle für $0 \le x \le 140$. Wählen Sie für die Wertetabelle die Schrittweite 20.

c) Lesen Sie aus dem Graphen von G ab, welche Tagesstückzahlen zu Gewinnen führen.

d) Welche Zahl von Fahrrädern würde den Tagesgewinn maximieren?

e) Die volle Produktionskapazität von 130 Fahrrädern soll ausgeschöpft werden. Wie hoch ist der Verkaufspreis nun zu wählen, wenn kein Verlust entstehen soll?

9. Blutspiegel

Nach der Einnahme eines Schmerzmittels steigt die Wirkstoffkonzentration im Blut zunächst auf ein Maximum an und wird dann durch den Stoffwechsel wieder abgebaut. Der Prozess wird durch die Funktion $c(t) = t^3 - 18\,t^2 + 81\,t$ beschrieben (t: Zeit in h; c: Konzentration im Blut in µg/ml).

a) Zeichnen Sie den Graphen von c für $0 \le t \le 10$.

b) Wie hoch ist die Konzentration 45 Minuten nach der Einnahme?

c) Wann ist das Medikament völlig abgebaut?

d) Wann wird die maximale Konzentration erreicht? Wie hoch ist diese?

e) In welchem Zeitraum steigt die Konzentration an, wann fällt sie ab?

f) Zu welchem Zeitpunkt nimmt die Konzentration am schnellsten ab?

g) Der Schmerz ist bei Konzentrationen ab 80 µg/ml völlig ausgeschaltet. Bestimmen Sie *angenähert*, wie lange dieser Zustand anhält. Ist der Patient vier Stunden schmerzfrei?

10. Erdöl und Erdgas

Ein Barrel Erdöl bzw. eine äquivalente Menge Erdgas kostet ca. 70–100 $. In einem Zeitraum von 12 Monaten kann der Ölpreis durch eine quadratische Funktion $f(x) = a x^2 + b x + c$ und der Gaspreis durch die kubische Funktion $g(x) = 0{,}01 x^3 - 0{,}94 x + 90$ beschrieben werden.

a) Bestimmen Sie den Funktionsterm des Erdölpreises aus den Angaben in der Skizze.
b) In welchem Monat überholt der Öl- den Gaspreis? In welchen Zeitintervallen fallen die Preise, wann steigen sie?
c) Wie hoch waren die minimalen Preise jeweils im Jahresvergleich?
d) Wie hoch war die mittlere jährliche Preissteigerungsrate jeweils?
e) Wann war die momentane Preissteigerungsrate beim Erdgas maximal, wie hoch war sie?
f) Zu welchem Zeitpunkt war die Preisdifferenz Öl/Gas am größten?

11. Stabhochsprung

Die Höhe des Schwerpunktes eines Stabhochspringers kann angenähert durch die Funktion $h(t) = -5 t^2 + 9 t + 1$ erfasst werden (t in Sekunden, h in Metern). Die Matte ist 50 cm hoch.

a) Wie lange dauert der Flug?
b) Der Schwerpunkt muss mindestens 30 cm über die Latte geliftet werden, um deren Reißen zu vermeiden. Wie geht der beschriebene Sprung aus, wenn die Latte in 5 m Höhe liegt?
c) Mit welcher Geschwindigkeit prallt der Springer auf die Matte?
d) Wie lange befindet sich der Schwerpunkt des Springers über der Latte?

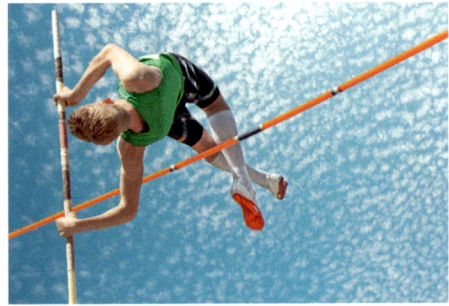

12. Wasserstand

Der Wasserstand eines Stausees kann während einer 100-tägigen Trockenperiode durch die quadratische Funktion $h(t) = \frac{1}{120} t^2 - 2 t + 120$ ($0 \le t \le 100$) beschrieben werden (t in Tagen, h in Metern).

a) Fertigen Sie die Skizze des Graphen an.
b) Mit welcher Geschwindigkeit ändert sich der Wasserstand im Tagesmittel?
c) Mit welcher Momentangeschwindigkeit ändert sich der Wasserstand zu Beginn bzw. in der Mitte der Trockenperiode?
d) Wann fällt der Wasserstand nur noch um 1 m/Tag?
e) Wann fällt der Wasserstand unter die kritische Marke von 7,5 m?
f) Wann würde der See bei anhaltender Trockenheit völlig leer sein?

Ein Stauproblem

Auf unseren Autobahnen kommt es regelmäßig, vor allem in der Urlaubszeit, zu kilometerlangen Staus. Diese Staus entstehen teils ohne ersichtlichen Grund, meist jedoch vor Engpässen, wie Baustellen, wenn der Verkehrsfluss von mehreren Fahrspuren auf zwei oder nur eine gelenkt werden muss. Um einen Stau zu vermeiden, wird von der Verkehrslenkstelle in manchen Fällen eine Richtgeschwindigkeit festgelegt, bei der möglichst viele Fahrzeuge pro Zeiteinheit die betroffene Stelle passieren können. Bei zu niedriger Richtgeschwindigkeit passieren natürlicherweise nur wenige Fahrzeuge pro Zeiteinheit die Engstelle. Bei zu hoher Richtgeschwindigkeit wird der vorgeschriebene Sicherheitsabstand zwischen den Fahrzeugen so groß, dass hierdurch nur wenige Fahrzeuge pro Zeiteinheit die Engstelle passieren können. Dazwischen liegt offenbar die optimale Geschwindigkeit. Im Folgenden wird diese Geschwindigkeit in einer vereinfachten Modellrechnung ermittelt.

Beispiel

Ein Fahrzeug soll zu einem vorausfahrenden Fahrzeug stets einen Sicherheitsabstand s_a einhalten, der nach der rechts aufgeführten Formel berechnet wird. Außerdem wird angenommen, dass ein Fahrzeug im Mittel a = 5 m lang ist.

t sei die Zeitspanne, die zwischen dem Eintreffen eines Fahrzeugs und des folgenden Fahrzeugs an der Engstelle verstreicht. Wie muss die Richtgeschwindigkeit v gewählt werden, damit t möglichst klein wird?

$$s_a = \left(\frac{v}{10}\right)^2$$

s_a: Sicherheitsabstand in m
v: Tachogeschwindigkeit in km/h

In der Zeit t zurückgelegte Fahrstrecke s:

$$s = s_a + 5 = \frac{v^2}{100} + 5 \quad \text{(in m)}$$

$$s = 0,001 \cdot \left(\frac{v^2}{100} + 5\right) \quad \text{(in km)}$$

Zeit als Funktion von v:

$$t = \frac{s}{v}$$

$$t(v) = 0,001 \cdot \frac{\frac{v^2}{100} + 5}{v} = 0,001 \cdot \left(\frac{v}{100} + \frac{5}{v}\right)$$

Berechnung des Minimums von t:

$$t'(v) = 0,001 \cdot \left(\frac{1}{100} - \frac{5}{v^2}\right) = 0$$

$$v = \sqrt{500} \approx 22,36$$

Lösung:

Befindet sich ein Fahrzeug am Beginn der Engstelle, so muss das folgende Fahrzeug noch den Sicherheitsabstand s_a und eine Fahrzeuglänge 5 zurücklegen, bis es an der gleichen Stelle eintrifft, also insgesamt den Weg $s = s_a + 5$. Setzt man dies und die oben angegebene Faustformel für s_a in die physikalische Formel $t = \frac{s}{v}$ ein, so erhält man wie rechts aufgeführt die Zeit t als Funktion von v. Eine einfache Extremaluntersuchung ergibt, dass t für ca. 22,36 $\frac{km}{h}$ minimal wird.

Dies wäre die optimale Richtgeschwindigkeit, wenn die vorgeschriebenen Sicherheitsabstände eingehalten würden, was aber in der Praxis aus unterschiedlichen Gründen nicht ganz realistisch wäre.

Überblick

Ableitungsregeln: u und v seien differenzierbare Funktionen.

Name der Regel	Kurzform der Regel
Summenregel	$(u + v)' = u' + v'$
Faktorregel	$(c \cdot u)' = c \cdot u'$ (c konstant)
Konstantenregel	$(c)' = 0$ (c konstant)
Potenzregel	$(x^n)' = n \cdot x^{n-1}$
allgemeine Potenzregel	$(x^r)' = r \cdot x^{r-1}$ (r rational)
Reziprokenregel	$\left(\frac{1}{x}\right)' = -\frac{1}{x^2}$ $(x \neq 0)$
Wurzelregel	$(\sqrt{x})' = \frac{1}{2\sqrt{x}}$ $(x > 0)$
Sinusregel	$(\sin x)' = \cos x$
Kosinusregel	$(\cos x)' = -\sin x$

Monotoniekriterium   Die Funktion f sei auf dem Intervall I einmal differenzierbar. Dann besteht der folgende Zusammenhang zwischen der Steigung von f und dem Vorzeichen der ersten Ableitung f':

$f'(x) < 0$ $\Downarrow$	$f'(x) > 0$ $\Downarrow$	$f'(x) \leq 0$ $\Downarrow$	$f'(x) \geq 0$ $\Downarrow$
f ist streng monoton fallend	f ist streng monoton steigend	f ist monoton fallend	f ist monoton steigend

Krümmungskriterium   Die Funktion f sei auf dem Intervall I zweimal differenzierbar. Dann besteht der folgende Zusammenhang zwischen der Krümmung von f und dem Vorzeichen der zweiten Ableitung f'':

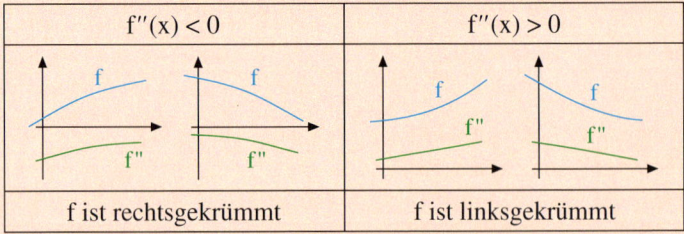

$f''(x) < 0$	$f''(x) > 0$
f ist rechtsgekrümmt	f ist linksgekrümmt

Notwendige Bedingung für lokale Extrema	f sei an der Stelle x_E differenzierbar. Dann gilt: Ist x_E eine lokale Extremstelle von f, so gilt $f'(x_E) = 0$.
Hinreichendes Kriterium für lokale Extrema: f''-Kriterium	f sei in einer Umgebung von x_E zweimal differenzierbar. Dann gilt: Ist $f'(x_E) = 0$ und $f''(x_E) \neq 0$, so hat f bei x_E eine lokale Extremstelle.

$$\text{Genauer:} \quad f'(x_E) = 0 \text{ und } f''(x_E) < 0 \Rightarrow \text{lokales Maximum bei } x_E$$
$$f'(x_E) = 0 \text{ und } f''(x_E) > 0 \Rightarrow \text{lokales Minimum bei } x_E$$

Hinreichendes Kriterium für lokale Extrema: Vorzeichenwechsel-Kriterium	f sei in einer Umgebung von x_E differenzierbar und $f'(x_E) = 0$. Wechselt f' bei x_E das Vorzeichen, so ist x_E lokale Extremstelle.

$$\text{Genauer:} \quad f' \text{ wechselt von } + \text{ nach } - \Rightarrow \text{lokales Maximum bei } x_E$$
$$f' \text{ wechselt von } - \text{ nach } + \Rightarrow \text{lokales Minimum bei } x_E$$

Notwendige Bedingung für Wendepunkte	f sei an der Stelle x_E zweimal differenzierbar. Dann gilt: Wenn x_W eine Wendestelle von f ist, so gilt $f''(x_W) = 0$.
Hinreichendes Kriterium für Wendepunkte: f'''-Kriterium	f sei in einer Umgebung von x_W dreimal differenzierbar. Dann gilt: Ist $f''(x_W) = 0$ und $f'''(x_W) \neq 0$, so hat f bei x_W eine Wendestelle.

$$\text{Genauer:} \quad f''(x_W) = 0 \text{ und } f'''(x_W) < 0 \Rightarrow \text{Links-Rechts-WP}$$
$$f''(x_W) = 0 \text{ und } f'''(x_W) > 0 \Rightarrow \text{Rechts-Links-WP}$$

Hinreichendes Kriterium für Wendepunkte: Vorzeichenwechsel-Kriterium	f sei in einer Umgebung von x_W zweimal differenzierbar und es sei $f''(x_W) = 0$. Wechselt f'' bei x_W das Vorzeichen, so ist x_W eine Wendestelle.

$$\text{Genauer:} \quad f'' \text{ wechselt von } + \text{ nach } - \Rightarrow \text{Links-Rechts-WP}$$
$$f'' \text{ wechselt von } - \text{ nach } + \Rightarrow \text{Rechts-Links-WP}$$

Gleichung der Sekante von f durch die Punkte $P(x_0\|f(x_0))$ und $Q(x_1\|f(x_1))$	$s(x) = \dfrac{f(x_1) - f(x_0)}{x_1 - x_0} \cdot (x - x_0) + f(x_0)$
Gleichung der Tangente an f im Punkt $P(x_0\|f(x_0))$	$t(x) = f'(x_0) \cdot (x - x_0) + f(x_0)$
Gleichung der Normalen an f im Punkt $P(x_0\|f(x_0))$	$n(x) = -\dfrac{1}{f'(x_0)} \cdot (x - x_0) + f(x_0)$

Test

Eigenschaften von Funktionen

1. Monotonie und Krümmungsverhalten

Gegeben ist die Funktion $f(x) = -x^3 + 3x^2$.

a) In welchen Bereichen ist f streng monoton steigend bzw. streng monoton fallend?

b) In welchem Bereich ist f linksgekrümmt?

2. Kriterien für Extrema

a) Wie lautet das notwendige Kriterium für die Existenz eines Hochpunktes?

b) Formulieren Sie ein hinreichendes Kriterium für die Existenz eines Hochpunktes.

3. Funktionsuntersuchung

Gegeben ist die Funktion $f(x) = \frac{1}{2}x^3 - 3x^2 + \frac{9}{2}x$.

a) Untersuchen Sie f auf Symmetrie, Nullstellen, Extrema und Wendepunkte.
   Zeichnen Sie auf der Basis dieser Ergebnisse den Graphen von f für $-0,5 \leq x \leq 4$.

b) Welche Steigung hat f an der Stelle $x = 0$. Wie groß ist der Schnittwinkel des Graphen von f mit der x-Achse an dieser Stelle?

4. Funktionsuntersuchung mit GTR

Gegeben ist die Funktion $f(x) = \frac{x}{2} + \frac{2}{x}$.

a) Zeichnen Sie den Graphen von f mithilfe des GTR für $-6 \leq x \leq 6$.
   Bestimmen Sie mit dem GTR die Extrempunkte von f.

b) Wie lautet die Gleichung der Tangente an den Graphen von f im Punkt $P(1|2,5)$?
   Wo schneidet diese Tangente die Koordinatenachsen?

5. Durchflussmenge

Die Durchflussmenge d eines Flusses wird in den ersten 16 Minuten nach Beginn eines Unwetters erfasst durch $d(t) = -\frac{2}{5}t^3 + 6t^2 + 200$ (t: Zeit in min; d(t): Durchfluss in m³/min).

a) Skizzieren Sie den Graphen anhand einer Wertetabelle für $0 \leq t \leq 16$, Schrittweite 2.

b) Wann ist die Durchflussmenge maximal? Wie groß ist sie zu diesem Zeitpunkt?

c) Wann ändert sich die Durchflussmenge am stärksten?

d) Wann erreicht die Durchflussmenge die Alarmgröße 250 m³/min? Wie lange dauert der Alarm? Zu welcher Zeit beginnt der Alarm? Lösen Sie dies angenähert mit dem GTR.

6. Parameteraufgabe

Gegeben ist die Funktionenschar $f(x) = \frac{1}{4}x^3 - \frac{3}{4}ax^2$, $a > 0$.

a) Untersuchen Sie f in Abhängigkeit von a auf Nullstellen, Extrema und Wendepunkte.

b) Für welchen Wert von a liegt der Tiefpunkt von f_a bei $x = 3$?

c) Für welches a hat f_a einen Wendepunkt mit dem y-Wert -4?

d) Skizzieren Sie die Graphen von $f_{0,5}$, f_1 und $f_{1,5}$, $-1 \leq x \leq 5$ (GTR ist erlaubt).

e) Alle Tiefpunkte von f_a liegen auf einer Kurve y. Wie lautet die Gleichung von y?

Lösungen: S. 638

II. Anwendungen der Differentialrechnung

1. Extremalprobleme

A. Einführungsbeispiele

Die phönizische Prinzessin Dido wurde auf der Flucht vor ihrem Bruder Pygmalion an die nord-afrikanische Küste verschlagen. Ihr Wunsch nach einem Stück Land für sich und ihre Getreuen wurde von den Einheimischen folgendermaßen beschieden: „Nur so viel Land, wie eine Ochsen-haut umfasst!"

Aber Dido war listig, sie schnitt die Haut in schmale Streifen, die sie zu einem etwa achthundert Meter langen Band zusam-menknotete, womit sie sodann ein großes Stück Land abgrenzte.
So entstand die Festung Byrsa, aus der sich später die mächtige phönizische Handels-stadt Karthago entwickelte.

> **Beispiel:** Es ist nicht genau bekannt, welche Form Dido dem Landstück gab, das sie mit dem ca. 800 m langen Ochsenhautband abgrenzte. Nehmen wir einmal an, dass sie die Form eines Rechtecks am Meerufer wählte. Welche Länge und welche Breite hätte Dido dem Rechteck wohl geben müssen, wenn sie dessen Flächeninhalt möglichst groß gestalten wollte?

Lösung:
Es handelt sich hier um ein Optimierungs- oder *Extremalproblem*. Die Zielgröße – der Flächeninhalt A des Rechtecks – soll ein Optimum annehmen, d. h., diese Größe soll maximal werden.

Unsere *Zielgröße* A hängt von zwei Varia-blen ab, von der Länge x und der Breite y des Rechtecks: A = x · y.
Diese funktionale Darstellung der zu opti-mierenden Größe bezeichnet man als *Hauptbedingung* des Extremalproblems.

Die Variablen x und y sind nicht unabhän-gig voneinander. Sie stehen durch die Be-dingung, dass die Gesamtlänge der drei abgegrenzten Seiten 800 m beträgt, mitein-ander in Beziehung: x + 2 y = 800.
Man bezeichnet diese Bedingungsglei-chung als *Nebenbedingung* des Extremal-problems.

Bezeichnungen/Skizze:

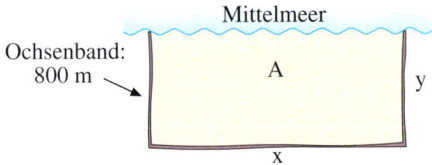

Hauptbedingung:

A = Fläche des Rechtecks

(1)   A (x, y) = x · y

Nebenbedingung:

Länge des Bandes = 800 m

(2)   x + 2 y = 800

Wir lösen nun die Nebenbedingung (2) nach einer der Variablen auf, z. B. nach y. Das Ergebnis $y = 400 - \frac{1}{2}x$ setzen wir in die Hauptbedingung (1) ein. Diese Kombination liefert uns eine Darstellung der zu optimierenden Zielgröße A in Abhängigkeit von nur noch einer verbleibenden Variablen (Gleichung (3)). Hier ist A eine Funktion von x.
Man bezeichnet diese Funktion auch als *Zielfunktion* des Extremalproblems.

Es kommt nun darauf an, das Maximum von A zu bestimmen. Dies könnte mithilfe einer Zeichnung des Funktionsgraphen von A bewerkstelligt werden oder aber durch eine Extremwertbestimmung mithilfe der Differentialrechnung.
Letztere Methode liefert uns ein Maximum von A an der Stelle $x = 400$.

Durch Einsetzen dieses Resultats in (2) erhalten wir $y = 200$.

Durch Einsetzen in (3) erhalten wir den Maximalwert der Fläche $A_{max} = 80\,000$.

Fazit: Dido wird ein rechteckiges Landstück mit den Maßen 400 m × 200 m abgegrenzt haben.

Zielfunktion:

Auflösen von (2) nach y:
$y = 400 - \frac{1}{2}x$

Einsetzen in (1):
$A = x \cdot \left(400 - \frac{1}{2}x\right)$

(3) $A(x) = -\frac{1}{2}x^2 + 400x$

Extremalrechnung:

Lage des Extremums:
$A'(x) = -x + 400 = 0$
$x = 400$

Art des Extremums:
$A''(x) = -1$
$A''(400) = -1 < 0 \Rightarrow$ Maximum

Ergebnisse:

$x = 400\,\text{m}$
$y = 200\,\text{m}$
$A_{max} = 80\,000\,\text{m}^2$

Übung 1
Die Zahl 60 soll so in zwei Summanden a und b zerlegt werden, dass das Produkt aus dem ersten Summanden und dem Quadrat des zweiten Summanden maximal wird.

Übung 2
Der Eckpunkt P(x|y) des abgebildeten achsenparallelen Rechtecks liegt auf der Geraden $f(x) = 3 - \frac{x}{2}$.
Wie muss x gewählt werden, damit die Rechtecksfläche maximal wird?

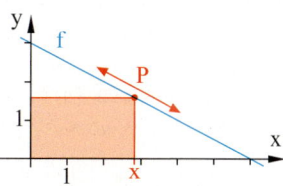

Übung 3
Ein Tunnel soll die Form eines Rechtecks mit aufgesetztem Halbkreis erhalten. Wie groß ist die Querschnittsfläche maximal, wenn der Umfang des Tunnels 20 m betragen soll?

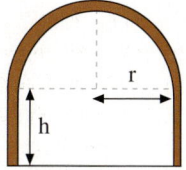

In innermathematischen Zusammenhängen kommen Extremalprobleme auch im Zusammenhang mit Funktionsgraphen vor. Die Funktionsgleichung ist dann die Nebenbedingung.

▶ **Beispiel: Das eingesperrte Rechteck**

Unter dem Graphen von $f(x) = 3 - x^2$ liegt wie abgebildet ein achsenparalleles Rechteck der Breite x und der Höhe y. Seine linke untere Ecke liegt im Ursprung, die rechte obere Ecke bewegt sich auf dem Funktionsgraphen. Wie muss P gewählt werden, wenn die Fläche des Rechtecks maximal werden soll?

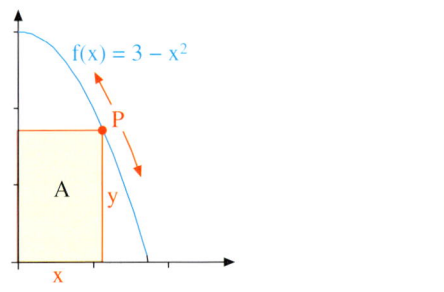

Lösung:
Wir stellen die Hauptbedingung für die gesuchte Größe auf, den Flächeninhalt A des Rechtecks. Sie lautet $A = x \cdot y$.

Hauptbedingung:
A = Fläche des Rechtecks
A = Länge × Breite
$A(x, y) = x \cdot y$

Die Variablen y und x in der Hauptbedingung sind über die Funktionsgleichung miteinander verbunden. Es gilt $y = f(x)$, d.h. $y = 3 - x^2$. Dieser Zusammenhang stellt die Nebenbedingung dar.

Nebenbedingung:
$y = f(x)$
$y = 3 - x^2$

Setzen wir die Nebenbedingung in die Hauptbedingung ein, so erhalten wir die Zielfunktion $A(x) = -x^3 + 3x$.

Zielfunktion:
$A = x \cdot f(x)$
$A = x \cdot (3 - x^2)$
$A(x) = -x^3 + 3x$

Die rechts aufgeführte Extremalrechnung ergibt, dass A für $x = 1$ maximal wird.

Extremalrechnung:
$A'(x) = -3x^2 + 3 = 0$
$3x^2 = 3$
$x^2 = 1$
$x = 1$ oder $x = -1$ (irrelevant)

Das eingesperrte Rechteck nimmt also den maximalen Flächeninhalt A an, wenn seine obere rechte Ecke der Punkt $P(1|2)$ ist. Es
▶ gilt $A_{max} = 2$.

$A''(x) = -6x$
$A''(1) = -6 < 0 \rightarrow$ Maximum

Übung 4

Zwischen Flugplatz, Wald und nördlichem Flussrand, der für $0 \le x \le 12$ durch die Funktion $f(x) = \frac{1}{12}x^2 - x + 5$ beschrieben wird, soll ein achsenparalleles, dreieckiges Gelände A für die Flughafenfeuerwehr angelegt werden.
Wie muß der Anschlusspunkt $P(x|f(x))$ am Fluss gewählt werden, damit der Platz A möglichst groß wird?

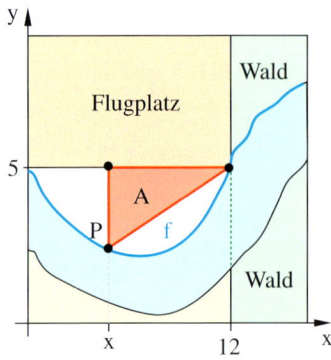

▶ **Beispiel: Fußballfeld**
Ein Sportplatz besteht aus der rechteckigen Spielfläche mit
zwei angesetzten Halbkreisen. Der Gesamtumfang der
Anlage beträgt 400 m. Wie müssen die Länge x und
die Breite y des eigentlichen Spielfeldes gewählt
werden, damit dessen Fläche maximal wird?

Lösung:
Das eigentliche Spielfeld ist ein Rechteck
mit den Maßen x und y. Sein Flächeninhalt
ist daher A = x · y (Hauptbedingung).

Der Umfang des gesamten Stadions besteht
aus den beiden geradlinigen Laufstrecken
(Länge 2 · x) sowie dem Umfang eines
Kreises mit dem Durchmesser y (Länge
π · y).
Da für den Umfang des Stadions 400 m vorgegeben sind, gilt $2x + \pi \cdot y = 400$ (Nebenbedingung).

Wir lösen die Nebenbedingung (2) nach x
auf und setzen das Resultat in die Hauptbedingung (1) ein.
Auf diese Weise erhalten wir die Zielfunk-
tion $A(y) = 200y - \frac{\pi}{2} \cdot y^2$. Sie stellt den
Flächeninhalt des Spielfelds als Funktion
dar.

Mithilfe der Differentialrechnung können
wir errechnen, dass die Spielfeldfläche A
bei einer Breite y ≈ 63,66 m ihr Maximum
annimmt. Einsetzen in (2) liefert x = 100 m
für die Länge des Spielfeldes.

Zum Vergleich: Die Normmaße eines Stadions betragen 68 m × 105 m bei einem
▶ Umfang von ca. 425 m.

Hauptbedingung:
Fläche des Spielfeldes = x · y
(1) $A(x, y) = x \cdot y$

Nebenbedingung:
Umfang des Stadions = 400
(2) $2x + \pi \cdot y = 400$

Zielfunktion:
Auflösen von (2) nach x:
$x = 200 - \frac{\pi}{2} \cdot y$

Einsetzen in (1):
(3) $A(y) = 200y - \frac{\pi}{2} \cdot y^2$

Extremalrechnung:
$A'(y) = 200 - \pi \cdot y = 0$
$y = \frac{200}{\pi} \approx 63,66$ m
$x = 100$
$A_{max} \approx 6366$ m²

Übung 5 Rosen und Tulpen
Ein Gärtner besitzt Umrandungssteine für
eine Strecke von 10 m. Er möchte damit ein
kreisförmiges Rosen- und ein quadrati-
sches Tulpenbeet abgrenzen.
Welche Maße r und x sollten diese Beete
erhalten, wenn die Gesamtfläche – und damit der Pflanzenbedarf – möglichst klein
ausfallen soll?

Bei Getränkedosen und anderen Verbrauchsgütern haben die Verpackungskosten eine großen Anteil am Artikelpreis. Die Hersteller sind daher sehr bemüht, nicht nur das Aussehen der Verpackungen zu optimieren, sondern auch den Materialverbrauch möglichst klein zu halten.

▶ **Beispiel: Die optimale Dose**
Ein Erfrischungsgetränk wird in zylindrischen Dosen aus Weißblech angeboten. Das Volumen der Dose soll 330 ml betragen. Aus Kostengründen soll der Materialbedarf pro Dose durch eine günstige Formgebung minimiert werden.
Berechnen Sie den Radius r und die Höhe h einer so optimierten Dose.

Lösung:

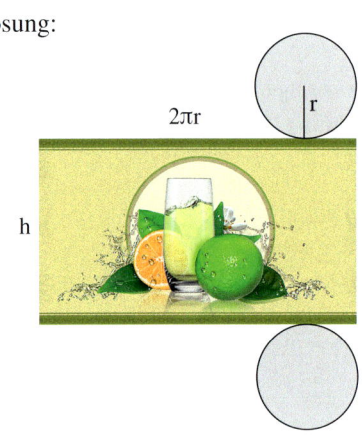

$2\pi r$ r

h

Aus dem Netz der Dose (Abb.) ergibt sich für die Oberfläche der Dose die Hauptbedingung (1) $A(r, h) = 2\pi r h + 2\pi r^2$.

Aus der Volumenvorgabe $V = 330$ und der Formel für das Zylindervolumen ergibt sich die Nebenbedingung (2) $\pi r^2 h = 330$.

Durch Einsetzen von (2) in (1) erhalten wir die Zielfunktion (3) $A(r) = 660 \cdot \frac{1}{r} + 2\pi r^2$.

Diese Funktion A hat ein Minimum bei $r \approx 3{,}74$ und $h \approx 7{,}51$.

Die optimale Dose hat also einen quadratischen Querschnitt: Durchmesser und Höhe sind gleich groß.

Herstellung einer Weißblechdose
Aus Eisenerz wird in einem sehr komplizierten Verfahren Stahl hergestellt, der zu Feinblech gewalzt wird. Dieses wird elektrolytisch verzinnt und dann lackiert. Anschließend werden der Dosenmantel, Boden und Deckel ausgestanzt, zur Dose geformt und verpresst.

Zielfunktion:

(1) $A(r, h) = 2\pi r h + 2\pi r^2$ (HB)

(2) $\pi r^2 h = 330$ (NB)

$h = \dfrac{330}{\pi r^2}$

(3) $A(r) = 660 \cdot \dfrac{1}{r} + 2\pi r^2$ (ZF)

Extremalrechnung:

$$A'(r) = -660 \cdot \frac{1}{r^2} + 4\pi r \overset{!}{=} 0$$

Auflösen: $r = \sqrt[3]{\dfrac{660}{4\pi}} \approx 3{,}745$

Einsetzen: $h \approx 7{,}51$

Nachbetrachtung:

Nun kann man die Frage stellen, weshalb die legendäre Cola-Dose in der Praxis etwas schmaler (Radius ca. 3,3 cm) gebaut wird.

Betrachtet man den Graphen der Zielfunktion, so löst sich das Rätsel:

Die Kurve verläuft in der Nähe des optimalen Wertes r = 3,74 sehr flach.

Für r = 3,2 bzw. für r = 4,3 ist der Materialverbrauch gegenüber dem optimalen Verbrauch A_{min} = 264,36 cm² nur geringfügig erhöht, nämlich um ca. 2 %.

Diese Tatsache eröffnet den Designern Spielraum, besonders handliche Dosen zu schaffen, ohne wesentlich vom Optimum ▶ abzuweichen.

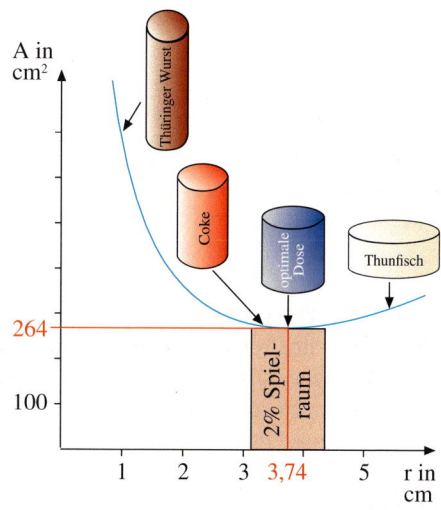

Übung 6

Aus drei Blechplatten soll eine 2 m lange Regenrinne geformt werden (Abb.).

Die Rinne soll eine Querschnittsfläche von 250 cm² besitzen.

Wie müssen Höhe h und Breite b gewählt werden, wenn der Materialverbrauch möglichst niedrig sein soll?

Übung 7

In einer Fabrikhalle soll ein in zwei Kammern unterteilter Lüftungskanal eingebaut werden. Der Gesamtquerschnitt soll 3 m² betragen.

Wie müssen die Maße x und y gewählt werden, wenn der Blechverbrauch minimiert werden soll?

Übung 8

Ein zylindrischer Behälter für 1000 cm³ Schmierfett hat einen Mantel aus Pappe, während Deckel und Boden aus Metall sind. Das Metall ist pro cm² viermal so teuer wie die Pappe.

Welche Maße muss der Behälter erhalten, wenn die Materialkosten minimiert werden sollen?

B. Geometrische Nebenbedingungen

Der wichtigste Schritt bei der Lösung eines Extremalproblems ist das Aufstellen des Lösungsansatzes, d. h. der beschreibenden Hauptbedingung. Aber auch das Erschließen der Nebenbedingung bereitet oft Mühe, da es kein allgemein gültiges Schema gibt.

▶ **Beispiel:** Aus einem Stamm mit nahezu kreisförmigem Querschnitt soll ein rechteckiger Balken geschnitten werden. Die Tragfähigkeit eines Balkens ist proportional zur Breite sowie zum Quadrat der Höhe des Balkens.
Die von der Holzart abhängige Proportionalitätskonstante sei C. Der Durchmesser des Stamms betrage 40 cm.
Welche Höhe h und welche Breite b muss der Balken erhalten, damit seine Tragfähigkeit maximal wird?

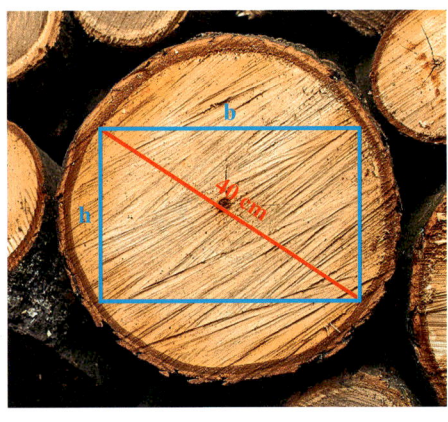

Lösung:
Optimiert werden soll die Tragfähigkeit T, deren Abhängigkeit von Höhe h und Breite b des Balkens laut Aufgabenstellung durch Formel (1) gegeben ist.

Hauptbedingung:

(1) $T(b, h) = C \cdot b \cdot h^2$ (HB)

Die Nebenbedingung (2), der Zusammenhang zwischen b und h, ergibt sich aus dem gegebenen Durchmesser des Stammes von 40 cm nach dem Satz des Pythagoras mittels obiger Skizze.

Nebenbedingung:

(2) $h^2 + b^2 = 40^2$ (NB)

Auflösen der Nebenbedingung (2) nach h^2 und Einsetzen des Ergebnisses
$$h^2 = 1600 - b^2$$
in (1) liefert die Zielfunktion (3).

Zielfunktion:

(3) $T(b) = -C \cdot b^3 + 1600\,C \cdot b$ (ZF)
$$0 \le b \le 40$$

Die Zielfunktion besitzt – wie die Extremalrechnung zeigt – zwei relative Extrema bei $b \approx -23{,}1$ (Min.) und bei $b \approx 23{,}1$ (Max.). Nur das Maximum liegt im zulässigen Bereich $0 \le b \le 40$. Die zugehörige Höhe ergibt sich durch Einsetzen in die Nebenbedingung: $h \approx 32{,}7$.

Extremalrechnung:

$$T'(b) = -3\,C \cdot b^2 + 1600\,C \overset{!}{=} 0$$
$$b = \pm\sqrt{\frac{1600}{3}} \approx \pm\,23{,}1\ \text{cm}$$
$$h = \pm\sqrt{1600 - b^2} \approx 32{,}7\ \text{cm}$$

Die maximale Tragfähigkeit ergibt sich also unabhängig von der Holzart, wenn der rechteckige Balkenquerschnitt die Maße
▶ 23,1 cm × 32,7 cm erhält.

Resultat:

Balkenbreite: 23,1 cm
Balkenhöhe: 32,7 cm

Im letzten Beispiel wurde die Beziehung zwischen den unabhängigen Variablen, d. h. die Nebenbedingung, mithilfe des Satzes von Pythagoras gewonnen.
Oft kommen auch Formeln für das Volumen, für den Umfang, die Mantelfläche, die Oberfläche
von Figuren und Körpern oder weitere geometrische Sätze wie der Strahlensatz, der Höhensatz
usw. zur Anwendung.
Bei manchen Extremalproblemen benutzt man sogar mehrere dieser Formeln um Hauptbedingung
oder Nebenbedingungen aufstellen zu können.

Übung 9   (Oberflächenformel)
Eine Firma stellt oben offene Regentonnen
für Hobbygärtner her. Diese sollen bei gegebenem Materialbedarf maximales Volumen besitzen.
a) Wie sind die Abmessungen zu wählen,
   wenn 2 m^2 Material je Regentonne zur
   Verfügung stehen?
b) Lösen Sie die Aufgabe allgemein.

Übung 10   (Umfangformel)
Daniela besitzt einen goldfarbenen Papp-
streifen, der 50 cm lang und 10 cm breit ist.
Sie möchte damit einen Geschenkkarton
basteln, der die abgebildete Gestalt hat.
Seine Querschnittsfläche stellt ein Rechteck mit aufgesetzten gleichschenklig-
rechtwinkligen Dreiecken dar.
Welche Maße muss sie wählen, wenn das
Volumen des Kartons ein Maximum annehmen soll?
Deckel und Boden können vernachlässigt
werden, da sie aus durchsichtigem Zello-
phanpapier gebildet werden.

Übung 11   (Strahlensatz)
Ein Stück Spiegelglas hat die Form eines
rechtwinkligen Dreiecks, dessen Katheten
50 cm bzw. 80 cm lang sind. Durch zwei
Schnitte mit einem Glasschneider soll ein
rechteckiger Spiegel entstehen.
Wie lang sind die Schnittkanten x und y zu
wählen, damit die Spiegelfläche maximal
wird?
Hinweis: Die Beziehung zwischen x und y
(Nebenbedingung) erhält man mithilfe des
Strahlensatzes.

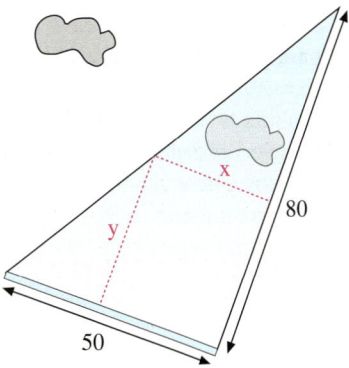

C. Randwerte

▶ **Beispiel:** Ein Farmer besitzt eine Rolle mit 100 m Maschendraht, mit dem er ein rechteckiges Areal abstecken will. Dabei will er eine vorhandene Mauer von 40 m Länge als Abgrenzung mit benutzen. Welche Abmessungen muss er wählen, damit die eingegrenzte Fläche maximal wird?

Lösung:
Für den Flächeninhalt des eingegrenzten Rechtecks erhalten wir die nebenstehende quadratische Funktion, wobei x die Verlängerung der vorhandenen Mauerbegrenzung darstellt.

Die Extremalrechnung zeigt, dass A ein Maximum bei x = −5 besitzt.
Dieses Ergebnis bedeutet aber, dass die vorhandene Begrenzung um 5 m abgerissen und diese 5 m an einer anderen Stelle wieder aufgebaut werden müssten. Da es sich um eine feste Mauer handelt, ist dies nicht sinnvoll. Es gilt nun, diesem Optimum möglichst nahe zu kommen unter Berücksichtigung, dass x ≥ 0 sein muss. Am abgebildeten Graphen der Zielfunktion erkennt man, dass der Flächeninhalt nun für den *Randwert* x = 0 am größten ist. Der Farmer kann mit den Seitenlängen 40 m bzw. 30 m ein Areal mit dem Flächeninhalt
▶ A = 1200 m² eingrenzen.

Breite: 40 + x; Länge: l
x + (40 + x) + 2 l = 100 ⇒ l = 30 − x

Zielfunktion:
$$A(x) = (40 + x) \cdot (30 - x)$$
$$= -x^2 - 10x + 1200$$

Extremalrechnung:
$$A'(x) = -2x - 10 = 0 \quad \Rightarrow \quad x = -5$$
$$A''(x) = -2 < 0 \quad \Rightarrow \quad \text{Maximum}$$

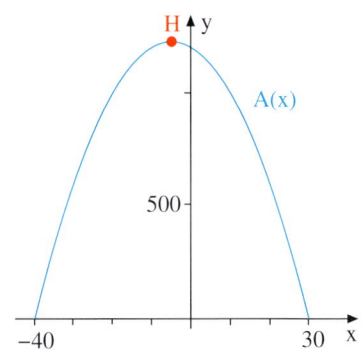

Übung 12

Ein Marktforschungsinstitut hat festgestellt, dass der oberste zu realisierende Eintrittspreis für ein Erlebnis-Schwimmbad bei 12 € liegt. Eine Preissenkung um jeweils 1 € würde (in gewissen Grenzen) zu einer Zunahme von jeweils 10 Besuchern pro Tag führen.
Ein Erlebnisbad-Besitzer, der derzeit durchschnittlich 100 Besucher bei 12 € pro Karte hat, denkt über eine Preissenkung nach.
a) Bei welchem Eintrittspreis wäre sein Umsatz am größten?
b) Bei welchem Eintrittspreis wäre sein Gewinn am größten, wenn sich die Kosten pro Tag aus einem festen Betrag von 300 € (z. B. für Miete) und den variablen Kosten von 4 € pro Karte (z. B. für Wasserverbrauch) zusammensetzen?
Hinweis: Der Gewinn errechnet sich als Differenz aus Umsatz und Kosten.

D. Absolute Maxima und Minima

Es kommt vor, dass die Zielfunktion eines Extremalproblems mehrere relative Extrema besitzt oder dass sie auch an den Rändern des zulässigen Bereichs betrachtet werden muss, wie im letzten Beispiel. In diesen Fällen berechnet man zunächst alle relativen Extrema sowie die so genannten *Randwerte* (Funktionswerte der Zielfunktion an den Randstellen des zulässigen Bereichs).
Unter diesen Werten gibt es in der Regel einen kleinsten, das *absolute Minimum* der Zielfunktion, sowie einen größten, das *absolute Maximum* der Zielfunktion. Einer dieser Werte ist das Optimum.

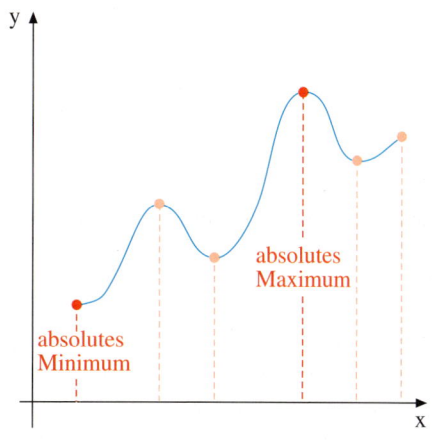

Übung 12
Bestimmen Sie das absolute Minimum und das absolute Maximum der Funktion f auf dem Intervall I.
a) $f(x) = x^3 + 3x^2 - 9x + 1$
   $I = [-2; 6]$
b) $f(x) = 2x^3 - 13,5x$
   $I = [-2; 3]$
c) $f(x) = x^4 - 2x^3 + x^2$
   $I = [-2; 2]$

E. Vereinfachen eines Extremalproblems: Quadrieren der Zielfunktion

Bei der Behandlung eines Extremalproblems ist es möglich und in vielen Fällen sinnvoll, an Stelle der originären Zielfunktion f die Funktion f^2 zu betrachten, die sich durch Quadrieren des Funktionsterms von f ergibt.

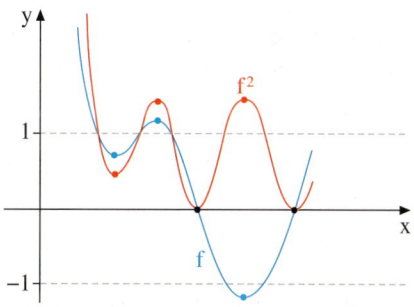

Die Legitimation für dieses Vorgehen ist aus der nebenstehenden Abbildung ersichtlich: Die Stellen relativer Extrema von f sind auch Stellen relativer Extrema von f^2. Man wendet diesen Quadrierungstrick natürlich nur dann an, wenn die Extremstellen von f^2 leichter zu bestimmen sind als die von f.

Die Menge der relativen Extremstellen von f ist eine Teilmenge der Menge der relativen Extremstellen von f^2.

Zu beachten ist stets, dass f^2 zusätzliche Extremstellen aufweisen kann (z. B. Nullstellen von f) und dass „negative" Minima von f zu „positiven" Maxima von f^2 werden.

▶ **Beispiel:** Auf einem Monitor bewegt sich ein Leuchtpunkt P längs der Kurve

$$f(x) = \frac{1}{\sqrt{2} \cdot x^2}, \quad x > 0.$$

Wie nahe kommt er dem Ursprung?

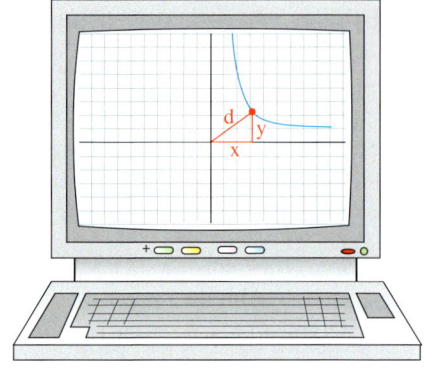

Lösung:

1. Hauptbedingung:
Wir bezeichnen die Koordinaten des Leuchtpunktes P mit x und y und den Abstand des Punktes zum Ursprung mit d. Dann gilt nach dem Satz von Pythagoras: $d = \sqrt{x^2 + y^2}$.

(1) $d = d(x, y) = \sqrt{x^2 + y^2}$

2. Nebenbedingung:
Der Zusammenhang zwischen den Variablen x und y ist durch $y = f(x) = \frac{1}{\sqrt{2} \cdot x^2}$ gegeben, da $P(x \mid y)$ ein Kurvenpunkt ist.

(2) $y = \frac{1}{\sqrt{2} \cdot x^2}$

3. Zielfunktion:
Durch Einsetzen von (2) in (1) erhalten wir die Zielfunktion d. Da die Ableitung schwierig zu berechnen ist, quadrieren wir die Zielfunktion (4) und bestimmen die Extrema dieser Funktion.

(3) $d = d(x) = \sqrt{x^2 + \frac{1}{2x^4}}$

(4) $d^2 = d^2(x) = x^2 + \frac{1}{2x^4}$

4. Minimum der Zielfunktion:
Die Ableitung der Zielfunktion d^2 hat genau eine positive Nullstelle bei x = 1. Dort liegt ein Minimum von d^2.
Offensichtlich hat auch die originäre Funktion d bei x = 1 ein Minimum.

$(d^2)'(x) = 2x - \frac{2}{x^5}$

$(d^2)'(x) = 0 \Leftrightarrow 2x - \frac{2}{x^5} = 0 \Leftrightarrow x = 1$

$(d^2)''(x) = 2 + \frac{10}{x^6}$

$(d^2)''(1) = 12 > 0 \Rightarrow$ Minimum

5. Resultat:
Der Punkt $P\left(1 \mid \frac{1}{\sqrt{2}}\right)$ hat daher den geringsten Abstand zum Ursprung.
▶ Dieser Abstand ist gleich $\sqrt{1,5}$.

$x = 1$

$y = \frac{1}{\sqrt{2}}$

$d_{min} = \sqrt{1,5}$

F. Extremalprobleme mit dem GTR

Es kann vorkommen, dass wir die Zielfunktion aufgrund eines zu komplizierten Funktionstyps mit unseren bisherigen Mitteln noch nicht differenzieren können. Dann können wir die Extremalrechnung dennoch durchführen, nämlich mit dem GTR.

▶ **Beispiel: Fahrtroute**
Ein Schiff S bewegt sich längs der Kurve
$f(x) = \frac{1}{\sqrt{2} \cdot x^2}$ (s. Abb.).
An welcher Position ist der Abstand des Schiffes zum Leuchtturm, der im Ursprung des Radarkoordinatensystems steht, am geringsten?

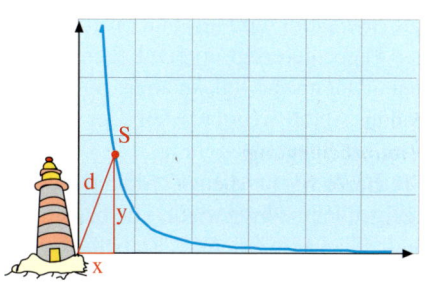

Lösung:

1. Hauptbedingung
x und y seien die Koordinaten des Schiffes. Nach dem Satz des Pythagoras gilt für den Abstand d die Formel:
$d = \sqrt{x^2 + y^2}$

Hauptbedingung:
(1) $d = d(x, y) = \sqrt{x^2 + y^2}$

2. Nebenbedingung
Der Zusammenhang zwischen den Variablen x und y liefert die Funktionsgleichung:
$y = f(x)$, d. h., es gilt die Formel $y = \frac{1}{\sqrt{2} \cdot x^2}$
bzw. $y^2 = \frac{1}{2x^4}$.

Nebenbedingung:
$$y = f(x)$$
$$y = \frac{1}{\sqrt{2} \cdot x^2}$$
(2) $y^2 = \frac{1}{2x^4}$

3. Zielfunktion
Einsetzen von (2) in (1) liefert die Zielfunktion $d(x) = \sqrt{x^2 + \frac{1}{2x^4}}$.

Zielfunktion:
$$d = \sqrt{x^2 + y^2}$$
(3) $d = \sqrt{x^2 + \frac{1}{2 \cdot x^4}}$

4. Extremalrechnung
Da wir den komplexen Wurzelterm der Zielfunktion mit unseren Mitteln nicht differenzieren können, ermitteln wir das Minimum der Zielfunktion mit dem GTR. Dazu zeichnen wir den Funktionsgraphen und bestimmen das Minimum von d:
G-Solv > MIN
Wir erhalten so ein Minimum bei x = 1.

Der Punkt $P\left(1 \Big| \frac{1}{\sqrt{2}}\right)$ hat den geringsten Abstand zum Ursprung.
▶ Er beträgt $d_{MIN} = \sqrt{1{,}5} \approx 1{,}22$.

▶ **Beispiel: Die optimale Streichholzschachtel**

Eine neue Streichholzschachtel soll 5 cm lang werden und ein Volumen von 20 cm^3 besitzen. Breite x und Höhe y sollen so bestimmt werden, dass die Herstellungskosten minimal werden.

Die **Schachtel** wird aus einer rechteckigen Pappe gefertigt. In den Ecken werden quadratische Stücke abgeschnitten und als Abfall weggeworfen. Der Rest wird zur Schachtel gefaltet.

Die **Hülle** wird aus einer zweiten rechteckigen Pappe hergestellt. Die beiden Seitenflächen werden als Reibeflächen beschichtet, was die Materialkosten dieser Teile vervierfacht.

Netz der Schachtel   Netz der Hülle

Lösung:
Optimiert werden soll der Materialaufwand, also die Summe der Oberflächen von Schachtel (samt Abfall) und Hülle (mit um 4 gewichteten Reibeflächen).

Durch das geforderte Volumen ist die Nebenbedingung V = 20 cm^3 gegeben, was einen Zusammenhang von x und y herstellt.

Einsetzen der Nebenbedingung in die Hauptbedingung ergibt als Zielfunktion:

$$M(x) = \frac{64}{x^2} + 8 + \frac{200}{x} + 15\,x$$

 Das Minimum vom M bestimmen wir wegen des komplexen Funktionsterms mit dem GTR. Wir geben die Gleichung von M ein, zeichnen den Graphen und berechnen das Minimum:
CASIO: G-Solv > MIN

Wir erhalten als Näherungsresultat den Wert x ≈ 3,94. Einsetzen in die Nebenbedingung liefert y ≈ 1,02.
Die optimale Schachtel hat also angenähert
▶ die Maße 5 cm × 4 cm × 1 cm.

1. Hauptbedingung

$$M = \underbrace{(x + 2\,y) \cdot (5 + 2\,y)}_{\text{Schachtel}} + \underbrace{(2\,x + 2\,y \cdot 4) \cdot 5}_{\text{Hülle}}$$

$$M = 4\,y^2 + 2\,x\,y + 50\,y + 15\,x$$

2. Nebenbedingung

$$V = 5 \cdot x \cdot y = 20 \Rightarrow y = \frac{4}{x}$$

3. Zielfunktion

$$M(x) = \frac{64}{x^2} + 8 + \frac{200}{x} + 15\,x$$

4. Extremalbestimmung mit dem GTR:

Übungen

Übung 13 Zelt

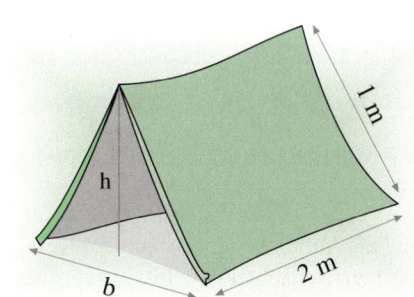

Ein Pfadfinder baut aus einer Zeltplane mit den Maßen 2 m × 2 m einen einfachen zeltartigen Wetterschutz auf, der auf der Vorder- und der Rückseite offen ist.
Wie hoch muss er das Zelt bauen, wenn dessen Volumen möglichst groß sein soll?

Übung 14 Rühraufsatz

Für eine Bohrmaschine soll ein Rühraufsatz entworfen werden, der aus einem rechteckigen Metallrahmen mit 30 cm Umfang besteht. Wie müssen Länge x und Breite y des Rechtecks gewählt werden, wenn beim Rühren ein maximales Volumen umschlossen werden soll?

Übung 15 Filter

Ein Filter soll die Form eines Zylinders mit aufgesetztem Kegel besitzen. Der Zylinder soll 2 cm hoch sein. Die Mantellinie des Kegels soll $\sqrt{5}$ cm betragen.
Der Zylinderradius r und die Kegelhöhe h können variiert werden. Wie müssen r und h gewählt werden, damit das Volumen des Filters maximal wird?

Übung 16 Rechteck im Kreis

In einen Kreis mit Radius R wird wie abgebildet ein Rechteck einbeschrieben.
Wie müssen Breite 2 r und Höhe h des Rechtecks gewählt werden, wenn sein Flächeninhalt maximal werden soll?
Lösen Sie auch die dreidimensionale Version der Aufgabe: In eine Kugel mit dem Radius R soll ein Zylinder mit maximaler Mantelfläche einbeschrieben werden. Welche Maße erhält der Zylinder (Radius r, Höhe h)?

G. Zusammenfassung des Lösungsprinzips

Abschließend fassen wir die einzelnen Schritte beim Lösen eines Extremalproblems in einer Tabelle zusammen, wobei wir sie an einem Beispiel konkretisieren.

Arbeitsschritt	Beschreibung	Beispiel
1. Problemstellung	Verstehen der Problemstellung. Anfertigung einer Planskizze. Einführung von Bezeichnungen für die Variablen.	Mit einem 20 m langen Seil soll an einer bestehenden Mauer ein rechteckiges Areal mit maximaler Fläche abgegrenzt werden.
2. Aufstellen der Hauptbedingung	Die zu optimierende Größe A wird in Abhängigkeit von einer oder mehreren Variablen dargestellt. Meistens sind es zwei Variable, z. B. x und y: $A = A(x, y)$	*Hauptbedingung:* Fläche = Länge × Breite $A = A(x, y) = x \cdot y$
3. Aufstellen der Nebenbedingung	Zwischen den Variablen x und y, die in der Hauptbedingung vorkommen, wird eine Beziehung, d. h. eine Gleichung hergestellt. Hilfsmittel hierbei sind: Planskizzen, Flächenformeln, Volumenformeln, geometrische Sätze wie Pythagoras und Strahlensatz usw.	*Nebenbedingung:* Seillänge = 20 m $y + 2x = 20$
4. Aufstellen der Zielfunktion	Die Nebenbedingung wird nach einer der beiden Variablen x und y aufgelöst. Das Ergebnis wird in die Hauptbedingung eingesetzt. So erreicht man, dass die Zielgröße A als Funktion nur noch von einer Variablen abhängt, z. B. $A = A(x)$.	*Zielfunktion:* $y + 2x = 20$ $y = 20 - 2x$ $A = x \cdot (20 - 2x)$ $A = -2x^2 + 20x$
5. Bestimmen des Optimums der Zielfunktion	Nun errechnet man das Extremum von A durch Nullsetzen der ersten Ableitung $A'(x)$. Die Funktionswerte an den Randstellen des zulässigen Bereichs werden mit dem Extremum verglichen.	*Extremalrechnung:* $A'(x) = -4x + 20 = 0$ Auflösen: $x = 5$ Einsetzen: $y = 10$ Einsetzen: $A_{MAX} = 50$
6. Formulierung des Resultats	Die Ergebnisse werden zusammengefasst. x, y und A_{OPT} werden angegeben und interpretiert.	Das optimale Rechteck mit maximaler Fläche hat die Maße $x = 5$ m und $y = 10$ m. Sein Flächeninhalt ist 50 m^2.

Übungen

Einfache Extremalprobleme

17. Aus einem rechteckigen Stück Pappe von 45 cm Länge und 24 cm Breite soll eine oben offene Schachtel hergestellt werden. Dazu wird an jeder der vier Ecken ein Quadrat abgeschnitten. Anschließend werden die überstehenden Streifen hochgeklappt. Wie groß müssen die Quadrate sein, damit das Volumen der Schachtel maximal wird?

18. Ein Gärtner plant den Bau eines Gewächshauses nach nebenstehendem Plan.

1 Meter Außenwand kostet 900 €, 1 Meter Innenwand dagegen nur 200 €. Der Gärtner hat 160 000 € für Wände zur Verfügung. Die Wandhöhe, die Wandstärke sowie das Dach bleiben unberücksichtigt. Welche Länge x und welche Breite y sollte das Gewächshaus erhalten, damit dessen Gesamtfläche maximal wird?

19. Die Summe zweier natürlicher Zahlen, deren Produkt 100 ist, soll so klein wie möglich sein. Wie heißen diese Zahlen?

$x \cdot y = 100$
$x + y \rightarrow \min$

20. Zwischen Autobahn, Stadtwald und Fluss soll, wie aus der Planungszeichnung ersichtlich, ein neues Gewerbegebiet erschlossen werden, dessen südwestliche Ecke exakt am Fluss $f(x) = \frac{1}{x}$ liegt und dessen Grundstücksgrenzen achsenparallel verlaufen. Welche Maße erhält das Gebiet, wenn
a) die Grundstücksfläche maximal sein soll,
b) die südliche und östliche Begrenzung eine möglichst lange Werbefläche bilden soll?

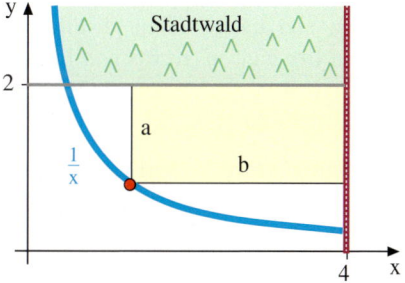

21. Aquarium

Zoodirektor Dr. Brinkmann plant ein neues Aquarium. Es soll doppelt so lang wie breit werden. Oben ist es offen. Das Glas für die Bodenplatte kostet 300 €/m², das Glas für die Seitenscheiben ist mit nur 250 €/m² etwas preiswerter. Das Aquarium soll ein Fassungsvermögen von 200 m³ erhalten. Welche Maße muss Dr. Brinkmann wählen, damit sein neues Aquarium möglichst billig wird? Wie hoch ist der Preis?

22. Medikamentenschachtel

Für ein Vitaminpräparat soll eine neue Schachtel entworfen werden. Sie soll für die bunten Vitaminperlen 48 cm³ Raum bereithalten. Ihre Breite sei x, ihre Tiefe y und ihre Höhe $\frac{x}{4}$.

Die Schachtel funktioniert wie eine Streichholzschachtel. Sie besteht aus einem oben offenen ausziehbaren Behälter und einer umgebenden Schiebehülle.

Das Netz dieser beiden Teile ist rechts abgebildet. Wie müssen die Maße der Schachtel gewählt werden, damit der Materialverbrauch minimal wird?

Netz der Schachtel   Netz der Hülle

23. Optimales Flugblatt

Ein Flugblatt soll eine bedruckte Fläche von 288 cm² besitzen.
Oben und unten sollen jeweils 2 cm Rand frei bleiben, rechts und links jeweils 1 cm. x und y seien die Maße der bedruckten Fläche.

Welche Maße muss das Flugblatt erhalten, wenn der Materialaufwand möglichst klein sein soll?

Wie verändern sich die Ergebnisse, wenn alle Ränder 1 cm breit sein sollen?

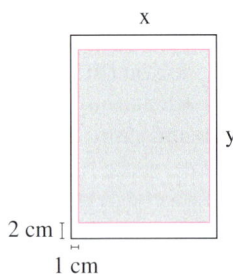

24. Pferdekoppel

Ein Farmer besitzt direkt am Fluss ein Landhaus. Durch einen dreiseitigen Zaun möchte er eine Pferdekoppel abgrenzen. Er hat 100 m Gitter zum Abzäunen erworben sowie ein 2 m breites Tor. Wie lang muss er die drei Zaunseiten wählen, um eine maximale Auslauffläche für sein Pferd zu erhalten?

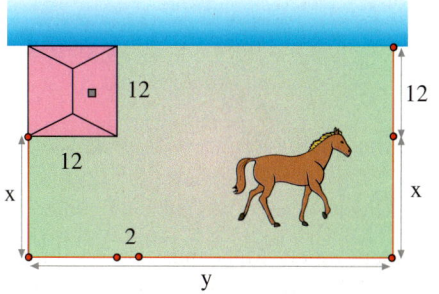

25. Optimaler Briefkasten

Fred möchte sich einen Zeitungskasten nach der abgebildeten Vorlage bauen. Er soll ein Volumen von 80 dm³ erhalten und aus Aluminium hergestellt werden. Das Material für die Seitenwände kostet 1 €/dm³. Die quadratische Rückwand ist aus dickerem Material und kostet 2 €/dm³. Der vordere quadratische, aufklappbare Deckel verursacht Kosten in Höhe von 3 €/dm³.

Welche Maße x und y sollten gewählt werden, um die Materialkosten zu minimieren?

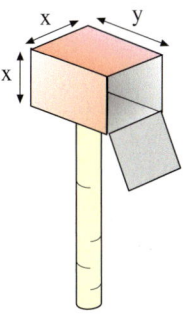

26. Quadrat im Quadrat

In ein Quadrat mit dem Maßen 20 × 20 soll wie abgebildet ein weiteres Quadrat eingepasst werden. Wie muss x gewählt werden, damit das innere Quadrat einen minimalen Flächeninhalt hat?

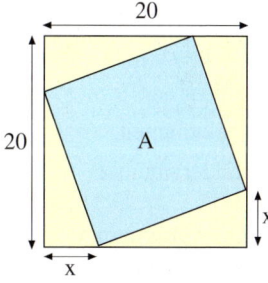

27. Parkplatz am Fluss

Vom Parkplatz an der Position $P\left(0\left|\frac{1}{2}\right.\right)$ soll ein möglichst kurzer Zugangsweg zum Flussufer gebaut werden (1 LE = 100 m). Der Fluss kann beschrieben werden durch die Funktion $f(x) = 2 - \frac{1}{2}x^2$.

Wie lang wird der Weg mindestens?

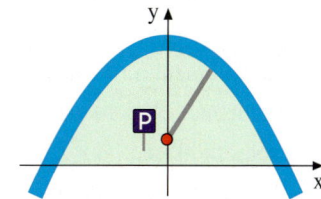

Klassische Extremalprobleme

Im Folgenden geht es um einige klassische Extremalprobleme, an denen sich jede Schülergeneration schon einmal versucht hat.

28. Das größte Rechteck in einem Dreieck
Aus einem Spiegelrest, der die Form eines rechtwinkligen Dreiecks hat, soll ein Rechteck mit möglichst großer Fläche A herausgeschnitten werden.
a) Wie lautet die Hauptbedingung?
b) Wie lautet die Nebenbedingung?
   Hinweis: Strahlensatz
c) Welche Maße hat das maximale Rechteck?

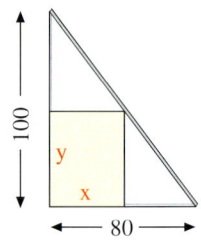

29. Der größte Zylinder in einem geraden Kegel
Ein gerader Kreiskegel hat den festen Radius R und die feste Höhe H. Im Kreiskegel soll ein Zylinder mit dem Radius r und der Höhe h, so wie abgebildet, einbeschrieben stehen. Wie müssen die Zylindermaße r und h gewählt werden damit das Zylindervolumen V maximal wird?
Hilfen: Zylindervolumen: $V_{ZYL} = \pi r^2 h$

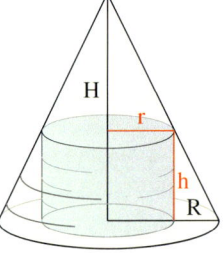

30. Der größte Zylinder in einer Kugel
In einer Kugel mit dem Radius R soll ein Zylinder (Radius r, Höhe h), so wie abgebildet, einbeschrieben stehen. Wie müssen r und h gewählt werden, damit der Zylinder ein maximales Volumen annimmt? Welchen Prozentsatz des Kugelvolumens füllt der Zylinder aus?

Hilfen: Kugelvolumen: $V_{KU} = \frac{4}{3}\pi R^3$

Zylindervolumen: $V_{ZYL} = \pi r^2 h$

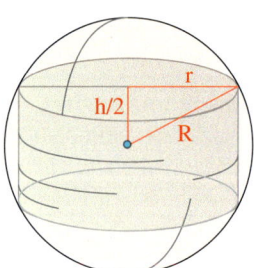

31. Kegel mit minimaler Oberfläche
Ein Kegel hat den Radius r und die Höhe h. Sein festes Volumen sei V. Wie müssen r und h gewählt werden, damit die Oberfläche des Kegels minimal wird? Diese Aufgabe erfordert zwingend den Einsatz des GTR.

Hilfen: Kegelvolumen: $V = \frac{1}{3}\pi r^2 h$

Kegelmantel: $M = \pi r s$

Kegelgrundfläche: $G = \pi r^2$

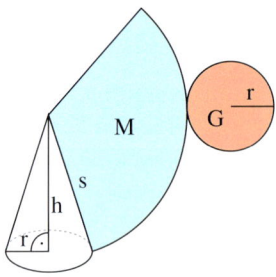

2. Rekonstruktionen von Funktionen

In den naturwissenschaftlichen Disziplinen und auch bei ökonomischen Fragestellungen strebt man an, die auftretenden Probleme durch berechenbare Funktionen zu erfassen.

A. Steckbriefaufgaben

Im einfachsten Fall wird eine Funktion gesucht, die durch einige vorgegebene Eigenschaften gekennzeichnet ist. Man spricht dann von einer Rekonstruktionsaufgabe oder von einer Steckbriefaufgabe. Rechts ist ein solcher „Steckbrief" abgebildet.

> **Beispiel: Rekonstruktion**
> Bestimmen Sie die Gleichung der Funktion f, die rechts im „Steckbrief" beschrieben wird.

Lösung:
Es ist vorgegeben, dass es sich um eine Polynomfunktion zweiten Grades handelt: Wir verwenden daher die Ansatzgleichungen

$f(x) = a x^2 + b x + c$
$f'(x) = 2 a x + b$

Nun übertragen wir die bekannten Eigenschaften von f in die symbolische Funktionsschreibweise.
Wir erhalten ein Gleichungssystem mit drei Variablen, dessen Auflösung $a = \frac{1}{2}$, $b = -2$, $c = 0$ ergibt. Die Funktion lautet also $f(x) = \frac{1}{2}x^2 - 2x$.

Skizze:

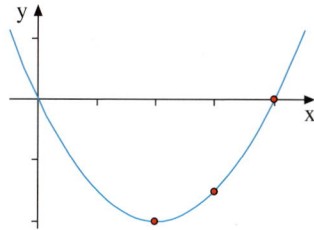

WANTED

Gesucht wird die Funktion f, ihres Zeichens eine quadratische Parabel, die leicht zu identifizieren ist anhand folgender unverwechselbarer Kennzeichen.

(1) Nullstelle bei x = 4
(2) Extremum bei x = 2
(3) Geht durch P(3|−1,5)

1. Ansatz für die Gleichung von f

$f(x) = a x^2 + b x + c$
$f'(x) = 2 a x + b$

2. Eigenschaften von f

(1) Nullstelle bei x = 4
(2) Extremum bei x = 2
(3) Geht durch P(3|−1,5)

3. Aufstellen eines Gleichungssystems

(1) $f(4) = 0$ ⇒ I $16a + 4b + c = 0$
(2) $f'(2) = 0$ ⇒ II $4a + b = 0$
(3) $f(3) = -1,5$ ⇒ III $9a + 3b + c = -1,5$

4. Lösung des Gleichungssystems
IV = I − III: $7a + b = 1,5$
V = II − IV: $-3a = -1,5$

aus V: $a = \frac{1}{2}$
in IV: $b = -2$
in I: $c = 0$

5. Resultat:

$f(x) = \frac{1}{2}x^2 - 2x$

▶ **Beispiel: Diagramm**
Ein wichtiges Diagramm wurde fotographisch gesichert. Leider stellt sich später heraus, dass das Foto beschädigt ist. Zum Glück sind charakteristische Teile der dargestellten Funktion noch erhalten. Auch der Typ des Funktionsterms ist noch erkennbar.
Wie lautet die Funktionsgleichung?

Lösung:
Es ist zu erkennen, dass es sich um eine Polynomfunktion dritten Grades handelt, deren Funktionsterm mit x^3 beginnt.
Wir verwenden daher für die Funktionsgleichung den Ansatz
$f(x) = a x^3 + b x^2 + c x + d$ mit $a = 1$.
Wir bestimmen zusätzlich f', um auch Steigungseigenschaften von f erfassen zu können.
Aus dem Diagramm können wir einige charakteristische Eigenschaften der Funktion f ablesen (vgl. rechts).

Diese Eigenschaften können wir mittels f und f' in Gleichungsform darstellen. So liefert der Graphenpunkt $P(-1|2)$ z. B. die Gleichung $f(-1) = 2$. Setzen wir dies in die Ansatzgleichung aus (1) ein, so erhalten wir ein lineares Gleichungssystem mit den Variablen b, c und d.

Lösen wir dieses System mit den üblichen Methoden oder mithilfe des GTR, so erhalten wir
$d = 1$, $c = -1$, $b = 1$.

Durch Einsetzen in den Ansatz ergibt sich als Resultat:
▶ $f(x) = x^3 + x^2 - x + 1$.

(1) Ansatz für die Funktionsgleichung

$f(x) = x^3 + b x^2 + c x + d$
$f'(x) = 3 x^2 + 2 b x + c$

(2) Eigenschaften der Funktion f

1. f hat ein Extremum bei $x = -1$.
2. $P(-1|2)$ liegt auf dem Graphen von f.
3. $P(0|1)$ liegt auf dem Graphen von f.

(3) Umsetzen der Eigenschaften in Gleichungen

1. $f'(-1) = 0$ $\Rightarrow$ $3 - 2b + c = 0$
2. $f(-1) = 2$ $\Rightarrow$ $-1 + b - c + d = 2$
3. $f(0) = 1$ $\Rightarrow$ $d = 1$

(4) Lösen des Gleichungssystems

$-2b + c = -3$ $\Rightarrow$ $b = 1$
$b - c = 2$ $\Rightarrow$ $c = -1$
$d = 1$ $\Rightarrow$ $d = 1$

(5) Resultat

$f(x) = x^3 + x^2 - x + 1$

Übung 1
a) Gesucht ist eine Polynomfunktion zweiten Grades, welche die y-Achse bei $y = -2,5$ schneidet und einen Hochpunkt bei $H(3|2)$ besitzt.
b) Gesucht ist eine ganzrationale Funktion dritten Grades mit dem Wendepunkt $W(-2|6)$, die an der Stelle $x = -4$ ein Maximum hat. Die Steigung der Wendetangente ist gleich -12.

Bevor wir weitere Beispiele rechnen, stellen wir oft auftretende Funktionseigenschaften in einer „Übersetzungstabelle" zusammen, die beim Lösen von Aufgaben hilft.

Übersetzungstabelle für Rekonstruktionsaufgaben						
Eigenschaften von f bei x_0	Funktionswert y_0	Nullstelle	Extremalstelle	Wendestelle	Sattelpunkt	Berührungs- punkt mit g
notwendige Bedingung	$f(x_0) = y_0$	$f(x_0) = 0$	$f'(x_0) = 0$	$f''(x_0) = 0$	$f'(x_0) = 0$ $f''(x_0) = 0$	$f(x_0) = g(x_0)$ $f'(x_0) = g'(x_0)$

▶ **Beispiel:** Der Graph einer ganzrationalen Funktion dritten Grades berührt die Winkelhalbierende des ersten Quadranten bei x = 1 und ändert sein Krümmungsverhalten in P(0|0,5). Wie lautet die Funktionsgleichung?

Lösung:

(1) Ansatz für die Funktionsgleichung

Wir setzen die ganzrationale Funktion dritten Grades unter Verwendung der Parameter a, b, c und d allgemein an. Außerdem notieren wir die Funktionsterme von f′ und f″, da das Krümmungsverhalten mit im Spiel ist.

$$f(x) = ax^3 + bx^2 + cx + d$$
$$f'(x) = 3ax^2 + 2bx + c$$
$$f''(x) = 6ax + 2b$$

(2) Eigenschaften der Funktion f

1. Wendepunkt W(0|0,5)
   (Wendestelle x = 0, Funktionswert y = 0,5)
2. Punkt P(1|1)
3. Steigung bei x = 1: 1

(3) Umsetzen der Eigenschaften in Gleichungen

1. $f''(0) = 0$	$b = 0$
$\quad f(0) = 0,5$	$d = 0,5$
2. $f(1) = 1$	$a + b + c + d = 1$
3. $f'(1) = 1$	$3a + 2b + c = 1$

$\Rightarrow$

(4) Lösen des Gleichungssystems

$a + c = 0,5$ $\Rightarrow c = 0,5 - a \Rightarrow 3a + 0,5 - a = 1 \Rightarrow 2a = 0,5 \Rightarrow$ $a = 1/4$

$3a + c = 1$ $\qquad\qquad\qquad\qquad\qquad\qquad\qquad\qquad\qquad\qquad c = 1/4$

(5) Resultat

$f(x) = \frac{1}{4}x^3 + \frac{1}{4}x + 0,5$ hat die geforderten Eigenschaften, was man leicht überprüfen kann.

▶

Übungen

2. Bestimmen Sie die Gleichung der abgebildeten Profilkurve.

Hinweis: Es handelt sich um eine ganzrationale Funktion dritten Grades.

3. Eine ganzrationale Funktion 2. Grades $f(x) = ax^2 + bx + c$ hat ein Extremum bei $x = 1$ und schneidet die x-Achse bei $x = 4$ mit der Steigung 3. Wie lautet die Funktionsgleichung?

4. Der Graph einer ganzrationalen Funktion dritten Grades ist punktsymmetrisch zum Ursprung und schneidet den Graphen von $g(x) = \frac{1}{2}(4x^3 + x)$ im Ursprung senkrecht. Ein zweiter Schnittpunkt mit g liegt bei $x = 1$. Wie lautet die Funktionsgleichung?

5. Bestimmen Sie die Gleichung der Funktion f mit den beschriebenen Eigenschaften.
Der zur y-Achse symmetrische Graph einer ganzrationalen Funktion vierten Grades geht durch $P(0|2)$ und hat bei $x = 2$ ein Extremum. Er berührt dort die x-Achse.

6. Der Graph einer ganzrationalen Funktion dritten Grades hat im Ursprung und im Punkt $P(2|4)$ jeweils ein Extremum. Wie lautet die Funktionsgleichung?

7. Bestimmen Sie die ganzrationale Funktion f mit den angegebenen Eigenschaften.
a) Grad 2, Extremum bei $x = 1$, Achsenschnittpunkte bei $P(0|-3)$ und $Q(5|0)$
b) Grad 4, Sattelpunkt im Ursprung, Tiefpunkt $P(-2|-6)$

8. Gegeben ist der Graph einer ganzrationalen Funktion f. Bestimmen Sie eine mögliche Funktionsgleichung.
a)

b)

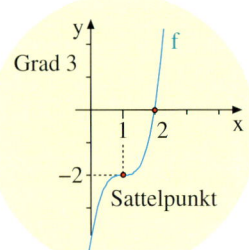

B. Modellierungsprobleme

Eine Modellierung liegt vor, wenn man einen realen *Prozess* mathematisch beschreibt, um ihn rechnerisch kontrollieren zu können, oder wenn man die *Form* eines realen Objektes durch eine mathematische Kurve erfasst wie im folgenden Beispiel.

▶ **Beispiel: Modellierung einer Skaterbahn**
Aus Beton soll eine Skateboard-Bahn für den Park so gebaut werden, wie es die Abbildung zeigt. Die gebogenen Teile sollen ohne Knick an die geraden Teile anschließen. Ermitteln Sie für die Konstruktion die Gleichung einer zum Ursprung punktsymmetrischen Polynomfunktion, deren Graph dem gebogenen Teil nahe kommt. Entnehmen Sie die Maße der Skizze.

Lösung:
Der Skizze können wir entnehmen, dass die gesuchte Polynomfunktion dritten Grades ist, die die folgenden Bedingungen erfüllen muss:
Ihr Graph ist punktsymmetrisch zum Ursprung des eingezeichneten Koordinatensystems und geht durch den Punkt $P(0|0)$. Ein Tiefpunkt der Polynomfunktion liegt bei $T(2|-1,5)$. Somit ergibt sich folgende Rechnung:

Ansatz für f:	Eigenschaften von f:	Gleichungssystem:	Lösung:
$f(x) = ax^3 + bx^2 + cx + d$	(1) symmetrisch zu O (2) $f(0) = 0$	$b \qquad = 0$ $\quad d = 0$	$b = 0$ $d = 0$
$f'(x) = 3ax^2 + 2bx + c$	(3) $f'(2) = 0$ (4) $f(2) = -1,5$	$12a + 4b + \quad c \quad = 0$ $8a + 4b + 2c + d = -1,5$	$a = 3/32$ $c = -9/8$

Resultat:
▶ Das Profil der Skateboard-Bahn wird durch die Funktion $f(x) = \frac{3}{32}x^3 - \frac{9}{8}x$ beschrieben.

Übung 9
a) Gesucht ist eine ganzrationale Funktion dritten Grades mit dem Tiefpunkt $P(1|-2)$, deren Wendepunkt im Koordinatenursprung liegt.
b) Der Graph einer ganzrationalen Funktion dritten Grades hat im Ursprung und im Punkt $P(2|4)$ jeweils ein Extremum.

▶ **Beispiel: Flugbahn beim Landeanflug**

Ein Flugzeug nähert sich im horizontalen Flug dem Punkt $P(-4|1)$. Dort beginnt der Pilot mit dem Sinkflug, der auf der Landebahn an den Koordinaten $Q(0|0)$ endet (Angaben in km).

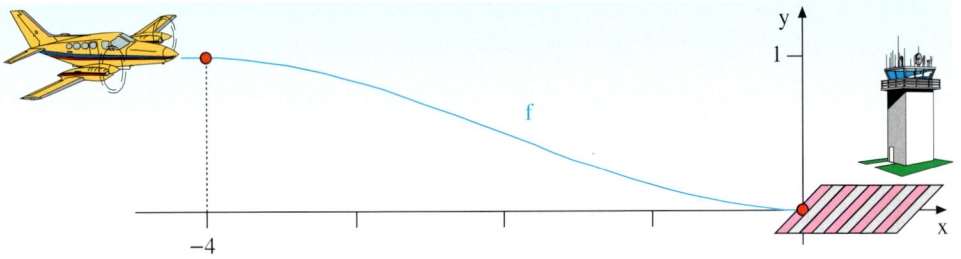

Seine Horizontalgeschwindigkeit beträgt durchgehend konstant $50\,\text{m/s}$.
a) Modellieren Sie die Sinkflugphase durch ein Polynom dritten Grades.
b) An welcher Stelle fällt die Flugbahn am steilsten ab? Wie groß ist dort der Abstiegswinkel α? Wie groß ist dort die vertikale Sinkgeschwindigkeit?

Lösung zu a:

1. Ansatz für f

$f(x) = a\,x^3 + b\,x^2 + c\,x + d,$
$f'(x) = 3\,a\,x^2 + 2\,b\,x + c,$
$f''(x) = 6\,a\,x + 2\,b$

3. Gleichungssystem

(1) $f(0) = 0 \Rightarrow$ I　$d = 0$
(2) $f'(0) = 0 \Rightarrow$ II　$c = 0$
(3) $f(-4) = 1 \Rightarrow$ III　$-64a + 16b = 1$
(4) $f'(-4) = 0 \Rightarrow$ IV　$48a - 8b = 0$

Lösung zu b:

Die Flugbahn fällt im Wendepunkt von f am steilsten ab. Dieser liegt nach der rechts aufgeführten Rechnung bei $W(-2|0,5)$. Dort beträgt die Steigung $f'(-2) = -0,375$. Also gilt $\tan\alpha = -0,375$, wir erhalten $\alpha = \arctan(-0,375) = -20,56°$.

Die vertikale Sinkgeschwindigkeit v_y ergibt sich (siehe Abb. unten) aus der Horizontalgeschwindigkeit $v_x = 50\,\text{m/s}$ durch Multiplikation mit der Steigung $f'(-2) = -0,375$. v_y beträgt $18,75\,\text{m/s}$.

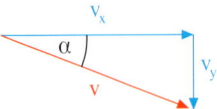

2. Eigenschaften von f

(1) $Q(0|0)$ liegt auf f
(2) Extremum bei $x = 0$
(3) $P(-4|1)$ liegt auf f
(4) Extremum bei $x = -4$

4. Lösung des Gleichungssystems und Gleichung von f

$a = \frac{1}{32},\ b = \frac{6}{32},\ c = 0,\ d = 0$

$f(x) = \frac{1}{32}(x^3 + 6x^2)$

Berechnung des Wendepunktes:

$f''(x) = \frac{1}{32}(6x + 12) = 0$

$x = -2,\ y = 0,5$　$W(-2|0,5)$

Berechnung des Abstiegswinkels:

$f'(x) = \frac{1}{32}(3x^2 + 12x)$

$f'(-2) = \frac{-12}{32} = -0,375$

$\alpha = \arctan(-0,375) \approx -20,56°$

Berechnung der Sinkgeschwindigkeit:

$\frac{v_y}{v_x} = \tan\alpha \Rightarrow v_y = v_x \cdot \tan\alpha$

$v_y = 50 \cdot (-0,375) = -18,75\,\text{m/s}$
Das Minuszeichen gibt die Richtung an.

Übungen

10. Torschuss

Beim Hallenfußball schießt ein Stürmer auf das Tor.
Der Ball landet nach einem Parabelflug genau auf der 50 m entfernten Torlinie. Seine Gipfelhöhe beträgt 12,5 m.

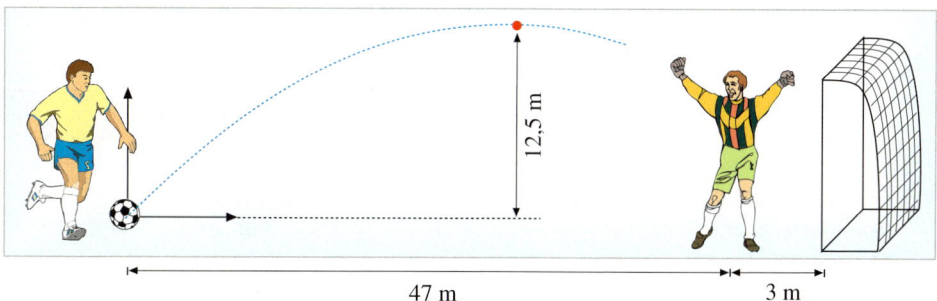

a) Wie lautet die Gleichung der Flugparabel?

b) Hat der 3 m vor dem Tor stehende Torwart eine Abwehrchance?
   Er kommt mit der Hand 2,70 m hoch.

c) Unter welchem Winkel α wurde der Ball abgeschossen?

d) Der Abschusswinkel soll vergrößert werden. Welches ist der maximal mögliche Wert für α? Der Ball soll wieder auf der Torlinie landen (Hallenhöhe 15 m).

11. Autobahnkurve

Die Autobahn E52 wurde in zwei geraden Teilstücken bei Eichet an den Chiemsee herangeführt. Diese Teile sollen durch eine Kurve glatt miteinander verbunden werden.
Modellieren Sie das neue Teil durch eine kubische Parabel.

a) Wo liegt der südlichste Kurvenpunkt?

b) Wäre auch die Verwendung einer quadratischen Parabel möglich?

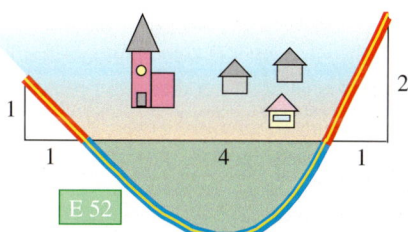

12. Berg- und Talbahn

Eine Berg- und Talbahn hat einen geradlinigen Anstieg von 50% und einen geradlinigen Abstieg von −100%. Dazwischen liegt ein parabelförmiges Verbindungsprofil $f(x) = a x^2 + b x + c$.

a) Bestimmen Sie a, b und c so, dass bei A und B glatte Übergänge entstehen.

b) Wie groß ist der Höhenunterschied zwischen A und B?

c) Wo liegt der höchste Punkt der Bahn? Wie hoch liegt er über dem Punkt A?

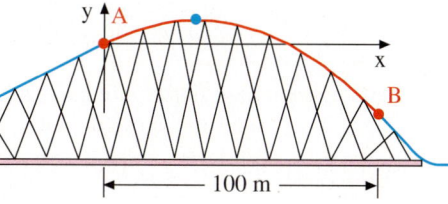

13. Benzinverbrauch

Der Benzinverbrauch B eines Autos hängt von der Fahrgeschwindigkeit v ab. Für ein Test-
fahrzeug wurden die in der Tabelle dargestellten Messdaten gewonnen.

v = Geschwindigkeit in km/h	10	30	100
B = Benzinverbrauch in Litern/100 km	9,1	7,9	10

a) Bestimmen Sie eine quadratische
   Funktion $B(v) = av^2 + bv + c$, welche den Benzinverbrauch beschreibt.
b) Für welche Geschwindigkeit ist der
   Verbrauch minimal?
c) Ab welcher Geschwindigkeit steigt
   der Verbrauch auf 12,4 Liter an?
   Kontrollergebnis: $B(v) = \frac{1}{1000}v^2 - \frac{1}{10}v + 10$

14. Abhänge

200 m über der Talsohle liegen sowohl im Westen als auch im Osten Hochebenen mit den
Abhängen f und g. f ist eine kubische Funktion, die ohne Knick horizontal von der Hochebene abfällt und auch horizontal ins Tal ausläuft. g ist eine quadratische Parabel, die ebenfalls
horizontal von der Hochebene abfällt.

a) Stellen Sie die Gleichungen von f und g auf.
b) Wie steil ist der Abhang f maximal? Wo ist der Hang g am steilsten?
   Kontrollergebnis: $f(x) = \frac{1}{16}x^3 + \frac{3}{8}x^2$, $g(x) = -\frac{1}{8}x^2 + \frac{18}{8}x - \frac{65}{8}$

15. Bambus

Das Höhenwachstum einer Bambuspflanze kann durch eine kubische Funktion der Form
$h(t) = at^3 + bt^2 + ct + d$ beschrieben werden (t: Zeit in Wochen, h(t): Höhe in Metern).
Die Tabelle enthält Messdaten zur Höhe h und zur Wachstumsgeschwindigkeit h′.

t = Zeit in Wochen	0	4
h = Höhe in m	0	2
h′ = Wachstumsgeschwindigkeit in m/Woche	0	0,75

a) Wie lautet die Gleichung von h? Skizzieren Sie den Graphen
   von h für $0 \leq t \leq 8$.
b) Wann erreicht die Pflanze ihre maximale Höhe?
c) Wann ist die Wachstumsgeschwindigkeit maximal?
   Kontrollergebnis: $h(t) = \frac{1}{64}(-t^3 + 12t^2)$

16. Konzerthalle

Die dargestellte Konzerthalle soll ein Dach erhalten, dessen Profilkurve durch eine kubische Funktion f und eine quadratische Funktion g modelliert werden kann. Die quadratische Funktion endet an der Dachspitze horizontal.

a) Wie lautet die Gleichung der kubischen Funktion?

b) Wie lautet die Gleichung der quadratischen Parabel?

c) Wie hoch ist der tiefste Punkt des Daches im Bereich der kubischen Dachhaut?

d) Wie steil ist das Dach am linken Rand, am rechten Rand und an der Dachspitze?

e) Ein Dach ist nur noch schwer begehbar, wenn der Neigungswinkel 40° oder mehr beträgt. Welche Bereiche des Daches sind schwer begehbar?

17. Brücke

Die Eisenbahnbrücke wird von einem Parabelbogen getragen, der auf Hängen mit 45° Neigung steht.

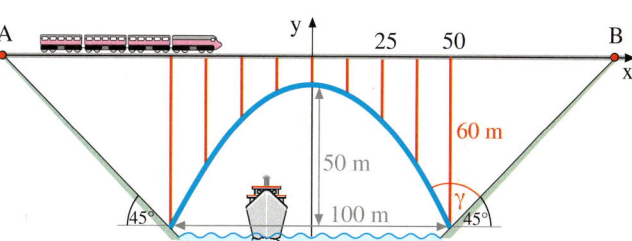

a) Wie lautet die Gleichung der quadratischen Parabel?

b) Wie hoch sind die Brückenpfeiler, welche die Fahrbahn tragen?

c) Wie lang ist die Fahrbahn zwischen A und B?

d) Unter welchem Winkel γ trifft der Brückenbogen die Böschungslinien?

18. Kugelstoßen

Einem Kugelstoßer gelang der dargestellte Wurf über 20 m. Der Abstoß erfolgte in 2 m Höhe. Das Maximum der Flugbahn lag bei $x = 9$ m. Die Flugbahn kann durch eine quadratische Parabel beschrieben werden.

a) Wie lautet die Gleichung der Parabel?

b) Wie groß war der Abwurfwinkel? Wie groß war der Aufschlagwinkel?

c) Bei seinem nächsten Versuch wirft der Athlet unter einem Winkel von 45° ab. Die Abwurfhöhe beträgt wieder 2 m, und das Maximum der Flugkurve liegt ebenfalls wieder bei $x = 9$ m.

Wie groß ist die Wurfweite nun?
Wie groß ist der Aufschlagwinkel?
Welche Maximalhöhe erreicht die Kugel?

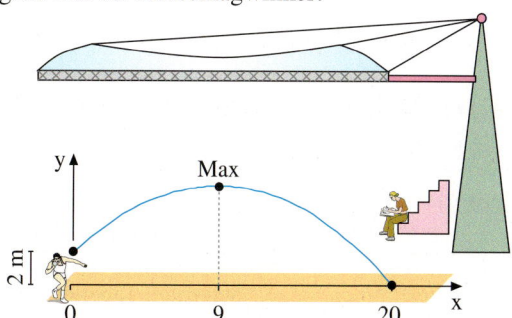

19. Historische Bahnfahrt

Eine historische Eisenbahn befährt eine Kurzstrecke. Dabei übernimmt zur Entlastung des Fahrers ein Computer die Geschwindigkeitssteuerung. Er ist so programmiert, dass der zurückgelegte Weg eine kubische Funktion $s(t) = at^3 + bt^2 + ct + d$ ist. (t: Zeit in min, s: Weg in km).

Ein Fahrgast stellt fest, dass die gesamte Fahrt 8 Minuten dauert. Außerdem beobachtet er, dass nach 4 Minuten Fahrzeit 4 km zurückgelegt werden. Am Anfang und am Ende der Fahrt steht der Zug. Hinweis: Die Geschwindigkeit v ist die Ableitung des Weges s.

a) Wie lautet die Gleichung der Weg-Zeit-Funktion $s(t)$ des Vorgangs?

b) Wie lang ist die gesamte Fahrstrecke?

c) Wie groß ist die Maximalgeschwindigkeit des Zuges?

d) Wann beträgt die Geschwindigkeit genau 67,5 km/h?

20. Kanal

Vom See geht ein Stichkanal aus, dessen Verlauf für $2 \leq x \leq 8$ durch die Funktion $f(x) = \frac{6}{x}$ beschrieben werden kann. Der Stichkanal soll ohne Knick durch einen Bogen weitergeführt werden, der durch eine zur y-Achse symmetrische quadratische Parabel $g(x) = ax^2 + bx + c$ modelliert werden kann.

a) Wie lautet die Gleichung der Parabel?

b) Unter welchem Winkel unterquert der neue Kanal die von Westen nach Osten verlaufende Straße?

c) Südlich der Straße soll der Kanal geradlinig weitergeführt werden. Wie lautet die Gleichung des Kanals in diesem Bereich (Funktion h)?

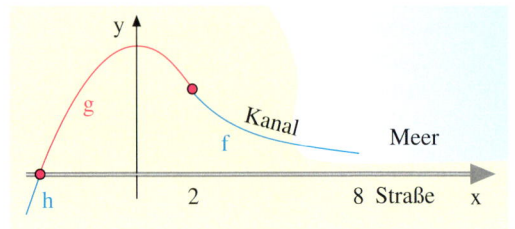

d) Trifft die Weiterführung des Kanals auf die Stadt $S(-6|-9)$?

21. Nach dem Aufstieg eines Heißluftballons wird zur Zeit t (in min) die Höhe h (t) bestimmt (rote Tabellenwerte).

t	0	20	50	70	100	120
h(t)	300	(280)	200	(120)	100	(130)

a) Die Höhenfunktion h (t) lässt sich beschreiben durch eine ganzrationale Funktion der Form $h(t) = at^3 + bt^2 + c$.
Bestimmen Sie aus den roten Tabellenwerten die Funktionsgleichung.

b) Bei den schwarzen Tabellenwerten handelt es sich nur um Schätzwerte. Prüfen Sie, ob diese Schätzwerte mit der Flugkurve vereinbar sind.

Überblick

Extremalprobleme Aufgabe: Eine Zielgöße A soll optimiert werden. Sie soll maximal oder minimal werden.

1. Schritt: Hauptbedingung
Die Zielgröße wird durch eine Funktion A erfasst. Oft ist es eine Funktion von zwei Variablen x und y.

$(1)\,A = A(x, y)$

2. Schritt: Nebenbedingung
Es wird eine Beziehung zwischen den Variablen x und y gesucht. Es handelt sich in der Regel um eine Gleichung.

$(2)\,G(x, y) = 0$

3. Schritt: Zielfunktion
Die Nebenbedingung (2) wird nach x oder nach y aufgelöst. Das Ergebnis wird in die Hauptbedingung (1) eingesetzt. Dies führt auf eine Darstellung der Zielgröße A, die nur noch von einer Variablen abhängt, z. B. von x. Man bezeichnet dann A als Zielfunktion.

$(3)\,A = A(x)$

4. Schritt: Extremalrechnung
Man bestimmt das lokale Extremum der Zielfunktion A mithilfe der Differentialrechnung, indem man die Ableitung A′ gleich null setzt. Die so gewonnene Lösung wird evtl. noch mit den Funktionswerten am Rand des Untersuchungsintervalls verglichen.

$(4)\,A'(x) = 0$

Rekonstruktion Modellierungen Aufgabe: Von einer gesuchten Funktion A sind lediglich einige Eigenschaften bekannt. Gesucht ist der Funktionsterm.

1. Allgemeiner Ansatz:
Die gesuchte Funktion wird in einer allgemeinen Form angesetzt, die noch unbekannte Koeffizienten enthält.

2. Eigenschaften der Funktion
Die laut Aufgabenstellung geforderten Eigenschaften werden in Funktionsschreibweise mithilfe des allgemeinen Funktionsansatzes aus 1. dargestellt. Auf diese Weise ergibt sich ein Gleichungssystem für die Koeffizienten des Funktionsansatzes.

3. Lösen des Gleichungssystems
Das entstandene lineare Gleichungssystem wird gelöst. Seine Lösungen sind die gesuchten Koeffizienten. Sie werden in den Funktionsansatz eingesetzt.

Angewandte Theorie

Die Wochenzeitung DIE ZEIT veröffentlichte 2004 einen Bericht über Holger Geschwindner, den Berater und Trainer von Dirk Nowitzki, Deutschlands bestem Basketballspieler. Es wird berichtet, wie Holger Geschwindner seine Mathematikkenntnisse einsetzte, um die Wurftechnik von Dirk Nowitzki zu verbessern. Und das scheint ihm ja zweifellos gelungen zu sein.

Vor acht Jahren startete der Mathematiker und ehemalige Basketballer Holger Geschwindner einen Feldversuch: Er wollte aus Dirk Nowitzki einen der besten Basketballer der Welt machen – das Ergebnis ist fast perfekt.

„Ich habe mir damals ein Stück Papier genommen und mich gefragt: Gibt es einen Schuss, bei dem ich Fehler machen darf und der Ball trotzdem durch den Ring fällt?", sagt Geschwindner.

„Und dann habe ich eine Skizze gezeichnet: Der Ball muss mindestens einen Einfallswinkel von 32 Grad haben, Dirk ist 2,13 m groß, seine Arme haben eine bestimmte Länge, und wenn man dann noch die Gesetze der Physik kennt, kommt man schnell zu einer Problemlösung."

©DIE ZEIT 15.01.2004 Nr.4

Deutschlands Basketball-Superstar Dirk Nowitzki wirft am Freitag (28.07.2006) in der Colorline-Arena in Hamburg bei einem Länderspiel gegen Kanada einen Freiwurf.

Wir benötigen zur Analyse einige Daten. Der Freiwurfpunkt ist 4,23 m Bodenlinie vom Korb entfernt. Die obere Korbmitte liegt in 3,05 m Höhe. Der Korb hat einen Durchmesser von 45 cm, der Ball von 24 cm. Dirk Nowitzki ist 2,13 m groß. Er wirft aus ca. 2,50 m Höhe ab.
Auf folgende Fragen fand Geschwindner auf der Basis dieser Daten die Antworten:

Wie groß ist der minimale Einschlagswinkel β des Balles am Korb?

Der Einflugkanal des Balles in den Korb muss mindestens so breit sein wie der Ball, also 24 cm. Rechts ist die Situation als Ganzes geometrisch dargestellt. Mithilfe der Sinus-definition erhalten wir im rechtwinkligen Dreieck das Resultat: β = 32,23°.

$$\sin \beta = \frac{GK}{HYP} = \frac{24}{45} \approx 0,5333$$
$$\beta \approx 32,23°$$

Wie lautet die niedrigste Flugbahn des Balles?

Wir besitzen drei Informationen:
I: Abwurf im Punkt $P(0|0)$
II: Korbmitte im Punkt $K(4,23|0,55)$
III: Mindestwinkel β = 32,23° bei x = 4,23.

Außerdem wissen wir, dass Flugbahnen quadratische Parabeln sind. Daher verwenden wir den Ansatz $f(x) = ax^2 + bx + c$.

Dies führt auf ein Gleichungssystem mit den Variablen a, b und c. Dieses lösen wir und erhalten $a \approx -0,1796$, $b \approx 0,8894$ und $c = 0$.
Die Flugbahn lautet also:
$f(x) = -0,1796\,x^2 + 0,8894\,x$

Ansatz:
$f(x) = ax^2 + bx + c$

Gleichungen:
I: $f(0) = 0$
II: $f(4,23) = 0,55$
III: $f'(4,23) = \tan(147,77°) = -0,63$

I: $c = 0$
II: $17,89\,a + 4,23\,b = 0,55$
III: $8,46\,a + b = -0,63$

Lösung:
$a \approx -0,1796, \quad b \approx 0,8894, \quad c = 0$

Wie groß ist der kleinste mögliche Abwurfwinkel?

Den kleinsten Abwurfwinkel α erhalten wir aus der Steigung von f im Abwurfpunkt. Es gilt $\tan \alpha = f'(0)$, woraus α = 41° folgt. Flacher darf nicht abgeworfen werden, sonst prallt der Ball auf den vorderen oder hinteren Korbrand.

Minimaler Abwurfwinkel:
$\tan \alpha = f'(0)$
$\quad \alpha = 0,869$
$\quad \alpha = 41°$

Fazit:
Dirk Nowitzki sollte etwas steiler als 41° abwerfen. Dann wird der Korb auch bei kleinen Fehlern in der Abwurfgeschwindigkeit noch getroffen.

Test

Anwendungen der Differentialrechnung

1. Minimale Summe

x und y sind zwei natürliche Zahlen. Ihr Produkt soll 225 betragen. Wie müssen x und y gewählt werden, wenn ihre Summe möglichst klein sein soll?

2. Regal

Ein Möbelhersteller kalkuliert für das abgebildete Regal Materialkosten von insgesamt 30 Euro. Das Material für die beiden waagerechten Glaseinlegeböden kostet 40 Euro/m^2, das Holz für die vier Außenbretter kostet nur 20 Euro/m^2. Wie hoch und wie breit muss das Regal gestaltet werden, damit sein Volumen maximal wird? Die Stärke der Bretter wird bei der Lösung des Extremalproblems nicht berücksichtigt.

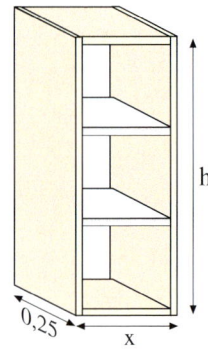

3. Eingesperrtes Rechteck

Unter dem Graphen von $f(x) = 4 - \frac{4}{3}x^2$ liegt ein achsenparalleles Rechteck. Wie muss dessen Eckpunkt P auf dem Graphen von f gewählt werden, damit sein Flächeninhalt maximal wird?

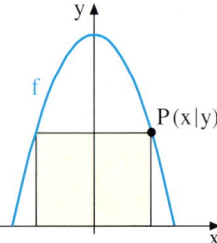

4. Brücke

Eine Brücke hat einen Tragebogen mit dem Profil einer quadratischen Funktion $f(x) = ax^2 + bx + c$. In 10 m Entfernung vom Brückenanfang ist der Bogen 7,5 m hoch. Er verläuft dort

mit einem Winkel von ca. 26,6°, d.h. die Steigung ist dort 0,5.

a) Bestimmen Sie die Koeffizienten a, b und c, bezogen auf das eingezeichnete Koordinatensystem.

b) Wie hoch ist der Brückenbogen?

c) Unter welchem Winkel α trifft der Tragebogen auf den Erdboden?

5. Funktion dritten Grades

Eine ganzrationale Funktion dritten Grades hat folgende Eigenschaften:

(1) Ein Extremum im Punkt P(1|6),

(2) Einen Wendepunkt bei x = 4,

(3) Den Funktionswert 2 an der Stelle x = −1.

a) Bestimmen Sie die Funktionsgleichung von f. Die Verwendung des GTR ist erlaubt.

b) Wie lautet die Gleichung der Tangente an den Graphen von f im Wendepunkt.

Lösungen: S. 639

III. Grundlagen der Integralrechnung

Ausblick

In diesem Kapitel werden die Fragestellungen der Differentialrechnung umgekehrt. Dadurch wird es unter anderem möglich, den Inhalt von Flächen zu berechnen, die von „krummen" Kurven berandet werden. Wir geben hier eine Vorschau auf die kommenden Fragestellungen.

Integration als Umkehrung der Differentiation

Ableitungsfunktion gesucht

Als *Differenzieren* bezeichnet man das Bestimmen der Ableitung einer Funktion. Die Funktion f ist dabei gegeben, die Ableitung f′ ist gesucht.

Beispiel: $f(x) = x^3 \Rightarrow f'(x) = 3x^2$

Stammfunktion gesucht

Als *Integrieren* bezeichnet man die Umkehrung des Differenzierens.
Ausgehend von einer gegebenen Funktion f sucht man eine Stammfunktion F, deren Ableitung die gegebene Funktion f ist: F′ = f.

Beispiel: $f(x) = x^3 \Rightarrow F(x) = \frac{1}{4}x^4$

Flächeninhalt krummlinig berandeter Flächen

Fläche unter einer Kurve

Gesucht ist der *Inhalt eines Flächenstücks* A, das zwischen der x-Achse und dem Graphen einer Funktion f liegt.

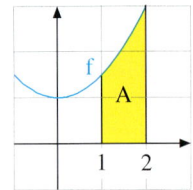

Fläche zwischen Kurven

Gesucht ist der Inhalt eines Flächenstücks A, das von zwei (oder mehr) Funktionsgraphen f und g umschlossen wird.

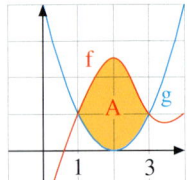

Bestandsrekonstruktionen

Geschwindigkeit v gegeben, Weg s gesucht

Die Geschwindigkeit v ist die Ableitung des Weges s nach der Zeit.
Kennt man den Verlauf der Geschwindigkeit während eines Zeitraumes genau, so kann man daraus die Länge des in diesem Zeitraum zurückgelegten Weges *rekonstruieren*, indem man den Inhalt der Fläche unter der Geschwindigkeitskurve bestimmt.

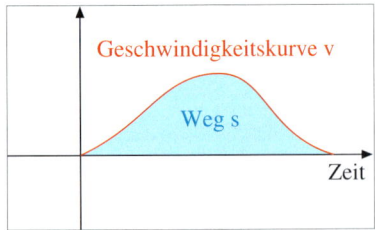

Weiteres **Beispiel**: Rekonstruktion der verrichteten Arbeit W aus der Kraftkurve F

1. Rekonstruktion einer Funktion aus ihren Änderungsraten

Pumpspeicherkraftwerke

Das **Koepchenwerk** in Herdecke am Ruhr-
stausee Hengstey ist eines der ersten Pumpspeicherkraftwerke in Deutschland.

Pumpspeicherkraftwerke verwenden über-
schüssige Elektroenergie, um Wasser mit einer
Pumpe aus einem unteren Becken in ein höher
liegendes oberes Becken zu befördern.

In Spitzenlastzeiten wird das Wasser vom oberen Becken über eine Turbine wieder in das
untere Becken zurückgeleitet. Dabei gibt es
die zuvor gespeicherte Energie in Form von
Strom wieder frei, der in das Elektrizitätsnetz
zurückgeleitet wird.

Pumpspeicherkraftwerke sind also Energie-
speicher, die faktisch wie gigantische auf-
ladbare Batterien funktionieren. In Zeiten
zunehmender Erzeugung von Strom aus
Wind- und Solarenergie haben sie eine wach-
sende Bedeutung für eine sichere Stromver-
sorgung.

Die Wasserdurchflussrate

Im Koepchenwerk beträgt die Wasserdurchflussrate Q im Turbinenbetrieb $110\,\mathrm{m^3/s}$, d.h. etwa
$400\,000\,\mathrm{m^3/h}$. Im Pumpenbetrieb ist die Durchflussrate etwas geringer: Sie liegt bei $101,7\,\mathrm{m^3/s}$.
Das sind ca. $350\,000\,\mathrm{m^3/h}$.

Rechts ist die Durchflussrate Q für den Fall
aufgetragen, dass das Pumpspeicherkraftwerk
4 Stunden im Turbinenbetrieb Wasser von
oben nach unten abfließen lässt und danach
4 Stunden im Pumpenbetrieb Wasser von unten nach oben gepumpt wird.
Wenn man diese Durchflussrate Q als Änderungsrate des Wasservolumens V im unteren
Becken betrachtet, ist sie im Turbinenbetrieb
positiv und im Pumpenbetrieb negativ. Dies
führt auf die rechts dargestellte abschnittsweise definierte Funktionsgleichung von Q.

Die Durchflussrate Q:

$$Q(t) = \begin{cases} 400\,000\,\frac{\mathrm{m^3}}{\mathrm{h}} & 0 \le t \le 4 \\[2mm] -350\,000\,\frac{\mathrm{m^3}}{\mathrm{h}} & 4 \le t \le 8 \end{cases}$$

Rekonstruktion des Bestandes

Wir suchen nun die Funktion, die den Wasserbestand im unteren Becken beschreibt, also das Volumen $V(t)$ des Wassers im unteren Becken zur Zeit t.

Wie betrachten zunächst die Turbinenphase. *Wir nehmen an*, dass das untere Becken am Anfang der Turbinenphase, also zur Zeit t = 0, völlig leer ist, d. h. $V(0) = 0$.

Wir kennen die Änderungsrate von $V(t)$. Das ist nämlich die Durchflussrate $Q(t)$, die wir oben graphisch und als Funktionsgleichung dargestellt haben: $Q(t) = 400\,000\,\text{m}^3/\text{h}$.
Nach einer Stunde ist das Volumen im Becken
$V(1) = 400\,000\,\frac{\text{m}^3}{\text{h}} \cdot 1\,\text{h} = 400\,000\,\text{m}^3$
Nach zwei Stunden ist das Volumen gleich
$V(2) = 400\,000\,\frac{\text{m}^3}{\text{h}} \cdot 2\,\text{h} = 800\,000\,\text{m}^3$ usw.
Nach t Stunden ist das Volumen daher gleich
$V(t) = 400\,000 \cdot t$ für $0 \le t \le 4$.

Nun beginnt die Pumpenphase. Hier ist nun die Änderungsrate des Volumens negativ:
$Q(t) = -350\,000\,\text{m}^3/\text{h}$.
Zur Zeit t = 4 gilt $V(4) = 1\,600\,000\,\text{m}^3$.
Eine Stunde später, also zur Zeit t = 5, sind $350\,000\,\text{m}^3$ nach oben gepumpt, und es gilt daher $V(5) = 1\,600\,000 - 350\,000 = 1\,250\,000\,\text{m}^3$.
Zur Zeit t $(4 \le t \le 8)$ beträgt das Volumen daher $V(t) = 1\,600\,000 - 350\,000 \cdot (t - 4)$.

So ergibt sich die rechts dargestellte Bestandsfunktion V für das Wasservolumen.

Es ist leicht zu sehen, dass die Ableitung des Volumens V *in den einzelnen Abschnitten* gleich der Änderungsrate Q ist: $V' = Q$.
Eine Funktion V mit dieser Eigenschaft bezeichnet man als **Stammfunktion** von Q.

Wir wissen nun, dass man eine Bestandsfunktion als Stammfunktion aus ihrer Änderungsrate *rekonstruieren* kann.
Stammfunktionen sind die Thematik des nächsten Abschnitts.

Wasservolumen im unteren Becken während der Turbinenphase:

zur Zeit t = 0:	$0\,\text{m}^3$
zur Zeit t = 1:	$400\,000\,\text{m}^3$
zur Zeit t = 2:	$800\,000\,\text{m}^3$
zur Zeit t = 3:	$1\,200\,000\,\text{m}^3$
zur Zeit t = 4:	$1\,600\,000\,\text{m}^3$
zur Zeit t:	$400\,000\,t$

Wasservolumen im unteren Becken während der Pumpenphase:

zur Zeit t = 4:	$1\,600\,000\,\text{m}^3$
zur Zeit t = 5:	$1\,250\,000\,\text{m}^3$
zur Zeit t = 6:	$900\,000\,\text{m}^3$
zur Zeit t = 7:	$550\,000\,\text{m}^3$
zur Zeit t = 8:	$200\,000\,\text{m}^3$
zur Zeit t:	$1\,600\,000 - 350\,000 \cdot (t - 4)$

Die Bestandsfunktion V für das Wasservolumen im unteren Becken:

$$V(t) = \begin{cases} 400\,000\,t & 0 \le t \le 4 \\ 1\,600\,000 - 350\,000\,(t - 4) & 4 < t \le 8 \end{cases}$$

$V'(t) = Q(t)$
V ist Stammfunktion von Q

Änderungen des Bestandes

Im letzten Abschnitt suchten wir eine Funktion, die den *Bestand* V(t) im unteren Becken erfasste, also dessen Wasservolumen zur Zeit t. Nun untersuchen wir die *Bestandsänderung* ΔV in einem bestimmten Zeitraum [a;b].

Beispiel: Änderung des Wasserstands

Das Diagramm zeigt die Änderungsrate Q des Pumpspeicherwerks im Laufe von 24 Stunden an. Es gibt Pumpenphasen, Turbinenphasen und Leerlaufphasen. Wie ändert sich der Wasserbestand im unteren Becken zwischen 7 Uhr morgens und 18 Uhr abends?

Lösung:
Wir erkennen vier relevante Phasen: Eine Pumpenphase mit halber Kraft von 7 bis 11 Uhr, eine Leerlaufphase von 11 bis 13 Uhr, eine Turbinenphase mit voller Kraft von 13 bis 15 Uhr und eine weitere Turbinenphase mit halber Kraft von 15 bis 18 Uhr.

Phase I: 7–11 Uhr (Pumpenphase)
Dauer der Phase: $\Delta t = 4\,h$

Änderungsrate des Volumens:
$Q(7) = -200\,000\,m^3/h$

Änderung des Volumens:
$\Delta V = Q(7) \cdot \Delta t = -800\,000\,m^3$

Dieses Produkt entspricht übrigens – bis auf das negative Vorzeichen – dem Inhalt des oben abgebildeten roten Rechtecks A.

Phase II: 11–13 Uhr (Leerlaufphase)
$\Delta V = Q(11) \cdot \Delta t = 0\,m^3$
Dies ist der Inhalt des schwarzen „Rechtecks" B mit der Höhe $Q(11) = 0\,m^3/h$.

Phase III: 13–15 Uhr (Turbinenphase)
$\Delta V = Q(13) \cdot \Delta t = 800\,000\,m^3$
Dies ist der Inhalt des blauen Quadrats C.

Phase IV: 15–18 Uhr (Turbinenphase)
$\Delta V = Q(15) \cdot \Delta t = 600\,000\,m^3$
Dies ist der Inhalt des blauen Rechtecks D.

Auf diese Weise ergibt sich insgesamt für die Änderung im unteren Becken die Produktsumme

$$\begin{aligned}
\Delta V &= Q(7) \cdot 4\,h + Q(11) \cdot 2\,h + Q(13) \cdot 2\,h + Q(15) \cdot 3\,h \\
&= -800\,000\,m^3 + 0\,m^3 + 800\,000\,m^3 + 600\,000\,m^3 \\
&= 600\,000\,m^3.
\end{aligned}$$

Die *Bestandsänderung* des Volumens entspricht also genau der *Flächenbilanz* der einzelnen Teilflächen unter dem Graphen der Änderungsrate Q(t) über dem betrachteten Intervall [7;18].

Diese Erkenntnis führt im übernächsten Abschnitt III.3 auf den Begriff des *bestimmten Integrals*, mit dem man solche Flächenbilanzen bequem errechnen kann.

2. Stammfunktion und unbestimmtes Integral

A. Der Begriff der Stammfunktion und des unbestimmten Integrals

Eine grundlegende Aufgabe der Differentialrechnung ist es, zu einer gegebenen Funktion f die Ableitungsfunktion f′ zu bestimmen. Wir stellen uns nun die umgekehrte Aufgabe: Gegeben ist eine Funktion f. Gesucht ist diejenige Funktion F, deren Ableitung die gegebene Funktion f ist. Die *Integralrechnung* beschäftigt sich mit dieser Fragestellung.

▶ **Beispiel:** An der Tafel steht das Ergebnis einer Differentiation. Leider ist die Ausgangsfunktion F, die differenziert wurde, schon abgewischt. Kann man sie rekonstruieren?

Lösung:
Die gegebene Funktion $f(x) = 2x^2 + 1$ ist hier das Ergebnis eines Differentiationsprozesses. Gesucht ist eine sogenannte *Stammfunktion* F von f, für die gilt:
$F'(x) = f(x)$.
Da beim Differenzieren einer Potenz der Grad um 1 sinkt, vermuten wir, dass F eine Polynomfunktion dritten Grades ist. Wir finden nach kurzem Probieren, dass die Funktion $F(x) = \frac{2}{3}x^3 + x$ die Ableitung $f(x) = 2x^2 + 1$ hat, womit die Aufgabe fast gelöst wäre.
Wir können allerdings noch eine beliebige reelle Konstante C hinzuaddieren, da eine solche beim Differenzieren wegfällt. Die Menge alle Stammfunktionen von $f(x) = 2x^2 + 1$ ist daher die Funktionenschar $F(x) = \frac{2}{3}x^3 + x + C, C \in \mathbb{R}$.
Diese Menge aller Stammfunktionen von f wird auch als *unbestimmtes Integral von f* bezeichnet.
Hierfür wird die nebenstehend aufgeführte symbolische Schreibweise unter Verwendung des Integralzeichens ∫ eingeführt. Das Adjektiv „unbestimmt" drückt aus, dass das Ergebnis wegen des Auftretens einer Konstanten C, der sog. *Integrationskonstanten*, nicht eindeutig be-
▶ stimmt ist.

Gegebene Funktion f:

$f(x) = 2x^2 + 1$

Eine Stammfunktion F von f:

$F(x) = \frac{2}{3}x^3 + x$

Weitere Stammfunktionen von f:

$F(x) = \frac{2}{3}x^3 + x + 1$

$F(x) = \frac{2}{3}x^3 + x - 2,5$

⋮

Menge aller Stammfunktionen von f:

$F(x) = \frac{2}{3}x^3 + x + C, C \in \mathbb{R}$

Integralschreibweise:

$$\int (2x^2 + 1)\,dx = \frac{2}{3}x^3 + x + C$$

unbestimmtes   Integrations-
Integral   konstante

Definition III.1: Stammfunktion
Jede differenzierbare Funktion F, für die
$F'(x) = f(x)$ gilt, wird als *Stammfunktion von f* bezeichnet.

Stammfunktion F

↑ integrieren

Funktion f

Definition III.2: Unbestimmtes Integral
Die Menge aller Stammfunktionen einer Funktion f heißt *unbestimmtes Integral* von f.

Symbolische Schreibweise: $\int f(x)\,dx$

↓ differenzieren

Ableitung f'

Den Vorgang des Bestimmens einer Stammfunktion bezeichnet man als Integrieren. Es handelt sich technisch um die Umkehrung des Differenzierens.

▶ **Beispiel:** Bestimmen Sie die Menge aller Stammfunktionen von f.
Gesucht ist also das unbestimmte Integral von f.
a) $f(x) = 2x^3$ b) $f(x) = 3x^4 - 6x + 8$ c) $f(x) = \frac{1}{x^3}$

Lösung:
a) Beim Differenzieren einer Potenz *verringert* sich der Exponent um 1. Außerdem muss man mit dem *alten* Exponenten *multiplizieren*.
Beim Integrieren einer Potenz ist es daher genau umgekehrt. Der Exponent *erhöht* sich um 1, und man muss durch den *neuen* Exponenten *dividieren*.

Der Teilterm x^3 hat die Stammfunktion $\frac{1}{4}x^4 + C$. Daher hat $f(x) = 2x^3$ die Stammfunktion $F(x) = \frac{1}{2}x^4 + C$.

$$\int 2x^3\,dx = \frac{1}{2}x^4 + C$$

b) Hier kehren wir die Summenregel der Differentiation um und erhalten dann $F(x) = \frac{3}{5}x^5 - 3x^2 + 8x + C$:

$$\int (3x^4 - 6x + 8)\,dx = \frac{3}{5}x^5 - 3x^2 + 8x + C$$

c) $f(x) = \frac{1}{x^3} = x^{-3}$ hat die Stammfunktion
▶ $F(x) = \frac{x^{-2}}{-2} + C = -\frac{1}{2x^2} + C$.

$$\int \frac{1}{x^3}\,dx = -\frac{1}{2x^2} + C$$

Übung 1 Unbestimmtes Integral
Bestimmen Sie das unbestimmte Integral der Funktion f.
a) $f(x) = 10x^4$ b) $f(x) = x^2 - 6x + 4$ c) $f(x) = x + \sqrt{x}$ d) $f(x) = \frac{4}{x^2}$
e) $f(x) = \frac{2x^2 + 3}{x^2}$ f) $f(x) = 12x^3 + 4x^2$ g) $f(x) = \frac{2x^4 - 5}{x^2}$ h) $f(x) = 2x^3 - \frac{4}{\sqrt{x}}$

B. Rechenregeln für unbestimmte Integrale

Aus einigen Differentiationsregeln kann man durch sinngemäße Umkehrung Integrationsregeln gewinnen. Wir führen im Folgenden einige Beispiele in einer Gegenüberstellung auf.

Potenzregel der Differentialrechnung	Potenzregel der Integralrechnung
$(x^r)' = r \cdot x^{r-1} \quad (r \in \mathbb{R}, r \neq 0)$	$\int x^r dx = \frac{x^{r+1}}{r+1} + C \quad (r \in \mathbb{R}, r \neq -1)$
Summenregel der Differentialrechnung Man kann eine Summe gliedweise differenzieren: $(f(x) + g(x))' = f'(x) + g'(x)$	**Summenregel der Integralrechnung** Man kann eine Summe gliedweise integrieren: $\int (f(x) + g(x))dx = \int f(x)dx + \int g(x)dx$ $= F(x) + G(x)$
Faktorregel der Differentialrechnung Ein konstanter Faktor bleibt beim Differenzieren erhalten: $(a \cdot f(x))' = a \cdot f'(x) \quad (a \in \mathbb{R})$	**Faktorregel der Integralrechnung** Ein konstanter Faktor bleibt beim Integrieren erhalten: $\int a \cdot f(x)dx = a \cdot \int f(x)dx \quad (a \in \mathbb{R})$ $= a \cdot F(x)$
Kettenregel der Differentialrechnung (lineare innere Funktion) Für $a, b \in \mathbb{R}$ gilt: $(f(ax+b))' = f'(ax+b) \cdot a$	**Lineare Substitutionsregel der Integralrechnung** Für $a, b \in \mathbb{R}, a \neq 0$ gilt: $\int f(ax+b)dx = \frac{1}{a} \cdot F(ax+b)$
Sinus - und Kosinusregel (Differentiation) $(\sin x)' = \cos x$ $(\cos x)' = -\sin x$	**Sinus - und Kosinusregel (Integration)** $\int \sin x\, dx = -\cos x + C$ $\int \cos x\, dx = \sin x + C$

Wir beweisen die Integrationsregeln, indem wir die auf der rechten Seite stehende Stammfunktion differenzieren und zeigen, dass wir als Ergebnis den Integranden der linken Seite erhalten:

1. $\left(\frac{x^{r+1}}{r+1} + C \right)' = \frac{(r+1) \cdot x^r}{r+1} + 0 = x^r$

2. $(F(x) + G(x))' = F'(x) + G'(x) = f(x) + g(x)$

3. $(a \cdot F(x))' = a \cdot F'(x) = a \cdot f(x)$

4. $\left(\frac{1}{a} \cdot F(ax+b) \right)' = \frac{1}{a} \cdot F'(ax+b) \cdot a = F'(ax+b) = f(ax+b)$

5. $(-\cos x + C)' = -(-\sin x) + 0 = \sin x, \ (\sin x + C)' = \cos x + 0 = \cos x$

> **Beispiel: Unbestimmte Integrale**
> Berechnen Sie die folgenden unbestimmten Integrale.
>
> a) $\int\left(4x + \frac{1}{x^2}\right)dx$ b) $\int\left(\sqrt{x} + \sin x\right)dx$ c) $\int(5x + 1)^2\,dx$

Lösung:

a) $\int\left(4x + \frac{1}{x^2}\right)dx \underset{\text{Summenregel}}{=} \int(4x)\,dx + \int\frac{1}{x^2}\,dx \underset{\text{Faktorregel}}{=} 4 \cdot \int x\,dx + \int x^{-2}\,dx$

$\underset{\text{Potenzregel}}{=} 4 \cdot \frac{x^2}{2} + \frac{x^{-1}}{-1} + C = 2x^2 - \frac{1}{x} + C$

b) $\int\left(\sqrt{x} + \sin x\right)dx = \underset{\text{Summenregel}}{\int x^{\frac{1}{2}}\,dx + \int\sin x\,dx} \underset{\substack{\text{Potenzregel}\\\text{Sinusregel}}}{=} \frac{x^{\frac{3}{2}}}{\frac{3}{2}} - \cos x + C = \frac{2}{3}\sqrt{x^3} - \cos x + C$

c) $\int(5x + 1)^2\,dx \underset{\text{Substitutionsregel}}{=} \frac{1}{5} \cdot \frac{(5x + 1)^3}{3} + C = \frac{1}{15} \cdot (5x + 1)^3 + C$

C. Das Anfangswertproblem

Oft sucht man nicht alle Stammfunktionen F einer Funktion f, sondern nur eine ganz bestimmte, welche durch einen fest vorgegebenen Punkt $P(x_0|f(x_0))$ geht. Man spricht dann von einem *Anfangswertproblem*. Durch geeignete Wahl der Integrationskonstanten C kann es gelöst werden.

> **Beispiel: Anfangswertproblem**
> Gegeben ist $f(x) = x$. Gesucht ist diejenige Stammfunktion F von f, welche durch den Punkt
> $\left(1\Big|\frac{3}{2}\right)$ geht.

Lösung:
Wir bestimmen zunächst das unbestimmte
Integral von f, also die Funktionenschar

$F_c(x) = \int x\,dx = \frac{1}{2}x^2 + C.$

$F_c(x)$ soll durch $P\left(1\Big|\frac{3}{2}\right)$ gehen, d.h.
$F_c(1) = \frac{3}{2}$

$\frac{1}{2} + C = \frac{3}{2}$

$C = 1.$

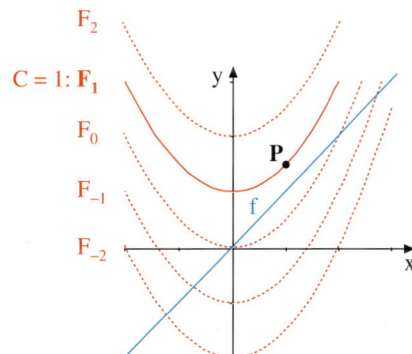

Damit ist $F_1(x) = \frac{1}{2}x^2 + 1$ die Stammfunktion, die das Anfangswertproblem löst.

Übung 2 Anfangswertproblem
a) Welche Stammfunktion von $f(x) = x^2$ geht durch den Punkt $P(1|1)$?
b) Welche Stammfunktion von $f(x) = 1 - x^2$ schneidet die y-Achse bei $y = 4$?
c) Welche Stammfunktion von $f(x) = 2 + x$ hat eine Nullstelle bei $x = 1$?

Übungen

3. Stammfunktionsnachweis
Weisen Sie durch Differenzieren nach, dass F eine Stammfunktion von f ist.

a) $f(x) = 2x^3$

$F(x) = \frac{1}{2}x^4 + 2$

b) $f(x) = 4 \cdot \sqrt{x}$

$F(x) = \frac{8}{3}x^{\frac{3}{2}} + C$

c) $f(x) = 2x - \frac{6}{x^2}$

$F(x) = x^2 + \frac{6}{x} + 1$

d) $f(x) = 8x + 4$

$F(x) = (2x + 1)^2$

4. Berechnung unbestimmter Integrale

a) $\int x^6\,dx$

b) $\int 6x^2\,dx$

c) $\int n \cdot x^{2n-1}\,dx$

d) $\int (4x^2 + 2x)\,dx$

e) $\int (2x^3 - 4x + 1)\,dx$

f) $\int (ax^2 + 6x)\,dx$

g) $\int 3x^{-2}\,dx$

h) $\int \left(2x + \frac{1}{x}\right) \cdot x\,dx$

i) $\int \left(x + \frac{3}{x^2}\right)dx$

j) $\int 6 \cdot \sqrt{x}\,dx$

k) $\int \sqrt[3]{x}\,dx$

l) $\int 3\,ax^2\,dx$

5. Berechnung unbestimmter Integrale
Verwenden Sie die lineare Substitutionsregel zur Berechnung der Integrale.

a) $\int (2x + 1)^2\,dx$

b) $\int \left(\frac{1}{2}x + 1\right)^2 dx$

c) $\int \frac{1}{(3x + 2)^2}\,dx$

d) $\int 2\sqrt{2x + 1}\,dx$

6. Funktion und Stammfunktion
Ordnen Sie jeder Funktion f eine passende Stammfunktion F zu.

f

II $2x - 4$

I $8x^3 - 3$

III $(x+2)^2$

IV $3(x^2 - 2x^3)$

VI $\frac{x^2 - 9}{x - 3}$

V $2x - \frac{1}{x^2}$

F

C $2x^4 - 3x + 2$

A $x^3 - \frac{3}{2}x^4 - 2$

D $(x - 2)^2$

F $x^2 + \frac{1}{x} + C$

E $2x^2 + 4x + \frac{1}{3}x^3 + C$

B $\frac{1}{2}x^2 + 3x$

7. Wo steckt der Fehler?
In den folgenden Rechnungen ist jeweils ein Fehler.

a) $\int \frac{6}{x^2}\,dx = \int 6 \cdot x^{-2}\,dx = 6 \cdot \int x^{-2}\,dx = 6 \cdot \frac{x^{-3}}{-3} + C = \frac{-2}{x^3} + C$

b) $\int (2x + 1)^2\,dx = \frac{(2x + 1)^3}{3} + C$

c) $\int 4x^{\frac{3}{2}}\,dx = 4 \cdot x^{\frac{5}{2}} \cdot \frac{5}{2} + C = 10 \cdot x^{\frac{5}{2}} + C$

d) $\int (3x^2 + 2a)\,dx = x^3 + 2a + C$

3. Das bestimmte Integral

A. Der Begriff des bestimmten Integrals

Den Inhalt A des Flächenstücks zwischen dem Graphen einer stetigen Funktion f und der x-Achse über einem Intervall [a; b] kann man folgendermaßen ermitteln:

Schritt 1: Streifensumme
Man zerlegt das Intervall [a; b] in n Streifen gleicher Breite $\Delta x = \frac{b-a}{n}$.

x_i sei die Streifenmitte des i-ten Streifens. Man bildet die Streifensumme
$f(x_1) \cdot \Delta x + f(x_2) \cdot \Delta x + \dots + f(x_n) \cdot \Delta x$.

Für eine nichtnegative Funktion f kann man diese Streifensumme als Summe von Rechtecksinhalten ansehen, deren Wert den Inhalt A unter f approximiert.

Schritt 2: Grenzwert
Man bildet den Grenzwert der Streifensumme für $n \to \infty$.

Dabei wächst die Streifenzahl n über alle Grenzen und die Streifendicke Δx strebt gegen 0.

Die Streifensumme strebt gegen eine feste Zahl, welche für eine nichtnegative Funktion f mit dem Inhalt A unter f exakt übereinstimmt.

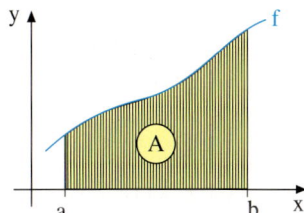

Es erweist sich als günstig, Streifensummen dieser Art nicht nur für positive, sondern auch für negative Funktionen und für solche mit wechselndem Vorzeichen zu bilden. Der Grenzwert einer solchen Streifensumme ist bei einer stetigen Funktion stets eine ganz bestimmte, feste Zahl und wird als *bestimmtes Integral* bezeichnet.

Definition III.3: Bestimmtes Integral

Ist die Funktion f auf dem Intervall [a; b] definiert, so bezeichnet man den Grenzwert einer Streifensumme über [a; b], d. h. den Ausdruck

$$\lim_{n \to \infty} (f(x_1) \cdot \Delta x + f(x_2) \cdot \Delta x + \dots + f(x_n) \cdot \Delta x)$$

als bestimmtes Integral von f in den Grenzen von a bis b.
Man verwendet hierfür die rechts dargestellte symbolische Schreibweise.

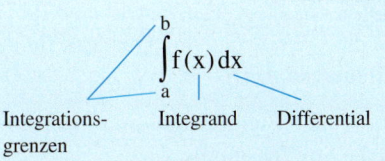

Das Integral ist eine abgekürzte Schreibweise für eine Streifensumme. Das Zeichen $\int$ steht für das S von Summe, dx für die Streifenbreite Δx.

B. Bestimmung von Streifensummen mit dem GTR

Bei der praktischen Berechnung von Streifensummen bieten sich GTR (und CAS) geradezu an.

> **Beispiel: Berechnung einer Streifensumme mit dem GTR**
> Berechnen Sie die Streifensumme zu $f(x) = x^2$ über dem Intervall [a; b] mit n = 1 000 gleichbreiten Streifen. Wählen Sie speziell a = 0 und b = 1.

Lösung: Das Intervall [a;b] soll in n = 1 000 gleich breite Streifen aufgeteilt werden. Ein Streifen hat also die Breite $\Delta x = d = \frac{b-a}{n}$. Die Funktionswerte $f(x_k)$ sollen jeweils die rechten Ränder der Streifen bilden. Damit ist $x_1 = a + 1 \cdot d$, $x_2 = a + 2 \cdot d$, ..., $x_k = a + k \cdot d$, ..., $x_n = a + n \cdot d = b$ und
$s = f(a + 1 \cdot d) \cdot d + f(a + 2 \cdot d) \cdot d + ... + f(a + k \cdot d) \cdot d + ... f(a + n \cdot d) \cdot d$.

GTR verwenden für solche Summen die Kurzform $s = \sum\limits_{k=1}^{n} f(a + k \cdot d) \cdot d$.

$\boxed{\text{TI}}$: Auf einer Notes-Seite können die einzelnen Elemente in Math-Boxen eingegeben und später auch geändert werden.
Man wählt für die Math-Box der Streifensumme s: Menu > Berechnungen > Analysis > Summe.

$\boxed{\text{CASIO}}$: Im Hauptmenü wählt man Run-Matrix, dann mit F4: MATH und mit F6: $\triangleright$, schließlich erhält man mit F2: $\Sigma($ die Eingabemaske für die Summe.

$\boxed{\text{Tabellenkalkulation}}$: Man erstellt eine Tabelle für die x-Werte und ihre Quadrate für die Streifenbreite 0,001.

Mithilfe der Summenfunktion berechnet man die Streifensumme.

$\boxed{\text{Dynamische Geometriesoftware}}$: Man zeichnet den Graphen von f und nutzt den Befehl für die Obersumme.

Man erhält bei allen drei digitalen Mathematikwerkzeugen dasselbe Ergebnis:
> s = 0,3338335.

=1/C$1

	B	C
	n = 1000	
	x	x²
	0,001	0,000001

=B3+B$3

	B	C
	n = 1000	
	x	x²
	0,001	0,000001
	0,002	0,000004

=SUMME(C3:C1002)*B$3

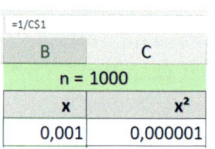

	B	C
	0,998	0,996004
	0,999	0,998001
	1	1
		0,3338335

C. Das bestimmte Integral als Flächenbilanz

Ist f eine nichtnegative Funktion, so kann man sich das bestimmte Integral von f über [a, b] anschaulich als Summe der Flächeninhalte $f(x_i) \cdot \Delta x$ extrem schmaler Rechtecksstreifen vorstellen.
Es stellt also den Inhalt A der Fläche zwischen dem Graphen von f und der x-Achse über dem Intervall [a; b] dar.

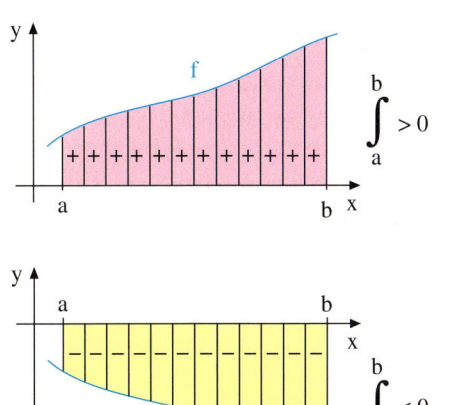

Ist f eine negative Funktion, so haben die Terme $f(x_i) \cdot \Delta x$ negative Werte. Es sind die negativen Gegenwerte der Streifeninhalte. Summiert man sie für alle Streifen, so erhält man den mit einem negativen Vorzeichen versehenen Flächeninhalt A der Fläche zwischen Graph und x-Achse.

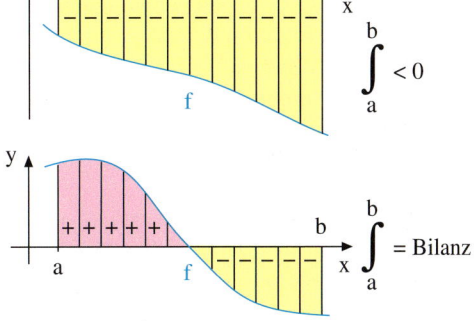

Besitzt f wechselnde Vorzeichen, so besitzen die Streifenterme $f(x_i) \cdot \Delta x$ sowohl negative als auch positive Werte. Summiert man sie, so erhält man eine Flächenbilanz. Unterhalb der x-Achse liegenden Flächenteile gehen negativ ein, die oberhalb der x-Achse liegenden werden positiv gezählt.

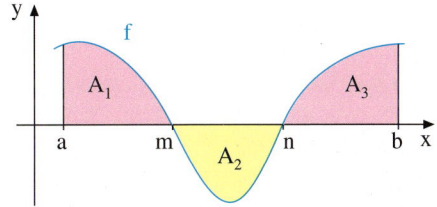

Satz III.1: Das **bestimmte Integral** einer Funktion f über dem Intervall [a, b] hat anschaulich die Bedeutung einer **Flächeninhaltsbilanz**. Die oberhalb der x-Achse liegenden Flächenstücke gehen positiv ein, die unterhalb der x-Achse liegenden Stücke gehen negativ ein.

In der Abbildung rechts ist eine Funktion f mit wechselndem Vorzeichen zu sehen.

Das bestimmte Integral von f von a bis b kann durch die abgebildeten Flächen A_1, A_2 und A_3 wie folgt dargestellt werden:

$$\int_a^b f(x)\,dx = A_1 - A_2 + A_3$$

Umgekehrt können die Flächen durch bestimmte Integrale erfasst werden:

$$A_1 = \int_a^m f(x)\,dx,\ A_2 = -\int_m^n f(x)\,dx,\ A_3 = \int_n^b f(x)\,dx$$

D. Der Hauptsatz der Differential- und Integralrechnung

Zwischen der Stammfunktion F einer Funktion f und dem bestimmten Integral besteht ein Zusammenhang: Interpretiert man das bestimmte Integral als Inhalt A der Fläche unter dem Graphen einer positiven Funktion f über dem Intervall [a; b], so kann dieser Flächeninhalt als Differenz **F(b) − F(a)** berechnet werden, wobei F eine beliebige Stammfunktion von f ist.

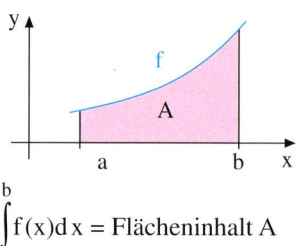

$$\int_a^b f(x)\,dx = \text{Flächeninhalt A}$$
$$= F(b) - F(a)$$

Dieser Zusammenhang gilt auch für negative Funktionen und solche mit wechselndem Vorzeichen. Er ist so bedeutsam, dass man ihn als **Hauptsatz der Differential- und Integralrechnung** bezeichnet. Er verbindet das bestimmte Integral (Streifensumme, Fläche) mit dem unbestimmten Integral (Stammfunktion) und zeigt, dass das Integrieren die Umkehrung des Differenzierens ist. Außerdem vereinfacht er die Berechnung bestimmter Integrale enorm. Eine fundierte Begründung des Hauptsatzes erfolgt später (s. S. 115 ff.)

> **Satz III.2: Der Hauptsatz der Differential- und Integralrechnung**
> Die Funktion f sei auf dem Intervall [a; b]
> definiert und F sei eine Stammfunktion von f.
> Dann lässt sich das bestimmte Integral $\int_a^b f(x)\,dx = F(b) - F(a)$
> von f in den Grenzen von a bis b als
> Differenz F(b) − F(a) berechnen.

Wir zeigen nun an drei Beispielen, wie einfach bestimmte Integrale mit dem Hauptsatz berechnet werden können und wie das Ergebnis als Flächenbilanz interpretierbar ist.

▶ **Beispiel: Bestimmtes Integral einer positiven Funktion**
Berechnen Sie das bestimmte Integral und interpretieren Sie das Ergebnis. $\displaystyle\int_1^3 \frac{1}{4}x^2\,dx$

Lösung:
Stammfunktion von f:

$F(x) = \frac{1}{12}x^3$

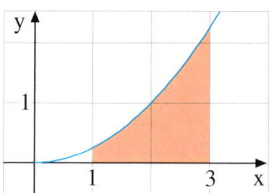

Bestimmtes Integral:

$$\int_1^3 \frac{1}{4}x^2\,dx = F(3) - F(1) = \frac{27}{12} - \frac{1}{12} = \frac{13}{6}$$

Interpretation:
Das bestimmte Integral zeigt in diesem Fall exakt den Inhalt der ganz oberhalb der
▶ x-Achse liegenden Fläche A an.

> Das bestimmte Integral ist positiv, wenn die Funktion f oberhalb der x-Achse verläuft. $\displaystyle\int_a^b f(x)\,dx = A$

▶ **Beispiel: Bestimmtes Integral einer negativen Funktion**
Berechnen und interpretieren Sie das bestimmte Integral.
$$\int_0^4 \left(\tfrac{1}{4}x^2 - 4\right)dx$$

Lösung:
Stammfunktion von f:

$F(x) = \tfrac{1}{12}x^3 - 4x$

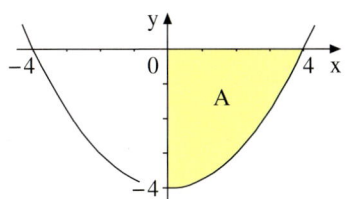

Bestimmtes Integral:

$$\int_0^4 \left(\tfrac{1}{4}x^2 - 4\right)dx = F(4) - F(0) = -\tfrac{32}{3} - 0 = -\tfrac{32}{3}$$

Interpretation:
Das bestimmte Integral zeigt in diesem Fall den „negativen" Inhalt der unterhalb der x-Achse liegenden Fläche A an.

Das bestimmte Integral ist negativ, wenn die Funktion f unterhalb der x-Achse verläuft. $\int_a^b f(x)\,dx = -A$

▶ **Beispiel: Bestimmtes Integral bei wechselndem Vorzeichen**
Berechnen und interpretieren Sie das bestimmte Integral.
$$\int_1^3 (x^2 - 2x)\,dx$$

Lösung:
Stammfunktion von f:

$F(x) = \tfrac{1}{3}x^3 - x^2$

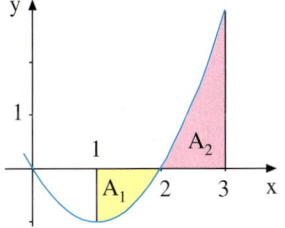

Bestimmtes Integral:
Wir berechnen analog zur Zeichnung drei bestimmte Integrale:

$$\int_1^2 (x^2 - 2x)\,dx = \left(-\tfrac{4}{3}\right) - \left(-\tfrac{2}{3}\right) = -\tfrac{2}{3} \Rightarrow A_1 = \tfrac{2}{3}$$

$$\int_2^3 (x^2 - 2x)\,dx = (0) - \left(-\tfrac{4}{3}\right) = \tfrac{4}{3} \quad \Rightarrow A_2 = \tfrac{4}{3}$$

$$\int_1^3 (x^2 - 2x)\,dx = (0) - \left(-\tfrac{2}{3}\right) = \tfrac{2}{3}$$

A_1 geht negativ ein
A_2 geht positiv ein

$$\Rightarrow \int_1^3 (x^2 - 2x)\,dx = -A_1 + A_2$$

Interpretation:
Die Funktion verläuft z. T. unterhalb und z. T. oberhalb der x-Achse. Die unterhalb der x-Achse liegende Teilfläche A_1 geht in das bestimmte Integral negativ ein, die oberhalb der x-Achse liegenden Teilfläche A_2 geht positiv ein. Das bestimmte Integral ist also ▶ die ***Flächenbilanz***.

Das bestimmte Integral stellt eine Flächenbilanz dar, wenn die Funktion f teilweise unterhalb und teilweise oberhalb der x-Achse verläuft.

$$\int_a^b f(x)\,dx = -A_1 + A_2 = \text{Flächenbilanz}$$

Übung 1 Bestimmte Integrale/Interpretation

Berechnen Sie das bestimmte Integral und interpretieren Sie es. Zeichnen Sie dazu den Graphen des Integranden über dem Integrationsintervall.

a) $\int_1^2 (x^2 + 1)\, dx$ b) $\int_{-1}^2 (x - 2)\, dx$ c) $\int_0^3 \left(2 - \frac{1}{2}x^2\right) dx$

Übung 2 Flächenberechnung

Berechnen Sie den Inhalt der rechts abgebildeten Fläche zwischen dem Graphen von
$f(x) = -x^2 + 5x - 4$ und der x-Achse.

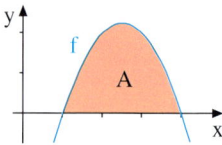

Die Klammerschreibweise $[F(x)]_a^b$

Die rechts aufgeführte Klammerschreibweise $[F(x)]_a^b$ für den Term $F(b) - F(a)$
bietet den Vorteil, dass man bei der Berechnung des bestimmten Integrals keine eigene
Bezeichnung für die Stammfunktion mehr
benötigt.

$$\int_a^b f(x)\, dx = F(b) - F(a)$$

$$\int_a^b f(x)\, dx = [F(x)]_a^b$$

Beispiel: Bestimmtes Integral und Klammerschreibweise

Berechnen Sie das bestimmte Intergral.
Stellen Sie die Lösung in normaler Schreibweise
und zum Vergleich in Klammerschreibweise dar.

$$\int_1^3 (4x^3 - 2x + 1)\, dx$$

Lösung:

Normale Schreibweise:

$f(x) = 4x^3 - 2x + 1$
$F(x) = x^4 - x^2 + x$

$$\int_1^3 (4x^3 - 2x + 1)\, dx = F(3) - F(1)$$
$$= 75 - 1 = 74$$

Klammerschreibweise:

$$\int_1^3 (4x^3 - 2x + 1)\, dx = [x^4 - x^2 + x]_1^3$$
$$= 75 - 1$$
$$= 74$$

Übung 3 Klammerschreibweise

Berechnen Sie das bestimmte Integral unter Verwendung der Klammerschreibweise und interpretieren Sie es. Zeichnen Sie dazu den Graphen des Integranden über dem Integrationsintervall.

a) $\int_{-1}^4 (3x^2 - 4x + 1)\, dx$ b) $\int_2^5 \frac{1}{x^2}\, dx$ c) $\int_0^1 (x + 1)^2\, dx$

d) $\int_a^{2a} (2x + 5)\, dx$ e) $\int_0^\pi \sin x\, dx$ f) $\int_{-1}^1 (2a - ax)\, dx$

 GTR verfügen über Näherungsverfahren zur Berechnung bestimmter Integrale. Finden Sie heraus,
wie mit Ihrem GTR die Berechnung erfolgen kann und überprüfen Sie Ihre Ergebnisse.

E. Rechenregeln für bestimmte Integrale

Mithilfe des Hauptsatzes lassen sich problemlos einige Regeln für das Rechnen mit bestimmten Integralen ableiten, deren Anwendung oft die Arbeit erleichtern kann. Wir zählen diese Regeln auf und beweisen eine Regel exemplarisch.

Satz III.3: Rechenregeln für bestimmte Integrale

f und g seien auf dem Intervall [a; b] stetige Funktionen. Dann gilt:

(1) $\displaystyle\int_a^a f(x)\,dx = 0$

Stimmen obere und untere Grenze überein, so ist das Integral 0.

(2) $\displaystyle\int_a^b f(x)\,dx + \int_b^c f(x)\,dx = \int_a^c f(x)\,dx$

Intervalladditivität

(3) $\displaystyle\int_b^a f(x)\,dx = -\int_a^b f(x)\,dx$

Vertauschung der Grenzen ändert das Vorzeichen.

(4) $\displaystyle\int_a^b k \cdot f(x)\,dx = k \cdot \int_a^b f(x)\,dx$

Faktorregel

(5) $\displaystyle\int_a^b (f(x) + g(x))\,dx = \int_a^b f(x)\,dx + \int_a^b g(x)\,dx$

Summenregel

▶ **Beispiel: Beweis der Additivität**

Beweisen Sie Regel 2 (Intervalladditivität) mithilfe des Hauptsatzes.
Begründen Sie die Regel außerdem anhand einer Skizze mit Streifensummen.

Rechnerischer Nachweis:

$$\int_a^b f(x)\,dx + \int_b^c f(x)\,dx = [F(x)]_a^b + [F(x)]_b^c$$

$$= F(b) - F(a) + F(c) - F(b)$$

$$= F(c) - F(a) = \int_a^c f(x)\,dx$$

Anschauliche Begründung:

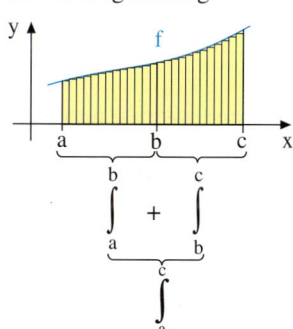

Übung 4

Beweisen Sie die Regel (1) und (3) mithilfe des Hauptsatzes.

Übung 5

Berechnen Sie möglichst einfach durch Anwendung der Rechenregeln.

a) $\displaystyle\int_{-2}^3 (4x^2 - 3x + 5)\,dx + \int_{-2}^3 (3x - 5)\,dx$

b) $\displaystyle\int_{-2}^2 x^2\,dx + \int_3^5 x^2\,dx + \int_2^3 x^2\,dx$

Übungen

6. Bestimmtes Integral

Berechnen Sie das bestimmte Integral.

a) $\int_{1}^{3} (x + 1)\,dx$ b) $\int_{-2}^{2} (4 - x^2)\,dx$ c) $\int_{-2}^{2} 0{,}25\,x^3\,dx$ d) $\int_{0}^{2} (x^2 - 2x + 1)\,dx$

e) $\int_{0}^{4} (4 - x)\,dx$ f) $\int_{1}^{3} (0{,}5\,x - 1)^2\,dx$ g) $\int_{0}^{2} (x - 2)(x + 2)\,dx$ h) $\int_{0}^{2} (x - 1)^3\,dx$

7. Anschauliche Bedeutung des bestimmten Integrals

Skizzieren Sie die Integranden aus Übung 1 (Seite 112) über dem Integrationsintervall. Welche anschauliche Bedeutung hat das bestimmte Integral?

8. Bestimmtes Integral mit Parametern

Berechnen Sie das bestimmte Integral. a sei ein fester Parameter.

a) $\int_{1}^{a} (2x + 1)\,dx$ b) $\int_{a}^{2a} (4 - x^2)\,dx$ c) $\int_{0}^{a^2} (3x^2 - 3)\,dx$ d) $\int_{0}^{3a} (x^2 - ax)\,dx$

9. Bestimmte Integrale nichtrationaler Funktionen

Berechnen Sie das bestimmte Integral. Verwenden Sie die (verallgemeinerte) Potenzregel der Integralrechnung sowie Sinusregel und Kosinusregel.

a) $\int_{1}^{3} \frac{9}{x^2}\,dx$ b) $\int_{4}^{9} 2\sqrt{x}\,dx$ c) $\int_{0}^{1} x^2 \sqrt{x}\,dx$ d) $\int_{0}^{\pi} 2\sin x\,dx$

10. Anwendung der Rechenregeln für bestimmte Integrale

Vereinfachen Sie den Ausdruck mithilfe der Rechenregeln für bestimmte Integrale.

a) $\int_{-2}^{4} -4x^3\,dx + 3 \cdot \int_{-2}^{1} 2x^3\,dx + 4 \cdot \int_{1}^{4} x^3\,dx + 2\int_{1}^{-2} x^3\,dx$ b) $\int_{2}^{3} 6x^3\,dx + 3 \cdot \int_{-2}^{2} (2x^3 - 1)\,dx - \int_{2}^{3} 3\,dx$

11. Bestimmte Integrale und Flächeninhalte

Berechnen Sie den Gesamtflächeninhalt des markierten Bereichs mittels bestimmter Integrale.

a)

b)

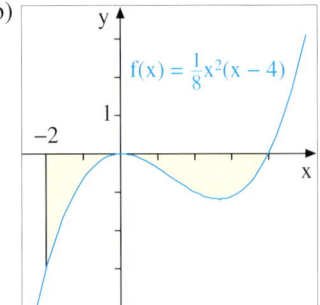

4. Flächeninhaltsfunktion und Integralfunktion

Der Hauptsatz der Differential- und Integralrechnung (S. 110) hat uns die Arbeit bei der Berechnung bestimmter Integrale sehr erleichtert. In der Folge soll er näher begründet werden.

A. Die Flächeninhaltsfunktion

Archimedes (287–212 v. Chr.) bestimmte als Erster den Inhalt der Fläche unter dem Graphen der Normalfunktion.
Er verwendete die Streifenmethode, ein ebenso geniales wie rechenaufwendiges Verfahren (s. Streifzug S. 122).
Durch Anwendung des Funktionsbegriffs und der Differentialrechnung kann man die Flächenberechnung, das Integrieren also, stark vereinfachen. Dabei verwendet man sog. Flächeninhaltsfunktionen.

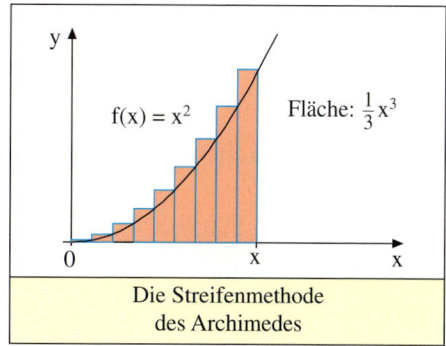

Die Streifenmethode
des Archimedes

▶ **Beispiel: Die Flächeninhaltsfunktion der konstanten Funktion $f(x) = \frac{1}{2}$**
Gegeben ist die Funktion $f(x) = \frac{1}{2}$. Gesucht ist eine Funktion $A_0(x)$, welche dem Inhalt der Fläche unter dem Graphen von f über dem Intervall [0; x] darstellt.

Lösung:
Rechts ist der Graph der *Randfunktion* f als blaue Linie dargestellt. Die blassrot markierte Fläche zwischen dem Graphen und der x-Achse über [0; x] ist ein Rechteck der Länge x und der Höhe $\frac{1}{2}$. Der Inhalt ist also $\frac{1}{2}x$. Daher gibt die rechts rot dargestellte Funktion $A_0(x) = \frac{1}{2}x$ diesen Inhalt an. A_0 heißt *Flächeninhaltsfunktion* von f
▶ zur unteren Grenze 0.

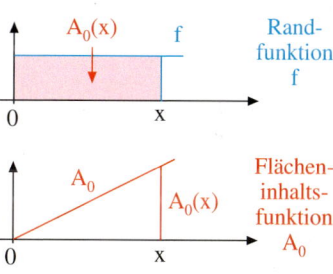

▶ **Beispiel: Die Flächeninhaltsfunktion der linearen Funktion $f(x) = \frac{1}{2}x$**
Gegeben ist die Funktion $f(x) = \frac{1}{2}x$. Wie lautet die Flächeninhaltsfunktion $A_0(x)$?

Lösung:
Die gesuchte Fläche ist hier ein Dreieck mit der Grundlinie x und der Höhe $\frac{1}{2}x$.

Ihr Inhalt kann mit der Formel für den Flächeninhalt eines Dreiecks bestimmt werden. Er wird durch die Flächeninhaltsfunktion
▶ $A_0(x) = \frac{1}{4}x^2$ erfasst.

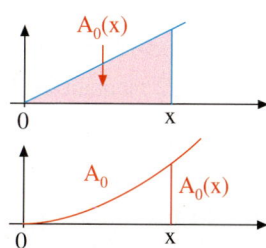

Wir sammeln in den folgenden Übungen weitere Beispiele, um möglichst eine Systematik erkennen zu können.

Übung 1 Weitere Flächeninhaltsfunktionen

Wie lautet die Flächeninhaltsfunktion A_0 zur unteren Grenze 0 der abgebildeten Funktion f?

a)   b)   c)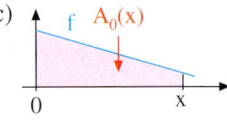

$f(x) = 0,2\,x$ $f(x) = \frac{1}{2} + \frac{1}{4}x$ $f(x) = 1 - \frac{1}{2}x$

B. Die vereinfachte Bestimmung von Flächeninhaltsfunktionen

Stellen wir einige der in den vorherigen Beispielen und Übungen auftretenden Randfunktionen f mit ihren Flächeninhaltsfunktionen A_0 in einer Tabelle zusammen, so ist die gesuchte Systematik leicht zu erkennen:

Differenziert man die Flächeninhaltsfunktion A_0, so erhält man die Randfunktion f. Es gilt also: $A_0'(x) = f(x)$. A_0 ist also eine Stammfunktion von f.
Man kann beweisen, dass das immer so ist. Wir werden dies im folgenden Teilabschnitt D nachholen.

Vorher aber demonstrieren wir die vereinfachte Gewinnung von A_0 am Beispiel.

Randfunktion f	Flächeninhalts-funktion A_0
$f(x) = \frac{1}{2}$	$A_0(x) = \frac{1}{2}x$
$f(x) = \frac{1}{2}x$	$A_0(x) = \frac{1}{4}x^2$
$f(x) = 0,2\,x$	$A_0(x) = 0,1\,x^2$
$f(x) = \frac{1}{2} + \frac{1}{4}x$	$A_0(x) = \frac{1}{2}x + \frac{1}{8}x^2$
$f(x) = 1 - \frac{1}{2}x$	$A_0(x) = x - \frac{1}{4}x^2$
$f(x) = x^2{}^*$	$A_0(x) = \frac{1}{3}x^3$
$A_0'(x) = f(x)$	

> **Beispiel: Vereinfachte Bestimmung von A_0**
> Gegeben ist die Funktion $f(x) = x^3$. Wie lautet die Flächeninhaltsfunktion A_0 von f zur unteren Grenze 0? Wie groß ist die Fläche unter f über dem Intervall [0; 2]?

Lösung:
Wir suchen eine Funktion A_0, die Stammfunktion von f ist. Also gilt $A_0(x) = \frac{1}{4}x^4 + C$.
Da die Flächenzählung an der unteren Grenze 0 aber erst beginnt, muss $A_0(0) = 0$ gelten, woraus $C = 0$ folgt. Resultat: $A_0(x) = \frac{1}{4}x^4$.
Die Fläche A über [0; 2] hat dann den Inhalt $A_0(2) = 4$.

$f(x) = x^3$
$A_0'(x) = x^3$
$A_0(x) = \frac{1}{4}x^4 + C$
$A_0(0) = 0 \Rightarrow \frac{1}{4}0^4 + C = 0 \Rightarrow C = 0$
$\Rightarrow A_0(x) = \frac{1}{4}x^4$
$\Rightarrow A_0(2) = \frac{1}{4}2^4 = 4$

---

* Die letzte Zeile in der Tabelle ($f(x) = x^2$) wird aufwendig mit der Streifenmethode gewonnen (s. S. 108).

C. Exkurs: Beweis des Hauptsatzes über Flächeninhaltsfunktionen

Wir werden nun den auf der vorhergehenden Seite gefundenen Zusammenhang zwischen einer Funktion f und ihrer Flächeninhaltsfunktion A_0 zur unteren Grenze 0 beweisen.

Satz III.4: Hauptsatz über Flächeninhaltsfunktionen
f sei eine nicht negative, stetige Funktion. A_0 sei die Flächeninhaltsfunktion von f zur unteren Grenze 0. Dann gilt:
$$\text{(I) } A_0'(x) = f(x) \qquad\qquad \text{(II) } A_0(0) = 0$$

Beweis:*
Wir berechnen $A_0'(x)$ mithilfe des Differentialquotienten:

$$A_0'(x) = \lim_{h \to 0} \frac{A_0(x+h) - A_0(x)}{h}$$

Der Term $A_0(x+h) - A_0(x)$ stellt anschaulich gesehen den Inhalt der gelben Fläche unter f über dem Intervall $[x; x+h]$ dar.

Eine stetige Funktion besitzt über einem abgeschlossenen Intervall, also auch über $[x; x+h]$, stets ein absolutes Minimum *min* sowie ein absolutes Maximum *max*.

Die gelbe Fläche lässt sich daher durch zwei rechteckige archimedische Streifen der Breite h und der Höhe *min* bzw. *max* einschachteln, sodass sich für den Zählerterm $A_0(x+h) - A_0(x)$ die Einschachtelung (1) ergibt.

Division durch h liefert daraus eine entsprechende Einschachtelung (2) für den gesamten Differenzenquotienten.

Führen wir nun den Übergang $h \to 0$ durch, so strebt der in der Mitte stehende Differenzenquotient gegen $A_0'(x)$, während die beiden archimedischen Streifen immer dünner werden. Dabei nähern sich ihre Höhen *min* und *max* immer stärker an und fallen schließlich zu einem terminalen Strich der Höhe $f(x)$ zusammen, sodass sich (3) ergibt, woraus dann sofort der Zusammenhang $A_0'(x) = f(x)$ folgt.

Einschachtelung durch Streifen:

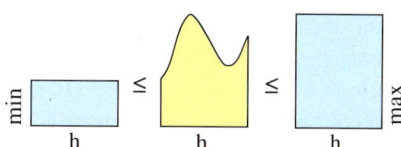

$$\text{(1) } h \cdot min \le A_0(x+h) - A_0(x) \le h \cdot max$$

Division durch h > 0:

$$\text{(2) } min \le \frac{A_0(x+h) - A_0(x)}{h} \le max$$

Grenzübergang $h \to 0$:

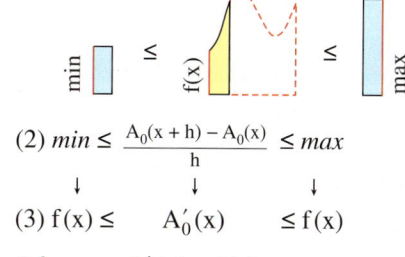

$$\text{(2) } min \le \frac{A_0(x+h) - A_0(x)}{h} \le max$$
$$\downarrow \qquad\qquad \downarrow \qquad\qquad \downarrow$$
$$\text{(3) } f(x) \le \qquad A_0'(x) \qquad \le f(x)$$

Folgerung: $A_0'(x) = f(x)$

---

* Die Betrachtung erfolgt für h > 0. Der Fall h < 0 verläuft analog.
  Aussage (II) ist klar, da die Fläche $A_0(x)$ bei x = 0 beginnt, sodass $A_0(0) = 0$ gilt.

Nun sind wir am Ziel angelangt: Wir können den Hauptsatz der Differential- und Integralrechnung für den wichtigen Fall beweisen, dass die Randfunktion eine nichtnegative Funktion ist, die für $x \geq 0$ definiert und stetig (durchzeichenbar) ist. Der Beweisgedanke läuft wie folgt ab.

Für nichtnegative Funktionen stellt das bestimmte Integral nämlich den Inhalt der Fläche unter f über [a, b] dar. Diese Fläche läßt sich, wie es die Graphik rechts veranschaulicht, als „Differenz" der Flächen unter f über [0, b] und [0, a] betrachten. Diese wiederum kann durch $A_0(b) - A_0(a)$ ausgedrückt werden. Da A_0 eine Stammfunktion von f ist, gilt $A_0(x) = F(x) + C$, woraus abschließend $A_0(b) - A_0(a) = F(b) - F(a)$ folgt.

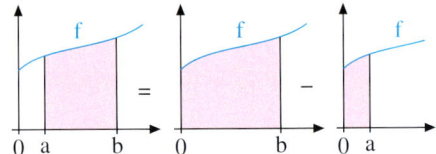

$$\int_a^b f(x)\,dx = A_0(b) - A_0(a)$$
$$= (F(b) + C) - (F(a) + C)$$
$$= F(b) - F(a)$$

Also haben wir $\int_a^b f(x)\,dx = F(b) - F(a)$

Das aber ist der Hauptsatz.

D. Die Integralfunktion

Haben wir es im Gegensatz zu den oben angestellten Betrachtungen mit einer Randfunktion f mit wechselndem Vorzeichen zu tun, so müssen wir die Flächeninhaltsfunktion $A_0(x)$ zur unteren Grenze 0 durch die sog. *Integralfunktion* $I_a(x)$ zur unteren Grenze a ersetzen. Diese Funktion gibt die Flächenbilanz der Funktion f über dem Intervall [a, x] an.

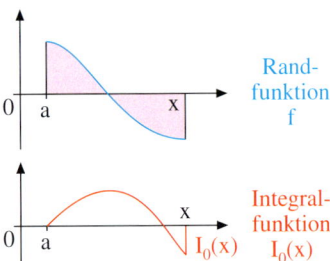

Rand-
funktion
f

Integral-
funktion
$I_0(x)$

Beispiel: Integralfunktion

Gegeben ist die Randfunktion $f(x) = 1 - \frac{1}{2}x$. Wie lautet die Integralfunktion $I_a(x)$ von f zur unteren Grenze a? Zeigen Sie: es gilt $I_a(b) = F(b) - F(a)$, wobei F eine Stammfunktion von f ist.

Lösung:
f hat eine Nullstelle bei $x = 2$. Daher müssen wir drei Fälle unterscheiden:
Fall 1: $a \leq 2$ und $x \leq 2$
In diesem Fall ist die rechts dargestellte Trapezfläche zu errechnen. Sie lautet:

$I_a(x) = \frac{1}{2} \cdot (f(a) + f(x)) \cdot (x - a)$
$= \frac{1}{2} \cdot \left(1 - \frac{1}{2}a + 1 - \frac{1}{2}x\right) \cdot (x - a)$
$= -\frac{1}{4}x^2 + x + \frac{1}{4}a^2 - a$

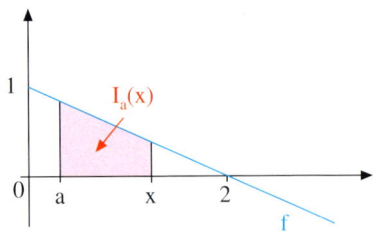

Also lautet das Resultat:

$$I_a(x) = -\tfrac{1}{4}x^2 + x + \tfrac{1}{4}a^2 - a$$

Man erkennt, dass dies gleich der Differenz $F(x) - F(a)$ ist, wobei F eine beliebige Stammfunktion von f ist (Rechnung rechts).

Darstellung von I_a mithilfe einer Stammfunktion:

$$I_a(x) = \left(-\tfrac{1}{4}x^2 + x\right) - \left(-\tfrac{1}{4}a^2 + a\right)$$
$$= F(x) - F(a)$$

Fall 2: $a \leq 2$ und $x \geq 2$
In diesem Fall sind zwei Dreiecksflächen zu errechnen und zu subtrahieren.

$$I_a(x) = \tfrac{1}{2} \cdot (2-a) \cdot f(a) - \tfrac{1}{2} \cdot (x-2) \cdot (-f(x))$$
$$= \tfrac{1}{2} \cdot (2-a) \cdot \left(1 - \tfrac{1}{2}a\right) - \tfrac{1}{2} \cdot (x-2) \cdot \left(-1 + \tfrac{1}{2}x\right)$$
$$= -\tfrac{1}{4}x^2 + x + \tfrac{1}{4}a^2 - a$$

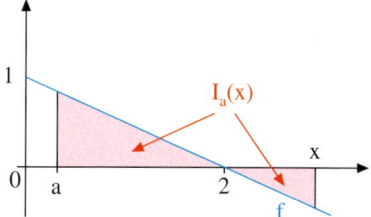

Wie im ersten Fall erkennt man, dass dies gleich der Differenz $F(x) - F(a)$ ist, wobei F eine beliebige Stammfunktion von f ist. Die Integralfunktion ist daher eine Stammfunktion von f.

Den dritten Fall $a \geq 2$ und $x \geq 2$ können wir uns ersparen. Er ist analog zu Fall 1.

Das Beispiel zeigt, dass die Integralfunktion eine Stammfunktion von f ist, und zwar mit der besonderen Eigenschaft $I_a(a) = 0$.

Da die Integralfunktion die Flächenbilanz darstellt, bedeutet das: Der Hauptsatz der Differential- und Integralrechnung gilt auch für Funktionen mit wechselndem Vorzeichen.

Auf den allgemeinen Beweis dieser Aussage verzichten wir. Er entspricht dem Beweis des Hauptsatzes für Flächeninhaltsfunktionen.

Darstellung von I_a mithilfe einer Stammfunktion:

$$I_a(x) = \left(-\tfrac{1}{4}x^2 + x\right) - \left(-\tfrac{1}{4}a^2 + a\right)$$
$$= F(x) - F(a)$$

Eigenschaften der Integralfunktion

$I_a(x)$ sei die Integralfunktion von f zur unteren Grenze a. Dann gilt:

$$I_a{}'(x) = f(x) \text{ und } I_a(a) = 0$$

Es gilt: $I_a(x) = \displaystyle\int_a^x f(x)\,dx \quad (x \geq a)$

Mit der Integralfunktion läßt sich der Hauptsatz auch für Funktionen mit wechselndem Vorzeichen beweisen.

$$\int_a^b f(x)\,dx = I_a(b) - I_a(a) = F(b) - F(a)$$

Übung 2 Vereinfachte Bestimmung der Integralfunktion

Aus dem letzten Beispiel wissen wir, dass für die Integralfunktion zur unteren Grenze a von f die beiden folgenden Bedingungen gelten: $I_a{}'(x) = f(x)$ und $I_a(a) = 0$.
Bestimmen Sie damit die Integralfunktion.

a) $f(x) = x^2 - 2x$, $a = 1$

b) $f(x) = \sqrt{x} - 1$, $a = 1$

c) $f(x) = 1 - x^2$, $a = 0$

d) $f(x) = 4 - 4\sin x$, $a = \pi$

E. Zeichnerische Konstruktion der Integralfunktion

Manchmal tritt der Fall auf, dass man die Gleichung einer Randfunktion f nicht kennt, sondern nur ihren graphischen Verlauf, z. B. bei Kurven, die aus Messwerten gewonnen wurden. Dann kann man keine Stammfunktion von f berechnen und daher auch keine bestimmten Integrale und Flächen. In solchen Fällen bleibt nur die zeichnerische Bestimmung der Integralfunktion.

▶ **Beispiel: Zeichnerische Bestimmung der Integralfunktion**

Gegeben ist der Graph einer Funktion f. Er wurde aus Messwerten gewonnen. Seine Gleichung ist nicht bekannt.

a) Konstruieren Sie zeichnerisch die Integralfunktion von f zur unteren Grenze 0. Zählen Sie dazu die mm-Kästchen unter dem blauen Graphen aus.

b) Welchen Wert hat das bestimmte Integral von f über dem Intervall [2; 5].

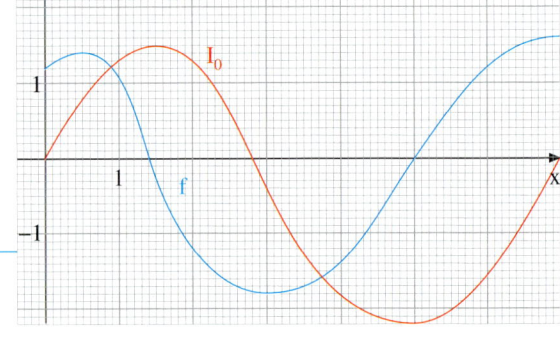

Lösung:

Man zeichnet den Graphen von f (blaue Kurve) auf kariertes Papier oder noch besser auf mm-Papier.

Dann zählt man die Kästchen aus, die unter f in den Streifen von 0 bis 1, von 1 bis 2 usw. liegen.

Über der x-Achse liegende Kästchen gehen positiv, unter der x-Achse liegende Kästchen gehen negativ ein.

Wir summieren die Werte sukzessive auf.

Eine LE in der Zeichnung entspricht 10 mm, also entspricht eine FE 100 mm². Wir dividieren also alle Tabellenwerte durch 100 und erhalten die Wertetabelle von $I_0(x)$, so dass wir den Graphen von I_0 zeichnen können. Aus Platzgründen wurde der schon im Bild oben rechts eingetragen (rot).

Dieser gestattet uns nun die Berechnung eines jeden bestimmen Integrals im Zeichenbereich. Das Integral von f über [2; 5]

▶ hat den Wert $I_0(5) - I_0(2) = -3,9$.

Wertetabelle: Bilanz von 0 bis x in mm²

x	0	1	2	3	4	5	6	7
A	0	127	125	−21	−183	−262	−175	−31

Wertetabelle: $I_0(x)$ in LE

x	0	1	2	3	4	5	6	7
I_0	0	1,27	1,25	−0,21	−1,83	−2,62	−1,75	−0,31

Bestimmtes Integral:

$$\int_0^2 f(x)\,dx = I_0(5) - I_0(2)$$
$$= (-2,62) - (1,25) = -3,87$$

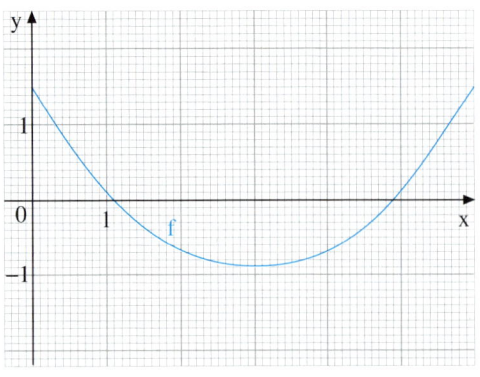

Übung 3 Integralfunktion graphisch

Gegeben ist der Graph der Randfunktion f. Konstruieren Sie den Graphen der Integralfunktion I_0 von f zur unteren Grenze 0.

Bestimmen Sie angenähert $\int_1^6 f(x)\,dx$.

Überblick

Stammfunktion: F heißt Stammfunktion von f, wenn $F'(x) = f(x)$ gilt.

Das unbestimmte Integral: $\int f(x)\,dx$; die Menge aller Stammfunktionen von f.

Ist F Stammfunktion von f, so gilt $\int f(x)\,dx = F(x) + C$.

Integrationsregeln:

allg. Potenzregel: $\int x^r\,dx = \frac{1}{r+1} \cdot x^{r+1} \quad (r \in \mathbb{R}, r \neq -1)$

Summenregel: $\int (f(x) + g(x))\,dx = \int f(x)\,dx + \int g(x)\,dx$

Faktorregel: $\int a \cdot f(x)\,dx = a \cdot \int f(x)\,dx$

Lineare Substitutionsregel: $\int f(ax + b)\,dx = \frac{1}{a} \cdot F(ax + b) + C$

Integration von trigonometrischen Funktionen: $\int \sin x\,dx = -\cos x + C, \quad \int \cos x\,dx = \sin x + C$

Das bestimmte Integral: Das bestimmte Integral in den Grenzen von a bis b ist der Grenzwert $\lim\limits_{n \to \infty} (f(x_1) \cdot \Delta x + \ldots + f(x_n) \cdot \Delta x)$ der Streifensumme. Anschaulich stellt es die Flächenbilanz über dem Intervall [a; b] dar.

$$\int_a^b f(x)\,dx$$

Hauptsatz der Differential- und Integralrechnung: F sei eine Stammfunktion von f. Dann gilt:

$$\int_a^b f(x)\,dx = F(b) - F(a)$$

Klammerschreibweise für Integrale:

$$\int_a^b f(x)\,dx = [F(x)]_a^b = F(b) - F(a)$$

Rechenregeln für bestimmte Integrale:

$$(1)\ \int_a^a f(x)\,dx = 0 \qquad (2)\ \int_a^b f(x)\,dx + \int_b^c f(x)\,dx = \int_a^c f(x)\,dx$$

$$(3)\ \int_b^a f(x)\,dx = -\int_a^b f(x)\,dx \qquad (4)\ \int_a^b k \cdot f(x)\,dx = k \cdot \int_a^b f(x)\,dx$$

$$(5)\ \int_a^b (f(x) + g(x))\,dx = \int_a^b f(x)\,dx + \int_a^b g(x)\,dx$$

Die Streifenmethode des Archimedes

Der bedeutendste Mathematiker der Antike war *Archimedes von Syrakus*, der 287 v. Chr. bis 212 v. Chr. lebte. Ihm gelang die exakte Bestimmung des Flächeninhalts eines Parabelsegments. Damit war er seiner Zeit um 2000 Jahre voraus, denn erst um 1630 wurden seine Theorien durch Cavalieri sowie später durch Newton und Leibniz fortgesetzt (um 1670) und weiterentwickelt, sodass Differential- und **Integralrechnung** entstanden, mathematische Grundpfeiler der modernen Naturwissenschaften.

Das Flächenberechnungsverfahren des Archimedes ist auch heute noch von zentraler Bedeutung für das Verständnis der Integralrechnung. Daher versuchen wir nun, die Grundidee des Archimedes nachzuvollziehen, die **Streifenmethode**.

Archimedes – Sohn des Astronomen Pheidias – lebte in Syrakus. Er bestimmte den Kreisumfang und die Kreiszahl Pi, berechnete Volumen und Oberfläche der Kugel, baute Brennspiegel, Wurfmaschinen und die archimedische Schraube und entdeckte die Gesetze des Hebels, des Schwerpunktes, des Auftriebes und der geneigten Ebene.

Im Zweiten Punischen Krieg wurde er von römischen Legionären getötet, die Syrakus eroberten. Seine letzten Worte sollen gelautet haben: „Noli turbare circulos meos!" (Störe meine Kreise nicht!)

Beispiel

Der Flächeninhalt A des abgebildeten Parabelsegments, welches zwischen dem Graphen der Funktion $f(x) = x^2$ und der x-Achse über dem Intervall [0; 1] liegt, soll näherungsweise bestimmt werden.

Wir unterteilen die Fläche in eine Anzahl von vertikalen Streifen. Die Fläche eines jeden solchen Streifens lässt sich durch zwei Rechtecke einschachteln.

So ergibt sich z. B. bei einer Einteilung in 4 Streifen eine untere Abschätzung von A durch die Inhaltssumme der ganz unter der Kurve liegenden Rechtecke (**Untersumme** U_4) sowie eine obere Abschätzung durch die Summe der Inhalte der über die Kurve hinausragenden Rechtecke (**Obersumme** O_4).

Einschachtelung durch Rechteckstreifen:

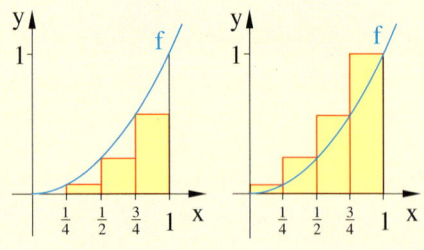

Untersumme $U_4 \leq A \leq$ Obersumme O_4

Alle Rechteckstreifen besitzen die Breite $\frac{1}{4}$, während ihre Höhen Funktionswerte der Funktion $f(x) = x^2$ an den Stellen $0, \frac{1}{4}, \frac{2}{4}, \frac{3}{4}, 1$ sind, also $0^2, \left(\frac{1}{4}\right)^2, \left(\frac{2}{4}\right)^2, \left(\frac{3}{4}\right)^2$ und 1^2.

Damit kann man U_4 und O_4 wie rechts dargestellt berechnen und erhält eine Einschachtelung des gesuchten Flächeninhalts A, die leider noch nicht sehr genau ist.

Um eine größere Genauigkeit zu erzielen, kann man die Anzahl der Streifen erhöhen. Geht man z.B. auf 8 Streifen, so erhält man die nebenstehende Figur (Untersumme U_8 kräftig gelb, Obersumme O_8 schwach gelb).

Die Berechnung der Rechtecksummen ergibt für den Flächeninhalt A die Abschätzung $0,27 \leq A \leq 0,40$, die schon genauer ist.

Weitere Rechnungen mit noch kleineren Streifenbreiten führen auf die nebenstehende Tabelle, aus der auch ersichtlich ist, dass die Differenz aus Obersumme und Untersumme mit zunehmender Streifenzahl kleiner wird, sodass der gesuchte Inhalt A immer genauer approximiert wird. Bei 256 Streifen erhält man $A \approx 0,33$ auf 2 Nachkommastellen genau. Allerdings ist der Rechenaufwand dann schon extrem hoch, sodass ein Computer eingesetzt werden muss.

Bei weiterer Verfeinerung durch noch kleinere Streifenbreiten nähern sich sowohl die Untersumme als auch die Obersumme immer mehr einem gemeinsamen Grenzwert an, nämlich der Zahl $A = \frac{1}{3}$.

$$U_4 = \frac{1}{4} \cdot \left[0^2 + \left(\frac{1}{4}\right)^2 + \left(\frac{2}{4}\right)^2 + \left(\frac{3}{4}\right)^2\right] = \frac{14}{64}$$

$$O_4 = \frac{1}{4} \cdot \left[\left(\frac{1}{4}\right)^2 + \left(\frac{2}{4}\right)^2 + \left(\frac{3}{4}\right)^2 + 1^2\right] = \frac{30}{64}$$

$$\frac{14}{64} \leq A \leq \frac{30}{64}$$

$$0,21 \leq A \leq 0,47$$

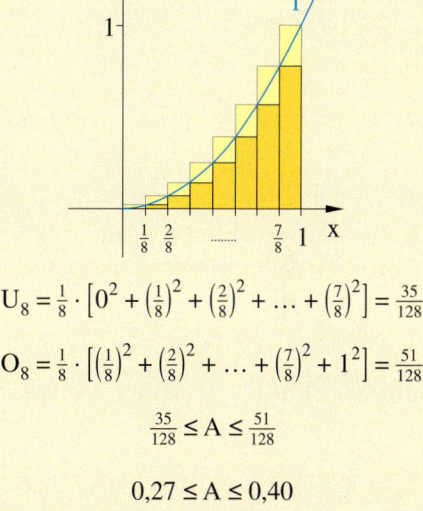

$$U_8 = \frac{1}{8} \cdot \left[0^2 + \left(\frac{1}{8}\right)^2 + \left(\frac{2}{8}\right)^2 + \dots + \left(\frac{7}{8}\right)^2\right] = \frac{35}{128}$$

$$O_8 = \frac{1}{8} \cdot \left[\left(\frac{1}{8}\right)^2 + \left(\frac{2}{8}\right)^2 + \dots + \left(\frac{7}{8}\right)^2 + 1^2\right] = \frac{51}{128}$$

$$\frac{35}{128} \leq A \leq \frac{51}{128}$$

$$0,27 \leq A \leq 0,40$$

n	U_n	O_n	$O_n - U_n$
4	0,21	0,47	0,25
8	0,27	0,40	0,13
16	0,30	0,37	0,07
32	0,32	0,35	0,03
64	0,325	0,341	0,016
128	0,329	0,337	0,008
256	0,331	0,335	0,004

$$A \approx 0,33$$

Durch diese grundlegende Idee der schrittweisen Annäherung durch immer feinere Unterteilungen konnte erstmals in der Geschichte der Flächeninhalt einer krummlinig[*)] begrenzten Fläche exakt berechnet werden. Dies gelang dem griechischen Mathematiker Archimedes im 3. Jahrhundert vor Christus. Er war damit seiner Zeit weit voraus.

---

*) abgesehen von kreisförmig begrenzten Flächen

Test

Grundlagen der Integralrechnung

1. Bestimmen Sie eine Stammfunktion von f.

a) $f(x) = x^4$ b) $f(x) = \dfrac{3}{x^2}$ c) $f(x) = 2x^3 - x + 3$

d) $f(x) = 8ax^3$ e) $f(x) = n^2 x^{n-1}, n \in \mathbb{N}^*$ f) $f(x) = \sin x - \cos x$

2. Weisen Sie nach, dass $F(x)$ eine Stammfunktion von $f(x)$ ist.

a) $f(x) = 2(1{,}5x^2 + 2x - 1) + 3$ b) $f(x) = (3x + 1)^2$ c) $f(x) = 2\sin x$

    $F(x) = x^3 + 2x^2 + x$ $F(x) = 3x^3 + 3x^2 + x + 1$ $F(x) = -2\cos x + 3$

d) $f(x) = (8 + 2a)x^3 + 4bx$ e) $f(x) = -2x^{-2}$ f) $f(x) = \dfrac{1}{\sqrt{2x}}$

    $F(x) = 2x^4 + 2bx^2 + 0{,}5ax^4$ $F(x) = \dfrac{2}{x} + 1$ $F(x) = \sqrt{2x}$

3. Bestimmen Sie diejenige Stammfunktion von $f(x) = 3x^2 - 2x$, deren Graph durch den Punkt $P(2|-1)$ verläuft. (Hinweis: Integrationskonstante C passend wählen.)

4. Errechnen Sie das unbestimmte bzw. das bestimmte Integral.

a) $\displaystyle\int (3 - x^2)\,dx$ b) $\displaystyle\int_2^4 (2x - x^2)\,dx$ c) $\displaystyle\int_1^2 (3x + 6x^3)\,dx$ d) $\displaystyle\int_0^a (6ax^2 - a^2x)\,dx$

5. Berechnen Sie den Inhalt der abgebildeten Fläche A.

a)

b)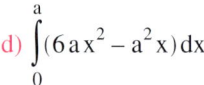

6. Die Parabel $f(x) = ax^2 + bx + c$ begrenzt den abgebildeten Brückenbogen nach unten.

   a) Bestimmen Sie die Koeffizienten a, b und c.

   b) Welche Querschnittfläche hat die Durchfahrt unter der Brücke?

Lösungen: S. 640

IV. Anwendungen der Integralrechnung

1. Bestimmte Integrale und Flächeninhalte

A. Grundlagen

Im vorigen Abschnitt stellten wir fest, dass zwischen bestimmten Integralen und Flächeninhalten ein enger Zusammenhang besteht, nämlich folgender:

> **Bestimmtes Integral einer positiven Funktion**
> Für eine differenzierbare Funktion $f(x) \geq 0$ stellt das bestimmte Integral den Inhalt der Fläche zwischen dem Graphen von f und der x-Achse über dem Integrationsintervall [a; b] dar.

▶ **Beispiel:** Bestimmtes Integral von
$f(x) = 2x^3$ von 0 bis 1.

$$\int_0^1 2x^3\, dx = \left[\tfrac{1}{2}x^4\right]_0^1 = \left(\tfrac{1}{2}\right) - (0) = \tfrac{1}{2}$$

▶ $f(x) \geq 0$: **Integral = Flächeninhalt**

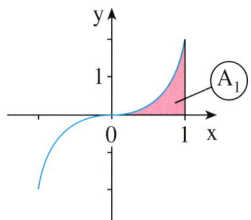

> **Bestimmtes Integral einer negativen Funktion**
> Für eine differenzierbare Funktion $f(x) \leq 0$ stellt das bestimmte Integral den mit einem negativen Vorzeichen versehenen Inhalt der Fläche zwischen dem Graphen von f und der x- Achse über dem Integrationsintervall [a; b] dar.

▶ **Beispiel:** Bestimmtes Integral von
$f(x) = 2x^3$ von −1 bis 0.

$$\int_{-1}^0 2x^3\, dx = \left[\tfrac{1}{2}x^4\right]_{-1}^0 = (0) - \left(\tfrac{1}{2}\right) = -\tfrac{1}{2}$$

▶ $f(x) \leq 0$: **Integral = −Flächeninhalt**

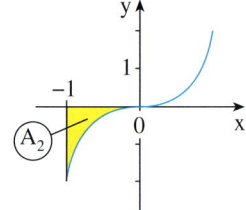

> **Bestimmtes Integral einer Funktion mit wechselndem Vorzeichen**
> Für eine differenzierbare Funktion $f(x)$ mit wechselndem Vorzeichen stellt das bestimmte Integral die Flächenbilanz über dem Integrationsintervall [a; b] dar.
> Über der x-Achse liegende Flächenteile gehen positiv ein, unter der x-Achse liegende Flächenteile gehen negativ ein.

▶ **Beispiel:** Bestimmtes Integral von
$f(x) = 2x^3$ von −1 bis 1.

$$\int_{-1}^1 2x^3\, dx = \left[\tfrac{1}{2}x^4\right]_{-1}^1 = \left(\tfrac{1}{2}\right) - \left(\tfrac{1}{2}\right) = 0$$

▶ **Integral = Flächenbilanz**

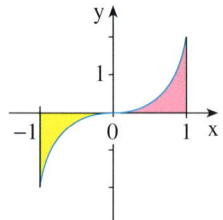

B. Flächenberechnung durch Intervallaufteilung

Im Folgenden werden wir häufig auf das Problem stoßen, den Inhalt A eines Flächenstückes zwischen dem Graphen einer Funktion und der x-Achse berechnen zu müssen, welches teilweise über und teilweise unter der x-Achse liegt.

Hierzu verwendet man bestimmte Integrale, muss aber Bilanzierungen, d. h. Aufhebungen vermeiden. Wir zeigen das richtige und das falsche Vorgehen an einem Beispiel.

▶ **Beispiel: Gesamtfläche**
In der Abbildung ist der Graph der Funktion $f(x) = 2 - \frac{1}{2}x^2$ dargestellt.

Er schließt über dem Intervall $[0; 3]$ mit der x-Achse die markierte Fläche ein. Welchen Inhalt A besitzt sie?

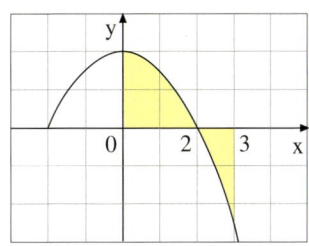

Richtige Lösung:
Wir verwenden zur Berechnung bestimmte Integrale, sichern aber durch geeignete Aufteilung des Intervalls $[0; 3]$, dass es nicht zu Bilanzierungen kommt.
Im Intervall $[0; 2]$ gilt $f(x) \geq 0$. Das bestimmte Integral ist positiv. Der Flächeninhalt A_1 ist gleich dem bestimmten Integral. Teilergebnis: $A_1 = \frac{8}{3}$

Berechnung der Teilfläche A_1:
$$\int_0^2 \left(2 - \tfrac{1}{2}x^2\right)dx = \left[2x - \tfrac{1}{6}x^3\right]_0^2$$
$$= \left(\tfrac{8}{3}\right) - (0) = \tfrac{8}{3} \Rightarrow A_1 = \tfrac{8}{3}$$

Im Intervall $[2; 3]$ gilt $f(x) \leq 0$. Das bestimmte Integral ist negativ. Der Flächeninhalt A_2 ist gleich dem Betrag des bestimmten Integrals. Teilergebnis: $A_2 = \frac{7}{6}$

Berechnung der Teilfläche A_2:
$$\int_2^3 \left(2 - \tfrac{1}{2}x^2\right)dx = \left[2x - \tfrac{1}{6}x^3\right]_2^3$$
$$= \left(\tfrac{3}{2}\right) - \left(\tfrac{8}{3}\right) = -\tfrac{7}{6} \Rightarrow A_2 = \tfrac{7}{6}$$

Den Gesamtinhalt erhalten wir durch Addition: $A = A_1 + A_2 = \frac{23}{6} \approx 3,83$

Gesamtinhalt:
$$A = A_1 + A_2 = \tfrac{8}{3} + \tfrac{7}{6} = \tfrac{23}{6} \approx 3,83$$

Falsche Lösung:
Wir versuchen, den gesuchten Flächeninhalt in einem Zug ohne Intervallaufteilung zu errechnen. Das „Resultat" $A = \frac{3}{2}$ erhalten wir so viel schneller, aber es ist falsch. Es stellt nur die bei dieser Aufgabe
▶ unbrauchbare Flächenbilanz dar.

Falsche Lösung:
$$\int_0^3 \left(2 - \tfrac{1}{2}x^2\right)dx = \left[2x - \tfrac{1}{6}x^3\right]_0^3 = \left(\tfrac{3}{2}\right) - (0) = \tfrac{3}{2}$$
$$\Rightarrow A = \tfrac{3}{2} = 1,5 \quad \text{falsch!}$$

Übung 1
Gesucht ist der Inhalt der Fläche, welche vom Graphen von f und der x-Achse über dem Intervall $[0; 4]$ eingeschlossen wird.

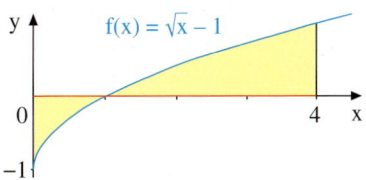

2. Flächen unter Funktionsgraphen

A. Elementare Aufgaben

Im Folgenden geht es um die Berechnung des Inhalts von Flächenstücken, die durch den Graphen einer Funktion begrenzt sind. Im letzten Abschnitt sahen wir, dass solche Flächeninhalte mithilfe bestimmter Integrale berechnet werden können. Bei Funktionen mit wechselndem Vorzeichen muss man zur Bestimmung des Inhalts der Fläche zwischen dem Graphen und der x-Achse das Intervall so aufteilen, dass in den Teilintervallen das Vorzeichen nicht wechselt.

▶ **Beispiel: Fläche im Positiven**
Gegeben ist $f(x) = -x^2 + 4x - 3$.
Gesucht ist der Inhalt A der Fläche zwischen dem Graphen von f und der x-Achse über dem Intervall [2; 3].
Skizzieren Sie den Graphen von f zunächst für $0 \leq x \leq 4$.

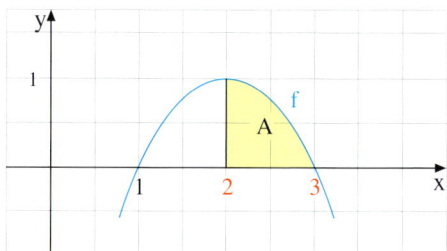

Lösung:
Die Skizze des Graphen von f zeigt, dass das Flächenstück A ganz oberhalb der x-Achse liegt. Also gibt das bestimmte Integral von f in den Grenzen von 2 bis 3 dessen Inhalt an.

▶ Resultat: $A = \frac{2}{3}$

$$\int_2^3 (-x^2 + 4x - 3)\,dx$$
$$= \left[-\tfrac{1}{3}x^3 + 2x^2 - 3x\right]_2^3 = 0 - \left(-\tfrac{2}{3}\right) = \tfrac{2}{3}$$
$$\Rightarrow A = \tfrac{2}{3}$$

▶ **Beispiel: Fläche im Negativen**
Gesucht ist der Inhalt A der Fläche zwischen dem Graphen der Funktion $f(x) = x^3 - 1$ und den beiden Koordinatenachsen, die im 4. Quadranten liegt.
Fertigen Sie zunächst eine Skizze an.

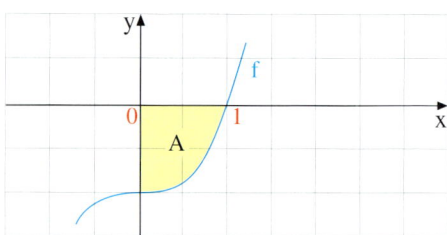

Lösung:
Die Funktion besitzt eine Nullstelle bei $x = 1$ und einen Schnittpunkt mit der y-Achse bei $y = -1$. Hierdurch wird die markierte Fläche begrenzt. Sie liegt ganz unterhalb der x-Achse. Das bestimmte Integral von 0 bis 1 gibt daher den Flächeninhalt an, nur mit negativem Vorzeichen versehen.

▶ Resultat: $A = \frac{3}{4}$

$$\int_0^1 (x^3 - 1)\,dx$$
$$= \left[\tfrac{1}{4}x^4 - x\right]_0^1 = \left(-\tfrac{3}{4}\right) - 0 = -\tfrac{3}{4}$$
$$\Rightarrow A = \tfrac{3}{4}$$

Wir kommen nun zu Flächen, die teilweise oberhalb und teilweise unterhalb der x-Achse liegen. In diesen Fällen muss man beim Integrieren die im Flächenbereich liegenden Nullstellen als Unterteilungsstellen verwenden, ansonsten würde man nur Flächenbilanzen erhalten.

▶ **Beispiel: Wechselndes Vorzeichen**
Gegeben ist $f(x) = \frac{1}{2}x^2 - \frac{5}{2}x + 2$. Gesucht ist der Gesamtinhalt der Fläche zwischen dem Graphen von f und der x-Achse über dem Intervall [0; 3].

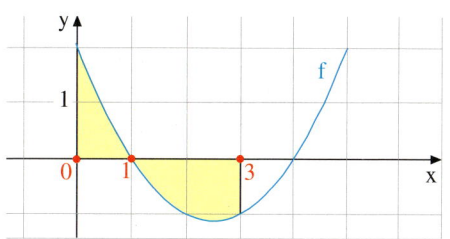

Lösung:
Wir errechnen zunächst die Nullstellen der Funktion, die bei x = 1 und x = 4 liegen, und skizzieren den Graphen.
Wir erkennen, dass die Fläche über [0; 3] aus zwei Teilstücken A_1 über [0; 1] und A_2 über [1; 3] besteht.

1. Nullstellen

$$\frac{1}{2}x^2 - \frac{5}{2}x + 2 = 0$$

$$x^2 - 5x + 4 = 0$$

$$x = 2{,}5 \pm \sqrt{2{,}25} \quad \Rightarrow \quad x = 1, \; x = 4$$

Die zugehörigen bestimmten Integrale haben die Werte $\frac{11}{12}$ (oberhalb der x-Achse) und $-\frac{5}{3}$ (unterhalb der x-Achse).

2. Bestimmte Integrale

$$\int_0^1 f(x)\,dx = \left[\frac{1}{6}x^3 - \frac{5}{4}x^2 + 2x\right]_0^1 = \frac{11}{12}$$

$$\int_1^3 f(x)\,dx = \left[\frac{1}{6}x^3 - \frac{5}{4}x^2 + 2x\right]_1^3 = -\frac{5}{3}$$

Der Gesamtinhalt von A ist somit gleich der Summe der Beträge dieser Werte:
$A = \frac{31}{12} \approx 2{,}58$.

3. Flächeninhalt

$$A = A_1 + A_2 = \frac{11}{12} + \frac{5}{3} = \frac{31}{12} \approx 2{,}58$$

Man darf nicht von 0 bis 3 „durchintegrieren", da man dann nur die Flächenbilanz $\frac{11}{12} - \frac{5}{3} = -\frac{3}{4}$ erhalten würde.

◀

Übung 1

Gesucht sind die Inhalte der im Folgenden beschriebenen oder markierten Flächenstücke.

a) $f(x) = x^2 - x + 1$

   Fläche über dem
   Intervall [0; 2]

b) $f(x) = \frac{1}{x^2}$

   Fläche über dem
   Intervall [1; 3]

c) $f(x) = x^3 - x$

   von Kurve und x-Achse im
   4. Quadranten eingeschlossene Fläche

d) $f(x) = x^3 - x$

   Fläche zwischen Kurve
   und x-Achse über dem
   Intervall [0; 2]

e)

f)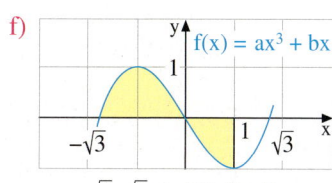

$-\sqrt{3}$, $\sqrt{3}$ sind Nullstellen

Die folgenden Beispiele betreffen Funktionen mit etwas komplizierteren Funktionstermen. Das Vorgehen bei Flächenbestimmungen ändert sich im Prinzip nicht, lediglich die nötige Bestimmung der Nullstellen der gegebenen Funktion ist aufwendiger.

▶ **Beispiel: Umschlossene Fläche**
Gegeben ist $f(x) = \frac{1}{4}x^3 + \frac{1}{2}x^2 - 2x$. Gesucht ist der Gesamtinhalt der Fläche, die vom Graphen von f und der x-Achse umschlossen wird.

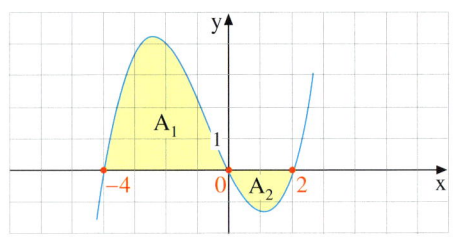

Lösung:
Wir bestimmen zunächst die Nullstellen von f durch Ausklammern von x und mithilfe der p-q-Formel. Diese liegen bei x = 0, x = 2 und x = −4.
Nun lässt sich der von unten links kommende und nach oben rechts gehende Graph von f gut skizzieren, evtl. benötigt man noch einige zusätzliche Funktionswerte.

Die Kurve und die x-Achse umschließen die gelb markierte Fläche. Sie besteht aus den Teilflächen A_1 und A_2. A_1 liegt oberhalb der x-Achse und ihr Inhalt lässt sich als bestimmtes Integral über [−4; 0] darstellen.
Ergebnis: $A_1 = \frac{32}{3}$.
Für A_2 liefert das zugehörige bestimmte Integral über [0; 2] den Inhalt $\frac{5}{3}$.

Insgesamt beträgt der Inhalt der gelben Flä-
▶ che dann ca. 12,33 FE.

1. Nullstellen

$$\frac{1}{4}x^3 + \frac{1}{2}x^2 - 2x = 0$$
$$x^3 + 2x^2 - 8x = 0$$
$$x(x^2 + 2x - 8) = 0$$
$$x = 0 \ \text{oder} \ x^2 + 2x - 8 = 0$$
$$x = -1 \pm \sqrt{1+8}$$
$$x = 2, \ x = -4$$

2. Bestimmte Integrale

$$\int_{-4}^{0} f(x)\,dx = \left[\frac{1}{16}x^4 + \frac{1}{6}x^3 - x^2\right]_{-4}^{0} = \frac{32}{3}$$

$$\int_{0}^{2} f(x)\,dx = \left[\frac{1}{16}x^4 + \frac{1}{6}x^3 - x^2\right]_{0}^{2} = -\frac{5}{3}$$

3. Flächeninhalt

$$A = A_1 + A_2 = \frac{32}{3} + \frac{5}{3} = \frac{37}{3} = 12\frac{1}{3} \approx 12{,}33$$

Übung 2 Flächeninhalt
Gesucht ist der Gesamtinhalt der Fläche zwischen dem Graphen von f und der x-Achse über dem angegebenen Intervall I. Skizzieren sie zunächst den Graphen von f.

a) $f(x) = \frac{1}{6}x^3 - \frac{1}{2}x^2$ $I = [-1; 2]$

b) $f(x) = x^3 - 4x$ $I = [-3; 2]$

c) $f(x) = \frac{1}{4}(x+3)(x-1)(x-2)$ $I = [-3; 2]$

d) $f(x) = \frac{2}{x^2}$ $I = [1; 3]$

Übung 3 Eingefärbte Fläche
Bestimmen Sie den Inhalt des abgebildeten eingefärbten Flächenstücks A.

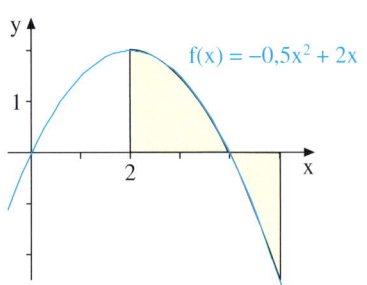

B. Flächenberechnungen bei nichtganzrationalen Funktionen

Im Folgenden sind Flächen zu bestimmen, die von nichtganzrationalen Funktionen berandet sind.

▶ **Beispiel: Sinusprofil**
Rollt man das abgebildete Blechteil zylindrisch auf, bis die roten Kanten zur Deckung kommen, so entsteht ein schräg angeschnittener Zylinder.
Wie viel Blech wird für das Gebilde benötigt (1 LE = 1 m)?

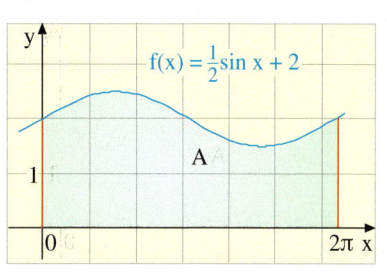

Lösung:
Zunächst bestimmen wir eine Stammfunktion von f. Wir erhalten $F(x) = -\frac{1}{2}\cos x + 2x$.

Nun berechnen wir das bestimmte Integral der Randkurve über dem Intervall $[0; 2\pi]$. Es hat den Wert $A = 4\pi \approx 12{,}57$. Benötigt
▶ werden also knapp 13 m² Blech.

Flächeninhalt:

$$A = \int_0^{2\pi} f(x)\,dx = \int_0^{2\pi} \left(\frac{1}{2}\sin x + 2\right)dx$$

$$= \left[-\frac{1}{2}\cos x + 2x\right]_0^{2\pi}$$

$$= \left(-\frac{1}{2} + 4\pi\right) - \left(-\frac{1}{2} + 0\right)$$

$$= 4\pi \approx 12{,}57$$

Gelegentlich treten Flächen auf, die sich *unendlich weit* ausdehnen. Man kann ihren Inhalt durch eine Integration in Verbindung mit einem *Grenzwertprozess* bestimmen.

▶ **Beispiel: Unbegrenzte Fläche**
Gesucht ist der Inhalt des nach rechts unbegrenzten Flächenstücks A, das im 1. Quadraten zwischen dem Graphen von $f(x) = \frac{3}{x^2}$ und der x-Achse liegt.

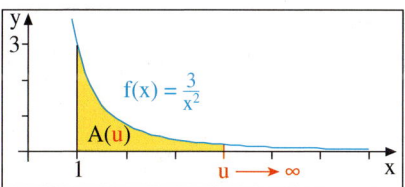

Lösung:
Wir berechnen zunächst den Inhalt der Fläche A(u) zwischen dem Graphen von f und der x-Achse über dem begrenzten Intervall $[1; u]$, u > 1 (siehe Abb.).
Resultat: $A(u) = 3 - \frac{3}{u}$
Der gesuchte Inhalt von A ergibt sich, indem wir die rechte Intervallgrenze u immer weiter nach rechts schieben.
Es wird also der Grenzwert von A(u) für
▶ $u \to \infty$ bestimmt: $A = \lim_{u \to \infty} A(u) = 3$

Fläche A(u) über dem Intervall [1; u]:

$$A(u) = \int_1^u \frac{3}{x^2}\,dx = \left[-\frac{3}{x}\right]_1^u$$

$$= \left(-\frac{3}{u}\right) - (-3) = 3 - \frac{3}{u}$$

Fläche A über dem Intervall [1; ∞]:

$$A = \lim_{u \to \infty} A(u) = \lim_{u \to \infty}\left(3 - \frac{3}{u}\right) = 3 - 0 = 3$$

Übung 4
Gesucht ist der Inhalt der Fläche A, die vom Graphen von $f(x) = \dfrac{-4}{(x+1)^2}$ und den beiden Koordinatenachsen im 4. Quadranten umschlossen wird.

▶ **Beispiel: Funktion mit Wurzelterm**
Der Graph von $f(x) = x + 4 - 4\sqrt{x}$ ist rechts dargestellt.
Welchen Inhalt hat die von den Koordinatenachsen und dem Graphen von f begrenzte Fläche im 1. Quadranten des Koordinatensystems?

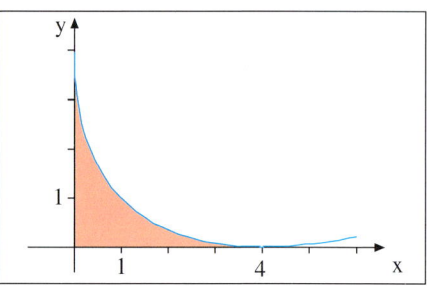

Lösung:
Die untere Integrationsgrenze liegt bei null, die obere Grenze kann der Zeichnung entnommen werden. Sie liegt bei x = 4, wie auch der direkte Nachweis einer Nullstelle bei x= 4 durch Einsetzen bestätigt.

Nun benötigen wir eine Stammfunktion von $\sqrt{x}$. Sie wird mit der allgemeinen Potenzregel ermittelt und lautet $\frac{2}{3}x^{\frac{3}{2}}$.
(allg. Potenzregel: siehe S. 104).

Damit erhalten wir als Stammfunktion von f:
$F(x) = \frac{x^2}{2} + 4x - \frac{8}{3}x^{\frac{3}{2}}$.

Nun können wir den gesuchten Flächeninhalt A als das bestimmte Integral von f über dem Intervall [0;4] ermitteln.

▶ Resultat $A = \frac{8}{3}$.

Nullstelle von f:
$$f(4) = 4 + 4 - 4\sqrt{4}$$
$$= 8 - 4 \cdot 2 = 0$$

Stammfunktion von $\sqrt{x}$:
$$\int \sqrt{x}\,dx = \int x^{\frac{1}{2}}\,dx = \frac{2}{3}x^{\frac{3}{2}} + C$$

Flächeninhalt:
$$A = \int_0^4 f(x)\,dx = \int_0^4 (x + 4 - 4\sqrt{x})\,dx$$
$$= \left[\frac{1}{2}x^2 + 4x - \frac{8}{3}x^{\frac{3}{2}}\right]_0^4$$
$$= \left(8 + 16 - \frac{8}{3} \cdot 8\right) - (0)$$
$$= \frac{8}{3}$$

Übung 5
Gegeben ist die Funktion $f(x) = x + 2 - 3\sqrt{x}$.
a) Zeichnen Sie den Graphen von f. Zeigen Sie, dass x = 1 und x = 4 die Nullstellen von f sind.
b) Prüfen Sie, ob die beiden von den Koordinatenachsen bzw. der x-Achse und dem Graphen von f eingeschlossenen Flächenstücke den gleichen Inhalt haben.

Übung 6
Wie groß ist der Inhalt der Fläche unter dem Graphen von $f(x) = \sqrt{x} - 1 + \frac{1}{x^2}$ über dem Intervall I = [1; 4]?

Übung 7
Bestimmen Sie den Inhalt der Fläche unter dem Graphen von $f(x) = x + \frac{2}{\sqrt{x}} - 2$ über dem Intervall I = [1; 6].

C. Berechnung bestimmter Integrale mit dem GTR

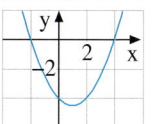

Mit einem GTR können bestimmte Integrale und damit auch Flächeninhalte berechnet werden.

▶ **Beispiel: Flächenberechnung (GTR)**
Berechnen Sie das bestimmte Integral.
Intepretieren Sie das Resultat anhand der
Skizze des Graphen von $f(x) = 0{,}5\,x^2 - x - 4$.

$$\int_{-2}^{4} (0{,}5\,x^2 - x - 4)\,dx$$

Lösung:
Wir rufen die Eingabemaske eines bestimmten Integrals auf durch diese Tastenfolge:

TI: Menu > Analysis > Integral
CASIO: MENU > 1 (Run Matrix) > F4
(MATH) > F6 (▷) > F1 ($\int dx$)

Wir tragen die untere Grenze -2, die obere
Grenze 4 und den Integranden $0{,}5\,x^2 - x - 4$
in die Maske ein *, drücken die Eingabetas-
te enter (TI) bzw. die Ausführungstaste
EXE (Casio) und erhalten das Ergebnis
-18.
Interpretation: Die Fläche zwischen Kurve
▶ und x-Achse über $[0; 4]$ hat den Inhalt 18.

Komplexere Flächenberechnung mit dem GTR

Bei Funktionen mit *wechselndem Vorzeichen* muss zur Bestimmung des Flächeninhalts zwischen
dem Graphen und der x-Achse von „Nullstelle zu Nullstelle" integriert werden. Zuerst müssen
also die Nullstellen der Funktion bestimmt werden. Das kann gut mit dem GTR erledigt werden.

▶ **Beispiel: Flächenberechnung (GTR)**
Bestimmen Sie den Inhalt der in der Abbildung rechts rot markierten Fläche A.

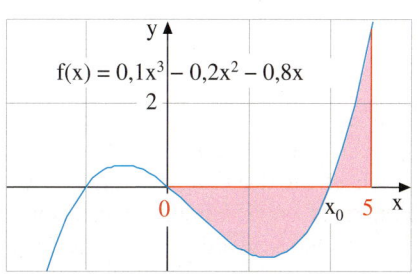

Lösung:
Wir geben die Gleichung von f im GTR ein
und zeichnen den Graphen. Wir erhalten ein
GTR- Bild, das dem Bild rechts entspricht.

Die Gesamtfläche A zerfällt in zwei Teile,
die in der Nullstelle x_0 von f aneinandersto-
ßen, welche zwischen 0 und 5 liegt.
Wir bestimmen daher zunächst die Lage
der Nullstelle x_0 graphisch mit dem GTR
▼ (rechts). Sie liegt bei $x_0 = 4$.

Bestimmung von x_0 mit dem GTR:
TI: Menu > Graph analysieren > Nullstellen
Casio: MENU > 5 (Graph) > F6 (DRAW)
> F5 (G-Solv) > F1 (ROOT)

---

* Wurde der Funktionsterm unter f1 (TI) bzw. Y1 (Casio) bereits eingegeben, so kann hier diese Kurzform als
  Integrand verwendet werden. Beim Casio findet man das Symbol Y (Graph) im CATALOG.

Nun rufen wir wie im letzten Beispiel die Eingabemaske für bestimmte Integrale auf:

TI: Menu > Analysis > Integral
CASIO: MENU 1 (Run Matrix) > F4 (MATH) > F6 (▷) > F1 ($\int$d x)

Wir tragen die untere Grenze 0, die obere Grenze 4 und den Integranden f1 (TI) bzw. Y1 (CASIO) in die Maske ein.
Rechts sind die beiden erforderlichen Berechnungen dargestellt.
▶ Resultat: A hat den Inhalt $A = A_1 + A_2 \approx 5{,}82$.

Vereinfachte Flächenberechnung mithilfe der Betragsfunktion

Man kann obiges Beispiel deutlich eleganter lösen, wenn man die **Betragsfunktion |x|** bzw. **abs** verwendet und mit ihr die negativen Teile des Integranden f ins Positive „umklappt", so das man vom Anfang bis zum Ende des Integrationsintervalls ohne Unterbrechung „durchintegrieren" kann.

TI-Lösung: Man wählt die Applikation Graphs und weist der Funktion f1 sofort unter Verwendung der abs-Funktion den Betrag des Funktionsterms von f zu. Es macht Sinn, die Fenstereinstellungen anzupassen. Mit menu > Graph analysieren > Integral erhält man die Möglichkeit, die untere und obere Schranke für die Integration festzulegen. Der Flächeninhalt 5,83 wird nun ausgegeben.

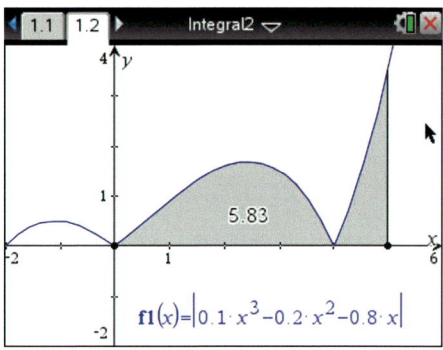

CASIO-Lösung: Man wählt die Graph-Anwendung und weist der Funktion Y1 sofort unter Auswahl der abs-Funktion aus dem CATALOG den Betrag des Funktionsterms von f zu. Mit F6 (DRAW) wird der Graph gezeichnet und mit F3 (V-Windows) wird das Fenster eingestellt. Dann wird unter F5 die Option gewählt (genauer: F5 (G-Solv) > F6 (▷) > F3 ($\int$d x) > F1 ($\int$d x)). Nun werden untere und obere Grenze eingegeben, worauf A = 5,82499999 erscheint.

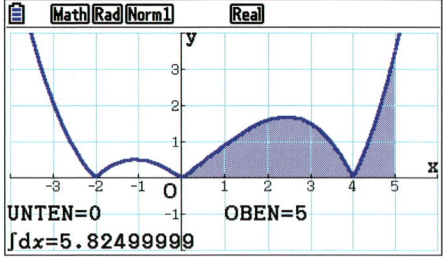

Übung 8 Bestimmte Integrale und Flächeninhalte

Berechnen Sie die Fläche zwischen dem Graphen f und der x-Achse über dem Intervall [a; b].
a) $f(x) = \frac{1}{5}(x^4 - 10x^2 + 9)$, a = −1, b = 3   b) $f(x) = x^4 + x^3 - 2x^2$, a = −2, b = 1

D. Parameteraufgaben

Die folgenden Beispiele erfordern die Verwendung von Parametern, wodurch der Schwierigkeitsgrad erhöht ist. Außerdem dienen die Aufgaben der Wiederholung von Elementen der Kurvenuntersuchung.

▶ **Beispiel: Parameterbestimmung**
Die Parabelschar $f_a(x) = a x^2 + 1$ sei gegeben. Wie muss $a > 0$ gewählt werden, damit die Fläche zwischen dem Graphen von f_a und der x-Achse über dem Intervall [0; 1] den Inhalt 2 hat?

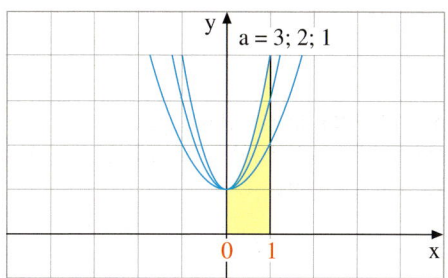

Lösung:
Wir berechnen das bestimmte Integral von f_a in den Grenzen von 0 bis 1. Den von a abhängigen Ergebnisterm setzen wir gleich 2. Auflösen der so entstandenen Bestimmungsgleichung liefert den gesuchten Pa-
▶ rameterwert $a = 3$.

$$\int_0^1 (a x^2 + 1)\, dx = \left[\tfrac{a}{3} x^3 + x\right]_0^1 = \tfrac{a}{3} + 1 \overset{!}{=} 2$$
$$\Rightarrow a = 3$$

▶ **Beispiel: Flächenteilung**
Gegeben ist die Parabel $f(x) = x^2$. Gesucht ist derjenige Wert des Parameters a, für den die senkrechte Gerade $x = a$ die Fläche unter f über dem Intervall [0; 2] halbiert.

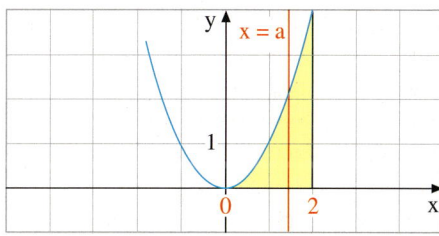

Lösung:
Wir errechnen den Inhalt A unter f über [0; 2]. Er beträgt $\tfrac{8}{3}$.
Der Inhalt A_1 unter f über dem Intervall [0; a] beträgt $\tfrac{a^3}{3}$.
Der Ansatz $A_1 = \tfrac{1}{2} A$ liefert daraus den Parameterwert $a = \sqrt[3]{4}$. $x = \sqrt[3]{4}$ ist die Gleichung
▶ der gesuchten Geraden.

$$A = \int_0^2 x^2\, dx = \left[\tfrac{x^3}{3}\right]_0^2 = \tfrac{8}{3}$$

$$A_1 = \int_0^a x^2\, dx = \left[\tfrac{x^3}{3}\right]_0^a = \tfrac{a^3}{3}$$

$$A_1 = \tfrac{1}{2} A \Rightarrow \tfrac{a^3}{3} = \tfrac{4}{3} \Rightarrow a = \sqrt[3]{4} \approx 1{,}59$$

Übung 9
Gegeben ist $f_a(x) = x^3 - a^2 x$, $a > 0$. Wie muss a gewählt werden, damit die beiden von f_a und der x-Achse eingeschlossenen Flächen jeweils den Inhalt 4 haben?

Übung 10
Die Fläche unter $f(x) = x^2$ über [0; 4] soll durch die senkrechte Gerade $x = a$ im Verhältnis 1:7 geteilt werden.
Wie muss a gewählt werden?

E. Rekonstruktionsaufgaben

▶ **Beispiel: Rekonstruktion**

Eine ganzrationale Funktion f dritten Grades hat die aufgeführten Eigenschaften I, II und III.
Um welche Funktion handelt es sich?

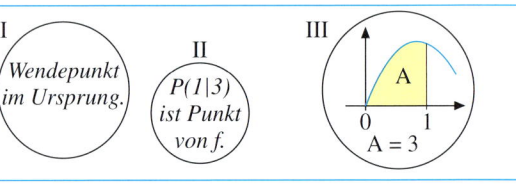

I *Wendepunkt im Ursprung.*

II *P(1|3) ist Punkt von f.*

III A   A = 3

Lösung:

Ausgehend vom allgemeinen Ansatz für eine ganzrationale Funktion dritten Grades $f(x) = a x^3 + b x^2 + c x + d$ errechnen wir zunächst die benötigten Ableitungen f′ und f″.

Anschließend stellen wir die Bedingungen für f, f′ und f″ auf, die den geforderten Eigenschaften I bis III entsprechen.

Nachdem die Parameter $b = 0$ und $d = 0$ feststehen, ergibt sich ein Gleichungssystem mit den Variablen a und c, das wir mittels Additionsverfahren lösen.

▶ Das Resultat ist $f(x) = -6 x^3 + 9 x$.

Ansatz:

$$f(x)\ \ = a x^3 + b x^2 + c x + d$$
$$f'(x)\ = 3 a x^2 + 2 b x + c$$
$$f''(x) = 6 a x + 2 b$$

Bedingungen:

I. $f''(0) = 0 \qquad \Rightarrow b = 0$
   $\ f(0) = 0 \qquad \Rightarrow d = 0$

Neuer Ansatz: $f(x) = a x^3 + c x$

II. $f(1) = 3 \qquad\ \ \Rightarrow a + c = 3$

III. $\int_0^1 f(x)\,dx = 3 \quad \Rightarrow \frac{1}{4}a + \frac{1}{2}c = 3$

$\qquad\qquad \Rightarrow\ a = -6,\ c = 9$

Resultat: $f(x) = -6 x^3 + 9 x$

Übung 11

Eine quadratische Funktion mit einer Nullstelle bei x = 1, deren Hochpunkt auf der y-Achse liegt, schließt mit den Koordinatenachsen im 1. Quadranten eine Fläche mit dem Inhalt 1 ein. Um welche Funktion handelt es sich?

Übung 12

Eine quadratische Parabel schneidet die y-Achse bei −1 und nimmt ihr Minimum bei x = 4 an. Im 4. Quadranten liegt unterhalb der x-Achse über dem Intervall [0; 1] ein Flächenstück zwischen der Parabel und der x-Achse, dessen Inhalt 12 beträgt. Um welche Kurve handelt es sich?

Übung 13

Es handelt sich um eine nicht maßstäbliche Skizze einer Parabel. Bestimmen Sie deren Funktionsgleichung.

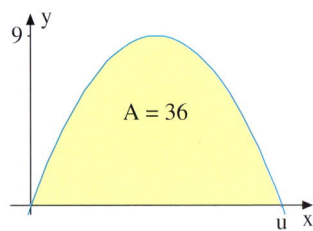

A = 36

Übungen

14. Einfache Flächenberechnungen
Gesucht ist der Inhalt A der markierten Fläche.

a)

$f(x) = x^3$

b)
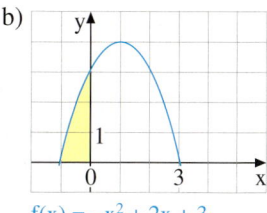
$f(x) = -x^2 + 2x + 3$

c)
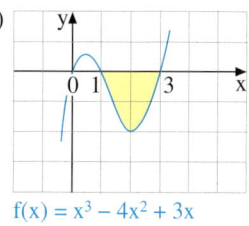
$f(x) = x^3 - 4x^2 + 3x$

15. Komplexere Flächenberechnungen
Skizzieren Sie den Graphen von f. Berechnen Sie sodann den Inhalt der Fläche, die über dem Intervall I zwischen dem Graphen von f und der x-Achse liegt.

a) $f(x) = -\frac{1}{3}x^2 + \frac{4}{3}x + \frac{5}{3}$, $I = [-1; 6]$ b) $f(x) = 0{,}5x^2 - x - 1{,}5$, $I = [-2; 3]$

c) $f(x) = 2x^3 - 8x$, $I = [-1; 2]$ d) $f(x) = \frac{2}{x^2}$, $I = [1; 5]$

e) $f(x) = x^4 - 1$, $I = [0{,}5; 2]$ f) $f(x) = x^3 - 4x$, $I = [-1; 2{,}5]$

16. Flächenberechnungen mit dem GTR
Zeichnen Sie den Graphen von f mit dem GTR. Ermitteln Sie die Nullstellen von f sowie den Inhalt der Fläche, die über dem Intervall I zwischen dem Graphen von f und der x-Achse liegt.

a) $f(x) = -\frac{1}{2}x^3 - \frac{1}{2}x^2 + 2x + 2$, $I = [-2; 2]$ b) $f(x) = \frac{1}{2}x^4 - \frac{5}{2}x^2 + 2$, $I = [-2; 1]$

c) $f(x) = \frac{1}{6}(x^5 - x^3 - 12x)$, $I = [-1; 2]$ d) $f(x) = -\frac{1}{2}x^3 + \frac{3}{2}x^2$, $I = [-1; 2]$

17. Nullstellen- und Flächenbestimmung
Gesucht ist der Gesamtinhalt der Fläche zwischen dem Graphen von f und der x-Achse über dem Intervall I. Bestimmen Sie zunächst die Nullstellen von f.

a) $f(x) = x^3 + 2x^2 - 3x$, $I = [-2; 2{,}5]$ b) $f(x) = (x + 2)(x - 1)^2$, $I = [-2; 2]$

c) $f(x) = (x - 1)(x + 2)(x - 3)$, $I = [-1; 2]$ d) $f(x) = x^4 + x^2 - 2$, $I = [-2; 3]$

18. Logo
Das abgebildete Logo soll durch die folgenden Randfunktionen grob modelliert werden:

$f(x) = \frac{1}{4}(1 - x)(x + 3)$

$g(x) = \frac{1}{4}(x + 1)(3 - x)$

$h(x) = \frac{1}{4}(x - 3)(x + 3)$

Wie groß ist die gefärbte Fläche (1 LE = 1 m)?

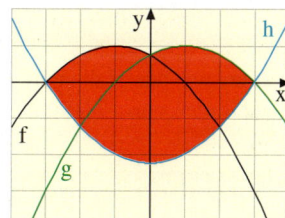

F. Modellierungsaufgaben mit Anwendungen

Wir schließen diesen Abschnitt mit zwei typischen Anwendungsbeispielen ab.

▶ **Beispiel: Luftvolumen einer Halle**
Eine Bahnhofshalle wird über zwei
Ventilatoren belüftet, deren Leistung je-
weils ca. 80 Kubikmeter pro Minute be-
trägt.
Welche Zeit wird für einen kompletten
Luftaustausch benötigt?
Das Dach der Halle ist eine parabelför-
mige Holzkonstruktion.

Lösung:
Wir errechnen zunächst die Parabelglei-
chung aus den gegebenen Bedingungen. In
dem festgelegten Koordinatensystem lässt
sich nach nebenstehender Rechnung das
Dach der Halle durch die Gleichung
$f(x) = -\frac{1}{10}x^2 + 10$ beschreiben.

Gleichung der Parabel:

$f(x) = a\,x^2 + c$
$f(0) = 10$
$f(10) = 0$
$\Rightarrow c = 10,\ a = -\frac{1}{10}$
$f(x) = -\frac{1}{10}x^2 + 10$

Das Luftvolumen der Halle erhalten wir als
Produkt aus dem Inhalt der Hallenquer-
schnittsfläche und der gegebenen Hallenlänge. Die Querschnittsfläche der Halle
setzt sich aus zwei Teilflächen zusammen,
einer Rechteckfläche und einer Parabel-
fläche.

Fläche unter der Parabel:

$$A_1 = 2 \cdot \int_0^{10} f(x)\,dx = 2 \cdot \left[-\frac{1}{30}x^3 + 10\,x \right]_0^{10}$$

$$= 2 \cdot \left(-\frac{1000}{30} + 100 \right) = 133,\overline{3}$$

Den Inhalt dieser Fläche zwischen der Parabel und der x-Achse errechnen wir nun
durch Integration. Er beträgt $133,\overline{3}$ m².
Die Vorderfront der Halle besitzt also einen
Flächeninhalt von $293,\overline{3}$ m².

Gesamtfläche:

$$A = 8 \underset{20}{\boxed{160}} + \overset{133,3}{\triangle} = 293,\overline{3}$$

Multiplikation mit der Hallenlänge ergibt
das Hallenvolumen von $17\,600$ m³.

Gesamtvolumen:
$V = 293,\overline{3} \cdot 60 = 17\,600$

Zum Luftaustausch der gesamten Halle benötigen die beiden Ventilatoren dann eine
▶ Stunde und 50 Minuten.

Zeit für Luftaustausch:
$t = \dfrac{V}{160} = \dfrac{17\,600}{160} = 110$
$110\,\text{min} = 1\,\text{h}\ 50\,\text{min}$

▶ **Beispiel: Pflasterfläche**
Am Ufer führt ein Radweg entlang. Dieser soll auf 20 m Länge durch eine neue Trasse ersetzt werden, die einen Brunnen umgeht. Die Übergänge sollen fließend sein.
Welche ganzrationale Funktion wäre zur Linienführung geeignet?
Wie groß wäre dann die markierte neu zu pflasternde Fläche zwischen dem Ufer und der neuen Trasse?

○ Brunnen, ⌀ = 2 m
— Radweg
— neue Trasse
▨ Pflasterung

Lösung:
Es handelt sich um eine Konstruktionsaufgabe mit einer zusätzlichen Inhaltsbestimmung.
Zunächst führen wir ein passend liegendes Koordinatensystem ein und überlegen, welche Kurvenart die geforderten Eigenschaften haben könnte. Eine ganzrationale Funktion 4. Grades erscheint prinzipiell geeignet. Sie sollte symmetrisch zur y-Achse sein, woraus sich der Ansatz $f(x) = ax^4 + bx^2 + c$ mit geraden Exponenten ergibt. Ihr Tiefpunkt sollte $T(0|-6)$ sein und ihr rechter Hochpunkt wegen des fließenden Übergangs in die x-Achse bei $H(10|0)$ liegen. Der linke Hochpunkt liegt symmetrisch. Hieraus erhalten wir die Bedingungen I bis IV für f und f', die auf 3 Bestimmungsgleichungen für a, b und c führen. Die Auflösung des Gleichungssystems ergibt das Resultat $f(x) = -0{,}0006x^4 + 0{,}12x^2 - 6$.

Zur Inhaltsberechnung der Pflasterfläche verwenden wir das bestimmte Integral von f von 0 bis 10, das uns, abgesehen vom negativen Vorzeichen, den halben Flächeninhalt liefert. Nach Verdopplung erhalten wir die Pflasterfläche, wovon evtl. noch $3{,}14\,\text{m}^2$ für den Brunnen abgezogen werden müs-
▶ sen, sodass $60{,}86\,\text{m}^2$ verbleiben.

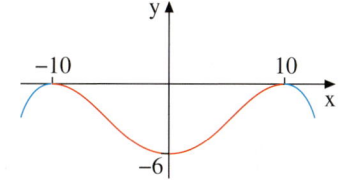

Ansatz für f:
$f(x) = ax^4 + bx^2 + c$
$f'(x) = 4ax^3 + 2bx$

Eigenschaften von f:
Tiefpunkt $T(0|-6)$
Hochpunkt $H(10|0)$
I: $f(0)\ \ = -6:\ c = -6$
II: $f'(0)\ \ = 0$: durch Symmetrie erfüllt
III: $f(10)\ = 0$: $10\,000a + 100b - 6 = 0$
IV: $f'(10) = 0$: $4000a + 20b = 0$

Auflösung des Gleichungssystems:
$c = -6,\ a = -0{,}0006,\ b = 0{,}12$
$f(x) = -0{,}0006x^4 + 0{,}12x^2 - 6$

Flächeninhalt:
$$\int_0^{10} f(x)\,dx = \int_0^{10}(-0{,}0006x^4 + 0{,}12x^2 - 6)\,dx$$
$$= \left[-0{,}00012x^5 + 0{,}04x^3 - 6x\right]_0^{10} = -32$$
$$\Rightarrow A = 2 \cdot 32 = 64$$

Übungen

19. Kanalquerschnitt
Bestimmen Sie den Querschnitt des abgebildeten Kanals (Breite 20 m). Zwischen A und B verläuft die rechte Begrenzung des Kanalbettes gemäß

$f(x) = \frac{3}{100}\left(-\frac{1}{3}x^3 + 5x^2\right)$.

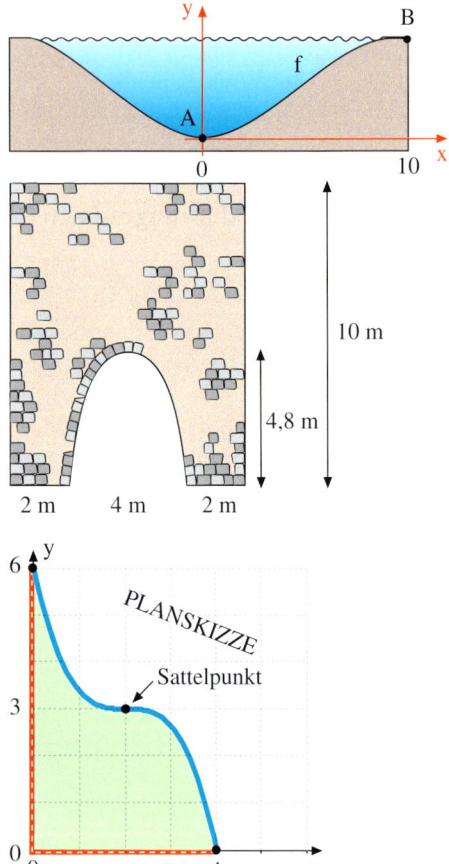

20. Fassadenanstrich
Der alte Stadtmauerturm soll einen
neuen Fassadenanstrich erhalten. Für
Angebote hat die Stadtverwaltung die
nebenstehende Planskizze an die orts-
ansässigen Maler verteilt.
Malermeister Husch will 25 Euro pro
m² kalkulieren. In welcher Höhe wird
sein Angebot liegen?

21. Grundstücksfläche
Ein Grundstück wird durch zwei Straßen und einen Fluss begrenzt.
a) Modellieren Sie den Fluss durch ein
   Polynom 3. Grades. Verwenden Sie
   die gesicherten Punkte aus der Plan-
   skizze. Im Punkt P(2|3) verläuft der
   Fluss exakt von Westen nach Osten.
b) Berechnen Sie die Grundstücksgröße. 1 LE = 1 km

22. Hängebrücke
Eine Hängebrücke wird von zwei Stahlseilen getragen, die parabelförmig zwischen den
Pylonen verlaufen. Acht Tragseile auf jeder Seite tragen die eigentliche Fahrbahn.

a) Stellen Sie das vordere Stahlseil durch eine quadratische Funktion dar.
b) Wie lang sind die acht Tragseile, die am vorderen Stahlseil hängen?
c) Welchen Flächeninhalt haben die vier Werbeverkleidungen zwischen den Tragseilen?

3. Flächen zwischen Funktionsgraphen

A. Grundlagen

Wir befassen uns nun mit Flächen, die von zwei oder mehr Kurven berandet sind. Wir erläutern das Prinzip am einfachsten Fall zweier Randkurven, die genau zwei Schnittpunkte haben. Es gibt im Wesentlichen zwei Methoden, die wir nun näher ausführen.

Methode 1: Zurückführung auf den Fall nur einer Randfunktion

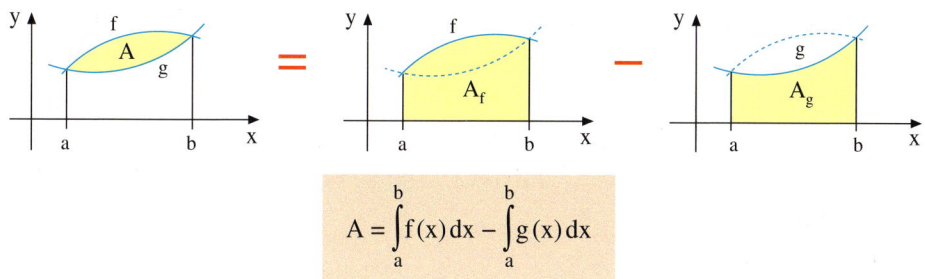

$$A = \int_a^b f(x)\,dx - \int_a^b g(x)\,dx$$

| Inhalt A der Fläche **zwischen** f und g über dem Intervall [a; b] | = | Inhalt A_f der Fläche **unter** f über dem Intervall [a; b] | − | Inhalt A_g der Fläche **unter** g über dem Intervall [a; b] |

▶ **Beispiel:** Gesucht ist der Inhalt A der Fläche zwischen den Graphen von $f(x) = \frac{1}{4}x^2 + 1$ und $g(x) = -\frac{1}{4}x^2 + x$ über dem Intervall [1; 2].

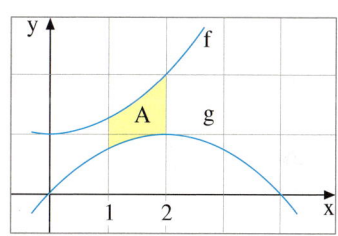

Lösung:

$$A_f = \int_1^2 f(x)\,dx = \int_1^2 \left(\frac{1}{4}x^2 + 1\right)dx = \left[\frac{1}{12}x^3 + x\right]_1^2 = \frac{32}{12} - \frac{13}{12} = \frac{19}{12}$$

$$A_g = \int_1^2 g(x)\,dx = \int_1^2 \left(-\frac{1}{4}x^2 + x\right)dx = \left[-\frac{1}{12}x^3 + \frac{1}{2}x^2\right]_1^2 = \frac{16}{12} - \frac{5}{12} = \frac{11}{12}$$

▶ $A = A_f - A_g = \frac{19}{12} - \frac{11}{12} = \frac{8}{12} = \frac{2}{3}$

Übung 1

Berechnen Sie den Inhalt A der Fläche zwischen den Graphen der Funktionen $f(x) = x^2 + 2$ und $g(x) = x + 1$ über dem Intervall [−1; 2]. Fertigen Sie zunächst eine Skizze an.

Übung 2

Die Graphen der Funktionen $f(x) = 1 - x^2$ und $g(x) = x^2 - 2x + 1$ schneiden sich. Zwischen den Schnittpunkten umschließen sie die Fläche A vollständig. Bestimmen Sie deren Inhalt.

Methode 2: Verwendung der Differenzfunktion

Man denkt sich die Fläche zwischen f und g aus unendlich vielen senkrechten Strecken zusammengesetzt. Die Länge der Strecke an der Stelle x ist die Differenz der Funktionswerte von $f(x)$ und $g(x)$. Senkt man alle Strecken auf die x-Achse ab, so entsteht dort eine neue Fläche mit dem gleichen Inhalt, deren obere Berandung die Differenzfunktion $h(x) = f(x) - g(x)$ ist. Der Inhalt dieser Fläche kann mit dem bestimmten Integral von h berechnet werden.

   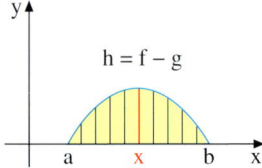

$$A = \int_a^b (f(x) - g(x))\,dx$$

Inhalt der Fläche
zwischen f und g   =
über dem Intervall [a; b]

Inhalt der Fläche
unter der Differenzfunktion h = f – g
über dem Intervall [a; b]

▶ **Beispiel:** Berechnen Sie nun den Inhalt A der Fläche zwischen den Graphen $f(x) = \frac{1}{4}x^2 + 1$ und $g(x) = -\frac{1}{4}x^2 + x$ über dem Intervall [1; 2] mithilfe der Differenzfunktion h = f – g.

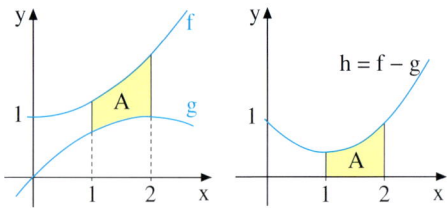

Lösung:
Die Differenzfunktion von f und g ist $h(x) = \frac{1}{2}x^2 - x + 1$. Das bestimmte Integral der Funktion h von 1 bis 2 hat den Wert $\frac{2}{3}$. Die Fläche unter h bzw. zwischen f und g
▶ über [1; 2] hat also den Inhalt $\frac{2}{3}$.

$$A = \int_1^2 h(x)\,dx = \int_1^2 \left(\frac{1}{2}x^2 - x + 1\right)dx$$

$$= \left[\frac{1}{6}x^3 - \frac{1}{2}x^2 + x\right]_1^2 = \frac{2}{3}$$

Übung 3
Gesucht ist der Inhalt A der Fläche zwischen den Graphen von $f(x) = 4 - x^2$ und $g(x) = \frac{1}{2}x + 4$ über dem Intervall [1; 2].

Übung 4
Die Graphen von $f(x) = -x^2 + 2x$ und $g(x) = x^3$ umschließen im 1. Quadranten eine Fläche vollständig. Wie groß ist der Inhalt dieser Fläche?

B. Standardaufgaben

Im Folgenden werden verschiedene Standardaufgaben zur Berechnung des Inhalts der von zwei sich schneidenden Funktionsgraphen eingeschlossenen Flächenstücke behandelt. Gibt es mehrere Schnittpunkte und demzufolge auch mehrere Flächenstücke, so berechnet man die Inhalte der Teilflächen einzeln. Das erste Beispiel behandelt den einfachsten Fall.

> **Beispiel: Schnittfläche**
> Gesucht ist der Inhalt A der Fläche, die von den Graphen der Funktionen
> $f(x) = -x^2 + \frac{3}{2}x + 4$ und $g(x) = \frac{1}{2}x^2 + 1$
> eingeschlossen wird.

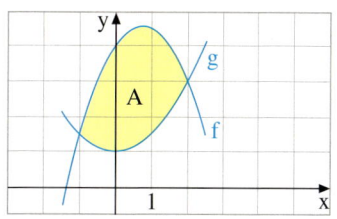

Lösung:
Zunächst fertigen wir eine Planungsskizze an. So können wir die Lage der betrachteten Fläche grob einschätzen.
Außerdem können wir sehen, dass f obere und g untere Randfunktion der Fläche ist. Die genaue Lage der Flächenbegrenzungen a und b müssen wir allerdings errechnen. Es sind die Schnittstellen von f und g. Wir erhalten a = −1 und b = 2.

Nun errechnen wir die Differenzfunktion $h(x) = f(x) - g(x)$ wie rechts dargestellt.

Der gesuchte Flächeninhalt ergibt sich dann als Wert des bestimmten Integrals der Funktion h in den Grenzen von −1 bis 2.

▶ Resultat: $A = \frac{27}{4} = 6{,}75$

1. Schnittstellen von f und g
$$f(x) = g(x)$$
$$-x^2 + \frac{3}{2}x + 4 = \frac{1}{2}x^2 + 1$$
$$-\frac{3}{2}x^2 + \frac{3}{2}x + 3 = 0$$
$$x^2 - x - 2 = 0 \Rightarrow x_1 = -1, \; x_2 = 2$$

2. Bestimmung der Differenzfunktion
$$h(x) = f(x) - g(x)$$
$$= \left(-x^2 + \frac{3}{2}x + 4\right) - \left(\frac{1}{2}x^2 + 1\right)$$
$$= -\frac{3}{2}x^2 + \frac{3}{2}x + 3$$

3. Flächeninhaltsbestimmung
$$A = \int_{-1}^{2} h(x)\,dx = \int_{-1}^{2} \left(-\frac{3}{2}x^2 + \frac{3}{2}x + 3\right)dx$$
$$= \left[-\frac{1}{2}x^3 + \frac{3}{4}x^2 + 3x\right]_{-1}^{2} = \frac{27}{4} = 6{,}75$$

Übung 5
Berechnen Sie den Inhalt der von den Graphen der Funktionen f und g begrenzten Fläche.

a) $f(x) = 2x$, $g(x) = x^2$ b) $f(x) = -x^2 + 8$, $g(x) = x^2$ c) $f(x) = \frac{1}{4}x^2$, $g(x) = (x-1)^2$

d) $f(x) = \sqrt{x}$, $g(x) = \frac{1}{2}x$ e) $f(x) = \frac{4}{x^2}$, $g(x) = -\frac{5}{4}x + \frac{21}{4}$ f) $f(x) = \sqrt{x}$, $g(x) = x^2$

Übung 6
Bestimmen Sie a > 0 so, dass die von den Graphen der Funktionen f und g eingeschlossene Fläche den angegebenen Inhalt A hat.

a) $f(x) = -x^2 + 2a^2$ b) $f(x) = x^2$ c) $f(x) = x^2 + 1$
   $g(x) = x^2$ $g(x) = ax$ $g(x) = (a^2 + 1) \cdot x^2$
   $A = 72$ $A = \frac{4}{3}$ $A = \frac{4}{3}$

Alle bisher betrachteten Beispiele hatten eines gemeinsam: Die zu betrachtende Fläche A lag oberhalb der x-Achse. Wir untersuchen nun, wie man vorgeht, wenn die Fläche A zwischen den Kurven von der x-Achse in zwei Teilflächen zerschnitten wird, von denen eine oberhalb und die andere unterhalb der x-Achse liegt.

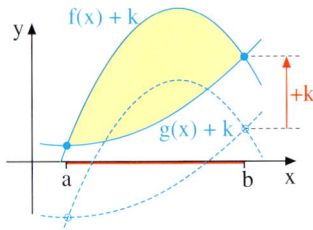

Man kann die Graphen von f und g wie abgebildet so weit nach oben verschieben, dass die Fläche A ganz oberhalb der x-Achse liegt. Nun lässt sich der Inhalt von A nach der Differenzfunktionsmethode berechnen:

$$A = \int_a^b ((f(x) + k) - (g(x) + k))\,dx = \int_a^b (f(x) - g(x))\,dx$$

Im Integranden fällt dann die Verschiebungsgröße k wieder heraus. Die Verschiebung muss also praktisch gar nicht ausgeführt werden.
Fazit: Der Inhalt der Fläche zwischen zwei Kurven f und g lässt sich – unabhängig von der Lage der Fläche – stets durch Integration der Differenzfunktion f – g bestimmen. Es muss jedoch gesichert sein, dass im Integrationsintervall kein Vorzeichenwechsel von h auftritt.

▶ **Beispiel: Schnittfläche**
Gesucht ist der Flächeninhalt A
zwischen
$f(x) = x + 1$
und $g(x) = x^2 + 2x - 1$.

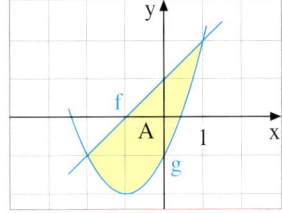

Lösung:
Die Kurven schneiden sich an den Stellen
$a = -2$ und $b = 1$. Daher gilt:

▶ $A = \int_{-2}^{1} (f(x) - g(x))\,dx = \int_{-2}^{1} (-x^2 - x + 2)\,dx = \left[-\frac{1}{3}x^3 - \frac{1}{2}x^2 + 2x \right]_{-2}^{1} = \frac{9}{2} = 4{,}5$

Übung 7
Gesucht ist der Inhalt A der Fläche, die von den Graphen von $f(x) = -x^3 + 1$ und $g(x) = 6x^2 - 7x + 1$ im ersten und vierten Quadranten umschlossen wird.

Übung 8
Gesucht ist der Inhalt A der rechts abgebildeten Fläche.

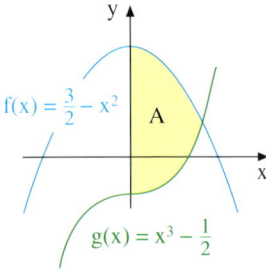

C. Flächenberechnung mit dem GTR

Zerfällt die von zwei Kurven f_1 und f_2 eingeschlossene Fläche in mehrere, durch Schnittpunkte getrennte Teilflächen, so kann man die Inhalte der Teilflächen getrennt berechnen.

▶ **Beispiel: Flächensumme (GTR)**
Berechnen Sie den Inhalt der Fläche A, der von den Graphen der Funktionen $f_1(x) = \frac{1}{3}x^3 - \frac{4}{3}x$ und $f_2(x) = \frac{1}{3}x^2 + \frac{2}{3}x$ eingeschlossen wird.

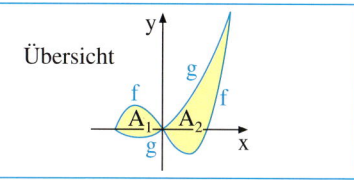

Übersicht

TI-Lösung:
Wir geben die Funktionen f1 und f2 ein und zeichnen sie. Es gibt drei Schnittpunkte, so dass die Fläche A in zwei Teile zerfällt.
Die Ermittlung der Schnittstellen ergibt mit Menu > Graph analysieren > Schnittpunkt $x_1 = -2$, $x_2 = 0$ und $x_3 = 3$.

Nun berechnen wir die bestimmten Integrale der Differenzfunktion $f_1 - f_2$ von der ersten Schnittstelle -2 bis zur zweiten Schnittstelle 0 und von der zweiten Schnittstelle 0 bis zur dritten Schnittstelle 3.
Menu > Analysis > Numerisches Integral
Diese bestimmten Integrale haben angenähert die Werte 1,78 sowie $-5,25$.
Die Gesamtfläche ist $A \approx 1,78 + 5,25 = 7,03$.

CASIO-Lösung:
Wir geben die Funktionen als Y1 und Y2 ein sowie Y3 = Y1 − Y2 als Differenzfunktion, zeichnen die Graphen und ermitteln mit MENU > 5 (Graph) > F6 (DRAW) > F5 (G−Solv) > F1 (INTSECT) die Schnittstellen von Y1 und Y2: $x_1 = -2$, $x_2 = 0$ und $x_3 = 3$. Die Fläche A zerfällt also in zwei Teilflächen.

Wir gehen über die Tastenfolge
F5 (G−Solv) > F6 (▷) > F3 (∫ dx) > F1 (∫ dx) zur Wahl des Graphen Y3 und Eingabe der Grenzen -2 und 0 und erhalten als bestimmtes Integral der Differenzfunktion Y3 von -2 bis 0 den Wert 1,78.
Analog ergibt sich für das bestimmte Integral von 0 bis 3 der Wert $-5,25$. Die Gesamtfläche A hat den Inhalt 1,78 + 5,25 =
▶ 7,03.

1. Die Graphen von f und g:

2. Die bestimmten Integrale:

Vereinfachte Flächenberechnung mithilfe der Betragsfunktion

Für das letzte Beispiel gibt es weitere und auch schnellere Lösungsmöglichkeiten, von denen wir jeweils ein Verfahren pro GTR hier kurz erläutern.

▶ **Beispiel: Flächenberechnung mit dem GTR**
Bestimmen Sie den Inhalt A der Fläche, die von den Graphen der Funktionen $f_1(x) = \frac{1}{3}x^3 - \frac{4}{3}x$ und $f_2(x) = \frac{1}{3}x^2 + \frac{2}{3}x$ eingeschlossen wird.

$\boxed{\text{TI}}$ Lösung:
Man wählt die Applikation Graphs und gibt die Funktionsterme $f_1(x)$ und $f_2(x)$ ein. Anschließend kann man die Schnittpunkte bestimmen (menu > Graph analysieren > Schnittpunkt) und die einzelnen Integrale berechnen (menu > Graph analysieren > Integral).
Der GTR bietet aber auch die Möglichkeit, sofort den Gesamtinhalt zu ermitteln:
menu > Graph analysieren
      > Begrenzter Bereich

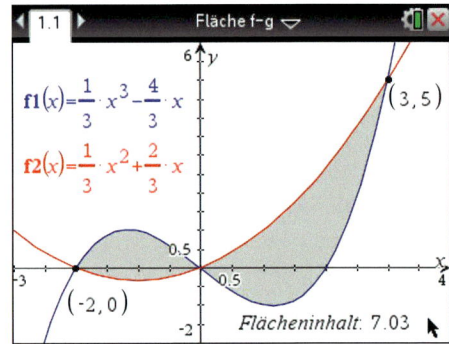

$\boxed{\text{CASIO}}$ Lösung:
Man wählt die Graph-Anwendung, weist den Funktionen Y1 und Y2 die Terme $f_1(x)$ und $f_2(x)$ und unter Auswahl der Abs-Funktion aus dem CATALOG der Funktion Y3 den Betrag der Differenz Y1 − Y2 zu. Mit $\boxed{\text{F6}}$ wird der Graph gezeichnet und mit $\boxed{\text{F3}}$ das Fenster eingestellt.
Unter G-solv $\boxed{\text{F5}}$ $\boxed{\text{ROOT}}$ können die Schnittstellen von $f_1(x)$ und $f_2(x)$ als Nullstellen von Y3 bestimmt werden. Schließlich wird $\boxed{\text{F5}}$ $\boxed{\int dx}$ gewählt, die untere Grenze −2 und die obere Grenze 3 eingegeben, worauf der Näherungswert 7,02777777 für den Inhalt A ausgegeben wird.

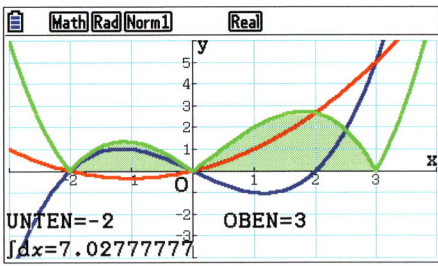

Übung 9 Flächenberechnung mit dem GTR

Berechnen Sie den Inhalt A der Fläche zwischen den Kurven f_1 und f_2 über dem Intervall I.

a) $f_1(x) = x^3 + x^2$

    $f_2(x) = x^2 + x$

    $I = [-2; 1]$

b) $f_1(x) = 3x$

    $f_2(x) = x^3 - x$

    $I = [-1; 2]$

c) $f_1(x) = \frac{1}{2}x^2$

    $f_2(x) = \frac{1}{2}(x^3 + x^2 - 4x)$

    $I = [-3; 2]$

Übungen

10. Die Graphen von f und g besitzen zwei Schnittpunkte. Bestimmen Sie diese und fertigen Sie eine Skizze an. Zwischen den Schnittpunkten schließen f und g eine Fläche A ein. Berechnen Sie den Inhalt von A.

a) $f(x) = 0,5x^2 - 2$
$\quad g(x) = -0,5x + 1$

b) $f(x) = -x^2 + 4x$
$\quad g(x) = -0,5x^2 - 2x$

c) $f(x) = x^3 + 4x^2$
$\quad g(x) = 2x^2$

d) $f(x) = \frac{1}{4}x^3 + \frac{5}{4}x^2$
$\quad g(x) = \frac{3}{4}x^2$

11. Zwei bzw. drei Graphen begrenzen die abgebildete Fläche A. Bestimmen Sie zunächst, über welchem Intervall die Fläche A liegt. Berechnen Sie dann den Inhalt von A.

a)

b)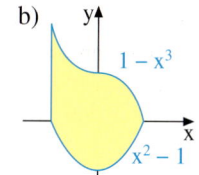

12. Gesucht ist jeweils der Inhalt der markierten Fläche A.

a) A wird durch zwei Geraden und eine Hyperbel mit gegebenen Gleichungen eingeschlossen.

b) A wird durch eine Gerade und zwei Kurven eingeschlossen. Im ersten Schritt müssen die Gleichungen dieser Funktionen bestimmt werden.

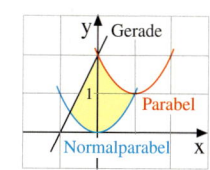

13. Bestimmen Sie, für welchen Wert des Parameters a > 0 die von f und g eingeschlossene Fläche A den angegebenen Inhalt hat. Berechnen Sie zunächst die beiden Schnittpunkte von f und g in Abhängigkeit vom Parameter a.

a) $f(x) = ax^2$
$\quad g(x) = x$
$\quad A = \frac{2}{3}$

b) $f(x) = x^2$
$\quad g(x) = -ax + 2a^2$
$\quad A = 4,5$

c) $f(x) = x^2 - 2x + 2$
$\quad g(x) = ax + 2$
$\quad A = 36$

d) $f(x) = x^3$
$\quad g(x) = a^2x$
$\quad A = 8$

14. Wie muss a > 0 gewählt werden, damit die markierte Fläche den Inhalt $\frac{1}{8}$ hat?

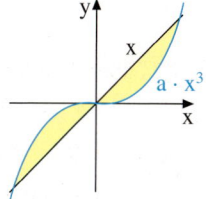

15. Wie muss a > 0 gewählt werden, wenn die beiden markierten Flächen gleichgroß sein sollen?

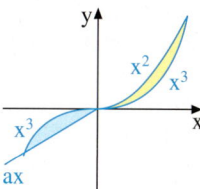

D. Modellierungsaufgaben

▶ **Beispiel:** Das Dach einer 20 m breiten und 60 m langen Tennishalle soll einen Parabelbogen spannen. Welchen Zuwachs erhält das Luftvolumen der Halle, wenn anstelle der ursprünglich geplanten Bauhöhe von 8 m eine Höhe von 10 m gewählt wird?

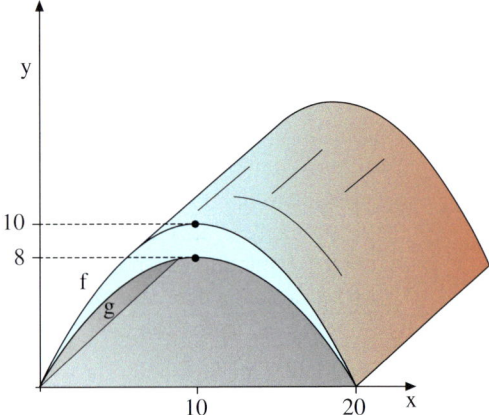

Lösung:
Die Skizze lässt uns erkennen, dass es genügt, den Inhalt A der Fläche zwischen dem aktuellen Dachprofil f und dem ursprünglich geplanten, niedrigeren Dachprofil g zu berechnen. Der Luftzuwachs ergibt sich durch Multiplikation von A mit der gegebenen Länge der Halle.

Wir modellieren nach Festlegung des Koordinatensystems f und g durch quadratische Parabeln der Form $a x^2 + b x + c$.
Aus den ablesbaren Informationen $f(0) = 0$, $f(10) = 10$, $f(20) = 0$ bzw. $g(0) = 0$, $g(10) = 8$, $g(20) = 0$ ergeben sich mittels linearer Gleichungssysteme die Funktionsgleichungen:
$f(x) = -\frac{1}{10}x^2 + 2x$, $g(x) = -\frac{2}{25}x^2 + \frac{8}{5}x$.

Anschließend bestimmen wir A, indem wir die Differenzfunktion f − g von a = 0 bis b = 20 integrieren. Wir erhalten so den Flächeninhalt von $A = \frac{80}{3}\,\text{m}^2$.

Hieraus ergibt sich ein Volumenzuwachs
▶ von 1600 m³ Luft.

Ansatz: $f(x) = a x^2 + b x + c$

$$\left.\begin{array}{l} f(0) = 0 \\ f(10) = 10 \\ f(20) = 0 \end{array}\right\} \Rightarrow \begin{array}{r} c = 0 \\ 100a + 10b + c = 10 \\ 400a + 20b + c = 0 \end{array}$$

$$\Rightarrow a = -\tfrac{1}{10},\ b = 2,\ c = 0$$

Also gilt: $f(x) = -\frac{1}{10}x^2 + 2x$

Analog: $g(x) = -\frac{2}{25}x^2 + \frac{8}{5}x$

$$A = \int_0^{20} (f(x) - g(x))\,dx = \int_0^{20} \left(-\tfrac{1}{50}x^2 + \tfrac{2}{5}x\right)dx$$

$$= \left[-\tfrac{1}{150}x^3 + \tfrac{1}{5}x^2\right]_0^{20} = \tfrac{80}{3}$$

$$V = \frac{80}{3}\,\text{m}^2 \cdot 60\,\text{m} = 1600\,\text{m}^3$$

Übung 16
Aus 16 mm dickem Plexiglas wird eine Bikonvexlinse ausgeschnitten. Ihre beiden Brechungsflächen sollen parabelförmiges Profil sowie die in der Zeichnung angegebenen Maße (in mm) besitzen. Wie groß ist der Materialverbrauch (in mm³)?

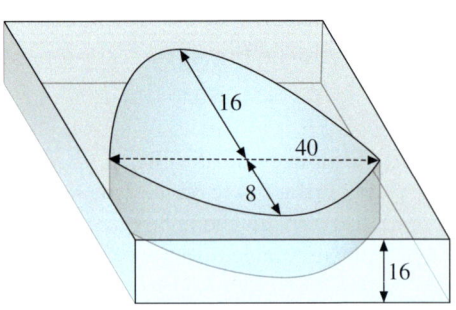

17. Gebäudefront

Das Foto zeigt eine Gebäudefront, welche parabelförmig begrenzt ist. Die Front ist 12 m breit und 9 m hoch, wobei 5 m auf die untere und 4 m auf die obere Parabel entfallen.

a) Bestimmen Sie die Gleichungen der beiden Parabeln (Ursprung in der Mitte zwischen den Parabeln).

b) Welchen Querschnitt hat die Front?

18. Grundstücksgröße

Ein Grundstück wird wie abgebildet durch eine Straße f, einen Fluss g und zwei Parallelen durch $x = -10$ und $x = 10$ begrenzt. Der Fluss wird durch $g(x) = 0{,}005\,x^3 - 1{,}5\,x$ erfasst.

a) Bestimmen Sie die Gleichung der Straßengerade.

b) Bestimmen Sie die Größe des Grundstücks.

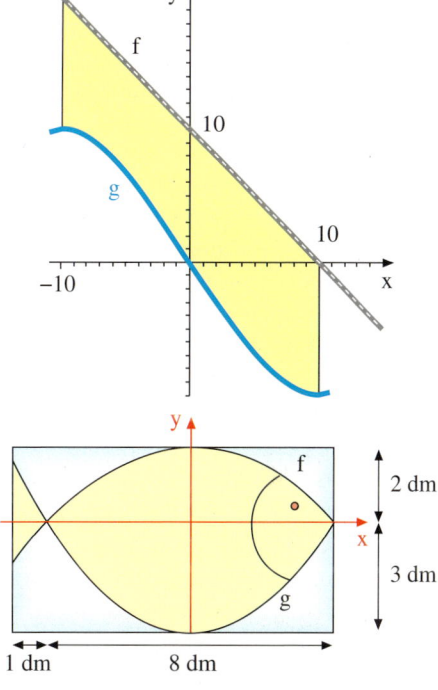

19. Fischlogo

Mac Fish plant als Firmenlogo für die Fenster ein transparentes Symbol. Ein Designer liefert den Entwurf rechts.

a) Bestimmen Sie die quadratischen Parabelgleichungen von f und g.

b) Welchen Inhalt A hat das Logo?

c) Das Logo lässt nur 50 % des Lichtes durch. Wie stark reduziert sich der Lichteinfall des gesamten Fensters?

d) In welchem Bereich ist das Logo mindestens 25 cm hoch?

20. Campinganlage

Eine neue Campinganlage wird geplant. Sie soll von der Straße g, dem Küstenabschnitt $f(x) = -\frac{1}{4}x^4 + x^2$ sowie den Geraden h und k begrenzt werden (1 LE = 100 m).

a) Bestimmen Sie die Gleichungen der Parabel g sowie der Geraden h.

b) Welchen Flächeninhalt hat die geplante Anlage insgesamt?

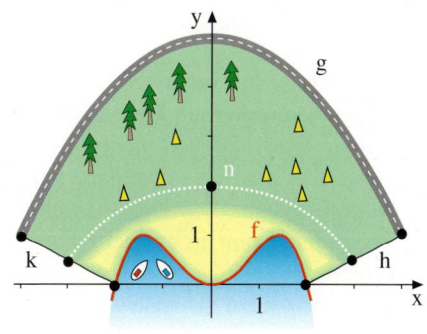

c) Der Bereich zwischen der Straße g und der Parabel n durch A $(-3\,|\,0{,}5)$, B $(0\,|\,2)$ und C $(3\,|\,0{,}5)$ soll in je 100 m^2 große Parzellen geteilt werden. Wie viele Parzellen sind möglich?

21. Thermalbad

Ein Innenarchitekt plant für ein neues Thermalbad einen Whirlpool.

a) Wie lauten die Gleichungen der Randfunktionen f und g? g läuft bei P(4|2) horizontal aus.

b) Wie viele Liter Wasser fasst das 1,5 m tiefe Becken?

c) Wie groß ist der Winkel α, unter dem die Kurven f und g sich im Punkt P(4|2) treffen?

$$f(x) = ax^2 + b$$
$$g(x) = ux^4 + vx^2$$

22. Damm

Ein Hang, der 1000 m lang, 100 m breit und 40 m hoch ist, wird durch eine Aufschüttung neu gestaltet, um am oberen Hangende einen horizontalen Übergang zu schaffen.

a) Modellieren Sie die Randkurve f der Aufschüttung durch ein Polynom 2. Grades sowie die Randkurve g des alten Hanges durch eine Gerade.

b) Berechnen Sie das Volumen der Aufschüttung in m³.

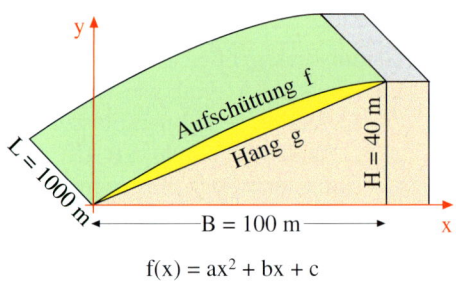

$$f(x) = ax^2 + bx + c$$
$$g(x) = ux$$

23. Wippe

Eine Wippe aus Kunststoff hat die abgebildete Form. Obere und untere Berandung können durch Polynome 4. Grades bzw. 2. Grades erfasst werden. Die Breite der Sitzfläche beträgt 30 cm.

a) Wie lauten die Gleichungen der Randkurven f und g?

b) Wie groß ist die Masse der Wippe? (Dichte Kunststoff: 0,7 g/cm³)

$$f(x) = ax^4 + bx^2 + c \qquad 1\,LE = 1\,m$$
$$f(x) = ux^2 \qquad\qquad W(2|1{,}5)$$

24. Vereinslogo

Der Marineclub erhält ein neues 5 m langes Vereinslogo in Form eines stilisierten Wals. Es soll beidseitig mit Zinkfarbe gestrichen werden, um es wetterfest zu machen. Der Anstrich soll mindestens 1 mm dick sein. Reichen 10 Liter Farbe aus?

Hinweis: Zeigen Sie zunächst, dass die Schwanzflosse des Logos 1 m lang ist.

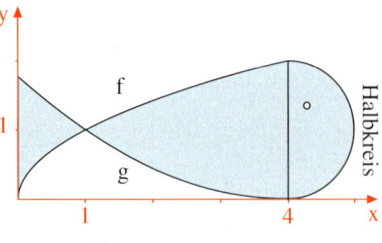

$$f(x) = \sqrt{x}\ ,\ 0 \le x \le 4$$
$$g(x) = \frac{1}{9}(x^2 - 8x + 16)\ ,\ 0 \le x \le 4$$

4. Der Mittelwert einer Funktion

Die Börsenseite
einer Zeitung
zeigt die Kurve
des Deutschen
Aktienindex
(DAX) im Ver-
lauf eines Jahres.

Abgebildet sind auch die sogenannte 38-Tage-Linie sowie die 200-Tage-Linie, die den Mittelwert des DAX für die jeweils letzten 38 bzw. letzten 200 Börsentage wiedergeben.

Da die DAX-Kurve eine Funktion darstellt, wird hier also der *Mittelwert einer Funktion* über einem Zeitintervall beschrieben, der ganz analog zur Definition des Mittelwerts $\bar{x} = \frac{x_1 + x_2 + \ldots + x_n}{n} = \frac{1}{n} \cdot \sum\limits_{i=1}^{n} x_i$ von Zahlen x_1; x_2; …; x_n mithilfe des Integrals festgelegt werden kann.

Definition IV.1: Mittelwert einer Funktion

Unter dem Mittelwert einer integrierbaren Funktion f im Intervall [a; b] versteht man die

Zahl $\bar{y} = \frac{1}{b-a} \cdot \int\limits_{a}^{b} f(x)\,dx$.

▶ **Beispiel: Mittelwert von sin x**
Gesucht ist der Mittelwert der Sinusfunktion im Intervall [0; π].

Lösung:
Es gilt:

$$\bar{y} = \frac{1}{\pi - 0} \int\limits_{0}^{\pi} \sin x \, dx = \frac{1}{\pi}\Big[-\cos x\Big]_{0}^{\pi}$$

$$= \frac{1}{\pi}(-\cos \pi + \cos 0) = \frac{1}{\pi}(-(-1) + 1)$$

$$= \frac{2}{\pi} \approx 0{,}63662$$

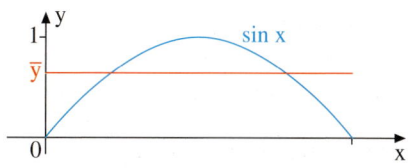

▶ Der Mittelwert beträgt $\frac{2}{\pi}$, also etwa 0,64.

Übung 1
Gegeben ist die Exponentialfunktion $f(x) = e^x$.
a) Berechnen Sie den Mittelwert $\bar{y}$ der Funktion f im Intervall [0; 1].
b) Zeichnen Sie – wie im obigen Beispiel – den Graphen von f sowie den Mittelwert.

Übungen

2. Berechnen Sie den Mittelwert $\bar{y}$ der Funktion f im angegebenen Intervall [a; b].
Ermitteln Sie eine Zahl x_0 mit $a < x_0 < b$ und $\bar{y} = f(x_0)$.

a) $f(x) = x$; [0; 2]
b) $f(x) = x$; [0; 4]
c) $f(x) = x^2$; [0; 2]
d) $f(x) = x^2$; [0; 4]
e) $f(x) = x^3$; [0; 2]
f) $f(x) = x^3$; [0; 4]
g) $f(x) = \frac{1}{x}$; [1; e]
h) $f(x) = \sin x$; [0; $\frac{\pi}{2}$]

3. Vergleichen Sie in Aufgabe 2 die Ergebnisse von a) bis f). Für welche Funktionen sind die
berechneten Mittelwerte proportional zur Länge des Intervalls?

4. Gegeben ist die Vorzeichenfunktion f mit

$$f(x) = \operatorname{sign} x = \begin{cases} -1 & \text{für } x < 0 \\ 0 & \text{für } x = 0 \\ 1 & \text{für } x > 0 \end{cases}$$

a) Berechnen Sie den Mittelwert $\bar{y}$ von f im Intervall [−1; 2].
b) Warum existiert kein $x_0 \in [-1; 2]$ mit der Eigenschaft $\bar{y} = f(x_0)$?

5. An einer Tankstelle werden immer früh
um 7:00 Uhr die Preise festgelegt.
In der folgenden Tabelle sind die Preise
in den ersten 14 Tagen eines Monats für
eine bestimmte Kraftstoffsorte notiert.
Berechnen Sie den Mittelwert der Trep-
penfunktion p(t) für die 14 Tage.

Zeit t	ab 1. Tag	ab 3. Tag	ab 7. Tag	ab 8. Tag	ab 12. Tag	ab 13. Tag
Preis p(t) in €	1,589	1,629	1,579	1,659	1,559	1,619

6. a) Gibt es Funktionen, bei denen der Mittelwert über einem Intervall [−a; a] gleich null ist?
b) Gibt es Funktionen, bei denen der Mittelwert über einem Intervall [−a; a] doppelt so groß
ist wie der Mittelwert über [0; a]?

5. Rekonstruktion von Beständen

Bei zahlreichen Prozessen kennt man die Bestandsfunktion, die den Prozess beschreibt, nicht unmittelbar, sondern nur deren Änderungsrate. Dann ist es möglich, von der Änderungsrate auf den Bestand zurückzuschließen. Man bezeichnet dies als *Bestandsrekonstruktion*.
Dieses Verfahren soll nun an zwei typischen Beispielen verdeutlicht werden.

A. Rekonstruktion des Bestandes aus der Wachstumsrate

► **Beispiel: Insel des Todes**
Auf der Insel des Todes Quaimada vor der Küste Brasiliens lebt eine giftige Schlangenart, die Lanzenotter. Bei einer Expedition vor 20 Jahren wurde die Schlangenpopulation erfasst. Es lebten damals ca. 2000 Schlangen auf der Insel und die Wachstumsgeschwindigkeit der Population betrug $N'(t) = \frac{1}{30}(23 - 2t)$ (t: Zeit in Jahren; $N'(t)$: Wachstumsgeschwindigkeit zum Zeitpunkt t in Tausend Schlangen/Jahr).

a) Wie groß war der *Zuwachs* an Schlangen in den verflossenen 20 Jahren?
b) Wie lautet die *Bestandsfunktion* der Schlangen, wenn bei der ersten Expedition 2000 Schlangen gezählt wurden?
c) Wann existierten ca. 6000 Schlangen ?

Lösung zu a:
Die Änderungsrate N′ ist gegeben. Den Zuwachs ΔN erhalten wir, indem wir die Änderungsrate über das Intervall [0; 20] integrieren, d. h. „aufsummieren".

Der Zuwachs ΔN entspricht nämlich der „orientierten" Fläche unter der Funktion der Änderungsrate N′ im Intervall [0; 20].

Wir erhalten ΔN = 2, d. h., es sind 2000 Schlangen hinzugekommen.

Lösung zu b:
Die Funktion der Änderungsrate N′ ist gegeben. Wir bestimmen N als Stammfunktion: $N(t) = \frac{1}{30}(23t - t^2) + C$.

Die Konstante C ergibt sich aus der *Anfangsbedingung* $N(0) = 2$, d. h. C = 2.

Damit lautet die endgültige Bestandsfunktion $N(t) = \frac{1}{30}(23t - t^2) + 2$.

Gleichung der Änderungsrate N′:

$$N'(t) = \frac{1}{30}(23 - 2t)$$

Anschauliche Bedeutung des Zuwachses ΔN als Flächeninhalt:

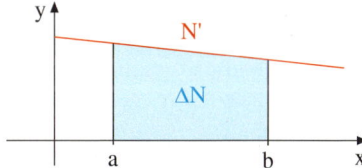

Bestimmung des Zuwachses ΔN:

$$\Delta N = \int_0^{20} N'(t)\,dt = \int_0^{20} \frac{1}{30}(23 - 2t)\,dt$$

$$= \left[\frac{1}{30}(23t - t^2)\right]_0^{20}$$

$$= (2) - (0) = 2$$

Bestimmung der Bestandsfunktion N:

$$N(t) = \int \frac{1}{30}(23 - 2t)\,dt = \frac{1}{30}(23t - t^2) + C$$

$$N(0) = 2 \Rightarrow C = 2$$

$$\Rightarrow N(t) = \frac{1}{30}(23t - t^2) + 2$$

Lösung zu c:

Wenn die Bestandsfunktion rekonstruiert ist, kann man leicht weitere Fragestellungen beantworten. Hier führt der Lösungsansatz $N(t) = 6$ (6000 Schlangen) zum Ziel. Nach 8 Jahren und dann noch einmal nach
▶ 15 Jahren war dieser Bestand erreicht.

$N(t) = 6$

$\frac{1}{30}(23t - t^2) + 2 = 6$

$23t - t^2 = 120$

$t^2 - 23t + 120 = 0 \Rightarrow t = 8 \text{ oder } t = 15$

B. Rekonstruktion des Weges aus der Geschwindigkeit

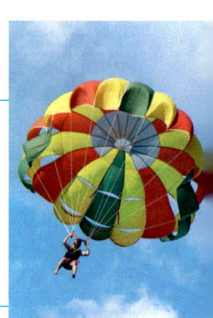

▶ Beispiel: Fallschirmspringer

Ein Fallschirmspringer springt ab und zählt im Sekundentakt bis 10. Dann zieht er die Reißleine und der Schirm öffnet sich. Seine Geschwindigkeit steigt dabei gemäß der Funktion $v(t) = 5t$ an.
a) Welche Strecke hat er bis zum Ziehen der Leine zurückgelegt ?
b) Wie lautet seine Weg-Zeit-Funktion $s(t)$?

Lösung zu a:

Die Geschwindigkeit v ist gegeben. Sie ist bekanntlich die Änderungsrate des Weges s nach der Zeit t. Also gilt $v = s'$.

Formel für die Änderungsrate:

$v(t) = 5t$
$s'(t) = 5t$

Den Wegzuwachs Δs erhalten wir, indem wir die Geschwindigkeit über das Intervall $[0; 10]$ integrieren, d.h. „aufsummieren".

Anschauliche Bedeutung des Wegzuwachses Δs als Flächeninhalt:

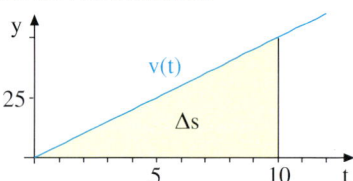

Der Zuwachs entspricht auch hier der „orientierten" Fläche unter der Geschwindigkeitsfunktion über dem Intervall $[0; 10]$.

Wir erhalten $\Delta s = 250$, d.h., der Springer legt 250 m im freien Fall zurück.

Bestimmung des Wegzuwachses:

$$\Delta s = \int_0^{10} s'(t)\,dt = \int_0^{10} v(t)\,dt = \int_0^{10} 5t\,dt$$

$$= [2{,}5t^2]_0^{10}$$

$$= (250) - (0) = 250$$

Lösung zu b:

Die Geschwindigkeitsfunktion v ist gegeben. Wir bestimmen s als Stammfunktion:
$s(t) = 2{,}5t^2 + C$.

Die Konstante C ergibt sich aus der Anfangsbedingung $s(0) = 0$, d.h. $C = 0$.

Damit lautet die endgültige Weg-Zeit-
▶ Funktion $s(t) = 2{,}5t^2$.

Bestimmung der Weg-Zeit-Funktion s:

$$s(t) = \int v(t)\,dt = \int s'(t)\,dt = \int 5t\,dt = 2{,}5t^2 + C$$

$s(0) = 0 \Rightarrow C = 0$

$$\Rightarrow s(t) = 2{,}5t^2$$

Wir fahren mit einem weiteren Beispiel zu einer Bewegung fort, diesmal ist es ein Abnahmeprozess in Form eines Bremsvorgangs.

▶ **Beispiel: Bremsweg**

Ein Schlitten wird gebremst. Während des Bremsens wird seine Geschwindigkeit durch die Funktion $v(t) = 40 - 8t$ beschrieben (t in s, v in m/s). Wie lautet die Funktion s für den Bremsweg? Wie lang ist der Bremsweg bis zum Stillstand des Schlittens?

Lösung:
Hier gilt wieder $s'(t) = v(t)$. Um den Weg s zu erhalten, bestimmen wir zunächst wieder das unbestimmte Integral von v.
Es lautet $s(t) = 40t - 4t^2 + C$.
Da $s(0) = 0$ gilt, folgt $C = 0$.
Also gilt $s(t) = 40t - 4t^2$.

Der Schlitten steht still, wenn $v(t) = 0$ ist, also zum Zeitpunkt $t = 5$.
Der Bremsweg bis zum Stillstand ist das bestimmte Integral von v über dem Intervall
▶ [0; 5]. Es hat den Wert 100 m.

Gleichung der Funktion s:
Ansatz: $s'(t) = v(t) = 40 - 8t$

$$\Rightarrow s(t) = \int v(t)\,dt = \int (40 - 8t)\,dt$$
$$= 40t - 4t^2 + C$$

Anfangswert: $s(0) = 0 \Rightarrow C = 0$
$$\Rightarrow s(t) = 40t - 4t^2$$

Berechnung des Bremsweges:
$$\int_0^5 v(t)\,dt = [s(t)]_0^5 = s(5) - s(0)$$
$$= 100 - 0 = 100$$

Übung 1 Großstadt

Eine Stadt hat zu Beginn eines Planungszeitraumes 2 Millionen Einwohner. Ein Prognoseinstitut geht davon aus, dass die Änderungsrate der Einwohnerzahl N in den nächsten 20 Jahren durch die lineare Funktion $N'(t) = 0{,}002\,x + 0{,}05$ modelliert werden kann. Wie lautet die Gleichung von N? Wie viele Einwohner gewinnt die Stadt in dem 20-Jahres-Zeitraum hinzu?

Übung 2 Testfahrt

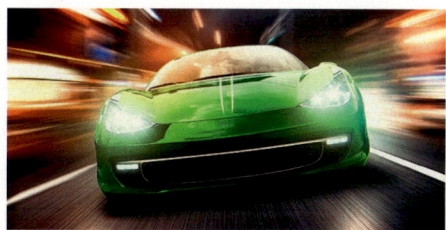

Der Fahrtenschreiber zeichnet bei der Testfahrt eines Sportwagens die Geschwindigkeit v auf. Sie kann durch die quadratische Funktion $v(t) = -\frac{1}{2}t^2 + 12t$ beschrieben werden.
(t in s, v in m/s)
a) Wie lautet die Weg-Zeit-Funktion des Fahrvorgangs?
b) Welche Strecke hat das Fahrzeug insgesamt, also bis zum abschließenden Stillstand, zurückgelegt?

C. Ein Prozess mit abschnittsweise definierter Änderungsrate

Im folgenden Beispiel tritt sowohl Zuwachs als auch Abnahme auf. Außerdem ist die Änderungsrate nur abschnittsweise definiert und zunächst nur graphisch erfasst.

▶ **Beispiel: Steigflug**

Ein Heißluftballon ändert seine Steiggeschwindigkeit v gemäß dem abgebildeten
Diagramm. Er startet in einer Höhe von
350 m über dem Meeresspiegel.

a) Stellen Sie die Steiggeschwindigkeit
   als zusammengesetzte Funktion dar.

b) Welcher Höhengewinn wird erzielt?

Lösung:

Wir bestimmen zunächst die drei Teilgera-
den der Geschwindigkeitsfunktion v und
ihre Definitionsmengen.

Geschwindigkeitsfunktion:

$$v(t) = \begin{cases} 2, & 0 \leq t \leq 50 \\ -0,04\,t + 4\,, & 50 \leq t \leq 150 \\ 0,04\,t - 8\,, & 150 \leq t \leq 200 \end{cases}$$

Anschließend berechnen wir das bestimmte Integral von v über dem Intervall [0; 200]
in drei Schritten.

Es geht zunächst 100 m nach oben, dann
weitere 50 m nach oben und gleich darauf
wieder 50 m nach unten und schließlich
noch einmal 50 m nach unten.

Der Höhengewinn beträgt also in der Bilanz
nur 50 m. Der Ballon befindet sich 200 Sekunden nach Beobachtungsbeginn in 400 m

▶ Höhe über dem Meeresspiegel.

Berechnung des Höhengewinns:

$$\int_0^{50} 2\,dt = [2\,t]_0^{50} = 100\,m$$

$$\int_{50}^{150} (-0,04\,t + 4)\,dt = [-0,02\,t^2 + 4\,t]_{50}^{150} = 0\,m$$

$$\int_{150}^{200} (0,04\,t - 8)\,dt = [0,02\,t^2 - 8\,t]_{150}^{200} = -50\,m$$

D. Überblick über Prozesse zu Bestandsrekonstruktionen

Wir stellen nun im Überblick einige Anwendungsprozesse dar, bei denen es um Bestandsrekonstruktionen geht und die im Folgenden angesprochen werden.

Prozess	Bestandsfunktion f	Änderungsrate f′
Bevölkerungswachstum	Bevölkerung in Personen	Zuwachsrate in Personen/Jahr
Bewegungsvorgang	Zurückgelegter Weg in m	Geschwindigkeit in m/s
Ballonflug	Höhe des Ballons in m	Steiggeschwindigkeit in m/s
Fassentleerung	Wasserhöhe im Fass in cm	Abnahmerate in cm/min
Lernprozess	Anzahl gelernter Vokabeln in Stück	Lernrate in Stück/min
Festbesuch	Besucheranzahl in Personen	Zustrom/Abstrom in Pers./h
Heizvorgang	Heizkosten eines Jahres in Euro	Kostenrate in Euro/Tag
Staudammleck	Wasserverlust in m³	Verlustrate in m³/Tag
Arbeitsvorgang	Verrichtete Arbeit in Joule	Kraft in Joule/m bzw. Newton

E.　Exkurs: Etwas Theorie zum Thema „Bestandsrekonstruktionen"

In den vorhergehenden Beispielen wurden im Prinzip jeweils zwei Probleme gelöst:

▶ **Problem I: Bestandsfunktion gesucht**
Die Änderungsrate f′ einer Funktion f ist gegeben. Die Bestandsfunktion f ist gesucht.

Hier muss weiter noch ein Punkt $P(x_0|y_0)$ des Funktionsgraphen als *Anfangswert* gegeben sein, damit das Problem eindeutig lösbar ist. Die Lösung besteht darin, das *unbestimmte Integral* von f′ zu bestimmen (blaue Graphen). Die Integrationskonstante C wird dann mithilfe des Anfangswertes
▶ bestimmt (blauer Graph durch P).

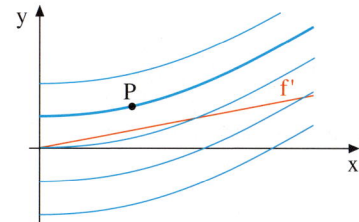

▶ **Problem II: Bestandsänderung Δf gesucht**
Die Änderungsrate f′ einer Funktion f ist gegeben. Die Bestandsänderung Δf über einem Intervall [a; b] ist gesucht.

Ist die Änderungsrate f′ konstant, so gilt $f'(x) = \frac{\Delta f}{\Delta x}$, woraus $\Delta f = f'(x) \cdot \Delta x$ folgt.
Dieses Produkt lässt sich als Flächeninhalt des Rechtecks mit der Breite Δx und der Höhe f′(x) interpretieren.
Δf ist daher der Inhalt der Fläche unter dem Graphen von f′ über [a; b] (Bild 1).

Zuwachs bei konstanter Änderungsrate:

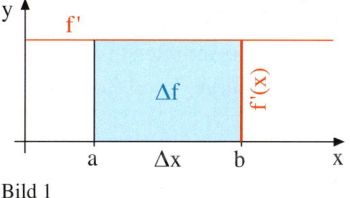

Bild 1

Ist die Änderungsrate f′ variabel wie in Bild 2, so teilt man das Intervall [a; b] in eine Vielzahl kleiner Streifen der gleichen Breite Δx ein. Über jedem dieser Teilintervalle verwendet man als Streifenhöhe die Änderungsrate $f'(x_i)$ in der Intervallmitte.

Wegen $f'(x_i) \approx \frac{\Delta f_i}{\Delta x}$ gilt $\Delta f_i \approx f'(x_i) \cdot \Delta x$.
Dieses Produkt kann als Flächeninhalt des i-ten Rechteckstreifens mit der Breite Δx und der Höhe $f'(x_i)$ gedeutet werden. Die gesamte Zuwachsrate entspricht der Summe dieser Rechtecksflächen.

Zuwachs bei variabler Änderungsrate:

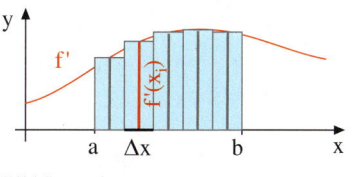

Bild 2

Vergrößert man die Streifenzahl zunehmend bei gleichzeitiger Verminderung der Streifenbreite, so wird klar, dass der Zuwachs Δf auch hier dem *Flächeninhalt* unter der Kurve f′ entspricht (Bild 3) und
▶ sich als *bestimmtes Integral* berechnen lässt.

Zuwachs Δf als orientierte Fläche:

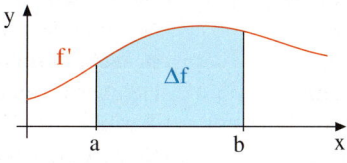

Bild 3

F. Die Berechnung des Wasserstands aus der Abflussrate

Beispiel: Wasserstand

Ein zylindrischer Wasserspeicher ist 300 cm hoch und misst im Durchmesser 60 cm. Er ist bis oben mit Wasser gefüllt, als versehentlich der Abflusshahn geöffnet wird.

Der Wasserstand erniedrigt sich mit der Geschwindigkeit $h'(t) = \frac{1}{54}t - \frac{10}{3}$

(t in min, h' in cm/min).

a) Wie lautet die Gleichung von h?

b) Nach 1,5 Stunden wird der Schaden entdeckt. Welche Wassermenge ging verloren?

Lösung zu a:

Die Funktion h für den Wasserstand kann durch Integration ihrer Änderungsrate h' gewonnen werden:

$h(t) = \frac{1}{108}t^2 - \frac{10}{3}t + C.$

Der Anfangsstand $h(0) = 300$ ist bekannt. Damit kann die Integrationskonstante C ermittelt werden. Wir erhalten $C = 300$.

$h(t) = \frac{1}{108}t^2 - \frac{10}{3}t + 300$

Lösung zu b:

Nach 1,5 Stunden, d.h. nach 90 Minuten hat sich die Wasserstandshöhe um -225 cm verändert und beträgt nur noch 75 cm.

Der Wasserverlust entspricht einem Zylinder mit dem Radius $r = 30$ cm und der Höhe $h = 225$ cm.

Das ergibt ca. 636 Liter.

Bestimmung der Gleichung von h:

$h'(t) = \frac{1}{54}t - \frac{10}{3}$

$h(t) = \int\left(\frac{1}{54}t - \frac{10}{3}\right)dt$

$h(t) = \frac{1}{108}t^2 - \frac{10}{3}t + C$

Aus $h(0) = 300$ folgt $C = 300$.

$h(t) = \frac{1}{108}t^2 - \frac{10}{3}t + 300$

Berechnung des Wasserverlustes:

Höhenabnahme:

$$\Delta h = \int_0^{90} h'(t)\,dt = [h(t)]_0^{90} = h(90) - h(0)$$
$$= 75 - 300 = -225$$

Wasserverlust:

$$\Delta V = \pi \cdot r^2 h = \pi \cdot 30^2 \cdot (-225) = -636173 \text{ cm}^3$$
$$\approx -636 \text{ Liter}$$

Übung 3 Spiralblume

Die Wachstumsgeschwindigkeit v einer Spiralblume (flos helica) wurde in einer Graphik erfasst (t in Tage, v in cm/Tag).

a) Modellieren Sie v durch eine quadratische Funktion.

b) Zu Beginn der 3-tägigen Wachstumsperiode ist die Blume 1 m hoch. Wie hoch ist sie am Ende der Periode?

c) Wann ändert sich die Höhe nur noch um 1 cm/Tag? Wie hoch ist die Blume dann?

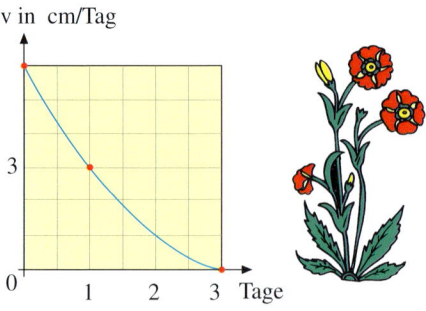

v in cm/Tag

G. Die Berechnung der Arbeit W aus der Kraft F

Eine Maschine, die längs ihres Weges s die Kraft F aufbringt, verrichtet die Arbeit $W = F \cdot s$. Dies führt auf die Gleichung $F = \frac{\Delta W}{\Delta s}$ bzw. $F = W'$ (s. rechts).
Die Kraft ist die Ableitung der Arbeit nach dem Weg: $F = W'$.

$$\text{Arbeit} = \text{Kraft} \cdot \text{Weg}$$
$$\Delta W = F \cdot \Delta s$$
$$F = \frac{\Delta W}{\Delta s} \quad \Rightarrow \quad F = W'$$

▶ **Beispiel: Hubarbeit**
Ein Bagger hebt eine Ladung Kies aus dem Meer um 9 m auf einen Kahn. Beim Heben fließt Wasser ab, so dass sich die benötigte Kraft stetig verringert, und zwar nach der Formel:
$F(s) = 50\,000 - 9000 \cdot \sqrt{s}$.
(s: Hubweg in m, F: Kraft in N)
Wie lautet die Arbeitsfunktion W? Welche Arbeit wird insgesamt verrichtet?

Lösung:
Die Kraft F ist die lokale Änderungsrate der Arbeit W bezüglich des Weges s.
Daher kann die Arbeitskurve durch Integration der Kraftkurve gewonnen werden:
$W(s) = -6000\,s^{3/2} + 50\,000\,s$.

Die Integrationskonstante ist 0, da zu Beginn des Prozesses noch keine Arbeit verrichtet wurde: $W(0) = 0$.

Die Gesamtarbeit ist das bestimmte Integral der Kraftkurve über dem Wegintervall ▶ [0;9]. Sie beträgt 288 000 Joule = 288 kJoule.

Gleichung der Arbeitsfunktion W:
$$W(s) = \int F(s)\,ds$$
$$= \int \left(50\,000 - 9000 \cdot s^{\frac{1}{2}} \right) ds$$
$$= -6000 \cdot s^{\frac{3}{2}} + 50\,000\,s + C$$
$$W(0) = 0 \quad \Rightarrow \quad C = 0$$
$$W(s) = -6000 \cdot s^{\frac{3}{2}} + 50\,000\,s$$

Berechnung der Gesamtarbeit:
$$\Delta W = \int_{0}^{9} F(s)\,ds = [W(s)]_{0}^{9}$$
$$= W(9) - W(0) = 288\,000 - 0 = 288\,000$$

Übung 4 Bergtour
Bei einer Bergtour wird die Leistung des Fahrers durch $P(t) = -\frac{1}{3240}t^3 + \frac{1}{36}t^2$ erfasst. (t in min, P in Watt)
Hinweis: Die Leistung P ist die momentane Änderungsrate der Arbeit W nach der Zeit t $\left(P = \frac{\Delta W}{\Delta t}, P = W' \right)$.
a) Wie lautet die Gleichung von W(t)?
b) Welche Arbeit wird bei der 90-minütigen Tour insgesamt erbracht?
c) Wann war die Leistung maximal?

niedrig

hoch

niedrig

Leistung beim Anstieg mit konstanter Geschwindigkeit

H. Berechnung der Manntage aus der Beschäftigtenzahl

Bei großen Bauprojekten wird in Manntagen gerechnet. m = 50 Mann über t = 20 Tage bedeutet M = 1000 Manntage. Es gilt m = M′. Daher berechnet man die Manntage M durch Integration von m.

$$\text{Manntage} = \text{Mann} \cdot \text{Tage}$$
$$\Delta M = m \cdot \Delta t$$
$$m = \frac{\Delta M}{\Delta t} \quad \Rightarrow \quad m = M'$$

▶ **Beispiel: Staudammbau**
Beim Bau eines Staudamms kann die Anzahl der eingesetzten Männer durch die Funktion m (t) = 800 − 2 t beschrieben werden (t in Tagen, m in Personen), $0 \le t \le 400$. Pro Mann und Stunde entstehen Kosten von 30 Euro.

a) Wie lautet die Gleichung der Funktion M (t), welche die Anzahl der Manntage angibt, die bis zum Zeitpunkt t zustande kamen?

b) Wie viele Manntage erfordet der Dammbau insgesamt?

c) Die tägliche Arbeitszeit beträgt 8 Stunden. Welche Arbeitskosten erfordert das Projekt?

Lösung zu a:
Die Funktion m ist die Änderungsrate der Funktion M: m = M′.
Daher kann M durch Integration von m gewonnen werden. Unter Berücksichtigung von M (0) = 0 erhalten wir:
$$M(t) = -t^2 + 800\,t.$$

$$\text{Mann} = \frac{\text{Manntage}}{\text{Tage}} \Rightarrow m = \frac{\Delta M}{\Delta t} \Rightarrow m = M'$$

Bestimmung der Funktion M:

$$M(t) = \int m(t)\,dt = \int (800 - 2\,t)\,dt$$
$$M(t) = -t^2 + 800\,t + C$$
Aus M (0) = 0 folgt C = 0
$$M(t) = -t^2 + 800\,t$$

Lösung zu b:
Das gesamte Projekt dauert 400 Tage. Daher werden 160 000 Manntage eingesetzt.

Berechnung der gesamten Manntage:
$$\Delta M = \int_0^{400} m(t)\,dt = [M(t)]_0^{400} = M(400) - M(0)$$
$$= 160\,000$$

Lösung zu c:
Pro Manntag entstehen 240 Euro Kosten. Insgesamt betragen die Arbeitskosten daher
▶ 38,4 Millionen Euro.

Berechnung der Arbeitskosten:
Kosten = Manntage · Kosten pro Tag
$$= 160\,000 \cdot 8 \cdot 30 = 38\,400\,000$$

Übung 5 Hochhaus
Für den Bau eines Hochhauses werden 400 Tage eingeplant. Die Anzahl der eingesetzten Arbeiter wird durch die Funktion $a(t) = \frac{1}{450}(-t^2 + 200\,t + 80\,000)$ erfasst, t in Tagen, a in Mann. Die Männer arbeiten durchschnittlich sechs Stunden pro Tag. Berechnen Sie den Aufwand in Manntagen.

Übungen

6. Gezeitenkraftwerk

Der Wasserstand im Staubecken eines Gezeitenkraftwerkes verändert sich im Laufe eines Tages durch ein- und ausströmendes Wasser. Die Änderungsrate kann durch die Funktion

$h'(t) = \frac{1}{216}(5t^2 - 120t + 480)$ erfasst

werden (t in Stunden, h in m/Std., $0 \leq t \leq 24$). Zur Zeit $t = 0$ beträgt der Wasserstand 5 m.

a) Wie lautet die Gleichung von h?
b) Wann war der Wasserstand am höchsten bzw. am niedrigsten?
c) Wann änderte sich der Wasserstand am schnellsten? Wie schnell änderte er sich?

7. Hubschrauberflug

Ein neues Hubschraubermodell wird auf einem Testflug erprobt, der eine Minute dauert. Durch außen angebrachte Staurohre kann die Fluggeschwindigkeit v permanent ermittelt werden.
Sie kann durch die Funktion $v(t) = -0,012t^2 + 7,2t$ erfasst werden (t in s, v in m/s). Welche Flugstrecke legt das Gerät zurück?

8. Besucherzahl

Auf einem Volksfest wird die Änderungsrate der Besucherzahl kontinuierlich festgestellt. Es zeigt sich, dass sie durch $B'(t) = 20t^3 - 300t^2 + 1000t$ erfasst wird.
(t in Std., $B'(t)$ in Besucher/Std.)
Nach einer Stunde sind 405 Besucher anwesend.
a) Wie lautet die Gleichung der Funktion $B(t)$, welche die Besucheranzahl zum Zeitpunkt t angibt?
b) Wie viele Besucher sind 3 Std. nach Eröffnung anwesend?
c) Wie groß ist die maximale Besucherzahl?
d) Wann steigt die Besucherzahl am schnellsten an?
e) In welchen Zeitgrenzen kann das Modell höchstens gelten?

9. Ballwurf

Ein Ball wird in 35 m Höhe senkrecht nach oben geworfen.
Die Abwurfgeschwindigkeit beträgt 30 m/s.
a) Wie lautet die Gleichung der Funktion h, welche die Höhe des Balles zur Zeit t beschreibt?
   Hinweis: Die Geschwindigkeitsfunktion lautet: $v(t) = 30 - 10t$.
   Dies ist eine zwangsläufige Folge des Gravitationsgesetzes.
b) Mit welcher Geschwindigkeit trifft der Ball auf dem Boden auf? Wie groß ist die Gipfelhöhe des Balles?

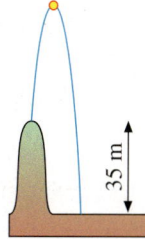

35 m

10. Anhalteweg

Ein LKW fährt mit einer Geschwindigkeit von 108 km/h, d. h. 30 m/s, als 100 m voraus plötzlich ein Reh auf die Fahrbahn springt. Der Fahrer reagiert eine Sekunde später mit einer Vollbremsung. Von diesem Zeitpunkt an verringert sich seine Geschwindigkeit nach der Formel $v(t) = 30 - 10t$ (t in s, v in m/s). s sei der Bremsweg.

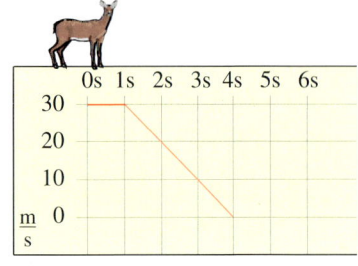

a) Wie lautet die Gleichung von s?
b) Wie lange dauert die Bremsung?
c) Wie groß ist der Anhalteweg (Bremsweg + Reaktionsweg)? Kommt es zu einem Unfall?

11. Ballonflug

Ein Heißluftballon ändert seine Flughöhe h (über Normalnull) mit der Geschwindigkeit $v(t) = -0,12t^2 + 1,2t$, er startet zur Zeit $t = 0$ in einer Höhe von 520 m. (t in min, v in m/min)
Fünf Minuten nach dem Start befindet sich der Ballon in einer Höhe von 530 m.

a) Wie lautet die Gleichung der Höhenfunktion?
b) Welche maximale Höhe erreicht der Ballon?
c) Wann befindet sich der Ballon wieder auf Starthöhe?

12. Pyramidenbau

Für den Bau einer Pyramide werden 100 Tage veranschlagt.
Die Anzahl der Arbeiter zur Zeit t wird durch $N(t) = 5 + 0,5 \cdot \sqrt{t} - 0,1t$ erfasst, $0 \le t \le 100$. Dabei ist t die Zeit in Tagen und N die Zahl der Arbeiter in Tausend.

a) Skizzieren Sie den Graphen von N.
b) Wann ist die Zahl der Arbeiter maximal?
c) Wann waren 3600 Arbeiter im Einsatz?
d) Wie viele Manntage waren insgesamt erforderlich?

13. Tomatenpflanze

Ein Tomatensetzling besitzt beim Einpflanzen eine Höhe von 5 cm.
Seine Höhe nimmt mit der Geschwindigkeit $v(t) = -0,1t^3 + t^2$ zu.
(t in Wochen, v in cm/Woche)
Rekonstruieren Sie die Funktion h, die die Höhe der Pflanze erfasst. Klären Sie folgende Fragen:

a) Wie lange dauert die Wachstumsphase?
b) Wie hoch wird die Pflanze maximal?
c) Wie hoch wird die Pflanze zum Zeitpunkt des schnellsten Wachstums sein?

14. Fahrtenschreiber

Der Fahrtenschreiber hat die Geschwindigkeit eines Busses zwischen zwei Haltestationen aufgezeichnet.

a) Stellen Sie die Geschwindigkeitsfunktion v als abschnittsweise definierte Funktion dar.

b) Wie weit liegen die Haltestellen voneinander entfernt?

c) Welche Durchschnittsgeschwindigkeit wird erzielt?

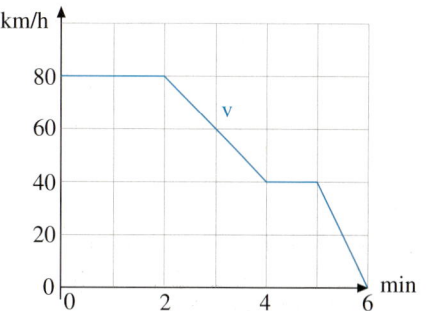

15. Trainingsprogramm

Eine Skaterin läuft ihr Trainingsprogramm ab, welches ihr die auf dem Smartphone dargestellte Geschwindigkeitskurve vorgibt. Diese Kurve besteht aus vier Teilfunktionen.

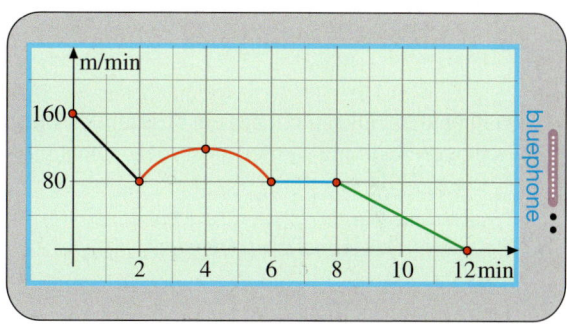

a) Bestimmen Sie die Gleichungen der drei linearen Teilfunktionen f_1, f_3 und f_4. Geben Sie jeweils auch deren Definitionsintervalle an.

b) Die quadratische Teilfunktion f_2 hat die Gleichung $f_2(x) = -10x^2 + 80x - 40$. Bestätigen Sie dies.

c) Wie lang ist die gesamte Laufstrecke der Skaterin?

d) Wie groß ist ihre Durchschnittsgeschwindigkeit?

16. Volksfest

Bei einem Volksfest wird die Zustromrate durch die Funktion $z(t) = -24t^2 + 190t + 500$ und die Abstromrate durch die Funktion $a(t) = -7,8t^3 + 78t^2$ bestimmt.

(t: Zeit in Std. seit 12.00 Uhr; z, a: Zu- bzw. Abstromrate in Besucher/Std.)

a) Stellen Sie die Graphen von z und a für $0 \leq t \leq 10$ dar (GTR erlaubt).

b) Zu welchen Zeitpunkten sind die Raten maximal, wann sind sie gleich?

c) Wie viele Besucher hatte das Volksfest insgesamt?

d) Wie groß ist die maximale Zahl von Besuchern, die sich gleichzeitig auf dem Volksfest befanden?

e) Zeigen Sie, dass insgesamt alle Besucher das Fest wieder verließen.

Hinweis: Zustromrate und Abstromrate integrieren.

6. Uneigentliche Integrale

In diesem Abschnitt werden wir den Inhalt von Flächen untersuchen, die unbegrenzt sind. Auch solche Flächen können einen endlichen Inhalt haben. Es sind zwei Fälle zu unterscheiden.

Typ 1: Unbeschränktes Intervall

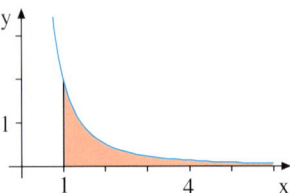

Die Variable x wird beliebig groß.

Typ 2: Unbeschränkte Funktionswerte

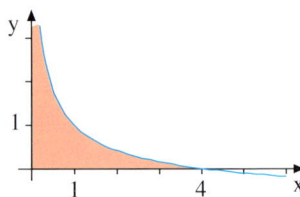

Der Funktionswert wird beliebig groß.

Da in beiden Fällen nicht nur ein bestimmtes Integral zu berechnen ist, sondern anschließend ein Grenzwert bestimmt werden muss, bezeichnet man diesen Grenzwert als *uneigentliches Integral*.

▶ **Beispiel: Uneigentliches Integral, Typ 1**
Der Graph der Funktion $f(x) = \frac{4}{x^3}$, die senkrechte Gerade bei $x = 1$ und die x-Achse schließen eine nach rechts unbegrenzte Fläche A ein. Bestimmen Sie ihren Inhalt.

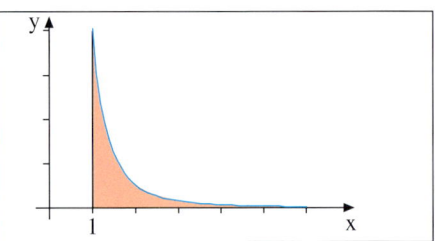

Lösung:
Wir bestimmen zunächst eine Stammfunktion von f.

Eine Stammfunktion von f:

$$f(x) = \frac{4}{x^3} = 4 \cdot x^{-3}, \quad F(x) = -2 \cdot x^{-2} = -\frac{2}{x^2}$$

Nun kann das bestimmte Integral A (k) von f über dem Intervall [1; k] mit einer beliebigen oberen Intervallgrenze k berechnet werden.

Das bestimmte Integral von 1 bis k:

$$A(k) = \int_1^k f(x)\,dx = F(k) - F(1)$$

$$= -\frac{2}{k^2} - (-2)$$

Wird k immer größer gewählt, wird das Flächenstück A (k) immer länger und erstreckt sich für $k \to \infty$ bis ins Unendliche.

Die Grenzwertbetrachtung $\lim\limits_{k \to \infty} A(k)$ weist

Das uneigentliche Integral:

$$\lim_{k \to \infty} A(k) = \lim_{k \to \infty} \int_1^k f(x)\,dx$$

$$= \lim_{k \to 0}\left(2 - \frac{2}{k^2}\right) = 2$$

nach, dass der Inhalt der Fläche nicht über alle Grenzen wächst, sondern sich überra-
▶ schenderweise der Zahl 2 nähert.

> **Beispiel: Uneigentliches Integral, Typ 2**
> Berechnen Sie den Inhalt der Fläche A, die vom Graphen der Funktion $f(x) = \frac{1}{\sqrt{x}}$, von der Geraden $x = 2$ und der x-Achse im 1. Quadranten begrenzt wird.

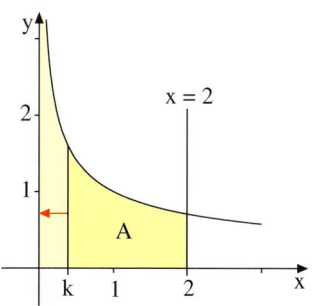

Lösung:

Die Funktion f ist für $x = 0$ nicht definiert und es gilt $\lim\limits_{x \to 0} f(x) = \infty$.

Die Fläche A dehnt sich daher längs der y-Achse bis ins Unendliche aus.

Stammfunktion:

$$f(x) = \frac{1}{\sqrt{x}} = x^{-0,5}, \quad F(x) = 2 \cdot x^{0,5} = 2\sqrt{x}$$

Um den Flächeninhalt von A zu bestimmen, gehen wir prinzipiell wie beim Typ 1 vor. Als erstes berechnen wir den Inhalt der Fläche A(k) unter dem Graphen von f über dem Intervall [k; 2] mit $0 < k < 2$, aber sonst beliebigem Wert für k.

Bestimmtes Integral:

$$A(k) = \int_{k}^{2} f(x)\,dx = F(2) - F(k)$$
$$= 2\sqrt{2} - 2\sqrt{k}$$

Nun lassen wir k gegen null wandern. Der Flächeninhalt von A ergibt sich als Grenzwert von A(k) für $k \to 0$.

► Ergebnis: $A = 2\sqrt{2}$.

Uneigentliches Integral:

$$\lim_{k \to 0} A(k) = \lim_{k \to 0} \int_{k}^{2} f(x)\,dx$$
$$= \lim_{k \to 0} (2\sqrt{2} - 2\sqrt{k}) = 2\sqrt{2}$$

Übung 1 Uneigentliche Integrale

Berechnen Sie, sofern sie existieren, die folgenden uneigentlichen Integrale.

a) $\int\limits_{2}^{\infty} 4 \cdot x^{-5}\,dx$

b) $\int\limits_{1}^{\infty} \frac{2}{\sqrt{x}}\,dx$

c) $\int\limits_{1}^{\infty} \frac{x+1}{x^3}\,dx$

d) $\int\limits_{0}^{1} \left(x + \frac{2}{\sqrt{x}}\right)dx$

e) $\int\limits_{0}^{9} \left(\frac{1}{\sqrt{x}} - 1\right)dx$

f) $\int\limits_{0}^{8} \left(\frac{1}{\sqrt[3]{x^2}} + 1\right)dx$

Übung 2 Prüfen einer Rechnung

Überprüfen Sie, ob die folgende Rechnung richtig ist.

$$\int\limits_{-1}^{4} \left(\frac{2}{x^2} + 1\right)dx = \left[-\frac{2}{x} + x\right]_{-1}^{4} = \left(-\frac{1}{2} + 4\right) - (2 - 1) = \frac{5}{2}$$

Übung 3 Zwei Flächenstücke

Bestimmen Sie den Inhalt der Fläche A, die sich – begrenzt von den Graphen von $f(x) = \frac{1}{2}x$ und $g(x) = \frac{4}{x^2}$ und von der x-Achse – längs der positiven x-Achse ins Unendliche erstreckt.

7. Das Volumen von Rotationskörpern

A. Die Rotationsformel

Flaschen, Vasen, Scheinwerfer und Kugeln
sind rotationssymmetrische Körper, deren
Form durch Rotation einer Randkurve um
eine Achse erzeugt werden kann.
Mit der Integralrechnung kann das Volumen solcher Körper rechnerisch bestimmt
werden.

Die Grundidee stammt von Archimedes. Analog zur Einschachtelung von Flächen durch archimedische Rechteckstreifen kann ein Rotationsvolumen durch Zylinderscheiben eingeschachtelt
werden. Die folgende Gegenüberstellung führt so zur Rotationsformel.

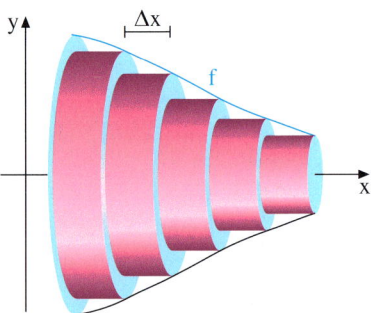

Die *Fläche* A unter dem Graphen von f über
dem Intervall [a; b] wird nach Archimedes
durch eine *Treppenfläche* aus n rechteckigen Streifen approximiert.

Das *Volumen* V des durch Rotation des
Graphen von f um die x-Achse über dem
Intervall [a; b] entstehenden Körpers wird
durch einen *Treppenkörper* aus n zylindrischen Scheiben approximiert.

Der Inhalt dieser Treppenfläche ist eine
Produktsumme der Gestalt

Das Volumen dieses Treppenkörpers ist eine Produktsumme der Gestalt

$$\sum f(x_i) \cdot \Delta x,$$

$$\sum \pi \cdot f^2(x_i) \cdot \Delta x,$$

denn das Rechteck Nr. i besitzt den Inhalt
$f(x_i) \cdot \Delta x$.
Lässt man die Anzahl n der Rechteckstreifen gegen unendlich und ihre Breiten Δx
gegen null streben, so strebt die Produktsumme gegen das bestimmte Integral
von f(x) in den Grenzen von a bis b.
Daher gilt für den Flächeninhalt A:

denn die Scheibe Nr. i besitzt das Volumen
$\pi \cdot f^2(x_i) \cdot \Delta x$.
Lässt man die Anzahl n der Scheiben gegen
unendlich und ihre Höhe Δx gegen null
streben, so strebt die Produktsumme gegen
das bestimmte Integral von $\pi \cdot f^2(x)$ in den
Grenzen von a bis b.
Daher gilt für das Rotationsvolumen V:

$$A = \int_a^b f(x)\,dx.$$

$$V = \pi \cdot \int_a^b (f(x))^2\,dx.$$

Wir erhalten als Resultat folgende Formel zur Berechnung des Volumens von Rotationskörpern. Auf den Beweis verzichten wir. Er ähnelt dem Beweis von Satz III.4 von S. 117.

Die Rotationsformel

f sei eine über dem Intervall [a; b] differenzierbare und nicht negative Funktion. Rotiert der Graph von f über dem Intervall [a; b] um die x-Achse, so entsteht ein Rotationskörper mit dem Volumen

$$V = \pi \cdot \int_a^b (f(x))^2 \, dx.$$

B. Grundlegende Beispiele

Mit dieser Formel kann man für konkrete Randfunktionen f Rotationsvolumina ebenso leicht wie ansonsten Flächeninhalte berechnen. Man kann darüber hinaus die uns schon bekannten Volumenformeln für Zylinder, Kegel und Kugel theoretisch herleiten. Wir rechnen im Folgenden einige Beispiele hierzu.

▶ **Beispiel:** Berechnen Sie das Volumen V desjenigen Körpers, der durch Rotation des Graphen von $f(x) = \frac{1}{2}x^2$ über dem Intervall I = [0; 1] um die x-Achse entsteht.

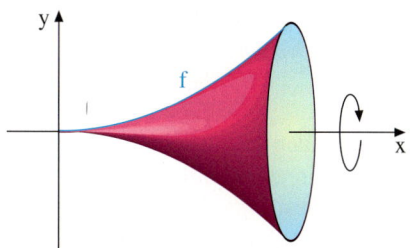

Lösung:
Es entsteht ein Rotationskörper, der die Gestalt eines Spitzhutes hat.
Sein Volumen beträgt nach nebenstehend aufgeführter Rechnung $V = \frac{\pi}{20} \approx 0,16$ Vo-
▶ lumeneinheiten (VE).

$$V = \pi \cdot \int_a^b (f(x))^2 \, dx = \pi \cdot \int_0^1 \left(\frac{1}{2}x^2\right)^2 dx$$

$$= \pi \cdot \int_0^1 \frac{1}{4}x^4 \, dx = \pi \cdot \left[\frac{1}{20}x^5\right]_0^1$$

$$= \frac{\pi}{20} \approx 0,16 \text{ VE}$$

Übung 1
Ein Behälter zur Herstellung von Eis hat ein parabelförmiges Profil mit den angegebenen Maßen. Stellen Sie zunächst die Gleichung der Profilkurve auf. Verwenden Sie den Ansatz $f(x) = a \cdot \sqrt{x}$. Errechnen Sie sodann das Fassungsvermögen des Behälters.

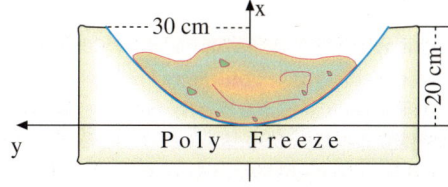

▶ **Beispiel:** Ein Parabolscheinwerfer hat das Randkurvenprofil $f(x) = \frac{3}{2}\sqrt{x}$. Der Scheinwerfer ist 4 cm lang.
Wie groß ist sein Luftvolumen?

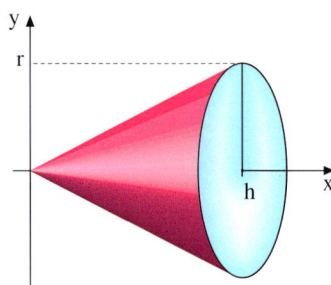

Lösung:
Das Rotationsvolumen berechnet sich folgendermaßen:

▶ $V = \pi \cdot \int_a^b (f(x))^2\, dx = \pi \cdot \int_0^4 \left(\frac{3}{2}\sqrt{x}\right)^2 dx = \pi \cdot \int_0^4 \frac{9}{4}x\, dx = \pi \cdot \left[\frac{9}{8}x^2\right]_0^4 = \pi \cdot 18 \approx 56{,}55\ \text{cm}^3.$

Auch allgemeingültige Volumenformeln lassen sich mit der Rotationsmethode einfach gewinnen, wie das folgende Beispiel des Kreiskegels zeigt.

▶ **Beispiel:** Die Formel für das Volumen eines geraden Kreiskegels mit dem Radius r und der Höhe h soll durch Anwenden der Volumenformel für Rotationskörper hergeleitet werden.

Lösung:
Wir legen einen Querschnitt des Kegels wie abgebildet in ein Koordinatensystem. Die Randkurve f ist dann eine Ursprungsgerade zu $f(x) = m \cdot x$, wobei für deren Steigung gilt: $m = \frac{r}{h}$.

Also gilt: $f(x) = \frac{r}{h} \cdot x$.

Als zugehöriges Rotationsvolumen ergibt sich laut nebenstehender Rechnung die klassische Formel für das Kegelvolumen:

▶ $V = \frac{\pi}{3}r^2 h.$

$$V = \pi \cdot \int_a^b (f(x))^2\, dx = \pi \cdot \int_0^h \left(\frac{r}{h}x\right)^2 dx$$

$$= \pi \cdot \int_0^h \frac{r^2}{h^2}x^2\, dx = \pi \cdot \left[\frac{r^2}{h^2} \cdot \frac{1}{3}x^3\right]_0^h$$

$$= \pi \cdot \frac{r^2}{h^2} \cdot \frac{1}{3}h^3 = \frac{\pi}{3}r^2 h$$

Übung 2
Gesucht ist das Volumen des Körpers, welcher durch Rotation der Randkurve $f(x) = x^2 + 1$ über dem Intervall [1; 2] entsteht.

Übung 3
Leiten Sie die klassische Formel für das Volumen des geraden Kreiszylinders mit dem Radius r und der Höhe h her.

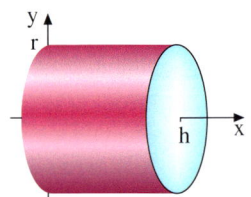

▶ **Beispiel:** Welches Volumen hat das rechts dargestellte Glas? Die Randkurve ist eine quadratische Parabel vom Typ $f(x) = a x^2$.

1. Bestimmung der Parabelgleichung

Aus der Zeichnung kann man ablesen, dass der Punkt $P(8|2)$ auf der Parabel liegt. Daher gilt $f(8) = 2$, d.h. $64 \cdot a = 2$. Hieraus folgt $a = \frac{1}{32}$.

Die Gleichung der Parabel lautet also $f(x) = \frac{1}{32}x^2$.

2. Berechnung des Rotationsvolumens

Das Flüssigkeitsvolumen reicht von $x = 3$ bis maximal $x = 8$.
Daher ergibt sich der Inhalt des Glases nach der Rotationsformel.

$$V = \pi \cdot \int_3^8 \left(\tfrac{1}{32}x^2\right)^2 dx = \pi \cdot \int_3^8 \tfrac{1}{1024}x^4 dx$$

$$= \pi \cdot \left[\tfrac{1}{5120}x^5\right]_3^8 \approx 19{,}96 \ \text{cm}^3$$

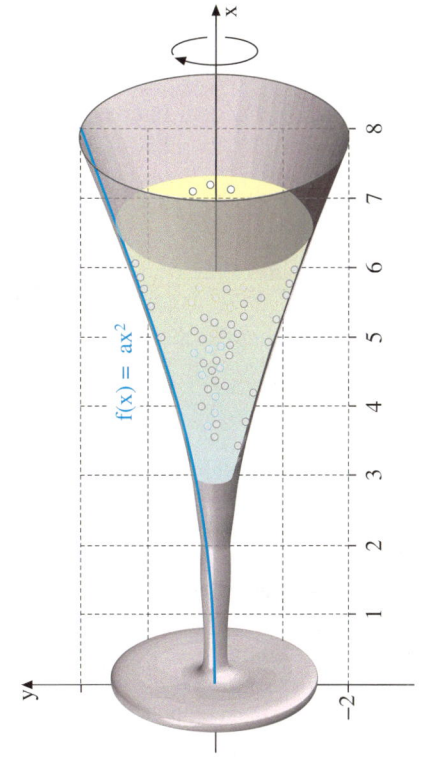

▶ **Beispiel:** Leiten Sie die Formel für das Volumen einer Kugel mit dem Radius r her.

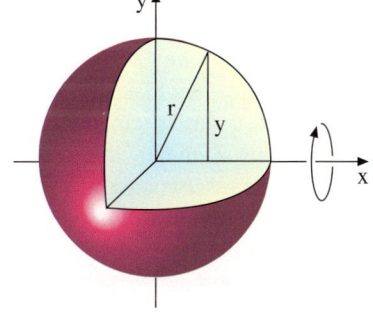

Lösung:
Die Kugel lässt sich durch Rotation eines Halbkreises mit dem Radius r um die x-Achse über dem Intervall $[-r; r]$ gewinnen. Der Halbkreis hat die Funktionsgleichung $f(x) = \sqrt{r^2 - x^2}$.
Daher erhalten wir:

$$V = \pi \cdot \int_{-r}^{r} (\sqrt{r^2 - x^2})^2 dx = \pi \cdot \int_{-r}^{r} (r^2 - x^2)\, dx = \pi \cdot \left[r^2 x - \tfrac{1}{3}x^3\right]_{-r}^{r}$$

$$= \pi \cdot \left(\tfrac{2}{3}r^3 - \left(-\tfrac{2}{3}r^3\right)\right) = \tfrac{4}{3}\pi r^3.$$

Übungen

4. Bestimmen Sie das Volumen des Körpers, der durch Rotation des Funktionsgraphen von f um die x-Achse über dem Intervall I entsteht. Fertigen Sie eine Skizze an.

a) $f(x) = \sqrt{x}$, $I = [1; 4]$ b) $f(x) = x^4 - x^2$, $I = [-1; 1]$

c) $f(x) = 0,5x + 2$, $I = [-2; 1]$ d) $f(x) = -(x-2)^2 + 4$, $I = [0; 4]$

e) $f(x) = \sqrt{1 - x^2}$, $I = [-1; 1]$ f) $f(x) = x(x-1)^2$, $I = [0; 2]$

5. Volumen eines Eies

Durch Fotografieren eines Hühnereies kann man seine Querschnittsmaße a und b gut bestimmen. Das Ei hat nahezu die Form einer Ellipse mit der

Gleichung $\left(\frac{x}{a}\right)^2 + \left(\frac{y}{b}\right)^2 = 1$.

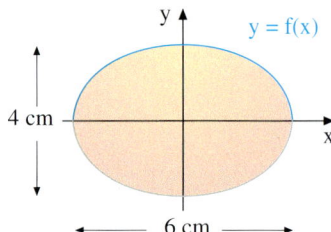

a) Bestimmen Sie die Gleichung der oberen Rand-kurve f des Eies.

b) Berechnen Sie das Eivolumen.

6. Rotation einer Flüssigkeit

Rotiert eine Flüssigkeit, so nimmt deren Oberfläche unter dem Einfluss der Schwerkraft ein parabelför-miges Profil an.

a) Modellieren Sie die Randkurve der Oberfläche durch die Wurzelfunktion $f(x) = a \cdot \sqrt{x}$.

b) Berechnen Sie das Flüssigkeitsvolumen.

c) Wie hoch steht die Flüssigkeit im Glas, wenn es nicht rotiert?

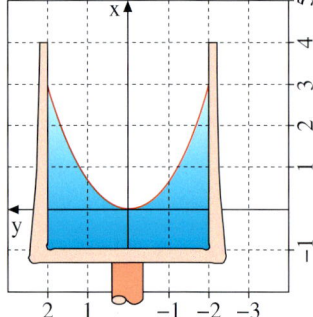

7. Design einer Flasche

Der Querschnitt einer Flasche wird zunächst durch einen 15 cm langen Zylinder mit einem Durchmesser von 6 cm und einem 10 cm langen Fla-schenhals mit der Randkurve $f(x) = \frac{c}{x}$ modelliert.

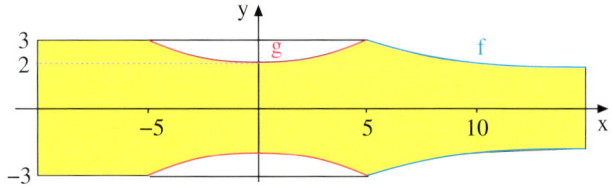

a) Bestimmen Sie c.

b) Berechnen Sie den Durchmesser der Öffnung der Flasche.

c) Berechnen Sie das Volumen der Flasche.

Das Design der Flasche wird nun durch eine 10 cm lange und 1 cm tiefe Einbuchtung ver-bessert. Diese kann durch eine quadratische Funktion $g(x) = ax^2 + bx + c$ modelliert wer-den.

d) Bestimmen Sie die Parameter a, b und c.

e) Wie groß ist das Volumen der neuen Flasche?

f) Welche Querschnittsfläche hat das Flaschenprofil? Verwenden Sie $\int \frac{1}{x} dx = \ln|x| + C$.

American Football

American Football ist eine Mannschaftssportart mit zwei Teams zu je 11 Spielern, die sich im 19. Jahrhundert aus dem englischen Rugby entwickelte.

Das Spielfeld ist ein Rechteck, 100 yards lang und 50 yards breit. Jede Mannschaft verteidigt eine 10 yards breite Endzone und versucht selbst, den Ball in die gegnerische Endzone zu tragen, zu passen oder zu treten.

Der Football ist ein eiförmiger Hohlball aus Leder mit einer luftgefüllten Gummiblase. Sein Durchmesser beträgt an der Längsachse 28,58 cm, an der Querachse 17,94 cm. Er ist zwischen 395 und 425 g schwer.

Volumen des Footballs

Der Football soll durch eine rotierende Parabel modelliert werden. Mithilfe dieses Modells soll das Volumen des Balles theoretisch bestimmt werden.

Lösungsansatz:
Man legt ein Koordinatensystem in die Ballmitte. Für die Parabel wird der Ansatz $f(x) = u x^2 + v$ verwendet. Die Koeffizienten u und v bestimmt man aus den Maßen des Balles. Dann kommt die Rotationsformel zur Anwendung.

2 a sei der Längsdurchmesser des Balles und 2 b der Querdurchmesser.

Der Ansatz $f(x) = u x^2 + v$ führt dann wegen $f(0) = b$ und $f(a) = 0$ auf die Parabel $f(x) = -\frac{b}{a^2}x^2 + b$.

Die Berechnung des zugehörigen Rotationsvolumens lautet daher:

$$V = \pi \int_{-a}^{a} \left(-\frac{b}{a^2}x^2 + b\right)^2 dx = \pi \left[\frac{b^2}{a^4}\frac{x^5}{5} - \frac{2b^2}{a^2}\frac{x^3}{3} + b^2 x\right]_{-a}^{a} = \frac{16}{15}\pi \cdot b^2 a$$

Setzen wir nun die Maße des Footballs ein, d.h. a = 14,29 und b = 8,97, so erhalten wir als Volumen des Balles V = 3853 cm².

Übung

Scheinwerfer
Bestimmen Sie angenähert das Innenvolumen des rechts abgebildeten Scheinwerfers. Dargestellt ist die Querschnittsfläche.
Modellieren Sie seine beiden Umrisse durch zwei Wurzelfunktionen der Form $f(x) = a \cdot \sqrt{x}$ und $g(x) = a \cdot \sqrt{b - x}$.

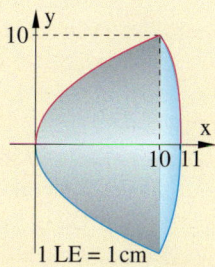

Überblick

Flächeninhalt unter einem Graphen

Fall 1:
$f(x) \geq 0$

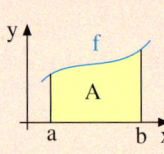

$$A = \int_a^b f(x)\,dx$$

Fall 2:
$f(x) \leq 0$

$$A = -\int_a^b f(x)\,dx$$

Fall 3:
f wechselt das Vorzeichen

$$A = \int_a^m f(x)\,dx - \int_m^b f(x)\,dx$$

Flächeninhalt zwischen Graphen

Methode:
Differenzfunktion

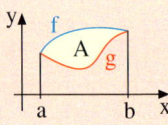

$$A = \int_a^b (f(x) - g(x))\,dx$$

$$= \int_a^b f(x)\,dx - \int_a^b g(x)\,dx$$

Mittelwert einer Funktion

Mittelwert von f über [a; b]

$$m = \frac{1}{b-a}\int_a^b f(x)\,dx$$

Rekonstruktion der Bestandsfunktion f aus der Änderungsrate f′

Ist f′ gegeben sowie ein Funktionswert $f(x_0)$ von f, so kann man die Funktion f mithilfe des unbestimmten Integrals von f′ bestimmen. Der Funktionswert von f wird benötigt, um die Integrationskonstante C festzulegen.

$$f(x) = \int f'(x)\,dx + C$$

Rekonstruktion der Bestandsänderung Δf aus der Änderungsrate f′

Ist die Änderungsrate f′ gegeben über dem Intervall [a; b], so kann man die Änderung Δf der Funktion f über dem Intervall mithilfe des bestimmten Integrals von f′ über [a; b] berechnen.

$$\Delta f = \int_a^b f'(x)\,dx = f(b) - f(a)$$

Uneigentliche Integrale

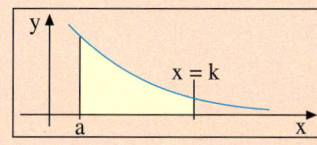

Typ 1:
unbegrenztes Intervall

$$\lim_{k \to \infty} \int_a^k f(x)\,dx = \int_a^\infty f(x)\,dx$$

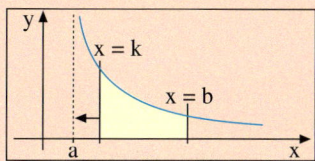

Typ 2:
unbegrenzte Funktionswerte

$$\lim_{k \to a} \int_k^b f(x)\,dx = \int_a^b f(x)\,dx$$

Rotationsvolumen

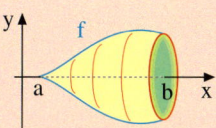

Die Funktion f sei über dem Intervall [a; b] differenzierbar und nicht negativ.
Rotiert der Graph von f über [a; b] um die x-Achse, so entsteht ein Rotationskörper mit dem Volumen

$$V = \pi \cdot \int_a^b (f(x))^2\,dx$$

Test

Anwendungen der Integralrechnung

1. Flächenberechnungen

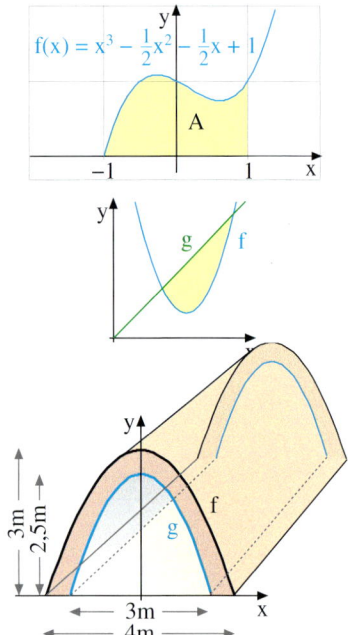

a) Gesucht ist der Inhalt des rechts abgebildeten markierten Flächenstücks A.

b) Wie groß ist der Inhalt der Fläche A, die vom Graphen der Funktion $f(x) = -x^2 + 4x - 3$ und der x-Achse umschlossen wird?

c) Der Graph von $f(x) = x^2 - 6x + 10$ und die Gerade $g(x) = x$ beranden gemeinsam ein Flächenstück A. Bestimmen Sie die Schnittpunkte von f und g. Fertigen Sie dann eine Skizze an. Berechnen Sie anschließend den Inhalt von A.

2. Tunnel

Ein 10 m langer Fußgängertunnel aus Beton hat die eingezeichneten Maße. Die innere Berandungsparabel hat die Gleichung $g(x) = -\frac{10}{9}x^2 + \frac{5}{2}$.

a) Bestimmen Sie die Gleichung der äußeren Berandungsparabel f.

b) Wieviel m^3 Beton werden für den Bau des Tunnels benötigt?

3. Wolfspopulation

Ein Rudel Wölfe hat sein Revier auf einer abgelegenen Halbinsel in Alaska gefunden. Die Wolfspopulation vermehrt sich nun mit der Wachstumsgeschwindigkeit $w'(t) = -0{,}024t^2 + 0{,}12t + 9{,}8$.

t: Zeit in Jahren; w'(t): Wachstumsgeschwindigkeit der Population zur Zeit t in Wölfen/Jahr.

a) Wie viele Wölfe kommen in den ersten zehn Jahren hinzu?

b) Nach 20 Jahren besteht die Population aus 172 Wölfen. Wieviele Tiere waren es zu Beginn?

4. Rekonstruktion einer Bestandsfunktion

Ein Heißluftballon befindet sich in 2000 m Höhe, als der Pilot die Landung einleitet. Die Sinkgeschwindigkeit kann durch die Funktion $v(t) = 0{,}0015t^2 - 0{,}3t$ erfasst werden.

t: Zeit in Sekunden; v(t): Geschwindigkeit in m/s.

a) Wie lautet die Gleichung der Funktion h(t), welche die Höhe des Ballons beschreibt?

b) In welcher Höhe ist der Ballon nach zwei Minuten? Wie schnell sinkt er dann?

c) Die Landung erfolgt weich, d.h. die Sinkgeschwindigkeit ist dann gleich null. Nach welcher Zeit und in welcher Höhe erfolgt die Landung?

5. Rotationsvolumen

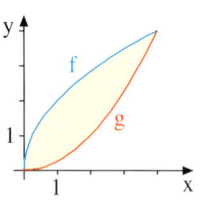

Die Fläche zwischen den Graphen von $f(x) = 2\sqrt{x}$ und $g(x) = \frac{1}{4}x^2$ rotiert um die x-Achse. Berechnen Sie das Volumen des Rotationskörpers.

Lösungen: S. 641

V. Exponentielle Prozesse

1. Grundlagen/Wiederholung zu exponentiellem Wachstum

A. Wachstums- und Zerfallsprozesse

Geißel
Augenfleck
Geißel-säckchen
Chloroplast
pulsierende Vakuole
Zell-membran
Zellkern
Paramylon-korn
Zellplasma

Euglena gracilis
In grün verfärbten Tümpeln lebt ein erstaunliches Wesen, nur 50 μm groß, halb Tier und halb Pflanze. Das sogenannte Augentierchen, lat. Euglena, ernährt sich von Bakterien, aber auch durch Fotosynthese. Mithilfe einer Geißel peitscht es sich nach dem Propellerprinzip voran, wobei es sich um seine Längsachse dreht. Obwohl es keinerlei Denk-organ besitzt, kann es fototaktisch reagieren. Es erkennt Lichteinfall mithilfe eines Fotorezeptors, der aus den lichtempfindlichen Zellen einer Geißelverdickung besteht, die im Geißelsäckchen liegt. Der rote Augenfleck – der der Mikrobe ihren Namen gab – verschattet den Fotorezeptor bei jeder Drehung, wodurch Euglena sich zum Licht hin orientieren kann.

Euglena ist ein Einzeller, der sich durch Teilung vermehrt. Wenn es eine gewisse Größe erreicht hat, schnü-ren Zellkern und Zelle sich ab. Zwei Tochterzellen entstehen auf diese Weise. Diese teilen sich nach etwa der gleichen Zeit wiederum, sodass ein starkes Populationswachstum entsteht, das erst endet, wenn Licht, Nah-rung oder Raum ausgehen.

▶ **Beispiel: Das Wachstum einer Euglena-Kolonie**
Im Labor wurde eine Euglena-Kolonie angelegt. Deren Populationswachstum wurde durch Auszählen unter dem Mikroskop über einen Zeitraum von 5 Tagen beobachtet und in einer Tabelle protokolliert. Modellieren Sie mit diesen Daten das Wachstum der Kolonie durch eine geeignete Funktion N. Skizzieren Sie den Graphen von N.

t:	Zeit seit Beobachtungsbeginn in Tagen	0	1	2	3	4	5
N:	Bestand der Augentierchen (Anzahl)	300	388	510	670	870	1125

Lösung:
Es liegt exponentielles Wachstum vor. Dies erkennt man durch *Quotientenbildung*:

$\frac{N(1)}{N(0)} \approx 1{,}29$ $\frac{N(2)}{N(1)} \approx 1{,}31$ $\frac{N(3)}{N(2)} \approx 1{,}31$ usw.

Die Quotienten aufeinander folgender Funktionswerte bleiben relativ konstant gleich 1,3. Jeder Funktionswert entsteht daher aus dem Vorhergehenden durch Multiplikation mit dem Faktor 1,3.
Der Bestand N kann daher durch die Exponentialfunktion $N(t) = 300 \cdot 1{,}3^t$ erfasst
▶ werden.

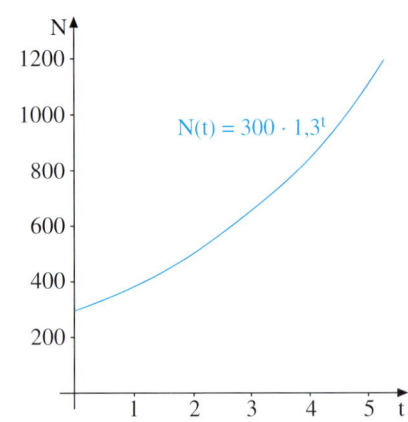

$N(t) = 300 \cdot 1{,}3^t$

Viele Wachstumsprozesse und Zerfallsprozesse besitzen die Eigenschaft, dass die *Quotienten aufeinander folgender Bestände konstant* sind. Man spricht dann von ***exponentiellem Wachstum*** bzw. ***Zerfall*** und kann eine ***Exponentialfunktion*** zur Modellierung des Prozesses verwenden.

Definition V.1: Exponentialfunktion zur Basis a

	Wachstum	Zerfall
c und a seien reelle Zahlen. Es gelte a > 0.	$a > 1$	$a < 1$

Dann bezeichnet man die reelle Funktion

$$f(x) = c \cdot a^x$$

als Exponentialfunktion zur Basis a.

Beispiele:

$f(x) = 3 \cdot 2^x$ $f(x) = 4 \cdot 0,5^x$

▶ **Beispiel: Radioaktiver Zerfall**

In einem Experiment zerfallen minütlich 30 % der noch vorhandenen Stoffmenge eines radioaktiven Elementes. Zu Beobachtungsbeginn sind 2 mg des Stoffes vorhanden. Stellen Sie die noch nicht zerfallene Stoffmenge N als Funktion der Zeit t in Minuten dar.

Lösung:
Hier liegt ein Zerfalls- oder Abnahmeprozess vor. Der Wachstumsfaktor ist in diesem Fall 0,7, d. h. kleiner als 1, denn 100 % Bestand minus 30 % Verlust ergibt 70 %. Die Bestandsfunktion N hat also die Gestalt $N(t) = 2 \cdot 0,7^t$.

$N(t) = 2 \cdot 0,7^t$

Bei Wachstumsprozessen ist die sogenannte Verdoppelungszeit, bei Zerfallsprozessen die sogenannte Halbwertszeit eine charakteristische Größe.

Ist T die Halbwertszeit bei einem Zerfallsprozess, so muss allgemein $N(T) = 0,5 \cdot N_0$ gelten.
Dieser Ansatz führt nach nebenstehender Rechnung auf die allgemeine Formel für die Halbwertszeit.

Herleitung der Formel zur

Halbwertszeit	Verdoppelungszeit
$N(T) = 0,5 \cdot N_0$	$N(T) = 2 \cdot N_0$
$c \cdot a^T = 0,5 \cdot c$	$c \cdot a^T = 2 \cdot c$
$a^T = 0,5$	$a^T = 2$
$T = \frac{\log 0,5}{\log a}$	$T = \frac{\log 2}{\log a}$

Die Halbwertszeit

Die Formel für die Halbwertszeit eines **Zerfallsprozesses** mit der Bestandsfunktion $N(t) = c \cdot a^t$, $a < 1$ lautet:

$$T = \frac{\log 0,5}{\log a}$$

Die Verdoppelungszeit

Die Formel für die Verdoppelungszeit eines **Wachstumsprozesses** mit der Bestandsfunktion $N(t) = c \cdot a^t$, $a > 1$ lautet:

$$T = \frac{\log 2}{\log a}$$

Übung 1

In jeder Stunde zerfallen 13 % des radioaktiven Stoffes Plutonium 243. Zu Beobachtungsbeginn sind 20 g Plutonium vorhanden. Stellen Sie die Zerfallsfunktion auf und berechnen Sie die Halbwertszeit.

B. Grundlegende Techniken

Der praktische Umgang mit exponentiellen Prozessen erfordert einige lösungstechnische Fähigkeiten. Häufig kann man mithilfe von Logarithmen rechnerische Lösungen erzielen. Aber auch zeichnerische Lösungen und Probierlösungen mit dem Taschenrechner kommen infrage.

▶ **Beispiel: Berechnung von Umkehrwerten**
Zu Beobachtungsbeginn (t = 0) existieren 200 Mikroben, deren Wachstum durch die Wachstumsgleichung $N(t) = 200 \cdot 1{,}6^t$ beschrieben wird. Wie lange dauert es, bis dieser Anfangsbestand von 200 Mikroben auf ca. 1000 Tierchen angewachsen ist?
Lösen Sie die Aufgabe auf folgende Arten:
1. durch Probieren mithilfe des Taschenrechners,
2. durch zeichnerische Darstellung des Graphen,
3. rechnerisch mithilfe von Logarithmen.

Lösung:
1. Probieren mit dem Taschenrechner
Wir berechnen die Funktionswerte für t = 2 (zu klein), für t = 3 (zu klein) und für t = 4 (zu groß). Nun gehen wir etwas zurück und erhalten für t = 3,5 ein ganz gutes Resultat. Das exakte Ergebnis dürfte noch etwas kleiner sein. Die Methode geht schnell und reicht für praktische Zwecke aus.

$$200 \cdot 1{,}6^2 \approx 512$$
$$200 \cdot 1{,}6^3 \approx 819$$
$$200 \cdot 1{,}6^4 \approx 1311$$
$$200 \cdot 1{,}6^{3{,}5} \approx 1036$$

Nach etwas weniger als 3,5 Tagen sind ca. 1000 Mikroben vorhanden.

2. Graphische Lösung
Mithilfe eine Wertetabelle zeichnen wir den Graphen von f sowie die horizontale Gerade y = 1000 ein.
Diese schneidet den Graphen der Bestandsfunktion etwa bei x = 3,5. Nach 3,5 Tagen beträgt die Population ca. 1000 Tierchen.
Die Methode ist zeitaufwendig, aber sehr anschaulich.

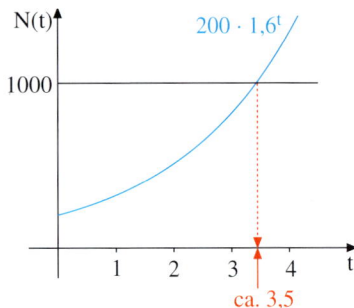

3. Rechnerische Lösung
Die rechnerische Lösung beruht auf dem Ansatz $N(t) = 200 \cdot 1{,}6^t = 1000$ und dem Rechengesetz für das Logarithmieren einer Potenz und ist rechts dargestellt.
Das Ergebnis ist 3,42 Tage, d. h. also etwa 3 Tage 10 Stunden.
Die rechnerische Methode liefert ein ge-
▶ naueres Ergebnis.

Rechnung:
$$200 \cdot 1{,}6^t = 1000$$
$$1{,}6^t = 5$$
$$\log 1{,}6^t = \log 5$$
$$t \cdot \log 1{,}6 = \log 5$$
$$t = \frac{\log 5}{\log 1{,}6} \approx \frac{0{,}6990}{0{,}2041} \approx 3{,}42$$

Hinweis:
Auf Taschenrechnern erhält man den dekadischen Logarithmus mit der log-Taste.

▶ **Beispiel: Schnittpunkt von Exponentialfunktionen**

In einem Teich werden zwei Algenkolonien ausgesetzt. Zu Beginn bedeckt Kolonie Alpha $300\,cm^2$ und Kolonie Beta $800\,cm^2$ der Wasseroberfläche. Alpha vermehrt sich Tag für Tag um 60 %. Beta wächst etwas langsamer, nämlich täglich um 20 %.

a) Nach welcher Zeit sind die Bestände gleich stark?

b) Wie lange dauert es, bis der $100\,m^2$ große Teich völlig bedeckt ist? Welchen Prozentanteil des Teiches bedeckt dann die Kolonie Alpha? Verwenden Sie zur Lösung den GTR.

Lösung zu a):

Die beiden Wachstumsfunktionen sind hier $N_1(t) = 300 \cdot 1{,}6^t$ und $N_2(t) = 800 \cdot 1{,}2^t$.
Der Bestand der Population Alpha ist zu Beginn niedriger als der von Beta, holt jedoch schnell auf.
Laut Zeichnung ist nach ca. $t = 3{,}5$ Tagen Gleichstand erreicht.

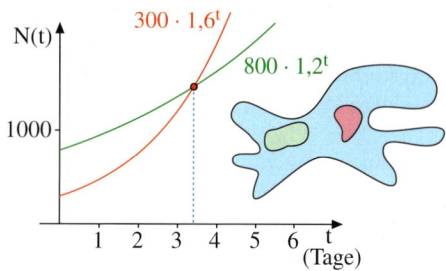

Durch Gleichsetzen der Funktionsterme lässt sich die Schnittstelle rechnerisch genauer bestimmen.
Wir erhalten $t \approx 3{,}41$ Tage, also theoretisch 3 Tage 9 Stunden 50 Minuten.
Prinzipiell reicht die zeichnerische Lösung aus, da der reale Wachstumsprozess ohnehin Schwankungen aufweist.

Rechnung:

$$300 \cdot 1{,}6^t = 800 \cdot 1{,}2^t$$
$$\frac{1{,}6^t}{1{,}2^t} = \frac{800}{300}$$
$$\left(\frac{4}{3}\right)^t = \frac{8}{3}$$
$$t \cdot \log\left(\frac{4}{3}\right) = \log\frac{8}{3}$$
$$t = \frac{\log\frac{8}{3}}{\log\frac{4}{3}} \approx 3{,}41\,\text{Tage}$$

Lösung zu b):

$100\,m^2$ sind $1\,000\,000\,cm^2$. Wir verwenden daher den Ansatz $N_1(t) + N_2(t) = 1\,000\,000$.
Dies führt auf die Exponentialgleichung $300 \cdot 1{,}6^t + 800 \cdot 1{,}2^t = 1\,000\,000$, die wir mit dem GTR lösen.
Wir erhalten als Resultat: $t \approx 17{,}2$ Tage. Der Anteil von Kolonie Alpha beträgt dann ca. $300 \cdot 1{,}6^{17{,}2} \approx 972\,714\,cm^2$ von insgesamt $991\,122\,cm^2$.
Das sind etwa 98 %.

Ansatz:

$$N_1(t) + N_2(t) = 1\,000\,000$$
$$300 \cdot 1{,}6^t + 800 \cdot 1{,}2^t = 1\,000\,000$$

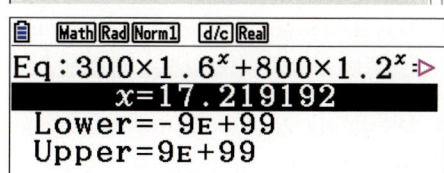

Übung 2

Müller und Dorn wollen ihr Kapital durch Sparen vermehren. Müller legt 10 000 € zu einem jährlichen Zinssatz von 5 % an. Wie lange muss er warten, bis sein Kapitel auf 20 000 € angewachsen ist? Dorn hat nur 8000 €, kann diese aber zu 7 % anlegen. Wann ist sein Kapital ebenso groß wie das von Müller? Nach welcher Zeit besitzen die beiden zusammen 30 000 €?

Übungen

3. Auswertung von Tabellen

Führen Sie den Nachweis für exponentielles Wachstum bzw. exponentiellen Zerfall und stellen Sie die Wachstumsfunktion bzw. die Zerfallsfunktion auf.

t	0	1	2	3	4
N(t)	50	90	162	291	525

t	3	4	5	6	7
N(t)	2000	1200	720	432	259

t	0	2	4	6	8
N(t)	100	196	384	753	1476

t	0	2	4	6	10
N(t)	200	242	293	354	519

4. Auswertung von Graphen

Eine Hasenpopulation im Jahnpark wurde graphisch protokolliert.

a) Überprüfen Sie, ob der Prozess tatsächlich exponentiell verläuft.

b) Stellen Sie die Funktionsgleichung der Wachstumsfunktion auf.

c) Entnehmen Sie dem Graphen, in welcher Zeit sich der Bestand verdoppelt (Verdoppelungszeit).

d) Für welches t gilt N(t) = 10?

5. Elementare Rechentechniken für Exponentialfunktionen

Gegeben sind die Funktionen $f(x) = 0,5 \cdot 1,5^x$ und $g(x) = 3 \cdot 0,4^x$.

a) Skizzieren Sie die Graphen von f und g für $0 \le x \le 5$.

b) Für welchen Wert von x nimmt die Funktion f bzw. die Funktion g den Wert 10 an?

c) An welcher Stelle schneiden sich die Graphen von f und g?

d) Gesucht ist ein Intervall [a; b], in welchem sich die Werte von f und g höchstens um 1 unterscheiden. Bestimmen Sie a und b angenähert.

6. Bakterienwachstum

Das Bakterium *Salmonella enteritidis* löst schwere Magen-Darm-Erkrankungen aus. Die infektiöse Dosis beträgt ca. 1 Million Keime. Das Bakterium kommt bevorzugt in Eispeisen vor und vermehrt sich bei Temperaturen über 8 °C.

Die Tabelle zeigt die Vermehrung in einem infizierten Ei, das bei 25 °C gelagert wird.

a) Wie lautet die Wachstumsfunktion?

b) Wie groß ist die Verdoppelungszeit?

c) Wann wird die Infektionsdosis erreicht?

Uhrzeit	10⁰⁰	12⁰⁰	14⁰⁰	16⁰⁰
Keimzahl	1000	5500	30000	160000

d) Das Ei wird bis 18⁰⁰ bei 25 °C gelagert und dann in ein Kühlfach mit 12 °C gelegt. Hierdurch vervierfacht sich die Verdoppelungszeit. Wann wird nun die Infektionsdosis erreicht?

2. Die natürliche Exponentialfunktion $f(x) = e^x$

A. Näherungsweise Differentiation von $f(x) = 2^x$

In diesem Abschnitt wenden wir uns zunächst der Aufgabe zu, die Ableitung der Exponential-funktion $f(x) = a^x$ zu bestimmen, die wir später häufig benötigen.

> **Beispiel:** Gegeben sei die Exponentialfunktion $f(x) = 2^x$. Bestimmen Sie zeichnerisch und rechnerisch die Ableitung von f.

Lösung:

Graphisches Differenzieren:

Wir zeichnen den Graphen von f mittels einer Wertetabelle und lesen näherungswei-se die Steigungen des Graphen an einigen Stellen ab, indem wir dort die Tangenten einzeichnen.

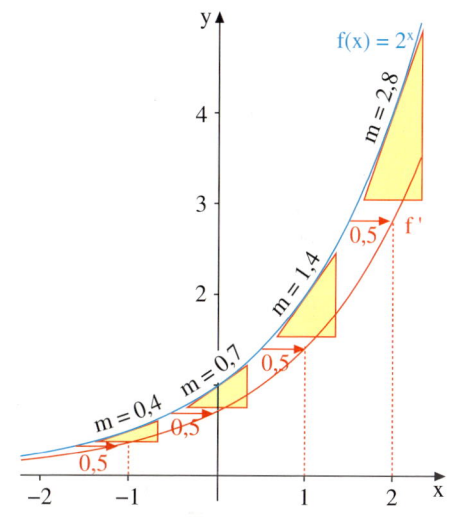

Vermutung: $f'(x) = c \cdot a^x$

$f'(0) \approx 0{,}7 \quad \Rightarrow \quad c \approx 0{,}7$

x	−1	0	1	2
m	0,4	0,7	1,4	2,8

Auf dieser Grundlage skizzieren wir die Ableitungsfunktion f′, deren Funktions-werte die Steigungen von f sind. Aufgrund des Verlaufs der skizzierten Ableitungs-funktion f′ liegt die Vermutung nahe, dass es sich ebenfalls um eine Exponential-funktion handelt. Da die Ableitungsfunk-tion nicht durch den Punkt $P(0|1)$ geht, müssen wir den Ansatz $f'(x) = c \cdot a^x$ ver-wenden. Ablesen der Steigung von f an der Stelle $x = 0$ ergibt die Näherung $c \approx 0{,}7$.

Offensichtlich kann man den Graphen von f′ auch durch Verschiebung* von f in x-Richtung erhalten (durch Pfeile angedeu-tet). Am Graphen lässt sich eine Verschie-bung um ca. 0,5 in x-Richtung feststellen. Die nebenstehende Anwendung eines Po-tenzgesetzes führt auf die Näherungsfunk-tion $f'(x) \approx 0{,}7 \cdot 2^x$.

Verschiebung des Graphen von f um ca. 0,5 in x-Richtung:

$f'(x) = 2^{x-0,5} = 2^x \cdot 2^{-0,5} \approx 0{,}7 \cdot 2^x$

▼ Vermutung: $(2^x)' \approx 0{,}7 \cdot 2^x$

---

* Diese Verschiebung lässt sich durch Verwendung zweier übereinander liegender OH-Folien gut zeigen.

Rechnerisches Differenzieren:

Um unsere Vermutung zu bestätigen und eine bessere Näherung zu erhalten, bestimmen wir die Ableitung von f rechnerisch mithilfe des Differentialquotienten.

Hierbei tritt der Grenzwert $\lim\limits_{h \to 0} \frac{2^h - 1}{h}$ auf.

Diesen können wir allerdings mit unseren Mitteln nur näherungsweise ermitteln.*
Wir nähern uns dem Grenzwert mithilfe eines Taschenrechners. Dazu setzen wir für h kleine Testwerte ein, die wir an null heranrücken lassen.

$$f'(x) = \lim\limits_{h \to 0} \frac{f(x + h) - f(x)}{h}$$
$$= \lim\limits_{h \to 0} \frac{2^{x+h} - 2^x}{h}$$
$$= \lim\limits_{h \to 0} \left(\frac{2^h - 1}{h} \cdot 2^x \right)$$
$$= \left(\lim\limits_{h \to 0} \frac{2^h - 1}{h} \right) \cdot 2^x$$
$$\approx 0{,}693 \cdot 2^x$$

h	0,1	0,01	0,001	0,0001
$\frac{2^h - 1}{h}$	0,718	0,696	0,6934	0,6932

Resultat:

$$(2^x)' \approx 0{,}693 \cdot 2^x$$

Die nebenstehende Rechnung bestätigt die graphisch gewonnene Vermutung und liefert das Resultat: $(2^x)' \approx 0{,}693 \cdot 2^x$.

 Übung 1

Gegeben sei die Funktion $f(x) = 3^x$.
a) Skizzieren Sie den Graphen von f über dem Intervall $[-1; 1]$.
b) Bestimmen Sie die Ableitungsfunktion f′ näherungsweise graphisch.
c) Bestimmen Sie die Ableitungsfunktion f′ näherungsweise rechnerisch.
d) Berechnen Sie f′(0,5) näherungsweise auf 3 Nachkommastellen.
e) Ermitteln Sie näherungsweise die Gleichung der Tangente an den Graphen von f bei x = 1.

 Übung 2

Gegeben sei die Funktion $f(x) = 1{,}5^x$.
a) Skizzieren Sie den Graphen von f über dem Intervall $[-3; 3]$.
b) Bestimmen Sie die Ableitungsfunktion f′ näherungsweise graphisch.
c) Bestimmen Sie die Ableitungsfunktion f′ näherungsweise rechnerisch.

Übung 3

Ermitteln Sie den Differentialquotienten der Funktion $f(x) = a^x$ in Abhängigkeit von a.
Gehen Sie dabei wie im obigen Beispiel für $f(x) = 2^x$ vor.

---

* Man kann zeigen, dass $\lim\limits_{h \to 0} \frac{2^h - 1}{h} = \ln 2$ gilt ($\ln 2 \approx 0{,}693$).

B.   Die natürliche Exponentialfunktion $f(x) = e^x$

Berechnen wir die Ableitung von $f(x) = a^x$ für verschiedene Basen a zwischen 1 und 3 näherungsweise, so lassen die nebenstehend aufgeführten Resultate die Vermutung plausibel erscheinen, dass es eine ganz bestimmte Basis e gibt, für die der

Grenzwert $\lim\limits_{h \to 0} \frac{e^h - 1}{h}$ den Wert 1 hat.

$$(1{,}5^x)' = \left(\lim_{h \to 0} \frac{1{,}5^h - 1}{h}\right) \cdot 1{,}5^x \approx 0{,}405 \cdot 1{,}5^x$$

$$(2^x)' = \left(\lim_{h \to 0} \frac{2^h - 1}{h}\right) \cdot 2^x \quad \approx 0{,}693 \cdot 2^x$$

$$(3^x)' = \left(\lim_{h \to 0} \frac{3^h - 1}{h}\right) \cdot 3^x \quad \approx 1{,}099 \cdot 3^x$$

$$(e^x)' = \left(\lim_{h \to 0} \frac{e^h - 1}{h}\right) \cdot e^x \quad = 1 \cdot e^x$$

Diese Zahl e existiert tatsächlich. Sie liegt offensichtlich zwischen 2 und 3 und man nennt sie die *Euler'sche Zahl*.

Der bedeutende Mathematiker Leonhard EULER (1707–1783) stellte in seinem Werk „Introductio in Analysin Infinitorum", das 1748 in lateinischer Sprache erschien, Exponentialgrößen und Logarithmen durch konvergente unendliche Reihen dar. Ebendort führte er die Abkürzung e für eine der von ihm untersuchten Reihen ein, die gegen den Zahlenwert e konvergiert.

Leonhard Euler hat die Bezeichnung e vermutlich nicht aufgrund seines Familiennamens, sondern möglicherweise für den Zusammenhang mit „Exponentialgrößen" gewählt.

Die Zahl e ist deshalb so interessant, weil die Exponentialfunktion mit der Basis e nach den obigen Überlegungen bemerkenswerterweise zugleich ihre eigene Ableitung darstellt. Sie ist praktisch* die einzige Funktion mit dieser Eigenschaft. Die Exponentialfunktion zur Basis e wird auch *natürliche Exponentialfunktion* genannt.

Satz V.1: Es gibt eine reelle Zahl e, so dass gilt:
$$(e^x)' = e^x.$$

Die Zahl e ist definiert durch
$$\lim_{h \to 0} \left(\frac{e^h - 1}{h}\right) = 1.$$

Auf den Nachweis der Existenz dieses Grenzwertes verzichten wir und wenden uns nun der näherungsweisen Berechnung der Euler'schen Zahl e zu.

---

* Nur die Funktionen $f(x) = a \cdot e^x$ mit $a \in \mathbb{R}$ besitzen diese Eigenschaft.

Man kann die Euler'sche Zahl e wie rechts angegeben auch als Folgengrenzwert definieren. Wegen ihrer großen Bedeutung ist die Funktion $f(x) = e^x$ auf jedem Taschenrechner zu finden. Taste $\boxed{e^x}$.

Die Euler'sche Zahl e ist als Folgengrenzwert darstellbar:

$$e = \lim_{n \to \infty} \left(1 + \frac{1}{n}\right)^n.$$

Es gilt: $e = 2{,}718\ldots$

▶ **Beispiel:** Gegeben ist die Funktion $f(x) = e^x$, $x \in \mathbb{R}$.

a) Zeichnen Sie den Graphen der Funktion f für $-2 \le x \le 2$ auf der Basis einer Wertetabelle mit der Schrittweite 0,5.

b) Beschreiben Sie das Verhalten der Funktion für $x \to \infty$ bzw. für $x \to -\infty$.

c) Bestimmen Sie die Gleichung der Tangente an den Graphen von f an der Stelle $x = 0$.

Lösung:

a) Mithilfe des Taschenrechners wird eine Wertetabelle erstellt, welche der Skizzierung des Graphen zugrunde liegt.

x	−2	−1,5	−1	−0,5	0	0,5	1	1,5	2
e^x	0,14	0,22	0,37	0,61	1	1,65	2,72	4,48	7,39

b) Mit wachsendem x steigt der Graph immer steiler an. Für $x \to \infty$ wächst der Funktionsterm e^x wegen $e \approx 2{,}718 > 1$ über alle Grenzen.
Für $x \to -\infty$ schmiegt sich der Graph immer dichter an die x-Achse, der Funktionsterm strebt dem Grenzwert 0 zu.

c) Wir wählen $y(x) = m x + n$ als Ansatz für die Tangentengleichung. Aus $f(x) = e^x$ und $f'(x) = e^x$ folgt $n = f(0) = 1$ und $m = f'(0) = 1$. Also ist $y(x) = x + 1$ die Gleichung der Tangente an den Graphen von f an der Stelle $x = 0$.

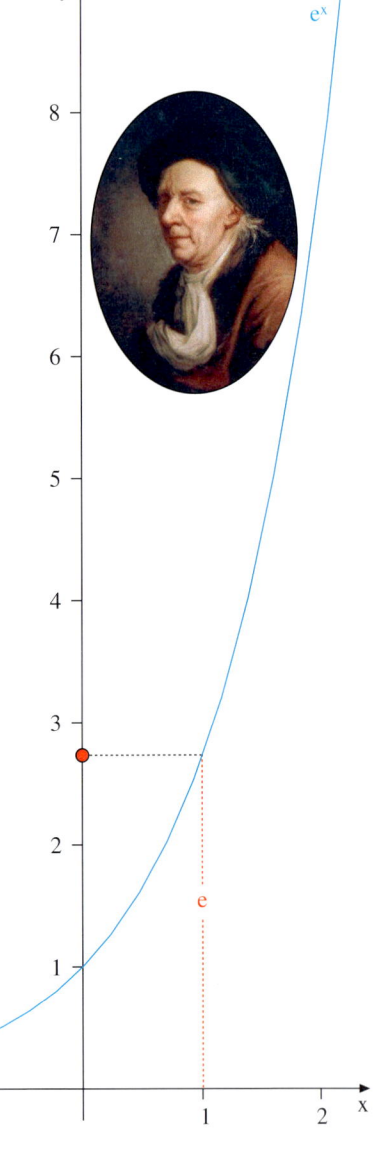

C. Die natürliche Logarithmusfunktion $f(x) = \ln x$

Die Funktion $f(x) = e^x$ ist streng monoton steigend, da $f'(x) = e^x > 0$ für alle $x \in \mathbb{R}$ gilt.

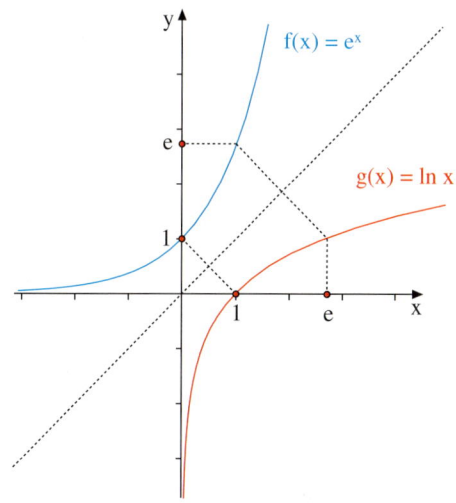

Aus dem Unterricht der Klasse 10 ist uns bekannt, dass die Umkehrfunktion einer Exponentialfunktion die Logarithmusfunktion zur gleichen Basis ist, deren Graphen man durch Spiegelung an der Winkelhalbierenden des 1. Quadranten erhält.

Die Funktion zu $f(x) = e^x$ hat also die Logarithmusfunktion zur Basis e als Umkehrfunktion. Diese wird als *natürliche Logarithmusfunktion* $g(x) = \ln x$ bezeichnet ($\ln x = \log_e x$, **l**ogarithmus **n**aturalis).

Wir können daher insbesondere die folgenden Rechengesetze verwenden:

$$\ln(e^x) = x, \quad e^{\ln x} = x.$$

Logarithmusfunktionen werden hier nicht näher untersucht. Wir verwenden sie lediglich zur Berechnung von Funktionswerten.*

▶ **Beispiel:** Gegeben sei die Funktion $f(x) = e^x$. Berechnen Sie, für welches x die Funktion f den Funktionswert 1,5 annimmt.

Lösung:
Wir lösen die Exponentialgleichung durch Logarithmieren, wobei wir hier den natürlichen Logarithmus verwenden. Wenden wir die obigen Rechenregeln an,
▶ erhalten wir als Resultat $x = \ln 1,5 \approx 0,41$.

Ansatz: $e^x = 1,5$
Logarithmieren: $\ln(e^x) = \ln 1,5$
Resultat: $x = \ln 1,5 \approx 0,41$

Übung 4

GTR

Gegeben sei die Funktion $f(x) = e^{-x}$.
a) Zeichnen Sie den Graphen von f für $-2 \leq x \leq 2$.
b) Zeichnen Sie den Graphen der Umkehrfunktion g durch Spiegelung des Graphen von f an der Winkelhalbierenden des 1. Quadranten.
c) Berechnen Sie, für welches x die Funktion f den Funktionswert 5 annimmt.

---

* Taschenrechner besitzen eine LN-Taste (oder man muss die Tastenkombination INV e^x betätigen).

3. Die Produktregel

Die Summenregel der Differentialrechnung lautet: Ist $f(x) = u(x) + v(x)$, so gilt für die Ableitung $f'(x) = u'(x) + v'(x)$. Summen können gliedweise differenziert werden.

Es stellt sich die Frage, ob in Analogie hierzu ein Produkt faktorweise differenziert werden kann, ob also $f(x) = u(x) \cdot v(x)$ die Ableitung $f'(x) = u'(x) \cdot v'(x)$ besitzt.

▶ **Beispiel:** Untersuchen Sie anhand der Funktion $f(x) = x^2 \cdot x^3 = u(x) \cdot v(x)$, ob die Ableitung von Produkten durch faktorweises Differenzieren gewonnen werden kann.

Lösung:
Faktorweises Differenzieren führt auf das Ergebnis $f'(x) = 2x \cdot 3x^2 = 6x^3$.
Dieses Resultat kann nicht richtig sein, denn $f(x) = x^2 \cdot x^3 = x^5$ besitzt nach der
▶ Potenzregel die Ableitung $f'(x) = 5x^4$.

▶ **Beispiel:** Gegeben sei wiederum die Funktion $f(x) = x^2 \cdot x^3 = u(x) \cdot v(x)$. Versuchen Sie nun, das richtige Ableitungsergebnis $f'(x) = 5x^4$ aus den Termen u, u′, v und v′ zu kombinieren. Stellen Sie eine Regel für das Ableiten von Produkten auf.

Lösung:
$f(x) = x^2 \cdot x^3 = x^5$ hat nach der Potenzregel die Ableitung $f'(x) = 5x^4$. Aus den Termen u, u′, v und v′ lassen sich Potenzen vierten Grades, die wir benötigen, nur durch Multiplikation erzielen. Die Produkte u′v und uv′ führen auf solche Potenzen. Man erkennt, dass die Addition dieser Terme den Zielterm $5x^4$ liefert. Dies legt die Regel
▶ $(u \cdot v)' = u' \cdot v + u \cdot v'$ nahe.

Gegebene Funktion f:
$f(x) = x^2 \cdot x^3 = u(x) \cdot v(x)$

Vermutete Regel:
$f'(x) = u'(x) \cdot v'(x)$
$f'(x) = 2x \cdot 3x^2 = 6x^3$

Kontrollrechnung mit der Potenzregel:
$f(x) = x^2 \cdot x^3 = x^5 \Rightarrow f'(x) = 5x^4$

Folgerung:
$f'(x) \neq u'(x) \cdot v'(x)$

Zielterm:
$f(x) = x^2 \cdot x^3 = x^5 \Rightarrow f'(x) = 5x^4$

Faktoren und ihre Ableitungen:

$u = x^2$	$v = x^3$
$u' = 2x$	$v' = 3x^2$

Kombination zu Potenzen 4. Grades:

$$u' \cdot v = 2x \cdot x^3 = 2x^4$$
$$u \cdot v' = x^2 \cdot 3x^2 = 3x^4$$
$$\overline{u' \cdot v + u \cdot v' = 5x^4}$$

Regel:

$$(u \cdot v)' = u' \cdot v + u \cdot v'$$

Wir formulieren nun die oben vermutete *Produktregel* in mathematisch exakter Form:

Satz V.2: Die Produktregel

Die Funktion f sei das Produkt der beiden differenzierbaren Faktoren u und v.

$$f(x) = u(x) \cdot v(x)$$

Produktregel
$$(u \cdot v)' = u' \cdot v + u \cdot v'$$

Dann ist auch die Funktion f differenzierbar und für ihre Ableitung f' gilt die Formel:

$$f'(x) = u'(x) \cdot v(x) + u(x) \cdot v'(x).$$

Beweis der Produktregel:

Wir versuchen, im Differenzenquotienten von f die Differenzenquotienten von u und v durch Umformungen zu erzeugen. Das gelingt durch die künstliche Hinzufügung geeigneter Terme, was aber im Gegenzug durch deren Gegenterme wieder ausgeglichen werden muss.

$$f'(x) = \lim_{h \to 0} \frac{f(x+h) - f(x)}{h} = \lim_{h \to 0} \frac{u(x+h) \cdot v(x+h) - u(x) \cdot v(x)}{h}$$

Definition der Ableitung f'

$$= \lim_{h \to 0} \frac{u(x+h) \cdot v(x+h) - u(x) \cdot v(x+h) + u(x) \cdot v(x+h) - u(x) \cdot v(x)}{h}$$

Ergänzung von Term und Gegenterm

$$= \lim_{h \to 0} \frac{[u(x+h) - u(x)] \cdot v(x+h) + u(x) \cdot [v(x+h) - v(x)]}{h}$$

Ausklammern, Grenzwertsätze für Funktionen

$$= \underbrace{\lim_{h \to 0} \frac{u(x+h) - u(x)}{h}}_{u'(x)} \cdot \underbrace{\lim_{h \to 0} v(x+h)}_{v(x)} + \underbrace{\lim_{h \to 0} u(x)}_{u(x)} \cdot \underbrace{\lim_{h \to 0} \frac{v(x+h) - v(x)}{h}}_{v'(x)}$$

Definitionen von u' und v'

$$= u'(x) \cdot v(x) + u(x) \cdot v'(x)$$

Hinweis: Die hier aufgeführten Beispiele und Übungen könnten durch Termzusammenfassungen auch ohne die Produktregel gelöst werden. Die Regel wird erst beim Auftreten von trigonometrischen Termen und Exponentialtermen unverzichtbar.

Übung 1

Berechnen Sie f' mithilfe der Produktregel. Berechnen Sie anschließend f' auf eine zweite Art ohne Anwendung der Produktregel. Formen Sie hierzu den Funktionsterm jeweils um.

a) $f(x) = x^4 \cdot x^5$

b) $f(x) = (2x^2) \cdot (3x^4)$

c) $f(x) = (x^3 + x^2) \cdot (x^2 + x)$

d) $f(x) = \sqrt{x} \cdot \sqrt{x}, x > 0$

e) $f(x) = x^3 \cdot \frac{1}{x}, x \neq 0$

f) $f(x) = (ax^3 + bx^2) \cdot \frac{1}{x^2}, x \neq 0$

Übung 2

Erklären Sie den Unterschied zwischen der Produktregel und der Faktorregel. Leiten Sie die Faktorregel durch Anwendung der Produktregel her.

Übung 3

Die Produktregel lässt sich auch auf Produkte aus drei und mehr Faktoren ausweiten.
Beispielsweise gilt bei drei Faktoren: $(u \cdot v \cdot w)' = u' \cdot v \cdot w + u \cdot v' \cdot w + u \cdot v \cdot w'$
Überprüfen Sie dies an der Funktion $f(x) = x^2 \cdot x^3 \cdot x^4$.

Wir wenden nun die Produktregel auf die bereits bekannten Funktionsklassen an.

▶ **Beispiel: Produktregel**
Differenzieren Sie die Funktion f.   a) $f(x) = (x - 2) \cdot e^x$ b) $f(x) = x \cdot \sin x$

Lösung zu a:
$f'(x) = (x - 2)' e^x + (x - 2) (e^x)'$
$\quad\ = 1 \cdot e^x + (x - 2) \cdot e^x$
▶ $\quad\ = (x - 1) \cdot e^x$

Lösung zu b:
$f'(x) = (x)' \cdot \sin x + x \cdot (\sin x)'$
$\quad\ = 1 \cdot \sin x + x \cdot \cos x$
$\quad\ = \sin x + x \cdot \cos x$

Übung 4   Produktregel
Differenzieren Sie die Funktion f mithilfe der Produktregel.
a) $f(x) = x \cdot e^x$ b) $f(x) = x \cdot \cos x$ c) $f(x) = x^2 \cdot e^x$ d) $f(x) = e^x \cdot \sin x$
e) $f(x) = x^2 \cdot \sqrt{x}$ f) $f(x) = (x + 3) \cdot \frac{1}{x}$ g) $f(x) = \sin^2 x$ h) $f(x) = \frac{1}{x^2} \cdot (x + 1)$

Übung 5   Paare bilden
Bilden Sie Paare aus Funktionsterm (A–F) und zugehörigem Ableitungsterm (I–VI).

A
$(x^3 + 2) \cdot x^3$

B
$(x + 3) \cdot \sqrt{x}$

I
$\cos^2 x - \sin^2 x$

II
$-2\sin x \cos x$

C
$(2x + 1) \cdot e^x$

D
$\sin x \cdot \cos x$

III
$(2x + 3) \cdot e^x$

IV
$6x^2 \cdot (x^3 + 1)$

E
$\cos^2 x$

F
$e^x \cdot \sqrt{x}$

V
$e^x \cdot (\sqrt{x} + \frac{1}{2\sqrt{x}})$

VI
$1,5(\sqrt{x} + \frac{1}{\sqrt{x}})$

Übung 6   Steigung und Tangente
Welche Steigung hat die Funktion $f(x) = x \cdot \sin x$ an der Stelle $x_0 = \pi$? Wie lautet die Gleichung der Tangente an den Graphen von f an dieser Stelle?

Übung 7   Achtung, Fehler
Welcher Fehler wurde beim Differenzieren der Funktion f gemacht?
a) $f(x) = \sin x \cdot \cos x$
$\quad f'(x) = \cos x \cdot \cos x + \sin x \cdot \sin x$
$\quad\quad = \cos^2 x + \sin^2 x$

b) $f(x) = x^2 \cdot e^x$
$\quad f'(x) = 2x e^x + x^2 e$

c) $f(x) = e^x \cdot e^x$
$\quad f'(x) = (e^x)' \cdot (e^x)' = e^x \cdot e^x$

4. Die Kettenregel

A. Die lineare Kettenregel

Das Problem auf der Tafel scheint eine einfache Lösung zu haben. Die Ableitung von $k(x) = (2x + 1)^{40}$ dürfte doch nach Potenzregel $k'(x) = 40(2x + 1)^{39}$ sein, oder?
Darf man die Potenzregel wirklich auf eine Klammer anwenden? Um dies überprüfen zu können, betrachten wir zunächst die einfacheren Funktionen $k(x) = (2x + 1)^3$ und $k(x) = (5x + 1)^3$.

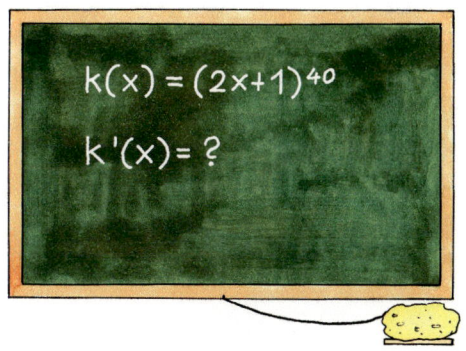

Hier liegen *verkettete Funktionen* vor. Beispielsweise lässt sich die betrachtete Funktion $k(x) = (2x + 1)^3$ als Verkettung der beiden einfacheren Funktionen $f(x) = x^3$ und $g(x) = 2x + 1$ darstellen.
Mit diesen Bezeichnungen gilt nämlich $k(x) = f(g(x))$. f heißt *äußere* Funktion und g *innere* Funktion der Verkettung k.

Die Verkettung von f und g

$f(x) = x^3$ *äußere Funktion*
$g(x) = 2x + 1$ *innere Funktion*

$k(x) = f(g(x))$
$\quad\;\; = f(2x + 1)$
$\quad\;\; = (2x + 1)^3$ *Verkettung*

▶ **Beispiel:** Die Funktion $k(x) = (2x + 1)^3$ ist die Verkettung von $f(x) = x^3$ und $g(x) = 2x + 1$. Gesucht ist die Ableitung von k. Versuchen Sie, k auf zwei unterschiedliche Arten zu differenzieren. Wiederholen Sie anschließend das Vorgehen am Beispiel $k(x) = (5x + 1)^3$.

Lösung für $(2x + 1)^3$:

Weg 1:
Wir wenden die Potenzregel direkt an, denn der Funktionsterm ist die dritte Potenz einer Klammer.

$$k(x) = (2x + 1)^3$$
$$k'(x) = 3 \cdot (2x + 1)^2$$

Zum Vergleich mit dem Resultat von Weg 2, lösen wir die Klammern auf.

$$k'(x) = 3 \cdot (4x^2 + 4x + 1)$$
$$k'(x) = 12x^2 + 12x + 3$$

Weg 2:
Wir gehen strikt nach bereits bekannten Regeln vor. Da wir keine Regel für das Differenzieren einer Klammerpotenz kennen, lösen wir zunächst die Klammer auf.

$$k(x) = (2x + 1)^3$$
$$\quad\;\; = (2x)^3 + 3 \cdot (2x)^2 + 3 \cdot (2x) + 1$$
$$\quad\;\; = 8x^3 + 12x^2 + 6x + 1$$

Nun differenzieren wir das Polynom:

$$k'(x) = 24x^2 + 24x + 6.$$

Lösung für $(5x + 1)^3$:

▶ *Weg 1:* $k'(x) = 75x^2 + 30x + 3$

Weg 2: $k'(x) = 375x^2 + 150x + 15$

Für $k(x) = (2x + 1)^3$ erhalten wir zwei unterschiedliche Ergebnisse. Eines der beiden Ergebnisse muss falsch sein. Da wir uns bei Weg 2 strikt an bekannte Regeln gehalten haben, muss Weg 1 falsch sein. Er ist aber nicht völlig falsch, da das Ergebnis ja nur mit dem Faktor 2 multipliziert werden muss, um das korrekte Resultat zu ergeben.

Wiederholt man das Experiment mit $k(x) = (5x + 1)^3$, so fehlt der Faktor 5. Offenbar stellt der fehlende Faktor in beiden Fällen die Ableitung der linearen inneren Funktion g dar.

Die richtigen Ergebnisse liefert also das rechts dargestellte korrigierte Vorgehen:

$$k(x) = (2x + 1)^3 \Rightarrow k'(x) = 3 \cdot (2x + 1)^2 \cdot 2$$
$$k(x) = (5x + 1)^3 \Rightarrow k'(x) = 3 \cdot (5x + 1)^2 \cdot 5$$

Wir können also wie vermutet mit der Potenzregel vorgehen, müssen allerdings zusätzlich im Nachgang mit der Ableitung der inneren Funktion multiplizieren. Man bezeichnet das auch als *Nachdifferenzieren*.

Nun können wir auch unser Einstiegsproblem lösen. Ohne die neue Regel – also mithilfe von Weg 2 – wäre dies wahrlich ein mühseliger Prozess geworden, denn wer möchte schon $(2x + 1)^{40}$ freiwillig ausmultiplizieren?

$$k(x) = (2x+1)^{40}$$

$$k'(x) = 40 \cdot (2x+1)^{39} \cdot 2$$

Wir fassen nun die gefundene Regel in einem Satz zusammen:

Satz V.3: Die lineare Kettenregel
Ist f eine differenzierbare Funktion, so hat die Funktion $k(x) = f(ax + b)$ die Ableitung $k'(x) = f'(ax + b) \cdot a$

Lineare Kettenregel
$$[f(ax + b)]' = f'(ax + b) \cdot a$$

▶ **Beispiel: Lineare Kettenregel**
Differenzieren Sie die Funktion f.   a) $f(x) = e^{-2x + 1}$ b) $f(x) = \frac{1}{2x - 4}$

Lösung zu a):

$f'(x) = e^{-2x + 1} \cdot (-2)$

$\quad = -2e^{-2x + 1}$

Lösung zu b):

$f'(x) = -\frac{1}{(2x - 4)^2} \cdot 2$

$\quad = -\frac{2}{(2x - 4)^2}$

▶ **Übung 1   Lineare Verkettung**
Differenzieren Sie die verkettete Funktion f.
a) $f(x) = (3x + 1)^2$ b) $f(x) = 4 \cdot e^{1 - 0,5x}$ c) $f(x) = \sin(\pi x)$ d) $f(x) = \sqrt{\frac{1}{2}x - 1}$

e) $f(x) = (ax + b)^2$ f) $f(x) = e^{ax + b}$ g) $f(x) = a\sin(bx)$ h) $f(x) = a \cdot \sqrt{\frac{x}{b}}$

B. Die allgemeine Kettenregel

Die lineare Kettenregel lässt sich verallgemeinern, wenn man für die innere Funktion der Verkettung nicht nur lineare Terme, sondern beliebige Terme zulässt. Auf diese Weise erhält man die *allgemeine Kettenregel*, die in der Mathematik eine sehr wirkungsvolle Regel darstellt. Auf ihren exakten Beweis mit den Methoden der Differentialrechnung müssen wir hier aber verzichten.

Satz V.4: Die Kettenregel

f und g seien differenzierbare Funktionen.
Dann ist auch ihre Verkettung $k(x) = f(g(x))$
differenzierbar.
Die Ableitung von k lautet:
$k'(x) = f'(g(x)) \cdot g'(x)$

Kettenregel
$$[f(g(x))]' = f'(g(x)) \cdot g'(x)$$

Ableitung der Verkettung k an der Stelle x	=	Ableitung der äußeren Funktion f an der Stelle g(x)	·	Ableitung der inneren Funktion g an der Stelle x

---

Beispiel: Kettenregel
Differenzieren Sie die Funktion f: a) $f(x) = e^{x^2 + 1}$ b) $f(x) = \sin\left(\frac{1}{x}\right)$

Lösung zu a):

$f'(x) = \underbrace{(e^{x^2 + 1})}_{\substack{\text{äußere} \\ \text{Ableitung}}} \cdot \underbrace{2x}_{\substack{\text{innere} \\ \text{Ableitung}}} = 2x \cdot (e^{x^2 + 1})$

Lösung zu b):

$f'(x) = \underbrace{\cos\left(\frac{1}{x}\right)}_{\substack{\text{äußere} \\ \text{Ableitung}}} \cdot \underbrace{\left(-\frac{1}{x^2}\right)}_{\substack{\text{innere} \\ \text{Ableitung}}} = -\frac{1}{x^2}\cos\left(\frac{1}{x}\right)$

Übung 2 Ableitungsübungen
Bestimmen Sie die Ableitung der Funktion f mithilfe der allgemeinen Kettenregel.

a) $f(x) = (1 - 3x^4)^2$ b) $f(x) = e^{x^2}$ c) $f(x) = \cos(x^2)$ d) $f(x) = e^{\frac{1}{x}}$

e) $f(x) = \sqrt{x^2 + x}$ f) $f(x) = \frac{1}{x^2 + 1}$ g) $f(x) = e^{2x^2 + 3x}$ h) $f(x) = e^{e^x}$

Übung 3 Innermathematische Anwendungen

a) Welche Steigung hat die Funktion $f(x) = e^{-0,5x^2}$ an der Stelle $x_0 = 1$?

b) Wie lautet die Gleichung der Tangente von $f(x) = \sqrt{2x + 2}$ an der Stelle $x_0 = 1$?

C. Differentiation und Integration von $f(x) = a^x$

In den folgenden Sätzen werden eine Ableitungsregel und eine Integrationsregel für die allgemeine Exponentialfunktion $f(x) = a^x$ mit der Basis a > 0 angegeben. Man benötigt diese Regeln nicht unbedingt, da man alle exponentiellen Probleme mit der natürlichen Exponentialfunktion e^x lösen kann, aber es ist doch bequemer, auf die beiden neuen Regeln zurückgreifen zu können.

Satz V.5: Ableitung von $f(x) = a^x$.
Für a > 0 gilt die Ableitungsregel

$$(a^x)' = a^x \cdot \ln a.$$

Satz V.6: Integration von $f(x) = a^x$.
Für a > 0 gilt die Integrationsregel

$$\int a^x \, dx = \frac{1}{\ln a} \cdot a^x + C.$$

Beweis von Satz V.5:
Man schreibt den Funktionsterm a^x als Exponentialterm mit der Basis e: $a^x = e^{x \cdot \ln a}$.

Nun führt die Anwendung der Kettenregel – wie rechts ausführlich dargestellt – auf das Resultat: $(a^x)' = a^x \ln a$.

1. Darstellung von a^x mit der Basis e:
$a^x = e^{\ln(a^x)} = e^{x \cdot \ln a}$

2. Ableitung von a^x
$$(a^x)' = (e^{x \cdot \ln a})' = (e^{x \cdot \ln a}) \cdot (x \cdot \ln a)'$$
$$= (e^{x \cdot \ln a}) \cdot (\ln a)$$
$$= a^x \cdot \ln a$$

Beweis von Satz V.6:
Der Satz macht die Aussage, dass die Funktion $F(x) = \frac{1}{\ln a} \cdot a^x + C$ eine Stammfunktion von $f(x) = a^x$ ist.
Man führt den Beweis durch Ableiten der Funktion F. Wieder kommt die Kettenregel zur Anwendung. Das Resultat lautet tatsächlich $F'(x) = f(x)$, was den Beweis komplettiert.

Beweis der Integrationsregel für a^x:
$$F(x) = \frac{1}{\ln a} \cdot a^x + C$$
$$F'(x) = \left(\frac{1}{\ln a} \cdot a^x\right)' = \frac{1}{\ln a} \cdot (a^x)'$$
$$= \frac{1}{\ln a} \cdot (a^x \cdot \ln a) = a^x$$
$$= f(x)$$

Übung 4
Differenzieren und integrieren Sie f.
a) $f(x) = 2^x$
b) $f(x) = 0,5^x$
c) $f(x) = 3^{-x}$
d) $f(x) = 2 \cdot 1,5^x - 1$
e) $f(x) = x - 0,5^{-x}$
f) $f(x) = (2 \cdot 1,2^x)^2$

Übung 6
Gegeben ist die Funktion $f(x) = 3 \cdot 2^x - 1$.
a) Zeichnen Sie den Graphen von f.
b) Bestimmen Sie die Ableitung f′.
c) Wo hat die Funktion f die Steigung 1?
d) Wie lautet die Gleichung der Nullstellentangente t an den Graphen von f?
e) Wie verhält sich f für x → ∞?

Übung 5
Berechnen Sie den Inhalt des abgebildeten Flächenstücks A.

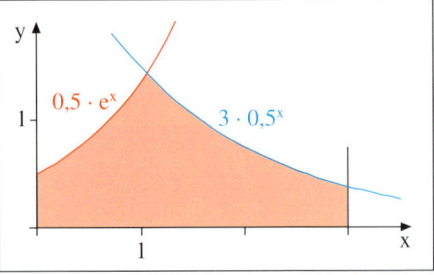

Übungen

7. Produktregel

Differenzieren Sie die Funktion f durch Anwendung der Produktregel.

a) $f(x) = x^2 \cdot e^x$ b) $f(x) = \frac{1}{x} \cdot e^{-x}$ c) $f(x) = x \cdot \sqrt{x}$

d) $f(x) = \sin x \cdot e^x$ e) $f(x) = \sqrt{x} \cdot e^x$ f) $f(x) = \sqrt{x} \cdot \cos x$

8. Kettenregel

Differenzieren Sie die Funktion f unter Verwendung der Kettenregel.

a) $f(x) = e^{2 - 3x}$ b) $f(x) = e^{-\frac{x^2}{2}}$ c) $f(x) = \sin(2x - 1)$

d) $f(x) = e^{2\sqrt{x}}$ e) $f(x) = (e^x + 1)^2$ f) $f(x) = \frac{1}{e^x + 1}$

9. Produkt- und Kettenregel

Ermitteln Sie die Ableitung von f mit Hilfe von Produkt- *und* Kettenregel.

a) $f(x) = x \cdot e^{-4x}$ b) $f(x) = \frac{e^{2x-1}}{x}$ c) $f(x) = \sin(2x + 1) \cdot e^{-x}$

d) $f(x) = x^2 - e^{x^2}$ e) $f(x) = x^2 \cdot e^{-2x}$ f) $f(x) = x \cdot e^{\sqrt{x}}$

g) $f(x) = \frac{1}{e^{2x}}$ h) $f(x) = \sqrt{e^x}$ i) $f(x) = (x^2 - e^{-2x})^2$

10. Fehlersuche

Suchen Sie den Fehler in den folgenden Rechnungen. Wie lauten die richtigen Resultate?

a) $[(x^2 + 2) \cdot e^{4x}]' = 2x \cdot e^{4x} + (x^2 + 2) \cdot e^{4x} = (x^2 + 2x + 2) \cdot e^{4x}$

b) $[(e^x - 1)^2]' = [(e^x)^2 - 2e^x + 1]' = 2e^x - 2e^x = 0$

c) $[(2e^x + 4)^2]' = 2(2e^{2x} + 4) = 4e^{2x} + 8$

11. Maximaler Inhalt

Ein Reststück Spiegelglas hat auf einer Seite eine krumme Berandung, die angenähert durch den Graphen der Funktion $f(x) = 2 \cdot e^{-x}$ erfasst werden kann. Aus der Spiegelscherbe soll wie abgebildet ein rechteckiges Teil A ausgeschnitten werden.

Welche Breite x und welche Länge y muss dieses Teil erhalten, damit seine Fläche maximal wird?

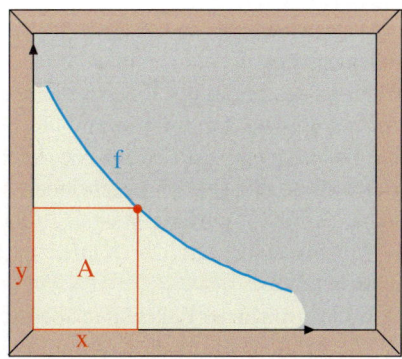

12. Zwei Lösungswege

Berechnen Sie die Ableitung der Funktion f auf zwei verschiedene Weisen.

a) $f(x) = (x + 2) \cdot (x^2 - x)$ b) $f(x) = (2x + 1)^2 + x$

13. Zuordnung

Die Funktion F hat die Ableitung f, d. h. $F' = f$. Ordnen Sie jeder Funktion F die zugehörige Funktion f zu.

a) $f(x) = x \cdot e^x + 6e^{2x}$

b) $f(x) = 3x^2 + e^{2x}$

c) $f(x) = x^2 \cdot e^{2x}$

d) $f(x) = -2x \cdot e^{2x}$

I $F(x) = x^3 + \frac{1}{2}e^{2x} + 1$

II $F(x) = \left(\frac{1}{2}x^2 - \frac{1}{2}x + \frac{1}{4}\right) \cdot e^{2x} + 2$

III $F(x) = (0{,}5 - x) \cdot e^{2x}$

IV $F(x) = (x - 1 + 3 \cdot e^x) \cdot e^x$

14. Steigung und Steigungswinkel

Welche Steigung hat die Funktion f an der Stelle x_0? Wie groß ist der Steigungswinkel?

a) $f(x) = (x + 2) \cdot e^{-x}$, $x_0 = 0$

b) $f(x) = x \cdot \sin\left(\frac{x}{2}\right)$, $x_0 = \pi$

15. Tangente

Die Tangente von $f(x) = 4x \cdot e^{-x}$ an der Stelle $x_0 = 2$ schneidet die x-Achse in P und die y-Achse in Q. Welchen Flächeninhalt hat das Dreieck PQR, wenn R der Ursprung ist?

16. Stammfunktionsnachweis bei Exponentialfunktionen

Zeigen Sie, dass F eine Stammfunktion von f ist.

a) $f(x) = (x + 3) \cdot e^x$
   $F(x) = (x + 2) \cdot e^x$

b) $f(x) = (2x + 1) \cdot e^{2x}$
   $F(x) = x \cdot e^{2x}$

c) $f(x) = (2x - x^2) \cdot e^{-x}$
   $F(x) = x^2 \cdot e^{-x}$

17. Stammfunktionsbestimmung bei Exponentialfunktionen

Bestimmen Sie eine Stammfunktion F der Funktion f.
Orientieren Sie sich an der linearen Kettenregel.

a) $f(x) = 2e^{-x}$

b) $f(x) = e^{0{,}5x}$

c) $f(x) = e^{-0{,}5x}$

d) $f(x) = (x + 1) \cdot e^{-x}$

e) $f(x) = 4 \cdot e^{2x - 2}$

f) $f(x) = a \cdot e^{bx}$

 18. Kurvenuntersuchung

Untersuchen Sie die Funktion $f(x) = (2x + 2)\,e^{-0{,}25x}$ bezüglich folgender Punkte.

a) Nullstellen

b) Extrema

c) Wendepunkte

 19. Pulsmessung

Während des Trainings absolviert eine Sportlerin ein festes Laufprogramm. Dabei wird die Pulsfrequenz gemessen. Sie kann durch $p(t) = 80 + 120t \cdot e^{-0{,}5t}$ beschrieben werden, wobei t die Zeit in Minuten ist.

a) Welchen Puls hat der Läufer nach einer Minute?

b) Wann erreicht der Puls seinen höchsten Wert?

c) Wie groß ist die Änderungsrate des Pulses zum Zeitpunkt $t = 3$?

d) Wann verringert sich der Puls am stärksten?

e) Wann sinkt der Puls wieder auf den Wert von 100 Schlägen/min? (GTR erforderlich)

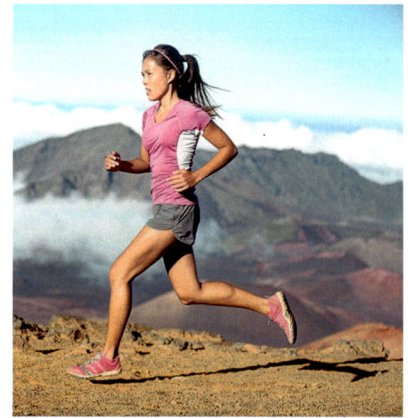

5. Die Beziehung zwischen ln x und $\frac{1}{x}$

A. Die Umkehrformel

Wir entwickeln nun eine Formel, mit der man die Ableitung einer Funktion f bestimmen kann, wenn die Ableitung der Umkehrfunktion f^{-1} bekannt ist.

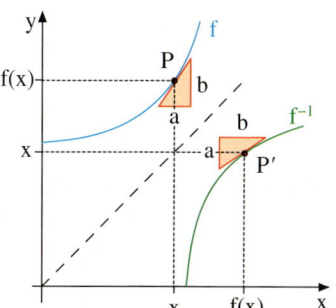

Wir spiegeln den Punkt $P(x|f(x))$ des Graphen von f an der Winkelhalbierenden. Der Spiegelpunkt $P'(f(x)|x)$ liegt auf f^{-1}.
In P und in P′ zeichnen wir jeweils ein Tangentenstück mit Steigungsdreieck ein.
Die Steigungsdreiecke sind ebenfalls spiegelgleich.
f hat im Punkt P die Steigung $f'(x) = \frac{b}{a}$.
f′ dagegen hat im Punkt P′ die Steigung $(f^{-1})'(f(x)) = \frac{a}{b}$.
Die Steigung von f an der Stelle x ist also gleich der reziproken Steigung von f^{-1} an der Stelle $f(x)$. Das ergibt exakt die rechts dargestellte *Umkehrformel*.

> **Die Umkehrformel**
> f sei eine umkehrbare, an der Stelle x differenzierbare Funktion mit $f'(x) \neq 0$. Dann gilt die Formel:
> $$f'(x) = \frac{1}{(f^{-1})'(f(x))}$$
> *Die Ableitung einer Funktion an der Stelle x ist gleich dem Kehrwert der Ableitung ihrer Umkehrfunktion an der Stelle $f(x)$.*

B. Die Ableitung von $f(x) = \ln x$

Wir wenden diese Formel nun an, um die Ableitung der natürlichen Logarithmusfunktion $f(x) = \ln x$ zu berechnen*.
Wir halten das Ergebnis im folgenden Satz fest, dessen Beweis durch Anwendung der Umkehrformel erfolgt (s. rechts).

> **Satz V.7: Die Ableitung von ln x**
> Die Funktion $f(x) = \ln x$ (x > 0) hat die Ableitung $f'(x) = \frac{1}{x}$.
> $$(\ln x)' = \frac{1}{x}$$

Beweis von Satz V.7
Wir gehen von der Umkehrformel aus:
$f'(x) = \frac{1}{(f^{-1})'(f(x))}$ (Umkehrformel)
Wir berechnen den Nenner schrittweise:
1. $f(x) = \ln x$
2. $f^{-1}(x) = e^x$ (e^x ist Umkehrfkt. von ln x)
3. $(f^{-1})'(x) = e^x$ (Die Abl. von e^x ist e^x)
4. $(f^{-1})'(f(x)) = e^{f(x)} = e^{\ln x} = x$
Im letzten Schritt setzen wir den Nenner ein:
5. $f'(x) = \frac{1}{x}$

Übung 1 Anwendung der Umkehrformel
Gegeben ist die Funktion $f(x) = \sqrt{x}$, $x \geq 0$.
a) Wie lautet die Umkehrfunktion von f ?
b) Bestimmen Sie mit der Umkehrformel die Ableitung f′. Gehen Sie schrittweise vor.

Übung 2 Steigung von $f(x) = \ln x$
Gegeben ist die Funktion $f(x) = \ln x$.
a) Wo hat f eine Steigung von 30° ?
b) Wie lautet die Gleichung der Tangente von f in der Nullstelle bei x = 1?

---

* Man kann die Ableitung der Funktion $f(x) = \ln x$ auch zeichnerisch entwickeln

C. Die Integration der Hyperbelfunktion $f(x) = \frac{1}{x}$

Jede Differentiationsregel liefert eine Integrationsregel. Dieses Prinzip gilt auch hier. Da ln x die Ableitung $\frac{1}{x}$ hat, ist umgekehrt ln x eine Stammfunktion von $\frac{1}{x}$. Genauer gilt der folgende Satz:

Satz V.8: Integration von $f(x) = \frac{1}{x}$

Die Funktion $f(x) = \frac{1}{x}$, $x \neq 0$ hat die Stammfunktion $F(x) = \ln|x| + C$.

$$\int \frac{1}{x} dx = \ln|x| + C$$

Beweis von Satz V.8:
Wir führen den Nachweis durch Differenzieren von $F(x) = \ln|x| + C$. Wir unterscheiden zwei Fälle.
Fall 1: $x > 0$
$F'(x) = (\ln|x| + C)' = (\ln(x) + C)'$
$\qquad = \frac{1}{x} = f(x)$

Fall 2: $x < 0$
$F'(x) = (\ln|x| + C)' = (\ln(-x) + C)'$
$\qquad = \frac{1}{-x} \cdot (-1) = \frac{1}{x} = f(x)$

Bemerkung:
Das Betragszeichen im Term der Stammfunktion $F(x) = (\ln|x| + C)$ darf nicht vergessen werden. Es sichert die Gültigkeit der Regel im negativen Bereich der x-Achse.

▶ **Beispiel:** Vermehrung einer Substanzmenge
Bei einer chemischen Reaktion wird eine neue Substanz erzeugt. Die Erzeugung beginnt eine Minute nach dem Start des Experiments. s(t) sei die Substanzmenge (in g) zur Zeit t (in min).
Für $t \geq 1$ erfasst $s'(t) = 3 - \frac{3}{t}$ (in g/min) die Änderungsrate der Substanzmenge s.
a) Zeichnen Sie den Graphen der Erzeugungsrate s' und berechnen Sie, wann diese 2 g/min erreicht. Welcher Grenze nähert sich die Erzeugungsrate?
b) Wieviel Substanz ist nach einer Viertelstunde vorhanden?

Lösung zu a:
Wir zeichnen den Graphen von s' anhand einer Wertetabelle oder mit dem GTR.
Die Erzeugungsrate nähert sich langfristig
– d. h. für $t \to \infty$ – dem Wert 3 g/min.

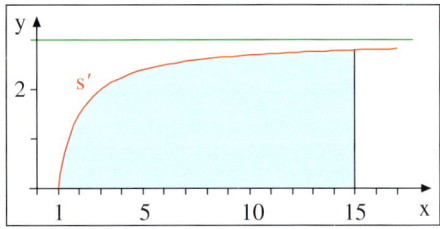

Lösung zu b:
Die Zunahme der Substanzmenge s im Zeitintervall [1; 15] ist als bestimmtes Integral der Änderungsrate s' über diesem Intervall darstellbar. Die rechts ausgeführte Berech-
▶ nung ergibt ca. 39 g.

$$\int_{1}^{15}\left(3 - \frac{1}{t}\right)dt = [3t - \ln|t|]_{1}^{15}$$
$$= (45 - \ln 15) - (3 - 0) \approx 39{,}29\,g$$

Übung 3 Unwetter
Bei einem Unwetter kann die Zuwachsrate der Wassermenge in einem zunächst leeren Notauffangbecken durch $w'(t) = \frac{10}{t+1} + 0{,}1$ beschrieben werden (t in min, w'(t) in m³/min).
a) Begründen Sie, dass $f(x) = \ln(x+1)$ die Ableitung $f'(x) = \frac{1}{x+1}$ hat.
b) Wird das 300 m³ fassende Becken während des halbstündigen Unwetters überlaufen?

Übungen

4. Gegeben ist die Funktion $f(x) = \frac{1}{x}$.

a) Bestimmen Sie den Inhalt der markierten Fläche A.

b) Wie muß $u > 1$ gewählt werden, damit der Inhalt der Fläche unter dem Graphen von f über dem Intervall $[1;u]$ den Wert 2 besitzt?

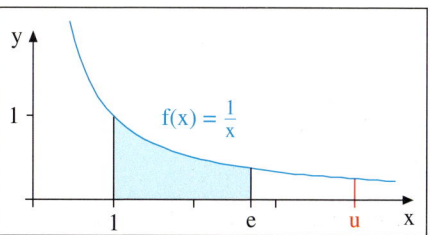

5. Die Abbildung zeigt die Graphen von $f(x) = \frac{2}{x^2}$ und $g(x) = \frac{1}{x}$.

a) Wo schneiden sich f und g?

b) Wie groß ist der Schnittwinkel?

c) Die Tangente an den Graphen von f an der Stelle $x = 2$ umschließt mit den beiden Koordinatenachsen eine dreieckige Fläche A. Bestimmen Sie den Inhalt von A.

d) Untersuchen Sie, welches der beiden in der Graphik markierten Flächenstücke den größeren Inhalt hat.

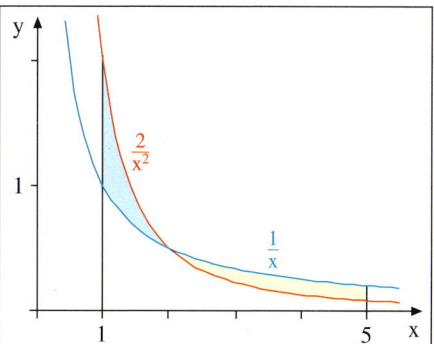

6. Bestimmen Sie mithilfe der linearen Kettenregel bzw. mit der Produktregel die Ableitung der Funktion f.

a) $f(x) = \ln(x + 1)$

b) $f(x) = \ln(2x + 1)$

c) $f(x) = x \cdot \ln x - x$

d) $f(x) = x \cdot \ln(3x) - x$

7. Weisen Sie nach, dass die Funktion F für $x > 0$ eine Stammfunktion von f ist.

a) $f(x) = \frac{2}{x+1}$,
$F(x) = 2\ln|x + 1|$

b) $f(x) = x + \frac{1}{x+1}$
$F(x) = 0{,}5\,(x^2 + 2\ln|2x + 2|) + 1$

8. Gegeben sind die Funktionen $f(x) = e^x$ $g(x) = \frac{1}{x}$. Lösen Sie folgende Aufgabenstellungen mit dem GTR.

a) Wo schneiden sich f und g?

b) Welche der beiden Funktionen weist im Bereich, in welchem sie die markierte Fläche beranden, die größte Steigung auf?

c) Wo schneidet die Tangente von g an der Stelle $x = 4$ die x-Achse?

d) Wie groß ist der Inhalt der farbig markierte Fläche?

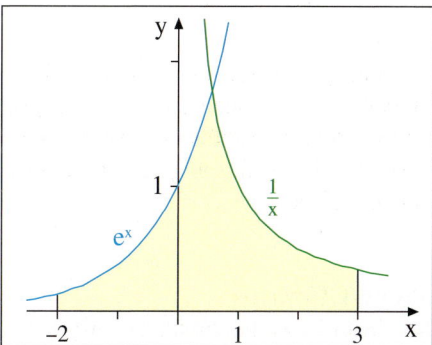

6. Elementare Funktionsuntersuchungen

In diesem Abschnitt werden unterschiedliche Problemstellungen aus der Differential- und Integralrechnung der Exponentialfunktionen exemplarisch angesprochen, um Lösungsprinzipien zu wiederholen und zu sammeln, die später im Rahmen umfassender Kurvenuntersuchungen gezielt angewendet werden können.

A. Funktionswerte und Graphen

▶ **Beispiel:** Gegeben sei die Funktion $f(x) = 2 \cdot e^{-0,5x} + 1$.

a) Skizzieren Sie den Graphen von f für $-1 \leq x \leq 4$.

b) An welcher Stelle hat die Funktion den Wert 2?

c) Untersuchen Sie das Verhalten der Funktion für $x \to \infty$.

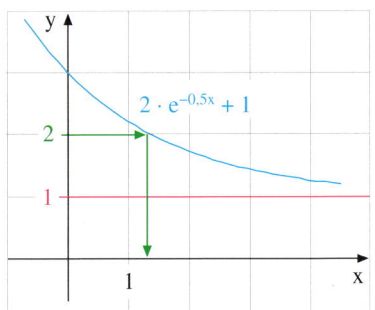

Lösung:

a) Den Graphen von f erstellen wir mithilfe einer Wertetabelle.

b) Der Funktionswert $y = 2$ wird etwa bei $x = 1,3$ angenommen, was wir der Zeichnung entnehmen können. Genauer ist das rechnerische Resultat, das sich aus dem Ansatz $f(x) = 2$ durch Logarithmieren ergibt: $x \approx 1,39$.

c) Mit zunehmendem x-Wert verläuft der Graph von f zusehends flacher. Er schmiegt sich der horizontalen Geraden $y = 1$ von oben immer dichter an. Dies liegt daran, dass sich der Exponentialterm $e^{-0,5x}$ mit wachsendem x dem
▶ Grenzwert 0 *asymptotisch* nähert.

Wertetabelle:

x	−1	0	1	2	3	4
y	4,30	3,00	2,21	1,74	1,45	1,27

Berechnung des x-Wertes zu f(x) = 2:

$$f(x) = 2$$
$$2 \cdot e^{-0,5x} + 1 = 2$$
$$e^{-0,5x} = 0,5$$
$$-0,5x = \ln 0,5$$
$$x = \frac{\ln 0,5}{-0,5} \approx 1,39$$

Berechnung des Grenzwertes für x → ∞:

$$\lim_{x \to \infty} (2 \cdot e^{-0,5x} + 1) = 1$$

 Übung 1

Gegeben ist die Funktion $f(x) = e^{2x} + 1$.
a) Skizzieren Sie den Graphen von f für $-3 \leq x \leq 0,5$.
b) Welche Wertemenge hat f? Untersuchen Sie das Verhalten der Funktion für $x \to -\infty$.
c) In welchem Bereich sind die Funktionswerte von f kleiner als 1,1?
d) Für welches x gilt $f(x) \approx 1000$?

B. Schnittpunkte von Graphen

▶ **Beispiel: Schnittpunkte von Graphen**
Gegeben seien die Funktionen $f(x) = e^x$
und $g(x) = 3 \cdot e^{-x}$.
In welchem Punkt schneiden sich die
Graphen von f und g?

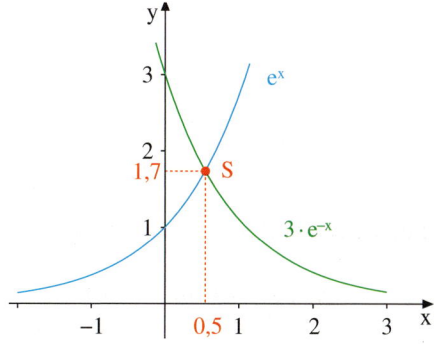

Zeichnerische Lösung:
Wir zeichnen die Funktionsgraphen und
lesen den Schnittpunkt S ab. Er liegt etwa
bei S (0,5|1,7).

Rechnerische Lösung:
Wir verwenden die Bestimmungsgleichung
$f(x) = g(x)$ für die Schnittstelle x.
Durch Umformung und Logarithmieren
können wir die Gleichung nach x auflösen.
Die Schnittstelle liegt bei $x \approx 0{,}55$.
▶ Der zugehörige y-Wert beträgt $y \approx 1{,}73$.

$$f(x) = g(x)$$
$$e^x = 3 \cdot e^{-x}$$
$$e^{2x} = 3$$
$$2x = \ln 3$$
$$x = \frac{\ln 3}{2} \approx \frac{1{,}099}{2} \approx 0{,}55$$
$$y = f(0{,}55) \approx 1{,}73$$

Der Schnittpunkt zweier Funktionen kann bei Beteiligung einer Exponentialfunktion leicht mit
dem GTR ermittelt werden.

▶ **Beispiel: Schnittpunkt mit dem GTR**
Ermitteln Sie den Schnittpunkt der beiden Funktionen $f(x) = e^x$ und $g(x) = 4 - x$.

GTR

Lösung:
Die beiden Funktionen werden eingegeben
und im Graphikfenster dargestellt.
Nun kann der Schnittpunkt näherungsweise
bestimmt werden.

Resultat: Die Funktionen schneiden sich
▶ angenähert im Punkt S (1,07|2,93).

Übung 2
Gesucht ist der Schnittpunkt der Funktionen $f(x) = 2{,}5 \cdot e^x$ und $g(x) = e^{2x}$.

Übung 3
Bestimmen Sie die kleinste positive Schnittstelle von $f(x) = e^x$ und $g(x) = 2 \cdot x^2$.

C. Tangenten

In diesem Abschnitt werden Tangentenprobleme bei Exponentialfunktionen untersucht.

▶ **Beispiel: Holzproduktion**

Der abgebildete Graph der Funktion $h(t) = \frac{1}{10}(50 - t) \cdot e^{\frac{1}{20}t}$ zeigt die Planung des monatlichen Holzeinschlags in einem Urwaldgebiet, $0 \le t \le 50$.

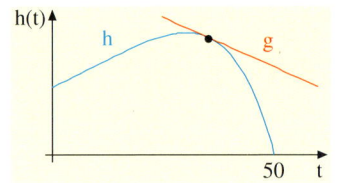

t: Zeit in Monaten; $h(t)$: Holzeinschlag in Kubikmeter pro Hektar.

Nach 35 Monaten wird der Plan geändert: Der Holzeinschlag soll von nun an linear als Tangente von h zurückgeführt werden (Funktion g). Wie lange wird die Zeitdauer des Holzeinschlags durch diese Maßnahme verlängert?

Lösung:

Wir bestimmen durch Anwendung der Produktregel die Ableitung von h.

Ableitung der Funktion h:
$$h(t) = (5 - 0,1\,t) \cdot e^{0,05\,t}$$
$$h'(t) = (-0,1) \cdot e^{0,05\,t} + (5 - 0,1\,t) \cdot (0,05 \cdot e^{0,05\,t})$$
$$= (0,15 - 0,005\,t) \cdot e^{0,05\,t}$$

Anschließend ermitteln wir die Gleichung der Tangente g bei $t_0 = 35$.
Dazu wenden wir die allgemeine Formel für die Tangente an. Sie lautet:
$g(t) = h'(t_0) \cdot (t - t_0) + h(t_0)$.
Wir erhalten angenähert das Resultat:
$g(t) \approx -0,144\,t + 13,67$

Gleichung der Tangente g bei $t_0 = 35$:
$$g(t) = h'(t_0) \cdot (t - t_0) + h(t_0) \quad \text{(Ansatz)}$$
$$g(t) = h'(35) \cdot (t - 35) + h(35)$$

$$g(t) \approx -0,144 \cdot (t - 35) + 8,632$$
$$g(t) \approx -0,144\,t + 13,67$$

Nun bestimmen wir die Nullstelle dieser Tangente. Sie liegt angenähert an der Stelle $t = 95$.

Nullstelle der Tangente g:
$$g(t) = 0$$
$$-0,144\,t + 13,67 = 0$$
$$t \approx 95$$

Insgesamt wird also die Dauer des Holzeinschlags von 50 auf 95 Monate ausgeweitet, d. h. um 45 Monate verlängert.

Übung 4 **Tangente**

Bei einem Motorradrennen stürzt ein Fahrer unglücklich im Wendepunkt W der Kurve. Das Motorrad rutscht tangential weiter. Landet er in der Auffangbarriere aus Stroh, die zwischen den Positionen A$(2|1)$ und B$(2|2)$ aufgebaut ist?
Der Kurvenverlauf wird durch die Funktion $f(x) = (1 - x) \cdot e^x$ beschrieben.

D. Extrema und Wendepunkte

Mithilfe der bekannten notwendigen und hinreichenden Bedingungen untersuchen wir nun exemplarisch einfache Exponentialfunktionen auf Extrema und Wendepunkte.

▶ **Beispiel:** Skizzieren Sie den Graphen der Funktion $f(x) = e^x - 2x$ und errechnen Sie anschließend die genaue Lage des Extremums der Funktion.

Lösung:
Der mit einer Wertetabelle oder durch Überlagerung von e^x und $-2x$ erstellte Graph zeigt ein Minimum bei $x \approx 0{,}5$.

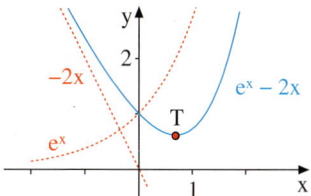

Notwendige Bedingung:
$$f'(x) = 0$$
$$e^x - 2 = 0$$
$$e^x = 2$$
$$x = \ln 2 \approx 0{,}69$$

Zugehöriger Funktionswert:
$$y = e^{\ln 2} - 2 \cdot \ln 2 \approx 0{,}61$$

Überprüfung mit f'':
$$f''(\ln 2) = e^{\ln 2} = 2 > 0 \;\Rightarrow\; \text{Minimum}$$

Resultat:
▶ Tiefpunkt bei $T(0{,}69 | 0{,}61)$

▶ **Beispiel:** Skizzieren Sie den Graphen der Funktion $f(x) = x \cdot e^x$ für $-3 \le x \le 1$. Berechnen Sie die genaue Lage des Wendepunktes der Funktion.

Lösung:
Mit einer Wertetabelle erhalten wir den Graphen, der im 3. Quadranten einen Rechts-Links-Wendepunkt aufweist.

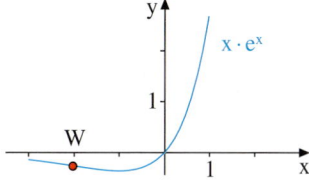

Notwendige Bedingung:
$$f''(x) = 0$$
$$(x + 2) \cdot e^x = 0$$
$$(x + 2) = 0,\ \text{da } e^x > 0$$
$$x = -2$$

Zugehöriger Funktionswert:
$$y = -2 \cdot e^{-2} \approx -0{,}27$$

Überprüfung mit f''':
$$f'''(-2) = 1 \cdot e^{-2} > 0 \;\Rightarrow\; \text{Rechts-links-Wp}$$

Resultat:
▶ Wendepunkt bei $W(-2 | -0{,}27)$

TR **Übung 5**
Untersuchen Sie die Funktion f auf lokale Extrempunkte und stellen Sie mit dem GTR den Graphen dar.
a) $f(x) = x - 2 + e^{-x}$
b) $f(x) = x^2 \cdot e^{x+1}$

Übung 6
Untersuchen Sie die Funktion f auf Wendepunkte und stellen Sie mit dem GTR den Graphen dar.
a) $f(x) = 2 \cdot e^x - e^{-x}$
b) $f(x) = (x^2 - 1) \cdot e^{-0{,}5x}$

E. Extremalprobleme

▶ **Beispiel: Wachstum von Obstbäumen**
Das Höhenwachstum eines Kirschbaumes wird durch die
Funktion $f_1(x) = 200 - 160\,e^{-0,2x}$ erfasst. Das Wachstum eines Apfelbaumes wird modellhaft durch $f_2(x) = 60 + 10x$
erfasst. (x: Zeit in Jahren; f_1, f_2: Höhe in cm)
a) Wann haben beide Bäume die gleiche Höhe?
b) Zu welchem Zeitpunkt ist der Höhenunterschied maximal?
   Lösen Sie die Aufgabe graphisch mit dem GTR und alternativ auf rechnerischem Weg.

Lösung zu a:
Die Funktionsgleichungen werden einge-
geben und mit dem GTR gezeichnet.
Nun können die beiden Schnittpunkte der
Graphen näherungsweise bestimmt wer-
den.
Resultat: $S_1(1,06\,|\,70,6)$ und $S_2(12,8\,|\,188)$.

Graphische Lösung zu b:
Wir lösen das Problem, indem wir die Differenzfunktion $f_3(x) = f_1(x) - f_2(x)$ bilden,
diese im Graphikfenster des GTR zeichnen
und dort ihr Maximum bestimmen.
Das Maximum liegt ca. bei $M(5,82\,|\,31,8)$.

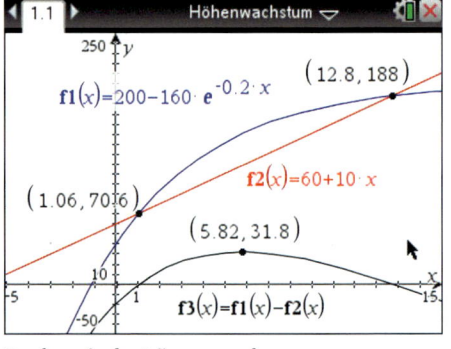

Rechnerische Lösung zu b:
Differenzfunktion $f_3 = f_1 - f_2$:
$$f_3(x) = f_1(x) - f_2(x)$$
$$= 140 - 160\,e^{-0,2x} - 10x$$

Rechnerische Lösung zu b:
Die Ableitung der Differenzfunktion $f_3(x)$
lautet $f_3'(x) = 32e^{-0,2x} - 10$.
Wir bestimmen die Nullstelle von f_3 mit
Hilfe einer logarithmischen Rechnung.
Sie liegt bei $x = 5 \cdot \ln 3,2 \approx 5,82$.
Der maximale Höhenunterschied beträgt
▶ daher $f_3(5,82) \approx 31,8$ cm.

Ableitungen von f_3:
$$f_3'(x) = 32\,e^{-0,2x} - 10$$
$$f_3''(x) = -6,4\,e^{-0,2x}$$

Bestimmung des Maximums von f_3:
$$f_3'(x) = 32\,e^{-0,2x} - 10 = 0$$
$$e^{0,2x} = 3,2$$
$$x = 5 \cdot \ln 3,2 \approx 5,82$$
$$y = f_3(5,82) \approx 31,8$$

 Übung 7 Extremalproblem
a) Für welchen Wert von x wird die Differenz der Funktionswerte von $f(x) = e^{-x}$
   und $g(x) = -e^{x-1}$ minimal?
b) Im Berghang liegt eine Eislinse, die
   senkrecht durchbohrt werden soll. An
   welcher Stelle ist der Bohrweg durch die
   Linse am längsten?

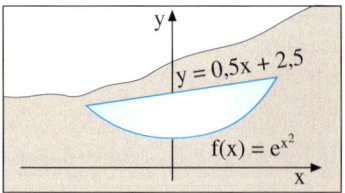

Übungen

8. Tangente

Gegeben ist die Funktion $f(x) = (x - 1) \cdot e^{-0,5x}$.

a) Wie lautet die Gleichung der Tangente g von f in der Nullstelle x_0 der Funktion?

b) Zeigen Sie, dass die Tangente h_b an den Graphen von f bei $x_1 = -1$ eine Ursprungsgerade ist.

c) An welcher weiteren Stelle x_2 ist die Tangente h_c an f ebenfalls eine Ursprungsgerade?

d) Zeichnen Sie die Graphen von f, g, h_b und h_c mit dem GTR für $-1 \le x \le 6$.

9. Extrema

Zeichnen Sie den Graphen von f mithilfe eines GTR. Untersuchen Sie f anschließend rechnerisch auf lokale Extrema.

a) $f(x) = 2x - 3 + e^{-x}$ b) $f(x) = (x + 1) \cdot e^{-0,5x}$ c) $f(x) = (x^2 - 1) \cdot e^{-x}$

10. Wendepunkte

Untersuchen Sie die Funktion f auf Wendepunkte.

a) $f(x) = 0,5 e^x - e^{-x}$ b) $f(x) = (x^2 - x) \cdot e^{-0,5x}$ c) $f(x) = e^x - x^2 - 2$

11. Eingesperrtes Rechteck

Zwischen den beiden Straßen und dem Fluss soll eine achsenparallele rechteckige Sandfläche so angeordnet werden, dass eine ihrer Ecken im Ursprung und die diagonal gegenüberliegende Ecke P auf dem südlichen Flussufer $f(x) = 4 \cdot e^{-x}$ liegt. Wo muss der Punkt P liegen, damit der Inhalt A des Rechtecks maximal wird?

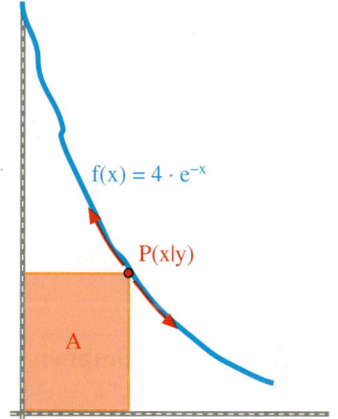

12. Eingesperrtes Rechteck

Das in der vorigen Übung beschriebene Rechteck soll einen minimalen Umfang erhalten. Wo muss der Punkt P nun liegen?

13. Anwendungsproblem

Ein Waldgebiet wird im Norden durch die Randkurve $f(x) = x \cdot e^{-0,5x}$ begrenzt.

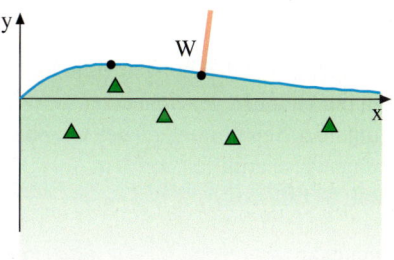

a) Bestimmen Sie f' und f''.

b) Welche Koordinaten hat der am weitesten nördlich liegende Ort des Waldes?

c) Ein Wanderweg trifft im Wendepunkt W orthogonal auf die nördliche Randkurve des Waldes. Wie lautet die Geradengleichung des Wanderweges?

F. Flächenberechnungen mit einfachen Exponentialfunktionen

Jeder Ableitungsregel für Exponentialfunktionen entspricht eine Integrationsregel.

Ableitungsregel:	Integrationsregel:
$(e^x)' = e^x$	$\int e^x dx = e^x + C$
$(e^{-x})' = -e^{-x}$	$\int e^{-x} dx = -e^{-x} + C$
$(e^{ax+b})' = a \cdot e^{ax+b}$	$\int e^{ax+b} = \frac{1}{a} e^{ax+b} + C$

Diese Integrationsregeln ermöglichen die Berechnung des Inhalts von Flächenstücken, die durch einfache Exponentialfunktionen begrenzt sind.

▶ **Beispiel: Fläche unter Graphen**
Gegeben ist die Funktion $f(x) = \frac{1}{2} \cdot e^{-x}$.
Wie groß ist der Inhalt des abgebildeten Flächenstücks?

Lösung:
Wir bestimmen zunächst eine Stammfunktion F von f: $F(x) = -\frac{1}{2} \cdot e^{-x}$.
Nun berechnen wir das bestimmte Integral von f in den Grenzen von -1 bis 2 und erhalten so den gesuchten Flächeninhalt.
▶ Er lautet $A \approx 1{,}29$.

$$A = \int_{-1}^{2} \frac{1}{2} \cdot e^{-x} dx = \left[-\frac{1}{2} \cdot e^{-x} \right]_{-1}^{2}$$

$$= -\frac{1}{2} \cdot e^{-2} + \frac{1}{2} \cdot e^1 \approx 1{,}29$$

▶ **Beispiel: Fläche zwischen Graphen**
Gesucht ist der Inhalt der Fläche A, die von den Graphen der Funktionen $f(x) = 2 \cdot e^{\frac{1}{4}x}$ und $g(x) = e^{\frac{5}{4}x - 1}$ sowie der y-Achse begrenzt wird.

Lösung:
Nach Eingabe der Gleichungen von f und g werden die Graphen gezeichnet.
Nun kann der Schnittpunkt S der Graphen näherungsweise ermittelt werden.
Resultat: $S(1{,}69 \mid 3{,}05)$.

Anschließend wird – wieder mit dem GTR – näherungsweise das bestimmte Integral der Differenzfunktion $f - g$ über dem Intervall $[0; 1{,}69]$ berechnet.
▶ Resultat: $A \approx 2{,}07$

Das folgende Beispiel zeigt, dass auch ein unendlich langes Flächenstück einen endlichen Flächeninhalt besitzen kann.

▶ **Beispiel: Unbegrenzte Fläche**
Gesucht ist der Inhalt des nach rechts unbegrenzten Flächenstückes, das im 1. Quadranten zwischen dem Graphen von $f(x) = e^{-x}$ und der x-Achse liegt.

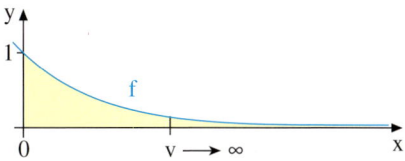

1. Fläche unter f über [0; v]:
$$A(v) = \int_0^v e^{-x}dx = (-e^{-x})_0^v = 1 - e^{-v}$$

Lösung:
Wir berechnen zunächst den Inhalt der Fläche unter f über dem endlichen Intervall [0; v]. Er ist $A(v) = 1 - e^{-v}$.
Nun schieben wir v immer weiter nach rechts, d. h. wir betrachten den Grenzwert für $v \to \infty$.

▶ Wir erhalten $A = \lim\limits_{v \to \infty}(1 - e^{-v}) = 1$.

2. Fläche unter f über [0; ∞):
$$A = \lim\limits_{v \to \infty} A(v) = \lim\limits_{v \to \infty}(1 - e^{-v}) = 1$$

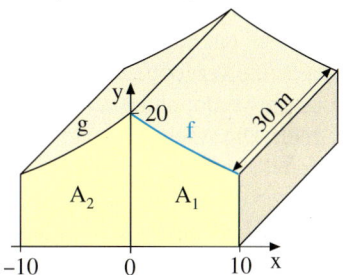

▶ **Beispiel: Anwendung**
Welches Luftvolumen hat das abgebildete Festzelt?
$f(x) = 20 \cdot e^{-\frac{1}{40}x}$ und $g(x) = 20 \cdot e^{\frac{1}{40}x}$
sind die Randfunktionen des Zeltdaches.

Querschnittsfläche:
$$A_1 = \int_0^{10} 20 \cdot e^{-\frac{1}{40}x}dx = \left[-800 \cdot e^{-\frac{1}{40}x}\right]_0^{10}$$

Lösung:
Wir berechnen die Querschnittsfläche A des Zeltes. Sie beträgt ca. 353,92 m². Diese multiplizieren wir mit der Tiefe des Zeltes, die 30 m beträgt.

▶ Das Volumen beträgt ca. 10 618 m².

$$\approx 176,96$$
$$A = A_1 + A_2 = 2A_1 \approx 353,92$$
Luftvolumen:
$$V = A \cdot 30 \approx 10617,6$$

Übung 14
Gegeben sind die Funktionen $f(x) = e^x$ und $g(x) = e^{1-x}$. Diese begrenzen gemeinsam mit der x-Achse und den beiden senkrechten Geraden $x = -1$ und $x = 1$ ein Flächenstück. Skizzieren Sie dieses und berechnen Sie seinen Flächeninhalt.

Übung 15
Gesucht ist der Inhalt derjenigen Fläche A, die von den Graphen der Funktionen f und g sowie der y-Achse begrenzt wird. Fertigen Sie zunächst eine Grobskizze an.
a) $f(x) = \frac{1}{4}(e^x - 1)$, $g(x) = 2 - e^x$ b) $f(x) = \frac{1}{2}e^{\frac{1}{2}x}$, $g(x) = e^{1-\frac{1}{4}x}$

Übung 16
Gesucht ist der Inhalt des im 1. Quadranten liegenden Flächenstückes zwischen den Graphen von $f(x) = e^{-x}$ und $g(x) = e^{-2x}$, das nach rechts unbegrenzt ist.

7. Wachstums- und Zerfallsprozesse

A. Unbegrenztes Wachstum und ungestörter Zerfall

Im Idealfall verläuft ein Wachstumsprozess völlig ungestört. Es gibt weder Mangel an Platz und Raum noch an Nahrung, Energie und Zeit. Dann ist meistens eine Wachstumsfunktion der Form $N(t) = c \cdot e^{kt}$ zur Beschreibung des Prozesses gut geeignet.

Man spricht in diesem Fall von einem *unbegrenzten Wachstum*. Die Größe c ist der Anfangsbestand zur Zeit t = 0. Der Faktor k im Exponenten beeinflusst die Wachstumsgeschwindigkeit.

Man kann die Eignung der Funktionsgleichung $N(t) = c \cdot e^{kt}$ gut begründen:
Es ist klar, dass eine Verdoppelung des Bestandes N auch zur Verdopplung der Wachstumsrate N' führt. Die Wachstumsrate N' ist also proportional zum Bestand N. Es gilt daher $N'(t) = k \cdot N(t)$.
Diese Wachstumsgleichung wird – wie man leicht durch Einsetzen von N und N' überprüfen kann – durch die Wachstumsfunktion $N(t) = c \cdot e^{kt}$ erfüllt.

Typisch für einen unbegrenzten Wachstumsprozess ist die *Verdopplungszeit*.
In einer festen Zeitspanne $T_2 = \frac{\ln 2}{k}$ verdoppelt sich der Bestand N jeweils.

Ganz analog verhalten sich ungestörte exponentielle *Zerfalls-* oder *Abnahmeprozesse* wie der radioaktive Zerfall oder die Abnahme einer Medikamentenkonzentration im Blut.
Sie beruhen auf der „negativen" Proportionalität $N'(t) = -k \cdot N(t)$ und werden durch $N(t) = c \cdot e^{-kt}$ beschrieben.
Vom Anfangsbestand $N(0) = c$ ausgehend fällt der Bestand und nähert sich asymptotisch dem Wert null.

Zerfallsprozesse besitzen eine typische *Halbwertszeit* $T_{1/2} = \frac{\ln 0{,}5}{-k}$, in welcher die Bestandsfunktion N sich halbiert.

Modell des ungestörten Wachstums

Unbegrenztes Wachstum wird durch folgende Wachstumsfunktion erfasst:

$$N(t) = c \cdot e^{kt}, \ k > 0.$$

c ist der Anfangsbestand zur Zeit t = 0.

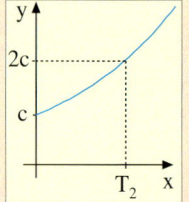

Verdopplungszeit
$$T_2 = \frac{\ln 2}{k}$$

Modell des ungestörten Zerfalls

Ein ungestörter Zerfalls- oder Abnahmeprozess wird durch folgende Bestandsfunktion erfasst:

$$N(t) = c \cdot e^{-kt}, \ k > 0.$$

c ist der Anfangsbestand zur Zeit t = 0.

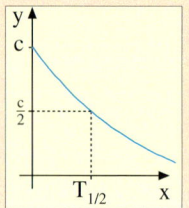

Halbwertszeit
$$T_{1/2} = \frac{\ln 0{,}5}{-k}$$

B. Beispiele zum unbegrenzten Wachstum und Zerfall

▶ **Beispiel: Bevölkerungswachstum der USA**
Die Tabelle gibt die Bevölkerungsentwicklung
der Vereinigten Staaten von Nordamerika in der
ersten Hälfte des 19. Jahrhunderts wieder. Damals
lag nahezu unbegrenztes Wachstum vor.
a) Stellen Sie die Wachstumsfunktion auf.
b) In welcher Zeitspanne verdoppelte sich die
   Bevölkerung?
c) Wie groß war die momentane Wachstumsrate
   1790 bzw. 1850?
   Wie groß war die mittlere Wachstumsrate?

Jahr	1790	1800	1810	1820	1830	1840	1850
Mio.	3,9	5,3	7,2	9,6	12,9	17,1	23,4

Lösung zu a):
Wir verwenden den Ansatz des unbegrenzten Wachstums $N(t) = N_0 \cdot e^{kt}$. Dabei ist t die Zeit in Jahren seit 1790.
$N_0 = N(0) = 3,9$ ist der Anfangsbestand.
Um k zu berechnen, verwenden wir eine zweite Information aus der Tabelle, z.B. $N(60) = 23,4$. Dies führt auf $k \approx 0,03$.
Resultat: $N(t) = 3,9 \cdot e^{0,03\,t}$

Bestimmung von N_0:
$N_0 = N(0) = 3,9$ Mio.

Bestimmung von k:
Ansatz: $N(60) = 23,4$
$$3,9 \cdot e^{60\,k} = 23,4$$
$$e^{60\,k} = 6$$
$$60\,k = \ln 6$$
$$k \approx 0,03$$

Lösung zu b):
Wir verwenden den Ansatz $N(t) = 2\,N_0$, d.h. $N(t) = 7,8$. Dies führt auf eine Verdoppelungszeit von 23,1 Jahren.
Alle 23,1 Jahre verdoppelte sich die amerikanische Bevölkerung.

Verdopplungszeit:
Ansatz: $N(t) = 2\,N_0$
$$3,9 \cdot e^{0,03\,t} = 7,8$$
$$e^{0,03\,t} = 2$$
$$0,03\,t = \ln 2$$
$$t \approx 23,1$$

Lösung zu c):
Die momentanen Wachstumsgeschwindigkeiten (Zuwachsraten) berechnen wir mithilfe der Ableitung N'.
Die Dynamik ist deutlich zu erkennen.

Die mittlere Zuwachsrate berechnen wir mit dem Differenzenquotienten $\frac{\Delta N}{\Delta t}$.

Sie beträgt ca. 325 000 Personen/Jahr, das sind 27 083 Pers./Monat
bzw. 890 Pers./Tag.
▶ Das ist also eine Kleinstadt pro Monat.

Momentane Wachstumsraten:
$N'(t) = 0,117 \cdot e^{0,03\,t}$
$N'(0) = 0,117$ Mio./Jahr = 321 Pers./Tag
$N'(60) = 0,708$ Mio./Jahr = 1939 Pers./Tag

Mittlere Zuwachsrate von 1790–1850:
$$\frac{\Delta N}{\Delta t} = \frac{N(60) - N(0)}{60 - 0} = \frac{23,4 - 3,9}{60}$$
$$= 0,325 \text{ Mio./Jahr} = 890 \text{ Pers./Tag}$$

► **Beispiel: Radioaktiver Zerfall**
Beim Reaktorunfall von Fukushima im
März des Jahres 2011 in Japan wurden
zahlreiche radioaktive Isotope freigesetzt,
unter anderem das Cäsiumisotop 137 Cs,
durch das Pflanzen und Tiere und über die
Nahrungskette auch der Mensch kontami-
niert wurden.
Eine Probe mit 100 Mikrogramm des radioaktiven Isotops Cäsium, das eine Halbwertszeit von ca. 30 Jahren hat, soll untersucht werden.
a) Wie lautet die Zerfallsfunktion?
b) Wann ist die Aktivität auf 1 % des Aus-
    gangswertes abgesunken?

Lösung zu a):
Für die Zerfallsfunktion verwenden wir den
Ansatz $N(t) = N_0 \cdot e^{-kt}$, $k > 0$.
$N_0 = 100\,\mu g$ ist vorgegeben.
k errechnen wir anhand der bekannten
Halbwertszeit von 30 Jahren: $k \approx 0{,}0231$.
Resultat: $N(t) = 100 \cdot e^{-0{,}0231 \cdot t}$

Zerfallsfunktion:
$$N(0) = 100 \Rightarrow N_0 = 100\,\mu g$$
$$N(30) = \tfrac{1}{2}\,N_0 = 50$$
$$100 \cdot e^{-30k} = 50$$
$$e^{-30k} = 0{,}5$$
$$-30k = \ln 0{,}5$$
$$k \approx 0{,}0231$$
$$\Rightarrow N(t) = 100 \cdot e^{-0{,}0231 \cdot t}$$

Lösung zu b):
Der Ansatz $N(t) = \tfrac{1}{100} \cdot N_0$ führt auf eine
Abklingzeit von knapp 200 Jahren. Nach
dieser Zeit beträgt die Strahlung nur noch
1 % des Anfangswertes. In der Praxis sinkt
die Aktivität durch Verdunstungs- und Aus-
► schwemmprozesse aber stärker.

Abklingen (1 %):
$$N(t) = 0{,}01 \cdot N_0$$
$$100 \cdot e^{-0{,}0231 \cdot t} = 1$$
$$e^{-0{,}0231 \cdot t} = 0{,}01$$
$$-0{,}0231 \cdot t = \ln 0{,}01$$
$$t \approx 199{,}36 \text{ Jahre}$$

Übung 1   Abnahmeprozess
Während einer Konjunkturflaute sinkt der
Absatz eines Autoherstellers im Verlauf von
6 Monaten von 27 000 Autos pro Monat auf
20 000 Autos pro Monat.
a) Wie lautet die Abnahmefunktion, wenn
    der Rückgang dem exponentiellen Mo-
    dell $f(t) = a \cdot e^{-kt}$ folgt?
    (t: Zeit in Monaten; f(t): Anzahl der
    monatlich abgesetzten Autos).
b) Wann hat sich der Absatz halbiert?
c) Um wie viele Autos sinkt der Absatz im
    Verlauf des 6. Monats?

Übungen

2. Ameisenkolonie

Eine Ameisenkolonie von 10 000 Tieren wächst jährlich um 10 %. Wie lautet die Wachstums-funktion? Wann ist eine Bevölkerung von 1 Million erreicht?

3. Radioaktivität

Eine Probe des radioaktiven Isotops Actinium 225 zerfällt gemäß dem Gesetz
$N(t) = 1000 \cdot e^{-0,069\,t}$ (t: Zeit in Tagen; N(t): Rad. Substanz in mg).
a) Wie groß ist der Anfangsbestand? Wie groß ist der Bestand nach einem Tag? Welcher pro-zentuale Anteil der Probe zerfällt täglich?
b) Wie groß ist die Halbwertszeit? Eine Probe wird als ausgebrannt betrachtet, wenn die Strah-lung auf 1 % des Ausgangswerts gefallen ist. Schätzen Sie die Zeit hierfür mithilfe der Halbwertszeit ab.

4. Städte

Die Einwohnerzahl einer Stadt wird modellhaft beschrieben durch $N_1(t) = 30\,000 \cdot e^{-0,0513\,t}$.
Dabei ist t die Zeit in Jahren und $N_1(t)$ die Einwohnerzahl zum Zeitpunkt t.
a) Welche Einwohnerzahl liegt nach fünf Jahren vor?
b) Wann fällt die Einwohnerzahl auf 20 000 Einwohner?
c) Wie groß ist die momentane Abnahmerate zu Beginn des Prozesses bzw. nach 10 Jahren?
d) Die Einwohnerzahl einer anderen Stadt wird beschrieben durch $N_2(t) = 10\,000 \cdot e^{0,09531\,t}$.
   Wann sind beide Städte gleich groß? Wie groß sind sie dann?
e) Wann ist die Summe der Einwohnerzahlen beider Städte minimal?

5. Blutalkohol

GTR

Ein Zecher hat sich um 24^{00} Uhr einen Alkoholspiegel von 1,8 Promille angetrunken. Nach einer linearen Faustformel werden stündlich 0,2 Promille abgebaut. Ein anderes exponentielles Modell geht davon aus, dass stündlich ca. 20 % des aktuellen Gehaltes abgebaut werden.
a) Stellen Sie für das lineare Modell eine Abnahmefunktion a(t) auf.
b) Weisen Sie nach, dass das zweite exponentielle Modell durch die Funktion
   $b(t) = 1,8 \cdot e^{-0,2231\,t}$ erfasst wird. Zeichnen Sie beide Graphen in ein System.
c) Welchen Alkoholspiegel hat der Mann morgens um 6.00 Uhr nach dem linearen Modell? Darf er nun wieder fahren (Die erlaubte Grenze beträgt 0,5 Promille)?
d) Wann wird die Grenze von 0,5 Promille nach dem exponentiellen Modell erreicht?
e) Zu welchem Zeitpunkt ist der Unterschied zwischen den Modellen maximal?
f) Bestimmen Sie näherungsweise, z. B. mittels GTR, zu welchem Zeitpunkt beide Modelle den gleichen Alkoholspiegel anzeigen.

6. Luftdruck

Auf Meereshöhe beträgt der Luftdruck p 1013 mbar. Die Funktion p erfüllt die Gleichung
$p'(h) = -0,000\,13 \cdot p(h)$. h: Höhe in m, p: Luftdruck in mbar.
a) Begründen Sie, dass $p(h) = 1013\,e^{-0,000\,13\,h}$ die Abnahmefunktion ist.
b) Wie groß ist der Luftdruck in 2000 m Höhe bzw. auf dem Mount Everest?
c) Untrainierte Menschen benötigen ab 500 mbar Luftdruck eine Sauerstoffzufuhr per Maske. Ab welcher Höhe ist dies erforderlich?

C. Begrenztes exponentielles Wachstum

Reales Wachstum ist meistens begrenzt. Es gibt eine Obergrenze, die nicht überschritten werden kann. Eine Bevölkerung kann nicht endlos wachsen, ein Baum kann nur eine bestimmte Höhe erreichen, und eine Epidemie ist spätestens zu Ende, wenn alle Einwohner erfasst sind.

Rechts ist der typische Verlauf des sog. *begrenzten Wachstums* dargestellt. Ausgehend von einem gewissen Anfangsbestand zur Zeit t = 0 steigt der Bestand N an, wobei sich die Wachstumsgeschwindigkeit N′ zunehmend verkleinert. Schließlich nähert sich die Wachstumsfunktion einer Obergrenze a, die man als *Grenzbestand* oder auch als *Sättigungsgrenze* bezeichnet.

Das begrenzte Wachstum wird durch eine Bestandsfunktion der Gestalt $N(t) = a + b \cdot e^{-kt}$ beschrieben, wobei a positiv und b negativ ist.

a stellt dabei den Grenzbestand oder auch die Sättigungsgrenze dar.

Der Anfangsbestand ist $N(0) = a + b$.

Modell des begrenzten Wachstums
Begrenztes Wachstum kann durch folgende Funktion beschrieben werden.

Wachstumsfunktion:
$$N(t) = a + b \cdot e^{-kt}, k > 0$$

Dabei ist a die Sättigungsgrenze und $N(0) = a + b$ der Anfangsbestand.

▶ **Beispiel: Die Höhe eines Kaktus**
Ein kleiner Kaktus wird gepflanzt. Seine Höhe wird durch die Wachstumsfunktion $h(t) = 9,90 - 9,85 \cdot e^{-0,01\,t}$ beschrieben (t: Zeit in Jahren; h: Höhe in m).
Wie groß war die Pflanzhöhe des Kaktus? Welche Größe kann er maximal erreichen? Nach welcher Zeit wird der Kaktus 2 m hoch sein?

Lösung:
Die Anfangshöhe ist:
$h(0) = 9,90\,\text{m} - 9,85\,\text{m} = 0,05\,\text{m}$.

Anfangshöhe:
$h(0) = 9,90 - 9,85 \cdot e^0 = 9,90 - 9,85 = 0,05$

Die Grenzhöhe ergibt sich, wenn t immer weiter vergrößert wird und schließlich gegen unendlich strebt. Dabei strebt der Teilterm $e^{-0,01\,t}$ gegen 0. Die Funktion h strebt gegen die Grenzhöhe 9,90 m.

Grenzhöhe:
$$\lim_{t \to \infty} h(t) = \lim_{t \to \infty} (9,90 - 9,85 \cdot e^{-0,01\,t}) = 9,90$$

Der Kaktus erreicht ca. 22 Jahre nach der Pflanzung die Höhe von 2 Metern, wie die
▶ Rechnung rechts zeigt.

Berechnung der Zeit:
$$h(t) = 2$$
$$9,90 - 9,85 \cdot e^{-0,01\,t} = 2$$
$$e^{-0,01\,t} = \frac{7,90}{9,85} \approx 0,802$$
$$-0,01\,t = \ln 0,802$$
$$t \approx 22,06$$

> **Beispiel: Tropfinfusion**
> Ein Medikament wird dem Patienten per Tropfinfusion zugeführt. Die Konzentration im Blut steigt gemäß der Funktion $k(t) = a - ae^{-0,04t}$ (t: Zeit in min; $k(t)$: Konzentration zur Zeit t in µg/ml). Nach 23 Minuten beträgt die Konzentration $30{,}07\,\mu g/ml$.
>
>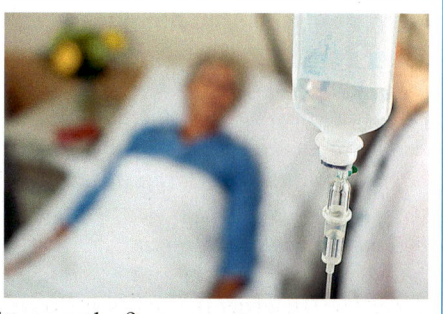
>
> a) Wie lautet die Wachstumsfunktion?
> b) Welche Grenzkonzentration kann nicht überschritten werden?
> c) Wann wird die therapeutische Wirkschranke von 40 µg/ml erreicht?
> d) Wie groß ist die Anstiegsgeschwindigkeit zu Beginn des Prozesses?

Lösung zu a):
Hier muss a bestimmt werden. Die Information $k(23) = 30{,}07$ führt nach nebenstehender Rechnung auf $a \approx 50$.
Die Gleichung der Wachstumsfunktion lautet daher $k(t) = 50 - 50\,e^{-0,04t}$.

Gleichung der Wachstumsfunktion:
$$k(23) = 30{,}07$$
$$a - a \cdot e^{-0,04 \cdot 23} = 30{,}07$$
$$a(1 - e^{-0,92}) = 30{,}07$$
$$a = \frac{30{,}07}{1 - e^{-0,92}} \approx 49{,}99$$
$$a \approx 50$$

Lösung zu b):
Die Konzentration nähert sich langfristig, d. h. für $t \to \infty$, einer oberen Grenze an. Da der exponentielle Teilterm $e^{-0,04t}$ dabei gegen null strebt, nähert sich die Wachstumsfunktion k der Grenze 50 an.

Grenzkonzentration:
$$\lim_{t \to \infty} k(t) = \lim_{t \to \infty} (50 - 50\,e^{-0,04t}) = 50$$

Lösung zu c):
Die Schranke, ab der die gewünschte therapeutische Wirkung einsetzt, liegt bei 40 mg/ml. Der Ansatz $k(t) = 40$ führt nach einer logarithmischen Rechnung auf die Zeit $t \approx 40{,}24$ Minuten.

Therapeutische Schranke:
$$k(t) = 40$$
$$50 - 50 \cdot e^{-0,04 \cdot t} = 40$$
$$50 \cdot e^{-0,04 \cdot t} = 10$$
$$e^{-0,04 \cdot t} = 0{,}2$$
$$-0{,}04\,t = \ln 0{,}2$$
$$t = \frac{\ln 0{,}2}{-0{,}04} \approx 40{,}24$$

Lösung zu d):
Die Wachstumsgeschwindigkeit der Konzentration k ist deren Ableitung k'.
Mit der Kettenregel folgt $k'(t) = 2 \cdot e^{-0,04t}$.
► Hieraus ergibt sich $k'(0) = 2\,\mu g/ml$.

Anstiegsgeschwindigkeit zu Beginn:
$$k'(t) = (50 - 50 \cdot e^{-0,04 \cdot t})'$$
$$= 0 - (50 \cdot e^{-0,04 \cdot t}) \cdot (-0{,}04)$$
$$= 2 \cdot e^{-0,04 \cdot t}$$
$$k'(0) = 2$$

Übung 7   Wachstum von Pilzen

Die Masse eines Pilzes wächst nach der Formel $m(t) = 40 - 25\,e^{-kt}$ (t: Tage, m: Gramm), wobei k vom Nährboden abhängt (Boden A: $k = 0{,}10$; Boden B: $k = 0{,}20$).
Skizzieren Sie beide Graphen im gleichen Koordinatensystem. Wann werden 30 Gramm erreicht?
Vergleichen Sie die Wachstumsgeschwindigkeiten zur Zeit $t = 0$ und $t = 10$.

Das Newtonsche Abkühlungsgesetz

Heiße Körper geben Wärme an die kältere Umgebung ab und kühlen so im Laufe der Zeit auf die Umgebungstemperatur ab. Der berühmte Physiker Isaac Newton (1643 – 1727) stellte auch ein Gesetz auf, das die exponentielle Abnahme der Temperatur bei Abkühlungsvorgängen erfasst.

$T(t)$ sei die Temperatur eines sich abkühlenden Körpers zur Zeit t. Die Temperatur kann nicht niedriger werden als die Umgebungstemperatur.

Daher liegt auch hier das Modell der begrenzten Abnahme vor. Es kann also der Ansatz $T(t) = a + b\,e^{-kt}$ verwendet werden.

Dabei ist $T(0) = a + b$ die Anfangstemperatur des Körpers zu Beginn des Abkühlungsprozesses.

Weiter strebt $T(t)$ mit zunehmender Zeitdauer, also für $t \to \infty$, offensichtlich gegen den Wert a. Also muss a die Umgebungstemperatur sein.

So erhalten wir das rechts dargestellte Newtonsche Abkühlungsmodell.

Modell des Abkühlungsprozesses

Ein Abkühlungsprozess kann durch die folgende *Abkühlungsfunktion* beschrieben werden.

$$T(t) = a + b \cdot e^{-kt}, \; k > 0$$

Dabei gelten zwei Zusammenhänge:

a + b ist die Anfangstemperatur $T(0)$.

a ist die Umgebungstemperatur, der sich T langfristig annähert.

► ### Beispiel: Teatime

Mathelehrer Peter Pim hat 15 Minuten Pause. Die Temperatur in seiner Teekanne fällt in den ersten beiden Minuten von 98 °C auf 88 °C. Schnell errechnet Peter, wie heiß der Tee in der Kanne am Ende seiner Pause noch ist. Übrigens, im Raum ist es 20 °C warm.

Lösung:
Zunächst muss die Abkühlungsfunktion $T(t) = a + b\,e^{-kt}$ bestimmt werden.
a ist die Umgebungstemperatur, also gilt a = 20. Wegen $T(0) = a + b = 98$ folgt damit b = 78.
Nun muss noch k bestimmt werden.
Der Ansatz $T(2) = 88$ führt laut der rechts aufgeführten logarithmischen Rechnung auf den Wert k = 0,069. Damit ist die Abkühlungsfunktion komplett:

▼ $T(t) = 20 + 78 \cdot e^{-0,069\,t}$

Ansatz: $T(t) = a + b\,e^{-kt}$
a = Umgebungstemperatur = 20
a + b = Anfangstemperatur = 98 ⇒ b = 78

Zwischenergebnis:
$$T(2) = 88 \Rightarrow 20 + 78\,e^{-2k} = 88$$
$$e^{-2k} \approx 0,8718$$
$$-2k \approx \ln 0,8718$$
$$k \approx 0,069$$

Endergebnis: $T(t) = 20 + 78 \cdot e^{-0,069\,t}$

Nun können wir die Temperatur nach 15 Minuten bestimmen. Sie beträgt ca. 48°.
▶ Der Tee ist also gut zu genießen.

Temperatur nach 15 Minuten:

$$T(15) = 20 + 78 \cdot e^{-0,069 \cdot 15} \approx 47,71\,°C$$

Übungen

8. Population

Der Bestand einer Population wird durch die Funktion $N(t) = 10 - 8 \cdot e^{-0,2t}$ erfasst. Dabei gibt t die Zeit in Stunden seit Beobachtungsbeginn an und $N(t)$ die Anzahl der Individuen in Tausend.
a) Zeichnen Sie den Graphen von N mithilfe einer Wertetabelle ($0 \le t \le 20$, Schrittweite 5).
b) Bestimmen Sie den Anfangsbestand und den Grenzbestand der Population.
c) Welcher Bestand liegt zur Zeit t = 3 vor?
d) Nach welcher Zeit hat sich der Anfangsbestand vervierfacht?
e) Wie groß ist die Wachstumsgeschwindigkeit (gemessen in Tausend Individuen pro Stunde) zu Beginn des Wachstumsprozesses bzw. nach 10 Stunden?

9. Stausee

Ein neuer natürlicher Stausee wird angelegt. Er wird durch einen konstanten Zufluss gefüllt, verliert aber mit zunehmender Füllung aufgrund des steigenden Wasserdrucks wieder Wasser durch den undichten Seeboden.
Berechnungen ergaben, dass die Erstbefüllung durch die Funktion W erfasst werden kann:
$W(t) = 1\,000\,000 \cdot (1 - e^{-0,025\,t})$
(t: Zeit in Std., W: Wasservolumen in m³)

a) Fertigen Sie eine Wertetabelle für die Funktion W an ($0 \le t \le 100$, Schrittweite 20). Skizzieren Sie den Graphen von W.
b) Wie groß wird das Wasservolumen nach 50 bzw. nach 200 Stunden sein? Welches Wasservolumen wäre maximal erreichbar?
c) Der See hat ein Leervolumen von 1 200 000 m³. Kann er völlig gefüllt werden? Nach welcher Zeit ist er zur Hälfte gefüllt?
d) Mit welcher Geschwindigkeit (in m³/h) füllt sich der See zur Zeit t = 20? Wie stark ist der konstante Zufluss?

10. Eisenschmelze

Eisen schmilzt bei 1538 °C. Eine glühende Eisenschmelze kühlt sich bei einer Umgebungstemperatur von 20 °C innerhalb von 10 Minuten von 2000 °C auf 1800 °C ab.
a) Wie lautet die Abkühlungsfunktion?
b) Wie lange dauert es bis zur Erstarrung des Eisens?
c) Wie groß ist die Abkühlungsrate zu Beginn des Prozesses?

11. Chinesisch

Anja möchte China besuchen. Daher nimmt sie an einem Chinesisch-Kurs teil. Erfahrungsgemäß beginnen die Teilnehmer ohne Vorkenntnisse und besitzen eine maximale Lernkapa-
zität von 500 Vokabeln. Ein durchschnittlicher Teilnehmer beherrscht nach einer Stunde
40 Vokabeln.

a) Wie lautet die Lernkurve eines durchschnittlichen Teilnehmers?
(t: Stunden, L(t): Anzahl der Vokabeln)

b) Wie lange benötigt ein Teilnehmer für
die Hälfte der maximalen Kapazität?

c) Anja beherrscht nach einer Stunde
schon 50 Vokabeln, nach zwei Stunden
sind es sogar 98 Vokabeln.
Wie lautet ihre persönliche Lernkurve?
Wo liegt ihre Kapazitätsgrenze?

d) Wann sinkt die Lernrate eines durchschnittlichen Teilnehmers auf 10 Voka-
beln/Stunde? Welche Lernrate hat Anja
zur Zeit t = 10?

12. Wölfe

In einem Waldgebiet ist Revierplatz vorhanden für maximal 800 Wölfe. Zu Beobachtungsbeginn werden 500 Wölfe gezählt. Nach drei Jahren sind es schon 700 Tiere.

a) Wie lautet die Bestandsfunktion N(t)?

b) Wie viele Wölfe gibt es nach fünf
Jahren?

c) Zeichnen Sie den Graphen von N.

d) Durch intensivere Beforstung beginnt
die Wolfspopulation seit Beginn des
zehnten Jahres um 10% pro Jahr zu
sinken.
Wann unterschreitet sie 100 Tiere?

13. Fanmeile

Die Fanmeile zur Fußball-WM wurde 60
Minuten vor Spielbeginn geöffnet. Nach
5 Minuten wurden bereits 32 135 Personen eingelassen. Es wird angenommen,
dass die Anzahl der eingelassenen Personen durch $P(t) = 300\,000(1 - e^{-kt})$ beschrieben werden kann (t: Zeit in Minuten,
P(t): Personenzahl).

a) Bestimmen Sie den Koeffizienten k.

b) Wie viele Personen sind nach 30 Minuten auf der Fanmeile?

c) Wie groß ist die Maximalkapazität der Meile? Wann erreicht die Auslastung 90%?

d) Wie groß ist die Einlassgeschwindigkeit zu Beginn bzw. nach 30 Minuten?

D. Modellierung mit exponentiellen Termen

> ### Beispiel: Wachstum von Kletterbohnen
> Das Höhenwachstum zweier Kletterbohnensorten I, II wird durch folgende Funktionen erfasst:
> $h_1(t) = 180 - 150\,e^{-0,05\,t}$, $h_2(t) = 10\,e^{0,1\,t}$ (t in Tagen, h in cm)
>
> a) Wann ist eine Bohne der Sorte I 1 m hoch? Bestimmen Sie einen Näherungswert für den Zeitpunkt, an dem beide Sorten gleich hoch gewachsen sind.
> b) Sorte I wächst zur Zeit t = 0 mit einer Geschwindigkeit von 7,5 cm/Tag. Wann erreicht Sorte II diese Geschwindigkeit?
> c) Zu welchem Zeitpunkt sind die Wachstumsgeschwindigkeiten beider Sorten gleich?

Lösung zu a):
Der Ansatz $h_1(t) = 100$ führt nach nebenstehender Rechnung auf eine Zeit von ca. 12,57 Tagen.

Die Lösungen der Gleichung $h_1(t) = h_2(t)$ können nicht durch Umformungen bestimmt werden. Man legt eine Wertetabelle mit dem GTR an. Beide Sorten sind am 27. Tag gleich hoch. Genauer Wert: 26,38 Tage

Lösung zu b):
Gesucht sind die Lösungen der Gleichung $h_2'(t) = 7,5$, d. h. $e^{0,1\,t} = 7,5$.
Nach ca. 20 Tagen wächst die Sorte II mit der Geschwindigkeit 7,5 cm/Tag.

Lösung zu c):
Die Ansatzgleichung $h_1'(t) = h_2'(t)$ hat die Lösung $t \approx 13,43$ Tage. Zu diesem Zeitpunkt wachsen beide Sorten gleich schnell.

Zeit für 1 m Höhe bei Sorte I:
$$h_1(t) = 180 - 150\,e^{-0,05\,t} = 100$$
$$e^{-0,05\,t} \approx 0,5333$$
$$t \approx 12,57 \text{ Tage}$$

Zeit für gleiche Höhe beider Sorten:

t	25	26	27
$h_1(t)$	137,02	139,12	141,11
$h_2(t)$	121,82	134,67	148,80

Zeit für Geschwindigkeit 7,5 cm/Tag:
$$h_2'(t) = e^{0,1\,t} = 7,5$$
$$0,1\,t = \ln 7,5$$
$$t \approx 20,15 \text{ Tage}$$

Zeitpunkt gleicher Geschwindigkeit:
$$h_1'(t) = h_2'(t)$$
$$7,5\,e^{-0,05\,t} = e^{0,1\,t}$$
$$e^{0,15\,t} = 7,5$$
$$t \approx 13,43 \text{ Tage}$$

Übung 14

Die Masse einer Hefekultur wird erfasst durch $m(t) = 20 - 18\,e^{-0,12\,t}$ (t in Stunden, m in mg)
a) Nach welchem Zeitpunkt werden 15 mg Masse erreicht?
b) Wie groß ist die Wachstumsgeschwindigkeit zum Zeitpunkt t = 0 bzw. t = 24?

▶ **Beispiel: Aufstellen der Wachstumsfunktion**

Die Höhe eines Kirschbaumes wird angenähert durch die Funktion $h(t) = 4 - ae^{-kt}$ modelliert, wobei t die Zeit in Jahren seit der Pflanzung und $h(t)$ die Baumhöhe in Metern angibt.

5 Jahre nach der Pflanzung war der Baum 1,8 m hoch, nach weiteren 5 Jahren hatte er eine Höhe von 2,6 m.

a) Bestimmen Sie die Parameter a und k sowie die Gleichung der Funktion h.
b) Wie hoch war der Baum zum Zeitpunkt der Pflanzung? Wann erreicht er die Höhe 3 m?
c) Welches durchschnittliche Höhenwachstum hatte der Baum während der ersten 5 Jahre? Welches momentane Höhenwachstum hat er zu Beginn des 6. Jahres?

Lösung zu a):

Aus den beiden Bedingungen $h(5) = 1,8$ und $h(10) = 2,6$ erhalten wir ein Gleichungssystem mit den Variablen a und k.

Das Gleichungssystem wird, wie nebenstehend angegeben, gelöst. Die Lösungen sind $a \approx 3,46$ und $k \approx 0,0904$. Die Gleichung für die Funktion h lautet:
$h(t) = 4 - 3,46 e^{-0,0904 t}$.

Bestimmung der Parameter k und a:

$h(5) = 1,8$:   I: $4 - ae^{-5k} = 1,8$
$h(10) = 2,6$:   II: $4 - ae^{-10k} = 2,6$
II nach a auflösen: III: $a = 1,4 e^{10k}$
III in I einsetzen: $4 - 1,4 e^{5k} = 1,8$
$$e^{5k} = \frac{11}{7}$$
$$k \approx 0,0904$$
Rückeinsetzen von $k = 0,0904$ in (I):
$4 - ae^{-0,452} = 1,8 \Rightarrow a \approx 3,46$

Lösung zu b):

Für $t = 0$ erhalten wir die Höhe $h(0) = 0,54$. Der Baum war zu Beginn 0,54 m hoch.

Aus dem Ansatz $h(t) = 3$ erhalten wir, dass der Baum nach ca. 13,73 Jahren eine Höhe von 3 m erreicht.

Baumhöhe zur Zeit t = 0:
$t = 0$: $h(0) = 4 - 3,46 = 0,54$ m

Bestimmung von t mit h(t) = 3:
$h(t) = 4 - 3,46 e^{-0,0904 t} = 3$
$e^{-0,0904 t} \approx 0,289$
$t \approx 13,73$ Jahre

Lösung zu c):

Zu berechnen ist die mittlere Änderungsrate im Zeitintervall [0; 5] sowie die Ableitung von h zur Zeit $t = 5$, d. h. $h'(5)$.

Die mittlere Höhenwachstumsgeschwindigkeit beträgt etwa 0,25 m/Jahr.
Die momentane Wachstumsgeschwindig-
▶ keit zur Zeit $t = 5$ beträgt nur $0,20 \frac{m}{Jahr}$.

Mittlere Wachstumsgeschwindigkeit:
$$\frac{\Delta h}{\Delta t} = \frac{h(5) - h(0)}{5 - 0} \approx \frac{1,80 - 0,54}{5 - 0} \approx 0,25 \, m/Jahr$$

Momentane Wachstumsgeschwindigkeit:
$h'(t) = 0,31 e^{-0,0904 t}$
$h'(5) \approx 0,20 \, m/Jahr$

Übung 15

Die Flughöhe eines Flugzeugs in einer Flugphase ist in der nebenstehenden Tabelle erfasst. Beschreiben Sie die Flughöhe durch eine Funktion $h(t) = 4 + ae^{-kt}$. Wie groß sind die durchschnittliche sowie die maximale Sinkgeschwindigkeit während der 10-minütigen Flugphase?

t (in min)	2	5
h (in km)	4,69	4,47

16. Höhenwachstum einer Pfingstrose

Das Höhenwachstum einer Pfingstrose wurde in einer Messreihe erfasst.

t (in Tage)	0	4	8	12	16
h(t) (cm)	2,0	3,5	6,13	10,73	18,79

a) Zeichnen Sie den Graphen der Funktion h.

b) Weisen Sie nach, dass unbegrenztes exponentielles Wachstum vorliegt.

c) Wie groß ist die mittlere Wachstumsgeschwindigkeit in den ersten 10 Tagen und die momentane zu Beginn des 10. Tages?

d) Wann erreicht die Pflanze eine Höhe von 40 cm?

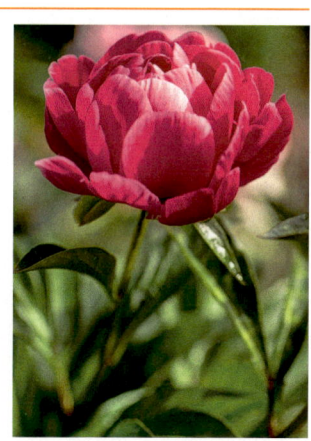

17. Desinfektion

Durch Zugabe eines Desinfektionsmittels soll die Anzahl der Keime (in Mio. pro ml) in einem Erlebnisbad verringert werden. Die danach vorhandene Keimanzahl wird nach Ansicht eines Experten beschrieben durch $h_1(t) = 5 + 10e^{-0,02t}$ (t in Stunden). Ein zweiter Experte vertritt die Meinung, dass die Funktion $h_2(t) = 15 - 0,12t$ die Anzahl der Keime zutreffend angibt.

a) Welche Anzahl von Keimen enthält 1 ml Wasser in beiden Modellen 10 Stunden nach der Desinfektion?

b) Wann ist in beiden Modellen die Keimzahl auf die Hälfte des Anfangsstandes gefallen?

c) Für welchen Zeitpunkt ist der Unterschied beider Prognosen am größten?

18. Wachstum von Krokodilen

Ein Zoologe stellt fest, dass das Längenwachstum eines Krokodils durch $L(t) = 3 - ae^{-kt}$ ($0 < t < 12$, t in Monaten, L in Metern) erfasst wird. Zu Beginn (t = 0) war das Krokodil 1,8 m lang, ein Jahr später wurde seine Länge mit 2,48 m gemessen.

a) Stellen Sie das Wachstumsgesetz auf.

b) Welche maximale Länge erreicht das Krokodil?

c) Wann hat es 75 % seiner maximalen Länge erreicht? Wie groß ist zu diesem Zeitpunkt seine momentane Wachstumsgeschwindigkeit?

d) Das Längenwachstum eines zweiten Krokodils wird modelliert durch die Funktion $L_2(t) = 2,5 - 2e^{-0,2t}$. Zeichnen Sie beide Graphen in ein gemeinsames Koordinatensystem. Wann ist die Größendifferenz beider Krokodile am geringsten?

19. Drosophila, das Haustier der Genforscher

Im Labor wurde eine kleine Population der Fruchtfliege Drosophila angelegt, deren Bestand angenähert durch $N(t) = 40t^2 \cdot e^{1-0,4t}$ beschrieben wird (t in Tagen, t > 0).

a) Bestimmen Sie für die Bestandsfunktion die Nullstellen, Extrema und Wendepunkte. Zeichnen Sie den Graphen für $0 < t < 20$.

b) Zu welchem Zeitpunkt ist die Population am stärksten? Wie groß ist sie dann?

c) Zu welchem Zeitpunkt wächst bzw. verringert sich der Bestand besonders stark?

Das Wachstumsmodell von Verhulst

Im Jahre 1845 gelang es dem belgischen Mathematiker P. F. Verhulst, die Entwicklung der
Bevölkerungszahl der Vereinigten Staaten von
Amerika mit erstaunlicher Genauigkeit vorherzusagen. Seine Prognose war so gut, dass
selbst 1930, also 85 Jahre nach Prognosestellung, die Abweichung von der tatsächlichen Bevölkerungsentwicklung weniger als
1 % betrug.

Verhulst entwickelte ein verfeinertes exponentielles Modell, welches berücksichtigte,
dass sich jedes natürliche Wachstum im Laufe
der Zeit abschwächt, das so genannte **logistische Modell** mit einer nun S-förmigen Kurve. Als weitere Grundlage seiner Vorhersage
verwendete er die Ergebnisse der seit 1790 in
Amerika im Abstand von 10 Jahren durchgeführten allgemeinen Volkszählungen.

Jahr	Tatsächliche Entwicklung	Prognose von Verhulst (1845)
1790	3,9 Mio.	3,9 Mio
1800	5,3	5,3
1810	7,2	7,2
1820	9,6	9,7
1830	12,9	13,1
1840	17,1	17,5
1850	23,2	23,1
1860	31,4	30,4
1870	38,6	39,3
1880	50,2	50,2
1890	62,9	62,8
1900	76,0	76,9
1910	92,0	92,0
1920	106,5	107,5
1930	123,2	122,5

Zeitpunkt der Prognosestellung

N(x)/Mio.

Formel von Verhulst

$$N = \frac{3,9 \cdot 10^6 \cdot e^{0,03134\,t}}{1 + 1,977 \cdot 10^{-2} \cdot (e^{0,03134\,t} - 1)}$$

t = Zeit in Jahren
N = Bevölkerungszahl

0   20   40   60   80   100 120 140 x
(1790)   (1845)   (1930)
Prognose

Übung Bevölkerungswachtum

a) Überprüfen Sie durch Quotientenbildung $\frac{N(t+10)}{N(t)}$, dass das exponentielle Bevölkerungswachstum der amerikanischen Bevölkerung sich im Laufe der Zeit tatsächlich abschwächte.
b) Legen Sie nun nur die Daten von 1790 (3,9 Mio.) und 1830 (12,9 Mio.) zugrunde. Stellen Sie
   hieraus die rein exponentielle Wachstumsfunktion auf (Ansatz: $N(t) = N_0 \cdot e^{kt}$). In welchen
   zeitlichen Grenzen gilt dieses Modell in guter Näherung?
c) Welche Bevölkerungszahl für 1930 ergibt sich mit dem Modell aus b)?

Logistisches Wachstum einer Population

Eine Population von Erdmännchen besteht zu Beobachtungsbeginn aus 300 Tieren. Ein Jahr später ist sie auf 340 Tiere
angewachsen. Die Population wächst entsprechend dem logistischen Modell und kann durch die Bestandsfunktion
$N(t) = \frac{3000}{1 + b \cdot e^{-kt}}$ beschrieben werden.
a) Bestimmen Sie die Koeffizienten b und k.
   Zeichnen Sie den Graphen von f.
b) Welchen Grenzbestand kann die Population erreichen?
c) Wann erreicht der Bestand 1500 Tiere?

Lösung zu a:
Wir setzen die bekannten Funktionswerte
$N(0) = 300$ und $N(1) = 340$ in die Bestandsfunktion ein. Dadurch erhalten wir zwei
Gleichungen, aus denen die Koeffizienten
b und k berechnet werden können.
Resultat: $N(t) = \frac{3000}{1 + 9 \cdot e^{-0,14t}}$.

Bestimmung der Koeffizienten:

$N(0) = 300 \Rightarrow \frac{3000}{1 + b} = 300 \Rightarrow b = 9$

$N(1) = 340 \Rightarrow \frac{3000}{1 + 9 \cdot e^{-k}} = 340 \Rightarrow k = 0,14$

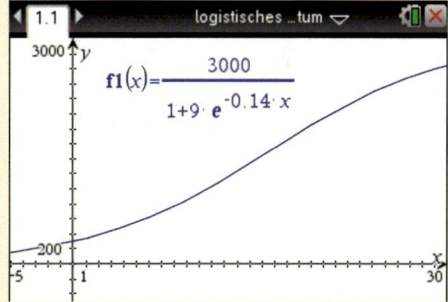

Der Graph von f zeigt den typischen S-
förmigen Verlauf einer logistischen Funktion.

Lösung zu b:
Mit zunehmender Zeit t wird der Nenner
von N kleiner und nähert sich immer mehr
dem Wert 1. Daher ist der Grenzbestand der
Population 3000 Tiere.

Berechnung des Grenzbestands:

$\lim_{t \to \infty} N(t) = \lim_{t \to \infty} \left(\frac{3000}{1 + 9 \cdot e^{-0,14t}} \right) = 3000$

Lösung zu c:
Die Gleichung $N(t) = 1500$ ist zu lösen.
Ergebnis: Nach knapp 16 Jahren wird die
Population 1500 Tiere umfassen.

Berechnung der Zeitdauer:

$N(t) = \frac{3000}{1 + 9 \cdot e^{-0,14t}} = 1500$

$e^{-0,14t} = \frac{1}{9}$

$t \approx 15,69$

Übung Sandfliegen

Im Süden Neuseelands treiben sich gefährliche Biester herum,
Sandfliegen, die gerne kleine runde Löcher in die Haut stanzen.
Eine Population besteht zu Beobachtungsbeginn aus 200 Sand-
fliegen. Einen Tag später sind es schon 240.
Man kann von logistischem Wachstum nach der Funktion
$N(t) = \frac{5000}{1 + b \cdot e^{-kt}}$ ausgehen.
Bestimmen Sie aus den Anfangsdaten die Parameter b und k.
Berechnen Sie, wann die Zahl der Fliegen 4000 erreicht.
Kann die Population auf 8000 Fliegen ansteigen?

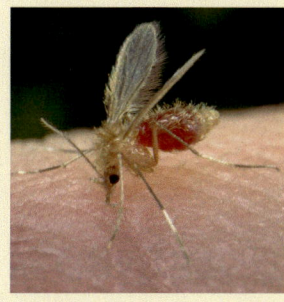

Überblick

Die Natürliche Exponentialfunktion e^x

Die Funktion $f(x) = e^x$ wird als die natürliche Exponentialfunktion bezeichnet.
Ihre Basis ist die Euler'sche Zahl e.
Es gilt $e \approx 2{,}72$.

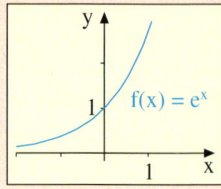

Die Exponentialfunktion zur Basis a

Die Funktion $f(x) = c \cdot a^x$, $a > 0$ wird als Exponentialfunktion zur Basis a bezeichnet.
Für $a < 1$ ist f monoton fallend.
Für $a > 1$ ist f monoton wachsend.

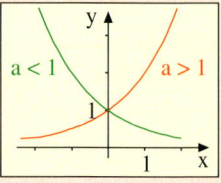

Die natürliche Logarithmusfunktion

Die Funktion $f(x) = \ln x$, $x > 0$ wird als natürliche Logarithmusfunktion bezeichnet. Es handelt sich um die Umkehrfunktion von e^x.
Wichtige Funktionswerte:
$\ln 1 = 0$, $\ln e = 1$
Wichtige Beziehungen:
$e^{\ln x} = x$, $\ln(e^x) = x$

Allgemeine Ableitungsregeln

Produktregel: $(u \cdot v)' = u' \cdot v + u \cdot v'$
Lineare Kettenregel: $(f(ax + b))' = a \cdot f'(ax + b)$
Allgemeine Kettenregel: $(f(g(x)))' = f'(g(x)) \cdot g'(x)$
Umkehrregel: $f'(x) = \frac{1}{(f^{-1})'(f(x))}$, $(f^{-1})'(x) = \frac{1}{f'(f^{-1}(x))}$
$\ln(x)' = (\ln x)' = \frac{1}{x}$

Spezielle Ableitungsregeln

Exponentialregel: $(e^x)' = e^x$
Allg. Exponentialregel: $(a^x)' = \ln a \cdot a^x$
Logarithmusregel: $(\ln x)' = \frac{1}{x}$
Allg. Logarithmusregel: $(\ln g(x))' = \frac{g'(x)}{g(x)}$

Integrationsregeln

Exponentialregel: $\int e^x \, dx = e^x + C$

Allg. Exponentialregel: $\int a^x \, dx = \frac{1}{\ln a} \cdot a^x + C$

Logarithmusregel: $\int \frac{1}{x} \, dx = \ln|x| + C$

Allg. Logarithmusregel: $\int \frac{f'(x)}{f(x)} \, dx = \ln|f(x)| + C$

Lineare Substitutionsregel: $\int f'(ax + b) \, dx = \frac{1}{a} \cdot f(ax + b) + C$

Unbegrenztes Wachstum

Wachstums-
gleichung: $N'(t) = k \cdot N(t), k > 0$
Wachstums-
funktion: $N(t) = c \cdot e^{kt}, k > 0$
Verdopplungs-
zeit: $T_2 = \frac{\ln 2}{k}$

Ungestörter Zerfall/Abnahme

Zerfalls-
gleichung: $N'(t) = -k \cdot N(t), k > 0$
Zerfalls-
funktion: $N(t) = c \cdot e^{-kt}, k > 0$
Halbwerts-
zeit: $T_{1/2} = \frac{\ln 0,5}{-k}$

Begrenztes Wachstum

Wachstumsfunktion:
$N(t) = a + b \cdot e^{-kt}, k > 0, b < 0$
$a + b$: Anfangsbestand
a: Grenzbestand/Sättigungsgrenze

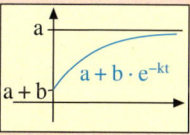

Begrenzte Abnahme Newtonscher Abkühlungsprozess

Abkühlungsfunktion:
$N(t) = a + b \cdot e^{-kt}, k > 0, b > 0$
$a + b$: Anfangstemperatur
a: Umgebungstemperatur

Logistisches Wachstum

Logistische Funktion:
$N(t) = \frac{a}{1 + b \cdot e^{-kt}}, k > 0, a > 0, b > 0$

$\frac{a}{1 + b}$: Anfangsbestand

a: Grenzbestand

Exponentielle Prozesse

1. Ableitungen
   Bestimmen Sie die Ableitungsfunktion von f.
   a) $f(x) = e^{-2x}$ b) $f(x) = (1 - x) \cdot e^x$ c) $f(x) = x^2 \cdot e^{-4x}$

2. Funktionsuntersuchung
   Gegeben ist die Funktion $f(x) = 2x \cdot e^{-x}$.
   a) Untersuchen Sie die Funktion auf Nullstellen, Extrema und Wendepunkte.
   b) Stellen Sie den Graphen von f für $-0,5 < x < 3$ mit dem GTR dar.
   c) Bestimmen Sie die Gleichung der Kurventangente im Ursprung.

3. Lineares und exponentielles Wachstum
   Zu Beobachtungsbeginn ist ein Kaktus 90 cm hoch, ein Jahr später hat
   er eine Höhe von 150 cm erreicht.
   Die Zeiteinheit sei 1 Monat.
   a) Angenommen, es liegt lineares Wachstum vor. Wie lautet das Wachs-
      tumsgesetz?
   b) Angenommen, es liegt unbegrenztes exponentielles Wachstum vor.
      Wie lautet das Wachstumsgesetz?
   c) Wann im Verlauf des Jahres ist der Höhenunterschied zwischen den
      Modellen am größten?

4. Unbegrenzte Wachstumsprozesse
   Eine Salmonellenkultur A wächst bei 20° C nach der Formel $N_A(t) = 300 \, e^{0,22t}$.
   Eine zweite Kultur B befindet sich im Kühlschrank. Sie vermehrt sich nach der Formel
   $N_B(t) = 900 \, e^{0,15t}$. (t in Stunden, N in mg)
   a) Wie lauten die Verdopplungszeiten der beiden Kulturen?
   b) Stellen Sie die Graphen der beiden Funktionen $(0 < t < 20)$ mit dem GTR dar.
   c) Wann haben die Kulturen einen Bestand von 2000 mg erreicht?
   d) Wann sind beide Kulturen gleich groß?
   e) Welche Wachstumsgeschwindigkeit hat Kultur B zur Zeit $t = 0$ (in mg/Stunde)? Wann er-
      reicht Kultur A diese Wachstumsgeschwindigkeit?

5. Wachstumsprozesse
   Bei einer Tropfinfusion kann die zur Zeit t im Blut vorhandene Wirkstoffmenge durch die
   Funktion $N(t) = 50 - 50 \, e^{-0,04t}$ beschrieben werden (t in Minuten, N(t) in mg).
   a) Wie groß ist die Wirkstoffmenge nach 10 Minuten? Nach welcher Zeit wird eine Wirkstoff-
      menge von 30 mg erreicht? Welche Wirkstoffmenge kann maximal erreicht werden?
   b) Mit welcher Geschwindigkeit wächst die Wirkstoffmenge zum Zeitpunkt $t = 0$? Wann be-
      trägt die Wachstumsgeschwindigkeit 1 mg pro Minute?
   c) Nach einer Stunde wird die Infusion abgebrochen. Nun kann die Wirkstoffmenge durch
      $N(t) = N_1 e^{-0,04t}$ neu erfasst werden. Wie groß ist N_1? Wie lange dauert es, bis die Wirk-
      stoffmenge auf 5 mg abgesunken ist?

Lösungen: S. 641

VI. Zusammengesetzte Funktionen

1. Zusammensetzung von Funktionen

In der Einführungsphase und in den vorhergehenden Abschnitten wurden mehrere Funktionsklassen untersucht, z. B. lineare und quadratische Funktionen, Polynome, einige nicht-rationale Funktionen wie Hyperbel- und Wurzelfunktion, die trigonometrischen Funktionen $\sin x$ und $\cos x$, elementare Exponentialfunktionen der Form $c \cdot a^x$, die Eulersche Exponentialfunktion e^x und die natürliche Logarithmusfunktion $\ln x$. Vereinzelt wurden auch schon einfache Funktionen angesprochen, die sich aus diesen Grundfunktionen zusammensetzen wie z. B. e^{2x} oder $x + \sqrt{x}$.
Im Folgenden sollen zusammengesetzte Funktionen in verstärktem Maße untersucht werden.

A. Arten der Zusammensetzung

Die einfachsten Zusammensetzungen bestehen aus **Summen** und **Differenzen bzw. aus Produkten und Quotienten** elementarer Funktionen.
Zur Untersuchung solcher Funktionen wendet man daher die Summenregel und die Produktregel der Differentialrechnung an und entsprechende Regeln der Integralrechnung. Rechts sind einige Beispiele für solch einfache Zusammensetzungen aufgeführt.

Additive Zusammensetzungen
Polynome: $\qquad\qquad\qquad f(x) = x^2 + 2x$
Exponentialfunktionen: $f(x) = e^x + 2e^{-x}$
Trigonom. Funktionen: $f(x) = \sin x + \cos x$

Eine weitere Zusammensetzung wird durch die sogenannte Verkettung von Funktionen erreicht. Hierbei wird im Funktionsterm einer Funktion f die Variable x durch einen Funktionsterm $g(x)$ ersetzt. Man erhält so eine neue Funktion h mit der Funktionsgleichung $h(x) = f(g(x))$.
h heißt *Verkettung* von f und g.
f wird als *äußere Funktion* und g als *innere Funktion* der Verkettung bezeichnet.

Multiplikative Zusammensetzungen
Polynom/Polynom: $f(x) = (x - 1)(x^2 + 1)$
Polynom/Expo-Fkt. $f(x) = (x + 1) \cdot e^x$
Expo-Fkt/Expo-Fkt: $f(x) = (e^x - 2) \cdot e^x$

Verkettung von Funktionen:
Beispiel 1: $\qquad\qquad\qquad h(x) = e^{0,5x}$
Äußere Funktion: $\qquad f(x) = e^x$
Innere Funktion: $\qquad g(x) = 0,5x$
Verkettung: $h(x) = f(g(x)) = e^{g(x)} = e^{0,5x}$

Beispiel 2: $\qquad\qquad\qquad h(x) = (e^x)^2$
Äußere Funktion: $\qquad f(x) = x^2$
Innere Funktion: $\qquad g(x) = e^x$
Verkettung: $h(x) = f(g(x)) = (g(x))^2 = (e^x)^2$

Durch Kombination aller Zusammensetzungsarten kann man beliebig komplexe Funktionen aufbauen, mit denen man viele Anwendungsprozesse modellieren kann.

Komplexere Zusammensetzungen:
$h(x) = x \cdot e^{-0,5x} - \sqrt{x}$
$h(x) = 0,5 \cdot \sin(2x + 1) + 1$

Übung 1 Verkettete Funktion
Verketten Sie die Funktionen f und g auf zwei Arten: $f(g(x))$ und $g(f(x))$
a) $f(x) = e^{-x}$, $g(x) = -2x + 1$
b) $f(x) = \sqrt{x + 1}$, $g(x) = x^2$

Übung 2 Äußere und innere Funktion
Gegeben ist die verkettete Funktion h.
Wie lauten äußere und innere Funktion?
a) $h(x) = 3e^{2x} + 1$
b) $h(x) = (\sin x)^2 - 2$

B. Die Ableitung zusammengesetzter Funktionen

Bei der Untersuchung des Verlaufs zusammengesetzter Funktionen benötigt man deren Ableitung.
Diese wird mithilfe der Summenregel, der Produktregel und der Kettenregel bestimmt.

▶ **Beispiel: Differenzieren eines Produktes**
Bestimmen Sie die Ableitung von f.

$$f(x) = x \cdot \sin x$$

Lösung:
Die Funktion f ist ein reines Produkt zweier elementarer Funktionen. Es liegt keine Verkettung vor. Deshalb reicht die Produktregel $(u \cdot v)' = u' \cdot v + u \cdot v'$ aus.
Wir erhalten als Resultat die Ableitungs-
▶ funktion $f'(x) = \sin x + x \cos x$.

Ableitung von f mit der Produktregel:

$$f(x) = \underbrace{x}_{u(x)} \cdot \underbrace{\sin x}_{v(x)}$$

$$f'(x) = \underbrace{(1)}_{u'(x)} \cdot \underbrace{\sin x}_{v(x)} + \underbrace{(x)}_{u(x)} \cdot \underbrace{\cos x}_{v'(x)}$$

$$= \sin x + x \cos x$$

▶ **Beispiel: Differenzieren bei Verkettung**
Bestimmen Sie die Ableitung von f.

$$h(x) = (x^2 - 4) \cdot e^{-0,5x}$$

Lösung:
Die Funktion f ist ein Produkt aus einem Polynom und einer Exponentialfunktion, so dass die Produktregel angewendet werden muss: $(u \cdot v)' = u' \cdot v + u \cdot v'$

Die Exponentialfunktion $v(x) = e^{-0,5x}$ ist verkettet mit der äußeren Funktion $f(x) = e^x$ und der inneren Funktion $g(x) = -0,5x$.

Ihre Ableitung erfordert die Anwendung der Kettenregel $(f(g(x))' = f'(g(x)) \cdot g'(x)$:
▶ $(e^{-0,5x})' = (e^{-0,5x}) \cdot (-0,5)$

Ableitung von h mit der Produktregel:

$$h(x) = \underbrace{(x^2 - 4)}_{u(x)} \cdot \underbrace{e^{-0,5x}}_{v(x)}$$

$$h'(x) = \underbrace{(2x)}_{u'(x)} \cdot \underbrace{e^{-0,5x}}_{v(x)} + \underbrace{(x^2 - 4)}_{u(x)} \cdot \underbrace{(-0,5) \cdot e^{-0,5x}}_{v'(x)}$$

$$= (-0,5x^2 + 2x + 2) \cdot e^{-0,5x}$$

Dabei wurde die Kettenregel verwendet:
$v(x) = e^{-0,5x}$
$v'(x) = (e^{-0,5x}) \cdot (-0,5) = -0,5 \cdot e^{-0,5x}$

Übung 3 Produktregel
Bestimmen Sie die erste Ableitung von f.

a) $f(x) = x^2 \cdot (1 - x)$

b) $f(x) = x^2 \cdot e^x$

c) $f(x) = e^x \cdot (e^x - 2)$

d) $f(x) = \sin x \cdot \cos x \cdot e^x$

e) $f(x) = \sqrt{x} \cdot x \cdot \sin x$

f) $f(x) = \dfrac{e^x}{x}$

Übung 4 Kettenregel
Bestimmen Sie die erste Ableitung von f.

a) $f(x) = (2x + 1)^3$

b) $f(x) = e^{-2x}$

c) $f(x) = \sin(2x + 1)$

d) $f(x) = 2\sqrt{3x - 3}$

e) $f(x) = (2x - 4) \cdot e^{-0,5x}$

f) $f(x) = x^2 \cdot e^{2x - 1}$

C. Die Integration zusammengesetzter Funktionen

Bei den folgenden Kurvenuntersuchungen werden Flächen berechnet, welche die Anwendung von Integrationsregeln erfordern. Wichtig sind neben den Grundregeln die folgenden Regeln.

Exponentialregeln	Verallgemeinerte Potenzregel	Sinus- und Kosinusregel
$\int e^x\,dx = e^x + C$	$\int x^r\,dx = \frac{x^{r+1}}{r+1} + C, r \neq -1$	$\int \sin x\,dx = -\cos x + C$
$\int e^{-x}\,dx = -e^{-x} + C$	**Linear verketteter Integrand**	$\int \cos x\,dx = \sin x + C$
$\int e^{ax+b}\,dx = \frac{1}{a}e^{ax+b} + C$	$\int f(ax+b)\,dx = \frac{1}{a}F(ax+b) + C$	

▶ **Beispiel: Integration eines Exponentialterms**
Berechnen Sie das unbestimmte Integral.

$$3 \cdot \int e^{-0,5x+1}\,dx$$

Lösung:
Der Exponent des Exponentialterms ist eine lineare Funktion. Wir wenden also die Regel für die lineare Verkettung an.

Bestimmung der Stammfunktion:

$$\int e^{ax+b}\,dx = \frac{1}{a}e^{ax+b} + C$$

$$\Rightarrow 3 \cdot \int e^{-0,5x+1}\,dx = 3 \cdot \frac{1}{-0,5}e^{-0,5x+1} + C$$

Resultat: $3\int e^{-0,5x+1}\,dx = -6\,e^{-0,5x+1} + C$

$$= -6\,e^{-0,5x+1} + C$$

Manchmal reichen die hier entwickelten Integrationsregeln nicht aus. Dann kann die Aufgabe durch **Vorgabe einer Stammfunktion F** erleichtert werden. In diesem Fall führt man den Nachweis, dass die Vorgabe F tatsächlich eine Stammfunktion darstellt, durch Differenzieren von F.

▶ **Beispiel: Stammfunktionsnachweis**
Zeigen Sie, dass $F(x) = (2x+1) \cdot e^{0,5x}$ eine Stammfunktion von $f(x) = (x+2,5) \cdot e^{0,5x}$ ist.

Lösung:
Wir differenzieren F nach der Produktregel und der Kettenregel. Das Resultat ist f. Das ist der Nachweis, das F eine Stammfunktion von f ist.

Nachweis durch Differenzieren:

$$F'(x) = (\underbrace{(2x+1)}_{u} \cdot \underbrace{e^{0,5x}}_{v})'$$

$$= \underbrace{2}_{u'} \cdot \underbrace{e^{0,5x}}_{v} + \underbrace{(2x+1)}_{u} \cdot \underbrace{0,5\,e^{0,5x}}_{v'}$$

$$= (x+2,5) \cdot e^{0,5x} = f(x)$$

Übung 5 Integration
Bestimmen Sie eine Stammfunktion von f.
a) $f(x) = 2 \cdot e^{-x} + 1$ b) $f(x) = 0,5 \cdot e^{2x-1}$ c) $f(x) = 2 \cdot \sin x + 1$ d) $f(x) = \sqrt{x-2}$

Übung 6 Stammfunktionsnachweis
Zeigen Sie durch Differenzieren von F, dass $F(x)$ eine Stammfunktion von $f(x)$ ist.
a) $F(x) = x^2 \cdot e^{-x}$, $f(x) = (2x - x^2) \cdot e^{-x}$ b) $F(x) = (4-4x) \cdot e^{-0,5x}$, $f(x) = (2x-6) \cdot e^{-0,5x}$

2. Untersuchungen von Exponentialfunktionen

Im Folgenden werden Kurven untersucht, deren Funktionsgleichungen Terme enthalten, die aber etwas komplizierter aufgebaut sind als die bisherigen elementaren Beispiele. Zu den Routineuntersuchungspunkten – Ableitungen, Nullstellen, Extrema, Wendepunkte, Verhalten für $x \to \infty$, Graph – werden zusätzlich individuelle Aufgabenstellungen angeboten, deren Lösungen Transferleistungen erfordern.

Das erste Beispiel dient als Musteraufgabe ohne Verwendung von Hilfsmitteln. Daher werden hier mehrere Zusatzaufgaben angeboten.

A. Exponentialfunktionen

▶ **Beispiel: Kurvendiskussion**
Gegeben ist die Funktion $f(x) = x \cdot e^{1-x}$. Untersuchen Sie f auf Nullstellen, Extrema und Wendepunkte. Prüfen Sie, wie sich die Funktionswerte für $x \to \infty$ bzw. $x \to -\infty$ verhalten. Zeichnen Sie den Graphen von f für $-1 \le x \le 3$.

Lösung:

1. Ableitungen:
Wir bestimmen die ersten drei Ableitungen, die wir zur Untersuchung auf Nullstellen, Extrema und Wendepunkte benötigen. Dabei wenden wir die Produktregel und die Kettenregel an.

Ableitungen:
$$f(x) = x \cdot e^{1-x}$$
$$f'(x) = 1 \cdot e^{1-x} - x \cdot e^{1-x} = (1-x) \cdot e^{1-x}$$
$$f''(x) = -1 \cdot e^{1-x} + (1-x) \cdot (-e^{1-x})$$
$$= (x-2) \cdot e^{1-x}$$
$$f'''(x) = 1 \cdot e^{1-x} + (x-2) \cdot (-e^{1-x})$$
$$= (3-x) \cdot e^{1-x}$$

2. Nullstellen:
Die notwendige und hinreichende Bedingung für Nullstellen lautet $f(x) = 0$. Wir finden die Nullstelle bei $x = 0$.

Nullstellen:
$$f(x) = 0$$
$$x \cdot e^{1-x} = 0$$
$$x = 0, \text{ da } e^{1-x} > 0$$

3. Extrema:
Die notwendige Bedingung lautet $f'(x) = 0$. Dies führt auf ein mögliches Extremum bei $x = 1$ mit dem y-Wert $y = 1$. Die Überprüfung mithilfe der zweiten Ableitung zeigt, dass es sich um ein Maximum handelt: Hochpunkt $H(1|1)$.

Extrema:
$$f'(x) = 0$$
$$(1-x) \cdot e^{1-x} = 0$$
$$1 - x = 0, \text{ da } e^{1-x} > 0$$
$$x = 1, y = 1$$
Überprüfung mit f'':
$$f''(1) = -1 < 0 \Rightarrow \text{Maximum}$$

4. Wendepunkte:
Die notwendige Bedingung lautet $f''(x) = 0$. Damit ergibt sich ein möglicher Wendepunkt bei $x = 2$, $y = \frac{2}{e}$. Die Überprüfung mithilfe der dritten Ableitung ergibt, dass es sich um einen Rechts-Links-Wendepunkt handelt: $W\left(2 \middle| \frac{2}{e}\right)$.

Wendepunkte:
$$f''(x) = 0$$
$$(x-2) \cdot e^{1-x} = 0$$
$$x - 2 = 0, \text{ da } e^{1-x} > 0$$
$$x = 2, y = \frac{2}{e} \approx 0{,}74$$
$$f'''(2) = \frac{1}{e} > 0 \Rightarrow \text{R-L-Wendepunkt}$$

5. Verhalten für $x \to \pm\infty$:
Wir verwenden Wertetabellen, um das Verhalten von f für $x \to \infty$ bzw. $x \to -\infty$ zu untersuchen. Wir erhalten folgende Resultate:
$$\lim_{x \to \infty} x \cdot e^{1-x} = 0$$
$$\lim_{x \to -\infty} x \cdot e^{1-x} = -\infty$$

Verhalten für $x \to \infty$:

x	1	5	10	$\to \infty$
f(x)	1	0,09	0,0012	$\to 0$

Verhalten für $x \to -\infty$:

x	-1	-5	-10	$\to -\infty$
f(x)	$-7,39$	$-2 \cdot 10^3$	$-6 \cdot 10^5$	$\to -\infty$

6. Graph von f:
Der Graph von f verläuft rechtsgekrümmt durch den Ursprung bis zum Hochpunkt $H(1|1)$. Dann fällt er weiterhin rechtsgekrümmt bis zum Wendepunkt $W(2|0,74)$. Anschließend fällt er linksgekrümmt weiter und schmiegt sich dabei von oben an die
▶ x-Achse, der er beliebig nahe kommt.

Graph:

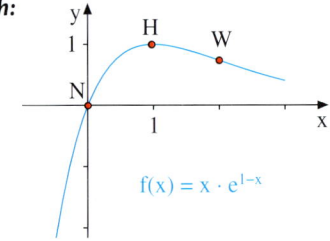

$f(x) = x \cdot e^{1-x}$

Zusatzaufgaben zum vorhergehenden Beispiel

Wir untersuchen nun einige Zusatzprobleme zum vorhergehenden Beispiel, die auch bei zukünftigen Aufgabenstellungen von Interesse sind, wie Tangenten, Flächeninhalte etc.

▶ **Beispiel: Tangente**
Die Funktion $f(x) = x \cdot e^{1-x}$ stellt eine Straße dar. Im Punkt $P\left(2|\frac{2}{e}\right)$ soll tangential eine gerade Ausfahrt abgehen.
Wie lautet die Gleichung der Ausfahrt?
Wo überquert die Ausfahrt den Fluss?

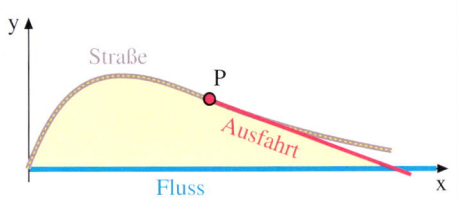

Lösung:
Wir verwenden als Ansatz die allgemeine Gleichung der Tangente von f im Punkt $P(x_0|f(x_0))$.
Wir kennen $x_0 = 2$ und $f(x_0) = f(2) = \frac{2}{e}$.
Mithilfe der Produkt- und der Kettenregel berechnen wir $f'(x) = (1-x) \cdot e^{1-x}$.
Daher gilt $f'(x_0) = f'(2) = -\frac{1}{e}$.
Durch Einsetzen dieser Daten in die allgemeine Tangentengleichung erhalten wir die Gleichung der Tangente (Ausfahrt).
$t(x) = -\frac{1}{e}x + \frac{4}{e}$.
Sie schneidet die x-Achse, d.h. den Fluss
▶ an der Stelle $x = 4$.

Allgemeine Tangentengleichung:
$$t(x) = f'(x_0) \cdot (x - x_0) + f(x_0)$$

Steigung der Tangente:
$$f(x) = x \cdot e^{1-x}$$
$$f'(x) = (1-x) \cdot e^{1-x}$$
$$f'(2) = -\frac{1}{e}$$

Gleichung der Tangente:
$$t(x) = -\frac{1}{e}(x-2) + \frac{2}{e}$$
$$t(x) = -\frac{1}{e}x + \frac{4}{e}$$

Schnittpunkt mit der x-Achse:
$$t(x) = -\frac{1}{e}x + \frac{4}{e} = 0, \quad x = 4$$

▶ **Beispiel: Flächeninhalt**
Die Straße $f(x) = x \cdot e^{1-x}$, der Fluss längs der x-Achse und der vertikale Verbindungsweg vom Punkt P zum Fluss begrenzen ein Grundstück, das mit Obstbäumen bepflanzt werden soll (1 LE = 100 m). Ein Obstbaum benötigt 20 m². Wie viele Bäume können gepflanzt werden? Zeigen Sie zunächst, dass $F(x) = (-1 - x) \cdot e^{1-x}$ eine Stammfunktion von f ist.

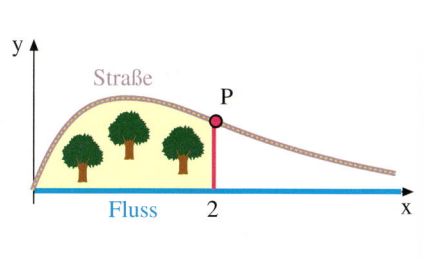

Lösung:
Durch Ableiten von F mithilfe der Produkt- und der Kettenregel wird nachgewiesen, dass F eine Stammfunktion von f ist.

Stammfunktionsnachweis:
$$F(x) = (-1 - x) \cdot e^{1-x}$$
$$F'(x) = (-1) \cdot e^{1-x} + (-1 - x) \cdot (-e^{1-x})$$
$$= x \cdot e^{1-x} = f(x)$$

Anschließend berechnen wir den Inhalt der Fläche A unter f über [0; 2].
Resultat: $A \approx 1{,}61$
Das entspricht 16 100 m².

Flächeninhalt:
$$A = \int_0^2 f(x)\,dx = \int_0^2 x \cdot e^{1-x}\,dx$$
$$= [(-1 - x) \cdot e^{1-x}]_0^2 = -\frac{3}{e} + e \approx 1{,}61$$

Diese Fläche reicht bei 20 m² pro Baum für ca. 805 Bäume.

Zahl der Bäume:
$$B = \frac{16\,100}{20} = 805$$

▶ **Beispiel: Extremalproblem**
Der Punkt $P(x|y)$ mit $x > 0$ liegt im ersten Quadranten auf dem Graphen von $f(x) = x \cdot e^{1-x}$ und ist die rechte obere Ecke eines achsenparallelen Rechtecks, dessen linke untere Ecke der Ursprung ist. Wie muss die Punktabszisse x gewählt werden, wenn der Flächeninhalt A des Rechtecks maximal werden soll?

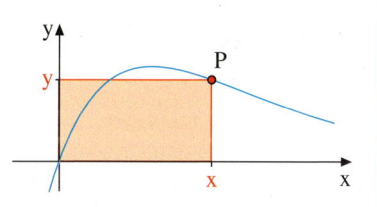

Lösung:
Wir stellen zunächst den Inhalt A als Funktion von x dar: $A(x) = x^2 \cdot e^{1-x}$.
Dann bilden wir die Ableitung A' von A und setzen diese null. Wir erhalten zwei Nullstellen von A' bei $x = 0$ und $x = 2$. Die erste kommt nicht in Frage, die zweite ist die gesuchte Maximalstelle, was man durch Überprüfen mittels A'' bestätigen könnte.

Resultat: Der Punkt $P\left(2 \middle| \frac{2}{e}\right)$ führt zum
▶ Rechteck mit der Maximalfläche $\frac{4}{e} \approx 1{,}47$.

$$A = x \cdot y = x \cdot f(x) = x \cdot x e^{1-x} = x^2 \cdot e^{1-x}$$
$$A'(x) = 2x e^{1-x} + x^2 \cdot (-e^{1-x})$$
$$= (2x - x^2) \cdot e^{1-x}$$
$$A' = 0: \quad (2x - x^2) \cdot e^{1-x} = 0$$
$$2x - x^2 = 0$$
$$x = 0 \ (\text{Min}), \ x = 2 \ (\text{Max})$$
$$y = f(2) = \frac{2}{e} \approx 0{,}74$$
$$A_{\text{Max}} = \frac{4}{e} \approx 1{,}47$$

Exkurs: Schwierige Zusatzaufgaben

▶ **Beispiel: Näherungsrechnung**
Die Funktion $f(x) = x \cdot e^{1-x}$ besitzt an zwei Stellen x_1 und x_2 den Funktionswert 0,5. Bestimmen Sie die Stellen x_1 und x_2 angenähert mit dem GTR.

Lösung:
Wir müssen die Geichung $x \cdot e^{1-x} = 0,5$ lösen. Eine exakte Lösung durch Auflösen nach x ist nicht möglich. Mit einer Wertetabelle könnte man sich herantasten. Mit dem GTR ist es sehr einfach:

Man gibt die Gleichung der Funktion f und die Gleichung der waagerechten Geraden $y(x) = 0,5$ ein, zeichnet ihre Graphen und bestimmt danach die Schnittpunkte.

Die Näherungsresultate lauten:
▶ $x_1 = 0,23$, $x_2 = 2,68$.

▶ **Beispiel: Approximation durch eine Parabel**
Der Graph von $f(x) = x \cdot e^{1-x}$ soll im Intervall [0; 1] durch eine quadratische Parabel der Gestalt $g(x) = ax^2 + bx + c$ angenähert dargestellt werden. An den Intervallendpunkten soll exakte Übereinstimmung bestehen. Außerdem soll die Parabel durch den Punkt $C(2|0)$ gehen.

Lösung:
Die Ansatzparabel $g(x) = ax^2 + bx + c$ geht durch die Punkte $A(0|0)$, $B(1|1)$ und $C(2|0)$.
Es gelten drei Gleichungen:
$g(0) = 0$, $g(1) = 1$ und $g(2) = 0$.
Hieraus ergibt sich ein lineares Gleichungssystem. Manuell oder mit dem GTR errechnen wir dessen Lösungen $a = -1$, $b = 2$ und $c = 0$. Resultat für g: $g(x) = -x^2 + 2x$.

Ansatz für die Parabel:
$g(x) = ax^2 + bx + c$

Aufstellen eines Gleichungssystems:
$A(0|0)$ auf $g \Rightarrow g(0) = 0 \Rightarrow \qquad c = 0$
$B(1|1)$ auf $g \Rightarrow g(1) = 1 \Rightarrow a + b + c = 1$
$C(2|0)$ auf $g \Rightarrow g(2) = 0 \Rightarrow 4a + 2b + c = 0$

Lösen des Gleichungssystems:
$a = -1$, $b = 2$, $c = 0$

Resultat:
$g(x) = -x^2 + 2x$

Interpretation:
Die Zeichnung links zeigt, dass die Parabel g innerhalb des Intervalls [0; 1] eine gute Näherung der Funktion f darstellt.

Zeichnung mit dem GTR:

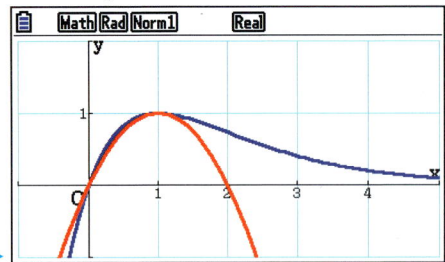

Übungen

1. Kurvendiskussion

Gegeben ist die Funktion $f(x) = (x - 1) \cdot e^x$.

a) Bestimmen Sie die Ableitungen f', f'' und f'''.

b) Untersuchen Sie die Funktion f auf Nullstellen.

c) Die Funktion f besitzt ein Extremum und einen Wendepunkt. Wo liegen diese Punkte?

d) Untersuchen Sie das Verhalten von f für $x \rightarrow -\infty$ bzw. $x \rightarrow \infty$ mit einer Tabelle.

e) Skizzieren Sie den Graphen von $f(-3 \leq x \leq 2)$.

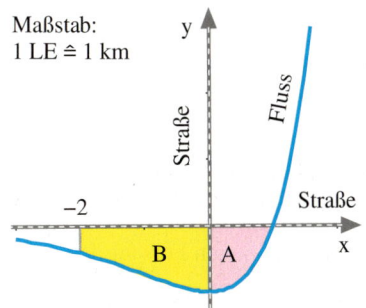

2. Flächeninhalt

Die Funktion $f(x) = (x - 1) \cdot e^x$ (s. Bild oben) beschreibt den Verlauf eines Flusses, der von zwei Straßen überbrückt wird, die längs der Koordinatenachsen laufen. (1 LE = 1 km)

Die beiden Straßen und der Fluss schließen im 4. Quadranten ein Grundstück A ein, welches für 80 € pro m^2 zum Kauf angeboten wird.

a) Zeigen Sie, dass $F(x) = (x - 2) \cdot e^x$ eine Stammfunktion von f ist.

b) Berechnen Sie den Verkaufspreis für das Grundstück A.

c) Wie groß ist das im 3. Quadranten liegende Grundstück B, welches durch die Straßen, den Fluss und den Fußweg bei $x = -2$ begrenzt wird?

3. Tangenten

Gegeben ist die Funktion $f(x) = e^x - x$. Sie beschreibt den Verlauf einer Autobahn. (1 LE = 1 km)

a) Besitzt f Extrem- und Wendepunkte?

b) Schließen Sie aus den Ergebnissen, dass f keine Nullstellen besitzt.

c) Vom Bahnhof $B(0|0)$ führt ein Zubringer zum Punkt $P(1|f(1))$ der Autobahn. Zeigen Sie, dass dieser Zubringer tangential in die Autobahn mündet.
Wie lange benötigt ein 30 km/h schneller Transporter vom Bahnhof bis zur Autobahn?

d) Wie viel Hektar Fläche hat das Grundstück zwischen Straße, Zubringer und Bahnlinie?
(1 Hektar = 10 000 m^2)

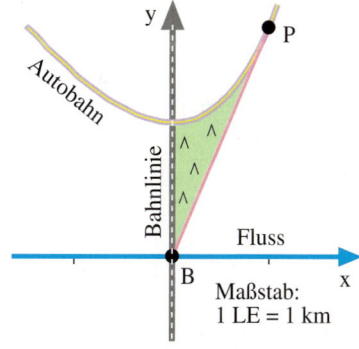

4. Kurvenuntersuchung

Gegeben ist die Funktion $f(x) = x \cdot e^{x+1}$.

a) Untersuchen Sie f auf Nullstellen, Extrem- und Wendepunkte.

b) Zeichnen Sie den Graphen von f für $-3 \leq x \leq 0{,}5$.

c) Der Ursprung wird mit dem Punkt $P(-1|f(-1))$ durch eine Strecke s verbunden.
Wie groß ist das Flächenstück zwischen Kurve f und Strecke s?
(*Hinweis:* $F(x) = (x - 1) \cdot e^{x+1}$ ist eine Stammfunktion von f)
Wie lang ist die Strecke s?

Im Folgenden führen wir exemplarisch eine Kurvendiskussion mithilfe des GTR durch.

> **Beispiel: Kurvendiskussion mit dem GTR**
> Gegeben ist die Funktion $f(x) = 4e^x \cdot (e^x - 1)$. Zeichnen Sie den Graphen von f für $-4 \le x \le 0{,}5$. Ermitteln Sie die Nullstellen, Extrema und Wendepunkte von f. Gesucht ist der Inhalt der Fläche zwischen dem Graphen von f, der x-Achse und der senkrechten Geraden $x = -2$.

Lösung:
Die Funktionsgleichung von f wird in den GTR eingegeben und der Graph von f in einem geeigneten Fenster dargestellt.

Nun können wie üblich die Nullstelle und das Extremum von f graphisch angenähert ermittelt werden.

Die Nullstelle von f liegt im Ursprung, der Tiefpunkt von f ist der Punkt $T(-0{,}69|-1)$.

Graph, Nullstelle und Extremum

Wendepunkte können mithilfe des GTR nicht direkt ermittelt werden. Wir berechnen daher die zweite Ableitung f″ durch Anwendung der Produktregel manuell. Nach Zeichnung des Graphen von f″ kann die Wendestelle x_W als Nullstelle von f″ bestimmt werden: $x_W \approx -1{,}39$.
Den y-Wert des Wendepunktes erhalten wir durch Einsetzen von x_W in die Funktionsgleichung von f. Ergebnis: $W(-1{,}39|-0{,}75)$.

Alternativ könnte der Wendepunkt als Minimum/Maximum der Ableitung f′ mit dem GTR bestimmt werden. Dann spart man die manuelle Berechnung von f″.
(Siehe Bilder oben mit Graphen von f′)

Der gesuchte Flächeninhalt A wird mit dem
► GTR angenähert ermittelt: $A \approx 1{,}50$.

Manuelle Bestimmung von f″:
$$f'(x) = 4e^x(e^x - 1) + 4e^x \cdot e^x$$
$$ = 4e^x(2e^x - 1)$$

$$f''(x) = 4e^x(2e^x - 1) + 4e^x \cdot 2e^x$$
$$ = 4e^x(4e^x - 1)$$

Bestimmtes Integral:

Übung 5 Kurvendiskussion
Ermitteln Sie die Nullstellen, Extrema und Wendepunkte der Funktion $f(x) = (x^2 + 2x) \cdot e^{-x}$.
Welchen Inhalt hat die von f und der x-Achse umschlossene Fläche im 3. Quadranten?

▶ **Beispiel: Kurvendiskussion** Untersuchen Sie die Funktion $f(x) = (x^2 - 2x) \cdot e^{0,5x}$ auf Nullstellen, Extrema und Wendepunkte. Wie verhält sich die Funktion für $x \to \infty$ bzw. $x \to -\infty$? Zeichnen Sie den Graphen von f für $-7 \leq x \leq 2,5$.

Lösung:

1. Ableitungen:

Die Ableitungen werden mit der Produktregel und der Kettenregel bestimmt.

$$f'(x) = \left[(x^2 - 2x) \cdot e^{0,5x}\right]'$$
$$= (2x - 2) \cdot e^{0,5x} + (x^2 - 2x) \cdot (0,5e^{0,5x})$$
$$= \left(\tfrac{1}{2}x^2 + x - 2\right) \cdot e^{0,5x}$$

$$f''(x) = \left(\tfrac{1}{4}x^2 + \tfrac{3}{2}x\right) \cdot e^{0,5x}$$

$$f'''(x) = \left(\tfrac{1}{8}x^2 + \tfrac{5}{4}x + \tfrac{3}{2}\right) \cdot e^{0,5x}$$

2. Nullstellen:

Die Funktion besitzt zwei Nullstellen, nämlich bei $x = 0$ und $x = 2$.

3. Extrema:

Die Ableitung f' hat zwei Nullstellen, bei $x = -1 - \sqrt{5} \approx -3,24$ und $x = -1 + \sqrt{5} \approx 1,24$. Die Überprüfung mittels f'' ergibt ein Maximum im ersten Fall und ein Minimum im zweiten Fall. Nach Berechnung der zugehörigen y-Werte erhalten wir einen Hochpunkt $H(-3,24 | 3,36)$ sowie einen Tiefpunkt $T(1,24 | -1,75)$.

4. Wendepunkte:

Die Nullstellen von f'' liegen bei $x = 0$ und $x = -6$. Nach Überprüfung mithilfe von f''' und nach Berechnung der zugehörigen y-Werte erhalten wir einen Links-Rechts-Wendepunkt $W_1(-6 | 2,39)$ und einen Rechts-Links-Wendepunkt $W_2(0 | 0)$.

5. Verhalten für $x \to \pm\infty$:

Wir überprüfen das Grenzverhalten von f durch Testeinsetzungen. Ergebnis:
Für $x \to -\infty$ streben die Funktionswerte gegen 0. Der Graph von f schmiegt sich von oben an die negative x-Achse.
Für $x \to \infty$ steigt der Graph von f steil an
▶ und wächst über alle Grenzen.

6. Graph:

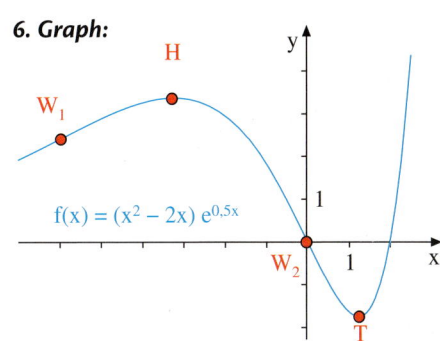

$f(x) = (x^2 - 2x)\, e^{0,5x}$

$f(x) = 0$:
$$(x^2 - 2x) \cdot e^{0,5x} = 0$$
$$x^2 - 2x = 0$$
$$x(x - 2) = 0$$
$$\mathbf{x = 0; \; x = 2}$$

$f'(x) = 0$:
$$\left(\tfrac{1}{2}x^2 + x - 2\right) \cdot e^{0,5x} = 0$$
$$\tfrac{1}{2}x^2 + x - 2 = 0$$
$$x^2 + 2x - 4 = 0$$
$$x = -1 \pm \sqrt{5} \approx -1 \pm 2,24$$

$\mathbf{x \approx -3,24}$	$\mathbf{x \approx 1,24}$
$y \approx 3,36$	$y \approx -1,75$
$f''(-3,24) < 0$	$f''(1,24) > 0$
$\underbrace{\qquad}_{\text{Maximum}}$	$\underbrace{\qquad}_{\text{Minimum}}$

$f''(x) = 0$:
$$\left(\tfrac{1}{4}x^2 + \tfrac{3}{2}x\right) \cdot e^{0,5x} = 0$$
$$\tfrac{1}{4}x^2 + \tfrac{3}{2}x = 0$$
$$x\left(\tfrac{1}{4}x + \tfrac{3}{2}\right) = 0$$

$\mathbf{x = 0}$	$\mathbf{x = -6}$
$y = 0$	$y \approx 2,39$
$f'''(0) > 0$	$f'''(-6) < 0$
R-L-WP	L-R-WP

x	-1	-5	-10	$\to -\infty$
$f(x)$	1,82	2,9	0,81	$\to 0$

x	1	5	10	$\to \infty$
$f(x)$	$-1,65$	182,7	$1,2 \cdot 10^4$	$\to \infty$

Übungen

6. **Kurvendiskussionen**
   Führen Sie eine Kurvendiskussion durch. Überprüfen Sie hierzu f auf Nullstellen, Extrema und Wendepunkte. Untersuchen Sie, wie f sich für $x \to \pm\infty$ verhält. Skizzieren Sie den Graphen von f in einem sinnvollen Bereich. Überprüfen Sie Ihre Skizze mit dem GTR.
   a) $f(x) = (2x + 2) \cdot e^{-0.5x}$ b) $f(x) = (1 - x) \cdot e^{2-x}$ c) $f(x) = e^x - 2e^{-x}$

7. **Graph und Funktionsterm**
   Ordnen Sie jedem Funktionsterm den passenden Graphen zu. Begründen Sie.

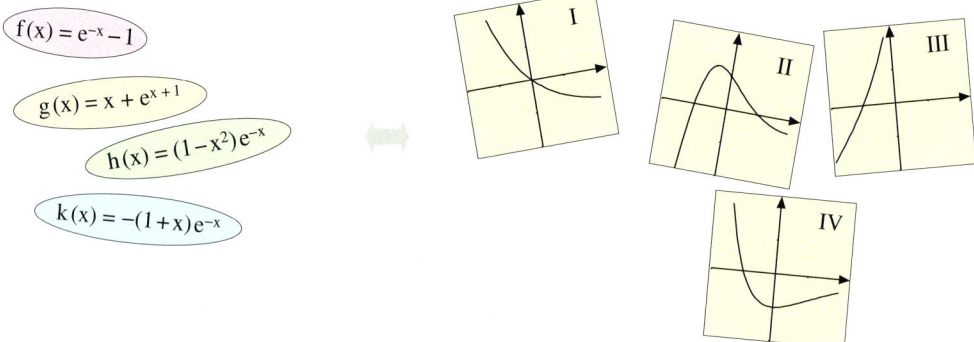

$f(x) = e^{-x} - 1$

$g(x) = x + e^{x+1}$

$h(x) = (1 - x^2)e^{-x}$

$k(x) = -(1 + x)e^{-x}$

8. **Funktion und Stammfunktion**
   Ordnen Sie jeder Funktion die passende Stammfunktion zu. Führen Sie den Nachweis.

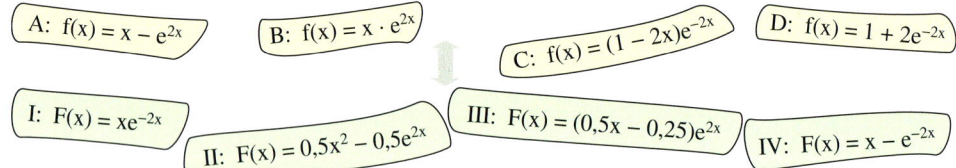

A: $f(x) = x - e^{2x}$ B: $f(x) = x \cdot e^{2x}$ C: $f(x) = (1 - 2x)e^{-2x}$ D: $f(x) = 1 + 2e^{-2x}$

I: $F(x) = xe^{-2x}$ II: $F(x) = 0.5x^2 - 0.5e^{2x}$ III: $F(x) = (0.5x - 0.25)e^{2x}$ IV: $F(x) = x - e^{-2x}$

9. **Kanalprofil**
   Das Querschnittsprofil eines 400 m langen Kanals kann durch die Funktion $f(x) = 2x\,e^{-0.25x^2}$ modelliert werden. $(0 \le x \le 5, 1\,\text{LE} = 1\,\text{m})$

   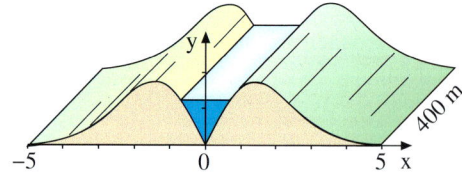

   a) Wie hoch ist die Dammkrone? Wie breit ist die Wasserrinne?
   b) Zeigen Sie durch Ableiten, dass $F(x) = -4\,e^{-0.25x^2}$ eine Stammfunktion von f ist. Verwenden Sie die allgemeine Kettenregel S. 191.
   c) Berechnen Sie das maximale Fassungsvermögen des Kanals.
   d) Der städtische Hangrasenmäher hat eine maximale Steigfähigkeit von 40°. Kann der Hang des Dammes damit bis zur Dammkrone befahren werden?

10. Kurvendiskussion
Gegeben ist die Funktion $f(x) = 4x \cdot e^{-0,5x}$.
a) Untersuchen Sie f auf Nullstellen. Wie verhält sich f für $x \to \pm\infty$?
b) Bestimmen Sie den Extremalpunkt und den Wendepunkt von f. Beschreiben Sie das Monotonieverhalten und das Krümmungsverhalten von f.
c) Bestimmen Sie die Gleichung der Wendetangente t von f. $\left(\text{Kontrolle: } t(x) = -\frac{4}{e^2}x + \frac{32}{e^2}\right)$
d) Zeichnen Sie die Graphen von f und t für $-1 \le x \le 8$.

11. Kurvenuntersuchung
Gegeben sind die Funktionen $f(x) = e^{0,5x}$ und $g(x) = e^{1,5-0,25x}$.
a) Skizzieren Sie die Graphen von f und g in einem Koordinatensystem für $-2 \le x \le 4$.
b) Bestimmen Sie die Ableitungen f′ und g′.
c) Wo schneiden sich die Graphen von f und g? Wie groß ist ihr Schnittwinkel?
d) Eine Ursprungsgerade h berührt den Graphen von f als Tangente. Wo liegt der Berührpunkt von f und h? Wie lautet die Gleichung von h?
e) Wie groß ist die Fläche A, welche von f und g und der y-Achse umschlossen wird?

12. Flächeninhalt
Die Abbildung rechts zeigt den Graphen von $f(x) = 4x\,e^{-0,5x}$.
Die Normale n im Wendepunkt $W\left(4 \mid \frac{16}{e^2}\right)$ hat die Gleichung $n(x) = \frac{e^2}{4}x - e^2 + \frac{16}{e^2}$.

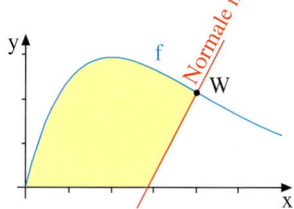

a) Zeigen Sie, dass $F(x) = (-8x - 16)e^{-0,5x}$ eine Stammfunktion von f ist.
b) Berechnen Sie den Inhalt der markierten Fläche.

13. Extremalproblem
Auf dem Graphen von $f(x) = 4x \cdot e^{-0,5x}$ wandert der Punkt $P(u \mid f(u))$, $u > 0$.
Wie muss u gewählt werden, damit der Inhalt des markierten achsenparallelen Rechtecks maximal wird?
Was passiert, wenn u gegen ∞ strebt?

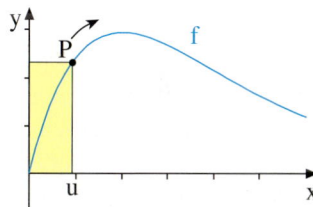

14. Fledermausgaube
Die Abbildung zeigt eine Fledermausgaube, die 4 m breit ist. Das obere Randprofil wird durch die Funktion $f(x) = 2e^{-\frac{1}{8}x^2}$ für $-2 \le x \le 2$ modelliert.

a) Wie hoch ist die Gaube an ihrer höchsten Stelle?
b) An welchen Stellen ist das Profil am steilsten? Wie groß ist dort der Steigungswinkel?
c) Die Gaube besitzt ein parabelförmiges Fenster. Es ist 3 m breit und 1,5 m hoch. Wie lautet die Gleichung der Fensterparabel? Wie groß ist die Glasfläche?
d) Am Gaubenrand soll eine Antenne (im Bild rot) von 1 m Höhe stehen. Sie soll die Gaubenspitze nicht überragen. In welchem Bereich kann sie aufgestellt werden?

15. Kurvenuntersuchung

Gegeben ist die Funktion $f(x) = (2x + 2)e^{-\frac{x}{2}}$.
Der Graph von f ist rechts dargestellt.

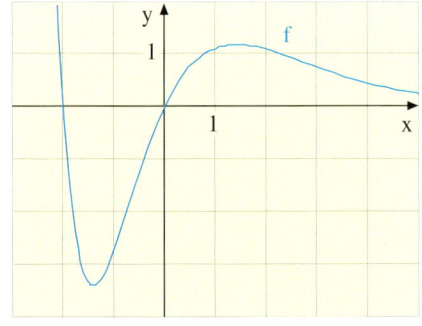

a) Ermitteln Sie, in welchen Bereichen
die Funktion f monoton steigt bzw.
fällt. Bestimmen Sie den Extrempunkt von f.

b) Begründen Sie, dass g die Ableitungsfunktion von f ist.

c) Berechnen Sie den Schnittpunkt und
den Schnittwinkel von f und f'.

d) Die Graphen von f und f' schneiden aus jeder Parallelen x = u zur y-Achse (u > 0) eine
Strecke heraus. Berechnen Sie u so, dass die Länge dieser Strecke maximal wird.

e) Weisen Sie nach, dass $F(x) = -4(x + 3)e^{-\frac{x}{2}}$ eine Stammfunktion von f ist.
Berechnen Sie den Inhalt des Flächenstücks A(u) unter f über dem Intervall [0; u], u > 0.
Geben Sie A(4) an. Untersuchen Sie die Entwicklung von A(u) für u → ∞.

16. Kurvenuntersuchung mit Anwendungsteil

Gegeben ist die Funktion f mit der Gleichung $f(x) = (x^2 + 2x) \cdot e^{-x}$.
Der Graph von f ist rechts dargestellt.

a) Geben Sie die Schnittpunkte von f
mit den Koordinatenachsen an.

b) Ermitteln Sie die Extrempunkte und
die Wendepunkte von f.

c) F sei eine Stammfunktion von f.
Begründen Sie, dass F streng monoton steigt für x > 0.

d) Weisen Sie rechnerisch nach, dass $F(x) = 4 - (x^2 + 4x + 4) \cdot e^{-x}$ eine Stammfunktion von
f ist. Wie lauten die Extrempunkte von F? Begründen Sie, dass F(x) ≤ 4 für alle x ∈ ℝ gilt.

e) Die Funktion f beschreibt für x > 0 modellhaft die **Zunahmerate** einer Bakterienpopula-
tion (x: Zeit in Stunden, f(x): Zunahmerate in Mio./Std). Man spricht von einer „starken
Infektion", wenn der **Bestand** an Bakterien pro ml innerhalb von 4 Stunden von 0 auf über
3 Mio. ansteigt. Prüfen Sie, ob eine starke Infektion vorliegt.

17. Fuchspopulation

Die Funktion $f(t) = 4 + 5e^{-t} - 4e^{-0,1t}$ zeigt die Entwicklung
einer Fuchspopulation in einem Naturschutzgebiet, nachdem
dort ein Nahrungskonkurrent eingewandert ist. t: Zeit in Jahren;
f(t): Fuchsbestand zur Zeit t in Hundert.

a) Wie groß ist der Anfangsbestand? Wie entwickelt sich der
Bestand? Zeichnen Sie den Graphen von f für 0 ≤ t ≤ 10.

b) Berechnen Sie den Extrem- und den Wendepunkt von f.
Welche Bedeutung haben deren Werte für den Tierbestand?

c) Welchen Inhalt hat die Fläche A unter dem Graphen von f
über dem Intervall [0; 10]?

d) Welche Bedeutung hat der Term $\frac{1}{10}\int_{0}^{10} f(t)\,dt$?

B. Scharen von Exponentialfunktionen

▶ **Beispiel: Kurvenschar**
Gegeben ist die Kurvenschar $f_a(x) = e^{2x} - a \cdot e^x$, $a > 0$.
Untersuchen Sie f_a auf Nullstellen, Extrema, Wendepunkte, Verhalten für $x \to \pm\infty$.
Zeichnen Sie die Graphen f_2 und f_3 für $-3 \le x \le 1{,}2$.

Lösung:

1. Ableitungen:
Die Ableitungen sind mit der linearen Kettenregel zu gewinnen.
Es ist günstig, jeweils den Faktor e^x auszuklammern.

Ableitungen:
$$f_a(x) \;=\; e^{2x} - a \cdot e^x = e^x \cdot (e^x - a)$$
$$f_a'(x) \;=\; 2e^{2x} - a \cdot e^x = e^x \cdot (2e^x - a)$$
$$f_a''(x) = 4e^{2x} - a \cdot e^x = e^x \cdot (4e^x - a)$$
$$f_a'''(x) = 8e^{2x} - a \cdot e^x = e^x \cdot (8e^x - a)$$

2. Nullstellen:
Die Funktion f_a hat genau eine Nullstelle bei $x = \ln a$.

Nullstellen:
$$f_a(x) = e^x \cdot (e^x - a) = 0$$
$$e^x - a = 0$$
$$x = \ln a$$

3. Extrema:
Bei $x = \ln\frac{a}{2}$ liegt eine Nullstelle von f', d.h. eine Stelle mit waagerechter Tangente.

Der y-Wert beträgt $y = -\frac{a^2}{4}$. Die Überprüfung mittels f_a'' ergibt ein Minimum.

Resultat: Tiefpunkt $T\left(\ln\frac{a}{2}\middle|-\frac{a^2}{4}\right)$

Extrema:
$$f_a'(x) = e^x \cdot (2e^x - a) = 0$$
$$2e^x - a = 0$$
$$x = \ln\frac{a}{2}$$
$$y = f\left(\ln\frac{a}{2}\right) = e^{\ln\frac{a}{2}} \cdot (e^{\ln\frac{a}{2}} - a) = \frac{a}{2}\left(\frac{a}{2} - a\right)$$
$$= -\frac{a^2}{4}$$
$$f''\left(\ln\frac{a}{2}\right) \;=\; \frac{a^2}{2} > 0 \quad \Rightarrow \quad \text{Minimum}$$

4. Wendepunkte:
Mithilfe der notwendigen Bedingung für Wendepunkte $f'' = 0$ errechnen wir einen Wendepunkt mit Rechts-Links-Krümmung.

Resultat: $W\left(\ln\frac{a}{4}\middle|-\frac{3}{16}a^2\right)$

Wendepunkte:
$$f_a''(x) = e^x(4e^x - a) = 0$$
$$x = \ln\frac{a}{4}$$
$$y = -\frac{3}{16}a^2$$
$$f_a'''\left(\ln\frac{a}{4}\right) = \frac{a^2}{4} > 0 \quad \Rightarrow \quad \text{R-L-Wendepunkt}$$

5. Verhalten für $x \to \pm\infty$:
Für $x \to \infty$ überwiegt der Teilterm e^{2x}. Er strebt gegen unendlich und damit auch der Gesamtterm von f_a.
Für $x \to -\infty$ streben beide Teilterme e^{2x} und e^x gegen null und damit auch die Funktion f_a.
Der Graph von $f_a(x) = e^x(e^x - a)$ schmiegt
▶ sich also für $x \to -\infty$ an die x-Achse.

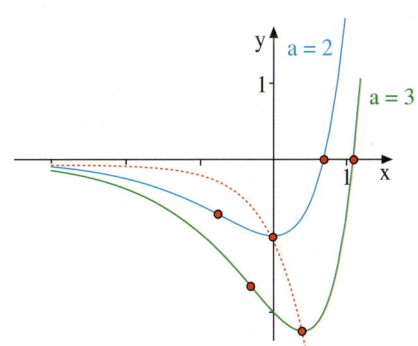

Übung 18

Gegeben ist die Schar $f_a(x) = e^{2x} - a \cdot e^x$ aus dem vorhergehenden Beispiel.

a) Für welchen Wert von a liegt der Extremwert von f_a bei $x = 2$?

b) Für welches a liegt der Wendepunkt von f auf der y-Achse?

c) Bestimmen Sie eine Stammfunktion von f_a.

d) Für welchen Wert von a umschließen der Graph von f_a und die beiden Koordinatenachsen im vierten Quadranten eine Fläche mit dem Inhalt 2?

▶ **Beispiel: Untersuchung einer Schar**

Untersuchen Sie $f_a(x) = a^2 x \cdot e^{-ax}$, $a > 0$, auf Nullstellen, Extrema und Wendepunkte sowie das Verhalten für $x \to \pm\infty$. Zeichnen Sie die Graphen von f_1 und f_2 für $-0,5 \le x \le 4$.

Lösung:

1. Ableitungen:

Die Ableitungen bestimmen wir unter Verwendung der Produkt- und der Kettenregel. Es ist günstig, den Faktor e^{-ax} jeweils auszuklammern.

Ableitungen:

$$f_a(x) = a^2 x \cdot e^{-ax}$$
$$f_a'(x) = (a^2 - a^3 x) \cdot e^{-ax}$$
$$f_a''(x) = (-2a^3 + a^4 x) \cdot e^{-ax}$$
$$f_a'''(x) = (3a^4 - a^5 x) \cdot e^{-ax}$$

2. Nullstellen:

Die Funktion besitzt eine Nullstelle bei $x = 0$. Sie ist bei allen Funktionen der Schar gleich.

Nullstellen:

$$f_a(x) = a^2 x \cdot e^{-ax} = 0$$
$$a^2 x = 0$$
$$x = 0$$

3. Extrema:

Die Ableitung f_a' besitzt eine Nullstelle bei $x = \frac{1}{a}$. Die Überprüfung mit f_a'' zeigt, dass es sich um ein Maximum handelt.

Resultat: Hochpunkt $H\left(\frac{1}{a} \mid \frac{a}{e}\right)$

Extrema:

$$f_a'(x) = (a^2 - a^3 x) \cdot e^{-ax} = 0$$
$$a^2 - a^3 x = 0$$
$$x = \frac{1}{a}, \quad y = a \cdot e^{-1}$$
$$f_a''\left(\frac{1}{a}\right) = -a^3 \cdot e^{-1} < 0 \Rightarrow \text{Maximum}$$

4. Wendepunkte:

f_a'' besitzt eine Nullstelle bei $x = \frac{2}{a}$. Die Überprüfung mit f_a''' zeigt, dass dort ein Rechts-Links-Wendepunkt liegt.

Resultat: $W\left(\frac{2}{a} \mid \frac{2a}{e^2}\right)$

Wendepunkte:

$$f_a''(x) = (-2a^3 + a^4 x) \cdot e^{-ax} = 0$$
$$-2a^3 + a^4 x = 0$$
$$x = \frac{2}{a}, \quad y = 2a \cdot e^{-2}$$
$$f_a'''\left(\frac{2}{a}\right) = a^4 \cdot e^{-2} > 0 \quad \Rightarrow \quad \text{RL} - \text{Wp.}$$

5. Verhalten für $x \to \pm\infty$:

Mithilfe des GTR können Wertetabellen für verschiedene Parameterwerte bestimmt werden. Anhand dieser erkennt man, dass unabhängig von der Wahl des Parameters a

$$\lim_{x \to \infty} \frac{a^2 x}{e^{ax}} = 0 \quad \text{und} \quad \lim_{x \to -\infty} \frac{a^2 x}{e^{ax}} = -\infty$$

▶ gilt.

Graphen:

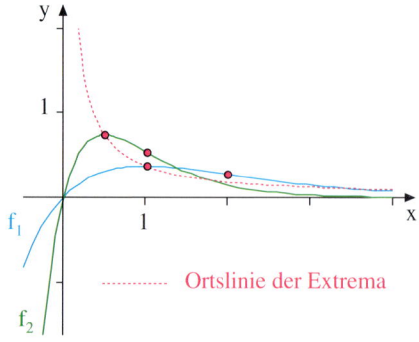

-------- Ortslinie der Extrema

▶ **Beispiel: Die Ortslinie der Extrema**
Gegeben ist die Schar $f_a(x) = a^2 x \cdot e^{-ax}$ aus dem vorhergehenden Beispiel. Betrachtet man alle Extremalpunkte der Schar, so stellt man fest, dass diese alle auf ein- und derselben Kurve liegen. Diese Kurve nennt man *Ortskurve* oder *Ortslinie* der Extremalpunkte.
Bestimmen Sie die Gleichung dieser Ortslinie.

Lösung:
Der Hochpunkt H hat die Koordinaten $H\left(\frac{1}{a}\big|\frac{a}{e}\right)$, d.h. die Abszisse $x = \frac{1}{a}$ und die Ordinate $y = \frac{a}{e}$.
Die Ortslinie erhält man, indem man die Abszissengleichung nach a auflöst und das Ergebnis in die Ordinatengleichung einsetzt. Resultat:
$y = \frac{1}{ex}$ ist Ortslinie der Hochpunkte

Hochpunkt:	$H\left(\frac{1}{a}\big|\frac{a}{e}\right)$
Abszisse:	$x = \frac{1}{a}$
Auflösen nach a:	$a = \frac{1}{x}$ (*)
Ordinate:	$y = \frac{a}{e}$
Einsetzen von (*):	$y = \frac{1}{ex}$

Diese Ortslinie ist auf der vorherigen Seite in der Zeichnung rot gepunktet eingezeichnet. Sie veranschaulicht, wie sich die Lage des Hochpunktes ändert, wenn man den Parameter a ändert. Eine Verkleinerung des Parameters a lässt den Hochpunkt auf der Ortslinie nach rechts/unten
▶ rutschen.

Die folgenden Übungen beziehen sich auf das gerade vorgestellte Beispiel. Sie enthalten zusätzliche Aufgabenstellungen.

Übung 19 Integration
Zeigen Sie, dass $F_a(x) = (-ax - 1) \cdot e^{-ax}$ eine Stammfunktion der Funktion $f_a(x) = a^2 x \cdot e^{-ax}$ aus dem vorigen Beispiel ist.
Errechnen Sie den Inhalt der Fläche A, welche im 1. Quadranten vom Graphen von f_1, der x-Achse und der senkrechten Geraden $x = 1$ umschlossen wird.

Übung 20 Schnittpunkt und Schnittwinkel
Die Funktionen f_1 und f_2 der Schar $f_a(x) = a^2 x \cdot e^{-ax}$ schneiden sich im Ursprung und an der Stelle $x_s > 0$ innerhalb des 1. Quadranten. Berechnen Sie x_s und den Schnittwinkel in x_s.

Übung 21 Tangente und Steigung
Wie lautet die Gleichung der Ursprungstangente von $f_a(x) = a^2 x \cdot e^{-ax}$?
Für welchen Wert von a hat $f_a(x) = a^2 x \cdot e^{-ax}$ im Ursprung einen Steigungswinkel von 45° bzw. von 60°?

Übung 22 Ortslinie der Wendepunkte
Bestimmen Sie die Ortslinie der Wendepunkte von $f_a(x) = a^2 x \cdot e^{-ax}$.

23. Gegeben ist die Kurvenschar $f_a(x) = e^{2x} - a \cdot e^x$, $a > 0$.
   a) Untersuchen Sie f_a auf Nullstellen, Extrema, Wendepunkte und das Verhalten für $x \to \pm\infty$.
      (Kontrollergebnis: $f''_a(x) = 4e^{2x} - a \cdot e^x$)
   b) Zeichnen Sie die Graphen f_2 und f_3 für $-3 \le x \le 1{,}2$ mit dem GTR.
   c) Bestimmen Sie die Gleichung der Ortslinie der Extrema.
   d) Bestimmen Sie eine Stammfunktion von f_a. Berechnen Sie für $a > 1$ den Inhalt der Fläche A_a, die im vierten Quadranten vom Graphen von f_a und den Koordinatenachsen umschlossen wird.

24. Gegeben ist die Kurvenschar $f_a(x) = e^x - ax \cdot e^x$, $a > 0$.
   a) Führen Sie eine Kurvendiskussion durch (Ableitungen, Nullstelle, Extrema, Wendepunkte, Verhalten für $x \to \pm\infty$). (Kontrollergebnis: $f''_a(x) = e^x - 2ae^x - ax \cdot e^x$)
   b) Zeichnen Sie die Graphen f_1 und $f'_{0,5}$ für $-3 \le x \le 2{,}5$ mit dem GTR.
   c) Welche Scharfunktion f_a hat einen Wendepunkt an der Stelle $x = 3$? Auf die Überprüfung mit der hinreichenden Bedingung wird verzichtet.
   d) Welche Scharfunktion schneidet die y-Achse unter einem Winkel von $30°$?
   e) Bestimmen Sie die Gleichung der Wendetangente von f_a.
      Für welchen Wert von a hat diese Tangente ihre Nullstelle bei $x = -2$?

25. Gegeben ist die Kurvenschar $f_a(x) = ax + e^{-x}$, $a > 0$.
   a) Führen Sie eine Kurvendiskussion durch (Ableitungen, Extrema, Wendepunkte, Verhalten für $x \to \pm\infty$).
   b) Zeichnen Sie die Graphen f_1 und f_2 für $-2 \le x \le 3$ mit dem GTR.
   c) Wie lautet die Gleichung der Tangente an f_a im Schnittpunkt mit der y-Achse?
   d) Bestimmen Sie die Gleichung der Ortslinie der Extrema von f_a.
   e) Bestimmen Sie eine Stammfunktion von f_a.
   f) Gesucht ist der Inhalt der Fläche A_a, die im 1. Quadranten zwischen dem Graphen von f_a, dem Graphen von $g_a(x) = a + e^{-x}$ und der y-Achse liegt.
      Für welchen Wert von a hat diese Fläche den Inhalt 1?

26. Gegeben ist die Kurvenschar $f_a(x) = x + a \cdot e^{-x}$, $a \ne 0$.
   a) Untersuchen Sie die Funktion f_a auf Extrema und Wendepunkte. Begründen Sie, weshalb es nur für positive Werte von a Extremalpunkte gibt.
   b) Welche Scharkurve f_a besitzt ein auf der x-Achse liegendes Extremum und welche Scharkurve hat ihr Extremum auf der y-Achse?
   c) Alle Extremalpunkte der Schar liegen auf ein und derselben Geraden g. Wie lautet die Gleichung dieser Geraden?
   d) Zeichnen Sie die Graphen der Scharkurven f_1, $f_{0,5}$ und f_{-1} für $-2 \le x \le 3$ mit dem GTR.

3. Modellierung mit Exponentialfunktionen

A. Randkurven

Die Form eines Grundstücks, der Querschnitt eines Gegenstands, der Verlauf einer Straße und das Höhenprofil eines Berges haben eines gemeinsam: Sie können durch **Randkurven** beschrieben werden. Der Vorteil besteht darin, dass diverse Eigenschaften der so erfassten realen Objekte rechnerisch mit den Methoden der Differential- und Integralrechnung untersucht werden können. Exemplarisch verdeutlichen wir am Beispiel des folgenden Inselproblems, was gemeint ist.

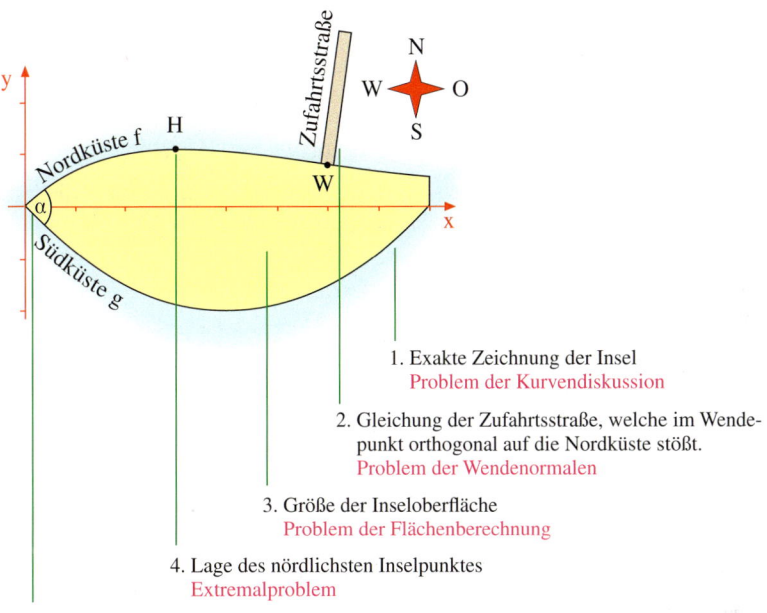

1. Exakte Zeichnung der Insel
   Problem der Kurvendiskussion

2. Gleichung der Zufahrtsstraße, welche im Wendepunkt orthogonal auf die Nordküste stößt.
   Problem der Wendenormalen

3. Größe der Inseloberfläche
   Problem der Flächenberechnung

4. Lage des nördlichsten Inselpunktes
   Extremalproblem

5. Größe des Winkels zwischen Nord- und Südküste
   Schnittwinkelproblem

> ▶ **Beispiel: Inselproblem**
> Wie groß ist die abgebildete Insel, wenn die Nordküste durch die Randkurve $f(x) = x \cdot e^{-\frac{1}{3}x}$
> und die Südküste durch die Randkurve $g(x) = \frac{1}{8}x^2 - x$ erfasst wird (1 LE = 1 km)?
> *Hinweis:* Verwenden Sie, dass $F(x) = (-3x - 9) \cdot e^{-\frac{1}{3}x}$ eine Stammfunktion von f ist.

Lösung:
Die Stammfunktion F der Nordküste ist gegeben. Die Südküste $g(x) = \frac{1}{8}x^2 - x$ hat die Stammfunktion $G(x) = \frac{1}{24}x^3 - \frac{1}{2}x^2$.

Nun können wir durch Integration den Inhalt des nördlichen Inselteils und den Inhalt des südlichen Teils bestimmen (6,71 km² bzw. 10,67 km²).

Die Insel hat also eine Gesamtfläche von
▶ $A = 17{,}38$ km².

$$\int_0^8 f(x)\,dx = [F(x)]_0^8 = F(8) - F(0)$$
$$= \left(-33\,e^{-\frac{8}{3}}\right) - (-9) \approx 6{,}71$$

$$\int_0^8 g(x)\,dx = [G(x)]_0^8 = G(8) - G(0)$$
$$= \left(-\frac{32}{3}\right) - (0) \approx -10{,}67$$

$$A = 6{,}71 + 10{,}67 = 17{,}38$$

Wir erweitern nun das Inselproblem um einige typische Untersuchungspunkte.

▶ **Beispiel: Inselproblem, Teil 2**
Eine Insel wird nach Norden durch die Randkurve $f(x) = x \cdot e^{-\frac{1}{3}x}$ und
nach Süden durch $g(x) = \frac{1}{8}x^2 - x$ begrenzt ($0 \le x \le 8$, 1 LE = 1 km).

a) Bestimmen Sie f′ und f″.
b) Wo liegt der nördlichste Inselpunkt?
c) Eine vom Festland kommende Zufahrtsbrücke trifft im Wendepunkt
   W auf die Nordküste. Wie lautet die Geradengleichung der Brücke?

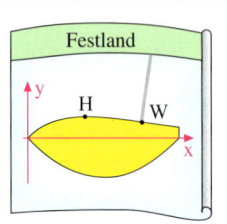

Lösung zu a:
Wir bestimmen f′ mit Produkt- und Kettenregel, ausgehend von

$f(x) = u \cdot v = x \cdot e^{-\frac{1}{3}x}$.

$f'(x) = u' \cdot v + u \cdot v' = 1 \cdot e^{-\frac{1}{3}x} + x \cdot \left(-\frac{1}{3}e^{-\frac{1}{3}x}\right)$

$f'(x) = \left(1 - \frac{1}{3}x\right)e^{-\frac{1}{3}x}$

Lösung zu b:
Der nördlichste Inselpunkt ist der Hochpunkt der Randkurve f. Diesen bestimmen
wir mithilfe der notwendigen Bedingung
f′(x) = 0. Er liegt bei H(3│1,10).
Die Überprüfung mit der hinreichenden
Bedingung f′(x) = 0, f″(x) < 0 ergibt, dass
es sich tatsächlich um ein Maximum handelt.

Lösung zu c:
Die Brücke schneidet die Kurve im Wendepunkt orthogonal. Also handelt es sich um
die Wendenormale von f.
Wir berechnen zunächst den Wendepunkt
von f. Er liegt bei W(6│0,81). Als nächstes
wird die Steigung von f an der Wendestelle
bestimmt: $f'(6) = -e^{-2} \approx -0,135$.
Nun werden diese Ergebnisse in die allgemeine Normalengleichung eingesetzt.

▶ Resultat: $n(x) \approx 7,39x - 43,52$

1. Ableitungen:

$f'(x) = \left(1 - \frac{1}{3}x\right) \cdot e^{-\frac{1}{3}x}$

$f''(x) = \left(\frac{1}{9}x - \frac{2}{3}\right) \cdot e^{-\frac{1}{3}x}$

2. Hochpunkt von f:
f′(x) = 0

$\left(1 - \frac{1}{3}x\right) \cdot e^{-\frac{1}{3}x} = 0$

$1 - \frac{1}{3}x = 0$

$x = 3, \ y = 3 \cdot e^{-1} \approx 1,10$

Hochpunkt H(3│1,10)

3. Wendepunkt von f:
$f''(x) \ = 0$

$\frac{1}{9}x - \frac{2}{3} = 0$

$x = 6, \ y = 6e^{-2} \approx 0,81$

Wendepunkt W(6│0,81)

4. Wendenormale:

$n(x) = -\frac{1}{f'(x_0)}(x - x_0) + f(x_0)$

$n(x) = e^2(x - 6) + 6e^{-2}$

$n(x) \approx 7,39x - 43,52$

Übung 1 Zoo
Ein Tiergehege wird durch einen Zaun $f(x) = (4 - x) \cdot e^{\frac{x}{2}}$, einen Wassergraben und eine Mauer
bei x = −4 wie abgebildet begrenzt (1 LE = 100 m).

a) Wie groß ist die maximale Nord-Süd-
   Ausdehnung des Geheges? Wie lang ist
   die Begrenzungsmauer?
b) Bestimmen Sie den Parameter a so, dass
   $F(x) = (a - 2x) \cdot e^{\frac{x}{2}}$ eine Stammfunktion von f ist. Welchen Flächeninhalt hat
   das Gehege?

► **Beispiel: Pagode**
Eine Pagode hat ein achsensymmetrisches Dach mit dem Profil $f(x) = 6 \cdot e^{-0,5x} + 1$, $0 \leq x \leq 6$.
Das parabelförmige Tor ist 4 m breit und 3 m hoch.
Die Fenstermaße sind jeweils 1 m × 0,5 m.
Die Vorderfront auf der Giebelseite soll mit Blattgold 0,1 mm stark vergoldet werden. Wie viel cm³ Blattgold werden benötigt?

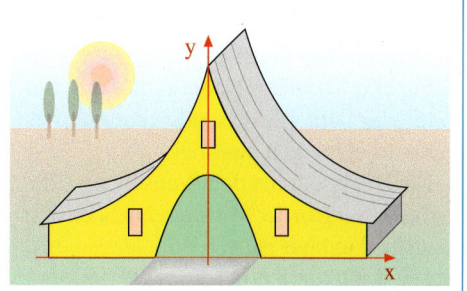

Lösung:
Zu bestimmen ist die Fläche der Giebelseite abzüglich der Flächen von Tor und Fenstern.
Der Inhalt der Giebelwand beträgt laut nebenstehender Integration 34,81 m².

Die Gleichung des Tores wird mit dem Parabelansatz $g(x) = ax^2 + b$ bestimmt.
Resultat: $g(x) = -\frac{3}{4}x^2 + 3$

Das Tor hat einen Flächeninhalt von 8 m², wie die Integration rechts zeigt.

Da die drei Fenster jeweils einen Inhalt von 0,5 m² besitzen, ergibt sich für die zu vergoldende Fläche ein Inhalt von 25,31 m².

Multiplizieren wir diesen Wert mit der Dicke der Blattgoldschicht, wobei wir vorher alle Einheiten in cm umwandeln, so erhalten wir für das gesuchte Volumen 2531 cm³,
► also etwas über 2,5 Liter.

Flächeninhalt der Giebelseite:
$$A_1 = 2 \cdot \int_0^6 (6 \cdot e^{-0,5x} + 1)\,dx$$
$$= 2 \cdot [-12 \cdot e^{-0,5x} + x]_0^6 = 34,81$$

Gleichung des Tores:
Ansatz: $g(x) = ax^2 + b$
$g(0) = 3 \Rightarrow b = 3$
$g(2) = 0 \Rightarrow 4a + 3 = 0 \Rightarrow a = -\frac{3}{4}$
$g(x) = -\frac{3}{4}x^2 + 3$

Flächeninhalt des Tores:
$$A_2 = 2 \cdot \int_0^2 \left(-\frac{3}{4}x^2 + 3\right) dx$$
$$= 2 \cdot \left[-\frac{1}{4}x^3 + 3x\right]_0^2 = 8$$

Zu vergoldende Fläche und Goldvolumen
A = Giebel − Tor − drei Fenster
= 34,81 − 8 − 1,5 = 25,31

V = Fläche · Dicke = 25,31 m² · 0,1 mm
= 253 100 cm² · 0,01 cm = 2531 cm³

Übung 2 Lampenprofil
Die Abbildung zeigt das Querschnittsprofil einer Lampe.
Das Exponentialprofil des Schirmes ist unten 20 cm breit, oben dagegen nur 4 cm. Der Schirm ist 20 cm hoch. Berechnen Sie den Flächeninhalt des Schirmquerschnittes.

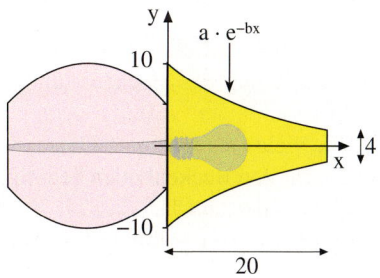

Übungen

3. Historisches Stadttor

Für eine Theateraufführung in der Schule wird ein historisches Stadttor aus Sperrholzplatten benötigt.
Der Regisseur hat den Wunsch, dass die Toröffnung in der Mitte ca. 2 m hoch und unten 2 m breit ist.
Die Randkurve des Torbogens soll modelliert werden durch die Funktion
$f(x) = 2{,}4 - 0{,}2\,(e^{2{,}5\,x} + e^{-2{,}5\,x})$.

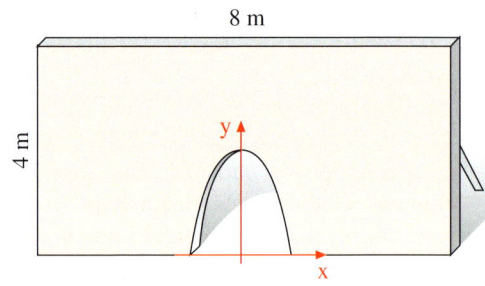

a) Werden die Vorgaben des Regisseurs in etwa eingehalten?

b) In welchem Winkel muss die Säge beim Ausschneiden des Torbogens angesetzt werden?

c) Der Aufbau wird nach dem Ausschneiden des Tors gestrichen. Wie groß ist die zu streichende Fläche?

4. Inseln

In Dubai werden im Meer künstliche Inseln aufgeschüttet. Die Küsten einer Insel werden wie abgebildet durch die Funktionen f (Strand) und g (Wohnen) beschrieben.
(1 LE = 100 m)

a) Zeigen Sie, dass $G(x) = (10x - 150) \cdot e^{\frac{x-10}{5}}$ eine Stammfunktion von g ist.
Berechnen Sie den Flächeninhalt der Insel.

b) Welche maximale Nord-Süd-Ausdehnung hat der untere Teil der Insel, d. h. das Wohngebiet?

5. Schwimmbad

Ein Wasserbecken wird durch die beiden Geraden $x = 4$ und $y = 4$ sowie die Funktion $f(x) = -10x \cdot e^{-x-1}$ begrenzt (1 LE = 10 m).

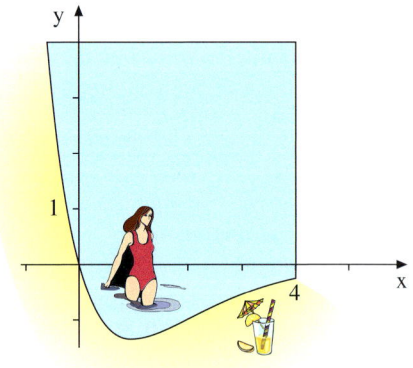

a) Wie lang ist der rechte Beckenrand? Zeigen Sie, dass der obere Beckenrand ca. 46 m lang ist.

b) An welcher Stelle ist die vertikale Ausdehnung des Beckens am größten?

c) Wie viele Quadratmeter Fliesen werden für den Beckenboden benötigt?
Zeigen Sie zunächst, dass die Funktion $F(x) = 10(x + 1)e^{-x-1}$ Stammfunktion von f ist.

B   Exkurs: Modellierung

Im Folgenden werden Anwendungsprobleme durch Funktionsterme modelliert, von denen man zunächst nur den Typ kennt. Die unbekannten Parameter müssen wie bei Steckbriefaufgaben berechnet werden.

▶ **Beispiel: Halfpipe**
Eine Halfpipe soll gebaut werden. Ihre Profilkurve setzt sich aus einem Exponentialterm und einer linearen Funktion zusammen, wie auf der nichtmaßstäblichen Skizze rechts dargestellt. Der Übergang an der Stelle $x = 3$ soll glatt verlaufen, d. h. ohne Knick.
a) Bestimmen Sie a und k.
b) Wie hoch und wie lang wird die Halfpipe?
c) Wo ist die Halfpipe am steilsten?
Wie groß ist dort der Steigungswinkel?

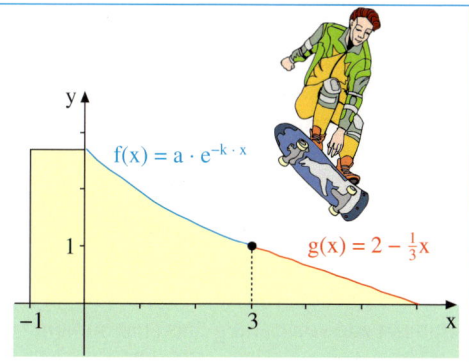

$f(x) = a \cdot e^{-k \cdot x}$

$g(x) = 2 - \frac{1}{3}x$

Lösung zu a:
Die beiden beteiligten Randfunktionen $f(x) = a \cdot e^{-kx}$ und $g(x) = 2 - \frac{1}{3}x$ müssen an der Stelle $x = 3$ übereinstimmende Funktionswerte und übereinstimmende Steigungen haben, damit weder ein Sprung noch ein Knick entsteht.
Dies führt auf die Gleichungen I und II.

Mit dem Einsetzungsverfahren können wir das so entstandene nichtlineare Gleichungssystem lösen. Wir erhalten $a = e$ und $k = \frac{1}{3}$.
Daher gilt: $f(x) = e \cdot e^{-\frac{1}{3}x} = e^{1-\frac{1}{3}x}$.

Bestimmung von a und k:
$f(3) = g(3) \Rightarrow$ I: $a \cdot e^{-3k} = 1$
$f'(3) = g'(3) \Rightarrow$ II: $-k \cdot a \cdot e^{-3k} = -\frac{1}{3}$

Aus I: $a = e^{3k}$
In II: $-k = -\frac{1}{3} \Rightarrow k = \frac{1}{3}$
In I: $a = e$

$\Rightarrow f(x) = e \cdot e^{-\frac{1}{3}x} = e^{1-\frac{1}{3}x}$

Lösung zu b:
Die Höhe der Halfpipe beträgt ca. 2,72 m. Zur Bestimmung ihrer Länge benötigen wir die Nullstelle der Funktion g. Sie liegt bei $x = 6$. Die gesuchte Länge beträgt 7 m.

Höhe der Halfpipe:
Höhe $= f(0) = e \approx 2,72$ m

Länge der Halfpipe:
$g(x) = 0 \Rightarrow 2 - \frac{1}{3}x = 0 \Rightarrow x = 6$
$\Rightarrow$ Länge $= 1 + 6 = 7$

Lösung zu c:
Die Halfpipe ist bei $x = 0$ am steilsten. Ihre Steigung dort beträgt $f'(0) \approx -0,9061$. Daraus ergibt sich mithilfe der Arcustangensfunktion des Taschenrechners ein Steigungswinkel von $-42,18°$.

Steigungswinkel:
$f'(x) = -\frac{1}{3}e^{1-\frac{1}{3}x}$

$f'(0) = -\frac{1}{3}e \approx -0,9061$
$\alpha \approx \arctan(-0,9061) \approx -42,18°$

▶ **Beispiel: Rutsche**
Im Stadtbad soll eine neue Wasserrutsche gebaut werden. Sie ist 5 m lang und kann nach beiden
Seiten benutzt werden. Die Vorsichtigen rutschen nach links, wo $f(x) = e^x$ den Rand bildet. Die
Mutigen rutschen nach rechts, wo $g(x) = ax^2 + bx + c$ einen höheren und steileren Hang bildet.
Bei $x = 0$ gehen die Kurven knickfrei ineinander über.
a) Bestimmen Sie a, b und c.
b) Die beiden Seitenwände der Rutsche sind
   mit Kunststoff verkleidet. Wie viele m²
   Kunststoff werden benötigt?
c) An welcher Stelle weist die Rutsche eine
   Neigung von 45° auf?

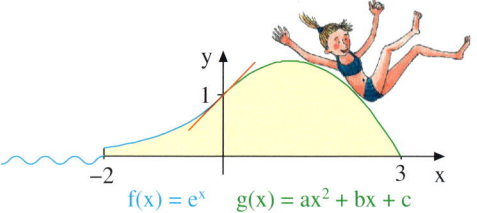

$f(x) = e^x$ $g(x) = ax^2 + bx + c$

Lösung zu a:
Bei $x = 0$ müssen Funktionswerte und Ableitungswerte von f und g übereinstimmen,
damit kein Sprung und kein Knick entsteht.
Bei $x = 3$ muss g eine Nullstelle besitzen.
Diese Bedingungen führen auf das rechts
dargestellte lineare Gleichungssystem mit
der Lösung $a = -\frac{4}{9}$, $b = 1$ und $c = 1$.
Daher gilt $g(x) = -\frac{4}{9}x^2 + x + 1$.

Lösung zu b:
Um den gesuchten Flächeninhalt zu bestimmen, integrieren wir f über dem Intervall $[-2; 0]$ und g über dem Intervall $[0; 3]$.
Wie erhalten 0,86 m² bzw. 3,50 m². Insgesamt werden daher zweimal 4,36 m², also
8,72 m² Kunststoff benötigt.

Lösung zu c:
Eine Neigung von 45° bedeutet eine Stei-
gung von 1 *oder* von −1.
Der Ansatz $f'(x) = 1$ führt auf $x = 0$.
Wegen $f'(x) > 0$ entfällt der Ansatz
$f'(x) = -1$.
Der Ansatz $g'(x) = 1$ führt auch auf $x = 0$.
▶ Der Ansatz $g'(x) = -1$ führt auf $x = 2,25$.

Bestimmung von a, b und c:
$g(0) = f(0) \Rightarrow$ I: $c = 1$
$g'(0) = f'(0) \Rightarrow$ II: $b \quad\quad = 1$
$g(3) = 0 \quad\Rightarrow$ III: $9a + 3b + c = 0$
I und II in III: $\Rightarrow a = -\frac{4}{9}$
$\Rightarrow g(x) = -\frac{4}{9}x^2 + x + 1$

Flächeninhalt über dem Intervall $[-2; 3]$:
$$A_f = \int_{-2}^{0} e^x\, dx = [e^x]_{-2}^{0} = (1) - (e^{-2}) \approx 0,86$$
$$A_g = \int_{0}^{3} \left(-\frac{4}{9}x^2 + x + 1\right) dx$$
$$= \left[-\frac{4}{27}x^3 + \frac{1}{2}x^2 + x\right]_0^3$$
$$= 3,5 - 0 = 3,5$$

Neigung von 45°
$f'(x) = \quad 1 \Rightarrow \quad\quad\quad e^x = \quad 1 \Rightarrow x = 0$
$g'(x) = \quad 1 \Rightarrow -\frac{8}{9}x + 1 = \quad 1 \Rightarrow x = 0$
$g'(x) = -1 \Rightarrow -\frac{8}{9}x + 1 = -1 \Rightarrow x = \frac{9}{4} = 2,25$

Übung 6 **Straße**
Ein Fluss verläuft längs der x-Achse. Der Verlauf einer Straße wird beschrieben durch die Funk-
tion $f(x) = x \cdot e^{2-x}$ ($0 \le x \le 2$) sowie eine quadratische Funktion g, die an f im Punkt $P(2|2)$
ohne Knick anschließt und auf den Fluss im Punkt $Q(6|0)$ trifft. Ermitteln Sie die Funktionsglei-
chung von g. Weisen Sie nach, dass $F(x) = -(x + 1) \cdot e^{2-x}$ eine Stammfunktion von f ist. Wie
groß ist die von Fluss und Straße eingeschlossene Fläche (LE: 1 km)?

Übung 7 Seeufer

Das nördliche Ufer eines Sees kann durch die Funktion $f(x) = 2x \cdot e^{-0,5x}$, $0 \leq x \leq 6$, beschrieben werden, während sein südliches Ufer durch die lineare Funktion $g(x) = ax + b$, $0 \leq x \leq 6$, erfasst wird. Alle Längen sind in Kilometern angegeben, Rechnungen sollen auf zwei Nachkommastellen genau sein.

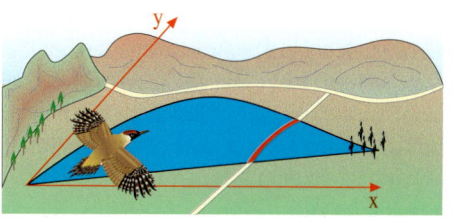

a) Die beiden Randkurven sollen sich an den Stellen $x = 0$ und $x = 6$ treffen. Bestimmen Sie die Parameter a und b.

b) Die Funktion f hat einen Hochpunkt H und einen Wendepunkt W. Bestimmen Sie die Koordinaten von H und W.

c) Skizzieren Sie die Umrisse des Sees in einem geeigneten Koordinatensystem.

d) Zeigen Sie, dass $F(x) = (-4x - 8) \cdot e^{-0,5x}$ eine Stammfunktion von f ist.

e) Wie groß ist die Oberfläche des Sees?

f) Vom Wendepunkt W ausgehend soll eine geradlinige Brücke über den See geführt werden. Sie soll in W senkrecht das Nordufer verlassen. Zeichnen Sie die Brücke in die Graphik ein. Wo trifft die Brücke auf das Südufer? Wie lang ist sie?

Hinweis: Normale an f im Punkt $P(x_0|f(x_0))$: $n(x) = -\frac{1}{f'(x_0)}(x - x_0) + f(x_0)$.

g) Die Brücke teilt den See in zwei Gebiete, ein westliches und ein östliches Gebiet. Stimmt es, dass das westliche Gebiet mehr als viermal so groß ist wie das östliche Gebiet?

Übung 8 Heckflosse eines Rennboots

Ein Rennboot trägt zur Stabilisierung eine senkrecht stehende, 2 m hohe und 6 m lange Heckflosse, deren Rand durch drei Funktionen modelliert werden kann: Der ansteigende erste Teil wird durch die Funktion $f(x) = 2,5(1 - e^{-0,7x})$ beschrieben. Als zweiter Teil schließt ein gerader, horizontal verlaufender Rand g an. Den dritten Teil bildet der linke Ast einer Parabel mit einer Gleichung der Form $h(x) = \frac{1}{2}x^2 + bx + c$ (s. Abbildung). Alle Rechnungen sollen auf zwei Nachkommastellen genau sein.

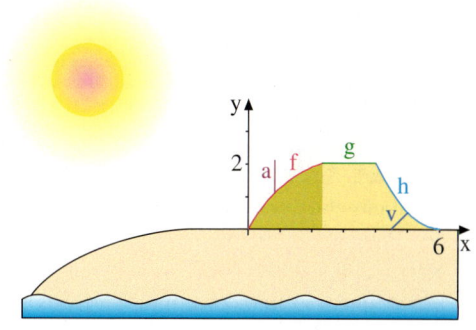

a) Stellen Sie die Gleichung von g und h auf und geben Sie an, in welchen Bereichen der x-Achse die Funktionen f, g und h die Heckflosse modellieren.

b) Der vordere, erste Teil der Heckflosse wird aus einem Material hergestellt, welches 800 € pro Quadratmeter kostet. Wie teuer ist dieser Teil der Heckflosse?

c) Auf dem vorderen Teil der Heckflosse soll eine 1 m hohe Antenne a befestigt werden. Sie wird dort angebracht, wo die Heckflosse eine Steigung von 45° aufweist. Ragt die Antenne über die Oberkante der Heckflosse hinaus?

d) Zur Stabilisierung wird im Punkt $P(5|h(5))$ eine Verstrebung v angebracht, die senkrecht auf der Berandung der Heckflosse steht und zum Bootsrumpf führt (siehe Abbildung). Wie lang ist die Verstrebung?

C. Beschreibung von Prozessen

Im Folgenden werden Prozesse untersucht, deren zeitlicher Ablauf durch Exponentialfunktionen erfasst werden kann. Beispiele sind das Höhenwachstum einer Pflanze, der Temperaturverlauf bei einem Aufheizvorgang oder auch die Populationsentwicklung einer Tierart. Mithilfe der Differentialrechnung können dann Aussagen über diverse Aspekte des beobachteten Prozesses gewonnen werden. Exemplarisch verdeutlichen wir am Beispiel des folgenden Wildschweinproblems, was gemeint ist.

1. Verhalten von N für t → ∞
   Grenzwertproblem

2. Exakte Zeichnung der Bestandskurve.
   Problem der Kurvendiskussion

3. Zeitpunkt der stärksten Abnahmerate
   Wendepunktproblem

4. Maximalbestand an Wildschweinen
   Extremalproblem

5. Zunahmerate des Bestandes zu Beobachtungsbeginn
   Problem der momentanen Änderungsrate

▶ **Beispiel: Wildschweinplage**

Im Stadtgebiet breiten sich die Wildschweine aus. Durch ein Wildpflegeprogramm hofft man, der Plage Herr zu werden. Der Bestand soll sich damit kontrolliert gemäß der Funktion $N(t) = 200 + 200t \cdot e^{-0,5t}$ entwickeln (t: Jahre; N(t): Anzahl der Schweine).

Zu welchem Zeitpunkt nimmt der Bestand am stärksten ab? Wie groß ist die momentane Änderungsrate zu diesem Zeitpunkt?

Lösung:

Im Wendepunkt der Bestandsfunktion ist die Abnahmerate am größten. Wir bestimmen diesen Punkt, indem wir N″ gleich null setzen (notwendige Bedingung).

Dies führt auf die Wendestelle t = 4.

Die momentane Änderungsrate an dieser Stelle erhalten wir durch Berechnen von N′(4): Sie beträgt −27,07 Tiere/Jahr, was
▶ gleichbedeutend ist mit −2,26 Tiere/Monat.

Ableitungen von N:
$$N'(t) = (200 - 100t) \cdot e^{-0,5t}$$
$$N''(t) = (50t - 200) \cdot e^{-0,5t}$$

Wendepunkt von N:
$$N''(t) = 0$$
$$(50t - 200) \cdot e^{-0,5t} = 0$$
$$50t - 200 = 0$$
$$t = 4$$
$$N'(4) = -27,07 \, \tfrac{\text{Tiere}}{\text{Jahr}} = -2,26 \, \tfrac{\text{Tiere}}{\text{Monat}}$$

> **Beispiel: Wildschweinplage (Teil 2)**
> Ein Wildschweinbestand entwickelt sich gemäß
> der Bestandsfunktion $N(t) = 200 + 200\,t \cdot e^{-0,5\,t}$.
> t: Zeit in Jahren; $N(t)$: Bestand in Schweinen

> a) Mit welcher Geschwindigkeit wächst der Bestand zu Beobachtungsbeginn?
>   Wie groß ist die mittlere Zuwachsrate in den ersten beiden Jahren?
> b) Welcher Maximalbestand wird erreicht?
> c) Welchem Grenzbestand nähert sich die Population langfristig?

Lösung zu a:
Die momentane Änderungsrate zur Zeit $t = 0$ errechnen wir mit der Ableitungsfunktion N'. Resultat: Zu Beginn wächst die Population um ca. 17 Tiere pro Monat.

Die mittlere Zuwachsrate in den ersten zwei Jahren errechnen wir mit dem Differenzenquotienten. Sie beträgt 6 Tiere pro Monat.

Lösung zu b:
Mithilfe der notwendigen Bedingung für Extrema ($N'(t) = 0$) bestimmen wir die Lage des Maximums von N. Es liegt bei $t = 2$. Die Anzahl der Schweine beträgt maximal 347.

Lösung zu c:
Wir erkennen anhand einer Tabelle, dass die Bestandsfunktion $N(t)$ sich mit wachsendem t dem Wert 200 nähert. Dies ist der langfristige Grenzbestand.

Momentane Wachstumsrate zur Zeit T = 0:
$$N'(t) = (200 - 100\,t) \cdot e^{-0,5\,t}$$
$$N'(0) = 200 \frac{\text{Tiere}}{\text{Jahr}} \approx 16,67 \frac{\text{Tiere}}{\text{Monat}}$$

Mittlere Wachstumsrate in 2 Jahren:
$$\frac{N(2) - N(0)}{2 - 0} \approx \frac{347,15 - 200}{2} \approx 73,58 \frac{\text{Tiere}}{\text{Jahr}}$$
$$\approx 6,13 \frac{\text{Tiere}}{\text{Monat}}$$

Maximaler Bestand:
$$N'(t) = (200 - 100\,t) \cdot e^{-0,5\,t}$$
$$N'(t) = 0$$
$$200 - 100\,t = 0, \ t = 2$$
$$N(2) = 347,15 \text{ Schweine}$$

Grenzbestand $t \to \infty$:

t	0	1	10	20	$\to \infty$
N(t)	200	321,3	213,5	200,2	$\to 200$

$$\lim_{t \to \infty} N(t) = 200$$

Übung 9

Ein Handwerker hat versehentlich aus einer Flasche mit einer giftigen Flüssigkeit getrunken. Eine erste Untersuchung ergibt eine Konzentration von 2 µg/dl im Blut. Bei einer Kontrolluntersuchung eine Stunde später sind es sogar 3 µg/dl.
Man weiß, dass es ab 6 µg/dl gefährlich wird. Außerdem ist bekannt, dass die Konzentration sich nach dem Gesetz $h(t) = (a\,t + b) \cdot e^{-0,1\,t}$ entwickelt (t in Stunden, h in µg/dl).
a) Bestimmen Sie a und b.
b) Berechnen Sie die Maximalkonzentration. Kommt der Handwerker in die Gefahrenzone?
c) Wann fällt die Konzentration am stärksten ab?
d) Nach welcher Zeit ist die Ausgangskonzentration wieder erreicht? (Näherung)

Eine weitere Untersuchungsmöglichkeit besteht darin, zwei ähnliche Prozesse miteinander zu vergleichen, z. B. um herauszufinden, welcher Prozess sich günstiger verhält.

▶ **Beispiel: Labortemperatur**

In einem Forschungsinstitut wird der Einfluss der Umgebungstemperatur auf das Wachstum von Pflanzen untersucht.

In Labor 1 ändert sich die Temperatur gemäß der Funktion $f(t) = 6t \cdot e^{\frac{1}{2}(2-t)}$, in Labor 2 gemäß $g(t) = 12 \cdot e^{\frac{1}{2}(2-t)}$.

(t: Zeit in Tagen; $f(t)$, $g(t)$: Temp. in °C)

a) Zeichnen Sie die Graphen von f und g mit dem GTR für $0 \le t \le 10$.

b) Bestimmen Sie, wann die Labore die größte Temperaturdifferenz aufweisen.

Lösung zu a:
Wir zeichnen die Graphen für $0 \le t \le 10$. Man sieht, dass die Temperatur in Labor 1 von 0 °C ausgehend bis auf ein Maximum steigt, um dann zunächst schnell und später eher langsam abzusinken. In Labor 2 sinkt die Temperatur kontinuierlich und auch zunehmend langsamer ab.

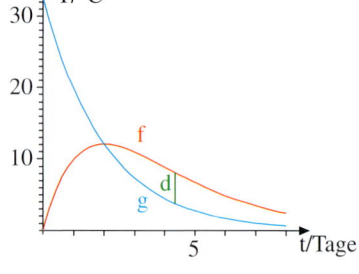

Lösung zu b:
Zu Beginn des Prozesses beträgt die Temperaturdifferenz maximal 32,62 °C zugunsten von Labor 2.
Für $t \ge 2$ ist es jedoch in Labor 1 wärmer. Die Differenz ist am größten, wenn die Differenzfunktion $d(t) = f(t) - g(t)$ ihr Maximum annimmt. Dies ist für $t = 4$ der Fall.
▶ Die Differenz beträgt dann 4,41 °C.

Maximale Temperaturdifferenz:
Differenzfunktion:
$$d(t) = f(t) - g(t)$$
$$d(t) = (6t - 12) \cdot e^{\frac{1}{2}(2-t)}$$
Lokales Maximum:
$$d'(t) = (-3t + 12) \cdot e^{\frac{1}{2}(2-t)} = 0$$
$$-3t + 12 = 0, \quad t = 4$$
Differenz: $d(4) \approx 4,41$ °C

Übung 10 Höhenwachstum

Eine Großgärtnerei vergleicht das Höhenwachstum zweier Kaiserkronensorten während der Blütezeit. Blume 1 wächst nach dem Gesetz $h_1(t) = 10 \cdot e^{0,1t}$, Blume 2 nach dem Gesetz $h_2(t) = 50 - 40 \cdot e^{-0,1t}$ (t in Tagen, h in cm, $0 \le t \le 20$).

a) Zeichnen Sie die Graphen von h_1 und h_2.

b) Wann erreichen die Blumen 20 cm Höhe?

c) Wann wächst Blume 2 mit der Rate 1 cm/Tag?

d) Wann ist die Höhendifferenz während der ersten 10 Tage maximal?

e) Wann sind die Blumen gleich hoch?

Übungen

11. Kapitalanlage

Franz hat sein gesamtes Sparguthaben bei der Sparkasse abgehoben und in einige Hasen investiert, die nun bei ihm zuhause leben. Die Hasen vermehren sich schnell, aber es kommt auch zunehmend zu Fluchtvorgängen. Insgesamt verändert sich die Population nach der Formel $h(t) = (240 + 20t) \cdot e^{-0,05t}$ (t: Monate; h(t): Anzahl der Hasen zur Zeit t).

a) Wie viele Hasen hat Franz gekauft? Wie viele sind es nach einem Jahr?
b) Mit welcher Rate wächst die Hasenpopulation zu Beginn (in Hasen/Monat)?
c) Wann erreicht die Population ihr Maximum?
d) Zu welchem Zeitpunkt verringert sich die Population am stärksten?

12. Grippeepidemie

Die jährliche Grippeepidemie hat gerade begonnen. Aus den ersten eingehenden Meldungen modellieren die Epidemiologen des Robert-Koch-Instituts eine Prognosefunktion für die Entwicklung der Erkranktenzahlen:
$N(t) = (6t - t^2) \cdot e^{t-6}$ $(t \geq 0)$.
Ihr Graph ist rechts grob skizziert.

N
t: Wochen
N: Erkrankte

a) Wie lange wird die Epidemie dauern?
b) Wann ist das Maximum erreicht? Wie groß ist die maximale Erkranktenzahl?
c) Wann nimmt die Anzahl der Erkrankten am schnellsten zu? Wie groß ist sie zu diesem Zeitpunkt? Wie groß ist zu diesem Zeitpunkt die momentane Zunahmerate?

13. Segelflug

Ein Segelflugzeug wird in 100 m Höhe ausgeklinkt. Seine vertikale Steig- bzw. Sinkgeschwindigkeit in den ersten zehn Minuten nach dem Ausklinken wird durch die Funktion $v(t) = 100 - 100t \cdot e^{-0,5(t-1)}$ beschrieben (t: Zeit in Minuten, v(t): Steiggeschwindigkeit in Meter/min).

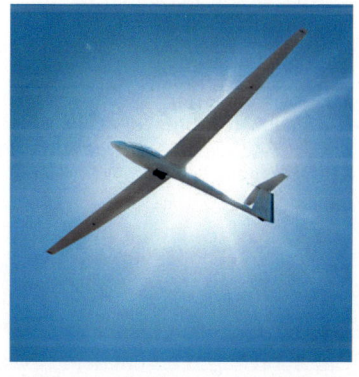

a) Begründen Sie, dass das Flugzeug in der ersten Minute steigt, in den anschließenden 2,51 Minuten sinkt und danach wieder steigt.
b) Wann ist die Sinkgeschwindigkeit am größten? Zeichnen Sie den Graphen von v.
c) Weisen Sie nach, dass $V(t) = (2t + 4)e^{-0,5(t-1)}$ eine Stammfunktion von $v(t) = -t e^{-0,5(t-1)}$ ist.
Leiten Sie hieraus die Funktion h(t) her, welche angibt, in welcher Höhe sich das Flugzeug zum Zeitpunkt t nach dem Ausklinken befindet ($0 \leq t \leq 10$).
Welche Höhe erreicht es vor dem Absinken? Welches ist seine geringste Höhe nach der Sinkphase? In welcher Höhe fliegt es 10 Minuten nach dem Ausklinken?

D. Rekonstruktion von Beständen

Bei manchen Prozessen kennt man die Bestandsfunktion f des Prozesses nicht unmittelbar, wohl aber deren Änderungsrate bzw. Ableitung f′.
Beispielsweise ist bei einem fahrenden Schiff der zurückgelegte Weg s nicht so leicht zu ermitteln wie dessen Änderungsrate v, die Momentangeschwindigkeit.
In solchen Fällen kann man die Bestandsfunktion f jedoch durch Integration von f′ rekonstruieren, wenn man einen Funktionswert von f kennt, den sogenannten Anfangswert.

▶ **Beispiel: Großtanker**

Ein großes Öltankschiff führt eine Bremsung durch. Die Geschwindigkeit v wird dabei gemäß der Formel $v(t) = 8 \cdot e^{-0,005\,t} - 1$ bis zum Stillstand erniedrigt (t in s, v in m/s).
a) Wie lange dauert der Bremsvorgang?
b) Wie lautet die Weg-Zeit-Funktion des Schiffes?
c) Wie groß ist der Bremsweg?

Lösung zu a:
Das Schiff steht, wenn die Geschwindigkeit auf 0 gesunken ist. Der Ansatz $v(t) = 0$ führt auf die Bremszeit t = 415,89 s.
Der Bremsvorgang dauert ca. 7 Minuten.

1. Bremszeit:
$v(t) = 0$
$8 \cdot e^{-0,005\,t} - 1 = 0$
$e^{-0,005\,t} = 0,125$
$t \approx 415,89$

Lösung zu b:
Durch Integration der Geschwindigkeit-Zeit-Funktion v erhalten wir die Weg-Zeit-Funktion s.
Sie lautet hier
$s(t) = -1600\,e^{-0,005\,t} - t + C$.
C ist zunächst unbekannt. Da aber $s(0) = 0$ gilt (Anfangswert), folgt C = 1600.

2. Weg-Zeit-Funktion:
$$s(t) = \int v(t)\,dt = \int (8 \cdot e^{-0,005\,t} - 1)\,dt$$
$$= -1600\,e^{-0,005\,t} - t + C$$
$$s(0) = 0 \Rightarrow -1600 + C = 0 \Rightarrow C = 1600$$
$$s(t) = -1600\,e^{-0,005\,t} - t + 1600$$

Lösung zu c:
Die Länge des Bremsweges des Schiffes
▶ beträgt $s(415,89) = 984,11$ d.h. ca. 1 km.

3. Bremsweg:
$s(415,89) \approx 984,11\,m \approx 1\,km$

Übung 14 Schnellstart

Ein Sportwagen erhöht seine Geschwindigkeit bei einem Test aus dem Stand nach der Formel $v(t) = 20t \cdot e^{-0,1\,t}$ ($0 \le t \le 30$, t in s, v in m/s).
a) Wie groß ist seine Maximalgeschwindigkeit?
b) Zeigen Sie: Die Weg-Zeit-Funktion lautet: $s(t) = (-200t - 2000) \cdot e^{-0,1\,t} + 2000$.
c) Welche Strecke legt das Auto in den ersten 30 Sekunden zurück?

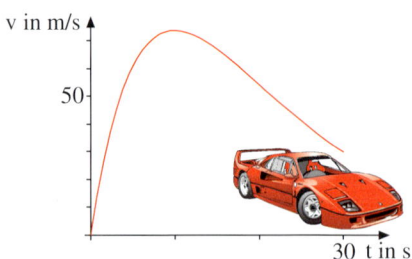

▶ **Beispiel: Rekonstruktion der Bestandsfunktion aus deren Änderungsrate**

Ein Sammelbehälter für Regenwasser enthält 20 m³ Wasser. Während eines siebenstündigen Unwetters wird die Zuflussrate durch die Formel $z(t) = 4 - \frac{t}{2} - 4 \cdot e^{-t}$ beschrieben, wobei t die Zeit in Stunden seit Beginn des Unwetters ist und $z(t)$ die Zuflussrate in m³/h.

a) Wie lautet die Bestandsfunktion $V(t)$ für das Wasservolumen?

b) Wie viel Wasser läuft insgesamt in den sieben Stunden in den Behälter ein?

Lösung zu a:

Die Zuflussrate $z(t)$ ist die Änderungsrate des Volumens $V(t)$. Es gilt also $V'(t) = z(t)$. Daher kann $V(t)$ durch Integration von $z(t)$ gewonnen werden.

Wir erhalten durch unbestimmte Integration $V(t) = 4t - \frac{t^2}{4} + 4 \cdot e^{-t} + C$.

C ist die Integrationskonstante. Aus der Anfangsbedingung $V(0) = 20$ folgt $C = 16$. Daher gilt $V(t) = 4t - \frac{t^2}{4} + 4 \cdot e^{-t} + 16$.

Bestandsfunktion:

$$V(t) = \int z(t)\,dt$$
$$= \int \left(4 - \frac{t}{2} - 4 \cdot e^{-t}\right) dt$$
$$= 4t - \frac{t^2}{4} + 4 \cdot e^{-t} + C$$
$$V(0) = 20 \Rightarrow 4 + C = 20$$
$$\Rightarrow C = 16$$
$$V(t) = 4t - \frac{t^2}{4} + 4 \cdot e^{-t} + 16$$

Lösung zu b:

Die zugelaufene Wassermenge ergibt sich als Differenz aus Endbestand und Anfangs-
▶ bestand. Das sind ca. 11,75 m³.

Zugelaufene Wassermenge:

$$\Delta V = V(7) - V(0)$$
$$\approx 31,75 - 20$$
$$= 11,75$$

Übung 15 Ein Umweltproblem

Am Ufer eines Flusses wird eine giftige Lauge ausgelassen. Sie sickert mit abnehmender Geschwindigkeit über den Boden in den Fluss. Die Sickerrate wird beschrieben durch die Funktion $s(t) = 3 \cdot e^{-0,5t}$ ($0 \le t \le 12$, t in Stunden, s in Gramm pro Stunde).

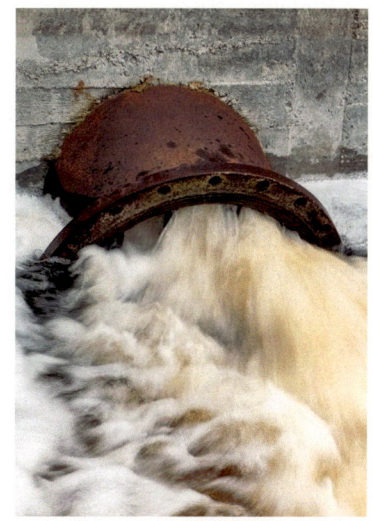

a) Wie lautet die Funktion $G(t)$, welche die Menge der Giftlauge in Gramm beschreibt, die zur Zeit t in den Fluss geflossen ist?

b) Wie viel Gift fließt in der ersten Stunde in den Fluss? Wie viel Gift ist es in der zweiten Stunde?

c) Wie groß ist die gesamte Giftmenge?

d) Welcher Ausdruck beschreibt die mittlere Sickerrate während der ersten fünf Stunden? Wie groß ist dieser Wert?

Übungen

16. Ölförderung

Ein Erdölproduzent besitzt eine Ölquelle, die langsam versiegt. Die Fördergeschwindigkeit lässt sich durch die Funktion $m'(t) = 1 + 10 \cdot e^{-0,01\,t}$ beschreiben (t: Tage, $m'(t)$: Tonnen/Tag). Gesucht ist die Funktion $m(t)$, welche die Ölmenge beschreibt, die bis zum Zeitpunkt t gefördert wird, beginnend zur Zeit $t = 0$.

a) Bestimmen Sie $m(t)$ als Stammfunktion von $m'(t)$ mit $m(0) = 0$.

b) Die Ölquelle wird stillgelegt, wenn die Fördergeschwindigkeit auf 3 Tonnen/Tag absinkt. Wann ist dies der Fall? Wie viel Öl wird bis zu diesem Zeitpunkt gefördert?

17. Keine Geldsorgen

In Dagoberts Geldspeicher (30 m hoch) liegen die Taler 20 m hoch. Die Zuwachsrate der Höhenfunktion h beträgt $h'(t) = e^{-0,05\,t}$ (t: Tage, $h'(t)$: m/Tag):

a) Wie lautet die Gleichung der Höhenfunktion?

b) Wann läuft Dagoberts Geldspeicher über?

18. Gletscherlänge

Ein Gletscher, der zur Zeit 30 km lang ist, verkürzt sich mit der Zeit. Die Änderungsrate seiner Länge L ist $L'(t) = -0,4 \cdot e^{-0,02\,t}$.

(t: Jahre, $L'(t)$: km/Jahr)

a) Wie lautet die Funktion $L(t)$, welche die Länge des Gletschers beschreibt?

b) Wann ist der Gletscher nur noch 15 km lang?

19. Kernbrennstab

Mit einem Messinstrument wird die Zerfallsrate $z(t)$ eines Kernbrennstabes gemessen. Die Messwerte sind in der Tabelle protokolliert. (t in Stunden, $z(t)$ in mg pro Stunde)

a) Stellen Sie eine Funktion auf, welche die Zerfallsrate beschreibt. Verwenden Sie den Ansatz $z(t) = c \cdot e^{-kt}$.

t	0	1	2	3	4
$z(t)$	20,00	18,09	16,37	14,82	13,41

b) Wann hat sich die Zerfallsrate halbiert?

c) Zu Beginn sind es 1 000 mg. Bestimmen Sie die Bestandsfunktion $M(t)$ für die Masse der seit Beobachtungsbeginn zerfallenen Substanz.

d) Wie viel Masse ist nach 24 Stunden insgesamt zerfallen?

20. Elefantenbestand

In einem großen afrikanischen Nationalpark wird der Elefantenbestand kontrolliert und geschützt. Dadurch wächst die Population, die zum Zeitpunkt $t = 0$ bei 2 500 Elefanten liegt, mit einer Wachstumsrate, welche durch die Funktion $f(t) = 0,5\,t \cdot e^{-0,25\,t}$ beschrieben wird.

($t \geq 0$: Zeit in Jahren, $f(t)$: Zuwachsrate in Tausend/Jahr)

a) Ermitteln Sie den Funktionswert von f an der Stelle $t = 10$. Erläutern Sie das Ergebnis.

b) Beschreiben Sie anhand des rechts dargestellten Graphen von f, wie sich die Elefantenpopulation entwickelt.

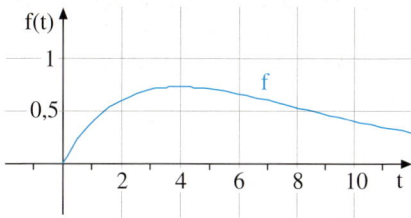

c) Wann wächst die Elefantenpopulation am stärksten?

d) Weisen Sie nach, dass die Funktion $F(t) = -2\,e^{-0,25\,t}\,(t + 4)$ eine Stammfunktion von f ist.

e) Welche Funktion $G(t)$ beschreibt den Bestand der Elefantenpopulation zum Zeitpunkt t?

f) Welche Maximalpopulation kann erreicht werden?

21. Fernsehshow

In einer Fernsehshow werden die Zuschauer dazu animiert, eine eingeblendete Telefonnummer anzurufen. Unter allen Anrufern wird ein Luxuswagen verlost.

Die Anrufrate der Zuschauer wird modellhaft durch $f(t) = 500\,t \cdot e^{-0,1\,t}$ beschrieben. ($t \geq 0$: Minuten, $f(t)$: Anrufe/min)

Der Graph von f ist rechts dargestellt.

a) Bestimmen und interpretieren Sie $f(5)$.

b) Ermitteln Sie die maximale Anrufrate.

c) Um die nach einiger Zeit fallende Anrufrate wieder zu steigern, wird erwogen, die Zuschauer erneut zum Anrufen aufzufordern, wenn die Anrufrate auf die Hälfte ihres Maximalwertes gefallen ist. Ermitteln Sie näherungsweise, wann das der Fall ist.

d) Alternativ wird erwogen, die Zuschauer erneut zum Anrufen aufzufordern, wenn die Anrufrate am stärksten fällt. Ermitteln Sie den geeigneten Zeitpunkt.

e) Weisen Sie nach, dass $F(t) = -5\,000 \cdot e^{-0,1\,t}\,(t + 10)$ eine Stammfunktion von f ist. Ermitteln Sie die Gesamtzahl der eingehenden Anrufe in der ersten Stunde nach der Aufforderung zum Anrufen.

4. Untersuchung weiterer zusammengesetzter Funktionen

A. Wurzelfunktionen

Im Folgenden betrachten wir komplexe Funktionen, die Wurzelterme, d. h. Terme der Form $\sqrt{g(x)}$, enthalten. Diese Funktionen haben eine eigeschränkte Definitionsmenge. Sie sind nur dort definiert, wo der *Radikand*, der Term unter der Wurzel, nicht negativ ist.

▶ **Beispiel: Definitionsmenge und Graph**
Zeichnen Sie die Graphen von $f(x) = \sqrt{3x - 0{,}5x^2}$ und des Radikanden $p(x) = 3x - 0{,}5x^2$.
Geben Sie die Nullstellen und die Definitionsmenge von f an.

Lösung:
Wir zeichnen die Funktionen f und p mit dem GTR.
Der Radikand p ist eine nach unten geöffnete Parabel mit den Nullstellen $x = 0$ und $x = 6$.
Die Nullstellen von f stimmen mit den Nullstellen von p überein.
Die Funktion f ist nur dort definiert, wo der Radikand p nicht negativ ist, also nur im
▶ Bereich von 0 bis 6: $D_f = [0; 6]$.

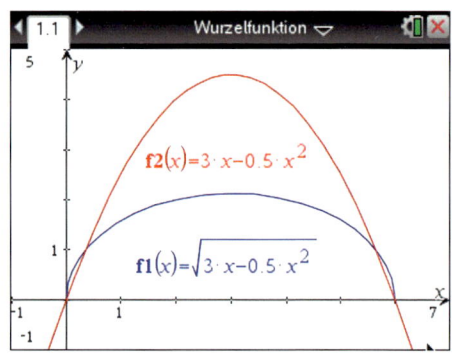

Übung 1
Zeichnen Sie mit dem GTR den Graphen der Funktion f und den Graphen des Wurzelradikanden.
Bestimmen Sie die Definitionsmenge und die Nullstellen von f.
a) $f(x) = \sqrt{1 - x^2}$ 　　　　　　 b) $f(x) = x \cdot \sqrt{4 - x}$ 　　　　　　 c) $f(x) = \sqrt{x^2 - x - 2}$

▶ **Beispiel: Ableitung und Steigungsverhalten**
Bestimmen Sie die Ableitung f′ von $f(x) = \sqrt{3x - 0{,}5x^2}$. Wo ist die Ableitung f′ definiert?
Untersuchen Sie das Steigungsverhalten der Funktion f für $x \to 0$, $x > 0$.

Lösung:
Die Funktion f wird mit der Wurzelregel und der Kettenregel differenziert.
Die Ableitung ist für $x = 0$ und $x = 6$ nicht definiert, weil dort der Nenner null wird.

Zur Untersuchung des Steigungsverhaltens bilden wird den rechtsseitigen Grenzwert $x \to 0$, $x > 0$. Wir erhalten als Resultat $+\infty$.
Der Graph von f hat im Ursprung eine senk-
▶ rechte Tangente.

Ableitung:

$$f'(x) = \frac{3 - x}{2\sqrt{3x - 0{,}5x^2}}$$

f′ ist nur für $0 < x < 6$ definiert.
Bei $x = 0$ und $x = 6$ ist f′ nicht definiert.

Steigungsverhalten für x → 0:

$$\lim_{\substack{x \to 0 \\ x > 0}} f'(x) = \lim_{\substack{x \to 0 \\ x > 0}} \frac{3 - x}{2\sqrt{3x - 0{,}5x^2}} = {}_{,,}\frac{3}{+0}\text{``} = \infty$$

> **Beispiel: Tangente und Flächeninhalt**
> Gegeben ist die Funktion $h(x) = \sqrt{2x-4}$.
> a) Wie lautet die maximale Definitionsmenge von f?
> b) Zeichnen Sie mit dem GTR den Graphen von h für $-1 \leq x \leq 8$.
> c) Bestimmen Sie die Ableitungsfunktion h′.
> d) Wie lautet die Gleichung der Tangente von h an der Stelle $x = 4$?
> e) Welchen Inhalt hat die Fläche A zwischen dem Graphen von h, der x-Achse und der senkrechten Geraden $x = 8$?

Lösung:

a Der Funktionsterm von h ist definiert, wenn $2x - 4 \geq 0$ gilt, also für $x \geq 2$.

b Der Graph wird nach Eingabe der Gleichung von h mit dem GTR gezeichnet.

c Die Ableitung von h wird mit der Kettenregel bestimmt. Für h gilt die Verkettung $h(x) = f(g(x))$ mit $f(x) = \sqrt{x}$ und $g(x) = 2x - 4$. Die Ableitungen sind $f'(x) = \frac{1}{2\sqrt{x}}$ und $g'(x) = 2$. Damit folgt:

$h'(x) = f'(g(x)) \cdot g'(x) = \frac{1}{2\sqrt{2x-4}} \cdot 2$

Endresultat: $h'(x) = \frac{1}{\sqrt{2x-4}}$

d Die gesuchte Tangente bestimmen wir mithilfe der allgemeinen Tangentengleichung, wie rechts dargestellt.

e Den Inhalt der Fläche A berechnen wir mit dem GTR als bestimmtes Integral von h in den Grenzen $a = 2$ und $b = 8$. Dazu rufen wir die Maske zur Berechnung eines bestimmten Integrals auf und setzen Grenzen und Integrand ein:
Resultat: $A = 8\sqrt{3} \approx 13{,}86$

Graph von h:

Gleichung der Tangente von h bei $x = 4$:

$t(x) = h'(x_0) \cdot (x - x_0) + h(x_0)$
$\quad\ \ = h'(4) \cdot (x - 4) + h(4)$
$\quad\ \ = \frac{1}{2} \cdot (x - 4) + 2$
$\quad\ \ = \frac{1}{2}x$

Flächeninhalt:

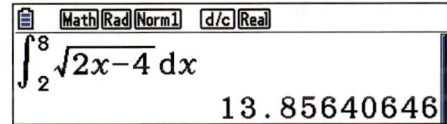

Übung 2 Wurzelfunktion

Gegeben sei $f(x) = \sqrt{x} + \frac{4}{x}$, $x > 0$. Bestimmen Sie f′ und f″. Zeichnen Sie mit dem GTR den Graphen von f für $0 \leq x \leq 12$. Wo liegen Extrema und Wendepunkte von f?

Übung 3 Wurzelfunktion

Gegeben sei $f(x) = (x - 4) \cdot \sqrt{x}$, $0 \leq x \leq 6$. Bestimmen Sie Nullstellen und Extrema und erstellen Sie den Graphen. Wie groß ist die Fläche zwischen Kurve und x-Achse?

Übung 4 Tangente

Bestimmen Sie die Gleichung der Tangente an den Graphen der Funktion $f(x) = (x - 4) \cdot \sqrt{x}$ an der positiven Nullstelle von f.

▶ **Beispiel: Extremum**
Ermitteln Sie ohne Verwendung des GTR die Lage des Extremums von $f(x) = (x-3)\sqrt{x}$.
Auf die Überprüfung mit dem hinreichenden Kriterium wird verzichtet.

Lösung:
Die Funktion f ist für x > 0 differenzierbar.
Ihre Ableitung erhalten wir mit der Potenz-
regel und der Wurzelregel.
f' hat nur eine Stelle mit waagerechter Tan-
gente (f'(x) = 0) an der Stelle x = 1.
Dort wechselt das Vorzeichen von f' von −
nach +. Daher ist der Punkt P(1|−2) ein
▶ Tiefpunkt.

Ableitungen:
$$f(x) = x\sqrt{x} - 3\sqrt{x} = x^{\frac{3}{2}} - 3\sqrt{x}$$
$$f'(x) = \frac{3}{2}x^{\frac{1}{2}} - \frac{3}{2\sqrt{x}}$$
$$= \frac{3\sqrt{x}}{2} - \frac{3}{2\sqrt{x}} = \frac{3x-3}{2\sqrt{x}}$$

Extremum:
$$f'(x) = 0 \Rightarrow 3x - 3 = 0$$
$$x = 1, \ y = -2$$

Übung 5 Extremun
Berechnen Sie das Extremum der Funktion f.
a) $f(x) = (x-6)\sqrt{x}$ b) $f(x) = (9-x)\sqrt{x}$ c) $f(x) = \sqrt{4x - x^2}$

▶ **Beispiel: Flächeninhalt und Volumen**
Der Graph von $f(x) = (x-3)\sqrt{x}$ schließt mit
der x-Achse ein Flächenstück ein.
a) Berechnen Sie den Inhalt des Flächenstücks ohne Verwendung des GTR.
b) Bestimmen Sie das Volumen des Körpers,
der durch Rotation dieses Flächenstücks
um die x-Achse entsteht.

Lösung zu a:
Wir bestimmen zunächst mithilfe der allge-
meinen Potenzregel der Integration eine
Stammfunktion von f.

Stammfunktion:
$$f(x) = (x-3)\sqrt{x} = x^{\frac{3}{2}} - 3x^{\frac{1}{2}}$$
$$F(x) = \frac{2}{5}x^{\frac{5}{2}} - 3\cdot\frac{2}{3}x^{\frac{3}{2}} = \frac{2}{5}x^2\sqrt{x} - 2x\sqrt{x}$$

Dann berechnen wir das bestimmte Integral
von f in den Grenzen von 0 bis 3.
Der gesuchte Flächeninhalt ist gleich dem
Betrag dieses Integrals.
Resultat: A ≈ 4,16

Flächeninhalt:
$$\int_0^3 f(x)\,dx = F(3) - F(0)$$
$$= \frac{18}{5}\sqrt{3} - 6\sqrt{3} = -\frac{12}{5}\sqrt{3}$$
$$A = \frac{12}{5}\sqrt{3} \approx 4,16$$

Lösung zu b:
Mithilfe der Rotationsformel berechnen
wir das Volumen des Körpers, der bei Rotation des Graphen von f um die x-Achse
entsteht.
▶ $V = 6{,}75\,\pi \approx 21{,}21.$

Rotationsvolumen:
$$V = \pi\int_0^3 (f(x))^2\,dx = \pi\int_0^3 (x-3)^2\cdot x\,dx$$
$$= \pi\left[\frac{1}{4}x^4 - 2\frac{x}{3} + \frac{9}{2}x^2\right]_0^3 = 6{,}75\,\pi$$

Übungen

6. Graph, Definitionsmenge, Ableitung, Tangente.

Gegeben ist die Funktion $f(x) = x \cdot \sqrt{x + 2}$.

a) Zeichnen Sie den Graphen von f. Geben Sie die Definitionsmenge und die Nullstellen an.

b) Bestimmen Sie die Ableitungsfunktion f'.

c) Wie lautet die Gleichung der Tangente an den Graphen von f an der Stelle $x = 2$?

7. Definitionsmenge, Ableitung, Tangente

Gegeben ist die Funktion $f(x) = \sqrt{x^3 + 1} - 3$.

a) Geben Sie die Definitionsmenge und die Nullstelle von f an.

b) Bilden Sie die Ableitung f , mithilfe der allgemeinen Kettenregel.

c) Bestimmen Sie die Gleichung der Nullstellentangente von f.

8. Flächeninhalt

Berechnen Sie den Inhalt des Flächenstücks, das von dem Graphen von $f(x) = x \cdot (3 - \sqrt{x})$ und der x-Achse im 1. Quadranten umschlossen wird.

9. Rotationsvolumen

Der Graph von $f(x) = 2\sqrt{1 - x^2}$ schließt mit der x-Achse ein Flächenstück A ein, welches um die x-Achse rotiert. Bestimmen Sie das Volumen des dabei entstehenden Rotationskörpers.

10. Kurvenuntersuchung

Untersucht werden soll die Funktion $f(x) = \sqrt{6x - x^2}$.

a) Zeichen Sie den Graphen und geben Sie die Definitionsmenge und die Nullstellen an.

b) Der Graph zeigt, dass die Funktion nur einen Hochpunkt hat. Bilden Sie die Ableitung von f und berechnen Sie die genaue Lage des Hochpunktes.

c) Der Graph von f rotiert um die x-Achse. Bestimmen Sie das Volumen des Rotationskörpers.

11. Kurvenuntersuchung

Gegeben ist die Funktion $f(x) = x \cdot \sqrt{6 - x}$.

a) Zeichnen Sie den Graphen von f. Ermitteln Sie die Definitionsmenge und die Nullstellen.

b) Weisen Sie nach, dass $F(x) = \frac{2}{5}\sqrt{(6 - x)^5} - 4\sqrt{(6 - x)^3}$ eine Stammfunktion von f ist.

c) Berechnen Sie den Inhalt der Fläche, die der Graph von f mit der x-Achse einschließt.

12. Kurvenschar

Untersucht wird die Kurvenschar $f_a(x) = a\sqrt{x} - x$, $a > 0$.

a) Ermitteln Sie die Definitionsmenge, die Nullstellen und die Extrempunkte von f.

b) Zeichnen Sie die Graphen von f_a für die Parameterwerte $a = 1$, $a = 2$ und $a = 3$.
   Besimmen Sie die Gleichung der Ortskurve der Extrempunkte von f_a.

c) Bestimmen Sie die Gleichung der Tangente an den Graphen von f_a in der positiven Nullstelle.
   Für welchen Wert von a schneidet diese Tangente die y-Achse im Punkt $P(0|3)$?

d) Der Graph von f_a schließt mit der x-Achse im 1. Quadranten ein Flächenstück ein.
   Berechnen Sie dessen Inhalt. Für welchen Wert von a beträgt dieser Inhalt 216 FE?

B. Einfache gebrochen-rationale Funktionen

▶ **Beispiel: Gebrochen-rationale Funktion**

Gegeben ist die Funktion $f(x) = x^2 + \frac{1}{x}$, deren Graph unten dargestellt ist.

a) Erläutern Sie, wie der Graph von f aus den Graphen der beiden Summanden $g(x) = x^2$ und $h(x) = \frac{1}{x}$ entsteht. Wie lautet die Definitionsmenge von f? Wo liegt die Nullstelle von f?

b) Untersuchen Sie f auf Extrema und Wendepunkte. Auf die Überprüfung mit der hinreichenden Bedingung wird jeweils verzichtet.

c) An der Stelle $x = 0$ hat f eine Definitionslücke. Wie verhält sich f, wenn man sich dieser Stelle von links bzw. von rechts beliebig dicht nähert? Legen Sie dazu jeweils eine Wertetabelle an.

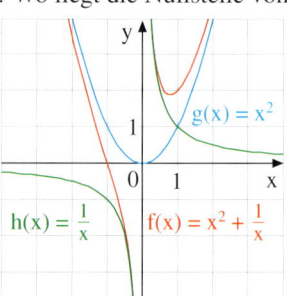

Lösung zu a:

1. Der Einfluß von g und h auf f:
Der Graph von f entsteht durch additive Überlagerung aus den Graphen von g (Normalparabel) und h (Hyperbel).
Im Innenbereich nahe Null dominiert die Hyperbel und setzt sich durch, da die Parabel dort nur kleine Werte besitzt.
In den beiden Außenbereichen dominiert die Parabel und gibt dort den Ton an. Hier hat sie große Funktionswerte, die Hyperbel aber nur kleine.

2. Die Definitionsmenge von f:
f ist nicht definiert bei $x = 0$, da dort der Nenner des zweiten Summanden $h(x) = \frac{1}{x}$ Null wird. Also gilt $D_f = \{x \in \mathbb{R}: x \neq 0\}$.

3. Die Lage der Nullstelle von f:
$$f(x) = x^2 + \frac{1}{x} = 0 \Rightarrow x^3 + 1 = 0$$
$$\Rightarrow x^3 = -1$$
$$\Rightarrow x = -1$$

Lösung zu b:

4. Lage des Tiefpunktes:
$$f'(x) = 2x - \frac{1}{x^2} = 0 \Rightarrow 2x^3 - 1 = 0$$
$$\Rightarrow 2x^3 - 1 = 0$$
$$\Rightarrow x^3 = \frac{1}{2}$$
$$\Rightarrow x = \sqrt[3]{0{,}5} \approx 0{,}79$$
$$\Rightarrow y \approx f(0{,}79) \approx 1{,}89$$
$$\Rightarrow T(0{,}79 \mid 1{,}89)$$

5. Lage des Wendepunktes:
$$f''(x) = 2 + \frac{2}{x^3} = 0 \Rightarrow 2x^3 + 2 = 0$$
$$\Rightarrow x^3 = -1$$
$$\Rightarrow x = -1$$
$$\Rightarrow y = f(-1) = 0$$
$$\Rightarrow W(-1 \mid 0)$$

Lösung zu c:

6. Verhalten von f für x → 0, x < 0:

x	−1	−0,1	−0,01	→	0
y	0	−9,99	−99,99	→	−∞

7. Verhalten von f für x → 0, x > 0:

x	1	0,1	0,01	→	0
y	0	10,01	100,01	→	−∞

Übung 13

Gegeben ist die Funktion $f(x) = x + \frac{1}{x^2}$.

a) Wie lautet die Definitionsmenge von f? Besitzt f eine Nullstelle?

b) Zeichnen Sie mit dem GTR den Graphen von f sowie die Graphen der Teilterme $g(x) = x$ und $h(x) = \frac{1}{x^2}$. Wo dominieren die einzelnen Teilterme?

c) Wie verhält sich f an den äußeren Grenzen der Definitionsmenge, d.h. für $x \to -\infty$ bzw. für $x \to \infty$? Wie verhält sich f bei linksseitiger und rechtsseitiger Annäherung an die Stelle $x = 0$?

d) Bestimmen Sie f' und f''. Untersuchen Sie f auf Extrema und Wendepunkte.

e) Wie lautet die Gleichung der Nullstellentangente y von f? y schneidet den Graphen von f im 1. Quadranten ein zweites Mal. Wo liegt dieser zweite Schnittpunkt?

▶ **Beispiel: Gebrochen-rationale Kurvenschar**

Gegeben ist die Funktionenschar $f_a(x) = -\frac{a^2}{x} + \frac{3}{x^3}$, $a > 0$. Rechts sind drei Graphen der Schar dargestellt.

a) Geben Sie die Definitionsmenge von f_a an. Untersuchen Sie f_a auf Nullstellen.

b) Untersuchen Sie f_a auf Extrema. Bestimmen Sie die Ortskurve der Tiefpunkte. Welcher der abgebildeten Graphen könnte zum Parameterwert $a = 3$ passen?

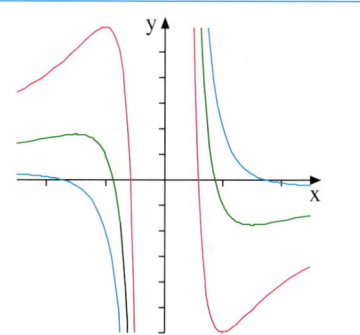

Lösung zu a:

1. Definitionsmenge von f_a

Bei $x = 0$ ist f_a nicht definiert, da dort beide Summanden eine Nennernullstelle besitzen. Daher gilt: $D_f = \{x \in R: x \neq 0\}$

2. Nullstellen von f_a:

$$f_a(x) = -\frac{a^2}{x} + \frac{3}{x^3} = 0$$
$$\Rightarrow -a^2 x^2 + 3 = 0$$
$$\Rightarrow x = \pm \frac{\sqrt{3}}{a}$$

Lösung zu b:

3. Extrema von f_a

$$f_a{}'(x) = \frac{a^2}{x^2} - \frac{9}{x^4} = 0 \Rightarrow a^2 x^2 - 9 = 0$$
$$\Rightarrow x = \pm \frac{3}{a}$$
$$\Rightarrow y = \pm \frac{2}{9} a^3$$
$$f_a{}''(x) = -\frac{2a^2}{x^3} + \frac{36}{x^5}$$
$$f''\left(+\frac{3}{a}\right) = \frac{2}{27} a^5 > 0 \quad \Rightarrow \text{Minimum}$$
$$f''\left(-\frac{3}{a}\right) = -\frac{2}{27} a^5 < 0 \quad \Rightarrow \text{Maximum}$$

Hochpunkt: $H_a\left(-\frac{3}{a} \Big| \frac{2}{9} a^3\right)$

▶ Tiefpunkt: $T_a\left(\frac{3}{a} \Big| -\frac{2}{9} a^3\right)$

4. Ortskurve der Tiefpunkte

Die Ortskurve der Tiefpunkte T_a erhält man, indem man die Gleichung der Abszisse nach a auflöst und das Ergebnis in die Ordinate einsetzt.

$$x = \frac{3}{a} \quad \Rightarrow a = \frac{3}{x}$$
$$y = -\frac{2}{9} a^4 \Rightarrow y = -\frac{2}{9}\left(\frac{3}{x}\right)^3 = -\frac{6}{x^3}$$

5. Zuordnung eines Graphen zu a = 3:

Für $a = 3$ lautet der Tiefpunkt $T_a(1|-6)$. Dies passt auf die rote Kurve.

Übung 14

Gegeben ist die Funktion $f(x) = -\frac{9}{x} + \frac{3}{x^3}$ aus dem obigen Beispiel. Es handelt sich um die Funktion f_3 aus dem obigen Beispiel. Wie verhält sich f für $x \to \infty$ und $x \to -\infty$? Begründen Sie ohne Verwendung von Ableitungen, dass f für $x > 0$ einen Wendepunkt besitzen muss.

Die folgende Aufgabe enthält ein Integrationsproblem und ein Extremalproblem.

> **Beispiel: Gebrochen-rationale Funktionenschar**
>
> Gegeben ist die Funktionenschar $f_a(x) = \frac{4}{x} - \frac{2a}{x^2}$, $a > 0$.
>
> a) **Integrationsproblem:** Bestimmen Sie eine Stammfunktion von f_a. Wie groß ist der Inhalt der Fläche A, die im ersten Quadranten vom Graphen von f_1, der x-Achse und der senkrechten Geraden $x = e$ umschlossen wird?
>
> b) **Extremalproblem:** H_a sei der Hochpunkt von f_a. Für welchen Wert von a ist der Abstand d von H_a zum Ursprung minimal?

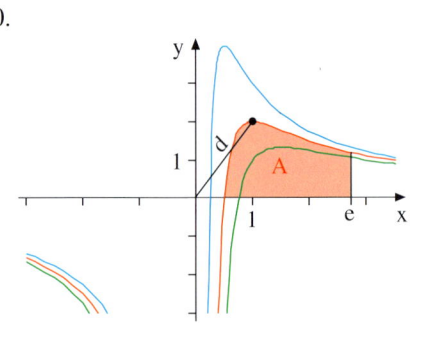

Lösung zu a:

Die Stammfunktion von f_a bestimmen wir mit der logarithmischen Integrationsformel von $\frac{1}{x}$ und der verallgemeinerten Potenzregel.

Resultat: $F_a(x) = 4\ln|x| + \frac{2a}{x} + C$

Mit F_1 können wir den Inhalt der Fläche A unter dem Graphen von f_1 über dem Intervall $[1; e]$ bestimmen: $A = 2 + \frac{2}{e} \approx 2{,}74$

Lösung zu b:

Den Hochpunkt H_a von f_a berechnen wir manuell, da der GTR das Minimum einer Scharfunktion f_a nicht berechnen kann.

Resultat: $H_a\left(a \big| \frac{2}{a}\right)$

Den Abstand d_a von H_a zum Ursprung $P(0|0)$ berechnen wir mit der Formel für die Entfernung zweier Punkte bzw. mit dem Satz des Pythagoras: $d_a = \sqrt{a^2 + \left(\frac{2}{a}\right)^2}$.

Da diese Zielfunktion als Wurzelterm schwierig zu differenzieren ist, quadrieren wir sie, bilden die Ableitung des Quadrats und setzen dieses gleich null (vgl. S. 73).*
Resultat: Der Abstand des Hochpunktes H_a zum Ursprung wird minimal für den Parameterwert $a = \sqrt[2]{2} \approx 1{,}41$.

▶ Der minimale Abstand beträgt ca. $1{,}85\,\text{LE}$.

Stammfunktion und Fläche:

$$F_a(x) = \int\left(\frac{4}{x} - \frac{2a}{x^2}\right)dx = \int\left(\frac{4}{x} - 2a\,x^{-2}\right)dx$$
$$= 4\ln|x| + \frac{2a}{x} + C$$

$$A = \int_1^e\left(\frac{4}{x} - \frac{2a}{x^2}\right)dx = \left[4\ln|x| + \frac{2}{x}\right]_1^e$$
$$= \left(4\ln e + \frac{2}{e}\right) - (\ln 1 + 2) = 2 + \frac{2}{e} \approx 2{,}74$$

Berechnung des Hochpunktes von f_a:

$$f_a{}'(x) = -\frac{4}{x^2} + \frac{4a}{x^3} = 0$$
$$\Rightarrow -4x + 4a = 0$$
$$\Rightarrow x = a,\ y = \frac{2}{a}$$

$$f_a{}''(x) = \frac{8}{x^3} - \frac{12a}{x^4}$$
$$f_a{}''(a) = -\frac{4}{a^3} < 0 \Rightarrow \text{Maximum}$$

Minimaler Abstand von H_a zum Ursprung:

$$d_a = \sqrt{a^2 + \left(\frac{2}{a}\right)^2}$$
$$d_a^2 = a^2 + \frac{4}{a^2}$$
$$(d_a^2)' = 2a - \frac{8}{a^3} = 0$$
$$\Rightarrow 2a^4 = 8$$
$$\Rightarrow a = \sqrt[2]{2} \approx 1{,}41$$
$$d_{min} \approx d_a(1{,}41) \approx 1{,}85$$

---

* Diese Methode des Quadrierens der Zielfunktion ist auf S. 73 dargestellt.
  Alternativ könnte man das Minimum von d_a mit dem GTR bestimmen.

Übungen

15. Funktionsuntersuchung

Gegeben ist die Funktion $f(x) = \frac{1}{2}x + \frac{1}{2x}$.

a) Zeichnen Sie den Graphen von f mit dem GTR . Geben Sie die Definitionsmenge von f an. Untersuchen Sie durch Testeinsetzungen, wie sich die Funktion f bei rechts- bzw. linksseitiger Annäherung an die Definitionslücke bei $x = 0$ verhält.

b) Weisen Sie rechnerisch nach, dass die Funktion f symmetrisch ist zum Ursprung.

c) Bestimmen Sie die Ableitungsfunktionen f′ und f″.

d) Ermitteln Sie die Extrempunkte von f. Begründen Sie, dass f keine Wendepunkte besitzen kann.

e) Bestimmen Sie eine Stammfunktion von f. Berechnen Sie den Inhalt der Fläche zwischen dem Graphen von f und der x-Achse über dem Intervall [1; 4].

f) Bestimmen Sie das Volumen des Körpers, der durch Rotation des Graphen von f um die x-Achse über dem Intervall [1; 4] entsteht.

16. Kurvenschar

Gegeben ist die Kurvenschar $f_a(x) = \frac{a}{x} + \frac{x^2}{a^2}$, $a > 0$.

a) Zeichnen Sie die Graphen der Funktionen f_1, f_2 und f_3 für $-7 \leq x \leq 7$.

b) Geben Sie die Definitionsmenge von f_a an.

c) Ermitteln Sie die Nullstelle von f_a.

d) Berechnen Sie das Extremum von f_a.

e) Bestimmen Sie den Wendepunkt von f_a.

f) Bestimmen Sie eine Stammfunktion von f_a. Wie groß ist der Inhalt der Fläche unter dem Graphen von f2 über dem Intervall [1;4]?

17. Kühlturm

Gegeben ist die Funktionenschar $f_a(x) = \frac{40a}{x-3} - 10$. Die rechtsseitige Randprofil eines senkrechten Querschnitts des abgebildeten 200 m hohen Kühlturms kann durch f_1 beschrieben werden. (1 LE = 10 m)

a) Begründen Sie, dass f_a für $x = 3$ nicht definiert ist. Wie verhält sich f_a in der Umgebung der nicht definierten Stelle? Prüfen Sie dies durch linksseitige bzw. rechtsseitige Annäherung.

b) Bestimmen Sie die Nullstelle von f_a.

c) Bestimmen Sie die Geradengleichung der Nullstellentangente von f_a.

d) Die Bodenplatte (Basis) des Kühlturms liegt auf der Höhe $y = 0$. Wie groß ist der Basisdurchmesser des Kühlturms? Wie groß ist der Mündungsdurchmesser in 200 m Höhe?

e) Wie groß sind die Steigungswinkel von f_1 am Boden und an der Mündung?

f) Die Nullstellentangente schließt mit den Koordinatenachsen eine Fläche ein. Für welches a ist diese Fläche extremal? Welche Art von Extremum liegt vor?

5. Exkurs: Anwendungen

A. Die Kettenlinie

Eine an zwei Aufhängepunkten befestigte Kette nimmt unter der Last ihres eigenen Gewichts eine ganz bestimmte Form an.
Diese Kurvenform wird als **Kettenlinie** *bezeichnet. Kettenlinien können bei geeigneter Wahl eines Koordinatensystems durch eine Funktionsgleichung der Form*

$$f_a(x) = \frac{a}{2} \cdot \left(e^{\frac{x}{a}} + e^{-\frac{x}{a}} \right), \ a > 0,$$

dargestellt werden. Der Parameter a hängt nur von der Lage der Aufhängepunkte und von der Kettenlänge ab.

> **Beispiel: Eine Kettenlinie**
> Diskutieren Sie die Kettenlinienfunktion $f(x) = \frac{1}{2} \cdot (e^x + e^{-x})$. Zeichnen Sie den Graphen der Funktion für $-2 \le x \le 2$.

Lösung:
Die Funktion f ist achsensymmetrisch zur y-Achse. Sie hat keine Nullstellen, da die Teilterme e^x und e^{-x} beide positiv sind.
Die Ableitungen lauten:

$$f'(x) = \frac{1}{2} \cdot (e^x - e^{-x})$$

$$f''(x) = \frac{1}{2} \cdot (e^x + e^{-x})$$

f' hat eine Nullstelle bei $x = 0$. Dort liegt ein Extremum. Der Punkt $P(0\,|\,1)$ ist ein Tiefpunkt. f'' hat keine Nullstellen. Daher gibt es keine Wendepunkte.

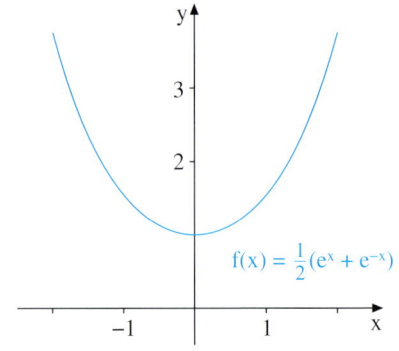

$f(x) = \frac{1}{2}(e^x + e^{-x})$

Übung 1
Gegeben sei die Funktion $f(x) = \frac{1}{4} e^x + 2 e^{-x}$.

a) Diskutieren Sie die Funktion (Nullstellen, Extrema, Wendepunkte, Graph für $-0,5 \le x \le 2,5$).
b) Bestimmen Sie eine Stammfunktion von f.
c) Gesucht ist der Inhalt der Fläche A zwischen dem Graphen von f und der x-Achse über dem Intervall [0; 1].
d) Wie muss a gewählt werden, wenn das relative Extremum von $f_a(x) = \frac{1}{4} e^x + a e^{-x}$ an der Stelle $x = 0,5$ liegen soll?

> **Beispiel: Gleichung einer Kettenlinie**
> Eine Kette hat – bezogen auf ein bestimmtes Koordinatensystem – folgende Koordinatenpunkte.
>
> | x | −2 | −1 | 0 | 1 | 2 |
> |---|------|------|-----|------|------|
> | y | 3,04 | 1,85 | 1,5 | 1,85 | 3,04 |
>
> Bestimmen Sie die Gleichung der Kettenlinie.
> Verwenden Sie den Ansatz $f_a(x) = \frac{a}{2} \cdot \left(e^{\frac{x}{a}} + e^{-\frac{x}{a}}\right)$.
> Überprüfen Sie die Tabellenwerte.

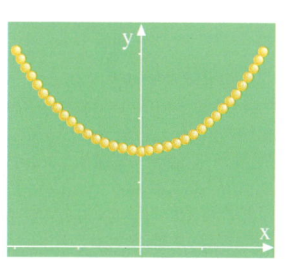

Lösung:
Zur Bestimmung von a verwenden wir den Messwert bei x = 0, der 1,5 beträgt. Also gilt $f_a(0) = 1{,}5$.

Daraus folgt a = 1,5, d. h. $f_{1,5}(x) = \frac{3}{4}\left(e^{\frac{x}{1,5}} + e^{-\frac{x}{1,5}}\right)$.

> Dann gilt $f_{1,5}(0) = 1{,}5$, $f_{1,5}(\pm1) \approx 1{,}85$, $f_{1,5}(\pm2) \approx 3{,}04$

$f_a(0) = 1{,}5$

$\frac{a}{2} \cdot (e^0 + e^{-0}) = 1{,}5$

$a = 1{,}5$

$f_{1,5}(x) = \frac{3}{4} \cdot \left(e^{\frac{x}{1,5}} + e^{-\frac{x}{1,5}}\right)$

Übung 2

Die Einfahrt zu einer Autowaschstraße ist mit einer Spritzschutzschürze aus Kunststoff versehen, die wiederum an einer Kette befestigt ist. Die Kettenlinie sei gegeben durch $f(x) = e^{\frac{x}{2}} + e^{-\frac{x}{2}}$.

a) Wie hoch ist die Türöffnung?
b) Wie groß ist der Durchhang d der Kette?
c) Unter welchem Winkel α gegen die Horizontale hängt die Kette?
d) Welchen Flächeninhalt A hat die Schürze?

Übung 3

In St. Louis steht der Gateway-Arch. Er hat die Gestalt einer umgekehrten Kettenlinie, die den stabilsten aller Tragebögen darstellt. Die äußere Randkurve ist 180 m hoch und an der Basis 180 m breit. Die innere Randkurve ist 175 m hoch und an der Basis 150 m breit. Die Gleichungen der Randkurven können jeweils in der Form

$f(x) = b - \frac{a}{2} \cdot \left(e^{\frac{x}{a}} + e^{-\frac{x}{a}}\right)$ modelliert werden:

Äußere Kurve: a = 36,5 und b = 216,5
Innere Kurve: a = 28,14 und b = 203,14

a) In welcher Höhe beträgt der Abstand der beiden inneren Bogenseiten 100 m?
b) Unter welchem Winkel trifft der äußere Bogen auf den Boden?
c) Der Winddruck auf den Bogen wird durch die Fläche zwischen den Randkurven bestimmt. Wie groß ist der Inhalt dieser Fläche?

B. Die Glockenkurve

Carl Friedrich Gauß (1777–1855) gilt als einer der größten Mathematiker aller Zeiten. Der in Braunschweig geborene Sohn einfacher Leute entdeckte schon im Alter von 17 Jahren das nach ihm benannte Gauß'sche Fehlergesetz, welches er vier Jahre später mithilfe der Wahrscheinlichkeitsrechnung auch theoretisch absichern konnte.

*Die zugehörige **Gauß'sche Glockenkurve** spielt in der Wahrscheinlichkeitsrechnung der Normalverteilung eine entscheidende Rolle. Ihre Gleichung lautet:*

$$\varphi(x) = \frac{1}{\sqrt{2\pi}} \cdot e^{-\frac{1}{2}x^2}.$$

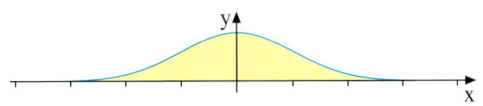

▶ **Beispiel: Eine Glockenkurve**
Diskutieren Sie die Glockenfunktion $f(x) = e^{-x^2}$ und zeichnen Sie deren Graphen.

Lösung:

1. Symmetrie:
Der Graph von f ist symmetrisch zur y-Achse, denn es gilt $f(-x) = f(x)$.

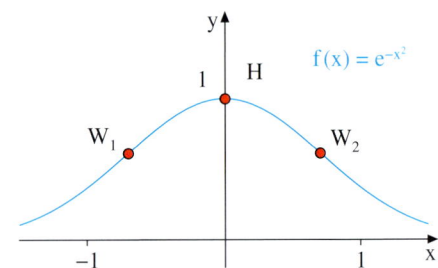

2. Ableitungen:*
$f'(x) = -2x \cdot e^{-x^2}$
$f''(x) = (4x^2 - 2) \cdot e^{-x^2}$
$f'''(x) = (-8x^3 + 12x) \cdot e^{-x^2}$

3. Nullstellen:
Die Funktion hat keine Nullstellen.

$f(x) = e^{-x^2} > 0$

4. Extrema:
f hat ein Maximum bei $x = 0$.
Hochpunkt: $H(0\,|\,1)$

$f'(x) = -2x \cdot e^{-x^2} = 0 \Rightarrow x = 0, y = 1$
$f''(0) = -2 < 0 \qquad \Rightarrow$ Maximum

5. Wendepunkte:
$W_1\left(-\frac{1}{\sqrt{2}}\,\Big|\,\frac{1}{\sqrt{e}}\right) \approx W_1(-0{,}71\,|\,0{,}61)$

$W_2\left(\frac{1}{\sqrt{2}}\,\Big|\,\frac{1}{\sqrt{e}}\right) \approx W_2(0{,}71\,|\,0{,}61)$

$f''(x) = (4x^2 - 2) \cdot e^{-x^2} = 0$
$\qquad x = \pm\frac{1}{\sqrt{2}}, \quad y = e^{-\frac{1}{2}} = \frac{1}{\sqrt{e}}$
$f'''\left(\pm\frac{1}{\sqrt{2}}\right) = \pm\frac{8}{\sqrt{2}} \cdot e^{-\frac{1}{2}} \neq 0 \quad \Rightarrow$ Wendep.

6. Verhalten für $x \to \infty$ und $x \to -\infty$:
Für $x \to -\infty$ und $x \to \infty$ schmiegt sich der
▶ Graph von f an die x-Achse.

x	1	5	10	$\to \infty$
f(x)	0,37	$1{,}4 \cdot 10^{-11}$	$3{,}7 \cdot 10^{-44}$	$\to 0$

---

* Nach der Kettenregel gilt: $(e^{f(x)})' = f'(x) \cdot e^{f(x)}$, also z. B.: $(e^{-x^2})' = -2x \cdot e^{-x^2}$

Übung 4

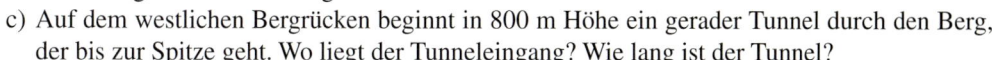

Für einen Film soll eine Landschaft digitalisiert werden. Hierbei wird das Profil eines Berges durch eine Glockenkurve der Form $f(x) = a + b \cdot e^{-x^2}$ modelliert.

a) Bestimmen Sie mithilfe der Daten aus der Abbildung die Werte von a und b.

b) An welcher Stelle ist der Berg am steilsten? Wie groß ist der Anstieg dort?

c) Auf dem westlichen Bergrücken beginnt in 800 m Höhe ein gerader Tunnel durch den Berg, der bis zur Spitze geht. Wo liegt der Tunneleingang? Wie lang ist der Tunnel?

d) Aus der Mitte des Tunnels soll ein senkrechter Schacht zur Oberfläche des Berges führen. Wie lang wird dieser Schacht?

Übung 5 Tangente und Normale

Betrachtet wird $f(x) = e^{-x^2}$.

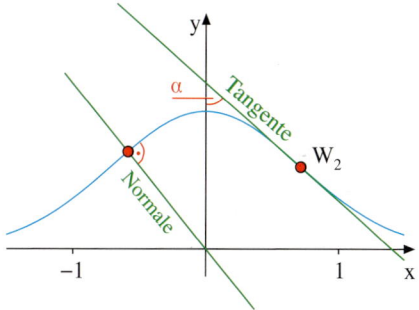

a) Wie lautet die Gleichung der Wendetangente im Wendepunkt W_2 (vgl. Abb.)?

b) Unter welchem Winkel α schneidet die Wendetangente aus a) die y-Achse?

c) Eine Ursprungsgerade $g(x) = m \cdot x$ ($m < 0$) ist Normale an den Graphen von f. Wie lautet die Gleichung von g?

Übung 6 Extremalproblem

Unter dem Graphen von $f(x) = e^{-x^2}$ wird ein achsenparalleles Rechteck mit den Eckpunkten $A(-z; 0)$, $B(z; 0)$, $C(z; f(z))$, $D(-z; f(-z))$ einbeschrieben.

Wie muss z gewählt werden, wenn der Flächeninhalt des Rechtecks maximal werden soll?

Übung 7 Approximation durch Parabel

Betrachtet wird die Glockenkurve

$f(x) = e^{-x^2}$ für $-\frac{1}{\sqrt{2}} \leq x \leq \frac{1}{\sqrt{2}}$.

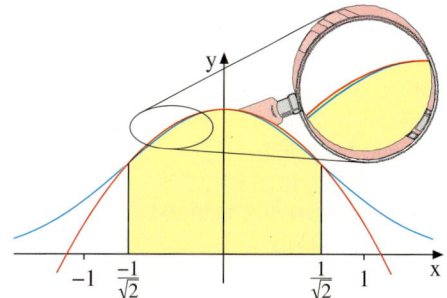

Diese soll durch eine quadratische Parabel g approximiert werden, deren Graph durch das Maximum und die beiden Wendepunkte von f verläuft.

a) Wie lautet die Gleichung der Parabel (Kontrolle: $g(x) = -0{,}79 x^2 + 1$)?

b) Berechnen Sie die maximale Abweichung von g und f im Approximationsintervall.

c) Wie groß ist der Inhalt der markierten Fläche A?

C. Die Sanduhr

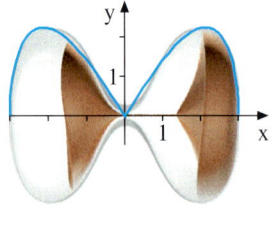

Beispiel: Sanduhr

Das im 1. und 2. Quadranten des Koordinatensystems liegende Profil des Glases einer Sanduhr kann angenähert beschrieben werden durch die Funktion $f(x) = \frac{1}{2}\sqrt{9x^2 - x^4}$.

a) Bestimmen Sie die Nullstellen von f. Zeichnen Sie anschließend den Graphen von f mithilfe des GTR. Wie lautet die Definitionsmenge von f?

b) Untersuchen Sie die Funktion auf Extrema. Auf den Nachweis mit dem hinreichenden f''-Kriterium kann verzichtet werden.

c) Wie viel Sand kann einer der beiden Behälter der Sanduhr höchstens enthalten?

Lösung zu a:

Die Nullstellen von f erhalten wir durch Nullsetzen des Wurzelradikanden. Dieser kann faktorisiert werden.

Der Faktor x^2 liefert eine doppelte Nullstelle bei $x = 0$. Der zweite Faktor liefert weitere Nullstellen bei $x = -3$ und $x = 3$.

Die Funktion f ist auf dem Intervall $[-3; 3]$ definiert, da der Radikand für diese Werte von x nicht negativ ist:
$9x^2 - x^4 = x^2(9 - x^2) \geq 0$.

Lösung zu b:

Die Ableitung von f erhalten wir durch Anwendung der allgemeinen Kettenregel.

Achtung: f' ist im Intervall $[-3; 3]$ definiert, allerdings nicht für $x = 0$ und $x \pm 3$.

Wir erhalten zwei Hochpunkte, die der Graph von f bestätigt:
$H_1(-2,12|2,25)$, $H_2(2,12|2,25)$

Außerdem gibt es drei Tiefpunkte: $T(0|0)$, $T(-3|0)$ und $T(3|0)$.

Diese sind jedoch nicht mit Hilfe von f' auffindbar, da f' dort gar nicht definiert ist. Sie werden der Zeichnung entnommen.

Lösung zu c:

Mit der Rotationsformel berechnen wir das Volumen eines Behälters der Sanduhr:

▶ Resultat: $V = 25,47\ cm^3$.

Nullstellen und Graph:

$x^2(9 - x^2) = 0$, $x = 0$ oder $x^2 = 9$

Definitionsmenge:

$9 - x^2 \geq 0$ für $-3 \leq x \leq 3$

$\Rightarrow 9x^2 - x^4 = x^2(9 - x^2) \geq 0$ für $-3 \leq x \leq 3$

$\Rightarrow D_f = [-3; 3]$

Ableitung:

$f'(x) = \frac{1}{2} \cdot \frac{18x - 4x^3}{2\sqrt{9x^2 - x^4}} = \frac{1}{2} \cdot \frac{9x - 2x^3}{\sqrt{9x^2 - x^4}}, x \neq 0$

Extrema:

$f'(x) = 0 \Rightarrow 9x - 2x^3 = 0$

$\Rightarrow x(9 - 2x^2) = 0$

$\Rightarrow 9 - 2x^2 = 0$, da $x \neq 0$

$\Rightarrow x \approx 2,12, y = 2,25$ (Max)

$\qquad x \approx -2,12, y = 2,25$ (Max)

Rotationsvolumen:

$V = \pi \cdot \int_0^3 \frac{1}{4}(9x^2 - x^4)\,dx = \pi \cdot \left[\frac{1}{4}(3x^3) - \frac{1}{5}x^5\right]_0^3$

$\quad = \pi \cdot \frac{81}{10} \approx 25,47$

Überblick

Zusammengesetzte Funktionen	Man kann elementare Funktionen durch Addition, Subtraktion, Multiplikation, Division und Verkettung zu komplexeren Funktionen zusammensetzen.
Verkettung von Funktionen	$f(x)$ und $g(x)$ seien zwei Funktionen, für die $\mathbf{D_f = W_g}$ gilt. Ersetzt man im Funktionsterm von f die Variable x durch den Term $g(x)$, so erhält man eine Funktion $h(x) = f(g(x))$, die man als **Verkettung von f mit g** bezeichnet. f wird als äußere Funktion und g als innere Funktion der Verkettung bezeichnet.
Die Kettenregel	Die Ableitung der verketteten Funktion h wird mit der Kettenregel bestimmt. $\quad h'(x) = [f(g(x))]' = f'(g(x)) \cdot g'(x)$

Exponentielle Differentiation und Integration

$$(e^x)' = e^x$$
$$(e^{-x})' = -e^{-x}$$
$$(e^{ax+b})' = a \cdot e^{ax+b}$$
$$(e^{f(x)})' = f'(x) \cdot e^{f(x)}$$

$$\int e^x \, dx = e^x + C$$
$$\int e^{-x} \, dx = -e^{-x} + C$$
$$\int e^{ax+b} \, dx = \frac{1}{a} e^{ax+b} + C$$

Trigonometrische Differentiation und Integration

$$(\sin x)' = \cos x$$
$$(\cos x)' = -\sin x$$
$$(\sin(ax+b))' = a \cdot \cos(ax+b)$$
$$(\cos(ax+b))' = -a \cdot \sin(ax+b)$$

$$\int \sin x \, dx = -\cos x + C$$
$$\int \cos x \, dx = \sin x + C$$
$$\int \sin(ax+b) \, dx = -\frac{1}{a}\cos(ax+b) + C$$
$$\int \cos(ax+b) \, dx = \frac{1}{a}\sin(ax+b) + C$$

Verallgemeinerte Potenzregel der Differentialrechnung und der Integralrechnung

$$(x^r)' = r \cdot x^{r-1} \quad (r \in \mathbb{R}, r \neq 0)$$
Sonderfälle:
$$r = -1: \left(\frac{1}{x}\right)' = -\frac{1}{x^2}$$
$$r = \frac{1}{2}: \quad (\sqrt{x})' = \frac{1}{2\sqrt{x}}$$

$$\int (x^r) \, dx = \frac{1}{r+1} \cdot x^{r+1} \quad (r \neq -1)$$
Sonderfall:
$$\int \frac{1}{x} \, dx = \ln|x| + C$$

Tangentengleichung und Normalengleichung

Gleichung der Tangente von f an der Stelle x_0:
$$t(x) = f'(x_0) \cdot (x - x_0) + f(x_0)$$

Gleichung der Normale von f an der Stelle x_0:
$$n(x) = -\frac{1}{f'(x_0)} \cdot (x - x_0) + f(x_0)$$

Die Radiokarbonmethode
zur radioaktiven Altersbestimmung

Der amerikanische Chemiker Willard Frank Libby (1908–1980) entwickelte 1947 die sogenannte C-14-Methode zur radioaktiven Altersbestimmung prähistorischer organischer Überreste. Hierfür erhielt er 1960 den Nobelpreis für Chemie. Mit der C-14-Methode sind archäologische, anthropologische und geologische Datierungen möglich, die bis zu ca. 50 000 Jahre in die Vergangenheit zurückreichen.

Im Kohlendioxid der Luft und in den Körpern von Organismen kommt Kohlenstoff als *Isotopengemisch* vor. Das Gemisch besteht zu ca. 98,89 % aus dem stabilen Isotop $^{12}_{6}C$, zu 1,11 % aus dem stabilen Isotop $^{13}_{6}C$ und zu ca. $3 \cdot 10^{-11}$ % aus dem radioaktiven Isotop $^{14}_{6}C$ (Radiokarbon).

Das ^{14}C entsteht in den oberen Schichten der Atmosphäre ständig neu. Durch Neutronenbeschuss aus der kosmischen Strahlung wird Luftstickstoff ^{14}N in ^{14}C umgewandelt:

$$^{14}_{7}N + ^{1}_{0}n \rightarrow ^{14}_{6}C + ^{1}_{1}p.$$

Das so entstandene ^{14}C verbindet sich mit dem Luftsauerstoff O_2 zu Kohlenstoffdioxid CO_2, welches sich sodann in der Atmosphäre verteilt, in der sich im Laufe der Zeiten durch Neubildung und Zerfall ein stabiles Gleichgewicht der Isotope im oben angegebenen Mischungsverhältnis herausbildet.

Das Kohlendioxid kommt schließlich über die Atmung in die Körper von Pflanzen und über die Nahrung und das Wasser auch in die Körper von Tieren und Menschen.

In den Organismen kommt Kohlenstoff daher im exakt gleichen Isotopenmischungsverhältnis vor wie in der Atmosphäre bzw. im Meer.

Allerdings gilt dies nur, solange der Organismus lebt. Nach dem Tode des Organismus wird das radioaktiv zerfallende ^{14}C nicht mehr von außen ersetzt, sodass sein Anteil im Laufe der Zeit im Vergleich zu den Anteilen der stabilen Isotope ^{12}C und ^{13}C schrumpft.

Da die Zerfallsrate des ^{14}C bekannt ist (Halbwertszeit 5730 Jahre), ist es möglich, das Alter eines fossilen Organismus aus dem ^{14}C-Anteil, der in seinen Überresten feststellbar ist, zu errechnen.

Diese Art der Altersbestimmung wird als *Radiokarbonmethode* oder als *C-14-Uhr* bezeichnet.

Bildung von $^{14}_{6}C$ in der Hochatmosphäre

Neutron

Proton

$^{14}_{7}N$ $^{14}_{6}C$

Mischungsverhältnis der Kohlenstoffisotope in Luft und in lebenden Organismen

^{12}C ^{14}C ^{13}C
98,89 % $3 \cdot 10^{-11}$ %   1,11 %

Entwicklung der Isotopenanteile in toten Organismen

Anteil in %

98,89 ───── ^{12}C

1,11 ───── ^{13}C

$3 \cdot 10^{-11}$

Zeitpunkt   5730   Zeit/
des Todes   Jahre

Die fehlerfreie Verwendung der Radiokarbonmethode zur Altersbestimmung in der Archäologie und der Paläontologie setzt allerdings voraus, dass sowohl die kosmische Höhenstrahlung als auch der Stickstoffgehalt der hohen atmosphärischen Schichten über extrem lange Zeiträume nahezu gleich geblieben sind. Schwankungen* können die Zuverlässigkeit beeinträchtigen. Da ^{14}C ohnehin recht schnell zerfällt, wächst die Unsicherheit der Methode mit dem Alter der untersuchten Probe.

Beispiel: Das radioaktive Isotop ^{14}C des Kohlenstoffs zerfällt unter β-Strahlung mit einer Halbwertszeit von ca. 5730 Jahren. Stellen Sie das exponentielle Zerfallsgesetz auf.

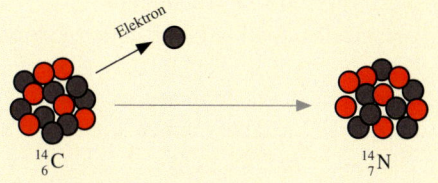

Lösung:
Mit der Formel für die Halbwertszeit bestimmen wir die Zerfallskonstante k. Es ergibt sich k ≈ 0,00012.

Der Ansatz $N(t) = N_0 \cdot e^{-kt}$ liefert dann das nebenstehende Zerfallsgesetz.

$$k = \frac{\ln 2}{T_{1/2}} \approx \frac{0,6931}{5730} \approx 0,00012.$$

$$N(t) = N_0 \cdot e^{-0,00012\,t} \quad (t \text{ in Jahren})$$

Beispiel: Im Moor wird beim Abstich von Torf ein Tierskelett gefunden. Die Überprüfung des Kohlenstoffgehalts ergibt, dass der Anteil des radioaktiven Isotops ^{14}C am Gesamtkohlenstoff im Laufe der Zeit auf $0,2 \cdot 10^{-11}$% abgesunken ist. Wie alt ist das Fundstück?

Lösung:
Der ^{14}C-Gehalt ist von $3 \cdot 10^{-11}$% auf $0,2 \cdot 10^{-11}$% gesunken, also auf $\frac{1}{15}$ des Ausgangswertes.
Die Berechnung von $T_{1/15}$ ergibt ein Alter von etwa 22 600 Jahren.

$$T_{1/15} = \frac{\ln 15}{k} \approx \frac{2,7081}{0,00012} \approx 22\,567 \text{ Jahre}$$

Ein Kunsthändler preist das Bild eines alten Meisters an, der vor 600 Jahren gewirkt hat. Ein Kunde möchte die Echtheit des Gemäldes mit der Radiokarbonmethode prüfen lassen.
Welcher prozentuale ^{14}C-Anteil am Gesamtkohlenstoff müsste sich bei der Untersuchung des in der Leinwand enthaltenen Kohlenstoffes ergeben, wenn das Bild keine Fälschung ist?

* Fehlerquellen bei der Radiokarbonmethode: **1.** Schwankungen des Radiokarbonspiegels in früheren Jahrhunderten. Diese sind anhand von Baumringen feststellbar und eichbar. **2.** Seit 1952 ist durch atmosphärische Atomtests der ^{14}C-Gehalt angestiegen. Der Vorgang ist ebenfalls bekannt und eichbar. **3.** Wird ein Skelett von Flüssigkeit durchsickert, so setzt sich Kalziumkarbonat fest, das den schon abgesunkenen ^{14}C-Gehalt wieder erhöht. Solche Prozesse und labortechnische Verunreinigungen stellen das größte Problem dar.

Test

Zusammengesetzte Funktionen

1. Kurvenuntersuchung

Gegeben ist die Funktion $f(x) = (2x - 4) \cdot e^{1 - 0,5x}$.

a) Bestimmen Sie die Ableitung f'.

b) Untersuchen Sie f auf Nullstellen, Extrema und Wendepunkte.
   Die Ableitungen $f''(x) = (0,5x - 3) \cdot e^{1 - 0,5x}$ und $f'''(x) = (-0,25x + 2) \cdot e^{1 - 0,5x}$ können
   ohne Herleitung verwendet werden.

c) Skizzieren Sie den Graphen von f für $0 \le x \le 8$.

d) Wie lautet die Gleichung der Tangente von f an der Stelle $x = 6$?

e) Zeigen Sie, dass $F(x) = -4x \cdot e^{1 - 0,5x}$ eine Stammfunktion von F ist.
   Wie groß ist der Inhalt des Flächenstücks A, das vom Graphen von f, der x-Achse und der
   senkrechten Geraden $x = 10$ im 1. Quadranten eingeschlossen wird?

2. Randkurvenproblem

Ein Waldstück wird nach Norden durch einen Fluss begrenzt, dessen Verlauf die Funktion

$f(x) = 4x \cdot e^{-\frac{1}{2}x}$ beschreibt. Im Westen bildet eine in Nord-Süd-Richtung verlaufende Autobahn die Grenze, im Süden und Osten die abgebildeten Fußwege (1 LE = 1 km).

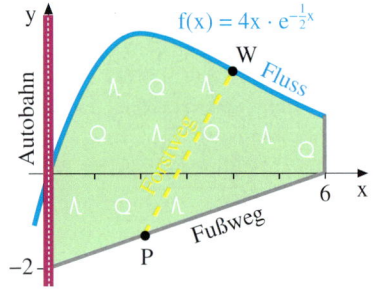

a) Bestimmen Sie die Lage des nördlichsten Punktes des Waldes.

b) Zeigen Sie, dass $F(x) = (-8x - 16) \cdot e^{-\frac{1}{2}x}$ eine
   Stammfunktion von f ist.

c) Berechnen Sie die Waldfläche.

d) Unter welchem Winkel überbrückt die Autobahn
   den Fluss?

e) Im Wendepunkt des Flusses befindet sich eine
   Anlegestelle. Von dort verläuft senkrecht zum
   Fluss ein Forstweg.
   Wo trifft dieser auf den Fußweg?

3. Expedition

Ein Expeditionsteam erkundet ein Wüstenareal in der Sahara. Der mitgeführte Wasservorrat
w beträgt zu Beginn 600 Liter. Er verringert sich mit der Abnahmerate $w'(t) = -16 \cdot e^{-0,02t} - 1$.
Dabei ist t die Zeit in Tagen und $w'(t)$ die Abnahmerate in Liter/Tag zum Zeitpunkt t.

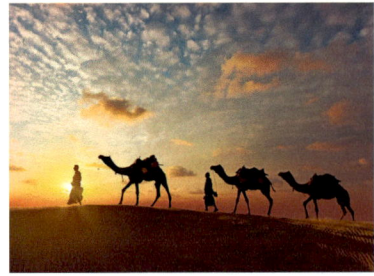

a) Wie groß ist die Abnahmerate ganz zu Beginn der
   Expedition? Wann ist sie aufgrund notwendiger Ein-
   sparungen auf nur noch -10 Liter/Tag abgesunken?

b) Bestimmen Sie die Gleichung der Funktion w, welche den Wasservorrat zur Zeit t angibt (Kontrollergebnis: $w(t) = -200 + 800 \cdot e^{-0,02t} - t$)?

c) Wie groß ist der Wasservorrat w nach einer Woche?

d) Wie groß ist der mittlere tägliche Wasserverbrauch
   in der ersten Expeditionswoche?

e) In welcher Expeditionswoche geht der Wasservorrat w zu Ende?

Lösung: S. 642

VII. Lineare Gleichungssysteme

1. Grundlagen

A. Der Begriff des linearen Gleichungssystems

Lineare Gleichungssysteme besitzen in vielen Bereichen der Mathematik und bei der Lösung naturwissenschaftlicher, technischer und wirtschaftlicher Problemstellungen eine große Bedeutung.
Das wichtigste Lösungsverfahren für lineare Gleichungssysteme ist sehr systematisch aufgebaut, so dass es mit Hilfe von Computern und Taschenrechnern automatisiert werden kann.

In diesem ersten Abschnitt wiederholen wir die bereits bekannten Grundlagen beim Lösen linearer Gleichungssysteme, wobei die Beispiele auf den folgenden Seiten sich auf zwei Gleichungen mit zwei Variablen beschränken.

Ein lineares Gleichungssystem (*LGS*) besteht aus einer Anzahl linearer Gleichungen. Nebenstehend ist ein lineares Gleichungssystem mit vier Gleichungen und drei Variablen x, y, z dargestellt. Man spricht hier von einem (4; 3)-LGS.
Die Darstellung ist in der sogenannten *Normalform* gegeben: Die variablen Terme stehen auf der linken Seite, die konstanten Terme bilden die rechte Seite.

Rechts ist die Normalform eines allgemeinen (m; n) - LGS dargestellt.
Die n Variablen lauten $x_1, x_2, \ldots, x_n$.
Die konstanten Terme auf der rechten Seite der Gleichungen lauten $b_1, b_2, \ldots, b_m$.
a_{ij} bezeichnet den Koeffizienten auf der linken Seite des LGS, der in der i-ten Gleichung als Faktor vor der Variablen x_j steht.
Eine Lösung des LGS gibt man oft als geordnete Kombination an, d. h. als *n-Tupel* $(x_1; x_2; \ldots; x_n)$ (vgl. Beispiel unten).

Computertomographie
Im Computertomographen wird die Abschwächung von Röntgenstrahlen beim Durchdringen des Körpers gemessen.
Daraus gewinnt man lineare Gleichungssysteme, deren Lösungen die Gewebedichten im Körperinnern liefern. Aus diesen lässt sich ein dreidimensionales Bild des Körperinnern errechnen und darstellen.

Ein (4; 3)-LGS in Normalform:

$$
\begin{array}{rcrcrcr}
3x & + & 2y & - & 2z & = & 1 \\
2x & + & 3y & + & 2z & = & 14 \\
4x & - & 2y & + & 3z & = & -9 \\
5x & + & 4y & - & 4z & = & 1
\end{array}
$$

Koeffizienten   Koeffizienten
der linken Seite   der rechten Seite

Die Normalform eines (m; n)-LGS:

$$
\begin{array}{ccccccc}
a_{11}x_1 & + & a_{12}x_2 & + & \ldots & + & a_{1n}x_n & = & b_1 \\
a_{21}x_1 & + & a_{22}x_2 & + & \ldots & + & a_{2n}x_n & = & b_2 \\
\cdot & & & & & & & & \cdot \\
\cdot & & & & & & & & \cdot \\
\cdot & & & & & & & & \cdot \\
a_{m1}x_1 & + & a_{m2}x_2 & + & \ldots & + & a_{mn}x_n & = & b_m
\end{array}
$$

B. Das Additionsverfahren bei Gleichungssystemen mit zwei Variablen

Zunächst bringen wir uns ein elementares Verfahren zur Lösung linearer Gleichungssysteme anhand eines einfachen Beispiels (2 Gleichungen, 2 Variable) in Erinnerung.

> **Beispiel:** Lösen Sie das nebenstehende lineare Gleichungssystem.
>
> | | | |
> |---|---|---|
> | I | $2x - 4y = 2$ | |
> | II | $5x + 3y = 18$ | |

Lösung:
Wir verwenden das sogenannte Additionsverfahren. Zunächst multiplizieren wir Gleichung I mit −5 und Gleichung II mit 2, sodass die Koeffizienten der Variablen x den gleichen Betrag, aber verschiedene Vorzeichen erhalten.

I	$2x - 4y = 2$	$\rightarrow (-5) \cdot \text{I}$
II	$5x + 3y = 18$	$\rightarrow 2 \cdot \text{II}$

So entsteht ein neues Gleichungssystem. Es ist zum Ursprungssystem äquivalent, d.h. lösungsgleich.

I	$-10x + 20y = -10$	
II	$10x + 6y = 36$	$\rightarrow \text{I} + \text{II}$

Nun addieren wir Gleichung I zu Gleichung II. Bei diesem Additionsvorgang wird die Variable x eliminiert. Das entstehende Gleichungssystem ist wiederum äquivalent zum vorhergehenden.

I	$-10x + 20y = -10$
II	$26y = 26$

Gleichung II enthält nun nur noch eine Variable, nämlich y. Auflösen der Gleichung nach y liefert y = 1 als Lösungswert.

Aus II folgt   y = 1.

Setzen wir dieses Teilresultat in Gleichung I ein, so folgt x = 3.

Einsetzen in I liefert: x = 3
Lösungsmenge: $L = \{(3; 1)\}$

Die Lösungsverfahren für lineare Gleichungssysteme beruhen darauf, dass die Anzahl der Variablen pro Gleichung durch Umformungen schrittweise reduziert wird, bis nur noch eine Variable übrig bleibt.
Die verwendeten Umformungen dürfen die Lösungsmenge des Gleichungssystems nicht verändern. Umformungen mit dieser Eigenschaft werden als *Äquivalenzumformungen* bezeichnet.
Die drei wesentlichen Äquivalenzumformungen sind nebenstehend aufgeführt.

Äquivalenzumformungen eines Gleichungssystems

Die Lösungsmenge eines linearen Gleichungssystems ändert sich nicht, wenn

(1) 2 Gleichungen vertauscht werden,

(2) eine Gleichung mit einer reellen Zahl k ≠ 0 multipliziert wird,

(3) eine Gleichung zu einer anderen Gleichung addiert wird.

Zur Pfeilschreibweise: A → B bedeutet: A wird durch B ersetzt.

Übung 1

Lösen Sie die linearen Gleichungssysteme rechnerisch.

a) $2x - 3y = 5$ b) $6x - 4y = -2$ c) $\frac{1}{2}x - 2y = 1$ d) $5x = y - 3$

     $3x + 4y = 16$ $4x + 3y = 10$ $3x + 4y = 14$ $2y = 7 + 9x$

Übung 2

Lösen Sie die linearen Gleichungs-   a) $3x + 2y = 12$ b) $2x - 3y = -9$

systeme zeichnerisch. $4x - 2y = 2$ $4x + 6y = -6$

C. Die Anzahl der Lösungen eines Gleichungssystems mit zwei Variablen

Die Gesamtheit der Lösungen $(x; y)$ jeder einzelnen Gleichung eines $(2; 2)$-LGS bildet eine Gerade im $\mathbb{R}^2$. Damit kann die Frage nach der Anzahl der Lösungen eines $(2; 2)$-LGS in sehr anschaulicher Weise beantwortet werden.

Die Lösungen eines solchen Gleichungssystems sind die Koordinaten der gemeinsamen Punkte der den Gleichungen zugeordneten Geraden. Geraden haben entweder keine gemeinsamen Punkte oder sie haben genau einen gemeinsamen Punkt oder sie haben unendlich viele gemeinsame Punkte.

Entsprechend ist ein lineares Gleichungssystem entweder *unlösbar* oder es ist *eindeutig lösbar* oder es hat *unendlich viele Lösungen*, ist also *nicht eindeutig lösbar*.

Dies gilt nicht nur für Gleichungssysteme mit zwei Variablen, sondern für alle linearen Gleichungssysteme.

I $2x - 2y = -2$ II $-3x + 3y = 6$	I $2x - y = 2$ II $3x + 3y = 12$	I $8x + 4y = 16$ II $-6x - 3y = -12$
Die Geraden sind parallel. Sie haben keine gemeinsamen Punkte.	Die Geraden schneiden sich in einem Punkt.	Die Geraden sind identisch. Sie haben unendlich viele gemeinsame Punkte.
Das Gleichungssystem ist unlösbar.	**Das Gleichungssystem hat genau eine Lösung.**	**Das Gleichungssystem hat unendlich viele Lösungen.**

Auch mithilfe des Additionsverfahrens kann man erkennen, welcher der drei bezüglich der Lösbarkeit möglichen Fälle vorliegt. Den Fall der eindeutigen Lösbarkeit haben wir bereits geübt (vgl. Seite 275). Die restlichen Fälle behandeln wir nun exemplarisch.

▶ **Beispiel:** Untersuchen Sie die Gleichungssysteme mithilfe des Additionsverfahrens auf Lösbarkeit.

a) $2x - 2y = -3$ b) $8x + 4y = 16$
    $-3x + 3y = 9$ $-6x - 3y = -12$

Lösung zu a:

I $2x - 2y = -3$ $\to 3 \cdot$ I
II $-3x + 3y = 9$ $\to 2 \cdot$ II

I $6x - 6y = -9$
II $-6x + 6y = 18$ $\to$ I + II

I $6x - 6y = -9$
II $0x + 0y = 9$

Die Äquivalenzumformungen führen auf ein Gleichungssystem, dessen Gleichung II für kein Paar x, y lösbar ist, da sie $0 = 9$ lautet.
Sie stellt einen Widerspruch in sich dar.

Da eine Gleichung des Systems keine Lösung besitzt, hat das Gleichungssystem als Ganzes erst recht keine Lösungen.
Man spricht von einem unlösbaren Gleichungssystem. Die Lösungsmenge des Systems ist die leere Menge:
$L = \{\ \}$.

Lösung zu b:

I $8x + 4y = 16$ $\to 3 \cdot$ I
II $-6x - 3y = -12$ $\to 4 \cdot$ II

I $24x + 12y = 48$
II $-24x - 12y = -48$ $\to$ I + II

I $24x + 12y = 48$
II $0x + 0y = 0$

Die Umformungen führen auf ein äquivalentes System, dessen Gleichung II für alle Paare x, y trivialerweise erfüllt ist, da sie $0 = 0$ lautet. Sie kann also auch weggelassen werden.

In der verbleibenden Gleichung I kann eine der Variablen frei gewählt werden. Sei etwa $x = c$ ($c \in \mathbb{R}$).
Dann folgt $y = -2c + 4$. Für jeden Wert des Parameters c ergibt sich eine Lösung. Man spricht von einer einparametrigen unendlichen Lösungsmenge:
$L = \{(c;\ -2c + 4);\ c \in \mathbb{R}\}$.

Übung 3

Untersuchen Sie das Gleichungssystem auf Lösbarkeit. Geben Sie die Lösungsmenge an.

a) $8x - 3y = 11$
    $5x + 2y = 34$

b) $3x + 2y = 13$
    $2x - 5y = -4$

c) $8x - 6y = 2$
    $2x + 3y = 2$

d) $-4x + 14y = 6$
     $6x - 21y = 8$

e) $12x + 16y = 28$
    $15x + 20y = 35$

f) $3x - 4y = 14$
   $2x + 3y = -2$
    $x + 10y = -18$

g) $4x - 2y = 8$
    $3x + y = 11$
    $6x - 8y = 1$

h) $3x - 6y = 9$
   $-2x + 4y = -6$
      $x - 2y = 3$

Übung 4

Für welche Werte des Parameters $a \in \mathbb{R}$ liegt eindeutige Lösbarkeit vor?

a) $2x - 5y = 9$
    $4x + ay = 5$

b) $3x + 4y = 7$
    $2x - 6y = a + 12$

c) $ax + 2y = 5$
    $8x + ay = 10$

d) $ax - 2y = a$
    $2x - ay = 2$

Übungen

5. Lösen Sie das lineare Gleichungssystem mithilfe des Additionsverfahrens.

a) $2x - 3y = 5$
   $3x + 2y = 1$

b) $-3x + 4y = -1$
   $4x - 2y = 8$

c) $1,2x - 0,5y = 5$
   $3,4x - 1,5y = 14$

d) $2 - 2x = 2y - 4$
   $6x - 4 = 6y + 2$

e) $y - 3x - 3 = 2y$
   $4 - 4x + y = 8 - 3y$

f) $13 - x + 4y = 0$
   $24 - 2(x - y) = 10$

6. Untersuchen Sie das LGS auf Lösbarkeit. Bestimmen Sie die Lösungsmenge.

a) $x - \frac{1}{3}y = 3$
   $x + 2y = -4$

b) $2x + 4y = -4$
   $-0,5x - y = 1$

c) $-6x + 3y = 3$
   $4x - 2y = 2$

d) $-2x + 6y = -2$
   $x - 3y = 1$

e) $3x - 3y = 0$
   $6x + 3y = 18$
   $-2x + 4y = 4$

f) $-2x + y = -1$
   $4x + 2y = -10$
   $-6x + 3y = -2$

7. Für welche Werte des Parameters $a \in \mathbb{R}$ liegt eindeutige Lösbarkeit vor?

a) $3x - 5y = 4$
   $ax + 10y = 5$

b) $4x - 2y = a$
   $3x + 4y = 7$

c) $ax + 3y = 8$
   $3x + ay = 4$

8. Eine zweistellige Zahl ist siebenmal so groß wie ihre Quersumme. Vertauscht man die beiden Ziffern, so erhält man eine um 27 kleinere Zahl. Wie heißt diese zweistellige Zahl?

9. Aus 6 Liter blauer Farbe und 10 Liter gelber Farbe sollen zwei grüne Farbmischungen hergestellt werden. Die Mischung „Hellgrün" besteht zu 30 % aus blauer und zu 70 % aus gelber Farbe, während die Mischung „Dunkelgrün" zu 60 % aus blauer und zu 40 % aus gelber Farbe besteht. Wie groß sind die Mengen hellgrüner bzw. dunkelgrüner Farbe, die sich aufgrund dieser Mischungsverhältnisse ergeben?

10. Wie alt sind Max und Moritz jetzt?

2. Das Lösungsverfahren von Gauß

Carl Friedrich Gauß (1777–1855) war ein deutscher Mathematiker und Astronom, der sich bereits in frühester Jugend durch überragende Intelligenz auszeichnete. Fast 50 Jahre lang war er als Mathematikprofessor an der Uni Göttingen tätig. Neben der Mathematik beschäftigte er sich vor allem mit der Astronomie. Durch eine neue Berechnung der Umlaufbahnen von Himmelskörpern konnte der 1801 entdeckte und gleich wieder aus dem Blick verlorene Planet Ceres wieder aufgefunden werden. Hierbei entwickelte er auch das nach ihm benannte Lösungsverfahren für Gleichungssysteme, das er 1809 in seinem Buch „Theoria motus corporum coelestium" (Theorie der Bewegung der Himmelskörper) veröffentlichte.

A. Dreieckssysteme

> **Beispiel:** Das gegebene Gleichungssystem hat eine besondere Gestalt, denn die von null verschiedenen Koeffizienten sind in Gestalt eines Dreiecks angeordnet.
>
> Lösen Sie dieses Dreieckssystem.
>
> Ein Dreieckssystem
>
> $$\begin{array}{lrcl} \text{I} & 3x - 2y + 4z &=& 11 \\ \text{II} & 4y + 2z &=& 14 \\ \text{III} & 5z &=& 15 \end{array}$$

Lösung:

Dreieckssysteme sind wegen ihrer besonderen Gestalt sehr einfach zu lösen:

Lösen eines Dreieckssystems durch *Rückeinsetzung*:

1. Wir lösen Gleichung III nach z auf und erhalten z = 3.

Auflösen von III nach z:
$$5z = 15$$
$$z = 3$$

2. Dieses Ergebnis setzen wir in Gleichung II ein, die sodann nach y aufgelöst werden kann. Wir erhalten y = 2.

Einsetzen in II: $4y + 2z = 14$
Auflösen nach y: $4y + 6 = 14$
                      $4y = 8$
                      $y = 2$

3. Nun setzen wir z = 3 und y = 2 in Gleichung I ein, die anschließend nach x aufgelöst werden kann: x = 1.

Einsetzen in I: $3x - 2y + 4z = 11$
Auflösen $3x - 4 + 12 = 11$
nach x: $3x = 3$
                      $x = 1$

Resultat: Das gegebene Dreieckssystem ist *eindeutig lösbar*.

▶ Die Lösung ist (1; 2; 3).

Lösungsmenge: $L = \{(1;2;3)\}$

B. Der Gauß'sche Algorithmus

Im Folgenden zeigen wir das besonders systematische Verfahren zur Lösung linearer Gleichungssysteme von Gauß, das als Gauß'scher Algorithmus oder als Gauß'sches Eliminationsverfahren
bezeichnet wird. Wegen seiner algorithmischen Struktur ist es hervorragend für die numerische
Bearbeitung mittels Computer geeignet.

Die Grundidee von Gauß war sehr einfach: Mithilfe von Äquivalenzumformungen (vgl. S. 275)
wird das lineare Gleichungssystem in ein Dreieckssystem umgewandelt. Dieses wird anschließend
durch „Rückeinsetzung" gelöst.

> **Beispiel:** Formen Sie das lineare Glei-
> chungssystem (LGS) in ein Dreieckssys-
> tem um und lösen Sie dieses.
>
> I $3x + 3y + 2z =\ \ 5$
> II $2x + 4y + 3z =\ \ 4$
> III $-5x + 2y + 4z = -9$

Lösung:
Die außerhalb des blauen Dreiecks stehen-
den Terme stören auf dem Weg zum Drei-
eckssystem. Sie sollen durch Äquivalenz-
umformungen schrittweise eliminiert
werden.
Als Darstellungsmittel verwenden wir den
Umformungspfeil, der angibt, wodurch die
Gleichung ersetzt wird, von welcher dieser
Pfeil ausgeht.

1. Wir eliminieren die Variable x aus den
   Gleichungen II und III.
   Wir erreichen dies, indem wir zu geeigneten Vielfachen dieser Gleichung geeignete Vielfache von Gleichung I addieren oder subtrahieren.

2. Wir eliminieren die Variable y aus der
   Gleichung III des neu entstandenen Systems in entsprechender Weise.

3. Es ist nun wieder ein Dreieckssystem
   entstanden, das wir leicht durch „Rückeinsetzung" lösen können.

> Resultat: L = $\{(1; 2; -2)\}$

Umformen des LGS:

1. Elimination
   von x

I $3x + 3y + 2z =\ \ 5$
II $2x + 4y + 3z =\ \ 4$ $\rightarrow 3 \cdot II - 2 \cdot I$
III $-5x + 2y + 4z = -9$ $\rightarrow 3 \cdot III + 5 \cdot I$

2. Elimination
   von y

I $3x + 3y + 2z =\ \ 5$
II $\qquad\ \ 6y + 5z =\ \ 2$
III $\qquad\ 21y + 22z = -2$ $\rightarrow 2 \cdot III - 7 \cdot II$

Dreiecks-
system

I $3x + 3y + 2z =\ \ \ 5$
II $\qquad\ \ 6y + 5z =\ \ \ 2$
III $\qquad\qquad\ \ 9z = -18$

Auflösen von III nach z: 3. Lösen durch
$$9z = -18$$ Rück-
$$z =\ -2$$ einsetzung

Einsetzen in II, Auflösen nach y:
$$6y + 5z = 2$$
$$6y - 10 = 2$$
$$y = 2$$

Einsetzen in I, Auflösen nach x:
$$3x + 3y + 2z = 5$$
$$3x +\ \ 6 -\ 4 = 5$$
$$x = 1$$

In entsprechender Weise lassen sich auch lineare Gleichungssysteme mit größerer Anzahl von
Gleichungen und Variablen lösen. Es kommt darauf an, die störenden Terme in systematischer
Weise, z. B. spaltenweise, zu eliminieren, sodass eine *Dreiecksform* bzw. *Stufenform* entsteht.

Übungen

1. Lösen Sie das LGS. Formen Sie das LGS ggf. zunächst in ein Dreieckssystem um.

a)
$$2x + 4y - z = -13$$
$$2y - 2z = -12$$
$$3z = 9$$

b)
$$2x + 4y - 3z = 3$$
$$-6y + 5z = 7$$
$$2z = 4$$

c)
$$3x - 2y + 2z = 6$$
$$2x - z = 2$$
$$-3x = -6$$

d)
$$x - 3y + 5z = -2$$
$$y + 2z = 8$$
$$y + z = 6$$

e)
$$x + y + 4z = 10$$
$$2y - 5z = -14$$
$$y + 3z = 4$$

f)
$$2x + 2y - z = 8$$
$$-2x + y + 2z = 3$$
$$4z = 8$$

2. Lösen Sie das LGS mithilfe des Gauß'schen Algorithmus.

a)
$$4x - 2y + 2z = 2$$
$$-2x + 3y - 2z = 0$$
$$3x - 5y + z = -7$$

b)
$$x + 2y - 2z = -4$$
$$2x + y + z = 3$$
$$3x + 2y + z = 4$$

c)
$$2x + 2y - 3z = -7$$
$$-x - 2y - 2z = 3$$
$$4x + y - 2z = -1$$

d)
$$2x + y - z = 6$$
$$5x - 5y + 2z = 6$$
$$3x + 2y - 3z = 0$$

e)
$$x - 2y + z = 0$$
$$3y + z = 9$$
$$2x + y = 4$$

f)
$$2x + 2y + 3z = -2$$
$$x + z = -1$$
$$y + 2z = -3$$

3. Lösen Sie das LGS mithilfe des Gauß'schen Algorithmus. Bringen Sie das LGS zunächst auf Normalform. (Erzeugen Sie zweckmäßigerweise auch ganzzahlige Koeffizienten.)

a)
$$2y = 4 - z$$
$$3z = x - 10$$
$$9 + z = x + y$$

b)
$$2y - 5 = z + 2x$$
$$-2z = x - 2y$$
$$4x = y - 10$$

c)
$$3z = 2y + 7$$
$$x - 4 = y + z$$
$$2x + 2y = x - 1$$

d)
$$\frac{1}{4}x - \frac{1}{2}y + \frac{3}{4}z = 4$$
$$\frac{3}{2}x - \frac{2}{3}y - \frac{1}{2}z = -2$$
$$y - \frac{1}{2}z = 2$$

e)
$$-0{,}2x + 1{,}5y + 0{,}4z = -9$$
$$1{,}1x + 2{,}2z = 8{,}8$$
$$0{,}8x - 0{,}2y = 4{,}4$$

f)
$$\frac{1}{2}x + \frac{1}{5}y + \frac{2}{3}z = 7$$
$$\frac{3}{8}x + \frac{1}{10}y + \frac{1}{12}z = \frac{5}{2}$$
$$4{,}5x - 0{,}5y + \frac{1}{3}z = 17{,}5$$

4. Eine dreistellige natürliche Zahl hat die Quersumme 14. Liest man die Zahl von hinten nach vorn und subtrahiert 22, so erhält man eine doppelt so große Zahl. Die mittlere Ziffer ist die Summe der beiden äußeren Ziffern. Wie heißt die Zahl?

5. Eine Parabel zweiten Grades besitzt bei $x = 1$ eine Nullstelle und im Punkt $P(2|6)$ die Steigung 8. Bestimmen Sie die Gleichung der Parabel.

6. Neben den linearen Gleichungssystemen gibt es auch nichtlineare Gleichungssysteme. Bei solchen Systemen funktioniert der Gauß'sche Algorithmus nicht. Man verwendet das Einsetzungsverfahren oder Näherungsverfahren. Lösen Sie das nichtlineare System.

a)
$$2x + 3y = 16$$
$$x^2 + y^2 = 29$$

b)
$$x^2 + y^2 + z^2 = 14$$
$$x + y = 3$$
$$x^2 + z^2 = 10$$

3. Lösbarkeitsuntersuchungen

A. Unlösbare und nicht eindeutig lösbare LGS

Wir untersuchen nun mit dem Gauß'schen Algorithmus lineare Gleichungssysteme, die keine Lösung besitzen bzw. die unendlich viele Lösungen haben.

> **Beispiel:** Untersuchen Sie das LGS mithilfe des Gauß'schen Algorithmus auf Lösbarkeit.
>
> a) $x + 2y - z = 3$
> $2x - y + 2z = 8$
> $3x + 11y - 7z = 6$
>
> b) $2x + y - 4z = 1$
> $3x + 2y - 7z = 1$
> $4x - 3y + 2z = 7$

Lösung zu a:

$$\begin{array}{ll} \text{I} & x + 2y - z = 3 \\ \text{II} & 2x - y + 2z = 8 \qquad \to \text{II} - 2 \cdot \text{I} \\ \text{III} & 3x + 11y - 7z = 6 \qquad \to \text{III} - 3 \cdot \text{I} \end{array}$$

$$\begin{array}{ll} \text{I} & x + 2y - z = 3 \\ \text{II} & -5y + 4z = 2 \\ \text{III} & 5y - 4z = -3 \qquad \to \text{III} + \text{II} \end{array}$$

$$\begin{array}{ll} \text{I} & x + 2y - z = 3 \\ \text{II} & 5y - 4z = -2 \\ \text{III} & 0 = -1 \\ & \uparrow \text{Widerspruchszeile} \end{array}$$

Gleichung III des Dreieckssystems wird als *Widerspruchszeile* bezeichnet. Sie ist unlösbar ($0x + 0y + 0z = -1$ ist für **kein** Tripel $(x; y; z)$ erfüllt).

Damit ist das Dreieckssystem als Ganzes unlösbar.
Es folgt: Das ursprüngliche LGS ist ebenfalls *unlösbar*, die Lösungsmenge ist daher leer: $L = \{\}$.

Die Unlösbarkeit eines LGS wird nach Anwendung des Gauß'schen Algorithmus stets auf diese Weise offenbar:

Wenigstens in einer Gleichung des resultierenden Dreieckssystems tritt ein offensichtlicher Widerspruch auf.

Lösung zu b:

$$\begin{array}{ll} \text{I} & 2x + y - 4z = 1 \\ \text{II} & 3x + 2y - 7z = 1 \qquad \to 2 \cdot \text{II} - 3 \cdot \text{I} \\ \text{III} & 4x - 3y + 2z = 7 \qquad \to \text{III} - 2 \cdot \text{I} \end{array}$$

$$\begin{array}{ll} \text{I} & 2x + y - 4z = 1 \\ \text{II} & y - 2z = -1 \\ \text{III} & -5y + 10z = 5 \qquad \to \text{III} + 5 \cdot \text{II} \end{array}$$

$$\begin{array}{ll} \text{I} & 2x + y - 4z = 1 \\ \text{II} & y - 2z = -1 \\ \text{III} & 0 = 0 \\ & \uparrow \text{Nullzeile} \end{array}$$

Gleichung III des Gleichungssystems wird als *Nullzeile* bezeichnet. Sie ist für jedes Tripel $(x; y; z)$ erfüllt, stellt keine Einschränkung dar und könnte daher auch weggelassen werden.

Es verbleiben 2 Gleichungen mit 3 Variablen, von denen daher eine Variable frei wählbar ist. Wir setzen für diese „überzählige" Variable einen Parameter ein.

Wählen wir $ z = c \quad (c \in \mathbb{R})$,
so folgt aus II $ y = 2c - 1$
und dann aus I $ x = c + 1$.

Wir erhalten für jeden Wert des freien Parameters c genau ein Lösungstripel $(x; y; z)$. Das Gleichungssystem hat eine *einparametrige unendliche Lösungsmenge*:
$L = \{(c + 1; 2c - 1; c); c \in \mathbb{R}\}$.

Übung 1

Untersuchen Sie das LGS auf Lösbarkeit. Bestimmen Sie die Lösungsmenge.

a) $2x + 2y + 2z = 6$
   $2x + y - z = 2$
   $4x + 3y + z = 8$

b) $3x + 5y - 2z = 10$
   $2x + 8y - 5z = 6$
   $4x + 2y + z = 8$

c) $4x - 3y - 5z = 9$
   $2x + 5y - 9z = 11$
   $6x - 11y - z = 7$

B. Unter- und überbestimmte LGS

Alle bisher durchgeführten Überlegungen zur Lösbarkeit bezogen sich auf den Sonderfall, dass die Anzahl der Gleichungen mit der Anzahl der Variablen übereinstimmt. Im Folgenden zeigen wir exemplarisch, dass sie jedoch sinngemäß für jedes beliebige LGS gelten.

Enthält ein LGS weniger Gleichungen als Variablen, so reichen die Informationen für eine eindeutige Lösung nicht aus, d.h., es ist *unterbestimmt*. Enthält ein LGS hingegen mehr Gleichungen als Variablen, so würden für eine eindeutige Lösung bereits weniger Gleichungen genügen. In diesem Fall ist das LGS *überbestimmt*. Wir zeigen die Vorgehensweisen bei derartigen LGS an zwei Beispielen.

▶ **Beispiel:** Untersuchen Sie das LGS auf Lösbarkeit.

a) $x + y = 1$
    $2x - y = 8$
    $x - 2y = 5$

b) $x - 2y + z + t = 1$
    $-2x + 5y - 4z + 2t = -2$

Lösung zu a:

I $x + y = 1$
II $2x - y = 8$ $\to (-2) \cdot I + II$
III $x - 2y = 5$ $\to I - III$

I $x + y = 1$
II $-3y = 6$
III $3y = -4$ $\to II + III$

I $x + y = 1$
II $-3y = 6$
III $0 = 2$ Widerspruch

Wendet man den Gauß'schen Algorithmus an, erhält man die obige *Stufenform*. Da die Gleichung III einen Widerspruch enthält, ist das gesamte LGS unlösbar, obwohl das Teilsystem aus den ersten beiden Gleichungen eine eindeutige Lösung ($x = 3$; $y = -2$) besitzt. Diese erfüllt jedoch die Gleichung III nicht. Somit erhalten wir als Resultat:
▶ $L = \{\ \}$.

Lösung zu b:

I $x - 2y + z + t = 1$
II $-2x + 5y - 4z + 2t = -2$ $\to 2 \cdot I + II$

I $x - 2y + z + t = 1$
II $y - 2z + 4t = 0$

Das LGS ist *unterbestimmt*. Da die Anwendung des Gauß'schen Algorithmus auf keinen Widerspruch führt, besitzt das LGS unendlich viele Lösungen. Da das LGS in *Stufenform* nur 2 Gleichungen, aber 4 Variablen enthält, ersetzen wir die „überzähligen" Variablen durch Parameter. Hier können sogar 2 Variablen frei gewählt werden.

Wählen wir $z = c$ und $t = d (c, d \in \mathbb{R})$, so folgt aus II $y = 2c - 4d$ und dann aus I $x = 1 + 3c - 9d$.

Das Gleichungssystem hat eine *zweiparametrige unendliche Lösungsmenge*:

$L = \{(1 + 3c - 9d; 2c - 4d; c; d); c, d \in \mathbb{R}\}$.

Übung 2

Untersuchen Sie das LGS auf Lösbarkeit. Bestimmen Sie die Lösungsmenge.

a)
$$\begin{aligned} 3x - 3y &= 0 \\ 6x + 3y &= 18 \\ -2x + 4y &= 4 \end{aligned}$$

b)
$$\begin{aligned} -2x + y &= -1 \\ 4x + 2y &= -10 \\ -6x + 3y &= -2 \end{aligned}$$

c)
$$\begin{aligned} 2x - 2y &= 14 \\ 3x + 6y &= 3 \\ 4x - 12y &= 44 \end{aligned}$$

d)
$$\begin{aligned} 3x - 4y + z &= 5 \\ 2x - y - z &= 0 \\ 4x - 2y - z &= 12 \\ x - y + z &= 10 \end{aligned}$$

e)
$$\begin{aligned} x \phantom{{}+y} + z &= -1 \\ y + z &= 4 \\ x + y \phantom{{}+z} &= 5 \\ x + y + z &= 4 \end{aligned}$$

f)
$$\begin{aligned} 4x + y - 2z + t &= 1 \\ 2x + y + 3z - 2t &= 3 \end{aligned}$$

g)
$$\begin{aligned} 3x + 2y + z &= 5 \\ -6x - 4y - 2z &= 8 \end{aligned}$$

h)
$$\begin{aligned} 2x \phantom{{}+y} + 3z + 2t &= 4 \\ y + 3z + 2t &= 4 \end{aligned}$$

i)
$$\begin{aligned} 2x - 4y + 2z &= 6 \\ x - 8y + 4z &= 12 \\ -x + 2y - z &= -3 \end{aligned}$$

Die Lösbarkeitsuntersuchungen haben gezeigt, dass Nullzeilen (triviale Zeilen) noch nichts über die Lösbarkeit des gesamten LGS aussagen, während aus einer Widerspruchszeile sofort die Unlösbarkeit des gesamten LGS folgt. Wir können zusammenfassend folgendes Lösungsschema zum Gauß'schen Algorithmus angeben:

1.	LGS in die **Normalform** überführen, **ganzzahlige** Koeffizienten erzeugen, sofern möglich.
2.	**Gauß'schen Algorithmus** auf das LGS anwenden. Es entsteht eine **Dreiecks-** bzw. **Stufenform**.
3.	Prüfen, welche der folgenden Eigenschaften das aus 2. resultierende LGS besitzt.

	Widerspruch	**Es existiert kein Widerspruch.**	
	Wenigstens eine Gleichung stellt einen offensichtlichen **Widerspruch** dar.	Die **Anzahl der Variablen ist gleich der Anzahl der nichttrivialen Zeilen.**	Es gibt **mehr Variable als nichttriviale Zeilen.**
4.	⬇	⬇	⬇
	Das LGS ist **unlösbar.**	Das LGS ist **eindeutig lösbar.**	Das LGS hat **unendlich viele Lösungen.**
		Die einzige Lösung wird durch „**Rückeinsetzung**" **aus dem Stufenform-LGS bestimmt.**	Die freien Parameter werden festgelegt. Die Parameterdarstellung der Lösungsmenge wird bestimmt.

Übungen

3. Lösen Sie das LGS. Geben Sie die Lösungsmenge an.

a)
$$\begin{aligned} 2x - y + 6z &= 5 \\ 2y - 3z &= 10 \\ 4z &= 8 \end{aligned}$$

b)
$$\begin{aligned} 3x + y + 7z &= 2 \\ y + 2z &= 1 \\ 3y + 5z &= 4 \end{aligned}$$

c)
$$\begin{aligned} 3x - y + z &= 3 \\ 2y - 2z &= 0 \\ -5x + z &= -2 \end{aligned}$$

d)
$$\begin{aligned} x + 2y - z &= -3 \\ 2x + 4y - 2z &= -1 \\ 3x + y + 5z &= 6 \end{aligned}$$

e)
$$\begin{aligned} -2x + 2y - 4z &= -2 \\ x + 3z &= 0 \\ x - y + 2z &= 1 \end{aligned}$$

f)
$$\begin{aligned} x + y + z &= 5 \\ x - y + z &= 1 \\ -2x - 3z &= -3 \end{aligned}$$

4. Untersuchen Sie das LGS auf Lösbarkeit. Bestimmen Sie die Lösungsmenge.

a)
$$\begin{aligned} 3x - 8y - 5z &= 0 \\ 2x - 2y + z &= -1 \\ x + 4y + 7z &= 2 \end{aligned}$$

b)
$$\begin{aligned} 2x - 2y - 3z &= -1 \\ -2y + z &= -3 \\ -x + y - 3z &= -4 \end{aligned}$$

c)
$$\begin{aligned} 4x - y + 2z &= 6 \\ x + 2y - z &= 6 \\ 6x + 3y &= 18 \end{aligned}$$

d)
$$\begin{aligned} 2x - 3y - 8z &= 8 \\ 6y + 4z &= -8 \\ 6x + 8y - 8z &= 6 \end{aligned}$$

e)
$$\begin{aligned} 3x - y + 2z &= 4 \\ 4x - 6y + 4z &= 10 \\ -x - 2y &= 1 \end{aligned}$$

f)
$$\begin{aligned} 3x - 4y + z &= 5 \\ 2x - y - z &= 0 \\ 4x - 2y - 2z &= 12 \end{aligned}$$

5. Untersuchen Sie das LGS auf Lösbarkeit. Bestimmen Sie die Lösungsmenge.

a)
$$\begin{aligned} x_1 + x_4 &= 2 \\ x_2 + x_3 &= -3 \\ x_4 - x_1 &= x_3 \\ x_4 - x_2 &= 1 \end{aligned}$$

b)
$$\begin{aligned} x_1 + x_3 &= 1 \\ x_2 - x_3 &= 0 \\ x_1 + x_2 + x_3 - x_4 &= 1 \\ x_2 - x_4 &= 0 \end{aligned}$$

c)
$$\begin{aligned} x_1 + x_3 &= x_2 \\ x_2 + x_5 &= x_4 \\ x_5 - x_3 &= 0 \\ x_4 - x_2 &= x_3 \\ x_4 - x_1 &= x_3 + x_5 \end{aligned}$$

6. Robert, Alfons und Edel finden einen Sack voller Münzen. Es sind 3 große, 16 mittlere und 40 kleine Münzen im Gesamtwert von 30 €. Die Münzen werden gerecht aufgeteilt. Robert erhält 2 große und 30 kleine Münzen, Alfons erhält 8 mittlere und 10 kleine Münzen. Den Rest erhält Edel. Wie groß sind die einzelnen Münzwerte?

7. Im Garten sitzen Schnecken, Raben und Katzen. Großvater zählt die Köpfe und die Füße der Tiere. Er kommt auf insgesamt 39 Köpfe und 57 Füße. Die Raben haben zusammen 6 Füße mehr als die Katzen. Wie viele Katzen sind es?

4. Lineare Gleichungssysteme mit dem GTR untersuchen

A. Die direkte Methode mit dem TI-GTR

Bei linearen Gleichungssystemen mit bis zu drei Gleichungen und Unbekannten ist die manuelle Lösung mit dem Gaußschen Algorithmus angemessen, auch um die Prinzipien zu verinnerlichen. Bei Systemen mit drei oder mehr Gleichungen spart der Einsatz des GTR Zeit. Der TI-GTR erlaubt die direkte Eingabe mit folgender Tastenfolge:

menu 3 : Algebra > 2 : System linearer Gleichungen lösen … .

▶ **Beispiel: (4; 4)-LGS**

Lösen Sie das nebenstehende lineare Gleichungssystem mit dem GTR.

$$\begin{aligned} x - 2y + z + 2t &= 8 \\ 2x + 3y - 2z + 3t &= 14 \\ 4x - y + 3z - t &= 7 \\ 3x + 2y - 4z + 5t &= 15 \end{aligned}$$

Lösung:

Man wählt im Calculator-Fenster die oben beschriebenen Optionen. Danach setzt man die Anzahl der Gleichungen auf 4 und gibt als Variablen x, y, z und t ein.
Anschließend werden die vier Gleichungen eingegeben. Die Lösung wird danach direkt
▶ angezeigt: $x = 1$, $y = 2$, $z = 3$, $t = 4$.

▶ **Beispiel: Lösbarkeitsuntersuchung**

Untersuchen Sie die linearen Gleichungssysteme mit dem GTR auf Lösbarkeit.

$\begin{aligned} x + y + z &= 4 \\ 3x + 2y + z &= 9 \\ x - y - 3z &= -2 \end{aligned}$	$\begin{aligned} 2x + y + z &= 4 \\ x - y + 2z &= 8 \\ 7x + 5y + 2z &= 6 \end{aligned}$

Lösung:
Die Gleichungssysteme werden wie im obigen Beispiel eingegeben. In beiden Fällen muss die Lösung aber interpretiert werden.

Beim linken System hat der Rechner die Variable z frei gewählt und $z = c_1$ gesetzt. In Abhängigkeit von c_1 sind dann auch die weiteren Variablen $x = c_1 + 1$ und $y = 3 - 2c_1$ eindeutig bestimmt. Das LGS hat eine einparametrige unendliche Lösungsmenge:
$L = \{(c_1 + 1; 3 - 2c_1; c_1); c_1 \in \mathbb{R}\}$.

Beim rechten System bedeutet die Ausgabe „Keine Lösung gefunden", dass sich die Gleichungen des LGS widersprechen und
▶ es daher unlösbar ist.

Übung 1 Lösung eines LGS mit dem GTR.

Prüfen Sie das LGS mithilfe des GTR auf Lösbarkeit. Geben Sie die Lösungsmenge an.

a) $\begin{aligned} 3x + 2y - 2z &= 0 \\ 2x - y + z &= 7 \\ x - 3y + 2z &= 6 \end{aligned}$

b) $\begin{aligned} x - 2y - z &= 2 \\ 2x - 2y + 2z &= 2 \\ 4x - 6y &= 6 \end{aligned}$

c) $\begin{aligned} x - 2y + 5z &= 9 \\ 3x + y + z &= 13 \\ 2x + 3y - 4z &= 6 \end{aligned}$

d) $\begin{aligned} 2x - y + z &= -4 \\ 3x - 2y + 3z &= 1 \\ x + 2y - 2z &= -7 \end{aligned}$

e) $\begin{aligned} -2x + y - z &= 2 \\ -3x - 3y + 2z &= 1 \\ 5x + 2y - z &= -4 \end{aligned}$

f) $\begin{aligned} 2x - y + z &= -5 \\ 3x - 2y + 2z &= -11 \\ -3x + y - z &= 4 \end{aligned}$

Auch unterbestimmte LGS (mehr Variable als Gleichungen bzw. überbestimmte LGS (mehr Gleichungen als Variable) lassen sich mit der direkten Methode lösen.

> ▶ **Beispiel: Ein unterbestimmtes und ein überbestimmtes LGS**
>
> Lösen Sie das lineare Gleichungssystem mit dem GTR.
>
> a) $\begin{aligned} x + 2y + z &= 6 \\ 2x - y + 2z &= 7 \end{aligned}$
>
> b) $\begin{aligned} x + 2y - z &= 8 \\ 2x - y + 2z &= 0 \\ 2x + 2y - 3z &= 7 \\ x - 2y + z &= -6 \end{aligned}$

Lösung zu a)

Das System ist unterbestimmt, da es weniger Gleichungen als Variablen hat. Mit dem TI-GTR lässt sich ein solches LGS ohne weitere Umschweife genauso lösen wie in den weiter oben behandelten „Normalfällen". Wir erhalten als Resultat die unendliche Lösungsmenge
$L = \{(-c_1 + 4; 1; c_1), c_1 \in \mathbb{R}\}$.

Lösung zu b)

Auch dieses überbestimmte LGS läßt sich problemlos behandeln.
Es besitzt eine eindeutige Lösung
▶ $L = \{(1; 4; 1)\}$.

Übung 2 Unter- und überbestimmte LGS

Lösen Sie die linearen Gleichungssysteme mit dem GTR.

a) $\begin{aligned} 2x + y - z &= 2 \\ 3x + 2y - 2z &= 2 \end{aligned}$

b) $\begin{aligned} x + 2y + z &= 6 \\ 2x + 3y - 3z &= 5 \end{aligned}$

c) $\begin{aligned} x - y - z &= 6 \\ 2x - 2y &= 2z + 5 \end{aligned}$

d) $\begin{aligned} x - 2y + z &= 0 \\ -x + y - 2z &= -1 \\ y + z &= 1 \\ x - 3y &= -1 \end{aligned}$

e) $\begin{aligned} x - y + 3z &= 2 \\ 3x - 2y - z &= -1 \\ x + 4y &= 14 \\ 2x - y + z &= 8 \end{aligned}$

f) $\begin{aligned} x - 2y + z &= 8 \\ 2x + 2y - z &= 1 \\ 3y - 2z &= -8 \end{aligned}$

B. Die direkte Methode mit dem CASIO-GTR

Mit dem CASIO-GTR lassen sich lineare Gleichungssysteme mit n = 2 bis n = 6 Variablen und genauso vielen Gleichungen direkt lösen. Dazu öffnet man im Hauptmenü mit der Tastenfolge
$\boxed{\text{ALPHA}}$ > $\boxed{\text{X}\Theta\text{T}}$ (A) > $\boxed{\text{F1}}$ (SIMUL) die Anwendung zum Lösen linearer Gleichungssysteme.

▶ **Beispiel: (3; 3)-LGS**

Lösen Sie das nebenstehende lineare Gleichungssystem mit dem GTR.

$$x + y + 2z = 1$$
$$3x - 2y + z = 3$$
$$x + 3y + z = 7$$

Lösung:

Man erreicht im Hauptmenü mit der oben beschriebenen Tastenfolge die Anwendung zum Lösen linearer Gleichungssysteme. Zunächst kann man die Anzahl n der Unbekannten eingeben ($2 \leq n \leq 6$). Mit der Taste $\boxed{\text{F2}}$ wählen wir n = 3 Unbekannte. Nun erscheint ein rechteckiges Schema, in das wir die Koeffizienten des LGS eingeben können, am besten zeilenweise.

Anschließend wird die Operation SOLVE durch Drücken der Taste $\boxed{\text{F1}}$ gestartet.

Die Lösung wird nun direkt angezeigt. Sie
▶ lautet: x = 3, y = 2, z = −2.

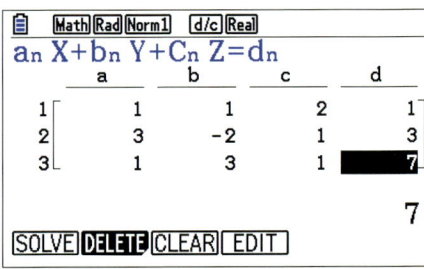

▶ **Beispiel: Lösbarkeitsuntersuchung**

Untersuchen Sie die linearen Gleichungssysteme mit dem GTR auf Lösbarkeit.

$$x + y + 2z = 1 \qquad\qquad x + y + 2z = 1$$
$$3x - 2y + z = 3 \qquad\qquad 3x - 2y + z = 3$$
$$2x - 3y - z = 2 \qquad\qquad x - 4y - 3z = 2$$

Lösung:

Die Gleichungssysteme werden wie im obigen Beispiel eingegeben. In beiden Fällen muss die Lösung aber interpretiert werden.

Beim linken System hat der Rechner die Variable z frei gewählt und z = z gesetzt. In Abhängigkeit von z werden x = 1 − z und y = −z angezeigt. Das LGS hat also eine einparametrige unendliche Lösungsmenge: $L = \{(1 - z; -z; z), z \in \mathbb{R}\}$.

Beim rechten System lautet die Ausgabe "Keine Lösung". Die Gleichungen des LGS
▶ widersprechen sich. Es ist daher unlösbar.

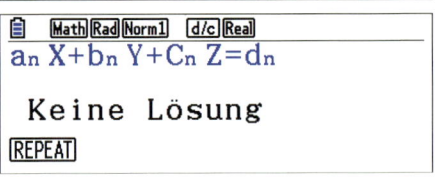

Übung 3 Lösung eines LGS mit dem GTR.
Prüfen Sie das LGS mithilfe des GTR auf Lösbarkeit. Geben Sie die Lösungsmenge an.

a) $\begin{aligned} x + 2y - 3z &= 4 \\ 2x - 2y + 2z &= 4 \\ 3x - 2y + z &= 6 \end{aligned}$
b) $\begin{aligned} x + 2y - z &= 2 \\ 2x - 2y + 4z &= -2 \\ 4x + 2y + 2z &= 2 \end{aligned}$
c) $\begin{aligned} x + y - z &= 1 \\ 2x + y - 2z &= 2 \\ 4x + 3y - 4z &= 2 \end{aligned}$

Der CASIO-GTR setzt bei der direkten Methode stets voraus, dass das zu lösende LGS genauso viele Gleichungen wie Variablen hat. Dennoch kann man unterbestimmte LGS (mehr Variable als Gleichungen bzw. überbestimmte LGS (mehr Gleichungen als Variable) mit dem Rechner lösen. Der Trick: Man fügt dem LGS *Nullzeilen* bzw. *Nullspalten* hinzu, um die Bedingung zu erfüllen.

▶ **Beispiel: Ein unterbestimmtes und ein überbestimmtes LGS**
Lösen Sie das lineare Gleichungssystem mit dem GTR.

a) $\begin{aligned} x + 2y + z &= 6 \\ 2x - y + 2z &= 7 \end{aligned}$

b) $\begin{aligned} x + 2y - z &= 8 \\ 2x - y + 2z &= 0 \\ 2x + 2y - 3z &= 7 \\ x - 2y + z &= -6 \end{aligned}$

Lösung zu a)
Das System ist unterbestimmt, da es weniger Gleichungen als Variable hat. Wir fügen eine dritte Zeile (Gleichung) hinzu, die als Koeffizienten lauter Nullen enthält, also die Zeile $0x + 0y + 0z = 0$. Nun „schluckt" der CASIO-GTR das System und liefert die unendliche Lösungsmenge $L = \{(4 - z;\ 1;\ z)\}$.

Lösung zu b)
Auf die gleiche Weise gehen wir an das überbestimmte Gleichungssystem heran. Wir fügen auf der linken Seite eine vierte Koeffizientenspalte mit der Variablen t hinzu, deren Koeffizienten aber alle Null sind.

Der GTR liefert folgende Lösungsanzeige: „Unendlich viele Lösungen", $x = 1$, $y = 4$, $z = 1$, $t = t$". Da die Angabe „unendlich viele Lösungen" nur durch die hinzugefügte Trickvariable t zustande kommt, müssen wir korrigieren: Es gibt eine eindeutige
▶ Lösung $x = 1$, $y = 4$, $z = 1$.

Übung 4
Lösen Sie die linearen Gleichungssysteme aus der Übung 2 von Seite 245.

C. EXKURS: Die Koeffizientenmatrix und die erweiterte Koeffizientenmatrix

Die manuelle Lösung eines LGS erfolgt mithilfe von Äquivalenzumformungen, welche nur auf die Koeffizienten des Gleichungssystems wirken. Daher reicht es aus, sich auf die Koeffizienten des Systems zu beschränken und die Variablen wegzulassen.

Lineares Gleichungssystem:

$$\begin{aligned} x + y + z &= 1 \\ 2x - y - z &= 5 \\ 4x + 2y + 3z &= 4 \end{aligned}$$

Das zweidimensionale Zahlenschema der Koeffizienten der linken Seite eines LGS bezeichnet man als *Koeffizientenmatrix* A.

Zugehörige Koeffizientenmatrix:

$$A = \begin{pmatrix} 1 & 1 & 1 \\ 2 & -1 & -1 \\ 4 & 2 & 3 \end{pmatrix}$$

Nimmt man noch die rechte Seite des LGS hinzu, so spricht man von der *erweiterten Koeffizientenmatrix* A_e.

Erweiterte Koeffizientenmatrix:

$$A_e = \begin{pmatrix} 1 & 1 & 1 & 1 \\ 2 & -1 & -1 & 5 \\ 4 & 2 & 3 & 4 \end{pmatrix}$$

▶ **Beispiel: Die erweiterte Koeffizientenmatrix**
Lösen Sie das obige LGS durch Äquivalenzumformungen der erweiterten Koeffizientenmatrix.

Lösung:
Mit den in Pfeilschreibweise dargestellten Äquivalenzumformungen wird die erweiterte Koeffizientenmatrix in zwei Schritten analog zum Gaußschen Algorithmus auf Dreiecksgestalt (obere Dreiecksform) gebracht.

Erzeugen der oberen Dreiecksform:

$$A_e = \begin{pmatrix} 1 & 1 & 1 & 1 \\ 2 & -1 & -1 & 5 \\ 4 & 2 & 3 & 4 \end{pmatrix} \quad \begin{aligned} &\to 2 \cdot I - II \\ &\to 4 \cdot I - III \end{aligned}$$

$$A_e = \begin{pmatrix} 1 & 1 & 1 & 1 \\ 0 & 3 & 3 & -3 \\ 0 & 2 & 1 & 0 \end{pmatrix} \quad \to 2 \cdot II - 3 \cdot III$$

$$A_e = \begin{pmatrix} 1 & 1 & 1 & 1 \\ 0 & 3 & 3 & -3 \\ 0 & 0 & 3 & -6 \end{pmatrix}$$

Nun kann die Lösung des LGS durch *Rückeinsetzung* erfolgen, wieder wie beim Gaußschen Algorithmus.
In der dritten Spalte stehen die Koeffizienten der Variablen z. Daher lautet die dritte Zeile in ausführlicher Darstellung $3z = -6$, woraus $z = -2$ folgt.

Lösung durch Rückeinsetzung:

3. Zeile: $3z = -6 \Rightarrow z = -2$

Einsetzen dieses Ergebnisses in die zweite Zeile liefert $y = 1$.

2. Zeile: $3y + 3z = -3$
                $3y - 6 = -3 \Rightarrow y = 1$

Eine letzte Rückeinsetzung in die erste Zeile liefert schließlich $x = 2$.
▶ Resultat: $L = \{(2; 1; -2)\}$.

1. Zeile: $x + y + z = 1$
                $x + 1 - 2 = 1 \Rightarrow x = 2$

Übung 5 Koeffizientenmatrix
Lösen Sie das rechts aufgeführte LGS mit Hilfe der erweiterten Koeffizientenmatrix.

$$\begin{aligned} x + y + z &= 5 \\ 2x - y + z &= 8 \\ 2x - 3y - 2z &= -5 \end{aligned}$$

D. Die Diagonalform der erweiterten Koeffizientenmatrix

Man kann die erweiterte Koeffizientenmatrix mit erlaubten Gaußschen Äquivalenzumformungen bearbeiten, bis eine sog. *Diagonalform* entstanden ist, aus der die Lösungen direkt ablesbar sind. Wir führen das Verfahren zwecks besseren Verständnisses zunächst manuell durch. Anschließend verwenden wir einen GTR-Befehl, der alles automatisiert.

▶ **Beispiel: Diagonalform der erweiterten Koeffizientenmatrix**

Lösen Sie das LGS, indem Sie die erweiterte Koeffizientenmatrix in eine möglichst einfache diagonale Gestalt überführen.

$$x + 2y - z = -3$$
$$2x + 5y \quad = 4$$
$$-2x - 2y + 7z = 30$$

Lösung:
In ersten Schritt notieren wir die erweiterte Koeffizientenmatrix und bringen die Koeffizientenmatrix selbst wie bisher in zwei Schritten mit den dargestellten Gauß-Umformungen in die *obere Dreiecksform*.

Im zweiten Schritt gehen wir anders als bisher vor. Wir setzen die unteren Zeilen in die weiter oben liegenden Zeilen ein. Dadurch kann die Koeffizientenmatrix so vereinfacht werden, dass *nur noch in ihrer Diagonalen* von Null verschiedene Zahlen stehen.

Nach der letzten Umformung lautet das LGS in ausführlicher Diagonalform:

$$1 \cdot x + 0 \cdot y + 0 \cdot z = -3$$
$$0 \cdot x + 1 \cdot y + 0 \cdot z = 2$$
$$0 \cdot x + 0 \cdot y + 1 \cdot z = 4$$

Seine Lösung $x = -3$, $y = 2$, $z = 4$ ist nun praktisch direkt ablesbar: $L = \{(-3; 2; 4)\}$

Erzeugung der oberen Dreiecksform:

$$A_e = \begin{pmatrix} 1 & 2 & -1 & -3 \\ 2 & 5 & 0 & 4 \\ -2 & -2 & 7 & 30 \end{pmatrix} \quad \begin{matrix} \rightarrow II - 2 \cdot I \\ \rightarrow III + 2 \cdot I \end{matrix}$$

$$A_e = \begin{pmatrix} 1 & 2 & -1 & -3 \\ 0 & 1 & 2 & 10 \\ 0 & 2 & 5 & 24 \end{pmatrix} \quad \rightarrow III - 2 \cdot II$$

$$A_e = \begin{pmatrix} 1 & 2 & -1 & -3 \\ 0 & 1 & 2 & 10 \\ 0 & 0 & 1 & 4 \end{pmatrix} \quad \rightarrow II - 2 \cdot III$$

Erzeugung der Diagonalform:

$$A_e = \begin{pmatrix} 1 & 2 & -1 & -3 \\ 0 & 1 & 0 & 2 \\ 0 & 0 & 1 & 4 \end{pmatrix} \quad \rightarrow I + III$$

$$A_e = \begin{pmatrix} 1 & 2 & 0 & 1 \\ 0 & 1 & 0 & 2 \\ 0 & 0 & 1 & 4 \end{pmatrix} \quad \rightarrow I - 2 \cdot II$$

$$A_e = \begin{pmatrix} 1 & 0 & 0 & -3 \\ 0 & 1 & 0 & 2 \\ 0 & 0 & 1 & 4 \end{pmatrix} \quad \Rightarrow \begin{matrix} x = -3 \\ y = 2 \\ z = 4 \end{matrix}$$

Automatisierung auf dem TI-GTR:

Auf dem TI-GTR wird die reduzierte Diagonalform mit dem Befehl *rref* erzeugt.*
Nach Eingabe des rref-Befehls werden die Zahlen der erweiterten Koeffizientenmatrix zeilenweise eingegeben. Dabei werden die Zahlen einer Zeile durch Kommata getrennt und die Zeilen selbst durch ein Semikolon. Rechts ist dies dargestellt. Dies führt zur ablesbaren Lösung $L = \{(-3; 2; 4)\}$.

---

rref: reduced row echelon form, reduzierte Zeilenstufenform

Automatisierung auf dem CASIO-GTR:
Auf dem CASIO-GTR wird die reduzierte Diagonalform ebenfalls mit dem Befehl *Rref* erzeugt.
Aber das Vorgehen ist im Detail doch etwas umständlicher als auf dem TI-GTR.

1. Eingabe der erw. Koeffizientenmatrix
Man gibt zunächst die erweiterte Koeffizientenmatrix des LGS ein.
Dazu schalten wir mit MENU > 1 in die Run-Matrix-Anwendung, wo wir mit F3 die Option Mat/Vct aufrufen.
Mit nochmals F3 stellen wir nun die Dimension der Matrix ein. Wir wählen m = 3 Zeilen und n = 4 Spalten.
Nach Drücken der EXE-Taste erscheint ein Rechteckschema, in das wir die Koeffizienten der erweiterten Koeffizientenmatrix am besten zeilenweise eingeben.

Eingabe der Dimension:

2. Erzeugung der Diagonalform mit Rref
Durch EXIT > EXIT wechseln wir zur Hauptebene der Run-Matrix-Anwendung.
Mit OPTN > F2 (MAT/VCT) > F6 (▷) > F5 (Rref) rufen wir den Rref-Befehl auf.
Mit OPTN > F2 > F1 > Mat > ALPHA > A > EXE wenden wir ihn auf die erweiterte Koeffizientenmatrix A an und erhalten als Resultat die reduzierte Diagonalform, aus der die Lösungen unmittelbar ablesbar sind.

Eingabe der Koeffizienten:

Erzeugung der Diagonalform:

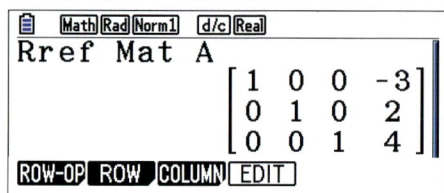

▶ Resultat: x = −3, y = 2, z = 4.

Übung 6 Manuelle Lösung
Lösen Sie das LGS manuell, indem Sie seine erweiterte Koeffizientenmatrix aufstellen und diese durch Äquivalenzumformungen in die reduzierte Diagonalform überführen.

a) $2x + 2y = 2$
   $4x - y = -6$

b) $x + y - z = 5$
   $-3x + 2y + 3z = -5$
   $2x - 2y + z = 2$

c) $x \qquad + z = 9$
   $-x + y \qquad = -1$
   $y - z = -2$

Übung 7 GTR–Lösung
Lösen Sie das LGS, indem Sie den Rref–Befehl auf die erweiterte Koeffizientenmatrix anwenden.

a) $-5x + y = -2$
   $4x - 2y = -8$

b) $2x + 4y - z = 11$
   $3x - 3y + 2z = 2$
   $4x + y + z = 11$

c) $x - 2y + 5z + 2t = 3$
   $3x + y + z - 3t = 7$
   $2x + 5y - 2z + 2t = 19$
   $-2x - y + 3z + t = -3$

Oft hat ein lineares Gleichungssystem keine eindeutige Lösung. Dann muss das vom rref-Befehl ausgegebene Ergebnis interpretiert werden.

> ▶ **Beispiel: Interpretation der GTR-Lösung eines LGS**
> Ermitteln Sie die Lösung der linearen Gleichungssysteme mit dem rref-Befehl und interpretieren Sie die angezeigte Lösung.
>
> I. $\begin{aligned} x + 2y + z &= 8 \\ 2x + y - 4z &= -11 \\ 5x + 6y - 3z &= 4 \\ 8x + 9y - 6z &= 1 \end{aligned}$ II. $\begin{aligned} 3x + 4y - 2z &= 5 \\ 2x + 3y + z &= 7 \\ 2x + 2y - 6z &= -2 \end{aligned}$ III. $\begin{aligned} x + y + z &= 6 \\ 3x + 4y + 2z &= 30 \end{aligned}$

Lösung:
Zunächst wird für jedes LGS die erweiterte Koeffizientenmatrix unter Verwendung des rref-Befehls eingegeben. Wir erhalten maximal reduzierte sog. *Zeilenstufenformen* als Ergebnis.

Im Ergebnis zum ersten überbestimmten LGS werden als 4. Zeile und 3. Zeile zwei Nullzeilen angezeigt.
Die 2. Zeile lautet $y + 2z = 9$, also $y = 9 - 2z$. Die 1. Zeile ist $x - 3z = -10$, d.h. $x = 3z - 10$.
Das LGS besitzt eine einparametrige unendliche Lösungsmenge L.
Setzen wir nämlich $z = c$, dann folgt $L = \{(3c - 10; 9 - 2c; c); c \in \mathbb{R}\}$.

Lösung von LGS I mit TI-GTR:

Im zweiten LGS erhalten wir einen Widerspruch, denn die dritte Zeile lautet ausführlich dargestellt $0 \cdot x + 0 \cdot y + 0 \cdot z = 1$, das heißt $0 = 1$. Das LGS ist unlösbar.

Lösung von LGS II mit CASIO-GTR:

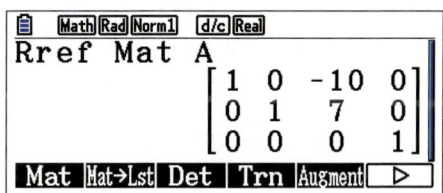

Im dritten unterbestimmten LGS lautet die 2. Zeile in Gleichungsform $y - z = 12$ oder $y = z + 12$.
Die 1. Zeile lautet in Gleichungsform dargestellt: $x + 2z = -6$, d.h. $x = -2z - 6$.
Mit $z = c$ erhalten wir als Lösungsmenge
▶ $L = \{(-2c - 6; c + 12; c); c \in \mathbb{R}\}$.

Lösung von LGS III mit TI-GTR:

Übung 8 LGS mit dem rref- Befehl lösen
Ermitteln Sie die Lösung der linearen Gleichungssysteme mit dem rref-Befehl und interpretieren Sie die angezeigte Lösung.

a) $\begin{aligned} 3x + 2y - 2z &= 3 \\ 5x + y + 3z &= 4 \\ 2x - 2y + 5z &= 6 \end{aligned}$ b) $\begin{aligned} x + y + 2z &= 6 \\ 2x - y + z &= 3 \\ 3x \quad\;\; + 3z &= 9 \end{aligned}$ c) $\begin{aligned} 3x + 2y + z &= 10 \\ -6x - 3y + 2z &= -6 \\ 2x + 5y - 3z &= 3 \\ 4x - y + 5z &= 17 \end{aligned}$ d) $\begin{aligned} 3x + 2y + z &= 10 \\ -6x - 3y + 2z &= -6 \\ 2x + 5y - 3z &= 3 \\ 4x - y + 5z &= 16 \end{aligned}$

Übungen

9. GTR: Die direkte Methode

Untersuchen Sie das LGS mithilfe des direkten Verfahrens ihres GTR zum Lösen von linearen Gleichungssystemen. Geben Sie die Lösungsmenge an.

a) $x + y + 2z = 7$
 $2x - 3y - z = 4$
 $4x + 3y + z = 2$

b) $x + y + z = 3$
 $3x + 2y + z = 8$
 $5x + 4y + 3z = 14$

c) $x + 2y + 5z = 3$
 $3x - y - z = 6$
 $5x - 2y + 2z = 1$
 $x + y + 2z = 4$

d) $x + y - 4z = -1$
 $-2x + 4y + 2z = -10$

e) $2x + y - 3z = 5$
 $3x + 2y - 2z = 4$
 $5x + 4y = 1$

f) $x + y + z + t = 5$
 $-x + y + 2z + t = 2$
 $2x - y - 3z + 2t = 14$
 $3x + 4y + z + t = 0$

10. Dreiecksgestalt der erweiterten Koeffizientenmatrix

Gegeben ist die rechts stehende erweiterte Koeffizientenmatrix.

$$A = \begin{pmatrix} 1 & 2 & -4 & 8 \\ 2 & -1 & 2 & -4 \\ 3 & -3 & -6 & 24 \end{pmatrix}$$

a) Wie lautet das zugehörige lineare Gleichungssystem?

b) Lösen Sie das Gleichungssystem, indem Sie die erweiterte Koeffizientenmatrix zunächst in Dreiecksgestalt überführen und dann Rückeinsetzungen verwenden.

11. Diagonalform der erweiterten Koeffizientenmatrix

Lösen Sie das lineare Gleichungssystem, indem Sie die erweiterte Koeffizientenmatrix aufstellen, diese auf Diagonalform bringen und daraus die Lösungen gewinnen.

$$x + 2y - 3z = 1$$
$$2x + 5y - 4z = 10$$
$$3x + 6y - 8z = 6$$

12. Lösung von LGS mit dem rref–Befehl

Lösen Sie das lineare Gleichungssystem mithilfe des rref–Befehls des GTR.

a) $2x + 2y + 3z = 5$
 $-x + y + 2z = 9$
 $3x + 4y + z = 8$

b) $3x + y + z = 15$
 $x + y - z = 7$
 $-2x + 2y - 6z = -2$

c) $x + 2y - z = 2$
 $2x - 2y + z = 1$
 $4x - 4y + 2z = 10$

d) $x + y + z = 7$
 $2x + 3y + 5z = 18$
 $3x + y - 3z = 13$
 $4x - 2y - 14z = 4$

13. Textaufgabe

Eine dreistellige natürliche Zahl hat die Quersumme 16. Die Summe der ersten beiden Ziffern ist um 2 größer als die letzte Ziffer. Addiert man zum Doppelten der mittleren Ziffer die erste Ziffer, so erhält man das Doppelte der letzten Ziffer. Wie heißt die gesuchte Zahl?

Überblick

Darstellung eines LGS: Ein (m; n)-LGS besteht aus m linearen Gleichungen mit n Variablen. Es kann direkt in Form der einzelnen Gleichungen oder in Form der erweiterten Koeffizientenmatrix A_e dargestellt werden:

Direkte Darstellung: **Erweiterte Koeffizientenmatrix:**

I: $x + 2y + z = 8$

II: $2x + y - 2z = -2$ $A_e = \begin{pmatrix} 1 & 2 & 1 & 8 \\ 2 & 1 & -2 & -2 \\ 3 & -2 & 3 & 8 \end{pmatrix}$

III: $3x - 2y + 3z = 8$

Lösungsmenge eines LGS: Die Lösungsmenge eines (m; n)-LGS wird mit Hilfe eines n-Tupels dargestellt: $L = \{(x_1; x_2; \ldots, x_n)\}$. Beispiel: $L = \{(1; 2; 3)\}$

Äquivalenzumformungen eines LGS Umformungen eines LGS, welche die Lösungsmenge nicht ändern, werden als **Äquivalenzumformungen** bezeichnet. Dies sind:
(1) Vertauschung von zwei Gleichungen.
(2) Multiplikation einer Gleichung mit einer reellen Zahl $k \neq 0$.
(3) Addition einer Gleichung zu einer anderen Gleichung.

Anzahl der Lösungen eines LGS: Es gibt drei Lösbarkeitsfälle:
1. Das LGS hat **keine** Lösung. Es ist unlösbar.
2. Das LGS hat **genau** eine Lösung. Es ist eindeutig lösbar.
3. Das LGS hat **unendlich viele** Lösungen.

Der Gauß'sche Algorithmus Man bringt das LGS mit Äquivalenzumformungen auf *Dreiecksform* oder in eine *Reihenstufenform*. Dann löst man es durch eine Rückwärtseinsetzung.
Fall 1: Die Dreiecksform enthält *mindestens eine* Widerspruchszeile. Dann ist das LGS **unlösbar**.
Fall 2: Die Dreiecksform enthält *keine Widerspruchszeile*. Die Anzahl der Variablen ist gleich der Anzahl der nichttrivialen Zeilen, die keine Allgemeingültigkeit darstellen. Dann ist das LGS **eindeutig lösbar**.
Fall 3: Die Dreiecksform enthält *keine Widerspruchszeile*. Die Anzahl der Variablen ist größer als die Anzahl der nichttrivialen Zeilen. Dann hat das LGS **unendlich viele Lösungen**.

Unterbestimmtes LGS: Das LGS hat weniger Gleichungen als Variable (m < n).
Überbestimmtes LGS: Das LGS hat mehr Gleichungen als Variable   (m > n).

Koeffizientenmatrix und erweiterte Koeffizientenmatrix Die Koeffizientenmatrix A eines LGS ist ein Rechtecksschema mit den Koeffizienten der linken Seite des LGS.
Die erweiterte Koeffizientenmatrix A_e enthält als weitere Spalte die Koeffizienten der rechten Seite des LGS.

Lösung eines LGS mit dem GTR Methode 1: Direkte Methode mit rechnerspezifischem Verfahren
Methode 2: Reduktion der erweiterten Koeffizientenmatrix mit dem Befehl **Rref** auf die reduzierte Diagonalform

Chemische Reaktionsgleichungen

Dem italienischen Chemiker SOBRERO gelang im Jahre 1846 die Herstellung der hochexplosiven Flüssigkeit *Nitroglycerin* ($C_3H_5N_3O_9$). Schon durch kleine mechanische Erschütterungen wurde die Explosion ausgelöst, was die praktische Anwendbarkeit als Sprengstoff stark einschränkte.

Alfred NOBEL (1833–1896) hatte die Idee, dieses Sprengöl in porösem Kieselgut aufzusaugen, sodass ein erschütterungsfester, transportabler, kontrolliert zündbarer Sprengstoff entstand, der den Namen *Dynamit* erhielt.

$$H_2C - O - NO_2$$
$$|$$
$$HC - O - NO_2$$
$$|$$
$$H_2C - O - NO_2$$

Nitroglycerin

Chemische Reaktionen lassen sich durch *Reaktionsgleichungen* beschreiben. Dabei muss berücksichtigt werden, dass bei allen chemischen Reaktionen die Gesamtmasse aller Stoffe unverändert bleibt. Vor und nach der Reaktion müssen also gleich viele Atome desselben Elements vorhanden sein. Beim Aufstellen chemischer Reaktionsgleichungen müssen die Koeffizienten vor den an der Reaktion beteiligten Stoffen (Molekülen) bestimmt werden. Wir zeigen dies im folgenden Beispiel.

Bestimmung einer chemischen Reaktionsgleichung

Bei der Explosion von *Nitroglycerin* ($C_3H_5N_3O_9$) entstehen unter Hitzeentwicklung die Gase Kohlendioxid (CO_2), Wasserdampf (H_2O), Stickstoff (N_2) und Sauerstoff (O_2). Bestimmen Sie die chemische Reaktionsgleichung für den Explosionsvorgang.

Lösung:
Wir verwenden den nebenstehenden Ansatz für die Reaktionsgleichung. Die Koeffizienten $x_1, \ldots, x_5$ geben die Anzahl der Moleküle an. Man verwendet in der chemischen Reaktionsgleichung möglichst kleine natürliche Zahlen $x_1, \ldots, x_5$, für die die chemische Reaktion möglich ist.
Da vor und nach der Reaktion von jedem Element gleich viele Atome vorhanden sein müssen, erhalten wir für jedes Element eine Gleichung.

Ansatz:

$$x_1 \cdot C_3H_5N_3O_9 \rightarrow$$
$$x_2 \cdot CO_2 + x_3 \cdot H_2O + x_4 \cdot N_2 + x_5 \cdot O_2$$

Für C: $3x_1 = x_2$

Für H: $5x_1 = 2x_3$

Für N: $3x_1 = 2x_4$

Für O: $9x_1 = 2x_2 + x_3 + 2x_5$

Somit ergibt sich ein LGS aus 4 Gleichungen mit 5 Variablen, das wir zunächst in Normalform umstellen und dann mithilfe des Gauß'schen Algorithmus auf Stufenform bringen.

$$
\begin{array}{llll}
\text{I} & 3x_1 - x_2 & & = 0 \\
\text{II} & 5x_1 & -2x_3 & = 0 \\
\text{III} & 3x_1 & -2x_4 & = 0 \\
\text{IV} & 9x_1 - 2x_2 - x_3 & -2x_5 & = 0 \\
\hline
\text{I} & 3x_1 - x_2 & & = 0 \\
\text{II} & 5x_2 - 6x_3 & & = 0 \\
\text{III} & -6x_3 + 10x_4 & & = 0 \\
\text{IV} & -2x_4 + 12x_5 & = 0
\end{array}
$$

Das LGS besitzt unendlich viele Lösungen, eine Variable ist frei wählbar.

Wir wählen $x_5 = c \in \mathbb{R}$.
Nun bestimmen wir durch Rückeinsetzung die Lösungsmenge.

$$L = \{(4c;\ 12c;\ 10c;\ 6c;\ c);\ c \in \mathbb{R}\}$$

Für die chemische Reaktionsgleichung ist nun die kleinste positive Zahl c gesucht, für die sich eine Lösung ergibt, die nur aus natürlichen Zahlen besteht. Diese erhalten wir in diesem Fall für c = 1.

Für c = 1: (4; 12; 10; 6; 1)

Reaktionsgleichung:
$$4\,C_3H_5N_3O_9 \rightarrow 12\,CO_2 + 10\,H_2O + 6\,N_2 + O_2$$

Übungen

Übung 1
Ermitteln Sie für die folgenden chemischen Reaktionen die Koeffizienten.

a) $x_1 CuO + x_2 C \rightarrow x_3 Cu + x_4 CO_2$ (Gewinnung von Kupfer aus Kupferoxid)

b) $x_1 FeS_2 + x_2 O_2 \rightarrow x_3 SO_2 + x_4 Fe_2O_3$ (Entstehung von Schwefeldioxid aus Pyrit)

c) $x_1 P_4O_{10} + x_2 H_2O \rightarrow x_3 H_3PO_4$ (Entstehung von Phosphorsäure)

d) $x_1 C_6H_{12}O_6 \rightarrow x_2 C_2H_5OH + x_3 CO_2$ (alkoholische Gärung)

e) $x_1 KMnO_4 + x_2 HCl \rightarrow x_3 MnCl_2 + x_4 Cl_2 + x_5 H_2O + x_6 KCl$ (Herstellung von Chlorgas)

Übung 2
Die Bildung von *Tropfsteinhöhlen* lässt sich im Wesentlichen auf folgende chemische Reaktionen zurückführen:
Wasser (H_2O) und Kohlendioxid (CO_2) haben im Verlaufe von Jahrtausenden den Kalkstein ($CaCO_3$ Calciumcarbonat) gelöst. Bei der chemischen Reaktion entstehen zunächst Ca- und HCO_3-Ionen, die sich dann zu wasserlöslichem Calciumhydrogencarbonat ($Ca(HCO_3)_2$) verbinden. Die Rückreaktion (Entzug von CO_2) führt wieder zu unlöslichem $CaCO_3$ und damit zur Tropfsteinbildung.
Bestimmen Sie die Reaktionsgleichung für die Anfangsreaktion.

Lineare Gleichungssysteme

1. Manuelle Lösung eines 2 x 2-LGS

Lösen Sie das Gleichungssystem manuell:
$$4x - 5y = -4$$
$$5x + 3y = 32$$

2. Manuelle Lösung eines 3 x 3-LGS

Lösen Sie die linearen Gleichungssysteme manuell mit Hilfe des Gaußschen Algorithmus.

a)
$$x + y - z = 2$$
$$2x - 2y + 2z = 0$$
$$4x - 4y + 6z = 4$$

b)
$$\tfrac{1}{2}x - \tfrac{3}{2}y + z = -2$$
$$\tfrac{1}{2}x + \tfrac{1}{3}y - 2z = -3$$
$$\tfrac{1}{3}x - y + z = 0$$

3. Lösung eines LGS mit dem GTR

Lösen Sie die linearen Gleichungssysteme mit dem GTR

a)
$$3x - y + 2z = 1$$
$$-x + 2y - 3z = -7$$
$$2x - 3y + 4z = 7$$

b)
$$x + y + 2z = 5$$
$$3x - 2y + z = 0$$
$$x + 6y + 7z = 18$$

4. Textaufgabe

Die Schwestern Maria, Emma und Julia sind zusammen 30 Jahre alt.
Vor vier Jahren war Maria so alt wie Emma und Julia zusammen.
Damals war Julia doppelt so alt wie Emma.
Wie alt sind die Schwestern heute?

5. Modellierung einer kubischen Funktion

Eine kubische Funktion der Form $f(x) = ax^3 + bx^2 + c$
ist gesucht, die einen Wendepunkt bei $W(2|0)$ und dort die
Steigung -12 besitzt.

6. Lösungsvielfalt

Geben Sie ein lineares Gleichungssystem mit drei Gleichungen und drei Variablen an, das
a) genau eine Lösung hat.   b) keine Lösung hat.   c) unendlich viele Lösungen hat.

7. Ein LGS mit Parametern

Gesucht ist derjenige Wert des Parameters a,
für den das lineare Gleichungssystem keine Lösung hat.
$$x - 2y = 1$$
$$2x - ay = a - 1$$

Lösungen: S. 643

1. Geraden im Raum

Im dreidimensionalen Anschauungsraum können Geraden besonders einfach mithilfe von Vektoren dargestellt werden. Diese Darstellung ist auch in der zweidimensionalen Zeichenebene möglich, jedoch lassen sich Geraden in der Ebene auch z.B. durch die bekannte lineare Funktionsgleichung erfassen.

A. Ortsvektoren

Die Lage eines beliebigen Punktes in einem ebenen oder räumlichen Koordinatensystem kann eindeutig durch denjenigen Pfeil $\overrightarrow{OP}$ erfasst werden, der im Ursprung O des Koordinatensystems beginnt und im Punkt P endet.

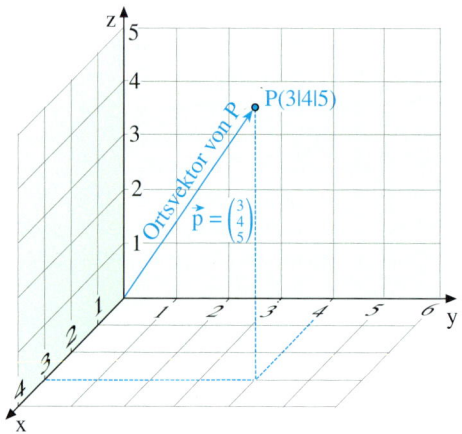

Der Pfeil $\overrightarrow{OP}$ heißt *Ortspfeil* von P und der zugehörige Vektor $\vec{p} = \overrightarrow{OP}$ wird als der *Ortsvektor* von P bezeichnet.

Der Punkt $P(p_1|p_2|p_3)$ besitzt den Ortsvektor $\vec{p} = \overrightarrow{OP} = \begin{pmatrix} p_1 \\ p_2 \\ p_3 \end{pmatrix}$.

Entsprechendes gilt für Punkte in einem ebenen Koordinatensystem.

B. Die vektorielle Parametergleichung einer Geraden

Die Lage einer Geraden in der zweidimensionalen Zeichenebene oder im dreidimensionalen Anschauungsraum kann durch die Angabe eines Geradenpunktes A sowie der Richtung der Geraden eindeutig erfasst werden.

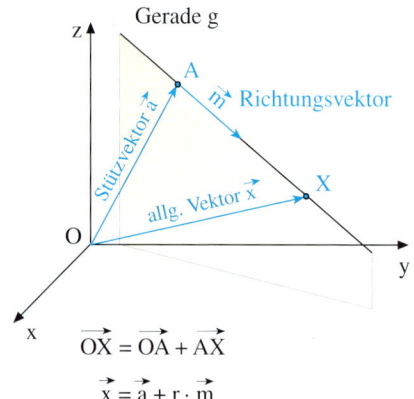

Die Lage des Punktes A kann durch seinen Ortsvektor $\vec{a} = \overrightarrow{OA}$ festgelegt werden, den man als *Stützvektor* der Geraden bezeichnet.
Die Richtung der Geraden lässt sich durch einen zur Geraden parallelen Vektor $\vec{m}$ erfassen, den man als *Richtungsvektor* der Geraden bezeichnet.

Jeder beliebige Geradenpunkt X lässt sich mithilfe des Stützvektors $\vec{a}$ und des Richtungsvektors $\vec{m}$ erfassen.

Für den Ortsvektor $\vec{x}$ von X gilt nämlich:

$$\begin{aligned} \vec{x} &= \overrightarrow{OX} \\ &= \overrightarrow{OA} + \overrightarrow{AX} \\ &= \vec{a} + r \cdot \vec{m} \quad (r \in \mathbb{R}), \end{aligned}$$

denn $\overrightarrow{AX}$ ist ein reelles Vielfaches von $\vec{m}$. Jedem Geradenpunkt X entspricht eindeutig ein Parameterwert r.

Mithilfe der Parametergleichung einer Geraden kann man zahlreiche Problemstellungen relativ einfach lösen.

> **Die vektorielle Parametergleichung einer Geraden**
>
> Eine Gerade mit dem Stützvektor $\vec{a}$ und dem Richtungsvektor $\vec{m} \neq \vec{0}$ hat die Gleichung
>
> $$g: \vec{x} = \vec{a} + r \cdot \vec{m} \quad (r \in \mathbb{R}).$$
>
> r heißt *Geradenparameter*.

▶ **Beispiel: Schrägbild**

Gegeben ist die Gerade g: $\vec{x} = \begin{pmatrix} 1 \\ 2 \\ 3 \end{pmatrix} + r \begin{pmatrix} 2 \\ 3 \\ -1 \end{pmatrix}$.

Zeichnen Sie die Gerade als Schrägbild. Stellen Sie fest, welche Geradenpunkte den Parameterwerten r = 0, r = −0,5 und r = 1 entsprechen.

Lösung:

Wir zeichnen den Stützpunkt A (1|2|3) oder den Stützvektor $\vec{a}$ ein. Im Stützpunkt legen wir den Richtungsvektor $\vec{m}$ an.

Für r = 0 erhalten wir den Stützpunkt A (1|2|3). Für r = −0,5 erhalten wir den Geradenpunkt B (0|0,5|3,5), der „vor" dem Stützpunkt liegt. Für r = 1 erhalten wir den Punkt C (3|5|2), der am Ende des eingezeichneten Richtungspfeils liegt.

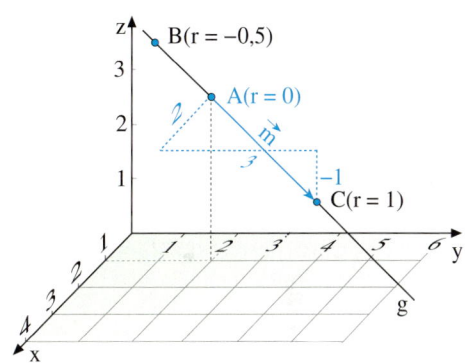

▶ **Beispiel: Geradenparameter**

Gegeben ist die Gerade g: $\vec{x} = \begin{pmatrix} 1 \\ 2 \\ 3 \end{pmatrix} + r \begin{pmatrix} 2 \\ 3 \\ -1 \end{pmatrix}$.

a) Welche Werte des Parameters r gehören zu den Geradenpunkten P (2|3,5|2,5) und Q (5|8|1)?
b) Begründen Sie, weshalb der Punkt R (3|5|1) nicht auf der Geraden liegt.

Lösung zu a:
Für r = 0,5 ergibt sich der Geradenpunkt P (2|3,5|2,5).
Für r = 2 ergibt sich der Geradenpunkt Q (5|8|1).

Lösung zu b:
Die x-Koordinate des Punktes R erfordert r = 1, ebenso die y-Koordinate.
Die z-Koordinate erfordert r = 2. Beides ist nicht vereinbar. Der Punkt R liegt nicht auf der Geraden g.

Übung 1

Zeichnen Sie die Gerade g: $\vec{x} = \begin{pmatrix} -2 \\ 3 \\ 1 \end{pmatrix} + r \begin{pmatrix} 3 \\ 3 \\ 1 \end{pmatrix}$ im Schrägbild.

Überprüfen Sie, ob die Punkte $P(4|9|3)$, $Q(1|6|4)$ und $R(-5|0|0)$ auf der Geraden g liegen. Beschreiben Sie ggf. ihre Lage auf der Geraden anschaulich.

Übung 2

Zeichnen und beschreiben Sie die Lage der Geraden.

a) $g_1: \vec{x} = \begin{pmatrix} 1 \\ 1 \\ 2 \end{pmatrix} + r \begin{pmatrix} 0 \\ 1 \\ 0 \end{pmatrix}$ b) $g_2: \vec{x} = \begin{pmatrix} 0 \\ 2 \\ 0 \end{pmatrix} + r \begin{pmatrix} 0 \\ 0 \\ 1 \end{pmatrix}$ c) $g_3: \vec{x} = \begin{pmatrix} 0 \\ 0 \\ 0 \end{pmatrix} + r \begin{pmatrix} 1 \\ 1 \\ 1 \end{pmatrix}$ d) $g_4: \vec{x} = \begin{pmatrix} 3 \\ 0 \\ 0 \end{pmatrix} + r \begin{pmatrix} -1 \\ 0 \\ 0 \end{pmatrix}$

C. Die Zweipunktegleichung einer Geraden

In der Praxis ist eine Gerade meistens durch zwei feste Punkte A und B gegeben, deren Ortsvektoren $\vec{a}$ bzw. $\vec{b}$ sind.

In diesem Fall kann man die vektorielle Geradengleichung sehr einfach aufstellen. Als Stützvektor verwendet man den Ortsvektor eines der beiden Punkte, also z. B. $\vec{a}$. Der Verbindungsvektor $\vec{m} = \overrightarrow{AB}$ der beiden Punkte dient als Richtungsvektor.

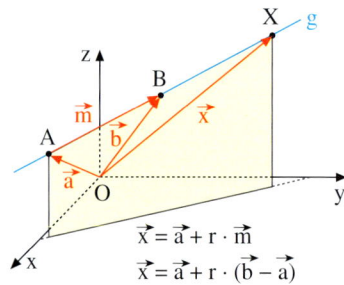

$$\vec{x} = \vec{a} + r \cdot \vec{m}$$
$$\vec{x} = \vec{a} + r \cdot (\vec{b} - \vec{a})$$

Da $\vec{m} = \overrightarrow{AB}$ sich als Differenz $\vec{b} - \vec{a}$ der beiden Ortsvektoren von B und A darstellen lässt, erhält man die rechts aufgeführte vektorielle *Zweipunktegleichung* der Geraden.

> ### Die Zweipunktegleichung
>
> Die Gerade g durch die Punkte A und B mit den Ortsvektoren $\vec{a}$ und $\vec{b}$ hat die Gleichung
> $$g: \vec{x} = \vec{a} + r \cdot (\vec{b} - \vec{a}) \quad (r \in \mathbb{R}).$$

Beispielsweise hat die Gerade g durch die Punkte $A(1|2|1)$ und $B(3|4|3)$ die Zweipunktegleichung $g: \vec{x} = \begin{pmatrix} 1 \\ 2 \\ 1 \end{pmatrix} + r \left(\begin{pmatrix} 3 \\ 4 \\ 3 \end{pmatrix} - \begin{pmatrix} 1 \\ 2 \\ 1 \end{pmatrix} \right)$, die zur Parametergleichung $g: \vec{x} = \begin{pmatrix} 1 \\ 2 \\ 1 \end{pmatrix} + r \begin{pmatrix} 2 \\ 2 \\ 2 \end{pmatrix}$ vereinfacht werden kann.

Übung 3

Bestimmen Sie die Gleichung der Geraden g durch die Punkte A und B.

a) $A(3|3)$, $B(2|1)$ b) $A(-3|1|0)$, $B(4|0|2)$ c) $A(-3|2|1)$, $B(4|1|7)$

Übung 4

a) Bestimmen Sie die Gleichung der Parallelen zur y-Achse durch den Punkt $P(3|2|0)$.

b) Bestimmen Sie die Gleichung einer Ursprungsgeraden durch den Punkt $P(a|2a|-a)$.

Übungen

5. Zeichnen Sie die Gerade g durch den Punkt A(2|6|4) mit dem Richtungsvektor $\vec{m} = \begin{pmatrix} 3 \\ -2 \\ 2 \end{pmatrix}$ in ein räumliches Koordinatensystem ein.

6. Gesucht ist eine vektorielle Gleichung der Geraden durch die Punkte A und B.

a) A(1|2|0)
   B(3|−4|0)

b) A(−3|2|1)
   B(3|1|2)

c) A(3|3|−4)
   B(2|1|3)

d) A(a_1|a_2|a_3)
   B(b_1|b_2|b_3)

7. Untersuchen Sie, ob der Punkt P auf der Geraden liegt, die durch A und B geht.

a) A(3|2|0)
   B(−1|4|0)
   P(1|3|0)

b) A(2|7|0)
   B(5|4|0)
   P(8|3|0)

c) A(1|4|3)
   B(3|2|4)
   P(7|−2|6)

d) A(1|1|1)
   B(3|4|1)
   P(0|0|0)

8. Ordnen Sie den abgebildeten Geraden die zugehörigen vektoriellen Gleichungen zu.

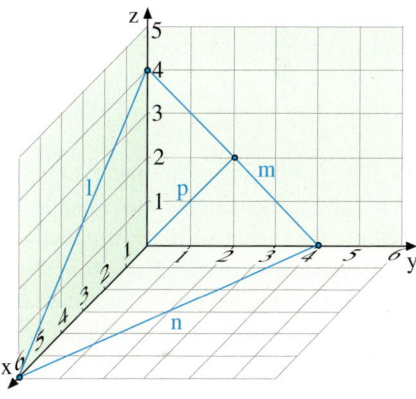

I: $\vec{x} = \begin{pmatrix} 0 \\ 0 \\ 4 \end{pmatrix} + r \begin{pmatrix} 6 \\ 0 \\ -4 \end{pmatrix}$

II: $\vec{x} = \begin{pmatrix} 2 \\ 0 \\ 2 \end{pmatrix} + r \begin{pmatrix} 1 \\ 3 \\ -2 \end{pmatrix}$

III: $\vec{x} = \begin{pmatrix} 6 \\ 0 \\ 0 \end{pmatrix} + r \begin{pmatrix} -6 \\ 4 \\ 0 \end{pmatrix}$

IV: $\vec{x} = \begin{pmatrix} 2 \\ 0 \\ 4 \end{pmatrix} + r \begin{pmatrix} -2 \\ 4 \\ -1 \end{pmatrix}$

V: $\vec{x} = \begin{pmatrix} 0 \\ 0 \\ 0 \end{pmatrix} + r \begin{pmatrix} 0 \\ 1 \\ 1 \end{pmatrix}$

VI: $\vec{x} = \begin{pmatrix} 3 \\ 3 \\ 0 \end{pmatrix} + r \begin{pmatrix} -3 \\ 1 \\ 3 \end{pmatrix}$

VII: $\vec{x} = \begin{pmatrix} 2 \\ 0 \\ 2 \end{pmatrix} + r \begin{pmatrix} 0 \\ 0 \\ 2 \end{pmatrix}$

VIII: $\vec{x} = \begin{pmatrix} 2 \\ 0 \\ 2 \end{pmatrix} + r \begin{pmatrix} -2 \\ 4 \\ 1 \end{pmatrix}$

IX: $\vec{x} = \begin{pmatrix} 0 \\ 4 \\ 0 \end{pmatrix} + r \begin{pmatrix} 0 \\ -4 \\ 4 \end{pmatrix}$

9. a) Gesucht ist die Gleichung einer zur y-Achse parallelen Geraden g, die durch den Punkt A(3|2|0) geht.

b) Gesucht ist die Gleichung einer Ursprungsgeraden durch den Punkt P(2|4|−2).

c) Gesucht ist die vektorielle Gleichung der Winkelhalbierenden der x-z-Ebene.

2. Lagebeziehungen

A. Gegenseitige Lage Punkt/Gerade und Punkt/Strecke

Mithilfe der Parametergleichung einer Geraden lässt sich einfach überprüfen, ob ein gegebener Punkt auf der Geraden liegt und an welcher Stelle der Geraden er gegebenenfalls liegt.

▶ **Beispiel:** Gegeben sei die Gerade g durch A (3|2|3) und B (1|6|5). Weisen Sie nach, dass der Punkt P (2|4|4) auf der Geraden g liegt.

Prüfen Sie außerdem, ob der Punkt P auf der Strecke $\overline{AB}$ liegt.

Lösung:

Mit der Zweipunkteform erhalten wir die Parametergleichung von g.

Wir führen die Punktprobe für den Punkt P durch, indem wir seinen Ortsvektor in die Geradengleichung einsetzen.
Sie ist erfüllt für den Parameterwert r = 0,5. Also liegt der Punkt P auf der Geraden g.

Nun führen wir einen Parametervergleich durch. Die Streckenendpunkte A und B besitzen die Parameterwerte r = 0 und r = 1. Der Parameterwert von P (r = 0,5) liegt zwischen diesen Werten. Also liegt der Punkt P auf der Strecke $\overline{AB}$, und zwar genau
▶ auf der Mitte der Strecke.

Parametergleichung von g:

$$g:\ \vec{x} = \begin{pmatrix} 3 \\ 2 \\ 3 \end{pmatrix} + r \begin{pmatrix} -2 \\ 4 \\ 2 \end{pmatrix},\ r \in \mathbb{R}$$

Punktprobe für P:

$$\begin{pmatrix} 2 \\ 4 \\ 4 \end{pmatrix} = \begin{pmatrix} 3 \\ 2 \\ 3 \end{pmatrix} + r \begin{pmatrix} -2 \\ 4 \\ 2 \end{pmatrix}\ \text{gilt für r = 0,5}$$

$\Rightarrow$ P liegt auf g.

Parametervergleich:
A: r = 0
B: r = 1
P: r = 0,5

$\Rightarrow$ P liegt auf $\overline{AB}$.

Rechts sind die Ergebnisse zeichnerisch dargestellt.
Das Bild macht deutlich, dass durch den Geradenparameter auf der Geraden ein *internes Koordinatensystem* festgelegt wird, anhand dessen man sich orientieren kann.

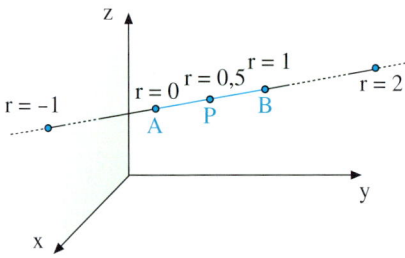

Übung 1
a) Prüfen Sie, ob die Punkte P (0|0|6), Q (3|3|3), R (3|4|3) auf der Geraden g durch A (2|2|4) und B (4|4|2) oder sogar auf der Strecke $\overline{AB}$ liegen.
b) Für welchen Wert von t liegt P (4+t|5t|t) auf der Geraden g durch A (2|2|4) und B (4|4|2)?

B. Gegenseitige Lage von zwei Geraden im Raum

Zwischen zwei Geraden im Raum sind drei charakteristische Lagebeziehungen möglich. Sie
können parallel sein (Unterfälle echt parallel bzw. identisch), sie können sich in einem Punkt
schneiden oder sie sind windschief. Als *windschief* bezeichnet man zwei Geraden, die weder
parallel sind noch sich schneiden.

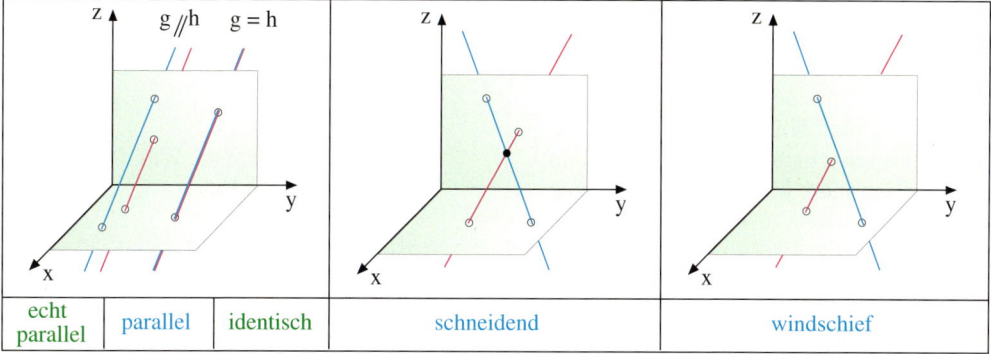

| echt parallel | parallel | identisch | schneidend | windschief |

Zeichnerisch lässt sich die gegenseitige Lage von zwei Geraden im Raum oft nur schwer einschätzen, aber mithilfe der Geradengleichungen ist die rechnerische Überprüfung möglich.

Untersuchungsschema für die Lage von zwei Raumgeraden:

g: $\vec{x}_g = \vec{a} + r \cdot \vec{m}_g$ und h: $\vec{x}_h = \vec{b} + s \cdot \vec{m}_h$ seien die Gleichungen von zwei Raumgeraden.
Anhand der beiden Richtungsvektoren kann man überprüfen, ob g und h parallel sind. Dann sind
ihre Richtungsvektoren nämlich kollinear. Ist dies nicht der Fall, dann setzt man die beiden
Geradenvektoren $\vec{x}_g$ und $\vec{x}_h$ gleich. Ist das zugehörige Gleichungssystem eindeutig lösbar, schneiden sich g und h in einem Punkt S. Andernfalls sind g und h windschief.

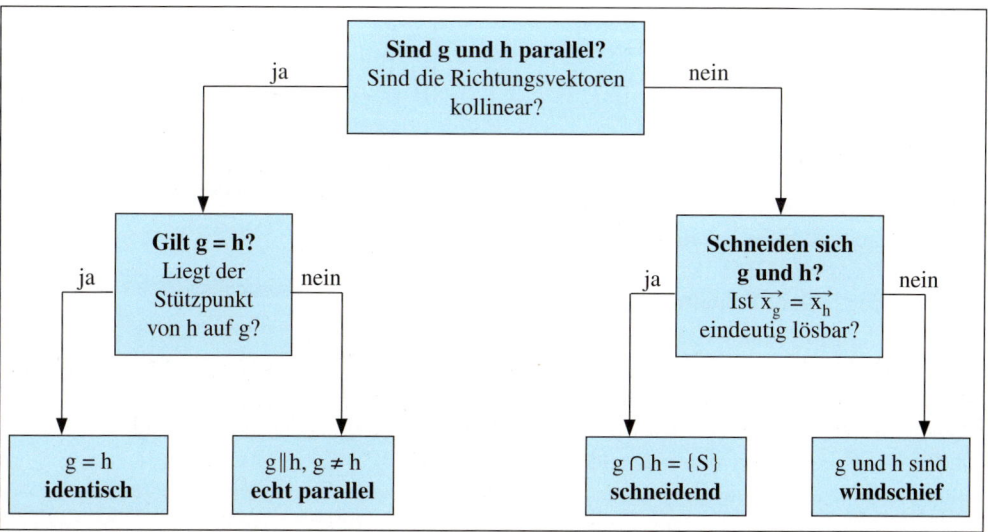

▶ **Beispiel: Parallele Geraden**

Gegeben sind die Geraden g: $\vec{x} = \begin{pmatrix} 3 \\ 0 \\ 1 \end{pmatrix} + r \begin{pmatrix} -3 \\ 6 \\ 3 \end{pmatrix}$ und h: $\vec{x} = \begin{pmatrix} 0 \\ 12 \\ 4 \end{pmatrix} + s \begin{pmatrix} 4 \\ -8 \\ -4 \end{pmatrix}$.

Welche relative Lage zueinander nehmen die Geraden g und h ein?

Lösung:
Die Richtungsvektoren $\vec{m}_g$ und $\vec{m}_h$ der Geraden sind kollinear. $\vec{m}_h$ ist ein Vielfaches von $\vec{m}_g$. Es gilt nämlich $\vec{m}_h = -\frac{4}{3} \cdot \vec{m}_g$. Die Geraden sind also parallel.
Eine Punktprobe zeigt, dass der Stützpunkt P$(0|12|4)$ von h nicht auf g liegt. Also sind die Geraden nicht identisch, sondern echt
▶ parallel.

Parallelitätsuntersuchung:

$$\vec{m}_h = \begin{pmatrix} 4 \\ -8 \\ -4 \end{pmatrix} = -\frac{4}{3} \cdot \begin{pmatrix} -3 \\ 6 \\ 3 \end{pmatrix} = -\frac{4}{3} \cdot \vec{m}_g$$

Punktprobe:

$$\begin{aligned} 0 &= 3 - 3r & r &= 1 \\ 12 &= 0 + 6r \Rightarrow r = 2 \Rightarrow \text{Wid.} \\ 4 &= 1 + 3r & r &= 1 \end{aligned}$$

▶ **Beispiel: Schneidende Geraden**

Die Gerade g geht durch die Punkte P$(0|0|6)$ und Q$(8|12|2)$. Die Gerade h geht durch A$(4|0|2)$ und B$(4|12|6)$. Untersuchen Sie die relative Lage von g und h. Skizzieren Sie die Situation.

Lösung:
Wir stellen zunächst die vektoriellen Parametergleichungen von g und h auf, indem wir die Zweipunkteform anwenden.

Nun betrachten wir die Richtungsvektoren. Man erkennt auf den ersten Blick ohne Rechnung, dass sie nicht kollinear sind. Daher sind g und h weder parallel noch identisch.

Wir setzen nun die allgemeinen Geradenvektoren von g und h gleich, d. h. $\vec{x}_g = \vec{x}_h$. Daraus ergibt sich ein Gleichungssystem mit drei Gleichungen und zwei Variablen r und s.

Das Gleichungssystem hat die eindeutige Lösung $r = \frac{1}{2}$, $s = \frac{1}{2}$. Daher schneiden sich die Geraden. Der Schnittpunkt lautet S$(4|6|4)$.

Durch die Verwendung von stützenden Ebenen für die Geraden wird deren graphischer Verlauf besonders deutlich und die räumliche Übersicht erhöht.

1. Winkel:

$$g: \vec{x}_g = \begin{pmatrix} 0 \\ 0 \\ 6 \end{pmatrix} + r \begin{pmatrix} 8 \\ 12 \\ -4 \end{pmatrix}$$

$$h: \vec{x}_h = \begin{pmatrix} 4 \\ 0 \\ 2 \end{pmatrix} + s \begin{pmatrix} 0 \\ 12 \\ 4 \end{pmatrix}$$

Schnittuntersuchung:

$$\begin{pmatrix} 0 \\ 0 \\ 6 \end{pmatrix} + r \begin{pmatrix} 8 \\ 12 \\ -4 \end{pmatrix} = \begin{pmatrix} 4 \\ 0 \\ 2 \end{pmatrix} + s \begin{pmatrix} 0 \\ 12 \\ 4 \end{pmatrix}$$

$$\begin{aligned} \text{I} \quad & 8r = 4 \\ \text{II} \quad & 12r = 12s \\ \text{III} \quad & 6 - 4r = 2 + 4s \end{aligned}$$

aus I: $r = \frac{1}{2}$

in II: $s = \frac{1}{2} \Rightarrow$ S$(4|6|4)$

in III: $4 = 4$

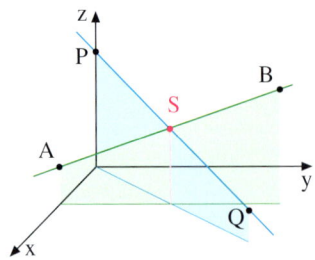

▶ **Beispiel: Windschiefe Geraden**
Untersuchen Sie die relative Lage von g: $\vec{x} = \begin{pmatrix} 2 \\ 0 \\ 0 \end{pmatrix} + r\begin{pmatrix} 1 \\ 1 \\ -2 \end{pmatrix}$ und h: $\vec{x} = \begin{pmatrix} 1 \\ 0 \\ 0 \end{pmatrix} + s\begin{pmatrix} 2 \\ 2 \\ -3 \end{pmatrix}$.

Lösung:
g und h sind nicht parallel, da ihre Richtungsvektoren nicht kollinear sind, was man durch einfaches Hinsehen erkennen kann.

Wir führen durch Gleichsetzen der rechten Seiten der beiden Geradengleichungen eine Schnittuntersuchung durch, die auf einen Widerspruch führt. Das zugeordnete Gleichungssystem ist unlösbar. Die Geraden schneiden sich also nicht, es verbleibt nur noch eine Möglichkeit:
▶ Die Geraden g und h sind windschief.

Schnittuntersuchung:

$$\begin{pmatrix} 2 \\ 0 \\ 0 \end{pmatrix} + r\begin{pmatrix} 1 \\ 1 \\ -2 \end{pmatrix} = \begin{pmatrix} 1 \\ 0 \\ 0 \end{pmatrix} + s\begin{pmatrix} 2 \\ 2 \\ -3 \end{pmatrix}$$

I $2 + r = 1 + 2s$
II $r = 2s$
III $-2r = -3s$

I–II: $2 = 1$ Widerspruch

$\Rightarrow$ g und h sind windschief

Übung 2
Gesucht ist die relative Lage von g und h.

a) g: $\vec{x} = \begin{pmatrix} 0 \\ 1 \\ 2 \end{pmatrix} + r\begin{pmatrix} 2 \\ 1 \\ -3 \end{pmatrix}$, h: $\vec{x} = \begin{pmatrix} -2 \\ -2 \\ 7 \end{pmatrix} + s\begin{pmatrix} -2 \\ 1 \\ 1 \end{pmatrix}$

b) g: $\vec{x} = \begin{pmatrix} 1 \\ 1 \\ 2 \end{pmatrix} + r\begin{pmatrix} 1 \\ -2 \\ 2 \end{pmatrix}$, h: $\vec{x} = \begin{pmatrix} -1 \\ 2 \\ 1 \end{pmatrix} + s\begin{pmatrix} -2 \\ 4 \\ -4 \end{pmatrix}$

c) g: $\vec{x} = \begin{pmatrix} 3 \\ 0 \\ 1 \end{pmatrix} + r\begin{pmatrix} 1 \\ 1 \\ -2 \end{pmatrix}$, h: $\vec{x} = \begin{pmatrix} 0 \\ 2 \\ 0 \end{pmatrix} + s\begin{pmatrix} 2 \\ 1 \\ 1 \end{pmatrix}$

d) g: $\vec{x} = \begin{pmatrix} 2 \\ 0 \\ 1 \end{pmatrix} + r\begin{pmatrix} 2 \\ 1 \\ -1 \end{pmatrix}$, h: $\vec{x} = \begin{pmatrix} 0 \\ 2 \\ -4 \end{pmatrix} + s\begin{pmatrix} 2 \\ 0 \\ 1 \end{pmatrix}$

Übung 3   Parallele Geraden
Welche der Geraden sind parallel, welche schneiden sich?

g: $\vec{x} = \begin{pmatrix} 1 \\ 0 \\ 2 \end{pmatrix} + r\begin{pmatrix} 2 \\ -1 \\ 1 \end{pmatrix}$

h: $\vec{x} = \begin{pmatrix} 5 \\ -3 \\ 2 \end{pmatrix} + s\begin{pmatrix} -2 \\ 3 \\ 3 \end{pmatrix}$

Gerade u durch C(2|−2|3) und D(−2|0|1),

Gerade v durch E(2|0|0) und F(0|3|3).

Übung 4
Ein Raum ist 8 m tief, 6 m breit und 4 m hoch.
a) Wie lauten die vektoriellen Geradengleichungen der Raumdiagonalen g_{AG} und g_{BH}?
b) Untersuchen Sie, welche relative Lage g_{AG} und g_{BH} zueinander einnehmen.
c) M ist der Mittelpunkt der rechten Wand BCGF.
Welche Lage nehmen die Geraden h_{AM} und g_{BH} zueinander ein?

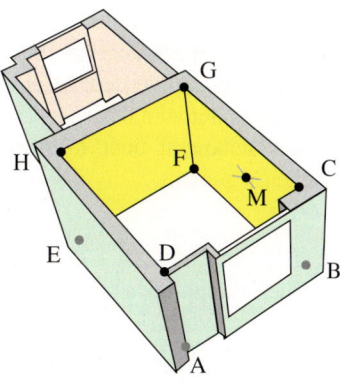

Übungen

5. Bogenschießen

Ein Bogenschütze zielt vom Punkt $P(0|0|15)$ in Richtung des Vektors $\vec{v}$, um eine der drei im Bergland aufgestellten Scheiben zu treffen.

1 LE = 1 dm

a) Welche Scheibe trifft er? Wie lang ist die Flugbahn? Welche Geschwindigkeit hat der Pfeil, wenn der Flug eine Sekunde dauert?

b) In welche Richtung $\vec{w}$ muss der Schütze zielen, um die Elchscheibe zu treffen?

Bär$(-155|465|85)$
Wolf$(-155|465|92,5)$ $\vec{v} = \begin{pmatrix} -1 \\ 3 \\ 0,5 \end{pmatrix}$
Elch$(-160|640|95)$

6. Motorradstunt

Ein Drahtseilartist plant, mit einem Motorrad vom Startpunkt $A(20|20|0)$ auf den Turm der Stadtkirche zum Punkt $B(220|420|80)$ zu fahren (1 LE = 1 m). Das Fahrseil soll durch drei senkrechte Masten mit den Spitzen $S_1(70|120|20)$, $S_2(120|220|30)$ und $S_3(170|300|60)$ gestützt werden.

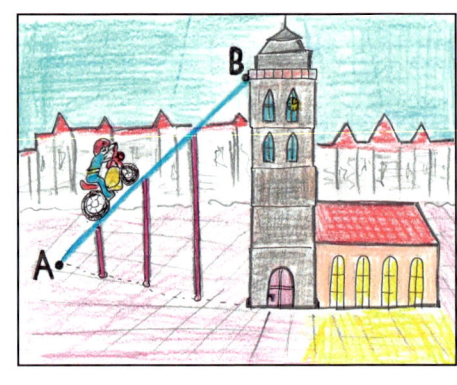

a) Sind die Masten als Stützen geeignet? Können Sie ggf. durch Kürzen oder Verlängern passend gemacht werden?

b) Wie lange dauert der Stunt, wenn das Motorrad mit 20 km/h fährt?

c) Unter welchem Winkel steigt das Fahrseil an?

7. Wasserspeicher

An den Positionen M und N befinden sich zwei Wasserspeicher. Ein Überlaufkanal k führt von M nach A. Vom Oberflächenpunkt T wird eine Belüftungsbohrung b in Richtung des Vektors $\vec{v}$ vorgetrieben. Außerdem ist eine Versorgungsleitung g vom Oberflächenpunkt E, der senkrecht über M liegt, zum Speicher N geplant.

1 LE = 100 m

$M(8|12|-6)$, $N(14|2|-10)$
$A(11|0|-9)$, $T(8|2|0)$ $\vec{v} = \begin{pmatrix} 1 \\ 1 \\ -4 \end{pmatrix}$

Trifft die Belüftungsbohrung b den Überlaufkanal k? Wie lang muss der Bohrer sein? Zeigen Sie, dass die Versorgungsleitung g weder k noch b trifft. Wie lange dauert das Bohren von g bei einem Vortrieb von 20 cm/min?

C. Untersuchung von Lagebeziehungen mit dem GTR

Die Untersuchung der Lagebeziehung von Punkten, Geraden und Strecken führt auf einfache Gleichungssysteme, die leicht manuell gelöst werden können. Bei Verwendung des GTR ist der Eingabeaufwand meistens größer als die Zeitersparnis beim Rechnen. Es lohnt sich nur, wenn es um die relative Lage von zwei nichtparallelen Geraden geht. Hierzu rechnen wir ein Beispiel.

> ▶ **Beispiel: Untersuchung der Lagebeziehung von Geraden mit dem GTR**
> Untersuchen Sie welche relative Lage die Geraden g und h zueinander einnehmen. Bestimmen Sie ggf. den Schnittpunkt.
>
> $$g : \vec{x} = \begin{pmatrix} 4 \\ 2 \\ 1 \end{pmatrix} + r \cdot \begin{pmatrix} -2 \\ 2 \\ 1 \end{pmatrix} \qquad h : \vec{x} = \begin{pmatrix} 1 \\ 2 \\ 3 \end{pmatrix} + s \cdot \begin{pmatrix} 1 \\ 2 \\ -1 \end{pmatrix}$$

Lösung:
Die Geraden sind offensichtlich nicht parallel oder identisch, da ihre Richtungsvektoren nicht kollinear sind.

Wir setzen also die rechten Seiten der Geradengleichungen gleich und formen das entstandene LGS in die Normalform um.

Nun geben wir es in den GTR ein, wobei wir die *direkte Methode* verwenden (s. S. 244 ff.*).

Der **TI-GTR** gibt uns die eindeutige Lösung unmittelbar aus. Sie lautet r = 1 und s = 1. Die Geraden schneiden sich also. Der manuell durch Einsetzung errechnete Schnittpunkt lautet S (2|4|2).

Der **CASIO-GTR** erfordert wegen der Überbestimmung des LGS (drei Gleichungen, aber nur zwei Variable) die Anwendung eines Tricks. Wir führen eine dritte Scheinvariable z ein, welche die dritte Spalte des LGS bildet, wobei die Koeffizienten von z alle 0 sind. So entsteht künstlich ein LGS mit drei Gleichungen und drei Variablen.
Nun kann die *direkte Methode* des CASIO-GTR angewandt werden (s. S. 246 f.). Sie liefert die Lösung x = 1, y = 1 und z = z. Die Scheinvariable z bleibt natürlich unberücksichtigt. So erhalten wir r = 1, s = 1 mit schneidenden Geraden und dem Schnittpunkt S (2|4|2).

Gleichsetzen der rechten Seiten:
$$4 - 2r = 1 + s$$
$$2 + 2r = 2 + 2s$$
$$1 + r = 3 - s$$

LGS in Normalform:
$$-2r - s = -3$$
$$2r - 2s = 0$$
$$r + s = 2$$

Lösung mit dem TI-GTR:

Lösung mit dem CASIO-GTR:

---

* *Hinweis:* Man kann die Gleichungssysteme auch mit der Rref-Methode lösen (s. S. 249 ff.)

Mithilfe der Lagebeziehungsuntersuchung für Geraden im Raum können einfache Anwendungsprobleme modellhaft gelöst werden, z. B. Flugbahnprobleme.

> **Beispiel: Flugbahnen**
> Der Rettungshubschrauber Alpha startet um 10:00 Uhr vom Stützpunkt Adlerhorst A (10|6|0). Er fliegt geradlinig mit einer Geschwindigkeit von 300 km/h zum Gipfel des Mount Devil D (4|−3|3), wo sich der Unfall ereignet hat. Die Koordinaten sind in Kilometern angegeben. Zeitgleich hebt der Hubschrauber Beta von der Spitze des Tempelbergs T (7|−8|3) ab, um Touristen nach B (4|16|0) zurückzubringen. Seine Geschwindigkeit beträgt 350 km/h.
>
>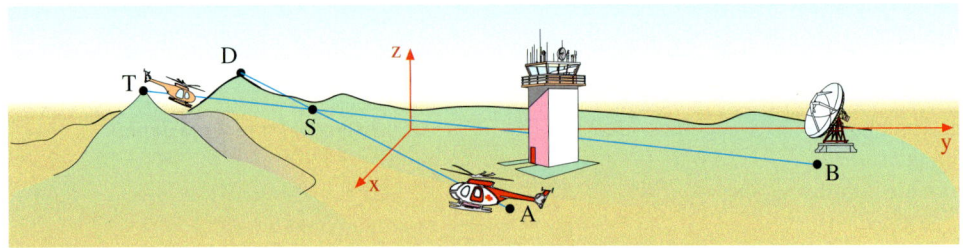
>
> a) Zeigen Sie, dass die beiden Hubschrauber sich auf Kollisionskurs befinden.
> b) Untersuchen Sie, ob die Hubschrauber tatsächlich kollidieren.

Lösung zu a:
Wir stellen die Flugbahngleichungen mithilfe der Zweipunkteform auf.
Anschließend untersuchen wir, ob die beiden Bahnen sich schneiden.
Wir erhalten einen Schnittpunkt S (6|0|2). Die Hubschrauber befinden sich also auf Kollisionskurs.

Lösung zu b:
Wir errechnen zunächst die Länge der Flugstrecken der Hubschrauber bis zum Schnittpunkt, d.h. die Beträge der beiden Vektoren $\overrightarrow{AS}$ und $\overrightarrow{TS}$.
Dividieren wir diese Strecken durch die zugehörigen Hubschraubergeschwindigkeiten, so erhalten wir die Flugzeiten bis zum Schnittpunkt in Stunden, die wir in Minuten umrechnen.
Hubschrauber Alpha ist 0,11 Minuten später am möglichen Kollisionspunkt als Hubschrauber Beta. Dieser ist dann schon ca. 640 m weitergeflogen. Es kommt daher nicht zu einer Kollision.

Gleichungen der Flugbahnen:

$$\alpha:\ \vec{x} = \begin{pmatrix} 10 \\ 6 \\ 0 \end{pmatrix} + r \begin{pmatrix} -6 \\ -9 \\ 3 \end{pmatrix}$$

$$\beta:\ \vec{x} = \begin{pmatrix} 7 \\ -8 \\ 3 \end{pmatrix} + s \begin{pmatrix} -3 \\ 24 \\ -3 \end{pmatrix}$$

Schnittpunkt der Flugbahnen:
Für $r = \frac{2}{3}$ und $s = \frac{1}{3}$ ergibt sich der Schnittpunkt S (6|0|2).

Flugstrecken bis zum Schnittpunkt:

$$|\overrightarrow{AS}| = \left\| \begin{pmatrix} -4 \\ -6 \\ 2 \end{pmatrix} \right\| = \sqrt{56} \approx 7{,}48\,\text{km}$$

$$|\overrightarrow{TS}| = \left\| \begin{pmatrix} -1 \\ 8 \\ -1 \end{pmatrix} \right\| = \sqrt{66} \approx 8{,}12\,\text{km}$$

Flugzeiten bis zum Schnittpunkt:

$$t_{\text{Alpha}} = \frac{7{,}48}{300}\ \text{h} \approx 0{,}025\,\text{h} \approx 1{,}50\,\text{min}$$

$$t_{\text{Beta}} = \frac{8{,}12}{350}\ \text{h} \approx 0{,}023\,\text{h} \approx 1{,}39\,\text{min}$$

Übungen

8. Prüfen Sie, ob die Punkte P und Q auf der Geraden g durch A und B liegen.
  a) A(0|0|5)   P(3|6|2)
     B(1|2|4)   Q(4|8|0)
  b) A(6|3|0)   P(2|5|4)
     B(0|6|6)   Q(4|2|4)

9. Das Schrägbild zeigt eine
  Gerade g durch die Punkte
  A und B sowie zwei weitere Punkte P und Q, die auf
  g zu liegen scheinen. Ist
  dies tatsächlich der Fall?

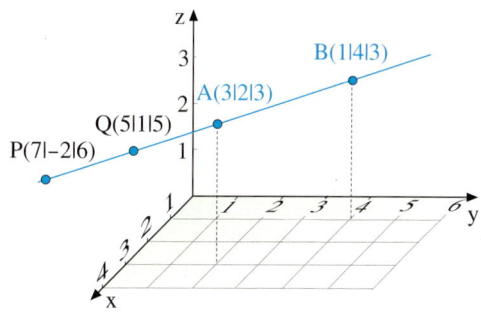

10. Untersuchen Sie, ob der Punkt P auf der Strecke $\overline{AB}$ liegt.
  a) A(2|1|4)
     B(5|7|1)
     P(3|3|3)
  b) A(−2|4|5)
     B(2|8|9)
     P(0|6|7)
  c) A(3|0|7)
     B(4|1|6)
     P(7|4|3)
  d) A(2|1|3)
     B(6|7|1)
     P(4|3|1)

11. Gegeben sei ein Dreieck ABC mit den Eckpunkten A(0|6|6), B(0|6|3) und C(3|3|0) sowie
  die Punkte P(2|2|2), Q(2|4|1) und R(2,5|5|4,5).
  Fertigen Sie ein Schrägbild an und überprüfen Sie rechnerisch, welche der Punkte P, Q und
  R auf den Seiten des Dreiecks liegen.

12. Welche der folgenden sechs Geraden sind parallel zueinander, welche sind sogar identisch?

$$g:\ \vec{x} = \begin{pmatrix} 1 \\ 2 \\ -4 \end{pmatrix} + r \begin{pmatrix} 8 \\ -4 \\ 2 \end{pmatrix} \qquad h:\ \vec{x} = \begin{pmatrix} 1 \\ 2 \\ -4 \end{pmatrix} + r \begin{pmatrix} 2 \\ -1 \\ 1 \end{pmatrix} \qquad k:\ \vec{x} = \begin{pmatrix} 5 \\ 0 \\ -5 \end{pmatrix} + r \begin{pmatrix} 4 \\ -2 \\ 1 \end{pmatrix}$$

u: Gerade durch A(1|2|−6) $v:\ \vec{x} = \begin{pmatrix} -3 \\ 4 \\ -5 \end{pmatrix} + r \begin{pmatrix} -2 \\ 1 \\ -0,5 \end{pmatrix}$ w: Gerade durch A(6|−1|−1)
   und B(9|−2|−4)   und B(2|1|−3)

13. Gegeben sind die Gerade g durch A und B sowie die Gerade h durch C und D.
  Zeigen Sie, dass die Geraden sich schneiden, und berechnen Sie den Schnittpunkt S.
  a) A(3|1|2), B(5|3|4)
     C(2|1|1), D(3|3|2)
  b) A(1|0|0), B(1|1|1)
     C(2|4|5), D(3|6|8)
  c) A(4|1|5), B(6|0|6)
     C(1|2|3), D(−2|5|3)

14. Zeigen Sie, dass die Geraden g und h windschief sind.

a) $g:\ \vec{x} = \begin{pmatrix} 1 \\ 0 \\ 1 \end{pmatrix} + r \begin{pmatrix} 1 \\ -1 \\ 0 \end{pmatrix}$ b) $g:\ \vec{x} = \begin{pmatrix} 1 \\ 1 \\ -1 \end{pmatrix} + r \begin{pmatrix} 1 \\ 2 \\ 1 \end{pmatrix}$ c) $g:\ \vec{x} = \begin{pmatrix} 1 \\ -1 \\ 2 \end{pmatrix} + r \begin{pmatrix} 2 \\ 2 \\ 1 \end{pmatrix}$

$h:\ \vec{x} = \begin{pmatrix} 0 \\ 1 \\ 0 \end{pmatrix} + s \begin{pmatrix} 0 \\ 1 \\ 1 \end{pmatrix}$ $h:\ \vec{x} = \begin{pmatrix} 0 \\ 1 \\ 1 \end{pmatrix} + s \begin{pmatrix} 1 \\ 1 \\ 1 \end{pmatrix}$ $h:\ \vec{x} = \begin{pmatrix} 3 \\ -3 \\ 0 \end{pmatrix} + s \begin{pmatrix} 0 \\ 3 \\ 1 \end{pmatrix}$

15. Die Geraden g, h und k schneiden sich in den Eckpunkten eines Dreiecks ABC. Bestimmen Sie die Eckpunkte A, B und C.

$$\text{g: } \vec{x} = \begin{pmatrix} 0 \\ -3 \\ 3 \end{pmatrix} + r \begin{pmatrix} 1 \\ 3 \\ -1 \end{pmatrix} \qquad \text{h: } \vec{x} = \begin{pmatrix} -1 \\ 6 \\ 10 \end{pmatrix} + s \begin{pmatrix} -1 \\ 3 \\ 4 \end{pmatrix} \qquad \text{k: } \vec{x} = \begin{pmatrix} 3 \\ 6 \\ 0 \end{pmatrix} + t \begin{pmatrix} 1 \\ 1 \\ -2 \end{pmatrix}$$

16. Untersuchen Sie, welche Lagebeziehung zwischen der Geraden g durch A und B und der Geraden h durch C und D besteht. Berechnen Sie gegebenenfalls den Schnittpunkt.

a) $A(-1|1|1)$, $B(1|1|-1)$ b) $A(4|2|1)$, $B(0|4|3)$ c) $A(2|0|4)$, $B(4|2|3)$
    $C(1|1|1)$, $D(0|1|2)$ $C(1|2|1)$, $D(3|4|3)$ $C(6|4|2)$, $D(10|8|0)$

17. Überprüfen Sie, ob die eingezeichneten Geraden sich schneiden, und berechnen Sie gegebenenfalls den Schnittpunkt.

a)

b)
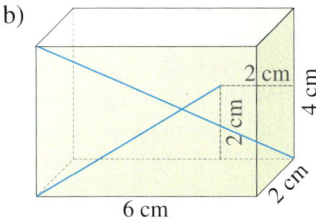

18. Vier Punkte bilden ein Viereck, wenn die Diagonalen AC und BD sich schneiden. Prüfen Sie, ob die Punkte A, B, C, D ein Viereck bilden.

a) $A(3|1|2)$, $B(6|2|2)$, $C(5|9|4)$, $D(1|4|3)$
b) $A(4|0|0)$, $B(4|3|1)$, $C(0|3|4)$, $D(4|0|3)$
c) $A(5|2|0)$, $B(1|2|6)$, $C(1|6|0)$, $D(6|7|-2)$

Die Diagonalen schneiden sich.

Die Diagonalen schneiden sich nicht.

19. Gegeben ist eine 6 m hohe gerade quadratische Pyramide, deren Grundflächenseiten 6 m lang sind.
Der Punkt M liegt in der Mitte der Seite $\overline{SC}$. Die Strecke $\overline{SA}$ ist dreimal so lang wie die Strecke $\overline{SN}$.
Wo schneiden sich die eingezeichneten Geraden?

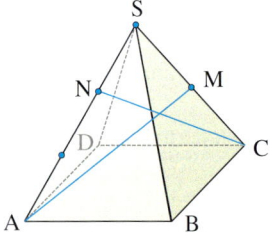

D. Geradenscharen

Enthält die Geradengleichung innerhalb des Stützvektors oder des Richtungsvektors eine Variable, so beschreibt die Gleichung eine ganze Schar von Geraden.

Beispiel: Parallele Geraden

Die Gleichung g_a: $\vec{x} = \begin{pmatrix} 2 \\ a \\ 0 \end{pmatrix} + r \begin{pmatrix} -1 \\ 0 \\ 2 \end{pmatrix}$

beschreibt eine Schar paralleler Geraden, denn alle Geraden g_a haben den gleichen Richtungsvektor. Sie unterscheiden sich nur in der y-Koordinate ihres Stützpunktes.

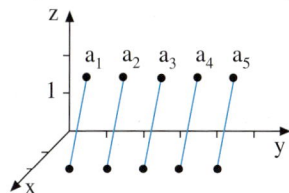

Beispiel: Gemeinsamer Stützpunkt

Die Gleichung g_a: $\vec{x} = \begin{pmatrix} 2 \\ 4 \\ 3 \end{pmatrix} + r \begin{pmatrix} -1 \\ 1 \\ 2+a \end{pmatrix}$

beschreibt eine Schar von Geraden, die alle den gleichen Stützpunkt $P(2|4|3)$ haben, um den sie sich aufgrund der veränderlichen z-Koordinate ihres Richtungsvektors drehen.

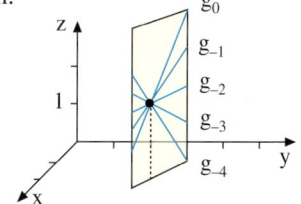

▶ ### Beispiel: Kollisionskurs

Die Flugbahnen einer Formation von Sportflugzeugen können durch die Geradenschar g_a (a = 1, 2, ..., 8) beschrieben werden. Ist eines der Flugzeuge auf direktem Kollisionskurs mit dem Segelflugzeug h?

g_a: $\vec{x} = \begin{pmatrix} 9 \\ 2+a \\ 6 \end{pmatrix} + r \begin{pmatrix} -1 \\ 1 \\ 1 \end{pmatrix}$ h: $\vec{x} = \begin{pmatrix} 1 \\ 3 \\ 11 \end{pmatrix} + s \begin{pmatrix} 2 \\ 1 \\ -1 \end{pmatrix}$

Lösung:

Wir führen eine Schnittuntersuchung durch. Dazu setzen wir die Koordinaten von g_a und h gleich. Wir erhalten ein Gleichungssystem (drei Gleichungen, drei Variablen). Die Lösung lautet: r = 2, s = 3, a = 2. Das bedeutet: Der Flieger auf g_2 droht mit dem Flieger auf h im Punkt $S(7|6|8)$ zu kollidie-
▶ ren.

Schnittuntersuchung:

I $9 - r = 1 + 2s$

II $2 + a + r = 3 + s$

III $6 + r = 11 - s$

aus I und III: r = 2, s = 3

aus II: a = 2

$\Rightarrow g_2$ schneidet h in $S(7|6|8)$.

Übungen

21. Gerade mit Parameter

Gegeben sind die Gearaden und g_a: $\vec{x} = \begin{pmatrix} 1 \\ 3 \\ 2 \end{pmatrix} + r \begin{pmatrix} -a \\ a \\ 2 \end{pmatrix}$ und h: $\vec{x} = \begin{pmatrix} 0 \\ 10 \\ 6 \end{pmatrix} + s \begin{pmatrix} 1 \\ 2 \\ -1 \end{pmatrix}$, $a \in \mathbb{R}$.

a) Für welchen Wert von a liegt der Punkt $P(-1|5|4)$ auf g_a? Liegt $Q(11|-6|4)$ auf g_a?
b) Für welchen Wert von a schneiden sich g_a und h? Wo liegt der Schnittpunkt?
c) Für welchen Wert von a liegt g_a parallel zur z-Achse?
d) Für welchen Wert von a schneidet g_a die x-Achse? Wo liegt der Schnittpunkt?

22. Schar paralleler Geraden

Dargestellt ist die Schar paralleler Geraden.
a) Wie lauten die Gleichungen von g_0 und g_1?
b) Wie lautet die allgemeine Gleichung von g_a?

c) Welche Gerade g_a schneidet h: $\vec{x} = \begin{pmatrix} 0 \\ 6 \\ 4 \end{pmatrix} + r \begin{pmatrix} 1 \\ 6 \\ -3 \end{pmatrix}$?

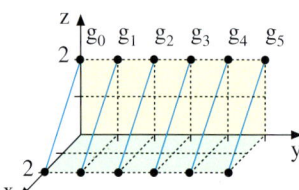

23. Rettungstunnel

Bei einem Grubenunglück wird versucht, die im Schacht AB und den Hohlräumen H_1 und H_2 verschütteten Bergleute durch sechs vom Turm $T(4|6|0)$ ausgehenden Rettungsbohrungen ga zu erreichen.

Daten: $A(8|2|-2)$; $B(15|16|-9)$
        $H_1(22|6|-14)$; $H_2(12|16|-4)$

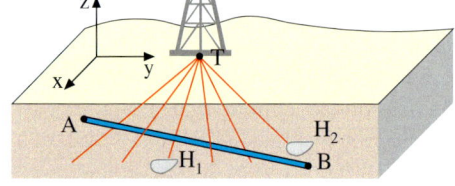

g_a: $\vec{x} = \begin{pmatrix} 4 \\ 6 \\ 0 \end{pmatrix} + r \begin{pmatrix} 13-a \\ a-4 \\ a-11 \end{pmatrix}$

$a = 0, 2, 4, 6, 8, 10$

a) Wird der Schacht AB von einer der Bohrungen getroffen? Wenn ja, wo?
b) Werden die Hohlräume H_1 und H_2 gefunden?
c) Führt eine der Bohrungen senkrecht nach unten?

24. Scheinwerfer

Die Pyramide ABCDS hat die Koordinaten $A(20|4|0)$, $B(20|20|0)$, $C(4|20|0)$, $D(4|4|0)$ und $S(12|12|16)$. Ihr Eingang liegt bei $E(11|14|12)$. Eine Treppe führt von $P(13|20|0)$ nach $Q(7|17|6)$. Von der Turmspitze $T(20|40|2)$ werden fünf Scheinwerfer auf die Pyramide gerichtet. Die Lichtstrahlen werden durch g_a: $\vec{x} = \begin{pmatrix} 20 \\ 40 \\ 2 \end{pmatrix} + r \begin{pmatrix} a-12 \\ -2a-20 \\ 4a-2 \end{pmatrix}$ beschrieben, $(a = 0, 1, 2, 3, 4)$.

a) Trifft einer der Lichtstrahlen den Eingang E?
b) Trifft einer der Lichtstrahlen die Treppe?
c) Ist einer der Strahlen parallel zur Seitenkante $\overline{BS}$ der Pyramide?

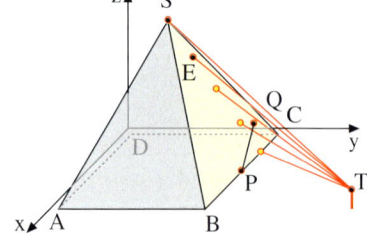

25. Durch A$(a + 3\,|\,a\,|\,1)$ und B$(a + 1\,|\,a + 1\,|\,3)$ wird eine Geradenschar festgelegt $(a \in \mathbb{R})$.

   a) Geben Sie eine Parametergleichung der Geradenschar an.

   b) Welche Gerade der Schar geht durch den Punkt P$(4\,|\,1\,|\,5)$?

   c) Welche Geraden der Schar schneiden jeweils die Koordinatenachsen?
     Geben Sie auch die Schnittpunkte an.

26. Gegeben ist die Geradenschar g_a: $\vec{x} = \begin{pmatrix} 2 + a \\ 4 - a \\ 5 \end{pmatrix} + r\begin{pmatrix} 0 \\ 1 \\ -1 \end{pmatrix}$, $r, a \in \mathbb{R}$.

   a) Beschreiben Sie die Lage der Geraden der Schar und zeichnen Sie die Geraden für $a = 1$, $a = 0$ und $a = -1$ als Schrägbild.

   b) Welche Gerade der Schar schneidet die z-Achse? Geben Sie auch den Schnittpunkt an.

   c) Welche Gerade der Schar geht durch den Punkt P$(8\,|\,2\,|\,1)$?

   d) Gibt es eine Gerade der Schar, die durch den Ursprung geht?

   e) Zeigen Sie, dass die Gerade h: $\vec{x} = \begin{pmatrix} 5 \\ 5 \\ 1 \end{pmatrix} + s\begin{pmatrix} 0 \\ -2 \\ 2 \end{pmatrix}$ zur gegebenen Geradenschar gehört.

27. Gegeben ist die Geradenschar g_a: $\vec{x} = \begin{pmatrix} 5 \\ 1 \\ 4 \end{pmatrix} + r\begin{pmatrix} a \\ 2 \\ 4 - 2a \end{pmatrix}$, $r, a \in \mathbb{R}$.

   a) Beschreiben Sie die Lage der Geraden der Schar und zeichnen Sie die Geraden für $a = 0$, $a = 1$ und $a = 2$ als Schrägbild.

   b) Welche Gerade der Schar ist parallel zu $\vec{v} = \begin{pmatrix} 3 \\ 1 \\ -4 \end{pmatrix}$?

   c) Welche Gerade der Schar geht durch den Punkt P$(x\,|\,3\,|\,1)$? Bestimmen Sie x.

   d) Welche Gerade der Schar schneidet die z-Achse? Berechnen Sie auch den Schnittpunkt.

   e) Welche Gerade der Schar schneidet die y-Achse? Berechnen Sie auch den Schnittpunkt.

   f) Welche Gerade der Schar schneidet die x-Achse? Berechnen Sie auch den Schnittpunkt.

28. Gegeben sind die Geradenschar g_a: $\vec{x} = \begin{pmatrix} 2 \\ 4 \\ 2 \end{pmatrix} + r\begin{pmatrix} a \\ 1 \\ a \end{pmatrix}$ und die Gerade h: $\vec{x} = \begin{pmatrix} 2 \\ 3 \\ -2 \end{pmatrix} + s\begin{pmatrix} 3 \\ 1 \\ 1 \end{pmatrix}$.

   a) Beschreiben Sie die Lage der Geraden der Schar g_a.
     Zeichnen Sie die Gerade h sowie die Geraden g_1, g_2, g_3 und g_4 als Schrägbild.

   b) Zeigen Sie, dass die Geraden g_4 und h windschief sind.

   c) Gibt es eine Gerade der Schar g_a, die parallel zu h ist?

   d) Welche Gerade der Schar g_a geht durch den Ursprung?

   e) Welche Gerade der Schar g_a ist parallel zur y-Achse?

   f) Für welchen Wert von a schneiden sich die Geraden g_a und h? Berechnen Sie auch den Schnittpunkt.

3. Spurpunkte mit Anwendungen

In diesem Abschnitt werden als exemplarische Anwendungsbeispiele für Geraden Spurpunkt-
probleme behandelt.

Die Schnittpunkte einer Geraden mit den
Koordinatenebenen bezeichnet man als
Spurpunkte der Geraden.

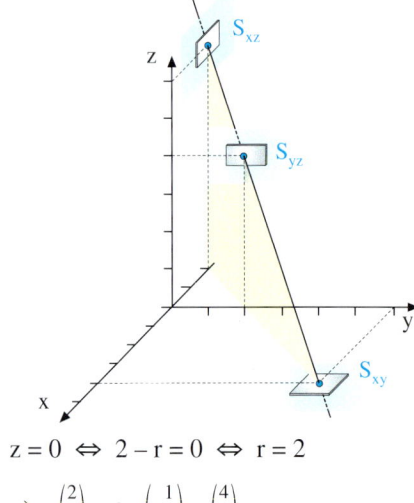

Beispiel: Spurpunkte

Gegeben sei g: $\vec{x} = \begin{pmatrix} 2 \\ 4 \\ 2 \end{pmatrix} + r \begin{pmatrix} 1 \\ 1 \\ -1 \end{pmatrix}$.

Bestimmen Sie die Spurpunkte der Geraden und fertigen Sie eine Skizze an.

Lösung:
Der Schnittpunkt der Geraden mit der x-y-
Ebene wird als Spurpunkt S_{xy} bezeichnet.
Er hat die z-Koordinate $z = 0$.
Die z-Koordinate des allgemeinen Gera-
denpunktes beträgt $z = 2 - r$.
Setzen wir diese 0, so erhalten wir $r = 2$,
was auf den Spurpunkt $S_{xy}(4|6|0)$ führt.

$z = 0 \Leftrightarrow 2 - r = 0 \Leftrightarrow r = 2$

$\vec{x} = \begin{pmatrix} 2 \\ 4 \\ 2 \end{pmatrix} + 2 \cdot \begin{pmatrix} 1 \\ 1 \\ -1 \end{pmatrix} = \begin{pmatrix} 4 \\ 6 \\ 0 \end{pmatrix}$

$S_{xy}(4|6|0)$

Analog errechnen wir die weiteren Spurpunkte, indem wir die x-Koordinate bzw. die y-Koordinate des allgemeinen Geradenpunktes null setzen.
▶ Ergebnisse: $S_{yz}(0|2|4)$, $S_{xz}(-2|0|6)$

Übung 1
Berechnen Sie die Spurpunkte der Geraden g durch A und B. Fertigen Sie eine Skizze an.
a) $A(10|6|-1)$, $B(4|2|1)$ b) $A(-2|4|9)$, $B(4|-2|3)$
c) $A(4|1|1)$, $B(-2|1|7)$ d) $A(2|4|-2)$, $B(-1|-2|4)$

Übung 2
Geben Sie die Gleichung einer Geraden g
an, die nur zwei Spurpunkte bzw. nur einen
Spurpunkt besitzt.

Übung 3
In welchen Punkten durchdringen die Kan-
ten der skizzierten Pyramide den 2 m hohen
Wasserspiegel?

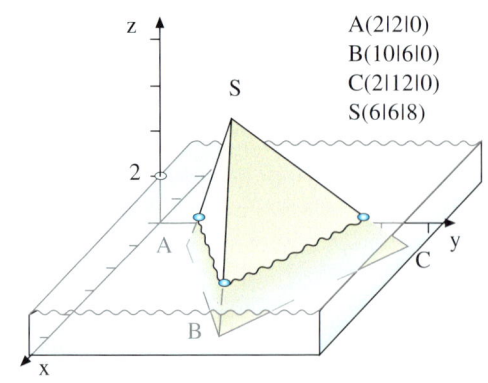

A(2|2|0)
B(10|6|0)
C(2|12|0)
S(6|6|8)

Im Folgenden werden Spurpunktberechnungen zur Lösung von Anwendungsaufgaben zur Lichtreflexion und zum Schattenwurf eingesetzt.

▶ **Beispiel: Lichtreflexion**

Der Verlauf eines Lichtstrahls soll verfolgt werden. Der Strahl geht vom Punkt $A(0|6|6)$ aus und läuft in Richtung des Vektors $\begin{pmatrix} 1 \\ -1 \\ -2 \end{pmatrix}$ auf die x-y-Ebene zu, an der er reflektiert wird.

Wo trifft der Strahl auf die x-y-Ebene? Wie lautet die Geradengleichung des dort reflektierten Strahles und wo trifft dieser auf die x-z-Ebene?

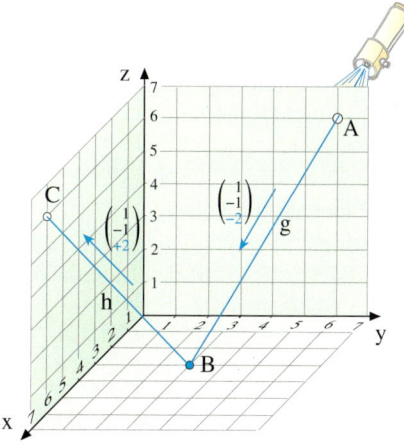

Gleichung des Strahls g:

$$g: x = \begin{pmatrix} 0 \\ 6 \\ 6 \end{pmatrix} + r \begin{pmatrix} 1 \\ -1 \\ -2 \end{pmatrix}$$

Schnittpunkt mit der x-y-Ebene:

$$z = 0 \Leftrightarrow 6 - 2r = 0 \Leftrightarrow r = 3 \Rightarrow B(3|3|0)$$

Gleichung des reflektierten Strahls h:

$$h: \vec{x} = \begin{pmatrix} 3 \\ 3 \\ 0 \end{pmatrix} + s \begin{pmatrix} 1 \\ -1 \\ +2 \end{pmatrix}$$

Schnittpunkt mit der x-z-Ebene:

$$y = 0 \Leftrightarrow 3 - s = 0 \Leftrightarrow s = 3 \Rightarrow C(6|0|6)$$

Lösung:

Wir bestimmen zunächst die Geradengleichung des von A ausgehenden Strahls g. Dessen Schnittpunkt B mit der x-y-Ebene erhalten wir durch Nullsetzen der z-Koordinate des allgemeinen Geradenpunktes von g.

Der reflektierte Strahl h geht von diesem Punkt $B(3|3|0)$ aus. Bei der Reflexion ändert sich nur diejenige Koordinate des Richtungsvektors, die senkrecht auf der Reflexionsebene steht. Diese Koordinate wechselt ihr Vorzeichen, hier also die z-Koordinate. Der Richtungsvektor von h ist daher $\begin{pmatrix} 1 \\ -1 \\ +2 \end{pmatrix}$. Nun können wir die Geradengleichung des reflektierten Strahls h aufstellen und dessen Schnittpunkt mit der x-z-Ebene berechnen. Es ist der Punkt

▶ $C(6|0|6)$.

Übung 4 Billard

Auch beim Billardspiel kommt es zu Reflexionen der Kugel an der Bande. Auf dem abgebildeten Tisch liegt die Kugel in der Position $P(6|4)$. Sie wird geradlinig in Richtung des Vektors $\begin{pmatrix} 2 \\ 3 \end{pmatrix}$ gestoßen.

Trifft sie das Loch bei $L(14|0)$? Lösen Sie die Aufgabe zeichnerisch und rechnerisch.

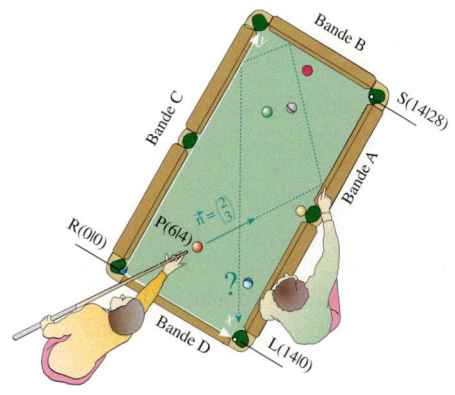

Spurpunktberechnungen können auch zur Konstruktion der Schattenbilder von Gegenständen im Raum auf die Koordinatenebenen verwendet werden.

> **Beispiel: Schattenwurf**
> Im 1. Oktanden des Koordinatensystems steht die senkrechte Strecke $\overline{PQ}$ mit P(4|3|0) und Q(4|3|6).
> In Richtung des Vektors $\begin{pmatrix} -2 \\ 1 \\ -2 \end{pmatrix}$ fällt paralleles Licht auf die Strecke.
> Konstruieren Sie rechnerisch ein Schattenbild der Strecke auf den Randflächen des 1. Oktanden.

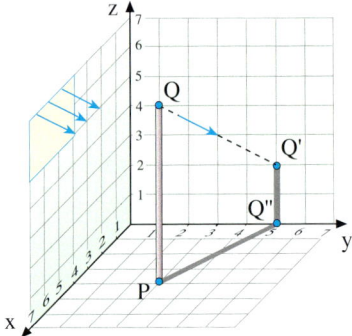

Lösung:
Das Ergebnis ist rechts abgebildet, ein abknickender Schatten. Es wurde durch Verfolgung desjenigen Lichtstrahls g konstruiert, der durch den Punkt Q führt.

Nach dem Aufstellen der Geradengleichung von g errechnen wir den Spurpunkt Q′ von g in der y-z-Ebene, denn wir vermuten, dass der Strahl g diese Ebene zuerst trifft.

Gleichung des Strahls g durch Q:

$$g:\ \vec{x} = \begin{pmatrix} 4 \\ 3 \\ 6 \end{pmatrix} + r \begin{pmatrix} -2 \\ 1 \\ -2 \end{pmatrix}$$

Durch Nullsetzen der x-Koordinate des allgemeinen Geradenpunktes erhalten wir r = 2, d. h. Q′(0|5|2).

Schnittpunkt von g mit der y-z-Ebene:

$$x = 0 \Leftrightarrow 4 - 2r = 0 \Leftrightarrow r = 2 \Rightarrow Q'(0|5|2)$$

Der Fußpunkt des senkrechten Lotes von Q′ auf die y-Achse ist Q″(0|5|0).

Fußpunkt des Lotes von Q′ auf die y-Achse:

$$Q''(0|5|0)$$

Der Schatten der Strecke $\overline{PQ}$ ist der Streckenzug PQ″Q′, wie oben eingezeichnet. Es handelt sich um einen abknickenden Schatten.

Übung 5 Schatten

Im mathematischen Klassenraum steht ein Schrank für die Aufbewahrung von Punkten, Strecken und Flächen. Er hat die Höhe 4 und die Breite 2. Für seine Tiefe reicht bekanntlich 0 aus.
In Richtung des Vektors $\begin{pmatrix} -1 \\ 1 \\ -1 \end{pmatrix}$ fällt paralleles Licht auf den Schrank.
Konstruieren Sie das Schattenbild des Schrankes auf dem Boden und den Wänden rechnerisch und zeichnen Sie es auf.

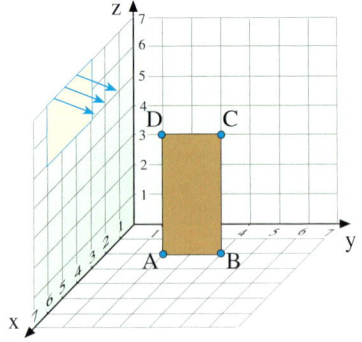

Übungen

6. Gegeben sind die Geraden g durch A (1|3|6) und B (2|4|3) sowie h: $\vec{x} = \begin{pmatrix} -1 \\ 4 \\ 6 \end{pmatrix} + s \begin{pmatrix} 2 \\ -2 \\ -2 \end{pmatrix}$

Bestimmen Sie die Spurpunkte der Geraden und zeichnen Sie ein Schrägbild.

7. Geraden können 1, 2, 3 oder unendlich viele unterschiedliche Spurpunkte besitzen. Erläutern Sie diese Tatsache und überprüfen Sie, welcher Fall bei den folgenden Geraden jeweils eintritt.

a) g: $\vec{x} = \begin{pmatrix} 3 \\ 2 \\ 2 \end{pmatrix} + r \begin{pmatrix} -1 \\ 0 \\ 2 \end{pmatrix}$ b) g: $\vec{x} = \begin{pmatrix} 1 \\ 1 \\ 4 \end{pmatrix} + r \begin{pmatrix} -1 \\ 1 \\ 2 \end{pmatrix}$ c) g: $\vec{x} = \begin{pmatrix} -3 \\ -2 \\ 2 \end{pmatrix} + r \begin{pmatrix} 1 \\ 2 \\ -2 \end{pmatrix}$

d) g: $\vec{x} = \begin{pmatrix} 2 \\ 0 \\ 1 \end{pmatrix} + r \begin{pmatrix} 1 \\ 0 \\ 2 \end{pmatrix}$ e) g: $\vec{x} = \begin{pmatrix} 2 \\ 2 \\ 3 \end{pmatrix} + r \begin{pmatrix} 0 \\ 0 \\ 2 \end{pmatrix}$ f) g: $\vec{x} = r \begin{pmatrix} 2 \\ 2 \\ 3 \end{pmatrix}$

8. In welchem Punkt trifft die vom Punkt P (2|4) in Richtung des Vektors $\begin{pmatrix} 3 \\ -1 \end{pmatrix}$ geradlinig gestoßene Billardkugel die Bande C erstmals?
Lösen Sie zeichnerisch und rechnerisch.

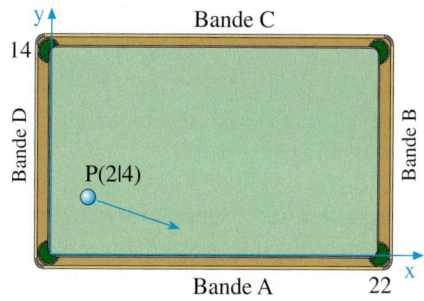

9. In Richtung des Vektors $\begin{pmatrix} -1 \\ -3 \\ 1 \end{pmatrix}$ fällt paralleles Licht.

a) Im 1. Oktanden des Koordinatensystems steht die zur x-y-Ebene senkrechte Strecke $\overline{PQ}$ mit P (4|6|0) und Q (4|6|3). Konstruieren Sie das Schattenbild der Strecke in der x-y-Ebene (zeichnerisch und rechnerisch).

b) Gegeben ist ein Rechteck ABCD mit A (4|3|0), B (2|3|0), C (2|3|3), D (4|3|3). Konstruieren Sie das Schattenbild des Rechtecks auf dem Boden und den Randflächen des 1. Oktanden (zeichnerisch und rechnerisch).

10. Im Koordinatenraum steht ein schräg nach oben geneigtes Dreieck ABC mit A (3|2|0), B (3|6|0), C (2|3|4). In Richtung des Vektors $\begin{pmatrix} -1 \\ -3 \\ -1 \end{pmatrix}$ fällt paralleles Licht auf dieses Dreieck.
Zeichnen Sie das Schattenbild des Dreiecks, wobei Sie sich an der (nicht maßstäblichen) Skizze orientieren. Berechnen Sie dann die Eckpunkte des Dreiecksschattens auf dem Boden und den Wänden des Raums.

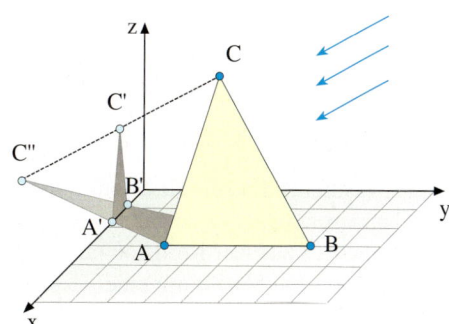

11. Flugbahnen

Flugzeug Alpha fliegt geradlinig durch die Punkte A $(-8|3|2)$ und B $(-4|-1|4)$. Eine Einheit im Koordinatensystem entspricht einem Kilometer. Der Flughafen F befindet sich in der x-y-Ebene.

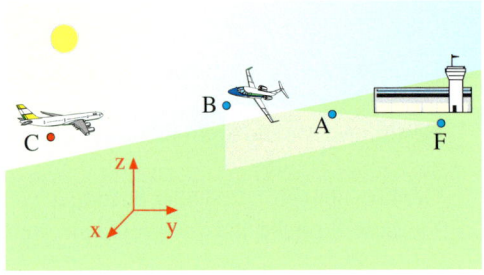

a) In welchem Punkt F ist das Flugzeug gestartet? In welchem Punkt T erreicht es seine Reiseflughöhe von 10 000 m?

b) Flugzeug Beta steuert Punkt C $(10|-10|5)$ aus Richtung $\vec{v} = \begin{pmatrix} -2 \\ 2 \\ -1 \end{pmatrix}$ an. Zeigen Sie, dass die beiden Flugzeuge keinesfalls kollidieren können.

c) In dem Moment, an dem Flugzeug Alpha den Punkt B passiert, erreicht Flugzeug Beta den Punkt C. Wie groß ist die Entfernung der Flugzeuge zu diesem Zeitpunkt?

d) Beim Passieren von Punkt C wird Flugzeug Beta vom Tower aufgefordert, in Richtung $\vec{v} = \begin{pmatrix} -5 \\ 4 \\ -1 \end{pmatrix}$ weiterzufliegen. In 1000 m Höhe soll eine weitere Kursänderung erfolgen, die Flugzeug Beta zum Flughafen F bringt. In welche Richtung muss diese letzte Korrektur das Flugzeug führen?

12. Flugbahn und Fluggeschwindigkeit

Ein Sportflugzeug Gamma passiert um 10 Uhr den Punkt A $(10|1|0,8)$ und 2 Minuten später den Punkt B $(15|7|1)$. Eine Einheit im Koordinatensystem entspricht einem Kilometer. Das Flugzeug fliegt mit konstanter Geschwindigkeit.

a) Stellen Sie die Gleichung der Geraden g auf, auf der das Flugzeug Gamma fliegt. Erläutern Sie für Ihre Geradengleichung den Zusammenhang zwischen dem Geradenparameter und dem zugehörigen Zeitintervall.

b) Wo befindet sich das Flugzeug Gamma um 10:10 Uhr? Mit welcher Geschwindigkeit fliegt es? Wann erreicht das Flugzeug die Höhe von 4000 m?

c) Ein zweites Flugzeug Delta passiert um 10 Uhr den Punkt P $(100|130|3,7)$ und eine Minute später den Punkt Q $(95|121|3,6)$. Prüfen Sie, ob sich die beiden Flugbahnen schneiden, und untersuchen Sie, ob tatsächlich die Gefahr einer Kollision besteht.

13. Tauchfahrt

Ein U-Boot beginnt eine Tauchfahrt in P $(100|200|0)$ mit 11,1 Knoten in Richtung des Peilziels Z $(500|600|-80)$, bis es eine Tiefe von 80 m erreicht hat.

$$\left(1 \text{ Knoten} = 1 \frac{\text{Seemeile}}{\text{Stunde}} \approx 1,852 \frac{\text{km}}{\text{h}}\right)$$

Anschließend wechselt es ohne Kursveränderung in eine horizontale Schleichfahrt von 11 Knoten.

Könnte es zu einer Kollision mit der Tauchkugel T kommen, die zeitgleich vom Forschungsschiff S $(700|800|0)$ mit einer Geschwindigkeit von 0,5 m/s senkrecht sinkt?

14. Bergwerksstollen

Vom Punkt $A(-7|-3|-8)$ ausgehend soll durch den Punkt $B(-2|0|-9)$ ein geradliniger Stollen namens Kuckucksloch in einen Berg getrieben werden. Ebenso soll ein Stollen namens Morgenstern von Punkt $C(4|-6|-6)$ ausgehend über den Punkt $D(7|-1|-8)$ geradlinig gebaut werden. Eine Einheit entspricht 100 m. Die Erdoberfläche liegt in der x-y-Ebene.

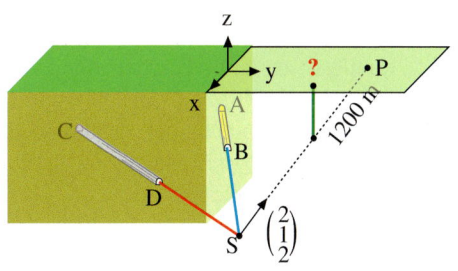

a) Prüfen Sie, ob die Ingenieure richtig gerechnet haben und die Stollen sich wie geplant in einem Punkt S treffen.

b) Im Stollen Kuckucksloch kann die Bohrung um 5 m pro Tag vorangetrieben werden. Wie hoch muss die Bohrleistung im Stollen Morgenstern durch C und D sein, damit beide Stollen am selben Tag den Vereinigungspunkt S erreichen?

c) Von Punkt S aus wird der Stollen Kuckucksloch weiter in Richtung $\begin{pmatrix} 2 \\ 1 \\ 2 \end{pmatrix}$ fortgesetzt. In welchem Punkt P erreicht der Stollen die Erdoberfläche?

d) In 1 200 m Entfernung von Punkt P auf der Strecke $\overline{SP}$ soll ein senkrechter Notausstieg gebohrt werden. An welchem Punkt der Erdoberfläche muss die Bohrung beginnen? Wie tief wird die Bohrung sein?

15. Pyramide

Gegeben sei eine gerade quadratische Pyramide, die 100 m breit und 50 m hoch ist.

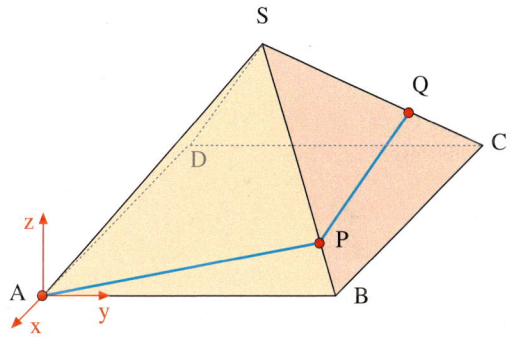

a) Bestimmen Sie die Gleichungen der Geraden, in denen die vier Pyramidenkanten verlaufen.

b) Forscher vermuten, dass das Baumaterial über riesige Rampen, die sich längs der eingezeichneten blauen Strecken an die Pyramide lehnten, transportiert wurde.
Die erste Rampe hat im Punkt P 10 m Höhen erreicht. Bestimmen Sie P.

c) Die anschließende Rampe soll den gleichen Steigungswinkel besitzen.
Bestimmen Sie die Gleichung der entsprechenden Geraden.
In welchem Punkt Q endet diese Rampe?
In welchem Punkt erreicht die Rampe die Höhe von 15 m?

d) In welchen Punkten durchstoßen die Pyramidenkanten eine Höhe von 20 m?
In welcher Höhe beträgt der horizontale Querschnitt der Pyramide 25 m²?

Vom Punkt $T(50|-50|100)$ fällt Licht in Richtung $\begin{pmatrix} -1-a \\ 3-a \\ a-2 \end{pmatrix}$.

e) Zeigen Sie, dass vom Punkt T je ein Lichtstrahl auf die Punkte B und S fällt.

f) Zeigen Sie: Jeder Punkt der Kante $\overline{BS}$ wird angestrahlt.

g) Bestimmen Sie den Schattenwurf der Kante $\overline{BS}$ in der x-y-Ebene.

16. Kletterturm

Ein Kletterturm ist in der Form eines Pyramidenstumpfes geplant. Hierbei bilden die Ecken
A (0|0|0), B (4|6|0), C (0|12|0) und D (−8|0|0)
das Grundflächenviereck, während E (2|0|12),
F (4|3|12), G (2|6|12) und H (−2|0|12) das Deck-
flächenviereck bilden.

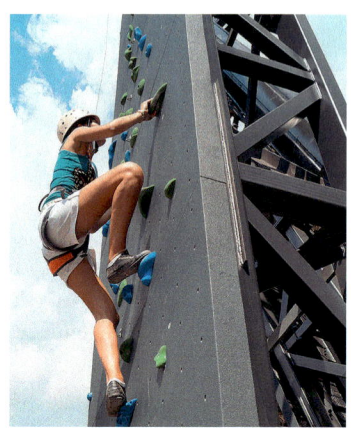

a) Zeichnen Sie ein Schrägbild des Pyramidenstumpfes.
b) Zeichnen Sie die Grundfläche in der x-y-Ebene. Tragen Sie hierin auch die Projektion der
   Oberfläche ein. Klassifizieren Sie nun die vier
   Kletterflächen nach ihrem Schwierigkeitsgrad.
c) Zeigen Sie, dass es sich tatsächlich um eine
   Pyramide handelt. Überprüfen Sie hierzu die
   Pyramidenspitze S. Treffen sich die vier Kanten in S?
d) Bestimmen Sie zunächst das Volumen der Pyramide und dann das des Stumpfes.
e) Welche Koordinaten hat das Querschnittsviereck in halber Höhe des Stumpfes?
f) Zeigen Sie: Die Geradenschar durch S in Richtung $\begin{pmatrix} -2-2a \\ 3a \\ 12 \end{pmatrix}$ enthält die Geraden durch die
   Kanten $\overline{BF}$ und $\overline{CG}$.
g) Begründen Sie, dass die Richtungsvektoren der Schar aus f komplanar sind.

17. Pyramidenzelt

Ein Zelt hat die Form einer geraden quadratischen Pyramide
mit 8 m Breite und 3 m Höhe. Den Eingang bildet
das Trapez EFGH mit |EF| = 4 m und G bzw. H
als Mitten der Strecken $\overline{ES}$ bzw. $\overline{FS}$.

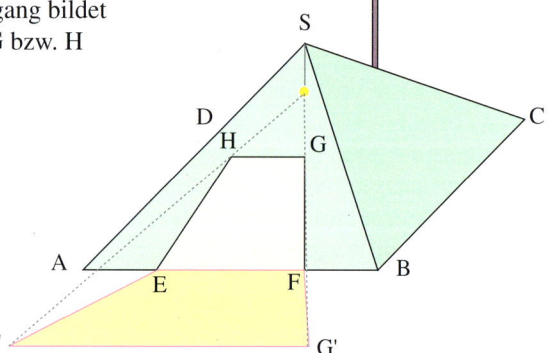

a) Wie groß ist der Eingang EFGH?
b) Ein Meter unter der Zeltspitze S
   befindet sich eine Lichtquelle.
   Durch den Eingang fällt Licht
   nach außen und begrenzt so
   eine beleuchtete Fläche.
   Wie groß ist sie?

c) Wie ändert sich die beleuchtete Fläche, wenn die Lichtquelle weiter nach oben bzw. weiter nach unten gebracht wird?
   Welche Grenzflächen ergeben sich, wenn sich die Lichtquelle in S bzw. in 1,5 m Höhe
   befindet?
d) In der Mitte der hinteren Zeltkante $\overline{CD}$ ist auf einer senkrechten Stange eine Kamera angebracht. In welcher Höhe muss sie sich befinden, wenn sie die gesamte beleuchtete Fläche
   überwachen soll?

Überblick

Koordinaten im Raum

Das dreidimensionale Koordinatensystem gestattet die Darstellung im räumlichen Schrägbild.
y-Achse und z-Achse werden rechtwinklig zueinander dargestellt. Die x-Achse wird im Winkel von 135 ° zur y- und z-Achse dargestellt.
Auf der x-Achse werden die Einheiten verkürzt dargestellt.
Der Verkürzungsfaktor beträgt $\frac{1}{\sqrt{2}}$.

Abstand von Punkten im Raum

Der Abstand von zwei Punkten $A(a_1|a_2|a_3)$ und $B(b_1|b_2|b_3)$ im Raum kann nach der folgenden Abstandsformel berechnet werden.

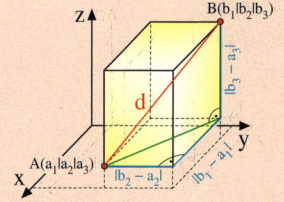

Die Punktabstandsformel im Raum

$$d(A; B) = \sqrt{(b_1 - a_1)^2 + (b_2 - a_2)^2 + (b_3 - a_3)^2}$$

Vektoren als Pfeilklassen

Ein Vektor kann als die Menge aller Pfeile gleicher Richtung und gleicher Länge verstanden werden.

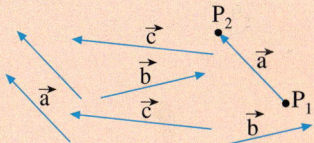

Addition und Subtraktion von Vektoren mittels Parallelogramm

Rechnen mit Vektoren

Vektoren in der Ebene

$$\vec{v} = \begin{pmatrix} v_1 \\ v_2 \end{pmatrix}$$

Vektoren im Raum

$$v = \begin{pmatrix} v_1 \\ v_2 \\ v_3 \end{pmatrix}$$

v_1 und v_2 bzw. v_1, v_2 und v_3 heißen Koordinaten von $\vec{v}$.
Sie stellen die Verschiebungsanteile des Vektors $\vec{v}$ in Richtung der Koordinatenachsen dar.

| **Rechnen mit Vektoren** | Für Vektoren gibt es zwei Rechenoperationen: |

Addition/Subtraktion

$$\begin{pmatrix} a_1 \\ a_2 \\ a_3 \end{pmatrix} \pm \begin{pmatrix} b_1 \\ b_2 \\ b_3 \end{pmatrix} = \begin{pmatrix} a_1 \pm b_1 \\ a_2 \pm b_2 \\ a_3 \pm b_3 \end{pmatrix}$$

Multiplikation mit einem Skalar

$$r \cdot \begin{pmatrix} a_1 \\ a_2 \\ a_3 \end{pmatrix} = \begin{pmatrix} r \cdot a_1 \\ r \cdot a_2 \\ r \cdot a_3 \end{pmatrix}, \; r \in \mathbb{R}$$

Ortsvektor eines Punktes

Der Ortsvektor $\vec{p} = \overrightarrow{OP}$ des Punktes $P(p_1|p_2|p_3)$ zeigt vom Ursprung O des Koordinatensystems zum Punkt P.
Seine Koordinaten entsprechen exakt den Punktkoordinaten.

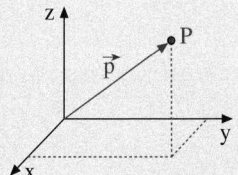

$$\vec{p} = \overrightarrow{OP} = \begin{pmatrix} p_1 \\ p_2 \\ p_3 \end{pmatrix}$$

Verbindungsvektor $\overrightarrow{PQ}$

$P(p_1|p_2|p_3)$ und $Q(q_1|q_2|q_3)$ seien zwei Punkte. $\overrightarrow{PQ}$ sei der Vektor, der den Punkt P in den Punkt Q verschiebt.
Es ist der Verbindungsvektor von P und Q. Es gilt:

$$\overrightarrow{PQ} = \begin{pmatrix} q_1 \\ q_2 \\ q_3 \end{pmatrix} - \begin{pmatrix} p_1 \\ p_2 \\ p_3 \end{pmatrix} = \begin{pmatrix} q_1 - p_1 \\ q_2 - p_2 \\ q_3 - p_3 \end{pmatrix}$$

Betrag eines Vektors

Der Betrag $|\vec{v}|$ eines Vektors $\vec{v}$ entspricht der Länge seines Pfeiles.

Betrag eines Vektors im Raum:

$$\vec{a} = \begin{pmatrix} a_1 \\ a_2 \\ a_3 \end{pmatrix} \Rightarrow |\vec{a}| = \sqrt{a_1^2 + a_2^2 + a_3^2}$$

Betrag eines Vektors in der Ebene:

$$\vec{a} = \begin{pmatrix} a_1 \\ a_2 \end{pmatrix} \Rightarrow |\vec{a}| = \sqrt{a_1^2 + a_2^2}$$

**Parametergleichung
einer Geraden:**

$$g: \vec{x} = \vec{a} + r \cdot \vec{m} \quad (r \in \mathbb{R})$$

Stütz-
vektor

Richtungs
vektor

$$\vec{x} = \vec{a} + r \cdot \vec{m}$$
$$\vec{x} = \vec{a} + r \cdot (\vec{b} - \vec{a})$$

Zweipunktegleichung:

$$g: \vec{x} = \vec{a} + r \cdot (\vec{b} - \vec{a}) \quad (r \in \mathbb{R})$$
$\vec{a}, \vec{b}$ sind die Ortsvektoren zweier Geradenpunkte A und B.

**Lagebeziehung von zwei
Geraden im Raum:**

Die Geraden sind entweder parallel (oder sogar identisch) oder
sie schneiden sich in genau einem Punkt oder sie sind windschief.

1. Fall: parallel (im Sonderfall: identisch)
Die Richtungsvektoren beider Geraden sind kollinear.
Liegt der Stützpunkt einer Geraden auch auf der anderen Ge-
raden, sind die Geraden sogar identisch.

2. Fall: schneidend
Die Richtungsvektoren der Geraden sind nicht kollinear.
Man setzt die rechten Seiten der Parametergleichungen gleich
und löst das entstehende eindeutig lösbare LGS.
Die Geraden schneiden sich in genau einem Punkt.

3. Fall: windschief
Die Richtungsvektoren der Geraden sind nicht kollinear.
Man setzt die rechten Seiten der Parametergleichungen gleich.
Das entstehende LGS ist unlösbar.

**Spurpunkte einer
Geraden:**

Schnittpunkte der Geraden
mit den Koordinatenebenen.
Bedingungen:
S_{xy}: $z = 0$
S_{xz}: $y = 0$
S_{yz}: $x = 0$

3-D-Darstellung von Geraden

Die Lagebeziehung von zwei Geraden wurde im zweiten Abschnitt rechnerisch untersucht. Im zweidimensionalen Raum kann diese Fragestellung zeichnerisch untersucht werden, im dreidimensionalen Raum ist dies mit Schwierigkeiten verbunden. Dort leisten aber 3-D-Darstellungen mit Computerprogrammen gute Dienste.

Das folgende Bild zeigt die 3-D-Darstellung einer Geraden mit einem Computerprogramm, welches im Internet als Medienelement zur Verfügung steht. Um es zu verwenden, öffnet man die Internetseite http://www.cornelsen.de/webcodes und gibt dort den Webcode MBK041914-326-1 ein.

Im Fenster auf der rechten Seite erfolgt die Eingabe bzw. Änderung der Geradengleichung in Parameterform. Im linken Fenster wird die Gerade und der Punkt im räumlichen Koordinatensystem dargestellt.

Die Darstellung kann mithilfe der Schaltflächen unterhalb des Koordinatensystems verändert werden: Das Bild kann vergrößert und verkleinert, verschoben und gedreht werden. Auch die Darstellung der Koordinatenebenen lässt sich ändern.

Das folgende Bild zeigt die 3-D-Darstellung zweier sich schneidender Geraden mithilfe eines weiteren Medienelements. Dieses steht auf www.cornelsen.de/webcodes unter dem Webcode MBK041914-326-2 zur Verfügung.

Die Eingabe beider Gleichungen erfolgt wieder in der vektoriellen Parameterform. Das Programm stellt die beiden Geraden im dreidimensionalen Koordinatensystem dar und gibt ihre Lagebeziehung aus. Im vorliegenden Fall schneiden sich die beiden Geraden.

Bei Änderung der Vektoren verändert sich natürlich die Lagebeziehung, d. h., man erhält windschiefe oder parallele oder identische Geraden. Bei einer Drehung um die z-Achse wird die Lagebeziehung unmittelbar optisch deutlich.

Übungen

a) Experimentieren Sie mit dem Medienelement zur Darstellung einer Geraden im dreidimensionalen Raum.

b) Bearbeiten Sie die Übungen 2–4 von Seite 307 zur Lagebeziehung zweier Geraden im Raum mit dem entsprechenden Medienelement.

Test

Geraden

1. Geradengleichung, Punkt und Strecke

Gegeben sind die Punkte $P(1|4|3)$, $A(3|0|1)$ und $B(0|6|4)$.

a) Stellen Sie eine Parametergleichung der Geraden g durch A und B auf.

b) Überprüfen Sie, ob der Punkt P auf der Strecke $\overline{AB}$ liegt.

2. Relative Lage von Geraden, Spurpunkte

Gegeben sind die Geraden g und h.

a) Bestimmen Sie den Schnittpunkt der beiden Geraden.

b) Stellen Sie die Geraden räumlich dar.

c) Gesucht sind diejenigen Punkte, in denen die Gerade h die
drei Grundebenen des Koordinatensystems durchdringt (Spurpunkte von h).

$$g: \vec{x} = \begin{pmatrix} 2 \\ 2 \\ 3 \end{pmatrix} + r \begin{pmatrix} 3 \\ 6 \\ 3 \end{pmatrix}$$

$$h: \vec{x} = \begin{pmatrix} 1 \\ 2 \\ 6 \end{pmatrix} + s \begin{pmatrix} -1 \\ -1 \\ 1 \end{pmatrix}$$

3. Geradenschar

Gegeben sind die Geradenschar g_a: $\vec{x} = \begin{pmatrix} 0 \\ 0 \\ 2 \end{pmatrix} + r \begin{pmatrix} a \\ 2 \\ 2a \end{pmatrix}$ und die Gerade h: $\vec{x} = \begin{pmatrix} -1 \\ 1 \\ -2 \end{pmatrix} + s \begin{pmatrix} 2 \\ 1 \\ 3 \end{pmatrix}$.

a) Beschreiben Sie die Lage der Geraden der Schar g_a.
Zeichnen Sie die Geraden für $a = -1$, $a = 0$, $a = 1$ und $a = 2$ als Schrägbild.

b) Welche Gerade der Schar enthält den Punkt $P(3|1|8)$?

c) Für welchen Wert von a sind die Geraden g_a und h parallel?

d) Für welchen Wert von a schneiden sich die Geraden g_a und h? Berechnen Sie ggf. S.

4. Flugbahnen

Ein Flugzeug befindet sich mit konstanter Geschwindigkeit im Anflug auf die Landebahn. Um
16.00 Uhr hat es die Position $A(4|0|6)$ erreicht, eine Minute später ist es an der Position
$B(5|3|4,5)$ angelangt. (Längen- und Positionsangaben in der Einheit km).

a) Wo liegt der theoretische Aufsetzpunkt P auf der Landebahn, die sich in Meereshöhe $z = 0$
befindet? Wie lange dauert der gesamte Anflug des Flugzeugs?

b) Das Flugzeug überfliegt den im Anflugbereich schwebenden Fesselballon mit dem Mittel-
punkt $M(6|6|2,9)$ und dem Durchmesser 20 m. Wieviel Sicherheitsabstand nach unten ist
beim Überflug der Ballonposition noch vorhanden?

c) Zeitgleich mit dem Beginn des Landeanflugs in A startet ein Hubschrauber von der Öl-
plattform $C(12|0|0)$ in Richtung der Bergstation $D(-2|14|7)$. Für diesen Flug ist eine
Flugzeit von exakt 5 Minuten vorgesehen. Befindet sich der Hubschrauber auf Kollisionskurs zur Bahn des Flugzeugs? Kommt es tatsächlich zur Kollision?   Lösungen: S. 644

IX. Skalarprodukt

1. Das Skalarprodukt

A. Definition des Skalarproduktes

Ein Wagen wird gleichmäßig von einem Pferd über einen Sandweg gezogen. Dabei wird eine Kraft in Richtung der Deichsel aufgebracht, die sich durch den Kraftvektor $\vec{F}$ darstellen lässt.
Der zurückgelegte Weg lässt sich ebenfalls vektoriell durch den Wegvektor $\vec{s}$ darstellen. Beide seien im Winkel γ gegeneinander geneigt.

Die hierbei verrichtete Arbeit W errechnet sich als Produkt aus Kraft und Weg, genauer gesagt als Produkt aus Kraft in Wegrichtung F_s und Weglänge s.
F_s lässt sich im rechtwinkligen Dreieck mithilfe des Kosinus darstellen als $|\vec{F}| \cdot \cos\gamma$, und s lässt sich darstellen als Betrag des Vektors $\vec{s}$, d. h. als $|\vec{s}|$. Dies führt auf die Formel $W = |\vec{F}| \cdot |\vec{s}| \cdot \cos\gamma$, deren rechte Seite eine gewisse Art von Produkt der Vektoren $\vec{F}$ und $\vec{s}$ darstellt.

Das Ergebnis dieses Produktes ist die Arbeit W, die kein Vektor, sondern eine reine Zahlengröße ist. In der Physik bezeichnet man eine Zahlengröße auch als Skalar und deshalb nennt man das Produkt $|\vec{F}| \cdot |\vec{s}| \cdot \cos\gamma$ auch *Skalarprodukt* der Vektoren $\vec{F}$ und $\vec{s}$. Man verwendet für den Term $|\vec{F}| \cdot |\vec{s}| \cdot \cos\gamma$ die symbolische Produktschreibweise $\vec{F} \cdot \vec{s}$.

„Arbeit = Kraft · Weg"

$$\text{Arbeit} = \underset{\text{Wegrichtung}}{\text{Kraft in}} \cdot \text{Weglänge}$$

$$W = F_s \cdot s$$

$$W = |\vec{F}| \cdot \cos\gamma \cdot |\vec{s}|$$

$$W = |\vec{F}| \cdot |\vec{s}| \cdot \cos\gamma$$

Das Skalarprodukt (Kosinusform)

$\vec{a}$ und $\vec{b}$ seien zwei Vektoren und γ der Winkel zwischen diesen Vektoren $(0° \leq \gamma \leq 180°)$.
Dann bezeichnet man den Ausdruck

$$\vec{a} \cdot \vec{b} = |\vec{a}| \cdot |\vec{b}| \cdot \cos\gamma$$

als *Skalarprodukt* von $\vec{a}$ und $\vec{b}$.

Übung 1

Bestimmen Sie das Skalarprodukt der Vektoren $\vec{a}$ und $\vec{b}$. Messen Sie die benötigten Längen und Winkel aus oder errechnen Sie diese mithilfe der Definition.

a)

b)

c) $\vec{a} = \begin{pmatrix} -3 \\ 5 \end{pmatrix}$, $\vec{b} = \begin{pmatrix} 5 \\ 6 \end{pmatrix}$

d) $\vec{a} = \begin{pmatrix} 4 \\ 2 \end{pmatrix}$, $\vec{b} = \begin{pmatrix} 4 \\ 6 \end{pmatrix}$

Ziel der folgenden Überlegungen ist die Gewinnung einer vektor- und winkelfreien Darstellung des Skalarproduktes von Spaltenvektoren.

Wir betrachten zwei Vektoren $\vec{a}$ und $\vec{b}$, die ein Dreieck aufspannen, wie abgebildet. In einem allgemeinen Dreieck gilt der Kosinussatz der Trigonometrie, von dem unsere Rechnung ausgeht:

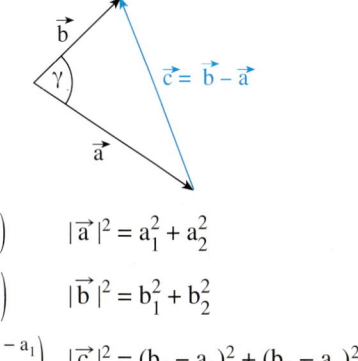

$c^2 = a^2 + b^2 - 2 \cdot a \cdot b \cdot \cos\gamma$ Kosinussatz

$|\vec{c}|^2 = |\vec{a}|^2 + |\vec{b}|^2 - 2 \cdot |\vec{a}| \cdot |\vec{b}| \cdot \cos\gamma$

$|\vec{c}|^2 = |\vec{a}|^2 + |\vec{b}|^2 - 2 \cdot \vec{a} \cdot \vec{b}$ Def. des Skalarproduktes

$2 \cdot \vec{a} \cdot \vec{b} = |\vec{a}|^2 + |\vec{b}|^2 - |\vec{c}|^2$ Umformung

$\vec{a} = \begin{pmatrix} a_1 \\ a_2 \end{pmatrix}$ $|\vec{a}|^2 = a_1^2 + a_2^2$

$\vec{b} = \begin{pmatrix} b_1 \\ b_2 \end{pmatrix}$ $|\vec{b}|^2 = b_1^2 + b_2^2$

$\vec{c} = \begin{pmatrix} b_1 - a_1 \\ b_2 - a_2 \end{pmatrix}$ $|\vec{c}|^2 = (b_1 - a_1)^2 + (b_2 - a_2)^2$

Durch Einsetzen der rechts aufgeführten Darstellungen für die Beträge der Spaltenvektoren $\vec{a}$, $\vec{b}$ und $\vec{c}$ folgt:

$2 \cdot \vec{a} \cdot \vec{b} = a_1^2 + a_2^2 + b_1^2 + b_2^2 - (b_1 - a_1)^2 - (b_2 - a_2)^2$

$2 \cdot \vec{a} \cdot \vec{b} = 2a_1 b_1 + 2a_2 b_2$

$\vec{a} \cdot \vec{b} = a_1 b_1 + a_2 b_2$

Analog ergibt sich für dreidimensionale Spaltenvektoren die Formel

$\vec{a} \cdot \vec{b} = a_1 b_1 + a_2 b_2 + a_3 b_3$.

Das Skalarprodukt von Spaltenvektoren lässt sich also als Produktsumme von Koordinaten darstellen.

Das Skalarprodukt (Koordinatenform)

$\vec{a} \cdot \vec{b} = \begin{pmatrix} a_1 \\ a_2 \end{pmatrix} \cdot \begin{pmatrix} b_1 \\ b_2 \end{pmatrix} = a_1 b_1 + a_2 b_2$

$\vec{a} \cdot \vec{b} = \begin{pmatrix} a_1 \\ a_2 \\ a_3 \end{pmatrix} \cdot \begin{pmatrix} b_1 \\ b_2 \\ b_3 \end{pmatrix} = a_1 b_1 + a_2 b_2 + a_3 b_3$

Beispiele:

$\begin{pmatrix} 1 \\ 2 \end{pmatrix} \cdot \begin{pmatrix} 3 \\ 2 \end{pmatrix} = 1 \cdot 3 + 2 \cdot 2 = 7$

$\begin{pmatrix} 1 \\ 2 \\ 1 \end{pmatrix} \cdot \begin{pmatrix} 2 \\ 3 \\ -4 \end{pmatrix} = 1 \cdot 2 + 2 \cdot 3 + 1 \cdot (-4) = 4$

$\begin{pmatrix} 2 \\ -1 \\ 4 \end{pmatrix} \cdot \begin{pmatrix} 3 \\ -2 \\ -2 \end{pmatrix} = 2 \cdot 3 + (-1) \cdot (-2) + 4 \cdot (-2) = 0$

Im Folgenden werden wir sehen, dass viele Probleme durch Anwendung des Skalarproduktes vereinfacht gelöst werden können. Oft benötigt man dabei beide Darstellungen des Skalarproduktes, die winkelbezogene Form $\vec{a} \cdot \vec{b} = |\vec{a}| \cdot |\vec{b}| \cdot \cos\gamma$ sowie die koordinatenbezogenen Formen $\vec{a} \cdot \vec{b} = a_1 b_1 + a_2 b_2$ bzw. $\vec{a} \cdot \vec{b} = a_1 b_1 + a_2 b_2 + a_3 b_3$.

Übungen

2. Berechnen Sie in den abgebildeten Figuren das Skalarprodukt $\vec{a} \cdot \vec{b}$.
   a) Verwenden Sie die Kosinusform des Skalarproduktes. Die benötigten Längen und Winkel
      können mit dem Geodreieck gemessen werden.
   b) Verwenden Sie die Koordinatenform des Skalarproduktes.

3. Berechnen Sie die angegebenen Skalarprodukte.

a)

b)

c)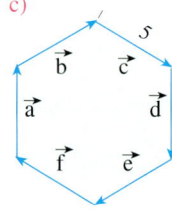

a) $\vec{a} \cdot \vec{b}$, $\vec{a} \cdot \vec{c}$, $\vec{b} \cdot \vec{c}$

b) $\overrightarrow{DA} \cdot \overrightarrow{DF}$, $\overrightarrow{FB} \cdot \overrightarrow{FD}$,
$\overrightarrow{AF} \cdot \overrightarrow{AD}$, $\overrightarrow{DC} \cdot \overrightarrow{DF}$

c) $\vec{a} \cdot \vec{b}$, $\vec{a} \cdot \vec{c}$, $\vec{a} \cdot \vec{d}$,
$(\vec{a} + \vec{b}) \cdot \vec{c}$,
$(\vec{a} + \vec{b} + \vec{c}) \cdot (\vec{d} + \vec{e} + \vec{f})$

4. Errechnen Sie die folgenden Skalarprodukte.

a) $\begin{pmatrix} 8 \\ -1 \\ 2 \end{pmatrix} \cdot \begin{pmatrix} 0 \\ 4 \\ 1 \end{pmatrix}$

b) $\begin{pmatrix} 2a \\ a \\ 1 \end{pmatrix} \cdot \begin{pmatrix} a \\ -a \\ a \end{pmatrix}$

c) $\begin{pmatrix} a \\ b \\ a \end{pmatrix} \cdot \begin{pmatrix} b \\ -a \\ 0 \end{pmatrix}$

d) $\begin{pmatrix} 4 \\ 2 \\ 1 \end{pmatrix} \cdot \begin{pmatrix} 8 \\ 3a \\ 3 \end{pmatrix} + \begin{pmatrix} 12 \\ -a \\ 2a \end{pmatrix} \cdot \begin{pmatrix} -3 \\ 2 \\ -2 \end{pmatrix}$

5. Wie muss a gewählt werden, wenn die folgenden Gleichungen gelten sollen?

a) $\begin{pmatrix} a \\ 2 \\ 4 \end{pmatrix} \cdot \begin{pmatrix} 2a \\ 1 \\ a \end{pmatrix} = 0$

b) $\begin{pmatrix} 1 \\ 2 \\ 1 \end{pmatrix} \cdot \begin{pmatrix} a \\ 2a \\ a \end{pmatrix} = 1$

c) $\begin{pmatrix} a-1 \\ 1 \\ 2 \end{pmatrix} \cdot \left(\begin{pmatrix} 1 \\ 1 \\ 2 \end{pmatrix} + \begin{pmatrix} 1 \\ 2 \\ a \end{pmatrix} \right) = 6$

6. Die Abbildung zeigt eine gerade quadratische Pyramide mit den Seitenlängen
$|\overrightarrow{AB}| = 6$, $|\overrightarrow{BC}| = 6$ sowie der Höhe $h = 3$.
   a) Berechnen Sie die Skalarproduk-
      te $\overrightarrow{SB} \cdot \overrightarrow{SC}$, $\overrightarrow{AD} \cdot \overrightarrow{DC}$, $\overrightarrow{AC} \cdot \overrightarrow{BD}$,
      $\overrightarrow{BA} \cdot \overrightarrow{BS}$.
   b) Errechnen Sie das Skalarprodukt
      $\overrightarrow{SA} \cdot \overrightarrow{SB}$. Errechnen Sie die Längen
      $|\overrightarrow{SA}|$ und $|\overrightarrow{SB}|$. Können Sie nun den
      Winkel $\alpha = \sphericalangle ASB$ bestimmen?

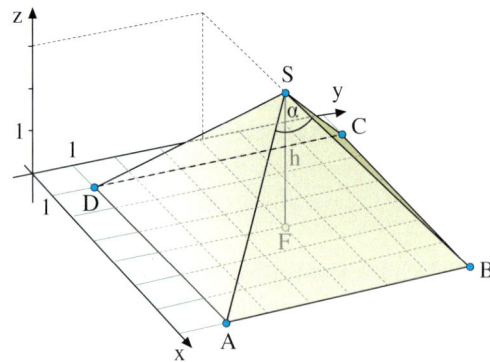

B. Exkurs: Rechenregeln für das Skalarprodukt

Für das Skalarprodukt von Vektoren gelten einige Rechengesetze, die wir nun auflisten und gelegentlich anwenden werden, vor allem bei theoretischen Herleitungen.

Rechenregeln für das Skalarprodukt

$$\vec{a} \cdot \vec{b} = \vec{b} \cdot \vec{a} \qquad \text{Kommutativgesetz}$$

$$(r\,\vec{a}) \cdot \vec{b} = r(\vec{a} \cdot \vec{b}) \text{ für } r \in \mathbb{R}$$

$$(\vec{a} + \vec{b}) \cdot \vec{c} = \vec{a} \cdot \vec{c} + \vec{b} \cdot \vec{c} \qquad \text{Distributivgesetz}$$

$$\vec{a}^2 = \vec{a} \cdot \vec{a} > 0 \text{ für } \vec{a} \neq \vec{0}$$

$$\vec{a}^2 = \vec{a} \cdot \vec{a} = 0 \text{ für } \vec{a} = \vec{0}$$

Exemplarischer Beweis des Kommutativgesetzes:

1. Methode: Kosinusform des SP

$$\vec{a} \cdot \vec{b} = |\vec{a}| \cdot |\vec{b}| \cdot \cos\gamma = |\vec{b}| \cdot |\vec{a}| \cdot \cos\gamma = \vec{b} \cdot \vec{a}$$

2. Methode: Koordinatenform des SP

$$\vec{a} \cdot \vec{b} = \begin{pmatrix} a_1 \\ a_2 \\ a_3 \end{pmatrix} \cdot \begin{pmatrix} b_1 \\ b_2 \\ b_3 \end{pmatrix} = a_1 b_1 + a_2 b_2 + a_3 b_3$$

$$= b_1 a_1 + b_2 a_2 + b_3 a_3 = \begin{pmatrix} b_1 \\ b_2 \\ b_3 \end{pmatrix} \cdot \begin{pmatrix} a_1 \\ a_2 \\ a_3 \end{pmatrix} = \vec{b} \cdot \vec{a}$$

Rechts sind exemplarisch zwei Beweise für das Kommutativgesetz aufgeführt. Analog lassen sich die übrigen Gesetze beweisen.

Darüber hinaus gelten weitere Rechenregeln für das Skalarprodukt, die sich aber alle aus den obigen grundlegenden Rechengesetzen sowie der Definition des Skalarproduktes herleiten lassen, wie z. B. die binomischen Formeln (vgl. Übung 9). Andere „wohlvertraute" Rechenregeln wie z. B. das Assoziativgesetz gelten für das Skalarprodukt nicht.

Übung 7
Beweisen Sie das Rechengesetz $(r\,\vec{a}) \cdot \vec{b} = r(\vec{a} \cdot \vec{b})$ für $r \in \mathbb{R}$ auf zwei Arten.

Übung 8
Zeigen Sie anhand eines Gegenbeispiels, dass das „Assoziativgesetz" für das Skalarprodukt nicht gilt. Widerlegen Sie also $\vec{a} \cdot (\vec{b} \cdot \vec{c}) = (\vec{a} \cdot \vec{b}) \cdot \vec{c}$.

Übung 9
Weisen Sie nur mithilfe der obigen Rechengesetze die Gültigkeit folgender Formeln nach.
a) $(\vec{a} + \vec{b})^2 = \vec{a}^2 + 2\,\vec{a}\,\vec{b} + \vec{b}^2$
b) $(\vec{a} + \vec{b}) \cdot (\vec{a} - \vec{b}) = \vec{a}^2 - \vec{b}^2$

Übung 10
Widerlegen Sie folgende „Rechenregeln", die beim Zahlenrechnen eine große Rolle spielen.
a) $(\vec{a} \cdot \vec{b})^2 = \vec{a}^2 \cdot \vec{b}^2$
b) $\vec{a} \cdot \vec{b} = \vec{0} \Rightarrow \vec{a} = \vec{0} \text{ oder } \vec{b} = \vec{0}$

Übung 11
Zeigen Sie:
a) Sind zwei Vektoren gleich, so sind auch ihre Skalarprodukte mit einem 3. Vektor gleich.
b) Aus Skalarprodukten von Vektoren darf man im Allgemeinen nicht kürzen.
   (Aus $\vec{x} \cdot \vec{c} = \vec{y} \cdot \vec{c}$ folgt nicht zwingend $\vec{x} = \vec{y}$.)

2. Winkel- und Flächenberechnungen

A. Der Winkel zwischen zwei Vektoren

Mithilfe des Skalarproduktes zweier Vektoren können sowohl *Längen* als auch *Winkel* auf vektorieller Basis gemessen werden. Die Grundlage bilden hierbei die beiden folgenden Sätze.

Bildet man das Skalarprodukt eines Vektors mit sich selbst, so erhält man das Quadrat des Betrages des Vektors:

$$\vec{a} \cdot \vec{a} = |\vec{a}| \cdot |\vec{a}| \cdot \cos 0° = |\vec{a}|^2.$$

> **Der Betrag eines Vektors**
>
> Für den Betrag (die Länge) eines Vektors $\vec{a}$ gilt die Formel
>
> $$|\vec{a}|^2 = \vec{a} \cdot \vec{a} \text{ bzw. } |\vec{a}| = \sqrt{\vec{a} \cdot \vec{a}}.$$

Beispielsweise hat der Vektor $\vec{a} = \begin{pmatrix} 2 \\ 6 \\ -3 \end{pmatrix}$ die Länge 7, denn es gilt:

$$|\vec{a}|^2 = \vec{a} \cdot \vec{a} = \begin{pmatrix} 2 \\ 6 \\ -3 \end{pmatrix} \cdot \begin{pmatrix} 2 \\ 6 \\ -3 \end{pmatrix} = 4 + 36 + 9 = 49 \Rightarrow |\vec{a}| = \sqrt{49} = 7.$$

Zwei Vektoren $\vec{a}$ und $\vec{b}$ bilden stets zwei Winkel. Der kleinere der beiden Winkel wird als *Winkel zwischen den Vektoren* bezeichnet. Er kann mittels Skalarprodukt berechnet werden. Löst man die Skalarproduktgleichung $\vec{a} \cdot \vec{b} = |\vec{a}| \cdot |\vec{b}| \cdot \cos\gamma$ nach $\cos\gamma$ auf, so erhält man die sogenannte *Kosinusformel*, die zur Winkelberechnung verwendet wird.

> **Die Kosinusformel**
>
> $\vec{a}$ und $\vec{b}$ seien vom Nullvektor verschieden Vektoren und γ sei der Winkel zwischen ihnen. Dann gilt:
>
> $$\cos\gamma = \frac{\vec{a} \cdot \vec{b}}{|\vec{a}| \cdot |\vec{b}|}.$$
>
>

> **Beispiel: Winkel zwischen zwei Vektoren**
>
> Errechnen Sie den Winkel zwischen den Vektoren $\vec{a} = \begin{pmatrix} 4 \\ 5 \\ 3 \end{pmatrix}$ und $\vec{b} = \begin{pmatrix} 7 \\ 5 \\ 1 \end{pmatrix}$.

Lösung:
Wir errechnen zunächst die Beträge von $\vec{a}$ und $\vec{b}$: $|\vec{a}| = \sqrt{\vec{a} \cdot \vec{a}} = \sqrt{50}, |\vec{b}| = \sqrt{75}$.

Nun wenden wir die Kosinusformel an:
$$\cos\gamma = \frac{\vec{a} \cdot \vec{b}}{|\vec{a}| \cdot |\vec{b}|} = \frac{56}{\sqrt{50} \cdot \sqrt{75}} \approx 0{,}9145.$$

Mit dem Taschenrechner ($\cos^{-1}$-Taste) folgt
▶ $\gamma \approx 23{,}87°$.

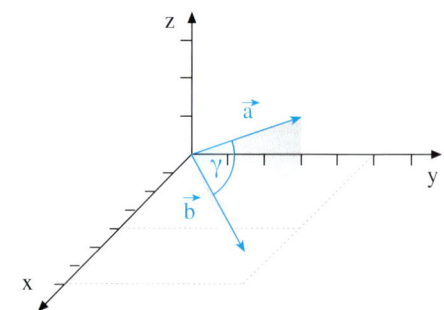

▶ **Beispiel: Winkel im Dreieck**
Gegeben sei das Dreieck mit den Ecken
$P(5|5|1)$, $Q(6|1|2)$, $R(1|0|4)$. Bestimmen Sie die Größe des Innenwinkels γ
am Punkt R des Dreiecks.

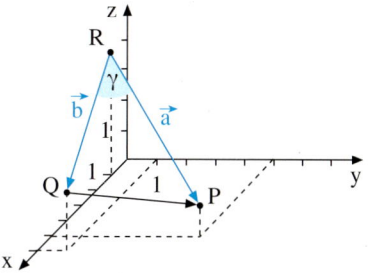

Lösung:
Wir stellen die beiden Dreiecksseiten, die
am Winkel γ anliegen, zunächst durch die
Vektoren $\vec{a} = \overrightarrow{RP}$ und $\vec{b} = \overrightarrow{RQ}$ dar.

γ lässt sich als Winkel zwischen diesen Vektoren $\vec{a}$ und $\vec{b}$ auffassen.
Nun können wir mithilfe der Kosinusformel den Kosinus des Winkels γ bestimmen.
Wir erhalten $\cos\gamma \approx 0,8004$.

▶ Hieraus folgt unmittelbar $\gamma \approx 36,83°$.

$$\vec{a} = \overrightarrow{RP} = \overrightarrow{OP} - \overrightarrow{OR} = \begin{pmatrix}5\\5\\1\end{pmatrix} - \begin{pmatrix}1\\0\\4\end{pmatrix} = \begin{pmatrix}4\\5\\-3\end{pmatrix}$$

$$\vec{b} = \overrightarrow{RQ} = \overrightarrow{OQ} - \overrightarrow{OR} = \begin{pmatrix}6\\1\\2\end{pmatrix} - \begin{pmatrix}1\\0\\4\end{pmatrix} = \begin{pmatrix}5\\1\\-2\end{pmatrix}$$

$$\cos\gamma = \frac{\vec{a}\cdot\vec{b}}{|\vec{a}|\cdot|\vec{b}|} = \frac{20+5+6}{\sqrt{50}\cdot\sqrt{30}} \approx 0,8004$$

$\gamma \approx 36,83°$

Übung 1
Bestimmen Sie die Größe des Winkels zwischen den Vektoren $\vec{a}$ und $\vec{b}$.

a) $\vec{a} = \begin{pmatrix}3\\1\end{pmatrix}$, $\vec{b} = \begin{pmatrix}3\\-3\end{pmatrix}$
b) $\vec{a} = \begin{pmatrix}1\\2\\-3\end{pmatrix}$, $\vec{b} = \begin{pmatrix}-2\\-4\\0\end{pmatrix}$
c) $\vec{a} = \begin{pmatrix}4\\3\\4\end{pmatrix}$, $\vec{b} = \begin{pmatrix}2\\-4\\1\end{pmatrix}$

Übung 2
Bestimmen Sie die Größe des Winkels α mithilfe von Vektoren.

a)

b)

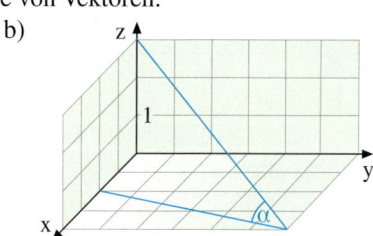

Übung 3
Bestimmen Sie alle Winkel im Dreieck PQR.
a) $P(3|4)$, $Q(6|3)$, $R(3|0)$
b) $P(3|4|1)$, $Q(6|3|2)$, $R(3|0|3)$
c) $P(6|3|8)$, $Q(7|4|3)$, $R(4|4|2)$
d) $P(1|2|2)$, $Q(3|4|2)$, $R(2|3|2+\sqrt{3})$

Übung 4
Gegeben sind die Vektoren $\vec{a} = \begin{pmatrix}4\\4\\2\end{pmatrix}$ und $\vec{b} = \begin{pmatrix}6\\0\\z\end{pmatrix}$. Wie muss die Koordinate z gewählt werden,

damit der Winkel zwischen $\vec{a}$ und $\vec{b}$ eine Größe von 45° hat?

B. Orthogonale Vektoren

Zwei Vektoren $\vec{a}$ und $\vec{b}$ ($\vec{a}$, $\vec{b} \neq 0$) werden als zueinander *orthogonale Vektoren* bezeichnet, wenn sie senkrecht aufeinander stehen. Man verwendet hierfür die symbolische Schreibweise $\vec{a} \perp \vec{b}$.

Mithilfe des Skalarproduktes kann man besonders einfach überprüfen, ob zwei Vektoren orthogonal sind. Das Skalarprodukt der Vektoren ist dann nämlich gleich null, weil für $\gamma = 90°$ gilt:

$$\vec{a} \cdot \vec{b} = |\vec{a}| \cdot |\vec{b}| \cdot \cos 90°$$
$$= |\vec{a}| \cdot |\vec{b}| \cdot 0 = 0.$$

Orthogonalitätskriterium

Zwei Vektoren $\vec{a}$ und $\vec{b}$ ($\vec{a}, \vec{b} \neq \vec{0}$) sind genau dann orthogonal (senkrecht), wenn ihr Skalarprodukt null ist.

$$\vec{a} \perp \vec{b} \ \Leftrightarrow \ \vec{a} \cdot \vec{b} = 0$$

▶ **Beispiel: Orthogonale Vektoren**
Prüfen Sie, ob zwei der drei Vektoren orthogonal sind.

$$\vec{a} = \begin{pmatrix} 1 \\ 2 \\ 4 \end{pmatrix}, \vec{b} = \begin{pmatrix} 1 \\ 2 \\ -1 \end{pmatrix}, \vec{c} = \begin{pmatrix} 8 \\ 2 \\ -3 \end{pmatrix}$$
▶

Lösung:
$\vec{a} \cdot \vec{b} = 1 \ \Rightarrow \vec{a}$, $\vec{b}$ sind nicht orthogonal.
$\vec{a} \cdot \vec{c} = 0 \ \Rightarrow \vec{a}$, $\vec{c}$ sind orthogonal.
$\vec{b} \cdot \vec{c} = 15 \Rightarrow \vec{b}$, $\vec{c}$ sind nicht orthogonal.

▶ **Beispiel: Rechtwinkliges Dreieck**
Prüfen Sie, ob das Dreieck mit den Eckpunkten A(0|0|4), B(2|2|2), C(0|3|1) rechtwinklig ist (Schrägbild anfertigen).

Lösung:
Im Schrägbild ist die Rechtwinkligkeit des Dreiecks nicht erkennbar.
Bilden wir jedoch rechnerisch die Seitenvektoren und berechnen dann deren Skalarprodukte, so stellt sich heraus, dass das
▶ Dreieck bei B rechtwinklig ist.

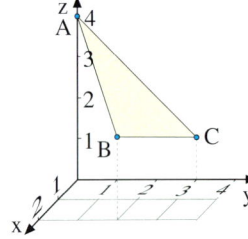

$$\overrightarrow{AB} = \begin{pmatrix} 2 \\ 2 \\ -2 \end{pmatrix}, \overrightarrow{AC} = \begin{pmatrix} 0 \\ 3 \\ -3 \end{pmatrix}, \overrightarrow{BC} = \begin{pmatrix} -2 \\ 1 \\ -1 \end{pmatrix}$$

$$\overrightarrow{AB} \cdot \overrightarrow{AC} = 12, \ \overrightarrow{BA} \cdot \overrightarrow{BC} = 0, \ \overrightarrow{CB} \cdot \overrightarrow{CA} = 6$$

Übung 5 Orthogonale Vektoren
Suchen Sie unter den gegebenen Vektoren alle Paare orthogonaler Vektoren.

$$\vec{a} = \begin{pmatrix} 3 \\ 2 \\ 0 \end{pmatrix} \vec{b} = \begin{pmatrix} 0 \\ 4 \\ 2 \end{pmatrix} \vec{c} = \begin{pmatrix} 2 \\ -3 \\ 6 \end{pmatrix} \vec{d} = \begin{pmatrix} 4 \\ 1 \\ 1 \end{pmatrix} \vec{e} = \begin{pmatrix} 1 \\ a \\ 1 \end{pmatrix} \vec{f} = \begin{pmatrix} -a \\ 2a \\ 0 \end{pmatrix}$$

Übung 6 Rechtwinklige Dreiecke
Untersuchen Sie, ob das Dreieck ABC rechtwinklig ist.

a) A(2|2|0), B(1|4|2),   C(3|2|5)
b) A(3|−1|2), B(4|2|1),   C(−3|2|5)
c) A(2|5|3), B(6|7|−1), C(3|7|5)

Das Skalarprodukt wird häufig zur Bestimmung eines *Normalenvektors* verwendet. Das ist ein Vektor, der auf zwei gegebenen Vektoren bzw. auf der von diesen Vektoren aufgespannten Fläche senkrecht steht.

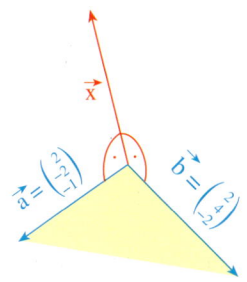

▶ **Beispiel: Normalenvektor**
Gegeben sind die abgebildeten Spaltenvektoren $\vec{a}$ und $\vec{b}$.
Gesucht ist ein Vektor $\vec{x}$, der sowohl auf $\vec{a}$ als auch auf $\vec{b}$ senkrecht steht.

Lösung:
Wir verwenden den Ansatz $\vec{x} = \begin{pmatrix} x \\ y \\ z \end{pmatrix}$.

Da $\vec{a}$ und $\vec{b}$ orthogonal zu $\vec{x}$ sein sollen, müssen die Bedingungen $\vec{a} \cdot \vec{x} = 0$ und $\vec{b} \cdot \vec{x} = 0$ gelten.
Durch Einsetzen von Spaltenvektoren erhalten wir ein lineares Gleichungssystem mit zwei Gleichungen in drei Variablen.
Der Wert einer Variablen kann also frei gewählt werden (hier z. B. $y = 1$).
Die Werte der beiden anderen Variablen werden dann durch sukzessive Rückeinsetzung gewonnen.

Resultat: z. B. $\vec{x} = \begin{pmatrix} 4 \\ 1 \\ 6 \end{pmatrix}$

Orthogonalitätsbedingungen:

$\vec{a} \cdot \vec{x} = 0$: $\begin{pmatrix} 2 \\ -2 \\ -1 \end{pmatrix} \cdot \begin{pmatrix} x \\ y \\ z \end{pmatrix} = 0$

$\vec{b} \cdot \vec{x} = 0$: $\begin{pmatrix} 2 \\ 4 \\ -2 \end{pmatrix} \cdot \begin{pmatrix} x \\ y \\ z \end{pmatrix} = 0$

lineares Gleichungssystem:
I: $2x - 2y - z = 0$
II: $2x + 4y - 2z = 0$

Lösung des Gleichungssystems:
III = II − I: $6y - z = 0$
$y = 1$ (frei gewählt)
$z = 6$ (durch Rückeinsetzung in III)
$x = 4$ (durch Rückeinsetzung in I)

Übung 7   Paare orthogonaler Vektoren
Suchen Sie unter den gegebenen Vektoren alle Paare orthogonaler Vektoren.

$\vec{a} = \begin{pmatrix} 3 \\ 2 \\ 0 \end{pmatrix}$ $\vec{b} = \begin{pmatrix} 0 \\ 4 \\ 2 \end{pmatrix}$ $\vec{c} = \begin{pmatrix} 2 \\ -3 \\ 6 \end{pmatrix}$ $\vec{d} = \begin{pmatrix} 4 \\ 1 \\ 1 \end{pmatrix}$ $\vec{e} = \begin{pmatrix} 1 \\ a \\ 1 \end{pmatrix}$ $\vec{f} = \begin{pmatrix} -a \\ 2a \\ 0 \end{pmatrix}$

Übung 8   Rechtwinklige Dreiecke
Untersuchen Sie, ob das Dreieck ABC rechtwinklig ist.
a) $A(2|2|0)$, $B(1|4|2)$, $C(-1|4|0,5)$ b) $A(5|1|2)$, $B(2|4|2)$, $C(-1|1|2)$
c) $A(3|4|-1)$, $B(5|5|1)$, $C(3|7|2)$ d) $A(2|1|0)$, $B(3|3|2)$, $C(a|0|-1)$

Übung 9   Normalenvektor
Gesucht ist jeweils ein Vektor $\vec{x}$, der sowohl zu $\vec{a}$ als auch zu $\vec{b}$ orthogonal ist.

a) $\vec{a} = \begin{pmatrix} 1 \\ 1 \\ -1 \end{pmatrix}$, $\vec{b} = \begin{pmatrix} 3 \\ 3 \\ 2 \end{pmatrix}$ b) $\vec{a} = \begin{pmatrix} 2 \\ 3 \\ 1 \end{pmatrix}$, $\vec{b} = \begin{pmatrix} -2 \\ 3 \\ 3 \end{pmatrix}$ c) $\vec{a} = \begin{pmatrix} 4 \\ 5 \\ -3 \end{pmatrix}$, $\vec{b} = \begin{pmatrix} 2 \\ 5 \\ 1 \end{pmatrix}$

C. Der Flächeninhalt eines Dreiecks

Flächeninhalt eines Dreiecks

Spannen die Vektoren $\vec{a}$ und $\vec{b}$ im Anschauungsraum ein Dreieck auf, so gilt
für dessen Flächeninhalt A die Formel:

$$A = \tfrac{1}{2}\sqrt{\vec{a}^{\,2} \cdot \vec{b}^{\,2} - (\vec{a} \cdot \vec{b})^2}.$$

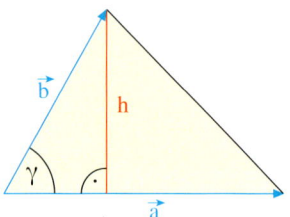

Beweis:

Ausgehend von der Standardformel für den
Dreiecksinhalt

$$A = \tfrac{1}{2}g \cdot h = \tfrac{1}{2}|\vec{a}| \cdot h$$

ergibt sich die obige Formel nach nebenstehender Rechnung.
Dabei kommen die trigonometrische Be-
ziehung $\sin\gamma = \frac{h}{|\vec{b}|}$ und die Kosinusformel

$\vec{a} \cdot \vec{b} = |\vec{a}| \cdot |\vec{b}| \cdot \cos\gamma$ zur Anwendung.

Rechnung:

$$A = \tfrac{1}{2}|\vec{a}| \cdot h = \tfrac{1}{2}|\vec{a}| \cdot |\vec{b}| \cdot \sin\gamma$$

$$= \tfrac{1}{2}\sqrt{|\vec{a}|^2 \cdot |\vec{b}|^2 \cdot \sin^2\gamma}$$

$$= \tfrac{1}{2}\sqrt{|\vec{a}|^2 \cdot |\vec{b}|^2 \cdot (1 - \cos^2\gamma)}$$

$$= \tfrac{1}{2}\sqrt{|\vec{a}|^2 \cdot |\vec{b}|^2 - |\vec{a}|^2 \cdot |\vec{b}|^2 \cdot \cos^2\gamma}$$

$$= \tfrac{1}{2}\sqrt{\vec{a}^{\,2} \cdot \vec{b}^{\,2} - (\vec{a} \cdot \vec{b})^2}$$

▶ **Beispiel:** Bestimmen Sie den Inhalt des
Dreiecks mit den Eckpunkten A (1|2|5),
B (4|5|1), C (−2|6|2).

Lösung:

Das Dreieck wird von den beiden Vektoren

$$\vec{a} = \overrightarrow{AB} = \begin{pmatrix} 3 \\ 3 \\ -4 \end{pmatrix} \text{ und } \vec{b} = \overrightarrow{AC} = \begin{pmatrix} -3 \\ 4 \\ -3 \end{pmatrix}$$

aufgespannt. Der Flächeninhalt des von $\vec{a}$
und $\vec{b}$ aufgespannten Dreiecks wird mit
der oben aufgeführten Formel berechnet.

▶ Resultat: $A_{\text{Dreieck}} \approx 15{,}26$.

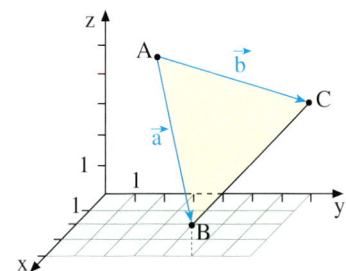

$$A_{\text{Dreieck}} = \tfrac{1}{2} \cdot \sqrt{\vec{a}^{\,2} \cdot \vec{b}^{\,2} - (\vec{a} \cdot \vec{b})^2}$$

$$= \tfrac{1}{2} \cdot \sqrt{34 \cdot 34 - 15^2} \approx 15{,}26$$

Übung 10

Bestimmen Sie den Oberflächeninhalt der
Pyramide
a) mit den Eckpunkten A (3|3|0),
    B (1|1|4), C (6|0|2), D (4|4|3);
b) aus nebenstehendem Bild.

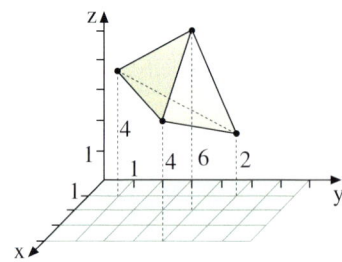

Übung 11

Wie muss z gewählt werden, damit das
Dreieck ABC den Inhalt 15 besitzt?
A (1|1|2), B (1|−2|z), C (7|−2|6)

Übungen

12. Gegeben ist das Dreieck ABC mit A(6|1|2), B(5|5|1) und C(1|0|4).
a) Fertigen Sie ein Schrägbild des Dreiecks an und berechnen Sie seine Innenwinkel.
b) Welchen Flächeninhalt hat das Dreieck ABC?

13. Bestimmen Sie mithilfe des Skalarproduktes die Innenwinkel ε und φ im abgebildeten Parallelogramm. Berechnen
Sie den Flächeninhalt des Parallelogramms konventionell und mittels
Skalarprodukt (Hinweis: doppeltes
Dreieck).

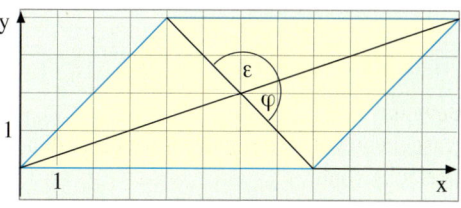

14. Bestimmen Sie einen Punkt C so, dass $\overrightarrow{AB}$ und $\overrightarrow{AC}$ orthogonal zueinander sind.
a) A(2|−1|1), B(0|2|−3)   b) A(−5|3|4), B(7|−3|6)   c) A(7|−4|1), B(9|−1|13)

15. Bestimmen Sie die Koordinaten eines Punktes C so, dass das Dreieck ABC mit A(1|1) und
B(4|5) rechtwinklig und gleichschenklig ist.

16. Winkel im Quader
Ein Quader hat die Grundflächenmaße
4×3. Wie muss seine Höhe h gewählt
werden, wenn seine Raumdiagonalen
sich senkrecht schneiden sollen?

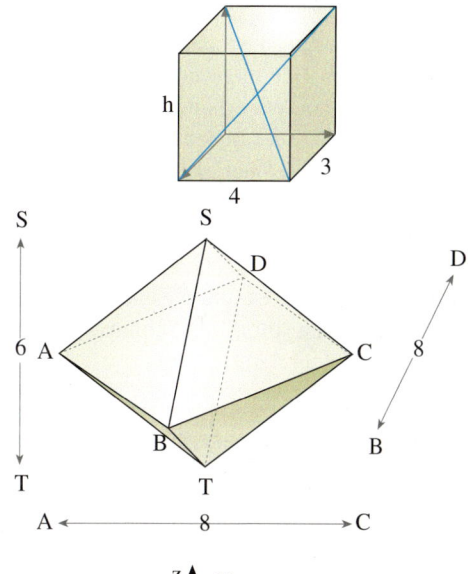

17. Doppelpyramide
Ein Edelstein hat die Form einer quadratischen Doppelpyramide mit den in der
Zeichnung angegebenen Maßen (Abstände gegenüberliegender Ecken).
a) Welche Innenwinkel hat ein Seitendreieck der Pyramide?
b) Wie groß sind die Winkel ⊀ASC
bzw. ⊀SBT?
c) Wie groß ist die Oberfläche des Körpers?

18. Pyramidenstumpf
Betrachtet wird ein regelmäßiger quadratischer Pyramidenstumpf.
a) Bestimmen Sie alle Eckpunktkoor-
dinaten.
b) Errechnen Sie den Winkel ⊀ABF.
c) Berechnen sie den Schnittpunkt der
Diagonalen $\overline{BH}$ und $\overline{DF}$. Berechnen
Sie gegebenenfalls den Schnittwinkel.
d) Welchen Oberflächeninhalt hat der
Pyramidenstumpf?

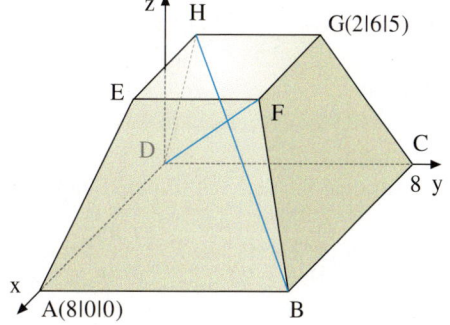

3. Der Winkel zwischen Geraden

Schneiden sich zwei Geraden in einem Punkt S, so bilden sie dort zwei Paare von Scheitelwinkeln. Einer der beiden Winkel überschreitet 90° nicht. Diesen Winkel bezeichnet man als *Schnittwinkel der Geraden*. Man kann ihn mithilfe der Kosinusformel (s. S. 334) berechnen.

> **Beispiel:** Die Geraden g: $\vec{x} = \begin{pmatrix} -2 \\ 7 \\ 6 \end{pmatrix} + r \begin{pmatrix} -3 \\ 4 \\ 4 \end{pmatrix}$ und h: $\vec{x} = \begin{pmatrix} 1 \\ -4 \\ 5 \end{pmatrix} + s \begin{pmatrix} 0 \\ -7 \\ 3 \end{pmatrix}$ schneiden sich im Punkt
>
> S(1|3|2). Bestimmen Sie den Schnittwinkel γ der Geraden.

Lösung:
Denken wir uns die Richtungsvektoren der beiden Geraden im Schnittpunkt S angesetzt, so schließen sie entweder den Schnittwinkel γ der Geraden oder dessen Ergänzungswinkel γ' = 180° − γ ein.

Es reicht also zunächst aus, den Winkel δ zwischen den Richtungsvektoren $\vec{m}_1$ und $\vec{m}_2$ zu berechnen. Wir erhalten für den Winkel δ ≈ 109,15°. Dies bedeutet, dass wir γ' bestimmt haben. γ hat daher die Größe
> 70,85°.

1. Winkel zwischen $\vec{m}_1$ und $\vec{m}_2$:

$$\vec{m}_1 = \begin{pmatrix} -3 \\ 4 \\ 4 \end{pmatrix}, \vec{m}_2 = \begin{pmatrix} 0 \\ -7 \\ 3 \end{pmatrix}$$

$$\cos\delta = \frac{\vec{m}_1 \cdot \vec{m}_2}{|\vec{m}_1| \cdot |\vec{m}_2|} = \frac{-16}{\sqrt{41} \cdot \sqrt{58}} \approx -0{,}3281$$

$$\delta \approx 109{,}15°$$

2. Schnittwinkel γ von g und h:
$$\gamma = 180° - 109{,}15° = 70{,}85°$$

Noch einfacher ist es, die Kosinusformel leicht zu verändern durch Betragsbildung im Zähler. Dann erhält man sofort den Schnittwinkel γ. (Begründen Sie dies!)

Schnittwinkel von Geraden

g und h seien zwei Geraden mit den Richtungsvektoren $\vec{m}_1$ und $\vec{m}_2$. Dann gilt für ihren Schnittwinkel γ:
$$\cos\gamma = \frac{|\vec{m}_1 \cdot \vec{m}_2|}{|\vec{m}_1| \cdot |\vec{m}_2|}.$$
Es gilt 0° ≤ γ ≤ 90°.

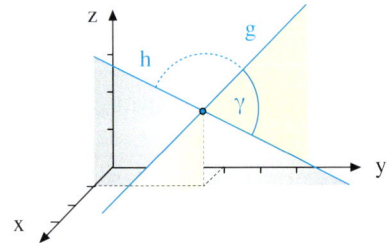

Übung 1
Bestimmen Sie den Schnittpunkt und den Schnittwinkel der Geraden g und h.

a) g: $\vec{x} = \begin{pmatrix} 0 \\ 2 \\ 1 \end{pmatrix} + r \cdot \begin{pmatrix} 1 \\ 1 \\ 2 \end{pmatrix}$, h: $\vec{x} = \begin{pmatrix} 0 \\ 1 \\ -4 \end{pmatrix} + s \cdot \begin{pmatrix} 2 \\ 1 \\ -1 \end{pmatrix}$

b) g: $\vec{x} = \begin{pmatrix} 1 \\ -2 \end{pmatrix} + r \cdot \begin{pmatrix} 1 \\ 2 \end{pmatrix}$, h: $\vec{x} = \begin{pmatrix} 0 \\ 4 \end{pmatrix} + s \cdot \begin{pmatrix} -1 \\ 2 \end{pmatrix}$

Stehen zwei Geraden orthogonal zueinander, so lässt sich dieses sofort anhand der Orthogonalität der Richtungsvektoren feststellen. Es gilt folgende *Orthogonalitätsbedingung*:

Orthogonalitätsbedingung
Zwei Geraden, die sich schneiden, stehen senkrecht aufeinander, wenn ihre Richtungsvektoren orthogonal sind (d. h., wenn das Skalarprodukt der Richtungsvektoren null ergibt).

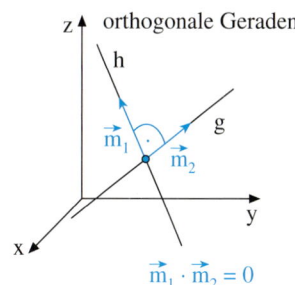

orthogonale Geraden

$$\vec{m}_1 \cdot \vec{m}_2 = 0$$

Übung 2
Überprüfen Sie, ob g und h senkrecht stehen oder ob sie für einen Wert von a senkrecht stehen können.

a) g: $\vec{x} = \begin{pmatrix} 2 \\ 3 \end{pmatrix} + r \begin{pmatrix} 1 \\ 1 \end{pmatrix}$, h: $\vec{x} = \begin{pmatrix} 2 \\ 9 \end{pmatrix} + s \begin{pmatrix} 2 \\ 1 \end{pmatrix}$

b) g: $\vec{x} = \begin{pmatrix} 1 \\ 1 \\ 2 \end{pmatrix} + r \begin{pmatrix} 3 \\ -2 \\ 1 \end{pmatrix}$, h: $\vec{x} = \begin{pmatrix} 4 \\ -1 \\ 2 \end{pmatrix} + s \begin{pmatrix} 2 \\ 1 \\ -4 \end{pmatrix}$

c) g: $\vec{x} = \begin{pmatrix} 3 \\ 3 \end{pmatrix} + r \begin{pmatrix} 3 \\ -1 \end{pmatrix}$, h: $\vec{x} = \begin{pmatrix} 4 \\ 6 \end{pmatrix} + s \begin{pmatrix} -1 \\ a \end{pmatrix}$

d) g: $\vec{x} = \begin{pmatrix} 3 \\ 0 \\ 1 \end{pmatrix} + r \begin{pmatrix} 2 \\ 1 \\ -4 \end{pmatrix}$, h: $\vec{x} = \begin{pmatrix} 1 \\ 2 \\ -3 \end{pmatrix} + s \begin{pmatrix} a \\ 2 \\ -1 \end{pmatrix}$

Übung 3
Bestimmen Sie den Schnittpunkt und den Schnittwinkel der Geraden g und h.

a) g: $\vec{x} = \begin{pmatrix} 1 \\ 2 \end{pmatrix} + r \begin{pmatrix} 3 \\ 1 \end{pmatrix}$, h: $\vec{x} = \begin{pmatrix} 4 \\ 1 \end{pmatrix} + s \begin{pmatrix} 1 \\ 1 \end{pmatrix}$

b) g: $\vec{x} = \begin{pmatrix} 3 \\ 1 \\ 4 \end{pmatrix} + r \begin{pmatrix} 2 \\ 2 \\ -2 \end{pmatrix}$, h: $\vec{x} = \begin{pmatrix} 2 \\ 3 \\ -1 \end{pmatrix} + s \begin{pmatrix} 1 \\ 2 \\ -3 \end{pmatrix}$

c) g durch A (2|1) und B (3|2),
   h durch C (2|7) und D (4|5)

d) g durch A (3|2|5) und B (5|6|3),
   h durch C (4|3|7) und D (−2|−6|4)

Übung 4
Unter welchen Winkeln schneidet die Ursprungsgerade g: $\vec{x} = r \begin{pmatrix} 1 \\ 2 \\ 4 \end{pmatrix}$ die Koordinatenachsen?

Übung 5
Bestimmen Sie t so, dass die Gerade durch P (6|4|t) die x-Achse bei x = 3 unter 60° schneidet.

Übung 6 Die Mittelsenkrechte auf einer Strecke im $\mathbb{R}^2$
Gegeben ist das Dreieck ABC mit A (1|2), B (9|0) und C (5|6).

a) Bestimmen Sie den Mittelpunkt M der Strecke $\overline{AB}$.

b) Bestimmen Sie einen Vektor $\vec{n} = \begin{pmatrix} x \\ y \end{pmatrix}$, der senkrecht auf dem Streckenvektor $\overrightarrow{AB}$ steht.

c) Stellen Sie die Gleichung der Mittelsenkrechten g_{AB} der Strecke $\overline{AB}$ auf.

d) Wo schneiden sich die Mittelsenkrechten von $\overline{AB}$ und $\overline{AC}$?

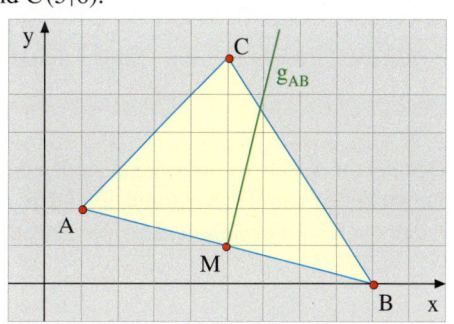

4. Exkurs: Das Vektorprodukt

A. Die Definition des Vektorprodukts

Im vorigen Abschnitt haben wir auf Seite 337 zu zwei gegebenen, linear unabhängigen Vektoren einen orthogonalen Vektor durch Lösen des zugehörigen Gleichungssystems ermittelt. Solche orthogonale Vektoren sind in der Geometrie und Technik häufig gesucht und werden im folgenden Kapitel benötigt. Daher entwickeln wir im Folgenden eine Formel, mit der man zu zwei gegebenen Vektoren des Raums schnell einen orthogonalen Vektor bestimmen kann.

Gesucht ist ein Vektor $\vec{x}$, der zu zwei gegebenen Vektoren $\vec{a}$ und $\vec{b}$ des Raums orthogonal ist. Daher müssen die Skalarprodukte $\vec{a} \cdot \vec{x}$ und $\vec{b} \cdot \vec{x}$ null ergeben. Das zugehörige Gleichungssystem, das sich durch Einsetzen der Spaltenvektoren ergibt, hat unendlich viele Lösungen.

$$\text{I} \quad \vec{a} \cdot \vec{x} = \begin{pmatrix} a_1 \\ a_2 \\ a_3 \end{pmatrix} \cdot \begin{pmatrix} x_1 \\ x_2 \\ x_3 \end{pmatrix} = 0$$

$$\text{II} \quad \vec{b} \cdot \vec{x} = \begin{pmatrix} b_1 \\ b_2 \\ b_3 \end{pmatrix} \cdot \begin{pmatrix} x_1 \\ x_2 \\ x_3 \end{pmatrix} = 0$$

Der Vektor $\vec{x} = \begin{pmatrix} a_2 b_3 - a_3 b_2 \\ a_3 b_1 - a_1 b_3 \\ a_1 b_2 - a_2 b_1 \end{pmatrix}$ ist eine Lösung,

$$\text{I} \quad a_1 x_1 + a_2 x_2 + a_3 x_3 = 0$$
$$\text{II} \quad b_1 x_1 + b_2 x_2 + b_3 x_3 = 0$$

wie sich leicht beweisen lässt:

$$\text{I} \quad a_1(a_2 b_3 - a_3 b_2) + a_2(a_3 b_1 - a_1 b_3) + a_3(a_1 b_2 - a_2 b_1) =$$
$$\quad a_1 a_2 b_3 - a_1 a_3 b_2 + a_2 a_3 b_1 - a_1 a_2 b_3 + a_1 a_3 b_2 - a_2 a_3 b_1 = 0$$
$$\text{II} \quad b_1(a_2 b_3 - a_3 b_2) + b_2(a_3 b_1 - a_1 b_3) + b_3(a_1 b_2 - a_2 b_1) =$$
$$\quad a_2 b_1 b_3 - a_3 b_1 b_2 + a_3 b_1 b_2 - a_1 b_2 b_3 + a_1 b_2 b_3 - a_2 b_1 b_3 = 0$$

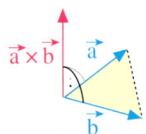

Der obige Lösungsvektor $\vec{x}$ ist aus Koordinatenprodukten der Vektoren $\vec{a}$ und $\vec{b}$ aufgebaut. Er wird als *Vektorprodukt* der Vektoren $\vec{a}$ und $\vec{b}$ bezeichnet und symbolisch als $\vec{a} \times \vec{b}$ dargestellt. Im Gegensatz zum Skalarprodukt ist das Vektorprodukt nur im dreidimensionalen Raum definiert.

Definition des Vektorprodukts

Für zwei Vektoren $\vec{a} = \begin{pmatrix} a_1 \\ a_2 \\ a_3 \end{pmatrix}$ und $\vec{b} = \begin{pmatrix} b_1 \\ b_2 \\ b_3 \end{pmatrix}$ des Raums heißt $\vec{a} \times \vec{b} = \begin{pmatrix} a_2 b_3 - a_3 b_2 \\ a_3 b_1 - a_1 b_3 \\ a_1 b_2 - a_2 b_1 \end{pmatrix}$

(gelesen: „a kreuz b") das *Vektorprodukt* von $\vec{a}$ und $\vec{b}$.

Der Vektor $\vec{a} \times \vec{b}$ ist orthogonal zu den beiden Vektoren $\vec{a}$ und $\vec{b}$. Er liegt daher senkrecht zum Dreieck, das von den Vektoren $\vec{a}$ und $\vec{b}$ aufgespannt wird. Man bezeichnet den Vektor $\vec{a} \times \vec{b}$ daher auch als *Normalenvektor* der Ebene, in der das von $\vec{a}$ und $\vec{b}$ aufgespannte Dreieck liegt.

▶ **Beispiel:** Gegeben sind die Vektoren $\vec{a} = \begin{pmatrix} 3 \\ 2 \\ -1 \end{pmatrix}$ und $\vec{b} = \begin{pmatrix} 1 \\ 1 \\ 2 \end{pmatrix}$. Berechnen Sie $\vec{a} \times \vec{b}$.

Lösung:
$$\begin{pmatrix} 3 \\ 2 \\ -1 \end{pmatrix} \times \begin{pmatrix} 1 \\ 1 \\ 2 \end{pmatrix} = \begin{pmatrix} a_1 \\ a_2 \\ a_3 \end{pmatrix} \times \begin{pmatrix} b_1 \\ b_2 \\ b_3 \end{pmatrix} = \begin{pmatrix} a_2 b_3 - a_3 b_2 \\ a_3 b_1 - a_1 b_3 \\ a_1 b_2 - a_2 b_1 \end{pmatrix} = \begin{pmatrix} 2 \cdot 2 - (-1) \cdot 1 \\ (-1) \cdot 1 - 3 \cdot 2 \\ 3 \cdot 1 - 2 \cdot 1 \end{pmatrix} = \begin{pmatrix} 5 \\ -7 \\ 1 \end{pmatrix}$$

Das nebenstehende Schema dient als Merkregel für das Vektorprodukt. Man erhält die 1. Koordinate des Vektorprodukts, indem man die 1. Koordinaten der gegebenen Vektoren streicht, die übrigen Koordinaten über Kreuz multipliziert und die Differenz der Produkte bildet. Analog erhält man die 2. und 3. Koordinate. Bei der Kreuzmultiplikation für die 2. Koordinate muss allerdings zusätzlich das Vorzeichen umgekehrt werden.

Merkregel:

1. Koordinate $\begin{pmatrix} 3 \\ 2 \\ -1 \end{pmatrix} \times \begin{pmatrix} 1 \\ 1 \\ 2 \end{pmatrix}$ $2 \cdot 2 - (-1) \cdot 1 = 5$

2. Koordinate $\begin{pmatrix} 3 \\ 2 \\ -1 \end{pmatrix} \times \begin{pmatrix} 1 \\ 1 \\ 2 \end{pmatrix}$ $-(3 \cdot 2 - (-1) \cdot 1) = -7$

3. Koordinate $\begin{pmatrix} 3 \\ 2 \\ -1 \end{pmatrix} \times \begin{pmatrix} 1 \\ 1 \\ 2 \end{pmatrix}$ $3 \cdot 1 - 2 \cdot 1 = 1$

Übung 1

Berechnen Sie für die Vektoren $\vec{a}$ und $\vec{b}$ das Vektorprodukt $\vec{a} \times \vec{b}$.

a) $\vec{a} = \begin{pmatrix} 2 \\ 1 \\ 5 \end{pmatrix}$, $\vec{b} = \begin{pmatrix} 3 \\ 4 \\ 2 \end{pmatrix}$ b) $\vec{a} = \begin{pmatrix} -1 \\ 3 \\ 7 \end{pmatrix}$, $\vec{b} = \begin{pmatrix} 2 \\ 0 \\ 1 \end{pmatrix}$ c) $\vec{a} = \begin{pmatrix} 1 \\ 8 \\ 0 \end{pmatrix}$, $\vec{b} = \begin{pmatrix} -2 \\ -1 \\ 1 \end{pmatrix}$ d) $\vec{a} = \begin{pmatrix} 2 \\ 1 \\ 3 \end{pmatrix}$, $\vec{b} = \begin{pmatrix} 4 \\ 2 \\ 6 \end{pmatrix}$

Der Vektor $\vec{a} \times \vec{b}$ ist, wie oben bereits bewiesen, orthogonal zu $\vec{a}$ und zu $\vec{b}$.
Die Vektoren $\vec{a}$, $\vec{b}$ und $\vec{a} \times \vec{b}$ bilden ein sog. „Rechtssystem" wie auch die Koordinatenachsen im räumlichen kartesischen Koordinatensystem. Die abgebildete „Rechte-Hand-Regel" veranschaulicht diesen Begriff. Diese Eigenschaft ist in physikalischen Zusammenhängen wichtig.

Eigenschaften des Vektorprodukts:
Für linear unabhängige Vektoren $\vec{a}$ und $\vec{b}$ im Raum gilt:
(1) $\vec{a} \times \vec{b}$ ist orthogonal zu $\vec{a}$ und zu $\vec{b}$.
(2) Die Vektoren $\vec{a}$, $\vec{b}$ und $\vec{a} \times \vec{b}$ bilden ein „Rechtssystem".

Übung 2

Gegeben sind die Vektoren $\vec{a} = \begin{pmatrix} 1 \\ 1 \\ -3 \end{pmatrix}$, $\vec{b} = \begin{pmatrix} 5 \\ -2 \\ 3 \end{pmatrix}$ und $\vec{c} = \begin{pmatrix} -2 \\ 3 \\ 0 \end{pmatrix}$.

Bilden Sie   a) $\vec{a} \times \vec{b}$,   b) $\vec{a} \times \vec{c}$,   c) $\vec{b} \times \vec{c}$,   d) $\vec{c} \times \vec{a}$,   e) $\vec{a} \times (\vec{b} \times \vec{c})$.

B. Bestimmung eines Normalenvektors

Eine wichtige Anwendung des Vektorprodukts ist die Bestimmung von Normalvektoren.

▶ **Beispiel: Normalenvektor ohne den GTR bestimmen**
Bestimmen Sie einen Normalenvektor der Ebene E,

in der das von den Vektoren $\vec{a} = \begin{pmatrix} 2 \\ 2 \\ 1 \end{pmatrix}$ und $\vec{b} = \begin{pmatrix} 1 \\ 2 \\ 2 \end{pmatrix}$

aufgespannte Parallelogramm liegt.

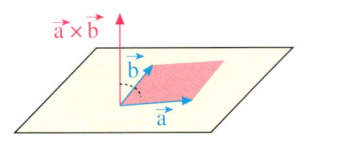

Lösung:
Der Vektor $\vec{n} = \vec{a} \times \vec{b}$ ist orthogonal zu beiden Vektoren $\vec{a}$ und $\vec{b}$. Die nebenstehende Rechnung ergibt:

$$\vec{n} = \vec{a} \times \vec{b} = \begin{pmatrix} 1 \\ -3 \\ 4 \end{pmatrix}.$$

Das Skalarprodukt des Ergebnisvektors mit beiden gegebenen Vektoren ergibt null, wie man leicht nachrechnet.

Normalenvektor als Vektorprodukt:

$$\vec{a} \times \vec{b} = \begin{pmatrix} 2 \cdot 2 - 1 \cdot 3 \\ -(2 \cdot 2 - 1 \cdot 1) \\ 2 \cdot 3 - 2 \cdot 1 \end{pmatrix} = \begin{pmatrix} 1 \\ -3 \\ 4 \end{pmatrix}$$

Probe:

$$\begin{pmatrix} 2 \\ 2 \\ 1 \end{pmatrix} \cdot \begin{pmatrix} 1 \\ -3 \\ 4 \end{pmatrix} = 2 - 6 + 4 = 0$$

$$\begin{pmatrix} 1 \\ 3 \\ 2 \end{pmatrix} \cdot \begin{pmatrix} 1 \\ -3 \\ 4 \end{pmatrix} = 1 - 9 + 8 = 0$$

▶ **Beispiel: Normalenvektor mit dem GTR bestimmen**

Das von den Vektoren $\vec{a} = \begin{pmatrix} 1 \\ -2 \\ 2 \end{pmatrix}$ und $\vec{b} = \begin{pmatrix} 3 \\ 1 \\ -2 \end{pmatrix}$ aufgespannte Parallelogramm liegt in der Ebene

E. Ermitteln Sie einen Normalenvektor der Ebene E.

Lösung mit dem TI-GTR:
Nach Eingabe der beiden Vektoren mit ihren Variablennamen in der Calculator- oder Notes-Anwendung wird das Vektorprodukt ermittelt mit crossp(a,b). Die Anweisung kann direkt eingegeben oder aus dem Katalog abgerufen werden.

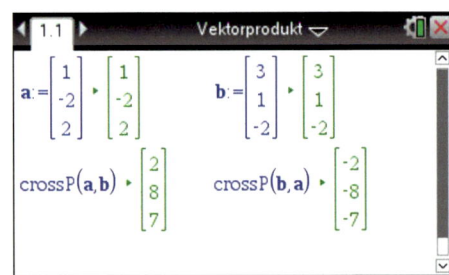

Lösung mit dem Casio-GTR:
Im Run-Matrix-Modus ruft man mit der Eingabefolge SHIFT>4 (CATALOG) den Befehlskatalog auf und dort den Befehl für das Kreuzprodukt CrossP(.
Mit F4 (MATH) > F1 (MAT/VCT) > F5 (3×1) erscheint eine Vektormaske, die man ausfüllt. Nach einem Komma gibt man den zweiten Vektor ein, setzt eine Abschlußklammer und erhält mit EXE das Ergebnis. also das Kreuzprodukt bzw. den Normalen-
▶ vektor.

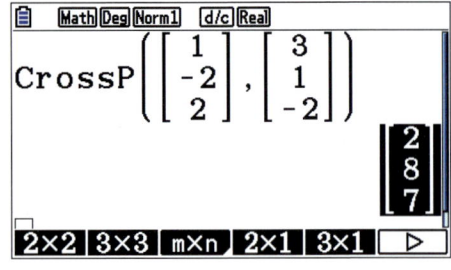

C. Exkurs: Anwendungen des Vektorprodukts

Auch mithilfe des Vektorprodukts lässt sich der Flächeninhalt eines Parallelogramms im dreidimensionalen Raum berechnen. Er ist der Betrag des Vektorproduktes der Seitenvektoren.

Flächeninhalt eines Parallelogramms
Für den Flächeninhalt des von den Vektoren $\vec{a}$ und $\vec{b}$ im Raum aufgespannten Parallelogramms gilt:

$$A = |\vec{a} \times \vec{b}| = |\vec{a}| \cdot |\vec{b}| \cdot \sin\gamma.$$

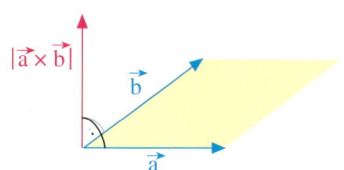

Beweis:
Wir gehen von der Flächeninhaltsformel für Parallelogramme $A = g \cdot h = |\vec{a}| \cdot h$ aus und setzen für die Höhe $h = |\vec{b}| \cdot \sin\gamma$ ein, wobei γ der von den Vektoren $\vec{a}$ und $\vec{b}$ eingeschlossene Winkel ist. Dann erhalten wir sofort den zweiten Term.
Es bleibt zu zeigen: $|\vec{a} \times \vec{b}| = |\vec{a}| \cdot |\vec{b}| \cdot \sin\gamma$.
Hierzu betrachten wir $|\vec{a} \times \vec{b}|^2 = (\vec{a} \times \vec{b})^2$.

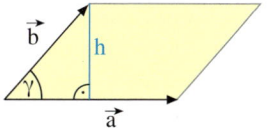

Flächeninhalt des Parallelogramms:
$$A = |\vec{a}| \cdot h = |\vec{a}| \cdot |\vec{b}| \cdot \sin\gamma$$

$$(\vec{a} \times \vec{b})^2 = \begin{pmatrix} a_2b_3 - a_3b_2 \\ a_3b_1 - a_1b_3 \\ a_1b_2 - a_2b_1 \end{pmatrix}^2 = (a_2b_3 - a_3b_2)^2 + (a_3b_1 - a_1b_3)^2 + (a_1b_2 - a_2b_1)^2$$

$$= a_2^2 b_3^2 - 2a_2b_3a_3b_2 + a_3^2 b_2^2 + a_3^2 b_1^2 - 2a_3b_1a_1b_3 + a_1^2 b_3^2 + a_1^2 b_2^2 - 2a_1b_2a_2b_1 + a_2^2 b_1^2$$

$$= a_2^2 b_3^2 + a_3^2 b_2^2 + a_3^2 b_1^2 + a_1^2 b_3^2 + a_1^2 b_2^2 + a_2^2 b_1^2 - 2a_2a_3b_2b_3 - 2a_1a_3b_1b_3 - 2a_1a_2b_1b_2$$

$$\quad + a_1^2 b_1^2 + a_2^2 b_2^2 + a_3^2 b_3^2 - a_1^2 b_1^2 - a_2^2 b_2^2 - a_3^2 b_3^2$$

$$= (a_1^2 + a_2^2 + a_3^2) \cdot (b_1^2 + b_2^2 + b_3^2) - (a_1b_1 + a_2b_2 + a_3b_3)^2$$

$$= |\vec{a}|^2 \cdot |\vec{b}|^2 - (\vec{a} \cdot \vec{b})^2$$

$$= |\vec{a}|^2 \cdot |\vec{b}|^2 - |\vec{a}|^2 \cdot |\vec{b}|^2 \cdot \cos^2\gamma$$

$$= |\vec{a}|^2 \cdot |\vec{b}|^2 \cdot (1 - \cos^2\gamma)$$

$$= |\vec{a}|^2 \cdot |\vec{b}|^2 \cdot \sin^2\gamma$$

Da $\sin\gamma \geq 0$ für $0° \leq \gamma \leq 180°$ ist, folgt nun durch Wurzelziehen $|\vec{a} \times \vec{b}| = |\vec{a}| \cdot |\vec{b}| \cdot \sin\gamma$.

Übung 3
Berechnen Sie mithilfe des Vektorprodukts den Flächeninhalt
a) des Parallelogramms ABCD mit A$(3;0;4)$, B$(4;6;0)$, C$(0;7;1)$, D$(-1;1;5)$,
b) des Dreiecks ABC mit A$(5;0;0)$, B$(0;4;0)$, C$(0;0;6)$.

Mithilfe der eben bewiesenen Flächeninhaltsformel für Parallelogramme lässt sich eine einfache Formel zur Volumenberechnung eines Spats bzw. einer dreiseitigen Pyramide herleiten.

Volumen eines Spats
Der von den Vektoren $\vec{a}$, $\vec{b}$, $\vec{c}$ aufgespannte Spat hat das Volumen

$$V = |(\vec{a} \times \vec{b}) \cdot \vec{c}|.$$

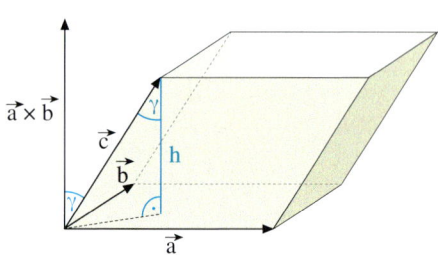

Beweis:
Wir gehen von der Volumenformel $V = G \cdot h$ für Prismen aus. Die Grundfläche kann mit dem Vektorprodukt als $|\vec{a} \times \vec{b}|$ dargestellt werden, da es sich um eine Parallelogrammfläche handelt. Für die Höhe des Spats h gilt $h = |\vec{c}| \cdot \cos\gamma$, wobei γ der Winkel zwischen $\vec{c}$ und h ist. Da der Vektor $\vec{a} \times \vec{b}$ senkrecht zu $\vec{a}$ und zu $\vec{b}$ steht, verläuft er parallel zur Spathöhe h.

$$\begin{aligned} V &= G \cdot h && \text{Volumen eines Prismas} \\ &= |\vec{a} \times \vec{b}| \cdot h, && \text{da } G = |\vec{a} \times \vec{b}| \\ &= |\vec{a} \times \vec{b}| \cdot |\vec{c}| \cdot \cos\gamma, && \text{da } h = |\vec{c}| \cdot \cos\gamma \\ &= |(\vec{a} \times \vec{b}) \cdot \vec{c}| && \text{Definition des SP} \end{aligned}$$

Wir nehmen an, dass $\vec{a}$, $\vec{b}$, $\vec{c}$ rechtssystemartig zueinander liegen (s. Abb.). Dann ist der Winkel zwischen den Vektoren $\vec{a} \times \vec{b}$ und $\vec{c}$ ebenfalls γ. Der Term $|\vec{a} \times \vec{b}| \cdot |\vec{c}| \cdot \cos\gamma$ stellt daher das Skalarprodukt von $\vec{a} \times \vec{b}$ und $\vec{c}$ dar.
Liegen $\vec{a}$, $\vec{b}$, $\vec{c}$ linkssystemartig zueinander, so ergibt sich die Rechnung $V = |\vec{a} \times \vec{b}| \cdot h = |\vec{a} \times \vec{b}| \cdot |\vec{c}| \cdot \cos\gamma = |\vec{a} \times \vec{b}| \cdot |\vec{c}| \cdot (-\cos\gamma') = -(\vec{a} \times \vec{b}) \cdot \vec{c}$, wobei $\gamma' = 180° - \gamma$ der Winkel zwischen $\vec{a} \times \vec{b}$ und $\vec{c}$ ist. Insgesamt gilt also $V = |(\vec{a} \times \vec{b}) \cdot \vec{c}|$.

*Bemerkung: Der Term $(\vec{a} \times \vec{b}) \cdot \vec{c}$ wird auch als **Spatprodukt** bezeichnet.*

Volumen einer dreiseitigen Pyramide
Eine von den Vektoren $\vec{a}$, $\vec{b}$, $\vec{c}$ aufgespannte dreiseitige Pyramide hat das Volumen

$$V = \tfrac{1}{6} |(\vec{a} \times \vec{b}) \cdot \vec{c}|.$$

Beweis:
Die Pyramide hat bekanntlich ein Drittel des Volumens eines Prismas mit derselben Grundfläche und Höhe. Ein Prisma mit dreieckiger Grundfläche ist die Hälfte eines Spats. Daher ist das Pyramidenvolumen ein Sechstel des Spatvolumens.

Übung 4
Berechnen Sie das Volumen des von den Vektoren $\vec{a} = \begin{pmatrix} 8 \\ 0 \\ 0 \end{pmatrix}$, $\vec{b} = \begin{pmatrix} 2 \\ 2 \\ 1 \end{pmatrix}$, $\vec{c} = \begin{pmatrix} 1 \\ 1 \\ 3 \end{pmatrix}$ aufgespannten Spats.

Übung 5
Berechnen Sie das Volumen der dreiseitigen Pyramide mit den Eckpunkten A(4; 4; 3), B(1; 5; 2), C(1; 1; 4), D(1; 4; 6). Fertigen Sie ein Schrägbild an.

Übungen

6. Berechnen Sie für die Vektoren $\vec{a}$ und $\vec{b}$ das Vektorprodukt $\vec{a} \times \vec{b}$.

a) $\vec{a} = \begin{pmatrix} 0 \\ 3 \\ -5 \end{pmatrix}$, $\vec{b} = \begin{pmatrix} 2 \\ 1 \\ -1 \end{pmatrix}$
b) $\vec{a} = \begin{pmatrix} -3 \\ 1 \\ 2 \end{pmatrix}$, $\vec{b} = \begin{pmatrix} 2 \\ -2 \\ 4 \end{pmatrix}$
c) $\vec{a} = \begin{pmatrix} 4 \\ -1 \\ 2 \end{pmatrix}$, $\vec{b} = \begin{pmatrix} -2 \\ 1 \\ -2 \end{pmatrix}$

7. Gegeben sind die Vektoren $\vec{a} = \begin{pmatrix} -6 \\ 1 \\ -1 \end{pmatrix}$, $\vec{b} = \begin{pmatrix} 3 \\ -2 \\ 1 \end{pmatrix}$, $\vec{c} = \begin{pmatrix} 0 \\ 4 \\ 1 \end{pmatrix}$.

a) Bilden Sie $\vec{a} \times \vec{b}$, $\vec{b} \times \vec{a}$, $\vec{c} \times \vec{a}$, $(\vec{a} \times \vec{b}) \times \vec{c}$, $(\vec{a} \times \vec{b}) \cdot \vec{c}$.

b) Weisen Sie für die gegebenen Vektoren nach, dass $\vec{a} \times \vec{b}$ senkrecht zu $\vec{a}$ und zu $\vec{b}$ ist.

c) Beschreiben Sie die Gemeinsamkeiten und die Unterschiede der Vektoren $\vec{a} \times \vec{b}$ und $\vec{b} \times \vec{a}$ geometrisch-anschaulich.

8. Beweisen Sie:
Für die Vektoren $\vec{a}$ und $\vec{b}$ des Raums gilt: $(r \cdot \vec{a}) \times (s \cdot \vec{b}) = r \cdot s \cdot (\vec{a} \times \vec{b})$, $r, s \in \mathbb{R}$.

9. Beweisen Sie:
Für alle Vektoren $\vec{a}$, $\vec{b}$ und $\vec{c}$ des Raums gilt: $(\vec{a} \times \vec{b}) \cdot \vec{c} = (\vec{b} \times \vec{c}) \cdot \vec{a} = (\vec{c} \times \vec{a}) \cdot \vec{b}$.

10. Berechnen Sie den Flächeninhalt des Dreiecks ABC.

a) $A(3; 0; 2)$, $B(1; 4; -1)$, $C(1; 3; 2)$
b) $A(4; 1; 0)$, $B(2; 4; 3)$, $C(1; 1; 5)$

11. Gegeben sind die Punkte $A(-1; -3; 6)$, $B(5; -1; 8)$, $C(3; 5; -2)$ und $D(-3; 3; -4)$.

a) Zeigen Sie, dass ABCD ein Parallelogramm bilden.

b) Berechnen Sie den Flächeninhalt des Parallelogramms ABCD.

12. Berechnen Sie das Volumen des Spats ABCDEFGH mit $A(4; 1; -1)$, $B(4; 8; -1)$, $C(1; 8; -1)$ und $E(3; 2; 3)$. Fertigen Sie ein Schrägbild des Spats an.

13. Berechnen Sie das Volumen einer dreiseitigen Pyramide mit den Eckpunkten

a) $A(5; 0; 0)$, $B(0; 4; 0)$, $C(0; 0; 0)$, $D(2; 2; 6)$

b) $A(4; 0; 1)$, $B(1; 4; -1)$, $C(-1; 1; 0)$, $D(1; 1; 5)$

14. Berechnen Sie mithilfe des Spatprodukts das Volumen einer Pyramide mit *viereckiger* Grundfläche ABCD und der Spitze S. Die Eckpunkte lauten: $A(4; 3; 1)$, $B(1; 7; 1)$, $C(-3; 2; 0)$, $D(0; 0; 0)$, $S(0; 3; 4)$. Fertigen Sie ein Schrägbild der Pyramide an. Zerlegen Sie dazu die Pyramide in zwei Dreieckspyramiden.

15. a) Zeigen Sie: $\vec{a}$, $\vec{b}$, $\vec{c}$ sind linear unabhängig, wenn $(\vec{a} \times \vec{b}) \cdot \vec{c} \neq 0$ ist.

b) Zeigen Sie: Wenn $\vec{a}$, $\vec{b}$, $\vec{c}$ linear unabhängig sind, dann gilt: $(\vec{a} \times \vec{b}) \cdot \vec{c} \neq 0$.

c) Weisen Sie mithilfe des Spatprodukts die lineare Unabhängigkeit der Vektoren
$$\vec{a} = \begin{pmatrix} 1 \\ 2 \\ 4 \end{pmatrix}, \quad \vec{b} = \begin{pmatrix} -2 \\ 3 \\ 1 \end{pmatrix}, \quad \vec{c} = \begin{pmatrix} 2 \\ 0 \\ -3 \end{pmatrix} \text{ nach.}$$

D. Zusammengesetzte Aufgaben

1. In einem kartesischen Koordinatensystem sind die Punkte $A(5;1)$, $B(2;4)$ und $C(-1;1)$ gegeben.
   a) Zeigen Sie, dass das Dreieck ABC rechtwinklig und gleichschenklig ist.
   b) Berechnen Sie den Flächeninhalt des Dreiecks ABC.
   c) Bestimmen Sie den Ortsvektor eines Punktes D so, dass ABCD ein Quadrat ist.
   d) Bestimmen Sie die Koordinaten des Mittelpunktes des Quadrats ABCD.

2. In einem kartesischen Koordinatensystem sind die Punkte $A(2;2;3)$, $B(-2;0;-3)$ und $C(-4;2;6)$ gegeben.
   a) Zeigen Sie, dass die Vektoren $\overrightarrow{AB}$ und $\overrightarrow{AC}$ nicht kollinear sind.
   b) Bestimmen Sie den Ortsvektor eines Punktes D so, dass ABCD ein Parallelogramm ist.
   c) Berechnen Sie die Innenwinkel des Dreiecks ABC.

3. In einem kartesischen Koordinatensystem sind die Punkte $A(1;1;1)$, $B(4;5;9)$ und $C_t(1;t;5)$ gegeben.
   a) Zeigen Sie, dass die Vektoren $\overrightarrow{AB}$ und $\overrightarrow{AC_t}$ für kein reelles t kollinear sind. Für welchen Wert für t sind die Vektoren $\overrightarrow{AC_t}$ und $\overrightarrow{BC_t}$ kollinear?
   b) Für welchen Wert für t sind die Vektoren $\overrightarrow{AB}$ und $\overrightarrow{AC_t}$ orthogonal?
   c) Berechnen Sie für t = 2 den Flächeninhalt des Dreiecks ABC_2.

4. In einem kartesischen Koordinatensystem sind die Punkte $A(3;0;0)$, $B(0;3;0)$, $C(-3;0;0)$, $D(0;-3;0)$, $E(0;0;3)$ und $F(0;0;-3)$ gegeben. Sie bilden die Eckpunkte eines Oktaeders.
   a) Zeigen Sie, dass ABCD ein Quadrat ist.
   b) Zeichnen Sie ein Schrägbild des Oktaeders.
   c) Berechnen Sie Volumen und Oberfläche des Oktaeders.

5. In einem kartesischen Koordinatensystem sind die Punkte $A(-2;-2;-2)$, $B_t(-2;-1;3t)$ und $C_t(-2t-2;5;-1)$ gegeben.
   a) Zeigen Sie, dass die Ortsvektoren $\overrightarrow{OA}$, $\overrightarrow{OB_t}$, $\overrightarrow{OC_t}$ nur für t = 1 paarweise orthogonal sind.
   b) Die Punkte O, A, B_t, C_t sind Eckpunkte einer Pyramide. Zeichnen Sie für t = 1 ein Schrägbild der Pyramide und berechnen Sie unter Verwendung von Aufgabenteil a das Volumen dieser Pyramide.
   c) Berechnen Sie die Innenwinkel des Dreiecks AB_1C_1 (für t = 1).
   d) Zeigen Sie, dass die Seitenmittelpunkte des räumlichen Vierecks OAB_tC_t (in der angegebenen Reihenfolge) ein Parallelogramm bilden.

6. Die Vektoren $\vec{a} = \begin{pmatrix} 6 \\ 0 \\ 0 \end{pmatrix}$, $\vec{b} = \begin{pmatrix} 2 \\ 4 \\ 0 \end{pmatrix}$, $\vec{c} = \begin{pmatrix} 1 \\ 1 \\ 3 \end{pmatrix}$ spannen einen Spat ABCDEFGH auf.

   a) Zeichnen Sie ein Schrägbild des Spats.
   b) M sei der Mittelpunkt der Strecke $\overline{EH}$, L sei der Mittelpunkt der Strecke $\overline{BC}$ und K sei der Mittelpunkt der Raumdiagonalen $\overline{AG}$. Bestimmen Sie die Ortsvektoren von M, L und K.
   c) In welchem Verhältnis teilt K die Strecke $\overline{ML}$?

Überblick

Skalarprodukt:

Kosinusform: $\vec{a} \cdot \vec{b} = |\vec{a}| \cdot |\vec{b}| \cdot \cos\gamma \; (0° \leq \gamma \leq 180°)$

Koordinatenform: $\vec{a} \cdot \vec{b} = \begin{pmatrix} a_1 \\ a_2 \end{pmatrix} \cdot \begin{pmatrix} b_1 \\ b_2 \end{pmatrix} = a_1 b_1 + a_2 b_2$

$\vec{a} \cdot \vec{b} = \begin{pmatrix} a_1 \\ a_2 \\ a_3 \end{pmatrix} \cdot \begin{pmatrix} b_1 \\ b_2 \\ b_3 \end{pmatrix} = a_1 b_1 + a_2 b_2 + a_3 b_3$

Betrag eines Vektors:

$|\vec{a}| = \sqrt{\vec{a}^2} = \sqrt{\vec{a} \cdot \vec{a}}$

Winkel zwischen Vektoren:

Kosinusformel: $\cos\gamma = \dfrac{\vec{a} \cdot \vec{b}}{|\vec{a}| \cdot |\vec{b}|}$

Orthogonale Vektoren:

$\vec{a} \perp \vec{b} \;\; \Leftrightarrow \;\; \vec{a} \cdot \vec{b} = 0$

Winkel zwischen Geraden:

Der **Schnittwinkel** γ von zwei Geraden g und h wird mit folgender Formel berechnet:

$\cos\gamma = \dfrac{|\vec{m}_g \cdot \vec{m}_h|}{|\vec{m}_g| \cdot |\vec{m}_h|}.$

Vektorprodukt:

$\vec{a} \times \vec{b} = \begin{pmatrix} a_2 b_3 - a_3 b_2 \\ a_3 b_1 - a_1 b_3 \\ a_1 b_2 - a_2 b_1 \end{pmatrix}$ (nur im dreidimensionalen Raum!)

Normalenvektor:

Ein Normalenvektor $\vec{n}$ steht senkrecht auf zwei gegebenen Vektoren $\vec{a}$ und $\vec{b}$.
Man errechnet seine Koordinaten x, y und z als Lösungen des linearen Gleichungssystems
I $\;a_1 x + a_2 y + a_3 z = 0$
II $\;b_1 x + b_2 y + b_3 z = 0.$

Es gilt:
$\vec{n} = \vec{a} \times \vec{b}$

Flächeninhalt eines Dreiecks:

Das von $\vec{a}$ und $\vec{b}$ aufgespannte Dreieck hat den Flächeninhalt

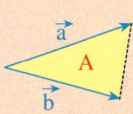

$A = \frac{1}{2}\sqrt{\vec{a}^2 \cdot \vec{b}^2 - (\vec{a} \cdot \vec{b})^2}$ oder

$A = \frac{1}{2}|\vec{a} \times \vec{b}| = \frac{1}{2}|\vec{a}| \cdot |\vec{b}| \cdot \sin\gamma$

Flächeninhalt eines Parallelogramms:

$A = \sqrt{\vec{a}^2 \cdot \vec{b}^2 - (\vec{a} \cdot \vec{b})^2}$ oder $A = |\vec{a} \times \vec{b}| = |\vec{a}| \cdot |\vec{b}| \cdot \sin\gamma$

Volumen eines Spats:

$V = |(\vec{a} \times \vec{b}) \cdot \vec{c}|$

Volumen einer dreiseitigen Pyramide:

$V = \frac{1}{6}|(\vec{a} \times \vec{b}) \cdot \vec{c}|$

Elementargeometrische Beweise mit dem Skalarprodukt

Das Skalarprodukt wird häufig für Winkelberechnungen verwendet. Aber es kann auch zum Nachweis elementargeometrischer Eigenschaften und Sätze eingesetzt werden, die mit Orthogonalität zu tun haben, was im Folgenden angesprochen wird.

Beweis des Höhensatzes

Gegeben sei ein rechtwinkliges Dreieck ABC mit der Höhe h und den Hypotenusenabschnitten p und q.

Beweisen Sie: $h^2 = p \cdot q$.

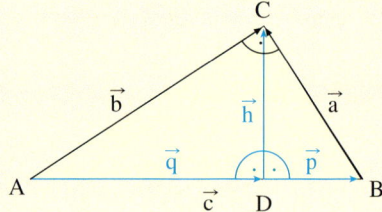

Lösung:
Wir belegen zunächst die Seiten, Höhe und die Hypotenusenabschnitte mit Vektoren, wie abgebildet. Dann nehmen wir alle Voraussetzungen in eine Sammlung auf zum Zweck des späteren Gebrauchs. Schließlich weisen wir durch eine Kettenrechnung $h^2 = p \cdot q$ nach.

Beweis:

$$
\begin{aligned}
h^2 = \left|\vec{h}\right|^2 &= \vec{h} \cdot \vec{h} && \text{Rechengesetz} \\
&= (\vec{b} - \vec{q}) \cdot \vec{h} && \text{nach (3)} \\
&= \vec{b} \cdot \vec{h} - \vec{q} \cdot \vec{h} && \text{Rechengesetz} \\
&= \vec{b} \cdot \vec{h} && \text{nach (8)} \\
&= \vec{b} \cdot (\vec{a} + \vec{p}) && \text{nach (4)} \\
&= \vec{b} \cdot \vec{a} + \vec{b} \cdot \vec{p} && \text{Rechengesetz} \\
&= \vec{b} \cdot \vec{p} && \text{nach (5)} \\
&= (\vec{q} + \vec{h}) \cdot \vec{p} && \text{nach (3)} \\
&= \vec{q} \cdot \vec{p} + \vec{h} \cdot \vec{p} && \text{Rechengesetz} \\
&= \vec{q} \cdot \vec{p} && \text{nach (7)} \\
&= \left|\vec{q}\right| \cdot \left|\vec{p}\right| \cdot \cos 0° && \text{Definition des SP} \\
&= \left|\vec{q}\right| \cdot \left|\vec{p}\right| && \text{da } \cos 0° = 1 \text{ ist} \\
&= p \cdot q
\end{aligned}
$$

Vektorbelegungen:

$\vec{a} = \overrightarrow{BC}$, $\vec{b} = \overrightarrow{AC}$, $\vec{c} = \overrightarrow{AB}$, $\vec{h} = \overrightarrow{DC}$, $\vec{q} = \overrightarrow{AD}$, $\vec{p} = \overrightarrow{DB}$

Sammlung der Voraussetzungen:

(1) $\vec{c} = \vec{q} + \vec{p}$
(2) $\vec{c} = \vec{b} - \vec{a}$
(3) $\vec{h} = \vec{b} - \vec{q}$
(4) $\vec{h} = \vec{a} + \vec{p}$
(5) $\vec{a} \perp \vec{b}$, d.h. $\vec{a} \cdot \vec{b} = 0$
(6) $\vec{h} \perp \vec{c}$, d.h. $\vec{h} \cdot \vec{c} = 0$
(7) $\vec{h} \perp \vec{p}$, d.h. $\vec{h} \cdot \vec{p} = 0$
(8) $\vec{h} \perp \vec{q}$, d.h. $\vec{h} \cdot \vec{q} = 0$

Übungen

1. Kathetensatz
Im rechtwinkligen Dreieck gelten die Beziehungen $a^2 = p \cdot c$ und $b^2 = q \cdot c$. Beweisen Sie diese mithilfe des Skalarproduktes. Gehen Sie ähnlich vor wie im obigen Beispiel.

2. Alternativer Beweis des Höhensatzes
Erläutern Sie den folgenden Kurzbeweis des Höhensatzes schrittweise (siehe Zeichnung oben):
$0 = \vec{a} \cdot \vec{b} = (\vec{h} - \vec{p}) \cdot (\vec{q} + \vec{h}) = \vec{h} \cdot \vec{q} + \vec{h} \cdot \vec{h} - \vec{p} \cdot \vec{q} - \vec{p} \cdot \vec{h} = \vec{h} \cdot \vec{h} - \vec{p} \cdot \vec{q} = h^2 - p \cdot q$

3. Diagonalen einer Raute

Zeigen Sie mithilfe des Skalarproduktes, dass die Diagonalen einer Raute senkrecht aufeinander stehen.

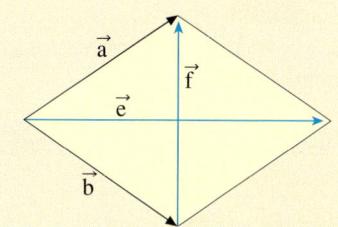

4. Beweisen Sie die Umkehrung der Aussage aus Übung 3:

Stehen in einem Parallelogramm die Diagonalen senkrecht aufeinander, ist es eine Raute.

5. Beweisen Sie:

Ein Rechteck ist genau dann ein Quadrat, wenn seine Diagonalen senkrecht aufeinander stehen.

6. Satz des Pythagoras

Beweisen Sie:

a) In einem rechtwinkligen Dreieck mit der Hypotenuse c und den Katheten a und b gilt: $a^2 + b^2 = c^2$.

b) Gilt in einem Dreieck mit den Seiten a, b und c die Gleichung $a^2 + b^2 = c^2$, so ist das Dreieck rechtwinklig.

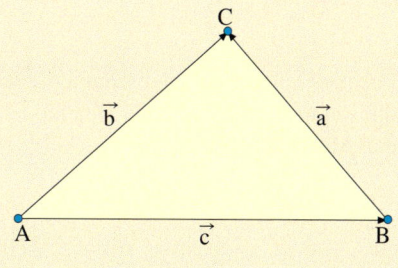

7. Senkrechte Strecken im Quader

Zeigen Sie, dass in einem Quader mit quadratischer Grundfläche die Grundflächendiagonale e und die Raumdiagonale f senkrecht zueinander stehen.

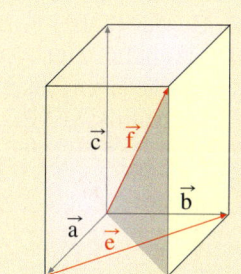

8. Quadrate im Parallelogramm

Beweisen Sie: In einem Parallelogramm ist die Summe der Diagonalenquadrate ebenso groß wie die Summe der Seitenquadrate (siehe Abbildung).

Seitenquadrate: Diagonalenquadrate:

9. Satz des Thales

Der Satz des Thales besagt: Liegt ein Punkt C auf dem Kreis mit dem Durchmesser $\overline{AB}$, so hat das Dreieck ABC bei C einen rechten Winkel.

Beweisen Sie diese Aussage. Verwenden Sie die abgebildete Beweisfigur. Berechnen Sie dazu $\vec{a} \cdot \vec{b}$.

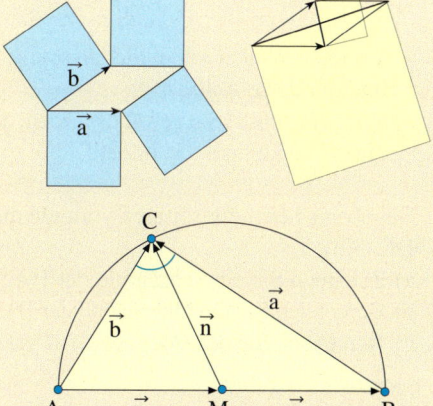

Skalarprodukt

1. Berechnen Sie das Skalarprodukt von $\vec{a}$ und $\vec{b}$.

a)

b) $\vec{a} = \begin{pmatrix} 1 \\ 2 \\ -2 \end{pmatrix}$; $\vec{b} = \begin{pmatrix} 3 \\ 3 \\ 4 \end{pmatrix}$

c) $\vec{a} = \begin{pmatrix} 1 \\ a \\ 2 \end{pmatrix}$; $\vec{b} = \begin{pmatrix} 2a \\ -3 \\ a \end{pmatrix}$

2. Wie lauten die Koordinaten der beiden abgebildeten Vektoren $\vec{a}$ und $\vec{b}$? Wie groß ist der Winkel zwischen den beiden Vektoren?

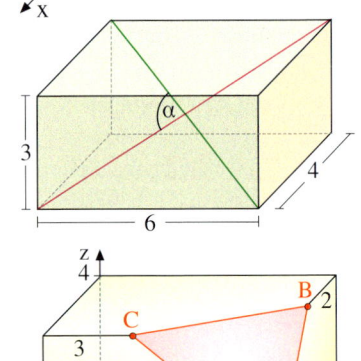

3. Unter welchem Winkel α schneiden sich die Raumdiagonalen eines Quaders mit den Maßen $4 \times 6 \times 3$?

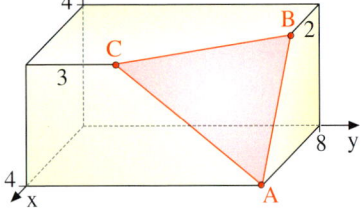

4. Von einem Quader (Länge 8, Breite 4, Höhe 4) wurde ein Eckteil abgetrennt.
 a) Gesucht sind die Innenwinkel und der Inhalt der Schnittfläche ABC.
 b) Welches Volumen hat das abgetrennte Eckteil?

5. Bestimmen Sie einen Vektor ~n, der zu den Vektoren $\vec{a} = \begin{pmatrix} 4 \\ 6 \\ 2 \end{pmatrix}$, $\vec{b} = \begin{pmatrix} 1 \\ 4 \\ 2 \end{pmatrix}$ orthogonal ist.

6. Prüfen Sie, ob das Dreieck ABC mit A(3|0|0), B(5|4|1) und C(0|6|3) rechtwinklig ist.

7. a) Welchen Winkel bildet die Ursprungsgerade g: $\vec{x} = r\begin{pmatrix} 3 \\ 4 \\ 3 \end{pmatrix}$ mit der x-Achse, mit der y-Achse und mit der z-Achse?
 b) Wie groß muss $t > 0$ gewählt werden, damit die Ursprungsgerade g: $\vec{x} = r\begin{pmatrix} 3 \\ 4 \\ t \end{pmatrix}$ mit der z-Achse einen Winkel von 45° bildet?

8. Gegeben ist eine dreiseitige Pyramide mit den Eckpunkten A(2|2|3), B(4|8|0), C(−1|6|1) und D(2|5|6).
 a) Zeichnen Sie ein Schrägbild der Pyramide.
 b) Berechnen Sie die Oberfläche der Pyramide.
 c) Berechnen Sie das Volumen der Pyramide.

Lösungen: S. 644

X. Ebenen

1. Ebenengleichungen

A. Die vektorielle Parametergleichung einer Ebene

Ähnlich wie Geraden lassen sich auch Ebenen im Raum durch Vektoren rechnerisch erfassen und bearbeiten. Eine Ebene wird durch einen Punkt und zwei nicht parallele Vektoren eindeutig festgelegt.

Ist A ein bekannter Punkt der Ebene, ein sogenannter *Stützpunkt*, und sind $\vec{u}$ und $\vec{v}$ zwei nicht parallele, in der Ebene verlaufende Vektoren, sogenannte *Richtungsvektoren*, so lässt sich der Ortsvektor $\vec{x} = \overrightarrow{OX}$ eines beliebigen Ebenenpunktes als Summe aus dem Stützvektor $\vec{a} = \overrightarrow{OA}$ und einer Linearkombination der beiden Richtungsvektoren darstellen:

$$\vec{x} = \vec{a} + r \cdot \vec{u} + s \cdot \vec{v}.$$

In der Abbildung wird dies für die durch den Rechteckausschnitt angedeutete Ebene veranschaulicht.

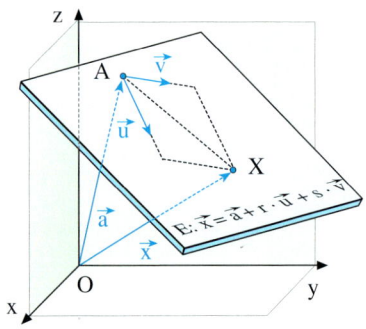

$$\overrightarrow{OX} = \overrightarrow{OA} + \overrightarrow{AX}$$
$$\vec{x} = \vec{a} \quad + r \cdot \vec{u} + s \cdot \vec{v}$$

Man bezeichnet diese Gleichung als *Punktrichtungsgleichung* der Ebene (1 Punkt, 2 Richtungsvektoren) oder als *vektorielle Parametergleichung* der Ebene und verwendet eine zu vektoriellen Geradengleichungen analoge Schreibweise.

Vektorielle Parametergleichung einer Ebene

E: $\quad \vec{x} = \vec{a} + r \cdot \vec{u} + s \cdot \vec{v}$ (r, s $\in \mathbb{R}$)
$\vec{x}$: allgemeiner Ebenenvektor
$\vec{a}$: Stützvektor
$\vec{u}, \vec{v}$: Richtungsvektoren
r, s: Ebenenparameter

Beispiel: Für die rechts ausschnittsweise dargestellte Ebene E können wir den Punkt A$(3\,|\,6\,|\,1)$ als Stützpunkt und

$$\vec{u} = \begin{pmatrix} 0 \\ -4 \\ 0 \end{pmatrix} \text{ sowie } \vec{v} = \begin{pmatrix} -3 \\ 0 \\ 5 \end{pmatrix} \text{ als Richtungs-}$$

vektoren wählen. Eine Parametergleichung der Ebene lautet dann:

$$E: \vec{x} = \begin{pmatrix} 3 \\ 6 \\ 1 \end{pmatrix} + r \cdot \begin{pmatrix} 0 \\ -4 \\ 0 \end{pmatrix} + s \cdot \begin{pmatrix} -3 \\ 0 \\ 5 \end{pmatrix}.$$

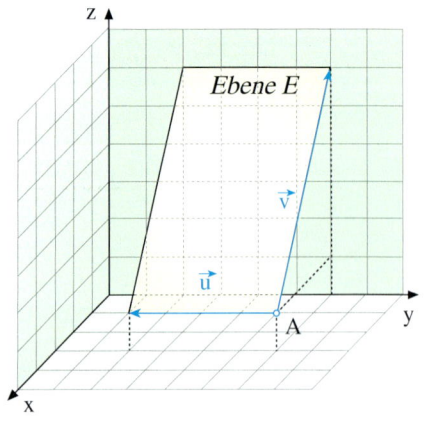

Ebene E

B. Die Dreipunktegleichung einer Ebene

Besonders einfach lässt sich eine Ebenengleichung aufstellen, wenn die Ebene durch drei Punkte gegeben ist, die natürlich nicht auf einer Geraden liegen dürfen.

▶ **Beispiel:** Zeichnen Sie einen Ausschnitt derjenigen Ebene E, welche die drei Punkte A(2|0|3), B(3|4|0) und C(0|3|3) enthält. Stellen Sie außerdem eine vektorielle Parametergleichung dieser Ebene auf.

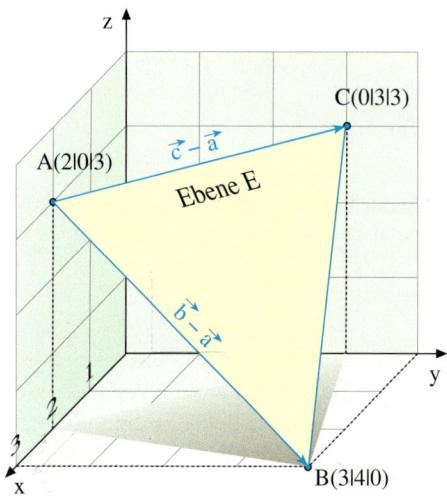

Lösung:
Der dreieckige Ebenenausschnitt ist rechts als Schrägbild dargestellt. Als Stützvektor verwenden wir den Ebenenpunkt A(2|0|3).
Als Richtungsvektoren verwenden wir die Differenzvektoren $\vec{b} - \vec{a}$ und $\vec{c} - \vec{a}$. Damit ergibt sich die Gleichung

$$E: \vec{x} = \vec{a} + r \cdot (\vec{b} - \vec{a}) + s \cdot (\vec{c} - \vec{a}),$$

die man als *Dreipunktegleichung* der Ebene bezeichnet.

In unserem Beispiel ergibt sich hiermit als zugehörige Parametergleichung:

$$E: \vec{x} = \begin{pmatrix} 2 \\ 0 \\ 3 \end{pmatrix} + r \cdot \begin{pmatrix} 3-2 \\ 4-0 \\ 0-3 \end{pmatrix} + s \cdot \begin{pmatrix} 0-2 \\ 3-0 \\ 3-3 \end{pmatrix},$$

▶ $$E: \vec{x} = \begin{pmatrix} 2 \\ 0 \\ 3 \end{pmatrix} + r \cdot \begin{pmatrix} 1 \\ 4 \\ -3 \end{pmatrix} + s \cdot \begin{pmatrix} -2 \\ 3 \\ 0 \end{pmatrix}$$

> **Dreipunktegleichung der Ebene**
>
> A, B, C seien drei nicht auf einer Geraden liegende Punkte mit den Ortsvektoren $\vec{a}$, $\vec{b}$ und $\vec{c}$.
> Dann hat die A, B und C enthaltende Ebene die Gleichung:
>
> $$E: \vec{x} = \vec{a} + r \cdot (\vec{b} - \vec{a}) + s \cdot (\vec{c} - \vec{a}).$$

Übung 1
Wie lautet die Gleichung der Ebene E, welche die Punkte A, B und C enthält?
Fertigen Sie ein Schrägbild der Ebene an.

a) A(3|0|0)
   B(0|4|0)
   C(0|0|2)

b) A(2|0|1)
   B(3|2|0)
   C(0|3|2)

c) A(4|2|1)
   B(3|5|1)
   C(0|0|4)

Übung 2
Eine Pyramide hat als Grundfläche ein Dreieck ABC mit den Eckpunkten A(1|1|0), B(6|6|1) und C(3|6|1). Ihre Spitze ist S(2|4|4).
Zeichnen Sie ein Schrägbild der Pyramide und stellen Sie die Gleichungen der Ebenen E_1, E_2, E_3 auf, welche jeweils eine der drei Seitenflächen der Pyramide enthalten.

Übungen

3. Gesucht ist eine vektorielle Parametergleichung der abgebildeten Ebene.

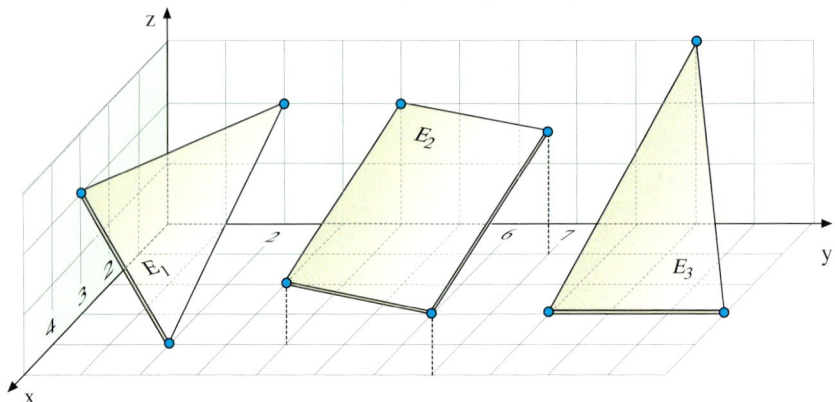

4. Geben Sie eine vektorielle Parametergleichung folgender Ebenen im Raum an.

a) E_1 ist die x-y-Ebene, E_2 die y-z-Ebene und E_3 die x-z-Ebene.

b) E_4 enthält den Punkt $P(2|3|0)$ und verläuft parallel zur x-z-Ebene.

c) E_5 enthält den Punkt $P(-1|0|-1)$ und verläuft parallel zur x-y-Ebene.

d) E_6 enthält die Ursprungsgerade durch $B(3|1|0)$ und steht senkrecht auf der x-y-Ebene.

e) E_7 enthält die Winkelhalbierende des 1. Quadranten der y-z-Ebene und steht senkrecht zur y-z-Ebene.

f) E_8 enthält die Gerade g: $\vec{x} = \begin{pmatrix} 1 \\ -1 \\ 1 \end{pmatrix} + r \cdot \begin{pmatrix} 3 \\ 2 \\ 1 \end{pmatrix}$ sowie die Gerade h durch die Punkte $A(3|2|2)$ und $B(4|1|2)$.

5. Wie lautet eine Parametergleichung einer Ebene E, die die Punkte A, B und C enthält?

a) $A(1|0|1)$
$B(2|-1|2)$
$C(1|1|1)$

b) $A(1|0|0)$
$B(0|1|0)$
$C(0|0|1)$

c) $A(0|0|0)$
$B(3|2|1)$
$C(1|2|1)$

d) $A(2|-1|4)$
$B(6|5|12)$
$C(8|8|16)$

6. Gegeben ist ein Würfel mit der Kantenlänge 5 in einem kartesischen Koordinatensystem.

a) Jede Seitenfläche des Würfels liegt in einer Ebene. Geben Sie für jede dieser Ebenen eine Parametergleichung an.

b) Die Ecken D, B, G, E bilden ein Tetraeder, dessen Seitendreiecke Ebenen aufspannen. Geben Sie für jede dieser Ebenen eine Parametergleichung an.

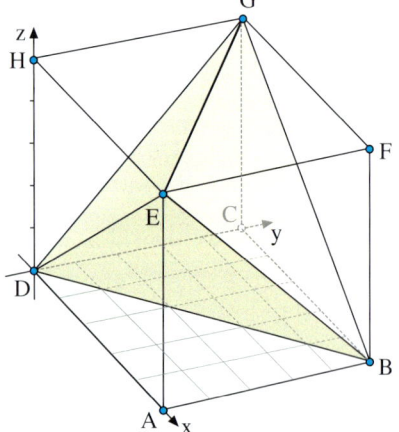

7. Durch die Punkte A, B und C sei eine Ebene mit E: $\vec{x} = \vec{a} + r(\vec{b} - \vec{a}) + s(\vec{c} - \vec{a})$ gegeben. Beschreiben Sie mithilfe einer Skizze die Lage der Punkte der Ebene E, für die

a) $0 \le r \le 1$ und $0 \le s \le 1$,

b) $r + s = 1, r \ge 0, s \ge 0$,

c) $r - s = 0$ gilt.

C. Die Normalengleichung einer Ebene

Eine besonders einfache und zugleich vorteilhafte Möglichkeit zur Darstellung von Ebenen im Anschauungsraum lässt sich unter Verwendung des Skalarproduktes gewinnen.

Die Lage einer Ebene E im Raum ist durch die Angabe eines Ebenenpunktes A und eines zur Ebene senkrechten Vektors $\vec{n} \neq \vec{0}$, den man als *Normalenvektor der Ebene* bezeichnet, eindeutig festgelegt.

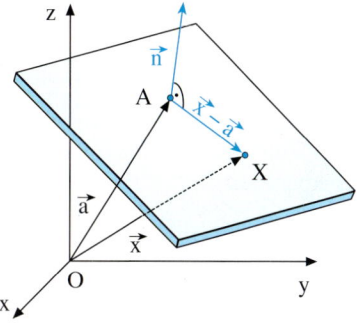

Unter diesen Voraussetzungen liegt ein Punkt X (Ortsvektor: $\vec{x}$) genau dann in der Ebene E, wenn der Vektor $\overrightarrow{AX}$ senkrecht auf dem Normalenvektor $\vec{n}$ steht, d.h., wenn die Gleichung $\overrightarrow{AX} \cdot \vec{n} = 0$ bzw. $(\vec{x} - \vec{a}) \cdot \vec{n} = 0$ gilt.

Man bezeichnet diese Art der parameterfreien Darstellung einer Ebene E unter Verwendung eines Stützvektors $\vec{a}$ und eines Normalenvektors $\vec{n}$ als *Normalenform* der Ebenengleichung oder kürzer als *Normalengleichung* der Ebene.[1]

> **Normalengleichung der Ebene E**
> $$E: (\vec{x} - \vec{a}) \cdot \vec{n} = 0$$
> $\uparrow$ $\uparrow$
> Stützvektor   Normalenvektor

Jede Ebene E kann auf beliebig viele Arten in Normalenform dargestellt werden, da der Ortsvektor eines jeden Ebenenpunktes als Stützvektor dienen kann und da außerdem ein Normalenvektor nur bezüglich seiner Richtung, nicht jedoch bezüglich seines Betrages eindeutig festgelegt ist.

$$E: \left[\vec{x} - \begin{pmatrix} 1 \\ 3 \\ 2 \end{pmatrix} \right] \cdot \begin{pmatrix} 1 \\ 2 \\ 1 \end{pmatrix} = 0 \qquad \textit{Normalenform}$$

Abschließend sei noch bemerkt, dass die Normalengleichung einer Ebene E durch Ausmultiplikation der Klammer in eine äquivalente Darstellung umgeformt werden kann, wie dies nebenstehend exemplarisch dargestellt ist. Man spricht dann von einer *vereinfachten Normalengleichung*.

$$E: \vec{x} \cdot \begin{pmatrix} 1 \\ 2 \\ 1 \end{pmatrix} - \begin{pmatrix} 1 \\ 3 \\ 2 \end{pmatrix} \cdot \begin{pmatrix} 1 \\ 2 \\ 1 \end{pmatrix} = 0$$

$$E: \vec{x} \cdot \begin{pmatrix} 1 \\ 2 \\ 1 \end{pmatrix} = 9 \qquad \textit{vereinfachte Normalenform}$$

---

[1]Beide Begriffe werden im Folgenden synonym verwendet.

Wir wenden uns nun der Frage zu, wie man die Normalengleichung einer Ebene bestimmt. Wir gehen davon aus, dass wir entweder drei Punkte der Ebene kennen oder – was nahezu gleichbedeutend ist – dass ihre Parametergleichung gegeben ist.

> **Beispiel: Parametergleichung (drei Punkte) → Normalengleichung**
> Gesucht ist eine Normalengleichung der Ebene E durch die Punkte A(3|2|4), B(5|1|6) und C(1|4|3).

Lösung:
Wir stellen zunächst die Parametergleichung der Ebene auf.

Den Stützvektor für die Normalengleichung können wir aus der Parametergleichung direkt übernehmen.

Parametergleichung von E:

$$E: \vec{x} = \begin{pmatrix} 3 \\ 2 \\ 4 \end{pmatrix} + r \begin{pmatrix} 2 \\ -1 \\ 2 \end{pmatrix} + s \begin{pmatrix} -2 \\ 2 \\ -1 \end{pmatrix}$$

Stütz-   Richtungs- Richtungsvektor   vektor   vektor

Die beiden Richtungsvektoren ermöglichen uns die Bestimmung eines Normalenvektors $\vec{n}$. Dieser muss zu beiden Richtungsvektoren senkrecht stehen.

Bestimmung eines Normalenvektors $\vec{n}$:

$$\vec{n} = \begin{pmatrix} x \\ y \\ z \end{pmatrix}, \quad \vec{n} \perp \begin{pmatrix} 2 \\ -1 \\ 2 \end{pmatrix}, \quad \vec{n} \perp \begin{pmatrix} -2 \\ 2 \\ -1 \end{pmatrix}$$

also $\begin{pmatrix} x \\ y \\ z \end{pmatrix} \cdot \begin{pmatrix} 2 \\ -1 \\ 2 \end{pmatrix} = 0$, $\begin{pmatrix} x \\ y \\ z \end{pmatrix} \cdot \begin{pmatrix} -2 \\ 2 \\ -1 \end{pmatrix} = 0$.

Dies führt auf ein Gleichungssystem mit zwei Gleichungen für die drei Unbekannten x, y und z.

I: $2x - y + 2z = 0$
II: $-2x + 2y - z = 0$
III = I + II: $y + z = 0$

Eine Variable kann frei gewählt werden, da das System unterbestimmt ist. Wir wählen z = c. Die allgemeine Lösung des Systems lautet dann: x = −1,5 c, y = −c und z = c. Da wir nur eine Lösung benötigen, können wir c frei festlegen.
Für c = 2 erhalten wir $\vec{n} = \begin{pmatrix} -3 \\ -2 \\ 2 \end{pmatrix}$.

z wird frei gewählt: z = c
Aus III folgt dann: y = −c
Aus I folgt dann: x = −1,5 c
Setzen wir c = 2, so folgt $\vec{n} = \begin{pmatrix} -3 \\ -2 \\ 2 \end{pmatrix}$.

Nun können wir eine Normalengleichung der Ebene aufstellen.

▶ Resultat: $E: \left[\vec{x} - \begin{pmatrix} 3 \\ 2 \\ 4 \end{pmatrix} \right] \cdot \begin{pmatrix} -3 \\ -2 \\ 2 \end{pmatrix} = 0$

Normalengleichung von E:

$$E: \left[\vec{x} - \begin{pmatrix} 3 \\ 2 \\ 4 \end{pmatrix} \right] \cdot \begin{pmatrix} -3 \\ -2 \\ 2 \end{pmatrix} = 0$$

Stütz-   Normalen-
vektor   vektor

Übung 8
Stellen Sie eine Normalengleichung der Ebene E auf.
a) E geht durch die Punkte A(1|1|−3), B(0|2|2) und C(2|1|−5).
b) E hat die Parameterdarstellung $E: \vec{x} = \begin{pmatrix} 1 \\ 1 \\ 1 \end{pmatrix} + r \begin{pmatrix} -1 \\ 1 \\ 2 \end{pmatrix} + s \begin{pmatrix} 2 \\ 2 \\ 0 \end{pmatrix}$.

Wir behandeln nun die umgekehrte Fragestellung. Aus der Normalengleichung soll eine Parametergleichung gewonnen werden.

▶ **Beispiel: Normalengleichung → Parametergleichung**

Gesucht ist eine Parametergleichung der Ebene E: $\left[\vec{x} - \begin{pmatrix} 1 \\ 2 \\ 5 \end{pmatrix}\right] \cdot \begin{pmatrix} 2 \\ 3 \\ 5 \end{pmatrix} = 0$.

Lösung:
Den Stützvektor für die Parametergleichung können wir auch hier direkt aus der Normalengleichung übernehmen.

Der Normalenvektor gestattet uns in einfacher Weise – wie rechts dargestellt – die Bestimmung von zwei nicht kollinearen Richtungsvektoren $\vec{u}$ und $\vec{v}$.

Bestimmung der Richtungsvektoren:

$$\begin{pmatrix} 2 \\ 3 \\ 5 \end{pmatrix} \cdot \begin{pmatrix} \\ \\ \end{pmatrix} = 0, \quad \begin{pmatrix} 2 \\ 3 \\ 5 \end{pmatrix} \cdot \begin{pmatrix} \\ \\ \end{pmatrix} = 0$$

$$\vec{n} \cdot \vec{u} \qquad\qquad \vec{n} \cdot \vec{v}$$

$$\begin{pmatrix} 2 \\ 3 \\ 5 \end{pmatrix} \cdot \begin{pmatrix} 3 \\ -2 \\ 0 \end{pmatrix} = 0, \quad \begin{pmatrix} 2 \\ 3 \\ 5 \end{pmatrix} \cdot \begin{pmatrix} 0 \\ 5 \\ -3 \end{pmatrix} = 0$$

Wir setzen eine der drei gesuchten Richtungskoordinaten gleich 0 und bestimmen die beiden anderen – wie rechts farbig dargestellt – aus zwei Koordinaten des Normalenvektors.

Parametergleichung:

$$E: \vec{x} = \begin{pmatrix} 1 \\ 2 \\ 5 \end{pmatrix} + r \begin{pmatrix} 3 \\ -2 \\ 0 \end{pmatrix} + s \begin{pmatrix} 0 \\ 5 \\ -3 \end{pmatrix}$$

Stütz-   Richtungs-   Richtungsvektor   vektor   vektor

Übung 9

Jeweils zwei der folgenden Gleichungen stellen die gleiche Ebene dar. Stellen Sie die zueinander gehörende Paare fest.

$E_1: \quad \vec{x} = \begin{pmatrix} 0 \\ 0 \\ 3 \end{pmatrix} + r \begin{pmatrix} 1 \\ 0 \\ -2 \end{pmatrix} + s \begin{pmatrix} -1 \\ 2 \\ 6 \end{pmatrix}$

$E_2: \quad \vec{x} = \begin{pmatrix} 1 \\ 1 \\ 3 \end{pmatrix} + r \begin{pmatrix} 1 \\ 1 \\ 5 \end{pmatrix} + s \begin{pmatrix} -2 \\ -1 \\ -6 \end{pmatrix}$

$E_3: \quad \vec{x} = \begin{pmatrix} 4 \\ 1 \\ 1 \end{pmatrix} + r \begin{pmatrix} -1 \\ -1 \\ 1 \end{pmatrix} + s \begin{pmatrix} 7 \\ 7 \\ -1 \end{pmatrix}$

$E_4: \quad \left[\vec{x} - \begin{pmatrix} 5 \\ 2 \\ 0 \end{pmatrix}\right] \cdot \begin{pmatrix} 1 \\ -1 \\ 0 \end{pmatrix} = 0$

$E_5: \quad \left[\vec{x} - \begin{pmatrix} 1 \\ 1 \\ 3 \end{pmatrix}\right] \cdot \begin{pmatrix} 2 \\ -2 \\ 1 \end{pmatrix} = 0$

$E_6: \quad \left[\vec{x} - \begin{pmatrix} 2 \\ 2 \\ 8 \end{pmatrix}\right] \cdot \begin{pmatrix} 1 \\ 4 \\ -1 \end{pmatrix} = 0$

Oft treten Ebenen in Körpern auf, z.B. als Seitenflächen. Dann stellt sich das Problem, aus der Zeichnung eine Parametergleichung oder eine Normalengleichung zu gewinnen (Übung 10).

Übung 10

Stellen Sie die Ebene durch eine geeignete Gleichung dar.

a)

b)

c)

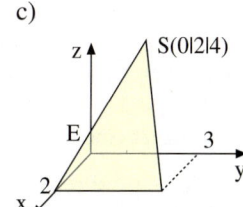

D. Die Koordinatengleichung
   einer Ebene

$$ax + by + cz = d$$

Eine Ebene im dreidimensionalen Anschauungsraum lässt sich stets durch eine lineare Gleichung der Form $ax + by + cz = d$ darstellen, die man als *Koordinatengleichung* bezeichnet. Diese Darstellung hat einige Vorteile, was wir im Verlauf des Kurses sehen werden.

Die Koordinatengleichung ist eng verwandt mit der Normalengleichung. Daher zeigen wir zunächst, wie man diese Gleichungen rechnerisch ineinander überführt.

▶ **Beispiel: Normalengleichung → Koordinatengleichung**

Bestimmen Sie eine Koordinatengleichung der Ebene E: $\left[\vec{x} - \begin{pmatrix} 1 \\ 3 \\ 2 \end{pmatrix}\right] \cdot \begin{pmatrix} 2 \\ 3 \\ 4 \end{pmatrix} = 0$.

Lösung:
Wir überführen die Normalengleichung zunächst in ihre vereinfachte Form:

$$\left[\vec{x} - \begin{pmatrix} 1 \\ 3 \\ 2 \end{pmatrix}\right] \cdot \begin{pmatrix} 2 \\ 3 \\ 4 \end{pmatrix} = 0 \Rightarrow \vec{x} \cdot \begin{pmatrix} 2 \\ 3 \\ 4 \end{pmatrix} - \begin{pmatrix} 1 \\ 3 \\ 2 \end{pmatrix} \cdot \begin{pmatrix} 2 \\ 3 \\ 4 \end{pmatrix} = 0 \Rightarrow \vec{x} \cdot \begin{pmatrix} 2 \\ 3 \\ 4 \end{pmatrix} - 19 = 0 \Rightarrow \vec{x} \cdot \begin{pmatrix} 2 \\ 3 \\ 4 \end{pmatrix} = 19$$

Nun ersetzen wir den Vektor $\vec{x}$ durch seine Spaltenkoordinatenform und multiplizieren aus:

▶ $\vec{x} \cdot \begin{pmatrix} 2 \\ 3 \\ 4 \end{pmatrix} = 19 \Rightarrow \begin{pmatrix} x \\ y \\ z \end{pmatrix} \cdot \begin{pmatrix} 2 \\ 3 \\ 4 \end{pmatrix} = 19 \Rightarrow 2x + 3y + 4z = 19$.

Wir halten folgende wichtige Beobachtung fest:

Die Koeffizienten der linken Seite der Koordinatengleichung einer Ebene sind die Koordinaten eines Normalenvektors.	E: $ax + by + cz = d \Rightarrow \vec{n} = \begin{pmatrix} a \\ b \\ c \end{pmatrix}$ ist ein Normalenvektor von E.

▶ **Beispiel: Koordinatengleichung → Normalengleichung**

Gesucht ist eine Normalengleichung der Ebene E: $2x + 3y - z = 6$.

Lösung:
Besonders leicht ist eine vereinfachte Normalengleichung zu bestimmen. Dazu stellen wir einfach die linke Seite der Koordinatengleichung als Skalarprodukt dar.

E: $2x + 3y - z = 6 \Rightarrow$ E: $\begin{pmatrix} x \\ y \\ z \end{pmatrix} \cdot \begin{pmatrix} 2 \\ 3 \\ -1 \end{pmatrix} = 6 \Rightarrow$ E: $\vec{x} \cdot \begin{pmatrix} 2 \\ 3 \\ -1 \end{pmatrix} = 6$

Eine weitere Möglichkeit: Wir entnehmen der Koordinatengleichung durch Einsetzen geeigneter Koordinaten einen Stützpunkt, z. B. A (3|0|0), sowie durch Ablesen der Koeffizienten der linken Seite einen Normalenvektor.

▶ Dann lautet eine Normalengleichung von E: $\left[\vec{x} - \begin{pmatrix} 3 \\ 0 \\ 0 \end{pmatrix}\right] \cdot \begin{pmatrix} 2 \\ 3 \\ -1 \end{pmatrix} = 0$.

Ein erster Vorteil der Koordinatenform besteht darin, dass sich die *Achsenabschnittspunkte* der Ebene aus der Koordinatenform einfacher bestimmen lassen, was wiederum die zeichnerische Darstellung der Ebene erheblich erleichtert.

> ▶ **Beispiel: Achsenabschnitte und Schrägbild**
> Gegeben sei die Ebene E mit der Koordinatengleichung E: $3x + 6y + 4z = 12$.
> Bestimmen Sie diejenigen Punkte, in welchen die Koordinatenachsen die Ebene durchstoßen, und zeichnen Sie mithilfe dieser Punkte ein Schrägbild der Ebene.

Lösung:
Der Achsenabschnittspunkt auf der x-Achse hat die Gestalt $A(x|0|0)$.
Setzen wir in der Koordinatengleichung $y = 0$ und $z = 0$, so erhalten wir $3x = 12$, d. h. $x = 4$. Also ist $A(4|0|0)$ der gesuchte Achsenabschnittspunkt auf der x-Achse.

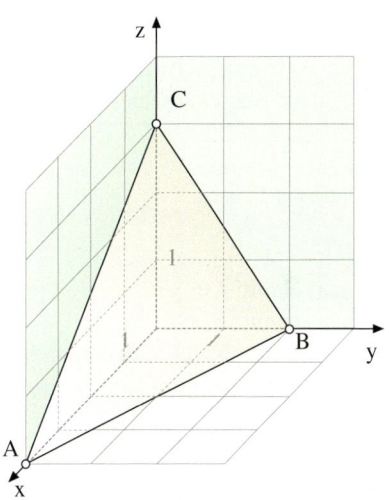

Analog erhalten wir die beiden weiteren Achsenabschnittspunkte $B(0|2|0)$ und $C(0|0|3)$.

Tragen wir diese drei Punkte in ein Koordinatensystem ein, so können wir einen
▶ dreieckigen Ebenenausschnitt darstellen.

Übung 11
a) Bestimmen Sie die Achsenabschnitte der Ebene E: $4x + 6y + 6z = 24$ und zeichnen Sie ein Schrägbild der Ebene.
b) Zeichnen Sie ein Schrägbild der Ebene E: $2x + 5y + 4z = 10$.
c) Welche Achsenabschnitte besitzt die Ebene E: $2x + 4z = 8$?
   Beschreiben Sie die Lage dieser Ebene im Koordinatensystem.

Bemerkung: Fehlen in der Koordinatengleichung einer Ebene eine oder mehrere Variable, so nimmt die Ebene im Koordinatensystem eine besondere Lage ein.

Beispiel: Die Ebene E_1: $2x + 3y = 6$ hat die Achsenabschnitte $x = 3$ ($y = 0$, $z = 0$) und $y = 2$ ($x = 0$, $z = 0$).
Sie hat keinen z-Achsenabschnitt, denn sie ist parallel zur z-Achse.

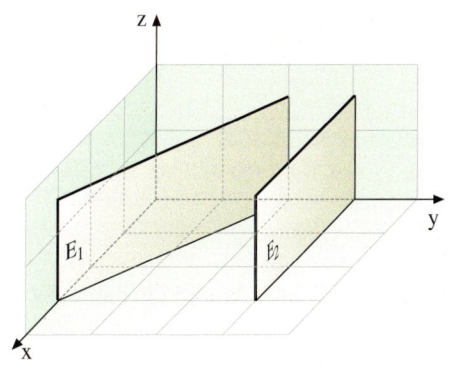

Beispiel: Die Ebene E_2: $2y = 6$ hat den y-Achsenabschnitt $y = 3$.
Sie hat keinen x-Achsenabschnitt und keinen z-Achsenabschnitt; sie ist nämlich parallel zur x-Achse und zur z-Achse, also zur x-z-Ebene.

Man kann die Koordinatengleichung einer Ebene in der Regel so umformen, dass die Achsenabschnitte der Ebene direkt abgelesen werden können.

Die Achsenabschnittsgleichung

Die rechts dargestellte Koordinatengleichung
wird als Achsenabschnittsgleichung bezeichnet.
A ist der x-Achsenabschnitt,
B der y-Achsenabschnitt und
C der z-Achsenabschnitt von E.

 $E: \frac{x}{A} + \frac{y}{B} + \frac{z}{C} = 1$

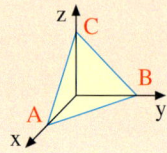

▶ **Beispiel: Achsenabschnitte**
Wie lauten die Achsenabschnitte der Ebene E: $4x + 2y = 12$?

Lösung:
E: $4x + 2y = 12$ $|:12$

E: $\frac{x}{3} + \frac{y}{6} = 1$

x-Achsenabschnitt: A = 3
y-Achsenabschnitt: B = 6
z-Achsenabschnitt: Nicht vorhanden, da E
▶   parallel zur z-Achse

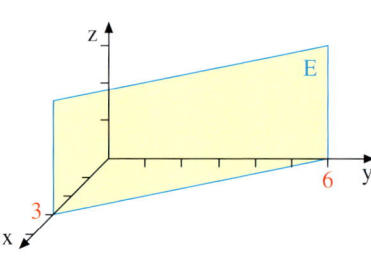

Übung 12
Bestimmen Sie eine Koordinatengleichung der abgebildeten Ebene E.

a)

b)

c)

d)

e)

f)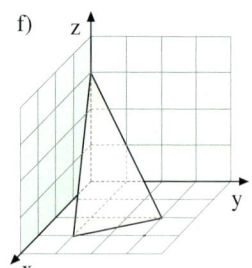

Übung 13
Bestimmen Sie die Achsenabschnitte der Ebene E und zeichnen Sie ein Schrägbild der Ebene.
a) E: $2x + 4y + z = 4$ b) E: $-3x + 4y + 8z = 12$ c) E: $-2x + y - 2z = 4$
d) E: $2y + 3z = 6$ e) E: $4x = 8$ f) E: $z = 2$

Übungen

14. Ebenengleichungen
Stellen Sie eine Gleichung der Ebene durch die Punkte A, B und C in Parameterform, in Normalenform und in Koordinatenform auf.

a) $A(1|2|-2)$, $B(0|5|0)$, $C(5|0|-2)$ b) $A(2|1|1)$, $B(4|2|2)$, $C(3|3|4)$

15. Aufstellen der Normalengleichung
Bestimmen Sie eine Normalengleichung der Ebene E.

a) E: $-4x + 5y + 3z = 12$ b) E: $x + 2z = 4$

c) E: $\vec{x} = \begin{pmatrix} 1 \\ 0 \\ 0 \end{pmatrix} + r\begin{pmatrix} 2 \\ 2 \\ -2 \end{pmatrix} + s\begin{pmatrix} 4 \\ 1 \\ -10 \end{pmatrix}$ d) E: $\vec{x} = \begin{pmatrix} 5 \\ 2 \\ 3 \end{pmatrix} + r\begin{pmatrix} 2 \\ 3 \\ -2 \end{pmatrix} + s\begin{pmatrix} 1 \\ -1 \\ 1 \end{pmatrix}$

16. Aufstellen der Normalengleichung
Stellen Sie eine Normalengleichung der beschriebenen Ebene E auf.

a) E geht durch $A(0|2|0)$, $B(2|1|2)$, $C(1|0|2)$.

b) E hat die Koordinatengleichung E: $2x + y - 3z = 5$.

c) E ist die x-y-Ebene.

d) E ist die x-z-Ebene.

e) E enthält die z-Achse, den Punkt $P(1|1|0)$ und steht senkrecht auf der x-y-Ebene.

17. Achsenabschnitt einer Ebene
a) Bestimmen Sie die Achsenabschnittspunkte der Ebene E: $3x + 6y - 3z = 12$ und skizzieren Sie einen Ebenenausschnitt im Koordinatensystem.

b) Welche Achsenabschnitte hat die Ebene E: $2x + 5y = 10$?
Beschreiben Sie die Lage der Ebene im Koordinatensystem verbal und fertigen Sie anschließend ein Schrägbild an.

c) Beschreiben Sie die Lage der Ebene E: $2z = 8$ im Koordinatensystem (mit Schrägbild).

18. Aufstellen der Koordinatengleichung
Gesucht ist eine Koordinatengleichung der beschriebenen oder dargestellten Ebenen.

a) Es handelt sich um die x-y-Ebene.

b) Die Ebene hat die Achsenabschnitte $x = 4$, $y = 2$, $z = 6$.

c) Die Ebene enthält den Punkt $P(2|1|3)$ und ist zur y-z-Ebene parallel.

d) Die Ebene geht durch den Punkt $P(4|4|0)$ und ist parallel zur z-Achse. Ihr y-Achsenabschnitt beträgt $y = 12$.

e) Die Ebene enthält die Punkte $A(2|-1|5)$, $B(-1|-3|9)$ und ist parallel zur z-Achse.

f)

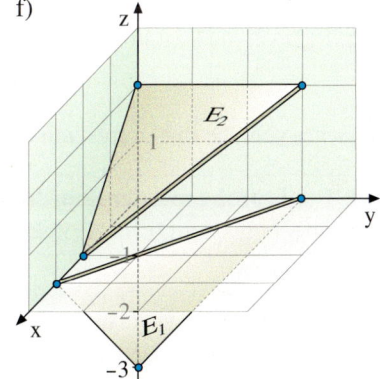

2. Lagebeziehungen

A. Die Lage von Punkt und Ebene

Die Lagebeziehung eines Punktes P zu einer Ebene E wird wie die Lagebeziehung von Punkt und Gerade durch Einsetzen des Ortsvektors $\vec{p}$ des Punktes in die Ebenengleichung geklärt.

▶ **Beispiel: Punktprobe mit der Parameterform**

Liegen $P(2|-2|-1)$ oder $Q(2|1|1)$ in der Ebene E: $\vec{x} = \begin{pmatrix} 1 \\ 0 \\ -1 \end{pmatrix} + r \cdot \begin{pmatrix} 2 \\ -1 \\ 1 \end{pmatrix} + s \cdot \begin{pmatrix} 1 \\ 1 \\ 1 \end{pmatrix}$?

Lösung:
Der Ortsvektor des Punktes wird in die Ebenengleichung eingesetzt:

$$\begin{pmatrix} 2 \\ -2 \\ -1 \end{pmatrix} = \begin{pmatrix} 1 \\ 0 \\ -1 \end{pmatrix} + r \cdot \begin{pmatrix} 2 \\ -1 \\ 1 \end{pmatrix} + s \cdot \begin{pmatrix} 1 \\ 1 \\ 1 \end{pmatrix} \qquad \qquad \begin{pmatrix} 2 \\ 1 \\ 1 \end{pmatrix} = \begin{pmatrix} 1 \\ 0 \\ -1 \end{pmatrix} + r \cdot \begin{pmatrix} 2 \\ -1 \\ 1 \end{pmatrix} + s \cdot \begin{pmatrix} 1 \\ 1 \\ 1 \end{pmatrix}$$

Durch Aufspalten der Vektorgleichung in drei Koordinaten erhalten wir ein Gleichungssystem:

I	$2r + s =\ 1$	I $\quad 2r + s = 1$
II	$-r + s = -2$	II $\quad -r + s = 1$
III	$r + s =\ 0$	III $\quad r + s = 2$

Das Gleichungssystem mit 3 Gleichungen in 2 Variablen wird auf Lösbarkeit untersucht.

$I + 2 \cdot II: \quad 3s = -3 \Rightarrow s = -1$	$I + 2 \cdot II: \quad 3s = 3 \Rightarrow s = 1$
in I: $\quad 2r - 1 =\ 1 \Rightarrow r =\ 1$	in I: $\quad 2r + 1 = 1 \Rightarrow r = 0$
Probe in III:	Probe in III:
$\quad 1 + (-1) = 0$ wahr $\Rightarrow$ lösbar	$\quad 0 + 1 = 2$ falsch $\Rightarrow$ unlösbar

▶ Folgerung: $P(2|-2|-1)$ liegt in E. $\qquad$ Folgerung: $Q(2|1|1)$ liegt nicht in E.

Noch einfacher geht die Punktprobe mit der Koordinatenform oder mit der Normalenform.

▶ **Beispiel: Punktprobe mit der Koordinatenform**
Liegen $P(2|-2|-1)$ oder $Q(2|1|1)$ in E: $2x + y - 3z = 5$?

Lösung:
Der Punkt $P(2|-2|-1)$ liegt in E, da Einsetzen von $x = 2$, $y = -2$ und $z = -1$ in die Koordinatengleichung auf eine wahre Aussage führt:

▶ $2 \cdot 2 + (-2) - 3 \cdot (-1) = 5$, d.h. $5 = 5$.

Der Punkt $Q(2|1|1)$ liegt nicht in E, da Einsetzen der Koordinaten $x = 2$, $y = 1$ und $z = 1$ auf eine falsche Aussage führt, nämlich auf:

$2 \cdot 2 + 1 - 3 \cdot 1 = 5$, d.h. $2 = 5$.

> **Beispiel: Punktprobe mit der Normalenform**
>
> Gegeben sei die Ebene E: $\left[\vec{x} - \begin{pmatrix} 1 \\ 3 \\ 2 \end{pmatrix}\right] \cdot \begin{pmatrix} 1 \\ 2 \\ 1 \end{pmatrix} = 0$.
>
> a) Prüfen Sie, ob die Punkte A (1 | 4 | 0) und B (2 | 2 | 1) in der Ebene E liegen.
> b) Für welchen Wert des Parameters t liegt der Punkt C (2 | 1 | t) in der Ebene E?

Lösung zu a:
Wir setzen den Ortsvektor des Punktes A anstelle von $\vec{x}$ auf der linken Seite der Normalengleichung ein. Die linke Seite nimmt den Wert 0 an, wie die nebenstehende Rechnung zeigt. A liegt also in E.

$$\left[\begin{pmatrix} 1 \\ 4 \\ 0 \end{pmatrix} - \begin{pmatrix} 1 \\ 3 \\ 2 \end{pmatrix}\right] \cdot \begin{pmatrix} 1 \\ 2 \\ 1 \end{pmatrix} = \begin{pmatrix} 0 \\ 1 \\ -2 \end{pmatrix} \cdot \begin{pmatrix} 1 \\ 2 \\ 1 \end{pmatrix} = 0$$

$$\Rightarrow A \in E$$

Setzen wir dagegen den Ortsvektor von B ein, so nimmt die linke Seite den Wert $-2 \neq 0$ an. B liegt nicht in E.

$$\left[\begin{pmatrix} 2 \\ 2 \\ 1 \end{pmatrix} - \begin{pmatrix} 1 \\ 3 \\ 2 \end{pmatrix}\right] \cdot \begin{pmatrix} 1 \\ 2 \\ 1 \end{pmatrix} = \begin{pmatrix} 1 \\ -1 \\ -1 \end{pmatrix} \cdot \begin{pmatrix} 1 \\ 2 \\ 1 \end{pmatrix} = -2$$

$$\Rightarrow B \notin E$$

Lösung zu b:
Setzen wir den Ortsvektor von C in die linke Seite der Normalengleichung ein, so nimmt diese den Wert $t - 5$ an.
Für $t = 5$ wird dieser Term gleich 0, liegt also der Punkt C in dieser Ebene E.

$$\left[\begin{pmatrix} 2 \\ 1 \\ t \end{pmatrix} - \begin{pmatrix} 1 \\ 3 \\ 2 \end{pmatrix}\right] \cdot \begin{pmatrix} 1 \\ 2 \\ 1 \end{pmatrix} = \begin{pmatrix} 1 \\ -2 \\ t-2 \end{pmatrix} \cdot \begin{pmatrix} 1 \\ 2 \\ 1 \end{pmatrix} = t - 5$$

$$C \in E \iff t - 5 = 0 \iff t = 5$$

Übung 1   Punktproben
Untersuchen Sie, ob die Punkte in der gegebenen Ebene liegen.

a) E_1: $\vec{x} = \begin{pmatrix} 1 \\ 3 \\ -2 \end{pmatrix} + r \cdot \begin{pmatrix} -1 \\ 2 \\ 4 \end{pmatrix} + s \cdot \begin{pmatrix} 1 \\ -3 \\ -1 \end{pmatrix}$; P (−2 | 0 | 7), Q (1 | 1 | 1)

b) E_2: $2x - y + z = 4$; P (2 | 1 | 1), Q (1 | 0 | 1)

Übung 2
Gegeben ist die Ebene E: $x - y + 2z = 5$.
a) Prüfen Sie, ob die Punkte A (4 | 3 | 2) und B (1 | 0 | 1) in E liegen.
b) Wie muss a gewählt werden, damit der Punkt P (3 a | a + 1 | 2) in E liegt?
c) Kann der Punkt P (a | 2 a + 3 | 3 − 2 a) in der Ebene E liegen?

Übung 3
Gegeben ist die Ebene E: $\left[\vec{x} - \begin{pmatrix} 2 \\ 1 \\ 1 \end{pmatrix}\right] \cdot \begin{pmatrix} 1 \\ -1 \\ 2 \end{pmatrix} = 0$.

a) Prüfen Sie, ob die Punkte A (3 | 2 | 1), B (1 | 4 | 2) und C (−1 | 2 | 3) in E liegen.
b) Für welchen Wert des Parameters a liegen die Punkte D (a | a + 3 | 3) bzw. F (a | 2 a | 3) in E?
c) Geben Sie eine Koordinatengleichung von E an.
d) Geben Sie eine Parametergleichung von E an.

Man kann mit der Punktprobe auch anspruchsvollere Aufgabenstellungen lösen, z. B. die Frage, ob ein Punkt in einem Teilbereich einer Ebene liegt. Dies geht mit der Parametergleichung.

> **Beispiel: Lage von Punkt und Dreieck**
> Die Punkte $A(4|4|1)$, $B(1|4|1)$ und $C(0|0|5)$ bilden ein Dreieck im Raum.
> Untersuchen Sie, ob der Punkt $P(1|2|3)$ im Dreieck ABC liegt oder nicht.

Lösung:
Wir stellen zunächst eine Gleichung der Ebene E auf, in der das Dreieck ABC liegt. Nun prüfen wir mit der Punktprobe, ob der Punkt P in der Ebene E liegt, denn das ist notwendige Voraussetzung dafür, dass der Punkt im Dreieck ABC liegt.
Der Punkt liegt in der Ebene, da das Gleichungssystem lösbar ist mit den Parameterwerten $r = \frac{1}{3}$ und $s = \frac{1}{2}$.

Diese Zahlen zeigen auch, dass der Punkt
▶ P tatsächlich im Dreieck ABC liegt.

Gleichung der Trägerebene E:

$$E: \ \vec{x} = \overrightarrow{OA} + r \cdot \overrightarrow{AB} + s \cdot \overrightarrow{AC}$$

$$E: \ x = \begin{pmatrix} 4 \\ 4 \\ 1 \end{pmatrix} + r \cdot \begin{pmatrix} -3 \\ 0 \\ 0 \end{pmatrix} + s \cdot \begin{pmatrix} -4 \\ -4 \\ 4 \end{pmatrix}$$

Punktprobe:
$$\begin{aligned} 1 &= 4 - 3r - 4s \\ 2 &= 4 \quad\;\; - 4s \\ 3 &= 1 \quad\quad\;\; + 4s \end{aligned}$$

Lösung:
$$s = \tfrac{1}{2}, \quad r = \tfrac{1}{3}$$

Interpretation:

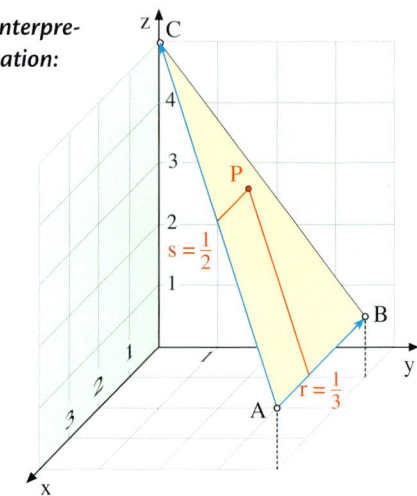

> ### Lage Punkt/Dreieck
> Ein Punkt P der Ebene
> $$E: \ \vec{x} = \overrightarrow{OA} + r \cdot \overrightarrow{AB} + s \cdot \overrightarrow{AC}$$
> liegt genau dann in dem durch die Vektoren $\overrightarrow{AB}$ und $\overrightarrow{AC}$ aufgespannten Dreieck, wenn die folgenden Bedingungen erfüllt sind:
>   (1) $0 \le r \le 1$,
>   (2) $0 \le s \le 1$,
>   (3) $0 \le r + s \le 1$.

Die Zeichnung verdeutlicht diese Interpretation der Parameterwerte.

Übung 4   Lage Punkt/Dreieck
Gegeben sind die Punkte $A(6|3|1)$, $B(6|9|1)$, $C(0|3|3)$.
Prüfen Sie, ob die Punkte $P(3|5|2)$, $Q(3|7|2)$, $R(4|5|1)$ im Dreieck ABC liegen.

Übung 5   Lage Punkt/Parallelogramm
Ein Punkt P der Ebene $E: \ \vec{x} = \overrightarrow{OA} + r \cdot \overrightarrow{AB} + s \cdot \overrightarrow{AD}$ liegt genau dann in dem durch die Vektoren $\overrightarrow{AB}$ und $\overrightarrow{AD}$ aufgespannten Parallelogramm, wenn für seine Parameterwerte gilt: $0 \le r \le 1$ und $0 \le s \le 1$.
Gegeben sind die Punkte $A(4|1|0)$, $B(2|3|2)$, $C(-1|3|4)$, $D(1|1|2)$.
a) Zeigen Sie, dass ABCD ein Parallelogramm ist.
b) Prüfen Sie, ob die Punkte $P(2|1,5|1,5)$ und $Q(-2|4|5)$ im Parallelogramm ABCD liegen.

B. Die Lage von Gerade und Ebene

Es gibt drei unterschiedliche gegenseitige
Lagebeziehungen zwischen einer Geraden
und einer Ebene:

(A) g und E schneiden sich im Punkt S,
(B) g verläuft echt parallel zu E,
(C) g liegt ganz in E.

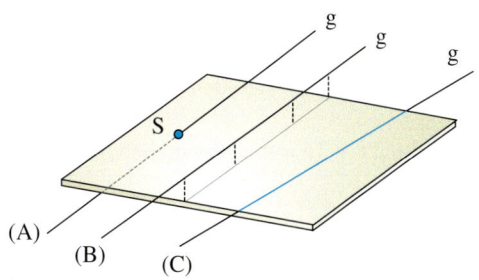

Die Überprüfung, welche Lagebeziehung im konkreten Fall vorliegt, gelingt am einfachsten, wenn
man eine Parametergleichung der Geraden und eine Koordinatengleichung der Ebene verwendet.

► **Beispiel: Gerade und Ebene schneiden sich**

Gegeben sind die Gerade g: $x = \begin{pmatrix} 2 \\ 4 \\ 2 \end{pmatrix} + r \cdot \begin{pmatrix} 0 \\ 2 \\ 1 \end{pmatrix}$ und die Ebene E: $x + 2y + 3z = 9$.

Zeigen Sie, dass g und E sich schneiden. Bestimmen Sie den Schnittpunkt S. Stellen Sie anschließend Ihre Ergebnisse in einem Schrägbild dar.

Lösung:
Der allgemeine Geradenvektor hat die Koordinaten $x = 2$, $y = 4 + 2r$, $z = 2 + r$.
Durch Einsetzen dieser Terme in die Koordinatengleichung der Ebene erhalten wir
eine Bestimmungsgleichung für den Geradenparameter r, deren Auflösung den Wert
$r = -1$ liefert.

1. Lageuntersuchung:

$$
\begin{aligned}
x + \quad 2y \quad + \quad 3z &= 9 \\
2 + 2(4 + 2r) + 3(2 + r) &= 9 \\
7r + 16 &= 9 \\
7r &= -7 \\
r &= -1
\end{aligned}
$$

⇒   g schneidet E für $r = -1$.

Durch Rückeinsetzung von $r = -1$ in die
Parametergleichung der Geraden g erhalten
wir den Ortsvektor des Schnittpunktes
$S(2|2|1)$.

2. Schnittpunktberechnung:

$$
\vec{x} = \begin{pmatrix} 2 \\ 4 \\ 2 \end{pmatrix} + (-1) \cdot \begin{pmatrix} 0 \\ 2 \\ 1 \end{pmatrix} = \begin{pmatrix} 2 \\ 2 \\ 1 \end{pmatrix}
$$

⇒   Schnittpunkt $S(2|2|1)$

Um die Ergebnisse graphisch darzustellen,
errechnen wir zunächst die drei Achsenabschnitte der Ebene aus der Koordinatengleichung von E. Wir erhalten dann $x = 9$,
$y = 4{,}5$ und $z = 3$.

Die Gerade g legen wir durch zwei ihrer
Punkte fest. Hierfür bieten sich der Stütz-
punkt $A(2|4|2)$ (Parameterwert $r = 0$) und
der Schnittpunkt $S(2|2|1)$ (Parameterwert
► $r = -1$) an.

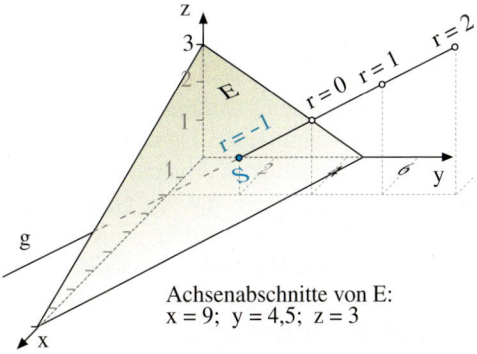

Achsenabschnitte von E:
$x = 9$; $y = 4{,}5$; $z = 3$

▶ **Beispiel: Gerade parallel zur Ebene/Gerade in der Ebene**

Gegeben sind die Geraden g_1: $\vec{x} = \begin{pmatrix} 2 \\ 3 \\ 1 \end{pmatrix} + r \cdot \begin{pmatrix} 1 \\ 1 \\ -1 \end{pmatrix}$, g_2: $\vec{x} = \begin{pmatrix} 2 \\ 2 \\ 1 \end{pmatrix} + r \cdot \begin{pmatrix} 1 \\ 1 \\ -1 \end{pmatrix}$ sowie die Ebene

E: $x + 2y + 3z = 9$. Untersuchen Sie die gegenseitige Lage von g_1 und g_2 zu E.

Lösung:

1. Lage von g_1 zu E:

Koordinaten von g_1:

$x = 2 + r$

$y = 3 + r$

$z = 1 - r$

Einsetzen in die Gleichung von E:

$$\begin{array}{rcrcrcl} x &+& 2y &+& 3z &=& 9 \\ (2+r) &+& 2(3+r) &+& 3(1-r) &=& 9 \\ & & & & 11 &=& 9 \end{array}$$

2. Interpretation:

Es gibt keinen Geradenpunkt, der die Punktprobe mit der Ebenengleichung
▶ erfüllt. g und E sind *echt parallel*.

1. Lage von g_2 zu E:

Koordinaten von g_2:

$x = 2 + r$

$y = 2 + r$

$z = 1 - r$

Einsetzen in die Gleichung von E:

$$\begin{array}{rcrcrcl} x &+& 2y &+& 3z &=& 9 \\ (2+r) &+& 2(2+r) &+& 3(1-r) &=& 9 \\ & & & & 9 &=& 9 \end{array}$$

2. Interpretation:

Jeder Geradenpunkt erfüllt die Punktprobe mit der Ebenengleichung. g liegt *ganz in E*.

Man kann zur Untersuchung der Lagebeziehung einer Geraden und einer Ebene auch eine Normalengleichung der Ebene statt der Koordinatengleichung verwenden. Wir zeigen dies exemplarisch.

▶ **Beispiel: Lagebeziehung Gerade/Ebene (Ebene in Normalenform)**

Welche gegenseitige Lage besitzen g: $\vec{x} = \begin{pmatrix} 1 \\ 2 \\ 2 \end{pmatrix} + r \begin{pmatrix} 2 \\ -1 \\ 1 \end{pmatrix}$ und E: $\left[\vec{x} - \begin{pmatrix} 2 \\ 3 \\ -2 \end{pmatrix} \right] \cdot \begin{pmatrix} 1 \\ -2 \\ 1 \end{pmatrix} = 0$?

Lösung:

g ist nicht parallel zu E, da der Richtungsvektor von g und der Normalenvektor von E ein von null verschiedenes Skalarprodukt besitzen.

Den Schnittpunkt von g und E bestimmen wir durch Einsetzen des allgemeinen Ortsvektors der Geraden g (rot markiert) in die Normalengleichung von E. Durch Ausrechnen des Skalarproduktes erhalten wir eine Bestimmungsgleichung für den Geradenparameter r, welche die Lösung $r = -1$ hat. Einsetzen dieses Parameterwertes in die Geradengleichung liefert den Schnittpunkt
▶ von g und E: $S(-1|3|1)$.

1. Untersuchung auf Parallelität:

$$\begin{pmatrix} 2 \\ -1 \\ 1 \end{pmatrix} \cdot \begin{pmatrix} 1 \\ -2 \\ 1 \end{pmatrix} = 5 \neq 0 \quad \Rightarrow \quad g \nparallel E$$

2. Berechnung des Schnittpunktes:

$$\left[\begin{pmatrix} 1 \\ 2 \\ 2 \end{pmatrix} + r \cdot \begin{pmatrix} 2 \\ -1 \\ 1 \end{pmatrix} - \begin{pmatrix} 2 \\ 3 \\ -2 \end{pmatrix} \right] \cdot \begin{pmatrix} 1 \\ -2 \\ 1 \end{pmatrix} = 0$$

$$\Rightarrow \begin{pmatrix} 2r-1 \\ -r-1 \\ r+4 \end{pmatrix} \cdot \begin{pmatrix} 1 \\ -2 \\ 1 \end{pmatrix} = 0 \Rightarrow 5r+5 = 0,\, r = -1$$

$$\vec{x} = \begin{pmatrix} 1 \\ 2 \\ 2 \end{pmatrix} + (-1) \cdot \begin{pmatrix} 2 \\ -1 \\ 1 \end{pmatrix} = \begin{pmatrix} -1 \\ 3 \\ 1 \end{pmatrix},\, S(-1|3|1)$$

Übung 6   Lagebeziehung Gerade/Ebene

Die Gerade g durch die Punkte A und B schneidet die Ebene E.
Bestimmen Sie den Schnittpunkt S. Zeichnen Sie ein Schrägbild.

a) A(5|4|3), B(7|7|5)   b) A(0|0|0), B(4|6|4)   c) A(2|0|2), B(6|4|0)

$$E:\ 2x + 3y + 3z = 12 \qquad E:\ 6x + 4y = 24 \qquad E:\ \vec{x} = \begin{pmatrix} 12 \\ 0 \\ 0 \end{pmatrix} + r \cdot \begin{pmatrix} -12 \\ 0 \\ 3 \end{pmatrix} + s \cdot \begin{pmatrix} -12 \\ 6 \\ 0 \end{pmatrix}$$

Übung 7   Lagebeziehung Gerade/Ebene (Ebene in KF)

Untersuchen Sie die gegenseitige Lage der Geraden g und der Ebene E.

a) $g:\ \vec{x} = \begin{pmatrix} -1 \\ 0 \\ 0 \end{pmatrix} + r \cdot \begin{pmatrix} 2 \\ 6 \\ 2 \end{pmatrix}$ b) $g:\ \vec{x} = \begin{pmatrix} 0 \\ 3 \\ 2 \end{pmatrix} + r \cdot \begin{pmatrix} 1 \\ -2 \\ 2 \end{pmatrix}$ c) $g:\ \vec{x} = \begin{pmatrix} 1 \\ 2 \\ 0 \end{pmatrix} + r \cdot \begin{pmatrix} 2 \\ 1 \\ -2 \end{pmatrix}$

$E:\ 2x + y + z = 4$ $E:\ 4x + 4y + 2z = 8$ $E:\ 2x + 2y + 3z = 6$

Übung 8   Lagebeziehung Gerade/Ebene (Ebene in NF)

Welche gegenseitige Lage besitzen g und E_1 bzw. g und E_2?

$$g:\ \vec{x} = \begin{pmatrix} 1 \\ 2 \\ 2 \end{pmatrix} + r \begin{pmatrix} 2 \\ -1 \\ 1 \end{pmatrix}, \quad E_1:\ \left[\vec{x} - \begin{pmatrix} 2 \\ 2 \\ 3 \end{pmatrix} \right] \cdot \begin{pmatrix} -1 \\ -1 \\ 1 \end{pmatrix} = 0, \quad E_2:\ \left[\vec{x} - \begin{pmatrix} 2 \\ -3 \\ 2 \end{pmatrix} \right] \cdot \begin{pmatrix} 2 \\ 2 \\ -2 \end{pmatrix} = 0$$

Übung 9   Lagebeziehungen im Würfel

Ein Würfel mit der Kantenlänge 6 liegt wie
abgebildet im Koordinatensystem.

a) Wie lauten die Koordinaten der Punkte
   A bis H?

b) Bestimmen Sie eine Parametergleichung
   der Ebene E_1 durch die Punkte B, G
   und E.

c) Wo schneidet die Gerade g durch F und
   D das Dreieck EBG?

d) Schneidet die Gerade h durch C und H
   die Ebene E_1?

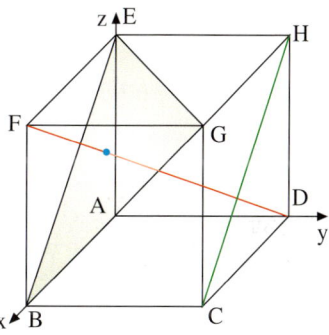

Übung 10   Laserbohrung

Ein Edelstahlblock hat die Form eines quadratischen Pyramidenstumpfes. Die Seitenlänge der
Grundfläche beträgt 8 cm, diejenige der Deckfläche beträgt 4 cm, die Höhe beträgt 8 cm.

Mit einem Laserstrahl, der auf der Strecke
$\overline{PQ}$ mit P(−3,5|9,5|6) und Q(−6|16|8)
erzeugt wird, durchbohrt man das Werkstück. Der Koordinatenursprung liegt im
Mittelpunkt der Grundfläche.

a) Wo liegen Ein- und Austrittspunkt?

b) Wie lang ist der Bohrkanal?

c) Wo wird der Block getroffen, wenn der
   Laser längs der Strecke $\overline{PQ}$ mit P(1|9|5)
   und Q(−1|15|6) erzeugt wird?

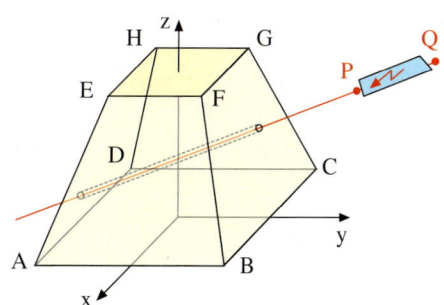

C. Die relative Lage von Gerade und Dreieck

Manchmal wird man mit der Frage konfrontiert, ob eine Gerade einen fest umschriebenen Teil einer Ebene trifft, z.B. ein Dreieck. Bei dieser Fragestellung verwendet man für Gerade und Ebene die vektorielle Parametergleichungen.

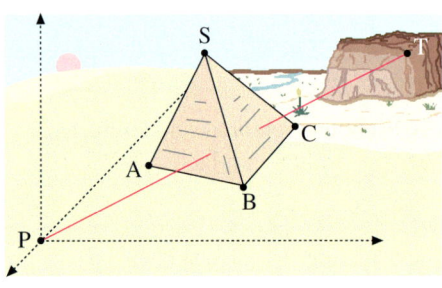

▶ **Beispiel: Sichtlinie**
Eine Pyramide hat die Ecken A$(-8|2|0)$,
B$(-4|10|0)$ und C$(-12|8|0)$. Ihre
Spitze liegt bei S$(-8|5|6)$. Ein Tafelberg
hat die Spitze T$(-12|14|4)$.
Kann man die Spitze T von der Beobach-
tungsplattform P$(0|0|0)$ aus sehen?

Lösung:
Die Frage ist, ob die Sichtlinie $\overline{PT}$ an der
Pyramide vorbeigeht oder nicht.
Aus der Skizze oder aus einem Grundriss
erkennen wir, dass sie die Pyramidenfläche
ABS treffen könnte.

Gleichung von g_{PT}:

$$g_{PT}: \vec{x} = \begin{pmatrix} 0 \\ 0 \\ 0 \end{pmatrix} + r \begin{pmatrix} -12 \\ 14 \\ 4 \end{pmatrix}$$

Wir stellen die vektoriellen Parametergleichungen der Geraden g_{TP} und der Drei-
ecksebene E_{ABS} auf.

Gleichung von E_{ABS}:

$$E_{ABS}: \vec{x} = \begin{pmatrix} -8 \\ 2 \\ 0 \end{pmatrix} + s \begin{pmatrix} 4 \\ 8 \\ 0 \end{pmatrix} + t \begin{pmatrix} 0 \\ 3 \\ 6 \end{pmatrix}$$

Durch Gleichsetzen erhalten wir ein Glei-
chungssystem mit drei Variablen in drei
Gleichungen.
Die Lösungen sind $r = \frac{1}{2}$, $s = \frac{1}{2}$ und $t = \frac{1}{3}$.

Gerade und Ebene schneiden sich im Punkt
Q$(-6|7|2)$.

Dieser liegt wegen $0 \leq s \leq 1$, $0 \leq t \leq 1$ und
$0 \leq s + t \leq 1$ im Dreieck ABS (vgl. S. 366,
Lage Punkt/Dreieck).
Daher kann von P aus die Spitze T des
▶ Tafelberges nicht gesehen werden.

Schnittuntersuchung:
I: $-12r = -8 + 4s$
II: $14r = 2 + 8s + 3t$
III: $4r = 6t$
aus III: $t = \frac{2}{3}r$
in II: II':$14r = 2 + 8s + 2r$
          $12r = 2 + 8s$
in I: $-2 - 8s = -8 + 4s$
          $\Rightarrow s = \frac{1}{2}$

in II': $\Rightarrow r = \frac{1}{2}$

in III: $\Rightarrow t = \frac{1}{2}$

Schnittpunkt Q$(-6|7|2)$

Übung 11
Trifft die Gerade g: $\vec{x} = \begin{pmatrix} 2 \\ 11 \\ -1 \end{pmatrix} + r \begin{pmatrix} 1 \\ -2 \\ 1 \end{pmatrix}$ das Dreieck mit den Ecken

a) A$(2|1|-1)$, B$(8|7|2)$, C$(6|9|7)$,   b) A$(2|8|3)$, B$(6|11|-2)$, C$(2|6|5)$?

D. Exkurs: Parallelität, Orthogonalität und Spiegelung

Vorteile bringt die Verwendung einer Normalenform der Ebene, wenn man Parallelität und Orthogonalität untersucht.

Anhand von Richtungsvektoren und von Normalenvektoren lassen sich die besonderen Lagen der Parallelität und der Orthogonalität von Geraden und Ebenen leicht feststellen. Wir stellen zunächst in einer Übersicht die wichtigsten Kriterien zusammen.

Parallele Geraden:
Die Richtungsvektoren sind kollinear.
Die Überprüfung erfolgt durch *Hinsehen*.

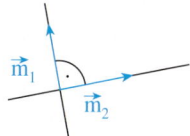

Orthogonale Geraden:
Die Richtungsvektoren sind orthogonal.
Die Überprüfung erfolgt mittels *Skalarprodukt*.

$$\vec{m_2} = r \cdot \vec{m_1} \qquad \vec{m_1} \cdot \vec{m_2} = 0$$

Parallelität Gerade/Ebene:
Der Richtungsvektor der Geraden und der Normalenvektor der Ebene sind orthogonal.

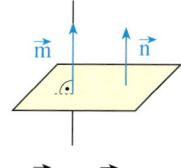

Orthogonalität Gerade/Ebene:
Der Richtungsvektor der Geraden und der Normalenvektor der Ebene sind kollinear.

$$\vec{n} \cdot \vec{m} = 0 \qquad \vec{m} = r \cdot \vec{n}$$

Ähnlich zur Geradenspiegelung in der Ebene lässt sich im Raum eine *Spiegelung an einer Ebene* definieren. Spiegelt man einen Punkt A an einer Ebene E, so gilt für den Spiegelpunkt A', dass die Gerade durch A und A' orthogonal zur Ebene E ist und dass der Schnittpunkt F dieser Geraden mit der Ebene E die Verbindungsstrecke $\overline{AA'}$ halbiert.

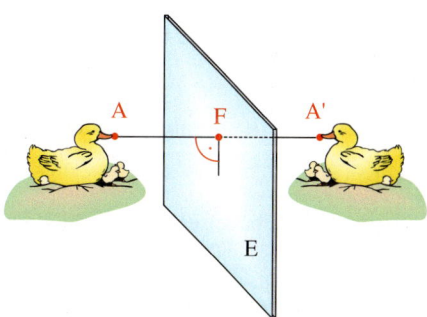

▶ **Beispiel: Gerade/Ebene (Lotgerade)**

Gegeben sind die Ebene E: $\left[\vec{x} - \begin{pmatrix} 1 \\ 1 \\ 2 \end{pmatrix} \right] \cdot \begin{pmatrix} 1 \\ 2 \\ 3 \end{pmatrix} = 0$ sowie der Punkt A (5|4|8).

a) Bestimmen Sie eine zu E orthogonale Gerade g, die den Punkt A enthält.
b) In welchem Punkt F schneidet g die Ebene E?
c) Der Punkt A wird an der Ebene E gespiegelt. Wie lauten die Koordinaten des Spiegelpunktes A'?

Lösung:

zu a: Als Stützpunkt der Geraden verwenden wir den Punkt A(5|4|8). Als Richtungsvektor $\vec{m}$ benötigen wir einen zum Normalenvektor $\vec{n}$ der Ebene kollinearen Vektor. Am einfachsten ist es, den Normalenvektor selbst als Richtungsvektor zu wählen, was auf die rechts dargestellte Geradengleichung führt. Die Gerade g wird als *Lotgerade* oder als *Lot* vom Punkt A auf die Ebene bezeichnet.

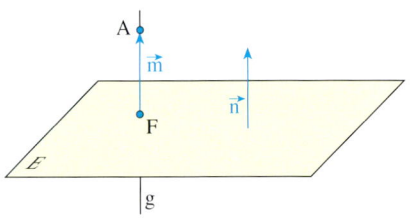

Geradengleichung der Lotgeraden:

$$g:\ \vec{x} = \begin{pmatrix} 5 \\ 4 \\ 8 \end{pmatrix} + r \cdot \begin{pmatrix} 1 \\ 2 \\ 3 \end{pmatrix}$$

zu b: Zur Schnittpunktberechnung setzen wir die rechte Seite der Geradengleichung für $\vec{x}$ in die Ebenengleichung ein. Durch Zusammenfassung von Vektoren und Ausmultiplizieren des Skalarproduktes erhält man $r = -2$ als Parameterwert des Schnittpunktes F.

Der Punkt F(3|0|2) heißt *Lotfußpunkt* des Lotes von A auf die Ebene E.

Schnittpunkt von g und E (Lotfußpunkt):

$$\left[\begin{pmatrix} 5 \\ 4 \\ 8 \end{pmatrix} + r \begin{pmatrix} 1 \\ 2 \\ 3 \end{pmatrix} - \begin{pmatrix} 1 \\ 1 \\ 2 \end{pmatrix} \right] \cdot \begin{pmatrix} 1 \\ 2 \\ 3 \end{pmatrix} = 0$$

$$\begin{pmatrix} 4 + r \\ 3 + 2r \\ 6 + 3r \end{pmatrix} \cdot \begin{pmatrix} 1 \\ 2 \\ 3 \end{pmatrix} = 0$$

$$28 + 14\,r = 0$$

$$r = -2 \ \Rightarrow\ F(3|0|2)$$

zu c: Da der Spiegelpunkt A' auf der Lotgeraden g liegt und F die Strecke $\overline{AA'}$ halbiert, gilt für den Ortsvektor von A' die rechts dargestellte Gleichung. Einsetzen der bereits errechneten Koordinaten liefert
▶ A'(1|−4|−4).

Koordinaten des Spiegelpunktes A':

$$\overrightarrow{OA'} = \overrightarrow{OA} + 2 \cdot \overrightarrow{AF}$$

$$= \begin{pmatrix} 5 \\ 4 \\ 8 \end{pmatrix} + 2 \cdot \left[\begin{pmatrix} 3 \\ 0 \\ 2 \end{pmatrix} - \begin{pmatrix} 5 \\ 4 \\ 8 \end{pmatrix} \right] = \begin{pmatrix} 1 \\ -4 \\ -4 \end{pmatrix}$$

Übung 12   Orthogonale Geraden

Gegeben ist E: $\vec{x} = \begin{pmatrix} 2 \\ 2 \\ 0 \end{pmatrix} + r \begin{pmatrix} -1 \\ -1 \\ 1 \end{pmatrix} + s \begin{pmatrix} -2 \\ 2 \\ 1 \end{pmatrix}$. Gesucht ist eine Gleichung der Geraden g, welche E im Stützpunkt der Ebene senkrecht schneidet.

Übung 13   Spiegelung eines Punktes

Gegeben sind die Ebene E: $\left[\vec{x} - \begin{pmatrix} 2 \\ 2 \\ 1 \end{pmatrix} \right] \cdot \begin{pmatrix} 4 \\ -1 \\ -1 \end{pmatrix} = 0$ sowie der Punkt A(5|−5|1).

a) Bestimmen Sie eine zu E orthogonale Gerade g, die den Punkt A enthält.
b) Bestimmen Sie den Schnittpunkt F der Geraden g mit der Ebene E.
c) A wird an der Ebene E gespiegelt. Wie lauten die Koordinaten des Spiegelpunktes A'?

Übung 14   Bestimmung der Spiegelebene

Der Punkt A(1|5|4) wurde durch Spiegelung an einer Ebene E auf den Punkt A'(3|2|1) abgebildet. Bestimmen Sie eine Gleichung der Ebene E.

Übungen

15. Lage von Punkt und Ebene

Prüfen Sie, ob die Punkte P und Q auf der Ebene E liegen.

d)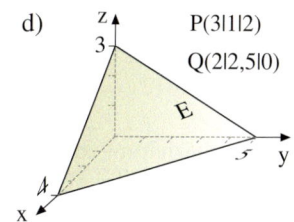

a) E: $\vec{x} = \begin{pmatrix} 1 \\ 1 \\ 2 \end{pmatrix} + r \begin{pmatrix} 1 \\ 1 \\ -1 \end{pmatrix} + s \begin{pmatrix} 2 \\ -1 \\ 1 \end{pmatrix}$; P(1|4|−1), Q(8|−1|4)

b) E: $-4x + 2y + 2z = 8$; P(2|1|5), Q(−1|1|1)

c) E: Ebene parallel zur z-Achse durch die Punkte A(3|3|0) und B(0|6|2); P(4|2|4), Q(0|7|3)

16. Lage von Punkt und Ebene, Dreieck

Gegeben sind die Punkte A(1|1|−1), B(3|5|1), C(5|5|7) und D(−1|0|−6).
a) Stellen Sie eine Gleichung der Ebene E durch die Punkte A, B und C auf.
b) Zeigen Sie, dass der Punkt D in der Ebene E liegt.
c) Untersuchen Sie, ob der Punkt F(5|6|6) im Dreieck ABC liegt.

17. Lage von Gerade und Ebene

Untersuchen Sie die gegenseitige Lage von g und E.

a) g: $\vec{x} = \begin{pmatrix} 10 \\ 4 \\ 8 \end{pmatrix} + r \begin{pmatrix} 3 \\ 2 \\ -1 \end{pmatrix}$

   E: $5x - 2y + z = 10$

b) g: $\vec{x} = \begin{pmatrix} -1 \\ 2 \\ -6 \end{pmatrix} + r \begin{pmatrix} 2 \\ 2 \\ 3 \end{pmatrix}$

   E: A(1|0|1), B(3|1|1), C(3|−1|3)

c) g enthält P(1|1|1) und Q(5|3|−1), E geht durch A(3|3|3), B(3|0|−6), C(0|−3|−6).

d) g ist parallel zur z-Achse und enthält P(3|4|0), E hat die Achsenabschnitte x = 3, y = 3, z = 9.

e) g: $\vec{x} = \begin{pmatrix} 4 \\ 1 \\ 1 \end{pmatrix} + r \begin{pmatrix} 2 \\ 1 \\ -2 \end{pmatrix}$

   E: $2x - 2y + z = 8$

f) g: $\vec{x} = \begin{pmatrix} 0 \\ -1 \\ 8 \end{pmatrix} + r \begin{pmatrix} 1 \\ 2 \\ -2 \end{pmatrix}$

   E: $3x + 2z = 12$

g) g: $\vec{x} = \begin{pmatrix} -2 \\ 0 \\ 6 \end{pmatrix} + r \begin{pmatrix} -1 \\ 1 \\ 3 \end{pmatrix}$

   E: $3x - 3y + 2z = 6$

h) g: $\vec{x} = \begin{pmatrix} 10 \\ 5 \\ 14 \end{pmatrix} + r \begin{pmatrix} 2 \\ 1 \\ 3 \end{pmatrix}$

   E: $y = 2$

i) g: $\vec{x} = \begin{pmatrix} 1 \\ 3 \\ 1 \end{pmatrix} + r \begin{pmatrix} 2 \\ 2 \\ -1 \end{pmatrix}$

   E: $x + 2z = 3$

j) g: $\vec{x} = r \begin{pmatrix} 1 \\ -1 \\ 0 \end{pmatrix}$

   E: $5x - 3y - 4z = 4$

18. Projektion im Raum

Vier Sterne α, β, γ, δ begrenzen einen pyramidenförmigen Raumsektor. Sie haben die Koordinaten α(4|4|8), β(0|20|0), γ(−16|16|4) und δ(−8|12|12).

a) Liegen die Sterne P(−4|16|6), Q(−3|12|8), R(−8|12|6) im Dreieck αβγ?

b) Ein Komet fliegt nahezu geradlinig durch die Punkte A(10|3|1) und B(4|7|3). Wo dringt er in den Raumsektor ein? Wo verlässt er ihn?

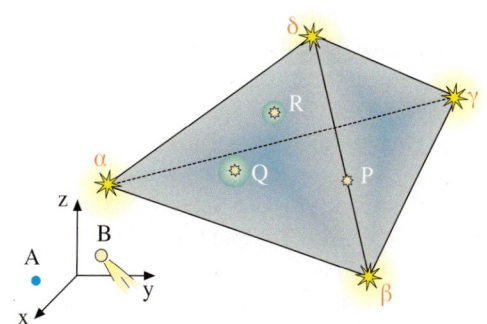

19. Gerade und Parallelogramm

Prüfen Sie, ob die Gerade g das Parallelogramm ABCD schneidet.

a) $g: \vec{x} = \begin{pmatrix} 2 \\ 0 \\ 5 \end{pmatrix} + r \begin{pmatrix} 1 \\ 8 \\ -1 \end{pmatrix}$

A(0|0|0), B(6|0|0), C(6|4|2),
D(0|4|2)

b) $g: \vec{x} = \begin{pmatrix} 1 \\ 1 \\ -1 \end{pmatrix} + r \begin{pmatrix} 2 \\ 1 \\ 1 \end{pmatrix}$

A(3|3|3), B(8|5|2), C(6|3|0),
D(1|1|1)

20. Lagebeziehungen im Würfel

Gegeben ist der Würfel ABCDEFGH
mit der Seitenlänge 6. M sei der Mittelpunkt des Vierecks BCGF.

a) In welchem Punkt S schneidet die
Gerade g durch A und M das Dreieck
BCE?

b) In welchem Punkt T trifft die Parallele p zur Kante $\overline{AB}$ durch M das
Dreieck BCE?

c) Schneidet die Gerade h durch M und
D das Dreieck?

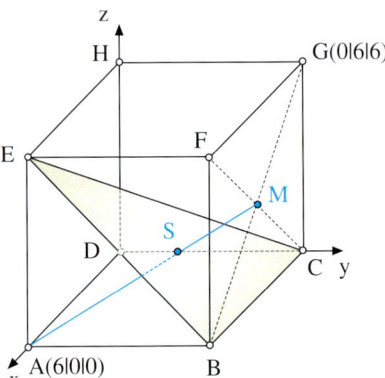

21. Lage von Pyramide und Gerade

Gegeben ist die Pyramide mit den
Ecken   A(12|−3|−3),   B(9|9|0),
C(9|0|9) und der Spitze S(15|3|3).

a) Bestimmen Sie die Kantenlängen.

b) Zeigen Sie, dass sich die Kanten in
der Spitze senkrecht treffen.

c) Untersuchen Sie die Lage der Ge-
raden   g   durch   P(8|7|7)   und
Q(4|14|11) zur Pyramide. Welche
Länge schneidet die Pyramide aus
der Geraden g heraus?

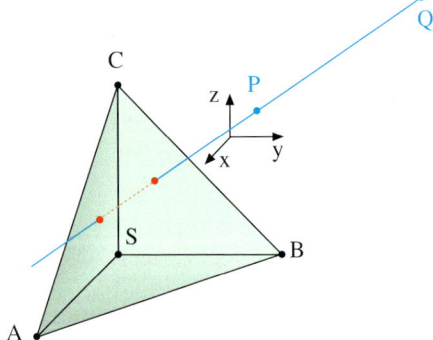

22. Punkte und Geraden im Spat

Gegeben ist das Polyeder ABCDEFGH mit den Ecken A(0|0|0), B(2|4|6), C(5|7|12),
D(3|3|6), E(4|4|4), F(6|8|10), G(9|11|16), H(7|7|10).

a) Zeigen Sie, dass das Polyeder
ABCDEFGH ein Spat[1] ist.

b) Liegen die Punkte P(6|7|10) und
Q(4|3|6) im Spat?

c) Bestimmen Sie den Schnittpunkt der
Geraden durch A und G mit der Ebene durch B, F und H.

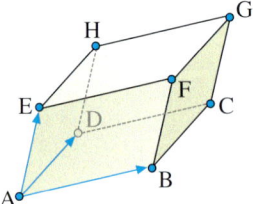

---

[1] Ein Spat ist ein von drei Vektoren aufgespanntes Polyeder. Alle Seiten sind zu den drei aufspannenden Vektoren
parallel.

23. Orthogonalität/Parallelität von Gerade und Ebene

Untersuchen Sie die Gerade g und Ebene E auf Orthogonalität bzw. Parallelität.

a) $g: \vec{x} = \begin{pmatrix} 2 \\ 0 \\ 0 \end{pmatrix} + r \begin{pmatrix} 1 \\ -2 \\ 3 \end{pmatrix}$

b) $g: \vec{x} = \begin{pmatrix} 5 \\ 1 \\ 6 \end{pmatrix} + r \begin{pmatrix} -2 \\ 1 \\ 3 \end{pmatrix}$

c) $g: \vec{x} = \begin{pmatrix} -4 \\ -5 \\ 3 \end{pmatrix} + r \begin{pmatrix} 5 \\ 6 \\ -2 \end{pmatrix}$

E: $\left[\vec{x} - \begin{pmatrix} 0 \\ 4 \\ 0 \end{pmatrix} \right] \cdot \begin{pmatrix} -3 \\ 6 \\ 5 \end{pmatrix} = 0$

E: $4x - 2y - 6z = -18$

E: $4x - 3y + z = 5$

24. Orthogonale Gerade und Spiegelpunkt

Bestimmen Sie eine Gleichung einer Geraden g, die zur Ebene E orthogonal ist und den Punkt A enthält. Berechnen Sie sodann den Schnittpunkt F von g und E (Lotfußpunkt). A wird an der Ebene E gespiegelt. Bestimmen Sie die Koordinaten des Spiegelpunktes A'.

a) E: $\vec{x} \cdot \begin{pmatrix} 3 \\ 1 \\ 4 \end{pmatrix} = 0$

A(3|2|−6)

b) E: $\left[\vec{x} - \begin{pmatrix} 1 \\ 1 \\ 3 \end{pmatrix} \right] \cdot \begin{pmatrix} 2 \\ -1 \\ 1 \end{pmatrix} = 0$

A(4|0|8)

c) E: $\vec{x} = \begin{pmatrix} 0 \\ 2 \\ 0 \end{pmatrix} + r \begin{pmatrix} 3 \\ -1 \\ 0 \end{pmatrix} + s \begin{pmatrix} 1 \\ 0 \\ 1 \end{pmatrix}$

A(3|7|−4)

25. Bestimmung einer Spiegelebene

Der Punkt A wurde durch Spiegelung an einer Ebene auf den Punkt A' abgebildet. Bestimmen Sie eine Gleichung der Ebene E.

a) A(1|0|3), A'(5|8|1)

b) A(2|1|−4), A'(3|3|0)

c) A(2|5|6), A'(0|3|1)

26. Rechtwinkliges Dreieck und orthogonale Gerade

Gegeben sind eine Gerade g und zwei nicht auf g liegende Punkte A und B. Gesucht ist:

I. ein Geradenpunkt C derart, dass das Dreieck ABC bei C rechtwinklig ist,

II. eine Gerade h, welche auf dem Dreieck ABC senkrecht steht und C enthält.

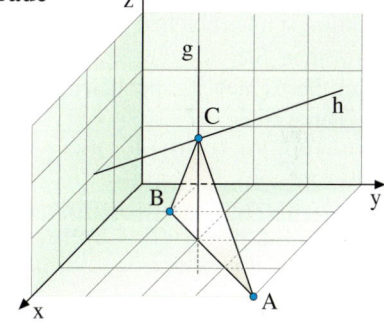

a) $g: \vec{x} = \begin{pmatrix} 2 \\ 2 \\ 0 \end{pmatrix} + r \begin{pmatrix} 0 \\ 0 \\ 2 \end{pmatrix}$; A(4|4|0), B(1|1|0)

b) $g: \vec{x} = \begin{pmatrix} 0 \\ 2 \\ 0 \end{pmatrix} + r \begin{pmatrix} 1 \\ 1 \\ 1 \end{pmatrix}$; A(1|2|1), B(−1|3|7)

27. Spiegelung einer Geraden

Gegeben sind die Gerade g: $\vec{x} = \begin{pmatrix} 2 \\ 0 \\ 1 \end{pmatrix} + r \begin{pmatrix} 1 \\ -2 \\ -1 \end{pmatrix}$ und die Ebene E: $\left[\vec{x} - \begin{pmatrix} 1 \\ -2 \\ 1 \end{pmatrix} \right] \cdot \begin{pmatrix} 3 \\ 2 \\ -1 \end{pmatrix} = 0$.

a) Zeigen Sie, dass g echt parallel zu E verläuft.

b) Die Gerade g wird an der Ebene E gespiegelt. Bestimmen Sie eine Gleichung der gespiegelten Geraden g'.

28. Flugbahn (Lage von Gerade und Pyramide)

Ein Flugzeug steuert auf die Cheops-Pyramide zu. Auf dem Radarschirm im Kontrollpunkt ist die Flugbahn durch die abgebildeten Punkte $F_1(56|-44|15)$ und $F_2(48|-36|14)$ erkennbar. Die Eckpunkte der Cheops-Pyramide sind ebenfalls auf dem Radarbild zu sehen. Kollidiert das Flugzeug bei gleichbleibendem Kurs mit der Cheops-Pyramide?
(Maßstab: 1 Einheit $\hat{=}$ 10 m)

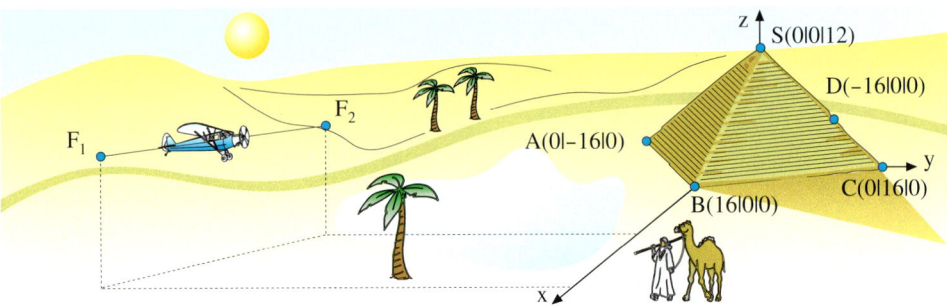

29. Sichtlinie (Lage von Gerade und Pyramide)

Ist die Bergspitze S von der Insel I bzw. vom Boot H aus zu sehen oder behindert die Pyramide die Sicht?

a) Fertigen Sie zunächst einen Grundriss an (Aufsicht auf die x-y-Ebene).

b) Entscheiden Sie anhand des Grundrisses, welche Pyramidenflächen die Sichtlinien unterbrechen könnten.

c) Berechnen Sie, ob die Sichtlinien durch diese Fläche tatsächlich unterbrochen werden.

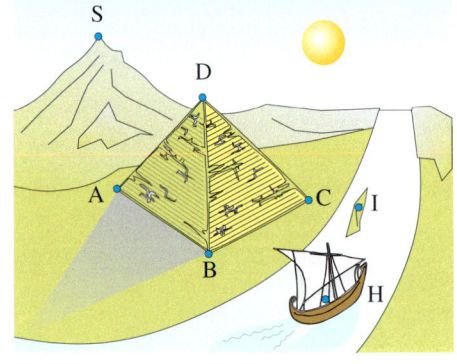

$A(100|-100|20)$, $B(20|140|20)$,
$C(-60|-20|-20)$, $D(0|0|80)$
$S(-70|-210|100)$, $H(210|-10|0)$, $I(130|230|0)$

30. Schattenwurf

Gegeben ist das rechts abgebildete Haus (Maße in m).

Eine Antenne auf dem Haus hat die Eckpunkte $A(-2|2|5)$ und $B(-2|2|6)$. Fällt paralleles Licht in Richtung des

Vektors $\vec{v} = \begin{pmatrix} 2 \\ 8 \\ -3 \end{pmatrix}$ auf die Antenne, so

wirft diese einen Schatten auf die Dachfläche EFGH. Berechnen Sie den Schattenpunkt der Antennenspitze auf der Dachfläche EFGH sowie die Länge des Antennenschattens auf dem Dach.

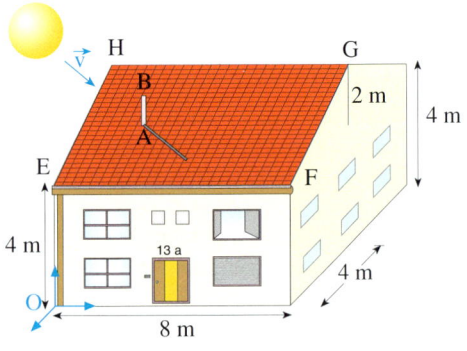

E. Die Lage von zwei Ebenen

Zwei Ebenen E und F können folgende Lagen zueinander einnehmen: Sie können sich in einer Geraden g schneiden, echt parallel zueinander verlaufen oder identisch sein.

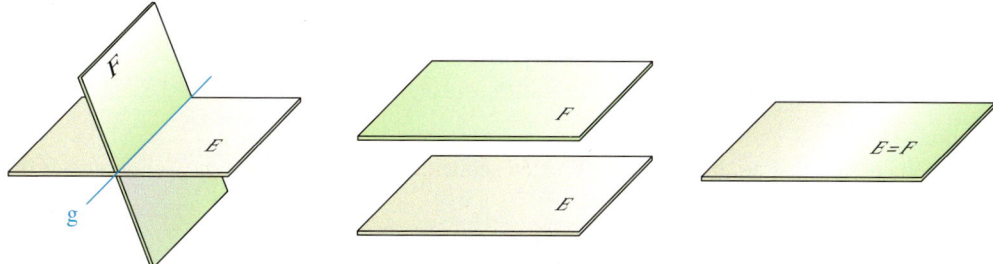

Besonders einfach lässt sich die gegenseitige Lage von Ebenen untersuchen, wenn eine der Ebenengleichungen in Koordinatenform und die andere in Parameterform vorliegt.

> **Beispiel: Koordinatenform/Parameterform**   E: $4x + 3y + 6z = 36$
> Untersuchen Sie die gegenseitige Lage
> der Ebenen E und F. Bestimmen Sie ggf.   F: $\vec{x} = \begin{pmatrix} 0 \\ 0 \\ 3 \end{pmatrix} + r \begin{pmatrix} 3 \\ 2 \\ -1 \end{pmatrix} + s \begin{pmatrix} 3 \\ 0 \\ -1 \end{pmatrix}$
> eine Gleichung der Schnittgeraden.

Lösung:

Wir setzen die Koordinaten der durch ihre Parametergleichung gegebenen Ebene F in die Koordinatengleichung der Ebene E ein.

Koordinaten von F:

$x = 3r + 3s$
$y = 2r$
$z = 3 - r - s$

Wir erhalten eine Gleichung mit den Parametern r und s. Diese Gleichung lösen wir nach einem Parameter auf, z. B. nach s.

Einsetzen in die Koordinatengleichung:

$4 \cdot (3r + 3s) + 3 \cdot 2r + 6 \cdot (3 - r - s) = 36$
$12r + 12s + 6r + 18 - 6r - 6s \quad = 36$
$\qquad\qquad\qquad 6s = 18 - 12r$
$\qquad\qquad\qquad\ s = 3 \ - \ 2r$

Das Ergebnis $s = 3 - 2r$ setzen wir in die Parameterform von F ein, die dann nur noch den Parameter r enthält.
Durch Ausmultiplizieren und Zusammenfassen ergibt sich eine Geradengleichung.
Es handelt sich um die Gleichung der
▶ Schnittgeraden g der Ebenen E und F.

Bestimmung der Schnittgeraden g:

$g: \ \vec{x} = \begin{pmatrix} 0 \\ 0 \\ 3 \end{pmatrix} + r \begin{pmatrix} 3 \\ 2 \\ -1 \end{pmatrix} + (3 - 2r) \begin{pmatrix} 3 \\ 0 \\ -1 \end{pmatrix}$

$\qquad = \begin{pmatrix} 9 \\ 0 \\ 0 \end{pmatrix} + r \begin{pmatrix} -3 \\ 2 \\ 1 \end{pmatrix}$

Übung 31

Die Ebenen E und F schneiden sich. Bestimmen Sie eine Gleichung der Schnittgeraden g. Stellen Sie eine der Ebenen erforderlichenfalls in Parameterform dar. Zeichnen Sie ein Schrägbild.

a) E: $\vec{x} = \begin{pmatrix} 2 \\ 0 \\ 0 \end{pmatrix} + r \begin{pmatrix} -1 \\ 0 \\ 3 \end{pmatrix} + s \begin{pmatrix} -1 \\ 4 \\ 0 \end{pmatrix}$

   F: $2x + y + 2z = 8$

b) E durch A $(0|0|0)$,
   B $(1|2|2)$, C $(-1|0|6)$
   F: $x + y + z = 5$

c) E: $x + 2y + z = 4$

   F: $x + \ y + z = 2$

Echt parallele oder identische Ebenen erkennt man mit dem Berechnungsverfahren aus dem vorhergehenden Beispiel ebenfalls leicht.

Beispiel: Parallele und identische Ebenen

Untersuchen Sie die gegenseitige Lage der Ebene E: $2x + 2y + z = 6$ mit den Ebenen

F: $\vec{x} = \begin{pmatrix} 1 \\ 1 \\ 8 \end{pmatrix} + r\begin{pmatrix} -3 \\ 1 \\ 4 \end{pmatrix} + s\begin{pmatrix} 1 \\ 1 \\ -4 \end{pmatrix}$ bzw.   G: $\vec{x} = \begin{pmatrix} 2 \\ 4 \\ -6 \end{pmatrix} + r\begin{pmatrix} -3 \\ 2 \\ 2 \end{pmatrix} + s\begin{pmatrix} -1 \\ -2 \\ 6 \end{pmatrix}$.

Lösung:

Wir nehmen zunächst an, dass sich die Ebenen schneiden, und versuchen, die Schnittgerade zu bestimmen.

Lage von E und F:

Wir setzen wieder die Koordinaten von F in die Gleichung von E ein:

$2(1 - 3r + s) + 2(1 + r + s) + (8 + 4r - 4s) = 6$
$2 - 6r + 2s + 2 + 2r + 2s + 8 + 4r - 4s = 6$
$\qquad\qquad 12 = 6 \; \textit{Widerspruch}$

Nach entsprechender Vereinfachung durch Klammerauflösung und Zusammenfassung ergibt sich ein Widerspruch. Kein Punkt von F erfüllt die Gleichung von E.

▶ Die Ebenen E und F sind echt **parallel**.

Lage von E und G:

Wir setzen auch hier die Koordinaten von G in die Gleichung von E ein:

$2(2 - 3r - s) + 2(4 + 2r - 2s) + (-6 + 2r + 6s) = 6$
$4 - 6r - 2s + 8 + 4r - 4s - 6 + 2r + 6s = 6$
$\qquad\qquad 6 = 6 \; \textit{wahre Aussage}$

Auch hier fallen alle Parameter nach Vereinfachung heraus, und übrig bleibt eine wahre Aussage. Alle Punkte von G erfüllen die Gleichung von E.

Die Ebenen E und G sind daher **identisch**.

Übung 32

Untersuchen Sie die gegenseitige Lage der Ebenen E: $3x + 6y + 4z = 36$ und F.

a) F: $\vec{x} = \begin{pmatrix} 2 \\ 0 \\ 3 \end{pmatrix} + r\begin{pmatrix} 0 \\ 2 \\ -3 \end{pmatrix} + s\begin{pmatrix} -2 \\ 3 \\ -3 \end{pmatrix}$

b) F: $\vec{x} = \begin{pmatrix} 8 \\ 0 \\ 3 \end{pmatrix} + r\begin{pmatrix} -2 \\ 3 \\ -3 \end{pmatrix} + s\begin{pmatrix} 8 \\ -2 \\ -3 \end{pmatrix}$

c) F geht durch A$(4|4|0)$, B$(0|4|3)$ und C$(0|0|0)$.

d) F: $6x + 12y + 8z = 36$

e) F hat die Achsenabschnitte $x = 6$, $y = 12$ und $z = 9$.

Übung 33

Welche der Ebenen F, G und H sind echt parallel bzw. identisch zur Ebene E?

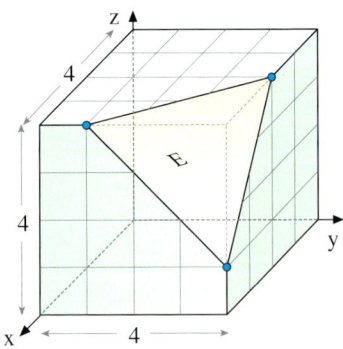

F: $2x - 6y + 5z = 0$
G: $-1,5x - y - z = -11$
H: $3x + 2y + 2z = 6$

Für eine Untersuchung zweier Ebenen auf Parallelität und Orthogonalität eignen sich besonders Koordinaten- bzw. Normalengleichungen.

Parallele Ebenen:
(1) Die Normalenvektoren sind kollinear.
(2) Der Normalenvektor einer Ebene ist orthogonal zu beiden Richtungsvektoren der anderen Ebene.

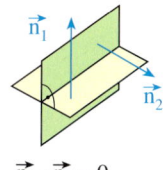

$$\vec{n_2} = r \cdot \vec{n_1} \qquad\qquad \vec{n_1} \cdot \vec{n_2} = 0$$

Orthogonale Ebenen:
Die Normalenvektoren sind orthogonal.

Die Untersuchung der gegenseitigen Lage von zwei Ebenen gestaltet sich relativ einfach, wenn eine Ebenengleichung in Koordinatenform und eine in Parameterform vorliegt.

> ► **Beispiel: Koordinatengleichung/Parametergleichung**
>
> Gegeben seien die Ebenen E_1: $2x + y + 3z = 6$ und E_2: $\vec{x} = \begin{pmatrix} 1 \\ 2 \\ 1 \end{pmatrix} + r \begin{pmatrix} 1 \\ -1 \\ 0 \end{pmatrix} + s \begin{pmatrix} 0 \\ -2 \\ 1 \end{pmatrix}$.
>
> Untersuchen Sie, welche Lage E_1 und E_2 relativ zueinander einnehmen.

Lösung:
Zwei Ebenen sind offenbar genau dann parallel, wenn der Normalenvektor einer der Ebenen orthogonal ist zu beiden Richtungsvektoren der zweiten Ebene.

Da dies in unserem Beispiel, wie die Überprüfung mithilfe des Skalarproduktes ergibt, nicht der Fall ist, schneiden sich E_1 und E_2.

Zur Bestimmung der Gleichung der Schnittgeraden setzen wir die allgemeinen Koordinaten $x = 1 + r$, $y = 2 - r - 2s$ und $z = 1 + s$ von E_2 in die Ebenengleichung von E_1 ein.
Die entstandene Gleichung lösen wir nach s auf und erhalten $s = -1 - r$.

Setzen wir diesen Zusammenhang nun in die Gleichung von E_2 ein, so ergibt sich die Gleichung der Schnittgeraden g von E_1
► und E_2.

1. Untersuchung auf Parallelität:
$$\begin{pmatrix} 2 \\ 1 \\ 3 \end{pmatrix} \cdot \begin{pmatrix} 1 \\ -1 \\ 0 \end{pmatrix} = 1 \neq 0 \quad \Rightarrow \quad E_1 \nparallel E_2$$

2. Bestimmung der Schnittgeraden:
$$2x \quad + \quad y \quad + \quad 3z = 6$$
$$2(1+r) + (2-r-2s) + 3(1+s) = 6$$
$$7 + r + s = 6$$
$$s = -1 - r$$

$$g: \vec{x} = \begin{pmatrix} 1 \\ 2 \\ 1 \end{pmatrix} + r \cdot \begin{pmatrix} 1 \\ -1 \\ 0 \end{pmatrix} + (-1 - r) \cdot \begin{pmatrix} 0 \\ -2 \\ 1 \end{pmatrix}$$

$$= \begin{pmatrix} 1 \\ 2 \\ 1 \end{pmatrix} + r \cdot \begin{pmatrix} 1 \\ -1 \\ 0 \end{pmatrix} + \begin{pmatrix} 0 \\ 2 \\ -1 \end{pmatrix} + r \cdot \begin{pmatrix} 0 \\ 2 \\ -1 \end{pmatrix}$$

$$g: \vec{x} = \begin{pmatrix} 1 \\ 4 \\ 0 \end{pmatrix} + r \cdot \begin{pmatrix} 1 \\ 1 \\ -1 \end{pmatrix}$$

Übung 34
Untersuchen Sie die gegenseitige Lage von E und E_1 bzw. von E und E_2.

E: $x + 3y + 2z = 6$, E_1: $\vec{x} = \begin{pmatrix} 2 \\ 2 \\ -2 \end{pmatrix} + r \begin{pmatrix} 4 \\ -2 \\ 1 \end{pmatrix} + s \begin{pmatrix} 0 \\ 2 \\ -3 \end{pmatrix}$, E_2: $\vec{x} \cdot \begin{pmatrix} 2 \\ 6 \\ 4 \end{pmatrix} = 12$

Übung 35
Bestimmen Sie eine Gleichung der Schnittgeraden g von E_1: $\left[\vec{x} - \begin{pmatrix} 2 \\ 1 \\ 1 \end{pmatrix} \right] \cdot \begin{pmatrix} 1 \\ -1 \\ -1 \end{pmatrix} = 0$ und
E_2: $2x - y - 3z = 1$.

▶ **Beispiel: Orthogonale Ebenen**
Gegeben ist die Ebene E_1: $2x - y - z = -1$. Gesucht ist eine Ebene E_2, die den Punkt A $(3|1|2)$ enthält und orthogonal zur Ebene E_1 ist. Bestimmen Sie die Schnittgerade g der beiden Ebenen.

Lösung:
Als Stützpunkt der Ebene E_2 verwenden wir den gegebenen Ebenenpunkt A $(3|1|2)$. Der Normalenvektor $\vec{n}_2$ von E_2 ist orthogonal zum Normalenvektor $\vec{n}_1$ von E_1.

Wegen $\vec{n}_1 = \begin{pmatrix} 2 \\ -1 \\ -1 \end{pmatrix}$ können wir $\vec{n}_2 = \begin{pmatrix} 0 \\ 1 \\ -1 \end{pmatrix}$
wählen. Dann gilt $\vec{n}_1 \cdot \vec{n}_2 = 0$.

Nun können wir die rechts dargestellte Koordinatengleichung von E_2 aufstellen.

Zur Schnittgeradenbestimmung wandeln wir die Koordinatengleichung von E_2 in eine äquivalente Parametergleichung um.

Die allgemeinen Koordinaten der Parametergleichung von E_2 setzen wir in die Koordinatengleichung von E_1 ein. Durch Auflösen der entstandenen Gleichung erhalten wir die Beziehung $s = r - 2$. Setzen wir diese in die Parametergleichung von E_2
▶ ein, so ergibt sich die Gleichung von g.

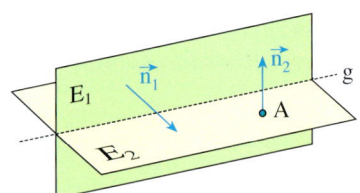

Koordinatengleichung von E_2:
E_2: $y - z = -1$

Parametergleichung von E_2:
E_2: $\vec{x} = \begin{pmatrix} 3 \\ 1 \\ 2 \end{pmatrix} + r \begin{pmatrix} 0 \\ 1 \\ 1 \end{pmatrix} + s \begin{pmatrix} 2 \\ 1 \\ 1 \end{pmatrix}$

Schnittgeradenbestimmung:

$$2x \quad - \quad y \quad - \quad z \quad = -1$$
$$2(3+2s) - (1+r+s) - (2+r+s) = -1$$
$$3 + 2s - 2r = -1$$
$$s = r - 2$$

g: $\vec{x} = \begin{pmatrix} -1 \\ -1 \\ 0 \end{pmatrix} + r \begin{pmatrix} 2 \\ 2 \\ 2 \end{pmatrix}$

Übung 36
Gegeben ist die Ebene E_1: $2x + y - 2z = -2$ sowie der Punkt A $(-2|1|2)$. Gesucht ist eine Ebene E_2, die A enthält und orthogonal zu E_1 ist. Bestimmen Sie die Gleichung der Schnittgeraden g von E_1 und E_2.

F. Spurgeraden von Ebenen

Schneidet eine Ebene E im dreidimensionalen Anschauungsraum eine der Koordinatenebenen, so bezeichnet man die Schnittgerade als *Spurgerade* von E.

Die in der Abbildung dargestellte Ebene hat drei Spurgeraden: g_{xy}, g_{xz}, g_{yz}.

Die Indizierung gibt jeweils an, in welcher Koordinatenebene die Spurgerade liegt.

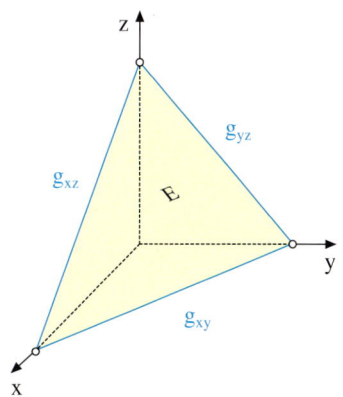

▶ **Beispiel:** Gegeben ist die Ebene E durch A$(5|-4|3)$, B$(10|8|-9)$ und C$(-5|12|-3)$.
Bestimmen Sie die Gleichung der Spurgeraden g_{xy}.

Lösung:
Wir bestimmen zunächst die Gleichung der Ebene E.

Die Spurgerade g_{xy} besteht aus denjenigen Punkten von E, deren z-Komponente gleich null ist. Daher setzen wir in der Ebenengleichung $z = 0$.
Dies führt auf die Bedingung $s = \frac{1}{2} - 2\,r$.

Setzen wir diesen Zusammenhang in die Gleichung von E ein, so erhalten wir die einparametrige Geradengleichung der
▶ Spurgeraden g_{xy}.

1. Gleichung der Ebene E:

$$E: \begin{pmatrix} x \\ y \\ z \end{pmatrix} = \begin{pmatrix} 5 \\ -4 \\ 3 \end{pmatrix} + r \cdot \begin{pmatrix} 5 \\ 12 \\ -12 \end{pmatrix} + s \cdot \begin{pmatrix} -10 \\ 16 \\ -6 \end{pmatrix}$$

2. Ansatz für g_{xy}: $z = 0$

$$0 = 3 - 12\,r - 6\,s$$
$$s = \tfrac{1}{2} - 2\,r$$

3. Einsetzen in die Gleichung von E:

$$g_{xy}: \vec{x} = \begin{pmatrix} 5 \\ -4 \\ 3 \end{pmatrix} + r \begin{pmatrix} 5 \\ 12 \\ -12 \end{pmatrix} + \left(\tfrac{1}{2} - 2\,r\right)\begin{pmatrix} -10 \\ 16 \\ -6 \end{pmatrix}$$

$$g_{xy}: \vec{x} = \begin{pmatrix} 5 \\ -4 \\ 3 \end{pmatrix} + r \begin{pmatrix} 5 \\ 12 \\ -12 \end{pmatrix} + \begin{pmatrix} -5 \\ 8 \\ -3 \end{pmatrix} + r \begin{pmatrix} 20 \\ -32 \\ 12 \end{pmatrix}$$

$$g_{xy}: \vec{x} = \begin{pmatrix} 0 \\ 4 \\ 0 \end{pmatrix} + r \begin{pmatrix} 25 \\ -20 \\ 0 \end{pmatrix}$$

Übung 37
a) Bestimmen Sie die Spurgeraden g_{xz} und g_{yz} der Ebene E aus dem obigen Beispiel.
b) Bestimmen Sie alle Spurgeraden von E_1 und E_2.

$$E_1: \vec{x} = \begin{pmatrix} 1 \\ 2 \\ 1 \end{pmatrix} + r \cdot \begin{pmatrix} 2 \\ -1 \\ 1 \end{pmatrix} + s \cdot \begin{pmatrix} 1 \\ 1 \\ -2 \end{pmatrix}, \quad E_2: 2\,x - y + 3\,z = 0$$

c) Eine Ebene E besitze die Spurgeraden $g_{xy}: \vec{x} = \begin{pmatrix} 1 \\ 1 \\ 0 \end{pmatrix} + r \cdot \begin{pmatrix} 1 \\ 0 \\ 0 \end{pmatrix}$ und $g_{yz}: \vec{x} = \begin{pmatrix} 0 \\ 1 \\ -1 \end{pmatrix} + s \cdot \begin{pmatrix} 0 \\ 0 \\ 3 \end{pmatrix}$.

Wie lautet die Gleichung von E? Zeigen Sie, dass E keine Spurgerade g_{xz} besitzt.

Übungen

38. Bestimmen Sie die Schnittgerade g der Ebenen E_1 und E_2.

a) E_1: $\vec{x} = \begin{pmatrix} 1 \\ 2 \\ 0 \end{pmatrix} + r \begin{pmatrix} 1 \\ 2 \\ -3 \end{pmatrix} + s \begin{pmatrix} 0 \\ -4 \\ 3 \end{pmatrix}$

E_2: $-6x + 4y + 3z = -12$

b) E_1: $\vec{x} = \begin{pmatrix} 0 \\ 1 \\ 2 \end{pmatrix} + r \begin{pmatrix} -1 \\ 1 \\ 2 \end{pmatrix} + s \begin{pmatrix} 1 \\ 2 \\ -2 \end{pmatrix}$

E_2: $3x + y + z = 3$

c) E_1: $\vec{x} = \begin{pmatrix} 3 \\ 3 \\ 0 \end{pmatrix} + r \begin{pmatrix} 1 \\ -3 \\ 1 \end{pmatrix} + s \begin{pmatrix} -3 \\ -1 \\ 3 \end{pmatrix}$

E_2: $x + 2y = 4$

d) E_1: $\vec{x} = \begin{pmatrix} 3 \\ 0 \\ 0 \end{pmatrix} + r \begin{pmatrix} -3 \\ 0 \\ 3 \end{pmatrix} + s \begin{pmatrix} -3 \\ 6 \\ 0 \end{pmatrix}$

E_2: $2y + z = 6$

39. Gesucht ist die Schnittgerade g von E_1 und E_2.

a) E_1: $2x + 6y + 3z = 12$
E_2: $2x + 2y + 2z = 8$

b) E_1: $x + 2y + 4z = 8$
E_2: $3x - 2y = 0$

c) E_1: $\vec{x} = \begin{pmatrix} 1 \\ 2 \\ 2 \end{pmatrix} + r \begin{pmatrix} 1 \\ -1 \\ 0 \end{pmatrix} + s \begin{pmatrix} 1 \\ 0 \\ -1 \end{pmatrix}$

E_2: $\vec{x} = \begin{pmatrix} 3 \\ 4 \\ -3 \end{pmatrix} + u \begin{pmatrix} 0 \\ -1 \\ 0 \end{pmatrix} + v \begin{pmatrix} -2 \\ -3 \\ 3 \end{pmatrix}$

d) E_1: $\vec{x} = \begin{pmatrix} 4 \\ 0 \\ 0 \end{pmatrix} + r \begin{pmatrix} 0 \\ 4 \\ 0 \end{pmatrix} + s \begin{pmatrix} -4 \\ 0 \\ 3 \end{pmatrix}$

E_2: $\vec{x} = \begin{pmatrix} 0 \\ 0 \\ 0 \end{pmatrix} + u \begin{pmatrix} 4 \\ 4 \\ 0 \end{pmatrix} + v \begin{pmatrix} 0 \\ 0 \\ 3 \end{pmatrix}$

40. Auf dem abgebildeten Würfel sind zwei Ebenenausschnitte dargestellt. Zeigen Sie, dass die zugehörigen Ebenen sich schneiden. Geben Sie eine Gleichung der Schnittgeraden g an.

a)

b)

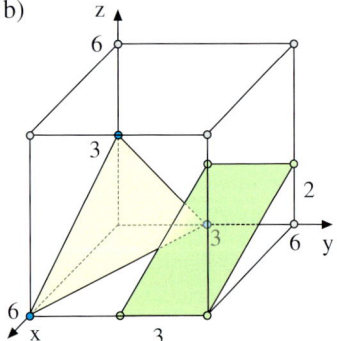

41. E_1 enthält die Geraden g_1: $\vec{x} = \begin{pmatrix} 2 \\ 0 \\ 3 \end{pmatrix} + r \begin{pmatrix} 1 \\ -1 \\ 3 \end{pmatrix}$ und g_2: $\vec{x} = \begin{pmatrix} 0 \\ 2 \\ 3 \end{pmatrix} + s \begin{pmatrix} -1 \\ 1 \\ 3 \end{pmatrix}$, die sich schneiden.

E_2 geht durch die Punkte $A(2|2|0)$, $B(0|4|6)$ und $C(-3|7|0)$.

E_3 hat die Achsenabschnitte $x = 4$, $y = 4$ und $z = 6$.

a) Untersuchen Sie die gegenseitige Lage von E_1 und E_2 bzw. von E_1 und E_3.

b) Zeichnen Sie ein Schrägbild der drei Ebenen sowie der Schnittgeraden.

42. Untersuchen Sie, welche gegenseitige Lage die Ebenen E_1 und E_2 einnehmen.

a) E_1: $2x + y + z = 6$ E_2: $\vec{x} = \begin{pmatrix} -2 \\ -2 \\ 3 \end{pmatrix} + r \begin{pmatrix} 1 \\ 1 \\ 0 \end{pmatrix} + s \begin{pmatrix} 2 \\ 0 \\ -3 \end{pmatrix}$

b) E_1: $x - y + z = 2$ E_2: $\vec{x} = \begin{pmatrix} 7 \\ 1 \\ -4 \end{pmatrix} + r \begin{pmatrix} 1 \\ 1 \\ 0 \end{pmatrix} + s \begin{pmatrix} 1 \\ 0 \\ -1 \end{pmatrix}$

c) E_1: $2x - 5y - 5z = 8$ E_2: $\vec{x} = \begin{pmatrix} 0 \\ -1 \\ -1 \end{pmatrix} + r \begin{pmatrix} 5 \\ 1 \\ 1 \end{pmatrix} + s \begin{pmatrix} 5 \\ 2 \\ 0 \end{pmatrix}$

d) E_1: $4y + z = 4$ e) E_1: $x + 2y + 3z = 12$ f) E_1: $x - y - 2z = -2$

E_2: $3y + 2z = 6$ E_2: $2x + 4y + 6z = 16$ E_2: $2x - 2y - 4z = -4$

43. Bestimmen Sie die Gleichungen der Spurgeraden der Ebene E.

a) E: $\vec{x} = \begin{pmatrix} 3 \\ 0 \\ 2 \end{pmatrix} + r \begin{pmatrix} 3 \\ 4 \\ 2 \end{pmatrix} + s \begin{pmatrix} -3 \\ 0 \\ 1 \end{pmatrix}$ b) E: $\vec{x} = \begin{pmatrix} 4 \\ 3 \\ 2 \end{pmatrix} + r \begin{pmatrix} 2 \\ -1 \\ 1 \end{pmatrix} + s \begin{pmatrix} 1 \\ 2 \\ 2 \end{pmatrix}$

c) E: $-3x + 5y - z = 15$ d) E: $3y - 2z = 12$

44. Eine Ebene E besitzt die Spurgeraden g_1: $\vec{x} = \begin{pmatrix} 1 \\ 1 \\ 0 \end{pmatrix} + r \cdot \begin{pmatrix} 2 \\ 1 \\ 0 \end{pmatrix}$ und g_2: $\vec{x} = \begin{pmatrix} 2 \\ 0 \\ 1 \end{pmatrix} + s \cdot \begin{pmatrix} 3 \\ 0 \\ 1 \end{pmatrix}$.

Bestimmen Sie eine Koordinatengleichung von E sowie die Gleichung der dritten Spurgeraden.

45. Die Abbildung zeigt Ausschnitte aus zwei Ebenen E_1 und E_2.
Bestimmen Sie die Gleichung der Schnittgeraden g.
Übertragen Sie die Abbildung in Ihr Heft und zeichnen Sie diejenige Teilstrecke der Schnittgeraden g in das Schrägbild ein, die auf dem abgebildeten Ausschnitt von E_1 liegt.

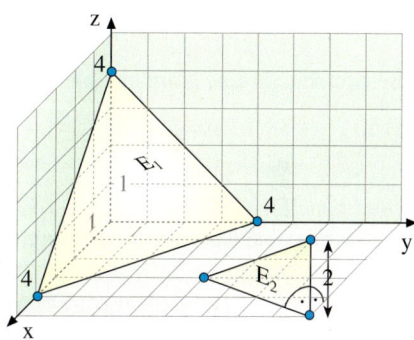

46. a) Welche gegenseitige Lagen können drei Ebenen zueinander einnehmen? Skizzieren Sie mindestens vier prinzipiell verschiedene Fälle.

b) Die drei Ebenen E_1, E_2, E_3 schneiden sich in einer Geraden g bzw. in einem Punkt S. Bestimmen Sie g bzw. S.

(1) E_1: $\vec{x} = \begin{pmatrix} 3 \\ 3 \\ 1 \end{pmatrix} + r \begin{pmatrix} -3 \\ -1 \\ 1 \end{pmatrix} + s \begin{pmatrix} 3 \\ 0 \\ -1 \end{pmatrix}$, E_2: $\vec{x} = \begin{pmatrix} 6 \\ 0 \\ 0 \end{pmatrix} + u \begin{pmatrix} 0 \\ 6 \\ 1 \end{pmatrix} + v \begin{pmatrix} 6 \\ 0 \\ -1 \end{pmatrix}$, E_3: $y - 3z = 0$

(2) E_1: $x + y + z = 4$, E_2: $3x + y + 3z = 6$, E_3: $\vec{x} = \begin{pmatrix} 0 \\ 0 \\ 0 \end{pmatrix} + r \begin{pmatrix} 3 \\ 1 \\ 0 \end{pmatrix} + s \begin{pmatrix} 0 \\ 1 \\ 1 \end{pmatrix}$

47. Ein keilförmiges Kohleflöz hat nach oben und unten ebene Begrenzungsflächen E und E′ zu den angrenzenden Gesteinsschichten. Bei drei Probebohrungen werden jeweils der Eintritts-punkt und der Austrittspunkt festgestellt: A (−20|30|−200), A′(−20|30|−236), B (120|180|−80), B′(120|180|−120), C (80|120|−120), C′(80|120|−160).

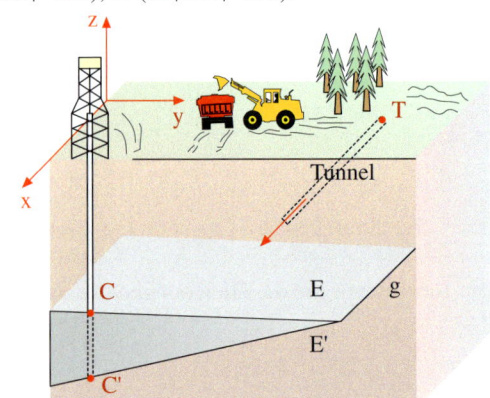

a) Wie lauten die Gleichungen der Be-grenzungsebenen E und E′?

b) Wie lautet die Gleichung der Gera-den g, in der das Kohleflöz endet?

c) Vom Punkt T(−200|200|0) wird ein Tunnel in Richtung des Vektors $\begin{pmatrix} 2 \\ -2 \\ -1 \end{pmatrix}$ vorangetrieben. Wo trifft er die Koh-leschicht, wo verlässt er sie wieder, wie weit ist es vom Tunneleingang bis zur Kohleschicht?

d) Trifft eine senkrechte Bohrung, die im Punkt T(−100|450|0) beginnt, die Kohleschicht?

48. Finden Sie heraus, ob unter den Ebenen E_1, E_2 und E_3 Orthogonalitäten auftreten.

a) E_1: $\left[\vec{x} - \begin{pmatrix} 1 \\ 0 \\ 0 \end{pmatrix}\right] \cdot \begin{pmatrix} 1 \\ 4 \\ 2 \end{pmatrix} = 0$ $\qquad$ E_2: $\left[\vec{x} - \begin{pmatrix} 0 \\ 1 \\ 0 \end{pmatrix}\right] \cdot \begin{pmatrix} 4 \\ -1 \\ 0 \end{pmatrix} = 0$ $\qquad$ E_3: $\left[\vec{x} - \begin{pmatrix} 0 \\ 0 \\ 1 \end{pmatrix}\right] \cdot \begin{pmatrix} 8 \\ -3 \\ 2 \end{pmatrix} = 0$

b) E_1: $\left[\vec{x} - \begin{pmatrix} 0 \\ 1 \\ 2 \end{pmatrix}\right] \cdot \begin{pmatrix} -1 \\ 2 \\ -2 \end{pmatrix} = 0$ $\qquad$ E_2: $\vec{x} = \begin{pmatrix} 1 \\ 1 \\ 2 \end{pmatrix} + r \begin{pmatrix} 3 \\ 1 \\ 2 \end{pmatrix} + s \begin{pmatrix} 3 \\ 3 \\ 3 \end{pmatrix}$ $\qquad$ E_3: $2x + 2y - 4z = 0$

49. Bestimmen Sie eine Normalengleichung der zu E parallelen Ebene F, die den Punkt A enthält.

a) E: $2x - 3y + 2z = 12$, A (1|2|4) $\qquad$ b) E: $\vec{x} = \begin{pmatrix} 1 \\ 2 \\ 0 \end{pmatrix} + r \begin{pmatrix} 0 \\ 2 \\ 3 \end{pmatrix} + s \begin{pmatrix} -3 \\ 4 \\ 6 \end{pmatrix}$, A (−2|6|−2)

50. Die Ebene E ist orthogonal zur x-y-Ebene und zur x-z-Ebene und enthält A (1|2|3). Stellen Sie eine Koordinatengleichung von E auf.

51. Eine Ebene E ist orthogonal zur Ebene F: $2x - 4z = 6$. Die Gleichung g: $\vec{x} = \begin{pmatrix} 3 \\ -1 \\ 0 \end{pmatrix} + r \begin{pmatrix} -4 \\ 3 \\ -2 \end{pmatrix}$ stellt die Schnittgerade von E und F dar. Stellen Sie eine Normalengleichung von E auf.

52. Gesucht ist derjenige Parameterwert a, für den die Ebenen E_1 und E_a orthogonal sind.

a) E_1: $2x - y + z = 6$ $\qquad$ b) E_1: $\vec{x} = \begin{pmatrix} 1 \\ 0 \\ 2 \end{pmatrix} + r \begin{pmatrix} 1 \\ 2 \\ 3 \end{pmatrix} + s \begin{pmatrix} 3 \\ 1 \\ -1 \end{pmatrix}$ $\qquad$ c) E_1: $\left[\vec{x} - \begin{pmatrix} 3 \\ 1 \\ 2 \end{pmatrix}\right] \cdot \begin{pmatrix} 1 \\ 1 \\ -1 \end{pmatrix} = 0$

E_a: $ax + 4y - 2z = 4$ $\qquad\qquad$ E_a: $x - ay + z = 3$ $\qquad\qquad$ E_a: $ax + 2ay - 6z = 0$

G. Ebenenscharen

Abschließend untersuchen wir *Ebenenscharen*. Hierbei kommt in der Ebenengleichung außer den Ebenenparametern noch mindestens eine weitere Variable vor. Zu jedem Variablenwert gehört dann eine Ebene der Schar. Im Folgenden betrachten wir nur einfache Ebenenscharen mit linearen Variablen.

▶ **Beispiel: Untersuchungen an einer Ebenenschar**

Gegeben ist die Ebenenschar E_a: $a\,x + 2\,y + (a-2)\,z = 4$, $a \in \mathbb{R}$.

a) Welche Ebene der Schar schneidet die x-Achse bei $x = 2$?

b) Welche Scharebene wird von der Geraden g: $\vec{x} = \begin{pmatrix} 4 \\ 5 \\ 3 \end{pmatrix} + r \cdot \begin{pmatrix} 2 \\ -1 \\ 3 \end{pmatrix}$ orthogonal geschnitten?

Lösung zu a:
Gesucht ist die Ebene der Schar, welche den Punkt $P(2\,|\,0\,|\,0)$ enthält. Einsetzen der Punktkoordinaten in die Ebenengleichung ergibt, dass E_2 die x-Achse bei $x = 2$ schneidet.

$P(2\,|\,0\,|\,0)$ in E_a eingesetzt:

$2\,a = 4$

$\quad a = 2$

Lösung zu b:
Die Gerade g liegt orthogonal zu einer Ebene der Schar, wenn ihr Richtungsvektor ein Vielfaches des Normalenvektors der Ebene E_a ist.
Durch Koeffizientenvergleich erhalten wir ein Gleichungssystem, das für $a = -4$ lösbar ist.
E_{-4} und die Gerade g schneiden sich orthogonal. Der Schnittpunkt ist $S(2\,|\,6\,|\,0)$.

Ansatz: $\begin{pmatrix} a \\ 2 \\ a-2 \end{pmatrix} = k \cdot \begin{pmatrix} 2 \\ -1 \\ 3 \end{pmatrix}$

Koeffizientenvergleich:

I $\qquad a = 2\,k$

II $\qquad 2 = -k \;\Rightarrow\; k = -2,\ a = -4$

III $\quad a - 2 = 3\,k$

Übung 53

Gegeben sei weiterhin die Ebenenschar E_a: $a\,x + 2\,y + (a-2)\,z = 4$.

a) Welche Ebene der Schar enthält den Punkt $P(2\,|\,-4\,|\,2)$?

b) Ermitteln Sie diejenige Scharebene, in der die Gerade g: $\vec{x} = \begin{pmatrix} 1 \\ 0 \\ 1 \end{pmatrix} + r \cdot \begin{pmatrix} -1 \\ 1 \\ 1 \end{pmatrix}$ liegt.

c) Bestimmen Sie alle Ebenen der Schar, welche zu einer Koordinatenachse parallel liegen.

d) Welche Ebene der Schar verläuft parallel zur Gerade g: $\vec{x} = \begin{pmatrix} 3 \\ 1 \\ 2 \end{pmatrix} + r \cdot \begin{pmatrix} 1 \\ 2 \\ 1 \end{pmatrix}$?

e) Bestimmen Sie die Schnittgerade g der Ebenen E_0 und E_2.
   Weisen Sie nach, dass diese Gerade g in allen Ebenen der Schar liegt.

▶ **Beispiel: Untersuchungen an einer Ebenenschar**
Gegeben ist die Ebenenschar E_a: $2x + 2y + z = 2a + 4$, $a \in \mathbb{R}$.
a) Welche Ebene der Schar enthält den Koordinatenursprung?
b) g_a sei die Schnittgerade einer Ebene E_a mit der Ebene F: $x + y + z = 6$. Für welchen Wert
   von a liegt g_a in der x-y-Ebene? Wie lautet in diesem Fall die Gleichung der Schnittgerade?

Lösung zu a:

Der Koordinatenursprung erfüllt die Ebenengleichung, wenn $2a + 4 = 0$ ist, d.h. $a = -2$.

O(0|0|0) in E_a eingesetzt:
$0 = 2a + 4$
$a = -2$

Lösung zu b:

Aus der Darstellung der Ebenen E_a und F kann, wie nebenstehend dargestellt, für die z-Koordinate der Schnittgerade die Bedingung $z = 8 - 2a$ hergeleitet werden.
Daher ist für $a = 4$ die z-Koordinate der Schnittgerade gleich null.

I E_a: $2x + 2y + z = 2a + 4$
II F: $x + y + z = 6$
2II–I $z = 8 - 2a$

$z = 0$: $0 = 8 - 2a$
            $a = 4$

Zur Bestimmung der Schnittgerade wird $z = 0$ und $a = 4$ in die Ebenengleichung von F eingesetzt und nach y aufgelöst.
Sei $x = r$ beliebig gewählt. Dann ergibt sich $y = 6 - r$ und damit die nebenstehende
▶ Gleichung der Schnittgerade.

Bestimmung der Schnittgerade für a = 4:
II $x + y = 6$
   $x = r$, $z = 0$ $y = 6 - r$

g_4: $\vec{x} = \begin{pmatrix} 0 \\ 6 \\ 0 \end{pmatrix} + r \cdot \begin{pmatrix} 1 \\ -1 \\ 0 \end{pmatrix}$

Übung 54

Gegeben sei weiterhin die Ebenenschar E_a: $2x + 2y + z = 2a + 4$.
a) Welche Ebene der Schar enthält den Punkt $P(2|2|1)$?
   Welche Ebene der Schar enthält den Punkt $A(a|2a|-2)$?
b) Geben Sie zwei Ursprungsebenen an, die zueinander und zu allen Ebenen der Schar E_a orthogonal sind.

Übung 55

Gegeben sei die Ebenenschar E_a: $(a - 1)x + (4 - 2a)y + z = a + 1$.
a) Gehört die Ebene F: $4x - 4y + 2z = 8$ zur Schar E_a?
b) Welche Ebene der Schar enthält den Koordinatenursprung?
c) Welche Ebenen der Schar E_a sind parallel zu einer Koordinatenachse?
d) Zu welcher Ebene der Schar E_a verläuft die Gerade g: $\vec{x} = \begin{pmatrix} 1 \\ 2 \\ 0 \end{pmatrix} + r \cdot \begin{pmatrix} 1 \\ 1 \\ 1 \end{pmatrix}$ parallel?
e) Welche Ebene der Schar ist orthogonal zur Ursprungsgerade h: $\vec{x} = r \cdot \begin{pmatrix} -4 \\ 4 \\ -2 \end{pmatrix}$?

> **Beispiel: Ebenenbüschel**
> Gegeben ist die Ebenenschar E_a: $x + (1 - a)y + (a - 3)z = 3$, $a \in \mathbb{R}$.
> a) Untersuchen Sie, ob die Ebene F: $2x - 6y + 2z = 6$ zur Ebenenschar E_a gehört.
> b) Zeigen Sie, dass sich E_0 und E_1 schneiden. Bestimmen Sie die Gleichung der Schnittgeraden und zeigen Sie, dass diese Schnittgerade in allen Ebenen der Schar E_a liegt.

Lösung zu a:

Die Ebene F gehört zur Ebenenschar E_a, wenn die beiden Koordinatengleichungen für einen speziellen Wert von a äquivalent sind. Das ist der Fall, wenn die Gleichung von F ein Vielfaches der Gleichung von E_a ist oder umgekehrt. Dies führt auf den nebenstehenden Ansatz.

Ansatz: $F = b \cdot E_a$ $(a, b \in \mathbb{R})$

F: $bx + b(1 - a)y + b(a - 3)z = 3b$

F: $2x - 6y + 2z = 6$

Durch Koeffizientenvergleich der beiden Darstellungen von F erhalten wir ein Gleichungssystem, das die Lösungen $a = 4$ und $b = 2$ besitzt. Folglich gehört F zur Ebenenschar E_a und ist mit der Ebene E_4 identisch.

Koeffizientenvergleich:

I	$b = 2$	$\Rightarrow b = 2$
II	$b(1 - a) = -6$	$\Rightarrow a = 4$
III	$b(a - 3) = 2$	$\Rightarrow a = 4$
IV	$3b = 6$	$\Rightarrow b = 2$

Lösung zu b:

Wir untersuchen die Lagebeziehung der Ebenen E_0 und E_1 wie im Abschnitt D und formen E_0 zunächst um. Durch Einsetzen erkennen wir, dass sich die Ebenen E_0 und E_1 in einer Geraden g schneiden, deren Gleichung rechts angegeben ist.

E_0: $x + y - 3z = 3$ $(a = 0)$ bzw.

E_0: $\vec{x} = \begin{pmatrix} 3 \\ 0 \\ 0 \end{pmatrix} + t \begin{pmatrix} -3 \\ 3 \\ 0 \end{pmatrix} + s \begin{pmatrix} -3 \\ 0 \\ -1 \end{pmatrix}$

E_1: $x - 2z = 3$ $(a = 1)$

I–II: $3 - 3t - 3s + 2s = 3$ bzw. $-3t = s$

Schnittgerade: g: $\vec{x} = \begin{pmatrix} 3 \\ 0 \\ 0 \end{pmatrix} + r \begin{pmatrix} 2 \\ 1 \\ 1 \end{pmatrix}$

Nun muss noch nachgewiesen werden, dass diese Schnittgerade g in allen Ebenen der Schar E_a (also unabhängig von a) enthalten ist. Hierzu setzen wir die Koordinaten von g in die Ebenengleichung von E_a ein. Nach nebenstehender Rechnung erhalten wir eine wahre Aussage, unabhängig von a. Also liegt die Gerade g für alle reellen Werte von a in E_a.

Nachweis, dass g in E_a liegt:
Koordinaten von g: $x = 3 + 2r$
$y = r$
$z = r$

Einsetzen in die Gleichung von E_a:
$3 + 2r + (1 - a)r + (a - 3)r = 3$
$3 + 2r + r - ar + ar - 3r = 3$
$3 = 3$

Da die Ebenen der Schar aus dem vorigen Beispiel eine gemeinsame Schnittgerade g haben, die man ihre *Trägergerade* nennt, handelt es sich um ein sog. *Ebenenbüschel*.

Übung 56

Zeigen Sie, dass die folgenden Ebenenscharen E_a $(a \in \mathbb{R})$ Ebenenbüschel bilden, d.h., dass alle Ebenen der Schar sich in einer Geraden schneiden. Bestimmen Sie auch eine Gleichung dieser gemeinsamen Trägergeraden. Geben Sie jeweils eine Ebene an, die ebenfalls die Trägergerade enthält, aber nicht zur Ebenenschar gehört.

a) E_a: $2ax + (4 - a)y - 2z = 6$ b) E_a: $x + ay + (5 - 2a)z = 0$

c) E_a: $2ax + 2y + (2 - a)z = 5a + 2$ d) E_a: $(3 - 2a)y + (a - 2)z = a - 1$

▶ | **Beispiel: Schar paralleler Ebenen**
Gegeben ist die Ebenenschar E_a: $(1 - 2a)x + (2a - 1)y + (1 - 2a)z = 1$, $a \in \mathbb{R}$.
a) Untersuchen Sie die Lagebeziehung der Ebenen E_0 und E_1 zueinander.
b) Zeigen Sie, dass alle Ebenen der Schar parallel zueinander verlaufen.

Lösung zu a:
Der nebenstehende Ansatz führt auf ein unlösbares Gleichungssystem. Die Ebenen E_0 und E_1 sind also parallel zueinander.

E_0: $x - y + z = 1$
E_1: $-x + y - z = 1$
I + II $0 = 2$ Widerspr. $\Rightarrow E_0 \| E_1$

Lösung zu b:
Analog untersuchen wir jetzt die Lagebeziehung zweier beliebiger verschiedener Ebenen E_a und E_b der gegebenen Schar (mit $a \neq b$). Auch hier führt das zugehörige Gleichungssystem auf einen Widerspruch, da wir von verschiedenen Ebenen der Schar ausgegangen sind. Somit liegen alle Scharebenen parallel zueinander.

▶

E_a: $(1 - 2a)x + (2a - 1)y + (1 - 2a)z = 1$
E_b: $(1 - 2b)x + (2b - 1)y + (1 - 2b)z = 1$
$\qquad\qquad\qquad\qquad\qquad\qquad (a \neq b)$

Lösen des Gleichungssystems:
III = I · $(1 - 2b)$ − II · $(1 - 2a)$:
$0 = 1 - 2b - (1 - 2a)$
$0 = -2b + 2a \Rightarrow a = b$
Widerspruch zur Voraussetzung $a \neq b$
$\Rightarrow E_a \| E_b$

Bei einer Schar paralleler Ebenen liegen die Ebenen der Schar wie aufeinander geschichtet.

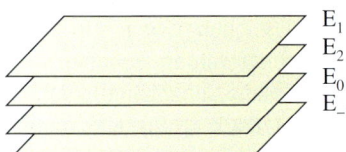

Übung 57 **Parallele Ebenen**

a) Zeigen Sie, dass alle Ebenen der Schar E_a: $(2 - a)x + (a - 2)y + (4 - 2a)z = 12$ $(a \in \mathbb{R})$ parallel verlaufen.

b) Welche Ebene der Schar enthält den Punkt $Q(-1|3|-1)$?

c) Welche Ebene der Schar schneidet die x-Achse bei $x = 2$?

Übungen

58. Ebenenbüschel

Gegeben ist die Ebenenschar E_a: $x + ay - (2a - 1)z = 4$ $(a \in \mathbb{R})$.

a) Gehört die Ebene F: $-2x + 2y - 6z = -8$ zur Ebenenschar E_a?

b) Welche Ebene der Schar enthält den Punkt $P(-2|1|1)$?

c) Welche Ebene der Schar E_a ist parallel zur z-Achse?

d) Begründen Sie, dass die Ebenenschar E_a keine Ursprungsgerade enthält.

e) Zeigen Sie, dass alle Ebenen der Schar E_a eine gemeinsame Gerade besitzen, und geben Sie deren Gleichung an.

59. Ebenenbüschel

Untersucht wird die Ebenenschar E_a: $2x + ay + 6z = 8 + 2a$.

a) Welche Ebene der Schar enthält den Koordinatenursprung?

b) Weisen Sie nach, dass die Gerade g: $\vec{x} = \begin{pmatrix} 1 \\ 2 \\ 1 \end{pmatrix} + r \cdot \begin{pmatrix} 3 \\ 0 \\ -1 \end{pmatrix}$ in allen Ebenen der Schar liegt.

c) Welche Ebene der Schar wird von der Geraden h: $\vec{x} = \begin{pmatrix} 3 \\ 1 \\ 8 \end{pmatrix} + r \cdot \begin{pmatrix} -4 \\ 6 \\ -12 \end{pmatrix}$ orthogonal geschnitten? Ermitteln Sie auch den Schnittpunkt S.

d) Welche Ebene schneidet die z-Achse bei $z = 3$?
In welchen Punkten schneidet diese Ebene die x- bzw. die y-Achse?

e) Zeigen Sie, dass die Ebenen E_4 und E_{-10} sich orthogonal schneiden.
Geben Sie zwei weitere Ebenen der Schar an, die sich ebenfalls orthogonal schneiden.

60. Ebenenschar

Gegeben ist die Ebenenschar E_a: $(a + 2)x + (2 - a)z = a + 1$ $(a \in \mathbb{R})$.

a) Welche Ursprungsebene ist in der Schar E_a enthalten?

b) Welche Ebene der Schar E_a schneidet die z-Achse bei $z = 5$?

c) Welche Ebene der Schar E_a enthält die Gerade g: $\vec{x} = \begin{pmatrix} -1 \\ 2 \\ 2 \end{pmatrix} + r \begin{pmatrix} 0 \\ 1 \\ 0 \end{pmatrix}$?

d) Untersuchen Sie die Lage der Ebenen der Schar E_a zueinander.

61. Ebenenschar

Gegeben ist die Ebenenschar E_a: $(a + 1)x + 2y + (3 - 2a)z = a + 2$, $a \in \mathbb{R}$.

a) Bestimmen Sie die Durchstoßungspunkte der Ebene E_1 mit den drei Koordinatenachsen.

b) Welche Scharebene enthält den Punkt $P(1|1|1)$?

c) Welche Ebene der Schar E_a enthält den Ursprung? Welche Ebene der Schar E_a ist parallel zur z-Achse?

d) Untersuchen Sie die relative Lage von E_0 und E_1 zueinander. Bestimmen Sie ggf. eine Gleichung der Schnittgeraden.

e) Zeigen Sie, dass die Gerade h: $\vec{x} = \begin{pmatrix} 3 \\ -2 \\ 1 \end{pmatrix} + r \begin{pmatrix} 4 \\ -5 \\ 2 \end{pmatrix}$ in allen Ebenen der Schar E_a liegt.

f) Welche Ebene der Schar ist orthogonal zur Ursprungsgerade durch den Punkt $Q(1|4|-1)$?

H. Zusammengesetzte Aufgaben

Die Übungen dienten bisher überwiegend der Festigung einzelner Techniken der Vektorgeometrie. Die Lösung der folgenden zusammengesetzten Aufgaben dagegen erfordert stets die Verwendung mehrerer Verfahren. Die Aufgabenstruktur ähnelt Prüfungsaufgaben.

1. Gegeben sind die Gerade g: $\vec{x} = \begin{pmatrix} 14 \\ -1 \\ -1 \end{pmatrix} + r \begin{pmatrix} -8 \\ 2 \\ 1 \end{pmatrix}$ und die Ebene E durch die Punkte A(−2|5|2)

   B(2|3|0) und C(2|−1|2).
   a) Stellen Sie eine Parametergleichung und eine Koordinatengleichung der Ebene E auf.
   b) Prüfen Sie, ob der Punkt P(−2|3|1) auf der Geraden g oder auf der Ebene E liegt.
   c) Untersuchen Sie die gegenseitige Lage von g und E. Bestimmen Sie ggf. den Schnittpunkt S.
   d) Bestimmen Sie die Schnittpunkte Q und R der Geraden g mit der x-y-Ebene bzw. der y-z-Ebene.
   e) In welchen Punkten schneiden die Koordinatenachsen die Ebene E?
   f) Zeichnen Sie anhand der Ergebnisse aus c), d) und e) ein Schrägbild von g und E.

2. Gegeben seien die Punkte A(0|0|0), B(8|0|0), C(8|8|0), D(0|8|0) und S(4|4|8), die Eckpunkte einer quadratischen Pyramide mit der Grundfläche ABCD und der Spitze S sind.
   a) Zeichnen Sie in einem kartesischen Koordinatensystem ein Schrägbild der Pyramide.
   b) Eine Gerade g schneidet die z-Achse bei z = 12 und geht durch die Spitze S der Pyramide. Wo schneidet diese Gerade g die x-y-Ebene?
   c) Gegeben sei weiter die Ebene E: 2y + 5z = 24.
      Welche besondere Lage bezüglich der Koordinatenachsen hat diese Ebene E?
      Wo schneiden die Seitenkanten $\overline{AS}$, $\overline{BS}$, $\overline{CS}$ und $\overline{DS}$ der Pyramide die Ebene E?
      Zeichnen Sie die Schnittfläche der Ebene E mit der Pyramide in das Schrägbild ein und zeigen Sie, dass diese Schnittfläche ein Trapez ist.
   d) In welchem Punkt T durchdringt die Höhe h der Pyramide die Schnittfläche aus c)? Zeichnen Sie auch h und T in das Schrägbild ein.

3. Gegeben ist der abgebildete Würfel mit der Seitenlänge 4.
   a) In welchem Punkt S schneidet die Gerade g durch D und F die Ebene E durch die Punkte P, Q und R?
   b) Die Punkte P, Q, R und F bilden die Ecken einer Pyramide. Bestimmen Sie deren Volumen.
   c) In welchen Punkten durchstößt die Gerade h durch Q und R die Koordinatenebenen?
   d) Bestimmen Sie die Gleichung der Schnittgeraden k der Ebene E und der Ebene F durch B, D und H.
   e) Wo durchstößt die Gerade durch B und H die Ebene E?

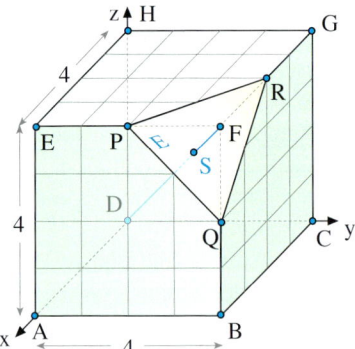

4. Gegeben sind die Geraden g: $\vec{x} = \begin{pmatrix} 1 \\ 2 \\ 3 \end{pmatrix} + r \begin{pmatrix} -1 \\ 0 \\ 2 \end{pmatrix}$ und h: $\vec{x} = \begin{pmatrix} 0 \\ 4 \\ 4 \end{pmatrix} + s \begin{pmatrix} 0 \\ -2 \\ 1 \end{pmatrix}$.

a) Zeigen Sie, dass g und h sich schneiden. Bestimmen Sie den Schnittpunkt S.

b) E sei diejenige Ebene, welche die Geraden g und h enthält.
Stellen Sie eine Parametergleichung von E auf.

c) Bestimmen Sie eine Koordinatengleichung von E sowie die Achsenabschnittspunkte.

d) Eine Gerade k geht durch die Punkte P(4|0|3) und Q(0|3|a). Wie muss die Variable a gewählt werden, damit k echt parallel zu E verläuft?

e) Der Ursprung des Koordinatensystems und die drei Achsenabschnittspunkte der Ebene E sind Eckpunkte einer Pyramide. Bestimmen Sie das Volumen der Pyramide.

f) Fertigen Sie mithilfe der Achsenabschnitte von E eine Schrägbild der Pyramide aus e) an. Zeichnen Sie den Punkt P(1|2|2) ein. Liegt er im Innern der Pyramide?

5. Gegeben ist der abgebildete Würfel mit der Seitenlänge 4 in einem kartesischen Koordinatensystem. Das Dreieck BRP stellt einen Ausschnitt einer Ebene E dar. Das Dreieck MCR stellt einen Ausschnitt einer Ebene F dar.

a) Bestimmen Sie eine Parameter- und eine Koordinatengleichung von E.

b) Gesucht ist der Schnittpunkt S der Geraden g durch die Punkte D und Q mit der Ebene E.
Welches Teilstück der Strecke $\overline{DQ}$ ist länger, $\overline{DS}$ oder $\overline{SQ}$?

c) Bestimmen Sie eine Gleichung der Schnittgeraden der Ebenen E und F.

d) Von U(0|0|6) geht ein Strahl aus, der auf V(1,5|6|0) zielt. Trifft der Strahl den Würfel? Trifft der Strahl das Dreieck BRP?

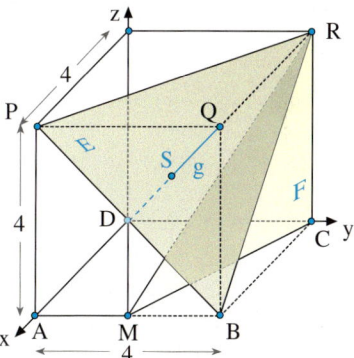

6. Durch die Punkte A(2|1|1), B(3|0|2) und C_a(a|−a|2), a ∈ ℝ, wird im kartesischen Koordinatensystem eine Schar von Ebenen E_a definiert, die die Punkte A, B und C_a enthalten.

a) Bestimmen Sie eine Parametergleichung und eine Koordinatengleichung der Ebenenschar E_a.

b) Gehört die Ebene F: $-x + 5y + 6z = 9$ zur Ebenenschar E_a?

c) Bestimmen Sie die Schnittgerade g der Ebenen E_1 und E_4. Weisen Sie nach, dass die Gerade g in allen Scharebenen enthalten ist.

d) Für welche Werte von a liegt die Gerade h: $\vec{x} = \begin{pmatrix} 1 \\ 0 \\ 4 \end{pmatrix} + r \begin{pmatrix} -1 \\ 1 \\ -1 \end{pmatrix}$ in der Ebene E_a?

e) Für welchen Wert von a ist das Dreieck OAC_a rechtwinklig?

f) Berechnen Sie die Achsenabschnitte der Ebene E_1 sowie die Spurgeraden von E_1.

Überblick

Parametergleichung einer Ebene:

E: $\vec{x} = \vec{a} + r \cdot \vec{u} + s \cdot \vec{v}$
$\vec{a}$:   Stützvektor der Ebene
$\vec{u}, \vec{v}$: Richtungsvektoren der Ebene
r, s: Ebenenparameter

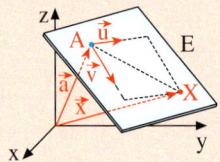

Dreipunktegleichung einer Ebene:

E: $\vec{x} = \vec{a} + r \cdot (\vec{b} - \vec{a}) + s \cdot (\vec{c} - \vec{a})$
$\vec{a}, \vec{b}, \vec{c}$: Ortsvektoren von drei
              Ebenenpunkten A, B und C

Normalengleichung einer Ebene:

E: $(\vec{x} - \vec{a}) \cdot \vec{n} = 0$
$\vec{a}$:   Stützvektor der Ebene
$\vec{n}$:   Normalenvektor der Ebene

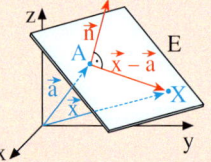

Koordinatengleichung einer Ebene:

E: $ax + by + cz = d$ $(a, b, c, d \in \mathbb{R})$

$\begin{pmatrix} a \\ b \\ c \end{pmatrix}$ ist ein Normalenvektor von E.

Achsenabschnitts- gleichung einer Ebene:

E: $\frac{x}{A} + \frac{y}{B} + \frac{z}{C} = 1$

A, B und C sind die Achsen- abschnitte von E.

Relative Lage von Punkt und Ebene:

Ein Punkt P im Raum kann auf einer Ebene E liegen oder außerhalb der Ebene.
Zur Überprüfung verwendet man die **Punktprobe**, d. h., man
setzt den Ortsvektor des Punktes oder seine Koordinaten in die
Ebenengleichung ein.
Je nach verwendeter Ebenendarstellung ergibt sich eine Gleichung oder ein Gleichungssystem.
Lässt sich die Gleichung bzw. das Gleichungssystem lösen, so
liegt der Punkt auf der Ebene, andernfalls nicht.

Überblick

Relative Lage von Punkt und Dreieck:

Ein Punkt P liegt im Dreieck ABC, wenn er folgende Bedingungen erfüllt:
1. P liegt auf der Ebene E: $\vec{x} = \vec{a} + r \cdot (\vec{b} - \vec{a}) + s \cdot (\vec{c} - \vec{a})$.
2. Für seine Parameterwerte r und s gilt
   $0 \leq r \leq 1, 0 \leq s \leq 1, 0 \leq r + s \leq 1$.

Relative Lage von Punkt und Parallelogramm:

Ein Punkt P liegt im Parallelogramm ABCD, wenn er folgende Bedingungen erfüllt:
1. P liegt auf der Ebene E: $\vec{x} = \vec{a} + r \cdot (\vec{b} - \vec{a}) + s \cdot (\vec{d} - \vec{a})$.
2. Für seine Parameterwerte r und s gilt
   $0 \leq r \leq 1, 0 \leq s \leq 1$.

Relative Lage von Gerade und Ebene:

Ein Gerade g im Raum kann parallel zu einer Ebene E verlaufen, in der Ebene liegen oder sie in genau einem Punkt schneiden.

Parallelität erkennt man daran, dass der Richtungsvektor der Geraden und der Normalenvektor der Ebene orthogonal sind oder dass der Richtungsvektor der Geraden und die Richtungsvektoren der Ebene komplanar sind.

Die Gerade liegt in der Ebene, wenn sie parallel zur Ebene ist und zusätzlich ihr Stützpunkt in der Ebene liegt.

Den Schnittpunkt von g und E errechnet man am einfachsten, indem man die Ebene in Koordinatenform oder Normalenform darstellt und dann die allgemeinen Koordinaten der Geraden in die Gleichung der Ebene einsetzt (Punktprobe). (s. Seite 367)

Relative Lage von zwei Ebenen:

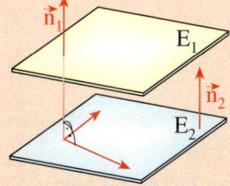

Zwei Ebenen E_1 und E_2 können echt parallel oder sogar identisch sein oder sich in einer Schnittgeraden g schneiden.

Parallelität erkennt man daran, dass die Normalenvektoren der beiden Ebenen kollinear sind oder dass der Normalenvektor der ersten Ebene orthogonal zu beiden Richtungsvektoren der zweiten Ebene ist.

Identische Ebenen sind daran zu erkennen, dass sie parallel sind und zusätzlich der Stützpunkt der ersten Ebene auch auf der zweiten Ebene liegt (Punktprobe).

Die Schnittgerade zweier Ebenen errechnet man am einfachsten, indem man eine Ebene in Parameterform und die zweite Ebene in Koordinatenform oder Normalenform darstellt und dann die allgemeinen Koordinaten der ersten Ebene in die Gleichung der zweiten Ebene einsetzt. (s. Seite 377)

3-D-Darstellung von Ebenen

Im Abschnitt 2 wurden unter anderem die Lagebeziehungen von Gerade und Ebene, sowie von zwei Ebenen untersucht. Aus den Lösungseigenschaften der dabei entstandenen Gleichungssysteme kann man die Lagebeziehung der betrachteten geometrischen Objekte beurteilen. Eine anschauliche Vorstellung gewinnt man mithilfe von 3-D-Darstellungen durch Computerprogramme.

Das folgende Bild zeigt die 3-D-Darstellung einer Ebene und einer Geraden mit einem Computerprogramm, das als Medienelement im Internet verwendet werden kann. Dazu öffnet man die Internetseite http://www.cornelsen.de/webcodes/ und gibt dort den Webcode MBK041914-394-1 ein.

Das Programm gestattet die Eingabe der Geraden- und Ebenengleichung in Parameterform. Das Tool stellt die Objekte im räumlichen Koordinatensystem dar und gibt ihre Lagebeziehung aus. Schneiden sich Gerade und Ebene, so wird der Schnittpunkt S und der Schnittwinkel α ausgegeben. Verlaufen Ebene und Gerade parallel, wird der Abstand d berechnet und angezeigt. Die Darstellung kann verändert werden. Insbesondere lässt sich das Bild vergrößern und verkleinern, verschieben und drehen. Besonders die Drehung der z-Achse vermittelt einen anschaulichen Eindruck über die Lagebeziehung.

Es gibt auch Computerprogramme, mit denen man die Lagebeziehung zwischen Gerade und Ebene und zwischen zwei Ebenen untersuchen kann.

Das folgende Bild zeigt die 3-D-Darstellung zweier sich schneidender Ebenen mit einem Computerprogramm, das man als Medienelement auf www.cornelsen.de/webcodes mit dem Webcode MBK041914-394-2 erreicht. Zwei Ebenen können in Parameterform eingegeben werden. Das Tool zeigt beide Ebenen und gibt ihre Lagebeziehung aus. Gegebenenfalls werden Abstand, Schnittgerade und Schnittwinkel angegeben.

Übungen

a) Bearbeiten Sie ausgewählte Beispiele und die Übungen zur Lagebeziehung Gerade-Ebene (Seite 367 ff.) mit dem auf Seite 394 vorgestellten Medienelement. Formen Sie vorher alle Ebenengleichungen in Parameterform um.

b) Bearbeiten Sie ausgewählte Beispiele und Übungen zur Lagebeziehung von zwei Ebenen (Seite 377 ff.) mit dem oben erwähnten Medienelement. Formen Sie vorher alle Ebenengleichungen in Parameterform um.

Ebenen

1. Gegeben sind die Punkte A $(0|2|3)$, B $(4|2|0)$ und C $(2|3|0)$ der Ebene E.
   a) Stellen Sie eine Parameter- und eine Koordinatengleichung der Ebene E auf.
   b) Liegt der Punkt P$(1|2|2,5)$ auf der Ebene E?
   c) Bestimmen Sie die Achsenabschnittspunkte der Ebene E und fertigen Sie eine Skizze der Ebene im Koordinatensystem an.

2. Gegeben sind die Ebene E: $\vec{x} = \begin{pmatrix} 3 \\ 2 \\ 0 \end{pmatrix} + r \begin{pmatrix} 0 \\ -2 \\ 2 \end{pmatrix} + s \begin{pmatrix} -3 \\ 0 \\ 2 \end{pmatrix}$ sowie die
   Gerade g: $\vec{x} = \begin{pmatrix} 3 \\ 2 \\ 1 \end{pmatrix} + t \begin{pmatrix} -3 \\ 2 \\ 0 \end{pmatrix}$.
   a) Stellen Sie eine Normalengleichung und eine Koordinatengleichung der Ebene E auf.
   b) Untersuchen Sie die relative Lage von E und g.
   c) In welchem Punkt schneidet die Gerade g die x-z-Ebene?

3. Gegeben sind die Ebenen E$_1$: $\vec{x} = \begin{pmatrix} 1 \\ 1 \\ 2 \end{pmatrix} + r \begin{pmatrix} -4 \\ 1 \\ 3 \end{pmatrix} + s \begin{pmatrix} 4 \\ 2 \\ -3 \end{pmatrix}$ und E$_2$: $x - 2y + z = 4$.
   a) Zeigen Sie, dass die Ebenen sich schneiden. Bestimmen Sie die Gleichung der Schnittgeraden g.
   b) Die Ebene E$_1$ schneidet die x-z-Ebene in einer Geraden h. Bestimmen Sie eine Gleichung von h.

4. Gegeben ist die Ebenenschar E$_a$: $(3 + a)x + 2y + az = 14$, $a \in \mathbb{R}$.
   a) Gehört die Ebene F: $x + y - 2z = 7$ zur Ebenenschar E$_a$?
   b) Welche Ebene der Schar E$_a$ ist parallel zur x-Achse? Welche Ebene der Schar E$_a$ geht durch den Punkt P$(2|2|-1)$?
   c) Zu welcher Ebene der Schar verläuft die Gerade k: $\vec{x} = \begin{pmatrix} 1 \\ 2 \\ 4 \end{pmatrix} + r \cdot \begin{pmatrix} 2 \\ 1 \\ -1 \end{pmatrix}$ parallel?

   d) Zeigen Sie, dass alle Ebenen der Schar E$_a$ eine gemeinsame Gerade g enthalten. Bestimmen Sie eine Gleichung dieser Trägergeraden g.

   e) Für welchen Wert von a sind E$_a$ und G: $\vec{x} = \begin{pmatrix} 3 \\ 1 \\ 0 \end{pmatrix} + r \begin{pmatrix} 2 \\ 0 \\ 1 \end{pmatrix} + s \begin{pmatrix} -2 \\ 3 \\ 2 \end{pmatrix}$ echt parallel?

   f) Untersuchen Sie die relative Lage von h: $\vec{x} = \begin{pmatrix} 3 \\ 12 \\ 7 \end{pmatrix} + t \begin{pmatrix} 2 \\ -4 \\ 2 \end{pmatrix}$ und E$_a$ in Abhängigkeit von a.

Lösungen: S. 646

XI. Winkel und Abstände

1. Schnittwinkel

Im Anschluss an die Einführung des Skalarprodukts wurde die Kosinusformel zur Bestimmung des Winkels zwischen zwei Vektoren hergeleitet (s. S. 334).
Hiervon ausgehend lassen sich vergleichbare Formeln für den Schnittwinkel zweier Geraden bzw. einer Geraden und einer Ebene bzw. zweier Ebenen entwickeln.

A. Der Schnittwinkel von zwei Geraden

Der Schnittwinkel γ von Geraden wurde bereits behandelt (s. S. 292), wird aber hier zur Vervollständigung noch einmal kurz angesprochen. Er wird mit der rechts dargestellten Formel errechnet. Das Betragszeichen im Zähler sichert, dass der Winkel stets zwischen $0°$ und $90°$ liegt.

> **Schnittwinkel Gerade/Gerade**
>
> Schneiden sich zwei Geraden g und h mit den Richtungsvektoren $\vec{m}_1$ und $\vec{m}_2$, dann gilt für ihren Schnittwinkel γ:
> $$\cos\gamma = \frac{|\vec{m}_1 \cdot \vec{m}_2|}{|\vec{m}_1| \cdot |\vec{m}_2|}.$$

Übung 1
Errechnen Sie den Schnittpunkt und den Schnittwinkel der Geraden g und h.

$$g: \vec{x} = \begin{pmatrix} 0 \\ 0 \\ 1 \end{pmatrix} + r\begin{pmatrix} 1 \\ 2 \\ 2 \end{pmatrix},\ h: \vec{x} = \begin{pmatrix} 2 \\ 0 \\ 2 \end{pmatrix} + s\begin{pmatrix} -1 \\ 2 \\ 1 \end{pmatrix}$$

Übung 2
Bestimmen Sie den Schnittwinkel γ der rechts dargestellten Geraden g und h.

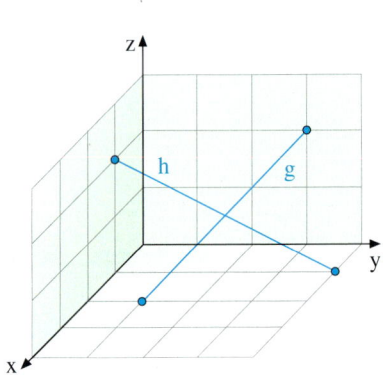

B. Der Schnittwinkel von Gerade und Ebene

Unter dem Schnittwinkel γ einer Geraden g und einer Ebene E versteht man den Winkel zwischen der Geraden g und der Geraden s, welche durch senkrechte Projektion der Geraden g auf die Ebene E entsteht. Er liegt zwischen $0°$ und $90°$.

Winkel zwischen g und E

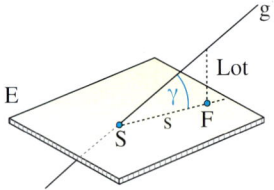

Man kann den Winkel γ bestimmen, indem man zunächst die Gleichung der Projektionsgeraden s ermittelt und anschließend den Winkel zwischen g und s errechnet. Es geht aber noch einfacher, wenn man einen Normalenvektor der Ebene verwendet, wie im Folgenden dargestellt.

Wir denken uns wie rechts abgebildet eine Hilfsebene H errichtet, die g enthält und senkrecht auf E steht. Sie schneidet E in der Geraden s.

Der Schnittwinkel γ von g und E ist der Winkel zwischen g und s.

Der Winkel $90° - \gamma$ lässt sich mit der Kosinusformel als Winkel zwischen dem Richtungsvektor $\vec{m}$ von g und dem Normalenvektor $\vec{n}$ von E errechnen, da beide Vektoren ebenfalls in der Hilfsebene liegen und $\vec{n}$ senkrecht auf s steht:

$$\cos(90° - \gamma) = \frac{|\vec{m} \cdot \vec{n}|}{|\vec{m}| \cdot |\vec{n}|}.$$

Da $\cos(90° - \gamma) = \sin\gamma$ gilt, erhalten wir die rechts dargestellte Formel für den Schnittwinkel von Gerade und Ebene.

Schnittwinkel Gerade/Ebene

Die Gerade g: $\vec{x} = \vec{a} + r \cdot \vec{m}$ schneidet die Ebene E: $(\vec{x} - \vec{a}) \cdot \vec{n} = 0$.
Dann gilt für den Schnittwinkel γ von g und E die Formel

$$\sin\gamma = \frac{|\vec{m} \cdot \vec{n}|}{|\vec{m}| \cdot |\vec{n}|}.$$

▶ **Beispiel: Schnittwinkel Gerade/Ebene**

Die Gerade g durch A (2|1|3) und B (4|2|1) schneidet die Ebene E: $\left[\vec{x} - \begin{pmatrix} 3 \\ 5 \\ 1 \end{pmatrix}\right] \cdot \begin{pmatrix} 3 \\ 1 \\ 2 \end{pmatrix} = 0$.

Bestimmen Sie den Schnittpunkt S und den Schnittwinkel γ von g und E.

Lösung:
Wir bestimmen zunächst eine Parametergleichung von g und berechnen den Schnittpunkt S von g und E durch Einsetzung des allgemeinen Vektors von g in die Gleichung von E.

Resultat: S (4|2|1)

Parametergleichung von g:

g: $\vec{x} = \begin{pmatrix} 2 \\ 1 \\ 3 \end{pmatrix} + r \cdot \begin{pmatrix} 2 \\ 1 \\ -2 \end{pmatrix}$

Schnittpunkt von g und E: S (4|2|1)

Anschließend setzen wir den Richtungsvektor $\vec{m}$ von g und den Normalenvektor $\vec{n}$ von E in die Sinusformel für den Winkel zwischen Gerade und Ebene ein.

Wir erhalten $\sin\gamma \approx 0{,}2673$, woraus wir mithilfe des Taschenrechners das Resultat
▶ $\gamma \approx 15{,}50°$ erhalten.

Schnittwinkel von g und E:

$$\sin\gamma = \frac{|\vec{m} \cdot \vec{n}|}{|\vec{m}| \cdot |\vec{n}|} = \frac{\left|\begin{pmatrix} 2 \\ 1 \\ -2 \end{pmatrix} \cdot \begin{pmatrix} 3 \\ 1 \\ 2 \end{pmatrix}\right|}{\left|\begin{pmatrix} 2 \\ 1 \\ -2 \end{pmatrix}\right| \cdot \left|\begin{pmatrix} 3 \\ 1 \\ 2 \end{pmatrix}\right|} = \frac{3}{\sqrt{9} \cdot \sqrt{14}}$$

$\sin\gamma \approx 0{,}2673 \Rightarrow \gamma \approx 15{,}50°$

Übung 3

Bestimmen Sie den Schnittwinkel der Geraden g durch die Punkte A (1|0|−2) und B (−2|3|1) mit der Ebene E.

a) E: $\left[\vec{x} - \begin{pmatrix} 1 \\ 0 \\ 1 \end{pmatrix}\right] \cdot \begin{pmatrix} 3 \\ -2 \\ 2 \end{pmatrix} = 0$ b) E: $\vec{x} = \begin{pmatrix} 1 \\ 2 \\ 1 \end{pmatrix} + r \cdot \begin{pmatrix} 1 \\ -1 \\ 2 \end{pmatrix} + s \cdot \begin{pmatrix} -7 \\ 5 \\ 1 \end{pmatrix}$ c) E: x-y-Ebene

C. Der Schnittwinkel von zwei Ebenen

Wir untersuchen zwei Ebenen E_1 und E_2, die sich in einer Geraden s schneiden.

Dann bilden zwei Geraden g_1 und g_2, die senkrecht auf s stehen und sich wie abgebildet schneiden, den Winkel $\gamma \le 90°$.

Man bezeichnet diesen Winkel als *Schnittwinkel der Ebenen* E_1 und E_2.

Die Normalenvektoren $\vec{n}_1$ und $\vec{n}_2$ der Ebenen E_1 und E_2 bilden miteinander exakt den gleichen Winkel, denn sie stehen jeweils senkrecht auf den Geraden g_1 und g_2, so dass sich der Winkel γ überträgt.

Daher lässt sich der Schnittwinkel γ zweier Ebenen nach der rechts aufgeführten Kosinusformel mithilfe der Normalenvektoren der beiden Ebenen berechnen.

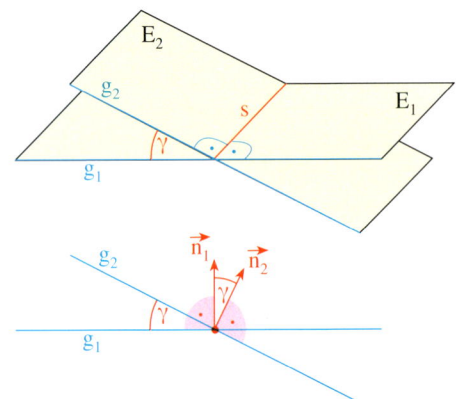

Schnittwinkel Ebene/Ebene
Schneiden sich zwei Ebenen E_1 und E_2 mit den Normalenvektoren $\vec{n}_1$ und $\vec{n}_2$, so gilt für ihren Schnittwinkel γ:

$$\cos\gamma = \frac{|\vec{n}_1 \cdot \vec{n}_2|}{|\vec{n}_1| \cdot |\vec{n}_2|}.$$

▶ **Beispiel: Schnittwinkel Ebene/Ebene**
Die Ebenen E_1: $4x + 3y + 2z = 12$ und E_2: $\left[\vec{x} - \begin{pmatrix} 0 \\ 0 \\ 6 \end{pmatrix}\right] \cdot \begin{pmatrix} 0 \\ 3 \\ 2 \end{pmatrix} = 0$ schneiden sich.
Berechnen Sie den Schnittwinkel γ.

Lösung:
Wir bestimmen zunächst Normalenvektoren von E_1 und E_2.
Die Koeffizienten in der Koordinatengleichung von E_1 (4, 3 und 2) sind die Koordinaten eines Normalenvektors von E_1. Ein Normalenvektor von E_2 kann aus der gegebenen Normalenform ebenfalls direkt entnommen werden.

Normalenvektoren:

$$\vec{n}_1 = \begin{pmatrix} 4 \\ 3 \\ 2 \end{pmatrix}, \; \vec{n}_2 = \begin{pmatrix} 0 \\ 3 \\ 2 \end{pmatrix}$$

Schnittwinkel:

$$\cos\gamma = \frac{|\vec{n}_1 \cdot \vec{n}_2|}{|\vec{n}_1| \cdot |\vec{n}_2|} = \frac{\left|\begin{pmatrix} 4 \\ 3 \\ 2 \end{pmatrix} \cdot \begin{pmatrix} 0 \\ 3 \\ 2 \end{pmatrix}\right|}{\left|\begin{pmatrix} 4 \\ 3 \\ 2 \end{pmatrix}\right| \cdot \left|\begin{pmatrix} 0 \\ 3 \\ 2 \end{pmatrix}\right|} = \frac{13}{\sqrt{29} \cdot \sqrt{13}}$$

Mithilfe der Schnittwinkelformel erhalten
▶ wir $\cos\gamma \approx 0{,}6695$ und daher $\gamma \approx 47{,}97°$.

$\cos\gamma \approx 0{,}6695 \Rightarrow \gamma \approx 47{,}97°$

Übung 4
Gesucht sind die Schnittgerade und der Schnittwinkel der Ebenen E_1: $x + 2y + 2z = 6$ und E_2: $x - y = 0$.

Übungen

5. Schnittwinkel von Vektoren

Gegeben ist eine Pyramide mit der Grundfläche ABC, der Spitze S und der Höhe 3.

a) Berechnen Sie den Winkel zwischen den Seitenkanten $\overline{AB}$ und $\overline{AS}$ sowie zwischen den Seitenkanten $\overline{AS}$ und $\overline{CS}$.

b) Welche der drei aufsteigenden Pyramidenkanten ist am steilsten?

c) Wie groß ist der Winkel zwischen der Höhe und der Seitenkante $\overline{AS}$?

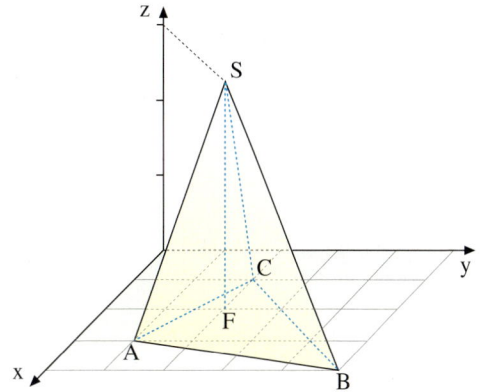

6. Schnittwinkel Gerade/Gerade

Zeigen Sie, dass die Raumgeraden g und h sich schneiden, und berechnen Sie den Schnittpunkt S und den Schnittwinkel γ.

a) g: $\vec{x} = \begin{pmatrix} 2 \\ 2 \\ 2 \end{pmatrix} + r \cdot \begin{pmatrix} 1 \\ 1 \\ -1 \end{pmatrix}$, h: $\vec{x} = \begin{pmatrix} 3 \\ 1 \\ 2 \end{pmatrix} + s \cdot \begin{pmatrix} 2 \\ 0 \\ -1 \end{pmatrix}$

b) g: $\vec{x} = \begin{pmatrix} 2 \\ 2 \\ 2 \end{pmatrix} + r \cdot \begin{pmatrix} 1 \\ 1 \\ 1 \end{pmatrix}$, h: $\vec{x} = \begin{pmatrix} 2 \\ 5 \\ 2 \end{pmatrix} + s \cdot \begin{pmatrix} 2 \\ -1 \\ 2 \end{pmatrix}$

c) g: $\vec{x} = \begin{pmatrix} 4 \\ 4 \\ 1 \end{pmatrix} + r \cdot \begin{pmatrix} 2 \\ 2 \\ -1 \end{pmatrix}$, h: $\vec{x} = \begin{pmatrix} 10 \\ 10 \\ 2 \end{pmatrix} + s \cdot \begin{pmatrix} 2 \\ 2 \\ 1 \end{pmatrix}$

d) g durch A (0|6|0), B (0|0|3)
   h durch C (4|2|0), D (2|2|1)

7. Schnittwinkel Gerade/Ebene

Die Gerade g schneidet die Ebene E. Berechnen Sie den Schnittpunkt S und den Schnittwinkel g:

a) g: $\vec{x} = \begin{pmatrix} 0 \\ 0 \\ 2 \end{pmatrix} + r \cdot \begin{pmatrix} 1 \\ 1 \\ 1 \end{pmatrix}$, E: $\left[\vec{x} - \begin{pmatrix} 2 \\ 0 \\ 3 \end{pmatrix} \right] \cdot \begin{pmatrix} 3 \\ 3 \\ 2 \end{pmatrix} = 0$

b) g: $\vec{x} = \begin{pmatrix} 0 \\ 2 \\ 4 \end{pmatrix} + r \cdot \begin{pmatrix} 1 \\ 1 \\ 2 \end{pmatrix}$, E: $-x + y + 2z = 6$

c) g: $\vec{x} = \begin{pmatrix} 2 \\ 2 \\ 1 \end{pmatrix} + r \cdot \begin{pmatrix} 1 \\ 1 \\ 1 \end{pmatrix}$, E: $\vec{x} = \begin{pmatrix} 1 \\ 0 \\ 2 \end{pmatrix} + s \cdot \begin{pmatrix} 2 \\ 0 \\ -4 \end{pmatrix} + t \cdot \begin{pmatrix} 0 \\ -1 \\ 2 \end{pmatrix}$

8. Schnittwinkel Gerade/Koordinatenebene

In welchen Punkten und unter welchen Winkeln durchdringt die Gerade g die angegebenen Koordinatenebenen? Fertigen Sie ein Schrägbild an.

a) g: $\vec{x} = \begin{pmatrix} 4 \\ 1 \\ 2 \end{pmatrix} + r \cdot \begin{pmatrix} 0 \\ 1 \\ -1 \end{pmatrix}$

   E: x-y-Ebene
   F: x-z-Ebene

b) g: $\vec{x} = \begin{pmatrix} 2 \\ 3 \\ 2 \end{pmatrix} + r \cdot \begin{pmatrix} -2 \\ 1 \\ 2 \end{pmatrix}$

   E: x-y-Ebene
   F: y-z-Ebene

c) g: $\vec{x} = \begin{pmatrix} 2 \\ 2 \\ 3 \end{pmatrix} + r \cdot \begin{pmatrix} -2 \\ 1 \\ -1 \end{pmatrix}$

   E: x-z-Ebene
   F: y-z-Ebene

9. Schnittwinkel Gerade/Ebene und Vektoren

Exakt in der Mitte der rechten Dachfläche der abgebildeten Halle tritt eine 12 m hohe Antenne aus, die durch einen Stahlstab fixiert wird, der 4 m unterhalb der Antennenspitze sowie in der Mitte am Dachfirst verschraubt ist.

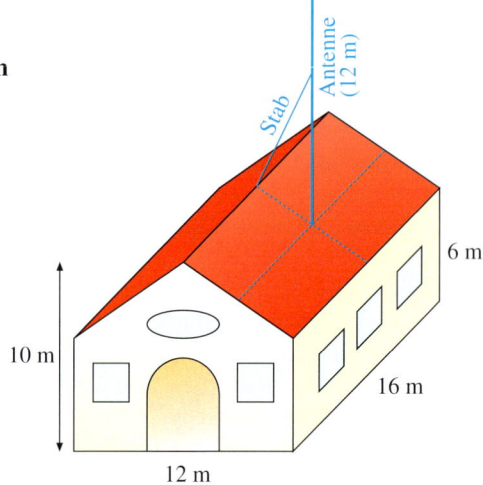

a) Welchen Winkel bildet die Antenne mit der Dachfläche?

b) Welchen Winkel bildet der Stahlstab mit der Antenne bzw. mit der Dachfläche?

10. Schnittwinkel Ebene/Koordinatenachsen

Unter welchen Winkeln schneiden die Koordinatenachsen die Ebene E?

a) $E: \left[\vec{x} - \begin{pmatrix} 0 \\ 3 \\ 0 \end{pmatrix} \right] \cdot \begin{pmatrix} 3 \\ 2 \\ 2 \end{pmatrix} = 0$
   b) $E: 2x + y + 2z = 4$
   c) $E: \vec{x} = \begin{pmatrix} 2 \\ 3 \\ 0 \end{pmatrix} + r \begin{pmatrix} 1 \\ 3 \\ -4 \end{pmatrix} + s \begin{pmatrix} 2 \\ -6 \\ 8 \end{pmatrix}$

11. Schnittwinkel Ebene/Ebene

Die Ebenen E_1 und E_2 schneiden sich. Bestimmen Sie den Schnittwinkel γ.

a) $E_1: \left[\vec{x} - \begin{pmatrix} 1 \\ 0 \\ 2 \end{pmatrix} \right] \cdot \begin{pmatrix} 2 \\ -3 \\ 2 \end{pmatrix} = 0$
   b) $E_1: 5x + y + z = 5$
      $E_2: -x + y + z = 5$
   d) $E_1: 2x + z = 1$
      $E_2: \ \ x - z = 0$

$\quad E_2: \left[\vec{x} - \begin{pmatrix} 0 \\ -2 \\ 0 \end{pmatrix} \right] \cdot \begin{pmatrix} -2 \\ 1 \\ 0 \end{pmatrix} = 0$
   c) $E_1: 2x - y + 3z = 6$
      $E_2: \ \ x - y - \ \ z = 3$
   e) $E_1: x + y = 3$
      $E_2: \ \ \ \ \ \ y = 1$

12. Schnittwinkel Ebene/Ebene

Berechnen Sie den Schnittwinkel γ der Ebenen E_1 und E_2. Bestimmen Sie zunächst Normalenvektoren beider Ebenen.

a) $E_1: \left[\vec{x} - \begin{pmatrix} 0 \\ 0 \\ 0 \end{pmatrix} \right] \cdot \begin{pmatrix} -2 \\ 3 \\ 6 \end{pmatrix} = 0,$
   $E_2: \vec{x} = \begin{pmatrix} 2 \\ 0 \\ 1 \end{pmatrix} + r \begin{pmatrix} 4 \\ 0 \\ -2 \end{pmatrix} + s \begin{pmatrix} 0 \\ -2 \\ 2 \end{pmatrix}$

b) $E_1: 2x - 3y + 6z = 12,$
   $E_2: \vec{x} = \begin{pmatrix} 0 \\ -1 \\ 7 \end{pmatrix} + r \begin{pmatrix} -2 \\ -1 \\ 4 \end{pmatrix} + s \begin{pmatrix} 0 \\ -1 \\ 3 \end{pmatrix}$

c) E_1: Ebene durch $A(4|2|0)$, E_2: y-z-Koordinatenebene
   $B(8|0|0)$, $C(4|0|0,5)$

13. Schnittwinkel Ebene/Ebene und Koordinatenachse/Ebenenschar

Gegeben ist die Ebenenschar $E_a: \left[\vec{x} - \begin{pmatrix} 2a-1 \\ 0 \\ 0 \end{pmatrix} \right] \cdot \begin{pmatrix} 1 \\ a-1 \\ a+1 \end{pmatrix} = 0$ mit $a \in \mathbb{R}$.

a) Zeigen Sie, dass sich die Ebenen E_0 und E_1 der gegebenen Schar schneiden. Bestimmen Sie die Schnittgerade g und den Schnittwinkel γ.

b) Welche Ebene der Schar E_a wird von der y-Achse unter einem Winkel von 45° geschnitten?

14. Winkel am Hausdach

Das Dach eines Doppelhauses hat vier Ebenen: E_1 (Hauptdach, sichtbar), E_2 (Hauptdach, nicht sichtbar), E_3 (Gaubendach, sichtbar), E_4 (Gaubendach, nicht sichtbar).

a) Ordnen Sie zunächst allen auf der Zeichnung erkennbaren Haus- und Dachecken Punkte zu und bestimmen Sie Parameter- und Normalengleichungen der Ebenen E_1 bis E_3.

b) Welchen Winkel bildet die Dachfläche E_1 mit dem Dachboden?

c) Welches Dach ist steiler, das Hauptdach oder das Gaubendach?

d) Welchen Winkel bilden E_1 und E_2 am First? Welchen Winkel bilden E_1 und E_3 in der Dachkehle?

e) Wie lautet die Gleichung der Kehlgeraden g von E_1 und E_3? Wie lang ist die Kehlstrecke? Unter welchem Winkel mündet die Kehlstrecke in die Regenrinne?

f) Sonnenlicht in Richtung des Vektors $\vec{v} = \begin{pmatrix} -1 \\ 1 \\ -2 \end{pmatrix}$ erzeugt einen Schatten des 1 m hohen Lüftungsrohres mit der Spitze $S(-2|6|8,8)$, dessen Abstand zum Dachfirst 1 m und zum Ortgang 2 m beträgt. Welchen Winkel bildet das Lüftungsrohr mit seinem Schatten?

15. Lichtzerlegung am Prisma

Ein Prisma hat die Form einer geraden quadratischen Pyramide (Grundkantenlänge 10 cm, Höhe 20 cm). Der Höhenfußpunkt ist Koordinatenursprung. Im Punkt $L(0|-15|8)$ wird ein Strahl w weißen Lichtes erzeugt, der das Prisma im Punkt $U(0|-2,5|10)$ trifft. Das Licht wird dort in seine Spektralfarben aufgefächert. Der grüne Teilstrahl g wird in U gebrochen, verlässt das Prisma im Punkt $V(0|3|8)$, wird dort wieder gebrochen und trifft den Boden im Punkt $W(0|13|0)$.

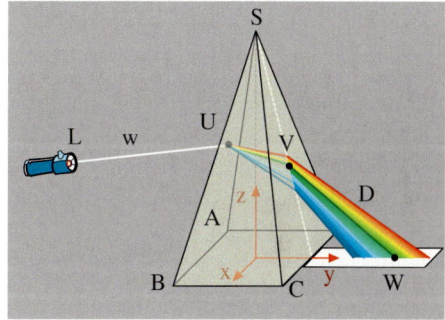

a) Unter welchem Winkel trifft der weiße Lichtstrahl w die Ebene ABS des Prismas?

b) Um welchen Winkel verändert der weiße Strahl w beim Übergang in den grünen Strahl g die Richtung? Welche weitere Richtungsveränderung erfährt der grüne Strahl beim Austritt aus dem Prisma?

c) Unter welchem Winkel schneidet der grüne Spektralstrahl g die Höhe der Pyramide?

d) In welchem Winkel zueinander stehen die Pyramidenseiten BCS und CDS?

16. Parameteraufgabe

Gegeben sind die Ebene $E: 2x + y + 2z = 6$ und die Geradenschar $g_a: \vec{x} = \begin{pmatrix} 1 \\ 2 \\ 1 \end{pmatrix} + r \begin{pmatrix} 1 \\ -1 \\ a \end{pmatrix}$.

a) Unter welchem Winkel schneiden sich E und g_2?

b) Wie muss a gewählt werden, damit E und g_a sich unter einem Winkel von 45° schneiden?

c) Für welchen Wert von a sind E und g_a parallel bzw. orthogonal zueinander?

2. Abstandsberechnungen

Im Folgenden werden Verfahren zur Bestimmung von Abständen behandelt. Es geht dabei um den Abstand von Punkten, Ebenen und Geraden.

A. Der Abstand Punkt/Ebene (Lotfußpunktverfahren)

Unter dem Abstand eines Punktes P von einer Ebene E versteht man die Länge d der Lotstrecke $\overline{PF}$, die senkrecht auf der Ebene steht.
Der Punkt F heißt *Lotfußpunkt*.

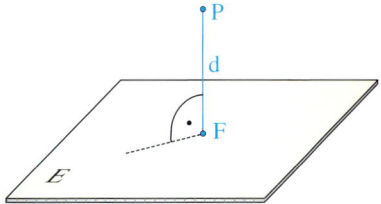

Zur Abstandsberechnung kann man das sogenannte *Lotfußpunktverfahren* verwenden. Dabei stellt man eine Lotgerade g auf, die senkrecht zur Ebene E steht und den Punkt P enthält. Man errechnet ihren Schnittpunkt F mit der Ebene E, den sogenannten Lotfußpunkt F. Der gesuchte Abstand d von Punkt und Ebene ergibt sich dann als Abstand der beiden Punkte P und F.

▶ **Beispiel: Lotfußpunktverfahren**
Gesucht ist der Abstand d des Punktes $P(4|4|5)$ von der Ebene E: $x + y + 2z = 6$.

Lösung:
Wir bestimmen zunächst die Gleichung der Lotgeraden g. Als Stützpunkt verwenden wir den Punkt P und als Richtungsvektor dient der Normalenvektor von E, denn die Gerade g soll senkrecht zu E verlaufen. Die Koordinaten $x = 1$, $y = 1$, $z = 2$ des Normalenvektors können hier direkt aus der Koordinatenform von E abgelesen werden.

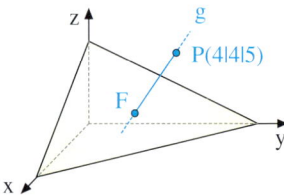

1. Lotgerade g: g: $\vec{x} = \begin{pmatrix} 4 \\ 4 \\ 5 \end{pmatrix} + r \begin{pmatrix} 1 \\ 1 \\ 2 \end{pmatrix}$

Nun wird durch Einsetzen der Koordinaten von g in die Gleichung von E der Schnittpunkt F berechnet.
Resultat: $F(2|2|1)$

2. Schnittpunkt von g und E:
$(4 + r) + (4 + r) + 2(5 + 2r) = 6$
$\qquad\qquad\qquad 18 + 6r = 6$
$\qquad\qquad\qquad r = -2, \; F(2|2|1)$

Schließlich errechnen wir den Abstand der beiden Punkte P und F nach der wohlbekannten Abstandsformel.
Resultat: Der Punkt P und die Ebene E
▶ haben den Abstand $d = \sqrt{24} \approx 4{,}90$.

3. Abstand von P und F:

$d = |\overline{PF}| = \sqrt{(2 - 4)^2 + (2 - 4)^2 + (1 - 5)^2}$

$d = \sqrt{24} \approx 4{,}90$

Übung 1
Bestimmen Sie den Abstand des Punktes P von der Ebene E.
a) E: $4x - 4y + 2z = 16$, $P(5|-5|6)$ 　　　　 b) E: $-4x + 5y + z = 10$, $P(-3|7|5)$

B. Der Abstand Punkt/Ebene (Hesse'sche Normalenform)

Neben dem Lotfußpunktverfahren gibt es ein weiteres Verfahren zur Berechnung des Abstandes Punkt/Ebene, welches letztendlich schneller geht.
Dabei wird eine besondere Form der Ebenengleichung verwendet, die man nach dem deutschen Mathematiker *Ludwig Otto Hesse* (1811–1874) als *Hesse'sche Normalenform* bezeichnet.

Es handelt sich hierbei um eine Normalengleichung der Ebene, in der ein Normalenvektor $\vec{n}_0$ verwendet wird, der normiert ist, d.h. die Länge $|\vec{n}_0| = 1$ besitzt.
Man spricht von einem *Normaleneinheitsvektor*.

Die Hesse'sche Normalenform

$$E: (\vec{x} - \vec{a}) \cdot \vec{n}_0 = 0$$

$\vec{x}$: allg. Ortsvektor der Ebene
$\vec{a}$: Ortsvektor eines Ebenenpunktes
$\vec{n}_0$: Normalenvektor mit $|\vec{n}_0| = 1$

▶ **Beispiel: Hesse'sche Normalenform (HNF)**
Bestimmen Sie eine Hesse'sche Normalenform der Ebene E: $\left[\vec{x} - \begin{pmatrix} 1 \\ 0 \\ 2 \end{pmatrix} \right] \cdot \begin{pmatrix} 1 \\ 2 \\ 3 \end{pmatrix} = 0$.

Lösung:
Die Ebene ist schon in Normalenform gegeben. Wir müssen also lediglich ihren Normalenvektor $\vec{n}$ normieren.
Hierzu dividieren wir den Vektor $\vec{n}$ durch seinen Betrag $|\vec{n}| = \sqrt{14}$.
Wir erhalten den rechts aufgeführten Normaleneinheitsvektor $\vec{n}_0$.

Betrag des Normalenvektors:

$$\vec{n} = \begin{pmatrix} 1 \\ 2 \\ 3 \end{pmatrix} \Rightarrow |\vec{n}| = \sqrt{1^2 + 2^2 + 3^2} = \sqrt{14}$$

Normaleneinheitsvektor:

$$\vec{n}_0 = \frac{\vec{n}}{|\vec{n}|} = \begin{pmatrix} 1/\sqrt{14} \\ 2/\sqrt{14} \\ 3/\sqrt{14} \end{pmatrix}$$

Ersetzen wir nun in der gewöhnlichen Normalenform der Ebenengleichung den Vektor $\vec{n}$ durch $\vec{n}_0$, so erhalten wir die
▶ Hesse'sche Normalenform.

Hesse'sche Normalenform von E:

$$E: \left[\vec{x} - \begin{pmatrix} 1 \\ 0 \\ 2 \end{pmatrix} \right] \cdot \begin{pmatrix} 1/\sqrt{14} \\ 2/\sqrt{14} \\ 3/\sqrt{14} \end{pmatrix} = 0$$

Übung 2
Bestimmen Sie eine Hesse'sche Normalenform der Ebene E.

a) E: $\left[\vec{x} - \begin{pmatrix} 1 \\ 0 \\ 3 \end{pmatrix} \right] \cdot \begin{pmatrix} 1 \\ 2 \\ 2 \end{pmatrix} = 0$

b) E: $2x + y - z = 6$

c) E: $\vec{x} = \begin{pmatrix} 1 \\ 4 \\ 3 \end{pmatrix} + r \begin{pmatrix} -3 \\ 3 \\ 4 \end{pmatrix} + s \begin{pmatrix} 12 \\ 5 \\ 1 \end{pmatrix}$

Die Bedeutung der Hesse'schen Normalengleichung für Abstandsberechnungen ergibt sich aus folgender Tatsache:

Ersetzt man den allgemeinen Ortsvektor $\vec{x}$ auf der linken Seite einer Hesse'schen Normalengleichung der Ebene E durch den Ortsvektor $\vec{p}$ eines Punktes P, so erhält man, abgesehen vom Vorzeichen, den Abstand des Punktes P von der Ebene E.

Abstandsformel (Punkt/Ebene)

E: $(\vec{x} - \vec{a}) \cdot \vec{n}_0 = 0$ sei eine Hesse'sche Normalengleichung der Ebene E. Dann gilt für den Abstand d eines beliebigen Punktes P mit dem Ortsvektor $\vec{p}$ von der Ebene E:

$$d = d(P, E) = \left| (\vec{p} - \vec{a}) \cdot \vec{n}_0 \right|.$$

Beispiel: Abstand Punkt/Ebene

Gesucht ist der Abstand des Punktes $P(4|4|5)$ von der Ebene: $\left[\vec{x} - \begin{pmatrix} 2 \\ 2 \\ 1 \end{pmatrix}\right] \cdot \begin{pmatrix} 1 \\ 1 \\ 2 \end{pmatrix} = 0$.

Lösung
Wir stellen zunächst eine Hesse'sche Normalengleichung von E auf, indem wir einen Normaleneinheitsvektor errechnen.

Hesse'sche Normalenform von E:

E: $\left[\vec{x} - \begin{pmatrix} 2 \\ 2 \\ 1 \end{pmatrix}\right] \cdot \begin{pmatrix} 1/\sqrt{6} \\ 1/\sqrt{6} \\ 2/\sqrt{6} \end{pmatrix} = 0$

Anschließend ersetzen wir im linksseitigen Term der Gleichung $\vec{x}$ durch den Ortsvektor von $P(4|4|5)$.
Wir errechnen das sich ergebende Skalarprodukt und bilden hiervon den Betrag.
Das Resultat 4,90 ist der gesuchte Abstand von P und E.

Abstand von P und E:

$d = \left\| \left[\begin{pmatrix} 4 \\ 4 \\ 5 \end{pmatrix} - \begin{pmatrix} 2 \\ 2 \\ 1 \end{pmatrix} \right] \cdot \begin{pmatrix} 1/\sqrt{6} \\ 1/\sqrt{6} \\ 2/\sqrt{6} \end{pmatrix} \right\|$

$= \left\| \begin{pmatrix} 2 \\ 2 \\ 4 \end{pmatrix} \cdot \begin{pmatrix} 1/\sqrt{6} \\ 1/\sqrt{6} \\ 2/\sqrt{6} \end{pmatrix} \right\| = \dfrac{12}{\sqrt{6}} \approx 4,90$

Begründung der Abstandsformel:
P sei ein Punkt, der auf derjenigen Seite der Ebene E liegt, nach der $\vec{n}_0$ zeigt.
Dann gilt folgende Rechnung:

$(\vec{p} - \vec{a}) \cdot \vec{n}_0 = \overrightarrow{AP} \cdot \vec{n}_0 = (\overrightarrow{AF} + \overrightarrow{FP}) \cdot \vec{n}_0$

$= \overrightarrow{AF} \cdot \vec{n}_0 + \overrightarrow{FP} \cdot \vec{n}_0$

$= |\overrightarrow{AF}| \cdot |\vec{n}_0| \cdot \cos 90° + |\overrightarrow{FP}| \cdot |\vec{n}_0| \cdot \cos 0°$

$= |\overrightarrow{FP}| = d$

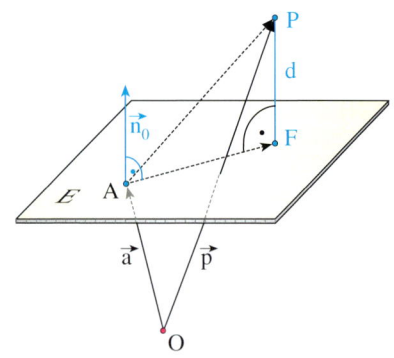

Liegt P auf der anderen Seite von E, so ergibt sich $(\vec{p} - \vec{a}) \cdot \vec{n}_0 = -d$.
Insgesamt: $d = \left| (\vec{p} - \vec{a}) \cdot \vec{n}_0 \right|$.

C. Anwendungen der Abstandsformel Punkt/Ebene

► **Beispiel: Höhe einer Pyramide**

Welche Höhe hat die abgebildete Pyramide mit der Grundfläche ABC und der Spitze S?
Welches Volumen hat die Pyramide?

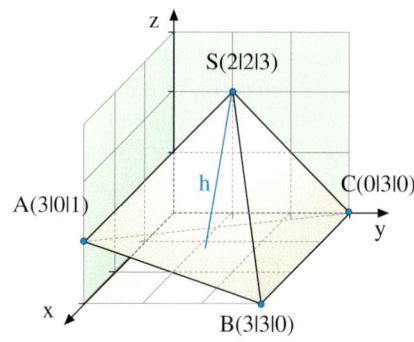

Lösung:
Die Höhe h ist der Abstand des Punktes S zu derjenigen Ebene E, welche A, B und C enthält.
Wir bestimmen zunächst eine Parametergleichung von E, wandeln diese in eine Normalengleichung um und stellen durch Normierung von $\vec{n}$ schließlich deren Hesse'sche Normalengleichung auf.

Durch Einsetzung des Ortsvektors der Pyramidenspitze S in die linke Seite der Hesse'schen Normalengleichung errechnen wir den Abstand h von S und E.
Resultat: h ≈ 2,53 LE

Zur Berechnung des Pyramidenvolumens benötigen wir den Flächeninhalt A des Grundflächendreiecks ABC. Wir wenden die Formel für den Flächeninhalt des Dreiecks an (vgl. S. 338). Dabei können wir die Richtungsvektoren der Parametergleichung von E als aufspannende Vektoren des Dreiecks verwenden.
Der Flächeninhalt beträgt A ≈ 4,74 FE.
► Das Volumen der Pyramide ist V = 4 VE

Parametergleichung von E:

$$E: \vec{x} = \begin{pmatrix} 3 \\ 0 \\ 1 \end{pmatrix} + r \begin{pmatrix} 0 \\ 3 \\ -1 \end{pmatrix} + s \begin{pmatrix} -3 \\ 3 \\ -1 \end{pmatrix}$$

Hesse'sche Normalengleichung:

$$E: \left[\vec{x} - \begin{pmatrix} 3 \\ 0 \\ 1 \end{pmatrix} \right] \cdot \begin{pmatrix} 0 \\ 1/\sqrt{10} \\ 3/\sqrt{10} \end{pmatrix} = 0$$

Abstand von S und E:

$$h = \left\| \left[\begin{pmatrix} 2 \\ 2 \\ 3 \end{pmatrix} - \begin{pmatrix} 3 \\ 0 \\ 1 \end{pmatrix} \right] \cdot \begin{pmatrix} 0 \\ 1/\sqrt{10} \\ 3/\sqrt{10} \end{pmatrix} \right\| = \frac{8}{\sqrt{10}} \approx 2{,}53$$

Flächeninhalt von ABC:

$$A = \frac{1}{2} \cdot \sqrt{ \begin{pmatrix} 0 \\ 3 \\ -1 \end{pmatrix}^2 \cdot \begin{pmatrix} -3 \\ 3 \\ -1 \end{pmatrix}^2 - \left(\begin{pmatrix} 0 \\ 3 \\ -1 \end{pmatrix} \cdot \begin{pmatrix} -3 \\ 3 \\ -1 \end{pmatrix} \right)^2 }$$

$$= \frac{1}{2} \cdot \sqrt{10 \cdot 19 - 10^2} = \frac{1}{2} \cdot \sqrt{90} \approx 4{,}74$$

Volumen der Pyramide:

$$V = \frac{1}{3} \cdot A \cdot h = \frac{1}{3} \cdot \frac{1}{2} \sqrt{90} \cdot \frac{8}{\sqrt{10}} = 4$$

Übung 3

Von einem Würfel mit der Seitenlänge von 4 m wurde eine Ecke wie dargestellt abgeschnitten.

a) Welche Höhe hat die Pyramide über der Schnittfläche?
b) Wie groß ist das Restvolumen des Würfels?
c) In welchem Punkt schneidet die Würfeldiagonale das blaue Dreieck?

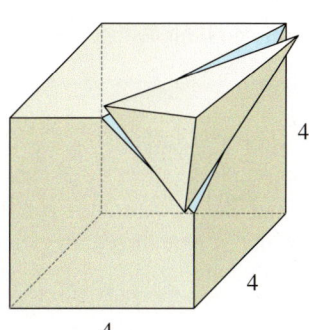

Eine Ebene teilt den dreidimensionalen Anschauungsraum in zwei Hälften. Da ein Normalenvektor der Ebene stets in einen der beiden *Halbräume* zeigt, kann man diese voneinander unterscheiden.
Dies ist der Grund dafür, dass man mithilfe der Abstandsformel Punkt/Ebene feststellen kann, ob zwei gegebene Punkte P und Q bezüglich einer Ebene E im gleichen oder in verschiedenen Halbräumen liegen.

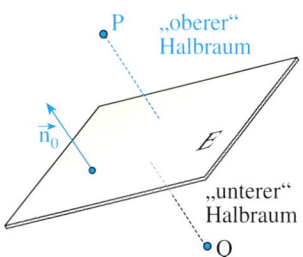

▶ **Beispiel: Halbräume**
Gegeben sind die Ebene E: $3x - 4y + 4z = 12$ sowie die Punkte $P(0|0|1)$ und $Q(3|-1|1)$.
Bestimmen Sie die Abstände von P und Q zu E und stellen Sie fest, ob P und Q auf der „gleichen Seite" von E liegen. Welcher Punkt liegt näher an E?

Lösung:
Der Koordinatengleichung von E können wir durch Einsetzen ($x = 0$, $y = 0 \Rightarrow z = 3$) einen Punkt und anhand der Koeffizienten ($3x - 4y + 4z$) einen Normalenvektor entnehmen, woraus wir die Hesse'sche Normalengleichung erstellen.

1. Hessesche Normalengleichung von E:

$$E: \left[\vec{x} - \begin{pmatrix} 0 \\ 0 \\ 3 \end{pmatrix} \right] \cdot \begin{pmatrix} 3/\sqrt{41} \\ -4/\sqrt{41} \\ 4/\sqrt{41} \end{pmatrix} = 0$$

Nun setzen wir die Ortsvektoren der Punkte P und Q in die linke Seite der HNF ein, ohne allerdings deren Betrag zu bilden. Wir erhalten für P den Wert $-1,25$ und für Q den Wert $0,78$.

2. Abstandsberechnung:

$$P: \left[\begin{pmatrix} 0 \\ 0 \\ 1 \end{pmatrix} - \begin{pmatrix} 0 \\ 0 \\ 3 \end{pmatrix} \right] \cdot \begin{pmatrix} 3/\sqrt{41} \\ -4/\sqrt{41} \\ 4/\sqrt{41} \end{pmatrix} = -\frac{8}{\sqrt{41}} \approx -1,25$$

$$Q: \left[\begin{pmatrix} 3 \\ -1 \\ 1 \end{pmatrix} - \begin{pmatrix} 0 \\ 0 \\ 3 \end{pmatrix} \right] \cdot \begin{pmatrix} 3/\sqrt{41} \\ -4/\sqrt{41} \\ 4/\sqrt{41} \end{pmatrix} = \frac{5}{\sqrt{41}} \approx +0,78$$

Das bedeutet:
Q liegt wegen des positiven Vorzeichens in demjenigen Halbraum bezüglich E, in den der Normalenvektor zeigt, wenn sein Fußpunkt auf E angenommen wird.
P liegt wegen des negativen Vorzeichens im anderen Halbraum.
Die Abstände zu E sind 1,25 bzw. 0,78.
▶ Q liegt näher an E als P.

3. Interpretation:

P und Q liegen auf unterschiedlichen Seiten von E.
Abstand von P zu E: $d(P, E) = 1,25$
Abstand von Q zu E: $d(Q, E) = 0,78$
Q liegt näher an E als P.

Übung 4
Gegeben sind die Ebene E: $2x + y + z = 4$ sowie die Punkte $P(0|1|2)$, $Q(-1|2|5)$, $R(1|1|1)$ und $T(1|3|2)$.
a) Berechnen Sie die Abstände von P, Q, R und T zu E.
b) Welche der Punkte liegen im gleichen Halbraum bezüglich E?
c) Liegt der Ursprung auf der gleichen Seite der Ebene wie der Punkt $P(0|1|2)$?

Übungen

5. Lotfußpunktverfahren

Bestimmen Sie den Abstand des Punktes P zur Ebene E mithilfe des Lotfußpunktverfahrens.

a) E: $x + 2y + 2z = 10$, $P(4|6|6)$

b) E: $3x + 4y = 2$, $\quad P(9|0|2)$

c) E: $2x - 3y - 6z = -4$, $P(6|-1|-5)$

d) E: $\vec{x} = \begin{pmatrix} 0 \\ 6 \\ 6 \end{pmatrix} + r\begin{pmatrix} 1 \\ 3 \\ 2 \end{pmatrix} + s\begin{pmatrix} 0 \\ 6 \\ 4 \end{pmatrix}$, $P(2|7|-2)$

6. Hesse'sche Normalengleichung (HNF)

Bestimmen Sie eine Hesse'sche Normalengleichung der Ebene E durch die Punkte A, B, C.

a) $A(1|1|3)$
   $B(2|-1|5)$
   $C(0|1|5)$

b) $A(3|4|-1)$
   $B(6|2|1)$
   $C(0|5|-1)$

c) $A(7|3|2)$
   $B(11|1|2)$
   $C(9|1|3)$

7. Abstandsformel (HNF)

Stellen Sie zunächst eine Hesse'sche Normalengleichung der Ebene E auf. Berechnen Sie anschließend den Abstand von P und Q von der Ebene E mithilfe der Abstandsformel.

a) E: $6x + 3y + 2z = 22$
   $P(7|5|7)$, $Q(6|1|2)$

b) E: $x - 2y + 2z = 8$
   $P(7|1|6)$, $Q(2|-4|8)$

c) E: $2x + 3y + 6z = 12$
   $P(4|3|5)$, $Q(2|1|-6)$

d) E: $\left[\vec{x} - \begin{pmatrix} 6 \\ -2 \\ 2 \end{pmatrix} \right] \cdot \begin{pmatrix} 3 \\ 4 \\ 0 \end{pmatrix} = 0$
   $P(4|4|4)$
   $Q(4|-0,5|1)$

e) E: $\vec{x} = \begin{pmatrix} 2 \\ 2 \\ 0 \end{pmatrix} + r\begin{pmatrix} 3 \\ -2 \\ 0 \end{pmatrix} + s\begin{pmatrix} 2 \\ 2 \\ -15 \end{pmatrix}$
   $P(7|11|5)$
   $Q(5|-7|1)$

f) E: $\vec{x} = \begin{pmatrix} 3 \\ 2 \\ -2 \end{pmatrix} + r\begin{pmatrix} 1 \\ 1 \\ 0 \end{pmatrix} + s\begin{pmatrix} 12 \\ -5 \\ -6 \end{pmatrix}$
   $P(17|5|12)$
   $Q(5|5|-24)$

8. Pyramidenhöhe

Gegeben ist die abgebildete Pyramide mit der Grundfläche ABCD und der Spitze S.

a) Welche Höhe hat die Pyramide?

b) Welches Volumen hat die Pyramide?

c) Bestimmen Sie den Fußpunkt F der Pyramidenhöhe.

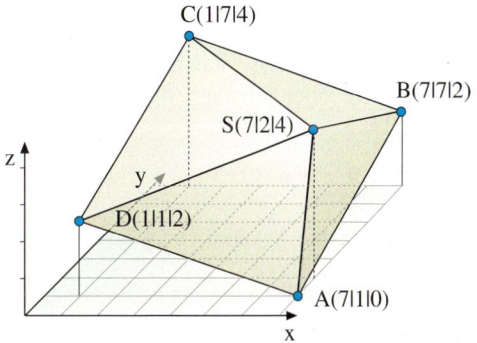

9. Relative Lage (Halbräume)

Gegeben sind die Ebene E sowie die Punkte P und Q.

Untersuchen Sie, ob P und Q im gleichen Halbraum bezüglich der Ebene E liegen.

Liegt einer der beiden Punkte P und Q im gleichen Halbraum wie der Ursprung?

a) E: $2x - 2y + z = 7$
   $P(2|10|1)$, $Q(4|4|3)$

b) E: $6x - 2y + 3z = 12$
   $P(-1|-2|6)$, $Q(2|1|2)$

D. Abstand einer Geraden bzw. Ebene zu einer parallelen Ebene

Verläuft eine Ebene F parallel zur Ebene E, so kann man den Abstand d(F, E) errechnen, indem man den Abstand irgendeines Punktes der Ebene F zur Ebene E errechnet, z.B. mithilfe der Abstandsformel.
Völlig analog kann der Abstand d(g, E) einer Geraden g von einer parallelen Ebene E als Abstand irgendeines Geradenpunktes zur Ebene E gedeutet werden.

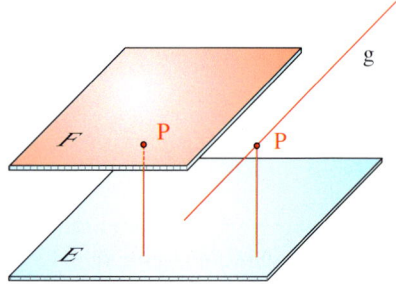

▶ **Beispiel: Abstand Gerade/Ebene**

Bestimmen Sie den Abstand der Geraden g: $\vec{x} = \begin{pmatrix} 3 \\ 3 \\ 4 \end{pmatrix} + r \begin{pmatrix} -2 \\ -1 \\ 2 \end{pmatrix}$ von der Ebene

E: $x + 2y + 2z = 8$.

Lösung:

Wir prüfen zunächst die Parallelität von der Geraden und der Ebene nach, indem wir das Skalarprodukt aus dem Richtungsvektor von g und dem Normalenvektor von E bilden. Es ist null.

Parallelitätsprüfung:

$\begin{pmatrix} -2 \\ -1 \\ 2 \end{pmatrix} \cdot \begin{pmatrix} 1 \\ 2 \\ 2 \end{pmatrix} = -2 - 2 + 4 = 0$

Anschließend stellen wir eine Hesse'sche Normalengleichung von E auf.

Hesse'sche Normalengleichung:

$E: \left[\vec{x} - \begin{pmatrix} 0 \\ 0 \\ 4 \end{pmatrix} \right] \cdot \begin{pmatrix} 1/3 \\ 2/3 \\ 2/3 \end{pmatrix} = 0$

Durch Einsetzen des Stützvektors von g in die linke Seite der Hesse'schen Normalengleichung errechnen wir den Abstand von
▶ g und E: d = 3.

Abstandsberechnung:

$d = \left| \left[\begin{pmatrix} 3 \\ 3 \\ 4 \end{pmatrix} - \begin{pmatrix} 0 \\ 0 \\ 4 \end{pmatrix} \right] \cdot \begin{pmatrix} 1/3 \\ 2/3 \\ 2/3 \end{pmatrix} \right| = 3$

Übung 10

Berechnen Sie den Abstand von g und E bzw. von E und F. Weisen Sie zunächst die Parallelität nach.

a) g: $\vec{x} = \begin{pmatrix} 7 \\ -1 \\ 4 \end{pmatrix} + r \begin{pmatrix} 1 \\ 6 \\ 2 \end{pmatrix}$

   E: $6x - 2y + 3z = 7$

b) g: $\vec{x} = \begin{pmatrix} 5 \\ 2 \\ 0 \end{pmatrix} + r \begin{pmatrix} -4 \\ 3 \\ 2 \end{pmatrix}$

   E: $\vec{x} = \begin{pmatrix} 0 \\ 0 \\ 5 \end{pmatrix} + s \begin{pmatrix} 1 \\ 1 \\ -4 \end{pmatrix} + t \begin{pmatrix} -1 \\ 0 \\ 2 \end{pmatrix}$

c) E: $4x + 2y - 4z = 16$
   F: $-2x - y + 2z = -26$

d) E: $12x - 5y + 13z = -204$
   F: $6x - 2,5y + 6,5z = 67$

E.   Der Abstand Punkt/Gerade

Der Abstand eines Punktes P von einer Geraden g ist die Länge der Lotstrecke $\overline{PF}$, die vom Punkt P auf die Gerade führt und senkrecht auf ihr steht. Wir beschreiben zunächst die Strategie.

1. Man bestimmt eine Normalengleichung derjenigen Hilfsebene H, die orthogonal auf g steht und den Punkt P enthält.

2. Man berechnet den Lotfußpunkt F als Schnittpunkt der Geraden g mit der Hilfsebene H.

3. Man bestimmt den gesuchten Abstand d als Länge des Lotvektors $\overrightarrow{PF}$.

Dreidimensionaler Fall

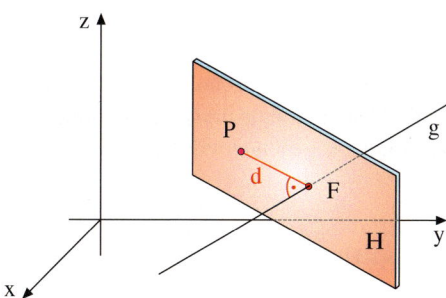

▶ Beispiel: Abstand Punkt/Gerade im $\mathbb{R}^3$

Gesucht ist der Abstand des Punktes $P(-1|4|5)$ von der Geraden g: $x = \begin{pmatrix} 1 \\ 2 \\ 2 \end{pmatrix} + r \begin{pmatrix} -1 \\ 3 \\ 2 \end{pmatrix}$.

Lösung:

Wir bestimmen zunächst eine Normalengleichung der Hilfsebene H, die senkrecht zu g ist und P enthält. Als Normalenvektor von H können wir den Richtungsvektor von g verwenden und als Stützvektor den Ortsvektor von P.

Der Lotfußpunkt F des Lotes von P auf g ist der Schnittpunkt von g und H. Diesen errechnen wir durch Einsetzen der rechten Seite der Geradengleichung für den allgemeinen Ortsvektor $\vec{x}$ in der Ebenengleichung.

Resultat: $F(0|5|4)$

Abschließend bestimmen wir den gesuchten Abstand d von P und g, indem wir die Länge des Lotvektors $\overrightarrow{PF}$ ermitteln.

▶ Resultat: $d = |\overrightarrow{PF}| = \sqrt{3} \approx 1{,}73$

1. Hilfsebene H: $(H \perp g, P \in H)$

$$H: \left[\vec{x} - \begin{pmatrix} -1 \\ 4 \\ 5 \end{pmatrix} \right] \cdot \begin{pmatrix} -1 \\ 3 \\ 2 \end{pmatrix} = 0$$

2. Lotfußpunkt F:

Schnittpunkt von g und H:

$$\left[\begin{pmatrix} 1 \\ 2 \\ 2 \end{pmatrix} + r \begin{pmatrix} -1 \\ 3 \\ 2 \end{pmatrix} - \begin{pmatrix} -1 \\ 4 \\ 5 \end{pmatrix} \right] \cdot \begin{pmatrix} -1 \\ 3 \\ 2 \end{pmatrix} = 0$$

$$-14 + 14\,r = 0$$
$$r = 1$$
$$\Rightarrow \ F(0|5|4)$$

3. Abstand von P und F:

$$d = |\overrightarrow{PF}| = \left\| \begin{pmatrix} 0 \\ 5 \\ 4 \end{pmatrix} - \begin{pmatrix} -1 \\ 4 \\ 5 \end{pmatrix} \right\| = \left\| \begin{pmatrix} 1 \\ 1 \\ -1 \end{pmatrix} \right\| = \sqrt{3}$$

Übung 11

Gesucht ist der Abstand des Punktes P von der Geraden g im $\mathbb{R}^3$.

a) g: $\vec{x} = \begin{pmatrix} 4 \\ 0 \\ 1 \end{pmatrix} + r \begin{pmatrix} -1 \\ 1 \\ 1 \end{pmatrix}$

   $P(4|6|-2)$

b) g geht durch $A(4|2|1)$ und $B(0|6|3)$. $P(2|1|8)$

c) g geht durch $A(4|8|7)$ und $B(9|3|7)$. $P(0|0|0)$

F.   Der Abstand paralleler Geraden

Die Aufgabe, den Abstand paralleler Geraden zu bestimmen, kann auf die vorherige Problematik des Abstands von Punkt und Gerade zurückgeführt werden.

Alle Punkte der Geraden h haben von der parallelen Gerade g den gleichen Abstand. Dieser Abstand kann berechnet werden, indem man den Abstand eines beliebigen Punktes der Geraden h – beispielsweise den Abstand ihres Stützpunktes P – von der Geraden g berechnet.

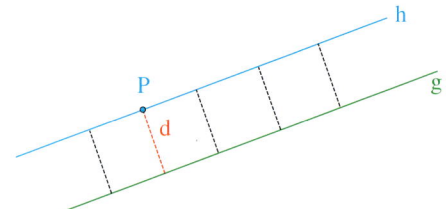

> **Beispiel: Abstand paralleler Geraden**
> Kurz nach dem Start befindet sich Flugzeug Alpha in einem geradlinigen Steigflug durch die Punkte $A(-8|5|1)$ und $B(2|-1|2)$. Gleichzeitig befindet sich Flugzeug Beta im Landeanflug durch die Punkte $C(13|-5|5)$ und $D(-7|7|3)$. (Angaben in km)
> Weisen Sie nach, dass die Flugbahnen beider Flugzeuge parallel verlaufen, und berechnen Sie den Abstand der Flugbahnen.

Lösung:
Die nebenstehende Gerade g beschreibt die Flugbahn von Flugzeug A, die Gerade h beschreibt die Flugbahn von Flugzeug B. Die Geraden g und h sind parallel, da die Richtungsvektoren kollinear sind. Wie man leicht sieht, ist der Kollinearitätsfaktor -2.

Zur Abstandsberechnung der beiden Geraden wird der Abstand des Punktes C von der Geraden g berechnet.

Die Hilfsebene H enthält den Punkt C und ist orthogonal zur Gerade g. Der Schnittpunkt F von g und H ist der Fußpunkt des Lotes von Punkt C auf die Gerade g. Der Abstand der Punkte C und F ist damit gleich dem Abstand der Geraden g und h.
▶ Er beträgt 3 km.

Gerade g: $\vec{x} = \begin{pmatrix} -8 \\ 5 \\ 1 \end{pmatrix} + r \cdot \begin{pmatrix} 10 \\ -6 \\ 1 \end{pmatrix}$

Gerade h: $\vec{x} = \begin{pmatrix} 13 \\ -5 \\ 5 \end{pmatrix} + s \cdot \begin{pmatrix} -20 \\ 12 \\ -2 \end{pmatrix}$

Hilfsebene H: $\left[\vec{x} - \begin{pmatrix} 13 \\ -5 \\ 5 \end{pmatrix} \right] \cdot \begin{pmatrix} 10 \\ -6 \\ 1 \end{pmatrix} = 0$

$\qquad$ H: $10x - 6y + z = 165$

Schnittpunkt von g und H:
$10(-8 + 10r) - 6(5 - 6r) + 1 + r = 165$
$\qquad\qquad\qquad 137r - 109 = 165$
$\qquad\qquad\qquad\qquad\qquad r = 2$

Schnittpunkt: $F(12|-7|3)$

Abstand: $d = |\overrightarrow{CF}| = \sqrt{1 + 4 + 4} = 3$

Übung 12

a) Zeigen Sie, dass die Gerade durch A und B parallel ist zur Geraden durch C und D.
   I: $A(-1|6|4)$, $B(5|-2|4)$, $C(3|9|4)$, $D(9|1|4)$
   II: $A(0|0|6)$, $B(2|4|2)$, $C(3|-6|6)$, $D(7|2|-2)$
b) Zeigen Sie, dass das Viereck ABCD mit $A(5|0|0)$, $B(9|6|1)$, $C(7|7|3)$, $D(3|1|2)$ ein Parallelogramm ist, und berechnen Sie seinen Flächeninhalt.

Übungen

13. Drachenprisma

Die Punkte A (8|1|0), B (5|5|2), C (2|4|3) und D (3|1|2) sind die Eckpunkte der Grundfläche eines Prismas ABCDEFGH. Weiterhin sei der Punkt E (10|2|2) der Deckfläche bekannt.

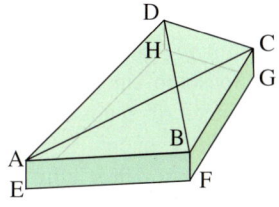

a) Bestimmen Sie die Eckpunkte F, G und H.
b) Weisen Sie nach, dass ABCD ein Drachenviereck ist.
c) Stellen Sie die Gleichung der Ebene T durch die Punkte A, C, H in Normalenform auf.
d) Bestimmen Sie den Abstand des Punktes F zur Ebene T.
e) Berechnen Sie den Abstand von Grund- und Deckfläche des Prismas und das Volumen.

14. Quadratische Pyramide

Die Punkte A (0|0|0), B (8|0|0), C (8|8|0) und D (0|8|0) sind die Eckpunkte der Grundfläche einer geraden quadratischen Pyramide ABCDS mit der Höhe h = 6. M ist der Mittelpunkt der Kante $\overline{CS}$, N der Mittelpunkt von $\overline{DS}$. Die Ebene E enthält die Punkte A, B, M, N.

a) Zeichnen Sie die Pyramide und die Ebene E im kartesischen Koordinatensystem.
b) Geben Sie eine Gleichung der Ebene E in Normalenform an.
c) Prüfen Sie, ob alle Eckpunkte der Pyramide, die nicht in der Ebene E liegen, zu E den gleichen Abstand haben.
d) Zeigen Sie, dass das Viereck CDNM ein Trapez ist, und berechnen Sie dessen Flächeninhalt, indem Sie zunächst den Abstand der Geraden CD und MN bestimmen.
e) Unter welchem Winkel schneidet die Kante $\overline{CS}$ die Ebene E?

15. Dreieckspyramide

Die Punkte A (7|3|1), B (11|1|4) und C (8|5|3) sind die Eckpunkte der Grundfläche einer Pyramide mit der Spitze S (5|1|7).

a) Zeichnen Sie die Pyramide im kartesischen Koordinatensystem.
b) Die Grundfläche der Pyramide liegt in der Ebene E. Geben Sie eine Gleichung der Ebene E in Parameter- und in Normalenform an.
c) Berechnen Sie die Höhe der Pyramide und den Fußpunkt F des Lotes von S auf E.
d) Welchen Abstand hat der Punkt C von der Seitenkante $\overline{BS}$?
e) Unter welchem Winkel schneidet die Kante $\overline{BS}$ die Ebene E?

16. Würfel

A (3|4|6), B (7|8|8), D (7|2|2) und E (5|0|10) sind Eckpunkte des Würfels ABCDEFGH.

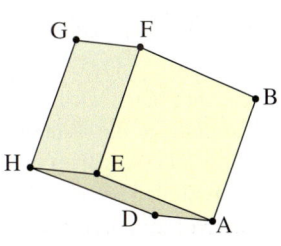

a) Bestimmen Sie die fehlenden Eckpunkte.
b) Die Ebene T enthalte die Punkte B, D und E. Stellen Sie eine Gleichung der Ebene T in Normalenform auf und berechnen Sie den Abstand des Punktes A zur Ebene T.
c) Welchen Abstand hat der Punkt B zur Geraden durch die Punkte D und E?
d) Berechnen Sie das Volumen der Pyramide ABDE. Verwenden Sie die bisherigen Ergebnisse.

17. Einparkhilfe

Bei der Entwicklung der KFZ-Einpark-
hilfe haben Bionikforscher das Or-
tungssystem der Fledermaus kopiert
und entsprechende Sensoren in die
hintere Stoßstange integriert. Die
Sensoren sind so eingestellt, dass sie
eine Abstandsunterschreitung von
0,3 m anzeigen.

Ein Autofahrer fährt geradlinig rück-
wärts auf eine schräge Ebene zu, die durch $\left[\vec{x} - \begin{pmatrix} 10 \\ 0 \\ 10 \end{pmatrix}\right] \cdot \begin{pmatrix} 5 \\ 5 \\ 1 \end{pmatrix} = 0$ beschrieben wird.

a) Der der Ebene nächste Sensor befindet sich zunächst im Punkt $P(6,2|6,2|0,3)$. Zeigen Sie,
   dass der Sensor noch keinen Alarm gegeben hat. Wenig später ist der Sensor im Punkt
   $Q(6,1|6,1|0,3)$ angelangt. Ist inzwischen ein Alarm erfolgt?
b) An welchem Punkt R zwischen P und Q muss der Sensor Alarm geben?

18. Echolot (Tiefenmessung)

Ein Motorboot bewegt sich in einem
Gewässer mit ebenem, aber leicht an-
steigendem Grund. $P(0|0|-20)$,
$Q(50|50|-15)$ und $R(0|50|-15)$
sind Punkte der Grundebene. Das Boot
besitzt einen Echolotsensor in Höhe der
Wasseroberfläche.

a) Erstellen Sie eine Normalengleichung der Grundebene.
b) Welcher Abstand zur Grundebene wird gemessen, wenn der Sensor sich im Punkt
   $A(50|50|0)$ befindet? Etwas später sind Boot und Sensor im Punkt $B(75|75|0)$ angelangt.
   Wie groß ist der Abstand hier? Wie tief ist das Wasser senkrecht unter dem Sensor?
c) Das Echolot berechnet aus den gespeicherten Daten den Abstand zum Grund voraus. Wo
   wird bei gleichbleibendem Kurs ein Abstand von nur noch 2 m erreicht, der aus Sicher-
   heitsgründen mindestens erforderlich ist?

19. Radar (Höhenmessung)

Ein Helikopter fliegt bei schlechter
Sicht auf ein eben ansteigendes Berg-
massiv zu, welches durch die Punkte
$P(0|5|0)$, $Q(5|10|2)$, $R(10|10|2)$
beschrieben wird. Der Helikopter
durchfliegt die Punkte $A(1|6|1)$ und
$B(2|7|1)$ (Angaben in km).

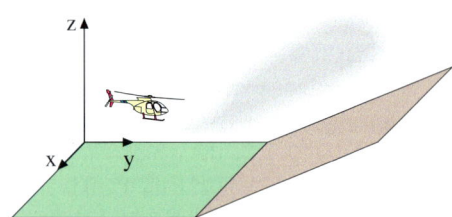

a) Erstellen Sie eine Ebenengleichung des Berghangs.
b) Bestimmen Sie den Abstand des Helikopters in A bzw. B zur Bergebene.
c) 100 m ist der erlaubte Mindestabstand. In welchem Punkt muss der Pilot spätestens auf
   Steigflug umstellen, um den Hang im Parallelflug zu überwinden? Wie lautet der neue
   Kurs?

20. Wetterfronten

Ein Wettersatellit hat eine Kaltfront polarer Luft sowie eine Warmfront tropischer Luft ausgemacht, die sich aufeinander zu bewegen, so dass mit Tiefdruck und Regen zu rechnen ist.

Die Kaltfront ist bei A $(250|-230|3)$, während sich zur gleichen Zeit die Warmfront bei B $(-95|410|4)$ befindet (Angaben in km). Ihre Bewegungsrichtungen werden durch $\vec{n}_A = \begin{pmatrix} -1 \\ 2 \\ 0 \end{pmatrix}$

bzw. $\vec{n}_B = \begin{pmatrix} 1 \\ -2 \\ 0 \end{pmatrix}$ beschrieben.

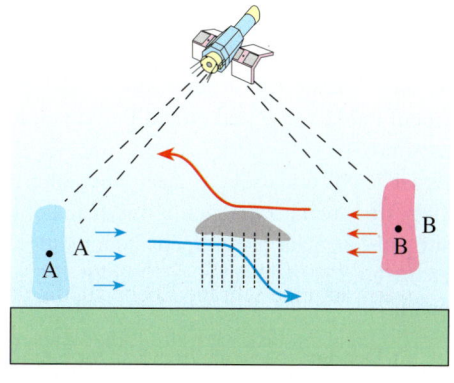

a) Welchen Abstand haben die Wetterfronten momentan?
b) Nach einer Stunde meldet der Satellit neue Standorte: A' $(230|-190|3)$, B' $(-65|350|4)$. Mit welcher Geschwindigkeit bewegen sich die Fronten? Welchen Abstand haben die Fronten nun voneinander? Wann werden sie voraussichtlich aufeinandertreffen?

21. Fluglärm

Zur Einschätzung einer zu erwartenden Fluglärmbelästigung für eine Siedlung in der Nähe einer geplanten Landebahn soll der Abstand der Anflugroute zur Siedlung bestimmt werden.

Die Anflugroute soll durch A $(2|0|2)$, B $(6|10|0)$ gehen, der Siedlungsmittelpunkt ist S $(0|3,5|0,5)$ (Angaben in km). Bestimmen Sie den Abstand von S zur geplanten Anflugroute.

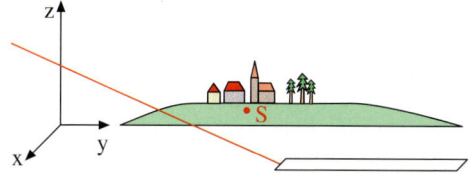

22. Parallelflugbahnen

Kunstflugmanöver müssen genau geplant und exakt ausgeführt werden, da die Flieger bei hohen Geschwindigkeiten stets auf „Tuchfühlung" fliegen.

Zwei Flieger befinden sich auf Parallelflug und durchfliegen die Strecken $\overline{AA'}$ und $\overline{BB'}$ mit (Angabe in m):

A $(1220|2450|150)$, A' $(1620|3050|100)$ bzw. B $(1405|2760|125)$, B' $(1605|3060|100)$.

a) Zeigen Sie, dass es sich tatsächlich um einen Parallelflug handelt.
b) Bestimmen Sie den Abstand der Flugbahnen.
c) Die Spannweite beträgt jeweils 14 m. Welchen Abstand haben die Flügelspitzen?
d) Die Spitze des Flugkontrollturms hat die Koordinaten S $(3|638|20)$. Wie nah kommt das erste Flugzeug, welches die Punkte A und A' passierte, dem Kontrollturm?

G. Der Abstand windschiefer Geraden

Der Abstand windschiefer Geraden g und h ist die kürzeste Entfernung, die zwischen einem Punkt von g und einem Punkt von h existiert.

Abstand windschiefer Geraden

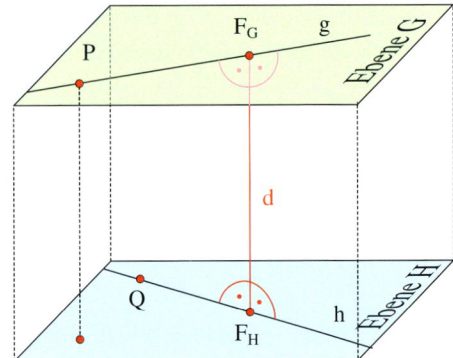

Es ist leicht einzusehen, dass eine solche kürzeste Strecke zwischen g und h sowohl auf g als auch auf h senkrecht stehen muss. Es ist eine gemeinsame Lotstrecke von g und h.
Am einfachsten lässt sich die Länge dieser Strecke als Abstand zweier paralleler Ebenen G und H bestimmen, welche jeweils eine der Geraden g bzw. h enthalten.

Folgende Überlegungen führen nun zu einer Abstandsformel für windschiefe Geraden.

Die Punkte P und Q seien Stützpunkte der Geraden g und h und $\vec{p}$ und $\vec{q}$ die Stützvektoren. $\vec{n}_0$ sei ein gemeinsamer *Normaleneinheitsvektor* von g und h, d.h., er ist orthogonal zu beiden Geraden und hat den Betrag 1.
Dann ist $H: (\vec{x} - \vec{q}) \cdot \vec{n}_0 = 0$ eine Hesse'sche Normalengleichung der Ebene H.
Der Term $d = |(\vec{p} - \vec{q}) \cdot \vec{n}_0|$ gibt folglich den Abstand des Punktes P von der Ebene H an und damit den Abstand von G zu H sowie den Abstand von g zu h.

> **Abstandsformel**
> **für windschiefe Geraden**
>
> $g: \vec{x} = \vec{p} + r \cdot \vec{m}_g$ und $h: \vec{x} = \vec{q} + s \cdot \vec{m}_h$ seien zwei windschiefe Geraden.
> $\vec{n}_0$ sei ein zu beiden Richtungsvektoren $\vec{m}_g$ und $\vec{m}_h$ orthogonaler Einheitsvektor.
> Dann besitzen g und h den Abstand
> $$d = |(\vec{p} - \vec{q}) \cdot \vec{n}_0|.$$

▶ **Beispiel: Abstand windschiefer Geraden**

Gegeben sind die windschiefen Geraden $g: x = \begin{pmatrix} 2 \\ 2 \\ 3 \end{pmatrix} + r \begin{pmatrix} 1 \\ 2 \\ -2 \end{pmatrix}$ und $h: \vec{x} = \begin{pmatrix} 4 \\ 7 \\ 3 \end{pmatrix} + s \begin{pmatrix} -1 \\ 2 \\ 0 \end{pmatrix}$.

Berechnen Sie den Abstand von g und h.

Lösung:
Man kann leicht erkennen sowie durch Rechnung nachweisen, dass die Geraden weder parallel sind noch sich schneiden. Also sind sie windschief.

Wir bestimmen zunächst einen „Normalenvektor" $\vec{n}$, der auf beiden Richtungsvektoren senkrecht steht. Sein Skalarprodukt mit den Richtungsvektoren ist also jeweils null. Dies führt auf zwei Gleichungen mit drei Variablen.

1. Bestimmung eines Normaleneinheitsvektors:

$\vec{n} \cdot \vec{m}_g = 0$, $\vec{n} \cdot \vec{m}_h = 0$

$\begin{pmatrix} x \\ y \\ z \end{pmatrix} \cdot \begin{pmatrix} 1 \\ 2 \\ -2 \end{pmatrix} = 0$, $\begin{pmatrix} x \\ y \\ z \end{pmatrix} \cdot \begin{pmatrix} -1 \\ 2 \\ 0 \end{pmatrix} = 0$

Wir wählen x = 2 frei und errechnen y = 1 und z = 2 durch Einsetzen.
Den sich ergebenden Normalenvektor $\vec{n}$ normieren wir, indem wir ihn durch seinen Betrag dividieren. Wir erhalten einen Normaleneinheitsvektor $\vec{n}_0$.

Zur Abstandsberechnung setzen wir nun $\vec{n}_0$ sowie die Stützvektoren $\vec{p}$ und $\vec{q}$ der beiden Geraden in die Abstandsformel $d = |(\vec{p} - \vec{q}) \cdot \vec{n}_0|$ ein.

▶ Resultat: d = 3

$$\text{I} \quad x + 2y - 2z = 0$$
$$\text{II} \quad -x + 2y \quad\quad = 0$$

$$\text{z. B. } \vec{n} = \begin{pmatrix} 2 \\ 1 \\ 2 \end{pmatrix} \Rightarrow \vec{n}_0 = \frac{\vec{n}}{|\vec{n}|} = \begin{pmatrix} 2/3 \\ 1/3 \\ 2/3 \end{pmatrix}$$

2. Abstandsberechnung:

$$d = |(\vec{p} - \vec{q}) \cdot \vec{n}_0|$$

$$= \left| \left[\begin{pmatrix} 2 \\ 2 \\ 3 \end{pmatrix} - \begin{pmatrix} 4 \\ 7 \\ 3 \end{pmatrix} \right] \cdot \begin{pmatrix} 2/3 \\ 1/3 \\ 2/3 \end{pmatrix} \right| = 3$$

Übung 23
Bestimmen Sie den Abstand der Geraden g: $x = \begin{pmatrix} 9 \\ 3 \\ 8 \end{pmatrix} + r \begin{pmatrix} -6 \\ 2 \\ 1 \end{pmatrix}$ und h: $\vec{x} = \begin{pmatrix} 4 \\ 2 \\ 1 \end{pmatrix} + s \begin{pmatrix} 4 \\ 1 \\ -3 \end{pmatrix}$.

Übung 24
Zeigen Sie, dass g und h windschief sind. Berechnen Sie sodann den Abstand von g und h.

a) g: $\vec{x} = \begin{pmatrix} 0 \\ 6 \\ 0 \end{pmatrix} + r \begin{pmatrix} -2 \\ 1 \\ 0 \end{pmatrix}$, h: $\vec{x} = \begin{pmatrix} 0 \\ 3 \\ 4 \end{pmatrix} + s \begin{pmatrix} 3 \\ 3 \\ -1 \end{pmatrix}$
   b) g: $\vec{x} = \begin{pmatrix} 0 \\ 3 \\ 1 \end{pmatrix} + r \begin{pmatrix} -3 \\ -2 \\ 0 \end{pmatrix}$, h: $\vec{x} = \begin{pmatrix} 4 \\ 6 \\ 9 \end{pmatrix} + s \begin{pmatrix} -3 \\ 2 \\ -2 \end{pmatrix}$

Übung 25 Rohrisolation
Über zwei Kupferrohre AB und CD, die sich windschief passieren, sollen wie abgebildet isolierende Schaumstoffumhüllungen geschoben werden.
Ist zwischen den Kupferrohren genügend Platz vorhanden, wenn die Isolationsrohre einen Außendurchmesser von 8 cm besitzen?

Übung 26 Abstand Punkt/Gerade, Gerade/Gerade
Berechnen Sie für die abgebildete Pyramide
a) die eingezeichnete Seitenhöhe h,
b) den Abstand der Kanten AC und BS.

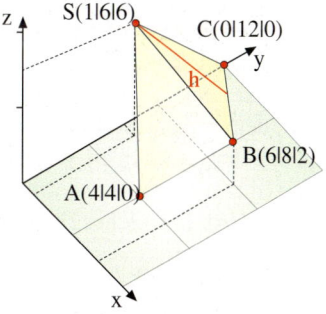

Übungen

27. Schlechtwetterfront

Die vordere Begrenzung einer 4,5 km dicke Schlechtwetterfront wird beschrieben durch die Ebene E:

$2x + 2y + z = 6$ (LE: 1 km).

a) Ein Flugzeug fliegt längs der Gerade

$$g: \vec{x} = \begin{pmatrix} 3 \\ 1 \\ 1 \end{pmatrix} + s \begin{pmatrix} 1 \\ -2 \\ 2 \end{pmatrix}.$$ Weisen Sie

nach, dass seine Flugbahn parallel zur Schlechtwetterfront liegt. Berechnen Sie den Abstand der Flugbahn zur Schlechtwetterfront.

b) Ein Meteorologe befindet sich mit seinem Flugzeug im Punkt P(5|5|4). Er möchte zu Forschungszwecken die Schlechtwetterfront orthogonal durchfliegen. In welchem Punkt A tritt sein Flugzeug in die Schlechtwetterfront ein?

c) In welchem Punkt B verlässt das Flugzeug des Meteorologen die Schlechtwetterfront? Welche Ebene F beschreibt die hintere Begrenzung der Schlechtwetterfront?

d) Zeigen Sie, dass sich die Flugbahnen der beiden Flugzeuge nicht kreuzen. Ermitteln Sie den Abstand der beiden Flugbahnen.

28. Tanne am Abhang

Ein Abhang wird beschrieben durch die Ebene E: $2x + 3y + 6z = 35$. Auf dem Abhang steht eine senkrechte Tanne, deren Spitze der Punkt S(5|7|26) ist. (LE: 1 m)

a) Wie hoch ist die Tanne?

b) In welchem Winkel steht die Tanne zum Hang?

c) Zur Sicherung der Tanne wird im Punkt Q(5|7|17) ein Sicherungsseil angebracht, dass am Abhang senkrecht zu diesem verankert werden soll. Ermitteln Sie den Punkt P der Verankerung.

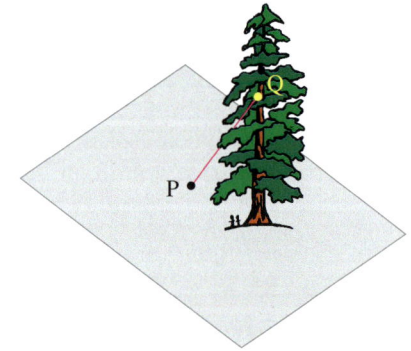

d) Auf dem Abhang soll in 30 m Höhe ein Wanderweg angelegt werden. Geben Sie die Gleichung der Geraden an, welche den Verlauf dieses Weges beschreibt.

e) Ein Blitz trifft die Tanne, worauf diese zerbricht. Ihre Spitze fällt auf den Abhang im Punkt A(1|−1|6). In welcher Höhe ist die Tanne abgeknickt?

3. Untersuchung geometrischer Objekte im Raum

A. Würfel, Pyramiden und Quader

▶ **Beispiel: Ebenen und Geraden in einem Würfel**

Auf einem Würfel der Kantenlänge 6 liegen die Punkte P(6|0|4), Q(6|4|0) und R(0|2|6).

a) Ermitteln Sie die Gleichung der Ebene E durch die Punkte P, Q und R, die Gleichung der Geraden g durch die Punkte O(0|0|0) und G(6|6|6), sowie den Schnittpunkt S von E und g.

b) Bestimmen Sie die Größe des Winkels QPR und den Flächeninhalt des Dreiecks PQR.

c) Leiten Sie die Koordinatenform der Ebene E her und weisen Sie nach, dass die Gerade h: $\vec{x} = \begin{pmatrix} 3 \\ 3 \\ 3 \end{pmatrix} + t \cdot \begin{pmatrix} 3 \\ -1 \\ -1 \end{pmatrix}$ ganz in E liegt.

d) In welchem Punkt Y schneidet die Ebene E die y-Achse?

e) Bestimmen Sie den Abstand der Geraden QP und RY.

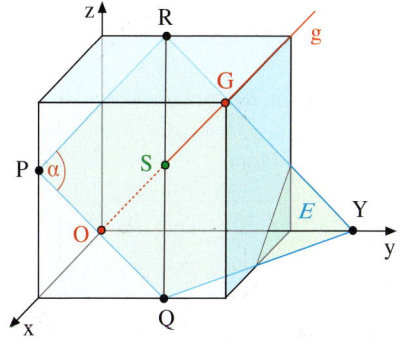

Lösung zu a:
Für die Ebene E wird der Punkt P als Stützpunkt gewählt. Die Vektoren $\overrightarrow{PQ}$ bzw. $\overrightarrow{PR}$ dienen als Richtungsvektoren.
Die Geradengleichung für g wird mithilfe der Zweipunkteform aufgestellt.

Gleichsetzen der rechten Seiten von Ebenen- und Geradengleichung liefert ein lineares Gleichungssystem, dessen Lösung am einfachsten mit dem GTR ermittelt wird.

Aus der Lösung r = s = t = 0,5 ergibt sich der Geradenparameterwert t = 0,5. Dieser liefert durch Einsetzen in die Gleichung von g den Schnittpunkt S(3|3|3) von E und g.

Lösung zu b:
Das Skalarprodukt der Richtungsvektoren $\overrightarrow{PQ}$ und $\overrightarrow{PR}$ ist gleich null.
Die Vektoren sind daher orthogonal. Das Dreieck PQR ist rechtwinklig bei P.

1. Gleichungen von E und g:

E: $\vec{x} = \overrightarrow{OP} + r \cdot \overrightarrow{PQ} + s \cdot \overrightarrow{PR}$

$$\vec{x} = \begin{pmatrix} 6 \\ 0 \\ 4 \end{pmatrix} + r \cdot \begin{pmatrix} 0 \\ 4 \\ -4 \end{pmatrix} + s \cdot \begin{pmatrix} -6 \\ 2 \\ 2 \end{pmatrix}$$

g: $\vec{x} = t \cdot \begin{pmatrix} 6 \\ 6 \\ 6 \end{pmatrix}$

2. Schnittpunkt von E und g:

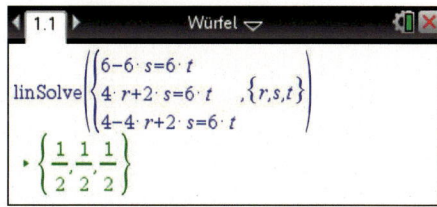

$\Rightarrow t = \frac{1}{2} \Rightarrow$ Schnittpunkt S(3|3|3)

3. Rechtwinkligkeitsnachweis:

$$\overrightarrow{QP} \cdot \overrightarrow{QR} = \begin{pmatrix} 0 \\ 4 \\ -4 \end{pmatrix} \cdot \begin{pmatrix} -6 \\ 2 \\ 2 \end{pmatrix} = 0 + 8 - 8 = 0$$

Der Flächeninhalt A eines rechtwinkligen Dreiecks kann stets elementargeometrisch mithilfe seiner beiden Kantenlängen ermittelt werden. Resultat: $A \approx 18{,}76$

Lösung zu c:
Zunächst bestimmen wir einen Normalenvektor der Ebene E, der zu beiden Richtungsvektoren senkrecht steht.

Die Koeffizienten der linken Seite der Koordinatengleichung sind die Koordinaten des Normalenvektors.
Die rechte Seite der Koordinatengleichung erhalten wir durch Einsetzen des Punktes P in diese Gleichung.

Beim Einsetzen der Koordinaten von h in E ergibt sich eine Identität. Damit erfüllen alle Punkte der Gerade h die Gleichung von E, d. h. die Gerade h liegt in der Ebene E.

Lösung zu d:
Im Schnittpunkt der Ebene E mit der y-Achse gilt $x = 0$ und $z = 0$. Damit erhalten wir aus der Koordinatenform $y = 8$, d. h. $Y(0\,|\,8\,|\,0)$.

Lösung zu e:
Zunächst stellen wir die Gleichungen der Geraden PQ und RY auf. An den Richtungsvektoren erkennen wir, dass die Geraden parallel verlaufen.

Weiter benötigen wir die Gleichung der Hilfsebene H, die den Punkt Y enthält und senkrecht zur Geraden PQ liegt. Also kann der Richtungsvektor der Geraden PQ als Normalenvektor von H verwendet werden.

Der Schnittpunkt von H mit der Geraden PQ ist der Punkt $T(6\,|\,6\,|\,{-}2)$.

Der Abstand der Geraden PQ und RY ist gleich der Länge der Strecke $\overline{YT}$.
▶ Ergebnis: $d \approx 6{,}63$.

4. Flächeninhalt des Dreiecks PQR:
$$A = \tfrac{1}{2} \cdot |\overrightarrow{PQ}| \cdot |\overrightarrow{PR}| = \tfrac{1}{2} \cdot \sqrt{32} \cdot \sqrt{44} \approx 18{,}76$$

5. Normalenvektor der Ebene E:
$$\vec{n} \cdot \begin{pmatrix} 0 \\ -4 \\ 4 \end{pmatrix} = 0,\ \vec{n} \cdot \begin{pmatrix} -6 \\ 2 \\ 2 \end{pmatrix} = 0,\ \vec{n} = \begin{pmatrix} 2 \\ 3 \\ 3 \end{pmatrix}$$

6. Koordinatengleichung von E:
$$E:\ 2x + 3y + 3z = d$$

Einsetzen des Punktes P: $d = 24$
$$E:\ 2x + 3y + 3z = 24$$

7. Einsetzen von h in E:
$$2(3 + 3t) + 3(3 - t) + 3(3 - t) = 24$$
$$6 + 6t + 9 - 3t + 9 - 3t = 24$$
$$24 = 24$$

8. Schnittpunkt mit der y-Achse:
$$x = 0,\ z = 0 \Rightarrow 3y = 24$$
$$y = 8 \Rightarrow Y(0|8|0)$$

9. Geraden PQ und RY:
$$g_{PQ} = \begin{pmatrix} 6 \\ 0 \\ 4 \end{pmatrix} + r \begin{pmatrix} 0 \\ 4 \\ -4 \end{pmatrix},\ h_{RY}: \begin{pmatrix} 0 \\ 2 \\ 6 \end{pmatrix} + s \begin{pmatrix} 0 \\ 6 \\ -6 \end{pmatrix}$$

10. Hilfsebene H:
$$\left(\vec{x} - \begin{pmatrix} 0 \\ 8 \\ 0 \end{pmatrix} \right) \cdot \begin{pmatrix} 0 \\ 4 \\ -4 \end{pmatrix} = 0$$

11. Schnittpunkt von H mit g_{PQ}:
$$\left(\begin{pmatrix} 6 \\ 0 \\ 4 \end{pmatrix} + r \begin{pmatrix} 0 \\ 4 \\ -4 \end{pmatrix} - \begin{pmatrix} 0 \\ 8 \\ 0 \end{pmatrix} \right) \cdot \begin{pmatrix} 0 \\ 4 \\ -4 \end{pmatrix} = 0$$
$$4(4r - 8) - 4(4 - 4r) = 0 \Rightarrow r = 1{,}5;\ T(6|6|{-}2)$$

12. Abstand YT:
$$d = \sqrt{36 + 4 + 4} = \sqrt{44} \approx 6{,}63$$

Übung 1 **Quader**

Im rechts abgebildeten $6 \times 4 \times 5$-Quader sind die Punkte
$R(6|0|2)$, $S(6|4|4)$ und $T(2|0|5)$ bekannt.

a) Bestimmen Sie eine Parameter- und eine Normalenform der Ebene E, welche die Punkte R, S und T enthält.

b) Wie groß ist der Winkel RST?

c) Wie groß ist der Abstand des Punktes B von der Ebene E?

d) Berechnen Sie den Abstand des Koordinatenursprungs $O(0|0|0)$ zur Geraden RS.

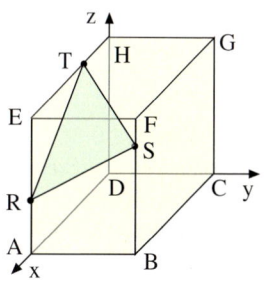

▶ **Beispiel: Schräge Pyramide**

Die Punkte $A(8|0|0)$, $B(8|8|0)$, $C(0|8|0)$ und $D(0|0|0)$ sind die Eckpunkte der Grundfläche einer quadratischen Pyramide, deren Spitze im Punkt $S(2|2|6)$ liegt.

a) Geben Sie eine Gleichung der Ebene E, in der das Dreieck BCS liegt, in Parameter- und in Koordinatenform an.

b) Berechnen Sie die Größe des Winkels SBC.

c) Ein Lichtstrahl durch den Punkt $P(-2|11|6)$ in Richtung $\vec{v} = \begin{pmatrix} 2 \\ -2 \\ -1 \end{pmatrix}$ trifft die Ebene E im Punkt T. Ermitteln Sie die Koordinaten von T. Liegt der Punkt T im Dreieck BCS?

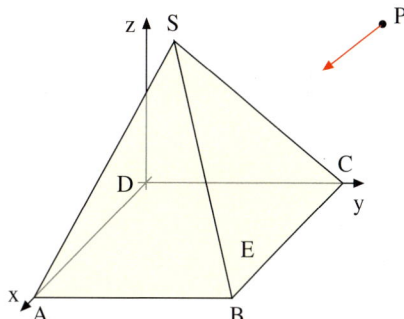

d) Stellen Sie eine Gleichung der Ebene F durch die Punkte A, B und T auf. Ermitteln Sie eine Gleichung der Schnittgeraden der Ebenen E und F.

Lösung zu a:

Als Stützvektor wählen wir den Ortsvektor zum Punkt B und als Richtungsvektoren $\overrightarrow{BC}$ und $\overrightarrow{BS}$. Damit erhalten wir die nebenstehende Parameterform von E.

Einen Normalenvektor für E kann man direkt erkennen oder mit dem nebenstehenden LGS schnell berechnen.

Durch den Normalenvektor sind die Koeffizienten der linken Seite der Koordinatengleichung festgelegt.

Durch Einsetzen eines der drei bekannten Ebenenpunkte, z. B. $A(8|8|0)$ ergibt sich

▼ der Wert 8 für die rechte Seite.

1. Parametergleichung für E:

$$E: \vec{x} = \begin{pmatrix} 8 \\ 8 \\ 0 \end{pmatrix} + r \begin{pmatrix} -8 \\ 0 \\ 0 \end{pmatrix} + s \begin{pmatrix} -6 \\ -6 \\ 6 \end{pmatrix}$$

2. Koordinatengleichung für E:

$$\begin{pmatrix} -8 \\ 0 \\ 0 \end{pmatrix} \cdot \vec{n} = 0 \Rightarrow -8 n_1 = 0 \Rightarrow n_1 = 0$$

$$\begin{pmatrix} -6 \\ -6 \\ 6 \end{pmatrix} \cdot \vec{n} = 0 \Rightarrow -6 n_2 + 6 n_3 = 0 \Rightarrow n_2 = n_3$$

Mögliche Lösung: $n_1 = 0$, $n_2 = n_3 = 1$
Koordinatengleichung: $E: y + z = 8$

Lösung zu b:
Der Winkel bei B im Dreieck BCS wird mit der Kosinusformel berechnet.

3. Winkel SBC:

$$\cos\alpha = \frac{\overrightarrow{BC} \cdot \overrightarrow{BS}}{|\overrightarrow{BC}| \cdot |\overrightarrow{BS}|} = \frac{(-8) \cdot (-6)}{8 \cdot 6\sqrt{3}} = \frac{1}{\sqrt{3}} \approx 0{,}577$$

$$\alpha \approx 54{,}7°$$

Lösung zu c:
Die Geradengleichung für g kann direkt aufgestellt werden, da ein Punkt und ihre Richtung bekannt sind.

4. Gleichung von g:

$$g:\ \overrightarrow{x} = \begin{pmatrix} -2 \\ 11 \\ 6 \end{pmatrix} + t \cdot \begin{pmatrix} 2 \\ -2 \\ -1 \end{pmatrix}$$

Der Schnittpunkt von E und g wird ermittelt durch Einsetzen der Gleichung von g in die Koordinatenform von E.

5. Schnittpunkt von E und g:

$$(11 - 2t) + (6 - t) = 8$$
$$17 - 3t = 8$$
$$t = 3 \Rightarrow T(4|5|3)$$

Nun ist zu prüfen, ob der Punkt T im Dreieck BCS liegt. Dazu setzen wir die Koordinaten von T in die Parametergleichung für E ein. Die Gleichung wird erfüllt für $r = \frac{1}{8}$ und $s = 0{,}5$. Beide Werte liegen zwischen 0 und 1 und sind in Summe kleiner 1. Damit liegt T im Dreieck BCS.

6. Nachweis: T liegt im Dreieck BCS:

$$\begin{pmatrix} 4 \\ 5 \\ 3 \end{pmatrix} = \begin{pmatrix} 8 \\ 8 \\ 0 \end{pmatrix} + r \begin{pmatrix} -8 \\ 0 \\ 0 \end{pmatrix} + s \begin{pmatrix} -6 \\ -6 \\ 6 \end{pmatrix}$$

z-Koordinate: $2 = 6s \qquad \Rightarrow s = 0{,}5$

x-Koordinate: $4 = 8 - 8r - 3 \Rightarrow r = \frac{1}{8}$

Lösung zu d:
Zunächst wird ein Normalenvektor der Ebene F bestimmt.
Mithilfe des Punktes A erhalten wir dann die Koordinatengleichung von F.

7. Koordinatengleichung von F:

$$\overrightarrow{u} = \begin{pmatrix} 0 \\ 8 \\ 0 \end{pmatrix},\ \overrightarrow{v} = \begin{pmatrix} -4 \\ 5 \\ 3 \end{pmatrix} \Rightarrow \overrightarrow{n} = \begin{pmatrix} 3 \\ 0 \\ 4 \end{pmatrix}$$

Koordinatengleichung F: $3x + 4z = 24$

Die Schnittgerade h der Ebenen E und F ergibt sich am einfachsten aus der Überlegung, dass die Punkte B und T in beiden Ebenen liegen. h ist die Gerade BT.

8. Schnittgerade h von E und F:

$$h:\ \overrightarrow{x} = \begin{pmatrix} 8 \\ 8 \\ 0 \end{pmatrix} + t \cdot \begin{pmatrix} -4 \\ -3 \\ 3 \end{pmatrix}$$

Übung 2 Pyramiden und Geraden

Die Ebene E schneidet die Koordinatenachsen in den Punkten A $(12|0|0)$, B $(0|6|0)$ und C $(0|0|6)$.

a) Fertigen Sie ein Schrägbild der Ebene E an.
b) Geben Sie eine Parametergleichung und eine Normalengleichung für die Ebene E an.
c) Weisen Sie nach, dass der Punkt P $(2|3|2)$ in der Ebene E liegt.
d) Wie groß ist der Winkel zwischen den Kanten AB und AC?
e) Wie lautet die Gleichung der Spurgeraden von E in der x-y-Ebene?
f) Punkt C der Ebene E wird verschoben nach $C_a(0|0|a)$. Wie muss a gewählt werden, damit der Abstand $|AC_a|$ gleich 13 ist?
g) Wie muss a gewählt werden, damit das Volumen der Pyramide ABC_aO (O: Koordinatenursprung) gleich 36 ist?
h) Weisen Sie nach, dass die Gerade g für jede Wahl von C_a einen Schnittpunkt mit der Ebene ABC_a hat. Ermitteln Sie die Koordinaten des Schnittpunktes.

$$g:\ \overrightarrow{x} = \begin{pmatrix} 12 \\ -1 \\ -2 \end{pmatrix} + t \cdot \begin{pmatrix} -2 \\ 1 \\ 1 \end{pmatrix}$$

Übungen

3. Schiefe Pyramide mit rechteckiger Grundfläche

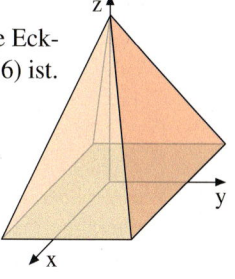

Die Punkte $A(-4|-2|0)$, $B(3|-2|0)$, $C(3|3|0)$ und $D(-4|3|0)$ sind die Eckpunkte der Grundfläche einer Pyramide, deren Spitze der Punkt $S(0|0|6)$ ist.
a) Zeichnen Sie ein Schrägbild der Pyramide.
b) Weisen Sie nach, dass der Punkt $P(1|1|4)$ auf der Kante CS liegt.
   Ergänzen Sie die Zeichnung um den Punkt P.
c) Die Ebene E enthält die Kante AB sowie den Punkt P.
   Wie lautet die Ebenengleichung in Parameterform und in
   Koordinatenform?
d) Ermitteln Sie den Schnittpunkt Q der Ebene E mit der Geraden DS.
e) M_1 sei der Mittelpunkt der Strecke $\overline{AB}$. Begründen Sie, dass der Punkt $M_2(-0,5|1|4)$ auf
   der Strecke $\overline{PQ}$ liegt. Weisen Sie nach, dass $\overline{M_1M_2}$ orthogonal zu $\overline{AB}$ liegt.
f) Begründen Sie, dass das Viereck ABPQ ein Trapez ist. Ermitteln Sie den Flächeninhalt des
   Trapezes.

4. Pyramide

Die Punkte $A(12|0|0)$, $B(12|12|0)$, $C(0|12|0)$ und $D(0|0|0)$ sind die Eckpunkte der Grundfläche einer Pyramide mit der Ecke $S(0|0|12)$ als Spitze. Die Ebene E enthält die Punkte $F(6|0|6)$, $G(0|6|6)$ und $H(0|0|3)$.
a) Zeichnen Sie ein Schrägbild der Pyramide sowie der Ebene E.
b) Bestimmen Sie eine Gleichung der Ebene E.
   Ermitteln Sie eine Geradengleichung für die Gerade BS.
c) In welchem Punkt I schneiden sich die Ebene E und die Gerade BS?
d) Weisen Sie nach, dass FG und HI orthogonal zueinander liegen.
   Ermitteln Sie den Schnittpunkt T der Geraden FG und HI.
   Welchen Flächeninhalt hat das Viereck GHFI?
e) Welchen Abstand hat der Punkt S von der Geraden FG?
f) Die Gerade g schneidet die Grundfläche der Pyramide senkrecht in ihrem Mittelpunkt.
   Welcher Punkt der Geraden g hat von allen Eckpunkten der Pyramide den gleichen Abstand?

5. Quader mit aufgesetzter Pyramide

Die Punkte $A(4|-4|4)$, $B(4|4|4)$, $C(0|4|4)$ und $D(0|-4|4)$ bilden die Deckfläche eines Quaders, dessen Grundfläche in der x-y-Ebene liegt. Die Deckfläche des Quaders ist gleichzeitig die Grundfläche einer Pyramide mit der Spitze im Punkt $S(2|0|10)$.
a) Zeichnen Sie ein Schrägbild des Quaders mit der aufgesetzten
   Pyramide.
b) M_1 sei der Mittelpunkt der Kante AS, M_2 der Mittelpunkt der
   Kante CS. Ermitteln Sie die Koordinaten von M_1 und M_2 und
   geben Sie eine Gleichung der Ebene E_1 an, welche die Punkte M_1, M_2 und B enthält.
   Zeichnen Sie die Ebene E_1 in das Schrägbild ein.
c) Die Gerade g enthält die Pyramidenkante DS. In welchem Punkt schneiden sich E_1 und g?
d) Die Ebene E_2 enthält die Punkte A, B und S. Wie lautet eine Ebenengleichung von E_2?
   Zeigen Sie, dass der Punkt $P(3|1|7)$ in E_2 liegt.
e) Weisen Sie nach, dass das Dreieck ABS gleichschenklig ist.
   Wie groß ist der Winkel α bei A im Dreieck ABS?
   Welchen Flächeninhalt hat das Dreieck ABS?

6. Haus mit Walmdach

Betrachtet wird das rechts dargestellte Haus mit Walmdach.

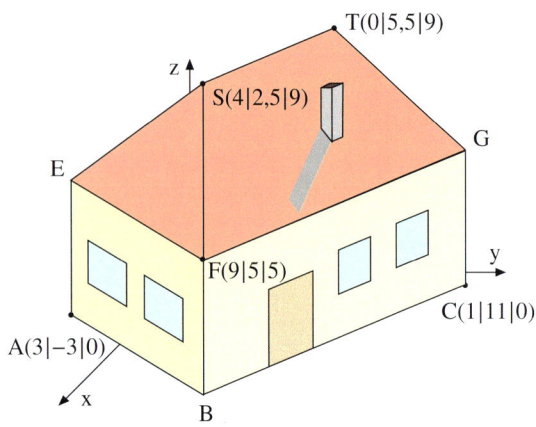

a) Ermitteln Sie die Koordinaten der fehlenden Eckpunkte des Hauses. (Maße in Metern)

b) Geben Sie eine Gleichung der Ebene FGS an. Begründen Sie, dass die Dachfläche FGTS ein Trapez ist.

c) Wie groß sind die Innenwinkel der dreieckigen Dachfläche EFS?

d) Bestimmen Sie den Mittelpunkt M der Strecke EF. Weisen Sie nach, dass die Strecken EF und MS orthogonal sind. Welchen Flächeninhalt hat das Dreieck EFS?

e) Der Schornstein des Hauses hat seinen Fußpunkt in $P(3|7|0)$. Der Schornsteinfeger hat die Auflage gemacht, dass er die Dachfläche, die er durchbricht, um 2 m überragen muss. In welchem Punkt Q durchstößt er die Dachfläche FGST? Wie hoch muss der Schornstein sein?

f) Wie lang ist der Schatten eines 9 m hohen Schornsteins, wenn ihn Sonnenlicht trifft, welches in Richtung des Vektors $\vec{v} = \begin{pmatrix} 5 \\ 0 \\ -6 \end{pmatrix}$ verläuft?

7. Pyramidenstumpf

Die Punkte $A(0|0|0)$, $B(12|0|0)$, $C(12|12|0)$ und $D(0|12|0)$ sind die Eckpunkte der Grundfläche eines gläsernen Pyramidenstumpfes (s. Schemabild rechts).

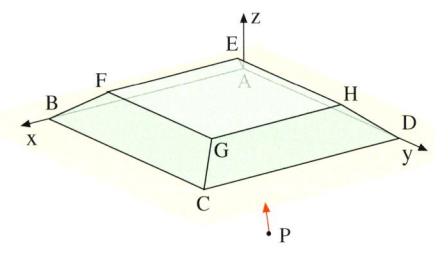

Die Eckpunkte der Deckfläche sind $E(2|2|3)$, $F(10|2|3)$, $G(10|10|3)$ und $H(2|10|3)$.

Teil 1:

a) Ermitteln Sie die Koordinaten der Pyramidenspitze S.

b) Bestimmen Sie eine Gleichung der Ebene CDH, in der die Seitenfläche CDHG des Pyramidenstumpfs liegt.

c) Im Punkt $P(14|20|0)$ steht ein Laser, der in Richtung des Vektors $\vec{v} = \begin{pmatrix} -3 \\ -3 \\ 0,5 \end{pmatrix}$ leuchtet. In welchem Punkt trifft der Laserstrahl die Ebene CDH?

d) Begründen Sie, dass der Strahl den Pyramidenstumpf nicht über die Deckfläche verlässt.

e) Welchen Inhalt hat die Seitenfläche CDHG?

Teil 2:

Im Mittelpunkt $M(6|6|3)$ der Deckfläche wird ein 5 m hoher senkrechter Mast errichtet.

Sonnenlicht fällt in Richtung des Vektors $\vec{u} = \begin{pmatrix} 2 \\ 1 \\ -2 \end{pmatrix}$ auf den Pyramidenstumpf mit Mast.

f) Gesucht ist der Schattenpunkt P der Mastspitze $S(6|6|8)$ in der x-y-Ebene.

g) Bestimmen Sie den Punkt Q des Mastes, dessen Schattenpunkt auf der Kante FG liegt.

h) Weisen Sie nach, dass der Mast keinen Schatten auf der Fläche BCFG hinterlässt.

i) Ermitteln Sie die Gesamtlänge des Mastschattens.

8. Turm am Deich

Der abgebildete Deich besitzt das Profil eines gleichschenkligen, symmetrischen Trapezes. Die Sohle ist 20 m und die Krone ist 4 m breit. Die Höhe beträgt 8 m.
Am Vorderhang des Deiches steht ein 16-m-Turm mit quadratischem Querschnitt (8 m × 8 m), der von einem 8 m hohen Dach in Form einer quadratischen Pyramide gekrönt wird.

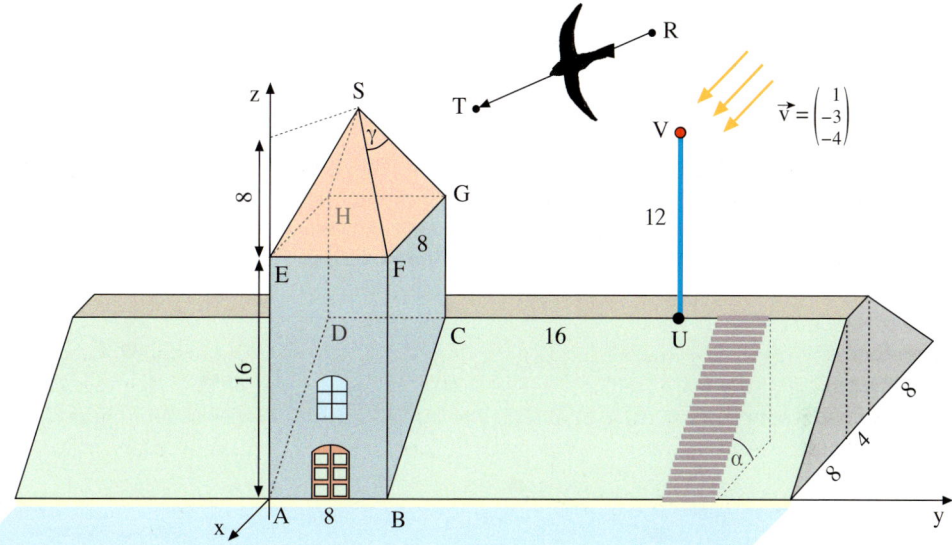

Teil 1:
a) Ermitteln Sie die Koordinaten der Turmecken A bis F. Wo liegt die Dachspitze S?
b) In welchem Winkel γ treffen sich die Dachbalken FS und GS bei S?
c) Wie viele Quadratmeter Ziegeln werden für das Eindecken des Daches benötigt?
d) Wie lautet die Gleichung der Ebene K, in der die vordere Hangfläche liegt?
e) Welche Steigung und welchen Steigungswinkel hat die Treppe, die auf die Krone führt?

Teil 2:
f) Welches Außenvolumen besitzt der sichtbare Teil des Turmes?
g) Wie groß ist das Volumen eines 100 m langen Deichabschnitts?
h) Wie viele Kubikmeter Putz werden benötigt, um die Seitenwand BCGF des Turmes mit einer 2 cm dicken Putzschicht zu versehen?
i) Sonnenlicht fällt in Richtung des eingezeichneten Vektors $\vec{v}$ ein. Wo trifft der Schatten der Mastspitze V auf den vorderen Deichhang? Wie lang ist der Schatten des Mastes?
j) Ein Mauersegler durchfliegt im geradlinigen Anflug kurz hintereinander die Positionen R(−13|17|25) und T(−9|9|23). Erreicht er sein Ziel, die Dachfläche GHS?

Teil 3:
k) Welchen Abstand hat der Punkt F von der Geraden ES?
l) Ermitteln Sie eine Koordinatengleichung der Ebene EFS.
m) Welchen Abstand hat der Punkt G von der Ebene EFS?

B. Bewegte Objekte

Nun werden Aufgabenstellungen angesprochen, bei denen vektorgeometrische Methoden im
Zusammenhang mit bewegten Objekten wie z. B. Flugbahnen zum Einsatz kommen.
Die folgenden drei Beispiele sprechen typische Problemstellungen an.

▶ **Beispiel: Steigflug**
Das Flugzeug F befindet sich im Steigflug, als es vom Kontrollturm T$(-10|10|0)$ um 14.00
Uhr in A$(8|8|4)$ und noch einmal um 14.02 Uhr in B$(4|12|6)$ gesichtet wird. Später verschwin-
det es in der horizontalen Wolkenschicht, die in 9 km Höhe beginnt und in 10 km Höhe endet.
Direkt beim Austritt aus der Wolkenschicht geht das Flugzeug vom Steigflug in den Horizontalflug über, ohne weitere Richtungsänderungen vorzunehmen (Angaben in km).
Es wird angenommen, dass die Ebene, in der gestartet wird, auf der Höhe null befindet.

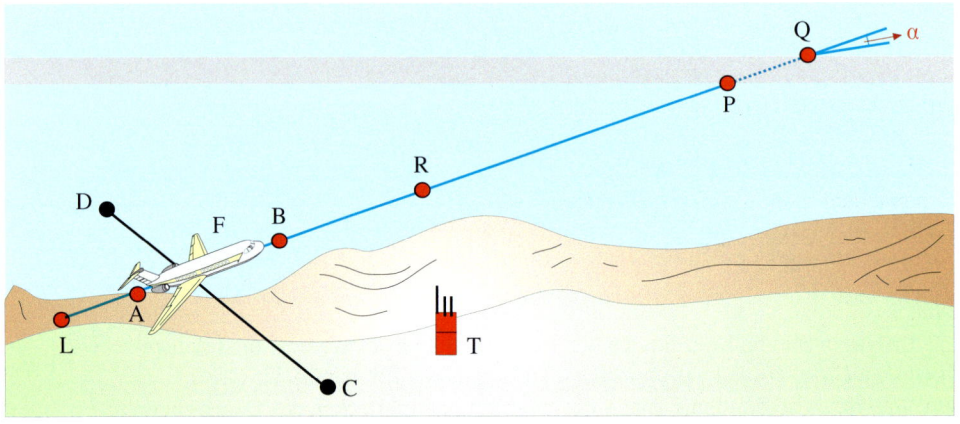

a) Bestimmen Sie eine Parametergleichung der Flugbahn f des Flugzeuges.
b) In welchem Punkt L ist das Flugzeug gestartet?
c) Berechnen Sie die Fluggeschwindigkeit in km/min und in km/h.
d) In welcher Positionen P und Q wird die Wolkendecke erreicht und wieder verlassen?
e) Wie groß ist der Korrekturwinkel α beim Einschwenken in den Horizontalflug?

Lösung zu a:
Die Geradengleichung von f erhalten wir
mithilfe der Zweipunkteform.

1. Gleichung von f

$$f: \vec{x} = \begin{pmatrix} 8 \\ 8 \\ 4 \end{pmatrix} + r \begin{pmatrix} -4 \\ 4 \\ 2 \end{pmatrix}$$

Lösung zu b:
Das Flugzeug ist offensichtlich auf der
Nullhöhe $z = 0$ gestartet. Wir setzen daher
die z-Koordinate in der Geradengleichung
von f gleich 0, d. h. $4 + 2r = 0$. Daraus
folgt $r = -2$, woraus sich der Startpunkt
▼ L$(16|0|0)$ ergibt.

2. Startpunkt
$z = 0$
$4 + 2r = 0$
$r = -2$
L$(16|0|0)$

Lösung zu c:

Die Strecke von A nach B hat die Länge $|AB| = 6\,\text{km}$, Diese Strecke wird in zwei Minuten zurückgelegt. Die Geschwindigkeit beträgt also 3 km/min, d. h. 180 km/h.

Lösung zu d:

Die Wolkendecke wird erreicht in der Höhe $z = 9$. Setzen wir die z-Koordinate der Geradengleichung gleich 9, so erhalten wir den unteren Durchstoßungspunkt $P(-2|18|9)$. Setzen wir sie gleich 10, so erhalten wir den oberen Durchstoßungspunkt $Q(-4|20|10)$.

Lösung zu e:

Die Korrekturwinkel α ist – wie die Abbildung zeigt, der Winkel zwischen dem ursprünglichen Richtungsvektor $\vec{m}_1$ und dem neuen Richtungsvektor $\vec{m}_2$, die sich nur in der z-Koordinate unterscheiden.

Wir berechnen α mit der Kosinusformel.

Resultat: $\alpha \approx 19{,}47°$.

Um diesen Winkel muss der Steigflug abgesenkt werden.

3. Fluggeschwindigkeit

$$\overrightarrow{|AB|} = \left\|\begin{pmatrix} -4 \\ 4 \\ 2 \end{pmatrix}\right\| = \sqrt{36} = 6$$

$$v = \frac{s}{t} = \frac{6\,\text{km}}{2\,\text{min}} = 3\,\frac{\text{km}}{\text{min}} = 180\,\frac{\text{km}}{\text{h}}$$

4. Durchstoßung der Wolkendecke

$z = 9$	$z = 10$
$4 + 2r = 9$	$4 + 2r = 10$
$r = 2{,}5$	$r = 3$
$P(-2|18|9)$	$Q(-4|20|10)$

5. Korrekturwinkel α

$$\cos\alpha = \frac{\vec{m}_1 \cdot \vec{m}_2}{|\vec{m}_1| \cdot |\vec{m}_2|} = \frac{\begin{pmatrix} -4 \\ 4 \\ 2 \end{pmatrix} \cdot \begin{pmatrix} -4 \\ 4 \\ 0 \end{pmatrix}}{\left\|\begin{pmatrix} -4 \\ 4 \\ 2 \end{pmatrix}\right\| \cdot \left\|\begin{pmatrix} -4 \\ 4 \\ 0 \end{pmatrix}\right\|} = \frac{32}{\sqrt{36} \cdot \sqrt{32}} \approx 0{,}9428$$

$$\Rightarrow \alpha \approx \arccos 0{,}9428 \approx 19{,}47°$$

Beispiel: Minimaler Abstand

Wir untersuchen die Flugbewegung aus dem vorhergehenden Beispiel weiter. In welchem Punkt R seiner Flugbahn f kommt das Flugzeug dem Kontrollturm $T(-10|10|0)$ am nächsten? Wie groß ist die minimale Entfernung?

$$f: \vec{x} = \begin{pmatrix} 8 \\ 8 \\ 4 \end{pmatrix} + r\begin{pmatrix} -4 \\ 4 \\ 2 \end{pmatrix}$$

Lösung zu f:

In der nebenstehenden Zeichnung ist das Lot von T auf die Fluggerade g als rote Strecke eingezeichnet.

Gesucht ist der Fußpunkt R des Lotes auf der Flugbahngeraden f. Wir wenden das Lotfußpunktverfahren zur Bestimmung des Abstandes Punkt/Gerade an.

Wir bestimmen die Gleichung einer Hilfsebene H, die den Punkt T enthält und senkrecht zu f steht. Sie hat also den Punkt T als Stützpunkt und wir können den Richtungsvektor $\vec{m}$ von f als Normalenvektor von H verwenden.

Die Gleichung von H in Koordinatenform lautet H: $-4x + 4y + 2z = 80$.

1. Fußpunkt des Lotes von T auf f

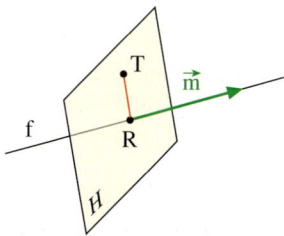

Bestimmung der Hilfsebene H:

H: $[\vec{x} - \vec{a}] \cdot \vec{n} = 0$

$$H: \left[\begin{pmatrix} x \\ y \\ z \end{pmatrix} - \begin{pmatrix} -10 \\ 10 \\ 0 \end{pmatrix}\right] \cdot \begin{pmatrix} -4 \\ 4 \\ 2 \end{pmatrix} = 0$$

H: $-4x + 4y + 2z = 80$

Nun bestimmen wir den gesuchten Lotfußpunkt R als Schnittpunkt von f und H, indem wir die Koordinaten von f in die Gleichung von H einsetzen.
Resultat: $R = R(0|16|8)$.

Der Abstand von R und T wird nach der Abstandsformel für Punkte errechnet. Er beträgt ca. 14,14 km.

Schnittpunkt von H und f:
$$-4(8-4r) + 4(8+4r) + 2(4+2r) = 80$$
$$8 + 36r = 80$$
$$r = 2$$
$$\Rightarrow R = R(0|16|8)$$

2. Abstand von T und R
$$d_{min} = |\overrightarrow{TR}| = \left\|\begin{pmatrix} 10 \\ 6 \\ 8 \end{pmatrix}\right\| = \sqrt{200} \approx 14{,}14\,\text{km}$$

▶ **Beispiel: Auf Kollisionskurs?**
Im Bild auf Seite 426 ist die Flugbahn eines Hubschraubers H eingezeichnet.
Er startet um 13.59 Uhr in $C(8|11|0)$ mit Kurs auf das Ziel $D(8|2|12)$. Seine Geschwindigkeit beträgt durchschnittlich 150 km/h.
Kann es zu einer Kollision mit dem Flugzeug F kommen, das um 14.00 in $A(8|8|4)$ erwartet wird und um 14.02 Punkt $B(4|12|6)$ erreicht haben soll?

Lösung:
Wir bestimmen zunächst die Gleichungen der Flugbahnen f und h (siehe rechts).
Dann untersuchen wir, ob diese sich schneiden, indem wir die rechten Seiten der beiden Bahnen f und h gleichsetzen.
Wir erhalten so ein relativ einfaches lineares Gleichungssystem, das wir manuell oder mit dem GTR lösen.
Die Lösung $r = 0$ bzw. $s = \frac{1}{3}$ führt auf den Schnittpunkt $S(8|8|4)$. Es gibt also einen theoretischen Kollisionspunkt. Es ist der Punkt A, an dem sich Flugzeug F um 14.00 Uhr befinden soll.

Ob tatsächlich Kollisionsgefahr besteht, hängt nun noch davon ab, wann der Hubschrauber H den Punkt S erreicht.
Seine Entfernung von S ist gleich dem Abstand $|\overrightarrow{CS}|$. Wir errechnen mit der Abstandsformel 5 km.

Da der Hubschrauber mit einer Geschwindigkeit von 150 km/h fliegt, d. h. mit exakt 2,5 km/min, benötigt er 2 Minuten bis zum Punkt S. Er kommt also um 14.01 Uhr dort an. Da Flugzeug F den Punkt S = A bereits um 14.00 Uhr erreicht hat, kommt es nicht
▶ zur Kollision.

1. Schnittpunkt von f und h
Gleichungen von f und h:
$$f: \vec{x} = \begin{pmatrix} 8 \\ 8 \\ 4 \end{pmatrix} + r\begin{pmatrix} -4 \\ 4 \\ 2 \end{pmatrix}; \quad h: \vec{x} = \begin{pmatrix} 8 \\ 11 \\ 0 \end{pmatrix} + s\begin{pmatrix} 0 \\ -9 \\ 12 \end{pmatrix}$$

Schnittuntersuchung:
$$\text{I:} \qquad 8 - 4r = 8$$
$$\text{II:} \qquad 8 + 4r = 11 - 9s$$
$$\text{III:} \qquad 4 + 2r = \quad\; 12s$$

Aus I: $r = 0$
In II: $8 = 11 - 9s \Rightarrow s = \frac{1}{3}$
Probe in III: $4 = 4$

$\Rightarrow$ Schnittpunkt $S(8|8|4)$

2. Entfernung von C nach S
$$d = |\overrightarrow{CS}| = \left\|\begin{pmatrix} 0 \\ -3 \\ 4 \end{pmatrix}\right\| = \sqrt{25} = 5\,\text{km}$$

3. Flugzeit von C nach S
$$v = \frac{s}{t} \Rightarrow t = \frac{s}{v} = \frac{5\,\text{km}}{150\,\text{km/h}} = \frac{1}{30}\,\text{h} = 2\,\text{min}$$

9. Segelflugmanöver

Ein Segelflieger bewegt sich auf geradliniger Bahn f im Sinkflug mit 2 km/min auf den Tafelberg mit dem Grat $\overline{PQ}$ zu.

Im Punkt S erreicht er eine senkrechte Ebene E, in der Auftrieb herrscht. Der Segelflieger nutzt diesen Auftrieb. Er schraubt sich beim Erreichen der Ebene E im Punkt S mit einer Steiggeschwindigkeit von 100 m/min zehn Minuten lang nach oben bis zum Punkt T, der exakt senkrecht über S liegt.

Dort verläßt er die Auftriebsebene E und fliegt mit 1 km/min in Richtung des neuen Zielpunktes Z (Koordinatenangaben in km).

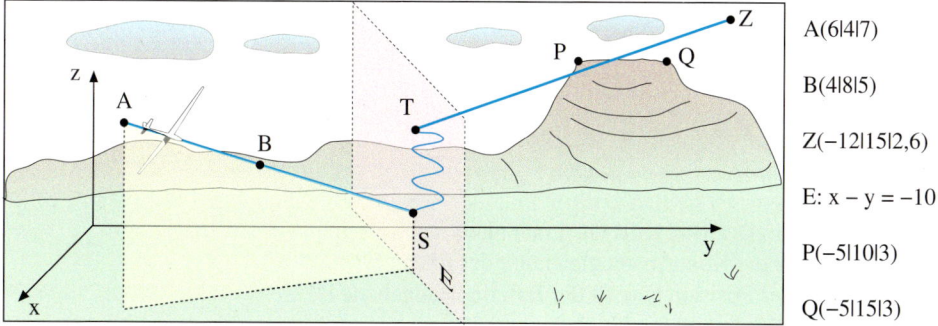

A(6|4|7)

B(4|8|5)

Z(−12|15|2,6)

E: x − y = −10

P(−5|10|3)

Q(−5|15|3)

a) Stellen Sie die Gleichung der Flugbahn f auf.
b) Wo liegen die Punkte S und T?
c) Wie lautet die Gleichung der Route h von T nach Z?
d) Gelingt es dem Flieger, den Tafelberg zu überfliegen?
e) Wie dicht kommt er an den Grat $\overline{PQ}$ heran?
f) Wie lange dauert das gesamte Flugmanöver?

---

10. Ein Flugzeug startet im Punkt A (0|0|0) und fliegt mit 324 km/h geradlinig in Richtung $\vec{v} = \begin{pmatrix} 84 \\ 30 \\ 12 \end{pmatrix}$.

Gleichzeitig befindet sich ein Heißluftballon im Punkt B (10 180|3400|1240). Es herrscht Windstille, so dass der Ballonfahrer seine Position exakt halten kann, um seinen Passagieren Gelegenheit zur Beobachtung der Landschaft zu geben (Alle Längenangaben in m).

a) Rechnen Sie die Geschwindigkeit des Flugzeugs in m/s um.
b) Welche Bedeutung hat $|\vec{v}|$?
c) An welcher Flugposition F kommt das Flugzeug dem Ballon am nächsten? Wie groß ist der dann erreichte minimale Abstand d_{min}?
d) Wie lange nach dem Start wird der minimale Abstand aus b) erreicht?
e) Der Ballon driftet durch aufkommenden Wind in Richtung des Vektors $\vec{w} = \begin{pmatrix} -16 \\ -230 \\ 212 \end{pmatrix}$ ab. Besteht nun eine theoretische Kollisionsgefahr?

11. Golf

Auf einem Golfplatz gibt es einen Hang H mit der Gleichung H: $\vec{x} = \begin{pmatrix} 0 \\ 40 \\ 0 \end{pmatrix} + r\begin{pmatrix} 1 \\ 0 \\ 0 \end{pmatrix} + s\begin{pmatrix} 0 \\ 2 \\ 1 \end{pmatrix}$ und eine Hochebene E.

Ein Golfspieler schlägt im Punkt P(60|0|0) ab, um das Loch L(60|120|30) zu treffen.

Die Flugbahn des Balles wird durch die Funktion $z(y) = -\frac{1}{80}y^2 + \frac{5}{4}y$ beschrieben, wobei die Bahnebene parallel zur y-z-Ebene steht. Die x-Koordinate beträgt also konstant 60.

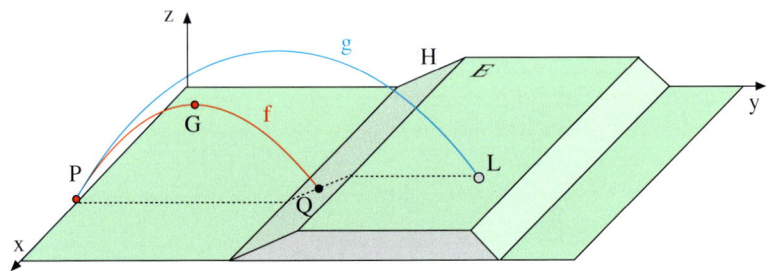

a) Zeigen Sie: Der Ball trifft das Loch nicht.

b) Wie lautet die Koordinatengleichung der Ebene E?

c) An welcher Position Q trifft der Ball die Hangebene H?

d) Welchen Winkel bilden Flugbahn und Hangebene im Moment des Aufschlags?

e) Wie lautet der Gipfelpunkt G der Bahnkurve?

f) Ein zweiter Schlag wird durch $z(y) = -\frac{1}{80}y^2 + ay$ beschrieben.

Wie muss a gewählt werden, damit das Loch L getroffen wird?

Unter welchem Winkel trifft er in das Loch?

In welcher Höhe überfliegt er die Schnittkante der beiden Ebenen H und E?

12. Zwei Flugzeuge

Flugzeug F fliegt geradlinig im Sekundentakt durch die Punkte
A(1200|1200|1200) und
B(1236|1260|1202), während Fluzeug G gleichzeitig ebenfalls geradlinig die Punkte C(1170|2650|1380) und D(1206|2686|1383) passiert (Ang. in m).

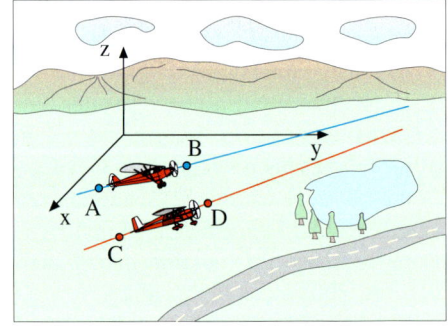

a) Mit welchen Geschwindigkeiten fliegen die Flugzeuge?

b) Wie nah könnten sich die Flugzeuge kommen?

c) Wo befinden sich die Flugzeuge nach einer Minute? Welchen Abstand haben sie dann?

Die folgende Aufgabe steht stellvertretend für komplexe Anwendungssituationen in realen räumlichen Umgebungen und für Bewegungsaufgaben im Raum.

▶ **Beispiel: Fußball**

Bei einem Fußballspiel wird ein Freistoß gegeben. Es liegen folgende Daten vor:
Länge des Platzes 100 m, Breite 60 m.
Breite des Tores 7,2 m, Höhe 2,4 m.
Durchmesser des Balles 0,2 m.
Der Ball berührt den Boden beim Freistoß – bezogen auf das eingezeichnete Koordinatensystem – im Punkt R (10|40|0).

a) Bestimmen Sie die Koordinaten der vier Eckpunkte A, B und P, Q des Tores.
b) Der Spieler, der den Freistoß ausführt, möchte exakt in den rechten oberen Eckwinkel des Tores treffen. Wie lautet die Gleichung der als geradlinig angenommenen Flugbahn g des Ballmittelpunktes S? Welche Flugbahn würde sich bei einem Schuss in die rechte untere Ecke bzw. in die linke untere Ecke ergeben?
c) Wie groß ist der Anstiegswinkel der Fluggeraden g gegenüber dem Boden ?
d) Welche Zeit bleibt dem Tormann für seine Reaktion, wenn der Ball mit 30 m/s fliegt ?
e) Wie groß ist die Teilstrecke der 16 m-Linie, welche die auf der 16 m-Linie aufgestellte Verteidigungsmauer abdecken muss, um das zu verhindern ?

Lösung zu a:
Die rechte obere Eckfahne steht im Ursprung O (0|0|0). Die Mitte der Grundlinie und der Torlinie ist also bei M (30|0|0). Die unteren Eckpunkte A und B liegen 3,6 m weiter links bzw. rechts, die oberen Eckpunkte zusätzlich 2,4 m hoch.

Punktkoordinaten:
Ursprung O (0|0|0),
Grundlinienmitte: M (30|0|0)
Untere Torecken: A (33,6|0|0), B(26,4|0|0)
Obere Torecken: P(33,6|0|2,4), Q(26,4|0|2,4)

Lösung zu b:
Der Ball berührt den Rasen im Punkt R (10|40|0). Er hat einen Durchmesser von 20 cm. Sein Mittelpunkt S befindet sich also 10 cm höher bei S (10|40|0,1). Sein Zielpunkt T liegt 10 cm links und 10 cm unterhalb der Torecke Q (26,4|0|2,4), d. h. es gilt T (26,5|0|2,3).
Mit Hilfe der Zweipunkteform ergibt sich nun die rechts dargestellte Flugbahn g.

Bei einem Schuss in die rechte untere Ecke müsste man als Zielpunkt U (26,5|0|0,1) verwenden. Dann ergibt sich die Gerade h. Bei einem Schuss in die linke untere Ecke
▼ V (33,5|0|0,1) ergibt sich die Gerade k.

Gleichung der Fluggeraden g des Balles:
Startpunkt: S (10|30|0,1)
Zielpunkt: T (26,5|0|2,3)

Flugbahn: $g : \vec{x} = \begin{pmatrix} 10 \\ 30 \\ 0,1 \end{pmatrix} + r \cdot \begin{pmatrix} 16,5 \\ -30 \\ 2,2 \end{pmatrix}$

Gleichung der Fluggeraden h und k:
Start: S (10|30|0,1)   Ziel: U (26,5|0|0,1)

Flugbahn: $h : \vec{x} = \begin{pmatrix} 10 \\ 30 \\ 0,1 \end{pmatrix} + r \cdot \begin{pmatrix} 16,5 \\ -30 \\ 0 \end{pmatrix}$

Start: S (10|30|0,1)   Ziel: V (33,5|0|0,1)

Flugbahn: $k : \vec{x} = \begin{pmatrix} 10 \\ 30 \\ 0,1 \end{pmatrix} + r \cdot \begin{pmatrix} 23,3 \\ -30 \\ 0 \end{pmatrix}$

Lösung zu c:
Das Bild zeigt, dass der Anstiegswinkel α der Winkel zwischen den Vektoren $\overrightarrow{ST}$ und $\overrightarrow{SU}$ ist, wobei $U(26{,}5|0|0{,}1)$ der Zielpunkt für einen Schuss in die untere rechte Ecke ist.
Wir verwenden die Kosinusformel:

$$\cos\alpha = \frac{|\overrightarrow{ST} \cdot \overrightarrow{SU}|}{|\overrightarrow{ST}| \cdot |\overrightarrow{SU}|} \approx \frac{1172{,}25}{34{,}31 \cdot 34{,}24} \approx 0{,}9979$$

$\Rightarrow \alpha = \arccos 0{,}9979 \approx 3{,}7°$

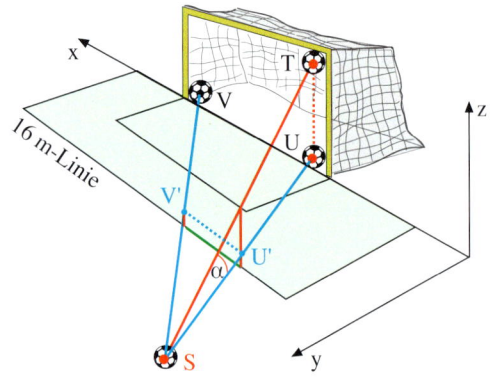

Lösung zu d:
Wir berechnen die Länge der Flugstrecke $\overline{ST}$ als Abstand der Punkte S und T.
Wir erhalten $|\overline{ST}| = 34{,}31\,\text{m}$.

Eine Strecke von $34{,}31\,\text{m}$ wird bei einer Geschwindigkeit von $30\,\text{m/s}$ in ca. $1{,}14\,\text{s}$ zurückgelegt. Nur diese kurze Zeitspanne bleibt dem Tormann für seine Reaktion.

Länge der Flugstrecke $\overline{ST}$:

$$|\overline{ST}| = \sqrt{(26{,}5-10)^2 + (0-30)^2 + (2{,}3-0{,}1)^2}$$
$$= \sqrt{1177{,}09} \approx 34{,}31\,\text{m}$$

Dauer des Fluges:
Flugdauer : $t \approx 34{,}31\,\text{m} : 30\,\text{m/s} \approx 1{,}14\,\text{s}$

Lösung zu e:
Wir berechnen die Punkte U' und V' der Geraden h und k aus Aufgabenteil b), welche die y-Koordinate 16 besitzen, also exakt über der 16 m-Linie liegen.
Der Ansatz $y = 16$ liefert uns $U'(17{,}7|16|0{,}1)$ und $V'(20{,}97|16|0{,}1)$. Die x-Koordinaten von A und B haben den Abstand $d = 3{,}27\,\text{m}$.
▶ Diese Länge muss abgedeckt werden.

Berechnung der Abwehrstrecke über der 16 m-Linie

Ansatz für U':	Ansatz für V':
$y = 0$ (Gerade h)	$y = 0$ (Gerade k)
$30 - 30r = 16$	$30 - 30r = 16$
$r = 7/15$	$r = 7/15$
$U'(17{,}7|16|0{,}1)$	$V'(20{,}97|16|0{,}1)$

Länge: $d = 20{,}97\,\text{m} - 17{,}7\,\text{m} = 3{,}27\,\text{m}$

Übung 13   Flugbahnen

Ein Luftschiff l startet auf dem Flughafen $L(24|52|0)$ und wird kurz danach in $P(20|42|2)$ geortet.
Ein Hubschrauber h bewegt sich etwa zur gleichen Tageszeit in geradlinigem Steigflug vom Fliegerhorst $F(20|-8|0)$ in Richtung der Bergspitze $S(-4|32|16)$.
Die Front einer Nebelwand wird durch die Ebene E_{ABC} mit $A(16|0|0)$, $B(0|16|0)$, $C(0|0|16)$ beschrieben

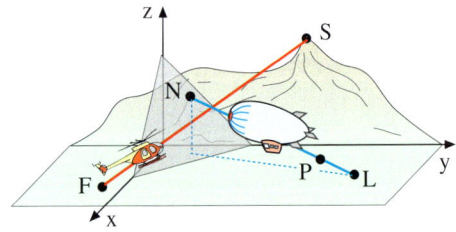

a) Gibt es eine mögliche Kollisionsposition T der Bahnen von Luftschiff und Hubschrauber?
   Wie groß ist der Schnittwinkel der Flugbahnen von l und h in dieser Position T?

b) Im weiteren Flugverlauf tritt das Luftschiff bei N in die Nebelwand ein. Bestimmen Sie N.

c) Fertigen Sie eine genaue Zeichnung der Objekte und Flugbahnen im Schrägbild an.

14. Die Bahnen zweier Flugzeuge werden als gerad-
linig angenommen, die
Flugzeuge werden als
Punkte angesehen. Das
erste Flugzeug bewegt
sich von A(0|−50|20)
nach B(0|50|20). Das
zweite Flugzeug nimmt
den Kurs von Punkt
C(−14|46|32) auf Punkt
D(50|−18|0). Eine Ein-
heit entspricht 1 km.

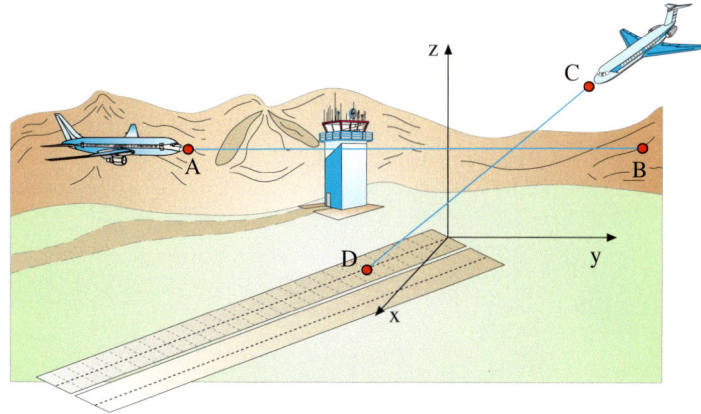

a) Untersuchen Sie, ob die beiden Flugzeuge bei gleichbleibenden Kursen zusammenstoßen
   könnten. (Die Geschwindigkeiten der Flugzeuge bleiben unberücksichtigt.)
b) Das 2. Flugzeug ändert nach der Hälfte der Strecke $\overline{CD}$, in dem Punkt M, seinen Kurs, da
   ein Nebel aufkommt. Das 2. Flugzeug fliegt nun von M aus über T(0|25|20) nach D. Be-
   rechnen Sie die Länge des durch den neuen Kurs entstandenen Umweges.
c) Untersuchen Sie, ob die beiden Flugzeuge auf dem neuen Kurs zusammenstoßen könnten
   (ohne Berücksichtigung der Geschwindigkeiten).
d) Untersuchen Sie, ob es dem 2. Flugzeug gelungen ist, rechtzeitig vor der schmalen Nebel-
   front, die sich durch die Ebene E: $2x − 2y − z = 20{,}8$ beschreiben lässt, seinen Kurs zu
   ändern.

15. Drachenflug

Ein von der Flugüberwachung kon-
trollierter Luftraum wird von einer
Ebene E begrenzt. Sie enthält die
Punkte A(0|500|0), B(100|500|0)
und C(0|600|100) (alle Angaben in
m). Die Erdoberfläche liegt in der x-
y-Ebene.

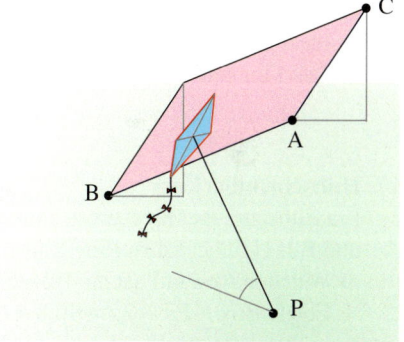

a) Bestimmen Sie eine Ebenengleichung von E in Normalenform.
b) Welchen Winkel schließt die Ebene
   E mit der Erdoberfläche ein?
c) In einem Punkt P(2500|750|25) knapp außerhalb des überwachten Flugraums befinden
   sich Kinder, die einen Drachen aufsteigen lassen. Durch den Wind stellt sich die Schnur
   in Richtung des Vektors $\vec{w} = \begin{pmatrix} -10 \\ -50 \\ 25 \end{pmatrix}$. Ab welcher Schnurlänge gelangt der Drachen in den
   überwachten Flugraum?
d) Der Wind dreht, so dass sich die Schnur in Richtung $\vec{u} = \begin{pmatrix} 10 \\ 50 \\ z \end{pmatrix}$ stellt und mit der Erde einen
   Winkel von 45° bildet. Berechnen Sie zunächst den Wert des Parameters z. Bestimmen Sie
   dann den Winkel zwischen der alten und der neuen Lage der Drachenschnur.

16. Einflugschneise

Ein Flugzeug befindet sich im Landeanflug. Es bewegt sich auf einer geraden Flugbahn g durch die Punkte $A(25|2|5)$ und $B(15|7|3)$. Die Einflugschneise wird durch zwei Geraden g_1 und g_2 begrenzt, welche durch die Punkte $C(10|4|2)$ und $D(0|10|0)$ bzw. $E(10|20|2)$ und $F(0|14|0)$ gehen (Angabe in km).

a) Bestimmen Sie die Gleichungen der beiden Begrenzungsgeraden g_1 und g_2. Zeigen Sie, dass diese eine Ebene T aufspannen. Wie lautet die Gleichung der Ebene T?

b) Welchen Winkel bildet die Ebene T (Einflugschneisenebene) mit der Rollbahnebene R, welche wie abgebildet in der x-y-Ebene liegt?

c) Wie lautet die Gleichung der Flugbahngeraden g des Flugzeugs?

d) Die in der Mitte der Einflugschneise verlaufende Gerade g_i ist die ideale Linie für den Landeanflug. Wie lautet die Gleichung der Geraden g_i? Zeigen Sie, dass die Bahn g des Flugzeugs die Ideallinie g_i schneidet. Wo liegt der Schnittpunkt S?

e) Berechnen Sie, um welchen Winkel der Pilot den Kurs in S korrigieren muss, um auf die Ideallinie g_i einzuschwenken.

f) Das Flugzeug hat eine Geschwindigkeit von $500 \frac{\mathrm{km}}{\mathrm{h}}$. Wie lange dauert der Landeanflug von Punkt A bis zum Aufsetzen am Beginn der Rollbahn?

17. Hubschrauberkurs

Ein Hubschrauber fliegt einen geradlinigen horizontalen Kurs, der durch die Punkte $A(7|2|0,1)$ und $B(11|3|0,1)$ führt. Eine Einheit im Koordinatensystem sind 10 km.

a) Welchen Abstand hat der Hubschrauber im Punkt B von einer Gewitterfront, die durch die Ebene E: $x + 2y - 2z - 40,8 = 0$ im Koordinatensystem beschrieben wird?

b) In welchem Punkt P würde der Hubschrauber die Gewitterfront erreichen?

c) Weisen Sie nach, dass der Punkt $Q(23|6|0,1)$ auf der Flugbahn des Hubschraubers liegt und von diesem vor Erreichen der Gewitterfront passiert wird.

d) Im Punkt Q ändert der Pilot den Kurs, indem er unter Beibehaltung seiner Horizontalrichtung in einen Steigflug übergeht, der ihn parallel zur Gewitterfront fliegen lässt. Geben Sie die Gerade an, welche die Bahn des Hubschraubers nach der Kurskorrektur beschreibt. Berechnen Sie den Winkel der Richtungsänderung.

e) Welchen Abstand zur Gewitterfront hat der Hubschrauber nach der Kursänderung?

f) Die Gewitterfront erstreckt sich bis in 4 km Höhe. In welchem Punkt kann der Hubschrauberpilot frühestens wieder in einen Horizontalflug übergehen, wenn er nicht in die Gewitterfront fliegen will?

Überblick

Schnittwinkel zweier Geraden:

Schneiden sich die beiden Geraden mit den Richtungsvektoren $\vec{m}_1$ und $\vec{m}_2$, so gilt für den Schnittwinkel γ der Geraden:

$$\cos\gamma = \frac{|\vec{m}_1 \cdot \vec{m}_2|}{|\vec{m}_1| \cdot |\vec{m}_2|}$$

Schnittwinkel von Gerade und Ebene:

Schneidet die Gerade mit dem Richtungsvektor $\vec{m}$ die Ebene mit dem Normalenvektor $\vec{n}$, so gilt für den Schnittwinkel γ von Gerade und Ebene:

$$\sin\gamma = \frac{|\vec{m} \cdot \vec{n}|}{|\vec{m}| \cdot |\vec{n}|} \quad \text{bzw.} \quad \cos(90° - \gamma) = \frac{|\vec{m} \cdot \vec{n}|}{|\vec{m}| \cdot |\vec{n}|}$$

Schnittwinkel zweier Ebenen:

Schneiden sich die beiden Ebenen mit den Normalenvektoren $\vec{n}_1$ und $\vec{n}_2$, so gilt für den Schnittwinkel γ der Ebenen:

$$\cos\gamma = \frac{|\vec{n}_1 \cdot \vec{n}_2|}{|\vec{n}_1| \cdot |\vec{n}_2|}$$

Hess'sche Normalengleichung einer Ebene:

$E: (\vec{x} - \vec{a}) \cdot \vec{n}_0 = 0$

$\vec{x}$: allgemeiner Ortsvektor der Ebene E

a: Stützvektor der Ebene E

$\vec{n}_0$: Normalenvektor der Ebene E mit $|\vec{n}_0| = 1$

Abstand Punkt-Ebene:

Der Punkt P mit dem Ortsvektor $\vec{p}$ hat von der Ebene E mit der Hesse'schen Normalenform E: $(\vec{x} - \vec{a}) \cdot \vec{n}_0 = 0$ den Abstand $d = \left|(\vec{p} - \vec{a}) \cdot \vec{n}_0\right|$.

Abstand Gerade-Ebene und Ebene-Ebene:

Der Abstand einer Geraden g zu einer parallelen Ebene E ist gleich dem Abstand eines Punktes P der Geraden g (z. B. des Stützpunktes) zu der Ebene E. Er kann daher mit der Abstandsformel Punkt-Ebene berechnet werden.

Der Abstand einer Ebene E_1 zu einer parallelen Ebene E_2 ist gleich dem Abstand eines Punktes P der Ebene E_1 (z. B. des Stützpunktes) zu der Ebene E_2. Er kann daher mit der Abstandsformel Punkt-Ebene berechnet werden.

Abstand Punkt-Gerade:

Der Abstand eines Punktes P zu einer Geraden g: $\vec{x} = \vec{a} + r \cdot \vec{m}$ wird mit einem operativen **Lotfußpunktverfahren** berechnet:

1. Man stellt die Gleichung einer Hilfsebene H auf, die orthogonal zu g ist und den Punkt P als Stützpunkt enthält:
   H: $(\vec{x} - \vec{p}) \cdot \vec{m} = 0$.
2. Man berechnet den Schnittpunkt F von g und H.
3. Man berechnet den gesuchten Abstand als Abstand von P und F.

Abstand windschiefer Geraden:

Sind g: $\vec{x} = \vec{p} + r \cdot \vec{m}_g$ und h: $\vec{x} = \vec{q} + s \cdot \vec{m}_h$ windschiefe Geraden und $\vec{n}_0$ ein zu beiden Richtungsvektoren $\vec{m}_g$ und $\vec{m}_h$ orthogonaler Einheitsvektor, dann besitzen g und h den Abstand $d = \left|(\vec{p} - \vec{q}) \cdot \vec{n}_0\right|$.

Werkzeug zur Raumgeometrie

Die Lagebeziehungen von Punkten, Geraden und Ebenen können mithilfe von 3-D-Geometrie-
software anschaulich gemacht werden. Darüber hinaus liefern solche Programme Schnittpunkte
bzw. Schnittgeraden sowie Abstände und Winkel.

In den voranstehenden Kapiteln zu den Themen Vektoren, Geraden und Ebenen wurden in den
Mathematischen Streifzügen Programme vorgestellt, mit denen man die speziellen Aufgabenstellungen des jeweiligen Themas bearbeiten kann. Es gibt verschiedene Computerprogramme,
die als universelle Werkzeuge zur analytischen Geometrie des dreidimensionalen Raumes dienen. Damit können Punkte, Geraden und Ebenen graphisch dargestellt und Lagebeziehungen
zwischen diesen Objekten untersucht werden. Zudem können mithilfe dieser Werkzeuge gegebenenfalls Schnittpunkte, Schnittgeraden und Schnittwinkel oder Abstände berechnet werden.

Die folgende Abbildung zeigt die Anwendung eines solchen Programms auf die Untersuchung der Lagebeziehung zweier Ebenen. Dieser Fall kann alternativ auch mit dem auf Seite
395 vorgestellten Medienelement bearbeitet werden. Dazu öffnet man die Internetseite
www.cornelsen.de/webcodes und gibt dort den Webcode MBK041914-394-2 ein.

Im Folgenden wird ein Werkzeug bei einem der letzten in diesem Kapitel behandelten Probleme angewendet, bei dem es um den Abstand zweier windschiefer Geraden geht. Gegeben sind dabei die beiden zu untersuchenden Geraden

$$g: \vec{x} = \begin{pmatrix} 2 \\ 2 \\ 3 \end{pmatrix} + r \cdot \begin{pmatrix} 1 \\ 2 \\ -2 \end{pmatrix} \quad \text{und} \quad h: \vec{x} = \begin{pmatrix} 4 \\ 7 \\ 3 \end{pmatrix} + r \cdot \begin{pmatrix} -1 \\ 2 \\ 0 \end{pmatrix}.$$

Man erhält als Ergebnis, dass die Geraden windschief sind und den Abstand 3 haben.

Diese Fragestellung kann auch mit dem auf Seite 327 präsentierten Medienelement bearbeitet werden. Dazu gibt man auf der Internetseite www.cornelsen.de/webcodes den Webcode MBK041914-326-2 ein.

Diese Fragestellung kann auch mit dem auf Seite 327 präsentierten Medienelement bearbeitet werden.

Übungen

Bearbeiten Sie ausgewählte Übungen zu Lagebeziehungen von Punkten, Geraden und Ebenen sowie zur Bestimmung von Schnittelementen sowie zu Schnittwinkel- und Abstandsberechnungen mithilfe eines beliebigen Geometrie-Werkzeuges.

Verwenden Sie das Werkzeug auch bei der Überprüfung Ihrer Lösungen von komplexen Aufgaben aus dem Kapitel X.

Winkel und Abstände

1. Gegeben sind in einem kartesischen Koordinatensystem die Punkte $A(2|2|-1)$, $B(0|3|1)$ und $C(4|1|1)$. Die Ebene E enthält die Punkte A, B und C.

a) Stellen Sie eine Hesse'sche Normalengleichung der Ebene E auf.

b) Für welches $a \in \mathbb{R}$ liegt der Punkt $P(-a|2a|1)$ in der Ebene E?

c) Bestimmen Sie die Achsenschnittpunkte von E.
Fertigen Sie ein Schrägbild von E an.

d) Bestimmen Sie eine zu E orthogonale Gerade g, die den Punkt $Q(4|6|3)$ enthält. In welchem Punkt F schneidet g die Ebene E?

2. Gegeben sind die Ebenen $E_1\colon \vec{x} = \begin{pmatrix} 1 \\ 1 \\ 2 \end{pmatrix} + r \begin{pmatrix} -4 \\ 1 \\ 3 \end{pmatrix} + s \begin{pmatrix} 4 \\ 2 \\ -3 \end{pmatrix}$ und $E_2\colon x - 2y + z = 4$.

a) Zeigen Sie, dass sich die Ebenen E_1 und E_2 schneiden. Bestimmen Sie die Schnittgerade sowie den Schnittwinkel.

b) Bestimmen Sie den Abstand des Punktes $P(6|3|7)$ von E_1.

c) Wie lautet die Koordinatengleichung der zu E_1 parallelen Ebene durch den Punkt P?

3. Gegeben sind die Ebene $E\colon \left[\vec{x} - \begin{pmatrix} 4 \\ -3 \\ 2 \end{pmatrix} \right] \cdot \begin{pmatrix} 3 \\ -4 \\ 6 \end{pmatrix} = 0$ und die Gerade $g\colon \vec{x} = \begin{pmatrix} 8 \\ -6 \\ 2 \end{pmatrix} + r \begin{pmatrix} 2 \\ 3 \\ 2 \end{pmatrix}$.

a) Zeigen Sie, dass sich g und E schneiden. Bestimmen Sie den Schnittpunkt sowie den Schnittwinkel.

b) Bestimmen Sie den Abstand des Punktes $P(9|6|0)$ von der Geraden g.

c) Der Punkt $P(9|6|0)$ wird an der Geraden g gespiegelt. Bestimmen Sie die Koordinaten des Spiegelpunktes P'.

d) Bestimmen Sie den Abstand der windschiefen Geraden g und $h\colon \vec{x} = \begin{pmatrix} 3 \\ -5 \\ 8 \end{pmatrix} + s \begin{pmatrix} 0 \\ 3 \\ 1 \end{pmatrix}$.

4. a) Wie lauten die Eckpunkte A, B, C, D, E des abgebildeten Hauses?

b) Unter welchem Winkel schneiden sich die Dachflächen am First?

c) Wie hoch ragt der Schornstein aus der sichtbaren Dachfläche heraus? Höhe der Spitze S: 6 m.

d) Wie lang ist der Schatten des Schornsteins, den das Sonnenlicht in Richtung des Vektors $\vec{v}$ auf dem Dach erzeugt?

e) Wie hoch sind die Materialkosten für den Anstrich des dreieckigen Giebels, wenn ein Eimer Farbe für 4 m² Anstrich 30 Euro kostet?

Lösungen: S. 647

XII. Grundbegriffe der Wahrscheinlichkeitsrechnung

1. Mehrstufige Zufallsversuche

A. Baumdiagramme und Pfadregeln

Im Folgenden wiederholen wir *mehrstufige Zufallsversuche*.
Ein solcher Versuch setzt sich aus mehreren hintereinander ausgeführten einstufigen Versuchen zusammen (mehrmaliges Werfen mit einem oder mehreren Würfeln, mehrmaliges Ziehen einer oder mehrerer Kugeln etc.).

Der Ablauf eines mehrstufigen Zufallsversuchs lässt sich mit *Baumdiagrammen* besonders übersichtlich darstellen.

▶ **Beispiel: Zweifacher Würfelwurf**
Rechts ist ein zweistufiges Experiment abgebildet, nämlich das zweimalige Werfen eines Würfels, der 4 Einsen und 2 Sechsen trägt. Gesucht ist die Wahrscheinlichkeit dafür, dass sich eine gerade Augensumme ergibt.

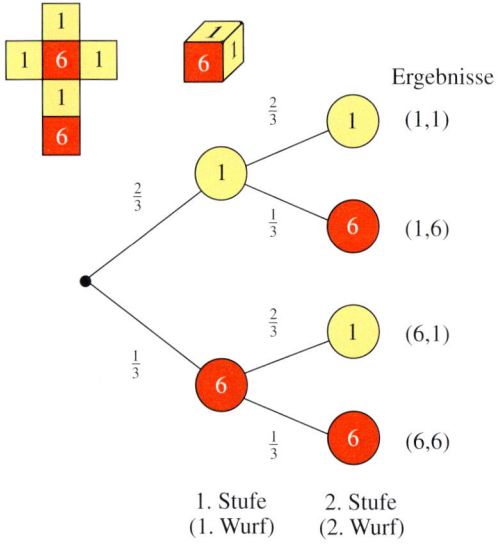

Lösung:
Der Baum besteht aus zwei Stufen. Er besitzt insgesamt vier *Pfade* der Länge 2. Jeder Pfad repräsentiert das an seinem Ende vermerkte Ergebnis des zweistufigen Experiments.

Für das Ereignis „Augensumme gerade" sind zwei Pfade günstig, der Pfad (1,1), dessen Wahrscheinlichkeit $\frac{2}{3} \cdot \frac{2}{3} = \frac{4}{9}$ beträgt, und der Pfad (6,6) mit der Wahrscheinlichkeit $\frac{1}{3} \cdot \frac{1}{3} = \frac{1}{9}$. Insgesamt
▶ ergibt sich damit die Wahrscheinlichkeit P(„Augensumme gerade") $= \frac{4}{9} + \frac{1}{9} = \frac{5}{9} \approx 0{,}56$.

Die Pfadregeln für Baumdiagramme

Mehrstufige Zufallsexperimente können durch Baumdiagramme dargestellt werden. Dabei stellt jeder Pfad ein Ergebnis des Zufallsexperiments dar.

I. Die **Wahrscheinlichkeit eines Ergebnisses** ist gleich dem Produkt aller Zweigwahrscheinlichkeiten längs des zugehörigen Pfades (Pfadwahrscheinlichkeit).

II. Die **Wahrscheinlichkeit eines Ereignisses** ist gleich der Summe der zugehörigen Pfadwahrscheinlichkeiten.

Übungen

B. Einfache Aufgaben zu Baumdiagrammen

1. In einer Urne liegen 12 Kugeln, 4 gelbe, 3 grüne und 5 blaue Kugeln. 3 Kugeln werden ohne Zurücklegen entnommen.
a) Mit welcher Wahrscheinlichkeit sind alle Kugeln grün?
b) Mit welcher Wahrscheinlichkeit sind alle Kugeln gleichfarbig?
c) Mit welcher Wahrscheinlichkeit kommen genau zwei Farben vor?

2. In einer Schublade liegen fünf Sicherungen, von denen zwei defekt sind. Wie groß ist die Wahrscheinlichkeit, dass bei zufälliger Entnahme von zwei Sicherungen aus der Schublade mindestens eine defekte Sicherung entnommen wird?

3. Das abgebildete Glücksrad (mit drei gleich großen Sektoren) wird zweimal gedreht.
Mit welcher Wahrscheinlichkeit
a) erscheint in beiden Fällen Rot,
b) erscheint mindestens einmal Rot?

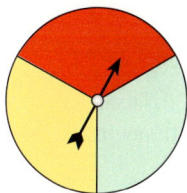

4. Sie werfen eine Münze wiederholt, bis zweimal hintereinander Kopf kommt. Mit welcher Wahrscheinlichkeit stoppen Sie exakt nach vier Würfen?

5. In einer Urne liegen 7 Buchstaben, viermal das O und dreimal das T. Es werden vier Buchstaben der Reihe nach mit Zurücklegen gezogen.
Mit welcher Wahrscheinlichkeit
a) entsteht so das Wort OTTO,
b) lässt sich mit den gezogenen Buchstaben das Wort OTTO bilden?

6. Robinson hat festgestellt, dass auf seiner Insel folgende Wetterregeln gelten:
(1) Ist es heute schön, ist es morgen mit 80% Wahrscheinlichkeit ebenfalls schön.
(2) Ist heute schlechtes Wetter, so ist morgen mit 75% Wahrscheinlichkeit ebenfalls schlechtes Wetter.
a) Heute (Montag) scheint die Sonne. Mit welcher Wahrscheinlichkeit kann Robinson am Mittwoch mit schönem Wetter rechnen?

b) Heute ist Dienstag und es ist schön. Mit welcher Wahrscheinlichkeit regnet es am Freitag?

2. Kombinatorische Abzählverfahren

Schon bei einfachen Zufallsversuchen kann es vorkommen, dass Baumdiagramme wegen ihrer Größe nicht mehr anwendbar sind. Dann werden kombinatorische Abzählverfahren verwendet.

A. Die Produktregel

▶ **Beispiel:** Ein Autohersteller bietet für ein Modell 5 unterschiedliche Motorstärken (60 kW, 65 kW, 70 kW, 90 kW, 120 kW), 6 verschiedene Farben (Rot, Blau, Weiß, Gelb, Schwarz, Orange) und 4 verschiedene Innenausstattungen (einfach, normal, luxus, super) an.
Unter wie vielen Modellvarianten kann ein Käufer auswählen?

Lösung:
Durch Kombination der 5 möglichen Motorleistungen mit den 6 möglichen Farben ergeben sich schon $5 \cdot 6 = 30$ Variationsmöglichkeiten.

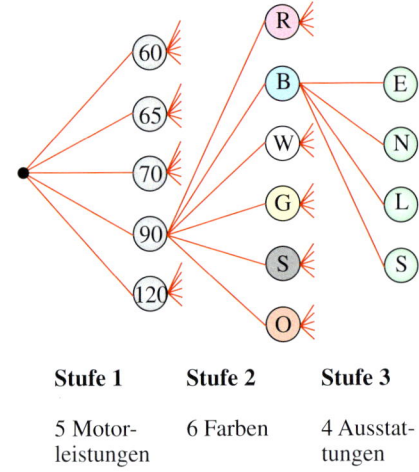

Jede dieser 30 Zusammenstellungen kann mit jeweils 4 Innenausstattungen kombiniert werden.

Insgesamt erhält man so $5 \cdot 6 \cdot 4 = 120$ verschiedene Modellvarianten.

Stufe 1	Stufe 2	Stufe 3
5 Motorleistungen	6 Farben	4 Ausstattungen

Das zugehörige – nebenstehend angedeutete – Baumdiagramm (Anzahlbaum) würde mit 120 Pfaden ausufern.

▶

In gleicher Weise wie im obigen Beispiel können wir bei mehrstufigen Zufallsversuchen die Anzahl der Ergebnisse immer dann als Produkt der Anzahl der Möglichkeiten pro Stufe bestimmen, wenn die Anzahl der in einer Stufe bestehenden Möglichkeiten nicht vom Ausgang anderer Stufen abhängt.

Die Produktregel

Ein Zufallsversuch werde in k Stufen durchgeführt. Die Anzahl der in einer beliebigen Stufe möglichen Ergebnisse sei unabhängig von den Ergebnissen vorhergehender Stufen.
In der ersten Stufe gebe es n_1, in der zweiten Stufe gebe es n_2, … und in der k-ten Stufe gebe es n_k mögliche Ergebnisse.
Dann hat der Zufallsversuch insgesamt $n_1 \cdot n_2 \cdot \ldots \cdot n_k$ mögliche Ergebnisse.

Übung 1
In einer Großstadt besteht das Kfz-Kennzeichen aus zwei Buchstaben, gefolgt von zwei Ziffern, gefolgt von einem weiteren Buchstaben. Wie viele Kennzeichen sind in der Stadt möglich?

B. Geordnete Stichproben beim Ziehen aus einer Urne

Mehrstufige Zufallsexperimente, die in jeder Stufe in gleicher Weise ablaufen, lassen sich gut durch sogenannte *Urnenmodelle* erfassen. In einer solchen Urne liegen n unterscheidbare Kugeln. Nacheinander werden k Kugeln *mit oder ohne Zurücklegen* gezogen. Je nachdem, ob man sich für die Reihenfolge des Auftretens der Ergebnisse interessiert oder ob die Reihenfolge keine Rolle spielt, spricht man von einer *geordneten Stichprobe* oder von einer *ungeordneten Stichprobe*. Die Anzahl der möglichen Reihenfolgen lässt sich stets durch eine Formel erfassen.

Ziehen mit Zurücklegen unter Beachtung der Reihenfolge (geordnete Stichprobe)

Aus einer Urne mit n unterscheidbaren Kugeln werden nacheinander k Kugeln *mit Zurücklegen* gezogen. Die Ergebnisse werden in der Reihenfolge des Ziehens notiert. Dann gilt für die Anzahl N der möglichen Anordnungen (k-Tupel) die Formel

$$N = n^k.$$

Ziehen
mit Zurücklegen

k-Tupel, geordnet

▶ **Beispiel: 13-Wette (Fußballtoto)**
Beim Fußballtoto muss man den Ausgang von 13 festgelegten Spielen vorhersagen. Dabei bedeutet 1 einen Sieg der Heimmannschaft, 0 ein Unentschieden und 2 einen Sieg der Gastmannschaft. Wie viele verschiedene Tippreihen sind möglich?

Lösung:
Man modelliert die Wette durch eine Urne, welche drei Kugeln mit den Nummern 0, 1 und 2 enthält. Man zieht eine Kugel, notiert das Ergebnis und legt die Kugel zurück. Das ganze wiederholt man 12-mal. Die Reihenfolge der Ergebnisse ist dabei wichtig. Nach obiger Formel gibt es $N = 3^{13}$ verschiedene
▶ Anordnungen (13-Tupel), d. h. 1 594 323 Tippreihen.

Übung 2
In einer Urne liegen 26 Zettel, welche mit den Buchstaben A bis Z des Alphabets beschriftet sind. Drei Zettel werden mit Zurücklegen gezogen. Mit welcher Wahrscheinlichkeit ergibt sich das Ergebnis AAA? Mit welcher Wahrscheinlichkeit werden drei gleiche Buchstaben gezogen?

Übung 3
Mit welcher Wahrscheinlichkeit wird beim 10-maligen Ziehen mit Zurücklegen einer Kugel aus einer Urne mit zwei schwarzen und einer weißen Kugel genau eine weiße Kugel gezogen? Mit welcher Wahrscheinlichkeit wird höchstens eine weiße Kugel gezogen?

Ziehen ohne Zurücklegen unter Beachtung der Reihenfolge (geordnete Stichprobe)

Aus einer Urne mit n unterscheidbaren Kugeln werden nacheinander k Kugeln *ohne Zurücklegen* gezogen. Die Ergebnisse werden in der Reihenfolge des Ziehens notiert. Dann gilt für die Anzahl N der möglichen Anordnungen (k-Tupel) die Formel

$$N = n \cdot (n - 1) \cdot \ldots \cdot (n - k + 1).$$

Wichtiger Sonderfall: k = n. Aus der Urne wird so lange gezogen, bis sie leer ist. Es gibt dann N = n · (n − 1) · … · 3 · 2 · 1 = n! (n-Fakultät) mögliche Anordnungen.

▶ **Beispiel: Pferderennen**
Bei einem Pferderennen mit 12 Pferden gibt ein völlig ahnungsloser Zuschauer einen Tipp ab für die Plätze 1, 2 und 3.
Wie groß sind seine Chancen, die richtige Einlaufreihenfolge vorherzusagen?

Lösung:
Man modelliert den Vorgang durch eine Urne, welche 12 Kugeln enthält, für jedes Pferd eine Kugel. Man zieht eine Kugel und notiert das Ergebnis. Das entsprechende Pferd soll also Platz 1 erreichen. Dann wiederholt man das Ganze zweimal, um die Plätze 2 und 3 zu belegen. Dabei wird nicht zurückgelegt.
Nach obiger Formel gibt es insgesamt N = 12 · 11 · 10 verschiedene Anordnungen (3-Tupel) für den Zieleinlauf, d. h. 1320 Möglichkeiten. Die Chance für den sachunkundigen Zuschauer beträgt
▶ also weniger als 1 Promille.

Übung 4

Ein Zahlenschloss besitzt fünf Ringe, die jeweils die Ziffer 0, …, 9 tragen. Wie viele verschiedene fünfstellige Zahlencodes sind möglich? Wie ändert sich die Anzahl der möglichen Zahlencodes, wenn in dem Zahlencode jede Ziffer nur einmal vorkommen darf, d. h. der Zahlencode aus fünf verschiedenen Ziffern bestehen soll? Wie ändert sich die Anzahl, wenn der Zahlencode nur aus gleichen Ziffern bestehen soll?

Übung 5

a) In einer Lostrommel befinden sich 6 Lose mit den Nummern 1 bis 6. Ein Spieler zieht nacheinander ohne Zurücklegen drei Lose und notiert die Ziffern hintereinander. Mit welcher Wahrscheinlichkeit entsteht so die Zahl 235?

b) Aus einem Kartenspiel mit 32 Karten werden 8 Karten ohne Zurücklegen gezogen. Wie groß ist die Wahrscheinlichkeit dafür, dass nur Karokarten gezogen werden?

C. Ungeordnete Stichproben beim Ziehen aus einer Urne

> **Beispiel: Minilotto 3 aus 7**
> In einer Lostrommel befinden sich 7 Kugeln. Bei einer Ziehung werden 3 Gewinnkugeln ohne Zurücklegen gezogen. Mit welcher Wahrscheinlichkeit wird man mit einem Tipp Lottokönig?

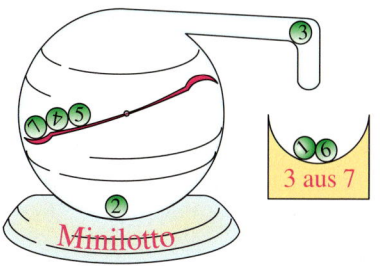

Lösung:
Mit der Urne wurden die drei Gewinnzahlen festgelegt. Der eigentliche Tipp wird auf dem Tippschein abgegeben. Er besteht aus einer Menge von 3 Zahlen, die aus einer Menge von 7 Zahlen ausgewählt werden.

Dafür gibt es bekanntlich $\binom{7}{3}$ verschiedene Möglichkeiten. Das sind 35 Möglichkeiten. Da es nur einen richtigen Tipp gibt, beträgt die Wahrsheilichkeit dafür
> 1 zu 35 = 0,029 = 2,9 %.

> Anzahl der 3-elementigen Teilmengen einer 7-elementigen Menge: $\binom{7}{3}$

$$\binom{7}{3} = \frac{7!}{3! \cdot 4!} = 35$$

$$\Rightarrow P(3 \text{ Richtige}) = \frac{1}{35} \approx 0,029$$

Man kann die obige Betrachtung verallgemeinern. Es gilt die rechts aufgeführte Formel für die Anzahl der k-elementigen Teilmengen einer n-elementigen Menge.

> **Teilmengen einer Menge**
> Anzahl der k-elementigen Teilmengen einer n-elementigen Menge: $\binom{n}{k}$

Daraus folgt ein weiteres Abzählprinzip:

> ### Ziehen ohne Zurücklegen ohne Beachtung der Reihenfolge (ungeordnete Stichprobe)
>
> Wird aus einer Urne mit n unterrrscheidbaren Kugeln eine ungeordnete Teilmenge von k Kugeln entnommen, so ist die Anzahl der Möglichkeiten hierfür:
>
> $$\binom{n}{k} = \frac{n!}{k! \cdot (n-k)!} = \frac{n(n-1) \ldots (n-k+1)}{k!}$$

Übung 6 Sechs Richtige im Lotto
Wie viele verschiedene Tipps müßte man im Zahlenlotto „6 aus 49" abgeben, um mit Sicherheit „6 Richtige" zu erzielen?

Übung 7 Verschiedene Berechnungen
a) An einem Fußballturnier nehmen 8 Teams teil. Wie viele Endspielkombinationen sind möglich?
b) In einer Stadt gibt es 5 000 Telefonanschlüsse. Wie viele Gesprächspaarungen gibt es?
c) Aus einer Klasse mit 25 Schülern werden 3 Schüler abgeordnet. Wie viele Abordnungen gibt es?

D. Das Lottomodell

Die Bestimmung von Tippwahrscheinlichkeiten beim Lottospiel kann als Modell für zahlreiche weitere Zufallsprozesse verwendet werden. Wir betrachten eine Musteraufgabe.

▶ **Beispiel:** Wie groß ist die Wahrscheinlichkeit, dass man beim Lotto „6 aus 49" mit einem abgegebenen Tipp genau vier Richtige erzielt?

Lösung:
Insgesamt sind $\binom{49}{6} = 13\,983\,816$ Tipps möglich. Um festzustellen, wie viele dieser Tipps günstig für das Ereignis E: „Vier Richtige" sind, verwenden wir folgende Grundidee:
Wir denken uns den Inhalt der Lottourne in zwei Gruppen von Zahlen unterteilt: in eine Gruppe von 6 roten Gewinnkugeln und eine Gruppe von 43 weißen Nieten.

Ein für E günstiger Tipp besteht aus vier roten und zwei weißen Kugeln.

Es gibt $\binom{6}{4} = 15$ Möglichkeiten, aus der Gruppe der 6 roten Kugeln 4 Kugeln auszuwählen.

Analog gibt es $\binom{43}{2} = 903$ Möglichkeiten, aus der Gruppe der 43 weißen Kugeln 2 Kugeln auszuwählen.

Folglich gibt es $\binom{6}{4} \cdot \binom{43}{2}$ Möglichkeiten, vier rote Kugeln mit zwei weißen Kugeln zu einem für E günstigen Tipp zu kombinieren.

Dividieren wir diese Zahl durch die Anzahl aller Tipps, d. h. durch $\binom{49}{6}$, so erhalten wir die gesuchte Wahrscheinlichkeit.

▶ Sie beträgt ca. 0,001.

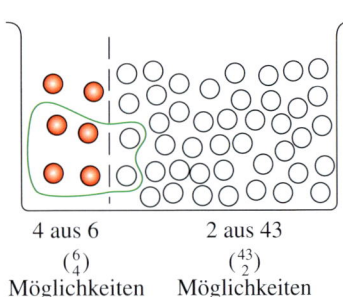

4 aus 6   2 aus 43
$\binom{6}{4}$ $\binom{43}{2}$
Möglichkeiten   Möglichkeiten

⇓

$$P(\text{„4 Richtige"}) = \frac{\binom{6}{4} \cdot \binom{43}{2}}{\binom{49}{6}}$$

$$= \frac{15 \cdot 903}{13\,983\,816} \approx 0{,}001$$

Übung 8
a) Berechnen Sie die Wahrscheinlichkeit für genau drei Richtige im Lotto 6 aus 49.
b) Mit welcher Wahrscheinlichkeit erzielt man mindestens fünf Richtige?

Übung 9
Eine Zehnerpackung Glühlampen enthält vier Lampen mit verminderter Leistung. Jemand kauft fünf Lampen. Mit welcher Wahrscheinlichkeit sind darunter
a) genau zwei defekte Lampen,
b) mindestens zwei defekte Lampen,
c) höchstens zwei defekte Lampen?

Übungen

10. Ein Zahlenschloss hat drei Einstellringe für die Ziffern 0 bis 9.
a) Wie viele Zahlenkombinationen gibt es insgesamt?
b) Wie viele Kombinationen gibt es, die höchstens eine ungerade Ziffer enthalten?

11. Ein Passwort soll mit zwei Buchstaben beginnen, gefolgt von einer drei- oder vierstelligen Zahl. Wie viele verschiedene Passwörter dieser Art gibt es?

12. Tim besitzt vier Kriminalromane, fünf Comicbücher und drei Mathematikbücher.
a) Wie viele Möglichkeiten der Anordnung in seinem Buchregal hat Tim insgesamt?
b) Wie viele Anordnungsmöglichkeiten gibt es, wenn die Bücher thematisch nicht vermischt werden dürfen?

13. Trapper Fuzzi ist auf dem Weg nach Alaska. Er muss drei Flüsse überqueren. Am ersten Fluss gibt es sieben Furten, wovon sechs passierbar sind. Am zweiten Fluss sind es fünf Furten, wovon vier passierbar sind. Am dritten Fluss sind zwei der drei Furten passierbar. Fuzzi entscheidet sich stets zufällig für eine der Furten. Sollte man darauf wetten, dass er durchkommt?

14. An einem Fußballturnier nehmen 12 Mannschaften teil. Wie viele Endspielpaarungen sind theoretisch möglich und wie viele Halbfinalpaarungen sind theoretisch möglich?

15. Acht Schachspieler sollen zwei Mannschaften zu je vier Spielern bilden. Wie viele Möglichkeiten gibt es?

16. Am Ende eines Fußballspiels kommt es zum Elfmeterschießen. Dazu werden vom Trainer fünf der elf Spieler ausgewählt.
a) Wie viele Auswahlmöglichkeiten hat der Trainer?
b) Wie viele Auswahlmöglichkeiten gibt es, wenn der Trainer auch noch festlegt, in welcher Reihenfolge die fünf Spieler schießen sollen?

17. Aus einem Kartenspiel mit den üblichen 32 Karten werden vier Karten entnommen.
a) Wie viele Möglichkeiten der Entnahme gibt es insgesamt?
b) Wie viele Möglichkeiten gibt es, wenn zusätzlich gefordert wird, dass unter den vier Karten genau zwei Asse sein sollen?

18. Aus einer Urne mit 15 weißen und 5 roten Kugeln werden 8 Kugeln ohne Zurücklegen gezogen. Mit welcher Wahrscheinlichkeit sind unter den gezogenen Kugeln genau 3 rote Kugeln? Mit welcher Wahrscheinlichkeit sind mindestens 4 rote Kugeln dabei?

19. In einer Sendung von 80 Batterien befinden sich 10 defekte. Mit welcher Wahrscheinlichkeit enthält eine Stichprobe von 5 Batterien genau eine (genau 3, höchstens 4, mindestens eine) defekte Batterie?

3. Bedingte Wahrscheinlichkeiten und Unabhängigkeit

A. Der Begriff der bedingten Wahrscheinlichkeit

Die Wahrscheinlichkeit eines Ereignisses ist eine relative Größe. Sie kann durch *Informationen* beeinflusst werden. Wir betrachten als Beispiel einen Würfelwurf.

▶ **Beispiel:** Ein Würfel mit dem abgebildeten Netz wurde verdeckt geworfen. Betrachtet wird die Wahrscheinlichkeit für die Augenzahl 5. Wie groß ist diese Wahrscheinlichkeit? Wie hoch ist die Wahrscheinlichkeit, wenn man zusätzlich die Information erhält, dass eine grüne Fläche oben liegt?

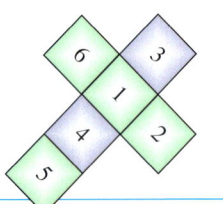

Lösung:
Die Wahrscheinlichkeit für die Augenzahl 5 beträgt $\frac{1}{6}$, da es sechs gleichwahrscheinliche Ergebnisse 1, 2, 3, 4, 5, 6 gibt.
Hat man jedoch die Vorinformation, dass eine grüne Fläche gefallen ist, so kommen nur noch die Ergebnisse 1, 2, 5 und 6 in Frage, und man wird unter dieser Bedingung die Wahrscheinlichkeit für die Augenzahl 5 auf $\frac{1}{4}$ taxieren.

Bedingte Wahrscheinlichkeiten beim Würfelwurf

A: „Es fällt eine Fünf"
B: „Es fällt eine grüne Fläche"

$$P(A) = \frac{1}{6} \qquad\qquad P_B(A) = \frac{1}{4}$$

totale Wahrscheinlichkeit   bedingte Wahrscheinlichkeit

Man spricht in diesem Zusammenhang von einer *bedingten Wahrscheinlichkeit*.

Man verwendet hierfür die symbolische Schreibweise $\mathbf{P_B(A)}$.
(gelesen: Die Wahrscheinlichkeit von A unter der Bedingung B).

Bedingte Wahrscheinlichkeiten können durch zweistufige Baumdiagramme veranschaulicht werden. Rechts ist der Zusammenhang dargestellt. In der zweiten Stufe des Baumdiagramms treten vier bedingte Wahrscheinlichkeiten auf.

Bedingte Wahrscheinlichkeiten im Baumdiagramm

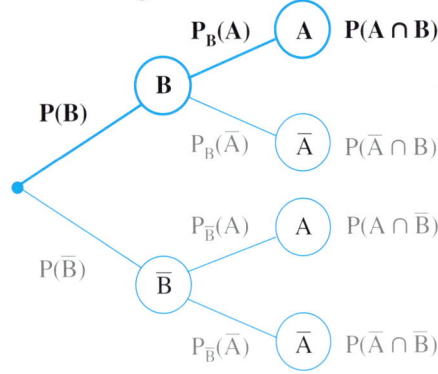

Beispielsweise gibt es für das Eintreten von A zwei bedingte Wahrscheinlichkeiten:
$P_B(A)$: Wahrscheinlichkeit, dass A eintritt, unter der Bedingung, dass B eingetreten ist.
$P_{\overline{B}}(A)$: Wahrscheinlichkeit, dass A eintritt, unter der Bedingung, dass $\overline{B}$ eingetreten ist.

Der Begriff der bedingten Wahrscheinlichkeit kann durch eine Formel definiert werden:

Definition XII.1:
Bedingte Wahrscheinlichkeit

$$P_B(A) = \frac{P(A \cap B)}{P(B)}, P(B) > 0$$

Satz XII.1: Multiplikationssatz
Für zwei Ereignisse A und B mit $P(B) > 0$ gilt die Formel

$$P(A \cap B) = P(B) \cdot P_B(A).$$

Zur Lösung von Aufgaben wird meistens der Multiplikationssatz herangezogen, weil er die Schnittwahrscheinlichkeit $P(A \cap B)$ auf die einfacher zu bestimmenden Wahrscheinlichkeiten $P(B)$ und $P_B(A)$ zurückführt.

▶ **Beispiel:** Aus einem Kartenspiel werden ohne Zurücklegen zwei Karten nacheinander gezogen. Wie groß ist die Wahrscheinlichkeit dafür, dass
a) beide Karten Buben sind,
b) beide Karten keine Buben sind?

Lösung:
Gesucht sind die Schnittwahrscheinlichkeiten $P(B_1 \cap B_2)$ und $P(\overline{B}_1 \cap \overline{B}_2)$, wobei B_1 und B_2 rechts aufgeführt sind.

4 der 32 Karten sind Buben. Daher gilt $P(B_1) = \frac{4}{32}$ und $P(\overline{B}_1) = \frac{28}{32}$.
Auch die bedingten Wahrscheinlichkeiten $P_{B_1}(B_2) = \frac{3}{31}$ und $P_{\overline{B}_1}(B_2) = \frac{4}{31}$ sind leicht zu bestimmen. Hieraus ergeben sich auch noch die bedingten Wahrscheinlichkeiten $P_{B_1}(\overline{B}_2) = \frac{28}{31}$ und $P_{\overline{B}_1}(\overline{B}_2) = \frac{27}{31}$ als Gegenwahrscheinlichkeit.

Nun wird der Multiplikationssatz angewendet.

▶ Alternativ kann man die Aufgabe mithilfe des abgebildeten Baumdiagramms lösen.

B_1: „Die 1. Karte ist ein Bube"
B_2: „Die 2. Karte ist ein Bube"

Anwendung des Multiplikationssatzes:
$$P(B_1 \cap B_2) = P(B_1) \cdot P_{B_1}(B_2) = \frac{4}{32} \cdot \frac{3}{31}$$
$$\approx 0{,}012 = 1{,}2\%$$

$$P(\overline{B}_1 \cap \overline{B}_2) = P(\overline{B}_1) \cdot P_{\overline{B}_1}(\overline{B}_2) = \frac{28}{32} \cdot \frac{27}{31}$$
$$\approx 0{,}762 = 76{,}2\%$$

Alternativ: Lösung mit Baumdiagramm:

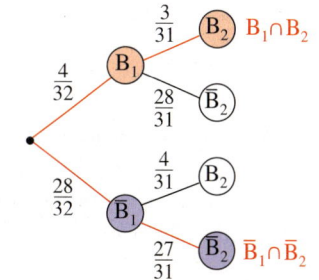

Übung 1
Otto hat fünf Schlüssel in seiner Hosentasche. Er zieht blindlings einen nach dem anderen, um in seine Wohnung zu gelangen. Wie groß ist die Wahrscheinlichkeit dafür, dass er den richtigen Schlüssel beim zweiten Griff (beim dritten Griff) zieht?

B. Unabhängige Ereignisse

Durch das Eintreten eines bestimmten Ereignisses B kann sich die Wahrscheinlichkeit für das Eintreten eines weiteren Ereignisses A ändern. Ist das der Fall, so werden A und B als *abhängige Ereignisse* bezeichnet. Ändert sich die Wahrscheinlichkeit von A durch das Eintreten von B jedoch nicht, so heißen A und B *unabhängige Ereignisse*. Die exakte Definition lautet:

> **Definition XII.2:** Ereignisse A und B mit positiven Wahrscheinlichkeiten werden als *stochastisch unabhängig* voneinander bezeichnet, wenn $P_B(A) = P(A)$ bzw. $P_A(B) = P(B)$ gilt.

▶ **Beispiel:** Eine Schule wird von 1036 Schülern besucht, 560 Jungen und 476 Mädchen. 125 Jungen und 105 Mädchen tragen eine Brille. Hängt das Sehvermögen der Kinder vom Geschlecht ab?

Lösung:
Wir können $P(B)$ und $P_M(B)$ näherungsweise bestimmen, indem wir aus den gegebenen statistischen Daten die entsprechenden relativen Häufigkeiten errechnen.

Wir stellen fest, dass die Wahrscheinlichkeit für das Tragen einer Brille nicht vom
▶ Geschlecht abhängt.

B: „Kind trägt eine Brille"
M: „Kind ist ein Mädchen"

$$P(B) = \frac{230}{1036} \approx 0{,}222 = 22{,}2\,\%$$

$$P_M(B) = \frac{105}{476} \approx 0{,}221 = 22{,}1\,\%$$

Übung 2 Eltern und Kinder
Eine Umfrage unter den Eltern der Schüler aus dem letzten Beispiel ergibt, dass bei 213 Kindern beide Elternteile Brillenträger sind. In 70 dieser Fälle trägt das Kind ebenfalls eine Brille. Ist das Sehvermögen der Kinder von dem der Eltern abhängig?

Übung 3 Zug oder Auto
In einer großen Ferienanlage wohnen 738 Familien. 462 Familien sind mit dem PKW angereist, die restlichen mit dem Zug. Von den 396 Familien mit zwei oder mehr Kindern reisten 121 mit dem Zug. Ist das zur Anreise benutzte Verkehrsmittel von der Kinderzahl abhängig?

Übung 4 Würfel und Urne
Prüfen Sie die Ereignisse A und B auf stochastische Unabhängigkeit.
a) Ein Würfel wird zweimal geworfen. A sei das Ereignis, dass im zweiten Wurf eine 1 fällt. B sei das Ereignis, dass die Augensumme 5 beträgt.
b) Ein Würfel wird zweimal geworfen. A: „Augensumme 6", B: „Gleiche Augenzahl in beiden Würfen".
c) Aus einer Urne mit 4 weißen und 6 schwarzen Kugeln werden 2 Kugeln mit Zurücklegen gezogen. A: „Im zweiten Zug wird eine weiße Kugel gezogen", B: „Im ersten Zug wird eine weiße Kugel gezogen".
d) Das Experiment aus Aufgabenteil c wird wiederholt, wobei jedoch ohne Zurücklegen gezogen wird.

4. Vierfeldertafeln

In der statistischen Praxis werden häufig sog. Vierfeldertafeln anstelle von Baumdiagrammen eingesetzt. Sie sind übersichtlicher in der Darstellung und einfach in der Handhabung.

Eine Vierfeldertafel ist eine zusammenfassende Darstellung zweier Merkmale mit jeweils zwei Ausprägungen (A, $\overline{A}$, B, $\overline{B}$).

In die Tafel werden in der Regel die absoluten Häufigkeiten oder die Wahrscheinlichkeiten der vier möglichen Kombinationsereignisse $A \cap B$, $A \cap \overline{B}$, $\overline{A} \cap B$ und $\overline{A} \cap \overline{B}$ eingetragen.

	B	$\overline{B}$	
A	$\lvert A \cap B \rvert$	$\lvert A \cap \overline{B} \rvert$	$\lvert A \rvert$
$\overline{A}$	$\lvert \overline{A} \cap B \rvert$	$\lvert \overline{A} \cap \overline{B} \rvert$	$\lvert \overline{A} \rvert$
	$\lvert B \rvert$	$\lvert \overline{B} \rvert$	Summe

In die fünf Randfelder werden die Zeilen- und Spaltensummen eingetragen, d.h. $\lvert A \rvert$, $\lvert \overline{A} \rvert$, $\lvert B \rvert$, $\lvert \overline{B} \rvert$ und die Gesamtsumme.
Mithilfe dieser Eintragungen können gesuchte Wahrscheinlichkeiten bestimmt werden, z.B. die Randwahrscheinlichkeit $P(A)$ oder $P_B(A)$, d.h. die Wahrscheinlichkeit für A, wenn B bereits eingetreten ist.

Berechnung einer Randwahrscheinlichkeit:

$$P(A) = \frac{\lvert A \rvert}{\text{Summe}}$$

Berechnung einer bedingten Wahrscheinlichkeit:

$$P_B(A) = \frac{\lvert A \cap B \rvert}{\lvert B \rvert}$$

▶ **Beispiel: Oktoberfest**

Im Festzelt feiern 140 Touristen, die eine Lederhose tragen, sowie 60 Touristen in normaler Kleidung. Hinzu kommen 10 Münchner mit Lederhose und 40 Münchner in Alltagskleidung.
Durch die Hitze wird eine Person ohnmächtig. Sie trägt eine Lederhose. Mit welcher Wahrscheinlichkeit ist es ein Tourist?

Lösung:
Wir tragen die vier bekannten absoluten Häufigkeiten in die Vierfeldertafel ein (rote Felder).
Dann bilden wir die Zeilensummen, die Spaltensummen und schließlich die Gesamtsumme (gelbe Felder).

Gesucht ist die bedingte Wahrscheinlichkeit $P_L(T)$. Diese erhalten wir, indem wir die Anzahl der Personen im Schnittereignis $T \cap L$ durch die Anzahl aller Lederhosenträger teilen.
Resultat: Die ohnmächtige Person ist zu
▶ 93,33 % ein Tourist.

Bezeichnungen:

T: Tourist	$\overline{T}$: Münchner
L: Lederhose	$\overline{L}$: keine Lederhose

Vierfeldertafel:

	L	$\overline{L}$	
T	140	60	200
$\overline{T}$	10	40	50
	150	100	250

Berechnung der Wahrscheinlichkeit $P_L(T)$:

$$P_L(T) = \frac{\lvert T \cap L \rvert}{\lvert L \rvert} = \frac{140}{150} \approx 93{,}33\,\%$$

► **Beispiel: Alarmanlage**

In einer gefährlichen Stadt werden 500 Häuser mit dem neuen Modell einer Alarmanlage ausgerüstet. In der ersten Nacht ergibt sich die rechts dargestellte Statistik.

	E	$\bar{E}$	
A	3	9	12
$\bar{A}$	1	487	488
	4	496	500

A: Alarm, $\bar{A}$: kein Alarm
E: Einbruch, $\bar{E}$: kein Einbruch

a) Mit welcher Wahrscheinlichkeit gibt die Anlage bei einem Einbruch Alarm?
b) Mit welcher Wahrscheinlichkeit wird ein Alarm ausgelöst, obwohl kein Einbruch vorliegt?
c) Mit welcher Zahl von Einbruchsversuchen muss ein Hausbesitzer im Jahr rechnen?

Lösung zu a:
Gesucht ist die bedingte Wahrscheinlichkeit $P_E(A)$.
Da es bei 4 Einbrüchen 3-mal Alarm gab, beträgt diese Wahrscheinlichkeit 75 %.

Korrekter Alarm:
$$P_E(A) = \frac{|A \cap E|}{|E|} = \frac{3}{4} \approx 75\,\%$$

Lösung zu b:
Nun ist die bedingte Wahrscheinlichkeit $P_{\bar{E}}(A)$ gesucht.
Da in 496 Häusern kein Einbruch stattfand, aber dennoch 9-mal Alarm geschlagen wurde, beträgt das Risiko für diesen Fehlalarm knapp 2 %.

Fehlalarm:
$$P_{\bar{E}}(A) = \frac{|A \cap \bar{E}|}{|\bar{E}|} = \frac{9}{496} \approx 1,81\,\%$$

Lösung zu c:
Die Wahrscheinlichkeit eines Einbruchs liegt für ein einzelnes Haus bei 0,8 % pro Nacht. Im Jahr muss also mit ca. 3 Einbruchsversuchen gerechnet werden, eine
► wahrlich gefährliche Gegend.

Einbruchswahrscheinlichkeit pro Nacht:
$$P(E) = \frac{4}{500} = 0,8\,\%$$

Erwartete Einbrüche pro Jahr und Haus:
$n = 365 \cdot 0,008 = 2,92$ Einbrüche

Übung 1 Lügendetektor

Ein neuer Lügendetektor wird einer gründlichen Testserie unterzogen.
Die Vierfeldertafel zeigt die Ergebnisse von 1200 Testläufen.
A: Detektor schlägt an
L: Person hat gelogen

	L	$\bar{L}$	
A	300	400	700
$\bar{A}$	150	350	500
	450	750	1200

a) Mit welcher Wahrscheinlichkeit bewertet der Detektor eine Lüge richtig?
b) Mit welcher Wahrscheinlichkeit wird eine wahre Antwort korrekt eingestuft?
c) Wie wahrscheinlich sind falsch-positive bzw. falsch-negative Ergebnisse?
d) Wie viele Fehler sind bei einer Person zu erwarten, der 50 Fragen gestellt werden, von denen sie 20 wahrheitsgemäß und 30 falsch beantwortet?

Übungen

2. Interventionsstudie

Ein neues Medikament gegen Akne wird an einer Gruppe von 200 Personen ausprobiert. Eine Vergleichsgruppe von 80 Personen erhält ein Placebo.

	H	H̄	
M	50		200
P	10		80

Bei 50 Personen der Interventionsgruppe wirkt das Medikament. In der Placebogruppe heilt die Krankheit bei 10 Personen ab. (M: Medikament, P: Placebo, H: Heilung, H̄: keine Heilung)

a) Vervollständigen Sie die Vierfeldertafel.
b) Vergleichen Sie die Erfolgswahrscheinlichkeit der Interventionsgruppe mit der Erfolgswahrscheinlichkeit der Placebogruppe.
c) Bei Jakob heilt die Krankheit ab. Mit welcher Wahrscheinlichkeit hat er dennoch nur das Scheinmedikament erhalten?

3. Französisch

In einer Reisegruppe mit 30 Personen sprechen 16 Französisch. 60% der Teilnehmer sind weiblich. 6 Mädchen sprechen Französisch.

a) Stellen Sie eine Vierfeldertafel auf.
b) Wie viele Jungen sprechen Französisch?
c) Eines der Mädchen wird zur Sprecherin der Gruppe gewählt. Mit welcher Wahrscheinlichkeit spricht sie Französisch?

4. Safari

An einer Safari nehmen 200 Personen teil. 60% der Teilnehmer sind Touristen, der Rest besteht aus Einheimischen. 10 Einheimische haben keine Wasservorräte, 30 Touristen haben einen Wasservorrat.

a) Stellen Sie eine Vierfeldertafel auf.
b) Einer der Touristen verirrt sich in der Wüste. Mit welcher Wahrscheinlichkeit hat er keinen Wasservorrat und muss verdursten?
c) Eine Person bekommt kurz nach dem Aufbruch Angst. In einem Dorf kauft sie sich doch noch Wasser. Mit welcher Wahrscheinlichkeit handelt es sich um einen Einheimischen?

5. Großfamilie

Eine Großfamilie besteht aus Erwachsenen und Kindern. 200 Erwachsene und 100 Kinder spielen ein Instrument. Insgesamt 80 Kinder spielen kein Instrument. Die Wahrscheinlichkeit, dass ein zufällig ausgewählter Erwachsener ein Instrument spielt, beträgt 20%.

a) Aus wie vielen Personen besteht die Familie? Wie viele Kinder und wie viele Erwachsene gehören zur Familie?
b) Auf dem Fest spielt ein zufällig ausgewähltes Familienmitglied die Eröffnungsmelodie. Mit welcher Wahrscheinlichkeit handelt es sich um ein Kind?

6. Farbenblindheit

Von 1000 zufällig ausgewählten Personen einer Bevölkerung sind 420 männlich und 580 weiblich. 60 der ausgesuchten Personen sind farbenblind, darunter 40 männliche.

a) Mit welcher Wahrscheinlichkeit ist eine weibliche Person farbenblind?
b) Eine Person ist nicht farbenblind. Mit welcher Wahrscheinlichkeit ist sie männlich?

Überblick

Das empirische Gesetz der großen Zahlen:

Die relative Häufigkeit eines Ereignisses stabilisiert sich mit steigender Anzahl an Versuchen um einen festen Wert.

Wahrscheinlichkeit:

Gegeben sei ein Zufallsexperiment mit dem Ergebnisraum $\Omega = \{e_1, ..., e_m\}$.

Eine Zuordnung P, die jedem Elementarereignis $\{e_i\}$ genau eine reelle Zahl $P(e_i)$ zuordnet, heißt Wahrscheinlichkeitsverteilung, wenn die beiden folgenden Bedingungen gelten:

$$\text{I. } P(e_i) \geq 0 \text{ für } 1 \leq i \leq m$$
$$\text{II. } P(e_1) + ... + P(e_m) = 1$$

Die Zahl $P(e_i)$ heißt dann Wahrscheinlichkeit des Elementarereignisses $\{e_i\}$.

Laplace-Experiment:

Ein Zufallsexperiment, bei dem alle Elementarereignisse gleich wahrscheinlich sind, heißt auch Laplace-Experiment.

Laplace-Regel:

Bei einem Laplace-Experiment sei $\Omega = \{e_1, ..., e_m\}$ der Ergebnisraum und $E = \{e_{i_1}, ..., e_{i_k}\}$ ein beliebiges Ereignis. Dann gilt für die Wahrscheinlichkeit dieses Ereignisses:

$$P(E) = \frac{|E|}{|\Omega|} = \frac{k}{m} \qquad P(E) = \frac{\text{Anzahl der für E günstigen Ergebnisse}}{\text{Anzahl aller möglichen Ergebnisse}}$$

Mehrstufiger Zufallsversuch:

Ein mehrstufiger Zufallsversuch setzt sich aus mehreren, hintereinander ausgeführten, einstufigen Versuchen zusammen.

Pfadregeln für Baumdiagramme:

I. Die Wahrscheinlichkeit eines Ergebnisses ist gleich dem Produkt aller Zweigwahrscheinlichkeiten längs des zugehörigen Pfades (Pfadwahrscheinlichkeit).

II. Die Wahrscheinlichkeit eines Ereignisses ist gleich der Summe der zugehörigen Pfadwahrscheinlichkeiten.

Produktregel:

Ein Zufallsversuch werde in k Stufen durchgeführt. In der ersten Stufe gebe es n_1, in der zweiten Stufe n_2 ... und in der k-ten Stufe n_k mögliche Ergebnisse. Dann hat der Zufallsversuch insgesamt $n_1 \cdot n_2 \cdot ... \cdot n_k$ mögliche Ergebnisse.

Kombinatorische Abzählprinzipien:

Anzahl der Möglichkeiten bei k Ziehungen aus n Elementen (z. B. Kugeln)

Ziehen mit Zurücklegen unter Berücksichtigung der Reihenfolge: n^k

Ziehen ohne Zurücklegen unter Berücksichtigung der Reihenfolge: $n \cdot (n-1) \cdot ... \cdot (n-k+1)$

Sonderfall: k = n, d. h. alle Elemente werden gezogen: $n!$

Ziehen ohne Zurücklegen ohne Berücksichtigung der Reihenfolge: $\binom{n}{k}$

Das Lottomodell
Beim Lottomodell hat man eine Urne mit insgesamt N Kugeln, davon A Gewinnkugeln und B Verlustkugeln (N = A + B).

Man zieht ohne Zurücklegen n Kugeln und sucht die Wahrscheinlichkeit dafür, dass sich darunter genau k Gewinnkugeln befinden.

$$P(X = k) = \frac{\binom{A}{k} \cdot \binom{B}{n-k}}{\binom{N}{n}}$$

Bedingte Wahrscheinlichkeit: Für die Wahrscheinlichkeit, dass das Ereignis A eintritt unter der Bedingung, dass das Ereignis B bereits eingetreten ist, gilt: $P_B(A) = \frac{P(A \cap B)}{P(B)}$, $P(B) > 0$

Multiplikationssatz: $P(A \cap B) = P(B) \cdot P_B(A)$, $P(B) > 0$

Unabhängige Ereignisse: Ereignisse A und B mit positiver Wahrscheinlichkeit sind voneinander stochastisch unabhängig, wenn gilt: $P_B(A) = P(A)$ bzw. $P_A(B) = P(B)$.

Satz von der totalen Wahrscheinlichkeit: A und B seien beliebige Ereignisse mit $P(B) \neq 0$, $P(\overline{B}) \neq 0$. Dann gilt: $P(A) = P(B) \cdot P_B(A) + P(\overline{B}) \cdot P_{\overline{B}}(A)$
Diese Formel gewinnt man direkt aus den Pfadregeln für das zu B und A gehörige Baumdiagramm.

Satz von Bayes: Sind A und B Ereignisse mit $P(A) \neq 0$ und $P(B) \neq 0$, so gilt folgende Formel:

$$P_B(A) = \frac{P(A) \cdot P_A(B)}{P(B)} = \frac{P(A) \cdot P_A(B)}{P(A) \cdot P_A(B) + P(\overline{A}) \cdot P_{\overline{A}}(B)}$$

Diese Formel ergibt sich, wenn man das zu den Ereignissen B und A zugehörige inverse Baumdiagramm zeichnet.

Vierfeldertafel:

	B	$\overline{B}$	
A	$|A \cap B|$	$|A \cap \overline{B}|$	$|A|$
$\overline{A}$	$|\overline{A} \cap B|$	$|\overline{A} \cap \overline{B}|$	$|\overline{A}|$
	$|B|$	$|\overline{B}|$	Summe

Zunächst werden die gegebenen Daten eingetragen. Alle anderen können durch summative Ergänzungen der Zeilen und Spalten errechnet werden.
Berechnung einer Randwahrscheinlichkeit:
$P(A) = \frac{|A|}{\text{Summe}}$
Berechnung einer bedingten Wahrscheinlichkeit:
$P_B(A) = \frac{|A \cap B|}{|B|}$

Grundbegriffe der Wahrscheinlichkeitsrechnung

1. Bei einem Schulfest soll ein Fußballspiel Schüler gegen Lehrer veranstaltet werden. Für die Schülermannschaft stehen 4 Schüler aus Klasse 10, 6 Schüler aus Klasse 11 und 5 Schüler aus Klasse 12 zur Verfügung.
   a) Wie viele Möglichkeiten gibt es, aus diesen Schülern 11 Spieler auszuwählen?
   b) Unter den aufgestellten Schülern sind 2 Torhüter, 8 Spieler für Mittelfeld und Verteidigung sowie 5 Stürmer. Die Schülerelf will das Spiel mit 3 Stürmern beginnen. Wie viele Möglichkeiten für die Auswahl der Startelf gibt es nun?
   c) Zum Einlaufen stellen sich die Schüler der ausgewählten Startmannschaft in einer Reihe auf. Wie üblich steht an der Spitze der Mannschaftskapitän und an zweiter Stelle der Torwart. Wie viele Möglichkeiten zur Aufstellung haben die restlichen Spieler?

2. In einer Umfrage werden 453 Personen nach ihrer Schulbildung (Abitur: Ja/Nein) sowie nach ihrer beruflichen Zufriedenheit (Zufrieden: Ja/Nein) befragt. Die Ergebnisse sind in der abgebildeten Vierfeldertafel dargestellt. Mit welcher Wahrscheinlichkeit wird ein Abiturient in seinem Beruf zufrieden sein? Beantworten Sie die gleiche Frage für einen Nichtabiturienten.

	zufrieden (Z)	unzufrieden ($\overline{Z}$)
Abitur (A)	64	44
kein Abitur ($\overline{A}$)	185	160

3. Bei der Herstellung hochwertiger elektronischer Bauteile beträgt der Anteil defekter Teile 20%. Um zu vermeiden, dass zu viele defekte Bauteile in den Handel gelangen, wird vor dem Versand eine Kontrolle durchgeführt, bei der 95% der defekten Teile ausgesondert werden. Die kontrollierten Teile kommen alle in den Handel. Ein Kunde kauft ein Bauteil. Mit welcher Wahrscheinlichkeit ist es defekt?

4. In einer empirischen Untersuchung wird geprüft, ob ein Zusammenhang zwischen der Häufigkeit der Blutgruppe und der Häufigkeit des Geschlechts besteht. Von 1850 (900 w, 950 m) untersuchten Personen hatten 738 die Blutgruppe A. Von diesen Personen waren 359 weiblich. Sind die Merkmale Geschlecht und Blutgruppe unabhängig?

5. Urne U_1 enthält 7 rote und 3 weiße Kugeln. Urne U_2 enthält 1 rote und 4 weiße Kugeln.
   a) Jemand wählt zufällig eine Urne aus und zieht eine Kugel. Mit welcher Wahrscheinlichkeit zieht er eine rote Kugel?
   b) Mit welcher Wahrscheinlichkeit stammt diese dann aus U_1?

Lösungen: S. 648

XIII. Zufallsgrößen

1. Zufallsgrößen und Wahrscheinlichkeitsverteilung

Bei einem Glücksspiel kann man Gewinne und Verluste machen. Wie hoch der in einem Spiel erzielte Gewinn ist, hängt dabei vom Zufall ab. Deshalb betrachtet man den Spielgewinn als eine *Zufallsgröße*. Um diesen neuen Begriff geht es im Folgenden.

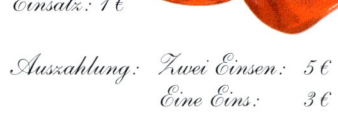

▶ **Beispiel: „Einserwurf"**

Beim Würfelspiel „Einserwurf" wird mit zwei Würfeln gleichzeitig geworfen. Der Einsatz beträgt 1 €. Man erhält 5 € Auszahlung bei zwei Einsen und 3 € bei einer Eins.

Die Größe X sei der Gewinn/Verlust in diesem Spiel.

Einsatz: 1 €

Auszahlung: Zwei Einsen: 5 €
Eine Eins: 3 €

a) Welche Werte x_i kann X annehmen. Welche Würfelergebnisse gehören zu diesen Werten?
b) Bestimmen Sie die Wahrscheinlichkeiten der Werte x_i von X. Zeichnen Sie ein Diagramm.
c) Ist das Spiel fair?

Lösung zu a:
Wir stellen die Ergebnisse in einem Rechteckschema* dar, wie wir es vom doppelten Würfelwurf bereits kennen. In die inneren Felder tragen wir den zum Ergebnis gehörigen Gewinn X ein.

Der Gewinn ist stets gleich der Differenz Auszahlung – Einsatz. Das Ergebnis $(1;2)$ hat z.B. den Gewinn $3 € - 1 € = 2 €$.

Wir sehen, dass die *Zufallsgröße* X, also der Gewinn, drei Werte annehmen kann, nämlich 4, 2 und –1.

Zum Ereignis $X = 4$ gehört nur ein einziges Ergebnis, nämlich $(1;1)$, die doppelte Eins.

Zum Ereignis $X = 2$ gehören die 10 Ergebnisse $(1;2)$ bis $(1;6)$ und $(2;1)$ bis $(6;1)$.

Zum Ereignis $X = -1$ gehören alle Zahlenpaare ohne eine 1.

Lösung zu b:
Die Wahrscheinlichkeiten der drei Ereignisse bestimmen wir durch Abzählen der zugehörigen Ergebnisse oder mittels Baumdiagramm. Die Resultate sind:

$P(X = 4) = \frac{1}{36}, P(X = 2) = \frac{10}{36}, P(X = -1) = \frac{25}{36}$

Der Gewinn X
Gewinn = Auszahlung – Einsatz

Würfel 1

	1	2	3	4	5	6
1	4	2	2	2	2	2
2	2	–1	–1	–1	–1	–1
3	2	–1	–1	–1	–1	–1
4	2	–1	–1	–1	–1	–1
5	2	–1	–1	–1	–1	–1
6	2	–1	–1	–1	–1	–1

Würfel 2 (vertikal, linke Spalte)

Die drei Gewinnereignisse:

$X = 4$: $\{(1;1)\}$

$X = 2$: $\{(1;2), \ldots, (1;6), (2;1), \ldots, (6;1)\}$

$X = -1$: $\{$alle Zahlenpaare ohne 1$\}$

Die Wahrscheinlichkeiten $P(X = x_i)$:

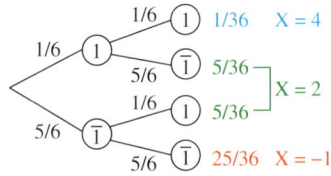

1/36   X = 4
5/36
        X = 2
5/36
25/36   X = –1

* Alternative Möglichkeit: Verwendung eines Baumdiagramms

Diese *Wahrscheinlichkeitsverteilung* der Zufallsgröße X (Gewinn pro Spiel) kann man in einer Tabelle erfassen.

Wir können sie auch als *Verteilungsdiagramm* bzw. *Histogramm* graphisch darstellen.

Wahrscheinlichkeitsverteilung von X:

x_i	-1	2	4
$P(X = x_i)$	$\frac{25}{36}$	$\frac{10}{36}$	$\frac{1}{36}$

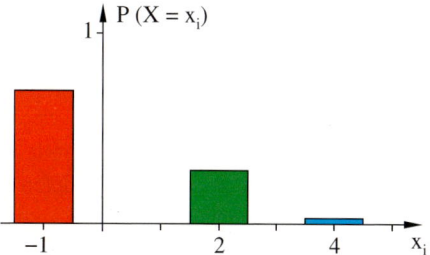

Lösung zu c:
Wir verwenden folgende Methode, um zu überprüfen, ob das Spiel fair ist oder nicht: Wir denken uns das Spiel 36-mal durchgeführt. Im statistischen Durchschnitt werden wir 25-mal keine 1 werfen und jedesmal 1 € Verlust machen. 10-mal werden wir genau eine Eins werfen und jeweils 2 € Gewinn machen. Und 1-mal werden wir zwei Einsen werfen und 4 € Gewinn erzielen.

Insgesamt haben wir nun in 36 Spielen 1 € Verlust eingefahren. Pro Spiel sind das ca. 2,8 Cent Verlust. Das Spiel ist also aus der ► Sicht des Spielers nur wenig unfair.

Gewinn-Verlust-Rechnung:
Simulation von 36 Spielen:

25-mal	$-1 €$	$= -25 €$
10-mal	$+2 €$	$= +20 €$
1-mal	$+4 €$	$= + 4 €$

Bilanz: $-1 €$ in 36 Spielen

$$-\frac{1}{36} € \approx -2{,}8 \text{ Cent pro Spiel}$$

Wir fassen die im Beispiel erarbeiteten Begriffe in folgender Definition zusammen:

Definition XIII.1: Die Wahrscheinlichkeitsverteilung einer Zufallsgröße

1. Eine Größe X, die jedem Ergebnis eines Zufallsversuchs eine reelle Zahl zuordnet, heißt *Zufallsgröße* oder *Zufallsvariable*.
   Im Beispiel oben ordnet die Zufallsgröße X (Gewinn) jedem Ergebnis den zugehörigen Gewinn zu, also eine der drei Zahlen −1, 2 und 4.

2. Mit $X = x_i$ wird das Ereignis bezeichnet, dessen Ergebnisse alle dazu führen, dass die Zufallsgröße X den Wert x_i annimmt.
   Im Beispiel oben gibt es drei solcher Ereignisse: X = −1, X = 2 und X = 4.

3. Ordnet man jedem möglichen Wert x_i, den die Zufallsgröße X annehmen kann, die Wahrscheinlichkeit $P(X = x_i)$ zu, so erhält man eine Zuordnungstabelle, die man als *Wahrscheinlichkeitsverteilung* von X bezeichnet.

Ihre graphische Darstellung heißt *Histogramm* oder Verteilungsdiagramm.

Übung 1   Gewinn beim Glücksrad
Bei einem Spiel wird das Glücksrad gedreht. Der Einsatz beträgt 2 €. Ausgezahlt werden 5 € bei Rot und 3 € bei Gelb. Stellen Sie die Wahrscheinlichkeitsverteilung der Zufallsgröße X (Gewinn pro Spiel) tabellarisch und graphisch dar. Ist das Spiel fair?

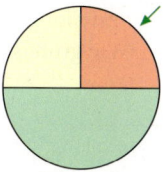

Übungen

2. Aus der nebenstehenden Urne wird dreimal mit Zurücklegen eine Kugel
   gezogen. X sei die Anzahl der gezogenen roten Kugeln.
   a) Welche Werte kann X annehmen?
   b) Stellen Sie mithilfe eines Baumdiagramms die Verteilungsta-
      belle von X auf.
   c) Stellen Sie die Wahrscheinlichkeitsverteilung graphisch dar.

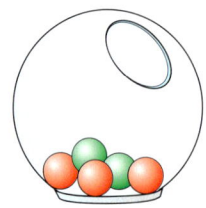

3. Ein Glücksrad wird zweimal gedreht.
   Gespielt wird nach dem abgebildeten Spielplan. X sei der Gewinn pro Spiel.
   a) Welche Werte kann X annehmen?
   b) Bestimmen Sie die Wahrscheinlichkeits-
      verteilung von X als Tabelle.
   c) Ist das Spiel günstig für den Spieler?

Zweimal Drehen

Einsatz pro Spiel: 0,50 Euro
Auszahlung bei
10 Punkten: 4 Euro
9 Punkten: 2 Euro
8 Punkten: 1 Euro

4. Otto und Egon vereinbaren ein Spiel. Otto wirft eine Münze so lange, bis Kopf fällt,
   höchstens jedoch dreimal. Für jeden einzelnen Münzwurf muss er Egon 1 € zahlen.
   Wenn Kopf fällt, erhält er von Egon eine Belohnung von 2 €.
   Die Zufallsgröße X sei der Gewinn/Verlust von Otto pro Spiel.
   a) Stellen Sie den Spielablauf als Baumdiagramm dar (K: Kopf, Z: Zahl).
   b) Welche Werte kann X annehmen?
   c) Zeichnen Sie das Histogramm von X.
   d) Welcher Spieler ist langfristig im Vorteil?

5. Auf der Insel Helgoland kann man zollfrei und mehrwertsteuerfrei bis zu 200 Zigaretten er-
   werben. In einer Reisegruppe von fünf Personen haben drei diese Freigrenze überschritten.
   Bei der Rückfahrt auf das Festland kommt eine Zollkontrolle und überprüft drei der Reisenden.
   X sei die Anzahl der dabei erwischten Schmuggler.
   a) Welche Werte kann X annehmen?
   b) Zeichnen Sie ein Baumdiagramm.
   c) Wie lautet die Wahrscheinlichkeitsverteilung von X (Tabelle)?
   d) Welche Anzahl von ertappten Schmugglern ist am wahrscheinlichsten?

6. Ein Vertreter reist jeden Tag von A nach
   B. Dabei fährt er entweder über den Ort
   C oder den Ort D. Die Passierwahr-
   scheinlichkeiten stehen am Straßennetz
   vermerkt, ebenso die Entfernungen. X
   sei die Fahrstrecke des Vertreters pro
   Tag. Wie lautet die Wahrscheinlichkeitsverteilung von X?
   Wie groß ist die mittlere Fahrstrecke?

2. Der Erwartungswert einer Zufallsgröße

Führt man ein Zufallsexperiment oft durch, so interessiert der „Mittelwert" einer beim Experiment beobachteten Zufallsgröße X. Man bezeichnet ihn als Erwartungswert.

> **Beispiel: Das Spiel Augensumme**
> Auf einem Jahrmarkt wird ein Spiel angeboten, bei dem zwei identische Würfel geworfen werden, welche beide das abgebildete Netz haben.
> Der Einsatz kostet 2 €, die Auszahlung richtet sich nach der erzielten Augensumme.
> Lohnt sich das Spiel für den Spieler?
> Mit welcher langfristigen Gewinnerwartung kann er rechnen?
>
> ### AUGENSUMME
>
> EINSATZ: 2 €
>
> AUSZAHLUNG:
> Augensumme 2 und 6: 7 €
> Augensumme 4:   1 €
> Augensumme 3 und 5: 0 €
>
>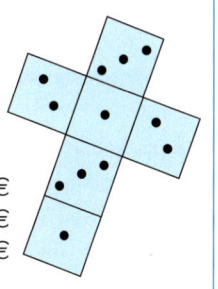

Lösung:
Die Zufallsgröße X soll den Gewinn pro Spiel beschreiben.
Es gilt: Gewinn X = Auszahlung − Einsatz.
Daher kann X drei Werte annehmen, nämlich −2, −1 und 5.

Zum Ereignis X = −2 gehören vier Ergebnisse: die Zahlenpaare $(1;2)$, $(2;1)$, $(2;3)$, $(3;2)$.
Daher gilt $P(X = -2) = \frac{4}{9}$.
Zum Ereignis X = −1 gehören drei Ergebnisse: $(1;3)$, $(2;2)$, $(3;1)$.
Also gilt $P(X = -1) = \frac{3}{9}$.
Zum Ereignis X = 5 gehören zwei Ergebnisse: $(1;1)$, $(3;3)$.
Daraus folgt: $P(X = 5) = \frac{2}{9}$.

Spielt man neunmal, so wird man im Mittel in vier Fällen 2 € Verlust machen, in drei Fällen 1 € Verlust, in zwei Fällen 5 € Gewinn.
Die Rechnung für neun Spiele lautet also:
$(-2\,€) \cdot 4 + (-1\,€) \cdot 3 + (+5\,€) \cdot 2 = -1\,€$

Pro Spiel bedeutet das $\frac{1}{9}€ \approx 11$ Cent Verlust.

Zum gleichen Ergebnis kommt man, wenn man jeden möglichen Gewinnwert mit der Wahrscheinlichkeit seines Eintretens multipliziert und dann aufsummiert (alternative Rechnung).

▶ $(-2\,€) \cdot \frac{4}{9} + (-1\,€) \cdot \frac{3}{9} + (+5\,€) \cdot \frac{2}{9} = -\frac{1}{9}€$

Die Zufallsgröße Gewinn:
X: Gewinn/Verlust pro Spiel

Mögliche Werte von X:
Augensumme 3 und 5: −2 €
Augensumme 4:   −1 €
Augensumme 2 und 6:   5 €

Die Wahrscheinlichkeitsverteilung von X:

Augensumme A

	Würfel 1		
	1	2	3
Würfel 2 1	2	3	4
Würfel 2 2	3	4	5
Würfel 2 3	4	5	6

Gewinn X

	Würfel 1		
	1	2	3
Würfel 2 1	5	−2	−1
Würfel 2 2	−2	−1	−2
Würfel 2 3	−1	−2	5

$P(X = -2) = \frac{4}{9}$, $P(X = -1) = \frac{3}{9}$, $P(X = 5) = \frac{2}{9}$

Erwarteter Gewinn pro Spiel:
$$E(X) = \frac{(-2) \cdot 4 + (-1) \cdot 3 + (+5) \cdot 2}{9} = -\frac{1}{9}$$

Alternative Rechnung:
$$E(X) = (-2) \cdot \frac{4}{9} + (-1) \cdot \frac{3}{9} + (+5) \cdot \frac{2}{9} = -\frac{1}{9}$$

Das vorhergehende Beispiel veranlasst uns zur Definition des Erwartungswertes einer Zufallsgröße X. Der Erwartungswert stellt eine gewichtete Mittelwertbildung dar. Die Gewichtung ist erforderlich, da die möglichen Werte x_i, die X annehmen kann, nicht gleichwahrscheinlich sind.

> ### Definition XIII.2 Der Erwartungswert einer Zufallsgröße
> X sei eine Zufallsgröße mit der Wertemenge $\{x_1, x_2, ..., x_m\}$. Dann wird die Zahl
>
> $$\mu = E(X) = x_1 \cdot P(X = x_1) + x_2 \cdot P(X = x_2) + ... + x_m \cdot P(X = x_m)$$
>
> als *Erwartungswert* der Zufallsgröße X bezeichnet.

Der Erwartungswert einer Zufallsgröße X ist das gewichtete arithmetische Mittel der Elemente x_i der Wertemenge von X. Als Gewicht von x_i dient die Wahrscheinlichkeit $P(X = x_i)$, mit der x_i eintritt.

$$\mu = E(X) = x_1 \cdot P(X = x_1) + ... + x_m \cdot P(X = x_m)$$

Wert · Wahrscheinlichkeit

▶ **Beispiel: Welcher Einsatz?**
Ein Betreiber des dargestellten Spielautomaten möchte pro Spiel mindestens 15 Cent verdienen.
Welchen Einsatz muss er pro Spiel verlangen? Runden Sie auf einen vollen Betrag.

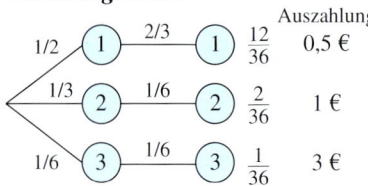

Einsatz ?
Auszahlungsplan:

3 3	3,00 €
2 2	1,00 €
1 1	0,50 €

Lösung:
X sei die Auszahlung pro Spiel in Euro. Mithilfe eines reduzierten Baumdiagramms bestimmen wir die Wahrscheinlichkeitsverteilung von X.

Die Berechnung des Erwartungswertes von X ergibt $\mu = E(X) = 0,31\,€$.

Er muss also $0,31\,€ + 0,15\,€ = 0,46\,€$ oder mehr verlangen. Sinnvollerweise sollte er auf 50 Cent aufrunden.
Dann kam man dieses Geldstück als Einsatz
▶ in den Automaten einwerfen.

Baumdiagramm:

Auszahlung

1/2 (1) —2/3— (1) $\frac{12}{36}$ 0,5 €

1/3 (2) —1/6— (2) $\frac{2}{36}$ 1 €

1/6 (3) —1/6— (3) $\frac{1}{36}$ 3 €

Wahrscheinlichkeitsverteilung von X:

x_i	0	0,5	1	3
$P(X = x_i)$	$\frac{21}{36}$	$\frac{12}{36}$	$\frac{2}{36}$	$\frac{1}{36}$

Erwartungswert von X:

$$\mu = E(X) = 0 \cdot \frac{21}{36} + 0,5 \cdot \frac{12}{36} + 1 \cdot \frac{2}{36} + 3 \cdot \frac{1}{36}$$
$$= \frac{11}{36}$$

Übung 1 Rubel
Eine Urne enthält zwanzig 1-Rubel-Münzen, zehn 2-Rubel-Münzen und fünf 5-Rubel-Münzen. Zwei Münzen werden zufällig entnommen. X sei der entnommene Betrag. Welche Werte kann X annehmen? Wie lautet die Wahrscheinlichkeitsverteilung von X? Wie groß ist der entnommene Betrag im langfristigen Mittel?

Übungen

2. Die beiden Würfel werden gleichzeitig geworfen.

 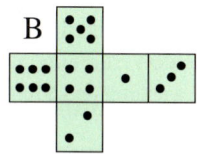

a) Wie wahrscheinlich ist es, dass mindestens einmal die Sechs kommt?

b) Bei einem Spiel gilt der abgebildete Gewinnplan. Ist das Spiel fair?

c) Der Betreiber möchte die Sechs von Würfel B durch eine Vier ersetzen. Ist das günstig für ihn?

Einsatz: 2 €
Auszahlung bei Pasch: 10 €
Auszahlung sonst: 0 €

3. Eine Münze wird dreimal geworfen. Die Zufallsgröße X sei die Anzahl der Kopfwürfe.

a) Stellen Sie die Wahrscheinlichkeitsverteilung von X auf.

b) Bestimmen Sie den Erwartungswert von X.

c) Verwenden Sie nun eine reale Münze.

    I. Werfen Sie diese sechsmal und zählen Sie die Kopfwürfe. Wiederholen Sie das zweimal.

    II. Werfen Sie nun die Münze 60-mal und zählen Sie die Kopfwürfe. Vergleichen Sie.

d) Bestimmen Sie den Erwartungswert von X für eine gefälschte Münze mit einer reduzierten Wahrscheinlichkeit von nur 40 % für Kopf.

4. Wir nehmen an, dass bei einer Drillingsgeburt die Wahrscheinlichkeit für ein Mädchen bei ca. 50 % liegt.
X sei die Anzahl der Mädchen bei einer Drillingsgeburt.

a) Welche Werte kann X annehmen?

b) Bestimmen Sie die Wahrscheinlichkeitsverteilung von X.

c) Berechnen Sie den Erwartungswert von X.

d) Welcher Unterschied ergibt sich, wenn die Wahrscheinlichkeit für ein Mädchen bei einer Drillingsgeburt 80 % betragen würde?

5. Ein Tontaubenschütze schießt in einer Trainingssequenz so lange, bis er eine Tontaube trifft, maximal aber sechsmal. Er trifft pro Schuss mit einer Wahrscheinlichkeit von 50 %. X sei die Anzahl seiner Schüsse pro Sequenz.

a) Zeichnen Sie ein Baumdiagramm (T: Treffer , $\overline{T}$: Niete) und stellen Sie daraus die Tabelle der Wahrscheinlichkeitsverteilung von X auf.

b) Wie groß ist der Erwartungswert von X?

c) Wie groß ist der Erwartungswert von X, wenn der Schütze sich nach weiteren Trainingssequenzen auf eine Trefferwahrscheinlichkeit von 75 % hochgearbeitet hat?

6. Otto schlägt folgendes Spiel vor: Egon muss für das Spiel den Einsatz e = 5 Cent an Otto zahlen. Im Gegenzug stellt Otto drei Münzen zur Verfügung (1 Cent, 2 Cent und 5 Cent). Egon darf diese Münzen dann gleichzeitig werfen. Alle Münzen, die Zahl zeigen, darf er behalten. Die Münzen, die Kopf zeigen, fallen an Otto zurück.
Welcher Spieler ist im Vorteil? Wie müsste der Einsatz e lauten, wenn das Spiel fair sein soll?

3. Die Standardabweichung einer Zufallsgröße

Die Graphiken zeigen die Wahrscheinlichkeitsverteilungen zweier Zufallsgrößen X und Y.
Beide Verteilungen haben den gleichen Erwartungswert $\mu = 5$. Während die Werte x_i alle nahe am
Erwartungswert liegen, weichen die Werte y_i stark davon ab. Sie streuen stärker.

 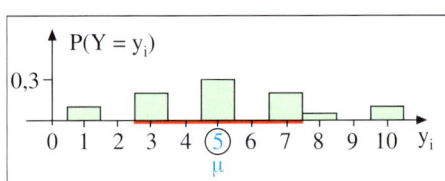

Um ein exaktes Maß für die Streuung von X zu bekommen, stellt man folgende Überlegungen an.

1. Man berechnet alle Abweichungen der Werte x_i vom Erwartungswert μ. Dieses sind:
   $(x_1 - \mu), (x_2 - \mu), \ldots, (x_m - \mu)$

2. Jede Abweichung $(x_i - \mu)$ wird mit der Wahrscheinlichkeit ihres Auftretens $P(X = x_i)$ gewichtet:
   $(x_1 - \mu) \cdot P(X = x_1), (x_2 - \mu) \cdot P(X = x_2), \ldots, (x_m - \mu) \cdot P(X = x_m)$

3. Damit positive und negative Abweichungen sich beim nun folgenden Aufsummieren nicht
   gegeneinander aufheben, werden die Abweichungen gleichzeitig noch quadriert.
   $(x_1 - \mu)^2 \cdot P(X = x_1), (x_2 - \mu)^2 \cdot P(X = x_2), \ldots, (x_m - \mu)^2 \cdot P(X = x_m)$

4. Beim Quadrieren wird leider auch die physikalische Einheit der Größe X quadriert. Um diesen
   Effekt rückgängig zu machen, wird aus der Summe abschließend die Quadratwurzel gezogen.
   Das so entwickelte Streuungsmaß heißt *Standardabweichung* von X. Das Symbol ist σ.

$$\sigma(X) = \sqrt{(x_1 - \mu)^2 \cdot P(X = x_1) + (x_2 - \mu)^2 \cdot P(X = x_2) + \ldots + (x_m - \mu)^2 \cdot P(X = x_m)}$$

Wir berechnen nun als Anwendungsbeispiel die Standardabweichungen der beiden Zufallsgrößen
X und Y, deren Verteilungen oben graphisch dargestellt sind.

$$\sigma(X) = \sqrt{(x_1 - \mu)^2 \cdot P(X = x_1) + (x_2 - \mu)^2 \cdot P(X = x_2) + \ldots + (x_5 - \mu)^2 \cdot P(X = x_5)}$$

$$= \sqrt{(3 - 5)^2 \cdot 0{,}1 + (4 - 5)^2 \cdot 0{,}2 + (5 - 5)^2 \cdot 0{,}4 + (6 - 5)^2 \cdot 0{,}2 + (7 - 5)^2 \cdot 0{,}1} = \sqrt{1{,}2} \approx 1{,}1$$

$$\sigma(Y) = \sqrt{(y_1 - \mu)^2 \cdot P(Y = y_1) + (y_2 - \mu)^2 \cdot P(Y = y_2) + \ldots + (y_6 - \mu)^2 \cdot P(Y = y_6)}$$

$$= \sqrt{(1 - 5)^2 \cdot 0{,}1 + (3 - 5)^2 \cdot 0{,}2 + (5 - 5)^2 \cdot 0{,}3 + (7 - 5)^2 \cdot 0{,}2 + (8 - 5)^2 \cdot 0{,}05 + (10 - 5)^2 \cdot 0{,}1}$$

$$= \sqrt{6{,}15} \approx 2{,}48$$

Die größere Streuung von Y wird durch die Standardabweichung σ gut erfasst. In den beiden
Diagrammen oben ist ein sog. 1 σ-Intervall um μ bereits als roter Balken eingezeichnet.

Definition XIII.3 Die Standardabweichung einer Zufallsgröße

X sei eine Zufallsgröße mit der Wertemenge $x_1, x_2, \ldots, x_m$ und dem Erwartungswert $\mu = E(X)$. Dann wird die folgende Größe σ als Standardabweichung von X bezeichnet.

$$\sigma(X) = \sqrt{(x_1 - \mu)^2 \cdot P(X = x_1) + (x_2 - \mu)^2 \cdot P(X = x_2) + \ldots + (x_m - \mu)^2 \cdot P(X = x_m)}$$

Die Standardabweichung ist ein Maß für die Streuung der Zufallsgröße X. Sie hat die gleiche physikalische Einheit wie die Zufallsgröße selbst.

▶ **Beispiel: Roulette-Strategien**

Vergleichen Sie die beiden folgenden Strategien beim Roulette.
Berechnen Sie dazu den Erwartungswert und die Standardabweichung der Zufallsgröße X = Gewinn/Verlust pro Spiel.

STRATEGIE 1
Spieler A setzt stets 10 € auf die Farbe ROT.

STRATEGIE 2
Spieler B setzt stets 10 € auf die Zahl 22.

Lösung zu Strategie 1:
X sei der Gewinn von Spieler A pro Spiel. Die Roulette-Regeln besagen: Wenn ROT kommt, dann wird der doppelte Einsatz ausbezahlt. Es gilt dann X = 10. Wenn ROT nicht kommt, ist der Einsatz verloren und X = −10.
Da es 18 rote Felder, 18 schwarze Felder und das neutrale Feld für die Null gibt, ist die Gewinnwahrscheinlichkeit $\frac{18}{37}$ und die Verlustwahrscheinlichkeit $\frac{19}{37}$.

Lösung zu Strategie 2:
Y sei der Gewinn von Spieler B pro Spiel. Die Roulette-Regeln besagen: Wenn die gesetzte Zahl kommt, dann wird der 36-fache Einsatz ausbezahlt. Es gilt dann Y = 350. Wenn die Zahl 22 nicht kommt, ist der Einsatz verloren und Y = −10. Da es 37 verschiedene Zahlen gibt, ist die Gewinnwahrscheinlichkeit $\frac{1}{37}$ und die Verlustwahrscheinlichkeit $\frac{36}{37}$.

Wahrscheinlichkeitsverteilung von X:

x_i	−10	10
$P(X = x_i)$	$\frac{19}{37}$	$\frac{18}{37}$

Wahrscheinlichkeitsverteilung von Y:

x_i	−10	350
$P(X = x_i)$	$\frac{36}{37}$	$\frac{1}{37}$

Erwartungswert von X:
$$\mu = (-10) \cdot \frac{19}{37} + (+10) \cdot \frac{18}{37} = -\frac{10}{37} \approx -0{,}27$$

Erwartungswert von X:
$$\mu = (-10) \cdot \frac{36}{37} + (+350) \cdot \frac{1}{37} = -\frac{10}{37} \approx -0{,}27$$

Standardabweichung von X:
$$\sigma = \sqrt{(-10 - (-0{,}27))^2 \cdot \frac{19}{37} + (+10 - (-0{,}27))^2 \cdot \frac{18}{37}}$$
$$= \sqrt{48{,}61 + 51{,}31} \approx 10$$

Standardabweichung von Y:
$$\sigma = \sqrt{(-10 - (-0{,}27))^2 \cdot \frac{36}{37} + (+350 - (-0{,}27))^2 \cdot \frac{1}{37}}$$
$$= \sqrt{92{,}11 + 3315{,}92} \approx 58{,}38$$

Beide Strategien haben die gleiche Verlusterwartung pro Spiel. Die Strategie von Spieler B ist wegen der großen Standardabweichung aber mit einem größeren Risiko verbunden. Es winkt ein
▶ großer Gewinn, aber es droht auch ein schneller Verlust.

Übungen

1. X sei die Augenzahl beim Werfen eines Würfels mit dem abgebildeten Netz. Berechnen Sie Erwartungswert und Standardabweichung von X. Zeichnen Sie das Verteilungsdiagramm.

 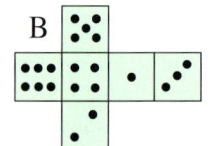

2. Bei den Olympischen Spielen in Sydney im Jahr 2000 gewann Heike Drechsler im Weitsprung mit 6,99 m die Goldmedaille vor Fiona May und Marion Jones (6,93 m). Werten Sie die Trainingsserien aus.
   Heike D. : 6,82 m   6,79 m   6,85 m   6,83 m   6,88 m   6,75 m
   Marion J.: 6,32 m   6,74 m   6,97 m   –   6,88 m   6,54 m
   a) Bestimmen Sie die mittleren Sprungweiten.
   b) Berechnen Sie die Standardabweichungen.
   c) Vergleichen Sie die beiden Sportlerinnen anhand der Daten.

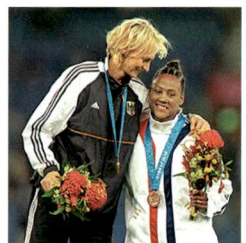

3. Ein Pharmabetrieb besitzt zwei Abfüllautomaten, die Infusionsflaschen mit 1000 ml physiologischer Kochsalzlösung möglichst präzise füllen sollen. Monatlich werden die Automaten durch Stichproben überprüft, indem die Füllmengen von jeweils 1000 Flaschen exakt nachgemessen werden. Je nach Ergebnis müssen die Maschinen nachjustiert werden. Die Tabelle enthält das Prüfergebnis. Welche Maschine arbeitet präziser?

Füllmenge in ml	996	997	998	999	1000	1001	1002	1003	1004
Automat A	10	20	80	180	450	160	40	40	20
Automat B	20	40	40	160	490	140	60	20	30

4. Mit Hilfe der Standardabweichung kann man beurteilen, wie aussagefähig ein Mittelwert ist. Die Schlafdauer von zwei Patienten wird eine Woche lang täglich protokolliert.

Wochentag	Mo	Di	Mi	Do	Fr	Sa	So
Person A, Schlafdauer in h	8,5	9	6	7	8	9,5	8
Person B, Schlafdauer in h	8,5	10,5	6	4,5	5,5	10	11

   a) Berechnen Sie die mittlere Schlafdauer der Personen.
   b) Bestimmen Sie für beide Personen die Standardabweichung der Zufallsgröße X = Schlafdauer.
   c) Vergleichen Sie, wie aussagekräftig der Mittelwert für Person A bzw. für Person B ist.

5. Zwei gleich starke Mannschaften A und B tragen ein Volleyballspiel aus, das drei Sätze hat. X sei die Anzahl der Satzgewinne von Mannschaft A.
   Welche Werte kann X annehmen? Wie lautet die Wahrscheinlichkeitsverteilung von X? Wie viele Satzgewinne von Mannschaft A sind im Mittel zu erwarten? Wie groß ist die Standardabweichung von X?

Zusammengesetzte Übungen

1. Aus der nebenstehenden Urne werden zwei Kugeln ohne Zurücklegen gezogen. X sei die Augensumme der beiden Kugeln.

   a) Stellen Sie den Vorgang mit Hilfe eines Baumdiagramms dar.
   b) Geben Sie die Wahrscheinlichkeitsverteilung von X in Tabellenform an.
   c) Berechnen Sie den Erwartungswert von X.
   d) Bestimmen Sie die Standardabweichung von X.

2. Für die rechts tabellarisch gegebene Wahrscheinlichkeitsverteilung ist der Erwartungswert bekannt. Er lautet $\mu = E(X) = 3$.

x_i	-10	0	10	20
$P(X = x_i)$	0,2	a	b	0,1

   a) Bestimmen Sie die Werte a und b der Wahrscheinlichkeitsverteilung von X.
   b) Berechnen Sie die Standardabweichung von X.

3. Für das Winterfest des Karnevalvereins wird eine Tombola vorbereitet. Unter den 2000 Losen sind 1600 Nieten, 200 Lose mit 5 € Auszahlung, 150 Lose mit 10 € Auszahlung und 50 Lose mit 20 € Auszahlung. Der Lospreis beträgt 2 €. Die Zufallsgröße X beschreibt den Gewinn/Verlust des Losverkäufers.

   a) Geben Sie die Wahrscheinlichkeitsverteilung von X an.
   b) Berechnen Sie den Erwartungswert und die Standardabweichung von X.
   c) Der Festausschuss schlägt eine vereinfachte Variante vor, nämlich 1500 Nieten und 500 Gewinne zu je a Euro Auszahlung. Wie muss a festgelegt werden, wenn der zu erwartende Reingewinn der Tombola genau so hoch sein soll wie bei der ersten Variante?

4. Der Einsatz bei dem amerikanischen Glücksspiel CHUCK A LUCK beträgt 1 $. Der Spieler setzt auf eine der Zahlen 1, 2, …, 6. Anschließend werden drei Würfel geworfen. Fällt die gesetzte Zahl nicht, so ist der Einsatz verloren. Fällt die Zahl einmal, zweimal bzw. sogar dreimal, so erhält der Spieler das Einfache, Zweifache bzw. Dreifache des Einsatzes ausgezahlt und zusätzlich seinen Einsatz zurück.

   a) Ist das Spiel fair?
   b) Wenn die gesetzte Zahl dreimal fällt, soll nun das a-fache des Einsatzes ausgezahlt werden. Wie muss a gewählt werden, damit das Spiel fair wird?

5. Das Glücksrad liefert beim Drehen die Zahlen 2 oder 6. Bei einem Spiel wird es zweimal gedreht. X sei die Summe der erhaltenen Zahlen.

a) Zeichnen Sie ein Baumdiagramm.

b) Mit welcher Wahrscheinlichkeit kommt mindestens einmal die Sechs?

c) Welche Werte kann die Zufallsgröße X annehmen? Stellen sie die Wahrscheinlichkeitsverteilung von X tabellarisch dar.

d) Der Spielplan ist rechts dargestellt. Zeigen Sie, dass das Spiel nicht fair ist. Wie muss die Auszahlung bei zwei Zweien erhöht werden, damit das Spiel fair wird?

Einsatz: 2 €
Auszahlung:

2	2	15 €
6	6	2 €

sonst: 0 €

6. In einem Skigebiet betreibt eine Gemeinde während der fünfmonatigen Saison drei Skilifte A, B und C auf unterschiedlich langen und steilen Strecken.

Pro Tag haben die Lifte mit den Wahrscheinlichkeiten a = 0,7, b = 0,8 und c = 0,6 eine Panne. Reparatur und Einnahmeausfall verursachen Kosten von 60 € bei A, 80 € bei B und 20 € bei C. X sei die Anzahl der Lifte, die pro Tag ausfallen. Y seien die täglichen Ausfallkosten.

a) Zeichnen Sie ein Baumdiagramm.

b) Welche Werte kann X annehmen? Zeichnen Sie das Histogramm von X. Welchen Erwartungswert hat X? Mit welcher Wahrscheinlichkeit fallen an einem Tag mindestens zwei Lifte aus? Welchen Erwartungswert hat Y?

c) Eine Firma verspricht, durch Zusatzeinbauten die Ausfallwahrscheinlichkeiten garantiert und dauerhaft auf 40% der alten Werte zu drücken. Was darf die Maßnahme ungefähr kosten, wenn sie sich in einer Saison amortisiert haben soll?

7. Unter den Wehrpflichtigen der Amerikanischen Armee waren 0,1% von einer unerkannten infektiösen Erkrankung befallen. Statt jeden Wehrpflichtigen einzeln einem teuren Bluttest zu unterziehen, hatte der Amerikaner *Robert Dorfman* die Idee, die Gesamtgruppe der Wehrpflichtigen in Teilgruppen von jeweils k Personen aufzuteilen, deren Blutproben zu mischen und erst diese Probenmischung auf die Erkrankung zu testen. Wird der Erreger darin gefunden, wird jede Person dieser Teilgruppe einzeln getestet. Falls nicht, wird die Teilgruppe als gesund angesehen und auf Einzeltests kann verzichtet werden .

Zur Austestung einer Gruppe von 100 Personen wird diese Gruppe in 10 Teilgruppen zu je 10 Personen aufgeteilt wird. X sei die Anzahl der erforderlichen Tests pro Teilgruppe.

a) Begründen Sie, dass X nur die beiden Werte 1 und 11 annehmen kann. Bestimmen Sie die Wahrscheinlichkeiten $P(X = 1)$ und $P(X = 11)$. Berechnen Sie den Erwartungswert von X.

b) Berechnen Sie nun, wie viele Tests für die Gesamtgruppe im Mittel nötig sind. Wie groß ist die Ersparnis gegenüber der Alternative, alle Personen einzeln zu testen?

Überblick

| **Zufallsgröße X** | Eine Zuordnung X, die jedem Ergebbis eines Zufallsversuchs eine reelle Zahl zuordnet, wird als *Zufallsgröße* oder *Zufallsvariable* bezeichnet. | Beispiel: Doppelter Würfelwurf X = Anzahl der Sechsen Y = Augensumme |

Das Ereignis $X = x_i$

Mit $X = x_i$ wird das Ereignis bezeichnet, dessen Eintritt dazu führt, dass die Zufallsgröße X den Wert x_i annimmt.

Beispiel: Doppelter Münzwurf X = Kopfzahl X = 0, X = 1, X = 2

Wahrscheinlichkeitsverteilung der Zufallsgröße X.

Ordnet man jedem Wert x_i, den die Zufallsgröße X annehmen kann, die Wahrscheinlichkeit $P(X = x_i)$ zu, so hat man die *Wahrscheinlichkeitsverteilung* der Zufallsgröße X.

Verteilungstabelle Histogramm

x_i	0	1	2
$P(X = x_i)$	$\frac{1}{4}$	$\frac{1}{2}$	$\frac{1}{4}$

Der Erwartungswert einer Zufallsgröße X

X sei eine Zufallsgröße, welche die Werte $x_1, x_2, ..., x_m$ annehmen kann.
Dann heißt der Wert

$$\mu = E(X) = x_1 \cdot P(X = x_1) + ... + x_m \cdot P(X = x_m)$$

Erwartungswert der Zufallsgröße X.

Die Standardabweichung einer Zufallsgröße X

X sei eine Zufallsgröße, welche die Werte $x_1, x_2, ..., x_m$ annehmen kann.
Daher heißt der Wert

$$\sigma = \sigma(X) = \sqrt{(x_1 - \mu)^2 \cdot P(X = x_1) + ... + (x_m - \mu)^2 \cdot P(X = x_m)}$$

Standardabweichung von X.

Erwartungswert und Standardabweichung im Verteilungsdiagramm

Erwartungswert und Spielstrategien

Mithilfe des Erwartungswertes lässt sich die langfristige Gewinnerwartung in Glücksspielen bestimmen. Darüber hinaus ist es sogar möglich, Strategien bei Spielen zu beurteilen, die Elemente des Zufalls enthalten.

Die blauen Kugeln

In einer Urne befinden sich zwei blaue und drei weiße Kugeln. Ein Spieler zieht aus dieser Urne der Reihe nach Kugeln, und zwar ohne Zurücklegen. Nach jedem Zug hat er die Wahl, weiterzuziehen oder das Spiel abzubrechen.
Für jede im Verlauf des Spiels gezogene blaue Kugel erhält er 1 €. Für jede weiße Kugel muss er 1 € zahlen.
Gibt es eine Strategie, die für den Spieler günstig ist?

Lösung:

Es gibt eine solche Strategie, auch wenn der Inhalt der Urne mit drei ungünstigen weißen Kugeln und nur zwei günstigen blauen Kugeln dies zunächst auszuschließen scheint.

Kommt im ersten Zug eine blaue Gewinnkugel, so wird das Spiel mit Gewinn abgebrochen. Kommt im ersten Zug eine weiße Verlustkugel, so wird weitergespielt.

Kommt anschließend im zweiten Zug eine blaue Kugel, so kann ohne Verlust abgebrochen werden.
Kommt auch im zweiten Zug Weiß, so lohnt sich das Weiterspielen.

Bei Blau im dritten Zug kann man weiterspielen, da dann jede weitere Verschlechterung vermeidbar ist (siehe Baumdiagramm).
Bei Weiß auch im dritten Zug sind nur noch Verbesserungen möglich. Der vierte und der fünfte Zug werden dann ausgeführt und liefern Blau.

| | = 1 € Gewinn |
| | = 1 € Verlust |

Pfad-gewinn	Pfad-wahrsch.
1 €	$\frac{2}{5}$
0 €	$\frac{6}{20}$
0 €	$\frac{12}{120}$
−1 €	$\frac{12}{120}$
−1 €	$\frac{12}{120}$

Erwartungswert für den Gewinn X pro Spiel:

$$E(X) = 1 \cdot \frac{2}{5} + 0 \cdot \left(\frac{6}{20} + \frac{12}{120}\right)$$
$$+ (-1) \cdot \left(\frac{12}{120} + \frac{12}{120}\right) = 0,20 \text{ €}$$

Das abgebildete Baumdiagramm zeigt die Strategie als Wahrscheinlichkeitsbaum. Pfad 1 (Wahrscheinlichkeit $\frac{2}{5}$) liefert 1 € Gewinn. Die Pfade 2 und 3 liefern weder Gewinn noch Verlust, die Pfade 4 und 5 (Wahrscheinlichkeit $\frac{1}{10}$) liefern jeweils 1 € Verlust.
Insgesamt ergibt sich so pro Spiel ein durchschnittlich zu erwartender Gewinn von 20 Cent, ein überraschendes Ergebnis.

Nicht so einfach ist das Auffinden und Beurteilen einer Spielstrategie für das folgende Spiel.

Die verhexte Sechs

Ein Spieler würfelt mit einem Würfel. Er darf das Spiel nach jedem Wurf abbrechen. Die geworfenen Augenzahlen werden addiert und die Summe als Punktergebnis gewertet, solange keine 6 auftritt. Fällt unglücklicherweise die 6, so wird das Punktergebnis auf 0 gesetzt und behält diesen Wert bis zum Abbruch durch den Spieler bei.
Der Spieler entschließt sich, nach genau n Würfen abzubrechen.
Berechnen Sie für n = 1 bis 7 den zu erwartenden Punktestand. Legen Sie eine Tabelle an.
Wie muss n gewählt werden, damit diese Strategie ein optimales Ergebnis liefert?

Lösung:
Bricht der Spieler das Spiel nach dem 1. Wurf ab, so wird er auf null Punkte gesetzt, sofern es eine 6 $\left(p_1 = \frac{1}{6}\right)$ ist.

Wirft er eine andere Zahl $\left(p_2 = \frac{5}{6}\right)$, so erhält er im Mittel $\frac{1+2+3+4+5}{5} = 3$ Punkte.

Für den durchschnittlich zu erwartenden Punktestand nach dem 1. Wurf ergibt sich also
$E(X_1) = 3 \cdot \frac{5}{6} + 0 \cdot \frac{1}{6} = \frac{15}{6} = 2,5.$

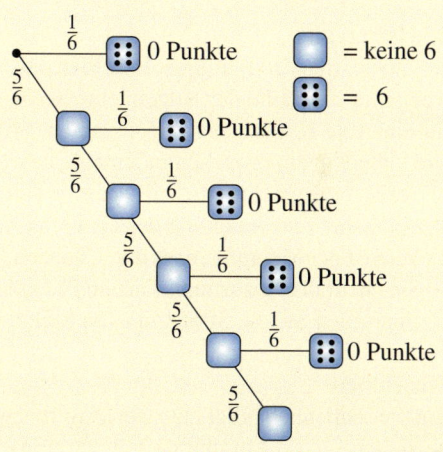

$E(X_5) = 5 \cdot 3 \cdot \left(\frac{5}{6}\right)^5$

im Mittel 5 · 3 Punkte

Der abgebildete Baum zeigt den Spielverlauf bis zum fünften Wurf. Wir erhalten für den durchschnittlich zu erwartenden Punktestand nach dem 5. Wurf dann
$E(X_1) = 5 \cdot 3 \cdot \left(\frac{5}{6}\right)^5 \approx 6,03.$

Wir wollen unsere Überlegungen nun verallgemeinern.
Mit der Pfadwahrscheinlichkeit $\left(\frac{5}{6}\right)^n$ schafft es der Spieler, n Würfe ohne 6 zu liefern.
Er sammelt bei jedem dieser Würfe im Mittel 3 Punkte, sodass auf seinem Punktekonto nach diesen n Würfen im Mittel n · 3 Punkte sind.
Der zu erwartenden Punktestand am Spielende beträgt dann $n \cdot 3 \cdot \left(\frac{5}{6}\right)^n.$

allgemein:
X_n = Punktezahl nach n Würfen

$E(X_n) = n \cdot 3 \cdot \left(\frac{5}{6}\right)^n$

n	$E(X_n)$
1	2,5
2	4,17
3	5,21
4	5,79
5	6,03
6	6,03
7	5,86

Die nebenstehende Tabelle zeigt, dass der Erwartungswert für den Punktestand für n = 5 und n = 6 maximal wird.
Der Spieler sollte also nach 5 oder 6 Würfen abbrechen. Er kann dann im Mittel mit ca. 6,03 Punkten rechnen.

$E_{opt} = E(X_5) \approx 6,03$

Test

Zufallsgrößen

1. Urne

Aus der abgebildeten Urne werden zwei Kugeln ohne Zurücklegen gezogen. X ist die Augensumme der beiden Kugeln.
a) Stellen Sie den Vorgang mit Hilfe eines Baumdiagramms dar.
b) Geben Sie die Wahrscheinlichkeitsverteilung von X in Tabellenform an und zeichnen Sie ein Histogramm.
c) Berechnen Sie den Erwartungswert und die Standardabweichung von X und tragen Sie diese in das Histogramm ein.

2. Spielstrategie

Aus der Urne von Aufgabe 1 werden mit einem Griff eine oder mehrere Kugeln gezogen,
wobei nur die Farbe der Kugeln eine Rolle spielt. Für eine gelbe Kugel erhält der Spieler 2 €,
für eine rote Kugel muss er 5 € zahlen. Vor Beginn der Ziehung muss der Spieler festlegen,
wie viele Kugeln er ziehen möchte. X beschreibt den Gewinn/Verlust des Spielers pro Spiel.
a) Stefan ist vorsichtig. Er will nur eine Kugel ziehen. Berechnen Sie den Erwartungswert und
die Standardabweichung des Gewinns X.
b) Vera ist der Meinung, dass ihre Chancen besser sind, wenn sie drei Kugeln zieht. Berechnen
Sie ebenfalls Erwartungswert und Standardabweichung des Gewinns X.
Beurteilen Sie die Strategien von Stefan und Vera im Vergleich.

3. Maschinen

Ein Schraubenhersteller hat zwei Maschinen, die Schwerlastschrauben der Normlänge 200 mm
herstellen. Diese Maschinen müssen von Zeit zu Zeit überprüft werden, damit die Herstel-
lungstoleranzen nicht überschritten werden, da sie andernfalls gewartet oder repariert werden
müssen.
Eine Stichprobe durch genaues Nachmessen von 1000 Schrauben hat folgendes Ergebnis:

Schraubenlänge in mm	196	197	198	199	200	201	202	203	204
Maschine A	20	60	65	130	455	125	75	35	35
Maschine B	15	45	60	170	445	145	50	40	30

X sei die Länge einer Schraube.
a) Berechnen Sie den Mittelwert und die Standardabweichung von X für beide Maschinen.
b) Beurteilen Sie, welche Maschine als nächstes gewartet werden sollte.

4. Münzspiel

Felix besitzt 4 €. Er nimmt an folgendem Spiel teil: Der Spieler wirft zweimal eine faire Münze.
Jedesmal, wenn Kopf fällt, wird sein Guthaben halbiert. Fällt Zahl, wird sein Guthaben verdoppelt.
X sei das Guthaben des Spielers am Ende des Spiels.
a) Bestimmen Sie Erwartungswert und Standardabweichung von X. Ist das Spiel fair?
b) Das Spiel soll fair gemacht werden. Dazu wird, wenn Zahl fällt, das Guthaben nicht verdoppelt, sondern mit dem Faktor $a > 0$ vervielfacht. Wenn Kopf fällt, bleibt es bei der
Halbierung des Guthabens. Wie muss a gewählt werden?

Lösungen: S. 648

XIV. Binomialverteilung und Normalverteilung

1. Bernoulli-Ketten und Binomialverteilung

A. Die Formel von Bernoulli

Ein Zufallsversuch wird als *Bernoulli-Experiment* bezeichnet, wenn es nur zwei Ausgänge T und $\overline{T}$ gibt. Das Ereignis T wird als Treffer (Erfolg) und $\overline{T}$ als Niete (Misserfolg) bezeichnet. Die Wahrscheinlichkeit p für das Eintreten von T wird Trefferwahrscheinlichkeit genannt. Beispiele sind das Werfen einer Münze (Kopf, Zahl), das Werfen eines Würfels (Sechs, keine Sechs) oder das Überprüfen eines Bauteils (defekt, nicht defekt).

Wiederholt man einen Bernoulli-Versuch n-mal in gleicher Weise, so spricht man von einer *Bernoulli-Kette* der Länge n mit der Trefferwahrscheinlichkeit p.

▶ **Beispiel: Bernoulli-Kette der Länge n = 4**
Ein Würfel wird viermal geworfen. X sei die Anzahl der dabei geworfenen Sechsen. Wie groß ist die Wahrscheinlichkeit für das Ereignis X = 2, d. h. für genau zwei Sechsen.

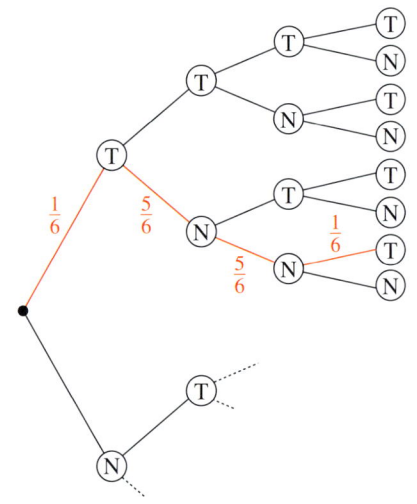

Lösung:
Es ist eine Bernoulli-Kette der Länge n = 4
mit der Trefferwahrscheinlichkeit $p = \frac{1}{6}$.
Das Diagramm veranschaulicht die Kette
als mehrstufigen Zufallsversuch.
Die Wahrscheinlichkeit eine Weges mit
genau zwei Treffern T und zwei Nieten N
beträgt nach der Produktregel $\left(\frac{1}{6}\right)^2 \cdot \left(\frac{5}{6}\right)^2$.
Es gibt $\binom{4}{2}$ solcher Pfade, da man $\binom{4}{2}$
Möglichkeiten hat, die beiden Treffer auf
die vier Plätze eines Pfades zu verteilen.

Die gesuchte Wahrscheinlichkeit lautet:

▶ $P(X = 2) = \binom{4}{2} \cdot \left(\frac{1}{6}\right)^2 \cdot \left(\frac{5}{6}\right)^2 \approx 0{,}1157$

Verallgemeinert man die Rechnung aus dem obigen Beispiel, so erhält man folgende allgemeingültige Formel zur Bestimmung von Wahrscheinlichkeiten bei Bernoulli-Ketten.

Satz XIV.1: Die Formel von Bernoulli
Liegt eine Bernoulli-Kette der Länge n
mit der Trefferwahrscheinlichkeit p vor,
so wird die Wahrscheinlichkeit für genau k Treffer mit B (n; p; k) bezeichnet.
Sie kann mit der rechts dargestellten Formel berechnet werden.

$$P(X = k) = B(n; p; k) = \binom{n}{k} \cdot p^k \cdot (1-p)^{n-k}$$

Durch mehrfache Anwendungen der Formel von Bernoulli lassen sich auch kumulative Wahrscheinlichkeiten und Intervallwahrscheinlichkeiten bestimmen.

▶ **Beispiel: Multiple-Choice-Test**
Ein Test enthält vier Fragen mit jeweils drei Antwortmöglichkeiten. Welche Chance hat ein ganz und gar ahnungsloser Testkandidat, mehr als die Hälfte der Fragen richtig zu beantworten?

Lösung:
Der Test kann als Bernoulli-Kette der Länge $n = 4$ betrachtet werden. Das korrekte Beantworten einer Frage zählt als Treffer.
Die Trefferwahrscheinlichkeit ist $p = \frac{1}{3}$.
X sei die Anzahl der Treffer. Dann ist die Wahrscheinlichkeit $P(X \geq 3)$ gesucht.

$$P(X = 3) = \binom{4}{3} \cdot \left(\frac{1}{3}\right)^3 \cdot \left(\frac{2}{3}\right)^1 = \frac{8}{81} \approx 0{,}0988$$

$$P(X = 4) = \binom{4}{4} \cdot \left(\frac{1}{3}\right)^4 \cdot \left(\frac{2}{3}\right)^0 = \frac{1}{81} \approx 0{,}0123$$

Addiert man diese Einzelwahrscheinlichkeiten, so erhält man für die gesuchte Ratewahrschein-
▶ lichkeit $P(X \geq 3) \approx 0{,}1111 = 11{,}11\,\%$.

Im folgenden Beispiel wird bestimmt, wie oft man einen Bernoulli-Versuch mindestens wiederholen muss, um wenigstens einen Treffer mit einer vorgegebenen Mindestwahrscheinlichkeit zu erzielen (Man bezeichnet diese Aufgabenstellung auch als „Mindestens-mindestens-mindestens-Problem").

▶ **Beispiel: Länge einer Bernoulli-Kette**
Wie oft muss man einen Würfel mindestens werfen, um mit einer Wahrscheinlichkeit von mindestens 90 % mindestens eine Sechs zu erzielen?

Lösung:
n sei die gesuchte Länge der Bernoulli-Kette, d. h. die Anzahl der Würfelwürfe. X sei die Anzahl der dabei erzielten Sechsen. Laut Voraussetzung soll $P(X \geq 1) \geq 0{,}90$ gelten. Aus dieser Ansatzgleichung lässt sich nach nebenstehender Rechnung die gesuchte Mindestanzahl n von Würfen bestimmen, d. h. die Länge der Bernoulli-Kette.
Das Resultat ist $n \geq 12{,}63$, d. h. $n = 13$.
Man benötigt also mindestens 13 Würfe, wenn man eine 90%-Chance auf mindes-
▶ tens eine Sechs haben möchte.

Ansatz:
$$P(X \geq 1) \geq 0{,}90$$
$$1 - P(X = 0) \geq 0{,}90$$
$$P(X = 0) \leq 0{,}10$$
$$B\left(n; \frac{1}{6}; 0\right) \leq 0{,}10$$
$$\binom{n}{0} \cdot \left(\frac{1}{6}\right)^0 \cdot \left(\frac{5}{6}\right)^n \leq 0{,}10$$
$$\left(\frac{5}{6}\right)^n \leq 0{,}10$$
$$n \cdot \ln\left(\frac{5}{6}\right) \leq \ln(0{,}10)$$
$$n \geq 12{,}63$$

Übungen

1. Bestimmung einer Punktwahrscheinlichkeit P (X = k)
51,4 % aller Neugeborenen sind Knaben. Berechnen Sie die Wahrscheinlichkeit dafür, dass eine Familie genauso viele Mädchen wie Jungen hat, für eine Familie mit 2 Kindern, eine Familie mit 4 Kindern und eine Familie mit 6 Kindern.

2. Bestimmung einer linksseitigen Intervallwahrscheinlichkeit P (X ≤ k)
Der Marktanteil von Smartphones lag im Jahr 2011 bei 23 %. Wie groß war die Wahrscheinlichkeit, dass unter 6 zufällig ausgewählten Personen höchstens 2 ein Smartphone besaßen?

3. Bestimmung einer rechtsseitigen Intervallwahrscheinlichkeit P (X ≥ k)
Der Anteil der Haushalte mit Internet-Anschluss ist auf 73 % angewachsen. Wie groß ist die Wahrscheinlichkeit, dass von 10 zufällig ausgewählten Haushalten mindestens 8 einen Internet-Anschluss haben?

4. Bestimmung einer Intervallwahrscheinlichkeit: P (k ≤ X ≤ m)
70 % aller Schäferhunde werden 10 Jahre oder älter. Wie groß ist die Wahrscheinlichkeit, dass von den 12 Hunden eines Züchters mindestens 7 und höchstens 10 Schäferhunde dieses Alter erreichen?

5. Anwendung der Formel für das Gegenereignis: P (X > k) = 1 − P (X ≤ k)
30 % der Deutschen sind in einem Verein. Wie groß ist die Wahrscheinlichkeit, dass unter 12 Personen mehr als 3 in einem Verein sind?

6. Bestimmung einer Mindestanzahl von Versuchen
Wie oft muss ein Würfel mindestens geworfen werden, damit mit einer Wahrscheinlichkeit von mindestens 98 % mindestens einmal die Sechs fällt?

7. Nach Angaben der Post erreichen 90 % aller Inlandsbriefe den Empfänger am nächsten Tag. Johanna verschickt acht Einladungen zu ihrem Geburtstag. Mit welcher Wahrscheinlichkeit
a) sind alle Briefe am nächsten Tag zugestellt?
b) sind mindestens sechs Briefe am nächsten Tag zugestellt?

8. Die Mitglieder der deutschen Tischtennis-Nationalmannschaft gewinnen gegen chinesische Spitzenspieler 15 % der Spiele.
a) Mit welcher Wahrscheinlichkeit gewinnt von 6 Nationalspielern genau einer sein Spiel?
b) Mit welcher Wahrscheinlichkeit gewinnen die Deutschen von 10 Einzelspielen mehr als 2?

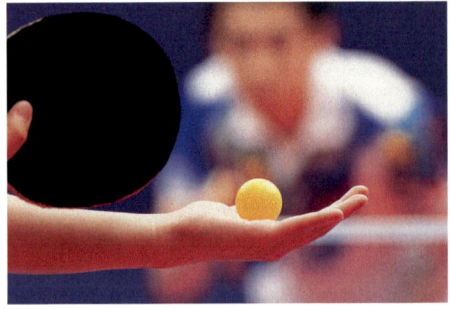

B. Erwartungswert und Standardabweichung bei Bernoulli-Ketten

Das Diagramm auf der rechten Seite zeigt die *Wahrscheinlichkeitsverteilung* der Trefferzahl X in einer Bernoulli-Kette mit der Länge n = 10 und der Trefferwahrscheinlichkeit p = 0,4. Die Wahrscheinlichkeitsverteilung der Zufallsgröße X heißt *Binomialverteilung*.
Die Breite der einzelnen Säulen ist 1, die Höhe der Säule k ist die Wahrscheinlichkeit $P(X = k)$. Die Gesamtfläche aller Säulen ist 1.

In natürlicher Weise stellen sich nun die beiden folgenden Fragen.

Frage 1: Mit welcher Trefferzahl kann man im Mittel rechnen?

Da man 10 Versuche macht und die Trefferwahrscheinlichkeit jeweils 0,4 beträgt, wird man im Mittel mit 4 Treffern rechnen können. Der *Erwartungswert* für die Trefferzahl X beträgt 4, d. h. $\mu = E(X) = 4$.

Satz XIV.2 Erwartungswert von X
X sei die Trefferzahl in einer Bernoulli-Kette der Länge n mit der Trefferwahrscheinlichkeit p. Dann gilt:

$$\mu = E(X) = n \cdot p.$$

Frage 2: Wie stark streuen die Trefferzahlen um den Erwartungswert?

Als Streuungsmaß verwendet man in der Regel die sog. *Standardabweichung* $\sigma(X)$. Sie wird nach Satz XIV.3 berechnet, den wir hier nicht beweisen können. Für unser Beispiel ist
$\sigma(X) = \sqrt{10 \cdot 0,4 \cdot 0,6} \approx 1,55$.

Satz XIV.3 Standardabweichung von X
X sei die Trefferzahl in einer Bernoulli-Kette der Länge n mit der Trefferwahrscheinlichkeit p. Dann gilt:
$$\sigma = \sigma(X) = \sqrt{n \cdot p \cdot (1 - p)}.$$

Drehen eines Glücksrades:

Versuchsanzahl: n = 10
Treffer: Es kommt ROT
Trefferwahrsch.: p = 0,4

Beobachtete Zufallsgröße X:
X = Anzahl der Treffer

Wahrscheinlichkeitsverteilung von X:

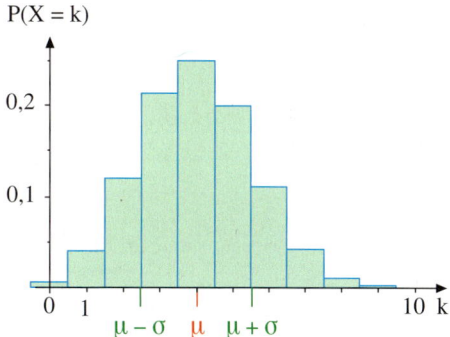

Erwartungswert von X:
$E(X) = n \cdot p = 10 \cdot 0,4 = 4$

Standardabweichung von X:
$\sigma(X) = \sqrt{n \cdot p \cdot (1 - p)}$
$\qquad = \sqrt{10 \cdot 0,4 \cdot 0,6} \approx 1,55$

Bedeutung der Parameter μ und σ:
Die Anzahl der Treffer bei n = 10 Versuchen beträgt im Mittel $\mu = 4$.

Die Standardabweichung 1,55 beschreibt die Streuung um den Mittelwert. Sie ist relativ groß bezogen auf den Versuchsumfang von n = 10. Ihre anschauliche Bedeutung wird im folgenden Abschnitt präzisiert.

C. Die Sigmaregeln

Die Bedeutung des Erwartungswertes μ und der Standardabweichung σ liegt vor allem in den folgenden Regeln, die man als *Sigmaregeln* bezeichnet.

Satz XIV.4: Sigmaregeln zu gegebenen Umgebungen des Erwartungswertes

X sei eine binomialverteilte Zufallsgröße mit den Parametern n und p. $\mu = n \cdot p$ sei der Erwartungswert und $\sigma = \sqrt{n \cdot p \cdot (1 - p)}$ die Standardabweichung von X. Dann gilt:

1. $P(\mu - \sigma \leq X \leq \mu + \sigma) \approx 68,3\%$ (68,3 % der Werte von X liegen im Intervall $[\mu - \sigma; \mu + \sigma]$
2. $P(\mu - 2\sigma \leq X \leq \mu + 2\sigma) \approx 95,5\%$ (95,5 % der Werte von X liegen im Intervall $[\mu - 2\sigma; \mu + 2\sigma]$.
3. $P(\mu - 3\sigma \leq X \leq \mu + 3\sigma) \approx 99,7\%$ (99,7 % der Werte von X liegen im Intervall $[\mu - 3\sigma; \mu + 3\sigma]$.

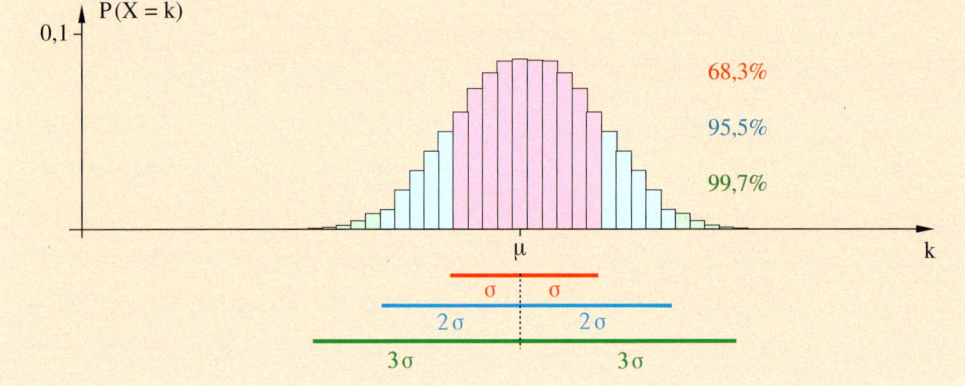

Wenn die sog. *Laplace-Bedingung* $\sigma > 3$ erfüllt ist, erhält man mit den Sigmaregeln zuverlässige Werte.

> Laplacebedingung:
> $\sigma > 3$

▶ **Beispiel: Prognose einer absoluten Häufigkeit**
Mit einem Würfel wird 100-mal gewürfelt. X sei die Anzahl der geworfenen Sechsen. Berechnen Sie den Mittelwert und die Standardabweichung von X. Geben Sie ein Intervall an, in dem ca. 95 % aller Werte von X liegen.

Lösung:
Der Mittelwert ist $\mu = 16,67$ und die Standardabweichung lautet $\sigma = 3,73$. Die Laplacebedingung $\sigma > 3$ ist erfüllt, also ist die 2σ-Regel anwendbar. Daher kann man mit einer Wahrscheinlichkeit von 95,5 % prognostizieren, dass die Anzahl X der Sechsen zwischen $\mu - 2\sigma = 9,21$ und $\mu + 2\sigma = 24,13$ liegt, also zwischen 10 und 24.
Weniger als 10 und mehr als 24 Sechsen sind also unwahrscheinlich.

1. Erwartungswert:
$$\mu = n \cdot p = 100 \cdot \frac{1}{6} \approx 16,67$$

2. Standardabweichung:
$$\sigma = \sqrt{n \cdot p \cdot (1 - p)} = \sqrt{100 \cdot \frac{1}{6} \cdot \frac{5}{6}}$$
$$= \sqrt{100 \cdot \frac{1}{6} \cdot \frac{5}{6}} \approx \sqrt{13,89} \approx 3,73$$

3. 2σ-Intervall:
$$16,67 - 2 \cdot 3,73 \leq X \leq 16,67 + 2 \cdot 3,73$$
$$9,21 \leq X \leq 24,13$$
$$10 \leq X \leq 24$$

► **Beispiel: Beurteilung einer Werbung**
Auf der Kirmes wirbt eine Losbude mit dem Versprechen: Jedes dritte Los gewinnt! Johannes ist misstrauisch und kauft 60 Lose, um die Aussage zu testen. Darunter sind nur 12 Gewinnlose. Beurteilen Sie die Werbung mit Hilfe der 2σ-Regel.

Lösung:
X sei die Anzahl der Gewinnlose in einer Stichprobe vom Umfang n = 60. Der Erwartungswert von X beträgt μ = 20. Die Standardabweichung ist σ = 3,65 > 3.
Die 2σ-Umgebung lautet 12,7 ≤ X ≤ 27,3. 95,5 % aller Ausgänge liegen in dieser Umgebung, nur 4,5 % liegen außerhalb.
Das beobachtete Testergebnis liegt linksseitig der 2σ-Umgebung. Die Wahrscheinlichkeit dafür beträgt nur ca. 2,25 %*.
Beurteilung: Wahrscheinlich ist die Werbung falsch. Der Anteil der Gewinnlose ist
► vermutlich deutlich geringer als ein Drittel.

Mittelwert und Standardabweichung:
X = Anzahl der Gewinnlose in der Stichprobe vom Umfang n = 60
$\mu = n \cdot p = 60 \cdot \frac{1}{3} = 20$
$\sigma = \sqrt{n \cdot p \cdot (1-p)} = \sqrt{13{,}33} = 3{,}65 > 3$

2σ-Umgebung:
In $[\mu - 2\sigma; \mu + 2\sigma] = [12{,}7; 27{,}3]$
liegen ca. 95,5 % der Werte von X.

Beurteilung:
Die Werbeaussage „Jedes dritte Los gewinnt!" ist wenig glaubhaft.

Übung 9 Theorie
Berechnen Sie μ und σ für n = 8 und p = 0,5. Bestimmen Sie dann den Wert von $P(\mu - 2\sigma \le X \le \mu + 2\sigma)$ mit dem GTR und mit der 2σ-Regel. Beurteilen Sie Ihre Ergebnisse.

Übung 10 Geburtstag
a) Eine Schule hat 1000 Schüler. Mit welcher Wahrscheinlichkeit hat ein zufällig ausgewählter Schüler am Sonntag Geburtstag? Stellen Sie auf dem 2σ-Niveau eine Prognose auf über die zu erwartende Zahl von am Sonntag geborenen Schülern.
b) Der Mathematik-Kurs hat 21 Schüler. Nikolaus erzählt: „In unserem Mathekurs sind 8 Sonntagskinder!". Ist die Aussage glaubhaft?

Übung 11 Kreuzfahrt
Für eine Kreuzfahrt zum Nordkap stehen 180 Schiffskabinen zur Verfügung. Der Reiseveranstalter nimmt hierfür mehr als 180 Buchungen an, da in der Regel 10 % der Buchungen storniert werden.
a) Erstellen Sie auf dem 95,5%-Niveau der 2σ-Regel eine Prognose über die Anzahl X der tatsächlich realisierten Buchungen, wenn der Veranstalter 200 Buchungen annimmt.
b) Wiederholen Sie die Rechnung aus a) für den Fall, dass der Veranstalter 190 Buchungen annimmt. Schätzen Sie das Risiko ein, dass die Reise überbucht wird.

---

* Grund: Für großes n ist das Histogramm einer Binomialverteilung nahezu symmmetrisch, so dass die 4,5 % außerhalb der 2σ-Umgebung je zur Hälfte oberhalb bzw. unterhalb derselben liegen.

D. Sigma-Umgebungen bei vorgegebener Sicherheitswahrscheinlichkeit

In der Praxis wendet man die „krummen" Sicherheitswahrscheinlichkeiten von 68,3%, 95,5% und 99,7% selten an. Man bevorzugt vielmehr glatte ganzzahlige Sicherheitswahrscheinlichkeiten von 90% (sicher), 95% (sicher) und 99% (sehr sicher). Der folgende Satz gibt genauere Auskunft.

Satz XIV. 5: Ganzzahlige Sicherheitswahrscheinlichkeiten (90%, 95%, 99%)

X sei eine binomialverteilte Zufallsgröße mit dem Erwartungswert $\mu = n \cdot p$ und der Standardabweichung $\sigma = \sqrt{n \cdot p \cdot (1 - p)}$. Die Laplace-Bedingung $\sigma > 3$ sei erfüllt. Dann gilt:

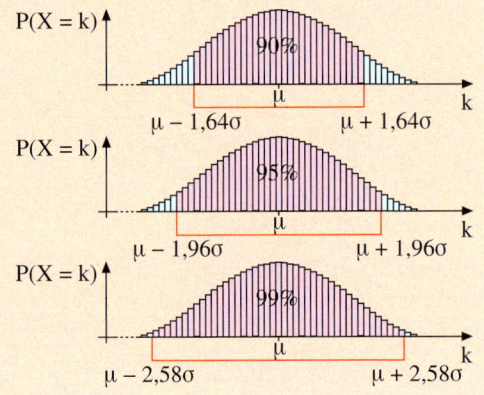

Dann liegt die Trefferanzahl X
mit einer Wahrscheinlichkeit

… von 90% im Intervall
$\mu - 1,64\,\sigma \le X \le \mu + 1,64\,\sigma$

… von 95% im Intervall
$\mu - 1,96\,\sigma \le X \le \mu + 1,96\,\sigma$

… von 99% im Intervall
$\mu - 2,58\,\sigma \le X \le \mu + 2,58\,\sigma$

Je größer n ist und je näher p bei 0,5 liegt, umso genauer ist die Näherung.

▶ **Beispiel: 95%- Sicherheitsintervall**
Johann plant, 100-mal eine Münze zu werfen. Er möchte das Intervall, in das die Zahl X seiner Kopfwürfe fällt, mit 95% Sicherheit voraussagen. Welches Intervall sollte er angeben?

Lösung:
Wir berechnen zunächst μ und σ.
Wir erhalten $\mu = 50$ und $\sigma = 5$.

Die Grenzen für das 95%-Sicherheitsintervall lauten dann
$$40,2 \le X \le 59,8$$
Es empfiehlt sich, dieses nichtganzzahlige Intervall nach *außen* zu runden. Dann ist man jedenfalls auf der sicheren Seite. Also:
$$40 \le X \le 60$$

Eine Kontrollrechnung mit dem GTR ergibt, dass tatsächlich 96,4% aller Ergebnisse in dieses Intervall fallen, also über 95%.
▶ Resultat: $40 \le X \le 60$

1. Berechnung von μ und σ
$\mu = n \cdot p = 100 \cdot 0,5 = 50$
$\sigma = \sqrt{n \cdot p \cdot (1 - p)} = \sqrt{25} = 5$

2. Grenzen des Sicherheitsintervalls
$\mu - 1,96\,\sigma = 50 - 9,8 = 40,2$
$\mu + 1,96\,\sigma = 50 + 9,8 = 59,8$

3. Sicherheitsintervall
$40,2 \le X \le 59,8$
$40 \le X \le 60$ (nach *außen* gerundet)

4. Kontrollrechnung
$P(40 \le X \le 60) =$
$= binomCdf\,(100, 0.5, 40, 60) = 0,964$
$= BinomialCD(40, 60, 100, 0.5) = 0,964$

Übungen

12. Pollen können Heuschnupfen auslösen. Ein Nasenspray wirkt in 70% aller Anwendungsfälle lindernd.

  a) 20 Patienten nehmen das Mittel gegen ihre Beschwerden ein. Bei wie vielen Patienten ist eine Linderung zu erwarten?

  b) Wie groß ist die Wahrscheinlichkeit, dass exakt bei dieser erwarteten Anzahl unter den 20 Patienten das Mittel hilft?

13. Ein Autohersteller bestellt Scheinwerferlampen für sein Standardmodell, das schon länger hergestellt wird. Erfahrungsgemäß sind 4% der Lampen fehlerhaft.

  a) Wie viele fehlerhafte Lampen sind in einer Lieferung von 5000 Lampen zu erwarten? Geben Sie die Standardabweichung an.

  b) Der Autohersteller benötigt im Mittel mindestens 6000 fehlerfreie Lampen. Wie viele Lampen soll er bestellen?

  c) In welchem Intervall liegt die Anzahl der fehlerhaften Lampen mit 99,7% Sicherheit, wenn die Lieferung 3000 Lampen umfasst?

14. Lösen Sie die folgenden Aufgaben mit den Sigmaregeln.

  a) In welchem Intervall um den Erwartungswert μ liegt die Zahl der Sechsen beim 60-maligen Werfen eines fairen Würfels mit 90%-iger Sicherheitswahrscheinlichkeit?

  b) Welche Ergebnisbereiche für die Anzahl der Kopfwürfe kann man beim 100-fachen Werfen einer Münze mit 99%-iger (90%) Sicherheit ausschließen?

  c) Ein Fußballspieler hat im Training beim Elfmeterschießen eine Trefferquote von 80%. In welchem Bereich wird die Anzahl der Erfolge bei seinen nächsten 100 Elfmetern liegen mit einer Voraussagewahrscheinlichkeit von 90% (95%, 99%) liegen?

  d) Bei der Produktion von Brillengläsern hat im Mittel jedes 40-te Glas einen optischen Fehler. Ein Hersteller produziert täglich 1500 Gläser. Welche Aussage dann macht die 2σ-Regel?

15. In einer Urne befinden sich 4 rote, 6 gelbe und 10 blaue Kugeln. Es werden n Kugeln mit Zurücklegen gezogen. Die Zufallsgröße X beschreibt die Anzahl der roten Kugeln und die Zufallsgröße Y die Anzahl der gelben Kugeln unter den gezogenen Kugeln.

  a) Sei n = 8.
    Skizzieren Sie die zugehörige Binomialverteilung der Zufallsgröße X. Berechnen Sie den Erwartungswert und die Standardabweichung von X. Mit welcher Wahrscheinlichkeit überschreitet der tatsächliche Wert von X den Erwartungswert E(X)?

  b) Wie viele Kugeln müssen mindestens gezogen werden, damit der Erwartungswert der Zufallsgröße Y größer als 5 ist? Wie groß ist dann die Standardabweichung von Y?

  c) Wie viele Kugeln müssen mindestens gezogen werden, damit der Erwartungswert von X mindestens gleich 1 ist?

  d) Wie viele Kugeln müssen mindestens gezogen werden, wenn mit mindestens 90% Wahrscheinlichkeit mindestens eine rote Kugel unter den gezogenen Kugeln ist?

2. Praxis der Binomialverteilung

A. Die einfache Binomialverteilung B (n; p; k) mit dem GTR

Die Binomialverteilung B (n; p; k) wurde historisch zur Reduktion des Rechenaufwandes tabelliert. Bisher verwendete man gedruckte Tabellen, bei denen man sich aber aus Platzgründen auf ausgesuchte Werte der drei Parameter beschränken musste. Im GTR ist die Binomialverteilung nun fest einprogrammiert, wodurch diese Beschränkungen wegfallen.

▶ **Beispiel: Glücksrad**
Das dargestellte Glücksrad wird neunmal gedreht.
Mit welcher Wahrscheinlichkeit fällt dabei siebenmal eine Primzahl?

Lösung mit dem TI-GTR:
X sei die Anzahl der beim neunmaligen Drehen erhaltenen Primzahlen.
Wir suchen $P(X = 7) = B(9; 0{,}6; 7)$.

Der GTR-Befehl zur Berechnung von B (n; p; k) lautet *binomPdf(n, p, k)*.

Man kann ihn im Calculator-Fenster direkt eintippen oder alternativ aufrufen mit folgender Befehlsfolge:

menu > Wahrscheinlichkeit > Verteilung > binomPdf

Die Parameter n = 9, p = 0.6, k = 7 werden in dieser Reihenfolge eingegeben, die der mathematischen Reihenfolge in B (n; p; k) entspricht.
Dabei werden sie durch Kommas getrennt und mit einer Klammer abgeschlossen. Dann wird die enter-Taste gedrückt.

$P(X = 7) = B(9; 0{,}6; 7)$
▶ $\quad = binomPdf(9, 0.6, 7) = 0{,}1612$

Lösung mit dem CASIO-GTR:
X sei die Anzahl der beim neunmaligen Drehen erhaltenen Primzahlen.
Wir suchen $P(X = 7) = B(9; 0{,}6; 7)$.

Der GTR-Befehl zur Berechnung von B (n; p; k) lautet *BinomialPD (k, n, p)*.

Man kann ihn im Run-Matrix-Fenster nicht direkt eintippen, sondern muss ihn aufrufen mit folgender Befehlsfolge:

OPTN > F5 (STAT) > F3 (DIST) > F5 (BINOMIAL) > F1 (Bpd)

Es erscheint der Befehlsanfang BinomialPD (. Man gibt nun die Parameter k, n und p durch Kommas getrennt ein, aber leider in der von B (n; p; k) abweichenden, ungewöhnlichen Reihenfolge k = 7, n = 9, p = 0,6.
Dann schließt man mit einer Klammer ab und erhält das Ergebnis mit der EXE-Taste.

$P(X = 7) = B(9; 0{,}6; 7)$
$\quad = BinomialPD(7, 9, 0.6) = 0{,}1612$

Übung 1 Haltestelle
15 Touristen warten auf den Bus. Wie groß ist die Wahrscheinlichkeit, dass darunter genau doppelt so viele Männer wie Frauen sind, wenn man annimmt, dass im statistischen Durchschnitt der Frauenanteil an Haltestellen 50 % beträgt. Stellen Sie eine Vergleichsrechnung für 40 % an.

B. Die kumulierte Binomialverteilung F (n; p; k)

Während wir bisher stets Punktwahrscheinlichkeiten $P(X = k)$ bestimmten, kommen nun auch Intervallwahrscheinlichkeiten $P(X \leq k)$ hinzu. Wir betrachten folgende Gegenüberstellung:

Punktwahrscheinlichkeiten:
$P(X = k)$ ist die Wahrscheinlichkeit, dass die Zufallsvariable X den Einzelwert k annimmt.

Ist X binomialverteilt, so gilt:
$P(X = k) = B(n; p; k)$.

Intervallwahrscheinlichkeiten:
$P(X \leq k)$ ist die Wahrscheinlichkeit, dass die Zufallsvariable X irgendeinen der Werte 0, 1, ..., k annimmt.
Ist X binomialverteilt, so gilt:
$$P(X \leq k) = P(X = 0) + P(X = 1) + ... + P(X = k)$$
$$= B(n; p; 0) + B(n; p; 1) + ... + B(n; p; k).$$
$$= F(n; p; k)$$

B ist die einfache *Binomialverteilung*, deren Werte mit der Formel von Bernoulli berechnet werden können.

F wird als *kumulierte Binomialverteilung* bezeichnet, da ein Aufsummieren von B-Werten vorliegt.

Für n = 5 und p = 0,5 sieht der Graph von B folgendermaßen aus:

Für n = 5 und p = 0,5 sieht der Graph von F folgendermaßen aus:

Einfache Binomialverteilung B (5; 0,5, k)

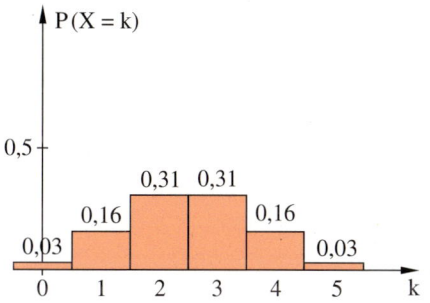

Kumulierte Binomialverteilung F (5; 0,5, k)

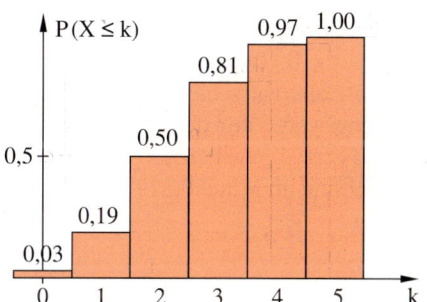

► **Beispiel: Berechnung von F (n; p; k)**
Mit welcher Wahrscheinlichkeit erzielt man beim fünffachen Münzwurf höchstens zwei Kopfwürfe?

Lösung TI:
X = Anzahl der Kopfwürfe

$$P(X \leq 2) = F(5; 0,5; 2)$$
$$= \text{binomCdf}(5, 0.5, 2)$$
$$= 0,5 = 50\%$$

binomCdf (n; p; k) ist dabei der TI-Befehl
► für das Berechnen von F (n; p; k).

Lösung CASIO:
X = Anzahl der Kopfwürfe

$$P(X \leq 2) = F(5; 0,5; 2)$$
$$= \text{BinomialCD}(2, 5, 0.5)$$
$$= 0,5 = 50\%$$

BinomialCD (k; n; p) ist dabei der CASIO-Befehl für das Berechnen von F (n; p; k).

▶ **Beispiel: Münzwurf**
Bei einem Spiel wird 20-mal eine faire Münze geworfen. Man gewinnt, wenn man es schafft, höchstens 5-mal Kopf zu werfen.
a) Wie groß ist die Gewinnwahrscheinlichkeit?
b) Der Einsatz beträgt 1 €. Im Gewinnfall erhält man
   30 €. Ist das Spiel fair?

Lösung zu a:
X sei die Anzahl der Münzwürfe bei n = 20
Würfen, die mit Kopf enden.
Die Trefferwahrscheinlichkeit ist p = 0,5.

Die Gewinnwahrscheinlichkeit ist :
$P(X \leq 5) = F(20; 0,5; 5) = 0,0207 = 2,07\%$

Rechnung TI:
$P(X \leq 5) = F(20; 0,5; 5)$
$\qquad = \text{binomCdf}(20, 0.5, 5) = 0,0207$

Rechnung CASIO:
$P(X \leq 5) = F(20; 0,5; 5)$
$\qquad = \text{BinomialCD}(5, 20, 0.5) = 0,0207$

Lösung zu b:
Von 100 Spielen würde man im Mittel nur
ca. 2 Spiele gewinnen. Also würden 100 €
Einsatz nur ca. 60 € Gewinn gegenüberste-
hen. In 100 Spielen sind das 40 € Verlust.
Pro Spiel beträgt der im Mittel zu erwarten-
de Verlust ca. 0,40 €.
Rechts ist alternativ die Berechnung des
Erwartungswertes für den Gewinn darge-
stellt. Das etwas genauere Ergebnis lautet:
Pro Spiel sind im Mittel 0,379 € Verlust zu
▶ erwarten.

Berechnung des Gewinnerwartungswertes:
Y sei der Gewinn pro Spiel.

Y kann die Werte −1 und 29 annehmen.

Es gilt: $P(Y = 29) = 0.0207$
$\qquad P(Y = -1) = 1 - 0,0207 = 0,9793$

Der Erwartungswert von Y ist daher:
$E(Y) = (-1) \cdot 0,9793 + (29) \cdot 0,0207$
$\qquad = -0,379$

Übung 2 Kumulierte Binomialverteilung
Berechnen Sie folgende Wahrscheinlichkeiten: $F(10; 0,5; 5)$, $F(10; 0,5; 3)$, $F(10; 0,1; 5)$, $F(10; 0,1; 1)$

Übung 3 Wahrscheinlichkeiten interpretieren
Denken Sie sich eine stochastische Sachsituation aus, in der die Berechnung der angegebenen
Wahrscheinlichkeit sinnvoll ist.
a) $F(6; 0,5; 3)$ b) $F(6; \frac{1}{6}; 1)$ c) $F(100; 0,4; 35)$ d) $F(7; 0,3; 2)$

Übung 4 Beurteilen von Zeitungsnachrichten
Die Wahrscheinlichkeit, dass ein neugeborenes Kind ein Mädchen ist, liegt bei ca. 50 %.
a) In einer Stadt werden pro Jahr ca. 1200 Kinder geboren. Mit welcher Wahrscheinlichkeit sind
   darunter weniger als 590 Mädchen?
b) In der Zeitung ist zu lesen, dass unter den 100 Geburten im Mai nur 45 Jungen zur Welt kamen.
   Eine zweite Meldung besagt, dass in den Monaten Januar bis Oktober 1200 Kinder geboren
   wurden, aber nur 450 Jungen waren. Beurteilen Sie diese beiden Nachrichten, auch im Vergleich.

> **Beispiel: Ananassamen**
> Eine Gärtnerei in Alaska verkauft Ananassamen. Die Keimfähigkeit wird
> mit 80% beziffert. Ein Liebhaber kauft 60 Samen.
> a) Mit welcher Wahrscheinlichkeit entwickeln sich höchstens 45 Samen
>   zu einem Ananasbaum?
> b) Mit welcher Wahrscheinlichkeit entwickeln sich 50 oder mehr Samen
>   zu einem Ananasbaum?
> c) Wie viele Ananasbäume kann der Liebhaber im Mittel erwarten?

Lösung zu a:
X sei die Anzahl der keimfähigen Exemplare unter den gekauften Samen.
Gesucht ist die Wahrscheinlichkeit $P(X \le 45) = F(60; 0,8; 45)$, die wir mittels GTR berechnen.

TI: Wir verwenden den TI-Befehl binomCdf(n, p, a, b). Man kann ihn direkt eintippen oder aufrufen durch die Eingabefolge: Menu > Wahrscheinlichkeit > Verteilungen > Binomial Cdf.*
Resultat: $P(X \le 45) = 0,2065 = 20,65\%$

Berechnung mit dem TI:
binomCdf(60, 0.8, 0, 45)   0.2065…

Casio: Wir verwenden den Casio-Befehl BinomialCD(k, n, p). Eine Direkteingabe ist nicht möglich. Wir rufen ihn auf mit der Eingabefolge: Menue > 1 > SHIFT > CATALOG > B > BinomialCD(
Resultat: $P(X \le 45) = 0,2065 = 20,65\%$

Berechnung mit dem Casio:
BinomialCD(45, 60, 0.8)   0,2065…

Lösung zu b:
Gesucht ist $P(X \ge 50)$. Man geht wie bei der Lösung zu a vor, nur müssen beim GTR-Befehl jetzt als untere Grenze 50 und als obere Grenze 60 eingegeben werden.
Ergebnis: $P(X \ge 50) = 32,34\%$.

Berechnung mit dem TI:
binomCdf(60, 0.8, 50, 60)   0.3234…

Berechnung mit dem Casio:
BinomialCD(50, 60, 60, 0.8)   0,3234,…

Lösung zu c:
Gesucht ist der Erwartungswert der Zufallsgröße X. Es gilt: $E(X) = n \cdot p = 60 \cdot 0,8 = 48$.
> Der Liebhaber kann erwarten, dass im Mittel 48 Samen zu Ananasbäumen aufwachsen.

Übung 5 Münzwurf
Bei einer gefälschten Münze ist die Wahrscheinlichkeit für Kopf 70%. Für ein Spiel mit 50 Würfeln werden 2 € Einsatz gefordert.
a) Mit welcher Wahrscheinlichkeit beträgt die Anzahl der Kopfwürfe höchstens 25?
b) Der Spieler erhält 20 €, wenn es ihm gelingt, maximal 30-mal Kopf zu werfen.
   Ist das Spiel günstig für den Spieler?
c) Wie muss der Einsatz festgelegt werden, wenn das Spiel fair sein soll?

---

* Cdf: cumulative density function, kumulierte Dichtefunktion

Handhabung des TI bei binomialverteilten Zufallsgrößen

Wir erläutern nun zusammenhängend die verschiedenen Möglichkeiten, welche der TI-GTR bietet, um Wahrscheinlichkeiten bei Binomialverteilungen zu berechnen.

1. Die Binomialverteilung $P(X = k) = B(n;p;k)$

Die Punktwahrscheinlichkeit $P(X = k) = B(n; p; k)$ kann mit dem Befehl **binomPdf (n, p, k)** berechnet werden.

$P(X = k) = B(n; p; k) = binomPdf(n, p, k)$

2. Die kumulierte Binomialverteilung $P(X \leq k) = F(n; p; k)$

Auf dem TI wird die kumulierte Binomialverteilung $P(X \leq k) = F(n; p; k)$ in der Form $P(a \leq X \leq b)$ eingegeben. Der Befehl lautet **binomCdf (n, p, a, b)**. Der Befehl enthält somit vier Parameter: Die Länge der Bernoullikette n, die Trefferwahrscheinlichkeit p, sowie die Unter- und Obergrenze der zulässigen Werte der Zufallsgröße X. Für die kumulierte Binomialverteilung gilt dann $F(n; p; k) = binomCdf(n, p, 0, k)$.

$P(X \leq k) = F(n; p; k) = binomCdf(n, p, 0, k)$

3. Die Intervallwahrscheinlichkeit $P(a \leq X \leq b) = binomCdf(n, p, a, b)$

Die Intervallwahrscheinlichkeit $P(a \leq X \leq b)$ kann mithilfe der Gleichung $P(a \leq X \leq b) = P(X \leq b) - P(X \leq a - 1)$ auf den Fall $P(X \leq k) = F(n; p; k)$ zurückgeführt werden. Mit dem TI kann diese Intervallwahrscheinlichkeit jedoch auch direkt berechnet werden.

$P(a \leq X \leq b) = binomCdf(n, p, a, b)$

In allen Fällen stehen in der Calculator-Anwendung drei Wege zur Verfügung, mit denen man die oben angegebenen Befehle aufrufen kann.

1. Direkteingabe

Eine schnelle und einfache Möglichkeit besteht darin, den Befehl binomPdf (n, p, k) bzw. binomCdf (n, p, a, b) mit seinen drei bzw. vier Parametern direkt einzugeben.

2. Menuauswahl

Nach Wahl von Menu > Wahrscheinlichkeit > Verteilungen > binomial Pdf (bzw. binomial Cdf) öffnet sich ein Fenster, in das man die drei bzw. vier Parameter des Befehls eingibt. Mit OK startet man die Berechnung.

3. Katalogauswahl

Man ruft den Katalog auf. Dort sind alle auf dem GTR vordefinierten Funktionen verzeichnet. Man wählt entweder binomPdf (oder binomCdf aus. Anschließend wird wieder das Fenster zur Eingabe der Parameter eingeblendet.

Handhabung des CASIO bei binomialverteilten Zufallsgrößen

Wir erläutern nun zusammenhängend die verschiedenen Möglichkeiten, welche der CASIO-GTR bietet, um Wahrscheinlichkeiten von Binomialverteilungen zu berechnen.

1. Die Binomialverteilung $P(X = k) = B(n; p; k)$

Die Punktwahrscheinlichkeit $P(X = k) = B(n; p; k)$ kann mit dem Befehl **BinomialPD (k, n, p)** berechnet werden. Man muss unbedingt auf die Reihenfolge der Parameter achten, welche von der mathematischen Schreibweise abweicht: Erst wird k eingegeben, dann n und schließlich p, getrennt durch Kommas.

$$P(X = k) = B(n; p; k) = BinomialPD(k, n, p)$$

2. Die kumulierte Binomialverteilung $P(X \leq k) = F(n; p; k)$

Auf dem CASIO ist die kumulierte Binomialverteilung $P(X \leq k) = F(n; p; k)$ direkt realisiert, Der entsprechende Befehl lautet **BinomialCD (k, n, p)**.

$$P(X \leq k) = F(n; p; k) = BinomialCD(k, n, p)$$

3. Die Intervallwahrscheinlichkeit $P(a \leq X \leq b)$

Die Intervallwahrscheinlichkeit $P(a \leq X \leq b)$ kann mithilfe der Gleichung $P(a \leq X \leq b) = P(X \leq b) - P(X \leq a - 1)$ auf den Fall $P(X \leq k) = F(n; p; k)$ zurückgeführt werden. Mit dem CASIO kann diese Intervallwahrscheinlichkeit auch direkt berechnet werden.

$$P(a \leq X \leq b) = BinomialCD(a, b, n, p)$$

Der CASIO bietet zwei Möglichkeiten, die Befehle einzugeben. Ein direktes Eintippen ist nicht möglich.

1. Menuauswahl

Man geht mit Menu 1 in das Run-Matrix-Fenster. Nun gibt man die folgende Tastenfolge ein: OPTN>F5 (STAT)>F3 (DIST)>F5 (BINOMIAL) Dann tippt man F1 (Bpd) oder F2 (Bcd) ein. Dann erscheint BinomialPD bzw. BinomialCD und man kann nun die Parameter k, n und p in dieser Reihenfolge eintippen, durch Kommas getrennt und mit einer Klammer abgeschlossen. EXE liefert das Resultat.

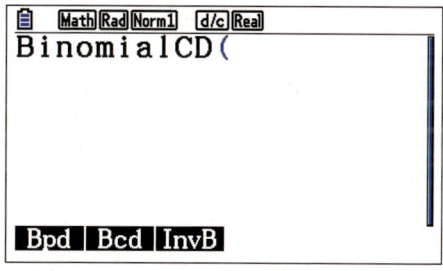

2. Katalogauswahl

Man ruft aus der Run-Matrix-Anwendung mit der Tastenfolge SHIFT > CATALOG > B den Katalog auf. Dort sind alle auf dem GTR vordefinierten Funktionen verzeichnet. Man wählt nun entweder BinomialPD oder BinomialCD aus und kann dann die Parameter eingeben und die Berechnung mit EXE starten.

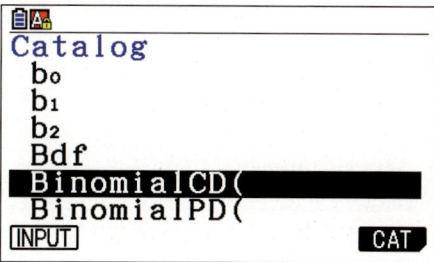

Im vorigen Abschnitt wurden in der Regel Punktwahrscheinlichkeiten der Form
$P(X = k) = B(n; p; k)$ und Intervallwahrscheinlichkeiten der Form $P(X \leq k) = F(n; p; k)$ berechnet. Andere Aufgabenstellungen lassen sich auf diese beiden Hauptfälle zurückführen.

▶ **Beispiel: Multiple-Choice-Test**
Ein Multiple-Choice-Test besteht aus $n = 20$ Fragen mit jeweils 5 Antwortmöglichkeiten, von denen stets genau eine richtig ist. Ein Kandidat absolviert den Test, indem er jede Frage zufällig ankreuzt. Mit welcher Wahrscheinlichkeit erzielt er

1. genau 4 richtige Antworten?   2. höchstens 5 richtige Antworten?
3. mindestens 7 richtige Antworten?   4. 3 bis 8 richtige Antworten?

Lösung:
$n = 20$ ist die Anzahl der Ankreuzvorgänge. $p = 0.2$ ist die Trefferwahrscheinlichkeit.
X ist die Anzahl der Treffer, also der Fragen, die der Kandidat richtig beantwortet.

1. Gesucht ist die Punktwahrscheinlichkeit $P(X = 4)$. Wir können diese unmittelbar mit der Bernoulli-Formel bestimmen oder die GTR-Routine verwenden: TI: binomPdf (n, p, k) CASIO: BinomialPD (k, n, p)	$P(X = 4) = \binom{20}{4} \cdot 0{,}2^4 \cdot 0{,}8^{16} \approx 0{,}2182$ $P(X = 4) = B(n; p; k)$ $= $ binomPdf (20, 0.2, 4) $= 0{,}2182$ $= $ BinomialPD (4, 20, 0.2) $= 0{,}2182$
2. Gesucht ist die linksseitige Intervallwahrscheinlichkeit $P(X \leq 5)$. Wir verwenden die GTR-Routine. TI: binomCdf (0, n, p, k) CASIO: BinomialCD (k, n, p)	$P(X \leq 5) = F(20; 0{,}2; 5)$ $= $ binomCdf (20, 0.2, 5) $= 0{,}8042$ $= $ BinomialCD (5, 20, 0.2) $= 0{,}8042$
3. Gesucht ist die rechtsseitige Intervallwahrscheinlichkeit $P(X \geq 7)$. Wir können diese Wahrscheinlichkeit als Gegenwahrscheinlichkeit von $P(X \leq 6)$ bestimmen. TI: binomCdf (n, p, k) CASIO: BinomialCD (k, n, p)	$P(X \geq 7) = 1 - P(X \leq 6) = 1 - F(20; 0{,}2; 6)$ $= 1 - $ binomCdf (20, 0.2, 6) $= 0{,}0867$ $= 1 - $ BinomialCd (6, 20, 0.2) $= 0{,}0867$
4. Gesucht ist die zweiseitige Intervallwahrscheinlichkeit $P(3 \leq X \leq 8)$. Wir können diese Wahrscheinlichkeit wie rechts dargestellt auf zwei Arten gewinnen. TI: binomCdf (n, p, a, b) CASIO: BinomialCD (a, b, n, p)	$P(3 \leq X \leq 8)$ $= $ binomCdf (20, 0.2, 3, 8) $= 0{,}7839$ $= $ BinomialCd (3, 8, 20, 0.2) $= 0{,}7839$
5. Weitere Fälle: $P(X < a) = P(X \leq a - 1)$ $P(X > a) = P(X \geq a + 1)$	

▶

Übungen

6. Auf Robinsons Insel ist täglich entweder schö-
nes oder schlechtes Wetter. Mit einer Wahr-
scheinlichkeit von 80% scheint die Sonne.
Die Regenwahrscheinlichkeit beträgt 20%.
Donald besucht Robinson für eine Woche.
Mit welcher Wahrscheinlichkeit ist

  a) der erste Tag verregnet?

  b) die ganze Woche schönes Wetter?

  c) genau ein Tag verregnet?

  d) an genau zwei Tagen Regenwetter?

  e) an mindestens zwei Tagen Regenwetter?

  f) an höchstens zwei Tagen Regenwetter?

  g) Donald hat auf 20 Tage Urlaub verlängert. Mit welcher Wahrscheinlichkeit erlebt er mehr
    Sonnen- als Regentage?

  h) Für wie viele Tage müsste er mindestens buchen, um die Wahrscheinlichkeit für mindestens
    einen schönen Tag auf mindestens 99,99% zu sichern?

7. Der Torwart von FC Sieglos kann von 10 Elfmetern durchschnittlich 3 abwehren.
Bei einem Elfmeterschießen werden 8 Elfmeter auf das Tor der Siegloser Mannschaft geschos-
sen. Berechnen Sie die Wahrscheinlichkeit dafür, dass mehr Schüsse treffen als abgewehrt
werden können.

8. Die Einsatzbereitschaft jeder der 10 Feuerwehr-
wachen einer Stadt beträgt 60%. Berechnen Sie
die Wahrscheinlichkeit, dass beim Ausbruch eines Großbrandes

  a) genau drei Wachen einsatzbereit sind,

  b) mindestens acht Wachen einsatzbereit sind,

  c) weniger als drei Wachen einsatzbereit sind,

  d) nur die drei Wachen am Südtor, am Bahnhof
    und am Hühnerberg einsatzbereit sind.

9. Die neue Diät FDH soll mit einer Wahrscheinlichkeit von 80% zu einer Gewichtsabnahme von
mindestens 10 kg innerhalb eines Monats führen.
Die 20 übergewichtigen Mitglieder des Schützenvereins wenden die Diät an.
Bestimmen Sie die Wahrscheinlichkeit dafür, dass

  a) mindestens ein Mitglied das Ziel nicht schafft,

  b) höchstens 10 Mitglieder Erfolg haben,

  c) mindestens 13, aber weniger als 18 das Ziel er-
    reichen.

  d) Johannes, Thomas und eines der beiden Mit-
    glieder namens Günther es nicht schaffen.

10. 30% aller Schüler haben schadhafte Zähne. Der Schulzahnarzt untersucht an einem Tag die 20 Schüler der dritten Klasse.

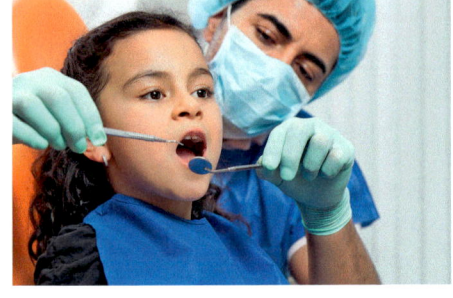

  a) Berechnen Sie die Wahrscheinlichkeiten der folgenden Ereignisse:

  A: Keiner der Schüler hat Zahnschäden.

  B: Nur die ersten vier untersuchten Schüler haben Zahnschäden.

  C: Mindestens einer, aber höchstens fünf Schüler haben Zahnschäden.

  b) Welche Zahl von Schülern mit schadhaften Zähnen wird bei der Untersuchung der 20 Schüler am wahrscheinlichsten aufgefunden?

  c) Wie viele Schüler muss der Arzt mindestens untersuchen, damit er mit einer Wahrscheinlichkeit von mindestens 90% wenigstens einen Schüler mit Zahnschäden findet?

11. Im Stadtrat wird über ein wichtiges Projekt abgestimmt. Der Rat hat 20 Mitglieder. Das Projekt wird durchgeführt, wenn mehr als die Hälfte der Mitglieder dafür stimmen.

  a) Alle Mitglieder des Stadtrates sind unentschieden. Mit welcher Wahrscheinlichkeit wird das Projekt angenommen?

  b) Drei Mitglieder des Stadtrates haben sich abgesprochen. Sie wollen das Projekt unbedingt durchsetzen. Alle anderen sind unentschieden. Mit welcher Wahrscheinlichkeit kommt das Projekt nun zur Durchführung?

12. Beim „Mensch ärgere dich nicht" darf derjenige, der an der Reihe ist, zu Beginn dreimal würfeln. Wenn dabei eine Sechs fällt, darf der Spieler seine Figur auf das Spielbrett setzen. Wie oft muss man mindestens an der Reihe sein, damit die Wahrscheinlichkeit für das Aufsetzen auf mindestens 95% steigt.

13. Knut Bolz schießt auf eine Torwand. Man
weiß, dass er im Mittel bei den zwei Schüssen eines Durchgangs zunächst mit 25%
oben und dann zu 40% unten trifft.

    a) Mit welcher Wahrscheinlichkeit
       trifft er bei einem Durchgang
       A: oben und unten,
       B: genau einmal,
       C: gar nicht?

    b) Nun macht Knut 10 Durchgänge.
       Mit welcher Wahrscheinlichkeit
       D: trifft er genau zweimal sowohl das obere als auch das untere Loch,
       E: trifft er bei genau 5 Durchgängen weder oben noch unten,
       F: trifft er bei höchstens 2 Durchgängen beide Öffnungen,
       G: Das obere Loch 4-mal bis 6-mal?

    c) Wie viele Durchgänge müsste Knut machen, um mit einer Wahrscheinlichkeit von mindes-
       tens 99,99% mindestens einmal beide Löcher zu treffen?

14. Der Basketballspieler Dirk Nowitzki trifft
von der Freiwurflinie mit einer Wahrscheinlichkeit von 95%. Seine Treffsicherheit bei
3-Punkt-Würfen liegt bei 30%.

    a) In einem Spiel bekommt Nowitzki nach
       Fouls 15 Freiwürfe. Mit welcher Wahr-
       scheinlichkeit punktet er
       A: bei allen Freiwürfen,
       B: bei weniger als 13 Würfen?

    b) Mit welcher Wahrscheinlichkeit trifft Dirk bei zehn 3-Punkt-Würfen
       C: mindestens viermal,
       D: höchstens zweimal,
       E: nur beim 8. Versuch?

    c) Wie viele 3-Punkt-Würfe benötigt Dirk, um mit mindestens 99% Sicherheit mindestens
       einmal zu treffen?

15. Nach einem Kälteeinbruch ist die Pünktlich-
keit der Züge einer Bahngesellschaft auf 80%
gesunken.

    a) Wie groß ist die Wahrscheinlichkeit,
       dass
       A: der Zug eines Pendlers an allen
          5 Arbeitstagen einer Woche
          pünktlich ist,
       B: von 20 Zügen mindestens 14 und
          höchstens 17 pünktlich sind?

    b) Wie viele Züge müssen mindestens geprüft werden, damit mit 99% Wahrscheinlichkeit
       mindestens einer davon verspätet ist?

3. Zusammengesetzte Problemstellungen

In vielen praktischen Untersuchungen, aber auch in Übungs- und Abituraufgaben sind die einzelnen Fragestellungen so unterschiedlich, dass verschiedene Lösungsmethoden miteinander kombiniert werden müssen. Oft werden die elementaren Teile einer Aufgabe mit kombinatorischen Mitteln oder Baumdiagrammen gelöst, während weitergehende Fragestellungen mit Vierfeldertafeln oder der Binomialverteilung bearbeitet werden. Wir behandeln hierzu zwei Beispiele sowie einige ähnlich zusammengesetzte Übungsaufgaben.

▶ **Beispiel: Freizeitverhalten**
Die meisten Jugendlichen in Deutschland hören in ihrer Freizeit am liebsten Musik (40 %). In der Beliebtheitsskala folgen Computerspiele (30 %) und Fernsehen (20 %).

a) Berechnen Sie die Wahrscheinlichkeiten der folgenden Ereignisse.
   Unter 20 zufällig ausgewählten Jugendlichen gibt es
   A: höchstens einen, dessen bevorzugte Freizeitbeschäftigung Fernsehen ist,
   B: mehr als 8, die am liebsten Musik hören.
b) Wie viele Jugendliche müssen mindestens befragt werden, um mit mindestens 99 % Wahrscheinlichkeit mindestens einen zu finden, der Computerspiele bevorzugt?
c) In einem Mathematikkurs sind 12 Schüler, von denen 8 Computerspiele bevorzugen. Wie groß ist die Wahrscheinlichkeit für das folgende Ereignis D?
   D: Von zwei zufällig gewählten Schülern bevorzugt mindestens einer Computerspiele.

Lösung zu a:

X sei die Anzahl der Jugendlichen in der Stichprobe vom Umfang $n = 20$, die bevorzugt fernsehen.
Die Zufallsgröße X besitzt angenähert eine Binomialverteilung mit $n = 20$, $p = 0{,}20$. Mit der Formel von Bernoulli erhalten wir:
$P(A) = P(X = 0) + P(X = 1) = 6{,}92\%$.
Es ist also unwahrscheinlich, dass nur maximal ein Jugendlicher Fernsehfan ist.

Wahrscheinlichkeit von A:

$n = 20$; $p = 0{,}20$; $k = 0$ und $k = 1$

$P(A) = P(X \leq 1) = P(X = 0) + p(X = 1)$
$= \binom{20}{0} \cdot 0{,}20^0 \cdot 0{,}80^{20} + \binom{20}{1} \cdot 0{,}20^1 \cdot 0{,}80^{19}$
$= 0{,}0692$

Y gebe die Anzahl der Musikliebhaber in der Stichprobe an. Y ist binomialverteilt mit $n = 20$ und $p = 0{,}40$.
Die Wahrscheinlichkeit von B wird mit den Tabellen zur kumulierten Binomialverteilung berechnet, da man sonst die Formel von Bernoulli vielfach anwenden müsste.

▼ Wir erhalten $P(B) = 58{,}41\%$.

Wahrscheinlichkeit von B:

$n = 20$; $p = 0{,}40$; $k = 8, \dots, 20$

$P(B) = P(Y \geq 8) = 1 - P(Y \leq 7)$
$= 1 - F(20; 0{,}4; 7)$
$= 1 - 0{,}4159$
$= 0{,}5841$

Lösung zu b:

Hier muss die Mindestgröße n der Stichprobe bestimmt werden. Z sei also die Anzahl der Jugendlichen in einer Bernoullikette der Länge n, die Computerspiele bevorzugen.

Es soll $P(Z \geq 1) \geq 0,99$ gelten.

Aus dieser Ansatzgleichung wird nach nebenstehender Rechnung die Mindestlänge n bestimmt.

Resultat: Man muss mindestens 13 Jugendliche befragen, damit mit einer Sicherheitswahrscheinlichkeit von ca. 99 % mindestens ein Spielefan in der Stichprobe ist.

Lösung zu c:

Hier besteht die untersuchte Gesamtheit nicht mehr aus allen Jugendlichen in Deutschland, sondern nur aus den 12 Kursschülern. Da aus dieser kleinen Gesamtheit eine Stichprobe von 2 Schülern ohne Zurücklegen gezogen wird, ändert sich die Trefferwahrscheinlichkeit nach dem ersten Zug, so dass kein Bernoulliexperiment vorliegt.

Wir können die Aufgabe kombinatorisch lösen wie rechts dargestellt, indem wir den Kurs in zwei Gruppen einteilen und die Anzahl der Möglichkeiten ausrechnen, bei der Auswahl von zwei Schülern genau einen aus der Computergruppe bzw. genau zwei aus der Computergruppe zu erhalten. Die so erhaltene Anzahl wird durch die Anzahl aller Möglichkeiten für die Auswahl von 2 Schülern aus den 12 Schülern dividiert. Resultat: $P(D) = 90,91\%$.

Wir können die Aufgabe aber auch mit einem zweistufigen reduzierten Baumdiagramm lösen, bei welchem die beiden Schüler nacheinander ohne Zurücklegen aus der Zwölfergruppe gezogen werden. Es gibt drei günstige Pfade für das Ereignis D. Die Summe ihrer Wahrscheinlichkeiten

▶ beträgt 90,91 %.

Mindestanzahl n von Jugendlichen Mindestlänge n der Bernoullikette

$$P(Z \geq 1) \geq 0,99$$
$$1 - P(Z = 0) \geq 0,99$$
$$P(Z = 0) \leq 0,01$$

$$\binom{n}{0} \cdot 0,3^0 \cdot 0,7^n \leq 0,01$$
$$n \cdot \ln 0,7 \leq \ln 0,01$$
$$n \geq \frac{\ln 0,01}{\ln 0,7}$$
$$n \geq 12,9$$
$$n \geq 13$$

Wahrscheinlichkeit von D:

Lösung mittels Kombinatorik:
Einteilung in zwei Gruppen:
Gruppe 1: 8-köpfige Computergruppe
Gruppe 2: 4-köpfiger Rest

Anzahl der Möglichkeiten: Anzahl der Möglichkeiten:
1 Schüler aus Gruppe 1   2 Schüler aus Gruppe 1
1 Schüler aus Gruppe 2   0 Schüler aus Gruppe 2

$$P(D) = \frac{\binom{8}{1} \cdot \binom{4}{1} + \binom{8}{2} \cdot \binom{4}{0}}{\binom{12}{2}} = \frac{60}{66} \approx 0,9091$$

Anzahl aller Möglichkeiten:
2 Schüler aus 12 Schülern

Lösung mittels Baumdiagramm:
C: Computergruppe, $\overline{C}$: Restgruppe

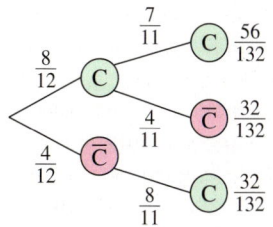

$$P(D) = \frac{56 + 32 + 32}{132} = \frac{120}{132} = \frac{10}{11} = 0,9091$$

▶ **Beispiel: Elektronische Bauteile**

Ein Hörgerätehersteller bezieht Mikrofone von zwei Firmen. Firma A verlangt einen geringen Stückpreis, allerdings sind 6% der Teile fehlerhaft. Firma B verlangt einen höheren Stückpreis, dafür sind nur 2% der Teile fehlerhaft.

a) Erstellen Sie eine Vierfeldertafel auf der Grundlage einer Bestellung von 1000 Teilen, wenn Firma A 30% der Teile liefert und Firma B 70%.
Lösen Sie damit die folgenden Fragestellungen.
   I: Welcher Prozentsatz der gelieferten Mikrofone ist insgesamt fehlerhaft?
   II: Mit welcher Wahrscheinlichkeit stammt ein zufällig ausgewähltes Mikrofon von Firma A und ist zugleich fehlerhaft?
   III: Ein Mikrofon wird als fehlerhaft erkannt. Mit welcher Wahrscheinlichkeit wurde es von Firma B geliefert?
b) Der Hersteller bezieht 100 Mikrofone von Firma B. Mit welcher Wahrscheinlichkeit sind mindestens 99 dieser Teile brauchbar?
c) Für einen eiligen Auftrag benötigt der Hersteller 200 brauchbare Mikrofone. Wie viele Teile sollte er bei einer Bestellung bei Firma A anfordern?

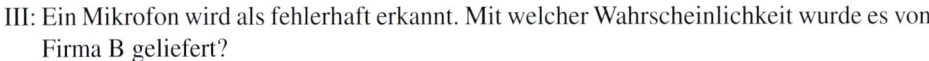

Lösung zu a:

Von 1000 Teilen kommen 300 von Firma A, wovon 6%, also 18 Teile, fehlerhaft sind. Unter den 700 Teilen von Firma B sind 2%, also 14 Teile, fehlerhaft. Die weiteren Zahlenwerte der Vierfeldertafel lassen sich leicht als Differenzen/Summen berechnen.

Frage I: Der Prozentsatz lässt sich aus der ersten Zeile der Tafel direkt ablesen. Er beträgt 3,2% (32 von 1000 Mikrofonen).

Frage II: Auch diese Wahrscheinlichkeit steht in der Vierfeldertafel in der linken oberen Zelle direkt vermerkt: 1,8%.

Frage III: Gesucht ist die Wahrscheinlichkeit dafür, dass ein Mikrofon von Firma B geliefert wurde unter der Bedingung, dass es fehlerhaft ist, also $P_F(B)$. Aus den Daten der Vierfeldertafel folgt:

$$P_F(B) = \frac{|F \cap B|}{|F|} = \frac{14}{32} = 0{,}4375.$$

Aufstellen der Vierfeldertafel

A: Mikro stammt von Firma A
B: Mikro stammt von Firma B
F: Mikro ist fehlerhaft
$\overline{F}$: Mikro ist in Ordnung

	A	B	Σ
F	18	14	32
$\overline{F}$	282	686	968
Σ	300	700	1000

Bestimmung von Wahrscheinlichkeiten:

I: $P(F) = \frac{32}{1000} = 0{,}032 = 3{,}2\%$

II: $P(A \cap F) = \frac{18}{1000} = 0{,}018 = 1{,}8\%$

III: $P_F(B) = \frac{|F \cap B|}{|F|} = \frac{14}{32} = 0{,}4375$

$= 43{,}75\%$

Lösung zu b:
Hier liegt näherungsweise eine Bernoulli-kette der Länge n = 100 vor.
Die Trefferwahrscheinlichkeit (Treffer: Teil ist in Ordnung) liegt bei 0,98.
Die Anzahl der Treffer soll gleich 99 oder 100 sein.
Mit der Formel von Bernoulli errechnen wir daher P(E) = 40,33 %

Berechnung der Wahrscheinlichkeit:
E: Mindestens 99 von 100 Teilen sind in Ordnung

$$n = 100; p = 0,98, k = 99 \text{ und } k = 100$$

$$P(E) = \binom{100}{99} \cdot 0,98^{99} \cdot 0,02^1$$
$$+ \binom{100}{100} \cdot 0,98^{100} \cdot 0,02^0$$

$$\approx 0,2707 + 0,1326 = 0,4033$$

Lösung zu c:
Von Firma A sind 94 % der Teile brauchbar. Bei einer Lieferung von n Teilen sind somit $\mu = n \cdot 0,94$ brauchbare Teile zu erwarten. Damit dieser Wert mindestens 200 beträgt,
▶ muss n ≥ 213 sein.

Berechnung der Stückzahl
Erwartungswert: $\mu = n \cdot p$
$$= n \cdot 0,94$$
$$\geq 200$$
$$n \geq \frac{200}{0,94}$$
$$\approx 212,77$$
$$n \geq 213$$

Übung 1 Pyramide

Eine schiefe dreiseitige Pyramide mit den Augenzahlen 1, 2, 3 und 4 (siehe Abbildung) wird geworfen. Man notiert als Ergebnis die Zahl der Grundseite, auf der die Pyramide liegen bleibt. Die Wahrscheinlichkeiten sind durch Gewichte im Innern folgendermaßen ausgelegt durch P(X = 1) = 0,3, P(X = 2) = 0,18, P(X = 3) = 0,4 und P(X = 4) = 0,12.

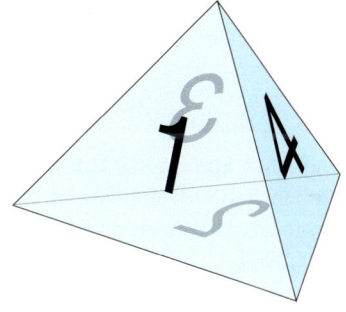

a) Wie groß ist die Wahrscheinlichkeit, bei dreimaligem Wurf
   (1) nur ungerade Zahlen zu werfen?
   (2) genau einmal 4 zu werfen?
   (3) drei (paarweise) verschiedene Augenzahlen zu werfen?
b) Berechnen Sie den Erwartungswert und interpretieren Sie das Ergebnis im Vergleich zum Erwartungswert bei einem Tetraederwürfel.
c) Der „Würfel" wird bei einem Glücksspiel verwendet. Man zahlt als Gewinn bei Augenzahl „2" 2 € und bei Augenzahl „4" 2,50 €. Als Einsatz wird 1 € pro Spiel gefordert. Der Einsatz wird auch bei Gewinn einbehalten. Wie groß ist die Gewinnerwartung pro Spiel?
d) Wir betrachten jetzt das Ereignis für einen Gewinn: „Die geworfene Augenzahl ist gerade". Mit welcher Wahrscheinlichkeit wird das bei 100maligem Werfen des „Würfels" mindestens 30mal eintreten?

Übung 2 Glücksspiel

Der einarmige Bandit kann in jedem der vier Fenster eine
der Ziffern 1, 2 oder 3 ausgeben.

a) Wie viele verschiedene Ergebnisse gibt es insgesamt?
b) Bestimmen Sie die Wahrscheinlichkeit des Ereignisses:
   A: Es erscheint die Ziffernfolge 1 2 3 3.
   B: Es erscheint genau zweimal die Ziffer 1.
   C: Es erscheinen nur Einsen.
   D: Es erscheinen nur gleiche Ziffern.

c) Das Gerät wird 10-mal bedient. Mit welcher Wahrscheinlichkeit tritt das Ereignis B nicht ein
   einziges Mal ein? Mit welcher Wahrscheinlichkeit tritt es genau 2-mal ein?
d) Wie oft muss man das Gerät mindestens in Gang setzen, damit mit einer Wahrscheinlichkeit
   von wenigstens 95 % mindestens einmal das Ereignis B eintritt?
e) Bei einem Einsatz von 1 € pro Spiel gewinnt man 30 €, wenn die Ziffernfolge 3333 kommt
   und 5 €, wenn die Ziffernfolge 2 xx2 kommt, also 2112 oder 2222 oder 2332. Lohnt sich das
   Spiel für den Spieler? Wie viel Gewinn/Verlust ist für den Betreiber an einem Tag mit 8 Stunden zu erwarten, wenn pro Stunde ca. 20 Spiele stattfinden?
f) Johannes berichtet, dass er gerade fünfmal hintereinander gewonnen hat (Ziffernfolge 3333
   oder 2 xx2). Beurteilen Sie diese Aussage bezüglich ihrer Glaubwürdigkeit.
   Jana sagt, dass sie bei 100 Spielen ca. 20- bis 30-mal das Ereignis B beobachtet hat. Ist das
   glaubhaft? (Verwenden Sie bei der Lösung dieser Aufgabe für die Wahrscheinlichkeit des
   Ereignisses B den Näherungswert 0,3).

Übung 3 Lieblingsmusik

60 % aller Jugendlichen hören gerne Rockmusik.
30 % der Jugendlichen sind weiblich und hören
nicht gerne Rockmusik, 40 % sind männlich und
hören gerne Rockmusik.

a) Erstellen Sie ein Baumdiagramm und ermitteln Sie die Wahrscheinlichkeiten der folgenden Ereignisse.
   A: Ein zufällig befragter Jugendlicher ist
   weiblich.
   B: Eine zufällig befragtes Mädchen hört gerne
   Rockmusik.
   C: Ein zufällig Befragter ist weiblich und hört
   gerne Rockmusik.
b) Erstellen Sie eine Vierfeldertafel auf der Grundlage von 100 Jugendlichen.
c) Berechnen Sie die folgenden Wahrscheinlichkeiten.
   Unter 10 befragten Jugendlichen hören mindestens 5 gerne Rockmusik.
   Unter 50 befragten Jugendlichen hören mindestens 28 und höchstens 31 gerne Rockmusik.
d) Wie viele Jugendliche muss man mindestens fragen, um mit mindestens 95 % Wahrscheinlichkeit mindestens einen zu finden, der keine Rockmusik mag?

Übung 4 Fußball

In Neustadt spielen 25% der Bevölkerung regelmäßig Fußball.

a) Bestimmen Sie die Wahrscheinlichkeiten der folgenden Ereignisse:
   Unter 15 zufällig ausgesuchten Neustädtern befinden sich
   A: genau 5 Personen, die regelmäßig Fußball spielen,
   B: mindestens 14 Personen, die nicht regelmäßig Fußball spielen.

b) Wie viele Neustädter müssten mindestens befragt werden,
   um mit einer Wahrscheinlichkeit von mindestens 94% wenigstens
   eine Person zu entdecken, die regelmäßig Fußball spielt?

c) Wie groß müsste der Anteil p der regelmäßig Fußball spielenden
   Neustädter mindestens sein, damit sich mit einer Wahrscheinlichkeit von mindestens 99% unter 10 zufällig ausgewählten Neustädtern wenigstens eine Person befindet, die regelmäßig Fußball spielt?

In Neustadt gehört auch Tennis zu den beliebten Sportarten. An einem Tennisturnier nehmen sechs
Neustädter und zwei Gäste teil, wobei jeder Spieler gegen jeden der anderen antritt, um eine der
drei Medaillen zu gewinnen. Alle Spieler sind gleich stark.

d) Mit welcher Wahrscheinlichkeit sind unter den drei Medaillengewinnern höchsten zwei Neustädter?

e) Bei einem Spiel des Turniers ist derjenige Spieler Sieger, der zuerst zwei Sätze gewonnen hat.
   Wie viele Sätze kann ein Spiel dauern?
   Mit wie vielen Sätzen muss man bei zwei gleich starken Spielern im Durchschnitt rechnen?

Übung 5 Urnen

Aus einer Urne mit drei blauen, fünf weißen und zwei gelben
Kugeln werden n Kugeln mit Zurücklegen gezogen. X sei
die Anzahl der blauen unter den gezogenen Kugeln.

a) Gezogen werden vier Kugeln mit Zurücklegen.
   Bestimmen Sie die Wahrscheinlichkeiten der Ereignisse:
   A: „Alle vier Kugeln sind blau",
   B: „Die dritte gezogene Kugel ist blau",
   C: „Mindestens zwei der Kugeln sind blau".

b) Nun werden 100 Kugeln mit Zurücklegen gezogen. Wie groß ist der Erwartungswert von X?
   Mit welcher Wahrscheinlichkeit werden dabei 28 bis 32 blaue Kugeln gezogen?

c) Ist es wahrscheinlicher, beim zehnmaligen Ziehen mit Zurücklegen genau drei blaue Kugeln
   zu ziehen oder beim zwanzigmaligen Ziehen genau sechs blaue Kugeln zu ziehen?

d) Ist es wahrscheinlicher, beim dreimaligen Ziehen ohne Zurücklegen drei blaue Kugeln oder
   beim fünfmaligen Ziehen ohne Zurücklegen fünf weiße Kugeln zu ziehen?

e) Wie oft muss man mindestens mit Zurücklegen ziehen, wenn die Wahrscheinlichkeit, dass
   mindestens eine gelbe Kugel gezogen wird, mindestens 99% betragen soll?

f) Lars behauptet: Ich habe schon mehrfach beim fünfzigmaligen Ziehen mit Zurücklegen mindestens 20 gelbe Kugeln gezogen. Wie glaubhaft ist diese Aussage?

4. Die Normalverteilung

A. Die Standardisierung der Binomialverteilung

Um nicht wiederholt identische umfangreiche Rechnungen durchführen zu müssen, hat man im 19. Jahrhundert Tafelwerke zu Binomialverteilungen erstellt. Auch wenn diese Tafelwerke umfangreich waren, konnten in ihnen nur ausgewählte Werte der Stichprobenlänge n und der Trefferwahrscheinlichkeit p berücksichtigt werden.

Deshalb suchte man nach einer Möglichkeit, die Werte aller kumulierten Binomialverteilungen bei genügend großem Stichprobenumfang n näherungsweise durch Funktionswerte einer einzigen Funktion darzustellen.

Das Auffinden einer solchen Funktion erscheint auf den ersten Blick kaum möglich zu sein. Denn die Histogramme von binomialverteilten Zufallsgrößen hängen stark von den Parametern n und p ab.

Diese beiden Parameter bestimmen die Anzahl und die Höhe der Säulen sowie die Position der höchsten Säule.

Beispielsweise rückt mit wachsendem n die höchste Säule des Histogramms immer weiter nach rechts.
Der Erwartungswert $\mu = E(X) = n \cdot p$ wird also mit wachsendem n ebenfalls größer.

Weiter nimmt mit wachsendem n die Anzahl der Säulen zu und das Histogramm wird zunehmend breiter und flacher.

Die Streuung, d. h. die Standardabweichung $\sigma(X) = \sqrt{n \cdot p \cdot (1 - p)}$ wird mit wachsendem n immer größer.

k	$\mathcal{B}(10;0,25;k)$
0	0,0563135
1	0,1877117
2	0,2815676
3	0,2502823
4	0,1459980
5	0,0583992
6	0,0162220
7	0,0030899
8	0,0003862
9	0,0000286
10	0,0000010

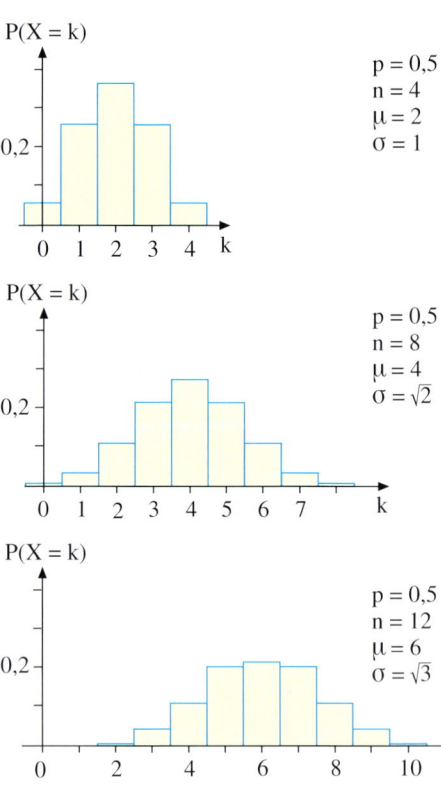

So unterschiedlich die Histogramme zu Binomialverteilungen auch aussehen, so kann man doch feststellen, dass sie alle bei genügend großem Stichprobenumfang angenähert die Form einer „Glockenkurve" annehmen.

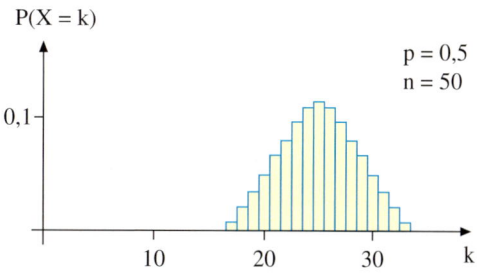

Daher kann man eine sogenannte Standardisierung durchführen. Dabei werden die Histogramme durch geeignete Transformationen in eine einheitliche Form und Lage überführt, wodurch sie sich bei genügend großem Stichprobenumfang n und unabhängig von der Trefferwahrscheinlichkeit p ein und derselben „Glockenkurve" anpassen.

Im Folgenden erläutern wir diesen wichtigen Stadardisierungsprozess.

Der Standardisierungsprozess

Schritt 1: Durch einen ersten Übergang von der Zufallsgröße X zur Zufallsgröße $Y = X - \mu$ wird der Erwartungswert nach 0 verschoben. Das mit wachsendem n zu beobachtende Auswandern des Histogramms nach rechts wird vermieden.

Schritt 2: Anschließend sorgt ein weiterer Übergang zu $Z = \frac{X - \mu}{\sigma}$ dafür, dass die Standardabweichung auf 1 normiert wird. Der wesentliche Teil des Histogramms bleibt dann unabhängig von n stets etwa gleich breit.

Die Streifenbreiten verändern sich allerdings von 1 auf $\frac{1}{\sigma(X)}$.

Der Erwartungswert wird nicht weiter beeinflusst. Er bleibt bei 0.

Schritt 3: Zum Ausgleich der Streifenbreitenänderung werden die Streifenhöhen mit $\sigma(X)$ multipliziert.
Dadurch erreicht man, dass die Streifenflächeninhalte gleich bleiben, sodass Streifen Nr. k auch in der standardisierten Form den Flächeninhalt B(n; p; k) besitzt.

Die rechts dargestellte Bildfolge verdeutlicht das Verhalten einer standardisierten Zufallsvariablen für wachsendes n.

Die unten dargestellten Histogramme sind die standardisierten Formen der auf der vorherigen Seite abgebildeten Histogramme. Beachten Sie die mit wachsendem n eintretende Annäherung an die eingezeichnete Glockenkurve.

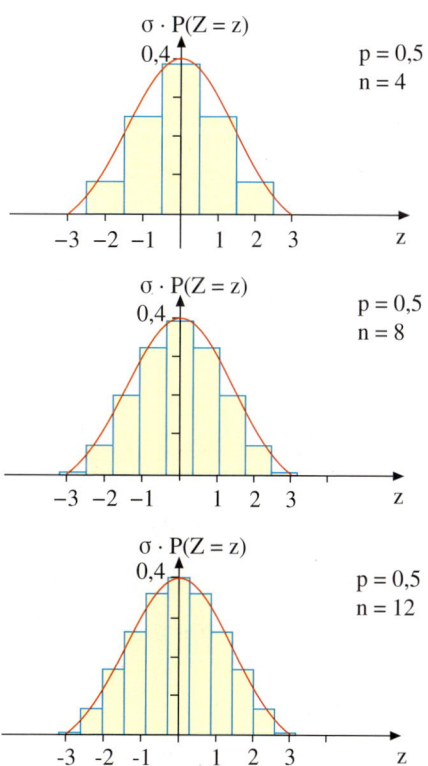

B. Die Näherungsformel von Laplace und de Moivre

Jede binomialverteilte Zufallsgröße X kann in der beschriebenen Weise standardisiert werden. Das Histogramm der zugehörigen standardisierten Zufallsgröße Z kann in jedem Fall durch ein und dieselbe Glockenkurve approximiert (angenähert) werden. Es handelt sich um die sogenannte *Gauß'sche Glockenkurve*.

Sie ist nach dem Mathematiker und Astronomen *Carl Friedrich Gauß* (1777–1855) benannt, der sie im Zusammenhang mit der Fehlerrechnung entdeckte.

Ihr Graph ist rechts abgebildet. Ihre Funktionsgleichung lautet:

Gauß'sche Glockenkurve

$$\varphi(t) = \frac{1}{\sqrt{2\pi}}\, e^{-\frac{1}{2}t^2}$$

Mithilfe der Funktion φ kann das Histogramm einer binomialverteilten Zufallsvariablen mit hoher Genauigkeit angenähert werden, wenn die sogenannte *Laplace-Bedingung* erfüllt ist:

Laplace-Bedingung

$$\sigma = \sqrt{n \cdot p \cdot (1-p)} > 3$$

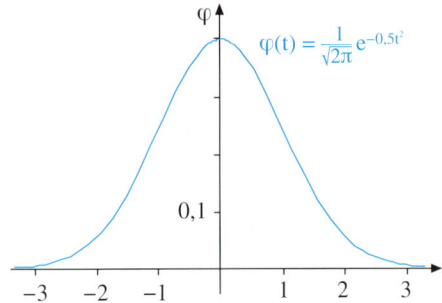

$$\varphi(t) = \frac{1}{\sqrt{2\pi}}\, e^{-0{,}5t^2}$$

Satz XIV.6: Die lokale Näherungsformel von Laplace und De Moivre

Die binomialverteilte Zufallsgröße X erfülle die Laplace-Bedingung $\sigma = \sqrt{n \cdot p \cdot (1-p)} > 3$. Dann gilt die folgende Näherungsformel für $B(n; p; k)$, wobei $\mu = n \cdot p$ der Erwartungswert und $\sigma = \sqrt{n \cdot p \cdot (1-p)}$ die Standardabweichung von X sind:

$$P(X = k) = B(n; p; k) \approx \frac{1}{\sigma \cdot \sqrt{2\pi}}\, e^{-\frac{1}{2}z^2} = \frac{1}{\sigma} \cdot \varphi(z) \text{ mit } z = \frac{k - \mu}{\sigma}$$

C. Die globale Näherungsformel von Laplace und de Moivre

Eine Zufallsgröße, deren Wahrscheinlichkeitsverteilung die Gauß'sche Glockenkurve ist, wird als *normalverteilte Zufallsgröße* bezeichnet. Binomialverteilte Zufallsgrößen sind für großes n annähernd normalverteilt.

Im Folgenden betrachten wir die kumulierte Binomialverteilung.
F(n; p; k) kann wegen
F(n; p; k) = B(n; p; 0) + ... + B(n; p; k)
als Summe der Flächeninhalte der Säulen Nr. 0 bis Nr. k der Binomialverteilung gedeutet werden.

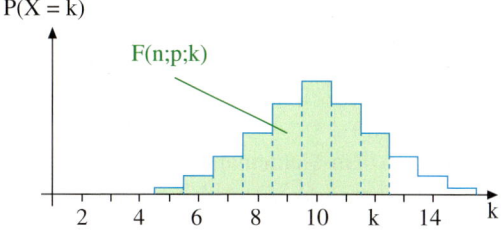

Man kann aber auch die entsprechenden Säulen der zugehörigen standardisierten Form verwenden, da diese inhaltsgleich sind (siehe auch Seite 499).

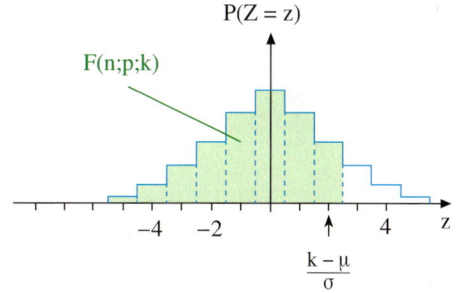

Diese Fläche wiederum kann durch diejenige Fläche unter der Gauß'schen Glockenkurve approximiert werden, die sich von $t = -\infty$ bis $t = z$ erstreckt, wobei $z = \frac{k - \mu + 0{,}5}{\sigma}$ der rechte Randwert der standardisierten Säule Nr. k ist.

Der angegebene Wert der Hilfsgröße z ergibt sich, wenn zur Mitte der k-ten Säule – also zu $\frac{k - \mu}{\sigma}$ – die halbe Säulenbreite $\frac{1}{2\sigma}$ addiert wird. Diese Stetigkeitskorrektur ist notwendig, um die Fläche der k-ten Säule vollständig zu berücksichtigen.

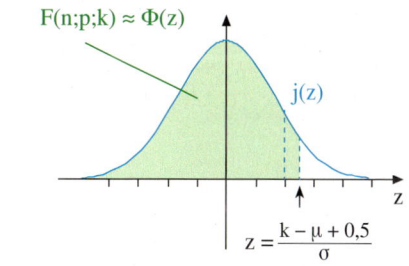

Den Flächeninhalt kann man als Integral von φ berechnen. Für das entsprechende Integral von $-\infty$ bis z verwendet man abkürzend die Bezeichnung $\Phi(z)$.
Die Funktion Φ heißt *Gauß'sche Integralfunktion*.

Gauß'sche Integralfunktion

$$\Phi(z) = \frac{1}{\sqrt{2\pi}} \int_{-\infty}^{z} e^{-\frac{1}{2}t^2}\, dt$$

Für die Funktion Φ gibt es keine integralfreie Darstellung, d. h. sie kann nicht durch eine elementare Funktion ausgedrückt werden. Daher sind die Werte dieser wichtigen Funktion auf der nächsten Seite als „Normalverteilung" tabelliert.
Die Tabelle erfasst nur Werte $z \geq 0$, denn wegen der Symmetrie der Funktion φ bezüglich der y-Achse gilt für $z < 0$: $\Phi(z) = 1 - \Phi(-z)$.
Man kann also negative Argumente auf die positiven Argumente der Tabelle zurückführen.

Tabelle der Normalverteilung

$\Phi(z) = 0, \ldots$

$\Phi(-z) = 1 - \Phi(z)$

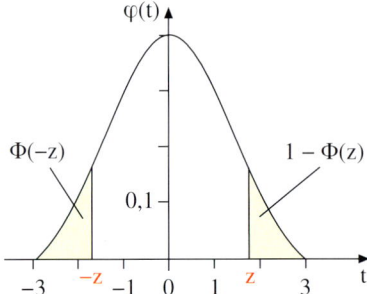

z	0	1	2	3	4	5	6	7	8	9
0,0	5000	5040	5080	5120	5160	5199	5239	5279	5319	5359
0,1	5398	5438	5478	5517	5557	5596	5636	5675	5714	5753
0,2	5793	5832	5871	5910	5948	5987	6026	6064	6103	6141
0,3	6179	6217	6255	6293	6331	6368	6406	6443	6480	6517
0,4	6554	6591	6628	6664	6700	6736	6772	6808	6844	6879
0,5	6915	6950	6985	7019	7054	7088	7123	7157	7190	7224
0,6	7257	7291	7324	7357	7389	7422	7454	7486	7517	7549
0,7	7580	7611	7642	7673	7703	7734	7764	7794	7823	7852
0,8	7881	7910	7939	7967	7995	8023	8051	8078	8106	8133
0,9	8159	8186	8212	8238	8264	8289	8315	8340	8365	8389
1,0	8413	8438	8461	8485	8508	8531	8554	8577	8599	8621
1,1	8643	8665	8686	8708	8729	8749	8770	8790	8810	8830
1,2	8849	8869	8888	8907	8925	8944	8962	8980	8997	9015
1,3	9032	9049	9066	9082	9099	9115	9131	9147	9162	9177
1,4	9192	9207	9222	9236	9251	9265	9279	9292	9306	9319
1,5	9332	9345	9357	9370	9382	9394	9406	9418	9429	9441
1,6	9452	9463	9474	9484	9495	9505	9515	9525	9535	9545
1,7	9554	9564	9573	9582	9591	9599	9608	9616	9625	9633
1,8	9641	9649	9656	9664	9671	9678	9686	9693	9699	9706
1,9	9713	9719	9726	9732	9738	9744	9750	9756	9761	9767
2,0	9772	9778	9783	9788	9793	9798	9803	9808	9812	9817
2,1	9821	9826	9830	9834	9838	9842	9846	9850	9854	9857
2,2	9861	9864	9868	9871	9875	9878	9881	9884	9887	9890
2,3	9893	9896	9898	9901	9904	9906	9909	9911	9913	9916
2,4	9918	9920	9922	9925	9927	9929	9931	9932	9934	9936
2,5	9938	9940	9941	9943	9945	9946	9948	9949	9951	9952
2,6	9953	9955	9956	9957	9959	9960	9961	9962	9963	9964
2,7	9965	9966	9967	9968	9969	9970	9971	9972	9973	9974
2,8	9974	9975	9976	9977	9977	9978	9979	9979	9980	9981
2,9	9981	9982	9982	9983	9984	9984	9985	9985	9986	9986
3,0	9987	9987	9987	9988	9988	9989	9989	9989	9990	9990
3,1	9990	9991	9991	9991	9992	9992	9992	9992	9993	9993
3,2	9993	9993	9994	9994	9994	9994	9994	9995	9995	9995
3,3	9995	9995	9996	9996	9996	9996	9996	9996	9996	9997
3,4	9997	9997	9997	9997	9997	9997	9997	9997	9997	9998

Beispiele für den Gebrauch der Tabelle:

$\Phi(2,37) = 0,9911;$ $\Phi(-2,37) = 1 - \Phi(2,37) = 1 - 0,9911 = 0,0089;$

$\Phi(z) = 0,7910 \Rightarrow z = 0,81;$ $\Phi(z) = 0,2090 = 1 - 0,7910 \Rightarrow z = -0,81$

Möchte man für eine binomialverteilte Zufallsgröße mithilfe der Tabelle der Normalverteilung näherungsweise berechnen, geht man nach folgendem Rezept vor.

Satz XIV.7: Die globale Näherungsformel für Binomialverteilungen

1. Prüfe, ob die Laplace-Bedingung $\sigma = \sqrt{n \cdot p \cdot (1-p)} > 3$ erfüllt ist.
2. Bestimme die obere Integrationsgrenze $z = \frac{k - \mu + 0,5}{\sigma} = \frac{k - n \cdot p + 0,5}{\sqrt{n \cdot p \cdot (1-p)}}$.
3. Lies aus der Tabelle den Funktionswert $\Phi(z)$ ab.
   Dann gilt die Näherung: $P(X \le k) = F(n; p; k) \approx \Phi(z)$.

Anhand eines typischen Beispiels erläutern wir die Anwendung dieses Rezeptes.

▶ **Beispiel: Die globale Näherungsformel für Binomialverteilungen**
Berechnen Sie, mit welcher Wahrscheinlichkeit bei 100 Würfen mit einer fairen Münze höchstens 52-mal Kopf fällt. Benutzen Sie die Tabelle zur Normalverteilung.

Lösung:
X sei die Anzahl der Kopfwürfe beim 100-maligen Münzwurf. X ist binomialverteilt mit den Parametern n = 100 und p = 0,5.

Gesuchte Wahrscheinlichkeit:
X = Anzahl der Kopfwürfe bei 100 Würfen
$P(X \le 52) = F(100; 0,5; 52)$

Gesucht ist $P(X \le 52) = F(100; 0,5; 52)$. Die Näherungsformel ist anwendbar, da die Bedingung $\sigma > 3$ erfüllt ist.

Anwendbarkeit der Näherungsformel:
$\sigma = \sqrt{100 \cdot 0,5 \cdot 0,5} = \sqrt{25} = 5 > 3$

Also ist die gesuchte Wahrscheinlichkeit annähernd gleich $\Phi(z)$, wobei der Wert des Arguments z mithilfe der angegebenen Formel errechnet werden muss.
Wir erhalten z = 0,50.
Nun lesen wir aus der Tabelle den Funktionswert $\Phi(0,50)$ ab und erhalten folgendes Endresultat:
$P(X \le 52) \approx \Phi(0,50) \approx 0,6915 = 69,15\%$

Bestimmung der Hilfsgröße z:
$z = \frac{k - \mu + 0,5}{\sqrt{n \cdot p \cdot (1-p)}} = \frac{52 - 50 + 0,5}{\sqrt{100 \cdot 0,5 \cdot 0,5}} = \frac{2,5}{5} = 0,50$

Bestimmung von mittels Tabelle:
$\Phi(0,50) \approx 0,6915$

Das Ergebnis stimmt fast mit dem per GTR gewonnen Ergebnis überein:
▶ $F(100; 0,5; 52) \approx 0,6914$

Vergleich mit dem GTR:
TI: binomCdf(100,0.5,0,52) = 0,6914
CASIO: BinomialCD(0,52,1090,0.5)=0,6914

Durch den Einsatz moderner Hilfsmittel – Computer oder GTR – ist es möglich, Werte der kumulierten Binomialverteilung ohne Beschränkungen für n und p zu berechnen.
Daher hat die beschriebene Standardisierung an praktischer Bedeutung verloren, wenn man diese Hilfsmittel zur Verfügung hat. Sie ist jedoch nicht nur historisch interessant, sondern für des Verständnis von Berechnungen an stetigen Zufallsgrößen, die jetzt folgen, sehr hilfreich.
Außerdem spielt sie im Bereich der theoretischen Mathematik eine sehr große Rolle.

Übungen

Approximation der Binomialverteilung durch die Normalverteilung

1. Eine Reißnagelsorte fällt mit Wahrscheinlichkeiten von $\frac{2}{3}$ in Kopflage und von $\frac{1}{3}$ in Seitenlage. Es werden 100 Reißnägel geworfen.
   a) Mit welcher Wahrscheinlichkeit wird genau 66-mal die Kopflage erreicht?
   b) Mit welcher Wahrscheinlichkeit wird die Kopflage genau 50-mal erreicht?

Approximation der kumulierten Binomialverteilung durch die Normalverteilung

2. Wie groß ist die Wahrscheinlichkeit dafür, dass bei 6000 Würfelwürfen höchstens 950-mal die Augenzahl Sechs fällt?

3. Eine Maschine produziert Schrauben. Die Ausschussquote beträgt 5 %.
   a) Wie groß muss eine Stichprobe sein, damit die Normalverteilung anwendbar ist?
   b) Mit welcher Wahrscheinlichkeit befinden sich in einer Stichprobe von 500 Schrauben mindestens 30 defekte Schrauben?
   c) Mit welcher Wahrscheinlichkeit sind weniger als 20 defekte Schrauben in der Probe?

4. Die Wahrscheinlichkeit einer Knabengeburt beträgt ca. 51,4 %. Mit welcher Wahrscheinlichkeit befinden sich unter 500 Neugeborenen mehr Mädchen als Knaben?

5. Bei einem gefälschten Würfel ist die Wahrscheinlichkeit für eine Sechs auf 12 % reduziert. Wie groß ist die Wahrscheinlichkeit, dass dieser Würfel bis 150 Wurfversuchen dennoch mehr Sechsen zeigt als bei einem fairen Würfel zu erwarten wären?

6. Eine Münze wird 1000-mal geworfen.
   a) Wie groß sind Erwartungswert und Standardabweichung der Anzahl X der Kopfwürfe?
   b) Wie groß ist die Wahrscheinlichkeit dafür, dass die Abweichung der Kopfzahl X vom Erwartungswert nach oben/unten höchstens die einfache Standardabweichung beträgt?

7. Ein Multiple-Choice-Test enthält 100 Fragen mit jeweils drei Antwortmöglichkeiten, wovon stets genau eine richtig ist. Befriedigend wird bei mindestens 50 richtigen Antworten vergeben. Ausreichend wird bei mindestens 40 richtigen Antworten vergeben.
Ein Proband rät nur. Mit welcher Wahrscheinlichkeit besteht er den Test mit Befriedigend bzw. besteht er nicht bzw. erzielt er 28 bis 38 richtige Antworten?

8. Ein Reifenfabrikant garantiert, dass 95 % seiner Reifen keine Unwucht aufweisen. Ein Großhändler nimmt 500 Reifen ab.
   a) Wie groß sind Erwartungswert und Standardabweichung für die Anzahl X der unwuchtigen Reifen?
   b) Mit welcher Wahrscheinlichkeit weisen höchstens zehn der Reifen eine Unwucht auf? Mit welcher Wahrscheinlichkeit beträgt die Anzahl der unwuchtigen Reifen 20 – 30?

5. Die Normalverteilung bei stetigen Zufallsgrößen

A. Der Begriff einer normalverteilten stetigen Zufallsgröße

Im vorhergehende Abschnitt wurde die Normalverteilung zur angenäherten Berechnung von Wahrscheinlichkeiten bei binomialverteilte Zufallsgrößen verwendet. Die binomialverteilten Zufallsgrößen konnten dabei *nur ganzzahlige Werte* annehmen.

Zufallsgrößen wie das Körpergewicht eines Neugeborenen oder die Lebensdauer einer Glühlampe oder die Füllmenge einer Sprudelflasche schwanken ebenfalls um den Erwartungswert. Sie können dabei auch nichtganzzahlige Werte annehmen. Bei entsprechend großer Messgenauigkeit ist im Prinzip sogar jeder *reelle Zahlenwert* in einer weiten Umgebung des Erwartungswertes möglich.
Man spricht daher von *stetigen Zufallsgrößen*. Solche Zufallsgrößen sind normalverteilt, wenn zahlreiche unterschiedliche Faktoren auf sie einwirken.

Wir erklären an einem Beispiel, wie man zu einer Kurve kommt, welche die Wahrscheinlichkeiten einer normalverteilten, stetigen Zufallsgröße erfasst.

Die Nennfüllmenge einer Parfümflasche beträgt 80 ml. Sie hängt von vielen Größen ab, die den einzelnen Einfüllvorgang beeinflussen, und schwankt mit einer gewissen Streuung $\sigma = 1$ ml um den Mittelwert $\mu = 80$ ml. Kontrollmessungen mit verschiedenen Messgenauigkeiten (1 ml, 0,5 ml, 0 ml (letzteres nur als gedachter Grenzprozess)) ergeben folgende Histogramme und Kurven.

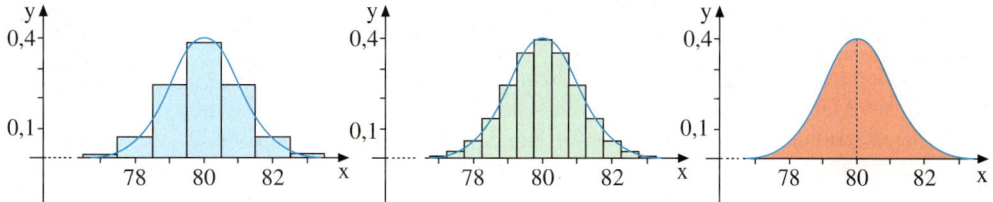

Messgenauigkeit: 1 ml
Die Streifen des Histogramms sind breit. Ihre Flächen geben dabei die relative Häufigkeit des zugehörigen Messwertes an. Die Gesamtfläche ist 1.

Messgenauigkeit: 0,5 ml
Die Streifen des Histogramms sind schmaler. Ihre Flächen geben die relative Häufigkeit des zugehörigen Messwertes an. Die Gesamtfläche ist 1.

Messgenauigkeit: 0 ml
Das Histogramm ist zu einer stetigen Glockenkurve geworden. Die Streifen sind zu Strichen geworden. Diese haben keine Fläche. Die Gesamtfläche ist 1.

Wir stellen also fest: Bei gedachter beliebiger Steigerung der Messgenauigkeit nähern sich die Histogramme immer mehr einer Gaußschen Glockekurve an, die wir mit $\varphi_{\mu,\sigma}$ benennen. Diese wird als *Wahrscheinlichkeitsdichtefunktion* der normalverteilten Zufallsgröße X mit den Mittelwert μ und der Standardabweichung σ bezeichnet und hat die rechts aufgeführte Funktionsgleichung. Das Funktionssysmbol ist $\varphi_{\mu,\sigma}$.

> **Wahrscheinlichkeitsdichte einer normalverteilten Zufallsgröße**
>
> $$\varphi_{\mu,\sigma}(x) = \frac{1}{\sigma \cdot \sqrt{2\pi}} \cdot e^{-\frac{1}{2}\left(\frac{x-\mu}{\sigma}\right)^2}$$

Kann eine Zufallsgröße X nur endlich viele Werte annehmen, so ist im Histogramm jedem dieser Werte eine Säule zugeordnet, deren Flächeninhalt seine Eintrittswahrscheinlichkeit darstellt. Eine normalverteilte Zufallsvariable kann jedoch unendlich viele Werte annehmen (im Prinzip alle reellen Zahlen). Jedem Wert ist nur noch ein Strich zugeordnet, keine Säule. Dieser Strich hat aber den Flächeninhalt 0. Daher hat jeder Wert der Zufallsvariablen die Punktwahrscheinlichkeit 0, obwohl der Wert natürlich jederzeit auftreten kann. Bei normalverteilten Zufallsvariablen haben Punktwahrscheinlichkeiten deshalb keinen Sinn, man kann nur Intervallwahrscheinlichkeiten angeben. Diese werden nach folgendem Satz berechnet.

Satz XIV.8: Die Intervallwahrscheinlichkeit bei normalverteilten stetigen Zufallsgrößen

Die stetige Zufallsgröße X sei normalverteilt mit dem Erwartungswert μ und der Standardabweichung σ. Dann gilt:

$$P(a \leq X \leq b) = \frac{1}{\sigma \cdot \sqrt{2\pi}} \cdot \int_a^b e^{-\frac{1}{2}\left(\frac{t-\mu}{\sigma}\right)^2} dt$$

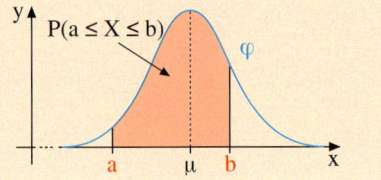

B.   Wahrscheinlichkeiten bei normalverteilten stetigen Zufallsgrößen

Das obige Integral nach Satz XIV.8 ist recht schwierig zu berechnen. Daher hat man seine Berechnung für beliebige Parameterwerte μ und σ im GTR programmiert. Sie können mit einfachen Befehlen abgerufen werden, wie das folgende Beispiel zeigt *.

► **Beispiel: Füllmengen bei der Sprudelflasche (Intervallwahrscheinlichkeit)**
Eine Flasche hat eine Nennfüllmenge von 330 ml. Die tatsächliche Füllmenge hängt von zahlreichen Einflüssen beim Abfüllprozess ab und ist daher normalverteilt. Man kennt den Mittelwert $\mu = 330$ ml und die Standardabweichung $\sigma = 2$ ml aus Meßreihen. Mit welcher Wahrscheinlichkeit enthält eine Flasche zwischen 329 ml und 332 ml, so dass keine Kundenklagen zu befürchten sind?

Lösung:
Gesucht ist die Intervallwahrscheinlichkeit $P(329 \leq X \leq 332)$. Wir verwenden die folgenden GTR-Befehle zur Normalverteilung:

CASIO: $P(a \leq X \leq b) = \text{NormCD}(a,b,\sigma,\mu)$
TI: $P(a \leq X \leq b) = \text{normCdf}(a,b,\mu,\sigma)$

Resultat: 53,28 % aller Kunden erhalten Flaschen mit kaum Unterschreitung bis zu leichter Überschreitung. Sie sind sicher zu-
► frieden.

Berechnen der Intervallwahrscheinlichkeit

$$P(332 \leq X \leq 335) = \text{NormCD}(329,332,2,330)$$
$$= \text{normCdf}(329,332,330,2)$$
$$\approx 0,5328 = 53,28\,\%$$

---

* Alternativ kann alle Berechnungen auch ohne GTR nur mit einer einzigen Tabellenseite ausführen, der Tabelle der Standardnormalverteilung. Dieses Verfahren ist in der theoretischen Mathematik bedeutsam.

Übung 1 **Laubfrösche**

Im Kreis Unna gibt es noch größere Vorkommen von Laubfröschen, welche auf der Roten Liste der gefährdeten Arten stehen. Man weiß aus einigen Kontrollmessungen, dass deren Körpergewicht normalverteilt ist mit den Parametern $\mu = 9\,g$ und $\sigma = 0,5\,g$. Ein Sammler steht im Verdacht, seine Tiere in diesem Naturschutzgebiet eingefangen zu haben. Das Körpergewicht seiner drei Tiere liegt zwischen 6 und 8 Gramm. Entlastet oder belastet ihn das?

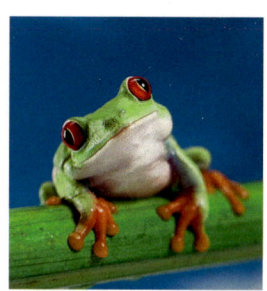

▶ **Beispiel: Brot/Ein einseitiges Intervall**

Ein Bäcker backt Landbrot mit einen Nenngewicht von 500 g. Der Bäcker gibt auf Nachfrage den Mittelwert mit $\mu = 510\,g$ und die Standardabweichung mit $\sigma = 10\,g$ an.

Frau Müller erhält mehrfach ein Brot, dass weniger als 490 g wiegt. Kann dies als unglücklicher Zufall interpretiert werden oder sind die Angaben des Bäckers unglaubhaft?

Lösung:

Zur Beurteilung des Sachverhalts benötigen wir die einseitige Intervallwahrscheinlichkeit $P(X \le 490)$. Als linke Intervallgrenze können wir 0 oder 10–99 (−1 EXP 99) einsetzen.

Resultat: $P(X \le 490) = 0{,}028$.

Interpretation: Das Ereignis hat nur eine Wahrscheinlichkeit von 2,8 %. Da dies auch noch mehrfach vorkam, ist die Angabe des Bäckers mit hoher Wahrscheinlichkeit falsch.

▶ Frau Müller sollte ihn darauf ansprechen.

Berechnen der Intervallwahrscheinlichkeit

$P(X \le 490) = \text{NormCD}(0,490,10,510)$
$\qquad\qquad = \text{normCdf}(0,490,510,10)$
$\qquad\qquad \approx 0{,}0228 = 2{,}28\,\%$

oder:

$P(X \le 490) = \text{NormCD}(-1\text{E}99,490,10,510)$
$\qquad\qquad = \text{normCdf}(-1\text{E}99,490,510,10)$
$\qquad\qquad \approx 0{,}0228 = 2{,}28\,\%$

▶ **Beispiel: Eier/Außerhalb eines Intervalls**

Nach EU-Norm sollen Hühner Eier in vier Gewichtsklassen produzieren. Bauer Lempels Hühner legen Eier mit einem Mittelwert von $\mu = 60\,g$ und einer Standardabweichung von $\sigma = 5\,g$. Sein Kunde kauft nur Eier der Sorten M und L. Wie groß ist das Ausfallrisiko von Lempel?

X: ab 73 g
L: 63 g bis unter 73 g
M: 53 g bis uter 63 g
S: unter 53 g

Lösung:

Gesucht ist die Ausfallwahrscheinlichkeit $P(X < 53 \text{ oder } X \ge 73)$.

Sie läßt sich mit Hilfe der Gegenwahrscheinlichkeit $P(53 \le X \le 73)^*$ leicht bestimmen.

Resultat $P(X < 53 \text{ oder } X \ge 73){:} = 8{,}54\,\%$

Interpretation: Herr Lempel hat brave Hühner. Das Ausfallrisiko ist gering. Die betrof-

▶ fenen Eier kann er auf dem Markt verkaufen.

Berechnen der Ausfallwahrscheinlichkeit

$P(X \le 53 \text{ oder } X \ge 73)$
$\quad = 1 - P(53 \le X \le 73)$
$\quad = 1 - \text{NormCD}(53,73,5,60)$
$\quad = 1 - \text{normCdf}(53,73,60,5)$
$\quad \approx 0{,}0854 = 8{,}54\,\%$

---

* Eine Unterscheidung zwischen < und ≤ ist hier nicht erforderlich, da Punktereignisse wie hier $P(X = 73)$ zwar nicht unmöglich sind, aber die Wahrscheinlichkeit 0 haben.

Übung 2 Benzinverbrauch

Das Bild zeigt einen der bekanntesten Arbeitslastwagen, den UNIMOG (Universales Motorgerät). Ein Modell verbraucht bei einem Normtest im Mittel 18 Liter Benzin bei einer Standardabweichung von 2 Litern.
Eine Stadtverwaltung kauft das Modell.

a) Mit welcher Wahrscheinlichkeit verbraucht der Wagen weniger als 15 Liter?
b) Mit welcher Wahrscheinlichkeit verbraucht er über 20 Liter?
c) Der Verkäufer meint, dass 50% der Fahrzeuge nur um maximal ±5% vom Normverbrauch abweichen. Ist das glaubhaft?

C. Intervalle mit vorgegebenen Wahrscheinlichkeiten

Oben wurde ein Intervall vorgegeben und die Wahrscheinlichkeit berechnet, dass ein beobachteter Meßwert in das vorgegebene Intervall fällt. Nun wird die umgekehrte Fragestellung behandelt: Gegeben ist eine Beobachtungswahrscheinlichkeit, und gesucht ist ein passendes Intervall. Hierbei muss eine inverse Rechnung, eine „Rückwärtsrechnung" vorgenommen werden.

▶ **Beispiel: Der weiße Hai**
An der kalifornischen Küste leben in stark zunehmender Zahl weiße Haie. Die männlichen Exemplare sind etwas kleiner als weibliche und erreichen eine durchschnittliche Länge von ca. 4 Metern mit einer Standardabweichung von 1 Meter. Insgesamt sollen es etwa 1000 ausgewachsene männliche weiße Haie in dem Gebiet geben. Ab und an kommt es zu einem Haiangriff auf Menschen.
a) Gesucht ist eine obere Längengrenze, unter die 75% aller männlichen weißen Haie fallen.
b) Gesucht ist ein symmetrisches Intervall um den Erwartungswert, in dem 50% aller männlichen weißen Haie liegen.
c) Wie groß ist das Potential an besonders großen männlichen Haien, also z.B. an den oberen 10%, wie sie in Katastrophenfilmen gern gezeigt werden?

▼

Lösung zu a:
Es soll also gelten $P(X \leq a) = 0{,}75$. Die Hailänge a ist gesucht, die von 75% aller Haie unterschritten oder erreicht wird.
Der CASIO-Befehl für diese inverse Rückwärtsrechnung lautet: InvnormCD(p,σ,μ).
Der TI-Befehl lautet: invNorm(p,μ,σ).
p ist dabei die obere Grenze für die Wahrscheinlichkeit des linksseitigen Intervalls.
Resultat: 75% aller weißen Haie sind maximal 4,67 m lang.

Das Inverse Problem
Die Wahrscheinlichkeit p sei gegeben.
Wie muss a gewählt werden, damit $P(X \leq a) = p$ gilt?
Antwort CASIO: **a = invnormCD(π,σ,μ)**
Antwort TI: **a = invNorm(π,μ,σ)**

Berechnen der rechten Grenze:
CASIO: InvnormCD(0.75,1,4) ≈ 4,67
TI: invNorm(0.75,4,1) ≈ 4,67

Lösung zu b:

Nun soll gelten $P(\mu - a \leq X \leq \mu + a) = 0{,}50$:
Dabei ist $\mu - a$ die kleinste und $\mu + a$ die größte zugelassene Hailänge.

Wir stellen das gesuchte zweiseitige Intervall als Differenz zweier linksseitiger Intervalle dar, die wir wie unter Aufgabenteil a mit den Invers-Routinen der GTR bestimmen können:

$[\mu - a; \mu + a] = [0; \mu + a] - [0; \mu - a]$.

Das erste, größere linksseitige Intervall soll eine Wahrscheinlichkeit von 75 % haben. Das zweite, kleinere Intervall soll eine Wahrscheinlichkeit von 25 % haben.

Mit den Invers-Befehlen der GTR erhalten wir das Intervall [3,33; 4,67]. a ist übrigens 0,67.
Resultat: Die Länge von 75 % aller männlichen Weißhaie liegt in diesem um den Mittelwert $\mu = 4$ symmetrischen Intervall.

Lösung zu c:

Nun soll gelten $P(X \geq a) = 0{,}10$. Es geht also um das rechtsseitige Intervall, in dem 10 % aller Haifischlängen liegen.
Wir stellen die Wahrscheinlichkeit des gesuchten rechtsseitigen Intervalls mithilfe der Gegenwahrscheinlichkeit dar:
$P(X \geq a) = 1 - P(x \leq a)$.
Es folgt $P(X \leq a) = 0{,}90$.
Diese linksseitige Intervallwahrscheinlichkeit können die GTR umkehren.
Resultat: Die obersten 10 % der filmreifen Hai-Längenkönige sind mindestens 5,28 m lang. Tip: Beachten Sie: Kalifornische Strände sind keine Kinderspielplätze.

Berechnen der Intervallgrenzen:
Ansatz:
Die zu Mittelwert symmetrischen Längengrenzen sind $\mu - a$ und $\mu + a$.
Da ein solches Intervall mit der Wahrscheinlichkeit 50 % gesucht wird, müssen im linksseitigen Intervall $[0; \mu + a]$ 75 % aller Längen und im linksseitigen Intervall $[0; \mu - a]$ 25 % aller Längen liegen.

Die Umkehraufgabenstellungen für linksseitige Intervalle können die GTR lösen.

CASIO: InvnormCD(0.75,1,4) $\approx$ 4,67
InvnormCD(0.25,1,4) $\approx$ 3,33
TI: invNorm(0.75,4,1) $\approx$ 4,67
invNorm(0.25,4,1) $\approx$ 3,33

Berechnen der linken Intervallgrenze
Ansatz:
$$P(X \geq a) = 0{,}10$$
$$1 - P(X \leq a) = 0{,}10$$
$$P(X \leq a) = 0{,}90$$

Die letzte Zeile ist eine Umkehraufgabenstellungen für linksseitige Intervalle, welche der GTR lösen kann.
CASIO: InvnormCD(0.90,1,4) $\approx$ 5,28
TI: invNorm(0.90,4,1) $\approx$ 5,28

Übung 3 **Teenager**

Die Altersgruppe der 18- bis 20-jährigen deutschen Mädchen haben ein durchschnittliches Körpergewicht von $\mu = 60{,}9\,\mathrm{kg}$ mit einer Standardabweichung von $\sigma = 5\,\mathrm{kg}$.

a) Gesucht ist ein symmetrisches Intervall um den Erwartungswert μ, in dem 80 % aller Mädchen liegen.
b) Welches Höchstgewicht haben die 5 % der Mädchen, die am leichtesten sind?
c) Welches Mindestgewicht hat das eine Prozent der Mädchen, die am meisten Gewicht auf die Waage bringen?

D. Die Sigma-Regeln für normalverteilte Zufallsgrößen

Die von der Binomialverteilung bekannten Sigmaregeln gelten bei der Normalverteilung weiter. Genauer betrachtet ist es sogar so, dass diese Regeln eigentlich mit Priorität für die Normalverteilung exakt gelten und für diese auch bewiesen werden können.
Für die Binomialverteilung gelten sie nur für genügend große Versuchszahlen, weil dann die Binomialverteilung durch die Normalverteilung approximiert werden kann, welche die Regeln sozusagen „gratis mitbringt".

Satz XIV.3: Die Sigma-Regeln für normalverteilte Zufallsvariable
X sei eine normalverteilte Zufallsgröße mit dem Erwartungswert μ und der Standardabweichung σ. Dann gelten die folgenden Sigma-Regeln:

1σ-, 2σ- und 3σ-Regel:

$$P(\mu - \sigma \leq X \leq \mu + \sigma) \quad = 68{,}3\%$$
$$P(\mu - 2\sigma \leq X \leq \mu + 2\sigma) = 95{,}5\%$$
$$P(\mu - 3\sigma \leq X \leq \mu + 3\sigma) = 99{,}7\%$$

90 %-, 95 %- und 99 %-Regel:

$$P(\mu - 1{,}64\,\sigma \leq X \leq \mu + 1{,}64\,\sigma) = 90\%$$
$$P(\mu - 1{,}96\,\sigma \leq X \leq \mu + 1{,}96\,\sigma) = 95\%$$
$$P(\mu - 2{,}58\,\sigma \leq X \leq \mu + 2{,}58\,\sigma) = 99\%$$

▶ **Beispiel: Widerstand**
Ein elektrischer Widerstand hat laut Hersteller eine Nenngröße von 470 Ω (Ohm). Angegeben wird ein Erwartungswert von $\mu = 470\,\Omega$ bei einer Standardabweichung von $\sigma = 10\,\Omega$.
a) Welche Genauigkeitsversprechen kann der Hersteller auf der Verpackung machen, wenn er die 3 σ-Regel anwendet?
b) Der Kunde verlangt eine Genauigkeitsangabe, die mit 90 % Sicherheit gilt. Wie muss diese lauten?

Lösung zu a:
Die 3 σ-Regel besagt:
99,7 % der Widerstände in einer Packung haben einen Wert von 470 Ω ± 30 Ω. Diese liegen also zwischen 440 Ω und 500 Ω.
Das sind ca. ±6 % Toleranz.

Diese Aussage hat zwar eine ungeheure Sicherheitswahrscheinlichkeit, aber diese Schwankungsbreite ist für empfindliche
▶ Elektroniken nicht mehr geeignet.

Lösung zu b:
Die 90%-Regel besagt:
90 % der Widerstände haben einen Wert von 470 Ω ± 1,64 · 10 Ω = 470 Ω ± 16,4 Ω.
Sie liegen zwischen 454,6,4 Ω und 486,4 Ω.
Das sind ca. ±3 % Toleranz.

Diese Aussage erscheint eine ganz gute Sicherheit zu geben bei einer vermutlich noch akzeptablen Schwankungsbreite.

Übung 4 Hohlraumdübel

Eine Fabrik produziert Metallhohlraumdübel, die zur
Befestigung von Lasten auf Rigipswänden eingesetzt
werden. Für einen solchen Dübel wird eine Nennlast
von 40 kg angegeben, wobei eine gewisse Sicherheits-
reserve einkalkuliert ist. Nach internen Messungen
beträgt die wirkliche Tragfähigkeit des Dübels bis zum
Bruch im Mittel 60 kg mit einer Standardabweichung
von σ = 5 kg.

a) Ein Kunde wünscht eine 99 %-ige Sicherheit vor Bruch. Welches ist die höchste Last, die er an
den Dübel hängen sollte?

b) Ein Kunde belastet den Dübel mit 58 kg. Mit welcher Bruchwahrscheinlichkeit muss er
rechnen?

E. Exkurs: Statistische Bestimmung der Normalverteilungsparameter μ und σ

In den vorhergehenden Abschnitten waren die bestimmenden Parameter μ und σ der jeweils vorliegenden Normalverteilung stets bekannt. Daher ergibt sich automatisch die Frage, wie man
diese Parameter eigentlich in Erfahrung bringt. Die Anwort ist einfach: Wenn man die berechtig-
te Vemutung hat, das die beobachtete Zufallsgröße normalverteilt ist, nimmt man eine hinreichend
große Stichprobe. Das kann eine die ganze Gesamtheit umfassende Stichprobe sein, wie bei einer
Volkszählung, aber auch eine genaue Ausmessung der Länge von 1000 produzierten Schrauben.

Als Näherung für den Erwartungswert μ der
Zufallsgröße X nimmt man ihren in der
Stichprobe gefundenen *Mittelwert* $\overline{m}$.

Stichprobe:

Wert von X:	x_1	x_2	...	x_n
Relative Häufigkeit:	h_1	h_2	...	h_n

Als Näherung für die Standardabweichung
σ nimmt man die aus der Stichprobe berechnete *empirische Standardabweichung* $\overline{s}$.

Mittelwert:
$$\overline{m} = x_1 \cdot h_1 + x_2 \cdot h_2 + \ldots + x_n \cdot h_n$$

Rechts sind die Formeln für diese beiden
Größen noch einmal aufgeführt.

Empirische Standardabweichung:
$$\overline{s} = \sqrt{(x_1 - \overline{x})^2 \cdot h_1 + (x_2 - \overline{x})^2 \cdot h_2 + \ldots + (x_n - \overline{x})^2 \cdot h_n}$$

▶ **Beispiel: Herrenschuhe**

Ein Schuhhersteller plant in einem kleinen Land eine passende Produktion von Herrenschuhen
für die Altersgruppe von 20 bis 30. Eine Stichprobe von 1000 zufällig ausgewählten Männern
dieser Altersgruppe ergab folgende Verteilung der Schuhgrößen (Fußgrößen).

Schuhgröße X:	36	37	38	39	40	41	42	43	44	45	46	47	48	49	50
Abs. Häufigkeit:	1	1	10	26	64	124	174	196	176	117	70	31	7	1	2

a) Zeichnen Sie ein Histogramm der Zufallsgröße X (Fußgröße bzw. Schuhgröße).

b) Berechnen Sie Mittelwert und empirische Standardabweichung von X.

c) Der Hersteller möchte 90 % der auftretenden Schuhgrößen in sein Programm aufnehmen.
Welches symmetrisch um den Erwartungswert liegende Intervall muss er abdecken?

Lösung zu a:
Für die Erstellung des Histogramms legen wir eine Tabelle der relativen Häufigkeiten an, indem wir die absoluten Häufigkeiten jeweils durch den Gesamtumfang 1000 der Stichprobe teilen. Diese Tabelle sieht folgendermaßen aus, wobei aus Platzgründen die Einträge von 40 bis 42 und von 44 bis 46 ausgelassen wurden.

Schuhgröße X:	36	37	38	39	...	43	...	47	48	49	50
Rel. Häufigkeit:	0,001	0,001	0,010	0,026	...	0,196	...	0,031	0,007	0,001	0,002

Das rechts dargestellte Histogramm zeigt – wie für Fuß- bzw. Schuhgrößen nicht anders zu erwarten – die für eine Normalverteilung typische Anlehnung an eine Gaußsche Glockenkurve. Das Zentrum der Verteilung liegt im Koordinatensystem sehr weit nach rechts verschoben, ungefähr bei 43.

Lösung zu b:
Der Mittelwert $\overline{m}$ ergibt sich nach der Formel $\overline{m} = x_1 \cdot h_1 + x_2 \cdot h_2 + \ldots + x_n \cdot h_n$. Er beträgt nach der rechts angedeuteten Rechnung 43,02.
Also können wir für den Erwartungswert der Normalverteilung $\mu = 43$ annehmen.

Berechnung des Mittelwertes:
$$\overline{m} = x_1 \cdot h_1 + x_2 \cdot h_2 + \ldots + x_n \cdot h_n$$
$$= 36 \cdot 0,001 + 37 \cdot 0,001 + \ldots + 50 \cdot 0,002$$
$$\approx 43,02$$
$$\Rightarrow \mu \approx 43$$

Für die empirische Standardabweichung $\overline{s}$ verwenden wir die Formel
$$\overline{s} = \sqrt{(x_1 - \overline{x})^2 \cdot h_1 + \ldots + (x_n - \overline{x})^2 \cdot h_n}.$$
Wir erhalten das Resultat s = 2,02.
Also nehmen wir für die Standardabweichung der Normalverteilung $\sigma = 2$ an.

Berechnung der empirischen Standardabweichung:
$$\overline{s} = \sqrt{(x_1 - \overline{x})^2 \cdot h_1 + \ldots + (x_n - \overline{x})^2 \cdot h_n}$$
$$= \sqrt{(39 - 43)^2 \cdot 0,001 + \ldots + (50 - 43)^2 \cdot 0,001}$$
$$\approx 2,02$$
$$\Rightarrow \sigma \approx 2$$

Lösung zu c:
Nachdem wir nun die Fußgrößen/Schuhgrößen in eine Normalverteilung gepresst haben mit $\mu = 43$ und $\sigma = 2$, ist es leicht, beliebige Wahrscheinlichkeiten zu berechnen.
Wir bestimmen mit der inversen Normalverteilung des GTR das linksseitige Intervall $X \le a$, in welchem 5 % der Schuhgrößen liegen und das linksseitige Intervall $X \le b$, in welchem 95 % der Schuhgrößen liegen.
Resultat: Im Intervall [39,71; 46,29] liegen 90 % der Schuhgrößen.
Der Hersteller ist also auf der sicheren Seite, wenn er die Schuhgrößen 39 bis 47 anbietet.

Berechnung des 90 %-Intervalls um $\mu = 43$
Ansatz: $P(X \le a) = 0,05$
Casio: InvNormCD(0.05,2,43) = 39,71
TI: invNorm(0.05,2,43) = 39,71

Ansatz: $P(X \le b) = 0,95$
Casio: InvNormCD(0.95,2,43) = 46,29
TI: invNorm(0.95,2,43) = 46,29

$\Rightarrow$ In [39,71;46,29] liegen 90 % der Schuhgrößen.

$\Rightarrow$ In [39;47] liegen mehr als 90 % der Schuhgrößen.

Übungen

5. Grizzlys

Die Körpergröße X von erwachsenen männlichen Grizzlys in aufgerichtetem Zustand ist eine normalverteilte Zufallsgröße mit dem Mittelwert μ = 240 cm und der Standardabweichung σ = 10 cm. Ein von der Mutter verlassenes Jungtier wird eingefangen und in einen zoologischen Garten gebracht.

a) Mit welcher Wahrscheinlichkeit wird der Grizzly nicht größer als 230 cm werden?
b) Mit welcher Wahrscheinlichkeit könnte er furchterregende 250 cm groß werden?
c) Wie groß ist die Wahrscheinlichkeit, dass er exakt den Mittelwert von 240 cm erreicht

6. Intelligenztest

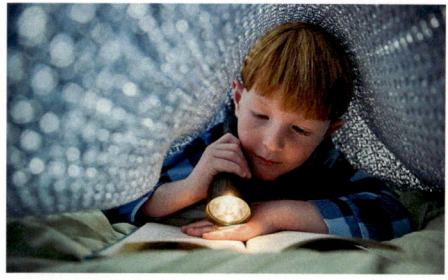

Die Intelligenz – das Erkenntnisvermögen des einzelnen Menschen – kann durch langerprobte IQ-Tests gemessen werden. Dabei wird angenommen, das die Messgröße, der Intelligenzquotient (IQ), in der Bevölkerung normalverteilt ist. Der mittlere IQ in der deutschen Bevölkerung wird mit μ = 100 angesetzt, die Standardabweichung beträgt σ = 15.

a) Welcher Prozentsatz der deutschen Bevölkerung hat einen IQ von über 100?
b) Mit welcher Wahrscheinlichkeit hat eine zufällig ausgewählte Person einen IQ zwischen 90 und 120?
c) Als hochintelligent werden Personen mit einem IQ über 130 bezeichnet. Wieviele hochintelligente Menschen gibt es in einer Kleinstand mit 30 000 Einwohnern?
d) Gesucht ist ein Intervall [130 − b; 130 + c], in welchem der Intelligenzquotient von 4 % der deutschen Bevölkerung liegt. Dabei sollen 2 % einen IQ zwischen 130 − b und 130 und 2 % einen IQ zwischen 130 und 130 + c haben.
e) Welchen Intelligenzquotienten muss man theoretisch besitzen, um zu den 10 000 intelligentesten* Deutschen zu zählen?

7. Kinderwunsch

Das durchschnittliche Alter, in welchem eine Frau in Deutschland ist, die ein Kind bekommt, steigt ständig an. Es beträgt ca. μ = 31 Jahre mit einer Streuung von ca. σ = 5,5 Jahren.

a) Wie wahrscheinlich ist es, dass eine Frau, die ein Kind bekommt, zwischen 25 und 35 Jahren alt ist? Wie wahrscheinlich ist es, dass sie höchstens 22 alt ist? Wie wahrscheinlich ist es, dass sie 35 Jahre oder älter ist?
b) Gesucht ist ein symmetrisch zum Durchschnittsalter μ = 31 Jahre liegendes Intervall, das 50 % der Frauen enthält, die ein Kind bekommen.
c) Mit welcher Wahrscheinlichkeit ist eine Frau, die ein Kind bekommt, genau 25 Jahre alt? Berücksichtigen Sie, dass mit dem Alter 25 Jahre nicht der Punkt 25,0 gemeint ist, sondern die Zeitspanne von einem Geburtstag bis zum nächsten.

---

* Der IQ ist eine umstrittene isolierte Meßgröße, die man nicht überbewerten darf.

8. Edelstahlschrauben

Eine Maschine produziert Edelstahlschrauben mit einer durchschnittlichen
Länge von $\mu = 80$ mm und einer Standardabweichung von $\sigma = 2$ mm.

a) Wie groß ist der Prozentsatz von Schrauben, die länger sind als 78 mm?

b) Welcher Prozentsatz der Stahlschrauben liegt zwischen 78 und   80 mm?

c) Nach einer langen Laufleistung steigt die Standardab-   weichung auf
   einen Wert von s = 6 mm. Welcher Prozentsatz der   Schrauben liegt nun
   noch im Toleranzbereich von 78 bis 82 mm?

9. EU-Richtlinie

Eine EU-Richtlinie für Abfüllmaschinen besagt: Die tatsächliche Abfüllmenge darf im Durchschnitt nicht niedriger sein als die Nennfüllmenge. Bei Literflaschen beträgt die Nennfüllmenge 1000 ml. Ein Abfüllbetrieb hat seine Maschinen auf einen Mittelwert von $\mu = 1005$ ml
eingestellt. Die unvermeidliche Streuung beträgt $\sigma = 3$ ml.

a) Berechnen Sie die Wahrscheinlichkeit, mit der ein Kunde eine unterfüllte Flasche erhält.

b) Eine neue Maschine hat eine Streuung von nur noch $\sigma = 1$ ml. Wie muss der Mittelwert
   einjustiert werden, damit die Wahrscheinlichkeit für eine Unterfüllung genauso groß ist
   wie bei den alten Maschinen?

10. Anspruchsvoll

Ein Automobilhersteller verwendet Antriebswellen mit einem Durchmesser von 30 mm, die
von Zulieferbetrieben hergestellt werden. Der Hersteller lässt alle Wellen zurückgehen, welche vom Sollmaß um mehr als $\pm 0,4$ mm abweichen.

a) Ein Zulieferer produziert die Antriebswellen mit einer Streuung von $\sigma = 0,15$ mm. Mit wie
   vielen vom Automobilhersteller nicht akzeptierten Wellen muß er bei einer Lieferung von
   2000 Wellen rechnen?

b) Die 20% der besten Wellen gehen innerhalb des Automobilkonzerns an eine Edelmarke.
   Wie groß ist bei diesen Wellen die maximale Abweichung vom Durchmessernormwert?

c) Ein neuer Zulieferer liefert 2000 Wellen. 365 Wellen werden zu seiner Überraschung vom
   Automobilhersteller zurückgewiesen. Mit welcher Standardabweichung σ produzierte dieser Zulieferbetrieb?

11. Tasmanischer Nussbaum

Die Graphik zeigt die Verteilung der Länge von Blättern an einem tasmanischen
Nußbaum, gemessen in Millimetern. Die
Kurve wurde im Rahmen einer Messreihe
angefertigt.

a) Welche durchschnittliche Blattlänge μ würden Sie annehmen?

b) Bestimmen Sie die Standardabweichung σ. Verwenden Sie dazu die 1σ-Regel.
   Zählen Sie dazu die gesamte Fläche unter der Dichtefunktion aus und bestimmen Sie dann
   durch eine weitere Auszählung den Radius der 1σ-Umgebung.

c) Welche Prozentsatz der Blätter ist länger als 26 mm? Berechnen Sie dies mit der Normalverteilung mit den Parametern μ und σ und vergleichen Sie mit der Graphik.

12. Die mittlere Windgeschwindigkeit an der westlichen Ostsee beträgt 18 km/h. Die Standardabweichung beträgt 6 km/h. Zur Vorbereitung von Segelregatten werden Messungen vorgenommen bzw. Wahrscheinlichkeiten berechnet.

a) Mit welcher Wahrscheinlichkeit wird bei einer Messung eine Windgeschwindigkeit über 25 km/h gemessen?

b) Wie wahrscheinlich ist es, dass beim Start der Regatta der Wind mit einer Geschwindigkeit von über 15 km/h bläst?

c) Es werden fünf zufällige Messungen vorgenommen. Mit welcher Wahrscheinlichkeit liegen alle Messwerte über 15 km/h?

d) Mit welcher Wahrscheinlichkeit wird die Windgeschwindigkeit bei mindestens drei der zehn geplanten Regatten über 15 km/h liegen?

Die Kieler Woche: Das größte Segelsport-Ereignis der Welt

13. Das Durchschnittsgewicht eines Erwachsenen beträgt 70 kg mit einer Standardabweichung von 10 kg.

a) Mit welcher Wahrscheinlichkeit wiegt eine zufällig ausgewählte Person mehr als 85 kg?

b) Acht Personen besteigen einen Aufzug, der eine Tragfähigkeit von 650 kg besitzt. Mit welcher Wahrscheinlichkeit wiegt keine der Personen mehr als 80 kg, so dass die Tragfähigkeit in jedem Fall gewährleistet ist?

c) Für einen Test werden Personen mit einem Gewicht zwischen 65 kg und 75 kg benötigt. Wie viele Personen muss man mindestens überprüfen, um mit einer Wahrscheinlichkeit von mindestens 99 % mindestens 20 Testkandidaten zu finden?

14. Die Strandstraße ist eine 30-km/h-Zone. Die Fahrgeschwindigkeit wurde durch Radarmessungen statistisch in der Hauptverkehrszeit zwischen 15 und 17 Uhr erfasst. Es ergab sich eine angenäherte Normalverteilung mit $\mu = 32$ km/h und $\sigma = 7$ km/h.

a) Welcher Prozentsatz der Fahrzeuge überschreitet das Geschwindigkeitslimit?

b) Welcher Prozentsatz der Fahrer erhält ein Bußgeld, wenn dies ab 35 km/h verhängt wird?

c) Die Geschwindigkeitsbegrenzung wird versuchsweise auf 50 km/h angehoben. Danach ergibt eine Messung, dass nur noch 30 % der Fahrer das Limit überschreiten. Welche Durchschnittsgeschwindigkeit wird nun gefahren, wenn die Standardabweichung 10 km/h ist?

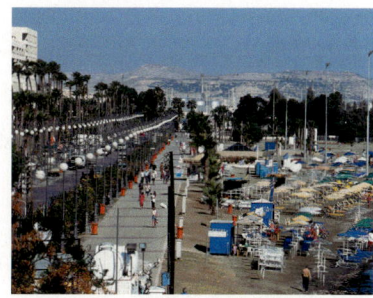

Überblick

Bernoulli -Versuch

Ein Bernoulliversuch ist ein Zufallsexperiment mit genau zwei Ausgängen E und $\overline{E}$ (Treffer/Niete bzw. Erfolg/Misserfolg).

Bernoullikette

Eine Bernoullikette der Länge n ist die n-fache Wiederholung eines Bernoulliversuchs.

Formel von Bernoulli

Formel zur Berechnung der Wahrscheinlichkeit, in einer Bernoullikette der Länge n mit der Trefferwahrscheinlichkeit p genau k Treffer zu erzielen:

$$P(X = k) = B(n; p; k) = \binom{n}{k} \cdot p^k \cdot (1 - p)^{n-k}$$

TI: $P(X = k) = B(n, p, k) = \text{binomPdf}(n, p, k)$
Casio: $P(X = k) = B(n, p, k) = \text{BinomialPD}(k, n, p)$

Binomialverteilung

Verteilung der Zufallsgröße X, welche die Anzahl k der Treffer in einer Bernoullikette der Länge n mit der Trefferwahrscheinlichkeit p darstellt.

k	P(X = k)
0	0,2401
1	0,4116
2	0,2646
3	0,0756
4	0,0081

$P(X = k) = B(n;p;k)$

n = 4
p = 0,3

Erwartungswert:
$\mu = n \cdot p$

Standardabweichung:
$\sigma = \sqrt{n \cdot p \cdot (1 - p)}$

Kumulierte Binomialverteilung

Summe der Wahrscheinlichkeiten der Trefferzahlen 0, 1, …, k in einer Bernoullikette der Länge n und der Trefferwahrscheinlichkeit p.

$$P(X \le k) = F(n, p, k)$$
$$= B(n, p, 0) + B(n, p, 1) + … + B(n, p, k)$$

TI: $P(X \le k) = F(n, p, k) = \text{binomCdf}(n, p, k)$
Casio: $P(X \le k) = F(n, p, k) = \text{Binomial CD}(k, n, p)$

Intervallwahrscheinlichkeiten mit dem GTR

TI: $P(a \le X \le k) = \text{binomCdf}(n, p, a, b)$
Casio: $P(a \le X \le k) = \text{Binomial CD}(a, b, n, p)$

Binomialkoeffizient

$\binom{n}{k} = \frac{n!}{k! \cdot (n - k)!}$ $(0 \le k \le n)$ $n! = 1 \cdot 2 \cdot … \cdot n$

Näherung der Biniomialverteilung durch die Standardnormalverteilung

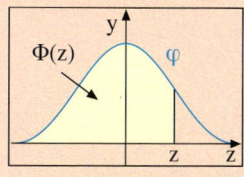

$$\Phi(z) = \frac{1}{\sqrt{2\pi}} \cdot \int_{-\infty}^{z} e^{-\frac{1}{2}t^2} dt$$

X sei eine binomialverteilte Zufallsgröße.

Falls die Laplace-Bedingung $\sigma = \sqrt{n \cdot p \cdot (1-p)} > 3$ gilt, so gilt die globale Näherungsformel $P(X \leq k) = F(n,p,k) \approx \Phi(z)$.

Dabei wird die Hilfsgröße z berechnet als $z = \frac{k - \mu + 0{,}5}{\sigma}$.

Verwendung der Φ-Tabelle zur Standardnormalverteilung:
Berechnung von z, Ablesen von $\Phi(z)$ aus der Tabelle.

Berechnung von Φ(z) mit dem GTR:
CASIO: $P(X \leq k) = \text{normCD}(0,k,\sigma,\mu)$
TI: $\quad P(X \leq k) = \text{normCdf}(0,k,\mu,\sigma)$

Dichtefunktion einer normalverteilten Zufallsgröße

X sei normalverteilt mit dem Erwartungswert μ und der Standardabweichung σ. Dann besitzt X die folgende Dichtefunktion:

$$\varphi_{\mu,\sigma}(x) = \frac{1}{\sigma \cdot \sqrt{2\pi}} \cdot e^{-\frac{1}{2}\left(\frac{x-\mu}{\sigma}\right)^2}$$

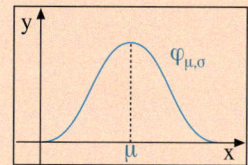

Intervallwahrscheinlichkeit bei einer normalverteilten Zufallsgröße

X sei normalverteilt mit dem Erwartungswert μ und der Standardabweichung σ. Dann gilt:

$$P(a \leq X \leq b) = \frac{1}{\sigma \cdot \sqrt{2\pi}} \cdot \int_{a}^{b} e^{-\frac{1}{2}\left(\frac{t-\mu}{\sigma}\right)^2} dt$$

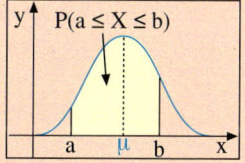

GTR-Befehle zur Normalverteilung

X sei normalverteilt mit dem Erwartungswert μ und der Standardabweichung σ. Dann gilt:
CASIO: $P(a \leq X \leq b) = \text{NormCD}(a,b,\sigma,\mu)$
TI: $\quad P(a \leq X \leq b) = \text{normCdf}(a,b,\mu,\sigma)$

GTR-Befehle zur Inversion der Normalverteilung

X sei normalverteilt mit dem Erwartungswert μ und der Standardabweichung σ. p sei gegeben. Gesucht ist die Zahl a, so dass gilt:
$P(X \leq a) = p$.
Dann wird a wie folgt berechnet:
CASIO: $a = \text{InvNormCD}(p,\sigma,\mu)$
TI: $\quad a = \text{invNorm}(p,\mu,\sigma)$

Das Galton-Brett

Sir Francis Galton wurde am 16. Februar 1822 in Birmingham geboren. Er war ein Cousin des berühmten Vererbungsforschers Charles Darwin (1809 bis 1882). Er unternahm Forschungsreisen auf den Balkan, nach Ägypten und Afrika. 1857 ließ Galton sich in London nieder. 1883 gründete er dort das Galton-Laboratorium, das mit Mathematik, Biologie, Physik und Chemie befasst war. Hier entwickelte Galton für die Auswertung von Statistiken das **Galton-Brett**, mit dem man Binomialverteilungen mechanisch erzeugen kann.

Das Galton-Brett besteht – wie unten abgebildet – aus einem geneigten Brett mit Nagelreihen, die so angeordnet sind, dass aus einem Trichter senkrecht auf den ersten Nagel fallende Kugeln jeweils mit der Wahrscheinlichkeit 0,5 nach links oder nach rechts abgelenkt werden. Bei günstiger Anordnung der Nägel trifft die Kugel wieder senkrecht auf einen Nagel der nächsten Reihe. Die Kugeln fallen schließlich in Fächer. Nummeriert man die Fächer mit 0 bis n, wobei n die Anzahl der Nagelreihen ist, so gibt die Nummer die Anzahl der Rechtsablenkungen der Kugeln an, die hier landen. Lässt man viele Kugeln durch das Brett laufen, entsteht in den Fächern angenähert die Binomialverteilung. Der Zusammenhang zwischen den Pfaden der Bernoulli-Kette im Baumdiagramm und dem Galtonbrett ergibt sich durch folgende Gegenüberstellung.

Bernoullikette: n = 4, p = 0,5

Galton-Brett: n = 4, p = 0,5

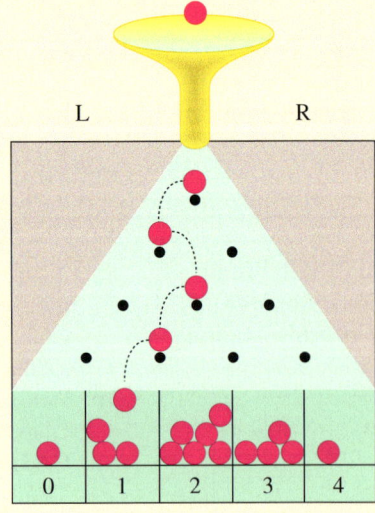

Der Baum besteht aus insgesamt 16 Pfaden. Die vier rot gezeichneten Pfade enthalten jeweils genau einen Treffer (hier: R). Sie führen auf dem Galton-Brett alle in den Kasten Nr. 1.

Alle Pfade mit genau einem Treffer (Rechtsablenkung R) werden in Kasten Nr. 1 gelenkt.

Übungen

Übung 1 Galton-Brett mit drei Stufen, Lauf einer Kugel

Das abgebildete Galton-Brett hat $n = 3$ Stufen. Die Wahrscheinlichkeit für eine Rechtsablenkung betrage $p = 0{,}5$. Eine einzelne Kugel durchläuft das Brett.

a) Wie viele Pfade gibt es insgesamt?

b) Wie viele Pfade führen zum Kasten Nr. 2?

c) Bestimmen Sie die Wahrscheinlichkeiten, mit welchen die Kugel im Kasten Nr. 0 bzw. Nr. 1 bzw. Nr. 2 bzw. Nr. 3 landet.

d) Mit welcher Wahrscheinlichkeit landet eine Kugel nicht in den beiden mittleren Kästen?

e) Durch Neigung des Brettes nach rechts wird die Wahrscheinlichkeit für eine Rechtsablenkung auf $p = 0{,}6$ gesteigert. Lösen Sie c) und d) für diesen Fall.

Übung 2 Galton-Brett mit drei Stufen, Lauf mehrerer Kugeln

Betrachtet wird wieder das oben abgebildete Galton-Brett mit $n = 3$ und $p = \frac{1}{2}$. Allerdings werden nun der Reihe nach $m = 10$ Kugeln über das Brett geschickt.

a) Mit welcher Wahrscheinlichkeit landet eine einzelne Kugel im Kasten Nr. 2?

b) Mit welcher Wahrscheinlichkeit landen genau 4 der 10 Kugeln im Kasten Nr. 2?

c) Mit welcher Wahrscheinlichkeit landen höchstens drei Kugeln im Kasten Nr. 2?

d) Wie wahrscheinlich sind die folgenden Ereignisse?

    A: „Genau 2 Kugeln landen im Kasten Nr. 0"

    B: „Alle Kugeln landen in den Kästen 1, 2 oder 3"

Übung 3 Arme Maus

Eine Maus irrt zu Versuchszwecken durch das abgebildete Labyrinth. Sie hat einen leichten Rechtsdrall und entscheidet sich an Abzweigungen mit einer Wahrscheinlichkeit von $\frac{2}{3}$ für rechts.

Teil I: Lauf einer Maus

a) Wie viele mögliche Wege existieren?

b) Mit welcher Wahrscheinlichkeit erreicht die Maus die Karotte bzw. die Walnuss?

c) Mit welcher Wahrscheinlichkeit wird die Erdbeere erreicht? Mit welcher Wahrscheinlichkeit findet die Maus überhaupt Futter?

Teil II: Lauf mehrerer Mäuse

a) 10 Mäuse passieren nun das Labyrinth.

    Mit welcher Wahrscheinlichkeit finden mindestens 5 Mäuse die Erdbeere?

b) Wie viele Mäuse muss man mindestens durch das Labyrinth schicken, wenn mit mindestens 99 % Wahrscheinlichkeit sichergestellt werden soll, dass mindestens eine Maus die Erdbeere erreicht?

Test

Binomialverteilung und Normalverteilung

1. Führerscheinprüfung

Ein Führerschein-Test besteht aus 6 Fragen mit je 3 Antwortmöglichkeiten, von denen jeweils genau eine richtig ist.

X sei die Zufallsgröße, die die Anzahl der richtig beantworteten Fragen beschreibt.

a) Stellen Sie die Wahrscheinlichkeitsverteilung tabellarisch und graphisch dar.

b) Berechnen Sie den Erwartungswert und die Standardabweichung der Verteilung.

c) Mit welcher Wahrscheinlichkeit besteht ein Kandidat den Test, wenn er auf gut Glück jeweils eine Antwort ankreuzt? Der Test gilt als bestanden, wenn mindestens 4 Fragen richtig beantwortet sind.

2. Münzwurfspiel

Ein Spieler rückt auf dem abgebildeten Spielfeld vom Startpunkt ausgehend nach rechts vor, wenn er mit einer Münze Kopf wirft. Wirft er Zahl, rückt er nach links vor. Nach vier Münzwürfen kommt er in einer der Positionen A bis E an, womit das Spiel endet.

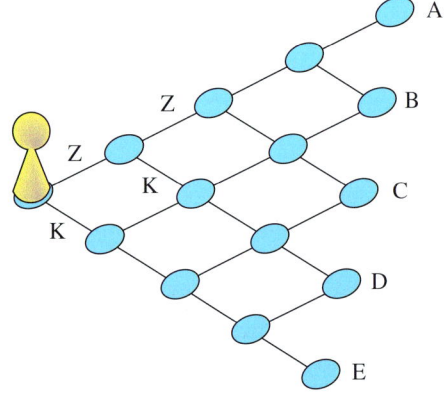

a) Welche Wurfserien führen zur Position A, welche Wurfserien führen zur Position C?

b) Berechnen Sie die Wahrscheinlichkeiten der folgenden Ereignisse:

E_1: „Der Spieler erreicht A."

E_2: „Der Spieler erreicht C."

E_3: „Der Spieler erreicht C oder D."

c) Ein Spieler führt 10 Spiele durch. Mit welcher Wahrscheinlichkeit erreicht er genau dreimal Position C?

d) Wie viele Spiele muss der Spieler mindestens machen, wenn mit einer Wahrscheinlichkeit von mindestens 90% mindestens einmal Position A erreicht werden soll?

3. Brausepulver

Eine Brausetüte enthält Brausepulver mit einem Nenngewicht von 5,8 g.

Die Befüllungsmaschine wird auf einen Mittelwert von $\mu = 5{,}8$ g einjustiert.

Die unvermeidliche Streuung führt zu einer Standardabweichung von $\sigma = 0{,}1$ g.

a) Mit welcher Wahrscheinlichkeit enthält eine Tüte weniger als 5,6 g?

b) Mit welcher Wahrscheinlichkeit ist eine Tüte mit 5,7 bis 5,9 g befüllt?

c) Welche Mindestfüllmenge kann mit 99% Wahrscheinlichkeit garantiert werden?

d) Gesucht ist ein zu $\mu = 5{,}8$ g symmetrisches Intervall, in das 50% aller Füllgewichte fallen.

e) Wie groß ist die Wahrscheinlichkeit, dass eine Tüte exakt 6,0 g enthält?

Lösungen: S. 649

XV. Das Testen von Hypothesen

Eine *statistische Gesamtheit* – also z. B. die Bevölkerung eines Staates, der Produktionsausstoß einer Maschine, der Inhalt einer Schraubenschachtel – kann Merkmale besitzen, deren Häufigkeitsverteilung nicht genau bekannt ist, über die man aber Vermutungen besitzt.

Durch *Erhebung einer Stichprobe* aus der Gesamtheit kann man mit relativ geringem Aufwand die Frage entscheiden, welche der verschiedenen Vermutungen – die man auch als Hypothesen bezeichnet – wohl zutreffend ist.

Allerdings kann ein solches Verfahren zum *Prüfen von Hypothesen* zu Fehleinschätzungen führen, da eine Zufallsstichprobe durchaus ein falsches Bild der tatsächlichen Verhältnisse liefern kann. Im Folgenden wird das Risiko solcher Fehleinschätzungen für verschiedene Verfahren zum Testen von Hypothesen untersucht.

Wir behandeln zwei der wichtigsten Testverfahren, den Alternativtest und den Signifikanztest.

1. Der Alternativtest

In diesem Abschnitt werden die grundlegenden Begriffe der statistischen Entscheidungstheorie an einem besonders einfachen Beispiel eingeführt.
Der sogenannte *statistische Alternativtest* wird – wie der Name schon sagt – zur Entscheidung zwischen zwei zueinander alternativen Vermutungen, die man auch als alternative Hypothesen bezeichnet, verwendet.

A. Einführendes Beispiel zum Alternativtest

▶ **Beispiel:** Ein Großhändler erhält eine Importlieferung von Kisten, die sehr viele Schrauben enthalten. Ein Teil der Kisten ist 1. Wahl, d. h. der Anteil der Schrauben, die die Maßtoleranzen überschreiten, beträgt 10%. Die restlichen Kisten sind 2. Wahl, der Ausschussanteil beträgt hier 30%. (*Alternativen*)

Da alle Kisten gleich aussehen und nicht beschriftet sind, soll durch Entnahme von Stichproben getestet werden, welche Qualität jeweils vorliegt.

Einer zu testenden Kiste werden zu diesem Zweck 20 Schrauben entnommen. (*Zufallsstichprobe*)
Sind höchstens 2 Schrauben Ausschuss, so wird die Kiste als 1. Wahl eingestuft, andernfalls als 2. Wahl. (*Entscheidungsregel*)

Dieses Verfahren kann natürlich zu Fehleinschätzungen führen.

Mit welcher Wahrscheinlichkeit wird eine Kiste, die tatsächlich 2. Wahl ist, aufgrund einer Stichprobe als 1. Wahl eingestuft? (*Irrtumswahrscheinlichkeit*)

Lösung:

p sei der Anteil der ausschüssigen Schrauben in der zu testenden Kiste.

X sei die Anzahl der ausschüssigen Schrauben in der Stichprobe (**Prüfgröße**).

Handelt es sich um eine Kiste 2. Wahl, so gilt p = 0,3.

X ist binomialverteilt mit n = 20, p = 0,3.

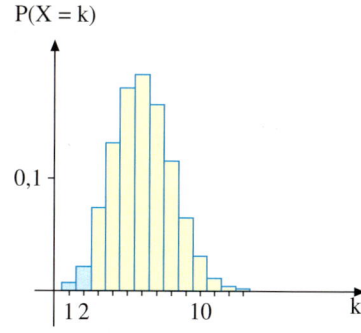

Entscheidung für 1. Wahl

Die Zufallsvariable X, die hier als Prüfgröße dient, ist dann näherungsweise binomialverteilt mit den Parametern n = 20 und p = 0,3.

In einer Stichprobe von n = 20 Schrauben sind im Mittel 6 ausschüssige Schrauben zu erwarten, aber es können zufallsbedingt auch nur 2 oder weniger sein.

Die Wahrscheinlichkeit $P(X \leq 2) = F(20; 0,3; 2)$ wird mit dem GTR berechnet:
binomCdf(20,0.3,0.2) = 0,0355 = 3,55 %
binomCD(2,20,0.3) = 0,0355 = 3,55 %.
Eine Kiste 2. Wahl wird also nur recht selten
▶ als 1. Wahl eingestuft.

P (Kiste 2. Wahl wird als 1. Wahl eingestuft)
$= P(X \leq 2)$
$= F(20; 0,3; 2)$
$\approx 0,0355 \qquad = 3,55 \%$

Außer dieser ersten Art von Fehlentscheidung, die sich für unseren Schraubengroßhändler geschäftsschädigend auswirken könnte, hat er noch eine zweite Fehlentscheidungsmöglichkeit, deren Inanspruchnahme seinen Kunden Freude bereiten dürfte:

▶ **Beispiel:** Das Entscheidungsverfahren aus dem vorherigen Beispiel kann zu einer zweiten Art von Fehlentscheidung führen: Eine Kiste 1. Wahl könnte irrtümlich als 2. Wahl eingestuft werden. Wie wahrscheinlich ist dies?

Lösung:

Ist die zu testende Kiste tatsächlich 1. Wahl, so gilt p = 0,1.
Die Prüfgröße X ist binomialverteilt mit den Parametern n = 20 und p = 0,1.

X ist binomialverteilt mit n = 20, p = 0,1.

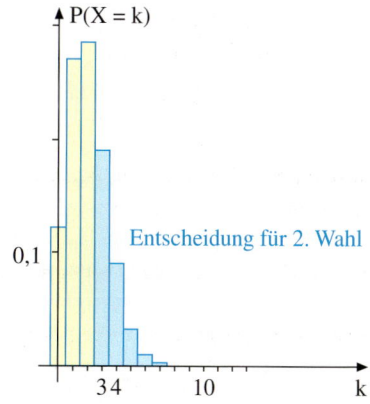

Entscheidung für 2. Wahl

Die Wahrscheinlichkeit für die Einstufung der Kiste als 2. Wahl ist gleich
$P(X > 2) = 1 - P(X \leq 2) = 1 - F(20; 0,1; 2)$
$\approx 1 - 0,6769$
$= 0,3231 = 32,31 \%.$

Diesen Fehler wird unser Entscheidungs-
▶ verfahren also recht häufig produzieren.

B. Fachsprachliche Grundbegriffe des Hypothesentestens

Wir führen nun anhand des statistischen Alternativtests einige wichtige Fachbegriffe ein. Wir veranschaulichen diese Begriffe hier, indem wir sie durch eine Gegenüberstellung direkt auf unser Einführungsbeispiel beziehen.

Über eine *statistische Gesamtheit* gibt es zwei Vermutungen, die man Hypothesen nennt, die *Nullhypothese* H_0 sowie die *Alternativhypothese* H_1.

Diese Hypothesen schließen einander aus, sie sind in diesem Sinne Alternativen.
Sie können verbal oder in einer formelhaften Kurzform dargestellt werden.

Durch einen Test soll entschieden werden, welche der beiden Hypothesen als zutreffend angenommen werden soll.
Dieser *Hypothesentest* besteht darin, dass der vorliegenden statistischen Gesamtheit eine *Stichprobe* vom Umfang n entnommen wird.

Durch das Stichprobenergebnis wird der Wert einer Zufallsvariablen X, der sogenannten *Prüfgröße* festgelegt.

Mithilfe der Prüfgröße wird die *Entscheidungsregel* formuliert: Übersteigt der Wert der Prüfgröße in der Stichprobe die sogenannte kritische Zahl K nicht, so wird diejenige Hypothese angenommen, die niedrigeren Werten der Prüfgröße entspricht.

Die *kritische Zahl K* wird vor der Entnahme der Stichprobe unter mehr oder weniger subjektiven Gesichtspunkten festgelegt.
K gehört zum Annahmebereich von H_1.

Sie unterteilt die Wertemenge der Prüfgröße X in zwei Bereiche:
den *Verwerfungsbereich* von H_0, der zugleich Annahmebereich von H_1 ist, und den *Annahmebereich* von H_0, der zugleich Verwerfungsbereich von H_1 ist.

Statistische Gesamtheit:
Menge der Schrauben in der Kiste

Hypothesen:
H_0: Die Kiste ist 2. Wahl.
H_1: Die Kiste ist 1. Wahl.

Kurzdarstellung der Hypothesen:
H_0: p = 0,3
H_1: p = 0,1

p = Anteil der ausschüssigen Schrauben in der Kiste

Stichprobe:
Der Kiste wird eine Zufallsstichprobe von n = 20 Schrauben entnommen.

Prüfgröße:
X = Anzahl der ausschüssigen Schrauben in der Stichprobe

Entscheidungsregel:
kritische Zahl: K = 2

X ≤ 2: Entscheidung für H_1 (1. Wahl)
X > 2: Entscheidung für H_0 (2. Wahl)

Wahl der kritischen Zahl:
K klein: geringes Risiko, dass 2. Wahl als 1. Wahl eingestuft wird
K groß: geringes Risiko, dass 1. Wahl als 2. Wahl eingestuft wird

Annahmebereich/Verwerfungsbereich:

$X \in \{0, 1, 2\}$: H_1 annehmen
H_0 verwerfen

$X \in \{3, ..., 20\}$: H_0 annehmen
H_1 verwerfen

Die Entscheidungsregel kann wegen der Zufälligkeit des Stichprobenergebnisses zu Fehlentscheidungen führen.
Man unterscheidet zwei Fehlerarten und die zugehörigen Wahrscheinlichkeiten:

Fehler 1. Art:
Die Nullhypothese wird verworfen (abgelehnt), obwohl sie tatsächlich wahr ist.

Fehler 2. Art:
Die Nullhypothese wird angenommen, obwohl sie tatsächlich falsch ist.

Irrtumswahrscheinlichkeit 1. Art:
Wahrscheinlichkeit, mit der die gewählte Entscheidungsregel zu einem Fehler 1. Art führt (wird auch α-*Fehler* genannt). Sie hängt von der Wahrscheinlichkeitsverteilung der Prüfgröße X und der Wahl der kritischen Zahl K ab.

Entsprechend ist die *Irrtumswahrscheinlichkeit 2. Art (β-Fehler)* als Wahrscheinlichkeit eines Fehlers 2. Art definiert.

Diese Irrtumswahrscheinlichkeiten lassen sich in gewisser Weise als bedingte Wahrscheinlichkeiten interpretieren:

$P(\text{Fehler 1. Art}) = P_{H_0}(\text{Entscheidung für } H_1)$

$P(\text{Fehler 2. Art}) = P_{H_1}(\text{Entscheidung für } H_0)$

Im Allgemeinen geht man bei der Festlegung der Hypothesen H_0 und H_1 so vor, dass der Fehler 1. Art für den Anwender des Tests die dramatischeren Konsequenzen hat.
Der Test ist tauglich, wenn es gelingt, durch geeignete Wahl des Stichprobenumfanges n (Kostenfrage) und der kritischen Zahl K das Risiko des Fehlers 1. Art hinreichend klein zu halten, ohne dass die Wahrscheinlichkeit eines Fehlers 2. Art unvertretbar groß wird.

Fehlentscheidungen:

Fehler-arten	H_0 ist wahr	H_1 ist wahr
Entscheidung für H_0		Fehler 2. Art
Entscheidung für H_1	Fehler 1. Art	

Irrtumswahrscheinlichkeiten:
Die Zufallsgröße X (Anzahl der ausschüssigen Schrauben) ist annähernd binomialverteilt, da die Stichprobe klein ist im Verhältnis zur Gesamtheit, sodass sich der Ausschussanteil p durch die Entnahme der Stichprobe praktisch nicht ändert.

Im Falle des Fehlers 1. Art ist H_0 wahr (p = 0,3). Die Prüfgröße ist dann binomialverteilt mit n = 20 und p = 0,3.

$$\alpha\text{-Fehler} = P(\text{Fehler 1. Art})$$
$$= P_{H_0}(\text{Entscheidung für } H_1)$$
$$= P(X \leq 2), n = 20, p = 0,3$$
$$= F(20; 0,3; 2)$$
$$\approx 0,0355$$
$$= 3,55\%$$

Testtauglichkeit:
Unter dem subjektiven Gesichtspunkt, dass der Schraubengroßhändler wegen seines guten Rufs nach Möglichkeit vermeiden möchte, dass 2. Wahl als 1. Wahl eingestuft wird, ist das Testverfahren recht brauchbar, weil das Risiko hierfür nur 3,55% beträgt.

Allerdings muss er in Kauf nehmen, dass recht häufig Kisten 1. Wahl unter Wert als 2. Wahl verkauft werden (32,31%).

C. Weitere Beispiele zum Alternativtest

Der Testkonstrukteur wird bei statistischen Alternativtests mit unterschiedlichen Aufgabenstellungen konfrontiert: Bei gegebenem Entscheidungsverfahren sind Irrtumswahrscheinlichkeiten zu berechnen und bei gegebenen Irrtumswahrscheinlichkeiten sind passende Entscheidungsverfahren zu entwickeln. Im Folgenden demonstrieren wir die wesentlichen Variationen.

▶ **Beispiel: Berechnung der Irrtumswahrscheinlichkeiten bei gegebener kritischer Zahl**
Ein Spieler besitzt gefälschte Münzen, bei welchen die Wahrscheinlichkeit p für Kopf auf 20 %
erniedrigt ist. Dem Spieler ist entfallen, ob die Münze in seiner Hosentasche fair oder gefälscht
ist, und er testet sie daher durch 12 Probewürfe. Fällt dabei mehr als viermal Kopf, so stuft er
die Münze als fair ein, andernfalls als gefälscht.
Wie groß sind die Irrtumswahrscheinlichkeiten (α-Fehler bzw. β-Fehler)?

Lösung:
Als alternative Hypothesen legen wir fest:
H_0: Die Münze ist fair.
H_1: Die Münze ist gefälscht.

Die Kurzdarstellung der Hypothesen ist:
H_0: p = 0,5
H_1: p = 0,2
Dabei ist p die Wahrscheinlichkeit, mit der
die Münze Kopf liefert.

Als Prüfgröße X wählen wir die Anzahl der
Kopfwürfe bei 12 Probewürfen.
Die Entscheidungsregel lautet:
$X > 4 \Rightarrow$ Entscheidung für H_0
$X \leq 4 \Rightarrow$ Entscheidung für H_1

X ist exakt binomialverteilt. Die Parameter
sind n = 12 und p = 0,5, falls H_0 gilt, bzw.
n = 12 und p = 0,2, falls H_1 gilt.

Faire Münze wird als gefälscht eingestuft:
α-Fehler = P (Fehler 1. Art)
$\quad = P_{H_0}$ (Entscheidung für H_1)
$\quad = P(X \leq 4)$, n = 12, p = 0,5
$\quad = F(12; 0,5; 4)$
$\quad \approx 0,1938$
$\quad = 19,38 \%$

Gefälschte Münze wird als fair eingestuft:
β-Fehler = P (Fehler 2. Art)
$\quad = P_{H_1}$ (Entscheidung für H_0)
$\quad = P(X > 4)$, n = 12, p = 0,2
$\quad = 1 - F(12; 0,2; 4)$
$\quad \approx 1 - 0,9274$
$\quad = 0,0726$
$\quad = 7,26 \%$

Damit ergeben sich die in der rechten Spalte berechneten Irrtumswahrscheinlichkeiten, die nicht
▶ sehr groß sind, sodass das Testverfahren als bedingt geeignet erscheint.

Übung 1
Ein Gärtner übernimmt einen Posten von großen Behältern mit Blumensamen. Der Inhalt einiger
Behälter ist zu 70 % keimfähig, der Inhalt der restlichen jedoch nur zu 40 %. Es ist aber nicht
bekannt, um welche Behälter es sich jeweils handelt. Um dies festzustellen, wird jedem Behälter
eine Stichprobe von 10 Samen entnommen und einem Keimversuch unterzogen. Geht mehr als
die Hälfte der Samen an, wird dem Samen im entsprechenden Behälter eine Keimfähigkeit von
70 % zugeordnet, andernfalls nur eine von 40 %. Welche Irrtümer können auftreten, welche Konsequenzen haben diese Irrtümer und wie groß sind die Irrtumswahrscheinlichkeiten?

Nehmen wir an, dass der Spieler aus dem vorhergehenden Beispiel ein Falschspieler ist. Dann möchte er das Risiko, eine faire Münze als gefälscht einzustufen, möglichst gering halten. Das kann er bei sonst gleichen Bedingungen durch eine Abänderung der Entscheidungsregel erreichen.

▶ **Beispiel: Berechnung der kritischen Zahl bei gegebener Irrtumswahrscheinlichkeit**
Wie muss im vorherigen Beispiel – bei sonst gleichen Voraussetzungen – das Entscheidungsverfahren abgeändert werden, damit eine faire Münze mit nicht mehr als 10 % Wahrscheinlichkeit irrtümlich als gefälscht eingestuft wird

Lösung:
Die Entscheidungsregel lautet nunmehr:

$X > K \Rightarrow$ Entscheidung für H_0
$X \le K \Rightarrow$ Entscheidung für H_1

mit einer zunächst noch unbestimmten kritischen Zahl K.

Die Forderung, dass die Wahrscheinlichkeit eines Fehlers 1. Art höchstens 10 % betragen darf, führt auf die kritische Zahl K = 3.

Diesen Wert kann man, wie rechts dargestellt, durch Probieren mit dem GTR ermitteln.

Nachteil: Der Fehler 2. Art steigt auf stolze 20,54 % an.
Verringert man die Irrtumswahrscheinlichkeit 1. Art, so erhöht sich bei gleichem Stichprobenumfang die Irrtumswahr
▶ scheinlichkeit 2. Art.

Bestimmung der kritischen Zahl K:

P (Fehler 1. Art) $\le 0,10$
P_{H_0} (Entscheidung für H_1) $\le 0,10$
$F(12; 0,5; K) \le 0,10$

Berechnung von F(12;0,5;k):
binomCdf(12,0.5,0,2) = 0.0193
binomCdf(12,0.5,0,3) = 0.0730
binomCdf(12,0.5,0,4) = 0.1938

Daraus folgt: K = 3 ist geeignet.

Irrtumswahrscheinlichkeit 2. Art:

P (Fehler 2. Art) $= 1 - F(12; 0,2; 3)$
$\approx 1 - 0,7946$
$= 0,2054$
$= 20,54 \%$

Übung 2
Die Münze aus dem letzten Beispiel soll durch 50 Probewürfe getestet werden.
Welche Entscheidungsregel ist zu wählen, damit in diesem Test eine faire Münze mit nicht mehr als 5 % Wahrscheinlichkeit irrtümlich als gefälscht eingestuft wird?

Übung 3
Der Gärtner aus Übung 1 strebt an, dass einem Behälter mit Samen niedriger Keimfähigkeit (40 %) mit nur geringer Wahrscheinlichkeit α irrtümlich eine hohe Keimfähigkeit (70 %) zugeordnet wird. Wie muss er seine Entscheidungsregel abändern, damit $\alpha \le 5 \%$ gilt?
Welche Wahrscheinlichkeit ergibt sich nun für die irrtümliche Zuordnung einer niedrigen Keimfähigkeit zu einem Behälter mit tatsächlich hoher Keimfähigkeit? Ist das Testverfahren brauchbar?

Übungen

4. Ein Spieler behauptet, seine Geschicklichkeit sei so groß, dass seine Chancen, einen Pasch zu erzielen und damit zu gewinnen, bei 30% liegen (H_1). Seine Freunde beschließen: Gewinnt er von 50 Testspielen mindestens 10, so wollen sie ihm glauben.

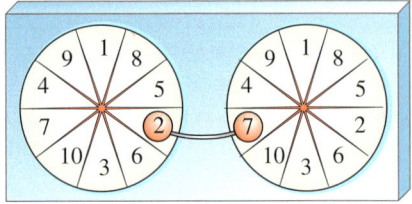

a) Welche Fehler können durch die Anwendung der Regel auftreten und wie groß sind die Fehlerwahrscheinlichkeiten?

b) Die Entscheidungsregel wird geändert: Dem Spieler wird seine angebliche Geschicklichkeit nur geglaubt, wenn er in 100 Spielen mindestens 20 Erfolge verbuchen kann. Welche Auswirkung hat diese Regeländerung auf die Fehlerwahrscheinlichkeiten? Ist der Gesamtfehler, d. h. die Summe von α-Fehler und β-Fehler, gegenüber Aufgabenteil a kleiner geworden?

5. Das Spielkasino bekommt aus Insiderkreisen einen „heißen Tipp": Es wurden gefälschte Würfel eingeschmuggelt, die die Sechs mit einer Wahrscheinlichkeit von 25% produzieren (H_0). Das Kasino beschließt, alle Würfel durch 100 Testwürfe zu prüfen.

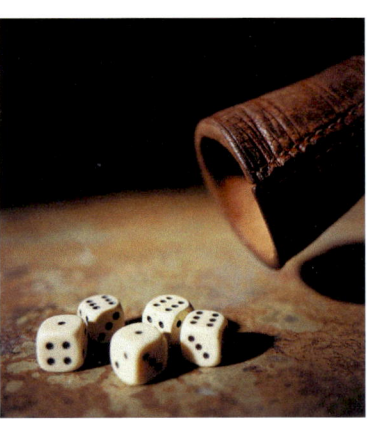

a) Die Entscheidungsregel lautet: Bei mehr als 20 Sechsen wird der Würfel als gefälscht eingestuft. Wie groß sind α- und β-Fehler?

b) Wie muss die Entscheidungsregel lauten, wenn die Wahrscheinlichkeit, dass ein gefälschter Würfel nicht erkannt wird, unter 3% liegen soll?

6. Für eine Lotterie werden Losmischungen vorbereitet:

Mischung 1: Lose für 1,00 €/Stück;   Anteil an Gewinnlosen: 20%,
Mischung 2: Lose für 0,50 €/Stück;   Anteil an Gewinnlosen: 5%.

Leider wurde es versäumt, die Mischungen zu kennzeichnen. Zur Einstufung wird ein Alternativtest angewandt. Dabei sollen aus einer Mischung 20 Lose gezogen werden. Wie muss die Entscheidungsregel lauten, damit die Summe von α-Fehler und β-Fehler minimal ist?

7. Der Fliesenleger vermutet, dass ihm vom Hersteller irrtümlich statt Kacheln 1. Wahl (10% Ausschuss) Kacheln 3. Wahl (30% Ausschuss) geliefert wurden. Er testet eine Packung mit 50 Kacheln. Wie muss die Entscheidungsregel lauten, wenn der Fehler, dass eine Packung 3. Wahl als 1. Wahl eingestuft wird, unter 10% liegen soll?

2. Der Signifikanztest

Mithilfe von statistischen Testverfahren wird aus Beobachtungen auf eine unbekannte Wahrscheinlichkeit p geschlossen.

Im vorigen Abschnitt ging es um den Fall, dass für p nur zwei ganz bestimmte, bekannte Werte p_1 und p_2 in Frage kamen, zwischen denen mithilfe des statistischen Alternativtests entschieden wurde.

In den meisten Fällen liegen die Dinge insofern etwas komplizierter, als dass man über den Wert von p nur eine Vermutung hat, die durch einen statistischen Test entweder bestätigt oder widerlegt werden soll. Einen solchen Test nennt man einen *Signifikanztest*.

A. Einführendes Beispiel zum Signifikanztest

▶ **Beispiel: Bestimmung der Irrtumswahrscheinlichkeiten**
Ein Pharma-Hersteller hat ein neues Medikament gegen Schlaflosigkeit entwickelt.
Das beste bereits auf dem Markt eingeführte Medikament mit vergleichbar geringen Nebenwirkungen zeigt in 50 % der Anwendungsfälle eine ausreichende Wirkung.
Erste Anwendungen lassen die Forscher die Hypothese aufstellen, dass das neue Medikament in einem noch größeren Anteil der Anwendungsfälle ausreichend wirkt.
Dies soll in einer Studie an 50 Patienten überprüft werden. Die Forscher sind vorsichtig und legen fest, dass die Hypothese nur dann angenommen werden soll, wenn das Medikament bei mindestens K = 31 Patienten ausreichend wirkt.
Mit welcher Wahrscheinlichkeit wird dem Medikament eine bessere Wirkung als dem alten Medikament zugesprochen, wenn dieser Sachverhalt in Wirklichkeit gar nicht zutrifft?

Lösung:
Wir verwenden die nebenstehend aufgeführten Festlegungen.

p: Erfolgswahrscheinlichkeit des neuen Medikaments

Es ist üblich, die Forschungshypothese nicht als Nullhypothese H_0, sondern als Gegenhypothese H_1 zur Nullhypothese zu formulieren.
Die Nullhypothese ist eine *einfache*, nur aus dem Wahrscheinlichkeitswert p = 0,5 bestehende Hypothese, während die Gegenhypothese *zusammengesetzt* ist aus unendlich vielen Werten p, nämlich $0,5 < p \leq 1$.

X: Anzahl der Patienten, bei welchen das Medikament ausreichend wirkt

H_0: Das neue Medikament ist nur genauso gut wie das alte Medikament: $\boxed{H_0: p = 0,5}$

H_1: Das neue Medikament ist besser als das alte Medikament: $\boxed{H_1: p > 0,5}$

Die Entscheidungsregel wird mithilfe der Prüfgröße X formuliert. Ist $X \geq 31$, so wird das neue Medikament als das wirksamere Medikament eingestuft.

Entscheidungsregel:

$X < 31 \Rightarrow H_0$ wird angenommen
$X \geq 31 \Rightarrow H_0$ wird verworfen

Die Prüfgröße ist annähernd binomialverteilt, da der Stichprobenumfang $n = 50$ klein ist im Vergleich zur gesamten Bevölkerung.

Die Irrtumswahrscheinlichkeit 1. Art, d.h. den α-Fehler bestimmt man mit dem GTR. Sie beträgt ca. 5,95%. Das Risiko, dass die Forschungshypothese angenommen wird, obwohl sie falsch ist, ist daher gering.

Der Test ist also in diesem Sinne recht gut. Man sagt auch, dass sein Signifikanzniveau 5,95% betrage.

Die Irrtumswahrscheinlichkeit 2. Art, d.h. der β-Fehler lässt sich beim Signifikanztest im Gegensatz zum Alternativtest nicht eindeutig bestimmen, da die Hypothese H_1 zusammengesetzt ist. Selbst wenn wir annehmen, dass H_1 zutrifft, kennen wir den tatsächlichen Wert von p nicht, sondern können nur $p > 0,5$ annehmen.
Je größer p ist, desto geringer ist die Irrtumswahrscheinlichkeit 2. Art.
Das heißt, je wirksamer das Medikament ist, umso geringer ist das Risiko, dass es zu
► Unrecht als unwirksam eingestuft wird.

Irrtumswahrscheinlichkeit 1. Art:

$$\begin{aligned}
\alpha\text{-Fehler} &= P\,(\text{Fehler 1. Art}) \\
&= P_{H_0}(\text{Entscheidung für } H_1) \\
&= P\,(X \geq 31),\ n = 50,\ p = 0,5 \\
&= 1 - P\,(X \leq 30) \\
&= 1 - F\,(50;\ 0,5;\ 30) \\
&\approx 1 - 0,9405 \\
&= 0,0595 \\
&= 5,95\,\%
\end{aligned}$$

Signifikanzniveau des Tests:

$$\alpha = 5,95\,\%$$

Irrtumswahrscheinlichkeit 2. Art:

$$\begin{aligned}
\beta\text{-Fehler} &= P\,(\text{Fehler 2. Art}) \\
&= P_{H_1}(\text{Entscheidung für } H_0) \\
&= P\,(X < 31) \\
&= P\,(X \leq 30);\ n = 50,\ p > 0,5 \\
&= F\,(50;\ p;\ 30)
\end{aligned}$$

$$\approx \begin{cases} 0,5535 = 55,35\,\%, & \text{falls } p = 0,6 \\ 0,0848 = 8,48\,\%, & \text{falls } p = 0,7 \\ 0,0009 = 0,09\,\%, & \text{falls } p = 0,8 \end{cases}$$

Da neue Medikamente oft nur noch geringe Fortschritte bringen, ist die Wahrscheinlichkeit, dass sie im Signifikanztest durchfallen, in der Regel relativ groß.

Übung 1

Die Behauptung H_1, dass mehr als 20% aller ABC-Schützen Linkshänder sind, soll anhand einer Stichprobe von 80 Kindern getestet werden. Findet man mehr als 20 Linkshänder, so wird H_1 als zutreffend eingestuft.
a) Wie groß ist das Signifikanzniveau des Tests (α-Fehler)?
b) Mit welcher Wahrscheinlichkeit wird die Behauptung verworfen, wenn der wahre Anteil von Linkshändern unter allen ABC-Schützen 30% beträgt?

B. Weitere Beispiele zum Signifikanztest

In unserem einführenden Beispiel war die Entscheidungsregel gegeben und das Signifikanzniveau in Gestalt des α-Fehlers gesucht.

In der Praxis ist es meistens genau umgekehrt: Man gibt das Signifikanzniveau α vor und konstruiert die zugehörige Entscheidungsregel, indem man Annahme- und Verwerfungsbereich für die Nullhypothese geeignet festlegt.

Signifikanzniveau α eines Tests:

vorgegebene obere Schranke für die Irrtumswahrscheinlichkeit 1. Art bei einem Signifikanztest

häufig verwendete Signifikanzniveaus:
$\alpha = 5\%$, $\alpha = 1\%$

▶ **Beispiel: Vorgabe des Signifikanzniveaus, einseitiger Test**
Der Pharma-Hersteller aus dem vorherigen Beispiel möchte in einer 50 Patienten umfassenden Studie testen, ob sein neues Schlafmittel wirklich – wie seine Forscher vermuten – besser ist als die besten marktgängigen Produkte, die in 50 % aller Fälle helfen.
Er möchte dieser Vermutung Glauben schenken, wenn das Medikament bei mindestens K der 50 Patienten wirkt.
Er ist recht vorsichtig und verlangt daher, dass die kritische Zahl K so bestimmt werden soll, dass der Test ein 1 %-Signifikanzniveau besitzt, d. h., die Wahrscheinlichkeit dafür, dass das neue Medikament zu Unrecht als den alten Medikamenten überlegen eingestuft wird, darf maximal 1 % betragen.

Lösung:
Wir verwenden die in der Lösung zum vorhergehenden Beispiel verwendeten Bezeichnungen. In diesem Fall handelt es sich um einen *einseitigen Test*, weil der Ablehnungsbereich für H_0, der so genannte kritische Bereich, aus einem einzigen Intervall besteht.

Der Ansatz P (Fehler 1. Art) ≤ 0,01 führt nach nebenstehend aufgeführter Rechnung auf K = 34.

Die Entscheidungsregel lautet daher:
Dem neuen Medikament wird eine bessere Wirksamkeit als den alten Medikamenten zugesprochen, wenn es bei mindestens 34
▶ der 50 Patienten wirkt.

Einseitiger Signifikanztest:

Entscheidung
für H_0: p = 0,5

Entscheidung
für H_1: p > 0,5

Bestimmung von K:

P (Fehler 1. Art) ≤ 0,01

$\Leftrightarrow P_{H_0}$(Entscheidung für H_1) ≤ 0,01

$\Leftrightarrow \qquad\qquad P(X \geq K) \leq 0{,}01$

$\Leftrightarrow \qquad\qquad P(X < K) \geq 0{,}99$

$\Leftrightarrow \qquad F(50; 0{,}5; K - 1) \geq 0{,}99$

Durch Probieren mit dem GTR ergibt sich
K − 1 ≥ 33, also K = 34.

▶ **Beispiel: Linksseitiger Signifikanztest**
In einer Studie werden die nächsten 50 Elfmeter von linksfüßig schießenden Bundesligaspielern registriert.
Wenn dabei höchstens 30 Treffer erzielt werden, soll das Gerücht, dass „Linksfüßer" die schlechteren Elfmeterschützen sind, als bestätigt gelten.

a) Wie groß ist der α-Fehler des Tests?
b) Wie groß ist der β-Fehler für $p = 0{,}6$ bzw. $p = 0{,}5$, wobei p die Trefferwahrscheinlichkeit eines Linksfüßers ist.

Sportteil
Elfmeterschützen haben in der Bundesliga eine Trefferquote von 70 %. Es wird oft behauptet, dass linksfüßig schießende Schützen eine schlechtere Trefferquote aufweisen.
In einer Studie mit 50 Schützen soll dieses Gerücht nun untersucht werden.

Lösung zu a:
Wir stellen zunächst alle bekannten Daten und Bezeichnungen zusammen.

Der α-Fehler tritt ein, wenn für H_1 entschieden wird, obwohl H_0 vorliegt.
Das ist der Fall, wenn die Linksfüßer genauso begabt sind wie alle Elfmeterschützen ($p = 0{,}7$), aber in der 50er Serie zufällig zu selten treffen, also höchstens 30-mal statt zu der zu erwartenden Zahl von 35 Treffern.
Die Wahrscheinlichkeit für diesen Fall beträgt ca. 8,48 %.
Das ist ein akzeptabler Wert. Für ein Fußballproblem reicht es allemal.
Der Test ist allerdings nicht signifikant auf dem 5%-Niveau. Um dieses Niveau zu erreichen, müßte man die kritische Zahl $K = 30$ auf $K = 29$ erniedrigen.

Lösung zu b:
Der β-Fehler hängt ganz von der tatsächlichen Trefferwahrscheinlichkeit der Linksfüßer ab. Ist diese nur wenig kleiner als der Durchschnitt $p_0 = 0{,}7$, so wird er hoch sein. Ist sie erheblich kleiner als $p_0 = 0{,}7$, so wird er niedrig sein.
Für $p = 0{,}6$ erhalten wir einen β-Fehler von $b = 44{,}65\%$.
Analog erhalten wir für $p = 0{,}5$ einen β-Fehler von $b = 1 - F(50, 0{,}5, 30) = 5{,}95\%$.
Beim linksseitigen Test gilt: Je kleiner p,
▶ umso kleiner ist der β-Fehler.

Bezeichnungen:
$n = 50$: Umfang der Stichprobe
$p_0 = 0{,}7$: Trefferwahrscheinlichkeit aller Elfmeterschützen
p: Trefferwahrscheinlichkeit eines Linksfüßers
X: Anzahl der Treffer in der Stichprobe
Hypothesen: H_0: $p = 0{,}7$
$\qquad\qquad\quad H_1$: $p < 0{,}7$

Entscheidungsregel:
$X > 30$: Entscheidung für H_0
$X \leq 30$: Entscheidung für H_1

α-Fehler:
$$\begin{aligned}
\alpha\text{-Fehler} &= P(\text{Fehler 1. Art}) \\
&= P_{H_0}(\text{Entscheidung für } H_1) \\
&= P(X \leq 30) \text{ für } n = 50,\ p = 0{,}7 \\
&= F(50;\ 0{,}7;\ 30) \\
&\approx 0{,}0848 = 8{,}48\%
\end{aligned}$$

β-Fehler für $p = 0{,}6$:
$$\begin{aligned}
\beta\text{-Fehler} &= P(\text{Fehler 2. Art}) \\
&= P_{H_1}(\text{Entscheidung für } H_0) \\
&= P(X > 30) \text{ für } n = 50,\ p = 0{,}6 \\
&= 1 - P(X \leq 30) \\
&= 1 - F(50;\ 0{,}6;\ 30) \\
&\approx 1 - 0{,}5535 = 0{,}4465 = 44{,}65\%
\end{aligned}$$

► **Beispiel:**
Zweiseitiger Signifikanztest (p = 0,5)
In der Berliner Münze soll die Vermutung getestet werden, ob eine neue Prägemaschine Münzen mit unausgeglichener Gewichtsverteilung herstellt, so genannte unfaire Münzen.
Zu diesem Zweck wird eine der produzierten Münzen 100-mal geworfen und die Anzahl der Kopfwürfe gezählt. Weicht das Zählergebnis wenigstens um 10 vom erwarteten Wert 50 ab, so wird die Münze als unfair eingestuft.
Welches Signifikanzniveau ergibt sich?

Lösung:
Wir verwenden die nebenstehenden Bezeichnungen.

Stichprobenumfang: $n = 100$
p: Wahrscheinlichkeit für Kopf
X: Anzahl der Kopfwürfe bei 100 Würfen

Ist die Münze fair, so gilt $p = 0,5$.
Ist die Münze unfair, so gilt entweder $p > 0,5$ oder $p < 0,5$, d.h. $p \neq 0,5$.

H_0: Die Münze ist fair: $p = 0,5$
H_1: Die Münze ist unfair: $p \neq 0,5$

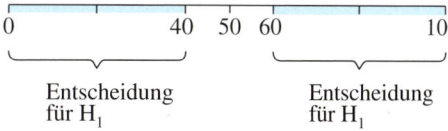

Der Verwerfungsbereich für H_0 setzt sich diesmal aus zwei Intervallen zusammen:
$0 \leq X \leq 40$ und $60 \leq X \leq 100$.

Ein Test, dessen kritischer Bereich aus zwei Intervallen besteht, wird als ein *zweiseitiger Test* bezeichnet.

Wir bestimmen nun das Signifikanzniveau des Tests, indem wir den α-Fehler errechnen.

$\alpha = P(\text{Fehler 1. Art})$

$\quad = P_{H_0}(\text{Entscheidung für } H_1)$

$\quad = P(X \leq 40) + P(X \geq 60),\ p = 0,5$

$\quad = F(100; 0,5; 40) + 1 - F(100; 0,5; 59)$

$\quad \approx 0,0284 + 0,0284$

$\quad = 0,0568$

► Resultat: $\alpha \approx 5,68\,\%$

Übung 2

a) Welches Signifikanzniveau ergibt sich im obigen Beispiel für $n = 80$?
b) Wie groß ist im obigen Beispiel der β-Fehler, wenn $p = 0,4$ bzw. $p = 0,7$ gilt?
c) Wie kann durch Abänderung der im obigen Beispiel verwendeten Entscheidungsregel der α-Fehler auf maximal 1 % gedrückt werden?

Im vorhergehenden Beispiel wurden die beiden Intervalle des zweigeteilten kritischen Bereichs gleich groß und symmetrisch zum Erwartungswert für die Prüfgröße angelegt.

Dies war sicher zweckmäßig, da wegen H_0: $p = 0{,}5$ eine symmetrische Verteilung vorlag.

Ist die Verteilung nicht symmetrisch (z. B. H_0: $p = 0{,}4$), so ist es üblich, die beiden Intervalle des kritischen Bereichs so zu wählen, dass der α-Fehler sich jeweils etwa zur Hälfte auf die beiden Intervalle verteilt.

Kritischer Bereich beim zweiseitigen Test:

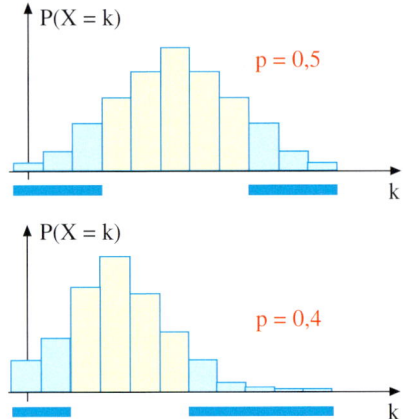

Beispiel: Zweiseitiger Signifikanztest ($p \neq 0{,}4$)
Der Abgeordnete Karlo Mann hat bei der letzten Wahl 40 % der Stimmen erhalten. Er möchte nun wissen, ob sich dieser Stimmanteil inzwischen verändert hat. Also lässt er 100 Personen aus seinem Wahlkreis befragen. Sollten dabei erheblich weniger oder erheblich mehr als 40 Personen für ihn votieren, so wird er annehmen, dass sein Stimmanteil sich verändert hat. Er möchte das Risiko, dass er aus dem Ergebnis der Umfrage irrtümlich auf einen veränderten Stimmanteil schließt, auf maximal 20 % begrenzen. Welche Entscheidungsregel sollte er bei der Auswertung des Umfrageergebnisses befolgen?

Lösung:
Unter Verwendung der rechts aufgeführten Bezeichnungen gilt:

Der kritische Bereich (Verwerfungsbereich für H_0) setzt sich aus zwei Intervallen zusammen: $[0; K_1]$ und $[K_2; 100]$.

Wir wählen die kritischen Zahlen K_1 und K_2 derart, dass gilt:

1) $P(X \leq K_1) \leq \frac{\alpha}{2}$:
$P(X \leq K_1) \leq 0{,}1 \Leftrightarrow F(100; 0{,}4; K_1) \leq 0{,}1$
gilt für $K_1 = 33$.

2) $P(X \geq K_2) \leq \frac{\alpha}{2}$:
$P(X \geq K_2) \leq 0{,}1 \Leftrightarrow 1 - F(100; 0{,}4; K_2 - 1) \leq 0{,}1$
gilt für $K_2 - 1 \geq 46$, $K_2 \geq 47$.

Stichprobenumfang: $n = 100$

p: Anteil der Wahlberechtigten, die für Herrn Mann stimmen würden

X: Anzahl der befragten Personen, die für Herrn Mann stimmen würden

H_0: Stimmanteil unverändert: $p = 0{,}4$
H_1: Stimmanteil verändert: $p \neq 0{,}4$

Entscheidungsregel:

$X \leq K_1$	$\Rightarrow$ Entscheidung für H_1
$X \geq K_2$	$\Rightarrow$ Entscheidung für H_1
$K_1 < X < K_2$	$\Rightarrow$ Entscheidung für H_0

Resultat:
$K_1 = 33$ und $K_2 = 47$

Abgeordneter Mann geht also nur dann von einem veränderten Stimmanteil aus, wenn er in der Umfrage höchstens 33 oder mindestens 47 Stimmen erhält.

3. Der Marktanteil der Kaugummimarke Airwaves lag im vergangenen Quartal bei p = 25%. Durch eine Umfrage soll festgestellt werden, ob der Marktanteil im neuen Quartal konstant geblieben ist (H_0: p = 0,25) oder ob er nun über 25% liegt (H_1: p > 0,25). Es wird festgelegt: Wenn von 100 befragten Personen 30 oder mehr der Marke Airwaves den Vorzug geben gegenüber anderen Marken, soll H_0 abgelehnt werden. Mit welchem Signifikanzniveau (α-Fehler) arbeitet der Test?

4. Eine Elektronikfirma produziert Platinen mit Speicherbausteinen. Der normale Ausschussanteil beträgt 10% (H_0: p = 0,1). Aufgrund von Kundenbeschwerden wird vermutet, dass die Ausschussquote unbemerkt gestiegen ist (H_1: p > 0,1).

Der Anteil der defekten Platinen soll durch eine Stichprobe vom Umfang n = 100 getestet werden. Wenn weniger als 15 Platinen der Stichprobe defekt sind, wird H_0 noch als zutreffend eingestuft.

a) Bestimmen Sie das Signifikanzniveau, d. h. den α-Fehler des Tests.

b) Mit welcher Wahrscheinlichkeit wird H_1 verworfen, obwohl der Ausschussanteil auf exakt 20% gestiegen ist?

5. Die Fernsehserie „Chicago Connection" hatte im Vorjahr eine Einschaltquote von p = 40%. Es soll geprüft werden, ob sich die Einschaltquote im neuen Jahr verändert hat, d. h. ob nun p ≠ 40% gilt.

a) Es werden 50 Personen befragt. Das Risiko, aus der Befragung irrtümlich auf eine veränderte Einschaltquote zu schließen, soll auf 10% begrenzt werden. Formulieren Sie die Entscheidungsregel eines zweiseitigen Tests, der H_0: p = 0,4 gegen H_1: p ≠ 0,4 testet.

b) Die erste Untersuchung hat ergeben, dass die Einschaltquote sich vermutlich erhöht hat. Daher wird erwogen, weitere neue Folgen der Serie einzukaufen. Sicherheitshalber werden nun 100 Personen befragt, um die Hypothesen H_0: p = 0,4 und H_1: p > 0,4 gegeneinander zu testen.

Der zuständige Redakteur legt fest: Es werden neue Folgen gekauft, wenn mehr als 48 von 100 befragten Personen regelmäßige Zuschauer der Serie sind. Wie groß ist die Irrtumswahrscheinlichkeit 1. Art (α-Fehler). Welche Auswirkungen hätte ein solcher Irrtum?

Mit welcher Wahrscheinlichkeit werden keine neuen Folgen gekauft, obwohl die Einschaltquote auf mindestens 60% gestiegen ist?

6. Spendierfreudigkeit

Nur 20 % der Einwohner einer Stadt spenden gelegentlich für einen guten Zweck. Die Lokalzeitung startet daraufhin eine Werbungskampagne, die den Anteil der Spendenfreudigen erhöhen soll. Um den Erfolg der Kampagne zu kontrollieren, werden 100 zufällig ausgewählte Personen befragt. Getestet werden sollen die folgenden Hypothesen:

H_0: Die Spendenfreudigkeit ist gleichgeblieben.

H_1: Die Spendenfreudigkeit hat sich verbessert.

a) Wie wahrscheinlich ist es, dass mindestens 22 Personen aus der Stichprobe spendenfreudig sind, wenn das Verhalten der Menschen sich nicht verändert hat?

b) Es wird vermutet, dass die Kampagne erfolgreich war. Diese Hypothese soll auf einem Signifikanzniveau von $\alpha = 10\%$ getestet werden. Entwickeln Sie die Entscheidungsregel.

c) Die Entscheidungsregel soll folgendermaßen lauten: Geben weniger als 27 der 100 Befragten an, dass sie spenden wollen, so wird für H_0 entschieden, andernfalls für H_1.
Wie groß ist der α-Fehler? Wie groß ist der β-Fehler, wenn die Spendenfreudigkeit durch die Kampagne auf 30 % gesteigert werden konnte?

7. Münztest

Ein Zauberer verwendet für einen Trick eine Münze. Um dem Verdacht nachzugehen, dass sie nicht wie vom Zauberer behauptet fair ist und zu oft Kopf liefert, wird folgender Test durchgeführt: Die Münze wird 20-mal geworfen. Kommt mindestens 13-mal Kopf, so wird sie als gefälscht eingestuft (Hypothese H_1), andernfalls als fair (H_0).

a) Wie groß ist die Irrtumswahrscheinlichkeit 1. Art, d.h. der α-Fehler des Tests?

b) Wie groß ist die Wahrscheinlichkeit für einen Fehler 2. Art, wenn die Münze so gefälscht ist, dass die Wahrscheinlichkeit für Kopf bei $p = 0{,}60$ liegt?

c) Verbessern Sie den Test nun so, dass der α-Fehler nur noch maximal 5 % beträgt, ohne den Stichprobenumfang zu erhöhen. Wie lautet die neue Entscheidungsregel?

Vermischte Übungen

8. Alternativtest
Ein Hersteller von Speicherchips versucht, den Ausschussanteil durch neue Maschinen von 5 % auf 3 % zu senken. Nach der Umstellung soll der Erfolg durch eine Stichprobe von n = 800 Chips getestet werden. Die Entscheidungsregel lautet: Sind höchstens 30 Chips fehlerhaft, wird angenommen, dass die Ausschussquote auf 3 % gesunken ist (Hypothese H_1: p = 0,03). Andernfalls wird angenommen, dass der Anteil nach wie vor 5 % beträgt (Hypothese H_0). Wie groß sind die Irrtumswahrscheinlichkeiten?

9. Alternativtest
Ein Unternehmen erhält eine große Lieferung von Dioden. Der Hersteller verwendet zwei Maschinen mit unterschiedlichen Ausschussanteilen von 5 % (p_0 = 0,05) bzw. 8 % (p_1 = 0,08). Um festzustellen, welcher Ausschussanteil tatsächlich vorliegt, testet der Kunde eine Stichprobe von n = 200 Dioden.
a) Berechnen Sie für beide Fälle den Erwartungswert und die Standardabweichung der Zufallsgröße X, welche die Anzahl der defekten Dioden in der Stichprobe angibt.
b) Getestet wird die Hypothese H_0: p = 0,05 gegen die Hypothese H_1: p = 0,08. Dabei wird folgende Entscheidungsregel verwendet: X ≤ 12 ⇒ H_0 wird angenommen.
   Mit welchen Irrtumswahrscheinlichkeiten arbeitet der Test?
c) Wie muss die Entscheidungsregel aussehen, wenn der α-Fehler nur 5 % betragen soll?

10. Alternativtest
Durch Modernisierungen im Produktionsprozess ist die Ausfallrate eines elektronischen Bauteils von 10 % (H_1: p = 0,1) angeblich auf 5 % (H_0: p = 0,05) gesunken. Die Zufallsgröße X gibt an, wie viele Bauteile in einer Testreihe nicht funktionsfähig sind.
a) Es werden n = 50 Teile getestet. Mit welchen Irrtumswahrscheinlichkeiten ist die folgende Entscheidungsregel behaftet? Entscheidungsregel: X < 4 ⇒ H_0 wird angenommen.
b) In einem Großversuch werden n = 200 Bauteile getestet. Wie muss der Ablehnungsbereich für H_0 gewählt werden, wenn der α-Fehler des Tests höchstens 5 % betragen darf?

11. Einseitiger Signifikanztest
Ein Kaufhaus bietet verlängerte Öffnungszeiten am Abend und am Wochenende an. Die Geschäftsleitung weiß, dass p = 30 % der Kunden das Angebot nutzen. Sie hofft, dass sich durch eine massive Werbekampagne der Anteil inzwischen erhöht hat.

a) 300 Kunden werden befragt. Falls davon mehr als 100 angeben, das Angebot zu nutzen, geht man davon aus, dass der Anteil sich erhöht hat (Hypothese H_1: p > 0,3).
   Andernfalls wird von einem gleichbleibenden Anteil ausgegangen (H_0: p = 0,3).
   Wie groß ist die Fehlerwahrscheinlichkeit erster Art, d. h. der α-Fehler?
b) Ändern Sie bei gleichem Stichprobenumfang von n = 300 die Entscheidungsregel so ab, dass der α-Fehler höchstens noch 5 % beträgt bzw. höchstens 1 % beträgt.

12. Einseitiger Signifikanztest

Ein Ferienhotel besitzt 250 Zimmer.

a) In dem Hotel werden regelmäßig 10% aller Buchungen kurzfristig storniert. Der Manager nimmt für ein Wochenende 270 Buchungen an. Mit welcher Wahrscheinlichkeit bekommt er Ärger wegen Überbuchung?

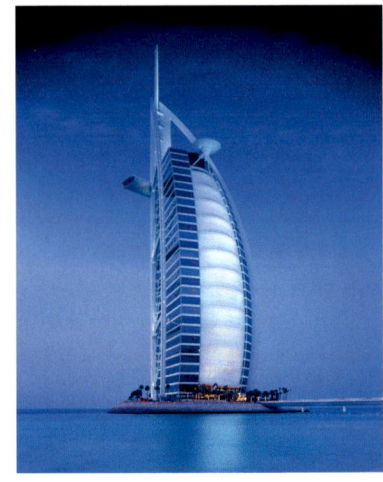

b) Der Anteil der unzufriedenen Gäste des Hotels lag im letzten Jahr bei $p = 4\%$. Es soll getestet werden, ob sich dieser Anteil verringert hat. Dazu wird als Stichprobe die augenblickliche Gästebesetzung von 200 Personen befragt. Die Hypothesen $H_0: p = 0,04$ und $H_1: p < 0,04$ sollen gegeneinander getestet werden. Die Zufallsgröße X gibt die Anzahl der unzufriedenen Gäste unter den Befragten an. Die Entscheidungsregel lautet: $X \geq 8 \Rightarrow H_0$ wird angenommen. Bestimmen Sie die Irrtumswahrscheinlichkeit 1. Art, also den α-Fehler.

c) Formulieren Sie eine neue Entscheidungsregel, welche das irrtümliche Ablehnen der Hypothese H_0 auf höchstens 10% begrenzt.

13. Einseitiger und zweiseitiger Signifikanztest

40% aller Handybesitzer haben auf ihrem Handy zusätzliche Klingeltöne installiert, die bei verschiedenen Anbietern gekauft werden können.

Ein Anbieter von Klingeltönen möchte durch eine Umfrage unter n = 500 Handybesitzern ausloten, ob sich dieser Anteil in letzter Zeit geändert hat.

a) Da die Tarife für das Herunterladen von Klingeltönen gesenkt wurden, geht der Anbieter davon aus, dass der Anteil der Nutzer seines Dienstes auf jeden Fall gestiegen ist. Wie muss nun der Test konzipiert werden? Wie lauten die Hypothesen und die Entscheidungsregel bei einem Signifikanzniveau (α-Fehler) von 10%?

b) Entwerfen Sie die Entscheidungsregel für einen zweiseitigen Signifikanztest (n = 500, $H_0: p = 0,4$ gegen $H_1: p \neq 0,4$), der ein Signifikanzniveau von $\alpha = 10$ besitzt.

14. Einseitiger Signifikanztest

Beim Kauf eines Neuwagens eines bekannten Herstellers werden ein Sicherheitspaket und ein Sportpaket angeboten. Man weiß, dass 20% der Kunden das Sportpaket kaufen werden. Der Anteil von Kaufwilligen für das Sicherheitspaket ist nicht bekannt, liegt aber unter 40%.

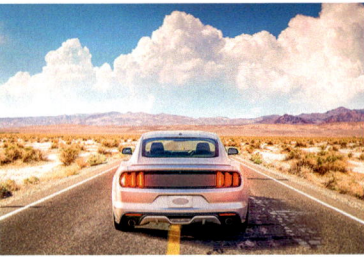

a) Pro Monat werden 300 Wagen produziert. Wie groß ist die Wahrscheinlichkeit, dass darunter mindestens 50 Wagen mit Sportpaket sind?

b) Durch eine Werbekampagne soll der Anteil der Käufer, die das Sicherheitspaket bestellen, auf 40% gesteigert werden. Entwerfen Sie einen Signifikanztest, der als Stichprobenumfang eine Monatsproduktion umfasst ($H_0: p = 0,4$ gegen $H_1: p < 0,4$) und formulieren Sie eine Entscheidungsregel, welche den α-Fehler auf 3% begrenzt.

c) Welche praktischen Auswirkungen hätte das Eintreten des α-Fehlers bzw. des β-Fehlers?

Überblick

Alternativtest	Es wird eine Entscheidung getroffen zwischen den beiden alternativen Hypothesen H_0: $p = p_0$ und H_1: $p = p_1$.
Entscheidungsregel	Ist $p_0 < p_1$ und gibt die Prüfgröße X die Anzahl an, mit der das zu untersuchende Merkmal in der Stichprobe vom Umfang n auftritt, so wird die Entscheidungsregel wie folgt aufgestellt: $X < K \Rightarrow$ H_0 wird angenommen $X \geq K \Rightarrow$ H_1 wird angenommen
Annahmebereich von H_0	Nimmt die Prüfgröße X einen Wert aus dem Annahmebereich von H_0 an, so wird die Hypothese H_0 angenommen. Mit der oben aufgestellten Entscheidungsregel ist der Annahmebereich von H_0 die Menge $\{0, 1, \ldots, K - 1\}$. Der Ablehnungsbereich ist die Menge $\{K, K + 1, \ldots, n\}$.
Kritische Zahl K	Die kritische Zahl K trennt den Annahmebereich der Hypothese H_0 von ihrem Ablehnungsbereich, der zugleich Annahmebereich von H_1 ist; sie gehört zum Annahmebereich von H_1.
Fehler 1. Art (α-Fehler)	Die Hypothese H_0 ist richtig, die Entscheidung fällt aufgrund des Stichprobenergebnisses für die falsche Hypothese H_1.
Fehler 2. Art (β-Fehler)	Die Hypothese H_1 ist richtig, die Entscheidung fällt aufgrund des Stichprobenergebnisses für die falsche Hypothese H_0.
Rechtsseitiger Signifikanztest	Die Nullhypothese H_0: $p = p_0$ wird gegen die Hypothese H_1: $p > p_0$ getestet. Der Annahmebereich von H_0 ist eine Menge $\{0, 1, \ldots, K - 1\}$. (Linksseitiger Test analog)
Zweiseitiger Signifikanztest	Die Nullhypothese H_0: $p = p_0$ wird gegen die Hypothese H_1: $p \neq p_0$ getestet, d. h. H_1: ($p < p_0$ oder $p > p_0$). Der Annahmebereich von H_0 ist mit den kritischen Zahlen K_1, K_2 eine Menge der Gestalt $\{K_1 + 1, K_1 + 2, \ldots, K_2 - 1\}$.
Signifikanzniveau α	Den Fehler 1. Art oder α-Fehler eines Signifikanztests bezeichnet man als Signifikanzniveau des Tests. Bei zweiseitigen Signifikanztests besteht der Ablehnungsbereich von H_0 aus zwei Teilen, der Menge $\{0, 1, \ldots, K_1\}$ und der Menge $\{K_2, \ldots, n\}$ die zusammen den α-Fehler bestimmen. Die beiden kritischen Zahlen K_1 und K_2 ergeben sich aus den Bedingungen $P(X \leq K_1) = \frac{\alpha}{2}$ und $P(X \geq K_2) = \frac{\alpha}{2}$.

Der Sequentialtest

Statistische Hypothesentests können recht kostspielig sein. In der industriellen Qualitätskontrolle ist das dann der Fall, wenn die bei der Stichprobe gezogenen Objekte aufwändigen Prüfungen unterzogen werden müssen oder wenn sie bei der Prüfung zerstört werden.

Im Zweiten Weltkrieg entwickelte der Statistiker Abraham Wald ein raffiniertes Testverfahren, das mit einer erheblich erniedrigten Zahl von Prüfvorgängen auskommt, weil es den Trend berücksichtigt.

Dies wird dadurch erreicht, dass beim **Wald'schen Quotiententest** die Objekte einzeln gezogen werden und nach jeder Ziehung geprüft wird, ob die Ergebnisse bereits ausreichen, um zwischen den Hypothesen entscheiden zu können, oder ob das Verfahren fortgesetzt werden soll.

Das Grundprinzip des sequentiellen Quotiententests

Auf einem Jahrmarkt werden Lose angeboten. In der Lostrommel befindet sich eine große Zahl von Losen, Gewinnlose (1) und Nieten (0). Der Schausteller wirbt damit, dass der Anteil p der Gewinnlose 60 % betrage, während ein Konkurrent behauptet, dass es nur 30 % seien.

Ein Jahrmarktbesucher zieht der Reihe nach einzelne Lose. Er möchte anhand des Trends entscheiden, ob die Hypothese des Schaustellers (H_1: $p = 0{,}6$) oder die Hypothese des Konkurrenten (H_0: $p = 0{,}3$) zutrifft. Er erhält eine Folge von Zwischenergebnissen S_1 bis S_{10}.

Berechnen Sie für jede Teilsequenz S_n die Wahrscheinlichkeit $W_1 = P_{H_1}(S_n)$ des Auftretens dieser Sequenz unter der Annahme, dass H_1 gilt.
Berechnen Sie jeweils auch die Wahrscheinlichkeiten $W_0 = P_{H_0}(S_n)$. Berechnen Sie anschließend für jede Teilsequenz die sogenannten Wald'schen Quotienten W_1/W_0 und interpretieren Sie diese.

Eine Sequenz der Länge 10 und ihre Teilsequenzen:

$S_1 \ = 1$
$S_2 \ = 10$
$S_3 \ = 100$
$S_4 \ = 1001$
$S_5 \ = 10011$
$S_6 \ = 100110$
$S_7 \ = 1001101$
$S_8 \ = 10011011$
$S_9 \ = 100110111$
$S_{10} = 1001101111$

1. Berechnung der Quotienten W_1/W_0

Jede *Teilsequenz* S_n $(1 \leq n \leq 10)$ stellt im Prinzip eine *Bernoulli-Kette* der Länge n dar.

Enthält eine solche Teilsequenz m Einsen und folglich $n - m$ Nullen, so tritt sie mit der Wahrscheinlichkeit $p^m \cdot (1 - p)^{n - m}$ ein, wobei p die Trefferwahrscheinlichkeit für eine Eins ist.

Beispielsweise ergeben sich damit für die Teilsequenz S_5 folgende Wahrscheinlichkeiten:

falls die Hypothese H_1 gilt,

$$W_1 = P_{H_1}(S_5) = 0{,}6^3 \cdot 0{,}4^2 = 0{,}034\,56,$$

falls die Hypothese H_0 gilt,

$$W_0 = P_{H_0}(S_5) = 0{,}3^3 \cdot 0{,}7^2 = 0{,}013\,23.$$

Der Quotient dieser Wahrscheinlichkeiten beträgt $W_1/W_0 \approx 2{,}6$.

Der *Wald'sche Quotient* W_1/W_0 wird nach jeder Ziehung berechnet. Die Tabelle enthält die Ergebnisse für die Teilsequenzen S_1 bis S_{10}.

Der Quotiententest:

n	$W_1 = P_{H_1}(S_n)$	$W_0 = P_{H_0}(S_n)$	$\dfrac{W_1}{W_0}$
1	0,6	0,3	2,00
2	0,24	0,21	1,14
3	0,096	0,147	0,65
4	0,0576	0,0441	1,31
5	0,03456	0,01323	2,61
6	0,013824	0,009261	1,49
7	0,0082944	0,0027783	2,99
8	0,00497664	0,00083349	5,97
9	0,002985984	0,000250047	11,94
10	0,001791590	0,000075014	23,88

2. Interpretation der Tabelle:

Der Waldsche Quotient W_1/W_0 steigt in unserem Beispiel mit zunehmender Zahl von Ziehungen an.

Nach der neunten Ziehung beträgt er schon mehr als 11. Das Auftreten der beobachteten Sequenz S_9 ist also unter der Hypothese H_1 mehr als 11-mal so wahrscheinlich wie unter H_0.

Dieser *Trend* spricht für die Gültigkeit der Hypothese H_1.

Entscheidungsregel und Fehlerschranken

Für den Quotiententest verwendet man die nebenstehende Entscheidungsregel.

Wählt man in unserem Beispiel für die beiden kritischen Zahlen $K_\alpha = 10$ und $K_\beta = 10$, so würde die Entscheidung nach der neunten Ziehung für die Hypothese H_1: $p = 0{,}6$ fallen, deren Gültigkeit nach dieser Ziehung mehr als 10-mal so wahrscheinlich ist wie die Hypothese H_0, da der Wald'sche Quotient W_1/W_0 erstmals die kritische Zahl $K_\alpha = 10$ überschreitet.

Die Wahrscheinlichkeit einer Fehlentscheidung würde dann maximal 10 % betragen.

Entscheidungsregel des Wald'schen Quotiententests:

Vorgegeben seien zwei sogenannte kritische Zahlen K_α und K_β.
- Erreicht oder übersteigt bei einer Ziehung der Quotient W_1/W_0 die kritische Zahl K_α erstmals, so entscheide für H_1.
- Erreicht oder übersteigt dagegen der Quotient W_1/W_0 die kritische Zahl K_β erstmals, so entscheide für H_0.

Fehlerschranken:

Die Kehrwerte der kritischen Zahlen stellen Fehlerschranken dar:

α-Fehler $\leq 1/K_\alpha$ $\qquad\qquad$ β-Fehler $\leq 1/K_\beta$

Test

Hypothesentest

1. Eine Urne enthält schwarze und weiße Kugeln. Es ist bekannt, dass der Anteil der weißen Kugeln entweder 40% oder 50% beträgt, d. h.: H_0: p = 0,40 und H_1: p = 0,50. Die Hypothese H_0 soll durch eine Stichprobe vom Umfang n = 100 getestet werden, d. h. n = 100 Kugeln werden mit Zurücklegen gezogen.
   a) Die folgende Entscheidungsregel wird benutzt: Sind von den 100 gezogenen Kugeln höchstens 45 weiß, so fällt die Entscheidung für H_0.
   Beschreiben Sie die bei der Anwendung der Regel möglichen Fehler und berechnen Sie deren Wahrscheinlichkeiten.
   b) Der α-Fehler soll höchstens 5% betragen. Wie muss die Entscheidungsregel nun lauten?

2. Der Stimmenanteil einer Partei A lag bisher bei 30%. Nun soll getestet werden, ob sich der Anteil der Partei verändert hat. Dazu wird die Hypothese H_0: p = 0,3 gegen eine Hypothese H_1 getestet, was im Rahmen einer Stichprobenbefragung von n = 100 Personen geschieht.
   a) Wie lautet bei dieser Ausgangslage die Gegenhypothese H_1?
   b) Wenn von den 100 Personen mindestens 25 und höchstens 36 für Partei A votieren, wird von einem unveränderten Stimmanteil ausgegangen. Mit welchem α-Fehler arbeitet der Test?
   c) Der Vorstand der Partei A geht davon aus, dass der Stimmenanteil der Partei keinesfalls gestiegen ist. Wie lautet jetzt die Gegenhypothese H_0? Bestimmen Sie zu einem vorgegebenen Signifikanzniveau von $\alpha = 2\%$ den Annahmebereich von H_0.

3. In einer Schatztruhe eines Königs befinden sich viele Golddukaten und viele Silberlinge. Der Anteil der Golddukaten liegt bei 60% (H_0: p = 0,6).
   a) Für ein Festbankett werden der Schatztruhe willkürlich 400 Geldstücke entnommen. Mit welcher Wahrscheinlichkeit sind darunter mindestens 230 und höchstens 245 Golddukaten?
   b) Der König hat den Verdacht, dass sein Hofmarschall heimlich einen Teil der Golddukaten durch Silberlinge ersetzt hat. Der König entschließt sich zu folgendem Testverfahren:
   Der Schatzkiste werden willkürlich 200 Geldstücke entnommen. Wenn unter diesen mindestens 110 Golddukaten sind, will er dem Hofmarschall weiter sein Vertrauen schenken.
   b_1) Wie groß ist die Gefahr, dass der König nach dem Ergebnis der Stichprobe seinen Hofmarschall fälschlicherweise des Betrugs bezichtigt?
   b_2) Wie muss die Entscheidungsregel lauten, wenn der König die Gefahr der falschen Anschuldigung auf höchstens 1% begrenzen will?

Lösungen: S. 650

XVI. Stochastische Prozesse

1. Matrizen

A. Der Begriff der Matrix

Wirtschaftliche und technische Prozesse lassen sich oft durch rechteckige Tabellen, die sogenannten Matrizen, erfassen.
Diese sind uns schon bei den linearen Gleichungssystemen in Gestalt der Koeffizientenmatrix begegnet.

Wir verdeutlichen nun den Begriff zunächst am Beispiel und behandeln dann die Matrizenrechnung, d.h. das Rechnen mit Tabellen, das viele Vorteile bringt.

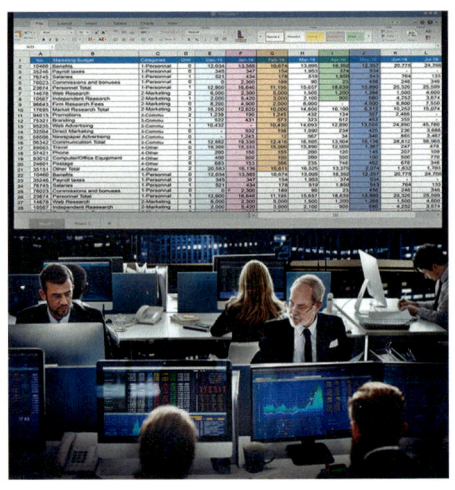

Beispiel: Entfernungsmatrix

Die rechts dargestellte Entfernungstabelle enthält in übersichtlicher Weise die Entfernungsinformationen zu vier großen Städten. Verzichtet man auf die Angabe der Start- und Zielstädte, so vereinfacht sich die Tabelle auf ein rechteckiges Zahlenschema A, das man als *Matrix* bezeichnet.

VON NACH	Berlin	Hamburg	Hannover	München
Berlin	0	292	282	586
Hamburg	292	0	164	776
Hannover	282	164	0	638
München	586	776	638	0

Die Matrix A besteht in diesem Beispiel aus vier Zeilen (horizontal) und vier Spalten (vertikal) mit insgesamt sechzehn Elementen (Zellen). Man spricht hier von einer quadratischen 4×4-Matrix.
Die einzelnen Elemente der Matrix A werden mit a_{ij} bezeichnet. Der erste Index i gibt die Zeile an, in der das Element steht, der zweite Index j gibt die Spalte an.
In diesem Beispiel dient die Matrix nur als besonders übersichtliches und auf das Wesentliche reduzierte Darstellungselement. Gerechnet wird damit noch nicht.

$$A = \begin{pmatrix} 0 & 292 & 282 & 586 \\ 292 & 0 & 164 & 776 \\ 282 & 164 & 0 & 638 \\ 586 & 776 & 638 & 0 \end{pmatrix}$$

a_{ij}: Element in Zeile i, Spalte j

im Beispiel: $a_{23} = 164$

Definition XVI.1: Der Begriff der Matrix

Eine rechteckige Zahlentabelle der rechts dargestellten Form wird als Matrix A mit m Zeilen und n Spalten bezeichnet. Man spricht dann auch von einer m×n-Matrix.
Kurzschreibweise:
$A = (a_{ij})$ mit i = 1, …, m und j = 1, …, n.
Ist m = n, so bezeichnet man A als quadratische Matrix.

$$A = \begin{pmatrix} a_{11} & a_{12} & \cdots & a_{1n} \\ a_{21} & a_{22} & \cdots & a_{2n} \\ \vdots & \vdots & \vdots & \vdots \\ a_{m1} & a_{m2} & \cdots & a_{mn} \end{pmatrix}$$

(a_{ij}): Kurzschreibweise für A

a_{ij} : Element in Zeile i und Spalte j

B. Die Addition von Matrizen

Beispiel: Absatzmatrix

Ein Unternehmen stellt an zwei Fabrikationsorten U und V Bagger her. Es liefert die Maschinen nach Frankreich (F), Italien (I) und Holland (H).

Die monatlichen Absatzzahlen können als Tabellen bzw. Matrizen dargestellt werden. In diesem Beispiel kann man im Gegensatz zum ersten Beispiel mit den Matrizen rechnen. So erhält man z. B. durch elementeweise Addition der Matrizen für Januar und Februar den Gesamtabsatz für die beiden Monate.

Januar

	F	H	I
U	6	3	2
V	8	2	4

Februar

	F	H	I
U	5	3	4
V	7	5	2

$$A = \begin{pmatrix} 6 & 3 & 2 \\ 8 & 2 & 4 \end{pmatrix} \qquad B = \begin{pmatrix} 5 & 3 & 4 \\ 7 & 5 & 2 \end{pmatrix}$$

$$A + B = \begin{pmatrix} 6 & 3 & 2 \\ 8 & 2 & 4 \end{pmatrix} + \begin{pmatrix} 5 & 3 & 4 \\ 7 & 5 & 2 \end{pmatrix} = \begin{pmatrix} 11 & 6 & 6 \\ 15 & 7 & 6 \end{pmatrix}$$

Definition XVI.2: Addition von Matrizen

Man kann Matrizen addieren, wenn sie vom gleichen Typ sind, d. h. wenn sowohl ihre Zeilenzahl als auch ihre Spaltenzahl übereinstimmt.
Man addiert zwei Matrizen A und B elementeweise.

$A = (a_{ij})$ und $B = (b_{ij})$ seien mxn-Matrizen. Dann gilt für ihre Summe:

$$A + B = (a_{ij} + b_{ij})$$

Addiert man die gleiche Matrix mehrfach, so kommt es zu einer *Vervielfachung* der Matrix. Man spricht auch von der Multiplikation der Matrix mit einem *Skalar*.

Vervielfachung:

$$A = \begin{pmatrix} 6 & 3 & 2 \\ 8 & 2 & 4 \end{pmatrix} \Rightarrow 3A = \begin{pmatrix} 18 & 9 & 6 \\ 24 & 6 & 12 \end{pmatrix}$$

Matrizen gleichen Typs (Gleiche Spalten- und Zeilenzahl) kann man voneinander subtrahieren.

Subtraktion:

$$\begin{pmatrix} 8 & 5 & 4 \\ 5 & 4 & 7 \end{pmatrix} - \begin{pmatrix} 2 & 2 & 5 \\ 2 & 4 & 2 \end{pmatrix} = \begin{pmatrix} 6 & 3 & -1 \\ 3 & 0 & 5 \end{pmatrix}$$

Die *Nullmatrix* entsteht, wenn man eine Matrix von sich selbst subtrahiert. Sie enthält nur Nullen.

Nullmatrix:

$$O = \begin{pmatrix} 0 & 0 & 0 \\ 0 & 0 & 0 \end{pmatrix}$$

Übung 1 Addition

Gegeben sind die Matrizen A und B. Berechnen Sie die Matrix X, welche die gegebene Gleichung erfüllt:
a) $X = 3A + B$ c) $X + 0{,}5A = B + 2X$
b) $2X + 4A = -B$ d) $A - B - 0{,}5X = O$

(I) $A = \begin{pmatrix} -2 & 4 & 2 \\ 8 & 2 & 4 \end{pmatrix}$ $B = \begin{pmatrix} 6 & 2 & -2 \\ 8 & 4 & 0 \end{pmatrix}$

(II) $A = \begin{pmatrix} 1 & 2 & 0 \\ 2 & 3 & 0 \\ 3 & 4 & 1 \end{pmatrix}$ $B = \begin{pmatrix} -3 & 2 & 0 \\ 2 & -1 & 0 \\ 1 & -2 & 1 \end{pmatrix}$

C. Die Multiplikation von Matrizen

Beispiel: Berechnung des Umsatzes

Ein Computerhändler führt drei Modelle eines bekannten Herstellers, einen PC, einen Laptop und ein Tablet. Die Stückzahlen, die er in den Monaten Januar bis März absetzt, können der abgebildeten Tabelle entnommen werden die auch als Absatzmatrix A interpretiert werden kann.

Die Verkaufspreise lauten:

PC: 400 €
Laptop: 950 €
Tablet: 550 €

Man kann die Umsätze des Händlers für das erste Quartal berechnen, indem man die abgesetzten Stückzahlen mit den zugehörigen Preisen multipliziert und aufaddiert.

Berechnung der Umsätze:

Jan : $8 \cdot 400 + 14 \cdot 950 + 11 \cdot 550 = 22\,550$
Feb : $6 \cdot 400 + 9 \cdot 950 + 18 \cdot 550 = 20\,850$
Mrz: $11 \cdot 400 + 12 \cdot 950 + 7 \cdot 550 = 19\,650$

Interpretieren wir die monatlichen Absätze als Zeilenvektoren der Absatzmatrix A und fassen die Verkaufspreise in einem Preisvektor zusammen, so läßt sich der Umsatz im Januar als das Skalarprodukt des Absatzvektors für Januar mit dem Preisvektor interpretieren und berechnen.

Absatzvektoren   Preisvektor

$$\vec{j} = (\;8\;\;14\;\;11)$$
$$\vec{f} = (\;6\;\;\;\;9\;\;18) \qquad \vec{p} = \begin{pmatrix} 400 \\ 950 \\ 550 \end{pmatrix}$$
$$\vec{m} = (11\;\;12\;\;\;\;7)$$

Der Februarumsatz ergibt sich analog durch Multiplikation des Zeilenvektors der zweiten Zeile der Absatzmatrix mit dem Preisvektor. Der Märzumsatz ist das Skalarprodukt des Zeilenvektors der dritten Zeile der Absatzmatrix mit dem Preisvektor.

Umsatz für Januar:

$$\vec{j} \cdot \vec{p} = (8\;\;14\;\;11) \cdot \begin{pmatrix} 400 \\ 950 \\ 550 \end{pmatrix}$$
$$= 8 \cdot 400 + 14 \cdot 950 + 11 \cdot 550$$
$$= 22\,550$$

Insgesamt kann man feststellen: Wenn man die Matrix A zeilenweise mit dem Preisvektor multipliziert, so erhält man den Umsatzvektor des ersten Quartals.

Verallgemeinerung: Eine Matrix lässt sich zeilenweise mit einem Spaltenvektor multiplizieren, dessen Zeilenzahl der Spaltenzahl der Matrix A entspricht. Das Ergebnis der Multiplikation ist wieder ein Spaltenvektor.

Umsätze im ersten Quartal:

$$A \cdot \vec{p} = \begin{pmatrix} 8 & 14 & 11 \\ 6 & 9 & 18 \\ 11 & 12 & 7 \end{pmatrix} \cdot \begin{pmatrix} 400 \\ 950 \\ 550 \end{pmatrix}$$
$$= \begin{pmatrix} 8 \cdot 400 + 14 \cdot 950 + 11 \cdot 550 \\ 6 \cdot 400 + 9 \cdot 950 + 18 \cdot 550 \\ 11 \cdot 400 + 12 \cdot 950 + 7 \cdot 550 \end{pmatrix}$$
$$= \begin{pmatrix} 22\,550 \\ 20\,850 \\ 19\,650 \end{pmatrix}$$

Nun ist es nur noch ein kleiner Schritt, der zur Multiplikation zweier vollständiger Matrizen führt. Die Zeilen der Matrix A lassen sich mit den Spalten einer Matrix B multiplizieren, wenn die Zeilen von A die gleiche Länge haben wie die Spalten von B. Die Spaltenzahl der Matrix A muss also gleich der Zeilenzahl der Matrix B sein.

Definition XVI.3: Multiplikation von Matrizen

Man kann zwei Matrizen A und B nur dann multiplizieren, wenn gilt:

Spaltenzahl von A = Zeilenzahl von B

Das Produkt der $m \times n$-Matrix A mit der $n \times k$-Matrix B ist eine $m \times k$-Matrix C.

Das Element c_{ij} der Matrix C ist das Skalarprodukt des i-ten Zeilenvektors der Matrix A mit dem j-ten Spaltenvektor von B (siehe Merkschema rechts).

A sei eine $m \times n$-Matrix.
B sei eine $n \times k$-Matrix.
Es sei $C = A \cdot B$.
Dann gelte:

$$c_{ij} = (a_{i1} \ \dots \ a_{in}) \cdot \begin{pmatrix} b_{1j} \\ \vdots \\ b_{nj} \end{pmatrix} = a_{i1}b_{1j} + \dots + a_{in}b_{nj}$$

▶ **Beispiel: Produkt von Matrizen**

Gegeben sind die Matrizen A und B. Berechnen Sie das Produkt $C = A \cdot B$.

$$A = \begin{pmatrix} 2 & 4 & 3 \\ 1 & 2 & 5 \end{pmatrix} \qquad B = \begin{pmatrix} 2 & -1 \\ 3 & 2 \\ -2 & 4 \end{pmatrix}$$

Lösung:

Die Spaltenzahl von A ist gleich der Zeilenzahl von B. Daher ist die Multiplikation durchführbar.

Die Multiplikation der 3×2-Matrix A mit der 2×3-Matrix B führt auf eine 2×2-Matrix C.

c_{11} erhält man durch das Skalarprodukt der ersten Zeile von A mit der ersten Spalte von B.

c_{12} ergibt sich durch Multiplikation der ersten Zeile von A mit der zweiten Spalte von B.

Analog ergeben sich c_{21} und c_{22} durch Multiplikation der zweiten Zeile von A mit der ▶ ersten bzw. der zweiten Spalte von B.

$$c_{11} = a_{11} \cdot b_{11} + a_{12} \cdot b_{21} + a_{13} \cdot b_{31}$$
$$= 2 \cdot 2 + 4 \cdot 3 + 3 \cdot (-2) = 10$$

$$c_{12} = a_{11} \cdot b_{12} + a_{12} \cdot b_{22} + a_{13} \cdot b_{32}$$
$$= 2 \cdot (-1) + 4 \cdot 2 + 3 \cdot (4) = 18$$

$$c_{21} = a_{21} \cdot b_{11} + a_{22} \cdot b_{21} + a_{23} \cdot b_{31}$$
$$= 1 \cdot 2 + 2 \cdot 3 + 5 \cdot (-2) = -2$$

$$c_{22} = a_{21} \cdot b_{12} + a_{22} \cdot b_{22} + a_{23} \cdot b_{32}$$
$$= 1 \cdot (-1) + 2 \cdot 2 + 5 \cdot (4) = 23$$

$$C = A \cdot B = \begin{pmatrix} 10 & 18 \\ -2 & 23 \end{pmatrix}$$

Übung 2 Multiplikationen

Gegeben seien die Matrizen A, B, C sowie der Vektor $\vec{v}$.

a) Berechnen Sie $A \cdot B$ und $A \cdot C$.
b) Ist $B \cdot A$ oder $B \cdot C$ berechenbar?
c) Berechnen Sie $A \cdot \vec{v}$ und $C \cdot \vec{v}$.

$$A = \begin{pmatrix} 2 & 3 & -1 \\ 4 & -2 & 1 \end{pmatrix} \qquad B = \begin{pmatrix} 1 & 2 & -2 & 3 \\ -1 & 3 & 2 & 0 \\ 2 & 0 & 4 & 1 \end{pmatrix}$$

$$C = \begin{pmatrix} 1 & 2 & 0 \\ 2 & 3 & 0 \\ 3 & 4 & 1 \end{pmatrix} \qquad \vec{v} = \begin{pmatrix} 1 \\ 2 \\ 3 \end{pmatrix}$$

In den folgenden Abschnitten werden wir oft Potenzen von Matrizen verwenden.
Die k-te Potenz A^k (k > 0) einer Matrix A wird durch k sukzessive Multiplikationsschritte gewonnen. Das geht natürlich nur, wenn A eine quadratische Matrix ist.

Die Potenzen einer Matrix A
$$A^1 = A$$
$$A^2 = A \cdot A$$
$$A^3 = A^2 \cdot A$$
...

▶ **Beispiel: Matrixpotenzen**
Berechnen Sie manuell die Potenzen A^2 und A^3 der Matrix A.

$$A = \begin{pmatrix} 2 & 1 \\ -3 & 4 \end{pmatrix}$$

Lösung:
Zur Berechnung von A^2 berechnen wir das Produkt $A \cdot A$.
Das geht nur, wenn die Spaltenzahl der ersten Matrix gleich der Zeilenzahl der zweiten Matrix ist. Also muss die Spaltenzahl von A gleich der Zeilenzahl von A sein. Potenzieren kann man also nur quadratischen Matrizen.

Diese Bedingung ist hier erfüllt und die Detailrechnung ist rechts dargestellt.

Da wir nun die Potenz A^2 kennen, können wir die Potenz A^3 als Produkt $A^2 \cdot A$ berechnen. Rechnung und Ergebnis sind ebenfalls rechts dargestellt.

Für die Potenz A^k sind k – 1 Multiplikationen nötig, aufwendig und fehlerträchtig.
Daher berechnen wir im Folgenden Matrixpotenzen in der Regel mit dem GTR, der diese in einem Schritt ausrechnen kann. Rechts ist eine solche Berechnung dargestellt. Matrizenrechnungen mit dem GTR
▶ findet man auf den Seiten 395 und 396.

Berechnung von A^2

$$A^2 = A \cdot A$$
$$= \begin{pmatrix} 2 & 1 \\ -3 & 4 \end{pmatrix} \cdot \begin{pmatrix} 2 & 1 \\ -3 & 4 \end{pmatrix}$$
$$= \begin{pmatrix} 2 \cdot 2 + 1 \cdot (-3) & 2 \cdot 1 + 1 \cdot 4 \\ (-3) \cdot 2 + 4 \cdot (-3) & (-3) \cdot 1 + 4 \cdot 4 \end{pmatrix}$$
$$= \begin{pmatrix} 1 & 6 \\ -18 & 13 \end{pmatrix}$$

Berechnung von A^3

$$A^3 = A^2 \cdot A$$
$$= \begin{pmatrix} 1 & 6 \\ -18 & 13 \end{pmatrix} \cdot \begin{pmatrix} 2 & 1 \\ -3 & 4 \end{pmatrix}$$
$$= \begin{pmatrix} 1 \cdot 2 + 6 \cdot (-3) & 1 \cdot 1 + 6 \cdot 4 \\ (-18) \cdot 2 + 13 \cdot (-3) & (-18) \cdot 1 + 13 \cdot 4 \end{pmatrix}$$
$$= \begin{pmatrix} -16 & 25 \\ -75 & 34 \end{pmatrix}$$

Berechnung von A^3 mit dem GTR

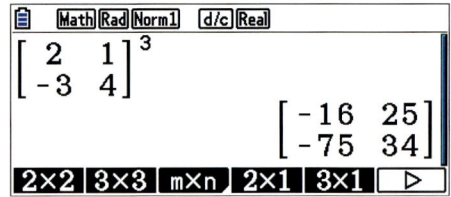

Übung 3 Manuelles Potenzieren
Berechnen Sie die Matrixpotenz manuell.

a) A^2, A^3 für $A = \begin{pmatrix} -1 & 3 \\ 2 & -2 \end{pmatrix}$

b) A^2 für $A = \begin{pmatrix} 0{,}4 & 0{,}8 \\ 0{,}6 & 0{,}2 \end{pmatrix}$

Übung 4 Potenzieren mit dem GTR
Berechnen Sie die Matrixpotenz mit GTR.

a) A^2, A^3, A^{10} für $A = \begin{pmatrix} 0{,}9 & 0{,}7 \\ 0{,}1 & 0{,}3 \end{pmatrix}$

b) A^2, A^3, A^{10} für $A = \begin{pmatrix} 0{,}2 & 0{,}5 & 0{,}6 \\ 0{,}4 & 0{,}3 & 0{,}2 \\ 0{,}4 & 0{,}2 & 0{,}2 \end{pmatrix}$

Matrizenrechnung mit dem CASIO-GTR

Das Rechnen mit Matrizen und Vektoren (vor allem die Multiplikation und die Potenzierung) findet in der **Run-Matrix-Anwendung** statt, welche im Hauptmenü mit 1 angewählt wird.

I. Die direkte Eingabe einer Matrix bzw. eines Vektors

1. Im Hauptmenü mit 1 die **Run-Matrix**-Anwendung starten.
2. **F4 (MATH)** auswählen
3. **F1 (MAT/VCT)** auswählen, um die Matrix direkt einzugeben.
4. **F3 (m × n)** auswählen, um die Dimension der Matrix festzulegen. m (Zeilenzahl) und n (Spaltenzahl) werden eingegeben.
5. Nun wird eine Matrixschablone angezeigt, deren Leerstellen mit den Elementen der Matrix gefüllt werden.
6. Die Eingabe ist nun abgeschlossen und es kann ein Operationszeichen ($+, -, \times, \wedge$) angeschlossen werden, dem eine zweite Matrix oder ein Vektor folgt oder ein Exponent beim Potenzieren.
7. Die Berechnung wird mit der **EXE**-Taste ausgelöst. Rechts ist als Beispiel die Berechnung Matrix × Vektor aufgeführt.

II. Die Eingabe einer Matrix als Matrix-Variable

Will man eine Matrix mehrfach verwenden, so speichert man sie zunächst im Matrix-Editor unter einer der Variablen A bis Z ab.

1. Im Hauptmenü mit **1** die **Run-Matrix**-Anwendung starten.
2. **F3 (MAT/VCT)** auswählen, um die Matrix als Variable einzugeben.
3. Auf den Variablennamen gehen (Mat A, Mat B, …) und **F3 (DIM)** drücken, um die Dimensionseingabe zu starten. m und n eingeben. Mit EXE abschließen.
4. Nun wird eine Matrixschablone angezeigt, deren Leerstellen mit den Elementen der Matrix gefüllt werden.
6. Die Eingabe ist nun abgeschlossen und es kann nach Exit die Eingabe einer zweiten Matrix oder eines Vektors folgen.
7. Durch zweimaliges Drücken der **EXIT**-Taste kommt man in das Fenster der Run-Matrix-Anwendung zurück.
8. Mit **SHIFT MAT** und Drücken des Variablenamens der Matrix als Buchstabe, z.B. mit **ALPHA** A, wird die Matrix aufgerufen.
9. Nun kann ein Operationzeichen eingegeben und eine zweite Matrix oder ein Vektor analog aufgerufen werden.
10. Die Berechnung wird mit der **EXE**-Taste ausgelöst. Rechts sind als Beispiele die Multiplikation von zwei Matrizen A und B und die Potenzierung A^3 aufgeführt.

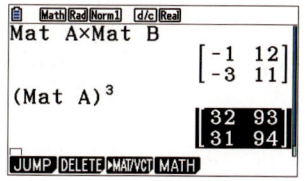

Hinweis: Für einen Vektor gibt es keine eigene, besondere Darstellung. Er wird als Matrix mit m Zeilen und einer Spalte realisiert.

III. Weiterverwendung einer Matrix

Will man mit einer Matrix weiterrechnen, die man als Ergebnis erhalten hat, so kann man diese mit der folgenden Tastenfolge aufrufen: **SHIFT MAT SHIFT ANS**.
Rechts ist die Wirkung auf dem Bildschirm für ein einfaches Beispiel zu sehen.

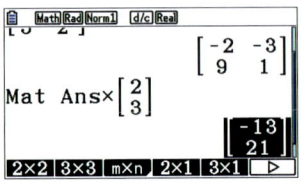

Matrizenrechnung mit dem TI-GTR

Beim TI-GTR werden Rechnungen mit Matrizen und Vektoren im Calculator durchgeführt.

Es ist dabei sinnvoll, die Matrix bzw. den Vektor gleich mit einem Variablennamen auszustatten. Möchte man beispielsweise eine Matrix A definieren, gibt man zuerst mit ⬚ a := ⬚ den Variablennamen ein. Anschließend gibt man die Matrix wie dargestellt ein.

1. Menu
2. Matrix und Vektor
3. Erstellen
4. Matrix
5. Zeilen- und Spaltenzahl festlegen
6. Nun wird eine Matrixschablone angezeigt, deren Leerstellen mit den Elementen der Matrix gefüllt werden.

Das Rechnen mit Matrizen (Addition, Subtraktion, Multiplikation zweier Matrizen, Potenzierung einer Matrix, Multiplikation Matrix/Vektor) wird in Analogie zum Rechnen mit Zahlen durchgeführt.

Rechts sind die beiden wichtigsten im Folgenden benötigten Operationen, die Multiplikation von Matrix und Vektor sowie die Potenzierung einer Matrix dargestellt.

Übung 5 Matrizen

Gegeben sind die Matrizen A und B und der Vektor $\vec{v}$. Berechnen Sie folgende Terme.

a) $A \cdot \vec{v}$ b) $A \cdot B$

c) A^2 d) $A^2 \cdot \vec{v}$

e) GTR: A^{10} f) GTR: $A^5 \cdot \vec{v}$

$$A = \begin{pmatrix} 0,4 & 0,2 & 0,7 \\ 0,3 & 0,5 & 0,1 \\ 0,3 & 0,3 & 0,2 \end{pmatrix} \quad B = \begin{pmatrix} 3 & 1 \\ 2 & 0 \\ -1 & 4 \end{pmatrix} \quad \vec{v} = \begin{pmatrix} 0,5 \\ 0,2 \\ 0,3 \end{pmatrix}$$

Übungen

6. Addition/Subtraktion
Gegeben sind die Matrizen A und B.
Berechnen Sie die folgenden Terme.

a) $A + B$ 　　　　b) $A - 2 \cdot B$

c) $3 \cdot A + 4 \cdot B$ 　d) $3 \cdot (2 \cdot A - B)$

$$A = \begin{pmatrix} 3 & -4 & 2 \\ -1 & 5 & 8 \\ 7 & 3 & 6 \end{pmatrix}, \quad B = \begin{pmatrix} -1 & 5 & 3 \\ 9 & -7 & 6 \\ 4 & 2 & 8 \end{pmatrix}$$

7. Multiplikation Matrix/Vektor
Gegeben sind die Matrix A und der Vektor $\vec{v}$. Gesucht sind die folgenden Terme.

a) $A \cdot \vec{v}$ 　　　b) $2A \cdot (-\vec{v})$

c) $A \cdot (-2\,\vec{v})$ 　d) $6A \cdot \left(\frac{1}{3}\vec{v}\right)$

$$A = \begin{pmatrix} 2 & 1 & -6 \\ 8 & -4 & 3 \\ -9 & 5 & -2 \end{pmatrix}, \quad \vec{v} = \begin{pmatrix} 4 \\ -2 \\ 3 \end{pmatrix}$$

8. Matrizenmultiplikation ohne GTR
Berechnen Sie die folgenden Matrizenprodukte.

a) $A \cdot B$ 　　　b) A^2

c) B^2 　　　　d) $(A + B) \cdot A$

$$A = \begin{pmatrix} 1 & 3 & 0 \\ -2 & 0 & 5 \\ 4 & 6 & 0 \end{pmatrix}, \quad B = \begin{pmatrix} 6 & 0 & -4 \\ -2 & 3 & 5 \\ 0 & 1 & 4 \end{pmatrix}$$

9. Matrizenmultiplikation mit dem GTR
Berechnen Sie die Matrizenprodukte mit dem GTR.

a) $A \cdot B$ 　　　b) $A^2 \cdot B^2$

c) $(A \cdot B)^2$ 　　d) $(2 \cdot A - B) \cdot A^3$

$$A = \begin{pmatrix} 1 & 4 & 2 \\ -3 & 5 & 1 \\ 6 & -2 & 3 \end{pmatrix}, \quad B = \begin{pmatrix} 2 & -1 & 5 \\ 6 & 3 & -6 \\ 4 & -5 & 1 \end{pmatrix}$$

10. Kommutativ- und Distributivgesetz
Untersuchen Sie, ob für die Matrizenmultiplikation das Kommutativgesetz $A \cdot B = B \cdot A$ bzw. das Distributivgesetz $A \cdot (B + C) = A \cdot B + A \cdot C$ gilt.

$$A = \begin{pmatrix} 1 & 4 & -3 \\ 5 & 2 & 1 \\ 6 & -7 & 2 \end{pmatrix}, \quad B = \begin{pmatrix} 5 & 2 & 6 \\ -4 & 3 & 1 \\ 2 & 4 & 5 \end{pmatrix}$$

$$C = \begin{pmatrix} 9 & 2 & -5 \\ 3 & 4 & 6 \\ -1 & 5 & 3 \end{pmatrix}$$

11. Potenzen von Matrizen
Berechnen Sie mithilfe des GTR die folgenden Terme.

a) A^4 　　　　b) B^3

c) $(A + B)^3$ 　　d) $A^2 \cdot B^3$

e) A^{125} 　　　f) A^{126}

g) C^3 　　　　h) C^{100}

i) $A \cdot D$ 　　　j) D^5

$$A = \begin{pmatrix} 1 & 0 & 2 \\ 3 & -4 & 1 \\ 6 & 5 & 3 \end{pmatrix}, \quad B = \begin{pmatrix} 3 & 2 & -1 \\ 6 & 1 & 4 \\ 5 & -3 & 8 \end{pmatrix}$$

$$C = \begin{pmatrix} 0,1 & 0,2 & 0,5 \\ 0,7 & 0,5 & 0,3 \\ 0,2 & 0,3 & 0,2 \end{pmatrix}, \quad D = \begin{pmatrix} 1 & 0 & 0 \\ 0 & 1 & 0 \\ 0 & 0 & 1 \end{pmatrix}$$

2. Stochastische Prozesse

Im Folgenden geht es um Prozesse, die durch eine Anzahl von Zuständen beschrieben werden können. Der Übergang zwischen den Zuständen erfolgt dabei mehr oder weniger zufällig und kann mithilfe einer Matrix erfasst werden. Die Prozesse sind in der Regel unbegrenzt und daher durch klassische endliche Baumdiagramme nicht zu erfassen.

A. Die Übergangsmatrix

Das Übergangsverhalten von Käufern, die einem Produkt treu bleiben oder zu einem Konkurrenzprodukt überwechseln oder zu Nichtkäufern werden, ist Gegenstand von Untersuchungen, welche von Marktforschungsinstituten vorgenommen werden, um zukünftige Marktentwicklungen im Voraus prognostizieren zu können. Wir konkretisieren dies an einem Beispiel.

▶ **Beispiel: Die Marktübergangsmatrix**

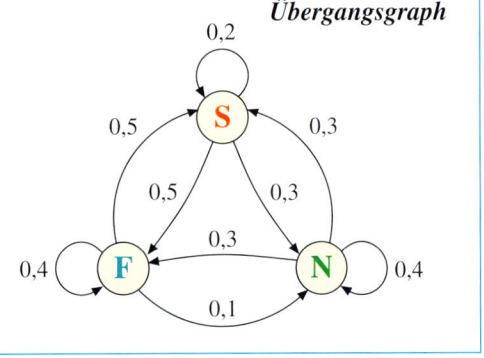
Übergangsgraph

Zwei Monatsmagazine S und F konkurrieren um die Gunst der Leser und der Nichtleser N. Im Januar lauten die Marktanteile:

    S: 60%   **F**: 20%   **N**: 20%

Das Übergangsverhalten der Verbraucher geht aus dem Übergangsgraphen hervor.
a) Erläutern Sie den Prozess.
b) Welche Marktanteile werden in den nächsten drei Monaten vorliegen?

Lösung zu a:
Dieser stochastische Prozess wird durch den *Übergangsgraphen** erfasst, der drei *Zustände* S, F und N enthält.

Die Verbraucher wechseln mit bestimmten *Übergangswahrscheinlichkeiten* von einem Zustand in den anderen. Sie können aus dem Übergangsgraphen abgelesen und in eine übersichtliche Tabelle übertragen werden. Das Weglassen der Tabelleneingänge führt zur *Übergangsmatrix* M.

Es gibt eine *Anfangsverteilung* der Verbraucher auf die Zustände. Ersetzen wir die Prozentzahlen (60%, 20%, 20%) durch Anteile (0,60; 0,20; 0,20), so lautet sie:

    S: 0,6   **F**: 0,2   **N**: 0,2

▼ Sie wird durch den *Startvektor* $\vec{v}_0$ erfasst.

Übergangstabelle

$^{\text{von}}_{\text{nach}}$	S	F	N
S	0,2	0,5	0,3
F	0,5	0,4	0,3
N	0,3	0,1	0,4

Übergangsmatrix

$$M = \begin{pmatrix} 0{,}2 & 0{,}5 & 0{,}3 \\ 0{,}5 & 0{,}4 & 0{,}3 \\ 0{,}3 & 0{,}1 & 0{,}4 \end{pmatrix}$$

Anfangsverteilung/Startvektor

$$\vec{v}_0 = \begin{pmatrix} 0{,}60 \\ 0{,}20 \\ 0{,}20 \end{pmatrix}$$

---

* Anderer Name: Prozessdiagramm

Lösung zu b:
Die Marktanteile nach einem Monat sind:

$S = 0,2 \cdot 0,60 + 0,5 \cdot 0,20 + 0,3 \cdot 0,20 = 0,28$
$F = 0,5 \cdot 0,60 + 0,4 \cdot 0,20 + 0,3 \cdot 0,20 = 0,44$
$N = 0,3 \cdot 0,60 + 0,1 \cdot 0,20 + 0,4 \cdot 0,20 = 0,28$

Diese neue Verteilung kann wieder durch einen *Verteilungsvektor* $\vec{v}_1$ erfasst werden, der auch *Zustandsvektor* genannt wird. Er hat die Koordinaten 0,28; 0,44; 0,28. Man erkennt: Der neue Verteilungssvektor $\vec{v}_1$ ist das **Produkt** aus der Übergangsmatrix M und dem alten Verteilungsvektor $\vec{v}_0$, d.h. $\vec{v}_1 = M \cdot \vec{v}_0$.

Die Marktanteile im März erhalten wir auf die gleiche Weise, indem wir den aktuellen Verteilungssvektor für Februar mit der Übergangsmatrix M multiplizieren.

Nochmalige Wiederholung führt auf die gesuchten Marktanteile im April:
S: 34,4 %   F: 41,2 %   N: 24,4 %
Interpretation: Das Magazin S verliert Anteile, das Magazin M gewinnt Anteile, der
▶ Nichtleseranteil N steigt geringfügig.

Vereinfachung mit dem GTR

Obige Ergebnisse können wir schneller erzielen, wenn wir die Multiplikation von Übergangasmatrix M und Verteilungsvektor nicht manuell, sodern mit dem GTR durchführen. Rechts ist dies für die Berechnung des Februar-Verteilungsvektors dargestellt.

Stark vereinfacht kann auch der April-Verteilungsvektor ohne jeden Zwischenschritt berechnet werden, indem wir M potenzieren und M^3 verwenden, statt die Matrix M dreimal hintereinander anzuwenden.
Der Term $M^3 \cdot \vec{v}_0$ liefert dann mit einem einzigen GTR-Schritt das Ergebnis $\vec{v}_3$ für die April-Marktanteile .

Marktanteile im Januar
Anfangsverteilung

$$\vec{v}_0 = \begin{pmatrix} 0,60 \\ 0,20 \\ 0,20 \end{pmatrix}$$

Marktanteile im Februar
Folgeverteilung

$$\begin{pmatrix} 0,2 & 0,5 & 0,3 \\ 0,5 & 0,4 & 0,3 \\ 0,3 & 0,1 & 0,4 \end{pmatrix} \cdot \begin{pmatrix} 0,60 \\ 0,20 \\ 0,20 \end{pmatrix} = \begin{pmatrix} 0,28 \\ 0,44 \\ 0,28 \end{pmatrix}$$
$$M \qquad \cdot \quad \vec{v}_0 \quad = \quad \vec{v}_1$$

Marktanteile im März

$$\begin{pmatrix} 0,2 & 0,5 & 0,3 \\ 0,5 & 0,4 & 0,3 \\ 0,3 & 0,1 & 0,4 \end{pmatrix} \cdot \begin{pmatrix} 0,28 \\ 0,44 \\ 0,28 \end{pmatrix} = \begin{pmatrix} 0,36 \\ 0,40 \\ 0,24 \end{pmatrix}$$
$$M \qquad \cdot \quad \vec{v}_1 \quad = \quad \vec{v}_2$$

Marktanteile im April

$$\begin{pmatrix} 0,2 & 0,5 & 0,3 \\ 0,5 & 0,4 & 0,3 \\ 0,3 & 0,1 & 0,4 \end{pmatrix} \cdot \begin{pmatrix} 0,36 \\ 0,40 \\ 0,24 \end{pmatrix} = \begin{pmatrix} 0,344 \\ 0,412 \\ 0,244 \end{pmatrix}$$
$$M \qquad \cdot \quad \vec{v}_2 \quad = \quad \vec{v}_3$$

GTR: Marktanteile im Februar
$M \cdot \vec{v}_0 = \vec{v}_1$

```
Math Rad Norm1 (d/c) Real
[0.2  0.5  0.3]   [60]
[0.5  0.4  0.3] × [20]
[0.3  0.1  0.4]   [20]
                     28
                     44
                     28
2×2 3×3 m×n 2×1 3×1  ▷
```

GTR: Marktanteile im April
$M^3 \cdot \vec{v}_0 = \vec{v}_3$

```
Math Rad Norm1 (d/c) Real
[0.2  0.5  0.3]³   [0.60]
[0.5  0.4  0.3]  × [0.20]
[0.3  0.1  0.4]    [0.20]
                   0.344
                   0.412
                   0.244
2×2 3×3 m×n 2×1 3×1  ▷
```

B. Stabilisierung einer Verteilung

Langfristig pendelt sich der Markt bei gleichbleibendem Übergangsverhalten auf einen sogenann-ten *stationären Gleichgewichtszustand* mit stabilen Marktanteilen ein.

▶ **Beispiel: Stabile Markanteile**
Die Marktanteile der Magazine aus dem vorhergehenden Beispiel pendeln sich langfristig auf feste, fixierte Werte ein. Berechnen Sie diese Anteile.

Lösung:
Der Vektor $\vec{v}$ mit den Koordinaten x, y, z sei der noch unbekannte *Verteilungsvektor der stabilen Marktanteile*.
Dann muß offenbar gelten: $M \cdot \vec{v} = \vec{v}$.
$\vec{v}$ wird als *Fixvektor* von M bezeichnet.

Wie berechnet man nun den Fixvektor?
Die Bedingung $M \cdot \vec{v} = \vec{v}$ führt auf ein lineares Gleichungssystem mit den Gleichungen I, II und III. Versucht man, es zu lösen, erkennt man: Es ist unterbestimmt.

Aber es gibt noch eine weitere, *versteckte Gleichung* IV: Die Summe der drei Marktanteile x, y und z muss 1 sein. Diese Gleichung füllt die Informationslücke.

Wir ersetzen nun Gleichung III, deren Information in den Informationen von I und II schon enthalten ist, durch Gleichung IV.

Das neue Gleichungssystem ist lösbar. Wir können es manuell oder mit dem GTR lösen. Die Lösung liefert die stabilen Marktanteile x = 34,7 %, y = 41,1 %, z = 24,2 %,
▶ die einen stationären Zustand darstellen.

Bedingung für stabile Marktanteile

$$\begin{pmatrix} 0,2 & 0,5 & 0,3 \\ 0,5 & 0,4 & 0,3 \\ 0,3 & 0,1 & 0,4 \end{pmatrix} \cdot \begin{pmatrix} x \\ y \\ z \end{pmatrix} = \begin{pmatrix} x \\ y \\ z \end{pmatrix}$$

Berechnung des Fixvektors

I   : $0,2\,x + 0,5\,y + 0,3\,z = x$
II : $0,5\,x + 0,4\,y + 0,3\,z = y$
III : $0,3\,x + 0,1\,y + 0,4\,z = z$
IV: $x + \quad y + \quad z = 1$

Vereinfachtes Gleichungssystem

$10 \cdot$ I   : $-8\,x + 5\,y + 3\,z = 0$
$10 \cdot$ II : $5\,x - 6\,y + 3\,z = 0$
     IV: $x + \quad y + \quad z = 1$

Lösung des Gleichungssystems
$x = 0,347, \; y = 0,411, \; z = 0,242$

Marktgleichgewicht/stabile Anteile
Magazin S: 34,7 %
Magazin F: 41,1 %
Nichtleser N: 24,2 %

Übung 1

Drei Firmen M, L und B teilen sich den Mineralwassermarkt einer Region. Bekannt sind das Übergangsverhalten der Käufer und die Anfangsverteilung der Marktanteile.
a) Stellen Sie eine Übergangstabelle auf.
b) Wie lautet die Übergangsmatrix M?
c) Berechnen Sie den Marktanteil nach einem Monat und nach drei Monaten.
d) Welche stabilen Markanteile bilden sich langfristig aus?

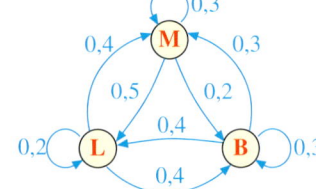

Marktanteile zu Beginn:
Minerva: 50 %
Lullus: 20 %
Bonifatius: 30 %

C. Theorie: Fixvektor, Grenzmatrix und Grenzverteilung

Im vorhergehenden Abschnitt wurde ein *stochastischer Prozess* untersucht. Auf dieser Seite systematisieren und präzisieren wir die dabei gemachten Erfahrungen.

Ein solcher Prozess ist durch seine *Zustände*, deren *Übergangswahrscheinlichkeiten* und den *Verteilungsvektor* gekennzeichnet. Die Übergangswahrscheinlichkeiten können im Übergangsgraphen - auch Prozessdiagramm genannt - oder in der Übergangsmatrix M dargestellt werden.

Diese Matrix M ist eine sog. *stochastische Matrix*. Das ist eine quadratische Matrix, deren Elemente reelle Zahlen zwischen 0 und 1 sind (Wahrscheinlichkeiten), und deren Spaltensummen alle gleich 1 sind.

Wir wissen, dass ein Übergang durch Multiplikation eines Verteilungsvektors $\vec{v}$ mit der Übergangsmatrix M beschrieben werden kann. Mit wachsender Zahl n von Übergängen stabilisiert sich der Verteilungsvektor $\vec{v}$ zunehmend und nähert sich einer *stationären Grenzverteilung* an.

Dabei spielt der sog. *Fixvektor* $\vec{v}$ der Übergangsmatrix M eine wichtige Rolle. Das ist ein Verteilungsvektor, der sich bei Multiplikation mit M nicht ändert.

Seine Bedeutung geht aus einem Satz hervor, der im Folgenden oft verwendet wird (Ein Beweis ist hier nicht möglich).

Definition XVI.4:
Stochastische Matrix
Eine Matrix $M = (a_{ij})$ bezeichnet man als *stochastische Matrix*, wenn gilt:

1. M ist eine quadratische Matrix.
2. Die Elemente vom M sind reelle Zahlen zwischen 0 und 1 ($0 \le a_{ij} \le 1$).
3. Alle Spaltensummen von M sind 1 ($a_{1j} + a_{2j} + \ldots + a_{nj} = 1$ für $1 \le j \le n$).

Verlauf eines Übergangsprozesses:

$$M \cdot \vec{a} = \vec{b}$$

Übergangs-   Anfangsver-   Folge-
matrix   teilung   verteilung

Grenzverteilung:

$$M^n \cdot \vec{v} = \vec{v} \quad \text{für } n \to \infty$$

Definition XVI.5:
Der Fixvektor von M
Ein Verteilungsvektor $\vec{v} \ne 0$ eines stochastischen Prozesses heißt *Fixvektor* der Übergangsmatrix M, wenn gilt:

$$M \cdot \vec{v} = \vec{v}.$$

Die durch $\vec{v}$ beschriebene Verteilung wird als *stationäre Verteilung* des Prozesses bezeichnet.

Satz XVI.1: Grenzmatrix und Fixvektor
M sei eine stochastische Matrix, deren Elemente alle positiv* sind. Dann gelten (1)–(4).

(1) Es gibt *genau einen* vom Nullvektor verschiedenen Fixvektor $\vec{v}$ von M.
(2) Die Matrixpotenzen M, M^2, M^3, … streben mit wachsendem Exponenten gegen die sog. Grenzmatrix M^∞.
(3) Die Spalten der Grenzmatrix M^∞ sind mit dem Fixvektor $\vec{v}$ identisch.
(4) Die Folgeverteilungen $\vec{v}_1 = M \cdot \vec{v}_0$, $\vec{v}_2 = M^2 \cdot \vec{v}_0$, $\vec{v}_3 = M^3 \cdot \vec{v}_0$, … streben für jede Anfangsverteilung $\vec{v}_0 \ne \vec{0}$ gegen den Fixvektor $\vec{v}$ von M. Es gilt $M^\infty \cdot \vec{v}_0 = \vec{v}$.

---

* Es reicht schon aus, wenn die Elemente *irgendeiner Matrixpotenz* M^k ($k \in \mathbb{N}$) positiv ($a_{ij} > 0$) sind.

Im folgenden Beispiel wenden wir Satz XVI.1 an, um seine Aussagen besser zu verstehen.

▶ **Beispiel: Stochastischer Prozess mit Grenzverteilung**
Die Abbildung zeigt den Übergangsgraphen eines stochastischen Prozesses.
a) Bestimmen Sie die Übergangsmatrix M.
b) Wie lautet der Fixvektor $\vec{v}$ von M?
c) Berechnen Sie die Matrixpotenzen M^2, M^3 und M^4.
d) Wie lautet die Grenzmatrix M^∞?
e) Nennen Sie eine mögliche Interpretation des Prozesses.

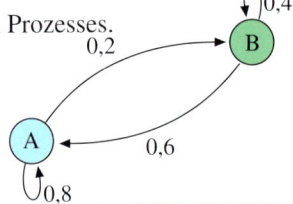

Lösung zu a:
Die Daten des *Übergangsgraphen* übertragen wir in eine Tabelle. Durch das Weglassen der Tabelleneingänge erhalten wir die Übergangsmatrix M. Sie enthält nur positive Elemente, so dass Satz XVI.1 gilt.

Übergangsmatrix:

nach \ von	A	B
A	0,8	0,6
B	0,2	0,4

$\Rightarrow M = \begin{pmatrix} 0,8 & 0,6 \\ 0,2 & 0,4 \end{pmatrix}$

Lösung zu b:
Der eindeutige Fixvektor $\vec{v}$ erfüllt die Gleichung $M \cdot \vec{v} = \vec{v}$. Daraus ergeben sich die Gleichungen I und II, die aber zur eindeutigen Lösung nicht ausreichen, wie wir schon wissen. Die Zusatzinformation, dass die Koordinatensumme des Verteilungsvektors $\vec{v}$ stets 1 ergibt, liefert Gleichung III. Nun lassen wir Gleichung II weg und lösen das (2; 2)-System aus I und III.
Resultat: Der Fixvektor $\vec{v}$ hat die Koordinaten x = 0,75 und y = 0,25.

Fixvektor:

$M \cdot \vec{v} = \vec{v}$

$\begin{pmatrix} 0,8 & 0,6 \\ 0,2 & 0,4 \end{pmatrix} \cdot \begin{pmatrix} x \\ y \end{pmatrix} = \begin{pmatrix} x \\ y \end{pmatrix}$

I : $0,8\,x + 0,6\,y = x$
II : $0,2\,x + 0,4\,y = y$
III: $\quad x + \quad y = 1$
Lösung: x = 0,75, $\Rightarrow \quad \vec{v} = \begin{pmatrix} 0,75 \\ 0,25 \end{pmatrix}$
$\qquad\qquad$ y = 0,25

Lösung zu c:
Durch Matrizenmultiplikation erhalten wir die gesuchten Potenzen. Einfacher ist die direkte Potenzierung von M mit dem GTR.

Matrixpotenzen:

$M^2 = \begin{pmatrix} 0,76 & 0,72 \\ 0,24 & 0,28 \end{pmatrix}, \quad M^3 = \begin{pmatrix} 0,752 & 0,744 \\ 0,248 & 0,256 \end{pmatrix}$

$M^4 = \begin{pmatrix} 0,7504 & 0,7488 \\ 0,2496 & 0,2512 \end{pmatrix}$

Lösung zu d:
Die Grenzmatrix können wir näherungsweise durch die Berechnung noch höherer Potenzen von M mit dem GTR bestimmen (M^{10}, M^{100} etc.)
Aber <u>einfacher</u> geht es nach Satz XVI.1 (3): Die Spalten der Grenzmatrix entsprechen alle dem Fixvektor $\vec{v}$.

Grenzmatrix:

$M^{10} = \begin{pmatrix} 0,75000003 & 0,74999992 \\ 0,24999997 & 0,25000007 \end{pmatrix} \approx \begin{pmatrix} 0,75 & 0,75 \\ 0,25 & 0,25 \end{pmatrix}$

$\vec{v} = \begin{pmatrix} 0,75 \\ 0,25 \end{pmatrix} \Rightarrow M^\infty = \lim_{n \to \infty} M^n = \begin{pmatrix} 0,75 & 0,75 \\ 0,25 & 0,25 \end{pmatrix}$

Lösung zu e:
Es kann sich um das Übergangsverhalten der Käufer zweier konkurrierender marktbeherrschender Produkte A und B handeln. Ganz unabhängig von den anfänglichen Marktanteilen pendeln sich die Marktanteile bei konstantem Übergangsverhalten auf 75 % für A und 25 % für B ein.

Übungen*

2. Stochastische Matrizen
Prüfen Sie, ob die Matrix M eine stochastische Matrix ist.

a) $M = \begin{pmatrix} 0 & 0,6 \\ 1 & 0,4 \end{pmatrix}$ b) $M = \begin{pmatrix} 0,4 & 0,7 \\ 0,6 & 0,2 \end{pmatrix}$ c) $M = \begin{pmatrix} 0,1 & 0,6 & 0 \\ 0,8 & 0,4 & 0,5 \\ 0,1 & 0 & 0,5 \end{pmatrix}$ d) $M = \begin{pmatrix} 0,4 & 0,3 & 0,2 \\ 0,2 & 0,3 & -0,1 \\ 0,4 & 0,3 & 0,7 \end{pmatrix}$

3. Die Übergangsmatrix
Rechts ist das Prozessdiagramm eines stochastischen Prozesses dargestellt. Es ist nicht ganz vollständig, denn es fehlen Übergangswahrscheinlichkeiten.
a) Vervollständigen Sie das Diagramm.
b) Stellen Sie die Übergangsmatrix M auf.

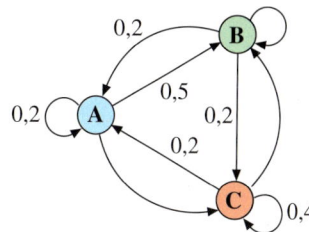

4. Potenzen der Übergangsmatrix
Ein stochastischer Prozess wird durch die abgebildete Übergangsmatrix M erfasst.
a) Zeichnen Sie das Prozessdiagramm.
b) Berechnen Sie die Potenz M^2 manuell.
   (Hinweis: $M^2 = M \cdot M$).
c) Berechnen Sie die Potenz M^3 mit Hilfe des GTR.
d) Welche anschauliche Bedeutung hat die erste Spalte der Matrix M^2? Welche Bedeutung haben die zweite und die dritte Spalte von M^2?

$$M = \begin{pmatrix} 0,3 & 0,5 & 0,2 \\ 0,6 & 0,4 & 0,0 \\ 0,1 & 0,1 & 0,8 \end{pmatrix}$$

5. Bedeutung des Startvektors
Das Diagramm beschreibt einen Prozess, bei dem sich eine Anzahl von Molekülen zwischen den Orten A, B und C bewegen.
a) Was bedeutet der Startvektor $\vec{v}_0$ anschaulich?

I: $\vec{v}_0 = \begin{pmatrix} 0,2 \\ 0,3 \\ 0,5 \end{pmatrix}$ II: $\vec{v}_0 = \begin{pmatrix} 1 \\ 0 \\ 0 \end{pmatrix}$ III: $\vec{v}_0 = \begin{pmatrix} 0 \\ 0 \\ 1 \end{pmatrix}$

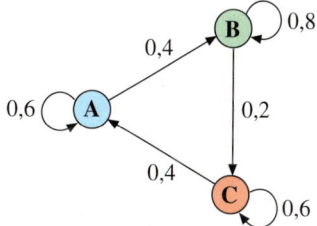

b) Berechnen Sie jeweils den Folgezustand $\vec{v}_1$ für die drei Startzustände aus a).

6. Die Grenzverteilung
Die Wildschweine haben als Revier die drei Waldstücke A, B und C. In jeder Nacht wechseln sie den Aufenthaltsort anhand des abgebildeten Übergangsgraphen. Zu Beginn verteilen sich die Tiere folgendermaßen: A: 30%, B: 60%, C: 10%.
Welche Verteilung auf die Standorte stellt sich langfristig ein? Berechnen Sie dazu mit dem GTR $M^n \cdot \vec{v}_0$ für einige große Werte von n.

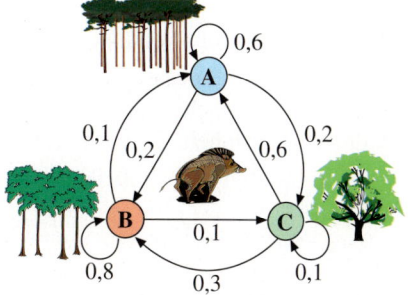

---

* Seite 557–559: Elementare Übungen, Seite 560–564: Anwendungsübungen, Seite 565: Abiturartige Übungen

7. Grenzmatrix

Bestimmen Sie angenähert die Grenzmatrix des stochastischen Prozesses mit der Übergangsmatrix M.

a) $M = \begin{pmatrix} 0,2 & 0,4 \\ 0,8 & 0,6 \end{pmatrix}$, $\vec{v}_0 = \begin{pmatrix} 0,3 \\ 0,7 \end{pmatrix}$ b) $M = \begin{pmatrix} 0,4 & 0,6 \\ 0,6 & 0,4 \end{pmatrix}$, $\vec{v}_0 = \begin{pmatrix} 1 \\ 0 \end{pmatrix}$ c) $M = \begin{pmatrix} 0,2 & 0,2 & 0,2 \\ 0,6 & 0,4 & 0,2 \\ 0,2 & 0,4 & 0,6 \end{pmatrix}$, $\vec{v}_0 = \begin{pmatrix} 0,2 \\ 0,5 \\ 0,3 \end{pmatrix}$

8. Übergangsprozesse und ihre stationäre Verteilung

Die unvollständigen Prozessdiagramme I. bis III. zeigen stochastische Übergangsprozesse.
a) Ergänzen Sie die noch fehlenden Übergangswahrscheinlichkeiten.
b) Stellen Sie das Prozessdiagramm tabellarisch dar. Wie lautet die Übergangsmatrix M?
c) Bestimmen Sie für den angegebenen Startvektor $\vec{v}_0$ die Folgeverteilungen $\vec{v}_1$, $\vec{v}_2$, $\vec{v}_3$.
d) Welche stationäre Verteilung $\vec{v}$ ergibt sich langfristig? Verwenden Sie den Ansatz $M \cdot \vec{v} = \vec{v}$.
e) Wie lautet die Grenzmatrix M^∞ des Prozesses?

I.

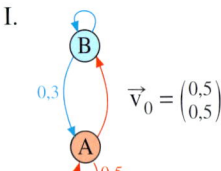

$\vec{v}_0 = \begin{pmatrix} 0,5 \\ 0,5 \end{pmatrix}$

II.

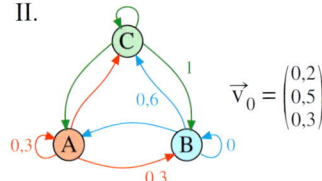

$\vec{v}_0 = \begin{pmatrix} 0,2 \\ 0,5 \\ 0,3 \end{pmatrix}$

9. Stabilisierung von Verteilungen

a) Bestimmen Sie die Übergangsmatrix M des dargestellten stochastischen Prozesses.
b) Berechnen Sie, ausgehend von der angegebenen Startverteilung $\vec{v}_0$, die Folgeverteilungen $\vec{v}_1$, $\vec{v}_2$ und $\vec{v}_3$.
c) Bestimmen Sie die Grenzmatrix M^∞ angenähert durch Potenzen von M, welche mithilfe des GTR berechnet werden.
d) Welche Grenzverteilung ergibt sich, ausgehend von der Startverteilung $\vec{v}_0$? Stellen Sie dies durch eine Näherungsrechnung mit dem GTR fest.
e) Geben Sie eine andere Startverteilungen $\vec{v}_0$ vor und untersuchenSie wie unter d), welche Grenzverteilungen sich nun ergibt. Was folgern Sie aus dem Ergebnis?

I.

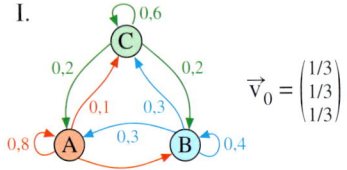

$\vec{v}_0 = \begin{pmatrix} 1/3 \\ 1/3 \\ 1/3 \end{pmatrix}$

II.

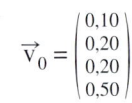

$\vec{v}_0 = \begin{pmatrix} 0,10 \\ 0,20 \\ 0,20 \\ 0,50 \end{pmatrix}$

10. Zukunft und Vergangenheit

Stochastische Prozesse, die durch eine stochastische Übergangsmatrix M und eine Startverteilung $\vec{v}_0$ festgelegt sind, gestatten eine Prognose in die Zukunft, aber keinen Rückblick in die Vergangenheit. Es kann sein, dass es keine Verteilung gibt, die zur Startverteilung hin führt. Die Startverteilung hat „keine Vergangenheit". Zeigen Sie dies für folgendes Beispiel.

$M = \begin{pmatrix} 0,8 & 0,2 \\ 0,2 & 0,8 \end{pmatrix}$, $\vec{v}_0 = \begin{pmatrix} 0 \\ 1 \end{pmatrix}$ Hinweis: Verwenden Sie den Ansatz $M \cdot \vec{v}_{-1} = \vec{v}_0$ mit $\vec{v}_{-1} = \begin{pmatrix} x \\ y \end{pmatrix}$

11. Stochastischer Prozess

Die Abbildung zeigt den Übergangsgraphen eines Prozesses. Fehlende Pfeile bedeuten, dass die entsprechende Übergangswahrscheinlichkeit 0 beträgt.

a) Bestimmen Sie die Übergangsmatrix M. Handelt es sich um eine stochastische Matrix?

b) Zeigen Sie durch Anwendung von Satz XVI.1: Es gibt einen eindeutigen Fixvektor $\vec{v}$ von M. Berechnen Sie dazu die Matrixpotenz M^2 und beachten Sie die Fußnote zu Satz XVI.1.

c) Berechnen Sie den Fixvektor $\vec{v}$ mithilfe des Ansatzes $M \cdot \vec{v} = \vec{v}$.

d) Berechnen Sie die Matrixpotenzen M^3 bis M^5.

e) Wie lautet die Grenzmatrix M^∞?

f) Welche Folgeverteilung ergibt sich nach einem Übergang bzw. nach 10 Übergängen, wenn folgende Startverteilung vorliegt:
A: 20%, B: 30%, C: 50%
Welche Grenzverteilung ergibt sich langfristig?

g) Geben Sie eine mögliche reale Interpretation des Prozesses an.

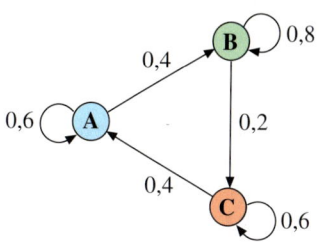

12. Fixvektoren/Satz XVI.1

Die Übergangsmatrix M eines stochastischen Prozesses sei eine Einheitsmatrix, d.h. eine Matrix, deren Hauptdiagonale nur Einsen enthält, während alle anderen Zellen Nullen enthalten. Rechts sind als Beispiele zwei Einheitsmatrizen aufgeführt.

a) Ist M eine stochastische Matrix?

b) Weshalb kann Satz XVI.1 in diesen Fällen nicht angewandt werden? Berechnen Sie dazu einige Matrixpotenzen von M. Beachten Sie die Fußnote zu Satz XVI.1.

c) Welche Fixvektoren $\vec{v}$ haben die Matrizen M? Verwenden Sie die Gleichung $M \cdot \vec{v} = \vec{v}$ und die gegebenen Ansätze für $\vec{v}$.

$$M = \begin{pmatrix} 1 & 0 \\ 0 & 1 \end{pmatrix} \qquad \text{Ansatz: } \vec{v} = \begin{pmatrix} x \\ y \end{pmatrix}$$
$$x + y = 1$$

$$M = \begin{pmatrix} 1 & 0 & 0 \\ 0 & 1 & 0 \\ 0 & 0 & 1 \end{pmatrix} \qquad \text{Ansatz: } \vec{v} = \begin{pmatrix} x \\ y \\ z \end{pmatrix}$$
$$x + y + z = 1$$

13. Fixvektoren/Stationäre Verteilungen

M sei die Übergangsmatrix eines stochastischen Prozesses. Bestimmen Sie einen Verteilungsvektor $\vec{v}$, der durch Multiplikation mit M nicht verändert wird, also einen Fixvektor. Lösen Sie die Aufgabe, ausgehend von der Gleichung $M \cdot \vec{v} = \vec{v}$ und der Annahme, dass die Summe der Elemente des Vektors $\vec{v}$ gleich 1 ist ($x + y = 1$ bzw. $x + y + z = 1$).

a) $M = \begin{pmatrix} 0,3 & 0,5 \\ 0,7 & 0,5 \end{pmatrix}$ b) $M = \begin{pmatrix} 0 & 1 \\ 1 & 0 \end{pmatrix}$ c) $M = \begin{pmatrix} 0,2 & 0,3 & 0,5 \\ 0,4 & 0,2 & 0,4 \\ 0,4 & 0,5 & 0,1 \end{pmatrix}$ d) $M = \begin{pmatrix} 0 & 0 & 1 \\ 1 & 0 & 0 \\ 0 & 1 & 0 \end{pmatrix}$

Andere Prozessse

14. **Urlaubsplanung**
    Im Übergangsgraphen rechts ist die Ur-
    laubsplanung der Deutschen dargestellt.
    Dabei bedeutet
    H: Urlaub zu Hause
    D: Urlaub in Deutschland
    A: Urlaub im Ausland
    Es wird angenommen, dass das Über-
    gangsverhalten langfristig konstant bleibt.
    a) Bestimmen Sie die Übergangsmatrix M.
    b) Die Verteilung im Jahr 2015 war:
       H: 25%, D: 40%, A: 35%.
       Mit welcher Verteilung können die
       Reiseveranstalter für 2016 rechnen?
    c) Berechnen Sie die Matrixpotenzen M^2,
       M^3 und M^4.
    d) Wie lautet die Grenzmatrix M^∞? Welche Grenzverteilung $\vec{v}$ ergibt sich?

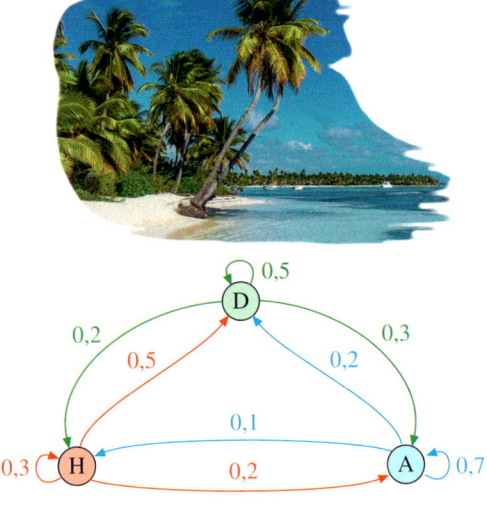

15. **Carsharing**
    Ein Carsharingunternehmen bietet seine
    Dienste in einer Großstadt an. Dazu wur-
    de das Stadtgebiet in drei Bereiche einge-
    teilt. Das Prozessdiagramm gibt an, wie
    sich die Verteilung der Autos auf die drei
    Bereiche A, B und C im Tagestakt ändert.
    a) Wie lautet die Übergangsmatrix M?

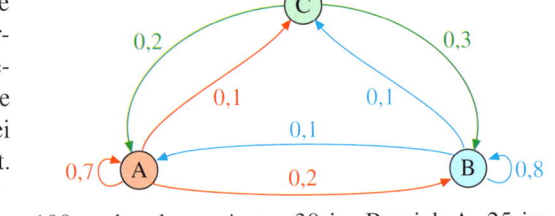

    b) An einem Tag befinden sich von den 100 vorhandenen Autos 30 im Bereich A, 25 im
       Bereich B und 45 im Bereich C. Mit welcher Verteilung ist am nächsten Tag zu rechnen?
    c) Wie lautet die Verteilung eine Woche später?
    d) Wie lautet die Grenzmatrix M^∞?
    e) Zeigen Sie, dass unabhängig von der Anfangsverteilung $\vec{v}_0$ der Autos sich immer dieselbe
       Grenzverteilung $\vec{v}$ einstellt.

16. **Shopping-Center**
    Drei Einkaufszentren A, B und C stehen den 50000 Kunden eines
    Gebietes zur Verfügung. Das monatliche Wechselverhalten wird durch
    die Übergangsmatrix M beschrieben.
    $$M = \begin{pmatrix} 0,86 & 0,03 & 0,07 \\ 0,09 & 0,91 & 0,05 \\ 0,05 & 0,06 & 0,88 \end{pmatrix}$$
    a) Ist M eine stochastische Matrix?
    b) Stellen Sie das Übergangsverhalten im Prozessdiagramm dar.
    c) Im Monat Mai hatte A 19000 Kunden, B hatte 15000 Kunden und C 16000 Kunden.
       Ermitteln Sie die Verteilungen für die nächsten drei Monate.
    d) Mit welcher Verteilung ist nach einem Jahr zu rechnen?
    e) Gibt es eine stationäre Verteilung, die sich beim angegebenen Wechselverhalten in den
       folgenden Monaten nicht ändert?

_____
* Die Übungen auf den folgenden Seiten sind typische zusammengesetzte Anwendungsübungen

17. Diffusion

Ein Behälter enthält insgesamt 36 Mio. Teilchen. Eine durchlässige Membran teilt ihn in zwei Bereiche A und B. Im Sekundentakt diffundieren 20% der Teilchen, die sich gerade im Bereich A befinden, durch die Membran nach B. Gleichzeitig diffundieren 10% der Teilchen von B nach A. Zu Beginn des Prozesses befinden sich 27 Mio. Teilchen in A und 9 Mio. Teilchen in B.

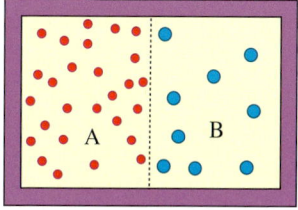

a) Stellen Sie den Übergangsgraphen dar. Wie lautet die Übergangsmatrix M?
b) Untersuchen Sie die kurzfristige Entwicklung der Teilchenzahlen in A und in B.
c) Welche Teilchenzahlen stellen sich langfristig ein?
d) Welche langfristige Entwicklung ergibt sich, wenn sich zu Beginn alle 36 Mio. Teilchen im Bereich A befinden? Welches Ergebnis erhält man langfristig, wenn sich zu Beginn alle Teilchen im Bereich B aufhalten?

18. Wahlen

In einem Land gibt es drei politische Parteien. Der abgebildete Graph zeigt das Wechselverhalten der Wähler bei den monatlichen Umfragen ein Jahr vor der nächsten Wahl.

a) Vervollständigen Sie den Übergangsgraphen.
b) Stellen Sie die Übergangsmatrix M auf.
c) Die Umfrageergebnisse der Parteien betragen aktuell: A: 25%, B: 35%, C: 40%. Welche Stimmenanteile ergeben sich im nächsten Monat bzw. in zwei Monaten, wenn das Wechselverhalten sich nicht ändert?
d) Welche Prognose ergibt sich für die Wahl in zwölf Monaten? Wie realistisch ist eine solche Prognose?
e) Welche Wahlprognose ergäbe sich bei der Ausgangslage A: 5%, B: 35%, C: 60%?

19. Adler oder Engel

Vier Münzen liegen in einer Reihe. Bei allen liegt Adler oben.

Nun wird im Sekundentakt jeweils eine Münze zufällig ausgewählt und umgedreht. Auf diese Weise können Zustände entstehen, bei denen 0 bis 4 Engel oben liegen.

a) Vervollständigen Sie den folgenden Übergangsgraphen durch Eintragen der Übergangswahrscheinlichkeiten. Die Zahlen stehen jeweils für die Anzahl der obenliegenden Engel.

b) Stellen Sie die Übergangsmatrix M auf. Handelt es sich um eine stochastische Matrix? Wie lautet der Startvektor $\vec{v}_0$?
c) Bestimmen Sie die Folgeverteilungen $\vec{v}_1$, $\vec{v}_2$, $\vec{v}_3$, $\vec{v}_{11}$, $\vec{v}_{12}$, $\vec{v}_{13}$, $\vec{v}_{14}$. Was fällt Ihnen auf?
d) Mit welcher Wahrscheinlichkeit liegt nach 10 Sekundentakten genau ein Engel oben?
e) Zeigen Sie mithilfe des GTR angenähert, dass es keine eindeutige Grenzmatrix M^{∞} gibt.

20. Idyll

In einem Naturschutzgebiet gibt es Teile, die mit Wiese, Gestrüpp und Sumpf bedeckt sind. Jährlich geht ein Teil des Wiesenlandes in Gestrüpp über, Sumpf wird zu Wiese usw. Die Tabelle zeigt die jährlichen Übergangswahrscheinlichkeiten.

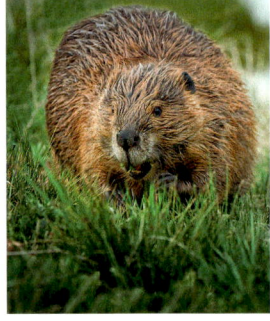

a) Begründen Sie: Die Übergangsmatrix M ist eine stochastische Matrix.

b) Die Startanteile lauten: W: 60 %, G: 30 %, S: 10 %. Welche Anteile findet man nach einem Jahr, nach zwei Jahren, nach fünf Jahren?

von\nach	W	G	S
W	0,7	0,2	0,2
G	0,2	0,8	0,0
S	0,1	0,0	0,8

c) Welche Anteile sind langfristig zu erwarten, wenn die Übergänge konstant bleiben?

d) Durch Mähen der Wiesen wird der Übergang zu Gestrüpp auf 10 % verringert. Durch Bewässerungsmaßnahmen wird das Umwandeln des Sumpfes in Wiese ebenfalls auf 10 % verringert. Wie entwickelt sich das Gebiet nun nach 5 Jahren bzw. nach 10 Jahren bzw. langfristig? Interpretieren Sie das Ergebnis anschaulich.

21. Banken

Drei Bankhäuser konkurrieren um ihre Kunden. Der Übergangsgraph zeigt die jährlichen Kundenströme.

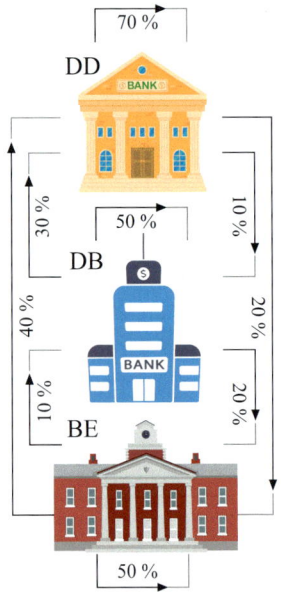

a) Stellen Sie die Übergangstabelle und die Übergangsmatrix M auf.

b) Die aktuellen Marktanteile lauten: DD: 43 %, DB: 22 %, BE: 35 %. Wie lauten die Anteile in einem Jahr, in drei Jahren, in 5 Jahren? Welche Vermutung liegt nahe?

c) Wie lauten die stabilen Anteile, auf die sich der Markt langfristig einpegelt?

d) Wie würde sich das Ergebnis von c) ändern, wenn es der BE durch Sofortmaßnahmen gelänge, ihre Kundenabgänge jeweils zu halbieren?

e) Zeigen Sie, dass die Marktanteile vor einem Jahr folgendermaßen lauteten: DD: 20 %, DB: 30 %, BE: 50 %.

f) Die BE geht pleite. Dadurch steigen die Marktanteile von DD und DB auf 60 % bzw. 40 %. Die Markentreue der Kunden von DD und DB bleibt unverändert. Lösen Sie die Fragestellungen a) bis c) nun für die neue Konstellation.

22. Restaurant

Das Restaurant LaFille verliert monatlich 30 % der Stammkunden an das Restaurant McHunger. 70 % der Kunden bleiben. Umgekehrt verliert McHunger 20 % an LaFille, 80 % bleiben.

a) Lafille hat aktuell 60 Stammgäste, McHunger 40. Wie lauten die Gästeanteile im Folgemonat? Welche Aufteilung ergibt sich langfristig?

b) Sechs Monate später eröffnet das Restaurant PizAria in der Nähe. Es nimmt den Alteingesessenen jeweils 10 Prozentpunkte ihrer Stammgäste aus deren Bleiberquote. PizAria hält 60 % seiner Gäste, verliert aber 10 % an LaFille und 30 % an McHunger. Welche Verteilung ergibt sich nun langfristig? Wer ist von der Neueröffnung stärker betroffen?

23. Farbwechsel

In der Landwirtschaftlichen Versuchsanstalt Eichhof werden auf einem Feld rote, gelbe und blaue Blumen gezüchtet (R, G, B), die eine erstaunliche Eigenschaft haben. Sie können bei jedem Generationenwechsel ihre Farbe wechseln. Eine Auszählung ergibt, dass der Farbwechsel nach der abgebildeten Tabelle erfolgt.

nach \ von	R	G	B
R	0,5	0,2	0,3
G	0,2	0,6	0,3
B	0,3	0,2	0,4

a) Erläutern Sie das Übergangsverhalten. Stellen Sie die Übergangsmatrix M auf. Welche Eigenschaften hat eine stochastische Matrix? Begründen Sie, dass M eine solche Matrix ist.

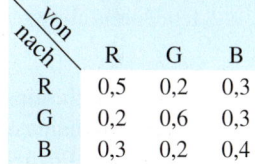

b) Anfangs lag folgende Verteilung vor: R: 50 %, G: 30 %, B: 20 %.
Berechnen Sie die Verteilung in den beiden Folgegenerationen.

c) Welche Verteilung der Farben R, G, B stellt sich langfristig ein? (Hinweis: Berechnen Sie den Fixvektor von M)

d) In einer bestimmten Generation gilt:
ROT: 35 %, GELB: 35 %, BLAU: 30 %.
Zeigen Sie, dass 2 Jahre zuvor folgende Verteilung vorlag:
ROT: 60 %, GELB: 20 %, BLAU: 20 %.

e) Nach einiger Zeit ändern die gelben Blumen plötzlich ihr Übergangsverhalten. Sie behalten beim Generationenwechsel ihre Farbe nur noch in 20 % der Fälle. Zur roten Farbe wechseln sie überhaupt nicht mehr. Stellen Sie die neue Übergangsmatrix N auf. Ist die Befürchtung gerechtfertigt, dass die gelben Blumen ganz vom Feld verschwinden könnten?

24. Umfüllen

In einem Behälter C befindet sich 1 Liter Cola, in einem zweiten Behälter E 1 Liter Eiswasser.
Aus C werden 30% des Inhalts in Glas I gegossen. Aus E werden 50% des Inhalts in Glas II
gefüllt. Anschließend wird Glas I in die Eiswasserflasche und Glas II in die Colaflasche zu-
rückgegossen. Dann wird der Prozess mehrfach durchgeführt.

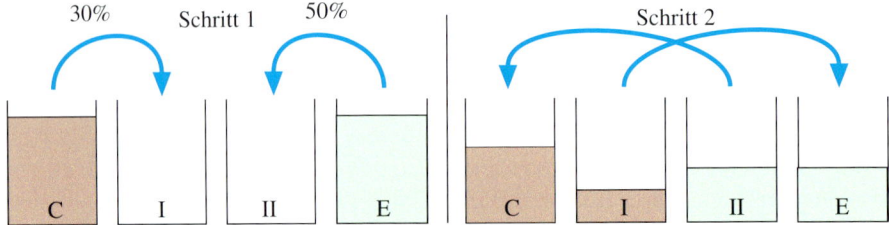

a) Zeichnen Sie den Übergangsgraphen für die Volumina von C und E. Wie lautet die Übergangsmatrix M?
b) Welche Füllmenge hat Behälter C nach der ersten, der zweiten und der dritten Durchführung?
c) Welcher Füllmenge nähert sich Behälter C langfristig?
d) Wie groß ist die Colamenge in Behälter C nach der ersten bzw. der zweiten bzw. der dritten Durchführung? Welche Colamenge stellt sich langfristig in Behälter C ein?

25. Kolibris/Populationsdynamik

Eine Kolibrikolonie entwickelt sich im Zweijahrestakt in drei Gruppen:
Jungvögel (J), Erwachsenenstadium mit Reproduktion (E) und Altvögel (A).
Dabei gelten folgende populationsdynamischen Regeln:
50% der Jungtieren erreichen nach einem Takt das Erwachsenenstadium (Achtung, Katze!)
80% der erwachsenen Vögel überleben einen Takt und erreichen so das Altvogelstadium.
Die erwachsenen Vögel erreichen innerhalb eines Taktes eine Nachwuchsrate von 60% ihres
Bestandes. 40% der Altvögel sterben innerhalb eines Taktes.

a) Ergänzen Sie die fehlenden Übergangswahrscheinlichkeiten am abgebildeten
Übergangsgraphen.

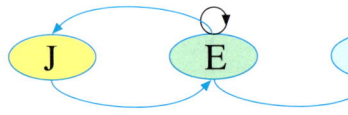

b) Stellen Sie die Übergangsmatrix M auf. Zeigen Sie: M ist keine stochastische Matrix.
c) Wie entwickelt sich die Kolonie im Verlauf von drei Jahren, wenn zu Beginn folgende
Anfangsverteilung vorliegt? J: 40 Vögel, E: 100 Vögel, A: 60 Vögel.
Wie entwickelt sich die Gesamtzahl der Vögel in der Kolonie in diesem Zeitraum?
d) Vogelfreunde sichern die Eier besser gegen Feinde ab, so dass die Nachwuchsrate von 60%
(0,60) auf 210% (2,10) steigt. Zeigen Sie, dass die Population nun langfristig nahezu unbegrenzt wächst.
e) Zeigen Sie, dass sich beim Einstellen der Nachwuchsrate auf 200% (2,00) langfristig eine
relativ stabile Situation einstellt, bei der die Population weder ausstirbt noch unbegrenzt
wächst. Beschreiben Sie diese Situation genauer.
f) Untersuchen Sie, welche Populationsdynamik sich ergibt, wenn man die erwachsenen
Vögel so schützt, dass sie diese Entwicklungsphase vollzählig überstehen und gleichzeitig
ihre Reproduktionsrate durch Nestschutz auf 1,25 bringt, während man die verbleibenden
Altvögel am Ende der Zweijahresperiode einfängt und verkauft.

Abiturähnliche Fragestellungen

26. Literaturverein

Ein Literaturverein teilt seine 1500 Gründungsmitglieder in drei Gruppen ein. Gruppe K hat im Jahr 2014 keine Lesung des Vereins besucht, Gruppe E hat eine Lesung und Gruppe V hat mehr als eine Lesung besucht. Der Graph zeigt das Übergangsverhalten der Mitglieder zwischen den Gruppen in den letzten Jahren an.

a) Wie lautet die Übergangsmatrix M? Ist sie stochastisch?

b) Im Jahr 2014 entfielen 800 Mitglieder auf Gruppe K, 400 auf E und 300 auf V. Stellen Sie einen Startvektor $\vec{v}_0$ auf, der diese Anfangsverteilung repräsentiert. Welche Folgeverteilungen ergeben sich damit für die Jahre 2017 bis 2021? Welche langfristige Verteilung würde sich einstellen, wenn das Übergangsverhalten konstant bliebe? Beurteilen Sie die Relevanz der Ergebnisse.

c) Eine Umfrage deutet darauf hin, dass ab 2017 mit einer Änderung des Übergangsverhaltens zu rechnen ist. Es soll ab diesem Jahr durch die Matrix N erfasst werden. Geben Sie die Veränderungen im Verhalten der Mitglieder an. Wie wirkt sich das auf die Prognose für das Jahr 2021 aus?

$$N = \begin{pmatrix} 0,5 & 0,2 & 0,3 \\ 0,3 & 0,4 & 0,3 \\ 0,2 & 0,4 & 0,4 \end{pmatrix}$$

d) Die Vereinsführung will durch vereinsinterne Werbemaßnahmen im laufenden Jahr 2014 erreichen, dass ab sofort nur noch 10% der Mitglieder aus Gruppe K auch im Folgejahr keine Lesung besuchen. Begründen Sie, dass dann die rechts dargestellte Matrix T das Übergangsverhalten beschreibt.

$$T = \begin{pmatrix} 0,1 & 0,1 & 0,1 \\ t & 0,5 & 0,3 \\ 0,9-t & 0,4 & 0,6 \end{pmatrix}$$

e) Welchen Wert hat der noch unbekannte Parameter t aus d), wenn sich Ende 2015 zeigt, dass im Laufe dieses Jahres genau 610 Mitglieder an exakt einer Lesung teilgenommen haben?

27. Baumärkte

Die drei Baumärkte B, H und O einer Stadt konkurrieren um die Kunden. Die Matrix M zeigt das monatliche Übergangsverhalten der Kunden an.

$$M = \begin{pmatrix} 0,8 & 0,2 & 0,2 \\ 0,1 & 0,6 & 0,3 \\ 0,1 & 0,2 & 0,5 \end{pmatrix}$$

a) Zeichnen Sie den Übergangsgraphen.

b) Im Mai kauften 50% bei B, 30% bei H und 20% bei O. Welche Prozentanteile ergeben sich für Juni, Juli und Dezember?

c) Berechnen Sie M^5 und interpretieren sie das Element in der zweiten Zeile und der ersten Spalte im Sachzusammenhang.

d) Welche Bedeutung hat die Tatsache, dass die Spaltensummen der Matrix M alle gleich 1 sind, im Sachzusammenhang?

e) Bestimmen Sie eine stabile Verteilung der Käufer auf die drei Märkte, welche sich von einem Monat zum nächsten Monat nicht ändert.
Was bedeutet das in Bezug auf das langfristige Käuferverhalten?

f) Baumarkt O vernachlässigt seinen Service. Er verliert daher weitere Kunden an die Konkurrenz. Die Anzahl der Käufer ändert sich in einem Monat von (20000|15000|10000) auf (22000|18000|5000). Alle anderen Übergangswahrscheinlichkeiten bleiben gleich. Wie lautet die neue Übergangsmatrix?

D. Prozesse mit absorbierenden Zuständen

Es gibt stochastische Prozesse, bei denen bestimmte Zustände nach ihrem Erreichen nicht mehr verlassen werden können. Im Gegensatz zu den meisten Prozessen aus dem vorhergehenden Abschnitt ist dann die Grenzverteilung vom Startvektor abhängig.

BLACKHOLE

▶ **Beispiel: Spiel**
Bei dem Spiel Blackhole besitzt der Spieler zu Beginn einen Euro. Er wirft bei jedem Zug eine Münze. Kommt Kopf, erhält er einen Euro und rückt eine Position nach rechts.
Bei Zahl muss er einen Euro abgeben und eine Position nach links rücken. Erreicht er Position 1 (Black Hole), hat er verloren, Erreicht er Position 5 (Erde), hat er gewonnen.

a) Zeichnen Sie den Übergangsgraphen und stellen Sie die Übergangsmatrix M auf.

b) Welche Gewinnchancen hat der Spieler, wenn er auf der Startposition 2 beginnt?

c) Wie ändern sich seine Gewinnchancen, wenn er auf Position 3 startet?

d) X sei das Geldvermögen des Spielers am Ende des Spiels. Wie groß ist der Erwartungswert von X beim Start von Position 2? Ist das Spiel in diesem Fall fair?

Lösung zu a:
Das Prozessdiagramm, d. h. der Übergangsgraph, besitzt fünf Zustände, die den möglichen Positionen des Spielers entsprechen. Die Übergangswahrscheinlichkeiten zwischen den Zuständen 2 und 3 bzw. 3 und 4 sind jeweils 0,5. Hat man Zustand 1 erreicht, gibt es kein Entkommen mehr. Die Übergangswahrscheinlichkeit dieses Zustandes zu sich selbst wird daher 1 gesetzt. Genauso ist es bei Zustand 5, allerdings aus erfreulicherem Grund. Nicht eingezeichnete Pfeile bedeuten, dass die Übergangswahrscheinlichkeit 0 ist.

Aus dem Prozessdiagramm entwickeln wir wie üblich die Übergangsmatrix M. Es ist eine stochastische Matrix.

Die Zustände 1 und 5 bezeichnet man als *absorbierende Zustände*. Die Zustände 2 bis 4 heißen *innere Zustände*.

Lösung zu b:
Beim Starten auf Position 2 hat der Start
▼ vektor $\vec{v}_0$ die Koordinaten 0, 1, 0, 0, 0.

Übergangsgraph

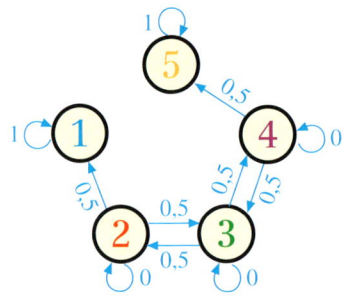

Übergangsmatrix

$$M = \begin{pmatrix} 1 & 0,5 & 0 & 0 & 0 \\ 0 & 0 & 0,5 & 0 & 0 \\ 0 & 0,5 & 0 & 0,5 & 0 \\ 0 & 0 & 0,5 & 0 & 0 \\ 0 & 0 & 0 & 0,5 & 1 \end{pmatrix}$$

Anfangsverteilung/Startvektor
bei Start an Position 2

$$\vec{v}_0 = \begin{pmatrix} 0 \\ 1 \\ 0 \\ 0 \\ 0 \end{pmatrix}$$

Wir könnten nun mühselig die Folgezustände berechnen: $\vec{v}_1 = M \cdot \vec{v}_0$, $\vec{v}_2 = M \cdot \vec{v}_1$ usw. Sinnvoller ist es, mit Hilfe einer Matrixpotenz gleich $\vec{v}_{100}$ oder $\vec{v}_{1000}$ zu berechnen. Mit dem GTR ist das möglich. Das Resultat ist rechts dargestellt.

Die Wahrscheinlichkeit, im schwarzen Loch zu enden, beträgt beim Start in Position 2 ganze 75 %, und nur 25 % verbleiben für den Gewinn des Spieles.

$$\vec{v}_{1000} = M^{1000} \cdot \vec{v}_0 = \begin{pmatrix} 0{,}75 \\ 0 \\ 0 \\ 0 \\ 0{,}25 \end{pmatrix}$$

Für die Startposition 2 gilt:
P(Spiel wird verloren)   = 0,75
P(Spiel wird gewonnen) = 0,25

Lösung zu c:

Wir könnten diesen Aufgabenteil in Analogie zu Teil b lösen. Wir können aber auch die Grenzmatrix M^∞ des Prozesses berechnen, zumindest angenähert. Dazu bilden wir mit dem GTR eine hohe Potenz von M, also z. B. M^{100} oder gleich M^{1000}.

Wir erhalten eine Grenzmatrix, die unterschiedliche Spaltenvektoren hat. Es gibt also keinen eindeutigen Fixvektor mehr. Die Grenzverteilung ist vom Startzustand abhängig.

Wir erkennen, das die Spaltenvektoren der Grenzmatrix die Endverteilungsvektoren der Startpositionen 1 bis 5 sind.

Die gesuchte Endverteilung für Startposition 3 führt zu ausgeglichenen Chancen: Sieg und Niederlage stehen auf 50 zu 50.

Grenzmatrix M^∞ des Prozesses

$$M^\infty \approx M^{1000} = \begin{pmatrix} 1 & 0{,}75 & 0{,}5 & 0{,}25 & 0 \\ 0 & 0 & 0 & 0 & 0 \\ 0 & 0 & 0 & 0 & 0 \\ 0 & 0 & 0 & 0 & 0 \\ 0 & 0{,}25 & 0{,}5 & 0{,}75 & 1 \end{pmatrix}$$

Start in Pos. 5
Start in Pos. 4
Start in Pos. 3
Start in Pos. 2
Start in Pos. 1

Für die Startposition 3 gilt:
P(Spiel wird verloren)   = 0,50
P(Spiel wird gewonnen) = 0,50

Lösung zu d:

Das Geldvermögen des Spielers beträgt zu Beginn 1 €. Verliert er (75 % Wahrscheinlichkeit), steht er am Ende auf Position 1 und hat einen Schritt mehr nach links gemacht als nach rechts. Also hat er dann 0 €. Gewinnt er (Wahrscheinlichkeit 25 %), steht er am Ende auf Position 5. Er hat dann 4 Euro. Der Erwartungswert beträgt 1 €, wie schon zu Beginn. Das Spiel ist dann fair.

Erwartungswert für das Geldvermögen:

X: Geldvermögen des Spielers

Spielbeginn: X = 1 €

Spielende: $E(X) = 4 \cdot 0{,}25 + 0 \cdot 0{,}75 = 1$ €

Ausblick: Prozesse mit absorbierenden Zustanden können zur Modellierung von Spielen und in der Populationsdynamik eingesetzt werden. Der Prozesstakt entspricht dabei dem Spielzug bzw. dem Generationenwechsel. Absorbierende Zustände sind der Sieg und die Niederlage im Spiel bzw. das Aussterben einer Population in der Populationsdynamik.

Übung 28 Würfelspiel

Das Spielfeld besteht aus fünf Feldern. Die
Spielfigur befindet sich auf einem dieser
Felder. Das Ergebnis eines Würfelwurfes
entscheidet, wie sich die Spielfigur bewegt.

1:     Die Spielfigur bewegt sich ein Feld nach links.
6:     Die Spielfigur bewegt sich ein Feld nach rechts.
2–5: Die Spielfigur bleibt auf dem aktuellen Feld stehen.

Erreicht die Spielfigur das Feld 1 oder das Feld 5, so ist sie gefangen und das Spiel ist zu Ende.

a) Bestimmen Sie die Übergangsmatrix M.
b) Die Spielfigur startet auf Feld Nr. 3. Wie lautet die Anfangsverteilung?
c) Wie lautet die Verteilung nach zwei Spielzügen?
d) Wie lautet die Verteilung nach zehn Spielzügen?
e) Welche Grenzverteilung ergibt sich?
f) Welche Grenzverteilung $\vec{v}$ ergibt sich, wenn der Spielstein zu Beginn auf Feld Nr. 2 steht?
g) Welche Grenzverteilung $\vec{v}$ ergibt sich, wenn der Spielstein zu Beginn auf Feld Nr. 4 steht?
h) Wie lautet die Grenzmatrix M^∞?

Übung 29 Glücksrad

Das nebenstehende Glücksrad (Sektoren
ROT: 120°, GRÜN: 240°) wird gedreht. Der
Einsatz pro Dreh beträgt 1 €.

Steht nach dem Drehen der Zeiger auf ROT,
so erhält der Spieler 2 €. Sein Gewinn beträgt 1 €. Steht der Zeiger auf GRÜN, so ist
der Einsatz verloren.

Das Spiel endet, wenn der Spieler entweder
4 € erreicht oder kein Geld mehr hat.

a) Erstellen Sie ein Prozessdiagramm.
b) Wie lautet die Übergangsmatrix M?
c) Der Spieler beginnt mit 3 €. Wie lautet die Verteilung des Spielers auf die verschiedenen
   Vermögenszustände (seine Aufenthaltswahrscheinlichkeit) nach dem ersten Dreh? Wie lautet
   die langfristige Entwicklung?
d) Der Spieler startet mit 2 €. Wie lautet die Verteilung nach dem zweiten Dreh? Welche langfristige Entwicklung kann der Spieler jetzt erwarten?
e) Der Spieler besitzt nur einen Euro. Wie lautet die Verteilung nach dem fünften Dreh? Welche
   langfristige Entwicklung erwartet der Spieler nun?
f) Wie lautet die Grenzmatrix M^∞?
g) Formulieren Sie ein zusammenfassendes Ergebnis, indem Sie die Ergebnisse der Aufgaben-
   teile c) bis f) miteinander vergleichen.

Übung 30 Ameisenfalle

Eine Ameise wandert im festen Zeittakt
zwischen den Positionen 1 und 5.
1, 2 und 3 sind Ameisenhaufen, 4 und 5
sind Fallen der Ameisenbären.
Einmal dort in die Falle gegangen, gibt es
kein Entkommen mehr.

a) Bestimmen sie die Übergangsmatrix M
   des Prozesses.
b) Mit welcher Wahrscheinlichkeit übersteht die
   Ameise die ersten drei Übergänge, wenn sie in
   Position 1 startet? Mit welcher Wahrscheinlichkeit
   gelingt ihr dies, wenn sie in Position 2 startet?
c) Bestimmen Sie angenähert die Wahrscheinlichkeiten, mit denen die Ameise vom Bären in
   Falle 4 bzw. vom Bären in Falle 5 gefangengenommen wird, wenn sie in Position 1 startet?
d) Berechnen Sie mit dem GTR die Matrixpotenz M^{2000} und interpretieren Sie deren Spalten.

Übung 31 Kühne Strategie

Ein Spieler nimmt an einem Spiel teil, bei dem man seinen Einsatz
pro Zug frei wählen kann. Es wird eine Münze geworfen. Man verliert
den Einsatz bei Zahl und erhält das Doppelte zurück bei Kopf.
Der Spieler besitzt 2 Euro und hat das Ziel, 10 Euro zu erreichen.
Er hat folgende Strategie: Solange sein Besitz 5 Euro nicht überschreitet, setzt er sein ganzes
Geld. Hat er mehr als 5 Euro, so setzt er exakt den noch fehlenden Differenzbetrag zu 10 Euro.
Das Spiel ist zu Ende, wenn er alles verloren hat oder 10 Euro erreicht hat.

a) Man kann als Zustände die erreichbaren Eurobeträge verwenden. Ergänzen Sie das folgende
   Diagramm zu einem passenden Prozessdiagramm, indem Sie die möglichen Pfeile und die
   Übergangswahrscheinlichkeiten eintragen. Denken Sie auch an die Wahrscheinlichkeiten, mit
   welchen ein Zustand zu sich selbst übergeht. Ist kein Übergang möglich, kann auf den Pfeil
   verzichtet werden.

b) Stellen Sie die Übergangsmatrix M auf. Wie lautet die Startverteilung $\vec{v}_0$?
c) Berechnen Sie die Folgeverteilungen $\vec{v}_1$, $\vec{v}_2$, $\vec{v}_3$, $\vec{v}_4$ und $\vec{v}_{10}$.
d) Wie groß ist die Wahrscheinlichkeit, spätestens im zweiten Zug zu verlieren?
   Wie wahrscheinlich ist es, spätestens im dritten Zug zu verlieren?
   Hinweis: Verwenden Sie ein Baumdiagramm.
e) Welche Zugzahl benötigt man für den Gewinn im Spiel am wahrscheinlichsten?
f) Bestimmen Sie die Grenzverteilung $\vec{v}$ und interpretieren Sie diese Verteilung.
g) Berechnen Sie die Grenzmatrix M^{∞} und interpretieren Sie deren Spalten.
h) Ist das Spiel fair, wenn der Spieler mit 2 Euro startet?
   Wie ist die Lage bei einem Start mit 8 Euro?
i) Welche Siegchance hat der Spieler, wenn er seine Strategie ändert und stets 2 Euro setzt?

Überblick

Matrix

Eine $(m \times n)$-Matrix $A = (a_{ij})$ ist ein rechteckiges Zahlenschema mit m Zeilen und n Spalten. Die Elemente werden mit a_{ij} bezeichnet. Dabei gibt i die Zeile und j die Spalte an, in der das Element steht.

$$A = (a_{ij}) = \begin{pmatrix} a_{11} & \cdot & a_{1j} & \cdot & a_{1n} \\ \cdot & \cdot & \cdot & & \cdot \\ a_{i1} & \vdots & a_{ij} & \vdots & a_{in} \\ \cdot & \cdot & \cdot & & \cdot \\ a_{m1} & \cdot & a_{mj} & \cdot & a_{mn} \end{pmatrix}$$

Spalte J — Zeile i

Rechnen mit Matrizen

Addition und Subtraktion

Matrizen gleicher Ordnung (Zeilenzahlen und Spaltenzahlen stimmen überein) können addiert und subtrahiert werden. Dies geschieht jeweils elementeweise.

$$\begin{pmatrix} 1 & 1 & 2 \\ 2 & 2 & 3 \end{pmatrix} + \begin{pmatrix} 2 & 2 & 5 \\ 4 & 4 & 6 \end{pmatrix} = \begin{pmatrix} 3 & 3 & 7 \\ 6 & 6 & 9 \end{pmatrix} \qquad \begin{pmatrix} 3 & 2 \\ 1 & 3 \\ 1 & 4 \end{pmatrix} - \begin{pmatrix} 2 & 1 \\ 0 & 3 \\ 4 & 2 \end{pmatrix} = \begin{pmatrix} 1 & 1 \\ 1 & 0 \\ -3 & 2 \end{pmatrix}$$

Vervielfachung

Man kann eine Matrix mit einer reellen Zahl multiplizieren. Dies geschieht elementeweise.

$$3 \cdot \begin{pmatrix} 1 & 1 & 2 \\ 2 & 2 & 3 \end{pmatrix} = \begin{pmatrix} 3 & 3 & 6 \\ 6 & 6 & 9 \end{pmatrix}$$

Multiplikation

Matrizen kann man multiplizieren, wenn die Spaltenzahl der ersten Matrix mit der Zeilenzahl der zweiten Matrix übereinstimmt.
Sei $C = A \cdot B$. Dann gilt: Das Element c_{ij} des Produktes C ist das Skalarprodukt der Zeile i von A mit der Spalte j von B.

$$\begin{pmatrix} 1 & 1 & 2 \\ 2 & 2 & 3 \end{pmatrix} \cdot \begin{pmatrix} 4 & 6 & 4 & 5 \\ 4 & 6 & 7 & 5 \\ 5 & 7 & 8 & 6 \end{pmatrix} = \begin{pmatrix} 18 & 26 & 27 & 22 \\ 31 & 45 & 46 & 38 \end{pmatrix}$$

Potenzierung

Quadratische Matrizen kann man potenzieren. Die Potenzierung wird durch wiederholte Multiplikation realisiert. Schritt für Schritt wird eine Potenz nach der anderen entwickelt.

$M^2 = M \cdot M$, $M^3 = M \cdot M^2$, $M^4 = M \cdot M^3 \ldots$

Manuell erfordert die Berechnung der Potenz M^n insgesamt $n - 1$ Matrizenmultiplikationen.
Mit Hilfe des GTR kann die Potenz M^n direkt in einem einzigen Schritt berechnet werden.

Stochastischer Prozess	Ein stochastischer Prozess verläuft getaktet und zufallsgesteuert. Er wird durch einen **Übergangsgraphen** (Prozessdiagramm) beschrieben, der die im Prozess auftretenden Zustände und die Übergangswahrscheinlichkeiten zwischen den Zuständen enthält. Der Prozess wird mit einem **Startvektor** begonnen, der die Zustandswahrscheinlichkeiten zu Beginn des Prozesses enthält. Die Informationen des Übergangsgraphen können vollständig in der **Übergangsmatrix** M abgelegt werden.

Übergangsgraph
Übergangsmatrix
Startvektor

Übergangsgraph

Übergangsmatrix
$$M = \begin{pmatrix} 0{,}8 & 0{,}6 \\ 0{,}2 & 0{,}4 \end{pmatrix}$$

Startvektor
$$\vec{v}_0 = \begin{pmatrix} 0{,}7 \\ 0{,}3 \end{pmatrix}$$

Stochastische Matrix	Die Übergangsmatrix M ist oft eine sog. **stochastische Matrix**. Das ist eine Matrix, welche die folgenden drei Eigenschaften hat: (1) M ist eine quadratische Matrix. (2) Die Elemente von M liegen zwischen 0 und 1 ($0 \le m_{ij} \le 1$). (3) Die Spalten von M haben alle die Elementesumme 1.
Folgeverteilung	Ausgehend von der Startverteilung (Startvektor $\vec{v}_0$) ergeben sich durch sukzessive Multiplikation mit der Übergangsmatrix M oder durch Potenzierung von M **Folgeverteilungen** $\vec{v}_1$, $\vec{v}_2$, $\vec{v}_3$, … $$M \cdot \vec{v}_0 = \vec{v}_1 \quad M \cdot \vec{v}_1 = \vec{v}_2 \quad M \cdot \vec{v}_2 = \vec{v}_3, \dots$$ $$M \cdot \vec{v}_0 = \vec{v}_1 \quad M^2 \cdot \vec{v}_0 = \vec{v}_2 \quad M^3 \cdot \vec{v}_0 = \vec{v}_3, \dots$$
Fixvektor	Enthält die stochastische Übergangsmatrix M oder eine ihrer Potenzen M^k nur echt positive Elemente, so gibt es einen eindeutig festgelegten **Fixvektor** $\vec{v}$, der durch Multiplikation mit der Übergangsmatrix nicht verändert wird. Seine Koordinatensumme ist 1. Der Fixvektor gibt dann die **Grenzverteilung** des Prozesses an. $$M \cdot \vec{v} = \vec{v}, \quad \text{Koordinatensumme von } \vec{v} = 1$$
Grenzmatrix	Die Matrixpotenzen M, M^2, M^3, … einer stochastischen Matrix streben (wenn mindestens eine Matrixpotenz nur echt positive Elemente enthält) mit wachsendem Exponenten gegen die **Grenzmatrix** M^∞. Deren Spalten sind alle gleich. Sie sind gleich dem Fixvektor.
Prozesse mit absorbierenden Zuständen	Es gibt stochastische Prozesse, welche Zustände enthalten, die mit der Wahrscheinlichkeit 1 in sich selbst übergehen. Diese Zustände heißen **absorbierende Zustände**. Sie können – einmal angenommen – nicht mehr verlassen werden. Alle anderen Zustände heißen **innere Zustände** des Prozesses. Solche Prozesse werden bei Spielen und Fragen der Populationsdynamik verwendet.

Chiffrieren

1. Der Caesar-Code

Schon im alten Rom wurden wichtige Nachrichten verschlüsselt. Die Cäsaren-Verschlüsselung ordnet jedem Buchstabe des Alphabets eindeutig einen anderen Buchstaben zu, beispielsweise so:

A B C D E F G H I ... S T U V W X Y Z
U V W X Y Z A B C ... M N O P Q R S T

Das Wort MATHEMATIK wird so zu GUNBYCUNCE.
Sicher ist dieses Verfahren nicht, da zwei verschiedene Buchstaben nicht den gleichen Chiffre haben können. Aufgrund der Tatsache, dass die Häufigkeit des Vorkommens der einzelnen Buchstaben in deutschen Texten bekannt ist, kann ein so verschlüsselter Text leicht entziffert werden.

2. Verschlüsseln mit Matrizen

Mithilfe der Matrizenmultiplikation kann man Texte so verschlüsseln, dass verschiedene Buchstaben den gleichen Chiffre oder gleiche Buchstaben verschiedene Chiffren haben können, sodass die unerwünschte Entschlüsselung über die Häufigkeit der Buchstaben nicht mehr funktioniert. Dechiffriert wird bei diesem Verfahren mithilfe der inversen Matrix.

Wir beschreiben nun, wie man das Wort MATHEMATIK chiffriert und wieder dechiffriert.

Schritt 1: Die Buchstaben werden in Zahlen umgewandelt

Jedem Buchstaben von A bis Z wird eine Zahl von 1 bis 26 zugeordnet, dem Leerzeichen 27.

A	B	C	D	E	F	G	H	I	J	K	L	M	N	O	P	Q	R	S	T	U	V	W	X	Y	Z	leer
1	2	3	4	5	6	7	8	9	10	11	12	13	14	15	16	17	18	19	20	21	22	23	24	25	26	27

Das Wort MATHEMATIK wird zur Zahlenfolge **13-1-20-8-5-13-1-20-9-11**.

Schritt 2: Die Zahlen werden in einer Matrix A abgelegt

Die Zahlenfolge wird in eine Matrix A mit mindestens zwei Zeilen übertragen. Die zehn Zahlen des Beispiels passen z. B. in eine 2 × 5-Matrix.

$$A = \begin{pmatrix} 13 & 1 & 20 & 8 & 5 \\ 13 & 1 & 20 & 9 & 11 \end{pmatrix}$$

Schritt 3: Die Matrix A wird durch Multiplikation mit einer Matrix C chiffriert

A wird durch linksseitige Multiplikation mit einer quadratischen Matrix C in eine Matrix B chiffriert: C · A = B. C muss eine quadratische 2 × 2-Matrix mit ganzzahligen Elementen sein, die eine Inverse mit ebenfalls ganzzahligen Elementen besitzt. Wir verwenden z. B.

$$C = \begin{pmatrix} 1 & 1 \\ 3 & 2 \end{pmatrix}.$$

$$\begin{pmatrix} 1 & 1 \\ 3 & 2 \end{pmatrix} \cdot \begin{pmatrix} 13 & 1 & 20 & 8 & 5 \\ 13 & 1 & 20 & 9 & 11 \end{pmatrix} = \begin{pmatrix} 26 & 2 & 40 & 17 & 16 \\ 65 & 5 & 100 & 42 & 37 \end{pmatrix}$$

C $\quad\cdot\quad$ A $\quad=\quad$ B

Chiffrierungs-matrix C	zu verschlüsselnde Matrix A	verschlüsselte Matrix B

Schritt 4: Dechiffrierung der Matrix B

Nun übermittelt der Absender die Matrix B an den Empfänger. Der Empfänger muss außerdem im Besitz der Chiffrierungsmatrix C sein. Er berechnet – z. B. mit dem GTR – die sogenannte *inverse Matrix* C^{-1} der Chiffrierungsmatrix C. Diese Matrix C^{-1} macht die Operationen von C wieder rückgängig, wenn man damit den Chiffre B multipliziert. So erhält der Empfänger die Matrix A zurück und wandelt die Zahlen wieder in Buchstaben um.

$$\begin{pmatrix} -2 & 1 \\ 3 & -1 \end{pmatrix} \cdot \begin{pmatrix} 26 & 2 & 40 & 17 & 16 \\ 65 & 5 & 100 & 42 & 37 \end{pmatrix} = \begin{pmatrix} 13 & 1 & 20 & 8 & 5 \\ 13 & 1 & 20 & 9 & 11 \end{pmatrix}$$

C^{-1} $\quad\cdot\quad$ B $\quad=\quad$ A

13-1-20-8-5-13-1-20-9-11 = M A T H E M A T I K

Übungen

Übung 1 **Chiffrieren**

Die Nachricht MICHAEL JACKSON LEBT soll mit der Matrix C chiffriert und wieder dechiffriert werden. Führen Sie den Auftrag schrittweise durch.

$$C = \begin{pmatrix} 5 & 2 \\ 3 & 1 \end{pmatrix}$$

Übung 2 **Augenblick**

Bei einer Verschlüsselung wird das Alpabet wie oben in Zahlen umgewandelt* (A = 1, B = 2, C = 3 usw.) und die Matrix C zum Chiffrieren verwendet.

$$C = \begin{pmatrix} 4 & 3 \\ 1 & 1 \end{pmatrix} \quad D = \begin{pmatrix} 4 & 2 \\ 6 & 3 \end{pmatrix} \quad E = \begin{pmatrix} 1 & 1 \\ 1 & -1 \end{pmatrix}$$

a) Chiffrieren Sie das Wort AUGENBLICK.
b) Bestimmen Sie die Matrix C^{-1}.
c) Welche Bedeutung hat die Nachricht
   92-98-99-98-74-47-63-28-31-26-26-23-13-18
d) Sind die Matrizen D bzw. E ebenfalls geeignet?

Übung 3 **Rätsel**

Der englische Geheimdienst MI6 sendete den unten aufgeführten Zahlencode. Es ist bekannt, dass zum Verschlüsseln Matrix C oder Matrix D verwendet wurde.

$$C = \begin{pmatrix} 2 & 3 \\ 3 & 5 \end{pmatrix} \qquad D = \begin{pmatrix} 6 & 2 \\ 3 & 1 \end{pmatrix}$$

Welche Matrix wurde verwendet?
Wie lautete die Nachricht? Was bedeutet sie?
Welcher Zusammenhang besteht zu der Abbildung?

44-27-11-61-100-57-78-45-49-53-25-
73-41-18-97-160-88-124-72-77-86-38

* Übungen 1–3: A = 1, B = 2, ..., Z = 26, Leerzeichen = 27.

Matrizen

1. Matrizenrechnung

a) Berechnen Sie manuell das Produkt A · B.

b) Berechnen Sie manuell das Produkt A · $\vec{v}$.

c) Berechnen Sie mit dem GTR die Potenz A^4.

$$A = \begin{pmatrix} 1 & -1 & 0 \\ 2 & -3 & 1 \\ 1 & 0 & -2 \end{pmatrix} \quad B = \begin{pmatrix} 1 & 3 \\ -2 & 0 \\ 2 & 1 \end{pmatrix} \quad \vec{v} = \begin{pmatrix} 2 \\ -3 \\ 5 \end{pmatrix}$$

2. Richtig oder falsch?

(1) Zwei Matrizen A und B kann man multiplizieren, wenn die Spaltenzahl von A gleich der Zeilenzahl von B ist.

(2) Eine Matrix kann man potenzieren, wenn Sie nur positive Elemente enthält.

(3) Zwei Matrizen kann man nur addieren, wenn sowohl ihre Spaltenzahlen als auch ihre Zeilenzahlen übereinstimmen.

(4) Eine Matrix kann man nur potenzieren, wenn Sie quadratisch ist.

3. Stochastische Matrizen

a) Welche Eigenschaften hat eine stochastische Matrix?

b) Prüfen Sie, ob die Matrix M eine stochastischen Matrix ist.

$$I: M = \begin{pmatrix} 0{,}4 & 0{,}0 \\ 0{,}6 & 1{,}0 \end{pmatrix} \quad II: M = \begin{pmatrix} 0{,}3 & 0{,}5 & 1{,}2 \\ 0{,}4 & 0{,}1 & -0{,}5 \\ 0{,}3 & 0{,}4 & 0{,}3 \end{pmatrix} \quad III: M = \begin{pmatrix} 0{,}4 & 0{,}5 & 0{,}1 \\ 0{,}4 & 0{,}3 & 0{,}3 \\ 0{,}2 & 0{,}2 & 0{,}6 \end{pmatrix} \quad IV: M = \begin{pmatrix} 0{,}3 & 0{,}5 & 0{,}2 \\ 0{,}4 & 0{,}5 & 0{,}1 \\ 0{,}3 & 0 & 0{,}3 \end{pmatrix}$$

4. Robinsons Insel

Robinson ist auf der Insel Tierra gestrandet. Dort gibt es drei Wetterlagen: Sonne (S), Regen R) und Nebel (N). Außerdem gibt es drei Wetterregeln:

(1) Ist es sonnig, so ist es am nächsten Tag mit 70% Wahrscheinlichkeit wieder sonnig, mit 20% Wahrscheinlichkeit regnet es und mit 10% Wahrscheinlichkeit ist es neblig.

(2) Ist es regnerisch, so ist am nächsten Tag mit 60% Wahrscheinlichkeit die Sonne da, mit 30% Wahrscheinlichkeit ist Nebel da und mit 10% Wahrscheinlichkeit ist es regnerisch.

(3) Herrscht Nebel, so fällt der nächste Tag mit 40% Wahrscheinlichkeit ins Wasser und mit 20% Wahrscheinlichkeit ist es sonnig.

a) Zeichnen Sie den Übergangsgraphen des Wetterprozesses.

b) Stellen Sie die Übergangsmatrix M auf.

c) Auf Robinsons Insel ist es heute gerade schön. Durch welchen Verteilungsvektor $\vec{v}_0$ kann dieser Zustand beschrieben werden? Mit welcher Wahrscheinlichkeit ist es auch übermorgen schön? Mit welcher Wahrscheinlichkeit ist es in einer Woche schön?

d) Berechnen Sie die Grenzmatrix M^∞ angenähert mit dem GTR. (Verwenden Sie hierbei den GTR zu Potenzierung der Matrix M.)

e) Wie lautet die langfristige Verteilung der Sonnen-, Regen- und Nebeltage auf der Insel? Berechnen Sie hierzu den Fixvektor $\vec{v}$ von M (Ansatz : M · $\vec{v}$ = $\vec{v}$)

Lösungen: S. 651

XVII. Aufgaben
zur Abiturvorbereitung

Aufgaben zur Vorbereitung auf das schriftliche Abitur

In diesem Kapitel werden zu jedem der drei Gebiete Analysis, Geometrie und Stochastik zwei Arten von Aufgaben angeboten:

A. Ein Satz von elementaren Aufgaben. Diese behandeln grundlegende Techniken, sind relativ kurz und eng gefasst und sollen in der Regel ohne die Verwendung von Hilfsmitteln wie z. B. dem GTR gelöst werden.

B. Ein Satz von komplexen Aufgaben. Diese sind breiter strukturiert und auch von erheblichem Umfang. Hier können verstärkt Hilfsmttel wie der GTR erforderlich sein. Diese Aufgaben ähneln den klassischen Abituraufgaben.

Die Stochastik wird dabei noch einmal in zwei Abschnitte unterteilt. Der erste Abschnitt spricht eher die Wahrscheinlichkeitsrechung an mit Kombinatorik, Baumdiagrammen, bedingten Wahrscheinlichkeiten, Vierfeldertafeln, Zufallsgrößen, Sigmaumgebungen und vor allem mit den Anwendungen der Binomialverteilung.
Der zweite Abschnitt betrifft die stochastischen Prozesse mit Prozessdiagrammen, Übergangmatrizen, Folgezuständen, Fixvektoren und auch absorbierende Zustände. Er hat also eine ganz andere Prägung.

Die Aufgaben können nur exemplarisch im Rahmen des Unterrichts behandelt werden. Sie eignen sich aber gut zur gezielten häuslichen Vorbereitung in der Vorphase zum schriftlichen Abitur. Bei der Auswahl der zu übenden Aufgaben ist es sinnvoll, sich an den Abituraufgaben der letzten Jahre zu orientieren. Zeitlich ist zu beachten, dass die Analysis im Abitur einen höheren Anteil besitzt als die beiden weiteren Gebiete.

Es ist sinnvoll, auch schon während der Behandlung der Gebiete im Unterricht einzelne Aufgaben anzusprechen, damit die Schüler frühzeitig eine Vorstellung vom Abitur erhalten, aber auch ein Einsatz bei der Vorbereitung auf Semesterklausuren ist denkbar.

A. Analysis: Elementare Aufgaben

1. Graphen skizzieren
Skizzieren Sie den Graphen der Funktion f.

a) $f(x) = x^3 - x$ d) $f(x) = e^{x-2} + 1$

b) $f(x) = 4 - x^2$ e) $f(x) = \left(\frac{1}{4}\right)^x$

c) $f(x) = e^{-x}$ f) $f(x) = -1{,}5^x$

2. Nullstellen bestimmen
Bestimmen Sie die Nullstellen der Funktion f.
Hinweise:
p-q-Formel
Faktorisieren
Logarithmieren

a) $f(x) = 2x^2 - 2x - 12$

b) $f(x) = (2x - 1) \cdot (x^2 - 4x + 3)$

c) $f(x) = x^3 - 4x^2$

d) $f(x) = e^{-x} + 2$

e) $f(x) = (x^2 - 3x) \cdot e^{-x}$

3. Standardsymmetrien
Geben Sie an, ob die Funktion f achsensymmetrisch zur y-Achse ist, punktsymmetrisch zum Ursprung ist oder keine dieser Symmetrien aufweist. Begründen Sie Ihre Aussage.

a) $f(x) = x^2 + 2$

b) $f(x) = x^3 - 2x$

c) $f(x) = \frac{1}{2}x^2 + x$

d) $f(x) = 2e^{-x}$

e) $f(x) = e^x + e^{-x}$

4. Ableitungen bestimmen
Bestimmen Sie die Ableitungsfunktion f' der angegebenen Funktion f. Nennen Sie die verwendeten Ableitungsregeln.

a) $f(x) = e^{-x}$ e) $f(x) = e^{kx}$

b) $f(x) = 2e^x$ f) $f(x) = e^{2-3x}$

c) $f(x) = e^{2x} + x$ g) $f(x) = 0{,}5^x$

d) $f(x) = e^{-\frac{1}{2}x}$ h) $f(x) = 0{,}5^{2x}$

5. Ableitung skizzieren
Die Abbildung zeigt den Graphen einer Funktion f.
Skizzieren Sie den Graphen der Ableitungsfunktion f'.

 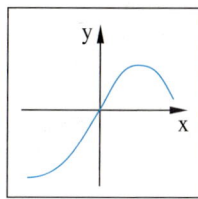

6. Zuordnung von Funktion und Graph
Abgebildet sind die Graphen von
A: $f(x) = e^{-x}$,   B: $f(x) = 2^{-x}$,
C: $f(x) = e^x + 2$,   D: $f(x) = 3 \cdot 1{,}2^x$.
Ordnen Sie jeder Funktion (A, B, C, D) den zugehörigen Graphen (I, II, III, IV) zu.

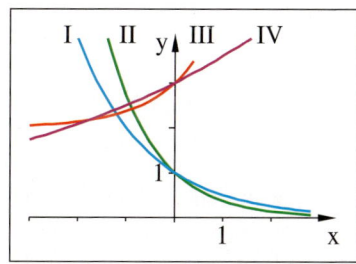

7. Kriterien für Extrema
Untersuchen Sie $f(x) = 3x^4 + x^3$ mithilfe von notwendigen und hinreichenden Kriterien auf Extrema und Wendepunkte.

8. a^x und e^x

a) Stellen Sie $0,7^x$ in der Form $a \cdot e^{bx}$ dar.

b) Stellen Sie $e^{-\frac{1}{2}x}$ in der Form a^x dar.

c) Berechnen Sie die Ableitung von $f(x) = 0,8^x$. Stellen Sie dazu f in der Form $f(x) = e^{kx}$ dar.

9. Extremalprobleme

a) Mit einem 60 m langen Seil soll ein Rechteck mit maximalem Inhalt so abgesteckt werden, dass eine Seite zur Hälfte offen bleibt. Bestimmen Sie Länge und Breite des Rechtecks.

b) Die Zahl 10 soll so in zwei Summanden a und b zerlegt werden, dass deren Produkt maximal wird. Bestimmen Sie a und b.

c) Ein achsenparalleles Rechteck, mit einer Ecke im Ursprung und der gegenüberliegenden Ecke $P(x|y)$ auf dem Graphen von $f(x) = 4 - \frac{1}{4}x$ soll maximalen Inhalt haben.

d) Die Zahl 25 soll so in zwei Faktoren a und b zerlegt werden, dass ihre Summe minimal wird. Bestimmen Sie a und b.

10. Stammfunktion zeichnen

Die Skizze zeigt eine Ableitungsfunktion $f'(x)$.

Skizzieren Sie den Graphen der Funktion $f(x)$. f soll durch den Ursprung gehen.

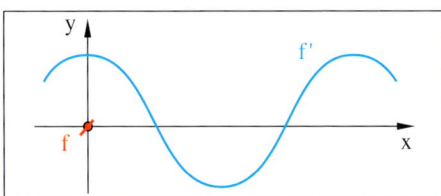

11. Stammfunktion bestimmen

Bestimmen Sie jeweils eine Stammfunktion von f.

a) $f(x) = x^2 + 2x + 5$

b) $f(x) = -\frac{1}{4}x^3 + 0,2x^2$

c) $f(x) = ax^3 + cx$

d) $f(x) = 2e^{-x}$

e) $f(x) = e^{\frac{1}{2}x+1} + x$

f) $f(x) = 0,6x$

12. Stammfunktionsnachweis

Zeigen Sie, dass die Funktion F eine Stammfunktion von f ist. Leiten Sie dazu F ab.

a) $f(x) = 3x^2 + 0,5x + 1$, $F(x) = x^3 + 0,25x^2 + x$

b) $f(x) = 2e^x + e^{-x}$, $F(x) = 2e^x - e^{-x} + 1$

c) $f(x) = (2x - 4) \cdot e^x$, $F(x) = (2x - 6) \cdot e^x + C$

d) $f(x) = (-x^2 + 2x - 4) \cdot e^{-x}$, $F(x) = (x^2 + 4) \cdot e^{-x}$

13. Bedeutung von f' im Sachzusammenhang

Erklären Sie, welche Bedeutung die Ableitungsfunktion f' der beschriebenen Funktion f im Sachzusammenhang besitzt.

a) $s(t)$ ist die Strecke, die ein Auto in der Zeitspanne t zurückgelegt hat.
Welche Bedeutung hat $s'(t)$?

b) $h(x)$ ist die Höhe auf einem Hang an der Stelle x.
Welche Bedeutung hat $h'(x)$?

c) $K(t)$ ist die Anzahl der Erkrankten zur Zeit t bei einer Grippeepidemie.
Welche Bedeutung hat $K'(t)$?

14. Bestimmte Integrale

Berechnen Sie die folgenden bestimmten Integrale.

a) $\int_{0}^{2} (x^2 - 4x)\,dx$ b) $\int_{0}^{4} (e^{-x} + x)\,dx$ c) $\int_{b}^{a} e^{2-x}\,dx$

15. Flächeninhalte

Berechnen Sie den Inhalt des abgebildeten Flächenstückes A.

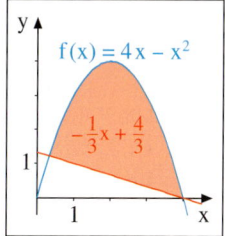

16. Fahrstrecke

Die Funktion v stellt die Geschwindigkeit eines Modellautos bei einer Testfahrt in der Einheit m/s dar.
Wie weit ist die gesamte Fahrstrecke?

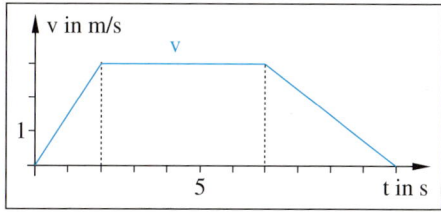

17. Pflanzenwachstum

Eine Pflanze wächst mit der Geschwindigkeit $f(t) = -0{,}1\,t^2 + 0{,}8\,t + 2$ (t in Tage, f in cm/Tag).
Zur Zeit $t = 0$ ist die Pflanze 2 cm hoch. Welche maximale Größe erreicht die Pflanze?

18. Gegeben ist die Funktion $f(x) = e^{0{,}4x} - 2x$.

a) Bestimmen Sie die ersten beiden Ableitungen von f und ermitteln Sie die Koordinaten des Tiefpunktes angenähert.
b) Begründen Sie, dass f keine Wendepunkte hat.
c) Weisen Sie nach, dass f im Intervall $I = [6;\,7]$ eine Nullstelle hat.
d) Wie lautet die Gleichung der Tangente an f in $x_0 = 0$?
e) Ermitteln Sie eine Stammfunktion F von f.

19. Gegeben ist die Funktion $f(x) = 2x \cdot e^{-0{,}5x}$.

a) Ermitteln Sie den Hochpunkt von f.
b) Wie lautet die Gleichung der Tangente an den Graphen von f an der Stelle $x_0 = 1$?
c) Weisen Sie nach, dass $F(x) = -4(x + 2) \cdot e^{-0{,}5x}$ eine Stammfunktion von f ist.

20. Gegeben ist die Funktion $f_a(x) = a - 15 \cdot e^{-0{,}1x}$.

a) Bestimmen Sie den Wert von a so, dass $f_a(0) = 5$ ist.
b) An welcher Stelle gilt $f_{20}(x) = 10$?
c) An welcher Stelle ist $f'_{20}(x) = 1$?
d) Die Funktionswerte von f_{20} sind nach oben begrenzt. Geben Sie diese obere Grenze G an. Wo erreichen die Funktionswerte von f_{20} 90 % des Wertes G?
e) Geben Sie eine Stammfunktion F_a von f_a an.

B. Analysis: Komplexe Aufgaben

1. Kurvenschar

Gegeben ist die Funktionenschar $f_a(x) = x^3 - ax^2$, $a > 0$.

a) Zeichnen Sie mit dem GTR die Graphen f_1, f_2 und $f_{2,5}$.

b) Beschreiben Sie, welchen Einfluss der Parameter a auf die Graphen von f_a hat.

c) Bestimmen Sie die Ableitungen f_a', f_a'' und f_a'''.

d) Untersuchen Sie f_a in Abhängigkeit von a auf Extrema und Wendepunkte.

e) Für welches a liegt ein Extrempunkt von f_a an der Stelle $x = \frac{4}{3}$?

 Für welches a hat der Wendepunkt von f_a die Ordinate $y = -\frac{1}{4}$?

 Für welches a beträgt die Steigung von f_a im Wendepunkt -1?

f) Bestimmen Sie die Gleichung der Wendetangente von f_a.

 Kontrollergebnis: $t_a(x) = -\frac{1}{3}a^2 x + \frac{1}{27}a^3$

g) Zeigen Sie, dass alle Wendepunkte der Schar auf der Kurve $y = -2x^3$ liegen.

h) Welchen Wert hat das bestimmte Integral $\int_0^a f_a(x)\,dx$.

i) Für welches a hat die vom Graphen von f_a und der x-Achse im 4. Quadranten umschlossene Fläche den Inhalt $\frac{4}{3}$?

2. Polynomschar

Die Umrandung eines Werkstücks kann durch die Funktionen

$f(x) = x^4 - x^2$,

$g(x) = x^4 - 3x^2 + 2$, $x \in \mathbb{R}$

beschrieben werden ($1\,\text{LE} = 1\,\text{cm}$).

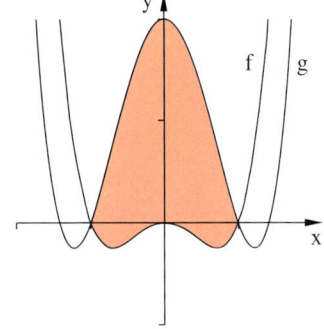

a) Zeigen Sie, dass das Werkstück symmetrisch ist zur y-Achse.

b) Untersuchen Sie f auf Tiefpunkte. Vergleichen Sie den Abstand der Tiefpunkte von f mit dem Abstand der Wendepunkte von g.

c) $h(x)$ entsteht durch Verschiebung des Graphen von f in y-Richtung, bis dieser durch die beiden äußeren Nullstellen von g verläuft: $h(x) = x^4 - x^2 + C$. Bestimmen Sie C.

d) Auch durch eine Streckung von f in x-Richtung kann erreicht werden, dass der gestreckte Graph durch die äußeren Nullstellen von g geht: $f_a(x) = (ax)^4 - (ax)^2$. Bestimmen Sie a.

e) Die Werkstücke sollen beidseitig eine 0,1 mm starke Beschichtung erhalten. Welche Menge an Beschichtungsmaterial muss bereitgestellt werden?

f) Betrachtet wird nun die Kurvenschar $g_a(x) = x^4 - (a^2 - 1)x^2 + a$, $a > 0$. Es gilt $g_2(x) = g(x)$. Untersuchen Sie g_a auf Wendestellen. Erläutern Sie, für welche Werte von $a > 0$ die typische W-Form des Graphen von g auch bei g_a erhalten bleibt bzw. für welche Werte von a der Graph von g_a eine wendepunktfreie Parabelform annimmt.

g) Zeigen Sie, dass für die x-Koordinaten der Tiefpunkte und der Wendepunkte x_T und x_W von f_a unabhängig von $a > 0$ stets gilt: $x_T = k \cdot x_W$. Bestimmen Sie k.

3. Kurvenuntersuchungen

Gegeben ist die Funktion

$f(x) = \frac{1}{4}(4 - x) \cdot e^x$. Die Graphen von f

und f′ sind rechts dargestellt.

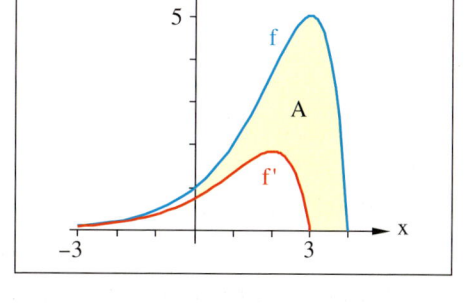

a) Bestimmen Sie die beiden Achsenschnittpunkte von f und f′.

b) Bestimmen Sie rechnerisch die Extrema und Wendepunkte von f.

c) Wie lautet die Gleichung der Tangente von f im Punkt $P(2|f(2))$?

d) Zeigen Sie: $F(x) = \frac{1}{4}(5 - x) \cdot e^x$ ist eine Stammfunktion von f.

e) Bestimmen Sie den Inhalt des Flächenstücks A, welches im 1. Quadranten von den Graphen von f und f′ und den beiden Koordinatenachsen umschlossen wird.

f) Durch welche Operationen geht der Graph von $g(x) = f(-x) + 1$ aus dem Graphen von f hervor? Wie lautet die Gleichung von g? Zeichnen Sie den Graphen von g für $-3 \le x \le 3$.

4. Epidemie

Der abgebildete Graph der Funktion

$f(t) = \frac{1}{4}(4 - t) \cdot e^t$ stellt für $0 \le t \le 4$ die

momentane Änderungsrate der Zahl der Erkrankten bei einer Grippeepidemie dar. t ist die Zeit in Wochen und $f(t)$ die Anzahl der Neuerkrankungen in Tausend pro Woche zur Zeit t.

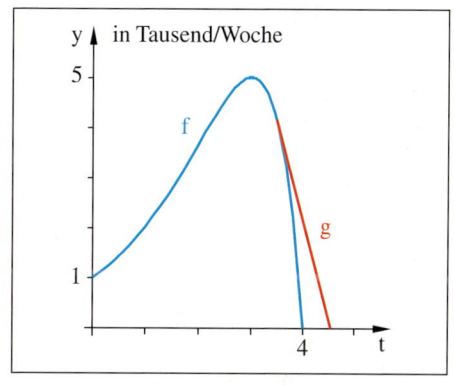

a) Beschreiben Sie, wie sich die Erkrankungsrate im Zeitraum $0 \le t \le 4$ entwickelt. Wie verändert sich infolgedessen die Anzahl der insgesamt erkrankten Personen?

b) Wie viele Neuerkrankungen sind im Verlauf der vier Wochen zu erwarten?

c) Nach exakt dreieinhalb Wochen beginnen die Vorsichtsmaßnahmen der Bevölkerung zu erlahmen. Nun sinkt die Änderungsrate f nur noch linear, wie aus der Abbildung ersichtlich. Die beschreibende lineare Funktion $g(t) = a t + b$ schließt bei $t = 3,5$ tangential an f an. Bestimmen Sie a und b und berechnen Sie, um welchen Zeitraum die Epidemie sich nun verlängert.

d) $F(x) = \frac{1}{4}(5 - t) \cdot e^t + C$ ist eine Stammfunktion von f. Weisen Sie dies mithilfe der Produktregel nach. Wie muss C gewählt werden, damit $F(0) = 0$ gilt?

e) Wie groß ist die Anzahl der zusätzlichen Neuerkrankungen, welche sich aus dem veränderten linearen Abklingverhalten ergeben?

5. Fracking

Beim hydraulischen Fracking werden in tiefen Schiefergesteinsschichten durch Hochdruck-bohrungen Risse erzeugt, durch die das im Gestein enthaltene Gas gewonnen werden kann. Die momentane Förderrate einer solchen Lagerstätte wird durch die Funktion $f(t) = (200 - 5t) \cdot e^{0,2t}$, $0 \leq t \leq 40$, erfasst. Dabei ist t die Zeit seit Förderbeginn in Monaten und $f(t)$ die Förderrate zur Zeit t in in der Einheit $1000 \, m^3$/Monat.

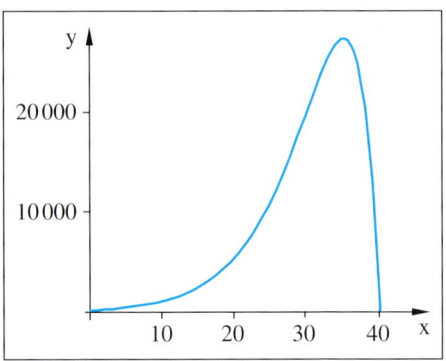

a) Wie groß ist die momentane Förderrate f zu Beginn der Förderung, nach 12 Monaten bzw. nach 24 Monaten? Wann ist die momentane Förderrate f auf null gesunken?

b) Bestimmen Sie die Ableitungsfunktion f′ der momentanen Förderrate f.

c) Wann erreicht die Förderrate f ein Maximum? Wie hoch ist die Förderrate zu diesem Zeit-punkt?

d) In welchem Zeitraum liegt die Förderrate bei mindestens 20 Mio. m^3/Monat?
   (Zur Lösung der Teilaufgabe ist der GTR erforderlich)

e) Gesucht ist eine Stammfunktion $F(t)$ von $f(t)$, welche die Gasmenge angibt, die seit Beginn der Förderung bis zum Zeitpunkt gefördert wird. Weisen Sie nach, dass die Funktion $F(t) = 25 \cdot (45 - t) \cdot e^{0,2t} - 1125$ die gesuchten Eigenschaften hat.

f) Wie viel Gas wird während der gesamten Förderdauer gewonnen? (GTR empfohlen)

g) Die Fördergesellschaft beschließt, ab dem 35. Monat die Förderung so zu steuern, dass das weitere Absinken der Förderrate nun linear erfolgt und durch eine Funktion der Gestalt $g(x) = ax + b$ erfasst werden kann. Die Förderung soll auf diese Weise erst nach 50 Mona-ten zum Erliegen kommen. Bestimmen Sie a und b.

   Kontrollergebnis: $g(t) = -\frac{5}{3}e^7 \cdot (t - 50) \approx -1827,7t + 91385$

h) Durch die lineare Streckung der Förderrate ab dem 35. Monat erhöht sich die insgesamt geförderte Gasmenge deutlich.
   Wie groß ist die zusätzlich gewonnene Gasmenge? (GTR empfohlen)

6. Logarithmusfunktion

Gegeben ist die Funktion $f(x) = (x - 1) \cdot \ln x$.

a) Geben Sie die Definitionsmenge von f an und untersuchen Sie f auf Nullstellen.

b) Zeigen Sie, dass bei x = 1 ein Extremum von f liegt. Ist es Maximum oder Minimum?

c) Zeigen Sie, dass f keine Wendestelle hat. Skizzieren Sie den Graph von f ($0 < x \leq 4$).

d) Wie verhält sich der Graph von f für $x \to \infty$ bzw. für $x \to 0$?

e) Zeigen Sie, dass $F(x) = \left(\frac{1}{2}x^2 - x\right) \cdot \ln x - \frac{1}{4}x^2 + x$ eine Stammfunktion von f ist.

f) Wie lautet die Gleichung der Tangente an den Graphen von f an der Stelle x = e ?

g) Wie groß ist der Inhalt der Fläche A, welche von der Tangente t, dem Graphen von f und der x-Achse im 1. Quadranten umschlossen wird?

7. Funktionenschar

Gegeben ist die Funktionenschar $f_a(x) = (ax + 1) \cdot e^{-ax}$, $a > 0$.

a) Bestimmen Sie die Schnittpunkte von f_a mit den Koordinatenachsen.

b) Bestimmen Sie die Extrem- und Wendepunkte von f_a.

c) Zeigen Sie, dass der Schnittpunkt der Wendetangente von f_a mit der y-Achse unabhängig von a ist. Kontrolle: $t_a(x) = -\frac{a}{e}x + \frac{3}{e}$

d) Zeigen Sie, dass $F_a(x) = \left(-x - \frac{2}{a}\right) \cdot e^{-ax}$ eine Stammfunktion von f_a ist.

e) Die beiden Ursprungsgeraden durch Hochpunkt und Wendepunkt von f_a schließen mit dem Graphen von f_a ein Flächenstück A ein. Bestimmen Sie den Inhalt von A.

   Kontrolle: $H(0|1)$, $W\left(\frac{1}{a}|\frac{2}{e}\right)$

f) Wir betrachten nun die Scharfunktion $f_1(x) = (x + 1) \cdot e^{-x}$.

   Zeigen Sie: Für einen Punkt $P(z|f_1(z))$ mit $z > 0$ ist die Ursprungsgerade durch P zugleich Kurvennormale von f_1, wenn die Bedingung $e^{2z} = z + 1$ gilt.

8. Medikament

Ein Unfallopfer erhält zur Beruhigung per intravenöser Injektion ein Medikament. Dessen Konzentration f im Blut beträgt direkt nach der Injektion $f(0) = 1\,mg/ml$.

Die Änderungsrate f′ der Konzentration des Medikamentes im Blut werde modellhaft erfasst durch die rechts dargestellte Funktion $f'(t) = 0,025 \cdot e^{-0,05t} - 0,01$.

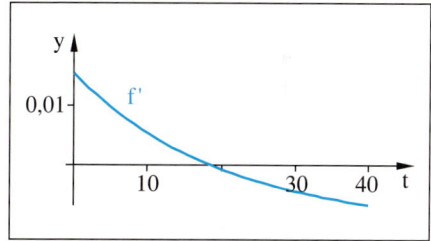

t: Zeit in min, f′(t): Änderungsrate der Konzentration in mg/ml pro Minute.

a) Interpretieren Sie anhand des Verlaufs des Graphen von f′, wie sich die Medikamentenkonzentration f im Blut des Patienten im Zeitverlauf qualitativ ändern wird (Wann steigt die Konzentration f an, wann fällt sie, etc.).

b) Ermitteln Sie durch Integration die Gleichung der Funktion f, die die Konzentration des Medikamentes im Blut beschreibt: Kontrollergebnis: $f(t) = -0,5 \cdot e^{-0,05t} - 0,01\,t + 1,5$

c) Wie hoch ist die Konzentration des Medikamentes im Blut des Patienten 30 Minuten nach der Injektion. Fällt oder steigt sie zu diesem Zeitpunkt?

d) Ermitteln Sie Zeitpunkt und Höhe der maximalen Medikamentenkonzentration im Blut des Patienten in der Zeit nach der Injektion.

e) Wie groß ist der Zeitraum, in der die Konzentration des Medikamentes über dem Schwellenwert von 0,03 mg/ml liegt, ab dem das Medikament überhaupt erst wirkt (GTR)?

f) Wann fällt die Konzentration unter die Grenze von 0,001 mg/ml? Wann ist sie auf null gesunken (GTR)? Was bedeutet das Ergebnis für die Geltungsgrenzen des Modells?

g) Berechnen Sie das rechts aufgeführte Mittelwertintegral.

   Interpretieren Sie das Ergebnis im Sachzusammenhang. $\frac{1}{40}\int_{0}^{40} f(t)\,dt$

h) Es kann zu Nebenwirkungen wie Schwindel kommen, wenn die Konzentration mit einer Änderungsrate von mindestens 0,010 mg/ml pro Minute steigt. Wann ist dies der Fall?

9. Exponentielle Anreicherung

Ein Patient bekommt über einen Tropf ein gleichmäßig einfließendes Medikament zugeführt. Zu Infusionsbeginn ist in seinem Blut noch kein Wirkstoffgehalt nachweisbar. Während der Infusion erhöht sich die Wirkstoffmenge im Blut kontinuierlich, aber zunehmend langsamer, da der Stoffwechsel den Wirkstoff auch wieder abbaut. Die Tabelle zeigt, wie sich der Tropf-inhalt und die Wirkstoffmenge im Blut während der ersten Stunde ändern.

Zeit in Minuten	0	20	40	60
Flascheninhalt in ml	200	181,5	163	144,5
Wirkstoffmenge im Blut in ME	0	5,44	9,89	13,54

a) Beschreiben Sie den Inhalt der Infusionsflasche zur Zeit t durch eine geeignete Funktion $g(t)$. Begründen Sie Ihren Ansatz.

b) Die Wirkstoffmenge im Blut soll durch eine Funktion der Form $f(t) = a \cdot (1 - e^{bt})$, $a, b \in \mathbb{R}$ in Abhängigkeit von der Zeit t beschrieben werden.
   Bestimmen Sie die Koeffizienten a und b aus den Werten $f(20)$ und $f(40)$.
   Hinweis: Eine geeignete Substitution zur Gleichungslösung ist $z = e^{20b}$.
   Kontrolle: $f(t) = 30 \cdot (1 - e^{-0,01t})$, $t \in \mathbb{R}_0^+$

c) Bestimmen Sie $g'(t)$ sowie $f'(t)$. Erläutern Sie die Bedeutung dieser Funktionen für den jeweiligen Veränderungsprozess auch an einem Zahlenbeispiel.

d) Auf welche Obergrenze wird sich die Wirkstoffmenge im Blut einstellen?
   Wann werden 90 % dieser Obergrenze erreicht?
   Wann beträgt die momentane Zunahmerate genau 0,2 ME/min?

e) Skizzieren Sie die Graphen von f und f' für $0 \leq t \leq 240$ in getrennten Koordinatensystemen (Achten Sie dabei auf die Wahl eines geeigneten Maßstabs).

f) Bestimmen Sie $\int_0^{60} f'(t)\,dt$ und interpretieren Sie die Bedeutung dieses Wertes. Verdeutlichen Sie dies anhand der beiden Skizzen.

10. Exponentielle Funktionenschar

Gegeben ist die Funktionenschar $f_a(x) = \frac{1}{a-1}(1-x) \cdot e^{a-x}$, $a \in \mathbb{R}$, $a > 1$.

a) Bestimmen Sie die Achsenschnittpunkte von f_2.
   Zeigen Sie, dass $f_2(x) \to 0$ für $x \to \infty$ gilt.
   Untersuchen Sie das Verhalten von f_2 für $x \to -\infty$.

b) Untersuchen Sie f_2 auf Extrema.

c) Begründen Sie anhand Ihrer bisherigen Ergebnisse, dass f_2 einen Wendepunkt haben muss.
   Zeichnen Sie den Graphen von f_2 in ein geeignetes Koordinatensystem.
   Zur Kontrolle: $W(3|-2e^{-1})$

d) Bestimmen Sie den Inhalt der Fläche A, den der Graph von f_2 mit den Koordinatenachsen im 1. Quadranten einschließt.

e) Weisen Sie nach, dass sowohl die x-Koordinate des Extremums als auch die Art des Ex-tremums unabhängig von der Wahl des Parameters a sind. Bestimmen Sie die Extremalko-ordinaten für allgemeines a.
   Zur Kontrolle: $f_a''(x) = \frac{1}{a-1}(3-x) \cdot e^{a-x}$

f) Bestimmen Sie den Wert des Parameters a so, dass der Betrag der y-Koordinate des Extre-mums minimal wird.

A. Geometrie: Elementare Aufgaben

1. Parallele Vektoren

Suchen Sie Paare paralleler Vektoren.

$$\begin{pmatrix} 2 \\ 3 \\ -2 \end{pmatrix}, \begin{pmatrix} 4 \\ 6 \\ 4 \end{pmatrix}, \begin{pmatrix} 3 \\ 3 \\ -2 \end{pmatrix}, \begin{pmatrix} -6 \\ -2 \\ 8 \end{pmatrix}, \begin{pmatrix} -3 \\ -2 \\ 4 \end{pmatrix}, \begin{pmatrix} -1 \\ -1,5 \\ 1 \end{pmatrix}, \begin{pmatrix} -1,5 \\ -1,5 \\ 1 \end{pmatrix}, \begin{pmatrix} 4 \\ 4/3 \\ -16/3 \end{pmatrix}, \begin{pmatrix} 1 \\ 1,5 \\ 1 \end{pmatrix}, \begin{pmatrix} 12 \\ 8 \\ -16 \end{pmatrix}$$

2. Orthogonale Vektoren

Zwei der drei Vektoren $\vec{a}$, $\vec{b}$ und $\vec{c}$ sind orthogonal zueinander.
Um welche Vektoren handelt es sich?

a) $\vec{a} = \begin{pmatrix} 2 \\ 3 \end{pmatrix}$, $\vec{b} = \begin{pmatrix} 3 \\ 2 \end{pmatrix}$, $\vec{c} = \begin{pmatrix} 6 \\ -4 \end{pmatrix}$

b) $\vec{a} = \begin{pmatrix} 1 \\ 3 \\ -2 \end{pmatrix}$, $\vec{b} = \begin{pmatrix} 2 \\ 1 \\ 3 \end{pmatrix}$, $\vec{c} = \begin{pmatrix} 2 \\ 2 \\ 4 \end{pmatrix}$

3. Parallele und schneidende Geraden

Sind die Geraden g und h windschief? Sind sie parallel oder sogar identisch? Schneiden sie sich? Fertigen Sie ein Schrägbild an.

a) g: $\vec{x} = \begin{pmatrix} 2 \\ 0 \\ 5 \end{pmatrix} + r\begin{pmatrix} 0 \\ 2 \\ -1 \end{pmatrix}$, h: $\vec{x} = \begin{pmatrix} 8 \\ 1 \\ 0 \end{pmatrix} + r\begin{pmatrix} -2 \\ 1 \\ 1 \end{pmatrix}$

b) g geht durch A (0|0|0) und B (0|2|6), h geht durch C (2|2|0) und D (2|3|3).

4. Rechtwinklige Dreiecke

Prüfen Sie, ob das Dreieck ABC rechtwinklig ist. Ist es gleichschenklig?

a) A (2|2|2), B (4|3|4), C (3|4|4)   b) A (2|2|2), B (4|5|0), C (3|4|6)

5. Punkt und Gerade

Prüfen Sie, ob der Punkt P auf der Geraden g: $\vec{x} = \begin{pmatrix} 2 \\ 0 \\ 3 \end{pmatrix} + r\begin{pmatrix} -1 \\ 2 \\ 3 \end{pmatrix}$ liegt.

a) P(−1|4|9)   b) P(0,5|5|2)   c) P(−1|10 + 2a|12)

6. Gerade im Koordinatensystem

Wo schneidet die Gerade g: $\vec{x} = \begin{pmatrix} 2 \\ 1 \\ 5 \end{pmatrix} + r\begin{pmatrix} 2 \\ -1 \\ -1 \end{pmatrix}$ die Koordinatenebenen?
Zeichnen Sie ein Schrägbild.

7. Dreieck, Innenwinkel und Flächeninhalt

a) Wie groß sind die Innenwinkel des abgebildeten Dreiecks ABC?

b) Berechnen Sie den Flächeninhalt des Dreiecks ABC.

c) Gesucht ist ein Punkt D, so dass das Viereck ABCD ein Parallelogramm ist.

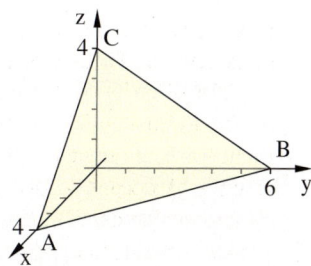

8. Ebene und Punkte

Gegeben sind die Punkte A $(3|2|0)$, B $(0|2|4)$ und C $(3|0|4)$.

a) Stellen Sie eine Gleichung der Ebene E auf, welche die Punkte A, B und C enthält.

b) Wie lauten die Achsenabschnitte von E?

c) Wie lauten die Spurgeraden von E?

d) Fertigen Sie ein Schrägbild von E an.

e) Überprüfen Sie, ob P $(3|1|2)$ bzw. Q $(0|-2|16)$ auf E liegen.

9. Ebene und Gerade, Spiegelung eines Punktes

Gegeben sind die Ebene E: $\vec{x} = \begin{pmatrix} 3 \\ 1 \\ 3 \end{pmatrix} + r \begin{pmatrix} 1 \\ -1 \\ 0 \end{pmatrix} + s \begin{pmatrix} 4 \\ 0 \\ -3 \end{pmatrix}$ und die Gerade g: $\vec{x} = \begin{pmatrix} 5 \\ 5 \\ 7 \end{pmatrix} + t \begin{pmatrix} 3 \\ 3 \\ 4 \end{pmatrix}$.

a) Wo schneiden sich E und g?

b) Zeigen Sie, dass der Vektor $\vec{v} = \begin{pmatrix} 3 \\ 3 \\ 4 \end{pmatrix}$ senkrecht auf E steht.

c) Der Punkt H $(8|8|11)$ wird an der Ebene E gespiegelt. Wie lautet der Spiegelpunkt?

10. Lage: Punkt/Strecke

Gegeben ist die Strecke $\overline{AB}$ mit den Endpunkten A $(3|0|1)$ und B $(7|8|5)$.

Liegen die Punkte P $(4|2|2)$, Q $(8|10|6)$ und R $(5|4|4)$ auf der Strecke $\overline{AB}$?

11. Lage: Punkt/Dreieck

Gegeben ist ein Dreieck ABC durch A $(4|0|0)$, B $(0|8|0)$ und C $(0|0|8)$.

a) Liegen die Punkte P $(2|2|2)$, Q $(-1|6|4)$, R $(1|2|4)$ im Dreieck ABC?

b) Schneidet die Gerade g: $\vec{x} = \begin{pmatrix} 0 \\ 3 \\ 3 \end{pmatrix} + r \begin{pmatrix} 1 \\ 1 \\ -1 \end{pmatrix}$ das Innengebiet des Dreiecks?

(Hier kann der GTR verwendet werden.)

12. Lineares Gleichungssystem

a) Berechnen Sie die eindeutige Lösung des linearen Gleichungssystems.

$$\begin{aligned} \text{I: } & 2\,x - y + 3\,z = 4 \\ \text{II: } & 4\,x + 2\,y - 6\,z = 0 \\ \text{III: } & 6\,x - y - 3\,z = -1 \end{aligned}$$

b) Wie lautet die Lösungsmenge des LGS, das aus den Gleichungen I und II besteht? Gibt es eine Lösung $(x; y; z)$ mit $x > 0$, $y > 0$ und $z > 0$?

13. Schattenwurf

Der abgebildete Würfel hat die Seitenlänge $a = 6\,\text{m}$. Der senkrechte Stab hat den Fußpunkt Q $(8|10|0)$ und ist $10\,\text{m}$ hoch.

Licht aus Richtung des Vektors $\vec{v}$ wirft einen Schatten des Stabes auf den Würfel und den Boden. Bestimmen Sie die Punkte P' und P'' und berechnen Sie die Gesamtlänge des Schattens.

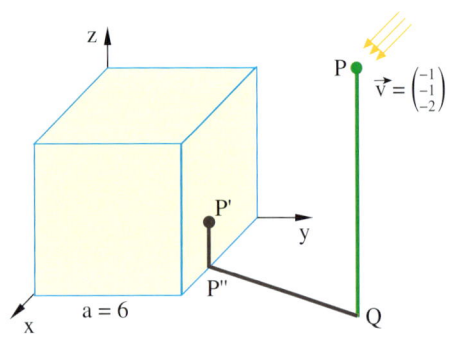

14. Gerade und Spiegelgerade

Die Gerade g: $\vec{x} = \begin{pmatrix} 5 \\ 5 \\ 5 \end{pmatrix} + t \begin{pmatrix} -3 \\ -1 \\ -2 \end{pmatrix}$ wird an der

Ebene E durch die Punkte A(4|2|0), B(4|8|0), C(0|8|6) und D(0|2|6) gespiegelt. So entsteht die Spiegelgerade g′.

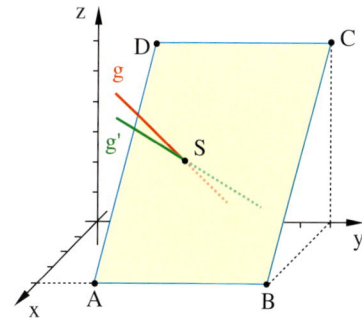

a) Zeigen Sie, dass der Vektor $\vec{v} = \begin{pmatrix} 3 \\ 0 \\ 2 \end{pmatrix}$ senkrecht auf E steht.

b) Bestimmen Sie den Schnittpunkt S von E und g (GTR kann verwendet werden).

c) Wie lautet der Spiegelpunkt T′ des Stützpunktes T(5|5|5) von g? Wie lautet die Gleichung von g′?

15. Trapeznachweis

Prüfen Sie, ob das Viereck ABCD ein Trapez ist.

a) A(2|4|0), B(4|8|0), C(2|8|3), D(1|6|3)   b) A(1|2|2), B(3|8|1), C(0|4|4), D(1|7|2)

16. Lage einer Ebene im Koordinatensystem

Stellen Sie eine Gleichung der beschriebenen Ebene E auf und zeichnen Sie ein Schrägbild von E.

a) E hat drei Spurpunkte X(6|0|0), Y(0|8|0) und Z(0|0|4).

b) E hat nur zwei Spurpunkte Y(0|4|0) und Z(0|0|4).

c) E hat nur einen Spurpunkt Y(0|4|0).

17. Quadrat

Gegeben ist das Dreieck ABC mit den Eckpunkten A(6|3|1), B(9|9|7) und C(3|6|13).

a) Ergänzen Sie einen Punkt D so, dass das Viereck ABCD ein Quadrat ist.

b) Zeigen Sie: Der Vektor $\begin{pmatrix} 2 \\ -2 \\ 1 \end{pmatrix}$ steht senkrecht auf dem Quadrat.

c) Gesucht ist die Gleichung einer Geraden g, die durch den Mittelpunkt M des Quadrates geht und senkrecht auf dem Quadrat steht.

d) Welche beiden Punkte von g haben den Abstand 36 vom Mittelpunkt M des Quadrates?

18. Gerade mit Parametern

Gegeben sind die Geraden g: $\vec{x} = \begin{pmatrix} 1 \\ 2 \\ 2 \end{pmatrix} + r \begin{pmatrix} 1 \\ 2 \\ 3 \end{pmatrix}$ und h: $x = \begin{pmatrix} 4 \\ 4 \\ 1 \end{pmatrix} + s \begin{pmatrix} 2 \\ a \\ b \end{pmatrix}$.

a) Für welche Werte für a und b sind die Geraden g und h parallel?

b) Welche Beziehung muss zwischen a und b gelten, wenn g und h senkrecht aufeinander stehen sollen?

19. Punkt und Ebene

Zeigen Sie, dass die Punkte P(3|4|3) und Q(1|2|−1) auf verschiedenen Seiten der Ebene

E: $x = \begin{pmatrix} 8 \\ 0 \\ 0 \end{pmatrix} + r \begin{pmatrix} -4 \\ 3 \\ 0 \end{pmatrix} + s \begin{pmatrix} -2 \\ 0 \\ 1 \end{pmatrix}$ liegen.

20. Orthogonale Vektoren

a) Ergänzen Sie das Dreieck ABC mit A (0|0|8), B (0|0|0) und C (6|6|0) durch Hinzunahme eines Punktes D zu einem Rechteck ABCD.

b) Zeigen Sie, dass der Vektor $\vec{v} = \begin{pmatrix} 1 \\ -1 \\ 0 \end{pmatrix}$ senkrecht auf dem Rechteck ABCD steht.

c) Zeigen Sie, dass der Punkt S (9|−3|4) auf der Geraden g liegt, die durch den Mittelpunkt M des Rechtecks geht und senkrecht zum Rechteck verläuft.

d) Welches Volumen hat die Pyramide ABCDS mit der Grundfläche ABCD und der Spitze S?

21. Bewegung und Geschwindigkeit

Ein Hase bewegt sich mit einer Geschwindigkeit von 5 m/s auf der Strecke $\overline{AB}$ von A (10|40|50) nach B (30|70|110) (1 LE = 1 m).

a) Wann hat der Hase die Streckenmitte erreicht?

b) Der Hase bewegt sich nach der Ankunft in B mit der verdoppelten Geschwindigkeit nach A zurück. Welche Durchschnittsgeschwindigkeit erzielt er auf seinem Ausflug insgesamt?

c) Mit welcher Geschwindigkeit muss der Hase den Rückweg bewältigen, wenn er seine Durchschnittsgeschwindigkeit auf 8 m/s steigern will?

22. Ballkriminalistik

Lieber Herbert!
Rainer hat mit das Foto gegeben. Er
sagte, dass der Stürmer aus 4 m Höhe
geworfen hat. Es ist übrigens Wulf
Tilkowski. Ich kann das gar nicht
glauben. Kannst Du es überprüfen?
Die beiden Scheinwerfer habe ich
schon mal vermessen. Sie sind bei
L_1 (4|1|6) und L_2 (2|6|8) aufgehängt.
Erwarte Deine Nachricht.
Gruß Friedhelm

23. Reflexion

Die Billardkugel wird im Punkt K (4|6) aufgelegt und in Richtung des eingezeichneten Vektors $\vec{v}$ gestoßen.

a) Wie lautet der Vektor $\vec{v}_A$, der die Richtung angibt, in welche die Kugel an Bande A reflektiert wird?

b) Verfolgen Sie den Weg der Kugel und ermitteln Sie die Aufprallpunkte an den Banden B und C.

c) Erreicht die Kugel das Loch L (0|1)? Wenn nicht: Wie weit wird das Loch verfehlt?

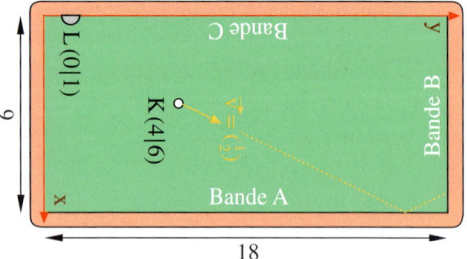

B. Geometrie: Komplexe Aufgaben

1. Kirchturm am Hang

Eine Bergwiese bildet einen ebenen, leicht geneigten Hang. Auf dem Hang steht ein alter Kirchturm. das Dach des Turms hat die Form einer quadratischen Pyramide mit der Höhe 10. Für die Punktkoordinaten in der Abbildung gilt: A $(10|0|0)$, B $(10|10|0)$, C $(0|10|2)$, E $(10|0|20)$.

a) Bestimmen Sie eine Parametergleichung der Hangebene ε.

b) Zeigen Sie, dass der Vektor $\vec{v}$ senkrecht zur Hangebene ε steht.

$$\vec{v} = \begin{pmatrix} 1 \\ 0 \\ 5 \end{pmatrix}, \quad \vec{u} = \begin{pmatrix} 0 \\ -2 \\ -1 \end{pmatrix}$$

c) Wie groß ist der Abstand der Pyramidenspitze S zur Hangebene ε?

d) Zu einer bestimmten Tageszeit fällt das Sonnenlicht in Richtung des Vektors $\vec{u}$ ein. Die Dachfläche mit den Solarzellen wird nun exakt senkrecht getroffen. Um welche der vier Dachflächen handelt es sich? An welcher Stelle S″ des Hangs liegt nun der Schattenpunkt der Turmspitze S?

e) Ein Punkt P $(5|5|p)$ im Innern des Dachraums ist von allen fünf Ecken der Dachpyramide exakt gleich weit entfernt. Bestimmen Sie die Höhenkoordinate p des Punktes.

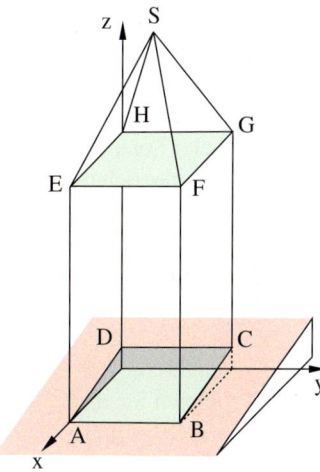

2. Geradenschar

In einem kartesischen Koordinatensystem sind die Punkte A $(4|-2|5)$ und B $(7|-6|6)$ gegeben.

Weiter sind die Geradenschar g_a: $\vec{x} = \begin{pmatrix} 4 \\ -2 \\ 5 \end{pmatrix} + r \begin{pmatrix} 2+a \\ -1-2a \\ 2-2a \end{pmatrix}$, r, a $\in \mathbb{R}$ sowie die Ebene

E: $2x + 2y - z = -1$ gegeben.

a) Wo schneidet die Gerade g_{AB} durch die Punkte A und B die x-y-Ebene?

b) Bestimmen Sie den Schnittwinkel der beiden Geraden g_{AB} und g_0.

c) Die Gerade h enthält den Punkt B und ist parallel zu g_0.
Bestimmen Sie eine Koordinatenform der Ebene F, die die Geraden h und g_0 enthält.

d) Zeigen Sie, dass alle Geraden der Schar g_a in der Ebene E liegen.

e) Bestimmen Sie eine Ebenenschar H_a, deren Ebenen jeweils eine Gerade der Schar g_a enthalten und senkrecht auf E stehen.

f) Bestimmen Sie die Koordinaten derjenigen Punkte der Geraden g_1, deren Abstand von der x-y-Ebene und der x-z-Ebene gleich groß ist.

g) Gehört die Gerade g_{AB} zur Geradenschar g_a?

h) g_u und g_v sind zwei Geraden der Schar g_a. Welche Beziehung muss zwischen u und v gelten, damit g_u und g_v orthogonal zueinander verlaufen?

3. Pyramide

Eine Pyramide hat die quadratische Grundfläche ABCD mit
A (7|5|0), B (4|9|0), C (0|6|0) und die Spitze S (3,5|5,5|12).

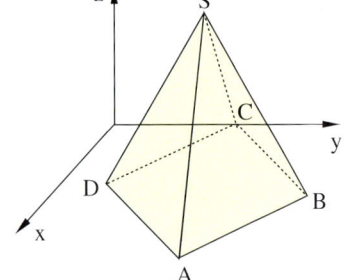

a) Bestimmen Sie die Koordinaten des fehlenden Punktes D.

b) Stellen Sie eine Parametergleichung, eine Normalengleichung und eine Koordinatengleichung der Ebene E durch
die Punkte A, B und S auf. Wo schneidet diese Ebene die
x-Achse?

c) Zeigen Sie, dass das Seitendreieck ABS der Pyramide
gleichschenklig ist.

d) Bestimmen Sie den Mittelpunkt M der Grundfläche A, B, C, D.

e) Bestimmen Sie den Abstand des Punktes S von der Strecke $\overline{AB}$.

f) Unter welchem Winkel schneidet die Seitenkante CS die y-Achse?

g) Fertigen Sie ein Schrägbild der Pyramide an.

h) Paralleles Sonnenlicht in Richtung des Vektors $\vec{v}$ trifft auf die Pyramide. $\vec{v} = \begin{pmatrix} -3 \\ -11 \\ -4 \end{pmatrix}$
Wo liegt der Schatten der Pyramidenspitze S in der x-z-Ebene?

4. Tunnel

In einem Berggelände soll ein Tunnel von beiden Enden gleichzeitig errichtet werden. Die
eine Bohrung beginnt im Punkt A (0|5|−1) in Richtung des Punktes B (8|1|7), die zweite Boh-
rung startet im Punkt C (−2|2|5) in Richtung des Punktes D (10|8|−7) (1 LE = 1 km).

a) Stellen Sie für jede der zwei Bohrungen eine Geradengleichung auf.
Bestimmen Sie dann den Schnittpunkt S der Bohrungen.

b) Welche Gesamtlänge erreicht der fertige Tunnel (die Teilstücke $\overline{AS}$ und $\overline{SC}$ in km).

c) Von einem Punkt F der Bohrung $\overline{CS}$ soll ein geradliniger Entlüftungsschacht angelegt wer-
den, der im Punkt L (1|5|5) ins Freie münden soll. Bestimmen Sie die Koordinaten des
Punktes F so, dass der Entlüftungsschacht kürzestmöglich wird.
Zeigen Sie, dass F tatsächlich auf der Strecke $\overline{CS}$ liegt. Wie lang wird der Schacht sein?

d) In der Umgebung des Entlüftungspunktes L kann der Berghang angenähert durch
E: $\vec{x} = \begin{pmatrix} 1 \\ 5 \\ 5 \end{pmatrix} + r \begin{pmatrix} -4 \\ 1 \\ 1 \end{pmatrix} + s \begin{pmatrix} 1 \\ 1 \\ -2 \end{pmatrix}$, r, s ∈ ℝ beschrieben werden.
Stellen Sie die Ebene E durch eine Normalenform dar und bestimmen Sie den Schnittwin-
kel von Entlüftungsschacht FL und Ebene E.

e) Zu Beginn der Bohrung wird erkannt, dass die Bohrrichtung im Startpunkt C fälschlicher-
weise mit $\vec{v} = \begin{pmatrix} 10 \\ 5 \\ -12 \end{pmatrix}$ eingemessen wurde. Zeigen Sie, dass sich die Bohrungen so nicht
getroffen hätten. In welchem Abstand wären sie aneinander vorbeigelaufen?

f) Die Einfahrt zum Tunnel im Punkt C soll eine Steigung von 6° erhalten (damit kein
Wasser einläuft). Der Richtungsvektor für diese Einfahrt soll aus der Luft gesehen in Tun-
nelrichtung verlaufen. Bestimmen Sie einen geeigneten Richtungsvektor für die Einfahrt.

5. Ägypten

Eine antike Pyramide hat die Ecken A (100|0|0),
B (100|100|0), C (0|100|0), D (0|0|0) und die
Spitze S (50|50|100). Aus der Seitenfläche BCS
ragt als Teil einer Hebevorrichtung senkrecht
ein Balken PQ heraus, dessen Mitte T auf einer
vertikalen Stütze RT steht. Es gilt P (50|60|80)
und Q (50|100|100).

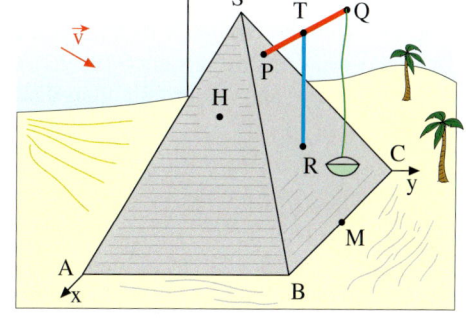

a) Stellen Sie eine Parametergleichung der Ebene E auf, welche B, C und S enthält.

b) Überprüfen Sie, ob der Punkt P tatsächlich
   auf der Seitenfläche BCS liegt.

c) Weisen Sie nach, dass der Balken PQ senkrecht auf BCS steht. Wie lang ist PQ?

d) Berechnen Sie die Länge der Stütze TR. Stellen Sie dazu die Gleichung der vertikalen
   Geraden g auf, die den Punkt T enthält. Berechnen Sie dann den Punkt R als Schnittpunkt
   der Geraden g mit der Fläche BCS.

e) Bestimmen Sie den Mittelpunkt M der Strecke BC. Bestimmen Sie dann den Winkel
   $\alpha = \sphericalangle PQM$ zwischen den Strecken QP und QM.

f) Zeigen Sie, dass die Punkte U (40|40|80) und V (60|40|80) auf zwei Kanten der Pyramide
   liegen. Begründen Sie, dass das Viereck ADUV ein Trapez ist.

g) An der Position H (70|50|a) liegt ein Schachteingang. Der Schacht führt zur
   Schatzkammer in der Pyramidenmitte G (50|50|50). Das Sonnenlicht fällt bis in
   die Schatzkammer G, wenn es in Richtung des Vektors $\vec{v}$ einfällt. Bestimmen
   Sie a. $\quad \vec{v} = \begin{pmatrix} -4 \\ 0 \\ -2 \end{pmatrix}$

6. Tennis

Der Tennisplatz ist idealisiert dargestellt mit 24 m Länge und 10 m Breite.
Die Aufschlagfelder sind jeweils
6 m lang und 5 m breit. Das Netz
ist durchgehend 1 m hoch. Alle
Schläge verlaufen geradlinig.

Ein Spieler steht an der Grundlinie bei P (3|24|0) und versucht, den Ball mit einer Geschwin-
digkeit von 144 km/h in der Höhe 3,10 m abzuschlagen, um exakt den Punkt T (5|6|0) des
Aufschlagfeldes zu treffen.

a) Wie hoch geht der Ball über das Netz?

b) In welchem Winkel α zum Boden trifft der Ball in T auf?

c) Nach dem Auftreffen wird der Ball unter Beibehaltung seiner Geschwindigkeit exakt unter
   dem gleichen Winkel α reflektiert ohne weitere Richtungsänderungen. An welcher Position
   K muss der auf seiner Grundlinie stehende Gegner den Ball zurückschlagen? Wieviel Zeit
   hat er für seine gesamte Reaktion?

d) In einer weiterer Spielsituation hat der Gegner einen Ball geschlagen. Nach dem Zwischen-
   aufprall am Boden kommt er genau am alten Standort P des Spielers an, allerdings in einer
   Höhe von nur 2 m. Der Spieler versucht, diesen Ball an die äußerste Position S seines linken
   Aufschlagfeldes zu schlagen. Kann dies gelingen?
   Was geschieht, wenn er den Ball nicht richtig trifft und dieser das Netz exakt in Netzmitte
   0,10 m über der oberen Seilkante passiert?

7. Steigflug

Das Flugzeug F befindet sich im Steigflug, als es vom Kontrollturm T$(-10|10|0)$ um 14.00 Uhr in A$(8|8|4)$ und noch einmal um 14.02 Uhr in B$(4|12|6)$ gesichtet wird. Später verschwindet es in der horizontalen Wolkenschicht, die in 9 km Höhe beginnt und in 10 km Höhe endet. Direkt beim Austritt aus der Wolkenschicht geht das Flugzeug vom Steigflug in den Horizontalflug über, ohne weitere Richtungsänderungen vorzunehmen (Angaben in km).

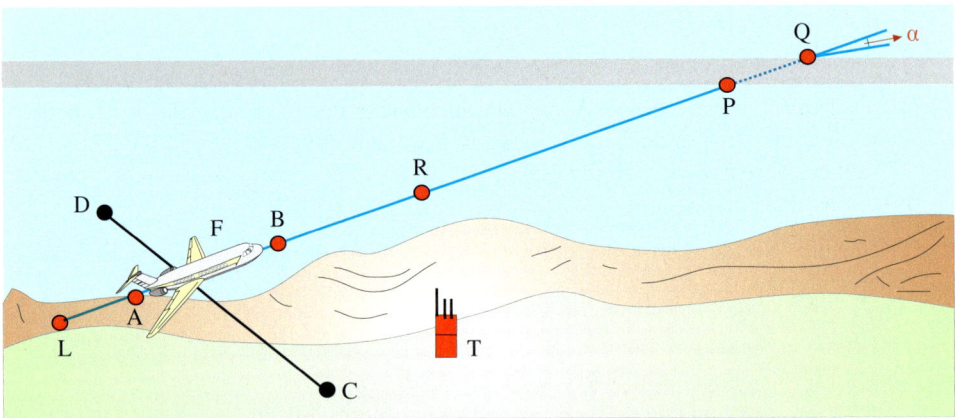

a) Bestimmen Sie eine Parametergleichung der Flugbahn f des Flugzeuges.
b) In welchem Punkt L ist das Flugzeug gestartet (Starthöhe h $= 0$)?
c) Berechnen Sie die Fluggeschwindigkeit in km/min und in km/h.
d) In welcher Positionen P und Q wird die Wolkendecke erreicht und wieder verlassen?
e) Wie groß ist der Korrekturwinkel α beim Einschwenken in den Horizontalflug?
f) Zeigen Sie, dass das Flugzeug im Punkt R$(0|16|8)$ dem Überwachungsturm T am nächsten kommt. Betrachten Sie dazu den Vektor $\overrightarrow{TR}$ und den Richtungsvektor $\vec{m}$ der Flugbahn f.
g) Ein Hubschrauber H startet um 14.00 Uhr in C$(8|11|0)$ mit Kurs auf das Ziel D$(4|9|10)$. Seine Geschwindigkeit beträgt 5 km/min. Besteht Kollisionsgefahr?

8. Ebenenschar

Gegeben sind die Gerade g durch die Punkte A$(4|1|2)$ und B$(6|2|1)$ sowie die Ebene F durch die Punkte P$(0|-1|4)$, Q$(7|4|2)$ und R$(2|0|3)$. Die Ebene E_2: $3x - 5y + z = 15$ ist eine Ebene der Schar E_a: $\left(\vec{x} - \begin{pmatrix} 3 \\ -1 \\ 1 \end{pmatrix} \right) \cdot \begin{pmatrix} a+1 \\ -2a-1 \\ 1 \end{pmatrix} = 0$, $a \in \mathbb{R}$.

a) Untersuchen Sie die relative Lage von Gerade g und Ebene F.
b) Zeigen Sie: Die Schnittpunkte der Koordinatenachsen mit der Ebene F bilden ein gleichseitiges Dreieck.
c) Bestimmen Sie eine Gleichung der Schnittgeraden s der Ebenen E_2 und F.
   Zeigen Sie, dass die Gerade s in jeder Ebene der Schar E_a liegt.
   Zeigen Sie weiter, dass die Geraden g und s echt parallel verlaufen.
   Bestimmen Sie den Abstand der Geraden g und s.
d) Untersuchen Sie die relative Lage der Geraden g zur Ebenenschar E_a.
   Prüfen Sie, ob die Ebene F zur Schar E_a gehört.
e) Zeigen Sie, dass keine Ebene der Schar E_a orthogonal zur x-y-Ebene verläuft.
   Bestimmen Sie eine Gleichung der Ebene H, welche die Gerade s aus Teil c) enthält und nicht zur Ebenenschar E_a gehört.

A. Wahrscheinlichkeitsrechnung: Elementare Aufgaben

1. Eine fünfköpfige Familie stellt sich zu einem Gruppenphoto auf. Wie viele Möglichkeiten der Anordnung gibt es, wenn
a) alle sich in einer Reihe aufstellen,
b) die beiden Eltern hinter den drei Kindern stehen?

2. Ein wichtiges Gremium in Karnevalvereinen ist der sogenannte Elferrat, der – wie der Name schon sagt – aus elf Personen besteht.
a) Aus dem Elferrat werden als Vorstand nacheinander der 1. Vorsitzende, der 2. Vorsitzende und der Schriftführer duch die Vereinsmitglieder gewählt. Wie viele Möglichkeiten für die Wahl des Vereinsvorstands gibt es?
b) Ein vierköpfiges Gremium des Elferrates soll die Prunksitzung des Verein vorbereiten. Berechnen Sie, wie viele Möglichkeiten es gibt, das Gremium zusammenzustellen.
c) Drei enge Freunde gehören zum Elferrat. Wie wahrscheinlich ist es, dass mindestens einer von ihnen dem vierköpfigen Gremium angehört?

3. Zwölf Jungen verabreden sich zu einem Fußballspiel. Dazu müssen sie zwei Mannschaften aus jeweils sechs Spielern bilden. Wie viele Möglichkeiten für die Zusammensetzung der beiden Teams gibt es?

4. In einer Galerie gibt es 10 Leuchten, die einzeln ein- und ausgeschaltet werden können. Wie viele unterschiedliche Möglichkeiten der Beleuchtung gibt es?

5. 10% der Bevölkerung sind zuckerkrank. Ein Test zeigt bei 95% der Kranken ein positives Testergebnis an. Bei den Gesunden ergibt der Test bei 4% irrtümlich ein positives Ergebnis.
a) Es wird ein Massenscreening durchgeführt. Welcher Prozentsatz der untersuchten Personen wird dabei ein positives Testergebnis erhalten?
b) Eine Person wurde positiv getestet. Mit welcher Wahrscheinlichkeit ist sie tatsächlich zuckerkrank?

6. Eine Münze wird viermal geworfen. Die Größe X beschreibt die Anzahl der Kopfwürfe.
a) Geben Sie die Wahrscheinlichkeitsverteilung von X an.
b) Berechnen Sie den Erwartungswert von X.

7. Ein Biathlet trifft beim Stehend-Schießen mit einer Wahrscheinlichkeit von 80%. Eine Serie besteht aus fünf Schüssen. Wie wahrscheinlich sind die folgenden Ereignisse?
A: Alle Schüsse der Serie sind Treffer.
B: Nur der letzte Schuss ist kein Treffer.
C: Die Serie wird mit vier Treffern beendet.
D: Es werden mindestens vier Treffer erreicht.

8. Die Gewinnwahrscheinlichkeit bei einem Glücksspiel liegt bei 25%.
a) Mit welcher Wahrscheinlichkeit gewinnt man bei acht Spielen genau einmal?
b) Mit welcher Wahrscheinlichkeit gewinnt man bei sechs Spielen mindestens einmal?
c) Wie viele Gewinnspiele kann man bei 60 Spielen erwarten?
d) Bestimmen Sie ein möglichst kleines Intervall, in dem die Anzahl der Gewinnspiele bei 100 Spielen mit einer Sicherheit von mindestens 95% liegt.

9. Bei dem Spiel „Mensch ärgere dich nicht" benötigt der Spieler eine Sechs des Spielwürfels zur Eröffnung des Spiels. Dazu hat er drei Versuche. Wie wahrscheinlich ist es, dass ein Spieler das Spiel schon in der ersten Runde eröffnen kann?

10. Bei einem Würfelspiel werden 2 Würfel geworfen. Zeigen beide Würfel eine der Zahlen von 1 bis 5, erhält der Spieler 5 Euro ausgezahlt. Zeigen beide Würfel die Sechs, werden sogar 10 Euro an den Spieler ausgezahlt. Der Einsatz beträgt 1 Euro. Die Zufallsgröße X beschreibt den Gewinn/Verlust des Spielers.
    a) Geben Sie die Wahrscheinlichkeitsverteilung von X an.
    b) Welchen Erwartungswert hat die Zufallsgröße X?

11. Bei einer Online-Umfrage unter 800 Schülern wird gefragt, ob sie einen Account bei Facebook bzw. bei Twitter haben. Das Ergebnis der Umfrage ist in der unvollständigen Vierfeldertafel erfasst.

F/T: Account bei Facebook/Twitter

	F	$\bar{F}$	
T	600		660
$\bar{T}$		40	
			800

    a) Vervollständigen Sie die Vierfeldertafel.
    b) Ein befragter Schüler hat einen Facebook-Account. Mit welcher Wahrscheinlichkeit hat er ebenfalls einen Twitter-Account?

12. Eine Urne enthält 7 schwarze und 3 weiße Kugeln. Es werden 3 Kugeln mit Zurücklegen gezogen. Mit welcher Wahrscheinlichkeit
    a) ist nur die 2. Kugel schwarz,   b) sind alle Kugeln weiß,
    c) ist mindestens eine Kugel schwarz?
    d) Beantworten Sie a) bis c), wenn die 3 Kugeln ohne Zurücklegen gezogen werden.

13. Eine Firma produziert LED-Leuchten in zwei Werken A und B. Das ältere Werk A produziert mit 5% Ausschuss. Das modernere Werk B, aus dem 70% der Gesamtproduktion stammen, produziert mit 2% Ausschuss.
    a) Wie groß ist der Ausschussanteil an der Gesamtproduktion?
    b) Eine LED-Leuchte ist fehlerhaft. Mit welcher Wahrscheinlichkeit wurde sie in Werk B produziert?
    c) Jeweils 200 LED-Leuchten werden in einen Karton zum Verkauf verpackt. Wie groß ist die Wahrscheinlichkeit, dass in einem Karton aus Werk B weniger als 3 LED-Leuchten defekt sind?
    d) Ein Käufer bezieht einen Karton aus Werk A. Ein genaue Prüfung ergibt, dass er 18 fehlerhafte Leuchten enthält. Kann er der Produzentenangabe von 5% Ausschuss noch glauben?

14. Sven trifft als guter Basketballspieler bei 80% seiner Freiwürfe.
    a) Wie wahrscheinlich sind genau 8 Treffer bei 10 Würfen? Ist die Wahrscheinlichkeit für 40 Treffer bei 50 Würfen geringer oder höher?
    b) Wie wahrscheinlich ist es, dass Sven weniger als 3 Fehlwürfe bei 20 Freiwürfen hat?
    c) Wie viele Treffer kann sein Trainer bei 60 Freiwürfen erwarten?
    d) Welche Trefferanzahl kann Sven bei 50 Freiwürfen mit mindestens 95% Sicherheit garantieren?

B. Wahrscheinlichkeitsrechnung: Komplexe Aufgaben

1. Geschwindigkeitskontrollen

An einem Unfallschwerpunkt werden Geschwindigkeitskontrollen durchgeführt. Es wurde festgestellt, dass 6 % der PKW-Fahrer und 3 % der LKW-Fahrer als sogenannte Raser eingestuft werden. Die Kontrollwahrscheinlichkeit beträgt unabhängig von der Fahrzeugart 5 %.

a) Bestimmen Sie die Wahrscheinlichkeit folgender Ereignisse:

    A: „Unter 55 kontrollierten PKW-Fahrern befindet sich kein Raser."

    B: „Unter 60 kontrollierten PKW-Fahrern befindet sich mindestens ein Raser."

b) Bestimmen Sie die Wahrscheinlichkeit folgender Ereignisse. Fertigen Sie eventuell auch ein Baumdiagramm an.

    C: „Von vier aufeinander folgenden Fahrzeugen wird nur das erste kontrolliert."

    D: „Von fünf aufeinander folgenden Fahrzeugen werden genau drei Fahrzeuge kontrolliert, die direkt hintereinander fahren."

c) Berechnen Sie, wie viele PKW mindestens kontrolliert werden müssen, um mit einer Wahrscheinlichkeit von mindestens 50 % mindestens einen Raser zu erwischen.

d) Der Anteil der Motorradfahrer, die mit korrekter Geschwindigkeit fahren, sei p mit $0 < p < 1$. Berechnen Sie p so, dass die Wahrscheinlichkeit dafür, unter 10 zufällig ausgewählten Motorradfahrern genau 2 mit nichtkorrekter Geschwindigkeit zu finden, maximal ist. Auf den Nachweis des Maximums wird verzichtet.

2. Glücksspiel

Der einarmige Bandit kann in jedem der vier Fenster eine der Ziffern 1, 2 und 3 ausgeben.

a) Wie viele verschiedene Ergebnisse gibt es insgesamt?

b) Bestimmen Sie die Wahrscheinlichkeit des Ereignisses:

    A: Es erscheint die Ziffernfolge 1 2 3 3.

    B: Es erscheint genau zweimal die Ziffer 1.

    C: Es erscheinen nur Einsen.

    D: Es erscheinen nur gleiche Ziffern.

c) Das Gerät wird 10-mal bedient. Mit welcher Wahrscheinlichkeit tritt das Ereignis B nicht ein einziges Mal ein? Mit welcher Wahrscheinlichkeit tritt es genau 2-mal ein?

d) Wie oft muss man das Gerät mindestens in Gang setzen, damit mit einer Wahrscheinlichkeit von wenigstens 95 % mindestens einmal das Ereignis B eintritt?

e) Bei einem Einsatz von 1 € pro Spiel gewinnt man 30 €, wenn die Ziffernfolge 3333 kommt und 5 €, wenn die Ziffernfolge 2xx2 kommt, wobei x eine beliebige aber feste Ziffer ist. Lohnt sich das Spiel für den Spieler? Wie viel Gewinn/Verlust ist für den Betreiber an einem Tag mit 8 Stunden zu erwarten, wenn pro Stunde ca. 20 Spiele stattfinden?

f) Johannes berichtet, dass er gerade fünfmal hintereinander gewonnen hat (Ziffernfolge 3333 oder 2xx2). Beurteilen Sie diese Aussage bezüglich ihrer Glaubwürdigkeit.

    Jana sagt, dass sie bei 100 Spielen ca. 20 bis 30-mal das Ereignis B beobachtet hat. Ist das glaubhaft? (Verwenden Sie bei der Lösung dieser Aufgabe für die Wahrscheinlichkeit des Ereignisses B den Näherungswert $P(B) = \binom{4}{2}\frac{1}{3}^2 \cdot \left(\frac{2}{3}\right)^2 = \frac{24}{81} = 0{,}296 \approx 0{,}3$).

3. Glaukom

Die Augenkrankheit Glaukom (grüner Star) tritt überwiegend ab einem Alter von 40 Jahren auf. Viele der Erkrankten leiden dabei an erhöhtem Augeninnendruck, der jedoch auch bei einem nicht an einem Glaukom Erkrankten auftreten kann.

In NRW leben 10 Mio. Personen über 40 Jahre, von denen 0,8 Mio. an erhöhtem Augeninnendruck leiden.

Im Folgenden werden nur Personen betrachtet, die älter als 40 Jahre sind.

a) Für eine Studie werden 20 Personen ausgewählt. Mit welcher Wahrscheinlichkeit
   – hat niemand aus der Gruppe einen erhöhten Augeninnendruck
   – haben mindestens 3 Personen der Gruppe einen erhöhten Augeninnendruck?

b) 2,5 % der über 40 Jahre alten Personen leiden an einem Glaukom. Davon haben 75 % einen erhöhten Augeninnendruck. Unter den nicht an einem Glaukom erkrankten Personen leiden 8 % unter erhöhtem Augeninnendruck. Wie groß ist die Wahrscheinlichkeit, dass eine zufällig ausgewählte Person unter erhöhtem Augeninnendruck leidet?

c) Eine Person aus der Gruppe der über 40-Jährigen leidet unter erhöhtem Augeninnendruck. Wie groß ist die Wahrscheinlichkeit, dass sie an einem Glaukom erkrankt ist?

d) Wie groß ist die Wahrscheinlichkeit, dass unter 200 zufällig ausgewählten Personen aus der Gruppe der über 40-Jährigen mehr als 25 unter erhöhtem 200 % Augeninnendruck leiden?

e) Wie viele Personen müssen mindestens untersucht werden, um mit mindestens 90 % Sicherheit mindestens eine Person zu finden, die an einem Glaukom erkrankt ist?

4. Der Spezialwürfel

Beim Spezialwürfel treten die Augenzahlen 2 und 3 mit der doppelten Wahrscheinlichkeit, die Augenzahlen 4 und 5 mit der dreifachen Wahrscheinlichkeit und die Augenzahl 6 mit der vierfachen Wahrscheinlichkeit der Augenzahl 1 auf. Man kann dazu einen 20-flächigen Würfel verwenden, der fünf ungültige Flächen hat.

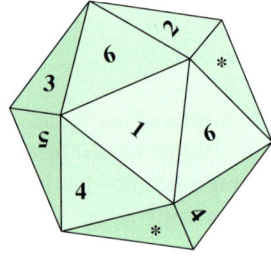

Eins	1
Zwei	2
Drei	2
Vier	3
Fünf	3
Sechs	4
*	5

a) Die Zufallsgröße X gibt die Augenzahl beim Werfen des Würfels an. Bestimmen Sie die Wahrscheinlichkeitsverteilung und den Erwartungswert von X.

b) Ein Spiel kann man nur durch Würfeln einer Sechs beginnen. Dazu hat ein Spieler bis zu drei Versuche pro Spielrunde.
   Wie groß ist die Wahrscheinlichkeit, dass ein Spieler es schafft, schon in der ersten Runde ins Spiel zu kommen?
   Wie groß ist die Wahrscheinlichkeit, dass ein Spieler nach drei Runden immer noch nicht im Spiel ist?

c) Wie oft muss man mindestens würfeln, um mit mindestens 99 % Wahrscheinlichkeit mindestens eine Sechs zu würfeln?

d) Wie groß ist die Wahrscheinlichkeit, bei 100 Würfen mehr als 25 Sechsen zu würfeln?

e) Der Würfel wird für ein Glücksspiel benutzt. Bei 2 Euro Einsatz wird der Würfel zweimal geworfen. Ist die Augensumme größer als 10, wird die Augensumme in Euro ausgezahlt. Mit welchem Gewinn pro Spiel kann der Anbieter rechnen?

f) Jemand behauptet, bei 100 Spielen 25-mal gewonnen zu haben. Wie glaubwürdig ist diese Aussage?

5. Blue Jeans

Bei der Herstellung von Jeans werden 3 % der Hosen mit Mängeln (M) produziert.

a) Wie groß ist die Wahrscheinlichkeit, dass ein Kunde beim Kauf von 100 Jeans mehr als 5 Hosen mit Mängeln erhält?

b) Ab welchem Kaufumfang sinkt die Wahrscheinlichkeit, dass alle gelieferten Jeans mängelfrei sind, unter 20 %?

c) 80 % der Jeans werden als Standardmodell produziert, der Rest als Luxusausführung. Beim Standardmodell sind 3,5 % der Produktion mit Mängeln behaftet.
Wie groß ist der Anteil der Jeans mit Mängeln bei der Luxusausführung?
Eine Jeans wird zufällig der Produktion entnommen. Die Kontrolle ergibt einen Mangel. Mit welcher Wahrscheinlichkeit wurde eine Jeans in Luxusausführung ausgewählt?

d) Ein Großkunde bestellt 500 Jeans. Wie groß ist die Wahrscheinlichkeit, dass höchstens 22 Hosen mit Mängeln darunter sind?
Ab welcher Anzahl K liegt die Wahrscheinlichkeit, dass höchstens K Jeans mangelhaft sind, über 99 %?

e) Der Großkunde verkauft die Jeans für 79,90 €. Kurz vor der Umstellung auf die neue Kollektion hat er 380 der 500 Jeans verkauft. Er weiß aus Erfahrung, dass er noch 50 % der restlichen Ware zum regulären Preis verkaufen kann.
Der Großkunde entscheidet nun, die restlichen 120 Jeans mit reduziertem Preis von 49,90 € anzubieten. Er verkauft daraufhin 105 der restlichen 120 Jeans. Mit welcher Wahrscheinlichkeit hätte er einen höheren Erlös erzielt, wenn er die restliche Ware zum regulären Preis angeboten hätte?

6. Epidemie

Eine Epidemie E ist ausgebrochen, die von zwei nicht gleichzeitig auftretenden Erregern A_1 und A_2 verursacht wird und 8 % der Bevölkerung eines Landes getroffen hat.

a) Wie groß ist die Wahrscheinlichkeit, dass
A: von 20 Personen höchstens eine erkrankt ist,
B: unter 1200 Personen sich mehr als 90 Erkrankte befinden?

b) Ein Test erkennt 98 % der Erkrankten, stuft jedoch 4 % der Gesunden als krank ein. Wie groß ist die Wahrscheinlichkeit, dass der Test eine Person als gesund ausweist?
Der Test weist eine Person als gesund aus. Mit welcher Wahrscheinlichkeit ist diese Person trotzdem krank?

c) Ein Medikament M wirkt bei 60 % der mit dem Erreger A_1 Infizierten und bei 80 % der durch den Erreger A_2 Erkrankten. Insgesamt hilft das Medikament bei 71 % aller Erkrankten. Wie groß ist der Anteil der durch den Erreger A_1 Erkrankten?

d) Der Besitzer einer Apotheke erwartet pro Woche 1200 Kunden. Die Wahrscheinlichkeit, dass einer der Kunden eine Verschreibung des Medikaments M vorlegt, beträgt 6 %. Wie viele Packungen des Medikaments M muss der Apotheker sich pro Woche auf Lager legen, damit der Vorrat mit 99 % Wahrscheinlichkeit reicht?

e) Ein Arzt behandelt an einem bestimmten Tag 40 Patienten. Davon leiden 6 an Grippe, x sind durch E infiziert, der Rest leidet an anderen Krankheiten. Von 3 zufällig ausgewählten Patienten leidet einer an Grippe, einer an E und einer an einer anderen Krankheit. Für welchen Wert von x ist dieses Ereignis am wahrscheinlichsten?

7. Anglerlatein

Ein Angler fängt bevorzugt Zander. Nur 25 % der von ihm gefangenen Zander sind *groß*, d. h., ihre Länge beträgt mindestens 50 cm. Insgesamt sind nur 30 % der von ihm gefangenen Fische *groß*. Auch sind nur 10 % seiner gefangenen Fische *Zander* **und** sind zugleich *groß*.

a) Bestimmen Sie die Wahrscheinlichkeiten der folgenden Ereignisse:

     A: von 9 gefangenen Zandern sind mindestens 2 groß,

     B: von 500 gefangenen Fischen sind mindestens 140 und höchstens 170 Fische groß.

b) Wie viele Zander muss der Angler mindestens fangen, um mit mindestens 98 % Wahrscheinlichkeit mindestens einen großen Zander zu erhalten?

c) Erstellen Sie eine Vierfeldertafel mit den beiden Merkmalen Fischart (Zander/kein Zander) und Fanggröße (groß/klein) auf der Basis von 1000 gefangenen Fischen.

d) Ermitteln Sie die Wahrscheinlichkeiten der folgenden Ereignisse.

     C: Der nächste gefangene Fisch ist kein Zander und ist groß,

     D: Der letzte gefangene Fisch war kein Zander,

     E: Der letzte gefangene Fisch ist ein Zander, unter der Bedingung, dass es sich um einen großen Fisch handelt.

e) 10 % der bis zu einem festen Zeitpunkt vom Angler gefangenen Fische waren groß. Danach fängt der Angler vermehrt große Zander und behauptet deshalb, dass seine Erfolgsquote (große Zander) auf nunmehr 15 % gestiegen ist.

     e_1) Wie groß ist die Wahrscheinlichkeit, dass unter 150 gefangenen Fischen mehr als 20 große Zander sind, obwohl die Erfolgsquote unseres Anglers weiter bei 10 % liegt?

     e_2) Die Erfolgsquote des Anglers liege nun tatsächlich bei 15 %.

     Betrachtet wird die Hypothese H_0: „Die Erfolgsquote des Anglers liegt bei 10 %."

     Untersucht wird eine Stichprobe von 150 gefangenen Fischen. Wie muss die Entscheidungsregel lauten, damit die Wahrscheinlichkeit für die Annahme der falschen Hypothese H_0 maximal 20 % beträgt?

8. Bücherwürmer

18 % der Deutschen lesen im Jahr mehr als 15 Bücher, sie sind „Bücherwürmer".

a) Bestimmen Sie die Wahrscheinlichkeiten der folgenden Ereignisse.

     A: Unter 10 zufällig ausgewählten Personen befinden sich genau 2 Bücherwürmer,

     B: Unter 7 zufällig ausgewählten Personen sind mindestens 6 keine Bücherwürmer,

     C: Unter 1000 zufällig ausgewählten Personen sind mindestens 165 und höchstens 210 Bücherwürmer.

b) Wie viele Personen muss man mindestens befragen, um mit mindestens 99,5 % Wahrscheinlichkeit mindestens einen Bücherwurm zu finden?

c) Ein Verleger lässt seine Bücher in einer Druckerei herstellen, von der bekannt ist, dass 3 % der Produktion Fehldrucke sind. In einem Prüfverfahren werden 97 % der Fehldrucke und 99 % der korrekten Bücher richtig eingestuft.

     Berechnen Sie die Wahrscheinlichkeiten der folgenden Ereignisse.

     D: Ein Buch wird als Fehldruck eingestuft.

     E: Ein als Fehldruck eingestuftes Buch ist tatsächlich ein Fehldruck.

     F: Ein nicht als Fehldruck eingestuftes Buch ist tatsächlich ein Fehldruck.

d) Zur Veröffentlichung eines neuen Romans bietet ein Verlag eine Lesung an. Da erfahrungsgemäß 4 % aller angemeldeten Personen nicht kommen, werden vom Verlag mehr als 150 Reservierungen für die 150 vorhandenen Plätze angenommen. Wie viele Reservierungen dürfen angenommen werden, damit trotz Überbuchung das Platzangebot mit mindestens 96 % Wahrscheinlichkeit ausreicht?

9. Einwegfeuerzeuge

Ein Betrieb stellt Einwegfeuerzeuge mit einem Ausschussanteil von 2 % her.

a) Peter kauft 4 Feuerzeuge. Wie groß ist die Wahrscheinlichkeit, dass davon genau 2 Ausschuss sind?

Peter vermutet, dass diese Wahrscheinlichkeit kleiner ist als beim Lotto „6 aus 49" vier Richtige zu erzielen. Hat Peter Recht?

b) Die Feuerzeuge werden vom Hersteller in Packungen zu 100 Stück abgegeben. Wie groß ist die durchschnittliche Anzahl von Ausschussteilen pro Karton und wie groß ist die Wahrscheinlichkeit, dass diese Durchschnittszahl im Einzelfall überschritten wird?

c) Die durchschnittliche Lebensdauer eines fehlerfrei hergestellten Feuerzeugs beträgt 300 Zündungen mit einer Standardabweichung von 15 Zündungen. Wie groß ist die Wahrscheinlichkeit, dass ein zufällig ausgewähltes Feuerzeug höchstens 280 Zündungen erlaubt?

d) Die Herstellung eines Feuerzeugs kostet 0,50 €. Die Vertriebskosten betragen mindestens 0,10 € pro Feuerzeug. Der Abgabepreis soll wegen der Konkurrenz 0,70 € nicht übersteigen.

Der Betrieb hat sich verpflichtet, Ausschussstücke zu ersetzen, was Zusatzkosten von 2,50 € pro umgetauschtem Feuerzeug verursacht. Ist unter diesen Bedingungen eine wirtschaftliche, gewinnabwerfende Produktion möglich?

10. Urlaub am Nordkap oder auf Hawai?

Johannes erfüllt sich einen Traum. Er macht Urlaub am Nordkap. Die Tageshöchsttemperatur in Hammerfest beträgt im August $\mu = 14°$ C mit einer Standardabweichung von $\sigma = 1,5°$.

 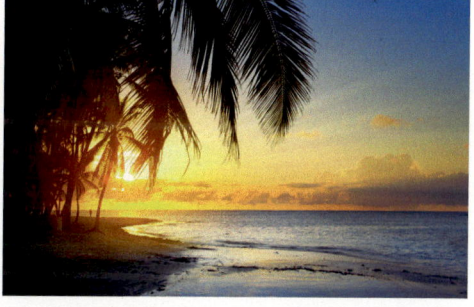

a) Wie wahrscheinlich ist ein richtig heißer Tag in Hammerfest mit einer Höchsttemperatur von mindestens 17° C ? Wie wahrscheinlich sind Temperaturen von unter 12° C?

b) Gesucht ist ein zum Erwartungswert m = 14 symmetrisches Intervall, in dem langjährig 50 % aller Tageshöchsttemperaturen im August liegen.

c) Gesucht ist eine Temperatur T, so dass 60 % aller Tageshöchsttemperaturen zwischen 12° C und T° liegen.

d) Johannes Freund Fred schickt eine Postkarte aus Hawai. Er hat in der Lokalzeitung folgende Statistik über die Augusttemperaturen der beiden vergangenen Jahre gefunden.

Temperatur in °C	24	25	26	27	28	29	30	31	32	33	34	35	36	37
Abs. Häufigkeit:	1	1	4	4	5	9	14	8	5	3	2	2	1	1

Berechnen Sie den empirischen Mittelwert $\overline{m}$ und die empirische Standardabweichung s. Berechnen Sie dann unter der Annahme, dass die Temperatur normalverteilt ist, mit welcher Wahrscheinlichkeit die Temperatur am nächsten Urlaubstag zwischen 27,5° C und 29,5° C liegt, der Lieblingstemperatur von Fred.

A. Stochastische Prozesse: Elementare Aufgaben

1. Matrizen

Berechnen Sie manuell die folgenden Terme:

a) $M \cdot \vec{v}$

b) $M^2 = M \cdot M$

$$M = \begin{pmatrix} 0,5 & 0,6 \\ 0,5 & 0,4 \end{pmatrix} \qquad \vec{v} = \begin{pmatrix} 0,2 \\ 0,8 \end{pmatrix}$$

c) N^2

d) $N^2 \cdot \vec{u}$

$$N = \begin{pmatrix} 0,2 & 0,4 & 0,5 \\ 0,3 & 0 & 0,5 \\ 0,5 & 0,6 & 0 \end{pmatrix} \qquad \vec{u} = \begin{pmatrix} 0,2 \\ 0,3 \\ 0,5 \end{pmatrix}$$

2. Stochastische Matrizen

a) Was versteht man unter einer stochastischen Matrix?

b) Bei welchen der folgenden Matrizen handelt es sich um stochastissche Matrizen?

$$M = \begin{pmatrix} 0,7 & 0,1 \\ 0,3 & 0,9 \end{pmatrix} \qquad N = \begin{pmatrix} 0,5 & 0,2 & 0,3 \\ 0,3 & 0,4 & -0,1 \\ 0,2 & 0,5 & 0,8 \end{pmatrix} \qquad P = \begin{pmatrix} 0,1 & 0,5 & 0,3 \\ 0,2 & 0,4 & 0,6 \\ 0,7 & 0,1 & 0,1 \end{pmatrix} \qquad Q = \begin{pmatrix} 0,1 & 0,4 & 0,5 & 0 \\ 0,1 & 0,2 & 0,3 & 1 \\ 0,8 & 0,2 & 0,2 & 0 \\ 0 & 0,2 & 0 & 0 \end{pmatrix}$$

c) Ergänzen Sie die Matrix zu einer stochastischen Matrix, sofern dies möglich ist.

$$M = \begin{pmatrix} 0,1 & \blacksquare & 0,1 \\ \blacksquare & 0,5 & 0,3 \\ 0,4 & 0 & \blacksquare \end{pmatrix} \qquad N = \begin{pmatrix} \blacksquare & 0,5 \\ 0 & \blacksquare \end{pmatrix} \qquad P = \begin{pmatrix} 0,1 & 0,5 & 0,2 & 0 \\ 0,2 & 0,3 & 0,3 & \blacksquare \\ 0,6 & \blacksquare & 0,6 & 0 \\ \blacksquare & 0,2 & \blacksquare & 0 \end{pmatrix}$$

3. Übergangsmatrix und Übergangsgraph

Gegeben ist der noch unvollständige Übergangsgraph eines stochastischen Prozesses.

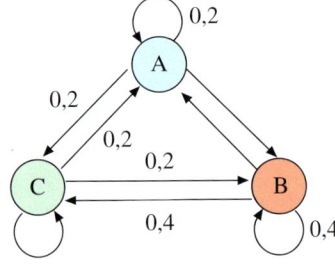

a) Vervollständigen Sie ihn so, dass die zugehörige Übergangsmatrix M eine stochastische Matrix ist.

b) Stellen Sie die Matrix M auf.

c) Die Matrix M hat nur Elemente, die positiv sind. Nach Satz XVI.1 hat sie daher einen eindeutigen Fixvektor $\vec{v}$. Für einen Fixvektor gilt bekanntlich $M \cdot \vec{v} = \vec{v}$. Berechnen Sie die Koordinaten von $\vec{v}$. Das auftretende LGS kann mit dem GTR gelöst werden.

d) Berechnen Sie die Folgeverteilung $\vec{v}_1$, ausgehend von der Startverteilung $\vec{v}_0 = \begin{pmatrix} 0,4 \\ 0,5 \\ 0,1 \end{pmatrix}$.

4. Prozess mit absorbierenden Zuständen

Gegeben ist der Übergangsgraph eines dynamischen Prozesses.

a) Wie lautet die Übergangsmatrix M?

b) Welche Zustände sind absorbierend?

c) Die Startverteilung $\vec{v}_0$ sei A: 0, B :1, C: 0, D :0. Wie lautet die Folgeverteilung $\vec{v}_1$?

d) Zeigen Sie, dass die Verteilung $\vec{v}$ mit A: 0,8, B: 0, C: 0, D: 0,2 eine stabile Zustandsvertei-lung darstellt. Hinweis: Zu zeigen ist, dass $M \cdot \vec{v} = \vec{v}$ gilt.

B. Stochastische Prozesse: Komplexe Aufgaben

1. Stochastischer Standardprozess

M sei die Übergangsmatrix eines stochastischen Prozesses und $\vec{v}_0$ eine Startverteilung des Prozesses.

$$M = \begin{pmatrix} 0 & 0{,}5 & 0{,}5 \\ 0 & 0 & 0{,}5 \\ 1 & 0{,}5 & 0 \end{pmatrix} \qquad \vec{v}_0 = \begin{pmatrix} 0{,}2 \\ 0{,}3 \\ 0{,}5 \end{pmatrix}$$

a) Zeigen Sie, dass M eine stochastische Matrix ist.

b) Zeichnen Sie den Übergangsgraphen des Prozesses.

c) Bestimmen Sie M^2 und $M^2 \cdot \vec{v}_0$. Welche Bedeutung hat $M^2 \cdot \vec{v}_0$?

d) Bestimmen Sie die Folgeverteilungen $\vec{v}_1$, $\vec{v}_5$ und $\vec{v}_{10}$.

e) Bestimmen Sie *manuell* einen Fixvektor $\vec{v}$ ($M \cdot \vec{v} = \vec{v}$).
   Lediglich das auftretende LGS darf mit dem GTR gelöst werden.

f) Berechnen Sie mit dem GTR näherungsweise die Grenzmatrix M^∞. Welcher Zusammenhang besteht zwischen dem Fixvektor $\vec{v}$ und der Grenzmatrix M^∞?

2. Schnellrestaurant

Ein Schnellrestaurant bietet drei Arten von Gerichten an:
S: Sphagetti, P: Pizza, R: Reisgericht
Täglich wechseln die Kunden das Gericht so, wie es sich aus dem Übergangsgraphen ergibt. Am ersten Tag wählen 34 % Spaghetti, 22 % eine Pizza und 44 % ein Reisgericht.

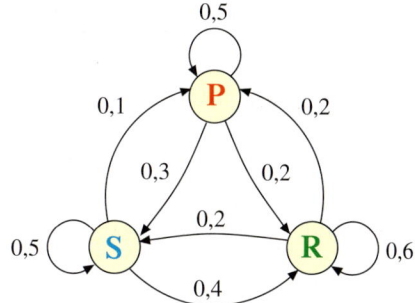

a) Stellen Sie die Übergangsmatrix M auf.

b) Begründen Sie, weshalb M eine stochastische Matrix ist.

c) Berechnen Sie M^2. Welche Bedeutung hat das Element a_{23} von M^2 in diesem Sachzusammenhang? a_{23} ist das Element, welches in der 2. Zeile und in der 3. Spalte vom M^2 steht.

d) Bestimmen Sie die Verteilung der Kunden auf die Gerichte nach zwei Tagen bzw. nach fünf Tagen, ausgehend von der zu Beginn vorliegenden Startverteilung.

e) Zeigen Sie, dass zwei Wochen vor Beobachtungsbeginn die folgende Verteilung vorlag: Spaghetti: 60 %, Pizza: 20 %, Reisgericht: 20 %.

f) Berechnen Sie manuell den Fixvektor $\vec{v}$, für den die Gleichung $M \cdot \vec{v} = \vec{v}$ gilt.
   Das im Verlauf der Lösung entstehende LGS können Sie mit dem GTR lösen.

g) Bestimmen Sie die Grenzmatrix M^∞ und interpretieren Sie deren Spalten im Sachzusammenhang.

h) Wie verändert sich die Grenzverteilung, wenn nach drei Wochen aufgrund eines vielfältigeren Angebots im Bereich der Pizzagerichte ein Kunde, der ein solches gewählt hat, dies mit 80 % Wahrscheinlichkeit auch in der Folgewoche tut, während er nur mit jeweils 10 % Wahrscheinlichkeit auf die anderen Gerichte wechselt?

i) Nach einem Wechsel des Kochs sind die Spaghettigerichte und die Pizzagerichte so gut, dass jeder, der sie einmal gegessen hat, sie immer wieder wählt. Das Reisgericht wird mit 95 % Wahrscheinlichkeit wieder gewählt. 3 % der Reisesser welchseln in der Folgewoche zu einer Pizza und 2 % zu einem Spaghettigericht. Wie lautet die Verteilung nach zwei Tagen bzw .nach zwei Wochen? Stellt sich nun eine langfristige Verteilung ein? Am ersten Tag teilen sich die Kunden gleichmäßig auf: Spaghetti: 1/3, Pizza: 1/3, Reis: 1/3.

3. Absorbierende Zustände

Max und Moritz spielen. Max wirft dazu mehrfach eine Münze. Kommt irgendwann einmal die Folge KK, so hat Max gewonnen. Kommt ZK, so hat Moritz gewonnen.

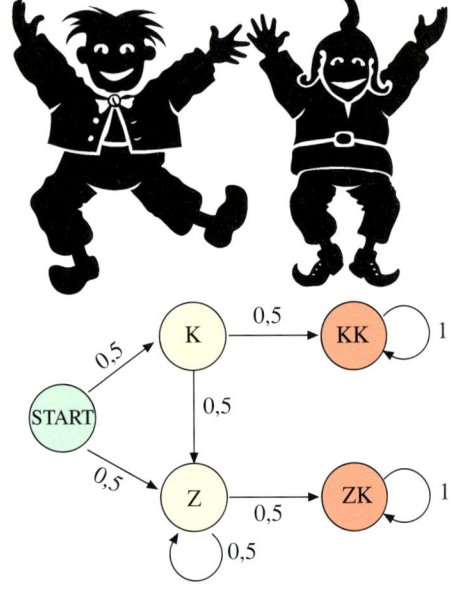

a) Begründen Sie, dass man das rechts dargestellte Prozessdiagramm mit fünf Zuständen verwenden kann. Welche Zustände absorbieren?

b) Stellen Sie die Übergangsmatrix M auf. Ist sie stochastisch?

c) Die Startverteilung ist durch den Vektor $\vec{v}_0$ mit den Koordinaten $(1,0,0,0,0)$ gegeben.
Berechnen Sie die Folgeverteilungen $\vec{v}_1$, $\vec{v}_2$ und $\vec{v}_3$.

d) Welche Grenzverteilung stellt sich ein? Wer hat die besseren Gewinnaussichten?

e) Mit welcher Wahrscheinlichkeit ist das Spiel schon nach fünf Zügen entschieden?

4. Bevölkerungswanderung

Eine Stadt hat drei Bezirke A, B und C. Jährlich kommt es zu Umzügen zwischen den Bezirken, die durch die Übergangsmatrix M beschrieben werden. Die Startverteilung der Einwohner auf die Bezirke wird durch den Vektor $\vec{v}_0$ erfasst (Angaben in Tausend). Es wird davon ausgegangen, dass die Gesamtbevölkerung konstant gleich 60 (tausend) bleibt.

$$M = \begin{pmatrix} 0{,}90 & 0{,}15 & 0{,}30 \\ 0{,}05 & 0{,}80 & 0{,}10 \\ 0{,}05 & 0{,}05 & 0{,}60 \end{pmatrix} \qquad \vec{v}_0 = \begin{pmatrix} 20 \\ 10 \\ 30 \end{pmatrix}$$

a) Erläutern Sie die Bedeutung der Elemente der Übergangsmatrix M an selbstgewählten Beispielen. Skizzieren Sie das Prozessdiagramm (Übergangsgraph) des Vorgangs.

b) Wieviele Einwohner hat Bezirk A nach zwei Jahren?

c) Berechnen Sie, wieviele Personen in den ersten beiden Jahren von A nach C ziehen. Wie stark ist die gegenläufige Wanderungsbewegung in diesem Zeitraum? Welche Wanderungsbilanz ergibt sich?

d) Bestimmen Sie angenähert die Verteilung der Einwohner auf die Bezirke nach fünf bzw. nach zehn Jahren.

e) Welche Verteilung stellt sich bei gleichbleibendem Wechselverhalten langfristig ein?

f) Bestimmen Sie eine stationäre Verteilung $\vec{v}$ (Fixvektor), für die $M \cdot \vec{v} = \vec{v}$ gilt. Verwenden Sie den Ansatz $v = \begin{pmatrix} x \\ y \\ z \end{pmatrix}$ mit $x + y + z = 60$.

g) Welche Grenzverteilung ergibt sich für eine andere Startverteilung? Berechnen Sie als Beispiel die Grenzverteilung, wenn folgende Startverteilung vorliegt:
Bezirk A: 5, Bezirk B: 5, Bezirk C: 50

XVIII. GTR-Anwendungen

1. Beispiele für den TI-nspire CX

Graphische Darstellung von Funktionen

Die wichtigste GTR-Anwendung besteht in der *Darstellung von Funktionsgraphen*.

> **Beispiel: Untersuchung von Funktionsgraphen**
> Gegeben sind die Funktionen $f(x) = x^2 - 2x - 1$ und $g(x) = \frac{x}{2} + 1$.
> Stellen Sie die Graphen von f und g mit dem GTR dar. Ermitteln Sie Näherungswerte für die Koordinaten der Schnittpunkte der beiden Graphen sowie für die Nullstellen von f und g. Welche Koordinaten hat der Scheitelpunkt des Graphen von f näherungsweise?

Lösung:
Nach dem Einschalten des Rechners erscheint der **Hauptbildschirm** (s. nebenstehendes Bild). Man kann nun unter Scratchpad $\boxed{B}$ direkt die Graph-Funktion aufrufen oder unter Dokumente $\boxed{1}$ den Menüpunkt 2: Graphs hinzufügen wählen oder direkt das Graphs-Symbol unten auswählen.

Es erscheint ein Koordinatensystem und die Aufforderung zur Eingabe des Funktionsterms f1(x). Hier wird zunächst der Term von f eingegeben, also $x^2 - 2 \cdot x - 1$. Nach Betätigung der Taste $\boxed{\text{enter}}$ erscheint die zugehörige Parabel.
Mit $\boxed{\text{ctrl}}\ \boxed{G}$ kann man die Eingabezeile erneut aufrufen und weitere Funktionen f2(x), f3(x), … eingeben. Mit den Kursortasten ▲ und ▼ wechselt man zwischen den Eingabezeilen.

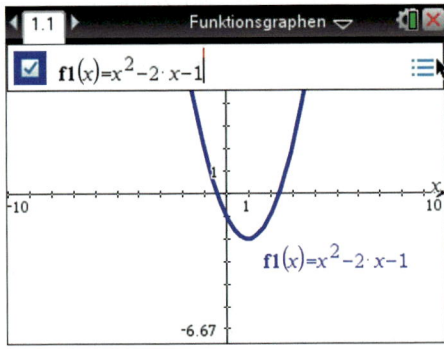

Nach nochmaligem Einblenden der Eingabezeile wird unter f2(x) der Term x/2 + 1 der linearen Funktion g übergeben.

Im Koordinatensystem ergibt sich das nebenstehende Bild.

Wird ein anderer Ausschnitt gewünscht, so kann mit der Taste $\boxed{\text{menu}}$ und der Auswahl 4: Fenster die Darstellung geändert werden.

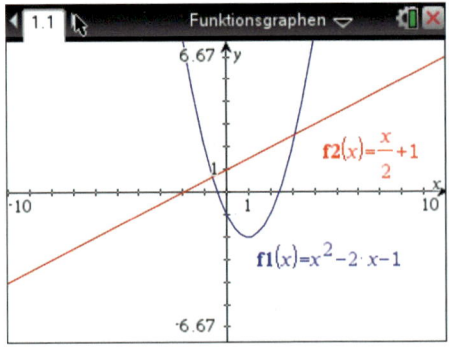

Mit der Auswahl 5: Spur wird die Trace-
Funktion gestartet. Auf einem der Graphen
erscheint ein Cursor, der mit ◄ und ► auf
dem Graphen bewegt werden kann.
Mit ▲ und ▼ wechselt man zwischen den
Graphen f1 und f2. Im unteren Teil des Bild-
schirms werden die Koordinaten des entsprechenden Punktes ausgegeben. Damit
kann man näherungsweise die Schnittpunkte, die Nullstellen sowie den Scheitelpunkt
▶ der Parabel bestimmen.

Lösen von Gleichungen

Bei der Untersuchung von Problemen, die kompliziertere Potenzterme, exponentielle oder trigonometrische Terme beinhalten, sind häufig Gleichungen zu lösen, für die keine exakten Verfahren
bekannt sind. GTR ermöglichen die näherungsweise *Lösung von Gleichungen*.

> **Beispiel: Lösung von Gleichungen mit einer Variablen**
> Bestimmen Sie Näherungslösungen der Gleichung $2^x = x + 2$ mit dem GTR.

Lösung:
Aus dem Hauptmenü wird Applikation
Calculator gewählt und dort der Befehl
nSolve(2^x = x + 2,x) eingegeben. Beim
nSolve-Befehl wird also zunächst die zu
lösende Gleichung eingetragen und nach
dem Komma die Lösungsvariable x.
Das Näherungsverfahren liefert die Lösung
x = −1,69009.
Man kann nach weiteren Lösungen suchen
lassen, indem man dem nSolve-Befehl Bedingungen für x anfügt.

Im Folgenden soll noch eine graphische Lösung mit der Applikation Graphs gefunden werden.
Dabei werden die beiden Seiten der Gleichung als Funktionsterme von f1 und f2 eingegeben und
die Graphen gezeichnet.

Nun betätigt man die Taste menu und
wählt 6: Graph analysieren und darunter
4: Schnittpunkt.
Das nebenstehende Bild zeigt für x die Nä-
herungslösung −1,69 sowie die offensichtlich exakte Lösung 2. Außerdem kann man
als y-Koordinate den jeweilig übereinstim-
menden Wert 0,31 bzw. 4 der linken und
rechten Seiten der Gleichung ablesen.

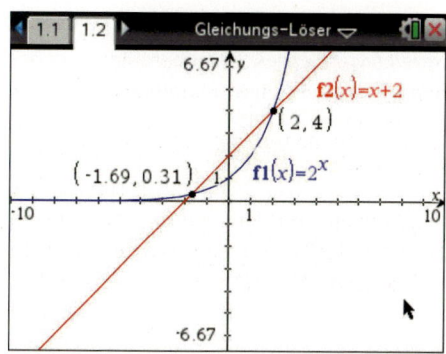

Variieren von Parametern von Funktionstermen

Enthält ein Funktionsterm außer der Variablen x eine weitere Variable a, so kann der Einfluss dieses sog. *Parameters* a auf den Funktionsgraphen untersucht werden.

> **Beispiel: Funktion mit Parameter**
> Gegeben ist die Funktionenschar $f_a(x) = x^3 + 2ax^2$, $x \in \mathbb{R}$, mit dem reellen Parameter a.
> Zeichnen Sie den Graphen von f_a für verschiedene Werte von a.

Lösung:
Wir verwenden eine Notes-Seite, um in Math-Boxen zunächst den Parameter a, dann die Funktion fa(x) zu definieren. In weiteren Math-Boxen kann man dann den Funktionsterm für verschiedene x-Werte berechnen lassen.

Nach Aufruf des Hauptmenüs wählt man nun die Applikation Graphs und definiert die Funktion f1 durch f1(x) = fa(x), wonach der Funktionsgraph für den auf der Notes-Seite festgelegt Parameterwert gezeichnet wird.

Möchte man den Parameterwert ändern, so erledigt man dies auf der Notes-Seite und wechselt anschließend wieder zur Graphs-Seite.

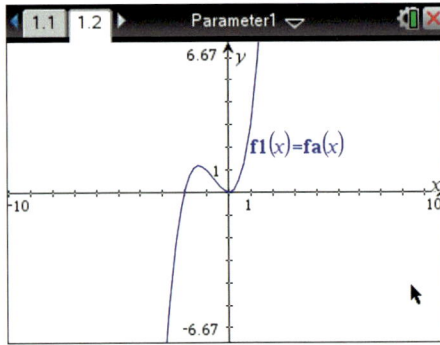

Eine elegante Lösung ermöglicht die Verwendung eines Schiebereglers, wobei man ausschließlich die Applikation Graphs mit $f1(x) = x^3 + 2 \cdot a \cdot x^2$ verwendet und über Menü, 1: Aktionen, B: Schieberegler einfügen den Regler aufruft. Dabei ist v1 durch a zu ersetzen, wonach der Graph erscheint. Mit ctrl menu kann man die Schiebereinstellungen anpassen und schließlich Graphen für verschiedene Werte von a betrachten.

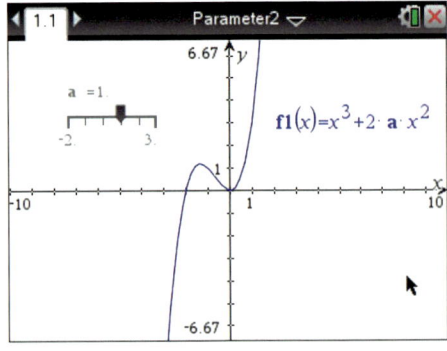

Numerische Berechnungen der Ableitung einer Funktion an einer Stelle

GTR sind nicht in der Lage, den analytischen Term einer Ableitungsfunktion zu bestimmen. Sie liefern aber Näherungswerte für die Ableitung an einer Stelle.

> ▶ **Beispiel: Ableitung einer Funktion an einer Stelle**
> a) Gegeben ist die Funktion $f(x) = 3x^3 + x^2$. Gesucht ist die Ableitung an der Stelle $x = 2$.
> b) Erstellen Sie eine Tabelle der Ableitungswerte von $f(x) = \frac{x^3}{3}$ für $x = -2; -1,9; -1,8; \ldots; 2$.

Lösung:

a) Aus der Palette der mathematischen Ausdrücke ⓜ wird die Ableitung $\frac{d}{d\square}\square$ gewählt und der Ableitungswert berechnet.

b) Wir verwenden die Notes-Seite, um in Math-Boxen zunächst die Funktion $f(x)$ und ihre Ableitungsfunktion $a(x)$ mit $\frac{d}{d\square}\square$ zu definieren.

In weiteren Math-Boxen kann man dann Ableitungswerte für verschiedene x-Werte berechnen lassen.

Mithilfe der Tabellenkalkulation des GTR wird eine Wertetabelle der Funktion erstellt, die in der dritten Spalte die entsprechenden Ableitungswerte $a(x)$ enthält.

Dabei sind nur die Zelle B1 und C1 durch =f(A1) bzw. =a(A1) zu füllen und anschließend jeweils durch „Ziehen" nach unten zu kopieren.

Schließlich können die Graphen der Funktionen $f(x)$ und ihrer Ableitungsfunktion $a(x)$ auf einer Graphs-Seite dargestellt werden.

Tangenten an einen Funktionsgraphen an einer Stelle

Der GTR bietet eine komfortable Lösung zur Bestimmung der *Tangente* eines Funktionsgraphen in einem beliebigen Punkt des Graphen.

> **Beispiel: Tangente an einer Stelle eines Graphen**
> Gegeben ist die Funktion $f(x) = 0{,}4\,x^3 + x^2 + 2$. Ermitteln Sie die Tangente an den Graphen von f an der Stelle $x = -0{,}5$.

Lösung:
Wir verwenden eine Notes-Seite, um in Math-Boxen zunächst die Funktion $f(x)$ und die Stelle x0 zu definieren.

In weiteren Math-Boxen werden dann der Funktionswert $f(x0)$ und die Steigung m berechnet.

Darauf aufbauend wird schließlich die Tangente $t(x)$ definiert.

Ergebnis: $t(x) = -0{,}7\,(x + 0{,}5) + 2{,}2$

Nach Aufruf des Hauptmenüs wählt man nun die Applikation Graphs und definiert die Funktion f1 durch $f1(x) = f(x)$ und die Tangentenfunktion f2 durch $f2(x) = t(x)$, wonach beide Graphen gezeichnet werden. Möchte man die Tangente an einer anderen Stelle ermitteln, so wechselt man auf die Notes-Seite, ändert den Wert von x0, erhält die neue Tangentengleichung, deren Graph nach dem Wechsel auf die Graphs-Seite abgebildet wird (s. Bilder unten).

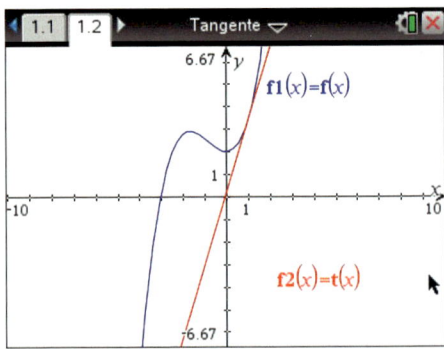

Graphische Darstellung der 1. und 2. Ableitungsfunktion einer gegebenen Funktion

Mit einem GTR kann man zwar nicht den analytischen Term einer Ableitungsfunktion ermitteln. Es gibt aber die Möglichkeit, die *Graphen der 1. und 2. Ableitung* darzustellen.

> **Beispiel: Graphen der 1. und 2. Ableitung einer Funktion**
> Gegeben ist die Funktion $f(x) = \sin x$.
> Gesucht sind die Graphen der ersten und der zweiten Ableitungsfunktion von f.

Lösung:

Es wird ausschließlich die Applikation Graphs verwendet. Nach dem Aufruf erscheint die Eingabezeile $f1(x) = $. Dort wird der Funktionsterm $f(x) = \sin(x)$ der Funktion f1 übergeben; sofort erscheint der Graph (blau).

Mit ctrl G wird die neue Eingabezeile $f2(x) = $ geöffnet. Dort wird mithilfe der Palette der mathematischen Ausdrücke 🔢 die erste Ableitung $\frac{d}{d\Box}\Box$ gewählt und die Ableitungsfunktion f2 durch $f2(x) = \frac{d}{dx}(f1(x))$ definiert. Daraufhin wird zusätzlich zum Funktionsgraphen der Graph der Ableitungsfunktion (rot) gezeichnet.

Schließlich wird mit ctrl G die neue Eingabezeile $f3(x) = $ geöffnet sowie – wieder mithilfe der Palette der mathematischen Ausdrücke 🔢 – die zweite Ableitung $\frac{d^2}{d\Box}\Box$ gewählt und die 2. Ableitungsfunktion f3 durch $f3(x) = \frac{d2}{dx^2}(f1(x))$ definiert.

Damit erscheint dann auch der Graph der zweiten Ableitungsfunktion (schwarz).

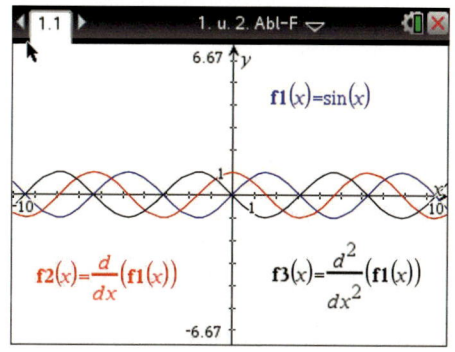

Man erkennt: $(\sin x)' = \sin\left(x + \frac{\pi}{2}\right) = \cos x$ und $(\sin x)'' = \sin(x + \pi) = -\sin x$.

Speichert man die tns-Datei, so kann sie immer wieder verwendet werden zur Darstellung der Graphen von $f'(x)$ und $f''(x)$ zusammen mit dem Graphen einer gegebenen Funktion $f(x)$. Dazu ist nur der Term von f1 (x) neu zu definieren, worauf unmittelbar alle drei Funktionen graphisch dargestellt werden. Das Bild unten links zeigt zur Funktion $f(x) = \frac{x^3}{6}$ die Graphen ihrer 1. und 2. Ableitungsfunktion. Das Bild unten rechts zeigt, dass auch kompliziertere Funktionen problemlos zusammen mit den ersten beiden Ableitungsfunktionen dargestellt werden können.

Funktionsdiskussion

Bei der *Funktionsdiskussion* sollen die spezifischen Eigenschaften einer analytisch gegebenen Funktion erforscht werden. Die Verwendung eines GTR legt die Umkehr der gewohnten Reihenfolge nahe, denn zunächst kann man den Graphen betrachten ohne Kenntnis der Eigenschaften.

> ### Beispiel: Funktionsdiskussion
> Gegeben ist die Funktion f mit $f(x) = \frac{1}{8}x^3 - \frac{3}{4}x^2$. Führen Sie eine Funktionsdiskussion durch.

Lösung:

1. Graph von f:

Die Funktionsdiskussion erfolgt allein mit der Applikation Graphs. Nach dem Start wird der gegebene Funktionsterm $f(x) = \frac{1}{8}x^3 - \frac{3}{4}x^2$ der Funktion f1 übergeben und der Graph gezeichnet.
Ggf. muss mit menu 4: Fenster/Zoom, 1: Fenstereinstellungen der Ausschnitt gewählt werden.

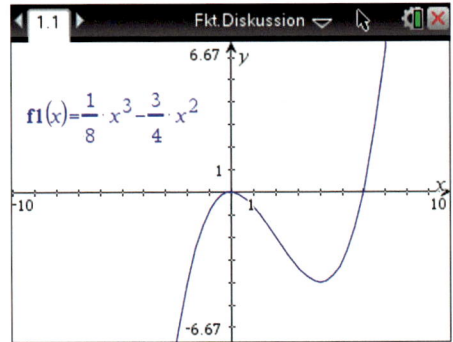

2. Wertetabelle:

Es ist besonders einfach, eine Wertetabelle zu erzeugen: Durch die Eingabe ctrl T wird der Bildschirm geteilt; links wird weiterhin der Graph dargestellt und rechts erscheint eine Wertetabelle.
Mit ctrl T wird der Graph wieder im ganzen Fenster dargestellt.

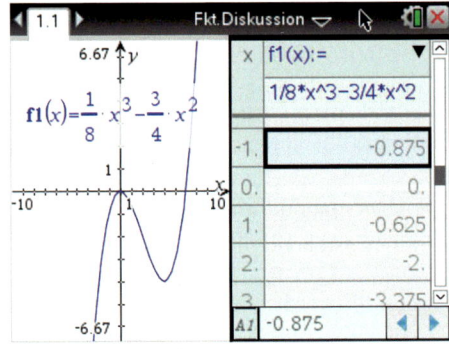

3. Achsenschnitt- und Extrempunkte:

Mit der Taste menu und der Auswahl 6: Graph analysieren kann man unter den Punkten 1: Nullstellen, 2: Minimum bzw. 3: Maximum wählen. In jedem Fall ist ein Intervall zu markieren, in dem die ausgewählte Stelle gesucht werden soll.
Das nebenstehende Bild zeigt die ermittelten Schnittpunkte mit der x-Achse sowie den Tiefpunkt des Funktionsgraphen.

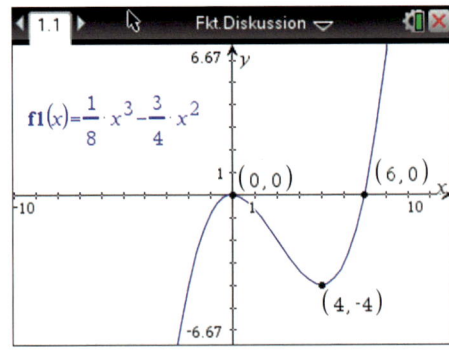

Diskussion einer Funktionenschar

Eine *Funktionenschar* ist gegeben durch einen Term $f_a(x)$, der eine weitere Variable a als *Parameter* enthält. Mit dem GTR können ausgewählter Funktionen der Schar untersucht werden.

> **Beispiel: Diskussion einer Funktionenschar**
> Gegeben ist die Funktionenschar fa mit $f_a(x) = \frac{1}{8}x^3 - ax^2$ mit dem reellen Parameter a > 0.
> Untersuchen Sie die Schar f_a für die Parameterwerte a ∈ [0; 1,25].

Lösung:

1. Graphen:

Nach dem Start von Graphs wird $\frac{1}{8}x^3 - ax^2$ der Funktion f1 übergeben. Ein Graph wird erst gezeichnet, wenn ein Wert für den Parameter a feststeht. Dazu wird mit |menu| 1: Aktionen, B: Schieberegler einfügen ein Eingabefenster für die Eigenschaften eines Schiebereglers des Parameters a geöffnet. Ggf. muss mit |menu| 4: Fenster/Zoom, 1: Fenstereinstellungen der Ausschnitt gewählt werden.

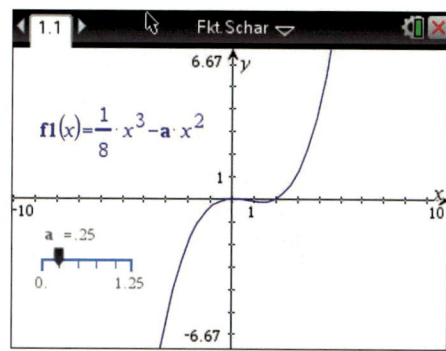

2. Tiefpunkte:

Mit der Taste |menu| und der Auswahl 6: Graph analysieren kann man unter den Punkten 1: Nullstellen, 2: Minimum bzw. 3: Maximum wählen. In jedem Fall ist ein Intervall zu markieren, in dem die ausgewählte Stelle gesucht werden soll. Das nebenstehende Bild zeigt den ermittelten Tiefpunkt des Funktionsgraphen für a = 0,5.

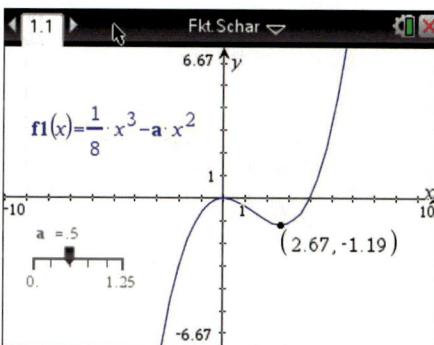

3. Ortskurve der Tiefpunkte:

Mit |menu| 5: Spur, 4: Geometriespur und der Auswahl des aktuellen Tiefpunktes erzeugt man durch Betätigen der Cursortasten ◀ und ▶ eine Spur der Tiefpunkte. Die Spur der Tiefpunkte verdeutlicht die Lage der Tiefpunkte der Scharkurven für verschiedene Werte des Parameters a. Sie bildet die sog. Ortskurve der Tiefpunkte der Funktionenschar.

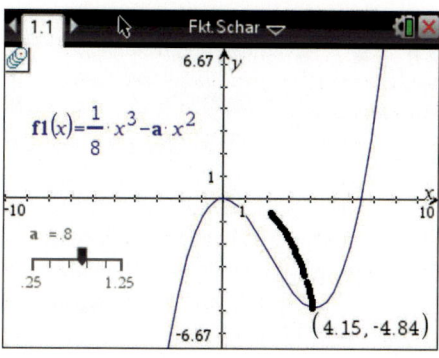

Näherungsfunktion eines Wachstumsprozesses

Bei der Untersuchung von Wachstumsprozessen ergeben sich zunächst Tabellen, die beispielsweise die Entwicklung einer Population beschreiben. Gesucht ist schließlich eine passende Exponentialfunktion.

Beispiel: Näherungsfunktion eines Wachstumsprozesses

Die Tabelle beschreibt einen exponentiellen Wachstumsprozess. Man bestimme
eine passende Funktion $f(x) = a \cdot b^x$.

x	0	1	2	3	4	5
y	300	388	510	670	870	1125

Lösung:
Die gegebene Wertetabelle erfasst man mit der Applikation Lists & Spreadsheet.
Um Konflikte zu vermeiden, werden die Spalten mit xw und yw bezeichnet.
Die Wertepaare können zunächst als Streudiagramm mit der Applikation
Graphs veranschaulicht werden, wobei die nebenstehende Zuweisung erfolgt.

$$s1 \begin{cases} x \leftarrow xw \\ y \leftarrow yw \end{cases}$$

Der Rechner bietet zunächst ein ungeeignetes Fenster an, das noch entsprechend angepasst werden muss. Dazu drückt man menu , wählt 4: Fenster und 1: Fenstereinstellungen.

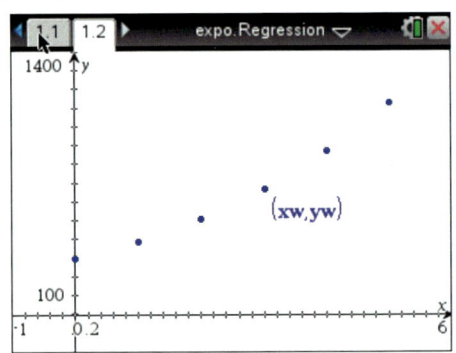

Zur Bestimmung einer passenden Funktion $f(x) = a \cdot b^x$ wird wieder zur Tabellenkalkulation
gewechselt und mit menu 4 1 A Statistik>Statistische Berechnungen>Exponentielle Regression mit xw (x-Liste) und yw (y-Liste) gewählt. Nach enter erscheint das Bild unten links.
Uns interessieren die beiden Werte 299.517 und 1.30452. Der erste Wert ist der Faktor a, der
zweite ist die Basis b der gesuchten Exponentialfunktion. In einem neuen Graphs-Fenster wird
schließlich die Exponentialfunktion mit gerundeten Werten a und b dargestellt.

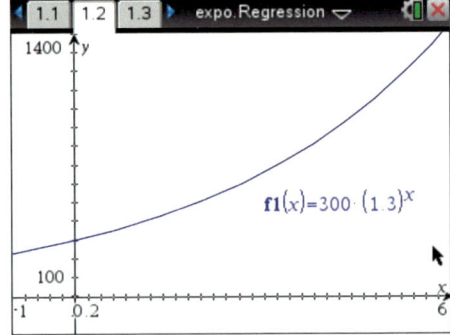

Flächenberechnungen

Liegt eine auf einem abgeschlossenen Intervall [a; b] definierte, nicht negative Funktion f vor, so stellt das Integral $\int_a^b f(x)\,dx$ eine Flächenbilanz dar. Dementsprechend ist $\int_a^b |f(x)|\,dx$ der Inhalt der Fläche zwischen dem Graphen von f und der x-Achse.

▶ **Beispiel: Fläche zwischen Funktionsgraph und x-Achse**
Gegeben ist die Funktion $f(x) = x^2 - 4x + 3$. Berechnen Sie den Inhalt A der Fläche zwischen den Graphen von f und der x-Achse über dem Intervall [0; 5].

Lösung:
Nach den vorstehenden Überlegungen erhält man den gesuchten Flächeninhalt durch die Berechnung des Integrals $\int_0^5 |f(x)|\,dx$. Dazu gibt man im Anschluss an die Festlegungen von $f(x)$ sowie der Intervallgrenzen a und b am einfachsten ein:

integral(abs(f(x)),x,0,5)

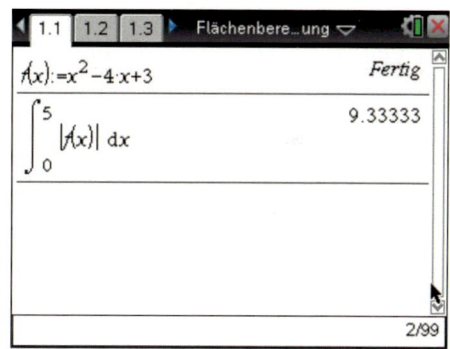

und erhält unmittelbar die Maßzahl des ge-
▶ suchten Flächeninhalts A.

▶ **Beispiel: Fläche zwischen zwei Funktionsgraphen**
Gegeben sind die Funktionen $g(x) = \frac{1}{3}x^3 - 2x^2 + 4x + \frac{7}{3}$ und $h(x) = x^2 - 4x + 6$. Berechnen Sie den Inhalt A der Fläche zwischen den Graphen von f und g über dem Intervall [0; 4].

Lösung:
Analog zu den vorstehenden Überlegungen und dem obigen Beispiel erhält man den gesuchten Flächeninhalt durch die Berechnung des Integrals $\int_0^4 |g(x) - h(x)|\,dx$, also durch

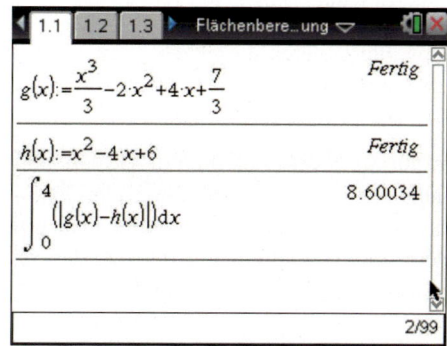

▶ integral(abs(g(x)-h(x)),x,0,4).

Übung
Gegeben sind die Funktionen $g(x) = x^3 - 6x^2 + 12x - 7$ und $h(x) = x^2 - 2x$.
a) Ermitteln Sie den Inhalt der Fläche zwischen den Graphen von g und h für $0 \le x \le 4$.
b) Die Graphen von g und h schließen zwei Flächenstücke ein. Berechnen Sie den Flächeninhalt.

Bestimmung der Lösungsmenge von linearen Gleichungssystemen

Der GTR bietet mehrere Möglichkeiten zur Lösung *lineare Gleichungssysteme*.

> **Beispiel: Lösung eines linearen Gleichungssystems (3 × 3)**
> Ermitteln Sie die Lösung des LGS:
> $$4x + y - 2z = -1$$
> $$x + 6y + 3z = 1$$
> $$-5x + 4y + z = -7$$

Lösung:
Auf einer Notes-Seite erhält man mit [menu] [6] [3] [2] also der Auswahl Berechnung > Algebra > System linearer Gleichungen lösen (mit der Anzahl der Gleichungen = 3) das Eingabeschema für den linSolve-Befehl und damit die Lösung $x = 1$, $y = -1$, $z = 2$.
Eine weitere Möglichkeit bietet der simult-Befehl, bei dem die Koeffizientenmatrix des linearen Gleichungssystems und der Vektor der rechten Seite einzugeben sind.

Mit dem rref-Befehl liefert der GTR eine Umformung des LGS in die sog. reduzierte Diagonalform,
$$1 \cdot x + 0 \cdot y + 0 \cdot z = 1$$
$$0 \cdot x + 1 \cdot y + 0 \cdot z = -1$$
$$0 \cdot x + 0 \cdot y + 1 \cdot z = 2$$
aus der man unmittelbar die Lösung
$x = 1$, $y = -1$, $z = 2$
ablesen kann.

Wenn die Spaltenvektoren der Koeffizientenmatrix – wie im nebenstehenden Fall – linear abhängig sind, so kommt man mit dem simult-Befehl nicht weiter. Anders ist es mit dem rref-Befehl: Beim LGS
$$\left.\begin{array}{l} x + 2y = 1 \\ 2x + 4y = 2 \end{array}\right\} \text{ folgt } \left\{\begin{array}{l} x + 2y = 1 \\ 0x + 0y = 0 \end{array}\right.,$$
also die Lösung $x = 1 - 2y$, $y \in \mathbb{R}$ bei
$$\left.\begin{array}{l} x + 2y = 1 \\ 2x + 4y = 1 \end{array}\right\} \text{ folgt } \left\{\begin{array}{l} x + 2y = 0 \\ 0x + 0y = 1 \end{array}\right.,$$
▶ also ein Widerspruch.

Lösungsmengen von unterbestimmten linearen Gleichungssystemen

Mit dem GTR kann auch die Lösungsmenge von *unterbestimmten linearen Gleichungssystemen* ermittelt werden.

(*Hinweis:* Zu den Eingaben vgl. Lösung des vorstehenden Beispiels.)

▶ **Beispiel: Lösung eines unterbestimmten linearen Gleichungssystems (3 × 2)**
Ermitteln Sie die Lösung des LGS: $4x + y - 2z = -1$
$x + 6y + 3z = 1$

Lösung:
Der linSolve-Befehl (vgl. S. 614) liefert eine einparametrige Lösung, wobei der Parameter c1 für die Variable z steht. Aus der im Screenshot angegebenen Lösung kann abgelesen werden:

$x = -\frac{7}{23} + \frac{15}{23}z$, $y = \frac{5}{23} - \frac{14}{23}z$, $z \in \mathbb{R}$

Der simult-Befehl führt zu einer Fehlermeldung. Er ist nur geeignet für eindeutig lösbare lineare Gleichungssysteme.

Mit dem rref-Befehl liefert der GTR eine Umformung des LGS in die sog. reduzierte Diagonalform,

$1 \cdot x + 0 \cdot y - \frac{15}{23} \cdot z = -\frac{7}{23}$

$0 \cdot x + 1 \cdot y + \frac{14}{23} \cdot z = \frac{5}{23}$

aus der man unmittelbar die Lösung

$x = -\frac{7}{23} + \frac{15}{23}z$, $y = \frac{5}{23} - \frac{14}{23}z$ $(z \in \mathbb{R})$

ablesen kann.

Der rref-Befehl versagt auch nicht bei den Gleichungssystemen

a) $\begin{cases} 4x + y - 2z = -1 \\ 4x + y - 2z = -1 \end{cases}$ und

b) $\begin{cases} 4x + y - 2z = -1 \\ 4x + y - 2z = 1 \end{cases}$.

Im Fall a) liefert rref die Lösung

$x = -\frac{1}{4} - \frac{1}{4}y + \frac{1}{2}z$ $(y, z \in \mathbb{R})$,

im Fall b) folgt der Widerspruch $0 = 1$.

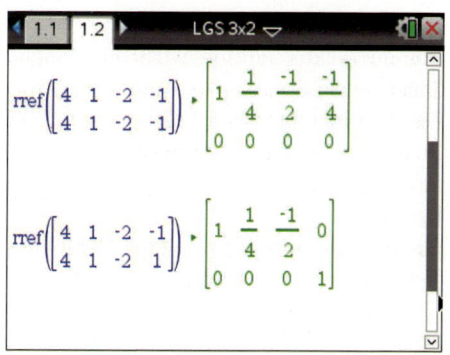

Elementare Rechenoperationen mit Vektoren

Die Notation weicht bei der Vektorrechnung teilweise von derjenigen ab, die beim Aufschreiben zu verwenden ist. Es ist sinnvoll, mit dem ersten Buchstaben eines Namens die Art des Objektes anzugeben, also p für einen Punkt, v für einen Vektor usw. Mehrere Eingaben können in einer Zeile durch einen Doppelpunkt getrennt werden; gerade bei Vektoren ist das übersichtlicher.

Möglichkeiten zur Eingabe von Vektoren:

1. Die Koordinaten werden in eckigen Klammern in mehreren Zeilen eingetragen. Dazu wird nach der linken Klammer und ersten Koordinate mit der Taste ⏎ rechts unten auf der Nspire-Tastatur eine weitere Zeile erzeugt. In die neue Zeile gelangt man mit dem Cursor.
2. Im Katalog bei 5 die Vorlage für eine Matrix auswählen und den Vektor als Matrix mit der Zeilenzahl 3 und Spaltenzahl 1 vorgeben.
3. Den Vektor als Zeilenvektor eingeben, dann mit menu Matrix und Vektor ▸ Transponieren in einen Spaltenvektor umwandeln.

▶ **Beispiel: Eingabe von Vektoren und einfache Operationen**
Gegeben sind die Punkte A$(1|-2|-3)$ und B$(-1|4|2)$.
a) Definieren Sie im GTR den Punkt A unter dem Namen pa und die Ortsvektoren $\vec{a} = \overrightarrow{OA}$ und $\vec{b} = \overrightarrow{OB}$ unter den Namen va und vb.
   Bestimmen Sie die Länge des Ortsvektors $\vec{b}$ mithilfe der Funktion norm.
b) Bilden Sie die Summe $\vec{a} + \vec{b}$, die Differenz $\overrightarrow{AB} = \vec{b} - \vec{a}$ und die Linearkombination $\vec{a} + 4\vec{b}$.

Lösung zu a):
Punkte werden als Zeile, Vektoren als Spalte in eckigen Klammern geschrieben. Bei der Eingabe werden die Werte durch Kommata getrennt, in der Anzeige erscheinen stattdessen größere Zwischenräume. Durch Transponieren (Zeile wird zur Spalte) erhält man den zum Punkt gehörigen Ortsvektor. Mit der Eingabe norm(vb) erfolgt p die Berechnung von $\sqrt{(-1)^2 + 4^2 + 2^2}$ mit dem Ergebnis $\sqrt{21}$.

Lösung zu b):
Für die Vektoraddition wird die übliche Taste + verwendet.
Der Verbindungsvektor vom Punkt A zum Punkt B wird sinnvollerweise mit vab bezeichnet und durch die Eingabe vb − va berechnet.
Die Skalar-Multiplikation (Vielfaches des Vektors) erfolgt mit der Taste × .

Winkelberechnungen

Zur Bestimmung von Winkelgrößen dient das Skalarprodukt zweier Vektoren, das als Ergebnis eine reelle Zahl (einen Skalar) hat. Vor der Durchführung von Winkelberechnungen sollte man darauf achten, dass die GTR-Einstellungen geeignet gewählt sind (Grad statt Bogenmaß).

▶ **Beispiel: Skalarprodukt von Vektoren**
Berechnen Sie das Skalarprodukt der Vektoren $\vec{a} = \begin{pmatrix} 1 \\ 2 \\ 1 \end{pmatrix}$ und $\vec{b} = \begin{pmatrix} 2 \\ 3 \\ -4 \end{pmatrix}$.

Lösung:
Die Vektoren werden zunächst mit den Bezeichnungen va und vb festgelegt.
Auf einer Calculator-Seite kann man das Skalarprodukt mithilfe der Funktion dotp berechnen. Bei der Arbeit in einer Math-Box findet man sie unter menu Berechnungen ▶ Matrix & Vektor ▶ Vektor ▶ Skalarprodukt.
Weniger zeitaufwändig ist es jedoch, dotP(va,vb) direkt hinzuschreiben.
▶ Man erhält: $\vec{a} \cdot \vec{b} = 4$.

▶ **Beispiel: Winkelberechnung**
Berechnen Sie auf einer Notes-Seite die Größe des Winkels (im Gradmaß) zwischen den Vektoren $\vec{a} = \begin{pmatrix} 4 \\ 1 \\ 2 \end{pmatrix}$ und $\vec{b} = \begin{pmatrix} 7 \\ 6 \\ -1 \end{pmatrix}$.

Lösung:
Es wird die Kosinusformel verwendet in folgender Form:

$$\gamma = \cos^{-1}\left(\frac{|\vec{a} \cdot \vec{b}|}{|\vec{a}| \cdot |\vec{b}|} \right)$$

Auf einer Notes-Seite gibt man die Vektoren va und vb ein; die Koordinaten können jeweils verändert werden. Bei den trigonometrischen Funktionen findet man $\cos^{-1}$, den Betrag erhält man mithilfe der Funktion norm und ctrl enter liefert schließlich
▶ den Näherungswert 41,1497°.

Graphische Darstellung einer Wahrscheinlichkeitsverteilung

Mit der Tabellenkalkulation und den Graphikausgaben des GTR können *Wahrscheinlichkeits-verteilungen* berechnet und tabelliert sowie graphisch veranschaulicht werden.

▶ **Beispiel: Wahrscheinlichkeitsverteilung der Augensumme beim Wurf zweier Würfel**
Die Augensumme beim Wurf zweier Laplace-Würfel kann die Werte 2, 3, 4, …, 12 annehmen. Bestimmen Sie die Tabelle der Wahrscheinlichkeitsverteilung und veranschaulichen Sie die Verteilung graphisch.

Lösung:
Die Augensumme beim Wurf zweier Laplace-Würfel ist – wie das folgende Bild zeigt – nicht gleichverteilt. Man kann die Einzelwahrscheinlichkeiten der Summenwerte 2, 3, 4, …, 12 unmittelbar ablesen.

In einer Lists & Spreadsheet-Tabelle werden in der Spalte A die Werte der Wahrscheinlichkeitsverteilung 2, 3, 4, …, 12 eingetragen. In die Spalte B kommen die zugehörigen Wahrscheinlichkeiten $\frac{1}{36}$, $\frac{2}{36}$, $\frac{3}{36}$, $\frac{4}{36}$, $\frac{5}{36}$, $\frac{6}{36}$, $\frac{5}{36}$, $\frac{4}{36}$, $\frac{3}{36}$, $\frac{2}{36}$ und $\frac{1}{36}$.
Durch die Multiplikation mit 1.0 werden die Wahrscheinlichkeiten in der Tabelle der Wahrscheinlichkeitsverteilung als Dezimalzahlen ausgegeben.

Über ⃞menu und 3: Daten wählt man 8: Ergebnisdiagramm mit den Vorgaben

▶ und erhält das nebenstehende Diagramm.

Binomialverteilung

▶ **Beispiel: Berechnung einer Punktwahrscheinlichkeit, einer Intervallwahrscheinlichkeit, des Erwartungswertes und der Standardabweichung**

Eine Zufallsgröße X ist binomialverteilt mit den Parametern n = 50 und p = 0,25.
Berechnen Sie $P(X = 10)$, $P(20 \leq X \leq 30)$, $\mu = E(X)$ und $\sigma = \sigma(X)$.

Lösung:
Die Bearbeitung dieses allgemein gehaltenen, formalen Beispiels zur Binomialverteilung erfolgt auf einer Notes-Seite. Somit kann die tns-Datei für die Wahl anderer Parameter verwendet werden.
Wir erhalten die folgenden Ergebnisse:
$P(X = 10) = 0{,}098518$,
$P(20 \leq X \leq 30) = 0{,}013918$,
$m = E(X) = 12{,}5$,
▶ $\sigma = \sigma(X) = 3{,}06186$.

Sigmaregeln

▶ **Beispiel: σ-Umgebungen des Erwartungswertes**

Eine Münze werde 50-mal geworfen. X sei die Anzahl der Kopfwürfe. Bestimmen Sie, wie wahrscheinlich es ist, dass X einen Wert annimmt, der höchstens um σ bzw. um 2σ bzw. um 3σ vom Erwartungswert μ abweicht.

Lösung:
Wir verwenden wieder eine Notes-Seite. Nach Eingabe des Stichprobenumfangs n und der Trefferwahrscheinlichkeit p wird auch eine Math-Box für den Faktor c bereitgestellt, für den zunächst der Wert 1, später dann 2 bzw. 3 gewählt wird.
Nach Berechnung von μ und σ werden die untere und die obere Grenze der Intervalle $[\mu - c \cdot \sigma; \mu + c \cdot \sigma]$ und schließlich
▶ $P(\mu - c \cdot \sigma \leq X \leq \mu + c \cdot \sigma)$ bestimmt.

Übung

Ergänzen Sie die tns-Datei des Beispiels zur σ-Umgebung des Erwartungswertes durch eine Visualisierung.

Signifikanztest

▶ **Beispiel: Einseitiger Signifikanztest**

Der Anteil der Allergiker in einer Industriestadt lag nach früheren Erhebungen bei etwa 25%. Im Zeitungsartikel wird behauptet, dass dieser Anteil „deutlich" angewachsen ist. Eine aktuelle Umfrage unter 80 Personen ergibt, dass darunter 22 Allergiker sind. Wofür spricht dies?

> **Allergien im Vormarsch**
> Immer mehr Menschen leiden unter Heuschnupfen, juckenden Hautausschlägen und trockenen Flechten. Inzwischen benötigen deutlich mehr als 25% der Erwachsenen ärztlichen Rat oder …

Lösung:

Die Anzahl X der Allergiker unter allen Personen der Stichprobe vom Umfang 80 ist binomialverteilt mit dem bekannten Parameter $n = 80$ und dem unbekannten Parameter p.

Bisher wurde angenommen, dass der Anteil der Allergiker 25% beträgt. Die Nullhypothese lautet also: $H_0: p = 0{,}25$.

Im Zeitungsartikel wird behauptet, dass der Anteil grßer als 25% ist. Die Alternativhypothese lautet also: $H_1: p > 0{,}25$.

Die Entscheidung zwischen H_0 und H_1 aufgrund des Stichprobenergebnisses X fällt durch Vergleich mit einer gewissen Zahl K:

Ist $X < K$, so bleibt man bei H_0; ist $X \geq K$, entscheidet man sich für H_1.

Beim Signifikanztest ermittelt man K aus der Bedingung, dass die Wahrscheinlichkeit, sich für H_1 zu entscheiden, obwohl eigentlich doch H_0 gilt, kleiner als eine vorgegebene kleine Zahl α (z. B. 0,05) ist. Diese Wahrscheinlichkeit kann man berechnen, denn gilt in Wahrheit H_0, so ist X binomialverteilt mit den Parametern $n = 80$ und $p = 0{,}25$. Die besagte Wahrscheinlichkeit ist also $P(X \geq K) = b(80; 0{,}25; K) + \ldots + b(80; 0{,}25; 80) = \text{binomCdf}(80,0.25,K,80)$.

Wir bestimmen deshalb die kleinste natürliche Zahl K, die die Ungleichung binomCdf(80,0.25,K,80)< 0,05 erfüllt. Der GTR ist in der Lage, die entsprechende Gleichung numerisch zu lösen: nsolve(binomCdf(80,0.25,K,80)=0.05,K). Man erhält für K den Wert 26. Für K = 26 ist die Ungleichung allerdings noch nicht erfüllt, sondern erst für K = 27. Wären also 27 oder mehr Allergiker unter den 80 Probanden, dann spräche dies für H_1.

Nun befanden sich in der Stichprobe nur 22 Allergiker, was für die Beibehaltung der Nullhypo-
▶ these und gegen die Stichhaltigkeit der Zeitungsmeldung spricht.

Übung

Ermitteln Sie zum obigen Beispiel mit dem GTR die Wahrscheinlichkeit für den Fehler 2. Art, sich für H_0 zu entscheiden, obwohl H_1 gilt, für verschiedene Parameterwerte p.

2. Beispiele für den CASIO fx-CG20

Graphische Darstellung von Funktionen

Die wichtigste GTR-Anwendung besteht in der Darstellung von Funktionsgraphen.

▶ **Beispiel: Untersuchung von Funktionsgraphen**
Gegeben sind die Funktionen $f(x) = x^2 - 2x - 1$ und $g(x) = \frac{x}{2} + 1$.
Stellen Sie die Graphen von f und g mit dem GTR dar. Ermitteln Sie Näherungswerte für die Koordinaten der Schnittpunkte der beiden Graphen sowie für die Nullstellen von f und g. Welche Koordinaten hat der Scheitelpunkt des Graphen von f näherungsweise?

Lösung:
Vom **Hauptmenü** (s. linkes Bild), das man mit der Taste $\boxed{\text{MENU}}$ erreicht, wählt man mit der Taste $\boxed{5}$ die Graph-Anwendung und gelangt damit zu einem Editor, der die Eingabe der beiden gegebenen Funktionsterme $x^2 - 2x - 1$ und $\frac{x}{2} + 1$ gestattet. Dabei ist zu beachten, dass für die Variable x die Taste $\boxed{\text{X,Θ,T}}$ verwendet werden muss.

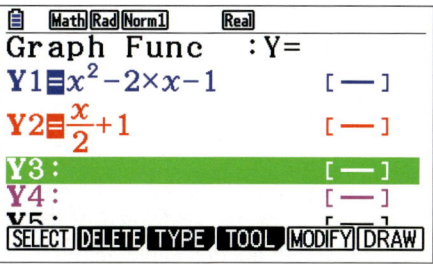

Aus dem Editor wird mit $\textcircled{F6}$ der Menüpunkt DRAW ausgewählt, worauf beide Funktionsgraphen erscheinen.
Man kann nun mit $\textcircled{F3}$ das V-Window-Menü aufrufen, um den Darstellungsbereich anzupassen. Mit der Tastenfolge $\textcircled{F1}$ $\boxed{\text{EXIT}}$ $\textcircled{F6}$ erscheint die hier geeignete Standarddarstellung INITIAL.

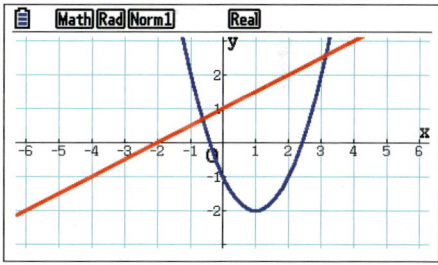

Da es nur um eine näherungsweise Bestimmung von Koordinaten geht, bietet sich die Verwendung der Trace-Funktion an, die mit $\textcircled{F1}$ gestartet wird. Auf dem Graphen von f = Y1 erscheint ein Cursor, der mit ◀ und ▶ auf dem Graphen bewegt werden kann. Mit ▼ und ▲ wechselt man zwischen den Graphen Y1 und Y2.

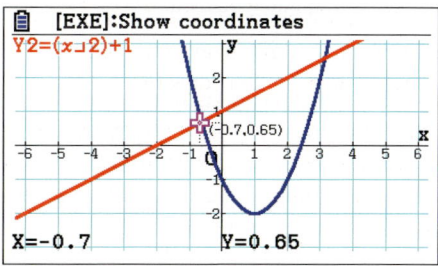

▶ Man kann nun unmittelbar Näherungswerte für die Schnittpunkte, Nullstellen und den Scheitelpunkt der Parabel ablesen.

Lösen von Gleichungen

Bei der Untersuchung von Problemen, die kompliziertere Potenzterme, exponentielle oder trigonometrische Terme beinhalten, sind häufig Gleichungen zu lösen, für die keine exakten Verfahren
bekannt sind. GTR ermöglichen die näherungsweise *Lösung von Gleichungen*.

> **Beispiel: Lösung von Gleichungen mit einer Variablen**
> Bestimmen Sie Näherungslösungen der Gleichung $2^x = x + 2$ mit dem GTR.

Lösung:
Vom Hauptmenü (Taste MENU) wählt man mit den Tasten A die Gleichung-Anwendung und
gelangt damit zu einem Untermenü, das die Auswahl zwischen der Lösung von linearen Gleichungssystemen (F1 : SIMUL), von Polynomgleichungen (F2 : POLY) und einem Näherungsverfahren (F3 : SOLVER) gestattet. Hier muss das Näherungsverfahren des GTR gewählt werden,
d. h. SOLVER.

Nach der Auswahl F3 (SOLVER) erscheint
ein Fenster, in dem hinter Eq: die zu
lösenden Gleichung einzugeben ist. Dabei
ist zu beachten, dass für die Variable x die
Taste X,θ,T verwendet werden muss.
Außerdem ist ein Startwert für x einzugeben. Wir wählen x = 0. Nach ENTER
können noch die untere und die obere
Grenze des Intervalls festgelegt werden, in
dem eine Lösung der Gleichung gesucht
werden soll.

Nach dem abschließenden ENTER (oder
vorher mit der Taste F3 (SOLVE)) startet
das Verfahren und liefert die Näherungs-
lösung x = −1,690098068.
Außerdem werden als Probe mit Lft =
0,3099069324 und Rgt = 0,3099069324
die Werte der linken und der rechten Seite
der Gleichung ausgegeben.

Mit F1 (REPEAT)) kann ein neuer Startwert (beispielsweise x = 1) gewählt werden. Damit erhält man die (offensichtlich
exakte) Lösung x = 2. Mit Lft = 4 und
Rgt = 4 werden wieder die Werte der linken und der rechten Seite der Gleichung
ausgegeben. Weitere Lösungen existieren
offensichtlich nicht.

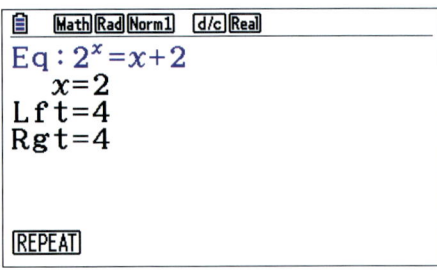

Variieren von Parametern von Funktionstermen

Enthält ein Funktionsterm außer der Variablen x eine weitere Variable A, so kann der Einfluss dieses sog. *Parameters* A auf den Funktionsgraphen untersucht werden.

> ▶ **Beispiel: Funktion mit Parameter**
> Gegeben ist die Funktionenschar $f_A(x) = x^3 + 2Ax^2$, $x \in \mathbb{R}$, mit dem reellen Parameter A.
> Zeichnen Sie die Graphen von f_A für A = −1; 0; 1,5.

Lösung:
Im Hauptmenü (Taste $\boxed{\text{MENU}}$) wählt man mit der Taste $\boxed{5}$ die Graphik-Anwendung, worauf sich ein Editor öffnet, in den der Funktionsterm $x^3 + 2 \cdot A \cdot x^2$ eingetragen wird. Dabei ist zu beachten, dass für die Variable x die Taste $\boxed{\text{X,}\Theta\text{,T}}$ verwendet werden muss.

Mit $\boxed{F5}$ wird der Menüpunkt MODIFY ausgewählt. Für die gezeigte Funktion wurde für den Parameter A eine feste Zahl gewählt, die im linken unteren Eck im nebenstehenden Bild zu sehen ist.

Durch ▶ wird der Wert von A um den Wert von Step erhöht, durch ◀ wird der Wert von A entsprechend gesenkt. Man kann auch einen konkreten Wert für A eingeben. z. B.: 1.5 $\boxed{\text{EXE}}$.

Der GTR kann für mehrere Parameterwerte von A gleichzeitig die Graphen der Funktionenschar anzeigen, indem im Editor hinter dem Funktionsterm, getrennt durch ein Komma, die gewünschten Parameterwerte in einer Liste der Form

$$[A = -1, 0, 1.5]$$

eingetragen werden.

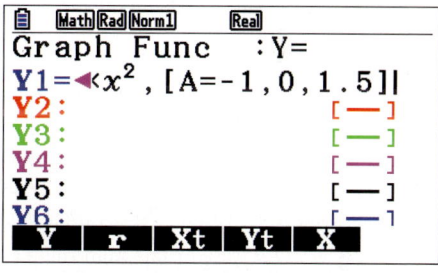

Die Eingabe im Editor wird wieder mit $\boxed{\text{EXE}}$ abgeschlossen.

Mit $\boxed{F6}$ (DRAW) wird die Funktionenschar abgebildet für diejenigen Werte, die für den Parameter A in der Liste eingegeben wurden.

Numerische Berechnungen der Ableitung einer Funktion an einer Stelle

GTR sind nicht in der Lage, den analytischen Term einer Ableitungsfunktion zu bestimmen. Sie liefern aber Näherungswerte für die *Ableitung an einer Stelle*.

▶ **Beispiel: Ableitung einer Funktion an einer Stelle**
  a) Gegeben ist die Funktion $f(x) = 3x^3 + x^2$. Gesucht ist die Ableitung an der Stelle $x = 2$.
  b) Erstellen Sie eine Tabelle der Ableitungswerte von $g(x) = \frac{x^3}{3}$ für $x = -2; -1{,}9; -1{,}8; \dots ; 2$.

Lösung zu a):
Im Hauptmenü (Taste MENU) wählt man mit der Taste 1 die Run-Matrix-Anwendung und unter F4 die Ableitung d/dx durch F4. Nach Eingabe des Funktionsterms und der Stelle $x = 2$ ergibt sich der Ableitungswert 40.
Entsprechend kann man den Wert 38 der zweiten Ableitung bei $x = 2$ ermitteln.

Lösung zu b):
Im Hauptmenü wählt man mit der Taste 7 die Tabelle-Anwendung, wodurch sich der Funktionseditor öffnet. Nun ruft man durch SHIFT 4 den CATALOG und daraus d/dx aus, trägt den Term $x^3 \div 3$ und $x = x$ ein. Mit F5 EXE F6 erhält man die Tabelle und mit F6 schließlich den Plot.

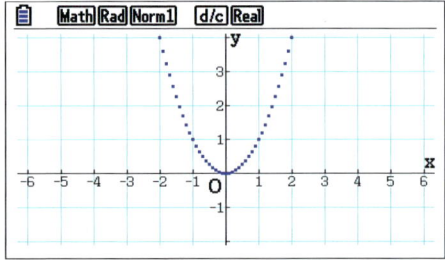

Tangenten an einen Funktionsgraphen an einer Stelle

Der GTR bietet eine komfortable Lösung zur Bestimmung der *Tangente* eines Funktionsgraphen in einem beliebigen Punkt des Graphen.

> **Beispiel: Tangente an einer Stelle eines Graphen**
> Gegeben ist die Funktion $f(x) = 0{,}4\,x^3 + x^2 + 2$. Ermitteln Sie die Tangente an den Graphen von f an der Stelle $x = -0{,}5$.

Lösung:

Zunächst muss eine Einstellung im SETUP vorgenommen werden, das man mit der Tastenfolge [SHIFT] [MENU] öffnet. Ist dort Derivative :Off eingestellt, so ändert man dies mit (F6) Derivative :On. Damit werden im Folgenden nicht nur Tangenten gezeichnet, sondern auch die Tangentengleichungen ausgegeben.

Man gibt nun in die Graph-Anwendung den Funktionsterm $0{,}4\,x^3 + x^2 + 2$ ein. Mit (F6) wird der Funktionsgraph gezeichnet.

Mit (F4) (Sketch) erscheint ein Menü; mit (F2) (Tangent) erfolgt dann das Zeichnen der Tangente an der Stelle $x = 0$.

Mit den Cursor-Tasten ◄ und ► kann der Berührpunkt der Tangente entlang der x-Achse jetzt in 0,1-Schritten zu dem gewünschten x-Wert bewegt werden. Alternativ kann auch nach Betätigung der Taste [X,Θ,T] ein X-Wert eingegeben werden. Nach erneuter Betätigung von [EXE] erscheint unten links auch die Tangentengleichung $y = -0{,}7\,x + 1{,}85$.

Mit Betätigung von [EXE] wird die Tangente fest an den gewählten Punkt gelegt.

Nun kann ein weiterer Berührpunkt ausgewählt werden, an welchen erneut eine Tangente angelegt werden soll. Man erhält zur neuen Tangente ebenfalls die Tangentengleichung, wenn man [EXE] betätigt.

Graphische Darstellung der 1. und 2. Ableitungsfunktion einer gegebenen Funktion

Mit einem GTR kann man zwar nicht den analytischen Term einer Ableitungsfunktion ermitteln. Es gibt aber die Möglichkeit, die *Graphen der 1. und 2. Ableitung* darzustellen.

> ▶ **Beispiel: Graphen der 1. und 2. Ableitung einer Funktion**
> Gegeben ist die Funktion $f(x) = \sin x$.
> Gesucht sind die Graphen der ersten und der zweiten Ableitungsfunktion von f.

Lösung:
Im Hauptmenü (Taste MENU) wählt man mit der Taste 5 die Graph-Anwendung. Im Editor (Bild unten) wird zunächst $Y1 = \sin(x)$ eingetragen. Dann wählt man aus dem CATALOG (Bild 3) d/dx für Y2 im Editor aus. Wichtig ist, dass das Y1 mit F1 1 und x = x mit X,Θ,T eingetragen werden.

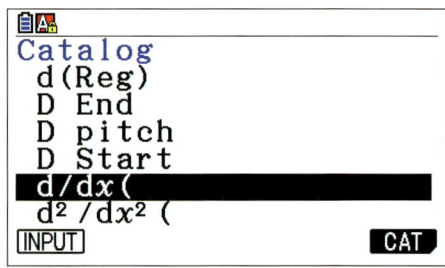

Nachdem unter Y1 die erste Ableitung definiert wurde, erfolgt analog die Festlegung der zweiten Ableitung unter Y2 (s. Bild rechts). Man beachte besonders die Wahl der „variablen Stelle" durch x = x.

Mit F6 (DRAW) wird nun das Zeichnen aller drei Graphen gestartet. Man erhält nach „kurzer Zeit" das nebenstehende Bild.

Gibt man im Funktionseditor einen anderen Funktionsterm für Y1 ein, so ändern sich entsprechend alle drei Funktionsgraphen.

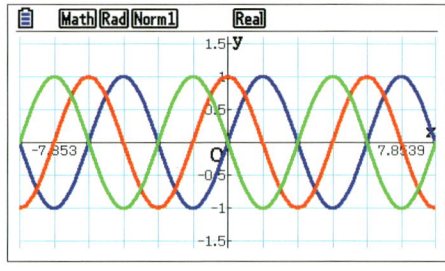

▶

Funktionsdiskussion

Bei der *Funktionsdiskussion* sollen die spezifischen Eigenschaften einer analytisch gegebenen Funktion erforscht werden. Die Verwendung eines GTR legt die Umkehr der gewohnten Reihenfolge nahe, denn zunächst kann man den Graphen betrachten ohne Kenntnis der Eigenschaften.

▶ **Beispiel: Funktionsdiskussion**
Gegeben ist die Funktion f mit $f(x) = \frac{1}{8}x^3 - \frac{3}{4}x^2$. Führen Sie eine Funktionsdiskussion durch.

Lösung:

1. Graph von f:

Aus dem Hauptmenü wählt man mit $\boxed{5}$ die Graph-Anwendung. Es öffnet sich der Editor, in den man den Funktionsterm einträgt. Mit $\widehat{F6}$ (DRAW) wird ein Graph gezeichnet, mit $\widehat{F3}$ (V-Window) kann das Fenster so gewählt werden, dass die charakteristischen Teile des Graphen deutlich werden.

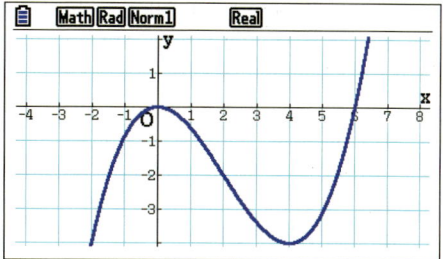

2. Wertetabelle:

Aus dem Hauptmenü wählt man mit $\boxed{7}$ die Tabellen-Anwendung. Der Funktionsterm steht bereits im Editor. Mit $\widehat{F5}$ (SET) werden Start- und Endwert sowie die Schrittweite (Step) eingegeben (Abschluss mit $\boxed{\text{EXE}}$). Aus dem Editor wird schließlich mit $\widehat{F6}$ (TABLE) die Tabelle ausgegeben.

3. Schnittpunkte mit der x-Achse:

Man wechselt wieder über das Hauptmenü zum Graphen, wählt dort $\widehat{F5}$ (G-Solve) und erhält das F-Tasten-Menü $\boxed{\text{ROOT}}$ $\boxed{\text{MAX}}$ $\boxed{\text{MIN}}$ …
Mit $\widehat{F1}$ – also $\boxed{\text{ROOT}}$ – wird der erste Schnittpunkt (0,0) mit der x-Achse ermittelt; (6,0) erhält man durch $\widehat{F1}$ (Trace).

4. Extrempunkte:

Über G-Solve wählt man mit $\widehat{F2}$ ($\boxed{\text{MAX}}$) bzw. mit $\widehat{F3}$ ($\boxed{\text{MIN}}$) und erhält so den Hochpunkt (0,0) und den Tiefpunkt (4,−4).

Zusammenfassung:
f hat Nullstellen bei x = 0 und x = 6 und die Extrempunkte H(0|0), T(4|−4).

Diskussion einer Funktionenschar

Eine *Funktionenschar* ist gegeben durch einen Term $f_A(x)$, der eine weitere Variable A als *Parameter* enthält. Mit dem GTR können ausgewählter Funktionen der Schar untersucht werden.

> **Beispiel: Diskussion einer Funktionenschar**
> Gegeben ist die Funktionenschar f_A mit $f_A(x) = \frac{1}{8}x^3 - Ax^2$ mit dem reellen Parameter $A > 0$.
> Untersuchen Sie die Schar f_A für die Parameterwerte $A = \frac{1}{2}, \frac{3}{4}$ und 1.

Lösung:

1. Graphen von $f_{0,5}, f_{0,75}$ und f_1:
Aus dem Hauptmenü wählt man mit $\boxed{5}$ die Graph-Anwendung und trägt in den Editor den Funktionsterm mit dem Parameter A ein. Hinter dem Funktionsterm getrennt durch ein Komma werde die gewünschten Parameterwerte in einer Liste der Form [A = 0.5, 0.75, 1] vermerkt.

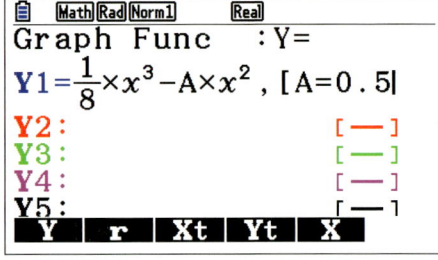

Mit F6 (DRAW) werden alle drei Graphen gezeichnet, mit F3 (V-Window) kann das Fenster geeignet eingestellt werden.

2. Nullstellen und Hochpunkte:
Die Graphen gehen durch den Ursprung; weiter gilt: $f_{\frac{1}{2}}(4) = f_{\frac{3}{4}}(6) = f_1(8) = 0$ und allgemein $F_A(8A) = 0$. Im Ursprung liegt der Hochpunkt aller Graphen.

3. Tiefpunkte von von $f_{0,5}, f_{0,75}$ und f_1:
Wählt man über F5 (G-Solve) und F3 ($\boxed{\text{MIN}}$), so beginnt der erste Graph zu blinken. Die Auswahl erfolgt mit $\boxed{\text{EXE}}$, der Tiefpunkt wird ermittelt und mit $\boxed{\text{EXE}}$, $\boxed{\text{Exit}}$, $\boxed{\text{EXE}}$ fixiert. Mit F5 (G-Solve) und F3 ($\boxed{\text{MIN}}$) blinkt wieder der Graph; mit ▼ (bzw. ▲) und $\boxed{\text{EXE}}$ wählt man einen anderen Graphen, usw.

4. Ortskurve der Tiefpunkte:
Im Tiefpunkt gilt: $f'_A(x) = \frac{3}{8}x^2 - 2Ax = 0$, also $A = \frac{3}{16}x$. Setzt man in $y = \frac{1}{8}x^3 - Ax^2$ den Term $\frac{3}{16}x$ für A ein, so erhält die Gleichung $y = -\frac{1}{16}x^3$ für die Ortskurve der Tiefpunkte, deren Graph man über den Editor als Y4 violett darstellen kann.

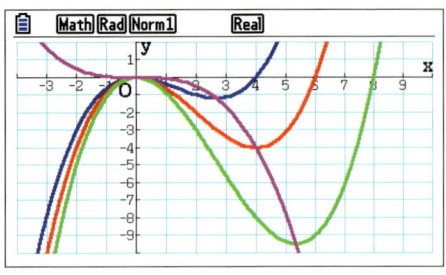

Näherungsfunktion eines Wachstumsprozesses

Bei der Untersuchung von Wachstumsprozessen ergeben sich zunächst Tabellen, die beispielsweise die Entwicklung einer Population beschreiben. Gesucht ist schließlich eine passende Exponentialfunktion.

▶ **Beispiel: Näherungsfunktion eines Wachstumsprozesses**

Die Tabelle beschreibt einen exponentiellen Wachstumsprozess. Man bestimme eine passende Funktion $f(x) = a \cdot b^x$.

x	0	1	2	3	4	5
y	300	388	510	670	870	1 125

Lösung:

Aus dem Hauptmenü gelangt man mit der Taste [2] zur Statistik-Anwendung. In der Liste 1 des Statistik-Editors werden die x-Werte 0, 1, …, 5 eingetragen. Mithilfe der Cursor-Taste wechselt man in die Liste 2 und trägt dort die zugehörigen y-Werte 300, 388, …, 1 125 ein. In der Zeile SUB kann der Variablenname notiert werden.

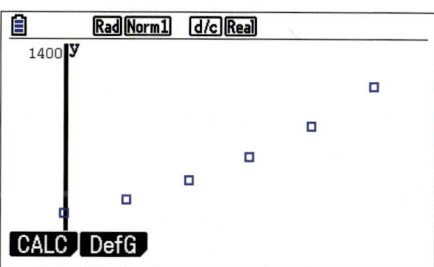

Man kann nun die Wertepaare graphisch darstellen. Dazu wählt man den Menüpunkt GRAPH mit (F1) und kann zunächst unter SET (Taste (F6)) die Graphik-Einstellungen festlegen. Mit EXIT gelangt man wieder zur Tabelle und von dort mit (F1) zur graphischen Darstellung.

Mit EXIT wechselt man wieder zur Tabelle, wählt mit (F2) den Menüpunkt CALC, mit (F3) REG und mit (F6) (F2) schließlich EXP, also die exponentielle Regression. Dort entscheiden wir uns mit (F2) für den Funktionstyp a b^x. Man erhält den Faktor $a = 299{,}51\cdots \approx 300$ und die Basis $b = 1{,}3045\cdots \approx 1{,}3$.

Mit (F6) (COPY) kann man den Funktionsterm in den Graphik-Editor kopieren. Mit MENU [5] wechselt man ins Graphik-Menü, wählt den Funktionsterm mit (F1) aus und zeichnet mit (F6) den Graphen.
Mit SHIFT (F3) kann schließlich noch das Graphik-Fenster modifiziert werden.

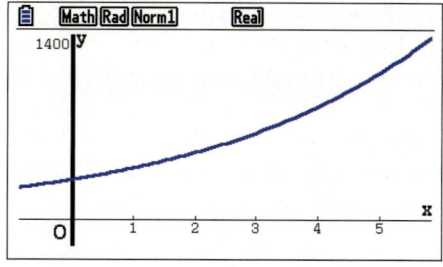

Flächenberechnungen

Liegt eine auf einem abgeschlossenen Intervall [a; b] definierte, nicht negative Funktion f vor, so stellt das Integral $\int_a^b f(x)\,dx$ eine Flächenbilanz dar. Dementsprechend ist $\int_a^b |f(x)|\,dx$ der Inhalt der Fläche zwischen dem Graphen von f und der x-Achse.

> **Beispiel: Fläche zwischen Funktionsgraph und x-Achse**
> Gegeben ist die Funktion $f(x) = x^2 - 4x + 3$. Berechnen Sie den Inhalt A der Fläche zwischen den Graphen von f und der x-Achse über dem Intervall [0; 5].

Lösung:
Man wechselt im Hauptmenü auf die Ansicht Run-Matrix. Über den Menüpunkt MATH (F4) und Weiterblättern per F6 gelangt man zu dem Integraloperator ∫dx. Unter dem Punkt MATH findet sich auch der Betragsoperator ABS. Nun gibt man den Funktionsterm und dann die Integrationsgrenzen ein und erhält unmittelbar die Maßzahl des gesuchten Flächeninhalts A.

> **Beispiel: Fläche zwischen zwei Funktionsgraphen**
> Gegeben sind die Funktionen $g(x) = \frac{1}{3}x^3 - 2x^2 + 4x + \frac{7}{3}$ und $h(x) = x^2 - 4x + 6$. Berechnen Sie den Inhalt A der Fläche zwischen den Graphen von f und g über dem Intervall [0; 4].

Lösung:
Zunächst gibt man die Funktionsterme unter dem Hauptmenüpunkt Graph ein. Dann wechselt man wieder zu Run-Matrix und verfährt weiter wie im obigen Beispiel. Über die Taste VARS wählt man GRAPH (F4) und hat Zugriff auf die zuvor eingegebenen Funktionsterme. Hierzu wählt man Y (F1) und dann 1 bzw. 2 zur Eingabe der Differenz Y1 − Y2.

Übung

Gegeben sind die Funktionen $g(x) = x^3 - 6x^2 + 12x - 7$ und $h(x) = x^2 - 2x$.

a) Ermitteln Sie den Inhalt der Fläche zwischen den Graphen von g und h für $0 \le x \le 4$.

b) Die Graphen von g und h schließen zwei Flächenstücke ein. Berechnen Sie den Flächeninhalt.

Bestimmung der Lösungsmenge von linearen Gleichungssystemen

Der GTR kann *lineare Gleichungssysteme* mit 2, 3, 4, 5 oder 6 Variablen exakt lösen.

▶ **Beispiel: Lösung eines linearen Gleichungssystems (3 × 3)**
Ermitteln Sie die Lösung des LGS:

$$
\begin{aligned}
4\,x + \ y - 2\,z &= -1 \\
x + 6\,y + 3\,z &= \ \ 1 \\
-5\,x + 4\,y + \ \ z &= -7
\end{aligned}
$$

Lösung:
Im Hauptmenü (Taste $\boxed{\text{MENU}}$) wählt man mit $\boxed{\text{ALPHA}}$ $\boxed{\text{X,Θ,T}}$ (also A) den Gleichungs-Editor und dort mit F1 (Simultaneous) die Lösung von linearen Gleichungssystemen.

Zunächst wird man vor die Wahl gestellt, wie viele Unbekannte das Gleichungssystem hat. Unser Beispiel hat 3 Variable. Diese Festlegung wird über $\boxed{\text{F2}}$ getätigt.

Anschließend erscheint eine Eingabemaske mit drei Zeilen und vier Spalten zur Eingabe der Spaltenvektoren des LGS:

$a_n = \begin{pmatrix} 4 \\ 1 \\ -5 \end{pmatrix}$, $b_n = \begin{pmatrix} 1 \\ 6 \\ 4 \end{pmatrix}$, $c_n = \begin{pmatrix} -2 \\ 3 \\ 1 \end{pmatrix}$ und

$d_n = \begin{pmatrix} -1 \\ 1 \\ -7 \end{pmatrix}$

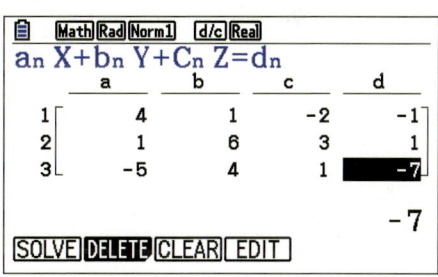

Ist die Tabelle gefüllt, wird mit F1 (SOLVE) die Lösung des Gleichungssystems berechnet und sofort ausgegeben. Man erhält die folgende Lösung:
$x = 1$; $y = -1$; $z = 2$.

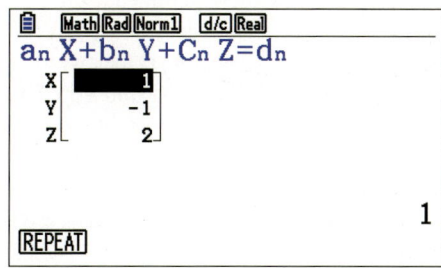

▶

Lösungsmengen von unterbestimmten linearen Gleichungssystemen

Der GTR kann auch *unterbestimmte lineare Gleichungssysteme* mit 2, 3, …, 6 Variablen lösen.

> **Beispiel: Lösung eines unterbestimmten linearen Gleichungssystems (3 × 2)**
> Ermitteln Sie die Lösung des LGS: $4x + y - 2z = -1$
> $x + 6y + 3z = 1$

Lösung:
Im Hauptmenü (Taste $\boxed{\text{MENU}}$) wählt man mit $\boxed{\text{ALPHA}}$ $\boxed{\text{X,}\Theta\text{,T}}$ (also A) den Gleichungs-Editor und dort mit F1 (Simultaneous) die Lösung von linearen Gleichungssystemen.

Zunächst erfolgt die Wahl der Anzahl der Unbekannten des Gleichungssystems. Unser Beispiel hat 3 Variable. Diese Festlegung wird über $\boxed{\text{F2}}$ getätigt.

Anschließend erscheint eine Eingabemaske mit drei Zeilen und vier Spalten zur Eingabe der Spaltenvektoren des LGS:
$a_n = \begin{pmatrix} 4 \\ 1 \end{pmatrix}$, $b_n = \begin{pmatrix} 1 \\ 6 \end{pmatrix}$, $c_n = \begin{pmatrix} -2 \\ 3 \end{pmatrix}$ und $d_n = \begin{pmatrix} -1 \\ 1 \end{pmatrix}$.
Die dritte Zeile der Eingabemaske wird durch Nullen aufgefüllt.

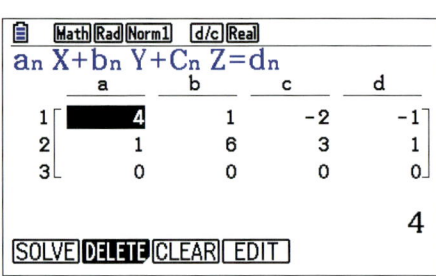

Ist die Tabelle gefüllt, wird mit F1 (SOLVE) die Lösung des Gleichungssystems berechnet und sofort ausgegeben. Dabei werden die ersten beiden Variablen X und Y in Abhängigkeit der dritten dargestellt. Z tritt also als Parameter auf. Man erhält die folgende Lösung:

$x = -\dfrac{7}{23} + \dfrac{15}{23}z$, $y = \dfrac{5}{23} - \dfrac{14}{23}z$, $z \in \mathbb{R}$.

Elementare Rechenoperationen mit Vektoren

Wählt man im Hauptmenü die 1, also Run-Matrix, so gelangt man mit $\widehat{F3}$ (MAT/VCT) in das Matrix-Menü. Das Vektor-Menü wird dann mit $\widehat{F6}$ (M ↔ V) ausgewählt. Mit $\boxed{\text{EXE}}$ legt man für jeden einzugebenden Vektor die Dimensionen fest. Mit m = 3 und n = 1 wird ein Spaltenvektor des $\mathbb{R}^3$ definiert m = 1 und n = 3 ein Zeilenvektor bzw. ein Punkt.

Die erzeugten Vektoren füllt man mit den gegebenen Koordinaten. Über $\boxed{\text{EXIT}}$ gelangt man zurück in den Editor. Im folgenden Beispiel werden einfache *Vektoroperationen* durchgeführt.

> ▶ **Beispiel: Eingabe von Vektoren und einfache Operationen**
> Gegeben sind die Punkte A (1|−2|−3), B (−1|4|2). Definieren Sie dazu Ortsvektoren im GTR.
> a) Bilden Sie die Summe $\vec{a} + \vec{b}$, die Differenz $\overrightarrow{AB} = \vec{b} - \vec{a}$ und die Linearkombination $\vec{a} + 4\vec{b}$.
> b) Bestimmen Sie die Länge des Ortsvektors $\vec{b}$ von B.

Lösung zu a):
Man wählt über OPTN zwei Vektoren aus, benennt sie und verbindet sie mit dem Additionszeichen. Nach Bestätigung der Eingabe mit EXE erscheint das Ergebnis [0 2 −1] in Zeilenform, da wir oben die Vektoren in dieser Form definiert haben. Die Differenzbildung erfolgt analog, die Linearkombination entsprechend.

Lösung zu b):
Über OPTN $\widehat{F2}$ wählt man mit dreimaligem $\widehat{F6}$ und anschließendem $\widehat{F1}$ Norm() aus. Man gibt aus demselben Menü (Vct) mit $\widehat{F1}$ ein. Anschließend bestimmt man den Buchstaben des Vektors, dessen Länge zu berechnen ist, im Beispiel mit der Tastenfolge $\boxed{\text{ALPHA}}$ $\boxed{\text{log}}$ den Buchstaben B. Nach $\boxed{)}$ und $\boxed{\text{EXE}}$ erhält man $\sqrt{21}$.

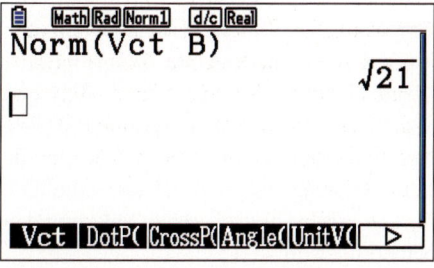

Winkelberechnungen

Zur Bestimmung von Winkelgrößen dient das Skalarprodukt zweier Vektoren, das als Ergebnis eine reelle Zahl (einen Skalar) hat. Vor der Durchführung von Winkelberechnungen sollte man darauf achten, dass die GTR-Einstellungen geeignet gewählt sind (Grad statt Bogenmaß).

▶ **Beispiel: Skalarprodukt von Vektoren**
Berechnen Sie das Skalarprodukt der Vektoren $\vec{a} = \begin{pmatrix} 1 \\ 2 \\ 1 \end{pmatrix}$ und $\vec{b} = \begin{pmatrix} 2 \\ 3 \\ -4 \end{pmatrix}$.

Lösung:
In der Anwendung Run-Matrix wählt man im Options-Menü (Taste OPTN) zunächst Mat/VCT (F2) und mit (nach 2-mal F6) den Befehl DotP (F2).
Nach zweimaligem Betätigen der Taste EXIT wählt man MATH (F4) und dann Mat/VCT (F1).
Mit F5 legt man für den ersten Vektor die Zeilenzahl 3 und die Spaltenzahl 1 fest.

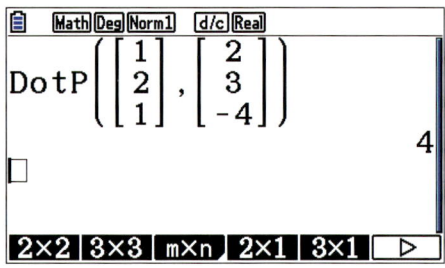

Nach Betätigung der Taste EXE wird die Maske für den ersten Vektor bereitgestellt für die Eingabe der drei Koordinaten. Nach Eingabe eines Kommas wiederholt man die Schritte der Vektoreingabe für den zweiten Vektor. Der Befehl wird mit einer runden Klammer abgeschlossen. Nach
▶ EXE erhält man das Ergebnis 4, also: $\vec{a} \cdot \vec{b} = 4$.

Die obige Rechnung ist nur möglich, wenn auf dem fx-CG20 mindestens die Software-Version 2.0 installiert ist. Aber auch wenn der Rechner über diese Version verfügt, ist man wohl schneller fertig, wenn man einfach im Kopf rechnet: $\vec{a} \cdot \vec{b} = 1 \cdot 2 + 2 \cdot 3 + 1 \cdot (-4) = 4$.

Im folgenden Beispiel wäre die Kosinusformel zu verwenden: $\gamma = \cos^{-1}\left(\frac{|\vec{a} \cdot \vec{b}|}{|\vec{a}| \cdot |\vec{b}|}\right)$.
Es geht aber auch anders!

▶ **Beispiel: Winkelberechnung**
Ermitteln Sie den Winkel (im Gradmaß) zwischen den Vektoren $\vec{a} = \begin{pmatrix} 4 \\ 1 \\ 2 \end{pmatrix}$ und $\vec{b} = \begin{pmatrix} 7 \\ 6 \\ -1 \end{pmatrix}$.

Lösung:
Zunächst wird im Setup (Shift+MENU) Angle auf Deg eingestellt. Dann wählt man in der Anwendung Run-Matrix im Options-Menü (Taste OPTN) Mat/VCT (F2) und (nach 2-mal F6) den Befehl Angle (F4) aus. Nun muss man wie im obigen Beispiel die Vektoren eingeben und erhält schließlich für den Winkel zwischen den Vektoren den
▶ Näherungswert 41,15°.

Graphische Darstellung einer Wahrscheinlichkeitsverteilung

Mit der Tabellenkalkulation und den Graphikausgaben des GTR können *Wahrscheinlichkeitsverteilungen* berechnet und tabelliert sowie graphisch veranschaulicht werden.

> **Beispiel: Wahrscheinlichkeitsverteilung der Augensumme beim Wurf zweier Würfel**
> Die Augensumme beim Wurf zweier Laplace-Würfel kann die Werte 2, 3, 4, …, 12 annehmen. Bestimmen Sie die Tabelle der Wahrscheinlichkeitsverteilung und veranschaulichen Sie die Verteilung graphisch.

Lösung:
Die Augensumme beim Wurf zweier Laplace-Würfel ist – wie das folgende Bild zeigt – nicht gleichverteilt. Man kann die Einzelwahrscheinlichkeiten der Summenwerte 2, 3, 4, …, 12 unmittelbar ablesen.

Aus dem Hauptmenü wählt man mit $\boxed{4}$ die Spreadsheet-Anwendung und erhält eine leere Tabellenkalkulation. In die Spalte A werden die Werte 2, 3, 4, 5, 6, 7, 8, 9, 10, 11, 12 der Wahrscheinlichkeitsverteilung eingetragen. In die Spalte B kommen die zugeordneten Wahrscheinlichkeiten:

$\frac{1}{36}, \frac{2}{36}, \frac{3}{36}, \frac{4}{36}, \frac{5}{36}, \frac{6}{36}, \frac{5}{36}, \frac{4}{36}, \frac{3}{36}, \frac{2}{36}, \frac{1}{36}.$

SHE	A	B	C	D
1	2	0.0277		
2	3	0.0555		
3	4	0.0833		
4	5	0.1111		
5	6	0.1388		

0.1388888889

GRAPH1 GRAPH2 GRAPH3 SELECT   SET

Nachdem alle Werte der Verteilung und die zugehörigen Wahrscheinlichkeiten in die Tabelle eingetragen sind, wählt man $\widehat{F1}$ (GRAPH), dann $\widehat{F6}$ (SET) und dann die links unten angegebenen Einstellungen.

Mit der Taste $\boxed{EXE}$ gelangt man wieder in das Tabelle-Fenster (s. Bild rechts oben). Dort wählt man $\widehat{F1}$ (GRAPH1) und erhält das rechts unten stehende Balkendiagramm der Wahrscheinlichkeitsverteilung.

```
Rad Norm1  d/c Real SHEET
StatGraph1
Graph Type:Bar
Category   :A1:A11
Data1      :B1:B11
Data2      :None
Data3      :None
Stick Styl:Length        ↓
GRAPH1 GRAPH2 GRAPH3
```

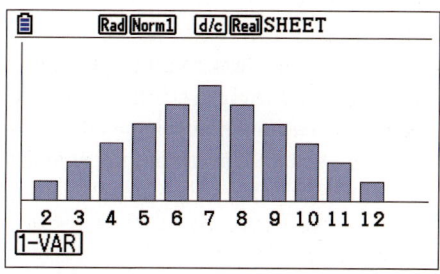

Binomialverteilung

> **Beispiel: Berechnung einer Punktwahrscheinlichkeit, einer Intervallwahrscheinlichkeit, des Erwartungswertes und der Standardabweichung**
> Eine Zufallsgröße X ist binomialverteilt mit den Parametern n = 50 und p = 0,25.
> Berechnen Sie $P(X = 10)$, $P(20 \leq X \leq 30)$, $\mu = E(X)$ und $\sigma = \sigma(X)$.

Lösung:
In der Anwendung Run-Matrix ruft man
über die Taste OPTN mit der Folge F5-
F3-F5 die Funktionen Bpd und Bcd zur
Berechnung der Einzelwahrscheinlichkeit
bzw. der Intervallwahrscheinlichkeit auf
(s. Abb.); weiterhin:

$\mu = E(X) = n \cdot p = 12{,}5$,
> $\sigma = \sigma(X) = \sqrt{n \cdot p \cdot (1 - p)} = 3{,}06186$.

Sigmaregeln

> **Beispiel: σ-Umgebungen des Erwartungswertes**
> Eine Münze werde 50-mal geworfen. X sei die Anzahl der Kopfwürfe. Bestimmen Sie, wie
> wahrscheinlich es ist, dass X einen Wert annimmt, der höchstens um σ bzw. um 2σ bzw. um
> 3σ vom Erwartungswert μ abweicht.

Lösung:

Die obigen beiden Screenshots zeigen die
Zuweisungen der gegebenen Werte an die
Variablen C, N, P, E und S.

Die Werte für die untere und obere Intervallgrenze müssen ganzzahlig vorliegen.
Dazu wird die Funktion Intg aus dem Katalog verwendet. Wie im obigen Beispiel
> wird schließlich Bcd aufgerufen.

Signifikanztest

> ► **Beispiel: Einseitiger Signifikanztest**
>
> Der Anteil der Allergiker in einer Industrie-
> stadt lag nach früheren Erhebungen bei etwa
> 25 %. Im Zeitungsartikel wird behauptet,
> dass dieser Anteil „deutlich" angewachsen
> ist. Eine aktuelle Umfrage unter 80 Perso-
> nen ergibt, dass darunter 22 Allergiker sind.
> Wofür spricht dies?
>
> **Allergien im Vormarsch**
> Immer mehr Menschen leiden unter
> Heuschnupfen, juckenden Hautaus-
> schlägen und trockenen Flechten.
> Inzwischen benötigen deutlich mehr
> als 25 % der Erwachsenen ärztlichen
> Rat oder …

Lösung:

Die Anzahl X der Allergiker unter allen Personen der Stichprobe vom Umfang 80 ist binomialverteilt mit dem bekannten Parameter n = 80 und dem unbekannten Parameter p.

Bisher wurde angenommen, dass der Anteil der Allergiker 25 % beträgt. Die Nullhypothese lautet
also: H_0: p = 0,25.
Im Zeitungsartikel wird behauptet, dass der Anteil grßer als 25 %% ist. Die Alternativhypothese
lautet also: H_1: p > 0,25.

Die Entscheidung zwischen H_0 und H_1 aufgrund des Stichprobenergebnisses X fällt durch Vergleich mit einer gewissen Zahl K:

Ist X < K, so bleibt man bei H_0; ist X ≥ K, entscheidet man sich für H_1.

Beim Signifikanztest ermittelt man K aus der Bedingung, dass die Wahrscheinlichkeit, sich für
H_1 zu entscheiden, obwohl eigentlich doch H_0 gilt, kleiner als eine vorgegebene kleine Zahl α
(z. B. 0,05) ist. Diese Wahrscheinlichkeit kann man berechnen, denn gilt in Wahrheit H_0, so ist X
binomialverteilt mit den Parametern n = 80 und p = 0,25. Die besagte Wahrscheinlichkeit ist also
P(X ≥ K) = b(80; 0,25; K) + … + b(80; 0,25; 80) = BinomialCD(K,80,80,0.25).

Wir bestimmen deshalb durch Probieren
die kleinste natürliche Zahl K, die die Ungleichung   BinomialCD(K,80,80,0.25)<0.05
erfüllt.

Man erhält für K den Wert 26. Für K = 26
ist die Ungleichung allerdings noch nicht
erfüllt, sondern erst für K = 27. Wären also
27 oder mehr Allergiker unter den 80 Probanden, dann spräche dies für H_1.

Nun befanden sich in der Stichprobe nur 22 Allergiker, was für die Beibehaltung der Nullhypo-
► these und gegen die Stichhaltigkeit der Zeitungsmeldung spricht.

Übung

Ermitteln Sie zum obigen Beispiel mit dem GTR die Wahrscheinlichkeit für den Fehler 2. Art,
sich für H_0 zu entscheiden, obwohl H_1 gilt, für verschiedene Parameterwerte p.

Testlösungen

Testlösungen zum Kapitel I (Seite 62)

1. a) $f'(x) = -3x^2 + 6x = 0$ gilt für $x = 0$ und $x = 2$

     $f'(x) < 0$ gilt für $x < 0$ und für $x > 2$, dort ist f streng monoton fallend

     $f'(x) > 0$ gilt für $0 < x < 2$, dort ist f streng monoton steigend

   b) $f''(x) = -6x + 6 = 0$ gilt für $x = 1$

     $f''(x) > 0$ gilt für $x < 1$, dort ist f linksgekrümmt

     $f''(x) < 0$ gilt für $x > 1$, dort ist f rechtsgekrümmt

2. a) $f'(x) = 0$ ist notwendig für einen Hochpunkt

     $f'(x) = 0$ und $f''(x) < 0$ ist hinreichend für einen Hochpunkt

3. a) Der Term von f enthält gerade und ungerade Exponenten, d.h. keine Standardsymmetrie.

     Nullstellen: $x = 0$ und $x = 3$

     Extrema: $f'(x) = \frac{3}{2}x^2 - 6x + \frac{9}{2} = 0$, $x = 1$, $x = 3$

              $f''(x) = 3x - 6$, $f''(1) = -3 < 0 \Rightarrow H(1|2)$

              $f''(3) = 3 > 0 \Rightarrow T(3|0)$

     Wendepunkt: $f''(x) = 0$ gilt für $x = 2$, $f'''(x) = 3 > 0$, $W(2|1)$

   b) $f'(0) = 4{,}5$, $\alpha \approx 77{,}5$

4. a) $H(-2|-2)$, $T(2|2)$

   b) $f'(x) = 0{,}5 - \frac{2}{x^2}$, $f'(1) = -1{,}5$

     $t(x) = -1{,}5x + 4$

     Schnittpunkte mit den Achsen:

     $X\left(\frac{8}{3}\middle|0\right)$, $Y(0|4)$

5. a)

t	0	2	4	6	8	10	12	14	16
d(t)	200	220,8	270,4	329,6	379,2	400	372,8	278,4	97,6

   b) $d'(t) = -\frac{6}{5}t^2 + 12t = 0$, $t = 0$, $t = 10$, $d''(t) = -\frac{12}{5}t + 12$

     $d''(0) = 12 > 0$, $d''(10) = -12 < 0 \Rightarrow H(10|400)$

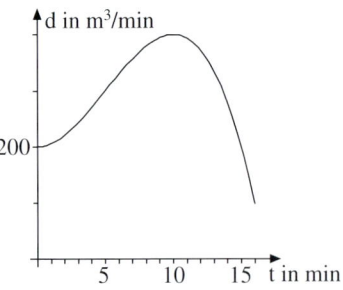

   c) im Wendepunkt:

     $d''(t) = 0$ gilt für $t = 5$

     Für $t = 5$ ändert sich die Durchflussmenge am stärksten.

   d) $d(t) = 250$: $t^3 - 15t^2 + 125 = 0$ hat die Näherungslösungen 3,26 und 14,40.

     Der Alarm dauert ca. 11,14 min und beginnt ca. 3,26 min nach Beginn der Zeitrechnung.

6. a) Nullstellen: $x = 0$ und $x = 3a$

Extrema: $f_a'(x) = \frac{3}{4}x^2 - \frac{6}{4}ax$, $f_a''(x) = \frac{3}{2}x - \frac{3}{2}a$

$f_a'(x) = 0$, $x = 0$, $x = 2a$

$f_a''(0) = -\frac{3}{2}a < 0 \Rightarrow H(0|0)$, $f_a''(2a) = \frac{3}{2}a > 0 \Rightarrow T(2a|-a^3)$

Wendepunkte: $f_a''(x) = 0$ gilt für $x = a$, $W\left(a\left|-\frac{1}{2}a^3\right.\right)$

b) Für $a = 1,5$.

c) Für $a = 2$.

d)

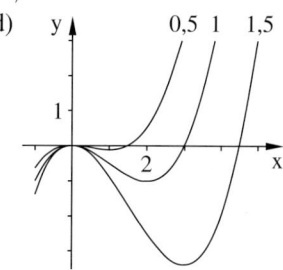

e) $x = 2a$, $a = 0,5x$

$y = -a^3 = -\frac{1}{8}x^3$

Testlösungen zum Kapitel II (Seite 96)

1. a) $x \cdot y = 225$, $y = \frac{225}{x}$, $S = x + y$, $S(x) = x + \frac{225}{x}$

$S'(x) = 1 - \frac{225}{x^2} = 0$, $x = 15$, $y = 15$ $\left(S''(x) = \frac{450}{x^3}, S''(15) = \frac{4}{30} > 0\right)$

2. $K = 0,5x \cdot 40 + 0,5x \cdot 20 + 0,5h \cdot 20 = 30$

$30 = 30x + 10h$, $h = 3 - 3x$

$V(x) = 0,25x \cdot h = 0,75(x - x^2)$, $V'(x) = 0,75(1 - 2x) = 0$

$x = 0,5$, $h = 1,5$ $(V''(x) = -1,5 < 0)$

3. $A(x) = 2x \cdot f(x) = 8x - \frac{8}{3}x^3$

$A'(x) = 8 - 8x^2 = 0$, $x = 1$ $(A''(x) = -16x, A''(1) = -16 < 0)$

Resultat: $P\left(1\left|\frac{8}{3}\right.\right)$

4. a) $f(x) = ax^2 + bx + c$, $f'(x) = 2ax + b$

$f(10) = 7,5$: $7,5 = 100a + 10b + c$, $f(0) = 0$, $c = 0$

$f'(10) = 0,5$: $0,5 = 20a + b$, $5 = 5b$, $b = 1$, $a = -0,025$

b) $f(x) = -0,025x^2 + x$, $f(x) = 0$: $x = 0$ und $x = 40$

Der Bogen ist 40 m breit.

In der Mitte gilt: $f(20) = 10$, also ist er 10 m hoch.

c) $f'(x) = -0,05x + 1$, $f'(0) = 1$, also $\alpha = 45°$.

5. a) $f(x) = ax^3 + bx^2 + cx + d$, $f'(x) = 3ax^2 + 2bx + c$, $f''(x) = 6ax + 2b$

$f(1) = 6$: $6 = a + b + c + d$

$f'(1) = 0$: $0 = 3a + 2b + c$

$f''(4) = 0$: $0 = 24a + 2b$

$f(-1) = 2$: $2 = -a + b - c + d$, $4 = 2a + 2c$, $4 = -4a - 4b$, $a = \frac{1}{11}$

$f(x) = \frac{1}{11}x^3 - \frac{12}{11}x^2 + \frac{21}{11}x + \frac{56}{11}$

b) $f(4) = \frac{12}{11}$, $f'(4) = -\frac{27}{11}$

$t(x) = -\frac{27}{11}(x - 4) + \frac{12}{11} = -\frac{27}{11}x + \frac{120}{11}$

Testlösung zum Kapitel III (Seite 124)

1. a) $F(x) = \frac{1}{5}x^5 + C$ b) $F(x) = -\frac{3}{x} + C$

   c) $F(x) = \frac{1}{2}x^4 - \frac{1}{2}x^2 + 3x + C$ d) $F(x) = 2ax^4 + C$

   e) $F(x) = nx^n + C$ f) $F(x) = -\cos x - \sin x$

2. a) $F'(x) = 3x^2 + 4x + 1 = 2(1{,}5x^2 + 2x - 1) + 3 = f(x)$

   b) $F'(x) = 9x^2 + 6x + 1 = (3x+1)^2 = f(x)$

   c) $F'(x) = 2\sin x = f(x)$

   d) $F'(x) = 8x^3 + 4bx + 2ax^3 = (8 + 2a)x^3 + 4bx = f(x)$

   e) $F'(x) = -\frac{2}{x^2} = -2x^{-2} = f(x)$

   f) $F(x) = \sqrt{2} \cdot \sqrt{x}, \; F'(x) = \sqrt{2} \cdot \frac{1}{2\sqrt{x}} = \frac{1}{\sqrt{2} \cdot \sqrt{x}} = \frac{1}{\sqrt{2x}} = f(x)$

3. $F(x) = x^3 - x^2 + C, \; F(2) = -1: \; C = -5, \; F(x) = x^3 - x^2 - 5$

4. a) $\int (3 - x^2)\,dx = 3x - \frac{1}{3}x^3 + C$

   b) $\int\limits_{2}^{4} (2x - x^2)\,dx = \left[\frac{x}{2} - \frac{1}{3}\right]x^3{}_2{}^{\wedge}4 = -\frac{20}{3}$

   c) $\int\limits_{1}^{2} (3x + 6x^3)\,dx = \left[\frac{3}{2}x^2 + \frac{3}{2}x^4\right]_1^2 = 27$

   d) $\int\limits_{0}^{a} (6ax^2 - a^2x)\,dx = \left[2ax^3 - \frac{1}{2}a^2x^2\right]_0^a = 1{,}5a^4$

5. a) $F(x) = \frac{1}{9}x^3 + x, \; A = F(3) - F(1) = \frac{44}{9}$

   b) Spiegelung: $g(x) = -x^2 + 6x - 8$, Nullstellen: $x = 2$ und $x = 4$
      $G(x) = -\frac{1}{3}x^3 + 3x^2 - 8x, \; A = G(4) - G(2) = \frac{4}{3}$

6. a) Koordinatenursprung im linken Ufer.
      Scheitelpunkt der Parabel: $S(6|8)$
      Ansatz: $f(x) = a(x - 6)^2 + 8, \; f(0) = 6: \; 36a + 8 = 6, \; a = -\frac{1}{18}$
      Resultat: $f(x) = -\frac{1}{18}(x - 6)^2 + 8 = -\frac{1}{18}x^2 + \frac{2}{3}x + 6$

   b) $F(x) = -\frac{1}{54}x^3 + \frac{1}{3}x^2 + 6x, \; A = F(12) - F(0) = 88$

Testlösung zum Kapitel IV (Seite 174)

1. a) $F(x) = \frac{1}{4}x^4 - \frac{1}{6}x^3 - \frac{1}{4}x^2 + x$, $A = F(1) - F(-1) = \frac{5}{3}$

   b) Nullstellen: $x = 1$ und $x = 3$
   $F(x) = -\frac{1}{3}x^3 + 2x^2 - 3x$, $A = F(3) - F(1) = 0 - \left(-\frac{4}{3}\right) = \frac{4}{3}$

   c) Schnittpunkte: $x^2 - 7x + 10 = 0$, $x = 2$, $x = 5$
   $D(x) = -\frac{1}{3}x^3 + \frac{7}{2}x^2 - 10x$, $A = D(5) - D(2) = -\frac{25}{6} - \left(-\frac{26}{3}\right) = 4{,}5$

2. a) Ansatz: $f(x) = ax^2 + 3$, $f(2) = 0 \Rightarrow a = -\frac{3}{4}$
   Resultat: $f(x) = -\frac{3}{4}x^2 + 3$

   b) $F(x) = -\frac{1}{4}x^3 + 3x$, $A_f = 2(F(2) - F(0)) = 8$

   $G(x) = -\frac{10}{27}x^3 + 2{,}5x$, $A_g = 2(G(1{,}5) - G(0)) = 5$
   Querschnittsfläche: $G = 3\,m^2$, Betonmenge: $V = 30\,m^3$

3. a) $\int_0^{10} w'(t)\,dt = [-0{,}008t^3 + 0{,}06t^2 + 9{,}8t]_0^{10} = 96$ Wölfe

   b) $F(20) = 156$
   Zu Beginn waren es 16 Wölfe.

4. a) $\int v(t)\,dt = 0{,}0005t^3 - 0{,}15t^2 + C$

   $h(t) = 0{,}0005t^3 - 0{,}15t^2 + 2000$

   b) $h(120) = 704\,m$ Höhe nach 2 Minuten
   $v(120) = -14{,}4\,m/s$

   c) $v(t) = 0$: $t^2 - 200t = 0$: $t = 0$ und $t = 200$
   Nach 200 Sekunden erfolgt die Landung in $h(200) = 0\,m$ Höhe.

5. $V = \pi \int_0^4 (2\sqrt{x})^2\,dx - \pi \int_0^4 \left(\frac{1}{4}x^2\right)^2\,dx = \pi \int_0^4 4x\,dx - \pi \int_0^4 \frac{1}{16}x^4\,dx = \pi[2x^2]_0^4 - \pi\left[\frac{1}{80}x^5\right]_0^4$
   $= \pi\left(32 - \frac{64}{5}\right) = 19{,}2\pi \approx 60{,}32$

Testlösung zum Kapitel V (Seite 222)

1. a) $f'(x) = -2e^{-2x}$ b) $f'(x) = -x \cdot e^x$ c) $f'(x) = (2x - 4x^2) \cdot e^x$

2. a) Nullstellen: $x = 0$
   Extrema: $f'(x) = (2 - 2x) \cdot e^{-x}$, $f''(x) = (2x - 4) \cdot e^{-x}$
   $f'''(x) = (6 - 2x) \cdot e^{-x}$
   $f'(x) = 0$: $x = 1$, $f''(1) < 0$, $H(1|2/e)$
   Wendepunkte: $f''(x) = 0$: $x = 2$, $f'''(2) > 0$, $W(2|4/e^2)$

   b)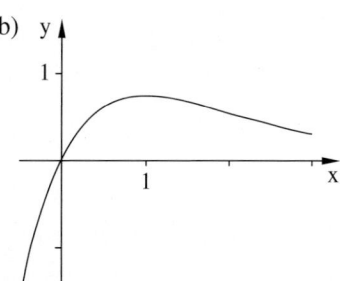

   c) $t(x) = 2x$

3. a) $f(t) = 90 + at$, $f(12) = 90 + 12t = 150$, $a = 5$
$f(t) = 90 + 5t$

b) $f(t) = a \cdot e^{bt}$, $a = 90$, $150 = 90 \cdot e^{12b}$, $b \approx 0,043$
$f(t) = 90 \cdot e^{0,043t}$

c) $d(t) = 90 \cdot e^{0,043t} - 90 - 5t$, $d'(t) = 3,87 \cdot e^{0,043t} - 5 = 0$, $t \approx 5,96$
Im Verlauf des 6. Jahres.

4. a) $T_A = \frac{\ln 2}{0,22} \approx 3,15$, $T_B = \frac{\ln 2}{0,15} \approx 4,62$

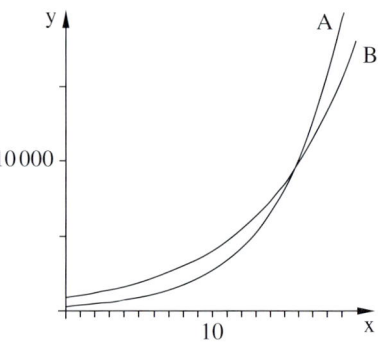

b)

t	0	5	10	15	20
A	300	901,25	2707,50	8133,79	24 435,26
B	900	1905,30	4033,52	8538,96	18 076,98

c) A: $300 \cdot e^{0,22t} = 2000$, $t \approx 8,62$
B: $900 \cdot e^{0,15t} = 2000$, $t \approx 5,32$

d) $300 \cdot e^{0,22t} = 900 \cdot e^{0,15t}$, $e^{0,07t} = 3$, $t \approx 15,69$

e) $N_B'(t) = 135 \cdot e^{0,15t}$, $N_B'(0) = 135$
$N_A'(t) = 66 \cdot e^{0,22t} = 135$, $t \approx 3,25$

5. a) $N(10) \approx 16,48$, $N(t) = 30$: $t \approx 22,91$, maximal 50

b) $N'(t) = 2 \cdot e^{-0,04t}$, $N'(0) = 2$, $N'(t) = 1$: $t \approx 17,33$

c) $N(60) \approx 45,5$
$N(t) = 45,5 \cdot e^{-0,04(t-60)} = 45,5 \cdot e^{2,4} \cdot e^{-0,04t}$
$\approx 501,6 \cdot e^{-0,04t} = 5$, $t \approx 115,2$
Nach weiteren 55,2 min.

Testlösungen zum Kapitel VI (Seite 272)

1. a) $f'(x) = (4 - x) \cdot e^{1 - 0,5x}$, $f''(x) = (-3 + 0,5x) \cdot e^{1 - 0,5x}$

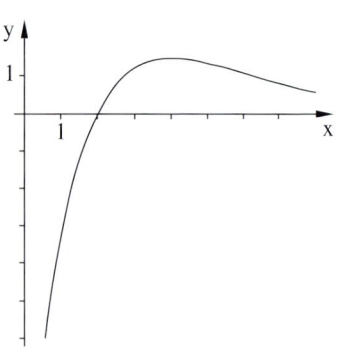

b) Nullstellen: $x = 2$
Extrema: $x = 4$: $H(4 \mid 1,47)$
Wendepunkte: $x = 6$: $W(6 \mid 1,08)$

d) $t(x) \approx -0,27(x - 6) + 1,08 = -0,27x + 2,7$

e) $F'(x) = (2x - 4) \cdot e^{1 - 0,5x}$
$A = F(10) - F(2) = 40e^{-4} + 8e \approx 7,27$

2. a) $f'(x) = (4 - 2x)e^{-0,5x}$, $f'(x) = 0$: $x = 2$, $f(2) = \frac{8}{e} \approx 2,94$
$P(2 \mid 2,94)$ ist der nördlichste Punkt.

b) $F'(x) = (-8 + 4x + 8)e^{-0,5x} = f(x)$

c) Fußweg: $g(x) = \frac{1}{3}x - 2$

$$A = \int_0^6 (f(x) - g(x))\,dx = \left[(-8x - 16)e^{-0,5x} - \frac{1}{6}x^2 + 2x\right]_0^6 \approx 2,81 - (-16) = 18,81$$

d) $f'(0) = 4 \Rightarrow \alpha \approx 76°$

Der Winkel beträgt ca. 14°.

e) $f''(x) = (x - 4)e^{-0,5x}$, $f''(x) = 0$: $x = 4$, $W(4|2,17)$

$n(x) = -\frac{1}{f'(4)}(x - 4) + 2,17 \approx 1,85x - 5,22$

$n(x) = g(x)$: $x \approx 2,12$, $P(2,12|-1,29)$

3. a) $w'(0) = -17$, $t = \ln\frac{9}{16} \cdot (-50) \approx 28,77$

b) $w(t) = 800 \cdot e^{-0,22t} - t - 200$

c) $w(7) \approx 488,5$

d) $\overline{w} \approx \frac{1}{7}(488,5 - 600) \approx -15,93$

e) $w(t) = 0$, $t \approx 56,8$, d.h. nach 8 Wochen

Testlösungen zum Kapitel VII (Seite 298)

1. $x = 4$, $y = 4$

2. a) $x = 1$, $y = 3$, $z = 2$ b) $x = 6$, $y = 6$, $z = 4$

3. a) $x = -2$, $y = 3$, $z = 5$ b) Widerspruch, keine Lösung

4. $x + y + z = 30$
$x - 4 = y - 4 + z - 4$
$z - 4 = 2(y - 4)$ Lösung: $x = 13$ (Marina), $y = 7$ (Emma), $z = 10$ (Julia)

5. $f(2) = 0$: $8a + 4b + c = 2$
$f''(2) = 0$: $12a + 2b = 0$
$f'(2) = 16$ $12a + 4b = -12$
Lösung: $a = 1$, $b = -6$, $c = 16$; $f(x) = x^3 - 6x^2 + 16$

6. a) $x + y + z = 6$ b) $x + y + z = 6$ c) $x + y + z = 6$
$x + y - z = 0$ $x + y - z = 0$ $x + y - z = 0$
$x - y \quad = 1$ $2x + 2y \quad = 5$ $2x + 2y \quad = 6$

7. Subtrahiert man die erste Gleichung 2-mal von der zweiten, so erhält man:

$(4 - a)y = a - 3$, $y = \frac{a - 3}{4 - a}$, d.h. für $a = 4$ ist das System nicht lösbar.

Testlösungen zum Kapitel VIII (Seite 328)

1. a) $g: \vec{x} = \begin{pmatrix} 3 \\ 0 \\ 1 \end{pmatrix} + r \begin{pmatrix} -3 \\ 6 \\ 3 \end{pmatrix}$

   b) $\begin{pmatrix} 1 \\ 4 \\ 3 \end{pmatrix} = \begin{pmatrix} 3 \\ 0 \\ 1 \end{pmatrix} + r \begin{pmatrix} -3 \\ 6 \\ 3 \end{pmatrix}$ gilt für $r = \frac{2}{3}$. Wegen $0 < r < 1$ liegt P auf der Strecke $\overline{AB}$.

2. a) $g = h: r = \frac{1}{3}$, $s = -2$, $S(3|4|4)$ b)
   c) $g: S_{xy}(-1|-4|0)$, $S_{xz}(1|0|2)$, $S_{yz}(0|-2|1)$
      $h: S_{xy}(7|8|0)$, $S_{xz}(-1|0|8)$, $S_{yz}(0|1|7)$

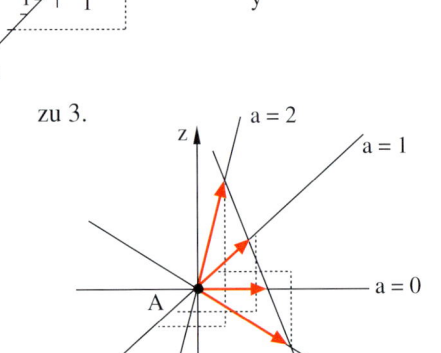

3. a) Alle Geraden der Schar haben densel-
   ben Stützpunkt $A(0|0|2)$. Ihre Rich-
   tungsvektoren drehen sich um A und
   spannen dabei eine Ebene auf. Die
   Endpunkte der Richtungsvektoren für
   $r = 1$ liegen auf der Geraden
      $k: \vec{x} = \begin{pmatrix} 0 \\ 2 \\ 2 \end{pmatrix} + a \begin{pmatrix} 1 \\ 0 \\ 2 \end{pmatrix}$.

   b) g_6 enthält $P(3|1|8)$ $(r = 0,5)$.
   c) g_a ist für kein a parallel zu h.
   d) Schnittpunkt $S(-5|-1|-8)$ für $a = 10$.

zu 3.

4. a) $g: \vec{x} = \begin{pmatrix} 4 \\ 0 \\ 6 \end{pmatrix} + r \begin{pmatrix} 1 \\ 3 \\ -1,5 \end{pmatrix}$, $z = 0 \Rightarrow r = 4$

   $P(8|12|0)$, der Anflug dauert 4 min.

   b) aus a) $4 + r = 6$ ergibt $r = 2$, $y = 6$ und $z = 3$
   Mittelpunkt bei 2,9; Rand bei 2,92
   d. h. 80 m Sicherheitsabstand nach unten

   c) $h: \vec{x} = \begin{pmatrix} 12 \\ 0 \\ 0 \end{pmatrix} + s \begin{pmatrix} -14 \\ 14 \\ 7 \end{pmatrix}$; $h = g : r = 2$, $s = 3/7$; Kollisionskurs mit $S(6|6|3)$

   Der Flieger ist nach 2 min bei S, der Hubschrauber nach $5 \cdot \frac{3}{7} = \frac{15}{7} = 2\frac{1}{7}$ min, also 1/7 min
   später, also keine Kollision.

Testlösungen zum Kapitel IX (Seite 352)

1. a) $\vec{a} \cdot \vec{b} = \begin{pmatrix} 5 \\ 2 \end{pmatrix} \cdot \begin{pmatrix} 4 \\ -1 \end{pmatrix} = 18$ b) $\begin{pmatrix} 1 \\ 2 \\ -2 \end{pmatrix} \cdot \begin{pmatrix} 3 \\ 3 \\ 4 \end{pmatrix} = 1$ c) $\begin{pmatrix} 1 \\ a \\ 2 \end{pmatrix} \cdot \begin{pmatrix} 2a \\ -3 \\ a \end{pmatrix} = a$

2. $\vec{a} = \begin{pmatrix} 5 \\ 2 \\ 1 \end{pmatrix}$, $\vec{b} = \begin{pmatrix} 1 \\ 3 \\ 1 \end{pmatrix}$, $\cos\gamma = \frac{12}{\sqrt{30 \cdot 11}} \approx 0,661$, $\gamma \approx 48,7°$

3. 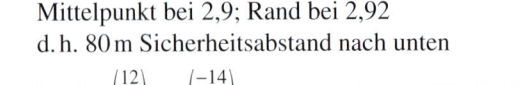 $\vec{a} = \begin{pmatrix} 4 \\ 6 \\ -3 \end{pmatrix}$, $\vec{b} = \begin{pmatrix} -4 \\ 6 \\ 3 \end{pmatrix}$, $\cos\gamma = \frac{11}{61} \approx 0,18$, $\gamma \approx 79,6°$

4. a) $\cos\alpha = \dfrac{\begin{pmatrix}-2\\0\\4\end{pmatrix}\cdot\begin{pmatrix}0\\-5\\4\end{pmatrix}}{\sqrt{20\cdot 41}} = \dfrac{16}{\sqrt{820}}$, $\alpha \approx 56°$, $\cos\beta = \dfrac{\begin{pmatrix}2\\-5\\0\end{pmatrix}\cdot\begin{pmatrix}2\\0\\-4\end{pmatrix}}{\sqrt{29\cdot 20}} = \dfrac{4}{\sqrt{580}}$, $\beta \approx 80{,}4°$

$\cos\gamma = \dfrac{\begin{pmatrix}0\\5\\-4\end{pmatrix}\cdot\begin{pmatrix}-2\\5\\0\end{pmatrix}}{\sqrt{41\cdot 29}} = \dfrac{25}{\sqrt{1189}} \approx 43{,}5°$

$A = \dfrac{1}{2}\cdot\sqrt{\begin{pmatrix}-2\\0\\4\end{pmatrix}^2\cdot\begin{pmatrix}0\\-5\\4\end{pmatrix}^2 - \left(\begin{pmatrix}-2\\0\\4\end{pmatrix}\cdot\begin{pmatrix}0\\-5\\4\end{pmatrix}\right)^2} = \dfrac{1}{2}\cdot\sqrt{20\cdot 41 - 16^2} \approx 11{,}87$

b) $V = \dfrac{1}{3}G\cdot h = \dfrac{1}{3}\cdot 4\cdot 5 = \dfrac{20}{3} \approx 6{,}67$ VE mit G: ABD, D(4|8|4)

5. $\begin{array}{l} 4x + 6y + 2z = 0 \\ x + 4y + 2z = 0 \end{array}$ gilt für $\vec{n} = \begin{pmatrix}2\\-3\\5\end{pmatrix}$

6. $\overrightarrow{AB} = \begin{pmatrix}2\\4\\1\end{pmatrix}$, $\overrightarrow{AC} = \begin{pmatrix}-3\\6\\3\end{pmatrix}$, $\overrightarrow{BC} = \begin{pmatrix}-5\\2\\2\end{pmatrix}$, $\overrightarrow{AB}\cdot\overrightarrow{AC} = 21$, $\overrightarrow{AB}\cdot\overrightarrow{BC} = 0 \Rightarrow \sphericalangle ABC = 90°$

7. a) x-Achse: $\cos\alpha = \dfrac{\begin{pmatrix}3\\4\\3\end{pmatrix}\cdot\begin{pmatrix}1\\0\\0\end{pmatrix}}{\sqrt{34}} = \dfrac{3}{\sqrt{34}}$, $\alpha \approx 59°$, y-Achse: $\cos\beta = \dfrac{\begin{pmatrix}3\\4\\3\end{pmatrix}\cdot\begin{pmatrix}0\\1\\0\end{pmatrix}}{\sqrt{34}} = \dfrac{4}{\sqrt{34}}$, $\beta \approx 46{,}7°$

z-Achse: $\cos\gamma = \dfrac{\begin{pmatrix}3\\4\\3\end{pmatrix}\cdot\begin{pmatrix}0\\0\\1\end{pmatrix}}{\sqrt{34}} = \dfrac{3}{\sqrt{34}}$, $\gamma \approx 59°$

b) $\cos\gamma = \dfrac{\begin{pmatrix}3\\4\\t\end{pmatrix}\cdot\begin{pmatrix}0\\0\\1\end{pmatrix}}{\sqrt{25+t^2}} = \dfrac{t}{\sqrt{25+t^2}} = \sqrt{0{,}5} \iff t^2 = \dfrac{1}{2}(25+t^2)$, $t = \pm 5$

8. a)

$\overrightarrow{AB} = \begin{pmatrix}2\\6\\-3\end{pmatrix}$, $\overrightarrow{BC} = \begin{pmatrix}-5\\-2\\1\end{pmatrix}$

$\overrightarrow{AC} = \begin{pmatrix}-3\\4\\-2\end{pmatrix}$, $\overrightarrow{BD} = \begin{pmatrix}-2\\-3\\6\end{pmatrix}$

$\overrightarrow{AD} = \begin{pmatrix}0\\3\\3\end{pmatrix}$, $\overrightarrow{CD} = \begin{pmatrix}3\\-1\\5\end{pmatrix}$

b) Berechnung der 4 Dreiecksflächen mithilfe der Dreiecksformel:

$A = \dfrac{1}{2}\sqrt{\begin{pmatrix}2\\6\\-3\end{pmatrix}^2\cdot\begin{pmatrix}-3\\4\\-2\end{pmatrix}^2 - \left(\begin{pmatrix}2\\6\\-3\end{pmatrix}\cdot\begin{pmatrix}-3\\4\\-2\end{pmatrix}\right)^2} = 14{,}53$ $A = \dfrac{1}{2}\sqrt{\begin{pmatrix}2\\6\\-3\end{pmatrix}^2\cdot\begin{pmatrix}0\\3\\3\end{pmatrix}^2 - \left(\begin{pmatrix}2\\6\\-3\end{pmatrix}\cdot\begin{pmatrix}0\\3\\3\end{pmatrix}\right)^2} = 14{,}15$

$A = \dfrac{1}{2}\sqrt{\begin{pmatrix}-3\\4\\2\end{pmatrix}^2\cdot\begin{pmatrix}0\\3\\3\end{pmatrix}^2 - \left(\begin{pmatrix}0\\3\\3\end{pmatrix}\cdot\begin{pmatrix}-3\\4\\-2\end{pmatrix}\right)^2} = 11{,}02$ $A = \dfrac{1}{2}\sqrt{\begin{pmatrix}-5\\-2\\1\end{pmatrix}^2\cdot\begin{pmatrix}-2\\-3\\6\end{pmatrix}^2 - \left(\begin{pmatrix}-5\\-2\\1\end{pmatrix}\cdot\begin{pmatrix}-2\\-3\\6\end{pmatrix}\right)^2} = 15{,}7$

Oberfläche: O ≈ 55,40

c) Ebene ACD: E_{ACD}: $\left(\vec{x} - \begin{pmatrix} 2 \\ 2 \\ 3 \end{pmatrix}\right) \cdot \begin{pmatrix} 2 \\ 1 \\ -1 \end{pmatrix} \cdot \frac{1}{\sqrt{6}} = 0$, $\quad d(B; E_{ACD}) = \left(\begin{pmatrix} 4 \\ 8 \\ 0 \end{pmatrix} - \begin{pmatrix} 2 \\ 2 \\ 3 \end{pmatrix}\right) \cdot \begin{pmatrix} 2 \\ 1 \\ -1 \end{pmatrix} \cdot \frac{13}{\sqrt{6}} = \frac{13}{\sqrt{6}}$

$$V = \frac{1}{3} G \cdot h = \frac{1}{3} \cdot 11{,}02 \cdot \frac{13}{\sqrt{6}} \approx 19{,}50$$

Testlösungen zum Kapitel X (Seite 396)

1. a) E: $\vec{x} = \begin{pmatrix} 0 \\ 2 \\ 3 \end{pmatrix} + r \begin{pmatrix} 4 \\ 0 \\ -3 \end{pmatrix} + s \begin{pmatrix} 2 \\ 1 \\ -3 \end{pmatrix}$, $\quad \left(\vec{x} - \begin{pmatrix} 0 \\ 2 \\ 3 \end{pmatrix}\right) \cdot \begin{pmatrix} 3 \\ 6 \\ 4 \end{pmatrix} = 0$, $\quad 3x + 6y + 4z = 24$

   b) $P \notin E$

   c) $X(8|0|0)$, $Y(0|4|0)$, $Z(0|0|6)$

2. a) E: $\left(\vec{x} - \begin{pmatrix} 3 \\ 2 \\ 0 \end{pmatrix}\right) \cdot \begin{pmatrix} 2 \\ 3 \\ 3 \end{pmatrix} = 0$, $\quad 2x + 3y + 3z = 12$

   b) $\begin{pmatrix} -3 \\ 2 \\ 0 \end{pmatrix} \cdot \begin{pmatrix} 2 \\ 3 \\ 3 \end{pmatrix} = 0 \quad \Rightarrow \quad g \parallel E$, $P(3|2|1) \notin E$

   $\Rightarrow$ g liegt nicht in E, g ist echt parallel zu E.

   c) $y = 0$: $2 + 2t = 0$, $t = -1$, $S(6|0|1)$

3. a) $\vec{n} = \begin{pmatrix} 1 \\ -2 \\ 1 \end{pmatrix}$, $\begin{pmatrix} 1 \\ -2 \\ 1 \end{pmatrix} \cdot \begin{pmatrix} -4 \\ 1 \\ 3 \end{pmatrix} = -3 \neq 0 \quad \Rightarrow \quad E_1$ nicht parallel zu E_2

   $1 - 4r + 4s - 2 - 2r - 4s + 2 + 3r - 3s = 4$, $r = -1 - s$,

   $\vec{x} = \begin{pmatrix} 5 \\ 0 \\ -1 \end{pmatrix} + s \begin{pmatrix} 8 \\ 1 \\ -6 \end{pmatrix}$

   b) $y = 0$: $1 + r + 2s = 0$, $r = -1 - 2s$, g_{xz}: $\vec{x} = \begin{pmatrix} 5 \\ 0 \\ -1 \end{pmatrix} + s \begin{pmatrix} 12 \\ 0 \\ -9 \end{pmatrix}$

4. a) Ansatz: $F = b \cdot E_a$ und Koeffizientenvergleich liefert einen Widerspruch, $F \notin E_a$

   b) E_a parallel zur x-Achse: $3 + a = 0$, $a = -3$, E_{-3}: $2y - 3z = 14$ ist parallel zur x-Achse
   Punktprobe: $a = 4$, E_4: $7x + 2y + 4z = 14$ enthält den Punkt P

   c) $\begin{pmatrix} 2 \\ 1 \\ -1 \end{pmatrix} \cdot \begin{pmatrix} 3+a \\ 2 \\ a \end{pmatrix} = 8 + a = 0$, d. h. E_{-8}: $-5x + 2y - 8z = 14$ verläuft parallel zu g.

   d) $E_0 \cap E_1$: g: $\vec{x} = \begin{pmatrix} 0 \\ 7 \\ 0 \end{pmatrix} + r \begin{pmatrix} 2 \\ -3 \\ -2 \end{pmatrix}$, $E_a \cap g$: $14 = 14$, g liegt in E_a für alle a

   e) $(3+a)(3 + 2r - 2s) + 2(1 + 3s) + a(r + 2s) = 14$, $r(a + 2) = 1 - a$
   Für $a = -2$ folgt $0 = 3$, ein Widerspruch, E_{-2} und G verlaufen also parallel.

   f) Einsetzen der Koordinaten von h in die Koordinatengleichung von E_a liefert
   $t(4a - 2) = -19 - 10a$, für $a = 0{,}5$ erhält man $0 = -24$, Widerspruch, $h \parallel$ zu $E_{0,5}$
   Für $a \neq 0{,}5$ schneidet h die Ebene E_a in genau einem Punkt ($t = \frac{-19 - 10a}{4a - 2}$).

Testlösungen zum Kapitel XI (Seite 438)

1. a) $E: \vec{x} = \begin{pmatrix} 2 \\ 2 \\ -1 \end{pmatrix} + r\begin{pmatrix} -2 \\ 1 \\ 2 \end{pmatrix} + s\begin{pmatrix} 2 \\ -1 \\ 2 \end{pmatrix}$, $E: \frac{1}{\sqrt{5}}\left(\vec{x} - \begin{pmatrix} 2 \\ 2 \\ -1 \end{pmatrix}\right)\cdot\begin{pmatrix} 1 \\ 2 \\ 0 \end{pmatrix} = 0$

   b) P in E einsetzen liefert a = 2.

   c) $E: x + 2y = 6$; $X(6|0|0)$, $Y(0|3|0)$, kein Schnittpunkt mit z-Achse, E parallel zur z-Achse.

   d) $g: \vec{x} = \begin{pmatrix} 4 \\ 6 \\ 3 \end{pmatrix} + r\begin{pmatrix} 1 \\ 2 \\ 0 \end{pmatrix}$, $g \cap E: r = -2$, $F(2|2|3)$

2. a) $E_1 \cap E_2: (1 - 4r + 4s) - 2(1 + r + 2s) + (2 + 3r - 3s) = 4$, $s = -1 - r$

   Schnittgerade $g: \vec{x} = \begin{pmatrix} -3 \\ -1 \\ 5 \end{pmatrix} + r\begin{pmatrix} -8 \\ -1 \\ 6 \end{pmatrix}$

   Schnittwinkel: $\vec{n}_1 = \begin{pmatrix} 3 \\ 0 \\ 4 \end{pmatrix}$, $\vec{n}_2 = \begin{pmatrix} 1 \\ -2 \\ 1 \end{pmatrix}$, $\cos\gamma = \frac{\left|\begin{pmatrix} 3 \\ 0 \\ 4 \end{pmatrix}\cdot\begin{pmatrix} 1 \\ -2 \\ 1 \end{pmatrix}\right|}{\sqrt{25 \cdot 6}} = \frac{7}{\sqrt{150}}$, $\gamma \approx 55{,}14°$

   b) $E_1: \left(\vec{x} - \begin{pmatrix} 1 \\ 1 \\ 2 \end{pmatrix}\right)\cdot\begin{pmatrix} 3/5 \\ 0 \\ 4/5 \end{pmatrix} = 0$, $d = \left|\left(\begin{pmatrix} 6 \\ 3 \\ 7 \end{pmatrix} - \begin{pmatrix} 1 \\ 1 \\ 2 \end{pmatrix}\right)\cdot\begin{pmatrix} 3/5 \\ 0 \\ 4/5 \end{pmatrix}\right| = 7$

   c) $F: \left(\vec{x} - \begin{pmatrix} 6 \\ 3 \\ 7 \end{pmatrix}\right)\cdot\begin{pmatrix} 3 \\ 0 \\ 4 \end{pmatrix} = 0$, $3x + 4z = 46$

3. a) $g \cap E: r = -4$, $S(0|-18|-6)$, $\sin\gamma = \frac{\left|\begin{pmatrix} 2 \\ 3 \\ 2 \end{pmatrix}\cdot\begin{pmatrix} 3 \\ -4 \\ 6 \end{pmatrix}\right|}{\sqrt{17 \cdot 61}} = \frac{6}{\sqrt{17 \cdot 61}}$, $\gamma \approx 10{,}74°$

   b) $H \perp g$, $P \in H: \left(\vec{x} - \begin{pmatrix} 9 \\ 6 \\ 0 \end{pmatrix}\right)\cdot\begin{pmatrix} 2 \\ 3 \\ 2 \end{pmatrix} = 0$, $H \cap g: r = 2$, $F(12|0|6)$, $d = \left|\begin{pmatrix} 12 \\ 0 \\ 6 \end{pmatrix} - \begin{pmatrix} 9 \\ 6 \\ 0 \end{pmatrix}\right| = \sqrt{81} = 9$

   c) P′ liegt auf der Lotgeraden durch P und F und hat zum Punkt F ebenfalls den Abstand 9

   (vgl. b). Daher gilt: $\overrightarrow{OP'} = \overrightarrow{OP} + 2\cdot\overrightarrow{PF} = \begin{pmatrix} 9 \\ 6 \\ 0 \end{pmatrix} + 2\cdot\begin{pmatrix} 3 \\ -6 \\ 6 \end{pmatrix} = \begin{pmatrix} 15 \\ -6 \\ 12 \end{pmatrix}$, $P'(15|-6|12)$

   d) Gleichsetzen der Terme von g und h liefert einen Widerspruch, die Richtungsvektoren sind nicht kollinear, also sind g und h windschief.

   $\vec{n} = \begin{pmatrix} 3 \\ 2 \\ -6 \end{pmatrix}$, $\vec{n}_0 = \frac{1}{7}\begin{pmatrix} 3 \\ 2 \\ -6 \end{pmatrix}$, $d = |(\vec{p} - \vec{q})\cdot\vec{n}_0| = \left|\left(\begin{pmatrix} 8 \\ -6 \\ 2 \end{pmatrix} - \begin{pmatrix} 3 \\ -5 \\ 8 \end{pmatrix}\right)\cdot\begin{pmatrix} 3 \\ 2 \\ -6 \end{pmatrix}\cdot\frac{1}{7}\right| = 7$

4. a) $A(0|0|3)$, $B(0|14|3)$, $C(-10|14|3)$, $D(-5|14|7)$, $E(-5|0|7)$

   b) $\overrightarrow{BD} = \begin{pmatrix} -5 \\ 0 \\ 4 \end{pmatrix}$, $\overrightarrow{CD} = \begin{pmatrix} 5 \\ 0 \\ 4 \end{pmatrix}$, $\cos\gamma = \frac{-9}{41} \approx -0{,}22$, $\gamma \approx 102{,}7°$

   c) $E_{ABD}: \vec{x} = \begin{pmatrix} 0 \\ 0 \\ 3 \end{pmatrix} + r\begin{pmatrix} 0 \\ 14 \\ 0 \end{pmatrix} + s\begin{pmatrix} -5 \\ 0 \\ 4 \end{pmatrix}$, $g_S: \vec{x} = \begin{pmatrix} -2 \\ 10 \\ 0 \end{pmatrix} + t\begin{pmatrix} 0 \\ 0 \\ 1 \end{pmatrix}$

   $E = g$ liefert $r = \frac{5}{7}$, $s = 0{,}4$, $t = 4{,}6$, $T(-2|10|4{,}6)$,   Er ragt 1,6 m heraus.

   d) Lichtgerade durch s: $h: \vec{x} = \begin{pmatrix} -2 \\ 10 \\ 6 \end{pmatrix} + t\begin{pmatrix} 1 \\ -1 \\ -2 \end{pmatrix}$

   Schnittpunkt mit E_{ABD}: $s = \frac{1}{6}$, $t = \frac{7}{6}$, $r = \frac{53}{6 \cdot 53}$, $P\left(-\frac{5}{6}\left|\frac{53}{6}\right|\frac{22}{6}\right)$, $l \approx \sqrt{3{,}59} \approx 1{,}90\,\text{m}$

   e) $A = 20$ $K = 5 \cdot 30 = 150$ Euro

Testlösungen zum Kapitel XII (Seite 456)

1. a) $N = \binom{15}{11} = \frac{15!}{11! \cdot 4!} = 1365$ Möglichkeiten für eine 11er Auswahl aus 15 Schülern.

   b) $N = \binom{2}{1} \cdot \binom{5}{3} \cdot \binom{8}{7} = 160$ Möglichkeiten

   c) Es gibt noch $9! = 362\,880$ Möglichkeiten

2. $P_A(Z) = \frac{64}{108} \approx 59\%, \quad P_{\bar{A}}(Z) = \frac{185}{345} \approx 53,6\%$

3. A: Bauteil ist defekt, $P(A) = 0,2$
   K: Bauteil bei Kontrolle ausgesondert
   H: Bauteil kommt in den Handel, $P(H) = 0,81$
     gesuchte Wahrscheinlichkeit: $\frac{1}{81} \approx 0,012$

	A	$\overline{A}$	
K	$0,2 \cdot 0,95 = 0,19$	0	0,19
$\overline{K}$	$0,2 \cdot 0,05 = 0,01$	0,8	$1 - 0,19 = 0,81$
	0,2	0,8	1

4. Wir erstellen durch Differenzbildung
   eine Vierfeldertafel.
   Dann bestimmen wir $P_A(W) = \frac{|A \cap W|}{|A|} = \frac{359}{738} \approx 0,486$
   sowie $P(W) = \frac{900}{1850} \approx 0,486$.
   Die Blutgruppe ist nicht vom Geschlecht abhängig.

	W	$\overline{W}$	
A	359	379	738
$\overline{A}$	541	571	1112
	90	950	1850

5. $P(R) = 0,5 \cdot 0,7 + 0,5 \cdot 0,2 = 0,45$
   $P(U_1 \cap R) = 0,5 \cdot 0,7 = 0,35$
   $P_R(U_1) = \frac{0,35}{0,45} \approx 0,78 = 78\%$

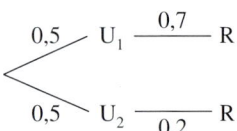

Testlösungen zum Kapitel XIII (Seite 472)

1. b)

x_i	2	3	6	7
$P(X = x_i)$	$\frac{12}{30}$	$\frac{8}{30}$	$\frac{8}{30}$	$\frac{2}{30}$

a)

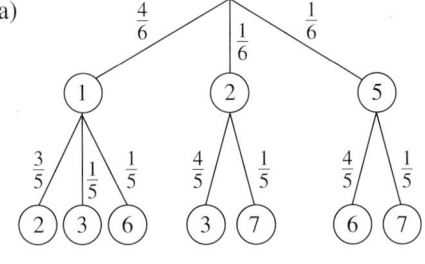

c) $E(X) = \frac{11}{3} \approx 3,67, \quad \sigma(X) \approx 1,85$

2. a) 1 Kugel:

x_i	−5	2
$P(X = x_i)$	$\frac{1}{3}$	$\frac{2}{3}$

$E(X) = -\frac{1}{3}, \quad \sigma(X) \approx 3,30$

b) 3 Kugeln:

x_i	-8	-1	6
$P(X = x_i)$	$\frac{1}{5}$	$\frac{3}{5}$	$\frac{1}{5}$

$E(X) = -1, \sigma(X) \approx 4{,}43$

Die Strategie von Vera ist schlechter als die Strategie von Stefan.

3. a) Mittelwert A: 200; B: 200   Standardabweichung A: 160; B: 150

b) Maschine A sollte als nächste gewartet werden.

4. a) G: Guthaben/Verlust

$E(G) = \frac{1}{4} + 2 + 4 = \frac{25}{4}, \sigma(X) \approx 5{,}76$

g_i	1	4	16
$P(G = g_i)$	$\frac{1}{4}$	$\frac{1}{2}$	$\frac{1}{4}$

b) Das Spiel ist fair, wenn $E(G) = 4$ gilt.

$E(G) = \frac{1}{4} + a + a^2 = 4$. Wegen $a > 0$ muss $a = 1{,}5$ sein.

g_i	1	$2a$	$4a^2$
$P(G = g_i)$	$\frac{1}{4}$	$\frac{1}{2}$	$\frac{1}{4}$

Testlösungen zum Kapitel XIV (S. 520)

1. $n = 6$; $p = \frac{1}{3}$

a)

x_i	0	1	2	3	4	5	6
$P(X = x_i)$	$0{,}0878$	$0{,}2634$	$0{,}3292$	$0{,}2195$	$0{,}0823$	$0{,}0165$	$0{,}0014$

b) $E(X) = 2$; $\sigma(X) = \sqrt{\frac{4}{3}} \approx 1{,}15$ c) $P(X \geq 4) = 1 - P(X \leq 3) \approx 0{,}1001$

2. a) Wurfserie zu A: ZZZZ

Wurfserien zu C: ZZKK   ZKZK   ZKKZ   KZZK   KZKZ   KKZZ

b) $P(E_1) = \frac{1}{16}$; $P(E_2) = \frac{6}{16}$; $P(E_3) = \frac{10}{16}$

c) $n = 10$; $k = 3$; $p = \frac{3}{8}$; $P(X = 3) = \binom{10}{3} \cdot \left(\frac{3}{8}\right)^3 \cdot \left(\frac{5}{8}\right)^7 = \frac{253\,125\,000}{2^{30}} \approx 0{,}2357$

d) P(Spieler erreicht nie A bei n Spielen) $= \left(\frac{15}{16}\right)^n$

P(Spieler erreicht mindestens einmal A bei n Spielen) $= 1 - \left(\frac{15}{16}\right)^n$

$1 - \left(\frac{15}{16}\right)^n \geq 0{,}9 \Leftrightarrow \left(\frac{15}{16}\right)^n \leq 0{,}1, \ n \geq \frac{\ln 0{,}1}{\ln \frac{15}{16}} \approx 35{,}68$

Der Spieler muss mindestens 36-mal spielen.

3. X: Füllmenge der Brausetüte; stetige Zufallsvariable, die normalverteilt ist

a) $P(X \leq 5{,}6) = \text{NormCD}(0{,}5.6,0.1,5.8) \approx 0{,}0228 = 2{,}28\,\%$ (CASIO)

$P(X \leq 5{,}6) = \text{normCdf}(0{,}5.6,5.8,0.1) \approx 0{,}0228 = 2{,}28\,\%$ (TI)

b) $P(5{,}7 \leq X \leq 5{,}9) = \text{NormCD}(5.7,5.9,0.1,5.8) \approx 0{,}6827 = 68{,}27\,\%$ (CASIO)

$P(5{,}7 \leq X \leq 5{,}9) = \text{normCdf}(5.7,5.9,5.8,0.1) \approx 0{,}6827 = 68{,}27\,\%$ (TI)

c) Gegeben: Sicherheitswahrscheinlichkeit $p = 0{,}99$. Gesucht: Intervall $[0, a]$, für das $P(X \leq a) = 0{,}01$ gilt. Mit dem GTR – Befehl für die inverse Normalverteilung erhält man:

$a = \text{InvNormCD}(0.01,0.1,5.8) \approx 5{,}57\,\text{g}$ (CASIO)

$a = \text{invnormCdf}(0.01,5.8,0.1) \approx 5{,}57\,\text{g}$ (TI)

99 % aller Füllmengen betragen mindestens 5,57 g.

d) Gesucht ist eine Zahl a, für die $P(\mu - a \leq X \leq \mu + a) = 0,50$ gilt.

50 % der Messwerte liegen also im Intervall $[\mu - a, \mu + a]$. Dann liegen 50 % der Messwerte außerhalb des Intervalls und somit wegen der Symmetrie 25 % linksseitig des Intervalls. Also muß gelten: $P(X \leq a) = 0,25$. Lösung wie in c) mit inversen Normalverteilung:

a = InvNormCD (0.25,0.1,5.8) ≈ 5,73 g (CASIO)

a = invnormCdf (0.25,5.8,0.1) ≈ 5,73 g (TI)

Im Intervall [5,73; 5,87] liegen also ca. 50 % aller Messwerte.

e) Es gibt unendlich viele mögliche Meßwerte. $X = 6,0$ kann auftreten, aber $P(X = 6,0) = 0$.

Testlösungen zum Kapitel XV (Seite 542)

1. a) α-Fehler: Der Anteil der weißen Kugeln liegt bei 40 %, es wird aber vermutet, dass er bei 50 % liegt.

   β-Fehler: Der Anteil der weißen Kugeln liegt bei 50 %, es wird aber vermutet, dass er bei 40 % liegt.

   $\alpha = P_{H0}(\text{Entscheidung für } H_1) = P(X > 45) = 1 - P(X \leq 45)$
   $\approx 1 - 0,8689 = 0,1311, \quad n = 100, \quad p = 0,4$
   $\beta = P_{H1}(\text{Entscheidung für } H_0) = P(X \leq 45) \approx 0,1841, \quad n = 100, p = 0,5$

   b) Entscheidungsregel: $X < K \Rightarrow$ Entscheidung für H_0
   $X \geq K \Rightarrow$ Entscheidung für H_1
   $\alpha = P_{H0}(\text{Entscheidung für } H_1) = 1 - P(X \leq K - 1) \leq 0,05$
   $\Leftrightarrow P(X \leq K - 1) \geq 0,95, \quad n = 100, \quad p = 0,4$
   Die Bedingung wird erfüllt für $K \geq 49$, d. h. K = 49 wird als kritische Zahl gewählt.

2. a) p = gegenwärtiger Stimmenanteil der Partei A
   Hypothese: H_0: p = 0,3, Gegenhypothese: H_1: p ≠ 0,3

   b) X = Anzahl der Personen unter 100 Befragten, die für A votieren
   Entscheidungsregel: $25 \leq X \leq 36 \Rightarrow$ Entscheidung für H_0
   $X < 25$ oder $x > 36 \Rightarrow$ Entscheidung für H_1
   $P(\text{Fehler 1. Art}) = P_{H0}(\text{Entsch. für } H_1) = P(X < 25 \text{ oder } x > 36), n = 100, p = 0,3$
   $= P(X < 25) + P(X > 36) = P(X \leq 24) + 1 - P(X \leq 36)$
   $= F(100; 0,3; 24) + 1 - F(100; 0,3; 36) = 0,1136 + 1 - 0,9201$
   $= 0,1935 = 19,35 \%$

   c) H_0: p = 0,3 ; H_1: p < 0,3
   Entscheidungsregel: $X > K \Rightarrow$ Entscheidung für H_0, $X \leq K \Rightarrow$ Entscheidung für H_1
   $\alpha = P_{H0}(\text{Entscheidung für } H_1)$
   $= P(X \leq K) \leq 0,02, \quad n = 100, p = 0,3$
   Die Bedingung wird erfüllt für $K \leq 20$, d. h. K = 20 wird als kritische Zahl gewählt.

3. a) $P(B) = P(230 \leq X \leq 245) = F(400; 0,6; 245) - F(400; 0,6; 229)$
   Hilfsgrößen $z_1 = \frac{245 - 400 \cdot 0,6 + 0,5}{\sqrt{96}} \approx 0,56$, $z_2 = \frac{229 - 400 \cdot 0,6 + 0,5}{\sqrt{96}} \approx -1,07$
   $P(B) = \Phi(0,56) - \Phi(-1,07) = \Phi(0,56) - (1 - \Phi(1,07))$
   $= 0,7123 - 1 + 0,8577 = 0,57 = 57 \%$

b_1) H_0: p = 0,6, H_1: p < 0,6, X: Anzahl der Goldstücke

X ≥ 110 ⇒ Entscheidung für H_0, X < 110 ⇒ Ent. für H_1

α-Fehler: n = 200, p = 0,6, P_{H0}(Ent. für H_1) = P(X < 110) = P(X ≤ 109) ≈ Φ(z)

$z = \frac{109 - 200 \cdot 0,6 + 0,5}{\sqrt{200 \cdot 0,6 \cdot 0,4}} ≈ -1,52$, P_{H0}(E. für H_1) ≈ Φ(−1,52) = 1 − Φ(1,52) = 0,0643 = 6,43 %

b_2) P_{H0}(Entscheidung für H_1) = P(X ≤ K − 1) ≈ Φ(z) ≤ 0,01

bzw. Φ(−z) ≥ 0,99, −z ≥ 2,33, z ≤ −2,33

$z = \frac{K - 1 - 200 \cdot 0,6 + 0,5}{\sqrt{200 \cdot 0,6 \cdot 0,4}} ≈ -2,33$, K ≤ 1 − 16,14 + 200 · 0,6 − 0,5 ≈ 104,36

K = 104 ist geeignet.

Testlösungen zum Kapitel XVI (S. 574)

1. a) $A \cdot B = \begin{pmatrix} 3 & 3 \\ 10 & 7 \\ -3 & 1 \end{pmatrix}$ b) $A \cdot \vec{v} = \begin{pmatrix} 5 \\ 18 \\ -8 \end{pmatrix}$ c) $A^4 = \begin{pmatrix} -4 & 13 & -13 \\ -13 & 48 & -52 \\ 0 & -13 & 22 \end{pmatrix}$

2. (1) richtig   (2) falsch   (3) richtig   (4) richtig

3. a) Eine stochastische Matrix A hat zwei Eigenschaften:
   (1) Ihre Elemente liegen zwischen 0 und 1: $0 ≤ a_{ij} ≤ 1$
   (2) Die Spaltensummen betragen alle 1.

   b) I ja, II nein (ein Element negativ), III ja, IV nein (2. und 3. Spaltensumme 1,4 bzw. 0,6)

4. a)

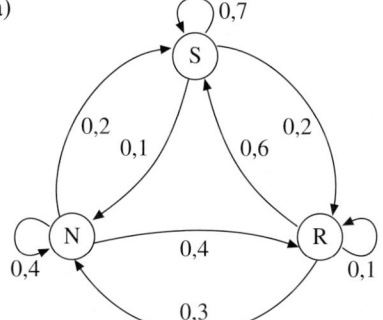

b)

	S	N	R
S	0,7	0,2	0,6
N	0,1	0,4	0,3
R	0,2	0,4	0,1

c) $\vec{v} = \begin{pmatrix} 1 \\ 0 \\ 0 \end{pmatrix}$; $M^2 \cdot \vec{v}_0 = \begin{pmatrix} 0,7 & 0,2 & 0,6 \\ 0,1 & 0,4 & 0,3 \\ 0,2 & 0,4 & 0,1 \end{pmatrix}^2 \cdot \begin{pmatrix} 1 \\ 0 \\ 0 \end{pmatrix} = \begin{pmatrix} 0,63 \\ 0,17 \\ 0,20 \end{pmatrix}$; übermorgen mit 63 %

$M^7 \cdot \vec{v}_0 = \begin{pmatrix} 0,7 & 0,2 & 0,6 \\ 0,1 & 0,4 & 0,3 \\ 0,2 & 0,4 & 0,1 \end{pmatrix}^7 \cdot \begin{pmatrix} 1 \\ 0 \\ 0 \end{pmatrix} = \begin{pmatrix} 0,576 \\ 0,205 \\ 0,219 \end{pmatrix}$; in einer Woche mit 57,6 %

d) Grenzmatrix: $M^\infty ≈ M^{100} ≈ \begin{pmatrix} 0,5753 & 0,5753 & 0,5753 \\ 0,2055 & 0,2055 & 0,2055 \\ 0,2192 & 0,2192 & 0,2192 \end{pmatrix}$

e) Fixvektor: $\vec{v} = \frac{1}{73} \begin{pmatrix} 42 \\ 15 \\ 16 \end{pmatrix} ≈ \begin{pmatrix} 0,5753 \\ 0,2055 \\ 0,2192 \end{pmatrix}$

Stichwortverzeichnis

Bildnachweis

Titelfoto VISUM / Thomas Pflaum; **11** mauritius images / imageBROKER / Movementway; **12 o. re.** Fotolia / biglabel; **30** Fotolia / Andrey Bandurenko; **32 o. re.** Shutterstock / bikeriderlondon; **32 u. li.** mauritius images / Alamy / artpartner.de; **34 o. re.** Shutterstock / Ammit Jack; **34 u. re.** Shutterstock / Sergey Uryadnikov; **35** Fotolia / lucadp; **36** Shutterstock / Shutterstock / Samot; **44** Fotolia / javier brosch; **54** Shutterstock / wellphoto; **55 Mi. re.** Fotolia / Gina Sanders; **55 u. re.** Shutterstock / zentilia; **57** Shutterstock / Elenarts; **58** Shutterstock / mezzotint; **59** Fotolia / Kara; **63** Fotolia / Kevin Biberbach; **68 o. re.** Shutterstock / Coprid; **70** Shutterstock / Alex Mischenko; **76 o. re.** Fotolia / Kuleshin; **79 Mi. li.** Fotolia / RGtimeline; **90 u. re.** Fotolia / Romolo Tavani; **92 o. re.** Fotolia / Martina Berg; **92 u. re.** Fotolia / selitbul; **97** mauritius images / imageBROKER / Hans Blossey; **99 o. re.** mauritius images / imageBROKER / Hans Blossey; **108 u. re.** Cornelsen / Ulf Rothkirch Microsoft® Office: Excel®-Screenshot; **125** imago / Hans Blossey; **149 o. re.** imago / Hans Blossey; **152** Shutterstock / Inga Nielsen; **153** VISUM / Photoshot; **154** Fotolia / Kaspars Grinvalds; **155 u. re.** Fotolia / lassedesignen; **155 o. re.** Fotolia / Visions-AD; **159 o. re.** Fotolia / Peer Frings; **160 Mi. re.** Shutterstock / orin; **160 u. re.** Fotolia / Hellen Sergeyeva; **161 Mi. re.** Fotolia / Kovalenko Inna; **163 u. re.** Fotolia / Digitalpress; **171 o. Mi.** Fotolia / photosvac; **171 o. re.** Shutterstock / Guzel Studio; **171 o. li.** panthermedia / patrimonio; **175** Fotolia / sehbaer_nrw; **183** ullstein bild / Lebrecht Music & Arts; **194** Shutterstock / Maridav; **202 o. re.** Shutterstock / GoodMood Photo; **207** Shutterstock / Aleksandar Mijatovic; **208 u. re.** Shutterstock / Krom1975; **208 o. re.** Shutterstock / deformer; **211** Shutterstock / racorn; **212 u. re.** Shutterstock / Fotofermer; **212 o. re.** akg-images; **213 u. re.** Shutterstock / Andriy Solovyov; **214 u. re.** Fotolia / Christian Schwier; **214 o. re.** Shutterstock / viphotos; **214 Mi. re.** Shutterstock / kochanowski; **215** Shutterstock / holwichaikawee; **216** Shutterstock / yuris; **217 o. re.** Shutterstock / Teri Virbickis; **217 u. re.** Shutterstock / nattanan726; **219 o. re.** Shutterstock / dangdumrong; **219 u. re.** picture-alliance / dpa; **222** Shutterstock / Ufuk ZIVANA; **223** Fotolia / Adrian v. Allenstein; **236** Shutterstock / Menno Schaefer; **248** Shutterstock / Vetapi; **249 o. re.** Shutterstock / Zorandim; **250 o. re.** Shutterstock / wavebreakmedia; **251** Shutterstock / Mikael Damkier; **253** Shutterstock / pgaborphotos; **254 A** Shutterstock / iurii; **254 B** Shutterstock / ikayaki; **254 C** Shutterstock / Bildagentur Zoonar GmbH; **254 D** Shutterstock / Peter Sobolev; **255 Mi. re.** Fotolia / Edyta Pawlowska; **255 o. re.** Fotolia / Donovan van Staden; **263** Shutterstock / Eder; **265 u. re.** Shutterstock / Joseph Sohm; **266 o. re.** Fotolia / Eva Kahlmann; **271** Archäologie Land Sachsen / Weida; **272** Shutterstock / f9photos; **273** Fotolia / borisb17; **274** Fotolia / Tyler Olson; **279** akg-images; **296** akg-images; **297** mauritius images / imageBROKER / fotosol; **298** Fotolia / BeTa-Artworks; **299** Fotolia / Adrian v. Allenstein; **322** Shutterstock / southmind; **329** Fotolia / brudertack69; **353** Fotolia / Christian Schwier; **397** Fotolia / Martin Debus; **405** Gerlinde Keller, München; **439** laif / Malte Jaeger; **442 u. re.** Shutterstock / Keith Bell; **444 Mi. re.** Fotolia / jentz5262; **449** Cornelsen / Jürgen Wolff; **453** Fotolia / EcoView; **457** Fotolia / dihetbo; **458 o. re.** Shutterstock / Planner; **460 Mi. re.** Shutterstock / Hein Nouwens; **462 u. re.** Shutterstock / Asaf Eliason; **463 Mi. re.** Shutterstock / Shestakoff; **463 u. re.** Shutterstock / jps; **465** Shutterstock / Lisa S.; **466** Imago Sportfotodienst GmbH; **467 Mi. re.** Fotolia / B. Wylezich; **467 u. re.** Shutterstock / Viktor Kunz; **468** Mi. re. Shutterstock / Mirelle; **473** Fotolia / rcfotostock; **476** Glow Images; **479** Fotolia / VRD; **481 o. re.** Shutterstock / nobeastsofierce; **484** Shutterstock / rsooll; **485** Fotolia / Tim UR; **489 o. re.** www.rot-gruen-robinson-mainz.de; **489 Mi. re.** picture alliance / dpa; **490 o. re.** Shutterstock / Santiago Cornejo; **490 Mi. re.** Fotolia / mojolo; **490 u. re.** Fotolia / Daniela Stärk; **491 o. re.** Shutterstock / Felix Pergande; **491 Mi. re.** Fotolia / Maxisport; **491 u. re.** Fotolia / Fulcanelli; **492** Fotolia / LanaK; **494** Shutterstock / andras_csontos; **496 o. re.** Fotolia / grgroup; **496 u. re.** Shutterstock / ostill; **497 o. re.** Fotolia / Gino Santa Maria; **500** akg-images; **504** F1online / Dieterich; **506 Mi. re.** Shutterstock / pukach; **507 Mi. re.** Fotolia / Torbz; **507 o. re.** Fotolia / Sebastian Duda; **508** Fotolia / Jenny Thompson; **509** Fotolia / Dream-Emotion; **510 Mi. re.** Fotolia / Hardheadmonster; **511** Fotolia / StudioLaMagica; **513 o. re.** Fotolia / seread; **513 Mi. re.** picture-alliance / Bildagentur-o; **514** Dr. Norbert Köhler, Stahnsdorf; **515 u. re.** F1 online / Bahnmueller; **515 o. re.** Fotolia / crimson; **515 Mi. re.** Shutterstock / Air Images; **518 o. re.** picture-alliance / Leemage; **521** KE Fotolia / travelpeter; **528 Mi. re.** Picture Press / Klaus Westermann; **532 o. re.** Fotolia / pict rider; **533** Shutterstock / Marques; **535** Shutterstock / Audrius Merfeldas; **536** Fotolia / auremar; **537** blickwinkel / M. Haddenhorst; **538 u. re.** Shutterstock / Yatso; **538 o. re.** Fotolia / Schapowalow / Huber; **540** Caro / Krass; **543** Fotolia / Yannic Rademacher; **544** Shutterstock / Rawpixel.com; **560** Shutterstock / Anna Jedynak; **561** Cornelsen / Dr. Norbert Koehler; **562 o. re.** Shutterstock / bill smith; **562 Mi. c** Shutterstock / robuart; **562 Mi. a** Shutterstock / MarShot; **562 Mi. b** Shutterstock / ghrzuzudu; **563 o. re.** Shutterstock / Dodrov Vitaliy; **563 u. re.** Shutterstock / tr3gin; **563 Mi. a** Shutterstock / Marynka; **563 Mi. b** Shutterstock / Marynka; **564 Mi. re.** Fotolia / dracozlat; **566 o. re.** Cornelsen / Dr. Norbert Koehler; **568 o. re.** Cornelsen / Dr. Norbert Koehler; **569 Mi. re.** Fotolia / bluedesign; **569 u.** Cornelsen / Dr. Norbert Koehler; **572** Shutterstock / 360b; **573** akg-images; **574** Shutterstock / Everett Historical; **575** VISUM / euroluftbild.de; **582** Shutterstock / Jens Lambert; **595** Fotolia / grgroup; **599 Mi. li.** Fotolia / MyWorld; **599 Mi. re.** Fotolia / Konstiantyn; **602 Mi. re.** Fotolia / fotografiedk; **602 o. re.** Fotolia / Fiedels; **603** mauritius images / imagebroker